Lehrbuch der Physiologie in Einzeldarstellungen
Herausgegeben von Erich Schütz

# Physiologie des Kreislaufs

## Band 1

Arteriensystem, Capillarbett, Organkreisläufe,
Fetal- und Placentarkreislauf

Redigiert von E. Bauereisen

**Bearbeitet von**

H. Bartels, R. D. Bauer, E. Bauereisen, K. Golenhofen
G. Hauck, H. Hirsch, W. Lochner, J. Lutz, W. Moll
Th. Pasch, K. Thurau, E. Wetterer, J. Wolff

Mit 162 Abbildungen

Springer-Verlag  Berlin · Heidelberg · New York  1971

ISBN-13: 978-3-642-65204-2    e-ISBN-13: 978-3-642-65203-5
DOI: 10.1007/978-3-642-65203-5



Universitätsdruckerei H. Stürtz AG, Würzburg

# Vorwort

Bearbeiter und Herausgeber dieses Bandes sind der Meinung, daß eine wissenschaftlich zureichend begründete Monographie der Physiologie des Peripheren Kreislaufes nur noch von mehreren Autoren verfaßt werden kann, die im einzelnen über eigene experimentelle Erfahrung auf den von ihnen behandelten Gebieten verfügen. Darüber hinaus zeigt die Notwendigkeit, selbst den gestrafften Stoff auf zwei Bände zu verteilen, in welchem Ausmaß auch die relativ konservative Kreislaufphysiologie ihren Wissensbestand vermehrt hat. Es ist dies, wie stets in der Physiologie, auf folgenreiche methodische Entwicklungen zurückzuführen.

Indirekte, letzthin auf dem Fickschen Prinzip beruhende Meßverfahren haben Durchblutungsmessungen einzelner Organkreisläufe in ausgedehntem Maße auch am Menschen ermöglicht. Ihre theoretischen Grundlagen, vor allem aber die praktischen — vielfach auch von klinischer Seite stammenden — Meßergebnisse nehmen einen breiten Raum in der gegenwärtigen Kreislaufphysiologie ein.

Die methodisch bewundernswerte Erfindung elektromagnetischer Stromuhren durch WETTERER und KOLIN ist vor allem für die Grundlagenforschung bedeutungsvoll geworden. Die in ihren zeitlichen Änderungen korrekt wiedergegebenen Stromstärkewerte haben eine beträchtliche Differenzierung und Wandlung unserer hämodynamischen Kenntnisse gegenüber den früheren, fast ausschließlich von dem Poiseuilleschen Gesetz in seiner starren Form beherrschten Vorstellung ermöglicht.

In Verbindung mit Perfusionstechniken konnten die Phänomene der organunterschiedlichen, lokalen Widerstandsjustierungen, von der arteriellen Autoregulation über die veno-vasomotorische Reaktion bis zum vasculären Escape-Phänomen, weitgehend quantifiziert werden. Die Diskussion über die Mechanismen lokaler autoregulatorischer Widerstandsjustierungen ist im Fluß. Für den Nierenkreislauf wird ein vollständiger, durch experimentelle Eleganz und biologisch sinnvolle Einordnung bestechender Rückkoppelungs-Mechanismus gegeben (THURAU). Bei den übrigen Organkreisläufen diskutieren die Autoren die möglichen Wirkungsmechanismen. Es wurde nicht versucht, kontroverse Meinungen auszugleichen. Einmal, um die Individualität der einzelnen Beiträge nicht zu beeinträchtigen, zum anderen, weil nur das Sichtbarmachen des Widerstreites der Meinungen die Lösung der ungeklärten Probleme fördern kann.

Ähnliches gilt auch für ein weiteres höchstaktuelles, sich eben zur Emanzipation anschickendes Gebiet der Kreislaufphysiologie, nämlich für die Mikrozirkulation. Die sorgfältige Abstimmung elektronenoptisch-morphologischer und vitalmikroskopisch-rheologischer sowie permeationsphysiologischer Befunde (WOLFF, HAUCK) haben zu einer Darstellung dieses Themas geführt, wie sie in gleicher Vollständigkeit und Akzentuierung des Wesentlichen in der gegenwärtigen Literatur nicht leicht gefunden wird. Die pathophysiologische und klinische Bedeutung dieser Kapitel ist evident.

Arterielles System, Terminale Strombahn, Organkreisläufe und Fetalkreislauf bilden den Inhalt des vorliegenden ersten Teilbandes. Der weiterführende und abschließende zweite Band wird die Hämodynamik des venösen Rückstromes, die allgemeine Physiologie der Gefäßmuskulatur und schließlich als verbindendes und übergreifendes Kapitel die Regulation und Integration des Kreislaufes enthalten. Es bedarf kaum des Hinweises, daß trotz des weitgespannten Programms die Darstellung unvollständig bleiben mußte. So fehlen die Kreisläufe der Sinnesorgane, der Knochen u. a. Wir haben der Tradition der Trendelenburg-Schütz-Reihe entsprechend Gebiete aufgenommen, die grundlegend und extensiv von physiologischer Seite erforscht wurden. Dieser zugegebenermaßen anfechtbare Standpunkt ist indessen insofern gerechtfertigt, als die fehlenden Organkreisläufe, von klinischer Seite hervorragend bearbeitet, in den neueren Handbüchern der speziellen Fachgebiete gefunden werden.

Das monographische Lehrbuch wendet sich an alle Mediziner und fortgeschrittene Studenten, die an der Funktion des Gefäßsystems theoretisch und klinisch interessiert sind. Größter Wert wurde auf ein alle wesentlichen neueren Originalarbeiten enthaltendes, mit Anfang des Jahres 1971 abschließendes Literaturverzeichnis gelegt. So lassen sich auch sehr spezielle Fragen, die im Text nur beiläufig behandelt sind, durch die Literaturhinweise gründlich verfolgen. Damit dürfte der Band ein Bedürfnis speziell im Rahmen der Fort- und Weiterbildung erfüllen.

Mein Dank gilt vorerst den Bearbeitern der einzelnen Kapitel, die unter Zurückstellung anderer dringender wissenschaftlicher Arbeiten das Erscheinen des Bandes ermöglicht haben, weiterhin Herrn Professor E. SCHÜTZ, dem Herausgeber und Mit-Initiator der monographischen Lehrbuchreihe sowie den stets hilfsbereiten und entgegenkommenden Mitarbeitern des Springer-Verlages. Die erfreuliche und anregungsreiche Zusammenarbeit mit allen am Gelingen dieses Bandes Beteiligten wird, so hoffe ich, vom Leser bei Lektüre und Studium des Buches empfunden werden.

Würzburg, 11. Mai 1971                                    E. BAUEREISEN

# Inhaltsverzeichnis


**Arteriensystem.** E. Wetterer, R. D. Bauer und Th. Pasch. Mit 30 Abbildungen ... 1

  I. Einleitung ... 1

  II. Physikalische Prinzipien des Blutdrucks, der Blutströmung und der Pulswellen ... 2

    1. Strömung in starren Röhren ... 2

    2. Pulsierende Strömung in Röhren mit elastischer Wand ... 7

      a) Elastizität und Spannung der Wand ... 7

      b) Freilaufende Wellen in homogenen Schläuchen ... 9

      c) Wellenreflexion; hin- und herlaufende Wellen; Eingangswiderstand ... 15

      d) Wellen in homogenen Schläuchen ... 19

    3. Prinzip des Windkessels ... 21

  III. Methoden zur Messung und Registrierung von Druck und Strömung im Kreislauf ... 23

    1. Druckmessung ... 23

      a) Direkte Methoden ... 23

      b) Sphygmographie ... 27

      c) Indirekte Methoden ... 27

    2. Strömungsmessung ... 28

  IV. Arterielle Dynamik ... 31

    1. Struktur und elastische Eigenschaften der Arterienwand ... 31

    2. Strom- und Druckpulse im Arteriensystem ... 38

    3. Pulswellengeschwindigkeit, Querpulsationen, Wellendämpfung ... 44

    4. Hinweise zur Entstehung der Pulsformen ... 49

    5. Eingangswiderstand des Arteriensystems ... 51

    6. Peripherer Widerstand ... 53

    7. Betrachtung über das Arteriensystem als Ganzes ... 56

    8. Bestimmung des Schlagvolumens aus pulsdynamischen Größen ... 59

Literatur ... 60

**Ultrastruktur der Capillaren.** J. Wolff. Mit 7 Abbildungen ... 67

  I. Capillarwand ... 68

    1. Endothel ... 69

    2. Pericyten ... 81

    3. Basalmembran ... 83

  II. Subendothelialer (perivasculärer) Raum ... 89

  III. Bemerkungen zur Klassifikation von Capillaren ... 90

Literatur ... 93

**Organisation und Funktion der terminalen Strombahn.** G. HAUCK. Mit 8 Abbildungen. . . . . . . . . . . . . . . . . . . . . . . . . . . . . . . . . . . 99

   I. Einleitung . . . . . . . . . . . . . . . . . . . . . . . . . . . . . . 99

  II. Untersuchungsmethoden . . . . . . . . . . . . . . . . . . . . . . 100

     1. Direkte Verfahren . . . . . . . . . . . . . . . . . . . . . . . . . 100

     2. Indirekte Verfahren . . . . . . . . . . . . . . . . . . . . . . . 102

 III. Funktionelle Abgrenzung und Organisation der Endstrombahn . . . 103

     1. Präcapillärer Sphincter. . . . . . . . . . . . . . . . . . . . . . 105

     2. Nutritives Capillarbett . . . . . . . . . . . . . . . . . . . . . . 106

 IV. Hämodynamik und Rheologie der Endstrombahn . . . . . . . . . 108

     1. Blutdruck und Strömungsgeschwindigkeit . . . . . . . . . . . 108

     2. Viscosität . . . . . . . . . . . . . . . . . . . . . . . . . . . . 110

  V. Permeabilität und Stoffaustauschmechanismen . . . . . . . . . . . 113

     1. Definition der Gefäßpermeabilität . . . . . . . . . . . . . . . . 113

     2. Intercelluläre Permeabilität. . . . . . . . . . . . . . . . . . . . 114

        a) Filtration und Reabsorption (Flüssigkeitsgleichgewicht) . . . . 114

        b) Porentheorie (Isoporosität) . . . . . . . . . . . . . . . . . . 116

        c) Filtrationskoeffizient und Filtratmenge . . . . . . . . . . . . 116

        d) Der „gradient of vascular permeability" (Heteroporosität) . . . 118

        e) Diffusion. . . . . . . . . . . . . . . . . . . . . . . . . . . 122

        f) Beschränkte Diffusion . . . . . . . . . . . . . . . . . . . . 123

        g) Diffusionsrate und Durchblutungsgröße . . . . . . . . . . . 124

        h) Molekulare Siebung und Eiweißpermeabilität . . . . . . . . 125

        i) Lokal und körperregional unterschiedliche Eiweißpermeabilität . 126

     3. Transcelluläre Permeabilität . . . . . . . . . . . . . . . . . . . 128

        a) Membranvesiculation . . . . . . . . . . . . . . . . . . . . . 128

        b) Transcelluläre Diffusion . . . . . . . . . . . . . . . . . . . 129

        c) Permeabilitätsregulierende Mechanismen . . . . . . . . . . . 130

 VI. Capillarresistenz . . . . . . . . . . . . . . . . . . . . . . . . . . 131

     1. Formen der Erythrocytendiapedese . . . . . . . . . . . . . . . 132

        a) Kugelblutung. . . . . . . . . . . . . . . . . . . . . . . . . 132

        b) Singuläre Erythrocytendiapedese . . . . . . . . . . . . . . . 133

     2. Capillarresistenz regulierende Mechanismen . . . . . . . . . . . 133

     3. Funktion der Capillarwandkomponenten . . . . . . . . . . . . 134

Literatur . . . . . . . . . . . . . . . . . . . . . . . . . . . . . . . . . 134


**Gehirn.** H. HIRSCH. Mit 13 Abbildungen . . . . . . . . . . . . . . . . . 145

   I. Meßmethoden. . . . . . . . . . . . . . . . . . . . . . . . . . . . 145

     1. Indirekte, quantitative Methoden . . . . . . . . . . . . . . . . 145

     2. Indirekte, qualitative Methoden . . . . . . . . . . . . . . . . . 149

     3. Direkte Methoden . . . . . . . . . . . . . . . . . . . . . . . . 150

  II. Durchblutung des Gesamtgehirns . . . . . . . . . . . . . . . . . 151

 III. Durchblutung verschiedener Areale des Gehirns . . . . . . . . . . 153

 IV. Capillarisierung . . . . . . . . . . . . . . . . . . . . . . . . . . . 155

V. Regulation der Durchblutung . . . . . . . . . . . . . . . . . . . 157
  1. pO$_2$ . . . . . . . . . . . . . . . . . . . . . . . . . . . . . 157
  2. pCO$_2$ . . . . . . . . . . . . . . . . . . . . . . . . . . . . 160
  3. pH . . . . . . . . . . . . . . . . . . . . . . . . . . . . . . 162
  4. Blutdruck . . . . . . . . . . . . . . . . . . . . . . . . . . 164
    a) Autoregulation . . . . . . . . . . . . . . . . . . . . . . 164
    b) Kritischer Blutdruck . . . . . . . . . . . . . . . . . . . 167
    c) Blutdruckgefälle bei Lagewechsel . . . . . . . . . . . . . 169
    d) Blutdruckgefälle bei Liquordruckerhöhung . . . . . . . . . 170
  5. Viscosität des Blutes . . . . . . . . . . . . . . . . . . . . 172
  6. Vasomotorik . . . . . . . . . . . . . . . . . . . . . . . . . 173
Literatur . . . . . . . . . . . . . . . . . . . . . . . . . . . . . 175

Herz. W. LOCHNER. Mit 15 Abbildungen . . . . . . . . . . . . . . . 185
  I. Funktionelle Anatomie der Coronargefäße . . . . . . . . . . . 185
  II. Messung der Durchblutung . . . . . . . . . . . . . . . . . . 190
    1. Direkte Methoden . . . . . . . . . . . . . . . . . . . . . . 190
    2. Indirekte Methoden . . . . . . . . . . . . . . . . . . . . . 192
  III. Größe der Durchblutung, des intracoronaren Blutvolumens und der
    mittleren Durchflußzeit . . . . . . . . . . . . . . . . . . . 195
  IV. Rhythmische Durchblutung des Herzens . . . . . . . . . . . . 196
  V. Herzstoffwechsel . . . . . . . . . . . . . . . . . . . . . . 200
    1. Oxydativer Umsatz . . . . . . . . . . . . . . . . . . . . . 200
    2. Anaerober Energiegewinn . . . . . . . . . . . . . . . . . . 202
    3. Faktoren, die den Sauerstoffverbrauch des Herzens beeinflussen . . 203
  VI. Coronarreserve . . . . . . . . . . . . . . . . . . . . . . . 204
  VII. Faktoren, die die Coronardurchblutung beeinflussen . . . . . 204
    1. Hypoxie . . . . . . . . . . . . . . . . . . . . . . . . . . 205
    2. Kohlensäure . . . . . . . . . . . . . . . . . . . . . . . . 206
    3. Wasserstoffionenkonzentration . . . . . . . . . . . . . . . 206
    4. Extravasale Komponente des Coronarwiderstandes . . . . . . . 207
    5. Adrenalin und Noradrenalin . . . . . . . . . . . . . . . . . 209
    6. Nervöse Einflüsse auf die Coronardurchblutung . . . . . . . 213
  VIII. Intravasaler Druck und das Problem der Autoregulation . . . 214
  IX. Arbeitsmehrdurchblutung . . . . . . . . . . . . . . . . . . . 216
  X. Reaktive Hyperämie . . . . . . . . . . . . . . . . . . . . . . 218
  XI. Zum Mechanismus der Durchblutungsregulation . . . . . . . . . 219
Literatur . . . . . . . . . . . . . . . . . . . . . . . . . . . . . 221

Abdominalorgane. J. LUTZ und E. BAUEREISEN. Mit 11 Abbildungen. . . . 229
  I. Intestinum . . . . . . . . . . . . . . . . . . . . . . . . . . 229
    1. Zur Methodik der Untersuchung von Teilkreisläufen . . . . . . 229
      a) Perfusionstechnik . . . . . . . . . . . . . . . . . . . . 229
      b) Die IP-Kurve . . . . . . . . . . . . . . . . . . . . . . . 231

2. Anatomische Übersicht. . . . . . . . . . . . . . . . . . . . . . . . . 233
3. Durchblutung . . . . . . . . . . . . . . . . . . . . . . . . . . . . . 236
4. Gefäßreaktionen . . . . . . . . . . . . . . . . . . . . . . . . . . . 239
    a) Autoregulation . . . . . . . . . . . . . . . . . . . . . . . . . . 239
    b) Veno-vasomotorische Reaktion . . . . . . . . . . . . . . . . . 243
    c) Vasculäres escape-Phänomen . . . . . . . . . . . . . . . . . . 246
5. Elastizität und intravasales Volumen . . . . . . . . . . . . . . . 248
6. Humorale Beeinflussung . . . . . . . . . . . . . . . . . . . . . . 249
7. Nervöse Regulation . . . . . . . . . . . . . . . . . . . . . . . . . 251

II. Magen . . . . . . . . . . . . . . . . . . . . . . . . . . . . . . . . . 253
1. Anatomische Übersicht. . . . . . . . . . . . . . . . . . . . . . . 253
2. Durchblutung . . . . . . . . . . . . . . . . . . . . . . . . . . . . 253
3. Humorale Beeinflussung . . . . . . . . . . . . . . . . . . . . . . 254
4. Nervöse Regulation . . . . . . . . . . . . . . . . . . . . . . . . . 255
5. Gefäßreaktionen . . . . . . . . . . . . . . . . . . . . . . . . . . 256

III. Pankreas . . . . . . . . . . . . . . . . . . . . . . . . . . . . . . . 257
1. Anatomische Übersicht. . . . . . . . . . . . . . . . . . . . . . . 257
2. Durchblutung . . . . . . . . . . . . . . . . . . . . . . . . . . . . 257
3. Humorale Beeinflussung . . . . . . . . . . . . . . . . . . . . . . 258
4. Nervöse Regulation . . . . . . . . . . . . . . . . . . . . . . . . . 259

IV. Milz . . . . . . . . . . . . . . . . . . . . . . . . . . . . . . . . . . 259
1. Anatomische Übersicht. . . . . . . . . . . . . . . . . . . . . . . 259
2. Durchblutung . . . . . . . . . . . . . . . . . . . . . . . . . . . . 261
3. Gefäßreaktionen . . . . . . . . . . . . . . . . . . . . . . . . . . 262
4. Blutvolumen . . . . . . . . . . . . . . . . . . . . . . . . . . . . . 262
5. Humorale Beeinflussung . . . . . . . . . . . . . . . . . . . . . . 263
6. Nervöse Regulation . . . . . . . . . . . . . . . . . . . . . . . . . 264
7. Splenomotorische Wellen . . . . . . . . . . . . . . . . . . . . . . 265

V. Leber . . . . . . . . . . . . . . . . . . . . . . . . . . . . . . . . . 267
1. Messung der Durchblutung und Meßergebnisse . . . . . . . . . 268
2. Die hepatischen Zufluß- und Abflußbahnen. Elastizitätswerte des
   Lebersystems . . . . . . . . . . . . . . . . . . . . . . . . . . . . 269
3. Intrahepatische Gefäßinteraktion . . . . . . . . . . . . . . . . . 270
    a) Einfluß der *A. hepatica* auf die *V. portae* (arterio-portale Inter-
       aktion) . . . . . . . . . . . . . . . . . . . . . . . . . . . . . . 270
    b) Einfluß der *V. portae* auf die *A. hepatica* (porto-arterielle Inter-
       aktion) . . . . . . . . . . . . . . . . . . . . . . . . . . . . . . 271
    c) Einfluß der *Venae hepaticae* auf die *V. portae* und *A. hepatica*. . 272
4. Beeinflussung der Leberdurchblutung durch vegetative Nerven,
   Überträgerstoffe und metabolische Vorgänge . . . . . . . . . . . 275

VI. Die Abdominalkreisläufe als einheitliches mesenteriales Stromgebiet:
    Mesenterio-mesenteriale Gefäßreflexe. . . . . . . . . . . . . . . . 277

Literatur . . . . . . . . . . . . . . . . . . . . . . . . . . . . . . . . . 278

**Niere.** K. THURAU. Mit 27 Abbildungen . . . . . . . . . . . . . . . . . 293

  I. Gesamtnierendurchblutung . . . . . . . . . . . . . . . . . . . . . . 293

  II. Hydrostatische Drucke und Strömungswiderstände in den Gefäßen der Nierenrinde . . . . . . . . . . . . . . . . . . . . . . . . . . . . . 295

  III. Autoregulation des Nierenkreislaufes . . . . . . . . . . . . . . . . . 297
    1. Transmurale Drucktheorie . . . . . . . . . . . . . . . . . 300
    2. Juxtaglomeruläre Rückkoppelungstheorie . . . . . . . . . . . . 302

  IV. Sauerstoffverbrauch der Niere . . . . . . . . . . . . . . . . . . . . 309

  V. Sauerstoffdruck im Nierengewebe . . . . . . . . . . . . . . . . . . 312

  VI. Intrarenales Blutvolumen und intrarenaler Hämatokrit . . . . . . . 314

  VII. Nervöse Kontrolle der Nierendurchblutung . . . . . . . . . . . . . 315

  VIII. Nierendurchblutung nach renaler Ischämie . . . . . . . . . . . . . 318

  IX. Pharmakologische Beeinflussung der Nierendurchblutung . . . . . . 321

  X. Intrarenale Verteilung des Glomerulumfiltrates . . . . . . . . . . 323

  XI. Durchblutung des Nierenmarkes . . . . . . . . . . . . . . . . . 324
    1. Anatomie der Gefäße im Nierenmark . . . . . . . . . . . . . 325
    2. Hämodynamik des Nierenmarkes . . . . . . . . . . . . . . . 330

  XII. Beziehung zwischen Markdurchblutung und Konzentrierungsmechanismus . . . . . . . . . . . . . . . . . . . . . . . . . . . . . 334

XIII. Markdurchblutung während Wasserdiurese und osmotischer Diurese 335

XIV. Markdurchblutung während hämorrhagischer Hypotension . . . . . 338

Literatur . . . . . . . . . . . . . . . . . . . . . . . . . . . . . 338

**Haut.** K. GOLENHOFEN. Mit 18 Abbildungen . . . . . . . . . . . . . 347

Vorbemerkungen . . . . . . . . . . . . . . . . . . . . . . . . . . 347

  I. Methodisches . . . . . . . . . . . . . . . . . . . . . . . . . . 348
    1. Vergleich verschiedener Verfahren zur Messung der Hautdurchblutung . . . . . . . . . . . . . . . . . . . . . . . . . . . 348
    2. Die Wärmeleitmessung (lokale Wärme-Clearance) . . . . . . . . 349
      a) Wärme-Clearance und stoffliche Clearance . . . . . . . . . 350
      b) Verschiedene Typen von Wärmeleitelementen . . . . . . . . 351
      c) Beziehungen zwischen Wärmetransportzahl und Durchblutung . 352
      d) Temperatur- und Mitheizungsfehler . . . . . . . . . . . . 354

  II. Gesamtdurchblutung der Haut . . . . . . . . . . . . . . . . . . 354

  III. Topographische Differenzierung im Durchblutungsverhalten der Haut 356

  IV. Mechanismen der Durchblutungsregulation . . . . . . . . . . . . 357
    1. Nervale Steuerung . . . . . . . . . . . . . . . . . . . . . 357
    2. Humorale Steuerung . . . . . . . . . . . . . . . . . . . . 358
    3. Lokale Regulation . . . . . . . . . . . . . . . . . . . . . 358

  V. Spontanverhalten . . . . . . . . . . . . . . . . . . . . . . . . 359
    1. Schnelle Rhythmen . . . . . . . . . . . . . . . . . . . . . 359
    2. Minutenrhythmus . . . . . . . . . . . . . . . . . . . . . 359
    3. Tagesrhythmus und langsamere Schwankungen . . . . . . . . 360

VI. Emotion . . . . . . . . . . . . . . . . . . . . . . . . . . . . . . 361
VII. Thermische Reaktionen . . . . . . . . . . . . . . . . . . . . . . 362
    1. Allgemeines zum Wärmeaustausch . . . . . . . . . . . . 362
    2. Reaktionen auf Erwärmung . . . . . . . . . . . . . . . . 363
    3. Kältereaktionen . . . . . . . . . . . . . . . . . . . . . . . 365
    4. Thermische Adaptation . . . . . . . . . . . . . . . . . . . 368
VIII. Druckänderungen und Lagewechsel . . . . . . . . . . . . . . . 369
IX. Reaktionen auf Durchblutungsdrosselung . . . . . . . . . . . . 371
X. Reaktionen im Dienste des Gesamtkreislaufes . . . . . . . . . . 371
    1. Blutdruck- und Blutvolumenregelung . . . . . . . . . . . 371
    2. Körperliche Arbeit . . . . . . . . . . . . . . . . . . . . . 373
XI. Vasoaktive Stoffe und verschiedene andere Einflüsse . . . . . . 373
    1. Vasoaktive Stoffe . . . . . . . . . . . . . . . . . . . . . . 373
    2. $CO_2$ und Atmung . . . . . . . . . . . . . . . . . . . . . 374
    3. Mechanische Reize . . . . . . . . . . . . . . . . . . . . . 375
    4. Bestrahlung . . . . . . . . . . . . . . . . . . . . . . . . . 375
    5. Rauchen und Nicotin . . . . . . . . . . . . . . . . . . . . 375
    6. Gasembolie . . . . . . . . . . . . . . . . . . . . . . . . . 375
    7. Hypoglykämie . . . . . . . . . . . . . . . . . . . . . . . . 376
XII. Konstitution und Alter . . . . . . . . . . . . . . . . . . . . . . 376
    1. Konstitutionelle Einflüsse auf die Hautdurchblutung . . . 376
    2. Der Hautkreislauf beim Neugeborenen . . . . . . . . . . . 376

Literatur . . . . . . . . . . . . . . . . . . . . . . . . . . . . . . . . . 377


**Skeletmuskel. K. GOLENHOFEN. Mit 17 Abbildungen** . . . . . . . . . 385
  I. Allgemeines . . . . . . . . . . . . . . . . . . . . . . . . . . . . 385
  II. Methodisches . . . . . . . . . . . . . . . . . . . . . . . . . . . 388
  III. Mechanismen der Durchblutungsregulation im Muskel . . . . . 389
    1. Basaler Tonus der Muskelgefäße . . . . . . . . . . . . . . 389
    2. Nervale Steuerung . . . . . . . . . . . . . . . . . . . . . . 390
    3. Humorale Steuerung . . . . . . . . . . . . . . . . . . . . 391
    4. Angriffsorte . . . . . . . . . . . . . . . . . . . . . . . . . 394
    5. Interferenzen zwischen den verschiedenen Mechanismen . . . . . 395
    6. Kurzschlußdurchblutung . . . . . . . . . . . . . . . . . . 396
  IV. Spontanverhalten in Ruhe . . . . . . . . . . . . . . . . . . . . 397
  V. Emotion . . . . . . . . . . . . . . . . . . . . . . . . . . . . . . 399
  VI. Arbeit . . . . . . . . . . . . . . . . . . . . . . . . . . . . . . . 401
    1. Durchblutungsverhalten bei Arbeit . . . . . . . . . . . . . 401
    2. Zum Mechanismus der lokal-chemischen Regulation . . . . . 405
  VII. Durchblutungsdrosselung . . . . . . . . . . . . . . . . . . . . 406
  VIII. Druckänderungen und Lagewechsel . . . . . . . . . . . . . . 407
  IX. Dynamik lokaler Reaktionen . . . . . . . . . . . . . . . . . . 411

    X. Reaktionen im Dienste des Gesamtkreislaufes . . . . . . . . . . . . 413
   XI. Langfristige Umstellungen . . . . . . . . . . . . . . . . . . . . . 414
  XII. Vasoaktive Stoffe . . . . . . . . . . . . . . . . . . . . . . 415

Literatur . . . . . . . . . . . . . . . . . . . . . . . . . . 415


**Fetal- und Placentarkreislauf.** W. MOLL und H. BARTELS. Mit 16 Abbildungen  425
    I. Entwicklung des fetalen Kreislaufs . . . . . . . . . . . . . . . . 425
   II. Kennzeichen des fetalen Kreislaufs . . . . . . . . . . . . . . . 426
  III. Anatomische Besonderheiten des fetalen Herzens sowie des fetalen und
       placentaren Gefäßsystems . . . . . . . . . . . . . . . . . . . 427
       1. Anatomische Besonderheiten des fetalen Herzens . . . . . . . . 427
       2. Anatomische Besonderheiten des fetalen Gefäßsystems . . . . . . 427
          a) Die großen Gefäße . . . . . . . . . . . . . . . . . . . 427
          b) Die Capillaren . . . . . . . . . . . . . . . . . . . . 428
       3. Anatomie des placentaren Gefäßsystems . . . . . . . . . . . . 429
   IV. Methoden zur Messung der Durchblutung von Fet und Placenta . . . 431
       1. Messung der fetalen Durchblutung der Placenta . . . . . . . . 431
       2. Durchblutungsmessung fetaler Organe . . . . . . . . . . . . . 432
       3. Bestimmung der Verteilung des Blutstromes im fetalen Herzen und
          in den fetalen Kurzschlüssen . . . . . . . . . . . . . . . . 432
          a) Die Bestimmung der Blutströme aus den Sauerstoffsättigungen . 432
          b) Die Bestimmung der Blutstromstärken in den fetalen Kurz-
             schlüssen mit Hilfe der Partikelverteilungsmethode . . . . . . 433
       4. Bestimmung des fetalen Herzzeitvolumens . . . . . . . . . . . 433
       5. Messung der maternalen Durchblutung der Placenta und der Durch-
          blutung der Uterusmuskulatur . . . . . . . . . . . . . . . 433
    V. Funktion des fetalen Herzens . . . . . . . . . . . . . . . . . 434
       1. Verteilung des Blutstromes im fetalen Herzen . . . . . . . . . 434
       2. Kombiniertes Herzzeitvolumen des Feten . . . . . . . . . . . 436
       3. Fetale Herzfrequenz . . . . . . . . . . . . . . . . . . . . 436
       4. Fetaler Blutdruck . . . . . . . . . . . . . . . . . . . . . 437
       5. Peripherer Widerstand . . . . . . . . . . . . . . . . . . . 437
       6. Fetale Kreislaufregulation . . . . . . . . . . . . . . . . . 437
   VI. Durchblutung fetaler Organe . . . . . . . . . . . . . . . . . 438
  VII. Fetale Durchblutung der Placenta . . . . . . . . . . . . . . . 442
 VIII. Maternale Durchblutung der Placenta und Uterusdurchblutung . . . 443
       1. Strömungsrichtung im intervillösen Raum . . . . . . . . . . . 443
       2. Durchblutung vor Beginn des Geburtsvorganges . . . . . . . . 444
          a) Durchblutungsgrößen . . . . . . . . . . . . . . . . . . 444
          b) Strömungswiderstand . . . . . . . . . . . . . . . . . . 445
          c) Räumliche und zeitliche Verteilung der Durchblutung . . . . . 446
          d) Steuerung der Uterusdurchblutung . . . . . . . . . . . . 446
       3. Durchblutungsgröße während der Geburt . . . . . . . . . . . 447

IX. Kreislaufumstellung nach der Geburt . . . . . . . . . . . . . . 448
    1. Unterbrechung der Placentadurchblutung . . . . . . . . . . . 448
    2. Abfall des Strömungswiderstandes der Lungengefäße. . . . . . . 448
    3. Verschluß der fetalen Kurzschlüsse . . . . . . . . . . . . . 449

Literatur . . . . . . . . . . . . . . . . . . . . . . . . . . . . 451

Namenverzeichnis . . . . . . . . . . . . . . . . . . . . . . . . 455

Sachverzeichnis . . . . . . . . . . . . . . . . . . . . . . . . . 494

# Mitarbeiterverzeichnis

Professor Dr. H. BARTELS, Physiologisches Institut der Medizinischen Hochschule,
3000 Hannover, Osterfeldstraße 5

Dr. R. D. BAUER, II. Physiologisches Institut der Universität,
8520 Erlangen, Loschgestraße 8$^1$/$_2$

Professor Dr. ERICH BAUEREISEN, Physiologisches Institut der Universität,
8700 Würzburg, Röntgenring 9

Professor Dr. K. GOLENHOFEN, Physiologisches Institut der Universität,
3550 Marburg, Deutschhausstraße 2

Priv.-Doz. Dr. G. HAUCK, Physiologisches Institut der Universität,
8700 Würzburg, Röntgenring 9

Professor Dr. Dr. H. HIRSCH, Physiologisches Institut der Universität,
5000 Köln-Lindenthal, Robert-Koch-Str. 39

Professor Dr. W. LOCHNER, Physiologisches Institut der Universität,
4000 Düsseldorf, Ulenbergstraße 123

Priv.-Doz. Dr. J. LUTZ, Physiologisches Institut der Universität,
8700 Würzburg, Röntgenring 9

Professor Dr. W. MOLL, Physiologisches Institut der Medizinischen Hochschule,
3000 Hannover, Osterfeldstraße 5

Dr. TH. PASCH, II. Physiologisches Institut der Universität,
8520 Erlangen, Loschgestraße 8$^1$/$_2$

Professor Dr. K. THURAU, Physiologisches Institut der Universität,
8000 München 15, Pettenkoferstraße 12

Professor Dr. E. WETTERER, II. Physiologisches Institut der Universität,
8520 Erlangen, Loschgestraße 8$^1$/$_2$

Professor Dr. J. WOLFF, Max-Planck-Institut für Biophysikalische Chemie,
3400 Göttingen

# Arteriensystem

E. Wetterer, R. D. Bauer und Th. Pasch

Mit 30 Abbildungen

## I. Einleitung

Das Arteriensystem erfüllt mehrere Aufgaben. Es stellt ein System von verzweigten Leitungsröhren dar, in denen das vom linken Ventrikel geförderte Blut zu den Capillaren strömt (*Leitungsfunktion*). Die Verteilung auf die einzelnen parallelgeschalteten peripheren Gefäßgebiete hängt von deren örtlichen Strömungswiderständen ab, die ihrerseits durch die einstellbare Weite der den Capillaren vorgeschalteten Arteriolen verändert werden können (*Verteilerfunktion*). Das Herz ist eine intermittierend arbeitende Pumpe. Die elastische Weitbarkeit der Arterien bewirkt, daß trotz des stoßweise erfolgenden Einstroms ein Druck auf erhöhtem mittlerem Niveau mit relativ kleinen pulsatorischen Schwankungen zustande kommt und in den Capillaren eine weitgehend gleichmäßige Strömung herrscht (*Glättungsfunktion*).

Die vom linken Ventrikel pro Zeiteinheit geförderte Blutmenge verteilt sich auf die Gefäßgebiete unter Ruhebedingungen etwa folgendermaßen:

| | |
|---|---|
| Coronargebiet | 5% |
| Gehirn | 15% |
| Muskeln | 15% |
| Eingeweide | 35% |
| Nieren | 20% |
| Haut, Skelet u.a. | 10% |
| | 100% |

Das Verständnis der Funktionen des Arteriensystems setzt Kenntnisse auf verschiedenen Gebieten der Physik voraus. Hierzu gehören vor allem die Flüssigkeitsströmung, das Dehnungsverhalten elastischer Körper und das Zusammenwirken beider bei pulsierender Durchströmung elastischer Rohre. Diese Voraussetzungen sollen in Abschnitt II behandelt werden. Außerdem ist es notwendig, die wichtigsten Methoden zur Messung des Blutdrucks und der Blutströmung zu beschreiben, was in Abschnitt III geschehen wird. Abschnitt IV ist dann den speziellen Funktionen des Arteriensystems gewidmet.

Der für dieses Kapitel verfügbare Raum gestattet eine Beschreibung der wichtigsten Grundlagen und Tatsachen. Zur weitergehenden Information des Lesers wird jeweils auf die Spezialliteratur verwiesen. Damit der Textzusammenhang nicht durch häufige Literaturzitate unterbrochen wird, sind diese am Ende einzelner Abschnitte zusammengefaßt.

# II. Physikalische Prinzipien des Blutdrucks, der Blutströmung und der Pulswellen

## 1. Strömung in starren Röhren

Allgemein wichtig ist folgende, dem Ohmschen Gesetz formal analoge Beziehung:

$$i = \frac{p_1 - p_2}{R}. \tag{1}$$

Hierin ist $i$ [cm³/sec] die Stromstärke, d. h. das Verhältnis des einen Rohrquerschnitt durchfließenden Flüssigkeitsvolumens zur hierfür benötigten Zeit; $p_1 - p_2$ [dyn/cm²] ist die Druckdifferenz zwischen Anfang und Ende eines Rohres bzw. Rohrabschnitts; $R$ [dyn · sec/cm⁵] ist der Strömungswiderstand. Den einfachsten Fall stellt die *stationäre laminare* Strömung einer *homogenen*, als inkompressibel betrachteten Flüssigkeit in einem zylindrischen Rohr dar. Hierbei ist der Strömungswiderstand allein durch Reibung bedingt und berechnet sich folgendermaßen: Die äußerste Flüssigkeitsschicht benetzt die Wand und steht still. Die nach innen folgenden konzentrischen Schichten bewegen sich mit um so größerer Geschwindigkeit, je näher der Rohrachse sie sich befinden. Der Strömungswiderstand $R$ wird durch die Reibung zwischen den aneinander vorbeigleitenden Schichten hervorgerufen. Die Reibungskraft $K$ [dyn] zwischen zwei solchen Schichten ist nach NEWTON proportional ihrer Berührungsfläche $F$ und dem Geschwindigkeitsgefälle $dv/dr$, das als Scherung bezeichnet wird ($v$ = Geschwindigkeit [cm/sec], $r$ = Radialkoordinate [cm], die senkrecht zur Strömungsrichtung steht):

$$K = \eta F \cdot \frac{dv}{dr}. \tag{2}$$

Der Proportionalitätsfaktor ist der Koeffizient $\eta$ [dyn · sec/cm² = Poise] der inneren Reibung (*Viscosität*). In einem Rohr der Länge $l$ [cm] herrscht demnach im Abstand $r$ von der Achse die Reibungskraft $K = \eta 2 r \pi l \cdot dv/dr$. Diese Kraft ist der treibenden Kraft $(p_1 - p_2) r^2 \pi$ gleich und entgegengerichtet:

$$(p_1 - p_2) r^2 \pi = - 2 \pi r l \eta \cdot \frac{dv}{dr}. \tag{3}$$

Die Gleichung wird integriert; bei der Bestimmung der Integrationskonstante gilt die Randbedingung, daß für die äußerste Schicht $v = 0$ ist. So ergibt sich für die Geschwindigkeit $v$ einer Schicht im Abstand $r$ von der Achse:

$$v = \frac{p_1 - p_2}{4 \eta l} (r_i^2 - r^2). \tag{4}$$

$r_i$ ist der innere Rohrradius. — Eine zylindrische Flüssigkeitsschicht der Dicke $dr$ hat den Querschnitt $dQ = 2 r \pi dr$ [cm²]. Bewegt sie sich mit der Geschwindigkeit $v$, so liefert sie zur Stromstärke $i$ den Beitrag

$$di = v \cdot dQ = \frac{p_1 - p_2}{4 \eta l} (r_i^2 - r^2) 2 r \pi \cdot dr. \tag{5}$$

Hieraus ergibt sich die Stromstärke $i$ als bestimmtes Integral zwischen den Grenzen $r = r_i$ und $r = 0$:

$$i = \frac{p_1 - p_2}{8\eta l} \, r_i^4 \, \pi \tag{6}$$

und aus Gl. (1)

$$R = \frac{8\eta l}{r_i^4 \pi} \, . \tag{7}$$

Die durch die Gln. (6) und (7) ausgedrückte Beziehung stellt das Poiseuillesche Gesetz dar. Man ersieht den großen Einfluß, den der Rohrradius auf den Strömungswiderstand hat, da $r_i$ in der 4. Potenz auftritt, während die Rohrlänge $l$ in der 1. Potenz enthalten ist.

Aus Gl. (4) ergibt sich die Geschwindigkeitsverteilung über den Rohrdurchmesser, das sog. Geschwindigkeitsprofil; es ist in Abb. 1 graphisch dargestellt

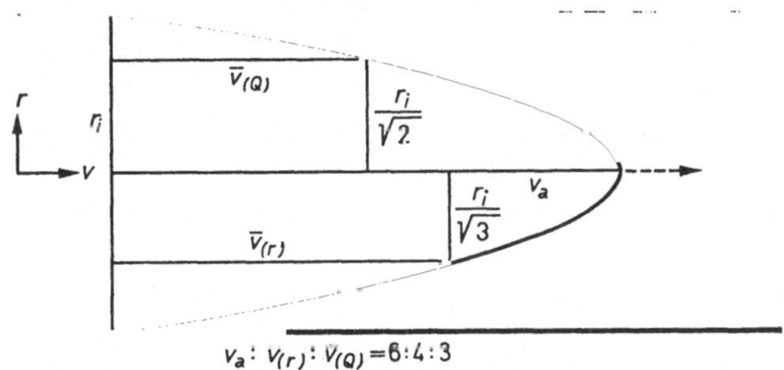


Abb. 1. Parabelförmiges Geschwindigkeitsprofil bei stationärer laminarer Strömung gemäß Gl. (4). $r =$ Koordinate in radialer Richtung, $v =$ Koordinate der Geschwindigkeit in Längsrichtung. Weitere Erklärung im Text

und hat in diesem Fall die Form einer Parabel. Die Achsengeschwindigkeit $v_a$ ist am größten; sie ergibt sich aus Gl. (4), wenn man $r = 0$ setzt. Von Bedeutung ist auch die über den Querschnitt gemittelte Geschwindigkeit $\overline{v}_Q$, die man erhält, wenn man Gl. (6) durch den Querschnitt $r_i^2 \pi$ dividiert. Diese Geschwindigkeit kommt der im Abstand $r_i/\sqrt{2}$ von der Achse befindlichen Schicht zu und ist halb so groß wie $v_a$. Schließlich beträgt die über den Innenradius oder -durchmesser gemittelte Geschwindigkeit $\overline{v}_r = 2v_a/3$. Diese Betrachtungen sind u. a. von Wichtigkeit für die Funktion von Strömungsmessern (Abschnitt III). — Bei parabelförmigem Geschwindigkeitsprofil hat der Strömungswiderstand den kleinstmöglichen Wert; jede andere Geschwindigkeitsverteilung führt also zu einem größeren Strömungswiderstand.

Das Poiseuillesche Gesetz hat fundamentale Bedeutung in der Strömungslehre und stellt auch für viele Betrachtungen über Probleme der Blutströmung den theoretischen Ausgangspunkt dar. Doch muß darauf hingewiesen werden, daß die Voraussetzungen für eine strenge Gültigkeit dieses Gesetzes im Blutkreislauf aus mehreren Gründen nicht erfüllt sind. In den Arterien und herznahen Venen herrscht keine stationäre, sondern eine pulsierende Strömung, die in Arterien turbulent sein kann (s. u.). Auch in solchen Gefäßen, in denen die Strömung stationär ist, sind die Bedingungen einer genügend langen Anlaufstrecke (s. u.)

nicht gegeben. Weiterhin sind die Gefäßwände nicht starr, sondern elastisch, so
daß sie bei steigendem Druck gedehnt werden und der Strömungswiderstand
vom Druck abhängt. Schließlich ist Blut keine homogene (Newtonsche) Flüssigkeit, sondern eine Suspension. Es darf als homogen behandelt werden, wenn der
Rohrradius groß im Vergleich zum Durchmesser der Blutkörperchen ist. Die
üblicherweise zu etwa 0,04 Poise angegebene Blutviscosität, die hauptsächlich
vom Hämatokrit und der Temperatur abhängt, gilt für diese Bedingung. In
engen Röhren zeigt sich die Abhängigkeit der Blutviscosität von der Scherung,
so daß von „scheinbarer Viscosität“ gesprochen werden muß. Diese rheologische
Eigenschaft des Blutes wird in Kap. Terminale Strombahn behandelt.

Bei *nichtstationärer* Strömung in einem starren Rohr ist außer der *Reibung*
auch die *Massenträgheit* der Flüssigkeit zu berücksichtigen, die zunächst allein
besprochen werden soll. Die Längenkoordinate des Rohres sei mit $x$ bezeichnet,
der Innenquerschnitt ist $Q = r_i^2 \pi$ [cm²]. Eine Flüssigkeitssäule der Länge $\Delta x$
hat die Masse $m = \varrho \cdot Q \cdot \Delta x$, worin $\varrho = $ Dichte der Flüssigkeit [g/cm³]. Nach
Newtons Grundgesetz der Mechanik entsteht bei der Beschleunigung $dv/dt$
dieser Masse eine Trägheitskraft $m \cdot dv/dt$, die der beschleunigenden Kraft gleich
und entgegengerichtet ist. Beschleunigend wirkt die Differenz $\Delta K$ der Kräfte
zwischen Anfang und Ende der Strecke $\Delta x$. Da $K = pQ$ und $i = vQ$, gilt die
Beziehung

$$Q \cdot \Delta p = -\varrho Q \cdot \Delta x \cdot \frac{dv}{dt} = -\varrho \cdot \Delta x \cdot \frac{di}{dt}. \tag{8}$$

Die Differenzzeichen werden nun durch Differentialzeichen ersetzt. Da sowohl
eine Differenzierung nach dem Ort $x$ als auch eine solche nach der Zeit $t$ auftritt,
sind die Zeichen $\partial$ der partiellen Differenzierung zu benutzen. Aus (8) entsteht

$$-\frac{\partial p}{\partial x} = \frac{\varrho}{Q} \cdot \frac{\partial i}{\partial t} = \mathscr{M}' \cdot \frac{\partial i}{\partial t}. \tag{9}$$

$\partial p/\partial x$ ist der Druckgradient in positiver $x$-Richtung. Sein negatives Vorzeichen,
das sich formal aus der Kräftebetrachtung ergibt, ist auch deswegen plausibel,
weil eine Beschleunigung in Richtung des abnehmenden Drucks, d.h. vom Ort
höheren zum Ort niedrigeren Drucks erfolgt. $\mathscr{M}' = \varrho/Q$ ist als „wirksame Flüssigkeitsmasse“ pro Längeneinheit definiert. Die „wirksame Masse“ $M' = \varrho l/Q$ wurde
von Frank als nützlicher Begriff für die Umrechnung von Kraft, Länge und Zeit
in Druck, Volumen und Zeit eingeführt (vgl. Abschnitt III).

Für die *Flüssigkeitsreibung allein* sei $\mathscr{R}$ der Strömungswiderstand pro Längeneinheit, also $\mathscr{R} \cdot \Delta x$ der Widerstand eines Rohrstückes der Länge $\Delta x$, zwischen
dessen Anfang und Ende die treibende Druckdifferenz $\Delta p$ herrscht. Aus der Definition des Strömungswiderstandes $\bigl($Gl. (1)$\bigr)$ folgt:

$$-\frac{\partial p}{\partial x} = i \cdot \mathscr{R}. \tag{10}$$

Der Druckgradient muß auch hier negatives Vorzeichen haben, da die Strömung
in Richtung abnehmenden Drucks erfolgt.

Sind *sowohl Massenträgheit als auch Reibung* wirksam, so entsteht nach
den Gln. (9) und (10):

$$-\frac{\partial p}{\partial x} = \mathscr{M}' \cdot \frac{\partial i}{\partial t} + i\mathscr{R}. \tag{11}$$

Diese Gleichung wird als *Bewegungsgleichung* für Flüssigkeiten in starren Rohren bezeichnet; sie wurde schon von v. Kries (1892) in grundsätzlich derselben Form benutzt. Was das Geschwindigkeitsprofil betrifft, wurde bei der Herleitung von Gl. (9) die wirksame Masse so behandelt, als ob die Flüssigkeit reibungsfrei sei („ideale" Flüssigkeit) und sich an allen Stellen des Rohrquerschnitts mit gleicher Geschwindigkeit bewege (Profil völlig flach), während der Reibungswiderstand (Gl. (10)) eine viscöse Flüssigkeit und bei Berechnung nach dem Poiseuilleschen Gesetz ein parabelförmiges Geschwindigkeitsprofil voraussetzt. Dies ist zweifellos eine Inkonsequenz. Nimmt man sie in Kauf, so verfügt man in Gl. (11) über eine für viele Zwecke brauchbare Näherung. Ihre Bedeutung soll erst dann diskutiert werden, wenn die Ergebnisse einer exakteren Berechnung besprochen sind und zum Vergleich dienen können.

Genauere theoretische Betrachtungen zeigen, daß träge Masse und Reibung nicht unabhängig voneinander behandelt werden dürfen, sondern beide von Anfang an in den Differentialgleichungen enthalten sein müssen. Dabei ist von dem sog. Navier-Stokesschen Gleichungssystem auszugehen. Derartige Berechnungen wurden mehrfach durchgeführt. Am bekanntesten sind diejenigen von Womersley (1955—1958). Der mathematische Aufwand ist beträchtlich, so daß er an dieser Stelle nicht dargestellt werden kann. Diese Berechnungen ergeben außer einer exakteren Form der Bewegungsgleichung auch die Geschwindigkeitsprofile bei oszillatorischer Strömung, von denen Beispiele in Abb. 2 wiedergegeben sind. Der Druckgradient oszilliert hier nach einer Cosinus-Funktion, hat also bei 0° seinen größten positiven Wert, geht bei 90° in negativer Richtung durch Null und erreicht bei 180° seinen größten negativen Wert. Die Phase der Strömung eilt in allen Fällen derjenigen des Druckgradienten nach, was in grundsätzlicher Übereinstimmung mit Gl. (11) steht. Im einzelnen zeigt Abb. 2a, daß ein Phasenunterschied zwischen den Bewegungen der Flüssigkeitsschichten besteht. Vom Rand zur Mitte nimmt die Phasennacheilung zu. So beginnt auch die Strömungsumkehr in den wandnahen Schichten und erfolgt erst später in der Rohrmitte. Mit steigender Frequenz der Oszillationen wird das Profil in Achsennähe flacher. In Abb. 2b schwingt eine zentrale Flüssigkeitssäule von etwa 70—80% des Rohrdurchmessers fast wie ein kompakter Körper. Die Geschwindigkeitsamplituden werden mit steigender Frequenz kleiner, was hauptsächlich auf die Vergrößerung des Trägheitswiderstandes zurückzuführen ist. Die Geschwindigkeit der „zentralen Säule" eilt dem Druckgradienten um fast 90° nach; dies besagt, daß der Trägheitswiderstand den Reibungswiderstand weit überwiegt.

Durch Vergleich mit diesen Berechnungen, deren Ergebnisse durch experimentelle Untersuchungen von A. Müller (1954) grundsätzlich bestätigt werden, läßt sich ein Urteil über die einfache Gl. (11) gewinnen. Da sich das Profil mit abnehmender Frequenz der Parabelform nähert und mit wachsender Frequenz abflacht, kann die vorher erwähnte Inkonsequenz bei der Herleitung von Gl. (11) nicht als ein grundsätzlicher Mangel betrachtet werden. Was die praktische Verwertbarkeit dieser Gleichung betrifft, sind die Abweichungen von der „exakten" Berechnung in vielen Fällen sehr gering und liegen im ungünstigsten Fall noch unter 30%, wie Wetterer u. Kenner (1968) gezeigt haben. Für eine eingehendere Analyse muß auf die Originalliteratur verwiesen werden.

Außer den in Abb. 1 und 2 gezeigten Profilen der laminaren Strömung sind
noch andere von Interesse. Als Beispiel seien die Profile im Bereich der sog.
*Anlaufstrecke* genannt, die auch für den Kreislauf Bedeutung haben. Strömt
Flüssigkeit aus einem weiten Rohr oder Behälter in ein enges Rohr, so benötigt
die Strömung eine gewisse Strecke, um sich zu dem endgültigen Typ zu entwickeln. Das Profil ist zunächst stark abgeflacht und erreicht nach dem Durchlaufen von Zwischenformen erst am Ende der Anlaufstrecke die Form, die dem

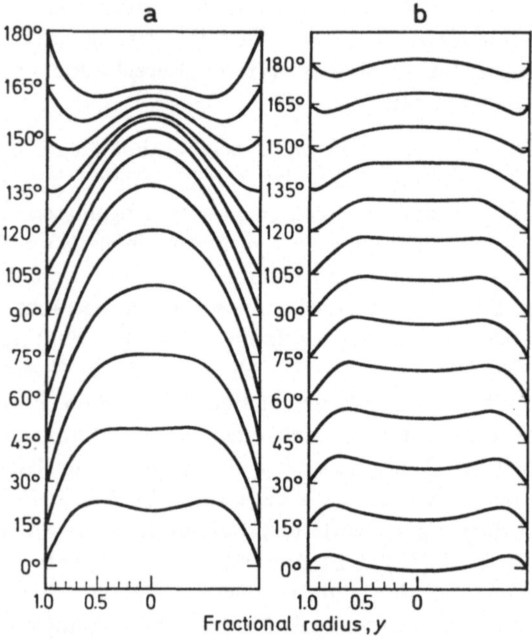



Abb. 2a u. b. Geschwindigkeitsprofile der oszillatorischen Strömung bei Cosinus-förmigem
Verlauf des Druckgradienten in einem starren Rohr, für eine Halbperiode berechnet nach der
Theorie von Womersley. a Bei niederer Frequenz, b bei einer 4mal so hohen Frequenz, wobei
in beiden Fällen die Amplitude des Druckgradienten sowie $r_i$, $\eta$ und $\varrho$ gleich sind. Abszisse:
relativer Abstand $(r/r_i)$ von der Achse. Ordinate: Momentanwerte der Geschwindigkeitsverteilung über den Rohrdurchmesser, aufgetragen in Intervallen von 15°. (Aus McDonald, 1960)

endgültigen Strömungstyp zukommt, z.B. die Parabelform. Die Länge der Anlaufstrecke hängt u.a. vom Rohrradius und der Reynoldsschen Zahl (s.u.) ab.
Auch für pulsierende Strömung gibt es eine Anlaufstrecke. Da die Anfangsteile
der Aorta und A. pulmonalis jedenfalls noch im Bereich der Anlaufstrecke liegen,
ist in ihnen schon aus diesem Grunde eine Strömung mit sehr flachem Profil zu
erwarten.

Das Gegenstück zur laminaren ist die *turbulente* Strömung, die durch eine
allgemeine, den ganzen Querschnitt erfüllende Verwirbelung gekennzeichnet ist.
In einem Rohr mit glatter Wand tritt bei stationärer Strömung Turbulenz auf,
wenn die dimensionslose Reynoldssche Zahl $Re$

$$Re = 2 r_i \, \overline{v}_Q \varrho / \eta \tag{12}$$

den „kritischen" Wert von etwa 2000 überschreitet. Bisweilen wird in der Definition dieser Zahl der Faktor 2 weggelassen, so daß dann der kritische Wert bei 1000 liegt. $\bar{v}_Q$ ist die über den Querschnitt gemittelte Geschwindigkeit (s.o.). Bei Eintritt der Turbulenz steigt der Reibungswiderstand erheblich an und nimmt dann mit wachsendem $Re$ noch zu. Wenn sich die Flüssigkeitsteilchen in den Wirbeln auch nach allen Richtungen bewegen, so besteht doch in jedem Abstand von der Achse eine Geschwindigkeitsresultante in Vorwärtsrichtung, so daß auch für turbulente Strömungen Geschwindigkeitsprofile angegeben werden können. Diese sind im größten Teil des Rohrquerschnitts weitgehend abgeflacht. Da die äußerste Schicht auch bei Turbulenz an der Rohrwand haftet, muß in Wandnähe eine sehr steile Abnahme der Geschwindigkeit, also eine hohe Scherung vorhanden sein. In großen Arterien sind im allgemeinen die Bedingungen für Turbulenz während der systolischen Pulsabschnitte gegeben.

Zum Schluß sei noch hingewiesen auf die *Kontinuitätsbedingung* bei Strömung durch starre Röhren, deren Querschnitt von Ort zu Ort wechselt. Bei gegebener Stromstärke $i$, die in allen hintereinandergeschalteten Abschnitten des Rohres im gleichen Zeitpunkt den gleichen Wert hat, ist die Strömungsgeschwindigkeit umgekehrt proportional dem Querschnitt:

$$\bar{v}_Q = \frac{i}{Q} . \tag{13}$$

Dies gilt auch für verzweigte Rohrsysteme und hat große Bedeutung für den Kreislauf, besonders für das Zustandekommen der niederen Strömungsgeschwindigkeit in den Capillaren. Hier bedeutet $Q$ den Gesamtquerschnitt aller parallelgeschalteten Zweige.

## 2. Pulsierende Strömung in Röhren mit elastischer Wand

### a) *Elastizität und Spannung der Wand*

Wird ein elastischer Körper gedehnt, so steht die dehnende Kraft im Gleichgewicht mit der Rückstellkraft des Körpers. Im idealen Fall der „vollkommenen" Elastizität bleibt die bei der Dehnung auf den Körper geleistete Arbeit erhalten und kann von diesem bei der Entdehnung wieder vollständig abgegeben werden; die Abweichungen von der vollkommenen Elastizität werden später behandelt. Das elastische Verhalten des gedehnten Körpers wird durch den von YOUNG eingeführten *Elastizitätsmodul E* [dyn/cm²] gekennzeichnet, der in der differentiellen Form nach FRANK (1906) folgendermaßen definiert ist:

$$E = \frac{dK}{dl} \cdot \frac{l}{q} , \tag{14}$$

worin $K$ = dehnende Kraft [dyn], $l$ = Länge [cm], $q$ = Querschnitt [cm²] des gedehnten Körpers. Dieser Modul stellt eine Materialeigenschaft dar und ist gemäß Gl. (14) um so größer, je geringer die elastische Dehnbarkeit ist. Bei anisotropen Stoffen ist er richtungsabhängig. Der Modul biologischer Materialien steigt im allgemeinen mit wachsender Dehnung. — Die Querdimensionen des gedehnten Körpers nehmen mit wachsender Dehnung ab. Ein Maß hierfür ist die Poissonsche Querkontraktionszahl, die bei den folgenden vereinfachten Betrachtungen nicht verwendet wird.

Die *Spannung* $\sigma$ [dyn/cm²] ist als Kraft pro Querschnittseinheit definiert:

$$\sigma = \frac{K}{q}.$$ 
(15)

Unter der vereinfachenden Voraussetzung, daß $q$ unveränderlich sei, ist $d\sigma = dK/q$, so daß sich $E$ nach Gl. (14) auch folgendermaßen definieren läßt:

$$E = \frac{d\sigma}{dl} \cdot l.$$ 
(16)

Tatsächlich stellen die Gln. (14) und (16) zwei verschiedene Definitionen des Elastizitätsmoduls dar, was bei exakten Berechnungen zu berücksichtigen ist.

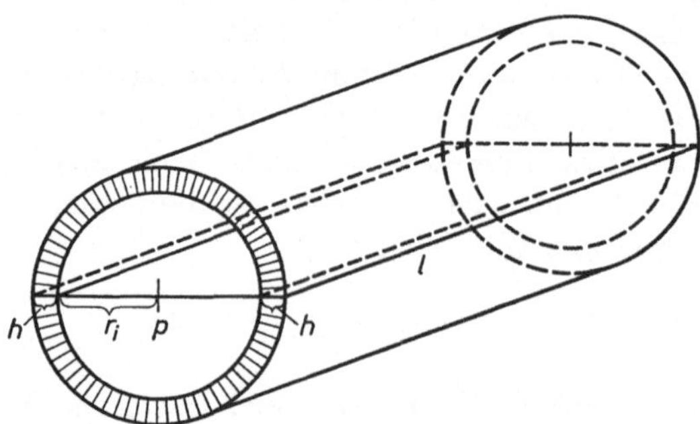

Abb. 3. Zur Berechnung der Wandspannung $\sigma_t$ in Umfangsrichtung. Erklärung im Text

Blutgefäße sind Rohre mit elastischer Wand; der Druck in ihrem Inneren ist im allgemeinen höher als der Außendruck im umgebenden Medium. Die Differenz beider Drucke, der innere Überdruck, wird *transmuraler Druck* genannt. Sofern der Außendruck keine besondere Berücksichtigung verlangt, wird er zur Vereinfachung gleich „Null" gesetzt und der innere Überdruck als „Druck $p$" bezeichnet.

Herrscht in einem Rohr der Druck $p$ [dyn/cm²], so steht die Wand in Umfangsrichtung unter der tangentialen Spannung $\sigma_t$, in Längsrichtung unter der longitudinalen Spannung $\sigma_l$. Gemäß Abb. 3 errechnet sich $\sigma_t$ folgendermaßen. Das Rohr habe den Innenradius $r_i$, die Länge $l$ und die Wanddicke $h$ [cm]. Man denkt sich das Rohr durch eine Längsebene in zwei Hälften geteilt, die der Druck $p$ mit der Kraft $2r_i l p$ auseinanderzudrücken strebt. Dieser Kraft wirkt auf jeder Seite die durch die Wandspannung $\sigma_t$ bewirkte Kraft $h l \sigma_t$ entgegen. Die Beträge beider Kräfte sind gleich groß; $2r_i l p = 2 h l \sigma_t$. Daraus folgt:

$$\sigma_t = \frac{p \cdot r_i}{h}.$$ 
(17)

Falls das Rohr in Längsrichtung frei dehnbar ist, ergibt sich die Longitudinalspannung $\sigma_l$ halb so groß wie $\sigma_t$ nach Gl. (17). Diese Berechnung hat jedoch für Arterien in situ keine Bedeutung, da sie längsvorgedehnt und weitgehend längsfixiert sind.

Differenziert man Gl. (17) unter Vernachlässigung der Änderungen von $r_i$ und $h$ nach dem Druck $p$, so erhält man

$$d\sigma_t = \frac{r_i}{h}\, dp. \tag{18}$$

Betrachtet man den in tangentialer (Umfangs-)Richtung wirksamen Elastizitätsmodul $E_t$, so ist in Gl. (16) an Stelle von $l$ der Umfang $2r_i\pi$ einzusetzen, und man erhält unter Verwendung von Gl. (18):

$$E_t = \frac{d\sigma_t}{dr_i}\, r_i = \frac{dp}{dr_i} \cdot \frac{r_i^2}{h}. \tag{19}$$

Eine exakte Berechnung würde die vollständige Differenzierung von $\sigma_t$ nach $p$, $r_i$ und $h$ erfordern. Das vereinfachende Vorgehen gemäß Gl. (18) genügt jedoch für eine erste Näherung.

### b) Freilaufende Wellen in homogenen Schläuchen

Ist die Rohrwand nicht starr, sondern elastisch, so löst eine nichtstationäre Strömung eine sich fortpflanzende Schlauchwelle aus. Ein sehr langer zylindrischer

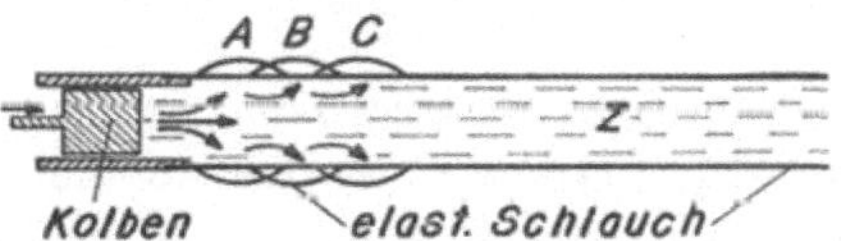


Abb. 4. Zur Erläuterung der Entstehung einer Schlauchwelle. $A$, $B$, $C$ herausgegriffene Schlauchsegmente. $Z$ Wellenwiderstand. Besprechung im Text

Schlauch, dessen Wand über die ganze Länge gleiche Eigenschaften aufweist (homogener Schlauch), sei mit inkompressibler Flüssigkeit gefüllt und stehe unter einem bestimmten Ausgangsdruck (Abb. 4). Durch einen Kolben werde in den Schlaucheingang ein bestimmtes Volumen gepumpt. Während im starren Rohr die gesamte Flüssigkeitssäule unter hohem Druckanstieg beschleunigt werden müßte, erstreckt sich die Flüssigkeitsverschiebung im elastischen Schlauch zunächst nur auf das erste Segment $A$, und der Druckanstieg ist daher viel kleiner als im starren Rohr. Denn mit ansteigendem Druck dehnt sich die elastische Wand, und es kommt zur lokalen Speicherung im Segment $A$ (Verwandlung von kinetischer in potentielle Energie). Hierdurch entsteht aber ein Druckgradient zwischen den Segmenten $A$ und $B$, so daß im nächsten Zeitabschnitt die in $A$ gespeicherte Flüssigkeit entspeichert und in Richtung auf $B$ beschleunigt wird (Verwandlung von potentieller in kinetische Energie), wo sich dieselben Vorgänge etwas später abspielen, dann auf $C$ übergreifen usw. Das Phänomen schreitet mit einer bestimmten Geschwindigkeit, der *Wellenfortpflanzungsgeschwindigkeit*, entlang dem Schlauch in positiver $x$-Richtung weiter. Der Übergang von Ort zu Ort vollzieht sich nicht, wie der Anschaulichkeit wegen dargestellt, in groben Schritten, sondern kontinuierlich, indem Speicherung und Weiterbewegung der Flüssigkeit nebeneinander ablaufen und stets potentielle und kinetische Energie gleichzeitig und in gleichen Beträgen vorhanden sind. Die örtlich registrierte durchlaufende

Welle wird als *Puls* bezeichnet, dessen drei zusammengehörige Erscheinungsformen *Druckpuls, Querschnitts-* oder *Volumpuls* und *Strompuls* genannt werden. Wenn die innere Flüssigkeits- und Wandreibung klein sind und vernachlässigt werden dürfen, so sind für eine ungestört freilaufende Welle die Ablaufsformen dieser 3 Phänomene einander völlig gleich, wie Abb. 7 zeigt. Die Einsicht, daß unter den genannten Bedingungen Druckpuls, Volumpuls und Strompuls übereinstimmende Kurvenformen haben, ist eine der Voraussetzungen für das Verständnis der Pulswellen im Kreislauf. Durch die oft anzutreffende Vermischung von wellen- und windkesseltheoretischen Vorstellungen wird die Einsicht erschwert.

Wie sich aus diesen Überlegungen ergibt, ist die sich fortpflanzende Schlauchwelle durch ein Zusammenwirken von Elastizität der Wand und Massenträgheit der Flüssigkeit bedingt. Dies soll quantitativ formuliert werden. Von dem Einfluß der Reibung sei vorerst abgesehen. Zur Angabe der elastischen Eigenschaften des Schlauchs sind folgende Größen im Gebrauch. Die *Volumelastizität* $E'$ [dyn/cm⁵] ist die Druck-Volum-Relation eines Schlauchs oder Schlauchteils mit der Länge $l$ und dem Querschnitt $Q$, wobei $V = $ Volumen [cm³] $= Q \cdot l$:

$$E' = \frac{dp}{dV} \cong \frac{\Delta p}{\Delta V} = \frac{1}{C} . \tag{20}$$

$C = Kapazität$ [cm⁵/dyn], auch *Compliance* oder elastische *Weitbarkeit* genannt. Der *Volumelastizitätsmodul* $\varkappa$ [dyn/cm²] ist die auf die Volumeinheit bezogene Druck-Volum-Relation:

$$\varkappa = \frac{dp}{dV} \cdot V \cong \frac{\Delta p}{\Delta V} \cdot V = E' \cdot V = E' \cdot Q \cdot l . \tag{21}$$

$E'$ und $\varkappa$ dürfen nicht mit dem Elastizitätsmodul $E$ nach Gl. (14) oder (16) verwechselt werden. Ist der Schlauch längsfixiert, d.h. ist durch die Art seiner Befestigung bzw. durch Längsvordehnung dafür gesorgt, daß er sich bei Druckänderungen nur in Querrichtung dehnen kann, so ist auch

$$\varkappa = \frac{dp}{dQ} \cdot Q = \frac{dp}{dr_i} \cdot \frac{r_i}{2} = \frac{E_t \cdot h}{2 r_i} . \tag{22}$$

Hierbei sind folgende Beziehungen verwendet: $Q = r_i^2 \pi$; $dQ = 2 r_i \pi d r_i$; außerdem Gl. (19). — Einer anderen Formulierungsart dient die reziprok hierzu und auf die Längeneinheit bezogene *Kapazität pro Längeneinheit* $\mathscr{C}$ [cm⁴/dyn]:

$$\mathscr{C} = \frac{dQ}{dp} = \frac{1}{E' \cdot l} . \tag{23}$$

Die Massenträgheit der Flüssigkeit wird je nach Formulierungsart entweder durch die Massendichte $\varrho$ [g/cm³] der Flüssigkeit oder nach Frank durch die „*wirksame Masse*" $M'$ [g/cm⁴] angegeben

$$M' = \frac{\varrho \cdot l}{Q} . \tag{24}$$

Pro Längeneinheit ist die wirksame Masse $\mathscr{M}'$ [g/cm⁵] (vgl. Gl. (9))

$$\mathscr{M}' = \frac{\varrho}{Q} . \tag{25}$$

Eine sehr bekannte Formel stellt die Beziehung zwischen diesen Größen und der Fortpflanzungsgeschwindigkeit $c$ [cm/sec] der Welle her:

$$c = \sqrt{\frac{\varkappa}{\varrho}}, \quad \text{also} \quad \varkappa = \varrho c^2. \tag{26}$$

Bei Längsfixierung ist dies identisch mit:

$$c = \frac{1}{\sqrt{\mathscr{C} \cdot \mathscr{M}'}}. \tag{27}$$

Auch läßt sich, ebenfalls bei Längsfixierung, Gl. (22) in Gl. (26) einsetzen, wodurch sich je nach der gewählten Form ergibt: Formel nach W. Weber (1866)

$$c = \sqrt{\frac{dp}{dr_i} \cdot \frac{r_i}{2\varrho}} \tag{28}$$

bzw. Formel nach Moens sowie Korteweg (beide 1878)

$$c = \sqrt{\frac{E_t \cdot h}{2 r_i \varrho}}. \tag{29}$$

Gl. (26) entspricht grundsätzlich der Newtonschen Formel für die Schallgeschwindigkeit und wurde erstmals von Young (1808), später von anderen Autoren, so Frank (1920), auf Schlauch- und Pulswellen angewandt. Eine ausführliche historische und mathematische Diskussion findet sich bei Lambossy (1950/51). Die Bedeutung der Gln. (26)—(29) für die arterielle Dynamik liegt vor allem darin, daß man aus der experimentell ermittelten Pulswellengeschwindigkeit $c$ Rückschlüsse auf das elastische Verhalten der Arterien ziehen kann. Durch die Gln. (20), (21) und (26) ergibt sich für einen Schlauch oder eine Arterie mit der Länge $l$ und dem Querschnitt $Q$ die oft benutzte Bestimmung der Druck-Volum-Beziehung aus der Wellengeschwindigkeit und den Rohrdimensionen:

$$E' = \frac{dp}{dV} = \frac{\varkappa}{V} = \frac{\varrho c^2}{Ql}. \tag{30}$$

Von großer Bedeutung ist die quantitative Beziehung zwischen Druckpuls und Strompuls. Diese Relation wird *Wellenwiderstand* (Wellenimpedanz) $Z$ [dyn · sec/cm⁵] genannt, ist als Verhältnis des Wellendrucks $p_w$ zur Wellenstromstärke $i_w$ definiert und ergibt sich zu

$$Z = \frac{p_w}{i_w} = \frac{\varrho c}{Q}. \tag{31}$$

Bei Längsfixierung gilt auch

$$Z = \sqrt{\frac{\mathscr{M}'}{\mathscr{C}}}. \tag{32}$$

Bei Abwesenheit der Reibung ist $Z$ „reell und phasenrein"; dies bedeutet, daß die Kurvenformen der zeitlichen Abläufe von Wellendruck und Wellenstromstärke genau übereinstimmen, wie schon hervorgehoben wurde. Die Gln. (26) und (31) sind die bestfundierten quantitativen Beziehungen der Schlauch- und Pulswellenlehre; ihre experimentelle Prüfung ergab unter Bedingungen, in denen die Reibung keine wesentliche Rolle spielt, eine volle Bestätigung der Gültigkeit der Formeln. Theoretisch gelten diese nur für sehr kleine (eigentlich nur infinitesimale) Änderungen von Druck und Volumen; doch zeigt die Erfahrung, daß sie mit guter Näherung auch auf so große Änderungen angewandt werden können, wie sie im Kreislauf auftreten. — Die Definition $Z = p_w/i_w$ setzt voraus, daß nur Wellen einer einzigen Laufrichtung vorhanden sind. Bei Überlagerung rechtläufiger und rückläufiger Wellen ist der Quotient aus dem gesamten Wellendruck und der gesamten Wellenstromstärke nicht gleich dem Wellenwiderstand, worauf noch bei Besprechung des Sonderfalls „Eingangswiderstand" (Gl. (45)) hingewiesen wird.

Die Gln. (26) und (31) wurden ohne Beweis wiedergegeben. Ihre Herleitung soll nun nachgeholt werden. Definitionsgemäß ist $c = \Delta x/\Delta t$ ($x$ = Längenkoordinate des Schlauchs) und $i = \Delta V/\Delta t$, also $\Delta x = c \cdot \Delta t$ und $\Delta V = i \cdot \Delta t$. Die Flüssigkeit sei vor dem Durchgang der Welle in Ruhe. Daher wird $\Delta i = i_w$, ebenso $\Delta p = p_w$. Ein Wellenelement habe die Länge $\Delta x = c \cdot \Delta t$, das Volumen $V = Qc \cdot \Delta t$ und die Masse $m = \varrho Qc \cdot \Delta t$. Die Beschleunigung ist $(1/Q) \cdot \Delta i/\Delta t = i_w/(Q \cdot \Delta t)$, die beschleunigende Kraft $Q \cdot p_w$. Daher gilt betragsmäßig

$$Q p_w = \frac{i_w}{Q \cdot \Delta t}\, \varrho Q c \cdot \Delta t \tag{33}$$

und somit $p_w/i_w = \varrho c/Q$, womit Gl. (31) abgeleitet ist. Um Gl. (26) abzuleiten, ist noch die soeben bewiesene Beziehung $i_w = Q \cdot p_w/(\varrho c)$ zu verwenden. So läßt sich Gl. (21) anschreiben in der Form:

$$\varkappa = \frac{\Delta p}{\Delta V}\, V = \frac{p_w}{i_w \cdot \Delta t}\, Qc \cdot \Delta t = \frac{p_w \varrho c}{Q p_w \cdot \Delta t}\, Qc \cdot \Delta t. \tag{34}$$

Dies ist gleichbedeutend mit $c^2 = \varkappa/\varrho$, womit auch Gl. (26) abgeleitet ist. — Energiebetrachtungen ergeben:

$$\text{Kinetische Energie} = \frac{1}{2}\, m \cdot v^2 = \frac{1}{2}\, \varrho Q \cdot c \cdot \Delta t \cdot \frac{i_w^2}{Q^2} = \frac{1}{2}\, Z i_w^2 \cdot \Delta t, \tag{35}$$

$$\text{Potentielle Energie} = \frac{1}{2}\, p_w \cdot \Delta V = \frac{1}{2}\, Z i_w \cdot i_w \cdot \Delta t = \frac{1}{2}\, Z i_w^2 \Delta t. \tag{36}$$

Somit ist auch bewiesen, daß kinetische und potentielle Energie der freilaufenden Welle gleich groß sind.

Aus grundsätzlich denselben Betrachtungen, die zu den Gln. (33) und (34) führten, ergeben sich zwei Differentialgleichungen, die als Bewegungs- und Kontinuitätsgleichung bezeichnet werden. Die Bewegungsgleichung ohne Reibung wurde bereits als Gl. (9) abgeleitet. Aus der Bedingung, daß das in der Zeit $dt$ im Schlauchelement der Länge $dx$ gespeicherte Volumen gleich der Differenz zwischen den in derselben Zeit zu- und abfließenden Volumina sein muß und die Speicherung bei gegebener Kapazität $\mathscr{C}dx$ des Elements unter einem bestimmten Druckzuwachs $dp$ erfolgt, erhält man die Kontinuitätsgleichung mit Einbeziehung der Elastizität[1]:

$$-\frac{\partial i}{\partial x} = \mathscr{C}\, \frac{\partial p}{\partial t}. \tag{37}$$

Die Gln. (9) und (37) werden nun vereinigt, indem man jede der beiden nach $x$ und $t$ differenziert und die Resultate gegenseitig einsetzt. So entstehen die Wellen-Differential-Gleichungen für $p$ und $i$, die unter Berücksichtigung von Gl. (27) folgendermaßen lauten:

$$\frac{\partial^2 p}{\partial t^2} = c^2\, \frac{\partial^2 p}{\partial x^2} \quad \text{sowie} \quad \frac{\partial^2 i}{\partial t^2} = c^2\, \frac{\partial^2 i}{\partial x^2}. \tag{38}$$

---

1 Statt $p_w$ und $i_w$ wird $p$ und $i$ geschrieben, wenn keine Verwechslung möglich ist.

Diese Gleichungen gelten allgemein für ungedämpfte Wellen beider Laufrichtungen und beliebiger Kurvenform. Die Lösung der Differentialgleichungen lautet nach D'ALEMBERT für den Wellendruck $p$ und die Wellenstromstärke $i$, beide als Funktionen der Zeit $t$ und des Ortes $x$:

$$p\,(t,\,x) = f_1\left(t - \frac{x}{c}\right) + f_2\left(t + \frac{x}{c}\right), \tag{39}$$

$$i\,(t,\,x) = \frac{1}{Z}\left[f_1\left(t - \frac{x}{c}\right) - f_2\left(t + \frac{x}{c}\right)\right]. \tag{40}$$

$f_1$ und $f_2$ stellen Druckpulse von beliebiger Form dar, von denen sich $f_1$ in positiver $x$-Richtung und $f_2$ in negativer $x$-Richtung als Welle fortpflanzt. Daß die Gln. (39) und (40) tatsächlich die Lösungen der Gl. (38) darstellen, läßt sich dadurch nachweisen, daß ihre je zweimalige Differenzierung nach $x$ und $t$ zu der Gl. (38) führt. Es sei darauf hingewiesen, daß $f_2$ in Gl. (40) umgekehrtes Vorzeichen wie in Gl.(39) hat. Dies ergibt sich korrekt bei der Integration. Anschaulich bedeutet es folgendes. Nach allgemeinem Brauch wird eine Schlauch- oder Pulswelle unabhängig von ihrer Laufrichtung als „positiv" bezeichnet, wenn der Wellendruck höher als der Ausgangsdruck ist. Somit ist die vom Herzen in der Aorta bzw. der A. pulmonalis erzeugte Pulswelle eine positive Welle. (Jedoch ist die Incisur, für sich allein betrachtet, eine negative Welle.) Die Wellenströmung einer positiven Welle erfolgt in der jeweiligen Fortpflanzungsrichtung. Eine rechtläufige, d.h. sich in positiver $x$-Richtung fortpflanzende positive Welle ($f_1$) hat also eine positive Wellenströmung. Entsprechend hat eine rückläufige, d.h. sich in negativer $x$-Richtung fortpflanzende positive Welle ($f_2$) eine rückläufige, d.h. negative Wellenströmung. Jeweils das Umgekehrte gilt für negative Wellen. Ein richtungsempfindlicher, z.B. elektromagnetischer Strömungsmesser muß die Strömung von $f_2$ mit umgekehrter Anzeigerichtung registrieren wie diejenige von $f_1$, falls beide Wellen positiv oder beide negativ sind. Auf S. 10 wurde darauf hingewiesen, daß Druck- und Strompulse einer ungestört freilaufenden ungedämpften Welle übereinstimmende Kurvenformen haben. Nun ergibt sich aus den Gln. (39) und (40) die weitere Einsicht, daß bei Überlagerung recht- und rückläufiger Wellen (d.h. $f_2 \neq 0$) diese Übereinstimmung nicht mehr bestehen kann, da sich die Wellendrucke addieren, die Wellenströmungen subtrahieren; auch können dann an Orten der Überlagerung potentielle und kinetische Energie einander nicht gleich sein. Diese Tatsache ist von großer Bedeutung für das Verständnis der Verschiedenheit von Druck- und Strompuls im Arteriensystem.

Die Annahme, daß sich eine Welle ohne Amplitudenverlust fortpflanzt, ist eine Idealisierung, die oft als nützliche Näherung gebraucht wird. Tatsächlich erfährt jede Welle bei ihrer Fortpflanzung eine als *Dämpfung* bezeichnete Amplitudenabnahme. Die Hauptursachen für die Dämpfung von Puls- und Schlauchwellen sind die innere Flüssigkeitsreibung und die innere Wandreibung; die Flüssigkeitsreibung wird in die Berechnungen eingeführt, indem man statt der einfachen Bewegungsgleichung (9) die Gl. (11) bzw. diejenige nach WOMERSLEY benutzt. Jedoch spielt in weiten Schläuchen und großen Arterien die Flüssigkeitsreibung sogar bei turbulenter Strömung keine wesentliche Rolle. Dagegen ist die innere Wandreibung auch bei großem Durchmesser wirksam und führt wegen ihrer Frequenzabhängigkeit dazu, daß Wellenkomponenten höherer Frequenz stärker gedämpft werden als solche niedrigerer Frequenz. Sie ist sowohl bei Arterien als auch bei Schläuchen aus nichtbiologischem Material vorhanden. Schließlich führt auch der Abfluß durch Seitenäste zu einer Amplitudenabnahme der Welle.

Die Frequenzabhängigkeit der Dämpfung hat zur Folge, daß die Pulsform beim Fortschreiten der Welle in zunehmendem Maße abgerundet wird und raschere Oscillationen, z.B. die Incisurschwingung des Arterienpulses, verschwinden. Die innere Wandreibung führt außerdem dazu, daß der Widerstand der Wand gegen Dehnung nicht nur durch deren statisch-elastische Eigenschaften, sondern auch durch die Reibung bestimmt wird und mit wachsender Frequenz zunimmt. Hierdurch kommt ein „scheinbarer Elastizitätsmodul" zustande, der höher als der statisch gemessene und die Ursache dafür ist, daß sich Wellenkomponenten höherer Frequenz schneller fortpflanzen als solche niedrigerer Frequenz (*Visco-Elastizität*).

Zur Förderung des Verständnisses der Schlauch- und Pulswellen werden *elektrisch-hydrodynamische Analogiebeziehungen* mit Erfolg herangezogen. Hiernach sind sich analog:

| Hydrodynamische Größen | | Elektrische Größen | |
| --- | --- | --- | --- |
| Bezeichnung | Dimension | Bezeichnung | Dimension |
| Druck $p$ | $dyn/cm^2$ | Spannung $u$ | Volt |
| Stromstärke $i$ | $cm^3/sec$ | Stromstärke $i$ | Ampère |
| Wirksame Masse $M'$ | $g/cm^4$ | Induktivität $L$ | Henry |
| Reziproke Volumelastizität $1/E'$ = Kapazität $C$ | $cm^5/dyn$ | Kapazität $C$ | Farad |
| Strömungswiderstand $R$ | $dyn \cdot sec/cm^5$ | Ohmscher Widerstand $R$ | Ohm |
| Leitwert $G$ | $cm^5/(dyn \cdot sec)$ | Leitwert $G$ | 1/Ohm=Siemens |

Eine verlustfreie Wellenleitung läßt sich als Kette von elektrischen Vierpolelementen darstellen, deren jedem die Länge $dx$ zugeordnet ist; gemäß Abb. 5a besteht jedes verlustfreie Vierpolelement aus einer Längsinduktivität und einer Querkapazität. Zwischen den beiden Eingangspolen herrscht die variable Spannung $u_1$, zwischen den beiden Ausgangspolen $u_2$. Der Ausgang eines Elements ist mit dem Eingang des jeweils nächsten verbunden. — In Abb. 5b sind außer der Induktivität und Kapazität auch die zur Dämpfung führenden Größen in elektrischen Symbolen angegeben, so daß eine Kette derartiger Elemente die Wellenfortpflanzung mit Verlusten durch Flüssigkeitsreibung (Längswiderstand $R$), durch innere Wandreibung ($R_w$, wobei $C$ und $R_w$ zusammen die Visco-Elastizität darstellen) und durch gleichmäßig verteilten seitlichen Abfluß (Querleitwert $G$) nachzuahmen vermag. Derartige Ketten sind nicht nur die Grundlage von Berechnungen, sondern lassen sich auch experimentell als Modelle aufbauen und zum Studium der Pulswellen benutzen. Es versteht sich, daß im Fall von Abb. 5b der Wellenwiderstand und die Wellengeschwindigkeit nicht nur durch $L$ und $C$, sondern auch durch die Verlustwiderstände bestimmt werden.

Auch für die Wellenfortpflanzung mit Verlusten wurden Differentialgleichungen aufgestellt. Die theoretische Behandlung von Schlauchwellen entspricht grundsätzlich der von Wellen in verlustbehafteten elektrischen Leitungen, z. B. in Kabeln zur Nachrichtenübermittlung, weshalb eine bekannte Gleichung dieser Art als „Telegraphengleichung" bezeichnet wird. Der Umgang mit solchen Gleichungen wird wesentlich erleichtert, wenn man die Wellen als sinusförmig ansetzt. Dann kann man sich der Rechnung mit komplexen Größen bedienen. Voraussetzung dafür ist die Fourier-Zerlegung des Wellenvorgangs in einzelne Komponenten, deren jede durch ihre Frequenz, Amplitude und Phase gekennzeichnet ist.

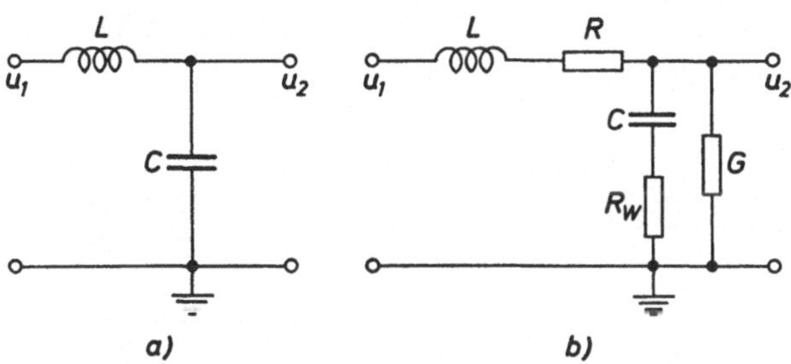

Abb. 5a u. b. Differentielle Vierpolelemente der elektrischen Wellenleitung, a verlustfrei, b mit Verlustwiderständen, und zwar mit Längswiderstand, mit Widerstand in Serie zur Querkapazität und mit Querleitwert. Jedem Vierpolelement kommt die Länge $dx$ zu. Die elektrischen Symbole $L$, $R$ usw. gelten ebenfalls für ein Element und sind zu schreiben als $\mathscr{L}dx$, $\mathscr{R}dx$, $\mathscr{C}dx$, $\mathscr{G}dx$, $dx/\mathscr{R}_w$, wobei $\mathscr{L}$, $\mathscr{R}$ usw. auf die Längeneinheit bezogen sind. Weitere Erklärung im Text

### c) Wellenreflexion; hin- und herlaufende Wellen; Eingangswiderstand

Wellenreflexion tritt an Orten auf, an denen sich der Wellenwiderstand $Z$ in $x$-Richtung ändert. Ein besonders einfacher Fall liegt vor, wenn ein homogener Schlauch durch einen Endwiderstand $R_e$ abgeschlossen ist. Hierbei sind drei Möglichkeiten zu unterscheiden:

1. Wenn $R_e > Z$, tritt *positive Reflexion* auf, d.h. der Druck der reflektierten Welle hat dasselbe Vorzeichen wie der Druck der ankommenden Welle, z.B. positiven Druck. Die Strömung der reflektierten Welle muß dann umgekehrtes Vorzeichen haben, wie aus den Bemerkungen zu den Gln. (39) und (40) hervorgeht (vgl. Abb. 6a).

2. Wenn $R_e < Z$, tritt *negative Reflexion* auf. Die Vorzeichen von Druck und Strömung der reflektierten Welle verhalten sich umgekehrt wie im ersten Fall (vgl. Abb. 6b).

3. Wenn $R_e = Z$, erfolgt *keine Reflexion (angepaßter* Zustand). Die Welle läuft vollständig durch den Endwiderstand hinaus.

Das Verhältnis des Drucks der reflektierten Welle ($p_2$) zum Druck der ankommenden Welle ($p_1$) wird *Reflexionsfaktor k* genannt; also $k = p_2/p_1$. Im Falle 1 ist $k$ positiv, im Falle 2 negativ, im Falle 3 gleich Null. Am Reflexionsort tritt durch Überlagerung die Summe der Wellendrucke auf:

$$p_3 = p_1 + p_2 = p_1(1 + k). \tag{41}$$

Die Wellenstromstärke der ankommenden Welle ist $p_1/Z$, diejenige der reflektierten Welle ist $-p_2/Z = -kp_1/Z$, die Abflußstromstärke durch $R_e$ ist $p_3/R_e$ $= p_1(1+k)/R_e$. Aus der Bedingung, daß am Reflexionsort die Summe der Zuströme gleich der Summe der Abströme sein muß, erhält man nach einer einfachen Umrechnung:

$$k = \frac{R_e - Z}{R_e + Z} \,. \tag{42}$$

Grenzfälle: $R_e = \infty$; $k = +1$; positive Totalreflexion; Wellendruck auf das Doppelte erhöht, Wellenstromstärke Null.

$R_e = 0$; $k = -1$; negative Totalreflexion; Wellendruck Null, Wellenstromstärke auf das Doppelte erhöht.

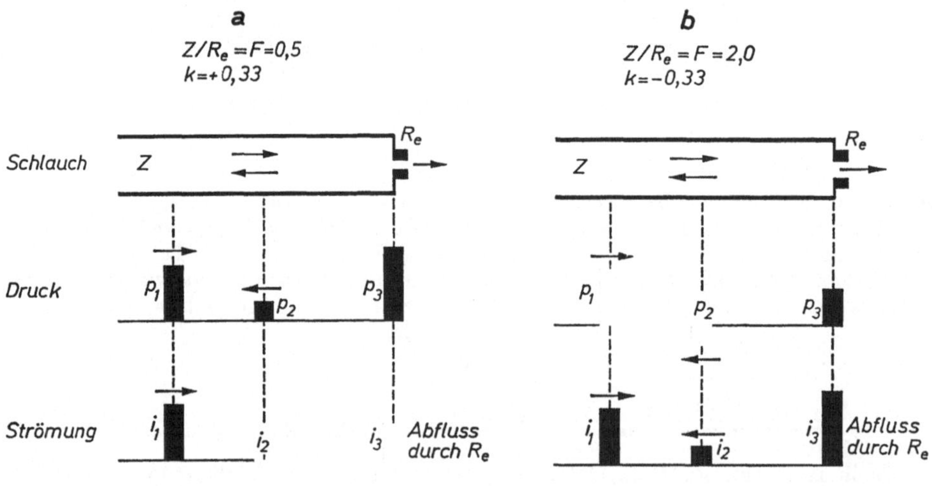


Abb. 6a u. b. Druck und Strömung von Wellen bei positiver (a) und negativer (b) Reflexion am Endwiderstand $R_e$. a $R_e = 2\,Z$; b $R_e = 0,5\,Z$. Die Größe und das Vorzeichen der Wellendrucke und -stromstärken entspricht der Höhe und Richtung der Säulen. Die Breite der Säulen ist ohne Bedeutung. (Nach Wetterer u. Kenner, 1968)

Abb. 7 ist ein Beispiel für reflexionsfreien Abschluß eines homogenen Schlauchs. Die am Eingang befindliche Kolbenpumpe erzeugt dreieckförmige Strompulse ($i_a$). Die Dreieckform wurde gewählt, weil sie grundsätzlich der Form des normalen Strompulses in der Aorta ascendens entspricht. Das Manometer am Schlaucheingang ($M_1$) registriert einen Druckverlauf, der in allen Einzelheiten dem Strompuls gleicht. Die Manometer in der Mitte und am Ende des Schlauchs ($M_2$, $M_3$) registrieren die Druckpulse entsprechend später mit bereits deutlich abgerundeter Form, was auf die frequenzabhängige Wellendämpfung zurückzuführen ist. Wie ersichtlich, laufen die Wellen nur einmal durch den Schlauch in peripherer Richtung; der Schlauch verhält sich, als ob er unendlich lang wäre.

Dieselbe experimentelle Anordnung ist in Abb. 8 benutzt. Der Endwiderstand ist so eingestellt, daß am Schlauchende positive Reflexion ($k \cong +0,25$) herrscht, was auch für die Endreflexionen im Arteriensystem zutrifft. Die primäre Welle wird am Ende reflektiert; der Druck wird dort auf das $(1+k)$fache erhöht (s. Gl. (41)). Die zurücklaufende Welle erfährt am Kolben der Pumpe eine positive Totalreflexion ($k = +1$, Überhöhung auf das Doppelte) und bewegt sich dann wieder peripherwärts. Am Schlauchende ruft sie eine zweite Druckerhebung hervor, wird hier wieder reflektiert usw. Die Pfeile zeigen das Hin- und Herlaufen der Welle an. Auch im Arteriensystem laufen Wellen zwischen dem Herzen und der Peripherie hin und her. Doch sind hier die Verhältnisse komplizierter als im homogenen Schlauch.

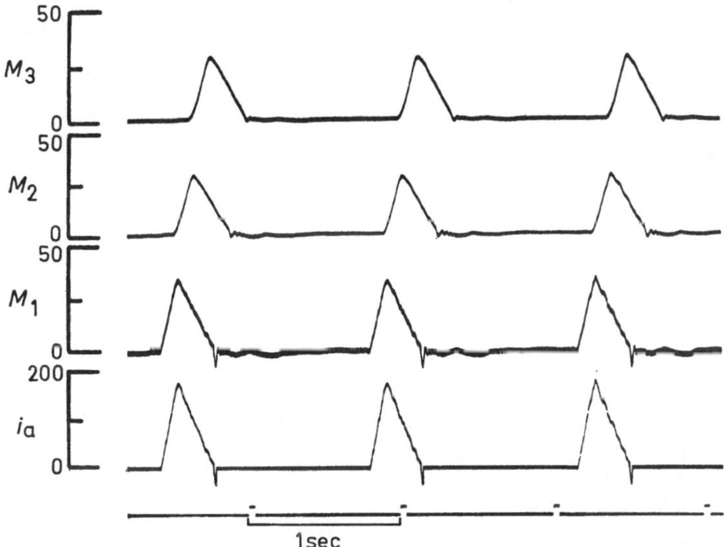

Abb. 7. Serie von dreieckförmigen Pulsen in einem etwa 2 m langen homogenen Schlauch ($Z = 260$ Einh.), dessen Endwiderstand an den Wellenwiderstand angepaßt ist. Daher keine Reflexion am Schlauchende. $i_a$ dreieckförmige Strompulse der Pumpe am Eingang, Eichung in cm³/sec. $M_1$ bis $M_3$ Druckregistrierungen durch 3 Manometer am Eingang, in der Mitte und am Ende des Schlauchs, Eichung in mm Hg. Der Ausgangsdruck („$O$" der Eichung) beträgt 28 mm Hg. Hubvolumen der Pumpe $= 30{,}8$ cm³. (Nach WETTERER u. KENNER, 1968)

Wie aus Abb. 8 ersichtlich, führt das Hin- und Herlaufen zu periodischen Druckschwankungen abklingender Amplitude, die zwischen Anfang und Ende des Schlauchs alternieren. Die Periodendauer $T'$ entspricht der Zeit, die die mit der Geschwindigkeit $c$ fortschreitende Welle zum zweimaligen Durchlaufen der Schlauchlänge benötigt:

$$T' = \frac{2l}{c}.\tag{43}$$

Da die von der Pumpe erzeugte Welle eine Länge einnimmt, die größer als die Schlauchlänge ist, überlagern sich recht- und rückläufige Wellenteile über eine weite Strecke. Man kann mit FRANK (1905) der Auffassung sein, daß diese Erscheinung als stehende Welle abklingender Amplitude angesehen werden darf, die durch jeden Puls neu ausgelöst wird. Da die Reflexion an beiden Schlauchenden positiv ist, sind die Bedingungen dafür gegeben, daß im System eine halbe Wellenlänge ($\lambda/2$) der stehenden Welle enthalten ist:

$$l = \frac{\lambda}{2} = \frac{cT'}{2}, \tag{44}$$

was formal Gl. (43) entspricht. $T'$ stellt bei dieser Betrachtungsweise die Eigenschwingungsdauer des Systems, vergleichbar der Dauer der Grundschwingung einer Orgelpfeife, dar. Die entsprechende Erscheinung im Arterienpuls wurde daher von Frank als arterielle „Grundschwingung" bezeichnet. Zur Vermeidung von Verwechslungen sei darauf hingewiesen, daß diese keineswegs identisch ist mit der „Grundschwingung" (1. Harmonische) der Fourier-Analyse des Arterienpulses.

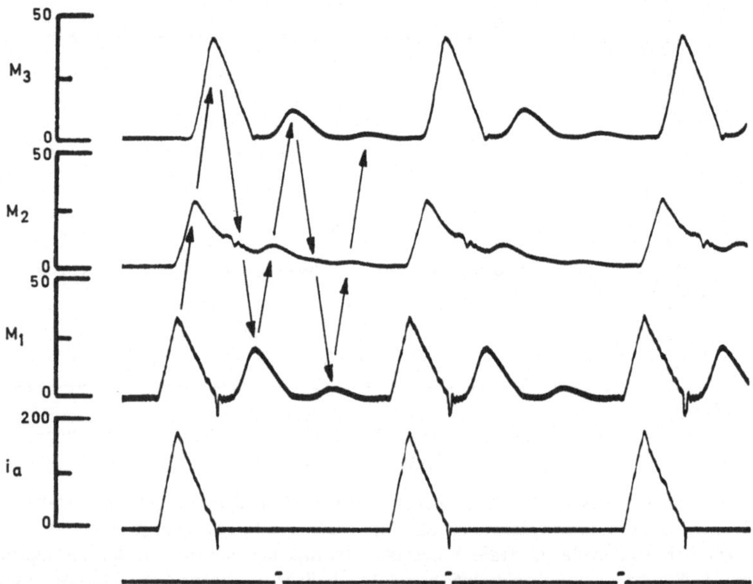

Abb. 8. Serie von Pulsen in demselben Schlauch wie in Abb. 7, jedoch Endwiderstand so eingestellt, daß am Schlauchende positive Reflexion ($k = +0{,}25$) auftritt. Bezeichnungen wie in Abb. 7. Das Hin- und Herlaufen der Wellen ist durch Pfeile deutlich gemacht. (Nach Wetterer u. Kenner, 1968)

Erzeugt die Pumpe am Schlaucheingang eine bestimmte Stromstärke $i_a$, so entsteht dort ein bestimmter Druck $p_a$ (Index $a =$ „Anfang"). Den Quotienten

$$\Re_a = \frac{p_a}{i_a} \tag{45}$$

bezeichnet man als *Eingangswiderstand* (Eingangsimpedanz), der beim reflexionsfreien Schlauch (Abb. 7) gleich dem Wellenwiderstand ist. Kommen jedoch reflektierte Wellen an den Schlaucheingang zurück (Abb. 8), so wird hierdurch $p_a$ und somit $\Re_a$ geändert. Da dieses Eintreffen gemäß Gl. (43) zeitlich verzögert erfolgt, hat die Angabe bestimmter Werte des Eingangswiderstandes nur einen Sinn, wenn die Pumpe rhythmisch arbeitet und der Eingangswiderstand als

Funktion der Frequenz dargestellt wird. Zur Untersuchung wird zweckmäßigerweise ein sinusförmiger Verlauf der Eingangsstromstärke im eingeschwungenen Zustand verwendet. $\Re_a$ ist als komplexe Größe durch Betrag und Phasenwinkel gekennzeichnet. Das Verhältnis der Amplituden von $p_a$ und $i_a$ ergibt den Betrag $|\Re_a|$; der Phasenwinkel ist die Phasendifferenz zwischen $p_a$ und $i_a$ und wird als positiv gerechnet, wenn $p_a$ vorauseilt. Beim homogenen Schlauch mit positiver Endreflexion (Abb. 8) ergeben sich mit steigender Frequenz Minima und Maxima von $|\Re_a|$. Das erste Maximum ist als Zeichen der Resonanz dann vorhanden, wenn die Pumpencyclusdauer gleich der Eigenschwingungsdauer $T'$ des Schlauchsystems gemäß Gl. (43) bzw. (44) ist. Weitere Maxima treten bei ganzzahligen Vielfachen der Frequenz $1/T'$ auf. Zwischen den Minima und Maxima durchläuft $|\Re_a|$ jeweils den Wert des Wellenwiderstandes. Bei 0 Hz (Gleichströmung) ist $|\Re_a|$ gleich dem Endwiderstand $R_e$ zuzüglich des Reibungswiderstandes der Flüssigkeit im Schlauch. Der Phasenwinkel schwankt zwischen negativen und positiven Werten und durchläuft 0° bei jedem Minimum und Maximum von $|\Re_a|$. Dieses Verhalten von $\Re_a$ kann auf zwei Arten graphisch dargestellt werden. Das Bode-Diagramm ist die Auftragung von Betrag und Phase als Funktionen der Frequenz. Weite Verbreitung hat die sog. Ortskurve (Nyquist-Diagramm), ein Diagramm in der komplexen Gaussschen Ebene, gefunden. Diese kurzen Bemerkungen sollen dem Verständnis der später folgenden Besprechung arterieller Eingangswiderstände dienen.

### *d) Wellen in inhomogenen Schläuchen*

Eine Wellenleitung ist inhomogen, wenn sich in ihrem Verlauf der Wellenwiderstand $Z$ ändert. Das Arteriensystem ist eine inhomogene Wellenleitung. Daher ist das Studium inhomogener Schlauchsysteme für das Verständnis der arteriellen Dynamik erforderlich. Eine Änderung des Wellenwiderstandes kann sprunghaft an bestimmten Orten oder kontinuierlich entlang einer Strecke erfolgen. Beide Möglichkeiten sind hier zu besprechen.

An einem Ort mit sprunghafter Änderung des Wellenwiderstandes erfolgt Wellenreflexion; dieser Ort wird als *Zwischenreflexionsstelle (Stoßstelle)* bezeichnet. Besteht ein Schlauchsystem aus zwei hintereinandergeschalteten Schläuchen $A$ und $B$ mit den Wellenwiderständen $Z_A$ und $Z_B$ (Abb. 9), so gilt für den Reflexionsfaktor (Stoßfaktor) $k_2$ an der Übergangsstelle von $A$ zu $B$ analog zu Gl. (42):

$$k_2 = \frac{Z_B - Z_A}{Z_B + Z_A} \, . \tag{46}$$

Eine von $A$ nach $B$ laufende Welle mit dem Druck $p_1$ erfährt an der Stoßstelle eine Reflexion, so daß eine reflektierte Welle mit dem Druck $p_2 = k_2 \cdot p_1$ im Schlauch $A$ zurückläuft. Wenn $Z_B > Z_A$, erhöht sich an der Stoßstelle entsprechend Gl. (41) der Wellendruck auf $p_3 = p_1 + p_2 = p_1 (1 + k_2)$. Mit diesem neuen Druck läuft der nichtreflektierte Wellenteil im Schlauch $B$ weiter. Ist die Reflexion am Ende von $B$ ebenfalls positiv, so erfolgt eine nochmalige Erhöhung des Wellendrucks, so daß dieser im ganzen auf mehr als $2p_1$ gesteigert werden kann. Durch Einfügung weiterer Stoßstellen ließe sich eine beliebig große Steigerung des Wellendrucks erreichen.

2*

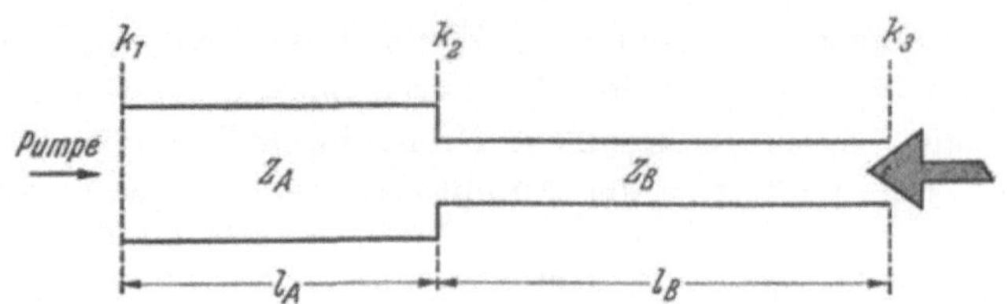

Abb. 9. Schema eines zweiteiligen Schlauchmodells mit Zwischenreflexionsstelle ($k_2$) und Endreflexion ($k_3$). $Z_B > Z_A$. Die im Teil $A$ zurücklaufende Welle wird am Eingang (Pumpe) positiv totalreflektiert ($k_1 = +1$). Der Endwiderstand kann durch Verschiebung des Conus geändert werden. Daher ist $k_3$ variabel. (Nach Wetterer u. Kenner, 1968)

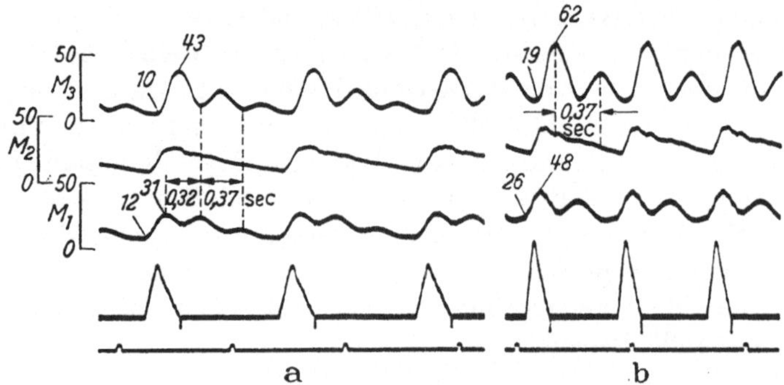

Abb. 10a u. b. Ausschnitte aus Pulsserien am zweiteiligen Schlauchmodell von Abb. 9. In a und b verschiedene Pumpenfrequenzen. Von unten nach oben: Zeitmarken 1 sec. Dreieckförmige Strompulse der Pumpe am Eingang des Schlauchteils $A$. Hubvolumen der Pumpe 30,8 cm³. $M_1$ Druckverlauf am Schlaucheingang, $M_2$ dsgl. am Ort des „Druckknotens" der stehenden Welle im System $l_A + l_B$, $M_3$ dsgl. am Ende des Schlauchs $B$. Eichungen in mm Hg. — $l_A = 16$ cm, $c_A = 624$ cm/sec, $Z_A = 52$ Einh.; $l_B = 112$, $c_B = 970$, $Z_B = 251$; $k_1 = +1$, $k_2 = \pm 0,66$, $k_3 = +0,65$. (Nach Wetterer u. Kenner, 1968)

Die am Endwiderstand des Schlauchteils $B$ reflektierte Welle läuft zur Stoßstelle zurück, wo nun, entsprechend der umgekehrten Laufrichtung, der Übergang vom höheren zum niedrigeren Wellenwiderstand erfolgt. Daher ist $k_2$ für diese Welle negativ. Für hin- und herlaufende Wellen ergeben sich folgende Möglichkeiten: 1) Wellen im Schlauchteil $A$ werden an beiden Enden positiv reflektiert; nach Gl. (44) ist $l_A = \lambda/2$. 2) Wellen im Schlauchteil $B$ werden am Ende positiv, an der Stoßstelle negativ reflektiert; daher ist $l_B = \lambda/4$. 3) Für den ganzen Schlauch, der durch zwei Stellen positiver Reflexion begrenzt ist, muß $l_A + l_B = \lambda/2$ gelten. So ergeben sich verwickelte Schwingungsbedingungen, zumal außer den genannten Grundschwingungen auch Oberschwingungen auftreten. Daher weist der Eingangswiderstand eine komplizierte Folge von Maxima und Minima in Abhängigkeit von der Frequenz auf.

Erzeugt man am Eingang des zweiteiligen Schlauchsystems von Abb. 9 bei positiver Endreflexion eine Serie von dreieckförmigen Strompulsen, so ergibt sich der in Abb. 10 dargestellte Druckverlauf, der hinsichtlich mehrerer charakteristischer Merkmale dem natürlichen Arterienpuls weit ähnlicher ist als Pulse in homogenen Schläuchen. Dies wird später diskutiert.

Das Gegenstück zum Modell mit Stoßstelle(n) ist ein Schlauchsystem mit kontinuierlicher Steigerung des Wellenwiderstandes über die ganze Länge, z. B. in Form eines konischen Schlauchs. Hier fehlen Orte mit diskreter Zwischenreflexion. Die durchlaufende Welle erfährt eine stetige Druckerhöhung. Im idealisierten Fall der Verlustfreiheit bleibt die Wellenleistung $N$ ($=$ Energie/Zeit) konstant. Da $N = p^2/Z$, muß der Wellendruck proportional $\sqrt{Z}$ ansteigen.

## 3. Prinzip des Windkessels

Die Versuche, das komplizierte dynamische Verhalten des Arteriensystems an einfachen Modellen zu studieren, führten zur Verwendung einerseits von Schlauchmodellen, andererseits von Windkesselmodellen. Während in den Schlauchmodellen, wie schon besprochen, die elastische Weitbarkeit und die träge Flüssigkeitsmasse über die Länge verteilt sind, werden im Windkesselmodell die gesamte

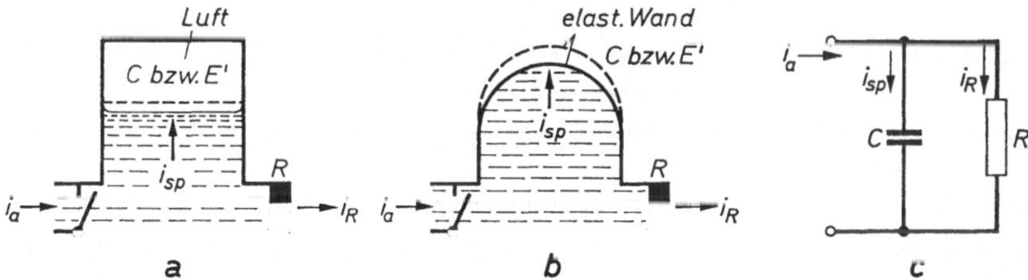


Abb. 11a—c. Einfaches Windkesselmodell. a Luftpolster in starrem Behälter, b Behälter mit elastischer Wand, c elektrische Analogschaltung. Die Pfeile geben die als positiv gerechneten Stromrichtungen an. Weitere Erklärung im Text. (Modifiziert nach KENNER u. RONNIGER, 1960b; aus WETTERER u. KENNER, 1968)

elastische Weitbarkeit und, falls berücksichtigt, die gesamte träge Masse je „punktförmig" vereinigt. Als Vorbild diente die glättende Funktion des Windkessels der alten Feuerspritze (E. H. WEBER, 1827/50). Das Luftpolster (Luft $=$ „Wind") wird bei jedem Pumpenstoß komprimiert, so daß ein Teil der eingepumpten Flüssigkeit gespeichert wird und erst in der Pause zwischen zwei Pumpenstößen abfließt. Hierdurch wird der intermittierende Zustrom in einen ununterbrochenen, wenn auch pulsierenden Abstrom verwandelt, die Amplitude der Druckschwankungen wesentlich vermindert und der Betrieb der Pumpe ökonomisiert. Eine entsprechende Glättungswirkung üben nach der Windkesseltheorie des Kreislaufs die elastischen Arterienwände aus.

In den Modellen nach Abb. 11 ist $i_a$ die Stromstärke des intermittierenden Zustroms, die sich in eine zur Speicherung führende ($i_{sp}$) und eine zum Abfluß durch den Widerstand $R$ führende ($i_R$) Stromstärke aufteilt. Herrscht im Windkessel der variable Druck $p$ und ist die Druck-Volum-Beziehung des Windkessels durch die Volumelastizität $E' = dp/dV = dp/(i_{sp} \cdot dt)$ gekennzeichnet, so gilt nach FRANK (1899) während der Dauer des Zustroms („Systole"):

$$i_a = i_{sp} + i_R = \frac{dp}{dt} \cdot \frac{1}{E'} + \frac{p}{R} \,. \tag{48}$$

Statt $E'$ kann auch die hierzu reziproke elastische Weitbarkeit (Kapazität, Compliance) $C = dV/dp$ verwendet werden (Gl. (20)). Für das elektrische Ersatzschaltbild in Abb. 11c vgl. die Tabelle auf S. 14. In der Pause („Diastole") zwischen zwei Pumpenstößen ist das Eingangsventil geschlossen. Es herrscht nur Abstrom, wobei sich der Windkessel entspeichert. Wegen $i_a = 0$ ist dann gemäß Gl. (48):

$$-\frac{dp}{dt} = p \cdot \frac{E'}{R} \,. \tag{49}$$

Falls $E'/R = \text{const}$, ergibt die Integration:

$$p = p_0 \cdot e^{-\frac{E't}{R}} = p_0 \cdot e^{-\frac{t}{\tau}} \,. \tag{50}$$

Der Druck und ebenso die Abflußstromstärke nehmen also nach einer Exponentialfunktion ab. $p_0$ ist der Anfangswert, der zu Beginn des Absinkens vorhanden ist. $\tau = R/E'$ wird als Zeitkonstante bezeichnet und entspricht derjenigen Zeitdauer, in welcher $p$ auf $p_0/e = 0{,}37\,p_0$ absinkt. Im Arteriensystem, wo $p_0$ dem Druck am Anfang der Diastole entspricht, ist $\tau$ nicht konstant, sondern wird mit absinkendem Druck größer. Die hierdurch bedingte Abweichung von der Exponentialfunktion ist jedoch nur dann bemerkbar, wenn das Absinken länger dauert als eine normale Diastole.

Wird die an ein Windkesselsystem angeschlossene Pumpe in Betrieb gesetzt, so steigt zunächst der mittlere Druck im Windkessel von Puls zu Puls an, weil der mittlere Abstrom vorerst noch kleiner als der mittlere Zustrom ist. Ein stationärer Zustand tritt dann ein, wenn der mittlere Druck so weit gestiegen ist, daß Zu- und Abstrom im Mittel gleich sind. Dann herrscht ein erhöhtes Druckniveau mit aufgesetzten Druckpulsationen und eine Dauerstromstärke des Abflusses mit entsprechenden Strömungspulsationen. Die Amplituden dieser Pulsationen sind bei gegebenem „Schlagvolumen" um so kleiner, je höher die Pumpenfrequenz, je größer der Anteil der „Systole" an der Dauer eines Pumpencyclus und je größer die Zeitkonstante $R/E'$ ist.

Wird ein Windkesselmodell nach Abb. 11 von einer Pumpe gespeist, deren Strompulse denjenigen in der Aorta ascendens ähnlich sind (vgl. Strompulse in Abb. 7, 8, 10), so resultiert im Windkessel ein Druckverlauf, dessen systolische Abschnitte von denjenigen des natürlichen arteriellen Druckpulses sehr verschieden sind. Insbesondere ist der systolische Druckanstieg im Windkessel sehr langsam, und das Druckmaximum wird spät in der Systole erreicht. In der Diastole stimmen die Verläufe des Druckabfalls für das Windkessel- und das Arteriensystem im wesentlichen dann überein, wenn man den am Ort des „Druckknotens" registrierten arteriellen Druckpuls zum Vergleich heranzieht. Die im zentralen und peripheren Arterienpuls auftretenden diastolischen Schwingungen fehlen, wie sich versteht, im Windkesselpuls. Es wurde öfters versucht, das in Abb. 11 gezeigte einfache Windkesselsystem zusätzlich mit träger Flüssigkeitsmasse (elektrisch: Induktivität) und/oder Reibungswiderstand auszustatten. Diese Versuche sind jedoch nicht geeignet, die quantitative Analyse der Dynamik des Arterienpulses zu fördern, sondern führen eher zu einer unklaren Vermischung grundsätzlich verschiedener Modellvorstellungen. Eine Aneinanderreihung von zwei oder mehreren Windkesselsystemen mit träger Masse bringt ebenfalls keinen entscheidenden Vorteil. Falls man soviele Einzelsysteme verwendet, daß eine längere Kette von Vierpolelementen (Abb. 5) entsteht, nähert man sich dem Schlauchmodell.

Das einfache Windkesselmodell nach Abb. 11 hat jedoch Bedeutung für die quantitative Analyse *langsam* ablaufender Änderungen des arteriellen Drucks und Volumens, bei deren Behandlung die endliche Ausbreitungszeit des Pulses vernachlässigt werden darf. Hierbei ist auch die gesamte Volumelastizität $E'$ des Arteriensystems von Wichtigkeit. Außerdem ist das einfache Windkesselmodell für qualitative Betrachtungen geeignet und besitzt damit einen gewissen didaktischen Wert.

**Literatur.** Neuere Übersichten: BEIER (1960), McDONALD (1960), ATTINGER (1964), WETTERER u. KENNER (1968). Einzelgebiete: Strömungslehre MÜLLER (1936/39), ECK (1966). — Rheologie des Blutes BAYLISS (1962), MERRILL (1969). — Pulsierende Strömung MÜLLER (1954), WOMERSLEY (1955—1958). — Elastizität, Schlauch- und Pulswellen FRANK (1905/06/20/26), RONNIGER (1954), McDONALD u. TAYLOR (1959), HARDUNG (1962), KENNER (1963), NOORDERGRAAF et al. (1963), TAYLOR (1964/65). — Windkesseltheorie FRANK (1899). — Windkesselmodelle zu didaktischen Zwecken WIGGERS (1949/52), BLASIUS (1969). — Von historischem Interesse YOUNG (1808), WEBER, E. H. (1827/50), WEBER, W. (1866), KORTEWEG (1878), MOENS (1878), v. FREY (1892), v. KRIES (1892), LAMBOSSY (1950/51).

# III. Methoden zur Messung und Registrierung von Druck und Strömung im Kreislauf

Der hier verfügbare Raum gestattet nur eine Erläuterung der Prinzipien und eine kurze Beschreibung einer ausgewählten kleineren Anzahl von Geräten. Wer sich ausführlich zu orientieren wünscht, sei auf die am Ende der Einzelabschnitte angegebene Literatur verwiesen.

## 1. Druckmessung

### a) Direkte Methoden

Bei direkten Blutdruckmessungen steht das Manometer in offener Verbindung mit dem Blut. Die einfachsten Geräte sind ein- oder zweischenkelige *Flüssigkeitsmanometer* („Gravitationsmanometer"), die zur Messung arterieller Drucke meist Quecksilber, zur Messung venöser Drucke meist Salzlösung oder ungerinnbar gemachtes Blut enthalten. Die Höhe $H$ [cm] der Flüssigkeitssäule setzt sich ins Gleichgewicht mit dem Blutdruck $p$ [dyn/cm²], so daß

$$p = \varrho g H. \tag{51}$$

Die Flüssigkeitsdichte $\varrho$ [g/cm³] des Quecksilbers ist 13,6, diejenige des Blutes 1,06. Die Fallbeschleunigung $g$ beträgt 981 cm/sec². Oft wird der Druck in der praktischen Einheit mm Hg (= Torr) angegeben. Es entsprechen sich: 1 mm Hg = 1,36 cm $H_2O$ = 1334 dyn/cm². Zur fortlaufenden Registrierung setzt man auf den an die Luft grenzenden Flüssigkeitsmeniscus einen Schwimmer, an dem ein dünner, senkrecht geführter Stab mit Schreibvorrichtung befestigt ist. Solche Manometer werden wegen ihrer Einfachheit noch heute vielfach benutzt. Ihr dynamisches Verhalten gestattet nur die Ablesung des mittleren Blutdrucks und seiner langsamen Schwankungen, während die pulsatorischen Blutdruckschwankungen völlig verzerrt wiedergegeben werden. Die Unkenntnis dieses Verhaltens hat schon zu erheblichen Fehlschlüssen geführt.

Die „*elastischen Manometer*" ermöglichen eine getreue Registrierung des Blutdrucks einschließlich seiner pulsatorischen Schwankungen, falls die von Frank (1903) und späteren Autoren ausgearbeiteten Prinzipien berücksichtigt werden. Grundsätzlich besteht ein solches Manometer aus einem mit Flüssigkeit gefüllten Hohlraum, der einerseits durch eine elastische Membran oder Platte gegenüber der äußeren Luft bzw. einem anderen Bezugsmedium abgeschlossen ist und andererseits durch eine Kanüle mit dem Blut in Verbindung steht. Der Blutdruck bewirkt eine Membranausbuchtung, die das ursprüngliche Meßsignal darstellt und, wie später besprochen, auf verschiedenen Wegen in ein registrierbares Signal umgewandelt werden kann. Die vom Manometer zu fordernden Eigenschaften betreffen sein statisches und dynamisches Verhalten.

In *statischer* Hinsicht muß die Empfindlichkeit, d.h. das Verhältnis Registrierausschlag/Druck, genügend groß sein und Proportionalität zwischen Ausschlag und Druck bestehen. Empfindlichkeit und Nullpunktanzeige sollen während der Registrierdauer unverändert bleiben. Die mit der Membranausbuchtung einhergehende Volumverschiebung soll klein sein.

Die an das *dynamische* Verhalten zu stellenden Anforderungen bedürfen einer ausführlicheren Erläuterung. Die elastische Membran stellt zusammen mit der massebehafteten Flüssigkeit ein schwingungsfähiges System dar, zu dessen Beschreibung man zweckmäßigerweise die von Frank (1903) eingeführten Begriffe verwendet. Das elastische Verhalten der Membran wird durch die Volumelastizität $E'$ [dyn/cm$^5$] gekennzeichnet (vgl. Gl. (20)):

$$E' = \frac{dp}{dV} \cong \frac{\Delta p}{\Delta V}, \tag{52}$$

worin $V =$ Volumen [cm$^3$]. Als Masse wird nicht die tatsächliche Flüssigkeitsmasse, sondern die „wirksame Masse" $M'$ [g/cm$^4$] verwendet:

$$M' = \frac{\varrho \cdot l}{Q}, \tag{53}$$

worin $l =$ Länge [cm] und $Q =$ Querschnitt [cm$^2$] der Flüssigkeitssäule. $M'$ wächst also mit *ab*nehmendem Querschnitt, so daß praktisch nur die wirksame Flüssigkeitsmasse in der Kanüle, jedoch nicht diejenige im weiteren Hohlraum Bedeutung hat. Der Ausdruck in Gl. (53) bereitet dem Verständnis bisweilen Schwierigkeiten, da die tatsächliche Flüssigkeitsmasse $\varrho l Q$ ist. Vgl. Abschnitt II, 1 und die angegebene Literatur.

Für den dämpfungsfreien Zustand errechnet sich die Eigenfrequenz $f_0$ [Hz] des Systems folgendermaßen:

$$f_0 = \frac{1}{2\pi} \sqrt{\frac{E'}{M'}}. \tag{54}$$

Durch die Flüssigkeitsreibung entsteht in realen Manometern immer Dämpfung. Eigenfrequenz und Dämpfung können mit ausreichender Genauigkeit u.a. dadurch ermittelt werden, daß das Manometer einer plötzlichen Druckänderung ausgesetzt wird („Sprungfunktion"); die hierbei ausgelösten, exponentiell abklingenden Eigenschwingungen werden registriert, wodurch sich Eigenschwingungsdauer $T_0$ ($=1/f_0$) und Dekrement ergeben. Ist das Verhältnis zweier im Abstand $T_0$ auftretender Schwingungsamplituden $A_1/A_2$, so stellt

$$\Lambda = \ln\,(A_1/A_2) \tag{55}$$

das logarithmische Dekrement dar. Von Frank wurde die Dämpfung $D$ formuliert als

$$D = \frac{\Lambda}{\sqrt{\Lambda^2 + 4\,\pi^2}}\,. \tag{56}$$

Wird ein Manometer sinusförmigen Druckschwankungen gleichbleibender Amplitude ausgesetzt, deren Frequenz langsam von 0 Hz (Gleichdruck) bis über die Eigenfrequenz hinaus gesteigert wird, zeigen die Ausschläge des Manometers das in Abb. 12 dargestellte Verhalten, aus dem sich folgende Schlüsse ziehen lassen. Die Eigenfrequenz $f_0$ des Manometersystems soll wesentlich größer als die höchste, im registrierten Vorgang enthaltene Frequenzkomponente $f_{max}$ sein, damit keine Amplituden- und Phasenfälschung auftritt. Der günstigste Fall ist dann gegeben, wenn $f_0$ ein vielfaches von $f_{max}$ beträgt und die Dämpfung kleiner als 0,7 ist. Ist dies aus technischen Gründen nicht möglich, so ist folgender Fall anzustreben: $f_0 \cong 2 f_{max}$ und $D \cong 0,7$ bis 0,8 (ungefähr „kritische" Dämpfung). Hierbei besteht eine getreue Amplitudenwiedergabe von 0 Hz bis $f_{max}$, und die Verspätung der Anzeige gegenüber dem tatsächlichen Vorgang beträgt einheitlich etwa $0,25 \cdot T_0$, so daß keine Verzerrungen durch Phasenfehler auftreten. Zur Erreichung einer möglichst hohen Eigenfrequenz muß gemäß Gl. (54) $M'$ möglichst klein (Kanüle so kurz und weit wie möglich) und $E'$ möglichst groß (Membran „hart") sein. Selbst kleinste Luftblasen in der Flüssigkeit sind zu vermeiden. Moderne industrielle Blutdruckmanometer haben $E'$-Werte zwischen $10^8$ bis über $10^{10}$ dyn/cm⁵, entsprechend Volumverschiebungen von etwa 0,8 bis herab zu 0,01 mm³ pro 100 mm Hg.

Besondere Bedingungen sind gegeben, wenn anstelle einer starren Kanüle ein langer, englumiger *Katheter* zur intravasalen oder intrakardialen Druckmessung benutzt wird. $M'$ ist dann sehr groß. Es kommt hinzu, daß der Katheter bei Körpertemperatur weich wird und als Wellenleitung wirkt. Außerdem wird die Flüssigkeitssäule im Katheter durch Bewegungen des Herzens erschüttert, was zur Artefakten Anlaß gibt. Versucht man, die registrierten „Schleuderzacken" durch überkritische Dämpfung zu eliminieren, so führt dies nach Abb. 12 zu Amplituden- und Phasenfehlern, muß aber oft in Kauf genommen werden. Diese Nachteile werden durch Anbringen eines *Miniaturmanometers* hoher Eigenfrequenz an der *Katheterspitze* vermieden.

Während früher die Registrierung der Membranausbuchtungen hauptsächlich auf optischem Wege, meist durch Drehung eines kleinen Spiegels, erfolgte, wird heute fast allgemein die Umwandlung in ein analoges elektrisches Signal benutzt. Dies geschieht u.a. durch kapazitive, induktive, photoelektrische oder resistive mechano-elektrische Wandler. Die letzgenannten sind Dehnungsmeßstreifen bzw. spezielle Halbleiterelemente, deren Ohmscher Widerstand sich proportional der Membranausbuchtung ändert.

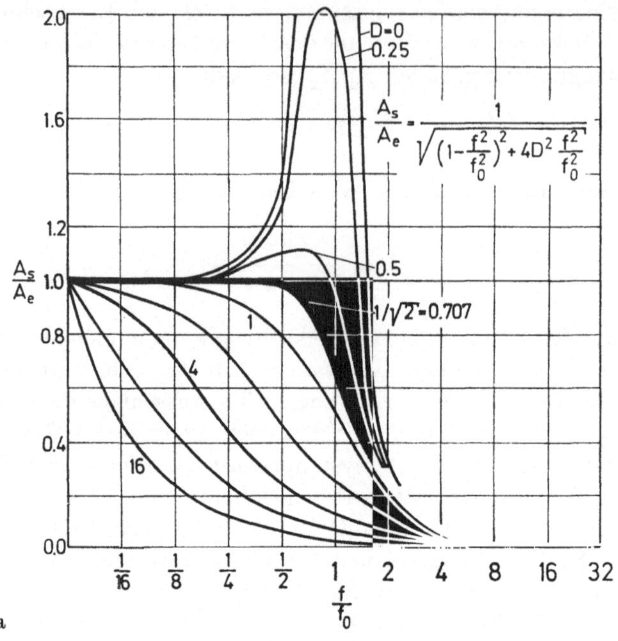



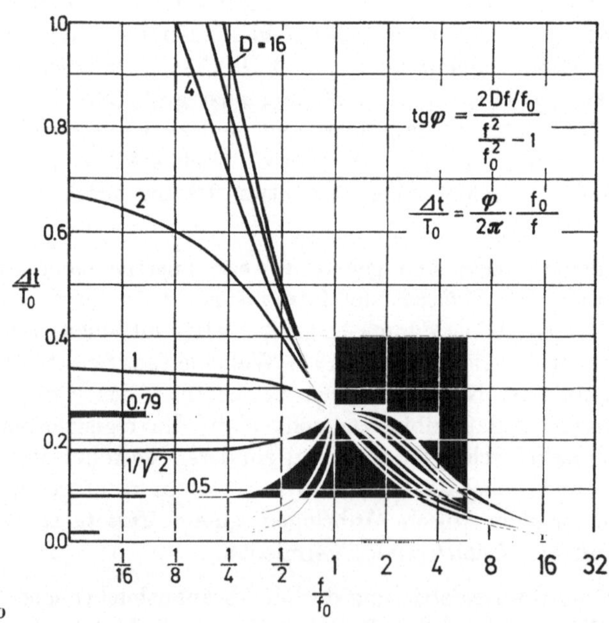



Abb. 12a u. b. Erzwungene Schwingungen eines Manometersystems, berechnet für verschiedene Dämpfungen $D$. Abszisse: Verhältnis der jeweiligen Frequenz $f$ zur Eigenfrequenz $f_0$. Ordinate in a: Verhältnis der vom Manometer angezeigten Druckamplitude $A_s$ zur Druckamplitude $A_e$ der erregenden Schwingung („Resonanzkurven"). Ordinate in b: Nacheilung $\Delta t$ der Manometeranzeige, angegeben in Bruchteilen der Eigenschwingungsdauer $T_0$. (Nach Broemser, 1918.) Die zur Berechnung benutzten Formeln sind aufgeführt. $\varphi$ Phasenwinkel

**Literatur.** Theorie der Manometer FRANK (1903), BROEMSER (1918), McDONALD (1960), GEDDES u. BAKER (1968). — Allgemeine Registrierprinzipien, Beschreibung der älteren Geräte und Übersicht über die Theorie STRAUB (1922). — Kathetermanometer HANSEN (1949). — Miniaturmanometer SCHÜTZ (1931), WETTERER (1943), GAUER u. GIENAPP (1950). — Übersicht über neuere Manometer einschließlich Kathetermanometer und Miniaturmanometer SUTTERER u. WOOD (1960), FRANKE (1966). — Manometer zur Mikropunktion, Untersuchung ihrer dynamischen Eigenschaften LEVASSEUR et al. (1969a, b).

## b) Sphygmographie

Die Sphygmographie (Pulsschreibung) dient zur zeitgerechten, jedoch nicht in Druckwerten eichbaren Registrierung des pulsatorischen Druckverlaufs in uneröffneten Blutgefäßen, vor allem Arterien. Der Pulsaufnehmer wird auf die Haut über dem Blutgefäß mit mäßiger Kraft aufgesetzt, wodurch die Gefäßwand teilweise entspannt wird. So überträgt sich ein Bruchteil des intravasalen Drucks auf den Pulsaufnehmer und kann, heute meist nach mechano-elektrischer Wandlung, registriert werden.

## c) Indirekte Methoden

Die indirekten Methoden erlauben eine Bestimmung des arteriellen systolischen und diastolischen Blutdrucks (s. Abschnitt IV, 2) ohne Gefäßeröffnung. Das *Manschettenverfahren* nach RIVA-ROCCI ist als Sphygmomanometrie allgemein bekannt und ein wichtiger Bestandteil der ärztlichen Diagnostik.

Eine Gummi-Hohlmanschette, die zur Verhinderung des Aufblähens außen mit Leinwand überzogen ist, wird um eine Extremität, meist den Oberarm, gelegt und mittels eines Gebläses aufgepumpt. Ein Hg- oder Dosenmanometer dient zur Ablesung des Manschettendrucks, der sich durch die Weichteile auf die Arterienwand überträgt. Verschiedene Kriterien können benutzt werden, um festzustellen, welcher Manschettendruck gleich dem systolischen bzw. diastolischen Blutdruck ist. Zur groben Schätzung des systolischen Drucks wird der Puls einer distal der Manschette befindlichen Arterie, z. B. der A. radialis, palpiert. Dieser Puls verschwindet, wenn der Manschettendruck den systolischen Blutdruckwert überschreitet (palpatorisches Kriterium). Zur genaueren Messung wird meist das *auskultatorische* Kriterium nach KOROTKOW verwendet, das folgendermaßen zustandekommt. Ist der Manschettendruck niedriger als der systolische, jedoch höher als der diastolische Blutdruck, so wird das im Bereich der Manschette liegende Arterienstück im Verlauf jedes Pulses geöffnet und geschlossen. Hierdurch entstehen Schwingungen, die durch jeden Puls ausgelöst werden und über der Arterie unmittelbar distal der Manschette mit einem Stethoskop akustisch wahrnehmbar sind. Wird der Manschettendruck zunächst auf einen über dem systolischen Blutdruck liegenden Wert gebracht und dann langsam gesenkt, so tritt das akustische Phänomen als „Klopfen" auf, sobald der Manschettendruck den systolischen Blutdruck unterschritten hat. Bei weiterer Senkung des Manschettendrucks nimmt das akustische Phänomen den Charakter eines zischenden Geräuschs an, wird plötzlich leiser und verschwindet. Der hierbei abgelesene Manschettendruck entspricht dem diastolischen Blutdruck. Es herrscht jedoch noch keine Einigkeit darüber, ob das plötzliche Leiserwerden oder erst das endgültige Verschwinden des Geräuschs dem diastolischen Blutdruck zuzuordnen ist. Die ausgiebige Diskussion dieser Frage möge der Literatur entnommen werden.

Als weitere Kriterien, die ebenfalls durch das rhythmische Öffnen und Schließen der Arterie bedingt sind, können benutzt werden die Amplituden der pulsatorischen Druckschwankungen in der Manschette (oszillatorisches Kriterium), die sog. negative Zacke nach Erlanger im Sphygmogramm unmittelbar distal der Manschette sowie das rhythmische „Pochen", das die untersuchte Person in den von der Manschette umschlossenen Weichteilen fühlt (subjektives Kriterium).

**Literatur.** Vorgänge im Bereich der Manschette, Entstehung und Bewertung der als Kriterien dienenden Phänomene, Angabe weiterer Literatur Pauschinger et al. (1958), Kenner u. Gauer (1962), McCutcheon u. Rushmer (1967). — Diskussion des akustischen Kriteriums für den diastolischen Blutdruck sowie praktische Anweisungen Burton (1967), Kirkendall et al. (1967), King (1969).

## 2. Strömungsmessung

Auf diesem Gebiet ist eine fast unübersehbare Vielfalt von Methoden bekannt, bei denen die verschiedensten physikalischen Prinzipien Anwendung finden. Allgemein läßt sich unterscheiden die Registrierung der Strömungsgeschwindigkeit $v$ [cm/sec] von derjenigen der Stromstärke („Zeitvolumen") $i$ [cm³/sec]. Weiterhin ist von Bedeutung, ob ein Verfahren eine dieser beiden Größen mit allen pulsatorischen („phasischen") Schwankungen oder nur ihren zeitlichen Mittelwert und dessen langsame Änderungen wiedergibt. Auch eine Einteilung in „direkte" und „indirekte" Methoden ist möglich. Bei den direkten Methoden befindet sich die Meßeinrichtung am Ort der Strömung, und das Meßsignal kommt durch eine unmittelbare physikalische Wirkung der Strömung zustande. Hierzu gehören u.a.: *Hydrodynamische Methoden*; Zählung der Auffüllungen eines bestimmten Volumens nach dem Prinzip der *Ludwigschen Stromuhr* und deren Modifikationen, wie *Density-Flowmeter, Gasblasen-Stromuhr*; *Venenverschlußplethysmographie*; *thermische Verfahren* (s. Kap. Haut); *elektromagnetische Strömungsmesser*; *Ultraschall-Strömungsmesser*. Bei den indirekten Methoden werden mittelbare Wirkungen der Strömung, meist in räumlicher Entfernung, verwendet. Hierzu gehören die Gasaustausch- und die Indicatorverdünnungsmethoden.

Abb. 13 gibt eine Übersicht über die *hydrodynamischen* Methoden, von denen heute nur noch wenige für Kreislaufmessungen verwendet werden, da die meisten von ihnen eine Eröffnung des Blutgefäßes und Maßnahmen zur Verhinderung der Blutgerinnung erfordern. Grundsätzlich steht hier das Meßsignal in Beziehung zur Strömungsgeschwindigkeit; doch ist unter bestimmten Bedingungen eine Eichung in Stromstärkewerten möglich. Es handelt sich um die Pitot-Röhren und Venturi-Röhren, deren Meßsignal durch eine Druckdifferenz dargestellt wird, so daß ein an Seitenröhrchen angeschlossenes Differenzmanometer Verwendung findet. Die Druckdifferenz ist nach Frank proportional einem linearen Reibungsglied $(C_1 \cdot v)$, einem quadratischen Glied gemäß dem Bernoullischen Satz $(C_2 \cdot v^2)$ und einem Trägheitsglied $(C_3 \cdot dv/dt)$. Das letztere verursacht eine Kurvenverzerrung und sollte durch eine möglichst kurze Strecke $L$ kleingehalten werden. Bei der sog. Druckgradientenmethode dagegen wird die sonst „schädliche" Länge $L$ möglichst groß gewählt, da die als ursprüngliches Meßsignal auftretende Druckdifferenz weitgehend durch das Trägheitsglied bestimmt sein soll. Das der Strömungsgeschwindigkeit proportionale Signal wird durch fortlaufende Integration der Druckdifferenz gewonnen. Das Verfahren eignet sich besonders zur Registrierung der Strömungsgeschwindigkeit in der Aorta und A. pulmonalis, auch des Menschen, mit Hilfe eines doppelläufigen Katheters. — Ein in den Flüssigkeitsstrom ragendes elastisches Stäbchen mit kleiner Scheibe („Pendel") oder ohne eine solche („Borste") wird durch die Strömung ausgelenkt und liefert

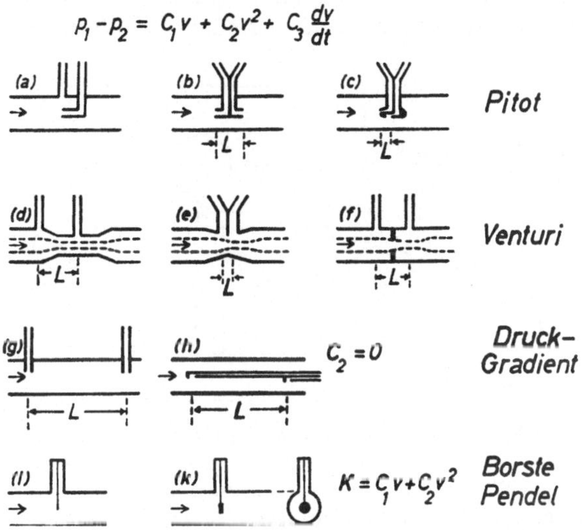

Abb. 13a—k. Schematische Darstellung der wichtigsten hydrodynamischen Methoden zur Strömungsmessung. Erklärung im Text. a—c Pitot-Prinzip; c Prandtlsches Staurohr; d—f Venturi-Prinzip; e Kanüle nach BROEMSER u. REISSINGER; f Orifice Flowmeter nach GREGG u. GREEN. Der Verlauf der Stromlinien ist gestrichelt angedeutet. g dient zur Erläuterung des Druckgradientenprinzips; h zeigt den doppelläufigen Katheter mit zwei seitenständigen Öffnungen. i Stromborste („bristle"); k Strompendel. — In den Formeln nach FRANK bedeuten: $p_1—p_2$ die Druckdifferenz zwischen den beiden Seitenröhrchen bzw. -öffnungen, $C_1$ bis $C_3$ die Koeffizienten des linearen, quadratischen und Trägheitsgliedes, $K$ die das Pendel bzw. die Borste auslenkende Kraft. (Nach WETTERER, 1964)

nach mechano-elektrischer Wandlung ein Meßsignal, das einem linearen Reibungsglied und einem quadratischen Glied proportional ist. — Auf einem hydrodynamischen Prinzip beruht auch das *Rotameter*.

Die *elektromagnetische* Strömungsmessung hat erhebliche Vorzüge und gilt derzeit als Standardverfahren. Abb. 14 zeigt das Prinzip. Das Blut (oder eine andere, elektrisch leitende Flüssigkeit) strömt durch ein Magnetfeld senkrecht zu dessen Kraftlinien. Gemäß dem Faradayschen Induktionsgesetz wird im strömenden Blut eine elektrische Potentialdifferenz induziert, die der Strömungsgeschwindigkeit $v$, dem inneren Rohrdurchmesser $D$ und der magnetischen Kraftflußdichte $B$ streng porportional ist, allen pulsatorischen Schwankungen der Strömungsgeschwindigkeit momentan folgt und bei Umkehr der Strömungsrichtung ihre Polarität wechselt. Aus Gründen, deren Besprechung hier zu weit führen würde, wird durch die Elektroden $e_1$ und $e_2$ eine elektrische Potentialdifferenz als Signalspannung $U_s$ abgegriffen, die unabhängig vom Strömungsprofil der über den Innenquerschnitt des Rohres gemittelten Momentangeschwindigkeit $\bar{v}_Q$ und somit der Stromstärke $i$ proportional ist, falls die

Geschwindigkeit rotationssymmetrisch um die Rohrachse verteilt ist. Eine Notwendigkeit zur Eröffnung des Blutgefäßes besteht nicht, da $U_s$ von der Außenseite der elektrisch leitenden Gefäßwand abgegriffen werden kann. Die Methode wird in zahlreichen Modifikationen benutzt. Die ursprüngliche Gleichstrommethode mit zeitlich konstantem Magnetfeld trat in den Hintergrund zugunsten von Trägerfrequenzverfahren, in denen ein magnetisches Wechselfeld von Sinus-, Rechteck- oder Trapezverlauf Anwendung findet, so daß die Signalspannung als

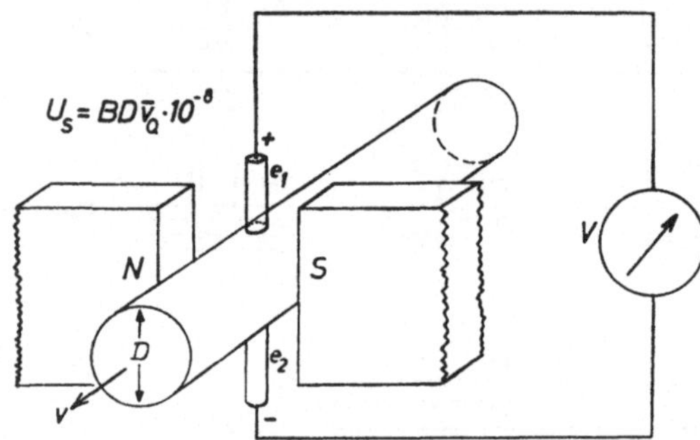


Abb. 14. Prinzip der elektromagnetischen Strömungsmessung. $N$, $S$ Magnetpole; $e_1$, $e_2$ Elektroden; $D$ innerer Rohr- bzw. Gefäßdurchmesser, $V$ Gerät zur Messung der Signalspannung $U_s$. Diese ergibt sich gemäß der angeschriebenen Formel in Volt, wenn die Kraftflußdichte $B$ in Gauß, der Durchmesser $D$ in cm und die Geschwindigkeit $\bar{v}_Q$ in cm/sec eingesetzt wird. (Nach Wetterer, 1964)

amplitudenmodulierte Wechselspannung auftritt. Hierbei entsteht aber noch eine der Änderungsgeschwindigkeit der magnetischen Kraftflußdichte proportionale Störspannung („Transformatoreffekt"), die durch geeignete Maßnahmen eliminiert werden muß. Je nach den angestrebten Erfordernissen werden Trägerfrequenzen zwischen 50 und 1000 Hz verwendet. Das zeitliche Auflösungsvermögen, d.h. die obere Grenzfrequenz der Registrieranordnung ist von der Höhe der Trägerfrequenz und der nach der Demodulation der verstärkten Signalspannung erfolgenden Siebung abhängig.

Die Verfahren zur Strömungsmessung mittels *Ultraschalls* wurden hauptsächlich nach dem *Impuls-Laufzeit-Prinzip* und dem *Doppler-Prinzip* entwickelt. Beide Arten lassen sich an uneröffneten Blutgefäßen, das Doppler-Verfahren sogar transcutan anwenden. Die Impuls-Laufzeit-Methode beruht darauf, daß von einem Senderkristall Ultraschallstöße schräg durch das Blutgefäß gesendet und auf der Gegenseite von einem Empfängerkristall gemeldet werden. Durch ständiges Vertauschen der Sender- und Empfängerfunktion der beiden Kristalle werden die Laufzeiten des Ultraschalls schräg stromabwärts und schräg stromaufwärts festgestellt; hieraus wird auf elektronischem Wege fortlaufend die Differenz gebildet. Die Beziehung zwischen Laufzeitdifferenz $\varDelta t$, Entfernung $d$ der beiden Kristalle, Winkel $\alpha$ zwischen ihrer Verbindungslinie und der Gefäßachse, Schallgeschwindigkeit $c$ im Blut und Strömungsgeschwindigkeit $v$ des Blutes lautet:

$$\varDelta t = d \cdot \cos\alpha \left( \frac{1}{c-v} - \frac{1}{c+v} \right) \cong \frac{2vd \cdot \cos\alpha}{c^2} \ . \tag{57}$$

Die hinreichend oft, z. B 400mal pro Sekunde erfolgende elektronische Messung von $\Delta t$ ermöglicht die zeitlich getreue Registrierung der über den Gefäßdurchmesser gemittelten Strömungsgeschwindigkeit.

Das Ultraschall-Doppler-Verfahren ist an die Anwesenheit schallreflektierender Elemente in der strömenden Flüssigkeit gebunden. Wird Ultraschall der Frequenz $f_0$ (z. B. 4 MHz) von einem Kristall kontinuierlich unter dem Winkel $\beta$ zur Gefäßachse in das strömende Blut gesendet, so tritt Rückstreuung an den Blutkörperchen auf. Entsprechend der Bewegung der Blutkörperchen hat der rückgestreute im Vergleich zum ausgesandten Ultraschall eine höhere oder tiefere Frequenz $f$ (Doppler-Effekt) und wird mittels eines zweiten Kristalls, ebenfalls unter dem Winkel $\beta$, empfangen. Es besteht folgende Beziehung:

$$f = \frac{f_0}{1 \pm \dfrac{2v}{c}\cos\beta}. \tag{58}$$

Hieraus ergibt sich die Differenzfrequenz $\Delta f$ zu

$$\Delta f = |f - f_0| \cong \frac{2 f_0 v \cdot \cos\beta}{c}. \tag{59}$$

Obwohl $\Delta f$ an sich unabhängig von der Strömungsrichtung ist, läßt sich durch geeignete Maßnahmen eine Richtungsempfindlichkeit der Anzeige erreichen.

Durch Vergleich der Gln. (57) und (59) ersieht man, daß das Signal $\Delta t$ des Laufzeitverfahrens proportional zu $v/c^2$, das Signal $\Delta f$ des Doppler-Verfahrens proportional zu $v/c$, also meßtechnisch günstiger ist.

**Literatur.** Übersichten: Ältere Verfahren STRAUB (1922), neuere McDONALD (1960), BRETSCHNEIDER (1962), KRAMER et al. (1963), WETTERER (1964), FRY et al. (1966). Einzelgebiete: Hydrodynamische Verfahren PIEPER u. WETTERER (1953), FRY et al. (1956), BRECHER (1960), PORJÉ u. RUDEWALD (1961), HILLE (1962). — Elektromagnetische Verfahren KOLIN (1936, 1960), WETTERER (1937), THÜRLEMANN (1941), DENISON u. SPENCER (1960), OLMSTEAD u. ALDRICH (1961), WYATT (1961), KHOURI u. GREGG (1963), CAPELLEN (1968/70), MESSMER et al. (1968), MEISNER et al. (1970). — Ultraschallverfahren FRANKLIN et al. (1959), FRANKLIN et al. (1961), POURCELOT (1967).

# IV. Arterielle Dynamik

## 1. Struktur und elastische Eigenschaften der Arterienwand

Das elastische Verhalten der Arterien wird durch Materialeigenschaften und Struktur ihrer Wände bestimmt. Zunächst sei der histologische Wandaufbau kurz beschrieben, soweit dies für das Verständnis der Funktion wichtig ist. Grundsätzlich besteht jede Arterie aus folgenden, von innen nach außen aufgeführten Hauptschichten: *Intima*, eine Endothelschicht mit Basalmembran; *Media*, zusammengesetzt aus elastischem Gewebe und glatter Muskulatur; *Adventitia*, hauptsächlich bestehend aus kollagenem Gewebe. Die Media weist die stärksten Verschiedenheiten auf. Vor allem nach dem Aufbau der Media werden zwei Haupttypen von Arterien unterschieden, der elastische und der muskuläre Typ. Zum *elastischen Typ* gehören die Aorta und A. pulmonalis, außerdem die großen Aortenäste A. carotis, A. subclavia und A. iliaca. Bei diesem Typ besteht die Media aus gefensterten Membranen elastischen Gewebes, die durch elastische Fasern und glatte Muskelfasern miteinander verbunden sind. Die Muskelfasern verlaufen in Umfangsrichtung der Arterie schräg zwischen den elastischen Membranen und werden nach Benninghoff als „*Spannmuskeln*" bezeichnet, da ihnen die Fähigkeit zugeschrieben wird, eine Vorspannung des elastischen Gewebes herbeizuführen. Bei den Arterien des *muskulären Typs* besteht die Media aus drei Schichten, der Elastica interna, der Elastica externa und der zwischen ihnen befindlichen kräftigen Muscularis. Die elastischen Schichten sind teils membranös, teils werden

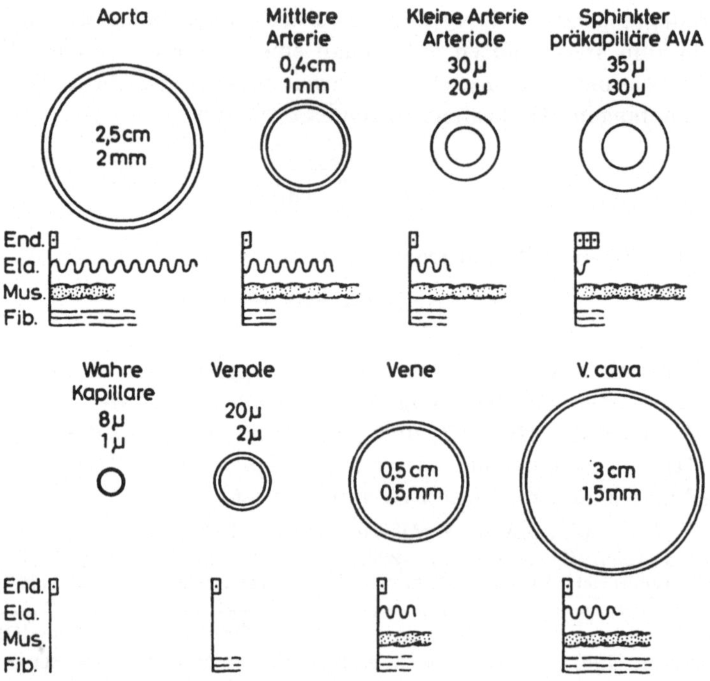


Abb. 15. Schematische Darstellung der verschiedenen Arten von Blutgefäßen. Jeweils obere Zahl = Innendurchmesser, untere Zahl = Wanddicke. Abkürzungen: *End.* Endothel; *Ela.* elastisches Gewebe; *Mus.* Muscularis; *Fib.* kollagenes Gewebe. (Nach Burton, 1969)

sie durch zirkulär und schräg verlaufende, sich überkreuzende Züge von elastischen Fasern gebildet. Die Faserzüge der Muscularis verlaufen schraubenförmig auf solche Weise, daß sie in der Mitte der Schicht fast zirkulär („*Ringmuskulatur*") angeordnet sind und nach außen und innen longitudinalwärts umbiegen. Der Gehalt an elastischem Gewebe nimmt von den großen über die mittleren und kleinen Arterien ab, der Gehalt an glatter Muskulatur zu. Hierbei erhöht sich der Quotient Wanddicke/Innenradius. Bei einem Druck von 100 mm Hg beträgt dieser Quotient für die Aorta 0,07 bis 0,12, für andere große Arterien 0,12 bis 0,2, für mittlere Arterien bereits etwa 0,5; die Wanddicke kleiner Arterien und Arteriolen ist sogar größer als der Innenradius. Eine anschauliche Darstellung, die auch die Capillaren und venösen Gefäße umfaßt, findet sich in Abb. 15.

Von besonderer funktioneller Bedeutung ist die Tatsache, daß die einzelnen Fasern in den elastischen und den kollagenen Schichten unterschiedliche Ausgangslängen haben. Im entspannten Zustand sind alle diese Fasern gewellt. Mit wachsender Wanddehnung werden zunächst die kürzesten elastischen Fasern gestreckt und angespannt, dann folgen diejenigen mit größerer Ausgangslänge, bis schließlich alle elastischen Fasern unter Spannung stehen („*Rekrutierung*"). Die kollagenen Fasern der Adventitia haben so große Ausgangslängen, daß sie erst bei sehr hohem, weit über dem normalen Blutdruck liegendem Innendruck angespannt werden; wegen ihres sehr großen Elastizitätsmoduls ist ihre Dehnung bei weiterer Drucksteigerung gering. Die Adventitia bildet daher als praktisch undehnbare „Jacke" einen Schutz gegen Überdehnung der Wand. Die Muscularis beteiligt sich je nach ihrem Kontraktionszustand in verschiedenem Maße am Dehnungsverhalten der Wand. — Vom Trockengewicht der Wand großer und mittlerer Arterien besteht etwa die Hälfte aus Elastin und Kollagen, deren Anteile sich in der thorakalen Aorta wie etwa 3:2, in den übrigen großen Arterien wie etwa 1:2 verhalten.

Der Elastizitätsmodul (Definition Gl. (14)) biologischer Stoffe steigt mit wachsender Dehnung bzw. Spannung. Daher sind Modulangaben nur sinnvoll, wenn sie sich auf bestimmte Spannungen, Dehnungszustände oder auf bestimmte Innendrucke beziehen. Der im Bereich sehr kleiner Spannungen gemessene „Anfangsmodul" von elastischem Gewebe beträgt $3 \cdot 10^6$ bis $6 \cdot 10^6$ dyn/cm², derjenige von kollagenem Gewebe liegt in der Größenordnung von $10^9$ dyn/cm². Die einzelne elastische Faser hat einen Anfangsmodul von etwa $10^7$; ihr Modul erhöht sich mit wachsender Spannung bis auf fast $10^9$, wobei sich die Faser auf mehr als das Doppelte der Ausgangslänge dehnen läßt, bevor sie reißt. Kollagenes Gewebe jedoch läßt sich durch sehr hohe Spannungen, wie sie bei Blutgefäßen in vivo niemals auftreten, um maximal etwa 10% dehnen; dann tritt Zerreißen ein. — Für den Elastizitätsmodul der glatten Blutgefäßmuskulatur gibt es keine sicheren Meßwerte. Schätzungen lauten auf $1 \cdot 10^5$ bis etwa $2 \cdot 10^6$ dyn/cm².

Mit *steigendem Lebensalter* vollzieht sich ein Umbau der Arterienwände. Die Gesamtmenge des Bindegewebes nimmt zu. Es vergrößern sich der Radius, die Wanddicke und die Länge der Arterien, wobei die Wanddicke relativ stärker zunimmt als der Radius. Die relative Menge des elastischen Gewebes vermindert sich um bis zu $^1/_3$, diejenige der kollagenen Fasern bleibt etwa gleich; doch vermehrt sich die Zwischensubstanz des Bindegewebes. Die glatte Muskulatur erfährt eine Rückbildung zugunsten des Bindegewebes. Das Ausmaß dieser Veränderungen ist variabel und hängt von der Konstitution, der Höhe des Blutdrucks und der Lebensweise ab. Die Aufrechterhaltung körperlichen Trainings bis in das hohe Alter wirkt den degenerativen Vorgängen entgegen. — Häufig treten noch in alternden Arterien als pathologisch zu wertende Veränderungen auf, vor allem Einlagerungen von Lipidsubstanz und Kalk (Arteriosklerose).

Die Arterienwand als ganzes hat einen Elastizitätsmodul, der aus den Dehnungseigenschaften ihrer Komponenten, deren Anteilen am Wandaufbau und ihrer strukturellen Anordnung resultiert. Daß der Wandmodul mit steigender Spannung bzw. Dehnung zunimmt, ist sowohl auf die Dehnungseigenschaften der Komponenten als auch auf deren Rekrutierung zurückzuführen. Der in Umfangsrichtung gemessene tangentiale Elastizitätsmodul $E_t$ hat bei sehr kleiner Spannung einen „Anfangswert" von etwa $1 \cdot 10^6$ dyn/cm². Bei einem Innendruck von 100 mm Hg wurden an der jugendlichen Aorta Werte von etwa 4 bis $5 \cdot 10^6$

gemessen. Mit steigendem Lebensalter ergeben sich zunehmende Werte, oberhalb
60 Jahren solche von über $20 \cdot 10^6$. Ähnliches gilt für andere Arterien des
elastischen Typs. Muskuläre Arterien haben, ebenfalls bei 100 mm Hg, im jugendlichen Zustand einen höheren Modul als diejenigen des elastischen Typs. Doch
nimmt der Modul der muskulären Arterien mit steigendem Alter weniger stark zu.

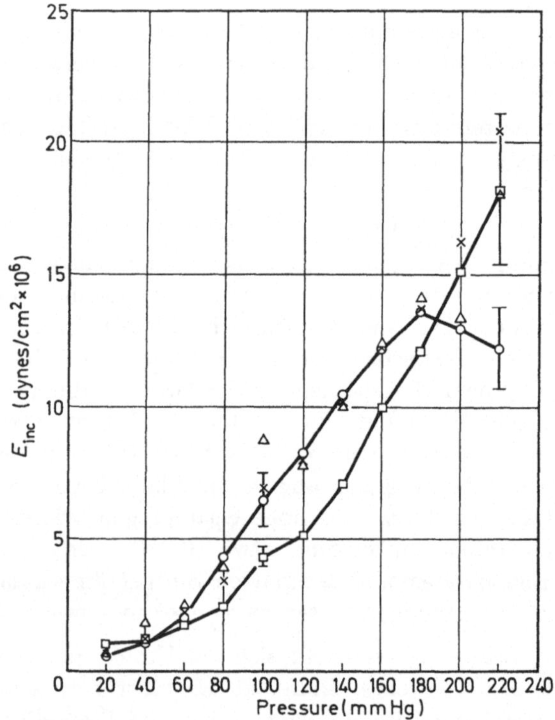


Abb. 16. Tangentialer Elastizitätsmodul der Aorta thoracalis (□), Aorta abdominalis (△),
A. carotis (○) und A. femoralis (×) des Hundes in Abhängigkeit vom Innendruck. Der
Modul wurde als $E_{Inc}$ (incremental modulus) im wesentlichen gemäß der Definition nach Gl. (14)
unter statischen Bedingungen bestimmt. Die Arterien waren bei den Messungen auf die in situ
vorhandene Länge vorgedehnt. Die vertikalen Striche mit Querbalken geben die Standardabweichung an. (Nach Bergel, 1961a)

Als Beispiel für die Zunahme des tangentialen Wandmoduls $E_t$ mit wachsendem Innendruck diene Abb. 16. Im Druckbereich zwischen 60 und 180 mm Hg
ist der Modul der thorakalen Aorta kleiner als derjenige der abdominalen Aorta,
A. carotis und A. femoralis. Die Module aller dieser Arterien steigen in diesem
Bereich mit zunehmendem Druck an.

Der Elastizitätsmodul in Längsrichtung ($E_l$) hat etwa denselben Anfangswert
wie der Tangentialmodul, steigt aber mit wachsender Längsspannung stärker an
als der letztere mit steigender Umfangsspannung. In vivo sind die Arterien längsvorgedehnt und durch Bindegewebe in Längsrichtung fixiert. Werden sie kurz
nach dem Tode excidiert, so ziehen sie sich in Längsrichtung zusammen. Diese

Retraktion beträgt bei jugendlichen Arterien 20—30%, bei älteren Arterien weniger. Infolge der Längsvordehnung ist der Modul $E_l$ in vivo sehr hoch, und die Arterien verhalten sich bei Schwankungen des Innendrucks so, als ob sie in Längsrichtung starr wären. Abgesehen von gewissen Ausnahmen ist es daher gestattet, bei Berechnungen nur die Pulsationen in Querrichtung zu berücksichtigen; vgl. Gln. (22), (23), (27)—(29).

Wird eine excidierte Arterie langsam, d.h. unter nahezu *statischen* Bedingungen, mit Flüssigkeit aufgefüllt, so steigt der Druck zunächst flach, dann zunehmend steiler an, und man erhält eine *gekrümmte*, zur Volumkoordinate konvexe *Druck-Volum-Kurve*. Die Kurvenkrümmung ist darauf zurückzuführen, daß

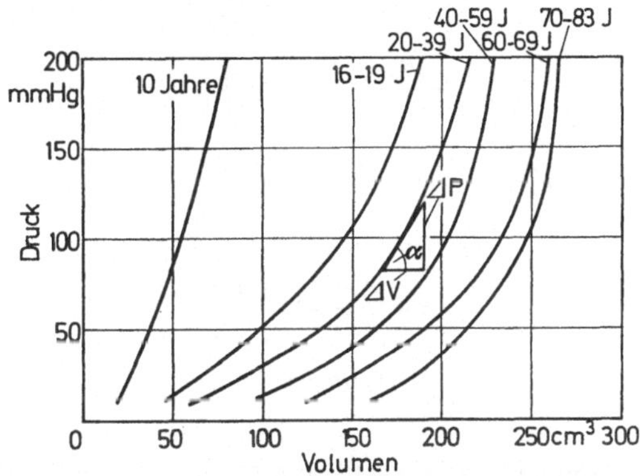


Abb. 17. Druck-Volum-Kurven der excidierten gesamten Aorta des Menschen für verschiedene Altersgruppen. $E' = \mathrm{tg}\,\alpha = \Delta p / \Delta V$. (Diagramm nach Messungen von SIMON u. MEYER, 1958)

der Elastizitätsmodul der Wand mit wachsender Dehnung zunimmt. Abb. 17 zeigt dieses Verhalten für die menschliche Aorta in verschiedenen Altersgruppen. Wie im Diagramm an einem Beispiel dargestellt ist, läßt sich die Volumelastizität $E'$ (Gl. (20)) aus der Kurvensteilheit entnehmen. Mit fortschreitendem Alter tritt eine Verschiebung der Kurven in Richtung zu größeren Volumina ein. Bei Kindern und Jugendlichen nimmt das Volumen wegen des Körperwachstums zu, steigt jedoch auch weiterhin während des ganzen Lebens an, was auf die Dauerwirkung des dehnenden Blutdrucks zurückzuführen sein dürfte. Vergleicht man die $E'$-Werte bei jeweils demselben Innendruck, z.B. 100 mm Hg, so erkennt man, daß $E'$ während der Wachstumszeit abnimmt und danach wieder zunimmt. Die Abnahme ist auf das natürliche Größenwachstum der Aorta zurückzuführen. Denn nach Gl. (21) ist $E'$ umgekehrt proportional dem Volumen; nimmt dieses stärker zu als $\varkappa$, so wird $E'$ kleiner. Nach dem Abschluß des Körperwachstums wird $E'$ größer, weil nun wegen der Zunahme des Wandmoduls (Gl. (22)) $\varkappa$ stärker ansteigt als das Volumen. Eine weitere Diskussion wird im Zusammenhang mit der Pulswellengeschwindigkeit erfolgen. — An jugendlichen Aorten können sich auch S-förmige Druck-Volum-Kurven ergeben. Dies hängt von den experimentellen Bedingungen, insbesondere davon ab, ob die Aorta auf die in situ vorhandene Länge vorgedehnt ist oder nicht.

3*

Unterwirft man eine Arterie einer Dehnung und darauffolgenden Entdehnung, so erhält man zwei nicht übereinstimmende Kurven, die um so mehr voneinander abweichen, je schneller die Änderungen von Druck und Volumen vorgenommen werden. Hierbei handelt es sich nicht mehr um nahezu statische, sondern um *dynamische* Bedingungen. Das genannte Verhalten wird als Hysterese bezeichnet und tritt um so auffälliger in Erscheinung, je größer der Gehalt der Arterienwand an glatter Muskulatur ist. In Abb. 18 ist (a) ein erster Dehnungs- und Entdehnungscyclus einer kleinen muskulären Arterie. Die Dehnung verläuft bei wesentlich

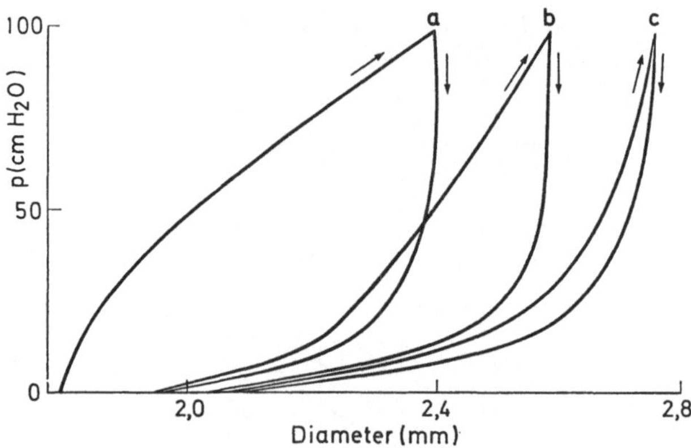


Abb. 18a—c. Diagramm cyclischer Dehnungen und Entdehnungen einer kleinen Mesenterialarterie des Pferdes. Abszisse: Durchmesser; Ordinate: Druck. a erster, b zweiter, c sechster Cyclus. (Nach WEZLER u. SCHLÜTER, 1953; aus BADER, 1963)

höherem Druck als die Entdehnung (Nachentspannung); außerdem verbleibt am Ende des ersten Cyclus ein Dehnungsrückstand, so daß der zweite Cyclus (b) gegenüber dem ersten und ebenso jeder weitere Cyclus gegenüber dem vorhergehenden verschoben ist. Diese Verschiebung sowie der Unterschied zwischen der jeweiligen Dehnungs- und Entdehnungskurve wird mit wachsender Zahl der Cyclen kleiner, bis sich schließlich eine einigermaßen „stabile Schleife" ergibt. Das beschriebene Verhalten ist als Zeichen der unvollkommenen Elastizität der Arterienwand auf *innere Reibung* und *Plastizität* zurückzuführen. Die innere Reibung in Verbindung mit der Elastizität ergibt die bereits in Abschnitt II, 2b erwähnte *Visco-Elastizität*, die im mechanischen Modell als Kombination einer oder zweier elastischer Federn und einer durch viscöse Flüssigkeit gebremsten Scheibe dargestellt werden kann (Abb. 19a und b). Die auf das Modell wirkende Zugkraft wächst mit zunehmender Dehnung $\Delta l$ der Feder und wegen der Viscosität mit zunehmender Dehnungsgeschwindigkeit $d(\Delta l)/dt$. Dies hat bei periodischen Dehnungen und Entdehnungen die Folge, daß eine Phasendifferenz zwischen Kraft und Dehnung auftritt, die sich im Kraft-Längen-Diagramm (bzw. im Druck-Durchmesser- oder Druck-Volum-Diagramm) als Schleife äußert (Lissajous-Figur), wobei die Kraft (bzw. der Druck) der Länge (bzw. dem Durchmesser bzw. Volumen) in der Phase vorauseilt. Die von der Schleife umschlossene Fläche ist ein Maß für die durch Reibung in Wärme verwandelte mechanische Energie.

Keines der beiden in Abb. 19a und b gezeigten Modelle vermag das visco-elastische Verhalten der Arterienwand völlig zu beschreiben. Obwohl diesem das Modell (b) näherkommt, wird doch wegen der größeren Einfachheit häufig das Modell (a) verwendet. — Im Falle der reinen *Plastizität* bewirkt eine Kraft, die einen Mindestwert überschreitet, eine Dehnung, ohne daß eine elastische Rückstellkraft auftritt. Der plastisch gedehnte Körper bleibt also nach dem Verschwinden der dehnenden Kraft verlängert. Beim Muskel kommt die Plastizität hauptsächlich

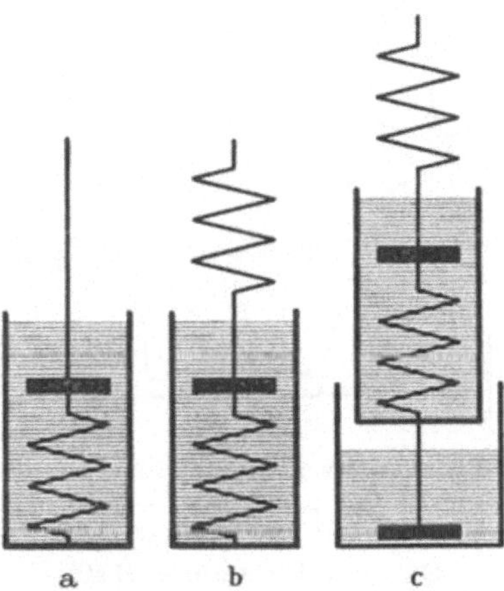

Abb. 19. a Viscös-elastisches Modell, nach VOIGT bzw. KELVIN bzw. in der Muskelphysiologie nach BLIX benannt. Bremsung der elastischen Feder durch Scheibe in viscöser Flüssigkeit. Die elektrische Analogie hierzu ist die Serienschaltung eines Kondensators und eines Ohmschen Widerstandes (vgl. Abb. 5b, $C$ und $R_w$). b Elastisch-viscös-elastisches Modell, in der Muskelphysiologie nach LEVIN u. WYMAN benannt, von RANKE (1934) auf die Arterienwand angewandt. Zusätzlich zu a eine ungebremste Feder. c Elastisch-viscös-elastisch-plastisches Modell nach WINTON. Zusätzlich zu b ein „plastischer" Teil (unten), bestehend aus Dämpfungstopf mit Scheibe und viscöser Flüssigkeit, jedoch ohne Feder, d. h. ohne elastische Rückstellkraft. (Nach REICHEL, 1960)

den contractilen Elementen zu, durch deren nachträgliche Kontraktion die plastische Verlängerung rückgängig gemacht werden kann. Als mechanisches Modell für die Plastizität wird ein Dämpfungstopf mit viscöser Flüssigkeit und Scheibe ohne Feder benutzt (Abb. 19c, unten). Die Form der in Abb. 18 gezeigten Cyclen ist durch Zusammenwirken von Visco-Elastizität und Plastizität bedingt; nach Herausbildung einer stabilen Schleife ist nur noch die Visco-Elastizität beteiligt.

**Literatur.** Übersichten: McDONALD (1960), BURTON (1962/69), BADER (1963), REMINGTON (1963), WETTERER u. KENNER (1968). Einzelgebiete: Anatomie und Histologie BENNINGHOFF-GOERTTLER (1960), BARGMANN (1962). — Aorta, Druck-Volum-Beziehung WAGNER u. KAPAL (1951/52), SIMON u. MEYER (1958). — Aortenquerschnitt und Alter FRUCHT (1953). — Statische und dynamische Elastizität der Arterien RANKE (1934), WEZLER u. SCHLÜTER (1953), REMINGTON (1957), SCHÖNENBERGER u. MÜLLER (1960), BERGEL (1961a, b), HARDUNG (1962), LEAROYD u. TAYLOR (1966). — Gleichzeitige Dehnung der Arterienwand in verschiedenen Richtungen KENNER (1967). — Glatter Muskel REICHEL (1960). — Struktur der Arterienwand und Alter BUDDECKE (1958), MEYER (1958), COMÈL u. LASZT (1969). — Klinische Angiologie RATSCHOW (1959).

## 2. Strom- und Druckpulse im Arteriensystem

Der linke Ventrikel wirft das Blut intermittierend in die Aorta ascendens aus. Die jeweils hierfür benötigte Zeit, die *Austreibungszeit*, wird vom Standpunkt der arteriellen Dynamik als *Systole* bezeichnet, während vom Standpunkt der Herzdynamik auch die vorangehende Anspannungszeit zur Systole gehört. Die Pause zwischen zwei Systolen heißt *Diastole* und ist meist länger als die Systole. Beim erwachsenen Menschen dauert unter Ruhebedingungen die Systole 0,2—0,3 sec, die Diastole 0.5—0,6 sec. Diese Zeiten nehmen in der Tierreihe mit steigendem

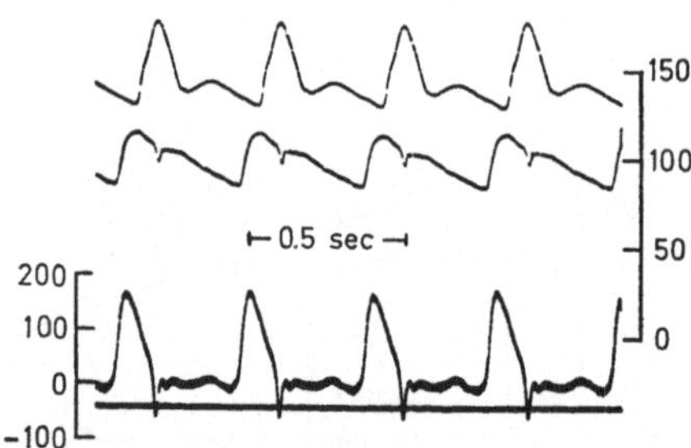


Abb. 20. Unten: Stromstärke in der Aorta ascendens eines Hundes, registriert mit der elektromagnetischen Methode. Eichung (links) in cm³/sec. — Mitte: Druck in der A. carotis nahe der Aorta. Eichung (rechts) in mm Mg. — Oben: Sphygmogramm der A. femoralis. (Nach Deppe u. Wetterer, 1940)

Körpergewicht zu; ihre Summe, die Pulscyclusdauer, wird für Ruhebedingungen proportional zu (Körpergewicht)$^n$ angegeben, wobei der Exponent $n$ im Gewichtsbereich von 10 g bis 100 kg 0,27 beträgt.

Mit jeder Blutaustreibung erzeugt das Herz in der Aorta ascendens einen *Strompuls*, der eine Pulswelle im Arteriensystem auslöst. Dieser Strompuls (Abb. 20) ist normalerweise etwa *dreieck*förmig; sein Gipfel liegt am Ende des ersten Viertels oder Drittels der Systole, d.h. der Strompulsanstieg ist steil, die Strombeschleunigung also groß, der Abfall nach dem Gipfel ist flacher. Am *Ende* der Systole tritt im Zusammenhang mit der Schließung der Aortenklappe ein kurzdauernder *Rückstrom* auf. Während der Diastole ist normalerweise keine nennenswerte Strömung in der Aorta ascendens vorhanden. Wesentliche Formverschiedenheiten dieser Strompulse bestehen bei Kaninchen, Katze, Hund, Affe und Mensch *nicht*. Dies haben zahlreiche Registrierungen mit elektromagnetischen und Ultraschall-Strömungsmessern erwiesen. Die Spitzenstromstärke beträgt beim Hund je nach Tiergröße 150—250 cm³/sec, beim erwachsenen Menschen etwa 500 cm³/sec. — Die über den Aortenquerschnitt gemittelte Spitzengeschwindigkeit des Blutes ($\bar{v}_{Q\,max} = i_{max}/Q$) liegt bei den genannten Tieren und dem Menschen im Bereich von etwa 60—120 cm/sec. Die kritische Reynoldssche Zahl ist oft wesentlich überschritten; es herrscht dann Turbulenz und ein flaches Geschwindigkeitsprofil, dieses auch aus Gründen der Anlaufstrecke.

Das Integral $\int_0^S i \cdot dt$ [cm³] entspricht der von der Strompulskurve und der Null-Linie umschlossenen Fläche und stellt das während der Systole durch die

Aorta ascendens getriebene Volumen dar; es ist gleich dem *Schlagvolumen* des linken Ventrikels, vermindert um das meist sehr kleine, während der Systole in die Coronararterien abströmende Volumen. Unter Ruhebedingungen beträgt das Schlagvolumen eines Erwachsenen etwa 70 cm³. Hieraus errechnet sich z.B bei einer Pulscyclusdauer von 0,84 sec eine *mittlere Stromstärke* von 70/0,84 = 83 cm³/sec bzw. ein *Herzminutenvolumen* von 83 · 60 = 5000 cm³/min. Die über den Pulscyclus gemittelte Strömungsgeschwindigkeit beträgt bei einem Aortenquerschnitt von 4 cm² 83/4 ≅ 20 cm/sec.

Der *Druckpuls* in der Aorta ascendens und den übrigen herznahen Arterien („zentraler Druckpuls") unterscheidet sich sehr wesentlich vom Strompuls. Während der beschriebene Strompuls auf der Null-Linie der Strömung beginnt und nach Klappenschluß wieder auf Null endigt, spielen sich, wie Abb. 20 und 21 zeigen, die Pulsationen des Drucks auf einem erhöhten Niveau ab. Der einzelne Druckpuls steigt zu Beginn der Systole steil, dann flacher an, weist dabei oft eine stufenartige Einbiegung („anakrote Schulter") auf und erreicht seinen Gipfel *später* als der Strompuls. Dann sinkt der Druck bis zur scharf ausgeprägten *Incisur* ab, die durch die kurze Rückstromphase des Strompulses bei Klappenschluß zustandekommt und das Ende der Systole kennzeichnet. Es ist wesentlich, daß der Druck am *Ende* der Systole *höher* ist als an deren *Beginn*. In der Diastole sinkt der Druck nach einer oft deutlichen frühdiastolischen Erhebung stetig ab. Hinsichtlich der Einzelheiten vgl. auch Abb. 22. Folgende Druckwerte sind von Wichtigkeit:

$p_d$ = „diastolischer Druck" = tiefster Druckwert, der am Ende der Diastole erreicht wird und beim Gesunden etwa 80 mm Hg beträgt.

$p_s$ = „systolischer Druck" = höchster Druckwert, der im Verlauf der Systole erreicht wird und beim Gesunden etwa 120 mm Hg beträgt.

$p_s - p_d$ = „Blutdruckamplitude", unter den genannten Bedingungen etwa 40 mm Hg.

$p_m$ = mittlerer Blutdruck = $\dfrac{1}{T} \int\limits_0^T p \cdot dt$, worin $T$ = Pulscyclusdauer. Normalerweise ist $p_m$ etwa 95 mm Hg.

Daß sich die Pulsationen auf einem erhöhten Druckniveau abspielen, ist ein Zeichen dafür, daß eine bestimmte Menge Blut im Arteriensystem dauernd gespeichert ist und die elastischen Wände gespannt hält. Dieses Volumen beträgt etwa 15% des gesamten Blutvolumens, d.h. beim erwachsenen Menschen etwa 800 cm³. Das gespeicherte Volumen schwankt, ebenso wie der Druck, im Rhythmus der Herztätigkeit. Während der Systole wird ein Teil des Schlagvolumens zusätzlich gespeichert; daher ist der Druck am Ende der Systole höher als an ihrem Beginn. Der andere Teil des Schlagvolumens fließt schon während der Systole durch die peripheren Gefäße in das Venensystem ab. In der Diastole findet Entspeicherung statt, wobei sich der Druck senkt. Ein stationärer Kreislaufzustand ist dadurch gekennzeichnet, daß bei einer regelmäßigen Aufeinanderfolge von Pulsen in jeder Diastole ebensoviel Blut peripher abfließt, wie in der jeweils vorhergegangenen Systole zur Speicherung gelangt war, so daß $p_d$, $p_s$ und $p_m$ gleichbleiben. Die pulsatorischen Volumschwankungen des Arteriensystems betragen größenordnungsmäßig etwa 5% des mittleren, in ihm enthaltenen Volumens. Die

Druckschwankungen sind relativ viel größer, denn $(p_s - p_d)$ beträgt etwa 40%
von $p_m$. Der Grund für diesen Unterschied liegt in dem zunächst flachen, dann
steiler werdenden Verlauf der arteriellen Druck-Volum-Kurven, für den Abb. 17
Beispiele gibt.

Derartige einfache Betrachtungen über Speicherung, Entspeicherung und
peripheren Abfluß sind vom Standpunkt der Windkesseltheorie (Abschnitt II, 3)
einleuchtend. Ihre quantitative Anwendung stößt jedoch auf Schwierigkeiten

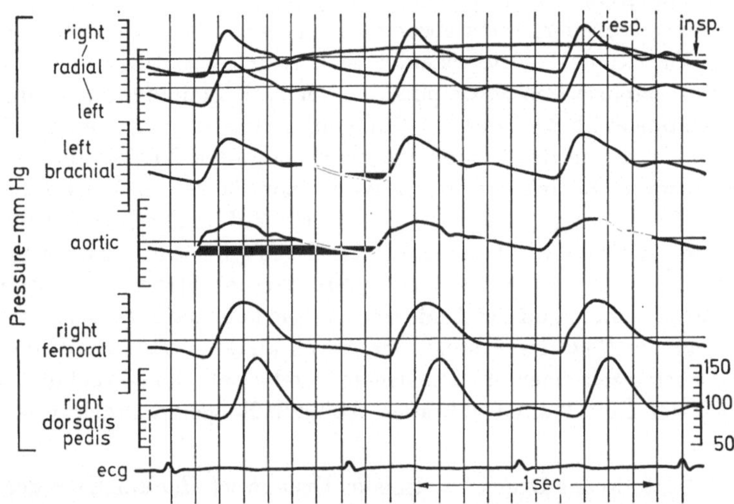


Abb. 21. Direkt und simultan registrierte menschliche Druckpulse der Aa. radiales, der
A. brachialis, des Aortenbogens, der A. femoralis u. A. dorsalis pedis. Gesunder Erwachsener
in horizontaler Lage bei Körperruhe. Aortendruck mit 80 cm langem Katheter und außen-
befindlichem Elektromanometer, die übrigen Drucke mit elektrischen Punktionsmanometern
aufgenommen. — Druckwerte, jeweils $p_s$ und $p_d$: Aortenbogen 121/84, A. femoralis 138/84,
A. dorsalis pedis 158/83, A. brachialis 128/81, Aa. radiales 130/77 mm Hg. (Nach Kroeker
u. Wood, 1955)

grundsätzlicher Art, da sich das Arteriensystem gegenüber raschen pulsatorischen
Druck- und Volumänderungen nicht wie ein „punktförmiger" Windkessel, sondern
wie ein kompliziertes Schlauchsystem verhält, in dem Druck und Volumen wegen
der wellenförmigen Ausbreitung ungleichmäßig verteilt sind.

Dies erkennt man bei Betrachtung der *Druckpulse in größerer Entfernung
vom Herzen*, die gegenüber dem zentralen Puls *verspätet* auftreten und sich von
diesem in der *Verlaufsform* und der *Druckamplitude* unterscheiden. Abb. 21 zeigt
direkte simultane Druckregistrierungen im Aortenbogen, der A. femoralis,
A. dorsalis pedis, A. brachialis und A. radialis des Menschen. Mit zunehmender
Entfernung vom Herzen verspätet sich der Pulsbeginn und erhöht sich die Druckamplitude. Im vorliegenden Beispiel ist diese in der A. femoralis etwa 1,5mal,
in der Fußarterie etwa 2mal, in der A. radialis etwa 1,4mal so groß wie im Aortenbogen. Die Amplitudenzunahme, die (nicht sehr glücklich) als Amplification, d.h.
„Verstärkung", bezeichnet wird, ergibt sich dadurch, daß sich $p_s$ in peripherer
Richtung beträchtlich erhöht, während $p_d$ peripherwärts geringfügig abnimmt. Der
Mitteldruck zeigt ebenfalls eine geringe Abnahme in peripherer Richtung, die
durch die Reibung des in den Arterien strömenden Blutes bedingt ist.

Im höheren Alter vergrößert sich die Druckamplitute in zentralen Arterien wesentlich stärker als in distalen Arterien, so daß die Amplitudenzunahme in peripherer Richtung dann weniger stark ausgeprägt ist oder ganz fehlt.

Abb. 22 zeigt Sphygmogramme des arteriellen Hauptrohrs, d.h. der Aorta und ihrer Fortsetzung in den Becken- und Beinarterien, wobei der Subclaviapuls als Repräsentant des Pulses im Aortenbogen dient. Der Druckpuls der Bauchaorta weist eine besonders ausgeprägte *anakrote Schulter* auf. Die Incisur ist noch erkennbar, aber wegen der frequenzabhängigen Wellendämpfung bereits ab-

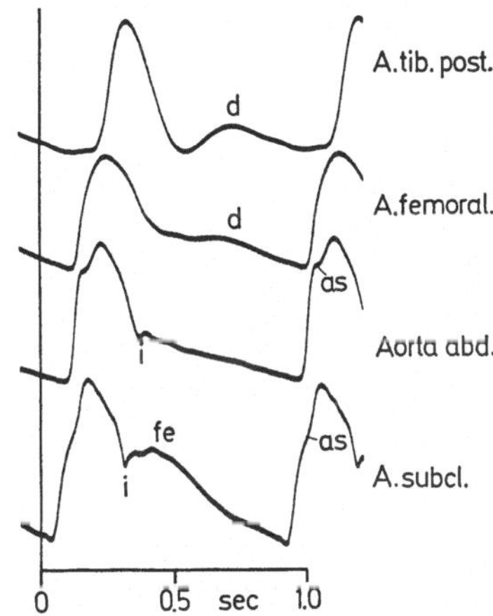


Abb. 22. Simultan aufgenommene menschliche Sphygmogramme der A. subclavia, Aorta abdominalis, A. femoralis und A. tibialis post. Gesunde Versuchsperson männlich, 29 Jahre, 196 cm (eigene Registrierung.) — Abkürzungen: *as* anakrote Schulter; *i* Incisur; *fe* frühdiastolische Erhebung; *d* dikrote Erhebung. Die Größe der Druckamplitude kann aus den Sphygmogrammen nicht entnommen werden (vgl. Abschn. III, 1c)

gerundet. Der Druckabfall in der Diastole ist nahezu *geradlinig*, wie dies dem „Druckknoten" (s.u.) zukommt. Der systolische Teil des Femoralispulses ist weitgehend *abgerundet*. Im diastolischen Teil ist die *dikrote Erhebung* erkennbar. Diese Erhebung ist im Puls der A. tibialis post. so stark ausgeprägt, daß in der Diastole ein „*dikroter Gipfel*" entsteht. Der systolische Gipfel und der dikrote Gipfel sind durch eine tiefe Senkung getrennt. Vergleicht man die diastolischen Teile der Pulse von Abb. 22 miteinander, so fällt auf, daß die zuletzt genannte Senkung im Tibialispuls mit der frühdiastolischen Erhebung des zentralen Pulses zeitlich ungefähr zusammenfällt. Auch fällt die dikrote Erhebung im Femoralis- und Tibialispuls zeitlich ungefähr mit einer leichten spätdiastolischen Senkung des zentralen Pulses zusammen. Ein ähnliches Alternieren ist im zentralen und Femoralispuls des Hundes in Abb. 20 zu erkennen. Besonders deutlich ist das Alternieren in den Druckpulsen der Schlauchmodelle mit positiver Endreflexion ausgeprägt, sowohl im homogenen (Abb. 8) als auch im zweiteiligen Schlauch (Abb. 10, vgl. senkrechte gestrichelte Bezugslinien in a). Die Erklärung dieser Erscheinung wird durch die bereits in Abschnitt II, 2c diskutierten hin- und herlaufenden Wellen gegeben. Es wurde darauf hingewiesen, daß durch deren Überlagerung nach FRANK (1905) stehende Wellen zustande kommen, die durch jeden Puls neu ausgelöst werden. Die beschriebenen diastolischen Erhebungen und

Senkungen können also als „Grundschwingung" im Sinne von Frank aufgefaßt werden. Da hiernach im ganzen System eine halbe Wellenlänge der stehenden Welle enthalten ist (Gl. (44)), müssen zwei Gebiete entgegengesetzter Schwingungsphase vorhanden sein, die durch einen Ort ohne solche Druckschwankungen, den „*Druckknoten*", gegeneinander abgegrenzt sind. Im homogenen Schlauch befindet sich der Druckknoten in der Mitte des Systems, im inhomogenen Schlauchsystem (vgl. $M_2$ in Abb. 10) ist er in Richtung zum Gebiet mit kleinerem Wellenwiderstand verschoben. Die Grundschwingung im arteriellen Hauptrohr kommt durch

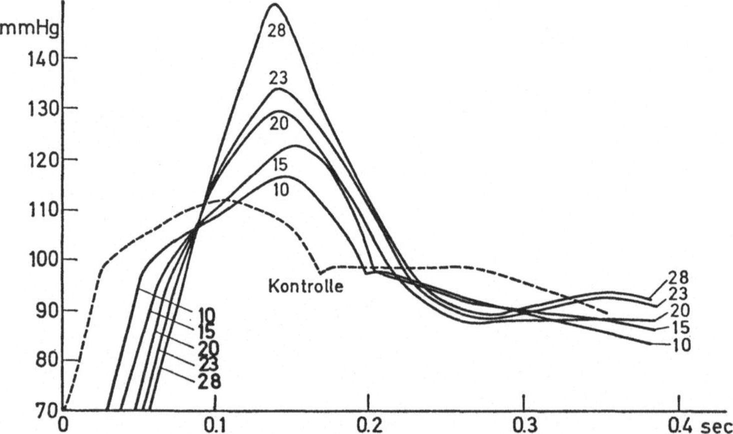



Abb. 23. Laufzeit- und druckmaßstabsgerechte Übereinanderzeichnung des Druckpulses im Aortenbogen („Kontrolle", gestrichelt) und der in Abständen von 10—28 cm distal hiervon registrierten Druckpulse des Hundes. Das Ansteigen des systolischen Druckgipfels in peripherer Richtung ist stark ausgeprägt. Obwohl das Wandern der Pulswelle an den zeitlich gegeneinander versetzten Fußpunkten zu erkennen ist, werden doch die systolischen Gipfel auf der Strecke 20—28 cm etwa gleichzeitig erreicht („stehender Gipfel"). Weitere Erklärung im Text. (Nach Hamilton u. Dow, 1939)

Wellen zustande, die zwischen dem Herzen (Aortenklappe) und den distalsten Reflexionsorten, d. h. den Endaufzweigungen der Fußarterien, hin- und herlaufen. Der Druckknoten liegt beim Menschen in der Bauchaorta.

Das Ergebnis einer ausgedehnten Untersuchung über die stehenden Wellen im arteriellen Hauptrohr des Hundes, durchgeführt von Hamilton u. Dow (1939), ist in Abb. 23 dargestellt. Der Druck wurde im Aortenbogen und an verschiedenen distal gelegenen Orten registriert. Die maßstabsgerechte Übereinanderzeichnung läßt die gegenphasigen diastolischen Druckschwankungen in der zentralen Aorta einerseits und den peripheren Gebieten andererseits sehr deutlich erkennen. 10 cm distal vom Aortenbogen, d. h. in der absteigenden thorakalen Aorta, befindet sich der Druckknoten, der durch einen praktisch geradlinigen diastolischen Druckabfall gekennzeichnet ist. Durch Absperrung peripherer Teile des arteriellen Hauptrohrs läßt sich der Druckknoten herzwärts verschieben, was am Hund und am Menschen nachgewiesen werden konnte.

Es wurde auch die Auffassung vertreten, das arterielle Hauptrohr sei durch eine ortsvariable negative Endreflexion, durchschnittlich etwa in Höhe des Leistenbandes, abgeschlossen und zwischen dieser Stelle und dem Herzen befinde sich eine Viertelwellenlänge der stehenden Welle. Eine solche Vorstellung ist mit den tatsächlich auftretenden Druckpulsformen unvereinbar und wird außerdem durch die Ergebnisse von Pulslaufzeitmessungen und Absperrversuchen sowie durch andere Kriterien widerlegt.

Für Seitenäste der Aorta, z. B. die Armarterie, gelten andere Bedingungen als für das Hauptrohr. Auch für den Seitenast ist, wie für alle arteriellen Endaufzweigungen, die periphere Endreflexion positiv. Zurücklaufende Wellen werden jedoch am Ursprung des Seitenastes aus der Aorta negativ reflektiert, da der Wellenwiderstand des Seitenastes viel höher als derjenige der Aorta ist. Die Schwingungsverhältnisse in Seitenästen sind sehr kompliziert und noch nicht geklärt. Bemerkenswert ist im Puls der A. brachialis und besonders der A. radialis der sog. Zwischenschlag, der in den Radialispulsen von Abb. 21 nach dem systolischen Maximum zu sehen ist.

Die *Strompulse herzferner Arterien* unterscheiden sich vom Strompuls der Aorta ascendens (Abb. 20) zunächst dadurch, daß die Strömung in der Diastole nicht auf Null verbleibt. An jedem Ort des Arteriensystems beginnen Strom- und Druckpuls gleichzeitig, wie dies theoretisch (Abschnitt II, 2) zu erwarten ist. Der Strompuls erreicht seinen systolischen Gipfel früher als der Druckpuls und fällt dann im allgemeinen steil ab, um meist in der Diastole einen zweiten, niedrigeren Gipfel zu erreichen. Abb. 24 zeigt für je einen Hund außer dem Druck in der Aorta abdominalis in a die gleichzeitig registrierten Strompulse der Aorta ascendens, thoracica descendens und abdominalis, in b die gleichzeitig registrierten Strompulse der Aorta abdominalis und der A. iliaca, femoralis, carotis, brachialis und renalis. Wie die Eichskalen zeigen, sind die drei Strompulse in a mit etwa übereinstimmender Empfindlichkeit geschrieben, so daß sie sich unmittelbar quantitativ miteinander vergleichen lassen. Dasselbe gilt für die 6 Kurven in b, wobei die Empfindlichkeit etwa 9mal so groß ist wie in a. Der Strompuls der Aorta ascendens entspricht in der Form dem bereits in Abb. 20 gezeigten und hat in Abb. 24a einen Spitzenwert von etwa 12 l/min = 200 cm³/sec. In der thorakalen absteigenden Aorta ist die Spitzenstromstärke noch etwa 50, in der Aorta abdominalis etwa 16 cm³/sec. Im Experiment von Abb. 24b beträgt die Spitzenstromstärke in der Aorta abdominalis etwa 21, in der A. iliaca 12, in der A. femoralis 3 cm³/sec. Etwa derselbe Wert wird in der A. carotis und A. renalis erreicht. Die mittlere Stromstärke würde sich aus dem Stromstärkeintegral über eine Pulscyclusdauer, dividiert durch diese Dauer, ergeben (vgl. Berechnung von $p_m$ auf S. 39). Daß die Spitzenstromstärke und die mittlere Stromstärke peripherwärts stark abnehmen, ist verständlich, da zwischen der Aorta ascendens und der betreffenden peripheren Arterie zahlreiche Abzweigungen vorhanden sind. Überraschend wirken die niederen Spitzenstromstärken in peripheren Arterien, wenn man sie mit den hohen dort gemessenen Druckamplituden vergleicht. Es ist aber zu bedenken, daß der Wellenwiderstand peripherer Arterien sehr groß ist, so daß nach den Erläuterungen im theoretischen Teil trotz kleiner Wellenstromstärke ein hoher Wellendruck zustande kommt (Gl. (31)).

Wie schon erwähnt, tritt in den Strompulsen distal der Aorta ascendens im allgemeinen nach der systolischen Hauptwelle eine tiefe Senkung und danach eine zweite Erhebung auf. Diese Erscheinung ist auf hin- und herlaufende Wellen zurückzuführen und wird noch im Zusammenhang mit der Entstehung der Pulsformen diskutiert.

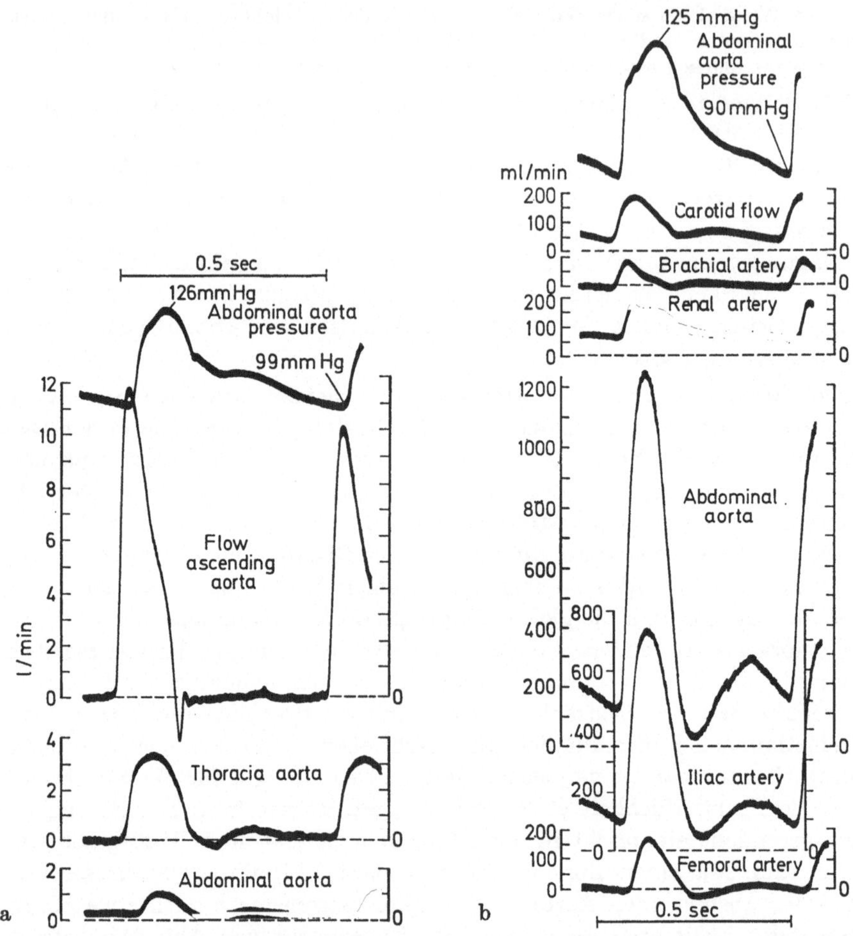


Abb. 24. Simultane Registrierungen des Drucks in der Aorta abdominalis und der Stromstärke in verschiedenen Arterien von 2 Hunden. Elektromagnetische Rechteckwellen-Methode. Erläuterung im Text. (Nach Spencer u. Denison, 1963)

Literatur. Übersichten: Wetterer (1956), Gauer (1960), McDonald (1960), Spencer u. Denison (1963), Attinger (1964), Wetterer u. Kenner (1968), Rushmer (1970). — Einzelgebiete: Kreislaufdaten aus der Tierreihe Grauwiler (1965). — Druck- und Strompuls verschiedener Tiere Wetterer u. Deppe (1939), Deppe u. Wetterer (1940), O'Rourke (1967). — Direkte Registrierungen am Menschen Kroeker u. Wood (1955), O'Rourke et al. (1968), Mills et al. (1970). — Stehende Wellen Frank (1905), Hamilton u. Dow (1939), Kapal et al. (1951b, c), Hickl (1960). — Armarterie Bleichert et al. (1952). — Klinische Arterienpulsschreibung Gadermann u. Jungmann (1964).

## 3. Pulswellengeschwindigkeit, Querpulsationen, Wellendämpfung

In Abschnitt II, 2b wurde auf die Bedeutung der arteriellen Pulswellengeschwindigkeit für die Beurteilung des elastischen Verhaltens der Arterienwand hingewiesen. Grundsätzlich wird die Pulswellengeschwindigkeit (PWG) als

$c = \Delta l / \Delta t$ dadurch bestimmt, daß man die Pulslaufzeit $\Delta t$ entlang einer Arterien-strecke $\Delta l$ mißt. Da die PWG im allgemeinen entlang der Strecke $\Delta l$ nicht gleich-bleibt, sondern peripherwärts steigt, wird mit diesem Verfahren die mittlere Puls-wellengeschwindigkeit auf der Strecke $\Delta l$ bestimmt.

So kann man z.B. an den Pulsen der Abb. 22 zur Bestimmung der mittleren PWG die Pulslaufzeiten entlang dem größeren Teil der Aorta, entlang der A. iliaca und entlang den Beinarterien bis zum Knöchel messen. Der zentrale Teil der Aorta ist für die Sphygmographie nicht direkt zugänglich. Verwendet man den Sub-claviapuls oder den leichter zu registrierenden Carotispuls, so muß man die Arterienstrecke zwischen dem Pulsaufnehmer und dem Aortenbogen (Projektion Jugulum) in Rechnung stellen. Sämtliche unten besprochenen Werte der PWG in der menschlichen Aorta sind Mittelwerte für die Strecke Aortenbogen—A. femo-ralis am Leistenband, also mit Einbeziehung der A. iliaca.

Zur Messung der Pulslaufzeit benötigt man sog. korrespondierende Punkte auf den Pulskurven, deren zeitliche Entfernung der Laufzeit $\Delta t$ entspricht. Von anglo-amerikanischen Autoren werden meist die Fußpunkte, d.h. die tiefsten Punkte zu Beginn des systolischen Anstiegs, als korrespondierende Punkte verwendet. In der deutschsprachigen Literatur werden solche Punkte bevorzugt, die im unteren Bereich des steilen systolischen Anstiegs liegen, nach FRANK auf $^1/_5$ der Anstiegs-höhe, nach BROEMSER u. RANKE am Wendepunkt, d.h. dem Punkt größter An-stiegssteilheit. Bei den üblichen Messungen ergeben sich nur geringe Unterschiede zwischen den Resultaten dieser drei Bestimmungsarten. Problematisch ist die Bestimmung von Pulslaufzeiten, wenn es sich um Arterienstrecken von nur wenigen Zentimetern handelt, gleichgültig, welche Art korrespondierender Punkte man benutzt.

Eine andere Methode zur Bestimmung von Pulslaufzeiten beruht auf der Fourier-Analyse der Pulskurven. Aus der Phasenverschiebung der entsprechenden Harmonischen zweier Pulskurven wird die Laufzeit ermittelt. Die so bestimmte PWG ist als Phasengeschwindigkeit zu bezeichnen, die für die höheren Harmonischen mit der aus den korrespondierenden Punkten bestimmten Geschwindigkeit einigermaßen übereinstimmt. Die Phasengeschwindigkeit der niederen, besonders der 1. Harmonischen, ist jedoch für den vorliegenden Zweck unbrauchbar, da ihre Bestimmung in hohem Maße durch reflektierte Wellen beeinflußt wird.

Nach der Näherungsgleichung (29) von MOENS u. KORTEWEG darf man für die jugendliche Aorta eine mittlere PWG von etwa 450 cm/sec erwarten, wenn man $E_t = 4 \cdot 10^6$ dyn/cm² und $h/r_i = 0{,}1$ setzt. Die Blutdichte $\varrho$ beträgt 1,06 g/cm³ und wird in Überschlagsrechnungen als 1 angenommen. Tatsächlich wurden an Jugendlichen Werte von 4—5 m/sec als mittlere PWG der Aorta gefunden (Abb. 25 nach WEZLER u. BÖGER), wobei dem Anfangsteil der Aorta etwa 4 m/sec oder etwas weniger zukommt. Ebenfalls beim Jugendlichen liegen nach Abb. 25 die PWG-Werte der Armarterie (Strecke A. subclavia—A. radialis) mit etwa 7 m/sec höher, diejenigen der Beinarterie (Strecke A. femoralis—A. tibialis post. oder dorsalis pedis) mit etwa 8 m/sec noch höher. Die höheren PWG-Werte der peripheren Arterien sind vor allem auf das größere Wanddicken-Radius-Verhältnis zurückzuführen. Mit steigendem Alter nimmt die PWG in sämtlichen Arterien zu. Nach Abb. 25 sind die *Alterskurven* S-förmig. Die Zunahme der PWG mit dem Alter ist für die Aorta größer als für die peripheren Arterien, so daß zwischen 50 und 60 Jahren die PWG der Aorta und diejenige der Armarterie mit etwa 10 m/sec gleich sind und oberhalb 60 Jahren die PWG der Aorta sogar höher ist als die der Armarterie. Die Ursachen für den Altersanstieg der PWG sind der Altersumbau der Arterienwand mit Zunahme der Wanddicke und des Elastizitätsmoduls (Gl. (29)) sowie der Anstieg des Blutdrucks, der seinerseits eine größere Wandspannung (Gl. (17)) und damit einen höheren Elastizitätsmodul (Abb. 16) bewirkt, wobei außerdem höhere Blutdruckwerte den Altersumbau beschleunigen.

Um „reine" statistische *Alterskurven* der PWG zu erhalten, ordnete Schimmler (1965) seine an etwa 2500 Personen gewonnenen Meßwerte nach Gruppen gleichen mittleren Blutdrucks, deren jede die Altersstufen von 26—73 Jahren

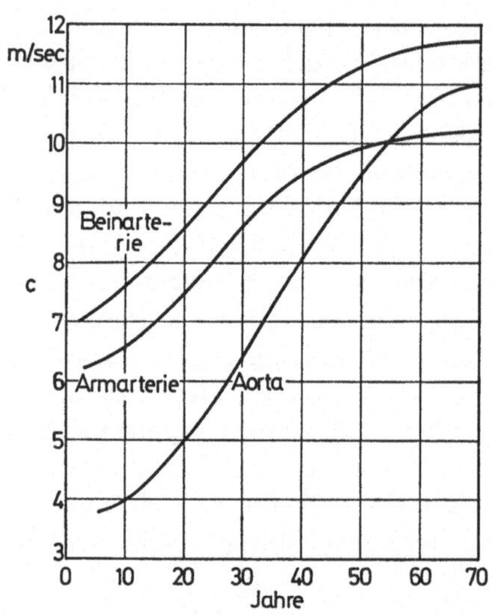


Abb. 25. Statistische Mittelwerte der Pulswellengeschwindigkeit *c* für die Aorta (Strecke A. subclavia—A. femoralis), die Armarterie und Beinarterie des Menschen in Abhängigkeit vom Alter. (Umgezeichnet nach Wezler u. Böger, 1939)

umfaßt. So erhielt er 8 Alterskurven mit dem mittleren Blutdruck als Parameter (80, 100 ... 200, 220 mm Hg). Abb. 26 zeigt, daß die „reinen" Alterskurven der PWG keine S-Form haben; für 80—120 mm Hg steigen sie mit zunehmendem Alter durchweg steiler an, für 140 mm Hg besteht ein praktisch linearer Anstieg. Der hiervon abweichende Verlauf der Kurven höheren Blutdrucks oberhalb 55 Jahren wird vom Autor als Folge einer Absterbeauslese gedeutet.

Andererseits läßt sich aus Abb. 26 auch die „reine" statistische *Abhängigkeit der PWG vom Blutdruck* entnehmen, wobei dann das Alter den Parameter darstellt. Im Druckbereich von 80—200 mm Hg ergeben sich für die einzelnen Altersgruppen die mittleren Zunahmen der Aorten-PWG pro Drucksteigerung um 10 mm Hg folgendermaßen:

| Jahre | m/sec / 10 mm Hg |
|---|---|
| 26 | 0,33 |
| 35 | 0,42 |
| 45 | 0,51 |
| 55 | 0,61 |

Steigt der Blutdruck *kurzfristig* beim *Einzel*individuum, so nimmt die PWG im allgemeinen zu, was besonders für die Arterien des elastischen Typs gilt. An der Aorta wurden Zunahmen von 0,5—1 m/sec pro Drucksteigerung um 10 mm Hg gefunden. Bei muskulären Arterien hat die glatte Muskulatur einen sehr erheblichen zusätzlichen Einfluß, der im einzelnen noch nicht völlig geklärt ist. Eine Erhöhung

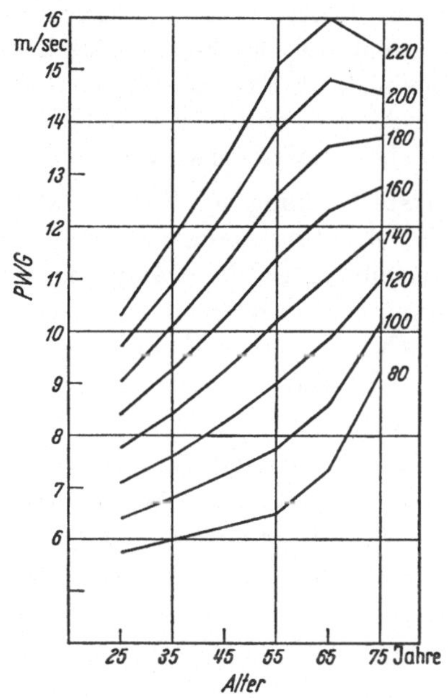



Abb. 26. Statistische Mittelwerte der Pulswellengeschwindigkeit in der menschlichen Aorta (Carotis—A. femoralis) in Abhängigkeit vom Alter. Mittlerer Blutdruck in mm Hg als Parameter rechts angeschrieben. Messungen an etwa 2500 Hypo-, Normo- und Hypertonikern. (Nach SCHIMMLER, 1965)

ihres Kontraktionszustandes kann bewirken, daß die Wandspannung dann vorwiegend von glatten Muskelfasern getragen wird, deren Elastizitätsmodul möglicherweise kleiner als derjenige der elastischen Fasern ist. Dies könnte eine Abnahme der PWG zur Folge haben. Andererseits würde eine trotz des Blutdruckanstiegs zustande kommende Gefäßverengerung das Wanddicken-Radius-Verhältnis vergrößern und könnte nach Gl. (19) die Wellengeschwindigkeit erhöhen. Tatsächlich wurde bei Blutdrucksteigerungen durch vasoconstrictorisch wirkende Mittel oft gefunden, daß sich die PWG zwar in Arterien des elastischen Typs erhöhte, aber in Arterien des muskulären Typs fast unverändert blieb (WEZLER u. BÖGER, 1939).

Die *Visco-Elastizität* der Arterienwand äußert sich in mehrfacher Hinsicht. Wie schon erwähnt, ergibt sich durch sie ein „scheinbarer Elastizitätmodul", der mit zunehmender Dehnungsgeschwindigkeit bzw. Dehnungsfrequenz steigt. Daher ist die PWG für Wellen mit schneller Druckänderung höher als für solche mit langsamer Änderung (*Wellendispersion*). Es ist jedoch zu betonen, daß dieser

Effekt gering ist und weit zurücksteht hinter dem Einfluß des Dehnungs- bzw. Spannungszustandes der Wand auf die PWG.

Weiterhin besteht infolge der Visco-Elastizität eine geringe Phasennacheilung der Querschnittspulsationen („Volumpuls") gegenüber den Druckpulsationen, so daß ein Druck-Querschnitts-Diagramm bzw. Druck-Durchmesser-Diagramm über einen normalen Pulscyclus die Form einer Lissajous-Schleife hat. Diese umschließt jedoch auch bei muskulären Arterien nur eine kleine Fläche, wenn es sich um natürliche Pulse handelt. Denn die Druck- und Durchmesserschwankungen sind dann wesentlich kleiner als z.B. im Experiment von Abb. 18; außerdem handelt es sich um eine „stabile Schleife", an der plastische Wirkungen nicht mehr beteiligt sind. Es sei auf Abschnitt IV, 1 verwiesen.

Die weitaus bedeutendste Wirkung der Visco-Elastizität bezieht sich auf die *Wellendämpfung*, d.h. die Amplitudenabnahme bei Fortschreiten der Welle. Wegen der inneren Wandreibung ist die Dämpfung sehr weitgehend von der Dehnungs- und Entdehnungsgeschwindigkeit bzw. von der Frequenz abhängig. Dies hat die schon mehrfach (Abschnitte II, 2b und IV, 2) erwähnte Folge, daß rasche Schwingungen, z.B. die Incisur, peripherwärts verschwinden und spitze Druckgipfel abgerundet werden.

Nach Besprechung der Visco-Elastizität sei noch auf die *Größe der Querschnitts- bzw. Durchmesserschwankungen* pulsierender Arterien in vivo eingegangen. Wenn man die Formel (28) von Weber für endliche Änderungen des Drucks und des Radius ($\Delta$ statt $d$) verwendet und sie nach $\Delta r_i / r_i$ auflöst, so erhält man die Näherungsgleichung

$$\frac{\Delta r_i}{r_i} \cong \frac{\Delta p}{2\varrho c^2}. \tag{60}$$

Für $c = 400$ cm/sec und eine Blutdruckamplitude $\Delta p = 40$ mm Hg $= 53 \cdot 10^3$ dyn/cm² ergibt sich dann $\Delta r_i / r_i = 0{,}17$, für $c = 800$ cm/sec und denselben $\Delta p$-Wert jedoch nur etwa 0,04. Man hat also bei zentralen Arterien relative pulsatorische Durchmesserschwankungen von $10-20\%$, bei peripheren Arterien solche von unter 10% bis unter 5% zu erwarten, auch wenn man die dort größere Blutdruckamplitude berücksichtigt. Diese Erwartung wird durch Meßergebnisse bestätigt.

Bisweilen wird die Ansicht vertreten, periphere Arterien, besonders der Beine, würden durch ihre Pulsationen die in der gemeinsamen bindegewebigen Hülle liegenden Venen rhythmisch komprimieren und hierdurch unter Mitwirkung der Venenklappen den venösen Rückstrom fördern. Ein solcher Mechanismus müßte mit so großen Volumverschiebungen des Blutes in den Venen einhergehen, daß sich die Venenklappen im Rhythmus des Arterienpulses öffneten und schlössen; dies ist aber in Anbetracht der nur einige Zehntel Millimeter betragenden Durchmesserpulsationen peripherer Arterien keineswegs zu erwarten. Auch gibt es keinen für diesen Mechanismus sprechenden experimentellen Befund.

**Literatur.** Methodik der PWG-Bestimmung Kapal et al. (1951a, b, c), Kenner u. Ronniger (1960a), Gadermann u. Jungmann (1964). — Ergebnisse von PWG-Messungen Dow u. Hamilton (1939), Wezler u. Böger (1939), Schimmler (1965). — Pulsatorische Durchmesserschwankungen der Arterien Rushmer (1955), Peterson et al. (1960), Barnett et al. (1961), Patel et al. (1963), Arndt (1969), Arndt u. Kober (1970).—Theorie der Wellenfortpflanzung bei Visco-Elastizität McDonald (1960), Hardung (1962), Wetterer u. Kenner (1968). — Experimente zur Frequenzabhängigkeit der PWG und Wellendämpfung Müller (1951), Anliker et al. (1968).

## 4. Hinweise zur Entstehung der Pulsformen

Wie schon v. KRIES (1892) betonte, entsteht in der Aorta ascendens ein von ihm als „Anfangspulskurve", heute als „*Primärpuls*" bezeichneter Druckpuls, der unmittelbar durch den vom linken Ventrikel erzeugten Strompuls hervorgerufen wird und diesem in der Ablaufsform gleicht. Würden sich dem Primärpuls keine reflektierten Wellen überlagern, so wäre ein Druckverlauf zu registrieren, der Punkt für Punkt aus dem Strompuls durch Multiplikation der Stromstärke mit dem Wellenwiderstand der Aorta ascendens berechnet werden könnte. Daß diese Aussage am reflexionsfreien Schlauchmodell experimentell bestätigt wird, ist aus Abb. 7 zu ersehen. Der Wellenwiderstand der Aorta ascendens ergibt sich nach Gl. (31) am Hund mit $Q = 2$ cm$^2$ und $c = 400$ cm/sec zu etwa 200 dyn · sec/cm$^5$. Einer Spitzenstromstärke von 180 cm$^3$/sec (Abb. 20) entspricht hiernach überschlagsmäßig eine primäre Druckamplitude von $180 \cdot 200 = 3,6 \cdot 10^4$ dyn/cm$^2$ $= 27$ mm Hg. Der primäre Druckpuls tritt jedoch für sich allein nur in seinem Anfangsteil in Erscheinung. Schon frühzeitig setzen sich reflektierte Wellen auf, die den Druck überhöhen und ihn auch nach dem primären Druckgipfel noch weiter ansteigen lassen. Hierzu sei an die Ergebnisse der Schlauchmodellversuche in den Abschnitten II, 2c, d erinnert. Die zum Schlauchanfang zurücklaufenden reflektierten Wellen werden am Pumpenkolben positiv totalreflektiert, wobei sich ihr Druck auf das Doppelte erhöht und dem dort herrschenden Druck addiert. Dagegen wird die von der Pumpe erzeugte Stromstärke durch die rückläufigen Wellen nicht beeinflußt, da deren Wellenströmung am Ort positiver Totalreflexion Null ist [vgl. Erläuterung zur positiven Totalreflexion und zu den Gln. (39) und (40)]. So werden auch die am Eingang der Aorta eintreffenden rückläufigen Wellen dort positiv reflektiert (annähernd Totalreflexion) und superponieren sich dem Primärpuls. Daher ist der resultierende Druckgipfel gegenüber dem Primärpulsgipfel verspätet, und die resultierende Druckamplitude ist größer (z.B. 40 mm Hg) als die Amplitude des Primärpulses (z.B. 27 mm Hg).

Daß reflektierte Wellen bereits früh in der Systole am Aorteneingang eintreffen, kann auf verschiedene Gründe zurückgeführt werden. Zunächst könnte es sich um Wellen handeln, die an den Enden der großen Seitenäste des Aortenbogens reflektiert werden und in die Aorta zurücklaufen. So könnte beim Menschen die Front der Pulswelle aus dem Carotisgebiet bereits nach etwa 100 msec wieder im Aortenbogen angekommen sein. Doch ist zu bedenken, daß der Wellenwiderstand des Seitenastes groß im Vergleich zu demjenigen der Aorta ist, so daß die im Seitenast zurücklaufende Welle an der Abzweigungsstelle stark negativ reflektiert wird und zum großen Teil in den Seitenast zurückkehrt („Wellenfalle" nach HARDUNG, 1952). Diese Frage ist noch nicht ganz geklärt. Wichtiger ist die schon in Abschnitt II, 2d behandelte *Zwischenreflexion*. Das Arteriensystem ist eine *inhomogene* Wellenleitung, deren Wellenwiderstand im ganzen peripherwärts zunimmt. Aufgrund von Messungen der Verteilung der elastischen Weitbarkeit (Gl. (20)) und des Volumens im Arteriensystem gelangte REMINGTON (1952) zu einer Darstellung, die in Abb. 27 wiedergegeben ist. Der Figurendurchmesser entspricht hier dem reziproken Wert des Wellenwiderstandes. In der rechten Figur läuft die Pulswelle in das breite „Trichtermaul" der Aorta ascendens; der Wellenwiderstand nimmt zunächst zu und bleibt dann eine Zeitlang etwa gleich, um sich dann weiter zu erhöhen. Für den resultierenden zentralen Druckverlauf in der Systole sind solche Zwischenreflexionsstellen (Stoßstellen) wichtig, die nahe dem Aorteneingang liegen. Daher führt auch die Stoßstelle des zweiteiligen Schlauchmodells (Abb. 9, 10) zu einem zentralen Druckverlauf, der ebenso wie der natürliche durch eine Verspätung des Druckgipfels gegenüber dem Stromgipfel und eine Druckerhöhung am Systolenende gegenüber dem Systolenanfang gekennzeichnet ist. Für die Verhältnisse am Menschen läßt sich der zentrale Druckverlauf in der Systole schon dann befriedigend erklären, wenn man in Herznähe eine einzige Stoßstelle annimmt, die am Übergang vom Arcus aortae in die

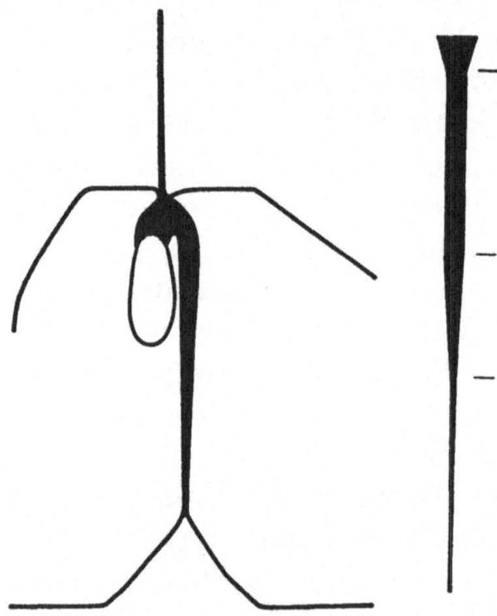

Abb. 27. Diagramm des Wellenwiderstandes (reziprok zum Figurendurchmesser) als Funktion der Wellenlaufzeit (Längenkoordinate der Figuren) im Arteriensystem des Hundes, links einzeln für die Aorta und einige Äste, rechts unter Zusammenfassung aller von der Pulswelle jeweils gleichzeitig erreichten Arterien in eine einzige trichterförmige Figur. (Nach Remington, 1952)

absteigende thorakale Aorta liegt und von der Pulswelle nach etwa 40 msec erreicht wird, so daß die Front der ersten reflektierten Welle etwa 80 msec nach dem Systolenanfang am Eingang der Aorta eintrifft und sich auf den Primärpuls kurz nach dessen Gipfel aufsetzt. Hiermit kann auch das Zustandekommen der anakroten Schulter erklärt werden. — Distal der Stoßstelle pflanzt sich die Welle mit erhöhtem Druck und erniedrigter Stromstärke fort. Hierbei läuft sie in Gebiete weiterer Vergrößerung des Wellenwiderstandes, der Druck wird wiederum erhöht und die Stromstärke erniedrigt. Es konnte gezeigt werden, daß von den sonstigen Reflexionsorten besonders eine beim Menschen im Bereich des Oberschenkels gelegene Stoßstelle von Bedeutung ist. Ein theoretisches Modell des Arteriensystems mit den genannten zwei Stoßstellen und Endreflexion in den Aufzweigungen der Fußarterien gestattet eine Konstruktion der Druckpulsformen entlang dem arteriellen Hauptrohr, die zu einer noch besseren Annäherung an die natürlichen Pulsformen führt als das zweiteilige Schlauchmodell von Abb. 9. Hierbei ergibt sich ebenfalls eine Zunahme der Druckamplitude in peripherer Richtung (Bauer et al., 1970).

Das Hin- und Herlaufen von Wellen durch das ganze System führt zu diastolischen Erhebungen und Senkungen, die an den Druckpulsen der Schlauchmodelle und an den natürlichen Arterienpulsen bereits beschrieben wurden (Abschnitt IV, 2). Diesen Schwankungen in den Druckpulsen müssen entsprechende Schwankungen in den Strompulsen in der Weise zugeordnet sein, daß rechtläufige Wellen durch eine positive, rückläufige Wellen durch eine negative Strömung gekennzeichnet sind [vgl. Abb. 6 und Erläuterungen zu den Gln. (39) und (40)]. Es ist daher zu erwarten, daß die peripheren Strompulse nach der systolischen Vorwärtsströmung einen Rückstromanteil und nach diesem wieder einen Vorwärtsstromanteil enthalten. Diese Erwartung wird durch die Strompulsregistrierung von Abb. 24 bestätigt. Je stärker die periphere Reflexion, desto größer ist die Stromstärke der rückläufigen Wellen, desto tiefer ist also die entsprechende Senkung im Stromstärkeverlauf. Daher kann die resultierende Stromstärke während der Rückstromphase noch positiv oder bereits negativ sein. Letzteres ist bei gesteigerter peripherer Vasoconstriction besonders ausgeprägt.

Mit zunehmenden *Alter* ergeben sich Änderungen der Pulsformen, die auf die verminderte elastische Weitbarkeit der Arterien zurückzuführen sind. Der Wellenwiderstand der Arterien und besonders der Aorta steigt, da die Erhöhung der Wellengeschwindigkeit (Abb. 25 und 26) relativ größer als die Zunahme des Querschnitts ist. Man darf annehmen, daß sich die Inhomogenität des Arteriensystems im Alter verringert. Diese Annahme wird dadurch gestützt, daß die Unterschiede zwischen zentralen und peripheren Druckpulsen in Form und Amplitude abnehmen. Auf das stärkere Anwachsen der zentralen Druckamplitude im Vergleich zur peripheren wurde bereits hingewiesen. Wegen des erhöhten Wellenwiderstandes sind die peripheren Reflexionsfaktoren verkleinert (Gl. (42)); die Grundschwingung hat geringere Amplitude oder ist nicht mehr erkennbar.

**Literatur.** Übersichten: v. KRIES (1892), HAMILTON (1947/50), McDONALD (1960), ATTINGER (1964), WETTERER u. KENNER (1968). — Einzelarbeiten: FRANK (1905), ALEXANDER (1952/53), HARDUNG (1952), REMINGTON (1952), KENNER u. RONNIGER (1960b), KENNER (1963), TAYLOR (1964), O'ROURKE et al. (1968), BAUER et al. (1970), REMINGTON u. O'BRIEN (1970).

## 5. Eingangswiderstand des Arteriensystems

Der Begriff des Eingangswiderstandes als komplexes Verhältnis von Druck zu Stromstärke am Eingang einer Wellenleitung wurde in Abschnitt II, 2c besprochen. Der Eingangswiderstand des Arteriensystems könnte dadurch bestimmt werden, daß anstelle des linken Ventrikels und der Aortenklappe eine Pumpe angebracht wird, die am Aorteneingang eine Stromstärke sinusförmigen Verlaufs und einstellbarer Frequenz liefert. Es ist aber auch möglich, die durch die Herztätigkeit entstehenden Strom- und Druckpulse am Aorteneingang in sinusförmige Komponenten zu zerlegen und aus diesen den Eingangswiderstand als Funktion der Frequenz zu bestimmen. Die Zerlegung in sinusförmigen Komponenten kann nach dem Prinzip der Fourier-Analyse erfolgen, so daß sich als nutzbare Frequenzen die jeweilige Herzfrequenz (1. Harmonische) und das 2-, 3-, 4- ... fache (2. und weitere Harmonische) derselben ergeben. Dieses sehr bekannte und am Kreislauf oft angewandte Verfahren hat den Nachteil, daß die Frequenzlücken zwischen den einzelnen Harmonischen relativ groß sind. Eine viel feinere

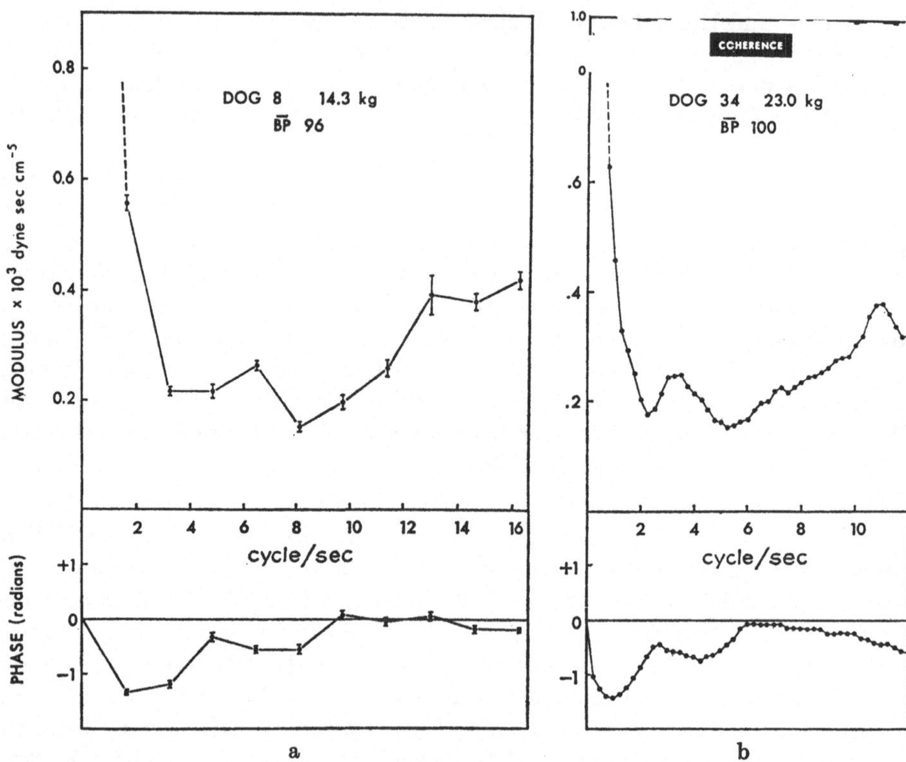



Abb. 28a u. b. Eingangswiderstand des Arteriensystems des Hundes, dargestellt im Bode-Diagramm nach Betrag (in $10^3$ dyn · sec/cm⁵ oben) und Phase (in Radian, unten). a Mittels Fourier-Analyse, Hund von 14,3 kg. b Mittels „spectral analysis", Hund von 23 kg. (Nach O'Rourke u. Taylor, 1967)

Auflösung wird durch die von Taylor (1966) eingeführte und als „spectral analysis" bezeichnete Methode ermöglicht. Die Ergebnisse der beiden Verfahren sind für den Hund am Beispiel von Abb. 28 als Bode-Diagramm, d.h. nach Betrag und Phase als Funktionen der Frequenz dargestellt. Im Bereich sehr niederer Frequenzen ist der Betrag des Eingangswiderstandes erhöht und strebt dem Wert des peripheren Widerstandes zu, wenn die Frequenz sich Null (Gleichströmung und Gleichdruck) nähert. Charakteristisch ist ein breites Minimum des Eingangswiderstandes, das zwischen etwa 3 und 12 Hz (Abb. 28a) bzw. 2 und 8 Hz (Abb. 28b) liegt. Ein Zwischenmaximum ist bei 6 Hz (a) bzw. 3 Hz (b) zu erkennen, das der Resonanzanregung der Grundschwingung im Sinne von Frank entspricht. Ein anderes Maximum liegt bei etwa 13 Hz (a) bzw. 11 Hz (b). Man darf annehmen, daß es durch die Wellenreflexion an der herznahen Stoßstelle hervorgerufen wird; allerdings sind die Bedingungen für die Zuordnung bestimmter Resonanzmaxima des Eingangswiderstandes zu bestimmten Reflexionsorten bei inhomogenen Systemen sehr kompliziert, wie die Untersuchungen am zweiteiligen Schlauchmodell (Abschnitt II, 2d) gezeigt haben. Grundsätzlich gleichartig verhält sich der Eingangswiderstand des Arteriensystems anderer Tiere und des Menschen, wobei sich die diskutierten Frequenzen mit wachsender Längenausdehnung erniedrigen. Von Bedeutung ist das erwähnte breite Minimum, das im Bereich der normalen Herzfrequenz und ihrer niederen Harmonischen liegt, so daß hierdurch eine Optimierung im Sinne einer Einsparung von Herzleistung gesehen werden muß. Es sei noch darauf hingewiesen, daß der Phasenwinkel des Eingangswiderstandes im niederen Frequenzbereich stark negativ ist. Dies entspricht einem „kapazitiven Verhalten" des Arteriensystems, das, mit starker Vereinfachung ausgedrückt, bei diesen niederen Frequenzen einem Windkessel mit Abflußwiderstand (Abb. 11) verglichen werden kann. In einem solchen System eilt die Phase des Drucks der Phase der Eingangsstromstärke nach, wie dies auch aus Gl. (48) hervorgeht.

Literatur zusammengestellt bei WETTERER u. KENNER (1968).

## 6. Peripherer Widerstand

Der Strömungswiderstand innerhalb des Arteriensystems ist niedrig, so daß der mittlere Blutdruck $p_m$ peripherwärts nur wenig absinkt. Dies wurde bereits bei Besprechung von Abb. 21 erwähnt. Die Steilheit der Druckabnahme ($=$ Druckabnahme pro Längeneinheit $=$ Druckgradient) ist größer in den arteriellen Endzweigen und am größten in den Arteriolen und Capillaren, dann wieder kleiner in den Venolen. Der Strömungswiderstand pro Längeneinheit hat also seinen Höchstwert in den Arteriolen und Capillaren, den eigentlichen „Widerstandsgefäßen". Normalerweise beträgt der Mitteldruck am Anfang der Arteriolen etwa 70 mm Hg, am Anfang der Capillaren 30—35 mm Hg, am Ende der Capillaren 12—20 mm Hg. Entlang den arteriellen Endzweigen und den Arteriolen nehmen die Pulsationen von Druck und Strömung ab; kleine Pulsationen sind noch in den Anfangsteilen vieler Capillaren, jedoch nicht mehr in deren weiterem Verlauf zu beobachten. Der Grund für diese völlige Glättung ist im Zusammenwirken von hohem Strömungswiderstand und Querdehnbarkeit dieser peripheren Gefäße zu suchen (RÖCKEMANN, 1965/70).

Bei extrem großen arteriellen Druckamplituden, vor allem bei Aortenklappeninsuffizienz, treten in den Capillaren stärkere Pulsationen auf („Capillarpuls"). Sehr weitgehende Dilatation der Arteriolen, z. B. in einer tätigen Verdauungsdrüse, kann die arteriellen Pulsationen durch die Capillaren bis in die lokalen Venen übertreten lassen („penetrierender Venenpuls").

Die mittlere Strömungsgeschwindigkeit ist in den peripheren Gefäßen sehr klein und beträgt in den Arteriolen normalerweise 2—3 mm/sec, in den Capillaren etwa 0,5 mm/sec. Der Grund hierfür besteht darin, daß der Gesamtquerschnitt aller jeweils parallelgeschalteten Zweige von den großen Arterien bis zu den Capillaren erheblich zunimmt; er beträgt für die Capillaren das Mehrhundertfache des Querschnitts der Aorta ascendens. Da die mittlere Stromstärke wegen der Kontinuitätsbedingung in allen hintereinandergeschalteten Abschnitten des Kreislaufs gleich groß sein muß, gilt im zeitlichen Mittel Gl. (13), nach der bei gegebener Stromstärke die Strömungsgeschwindigkeit umgekehrt proportional dem Gesamtquerschnitt sein muß. Beträgt die mittlere Strömungsgeschwindigkeit in der Aorta ascendens 20 cm/sec (Abschnitt IV, 2) und diejenige in den Capillaren 0,5 mm/sec, so ist das Verhältnis 400:1. Dies bedeutet, daß der Gesamtquerschnitt aller Capillaren 400mal (nach anderen Meßwerten bis zu 800mal) so groß ist wie derjenige der Aorta ascendens.

Der „*periphere Strömungswiderstand*" $R$ eines Gefäßgebietes ergibt sich gemäß Gl. (1) aus der Differenz zwischen dem mittleren arteriellen Druck $p_{ma}$ und dem mittleren venösen Druck $p_{mv}$, dividiert durch die mittlere Stromstärke $i_m$ des betreffenden Gebietes:

$$R = \frac{p_{ma} - p_{mv}}{i_m}. \tag{61}$$

Aus den parallelgeschalteten Strömungswiderständen $R_1$, $R_2$ usw. aller Teilgebiete des Körperkreislaufs resultiert der gesamte periphere Widerstand $R_{ges}$:

$$\frac{1}{R_{ges}} = \frac{1}{R_1} + \frac{1}{R_2} + \cdots. \tag{62}$$

Hierbei ist $R_{ges}$ definiert als

$$R_{ges} = \frac{p_{ma} - p_{mv}}{i_{m\,ges}}, \tag{63}$$

worin $i_{m\,ges}$ die gesamte, vom linken Ventrikel geförderte mittlere Stromstärke bedeutet.

Zahlenbeispiel: $p_{ma} - p_{mv} = 95$ mm Hg, $i_{m\,ges}$ = Herzminutenvolumen/60 = 5000/60 = 83 cm³/sec, $R_{ges} \cong 1500$ dyn·sec/cm⁵.

$R_{ges}$ wird in der anglo-amerikanischen Literatur als TPR (total peripheral resistance) bezeichnet und oft in der Einheit PRU (peripheral resistance unit) angegeben. Es ist:

$$1 \text{ PRU} = \frac{1 \text{ mm Hg}}{\text{cm}^3/\text{min}} = 8{,}0 \cdot 10^4 \text{ dyn} \cdot \text{sec/cm}^5.$$

Gl. (63) stellt eine rein formale Definition dar. Sie beinhaltet keineswegs die Aussage, daß bei Änderungen der Mittelwerte von Druck und Stromstärke der Quotient $R_{ges}$ gleichbleiben müsse. Dies ist tatsächlich auch nicht der Fall. Es sei z.B angenommen, daß der Kontraktionszustand der Muscularis der peripheren Widerstandsgefäße, von dem $R_{ges}$ sehr weitgehend abhängt, für einige Zeit konstant bleibe und der Durchströmungsdruck erhöht werde. Dann steigt die Stromstärke nicht proportional dem Durchströmungsdruck, sondern mit stärkerer Progression, da durch den wachsenden Druck die Widerstandsgefäße „druckpassiv" erweitert werden und nach Gl. (7) der Widerstand abnimmt. Würde sich bei steigendem Durchströmungsdruck der Kontraktionszustand der Muscularis verstärken, so könnte der Widerstand zunehmen. Für die Beziehung zwischen Stromstärke und Durchströmungsdruck ($i$-$p$-Beziehung) sind auch noch andere Einflüsse, z.B. die Geschwindigkeit der Druckänderung, von Bedeutung, so daß es sich um ein sehr verwickeltes Problem handelt, das in der Kreislaufliteratur breiten Raum einnimmt und in anderen Kapiteln dieses Lehrbuchs ausführlich behandelt wird. An dieser Stelle sollen nur einige Fälle von grundsätzlicher Bedeutung beschrieben werden, die in Abb. 29 dargestellt sind.

Die Kurve a gilt für $R$ = const, was nur möglich ist, wenn ein starres Rohr mit homogener Flüssigkeit laminar durchströmt wird. Die $i$-$p$-Kurve ist eine Gerade, die durch den Koordinatenursprung verläuft; $i$ ist proportional zu $p$, $R$ ist konstant und umgekehrt proportional der Steilheit der Geraden. — In den Kurven b und c ist die mit steigendem Durchströmungsdruck zunehmende Steilheit, d.h. Abnahme des Widerstandes, durch „druckpassives" Verhalten der Wider-

standsgefäße bedingt. Die Kurven verlaufen konvex zur Druckkoordinate. Es
ist sehr wesentlich, daß sie nicht am Ursprung des Koordinatensystems beginnen,
sondern daß die Strömung Null ist, solange der Druck nicht einen merklich über
Null liegenden Wert $p_z$ überschreitet. (Der Index $z$ bedeutet „zero flow".) Je
nach Auffassung über das Zustandekommen dieser Erscheinung wird $p_z$ verschieden benannt. BURTON (1962) stellte sich vor, daß die Widerstandsgefäße im
Druckbereich unterhalb $p_z$ völlig verschlossen sind, und sprach daher von
„kritischem Verschlußdruck". Der Verschluß wird nach seiner Auffassung hauptsächlich durch die aktive Spannung der glatten Gefäßmuskulatur hervorgerufen.

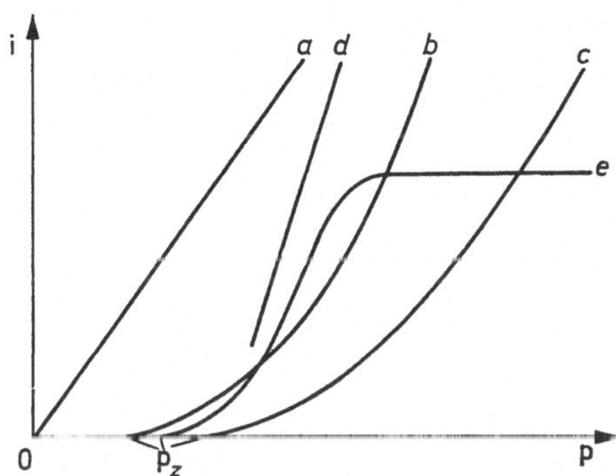


Abb. 29. Schematische Darstellung verschiedener Möglichkeiten der peripheren Druck-
Stromstärke-Beziehung. Abszisse: Durchströmungsdruck $p$, d. h. Differenz zwischen arteriellem
und venösem Druck. Ordinate: Stromstärke $i$. — Kurve $a$: Proportionalität zwischen $p$ und $i$;
$R$ = const. $b$ Überproportionale Zunahme der Stromstärke mit wachsendem Druck infolge
druckpassiver Dehnung der Widerstandsgefäße. $c$ Desgl., jedoch bei stärkerem Kontraktionszustand der glatten Muskulatur. $d$ Lineare, jedoch nicht durch den Koordinatenursprung
verlaufende $i$-$p$-Kurve. $e$ Autoregulatorisches Verhalten

Tatsächlich steigt $p_z$ mit Verstärkung des Kontraktionszustandes der Muscularis,
was durch die verschieden hohen $p_z$ der Kurven b und c deutlich gemacht ist.
Nach Auffassung anderer Autoren tritt unterhalb $p_z$ kein völliger Gefäßverschluß,
sondern nur eine starke Verengerung auf. Der Strömungsstillstand ist nach dieser
Vorstellung durch die rheologischen Eigenschaften des Blutes bedingt, und $p_z$
wird dann nicht „Verschlußdruck", sondern z. B. „Stagnationsdruck" genannt.
Meist liegt $p_z$ zwischen 20 und 40 mm Hg, bei Lähmung der Muscularis unter 15,
bei starker Vasoconstriction über 60, maximal sogar über 100 mm Hg. — Kurven
nach Art von d werden besonders dann gefunden, wenn die Änderung des Durch-
strömungsdrucks rasch, z. B. innerhalb weniger Sekunden, erfolgt. Die $i$-$p$-Kurve
ist zwar eine Gerade; ihre Verlängerung verläuft aber nicht durch den Ursprung
des Koordinatensystems, weshalb keine Proportionalität zwischen $i$ und $p$ besteht. — Kurve e beginnt ähnlich wie b und c, biegt aber dann in die Horizontale
ein, so daß $i$ trotz weiterer Steigerung von $p$ (annähernd) konstant bleibt. Dieses
„autoregulatorische" Verhalten, das für bestimmte Organkreisläufe, z. B. der
Niere, charakteristisch ist, erfordert eine mit wachsendem $p$ zunehmende Vasoconstriction.

Aus Abb. 30 geht hervor, in welcher Weise sich der nach den Gln. (61) oder (63) definierte Widerstand $R$ im Verlauf einer zur $p$-Koordinate konvexen $i$-$p$-Kurve ändert. Im Kurvenpunkt $A_1$ ist $R_1 = p_1/i_1 = \mathrm{ctg}\,\alpha_1$, im Punkt $A_2$ ist $R_2 = p_2/i_2 = \mathrm{ctg}\,\alpha_2$. $R$ wird mit steigendem Druck kleiner, da $\alpha_2 > \alpha_1$. Es ist ersichtlich, daß zur Berechnung von $R$ jeweils der volle Wert von $p$ und $i$ verwendet und jeder Kurvenpunkt $A$ so behandelt wird, als läge er auf einer fiktiven, durch den Koordinatenursprung verlaufenden geraden $i$-$p$-Kurve. Diese durch die Gln. (61) bzw. (63)

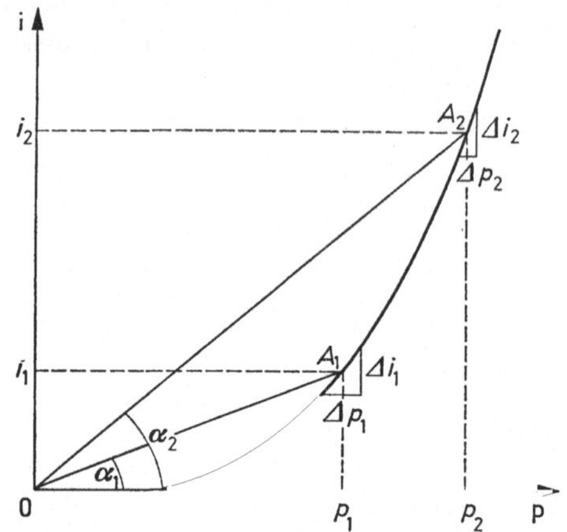

Abb. 30. Zur Erläuterung der „absoluten" und „differentiellen" Definition des Strömungswiderstandes

ausgedrückte Definition wird auch als „*absolute*" Definition bezeichnet. — Für viele Zwecke ist eine „*differentielle*" Definition des Widerstandes günstiger:

$$R_{\mathrm{diff}} = \frac{dp}{di} \cong \frac{\Delta p}{\Delta i}. \tag{64}$$

Hierbei entspricht die Steilheit der in einem Punkt $A$ angelegten *Tangente* dem reziproken Wert des Widerstandes. Aus Abb. 30 ist ersichtlich, daß bei einem zur $p$-Koordinate konvexen Kurvenverlauf $R_{\mathrm{diff}} < R_{\mathrm{abs}}$ ist. Im Fall d von Abb. 29 ist ebenfalls $R_{\mathrm{diff}} < R_{\mathrm{abs}}$; jedoch ist $R_{\mathrm{diff}} = \mathrm{const}$, während $R_{\mathrm{abs}}$ mit steigendem $p$ abnimmt. Im Falle a ist $R_{\mathrm{diff}} = R_{\mathrm{abs}} = \mathrm{const}$. Für den horizontalen Teil von e ist $R_{\mathrm{diff}} = \infty$, während $R_{\mathrm{abs}}$ endlich ist und mit steigendem $p$ zunimmt. — Bei Berechnung eines peripheren Reflexionsfaktors nach Gl. (42) ist der Endwiderstand $R_e$ als differentieller Widerstand aufzufassen.

**Literatur.** Übersicht Wetterer u. Kenner (1968). — $i$-$p$-Kurven als Potenzfunktionen Wezler u. Sinn (1953). — Kritischer Verschlußdruck Burton (1962/69). — Weitere Literatur und ausführliche Besprechung in den Kapiteln über terminale Strombahn und Organkreisläufe.

## 7. Betrachtung über das Arteriensystem als Ganzes

Die vom linken Ventrikel pro Herzschlag geleistete Arbeit kann in eine „*Gleichstromarbeit*" (auch als „Druck-Volum-Arbeit" bezeichnet) und eine „*Wechselstromarbeit*" zerlegt werden. Die Gleichstromarbeit ist das Produkt aus mittlerem Aortendruck und Schlagvolumen und stellt den Hauptteil der Herzarbeit dar. Die

Wechselstromarbeit ist der zusätzliche Energiebetrag, der für die Erzeugung der Pulsationen notwendig und in der Pulswelle enthalten ist. Die Wechselstromleistung (Arbeit/Zeiteinheit) ist vom Eingangswiderstand abhängig und beträgt unter Ruhebedingungen 10—20% der Gesamtleistung des linken Ventrikels; sie wäre erheblich größer, wenn nicht durch die Inhomogenität des Arteriensystems eine Anpassung der Funktion des linken Ventrikels an den peripheren Widerstand erreicht würde. Der kleine Wellenwiderstand am Eingang des Arteriensystems ermöglicht einen niederen mittleren Betragswert des Eingangswiderstandes, der überdies im energetisch bedeutsamsten Bereich der normalen Herzfrequenz und ihrer niederen Harmonischen ein Minimum aufweist. Es ist für den linken Ventrikel mechanisch günstig, seine Wechselstromleistung an ein System mit niederem Eingangswiderstand abgeben zu können. Der periphere (differentielle) Widerstand ist wesentlich höher. Die Zunahme des Wellenwiderstandes entlang dem Arteriensystem ermöglicht es, daß die Eigenschaften des Eingangs an das Herz, diejenigen des Ausgangs an die Peripherie angepaßt sind (TAYLOR, 1965).

So verwendet man in der Elektrotechnik einen Transformator, um eine Wechselstromquelle mit niedrigem Innenwiderstand durch Aufwärtstransformieren der Spannung an den höheren Widerstand eines Verbrauchers anzupassen. Die Natur benutzt dieses Prinzip nicht nur im Falle des Arteriensystems. So dient der schalleitende Apparat des Mittelohrs als „akustischer Transformator", der eine Anpassung zwischen dem niederen Schallwellenwiderstand der Luft und dem hohen Schallwellenwiderstand des flüssigkeitsgefüllten Innenohrs bewirkt.

Eine weitere Betrachtung soll der Windkesseltheorie und den Grenzen ihrer Anwendbarkeit gelten. Wie schon in Abschnitt II, 3 hervorgehoben wurde, sind Windkesselmodelle, gleich welcher Art, zur quantitativen Analyse pulsdynamischer Vorgänge nicht geeignet, da im Windkessel die gesamte Speicherung unter einem einheitlichen Druck („punktförmig") erfolgt, während sich der Druck im Arteriensystem mit endlicher Geschwindigkeit wellenförmig ausbreitet und in jedem Zeitpunkt an verschiedenen Orten verschiedene Werte hat. Dagegen hat das einfache Windkesselmodell nach Abb. 11 Bedeutung für die quantitative Analyse solcher Änderungen des Drucks und Volumens, die so langsam ablaufen, daß die Ausbreitungszeit des Pulses vergleichsweise sehr kurz ist und vernachlässigt werden darf. Für solche Zwecke ist es von Interesse, die gesamte elastische Weitbarkeit $C_{ges} = 1/E'_{ges}$ (Definition wie in Gl. (20)) des Arteriensystems zu kennen, die gleich der Summe der Weitbarkeiten aller einzelnen arteriellen Gebiete ist. Durch postmortale Messungen am Hund fanden REMINGTON u. HAMILTON (1947) für das Tiergewicht von etwa 30 kg und den Druckbereich um 100 mm Hg $E'_{ges}$-Werte von 1400—1800 dyn/cm⁵. Diese Werte wurden durch ein am lebenden Tier anwendbares Verfahren von WETTERER u. PIEPER (1953) bestätigt. Nach den Angaben von REMINGTON u. HAMILTON (1947) teilt sich $C_{ges}$ folgendermaßen auf die einzelnen arteriellen Gebiete des Hundes auf:

| | | |
|---|---|---|
| Aorta asc. und Arcus | 23% | |
| Aorta desc. thor. | 22% | |
| Aorta abdom. | 7% | |
| Ganze Aorta | 52% | 52% |
| Arterien von Kopf, Hals und vorderen Extremitäten | | 28% |
| Arterien der Brust- und Baucheingeweide | | 7% |
| Arterien der hinteren Extremitäten | | 13% |
| | | 100% |

Die Aorta liefert also etwa die Hälfte der Gesamtweitbarkeit, obwohl ihr Volumen nach den Angaben der Autoren nur etwa 23% des arteriellen Gesamtvolumens beträgt.

Für den Menschen im Altersbereich von 20—39 Jahren ist nach Simon u. Meyer (1958) ein $E'$-Wert der ganzen Aorta von etwa 1700 dyn/cm$^5$ anzusetzen (vgl. Abb. 17). Nimmt man auch für den Menschen an, daß die Aorta etwa die Hälfte der Gesamtweitbarkeit liefert, so erhält man $E'_{ges} \cong 850$ dyn/cm$^5$.

In Abschnitt IV, 6 wurde für den gesamten peripheren Widerstand des Menschen ein Wert von etwa 1500 dyn $\cdot$ sec/cm$^5$ angegeben. So errechnet sich gemäß Gl. (50) eine Zeitkonstante $\tau = R_{ges}/E'_{ges} = 1{,}8$ sec.

Dieser Wert stimmt nahe mit demjenigen überein, den man aus der durchschnittlichen Steilheit des diastolischen Druckabfalls errechnen kann. Nach Gl. (49) ist $p/\tau = -dp/dt \cong -\varDelta p/\varDelta t$. Ist z. B. die Diastolendauer 0,55 sec und nimmt der arterielle Druck in dieser Zeit um 25 mm Hg ab, so ist $-\varDelta p/\varDelta t = -(-25/0{,}55) = 45$ mm Hg/sec. Als Wert von $p$ ist das mittlere diastolische Druckniveau, z. B. 90 mm Hg, einzusetzen. Dann ist $\tau = 90/45 = 2$ sec. Bei dieser Berechnung ist vorausgesetzt, daß die mittlere Steilheit des diastolischen Druckabfalls im ganzen Arteriensystem näherungsweise gleich groß sei.

Setzt nach Ablauf der normalen Diastolendauer kein neuer Puls ein, so sinkt der Druck im Arteriensystem weiter ab. Wenn hierbei die Zeit-„Konstante" $R_{ges}/E'_{ges}$ konstant bliebe, müßte der Druck gemäß Gl. (50) nach einer Exponentialfunktion abnehmen. Dies ist aber nicht der Fall, sondern die Kurve des abnehmenden Drucks ist stärker gekrümmt, als es der Exponentialfunktion entspricht (Deppe, 1941). $R_{ges}/E'_{ges}$ wird also größer. Dies ist zu erwarten, da mit fallendem Druck sowohl $E'$ der Arterien kleiner wird (Abb. 17) als auch $R_{ges}$ zunimmt (Abb. 29b—d, Abb. 30). Dabei strebt die Kurve des Druckabfalls nicht dem Wert Null bzw. dem Venendruck, sondern einem höheren Grenzwert zu. Dies ist damit zu erklären, daß der periphere Abstrom bei einem über Null liegenden Druck $p_z$ sistiert (Abb. 29).

Die Nichtproportionalität der peripheren $i$-$p$-Beziehung muß als günstig für die Aufrechterhaltung des mittleren Füllungszustandes und Blutdruckniveaus in den Arterien angesehen werden. So wirkt bei plötzlicher Verminderung des Herzminutenvolumens oder gar kurzfristiger Unterbrechung der Herztätigkeit die mit fallendem Druck eintretende Vergrößerung des peripheren Widerstandes einem raschen Füllungsverlust des Arteriensystems entgegen. Umgekehrt kann eine Erhöhung des Minutenvolumens über den normalen Wert die Füllung des Arteriensystems nur wenig vermehren, da der periphere Widerstand mit steigendem Druck abnimmt, was den Abstrom überproportional vergrößert (Sinn, 1955). Dieser Mechanismus unterstützt die auf eine Konstanthaltung des Blutdruckniveaus gerichteten regulatorischen Vorgänge.

Die Nichtproportionalität der arteriellen Druck-Volum-Beziehung erweist sich als günstig zur schnellen Einstellung eines neuen Blutdruckniveaus bei regulatorischen Änderungen des peripheren Widerstandes, da zur Erreichung eines höheren oder niedrigeren Mitteldrucks eine im Vergleich zum gesamten Füllungsvolumen des Arteriensystems nur kleine Volumänderung notwendig ist (Taylor, 1969).

## 8. Bestimmung des Schlagvolumens aus pulsdynamischen Größen

Im einfachsten Fall wird die arterielle Blutdruckamplitude als relatives Maß für das Schlagvolumen benutzt; das „Amplituden-Frequenz-Produkt", d. h. das Produkt aus Blutdruckamplitude und Pulszahl/min, wurde 1904 von ERLANGER u. HOOKER als ein relatives Maß für das Herzminutenvolumen betrachtet und wird auch neuerdings zur Abschätzung der relativen Minutenvolumensteigerung im Arbeitsversuch verwendet (BLASIUS et al., 1961). Dividiert man die Blutdruckamplitude durch den Mitteldruck, so entsteht das 1928 von LILJESTRAND u. ZANDER angegebene „reduzierte Amplituden-Frequenz-Produkt".

Die hauptsächlich bekannten Methoden der deutschsprachigen Literatur stammen von BROEMSER u. RANKE (1930/33), FRANK (1930) und WEZLER u. BÖGER (1937/39) und beruhen auf einer Kombination der Windkessel- und Wellentheorie. Gemäß dem gemeinsamen Grundgedanken wird das Schlagvolumen $V_s$ zerlegt in ein systolisches Speichervolumen $V_{sp}$, das bei stationärem Kreislaufzustand während der Diastole peripher abfließt, und ein Volumen $V_R$, das bereits während der Systole peripher abfließt, so daß

$$V_s = V_{sp} + V_R = V_{sp}\,(1 + q_R), \tag{65}$$

worin $q_R = V_R/V_{sp}$ hier als Abflußquotient bezeichnet sei. Die Formeln der genannten Autoren unterscheiden sich durch die Bestimmungsart von $V_{sp}$ und $q_R$. In jedem Fall wird die Modellvorstellung des homogenen Schlauchs benutzt, dem der Querschnitt $Q_A$ der Aorta ascendens und eine bestimmte Länge $l_w$ zugeschrieben wird. Der $E'$-Wert dieses Schlauchs ist nach Gl. (30) gegeben als:

$$E' = \frac{\varrho c^2}{Q_A l_w}. \tag{66}$$

Als Wellengeschwindigkeit $c$ dient der zwischen der A. subclavia bzw. carotis einerseits und A. femoralis am Leistenband andererseits gemessene PWG-Wert. Das Speichervolumen wird als $(p_s - p_d)/E'$ eingesetzt. Nach BROEMSER u. RANKE ist $l_w = S \cdot c$, worin $S$ = Dauer der Systole. Nach FRANK ist $l_w = \lambda/2 = c \cdot T'/2$, worin $T'$ = Dauer der arteriellen Grundschwingung (vgl. Gl. (44)). Nach WEZLER u. BÖGER ist $l_w = \lambda/4 = c \cdot T'/4$. In derselben Reihenfolge der Autoren aufgeführt, sind die Abflußquotienten $q_R = S/D$, $q_R = 0{,}33$, $q_R = 1$. $D$ ist die Dauer der Diastole. So ergeben sich die Formeln zur Bestimmung des Schlagvolumens folgendermaßen:

Nach BROEMSER u. RANKE (sog. Gleichung E):

$$V_s = \frac{(p_s - p_d)\,Q_A\,S\,T}{\varrho c D} \cdot Z_E, \tag{67}$$

worin $T = S + D$ = Pulscyclusdauer und $Z_E$ = Korrekturfaktor, am Menschen 0,5.

Nach FRANK:

$$V_s = \frac{(p_s - p_d)\,Q_A\,T'}{2\varrho c} \cdot 1{,}33. \tag{68}$$

Nach WEZLER u. BÖGER:

$$V_s = \frac{(p_s - p_d)\,Q_A\,T'}{2\varrho c}. \tag{69}$$

In der anglo-amerikanischen Literatur wurde die „Pulskonturmethode" von Hamilton u. Remington (1947) am bekanntesten. Die Gl. (30) wird hier nicht benutzt, sondern die Druck-Volum-Beziehung wird nach detaillierten direkten Messungen am Hund für einzelne Gefäßgebiete gesondert berücksichtigt (vgl. Tabelle auf S. 57). Auch wird die Pulslaufzeit von der Aortenwurzel zu jedem dieser Gebiete gesondert in Rechnung gestellt. Die Anwendungsgrundlage der nur für den Hund ausgearbeiteten Methode bilden ausführliche Tabellen der Druck-Volum-Beziehung und Pulslaufzeit für jedes der Gebiete und jedes in Betracht kommende Druckniveau. Zur Bestimmung von $V_{sp}$ wird jedem Gebiet sein eigener, auf das Ende der Systole bezogener Druckwert zugeteilt, der aus dem systolischen Teil der herznahen Druckkurve gewonnen wird. Zur Bestimmung von $q_R$ dient die Annahme, daß der periphere Abstrom proportional dem jeweiligen, um 20 mm Hg verminderten Blutdruckwert sei. Wie ersichtlich, läßt sich für die Pulskonturmethode keine einfache Formel angeben, so daß Einzelheiten der Originalliteratur entnommen werden müssen. Ausführliche kritische Besprechungen der oben genannten Methoden finden sich bei Ronniger (1955), McDonald (1960) und Wetterer u. Kenner (1968).

Die Grundgedanken der Pulskonturmethode waren in vereinfachter Form für ein von Warner et al. 1953 angegebenes und 1966 modifiziertes Verfahren maßgebend, das auch zur Anwendung am Menschen bestimmt ist und für die fortlaufende elektronische Errechnung des Schlagvolumens ausgearbeitet wurde. Neuerdings gaben Kouchoukos et al. (1970) eine noch weiter vereinfachte Formel an, in der zur Bestimmung von $V_{sp}$ das systolische Druckintegral über dem Niveau $p_d$ herangezogen wird. Als Abflußquotient $q_R$ wird von Warner et al. grundsätzlich das Verhältnis des systolischen zum diastolischen Druckintegral, von Kouchoukos et al., wie ehemals von Broemser u. Ranke, das Verhältnis $S/D$ benutzt.

## Literatur

Alexander, R. S.: Factors determining the contour of pressure pulses recorded from the aorta. Fed. Proc. **2**, 738—749 (1952).
— The genesis of the aortic standing wave. Circulat. Res. **1**, 145—151 (1953).
Anliker, M., Histand, M. B., Ogden, E.: Dispersion and attenuation of small artificial pressure waves in the canine aorta. Circulat. Res. **23**, 539—551 (1968).
Arndt, J. O.: Über die Mechanik der intakten A. carotis communis des Menschen unter verschiedenen Kreislaufbedingungen. Arch. Kreisl.-Forsch. **59**, 153—197 (1969).
— Kober, G.: Die Druck-Durchmesser-Beziehung der intakten A. femoralis des wachen Menschen und ihre Beeinflussung durch Noradrenalin-Infusionen. Pflügers Arch. **318**, 130—146 (1970).
Attinger, E. O. (Hrsg.): Pulsatile blood flow. 1. Internat. Sympos. New York-Toronto-London: McGraw-Hill 1964.
Bader, H.: The anatomy and physiology of the vascular wall. In: Handbook of physiology, sect. 2: Circulation, vol. II, p. 865—889. Washington: Amer. Physiol. Soc. 1963.
Bargmann, W.: Histologie und mikroskopische Anatomie des Menschen, 4. Aufl. Stuttgart: Thieme 1962.
Barnett, G. O., Mallos, A. J., Shapiro, A.: Relationship of aortic pressure and diameter in the dog. J. appl. Physiol. **16**, 545—548 (1961).
Bauer, R. D., Pasch, Th., Wetterer, E.: Neuere Untersuchungen zur Entstehung der Pulsformen in großen Arterien des Menschen. Verh. dtsch. Ges. Kreisl.-Forsch. **36**, 330—336 (1970).

BAYLISS, L. E.: The rheology of blood. In: Handbook of physiology, sect. 2: Circulation, vol. I, p. 137—150. Washington: Amer. Physiol. Soc. 1962.

BEIER, W.: Biophysik. Leipzig: Thieme 1960.

BENNINGHOFF-GOERTTLER: Lehrbuch der Anatomie des Menschen, II. Bd., 5. Aufl. München-Berlin: Urban & Schwarzenberg 1960.

BERGEL, D. H.: The static elastic properties of the arterial wall. J. Physiol. (Lond.) 156, 445—457 (1961a).

— The dynamic elastic properties of the arterial wall. J. Physiol. (Lond.) 156, 458—469 (1961b).

BLASIUS, W.: Verbessertes Kreislaufmodell usw. Verh. dtsch. Ges. Kreisl.-Forsch. 35, 319—320 (1969).

— BACH, G., SCHAFÉ, M. K.: Der Herzminutenvolumen-Quotient ($Q_{vm}$) nach dosierter Arbeit und in der Erholungsphase bei Trainierten und Untrainierten. Arch. Kreisl.-Forsch. 36, 58—77 (1961).

BLEICHERT, A., LEZGUS, R., MARTINI, F.: Über die Länge der stehenden Welle in der Arm-arterie des Menschen. Z. Biol. 105, 141—156 (1952).

BRECHER, G. A.: Bristle flowmeter. Meth. Med. Res. 8, 307—321 (1960).

BRETSCHNEIDER, H. J.: Methoden zur Messung der Durchblutung mit einem hohen zeit-lichen Auflösungsvermögen. 3. Freiburger Coll. über Kreislaufmessungen. München-Gräfelfing: Banaschewski 1962.

BROEMSER, PH.: Die Bedeutung der Lehre von den erzwungenen Schwingungen in der Physiologie. München 1918.

— RANKE, O. F.: Über die Messung des Schlagvolumens des Herzens auf unblutigem Weg. Z. Biol. 90, 467—507 (1930).

— — Die physikalische Bestimmung des Schlagvolumens des Herzens. Z. Kreisl.-Forsch. 25, 11—21 (1933).

BUDDECKE, E.: Angiochemische Alterswandlungen des Aortenbindegewebes. Verh. dtsch. Ges. Kreisl.-Forsch. 25, 143—154 (1958).

BURTON, A. C.: Physical principles of circulatory phenomena: the physical equilibria of the heart and blood vessels. Handbook of physiology, sect. 2: Circulation, vol. I, p. 85—106. Washington: Amer. Physiol. Soc. 1962.

— The criterion for diastolic pressure — Revolution and counterrevolution. Circulation 36, 805—809 (1967).

— Physiologie und Biophysik des Blutkreislaufs. Ins Deutsche übertragen von H. A. GER-LACH u. H. BODENSTAB. Stuttgart-New York: Schattauer 1969.

CAPELLEN, CH.: New findings in blood flowmetry. Oslo: Universitetsforlaget 1968.

— HALL, K. V.: Intra-operative blood flow measurements with electromagnetic flowmeters. Progr. Surg. 8, 102—123 (1970).

COMÈL, M., LASZT, L. (Hrsg.): Biochemie der Gefäßwand. Internat. Sympos. Fribourg 1968. Basel-New York: Karger 1969.

DENISON, A. B., SPENCER, M. P.: Magnetic flowmeter. Med. Physics 3, 178—181 (1960).

DEPPE, B.: Über den diastolischen arteriellen Druckverlauf im großen Kreislauf. Z. Biol. 100, 437—474 (1941).

— WETTERER, E.: Vergleichende tierexperimentelle Untersuchungen zur physikalischen Schlagvolumbestimmung. III. Mitt. Z. Biol. 100, 105—118 (1940).

DOW, PH., HAMILTON, W. F.: An experimental study of the velocity of the pulse wave prop-agated through the aorta. Amer. J. Physiol. 125, 60—65 (1939).

ECK, B.: Technische Strömungslehre, 7. Aufl. Berlin-Göttingen-Heidelberg: Springer 1966.

FRANK, O.: Die Grundform des arteriellen Pulses. Z. Biol. 37, 483—526 (1899).

— Kritik der elastischen Manometer. Z. Biol. 44, 445—613 (1903).

— Der Puls in den Arterien. Z. Biol. 46, 441—553 (1905).

— Die Analyse endlicher Dehnungen und die Elastizität des Kautschuks. Annalen d. Physik 21, 602—608 (1906).

— Die Elastizität der Blutgefäße. Z. Biol. 71, 255—272 (1920).

— Die Theorie der Pulswellen. Z. Biol. 85, 91—130 (1926).

— Schätzung des Schlagvolumens des menschlichen Herzens auf Grund der Wellen- und Windkesseltheorie. Z. Biol. 90, 405—409 (1930).

Franke, E. K.: Physiologic pressure transducer. Meth. Med. Res. 11, 137—161 (1966).
Franklin, D. L., Baker, D. W., Ellis, R. M., Rushmer, R. F.: A pulsed ultrasonic flow-meter. IRE Transact. ME-6, 204—206 (1959).
— Schlegel, W., Rushmer, R. F.: Blood flow measured by Doppler frequency shift of backscattered ultrasound. Science 134, 564—565 (1961).
Frey, M. v.: Die Untersuchung des Pulses. Berlin 1892.
Frucht, A.-H.: Der Aortenquerschnitt des Menschen in Abhängigkeit von Alter, Geschlecht, Körpergröße und mittlerem Blutdruck. Z. Kreisl.-Forsch. 42, 401—415 (1953).
Fry, D. L. (Hrsg.): Flow detection technics. Meth. Med. Res. 11, 43—117 (1966).
— Mallos, A. J., Casper, A. G. T.: A catheter tip method for measurement of the instantaneous aortic blood velocity. Circulat. Res. 4, 627—632 (1956).
Gadermann, E., Jungmann, H.: Klinische Arterienpulsschreibung. München: Barth 1964.
Gauer, O. H.: Kreislauf des Blutes. In: Landois-Rosemann, Lehrbuch der Physiologie des Menschen, 28. Aufl., Bd. I. München-Berlin: Urban & Schwarzenberg 1960.
— Gienapp, E.: A miniature pressure-recording device. Science 112, 404—405 (1950).
Geddes, L. A., Baker, L. E.: Principles of applied biomedical instrumentation. New York-London-Sydney: Wiley 1968.
Grauwiler, J.: Herz und Kreislauf der Säugetiere. Vergleichend-funktionelle Daten. Basel-Stuttgart: Birkhäuser 1965.
Hamilton, W. F.: Arterial pulse. Medical Physics 1, 7—9 (1947); 2, 186—188 (1950).
— Dow, Ph.: An experimental study of the standing waves in the pulse propagated through the aorta. Amer. J. Physiol. 125, 48—59 (1939).
— Remington, J. W.: The measurement of the stroke volume from the pressure pulse. Amer. J. Physiol. 148, 14—24 (1947).
Hansen, A. T.: Direkte Blutdruckmessung mittels eines Kondensatormanometers. Verh. dtsch. Ges. Kreisl.-Forsch. 15, 97—105 (1949).
Hardung, V.: Zur mathematischen Behandlung der Dämpfung und Reflexion der Pulswellen. Arch. Kreisl.-Forsch. 18, 167—172 (1952).
— Propagation of pulse waves in visco-elastic tubings. Handbook of physiology, sect. 2: Circulation, vol. I, p. 107—135. Washington: Amer. Physiol. Soc. 1962.
Hickl, E.-J.: Weitere Untersuchungen über die Länge der stehenden Welle im arteriellen Hauptrohr des Menschen. Z. Kreisl.-Forsch. 49, 401—412 (1960).
Hille, H.: Verfahren mit im Blutstrom flottierenden Meßeinrichtungen: Bubbleflowmeter, Rotameter, Stromborste, Stromuhr nach Weese. 3. Freiburger Coll. über Kreislaufmessungen. München-Gräfelfing: Banaschewski 1962.
Kapal, E., Martini, F., Reichel, H., Wetterer, E.: Über die Länge der stehenden Welle bei künstlicher Verkürzung des Arteriensystems. Z. Biol. 104, 429—444 (1951c).
— — Wetterer, E.: Über die Zuverlässigkeit der bisherigen Bestimmungsart der Pulswellengeschwindigkeit. Z. Biol. 104, 75—86 (1951a).
— — — Untersuchungen über die Länge der stehenden Welle im arteriellen System des Menschen. Z. Biol. 104, 256—284 (1951b).
Kenner, Th.: Der Eingangswiderstand des Arteriensystems. Z. Biol. 111, 178—188 (1959).
— Zur Theorie der Ortsabhängigkeit des Wellenwiderstandes im Arteriensystem und ihre Beziehung zur peripheren Zunahme des Pulsdrucks. Z. Biol. 113, 409—421 (1963).
— Neue Gesichtspunkte und Experimente zur Beschreibung und Messung der Arterienelastizität. Arch. Kreisl.-Forsch. 54, 68—139 (1967).
— Gauer, O. H.: Untersuchungen zur Theorie der auskultatorischen Blutdruckmessung. Pflügers Arch. ges. Physiol. 275, 23—45 (1962).
— Ronniger, R.: Die Beeinflussung der Pulswellengeschwindigkeit durch Reflexionen. Z. Biol. 111, 367—375 (1960a).
— — Untersuchung über die Entstehung der normalen Pulsformen. Arch. Kreisl.-Forsch. 32, 141—173 (1960b).
Khouri, E. M., Gregg, D. E.: Miniature electromagnetic flowmeter applicable to coronary arteries. J. appl. Physiol. 18, 224—227 (1963).
King, G. E.: Taking the blood pressure. J. Amer. med. Ass. 209, 1902—1904 (1969).

KIRKENDALL, W. M. (Chairman): Report of a subcommittee of the postgraduate education committee, Amer. Heart Assoc. Recommendations for human blood pressure determination by sphygmomanometers. Circulation 36, 980—988 (1967).

KOLIN, A.: An electromagnetic flowmeter. Principle of the method and its application to bloodflow measurements. Proc. Soc. exp. Biol. (N.Y.) 35, 53—56 (1936).

— Blood flow determination by electromagnetic method. Med. Physics 3, 141—155 (1960).

KORTEWEG, D. J.: Über die Fortpflanzungsgeschwindigkeit des Schalles in elastischen Röhren. Ann. Physik. Chem., N.F. 5, 525 (1878) (zit. nach LAMBOSSY, 1950).

KOUCHOUKOS, N. T., SHEPPARD, L. C., McDONALD, D. A.: Estimation of stroke volume in the dog by a pulse contour method. Circulat. Res. 26, 611—623 (1970).

KRAMER, K., LOCHNER, W., WETTERER, E.: Methods of measuring blood flow. In: Handbook of physiology, sect. 2: Circulation, vol. II, p. 1277—1324. Washington: Amer. Physiol. Soc. 1963.

KRIES, J. v.: Studien zu Pulslehre. Freiburg 1892.

KROEKER, J., WOOD, E. H.: Comparison of simultaneously recorded central and peripheral arterial pressure pulses during rest, exercise, and tilted position in man. Circulat. Res. 3, 623—631 (1955).

LAMBOSSY, P.: Aperçu historique et critique sur le problème de la propagation des ondes dans un liquide compressible enfermé dans un tube élastique. Helv. physiol. pharmacol. Acta 8, 209—227 (1950); 9, 145—161 (1951).

LEAROYD, B. M., TAYLOR, M. G.: Alterations with age in the viscoelastic properties of human arterial walls. Circulat. Res. 18, 278—292 (1966).

LEVASSEUR, J. E., FUNK, F. C., PATTERSON, J. L.: Physiological pressure transducer for microhemocirculatory studies. J. appl. Physiol. 27, 422—425 (1969a).

— — — Square-wave liquid pressure generator for testing blood pressure transducers. J. appl. Physiol. 27, 426—430 (1969b).

McCUTCHEON, E. P., RUSHMER, R. F.: Korotkoff sounds. An experimental critique. Circulat. Res. 20, 149—161 (1967).

McDONALD, D. A.: Blood flow in arteries. London: E. Arnold Publ. 1960.

— TAYLOR, M. G.: The hydrodynamics of the arterial circulation. Progr. Biophys. biophys. Chem. 9, 105—173 (1959).

MEISNER, H., MESSMER, K.: Significance and limitations of electromagnetic blood flowmetry. Progr. Surg. 8, 124—144 (1970).

MERRILL, E. W.: Rheology of blood. Physiol. Rev. 49, 863—888 (1969).

MESSMER, K., MEISNER, H., WEISHAAR, E. F.: Flow tracings of three types of flowmeter in acute dog experiments. In: CAPELLEN (1970).

MEYER, W. W.: Die Lebenswandlungen der Struktur von Arterien und Venen. Verh. dtsch. Ges. Kreisl.-Forsch. 24, 15—40 (1958).

MILLS, C. J., GABE, I. T., GAULT, J. H., MASON, D. T., ROSS, J., BRAUNWALD, E., SHILLINGFORD, J. P.: Pressure-flow relationships and vascular impedance in man. Cardiovasc. Res. 4, 405—417 (1970).

MOENS, A. J.: Die Pulskurve. Leiden 1878.

MÜLLER, A.: Abhandlungen zur Mechanik der Flüssigkeiten. Strömen in Röhren. Fasc. I.: Die Newtonsche Strömung. Freiburg (Schweiz) u. Leipzig: 1936.

— Abhandlungen zur Mechanik der Flüssigkeiten. II. Strömen in Röhren. 1. Teil: Die Reynolds'sche oder turbulente Strömung. Arch. Kreisl.-Forsch. 4, 105—188 (1939).

— Über die Abhängigkeit der Fortpflanzungsgeschwindigkeit und der Dämpfung der Druckwellen in dehnbaren Röhren von deren Wellenlänge. Helv. physiol. pharmacol. Acta 9, 162—176 (1951).

— Über die Verwendung des Pitot-Rohres zur Geschwindigkeitsmessung. Helv. physiol. pharmacol. Acta 12, 98—111 (1954).

NOORDERGRAAF, A., JAGER, G. N., WESTERHOF, N.: Circulatory analog computers. Proceed. Sympos. Developm. Analog Comput., Amsterdam 1963.

OLMSTEAD, F., ALDRICH, F. D.: Improved electromagnetic flowmeter; phase detection, a new principle. J. appl. Physiol. 16, 197—201 (1961).

O'ROURKE, M. F.: Pressure and flow waves in systemic arteries and the anatomical design of the arterial system. J. appl. Physiol. 23, 139—149 (1967).

O'Rourke, M. F., Blazek, J. V., Morreels, C. L., Krovetz, L. J.: Pressure wave transmission along the human aorta. Changes with age and in arterial degenerative disease. Circulat. Res. **23**, 567—579 (1968).

— Taylor, M. G.: Input impedance of the systemic circulation. Circulat. Res. **20**, 365—380 (1967).

Patel, D. J., DeFreitas, M. F., Greenfield, J. C., Fry, D. L.: Relationship of radius to pressure along the aorta in living dogs. J. appl. Physiol. 18, 1111—1117 (1963).

Pauschinger, P., Barbey, K., Brecht, K.: Über die hämodynamischen Grundlagen der auskultatorischen und graphischen Kriterien bei der Blutdruckmessung nach Riva-Rocci-Korotkow. Klin. Wschr. **36**, 915—924 (1958).

Peterson, L. H., Jensen, R. D., Parnell, J.: Mechanical properties of arteries in vivo. Circulat. Res. 8, 622—639 (1960).

Pieper, H., Wetterer, E.: Elektrische Registrierung der Blutströmungsgeschwindigkeit mit neuartigen Strompendeln. Verh. dtsch. Ges. Kreisl.-Forsch. **19**, 264—269 (1953).

Porjé, I. G., Rudewald, B.: Hemodynamic studies with differential pressure technique. Acta physiol. scand. **51**, 116—135 (1961).

Pourcelot, L.: Étude et réalisation d'un débitmètre sanguin à effet Doppler utilisable en télémetrie. Thèse de Docteur-Ingénieur, Lyon 1967.

Ranke, O. F.: Die Dämpfung der Pulswelle und die innere Reibung der Arterienwand. Z. Biol. **95**, 179—204 (1934).

Ratschow, M.: Angiologie. Stuttgart: Thieme 1959.

Reichel, H.: Muskelphysiologie. In: Lehrbuch der Physiologie, hrsg. v. W. Trendelenburg u. E. Schütz. Berlin-Göttingen-Heidelberg: Springer 1960.

Remington, J. W.: Volume quantitation of the aortic pressure pulse. Fed. Proc. **11**, 750—761 (1952).

— (Hrsg.): Tissue elasticity. Washington: Amer. Physiol. Soc. 1957.

— The physiology of the aorta and major arteries. In: Handbook of physiology, sect. 2: Circulation, vol. II, p. 799—838. Washington: Amer. Physiol. Soc. 1963.

— Hamilton, W. F.: Quantitative calculation of the time course of cardiac ejection form the pressure pulse. Amer. J. Physiol. **148**, 25—34 (1947).

— O'Brien, L. J.: Construction of aortic flow pulse from pressure pulse. Amer. J. Physiol. **218**, 437—447 (1970).

Röckemann, W.: Der Einfluß der Gefäßdehnbarkeit auf den Puls in den kleinen Gefäßen und den Widerstand der Peripherie. Habil.-Schr. Frankfurt a. M., 1965.

— Eingangswiderstand kleiner Gefäße für den Puls. Pflügers Arch. **316**, R 24—25 (1970).

Ronniger, R.: Über eine Methode der übersichtlichen Darstellung hämodynamischer Zusammenhänge. Arch. Kreisl.-Forsch. **21**, 127—160 (1954).

— Zur Theorie der physikalischen Schlagvolumenbestimmung. Arch. Kreisl.-Forsch. **22**, 332—373 (1955).

Rushmer, R. F.: Pressure-circumference relations in the aorta. Amer. J. Physiol. **183**, 545—549 (1955).

— Cardiovascular dynamics. Philadelphia-London-Toronto: Saunders 1970.

Schimmler, W.: Untersuchungen zu Elastizitätsproblemen der Aorta. (Statistische Korrelation der Pulswellengeschwindigkeit zu Alter, Geschlecht und Blutdruck). Arch. Kreisl.-Forsch. **47**, 189—233 (1965); vgl. auch Klin. Wschr. **43**, 587—590 (1965).

Schönenberger, F., Müller, A.: Über Elastizität und Reaktionsfähigkeit der extracorporalen, im physiologischen Zustand erhaltenen Rinderaorta. Helv. physiol. pharmacol. Acta 18, 151—173 (1960).

Schütz, E.: Konstruktion einer manometrischen Sonde mit elektrischer Transmission. Z. Biol. **91**, 515—521 (1931).

Simon, E., Meyer, W. W.: Das Volumen, die Volumendehnbarkeit und die Druck-Längen-Beziehungen des gesamten aortalen Windkessels in Abhängigkeit von Alter, Hochdruck und Arteriosklerose. Klin. Wschr. **36**, 424—432 (1958).

Sinn, W.: Die arterielle Blutbahn als dynamische Funktionseinheit. Ber. ges. Physiol. **172**, 130—131 (1955).

Spencer, M. P., Denison, A. B.: Pulsatile blood flow in the vascular system. In: Handbook of physiology, sect. 2: Circulation, vol. II, p. 839—864. Washington: Amer. Physiol. Soc. 1963.

STRAUB, H.: Die Bestimmung des Blutdrucks. Handbuch biologischer Arbeits-Methoden (Hrsg. E. ABDERHALDEN), Abt. V, Teil 4. Berlin-Wien: Urban & Schwarzenberg 1922.

SUTTERER, W. F., WOOD, E. H.: Strain-gauge manometers: application to recording of intravascular and intracardiac pressures. Med. Physics 3, 641—651 (1960).

TAYLOR, M. G.: Wave travel in arteries and the design of the cardiovascular system. In: ATTINGER, 1964.

— Wave travel in a non-uniform transmission line in relation to pulses in arteries. Physics Med. Biol. 10, 539—550 (1965).

— Use of random excitation and spectral analysis in the study of frequency-dependent parameters of the cardiovascular system. Circulat. Res. 18, 585—595 (1966).

— The optimum elastic properties of arteries. Ciba Found. Sympos. Circul. Respir. Mass Transport, 1969, p. 136—147. London: J. & A. Churchill 1969.

THÜRLEMANN, B.: Methode zur elektrischen Geschwindigkeitsmessung von Flüssigkeiten. Helv. Physica Acta 14, 383—419 (1941).

WAGNER, R., KAPAL, E.: Über Eigenschaften des Aortenwindkessels. Z. Biol. 104, 169—202 (1951); 105, 263—292 (1952). Vgl. auch Naturwissenschaften 41, 29—33 (1954).

WARNER, H. R.: The role of computers in medical research. J. Amer. med. Ass. 196, 944—949 (1966).

— SWAN, H. J. C., CONNOLLY, D. C., TOMPKINS, R. G., WOOD, E. H.: Quantitation of beat-to-beat changes in stroke volume from the aortic pulse contour in man. J. appl. Physiol. 5, 495—507 (1953).

WEBER, E. H.: Programma editum Lipsiae (1827) und Verh. Ges. Wiss. math.-physik. Kl. Leipzig 3, 164 (1850); zit. nach v. FREY (1892).

WEBER, W.: Verh. Ges. Wiss., math.-physik. Kl. Leipzig 18, 353 (1866). Zit. nach v. FREY (1892).

WETTERER, E.: Eine neue Methode zur Registrierung der Blutströmungsgeschwindigkeit am uneröffneten Gefäß. Z. Biol. 98, 26—36 (1937).

— Eine neue manometrische Sonde mit elektrischer Transmission. Z. Biol. 101, 332—350 (1943).

— Die Wirkung der Herztätigkeit auf die Dynamik des Arteriensystems. Verh. dtsch. Ges. Kreisl.-Forsch. 22, 26—60 (1956).

— Der heutige Entwicklungsstand der Methoden zur Registrierung der Blutströmung an Tier und Mensch. 4. Freiburger Coll. über Kreislaufmessungen. München-Gräfelfing: Banaschewski 1964.

— DEPPE, B.: Vergleichende tierexperimentelle Untersuchungen zur physikalischen Schlagvolumbestimmung. II. Mitt. Z. Biol. 99, 320—337 (1939).

— KENNER, TH.: Grundlagen der Dynamik des Arterienpulses. Berlin-Heidelberg-New York: Springer 1968.

— PIEPER, H.: Über die Gesamtelastizität des arteriellen Windkessels und ein experimentelles Verfahren zu ihrer Bestimmung am lebenden Tier. Z. Biol. 106, 23—57 (1953).

WEZLER, K., BÖGER, A.: Über einen neuen Weg zur Bestimmung des absoluten Schlagvolumens des Herzens beim Menschen auf Grund der Windkesseltheorie und seine experimentelle Prüfung. Naunyn-Schmiedebergs Arch. exp. Path. Pharmak. 184, 482—505 (1937).

— — Die Dynamik des arteriellen Systems. Ergebn. Physiol. 41, 291—606 (1939).

— SCHLÜTER, F.: Die Querdehnbarkeit isolierter kleiner Arterien vom muskulären Typ, Nr. 8, p. 417—492. Mainz: Verlag Akad. Wiss. 1953.

— SINN, W.: Das Strömungsgesetz des Blutkreislaufs. Aulendorf, Württ.: Editio Cantor KG. 1953.

WIGGERS, C. J.: Physiology in health and disease. Philadelphia: Lea & Febiger 1949. — Bezüglich Windkesselmodelle s. auch Amer. J. Physiol. 123, 644 (1938).

— Circulatory dynamics. New York: Grune & Stratton 1952.

WOMERSLEY, J. R.: Method for the calculation of velocity, rate of flow and viscous drag in arteries when the pressure gradient is known. J. Physiol. (Lond.) 127, 553—563 (1955).

— Oscillatory flow in arteries: the constrained elastic tube as a model of arterial flow and pulse transmission. Physics Med. Biol. 2, 178—187 (1957a).

Womersley, J. R.: An elastic tube theory of pulse transmission and oscillatory flow in mammalian arteries. WADC Technical Report TR 56-614. Wright Air Developm. Center (1957b).
— Oscillatory flow in arteries: the reflexion of the pulse wave at junctions and rigid inserts in the arterial system. Physics Med. Biol. 2, 313—323 (1958).
Wyatt, O. G.: Problems in the measurement of blood flow by magnetic induction. Physics Med. Biol. 5, 289—352 (1961).
Young, Th.: Hydraulic investigations. Phil. Trans. B 1, 164 (1808); zit. nach Lambossy (1950).

# Ultrastruktur der Capillaren

J. WOLFF

Mit 7 Abbildungen

An vielen Organen und Geweben wird deutlich, daß die Beziehungen zwischen Struktur und Funktion um so offensichtlicher werden, je kleiner die Beobachtungsdimension ist. So ist auch die funktionell morphologische Korrelation mit der Ultrastruktur der Capillaren besser gelungen als mit den mikroskopisch sichtbaren Merkmalen und Besonderheiten verschiedener Capillargebiete. Das ist einer der Gründe, warum an dieser Stelle auf eine ausführliche Darstellung der mikroskopischen Anatomie der terminalen Strombahn verzichtet wird, zumal es eine Reihe guter Übersichtsartikel gibt (ILLIG, 1961; STAUBESAND, 1964; MAJNO, 1965; HAMMERSEN, 1968; ROHEN u. CASTENHOLZ, 1969).

Einige grundsätzliche Bemerkungen zur Mikrostruktur der Capillaren seien jedoch vorausgeschickt:

1. Capillaren können in verschiedener Weise zwischen zu- und abführenden Gefäßen angeordnet sein. Entweder entspringen sie in direkter Fortsetzung aus dichotom verzweigten Arteriolen und münden in Venolen (*Serienschaltung*) oder sie entspringen seitlich aus Arteriolen oder sog. Zentralkanälen, das sind relativ weite Gefäße mit muskulöser Wand und direktem Anschluß an kleine Venen oder Venolen, wobei an der Abzweigungsstelle ein Ringmuskel (präcapillärer Sphincter) den Zustrom zur Capillare variieren kann. Im letzteren Fall liegen also die Capillaren im Nebenschluß zu dauernd durchströmten Gefäßen (*Parallelschaltung*). Die Frage, ob die zuletzt genannte Anordnung für alle Organe in verschiedener Ausprägung gültig ist (Lit. s. ILLIG, 1961), ist noch nicht geklärt. Vor allem für die Muskelstrombahn wird es bestritten (HAMMERSEN, 1968). Eine ähnliche Regulationsmöglichkeit für die Blutverteilung in den Capillaren bilden die *arteriovenösen Anastomosen*. Diese sind jedoch nur in wenigen Stromgebieten, besonders in den Acren, nachzuweisen (STAUBESAND, 1968).

2. Eine stromregulierende Funktion dürfte auch dem in verschiedenen Organen sehr variablen Vernetzungsgrad der Capillaren untereinander zukommen (*Netzcapillaren*). Eine andere Bedeutung scheint die schlingenförmige Anordnung von Capillaren zu haben. *Schlingencapillaren* sind nicht nur auf epithelnahe Capillargebiete (Hautpapillen, Darmzotten, Nierenglomerula etc.) beschränkt, sie kommen z.B. auch bei den Vasa vasorum (LANG, 1965) im Zentralnervensystem von Reptilien (LIERSE, 1964) und vom Opossum (BUBIS u. LUSE, 1964) vor. Wahrscheinlich sind sie viel häufiger in der Anlage, werden später jedoch dadurch maskiert, daß sie untereinander Anastomosen entwickeln und dadurch nur schwer von dreidimensionalen Capillarnetzen zu unterscheiden sind. Bei einigen reinen Schlingencapillaren wird diskutiert, daß ein Stoffaustausch zwischen auf- und absteigendem Schenkel im Sinne des Gegenstromprinzips stattfinde (ZNS: LIERSE, 1964; Darmzotte: KAMPP et al., 1967).

5*

Schließlich ist noch zu erwähnen, daß es *interarteriell* (Glomerulum der Niere) und *intervenös* (Pfortadersystem in Leber und Hypophyse) gelegene Capillaren gibt. Dabei ist zu beachten, daß bei dieser Anordnung die nachgeschalteten Capillargebiete einem ungewöhnlich niedrigen Zufluß, das einer Pfortader vorgeschaltete Capillarbett jedoch einem höheren Abflußdruck ausgesetzt ist.

Da besonders drei funktionelle Eigenschaften von Blutcapillaren in der Physiologie Interesse gefunden haben, sind deren Beziehungen zur Morphologie der Capillaren stichwortartig in Tabelle 1 zusammengestellt.

Tabelle 1. *Beziehungen zwischen Morphologie und Funktion von Capillaren*

| | Strömung | Permeabilität | Resistenz (Fragilität) |
|---|---|---|---|
| Anordnung zwischen Arterie und Vene | *Druck* <br> hoch: im arteriellen Schenkel und bei nachgeschaltetem 2. Capillarsystem (Pfortader) <br> niedrig: im venösen Schenkel und temporär bei präcapillärem Sphincter | | ? <br> venöser $<$ arterieller Schenkel |
| Wandbau | *Capillarweite* <br> organspezifisch oder Contractilität der Capillarweite | „*Porosität*" <br> von Endothel und Basalmembran | „*Mikroskelet*" <br> Basalmembran und pericapilläres Bindegewebe |
| Abstand zum Parenchym | *Kompression* ? <br> bei Schwellung des direkt angelagerten Parenchyms (ZNS ?) | *Meßbarkeit* <br> z.B. im ZNS kann Permeabilität der Capillare und des Parenchyms nicht getrennt werden | ? <br> kleiner subendothelialer Raum in Leber verhindert Diapedese |

# I. Capillarwand

Obwohl seit langem bekannt ist, daß die Capillarwand aus mehreren Schichten besteht, deren Struktur in verschiedenen Organen unabhängig voneinander variiert, wurde und wird sie als eine zwei- (Krogh, 1929) oder sogar einschichtige „Membran" (Landis u. Pappenheimer, 1963) dargestellt. Solange mit der „Membran" das theoretische Äquivalent der aus methodischen Gründen nur für alle Wandbestandteile gemeinsam meßbaren Permeabilität gemeint ist, entsteht kein Mißverständnis. Aus dieser für die mathematische Beschreibung der Permeabilitätseigenschaften zunächst notwendigen Vereinfachung darf jedoch nicht auf eine entsprechend einfache Morphologie geschlossen werden. Die Capillarwand baut sich vielmehr aus mindestens 3 Schichten auf. Davon bestehen 2 aus Zellen, nämlich aus einer mehr oder weniger kontinuierlichen Lage von Endothelzellen und aus Pericyten, welche die Capillaren immer unvollständig umhüllen, aber auch ganz fehlen können. Eine 3. Schicht bildet das extracelluläre Material der Basalmembran, das die Endothelien unterlegt und die Pericyten umhüllt. Eine 4. Schicht aus pericapillär gelegenem Bindegewebe gehört nicht eigentlich zur

Capillarwand. Sie muß jedoch kurz behandelt werden, weil ihre Fasern und Zellen sich oft in spezifischer Weise an die Gefäßoberfläche adaptieren und deren Struktur beeinflussen. Außerdem scheint ihr Fehlen an bestimmten Organcapillaren (ZNS, Nierenglomerulum, Blut-Luft-Grenze der Lungencapillaren) die funktionellen Eigenschaften der Gefäßwände mit zu beeinflussen.

## 1. Endothel

Die Gefäßendothelien sind discusförmige Zellen, die allseits von einer typischen *Zellmembran* (unit membrane) umhüllt sind. Ihre Oberflächen sind im allgemeinen relativ glatt. Die Lumenoberfläche trägt offenbar noch einen durch normale Fixierungsmethoden ($OsO_4$) nicht färbbaren *Oberflächenfilm* von ca. 5—8 nm. Er kann mit Rutheniumrot sichtbar gemacht werden (LUFT, 1966) und enthält wahrscheinlich überwiegend Polysaccharide, an denen Bluteiweiße adsorbiert werden. Ein direkter optischer Nachweis des sog. endocapillären Eiweißfilms (CHAMBERS u. ZWEIFACH, 1947) steht noch aus.

Vereinzelt springen kleine finger- oder faltenförmige *Ausläufer* in das Lumen (KISCH, 1963) vor, deren Existenz auch nach Gefriersubstitution, also nach artefaktarmer Fixierung, nachgewiesen wurde. Sehr zahlreich sind Mikrovilli an der *Lumenoberfläche* der Gefäße im Pecten oculi von Vögeln (FISCHLSCHWEIGER u. O'RAHILLY, 1966), im Ganglion Gasseri und im Hoden der Ratte (ca. $10/\mu^2$; GABBIANI u. MAJNO, 1969). Ihre Bedeutung an Capillaroberflächen ist unbekannt. Zahlreiche Mikrovilli sind als Oberflächenvergrößerung typisch für resorbierende Zellen. Andererseits scheinen Blutzellen besonders leicht an unebenen Endotheloberflächen haften zu bleiben (BRÅNEMARK u. EKHOLM, 1968). Ein bis zwei Falten sind fast regelmäßig an Intercellularkontakten zwischen Capillarendothelien zu beobachten. Sie bewirken eine variable, oft ausgedehnte Überlappung oder Verzahnung der benachbarten Zellränder (SCHULZ, 1959; FAWCETT, 1963; REALE u. RUSKA, 1965). Einzelne Fortsätze entspringen auch an der *Zellbasis*, wo sie die subendotheliale Basalmembran durchbrechen, um mit Pericyten Kontakt aufzunehmen oder frei im pericapillären Bindegewebe zu enden (FUCHS, 1963; FRIEDERICI, 1965). Der gestreckt verlaufende Teil der Zellbasis liegt eng der Basalmembran an und ist stellenweise mit ihr durch besondere Haftstrukturen (Halbdesmosomen; STEHBENS, 1966) verbunden.

Eine besondere Bedeutung haben die *interendothelialen Kontakte* bekommen, weil sie von zahlreichen Autoren für die Passage des Wassers und der wasserlöslichen Substanzen durch die Capillarwand verantwortlich gemacht werden (vgl. CHAMBERS u. ZWEIFACH, 1947). Die Mehrzahl derjenigen Autoren, die Capillaren mit dem Elektronenmikroskop untersuchten, fanden jedoch, daß der oft ziemlich lange Intercellularspalt (Überlappungen s.o.) 10—20 nm oder mehr breit ist. Dieser Abstand ist typisch für die Adhäsionskontakte von Zellen, bei denen offenbar der im Elektronenmikroskop meist unsichtbare Oberflächenfilm beider Membranen erhalten bleibt (s.o.). An diesen Stellen sollen Kationen lokalisiert sein, die die Grundlage für die Zellgrenzendarstellung zu liefern scheinen (COTRAN u. NICCA, 1968). In den meisten Organen ist der Spalt aber an mindestens einer Stelle auf wenige Å-Einheiten verschmälert oder ganz verschwunden. Diese engen Membrankontakte (Abb. 1 a) (gap junction oder tight junction, quintuplelayered junction,

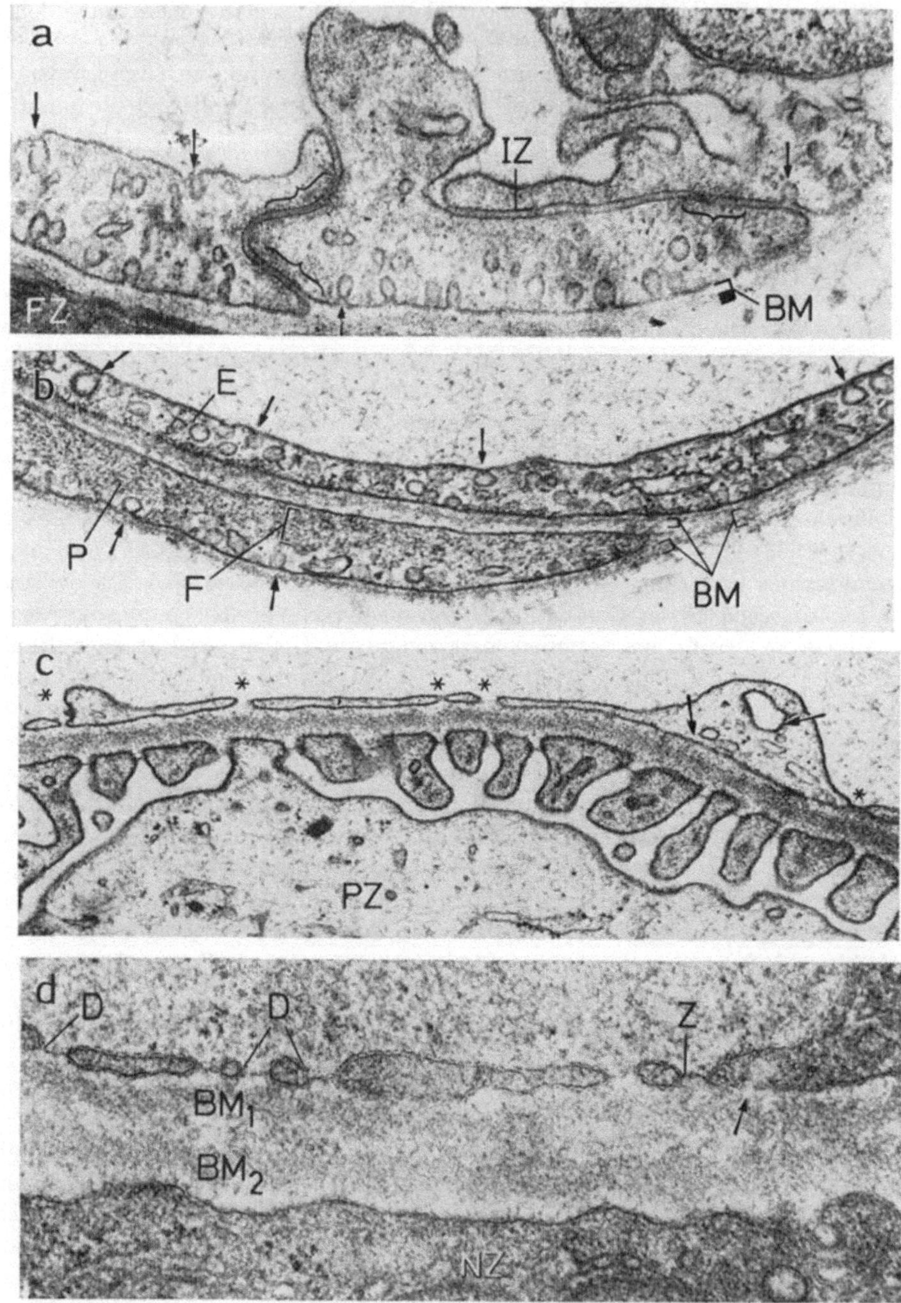



Abb. 1a—d. Ausschnitte aus unterschiedlichen Capillarwänden, Ratte. Das Lumen ist jeweils oben. a Aus braunem Fett: Beachte die z.T. offenen (*IZ*), z.T. geschlossenen (Klammern) Intercellularkontakte, die Lamina rara und densa der Basalmembran (*BM*) und die Vesiculation (↑). *FZ* Fettzelle. Vergr. 60000:1. b Aus Perimysium eines Skeletmuskels: *E* Endothel mit Vesiculation (↑), *P* Pericyt mit filamentreicher Zone an der Endothelseite (*F*), *BM* verschmelzende Basalmembran von *E* und *P*. Vergr. 40000:1. c Porencapillare aus Nieren-

Zonula occludens; Farquhar u. Palade, 1963; Muir u. Peters, 1962; Stehbens, 1963) sind meist mit einer Verdichtung des benachbarten Cytoplasmas verbunden und entsprechen den bereits aus der Lichtmikroskopie bekannten Schlußleisten (terminal bar). Auch Untersuchungen, in denen großmolekulare Substanzen oder Partikel auf ihrem Wege durch die Gefäßwand verfolgt wurden, sprechen gegen die *intercelluläre Passage* unter normalen Bedingungen (Palade, 1953; Bennett et al., 1959; Marchesi, 1966; Bruns u. Palade, 1968a und b; Clementi u. Palade, 1969b). Vergleiche aber den gegensätzlichen Standpunkt von Reese u. Karnovsky (1967), die geschlossene Intercellularkontakte nur an Capillaren des ZNS gefunden haben[1]. Eine andere Frage ist, ob die Schlußleisten die interendothelialen Spalten kontinuierlich entlang der gesamten Lumenoberfläche abschließen oder ob, wie Rohen u. Castenholz (1969) annehmen, die Schlußleisten kleine Strecken des Spaltes nicht verschließen, also diskontinuierlich sind. Diese wichtige Frage wird aber nur mit größeren lückenlosen Schnittserien unter günstiger Schnittrichtung zu klären sein, die bisher wegen der technischen Schwierigkeiten nicht vorliegen. Eine mögliche Ursache dafür, daß Präcipitate von diffundierenden Substanzen an den Zellgrenzen gehäuft vorkommen können, ist weiter unten angegeben (s. „Vesiculation"). Neben den Schlußleisten kommen in vielen Capillaren mehr oder weniger gut ausgebildete Desmosomen vor, welche die intercelluläre Haftung verstärken, jedoch einen offenen Spalt enthalten. Ausnahmen von dieser Regel scheinen in den Gefäßen des vorderen Kammerwinkels (Vegge, 1963), in den Sinus der Leber, der Milz und des Knochenmarks (Bennett et al., 1959) und in den Lymphcapillaren (Casley-Smith, 1964) zu existieren. In diesen Fällen sind die Endothelien nur stellenweise in Kontakt und lassen wechselnd große intercelluläre Lücken zwischen sich frei oder stehen ohne jede Haftstrukturen in einfachem Adhäsionskontakt, wie im ersten Fall (Abb. 5 und 6).

Der *Kern* der Endothelien ist ebenfalls abgeflacht und ragt mit dem umgebenden Cytoplasma nur wenig in das Lumen, solange die Capillare offen ist (Abb. 2). Anders ist es, wenn die Capillare intravital oder bei der Präparation des Gewebes kollabiert (häufig bei Immersionsfixierung). Die Kernmembran ist typisch gebaut und weist Kernporen auf. Manchmal ist sie besonders auf der Lumenseite gefaltet, was nach Untersuchungen von Majno et al. (1969) auf Kontraktionen im Cytoplasma zurückzuführen sein dürfte (s. u.).

In der Umgebung des Kerns, also im *Perikaryon* der Capillarendothelien, befinden sich die meisten *Zellorganellen*. Hier liegen neben einer relativ kleinen Zahl von Mitochondrien (Venen, Arterien; Meyer u. Hackensellner, 1966) ein wechselnd ausgebildeter Golgi-Komplex, 1—2 Centriolen, einige Cisternen des

glomerulum: Endothel mit Poren (*) und Vesiculation in dickeren Abschnitten ( ↑ ). *PZ* Podocyt. Vergr. 40000:1. d Porencapillare aus Nebennierenrinde: Die Poren sind vom Diaphragma (*D*) durchzogen, in dem manchmal eine zentrale Verdickung (*Z*) zu beobachten ist. Endothel- und Parenchym-(*NZ*)-*BM* sind nicht verschmolzen und umfassen einen sehr schmalen subendothelialen Spaltraum (*1, 2*). Vergr. 75000:1

---

1 Diese Autoren konnten durch verbesserte Methoden „gap-" und „tight junctions" unterscheiden, was jedoch nur das Ausmaß der Einengung verändert.

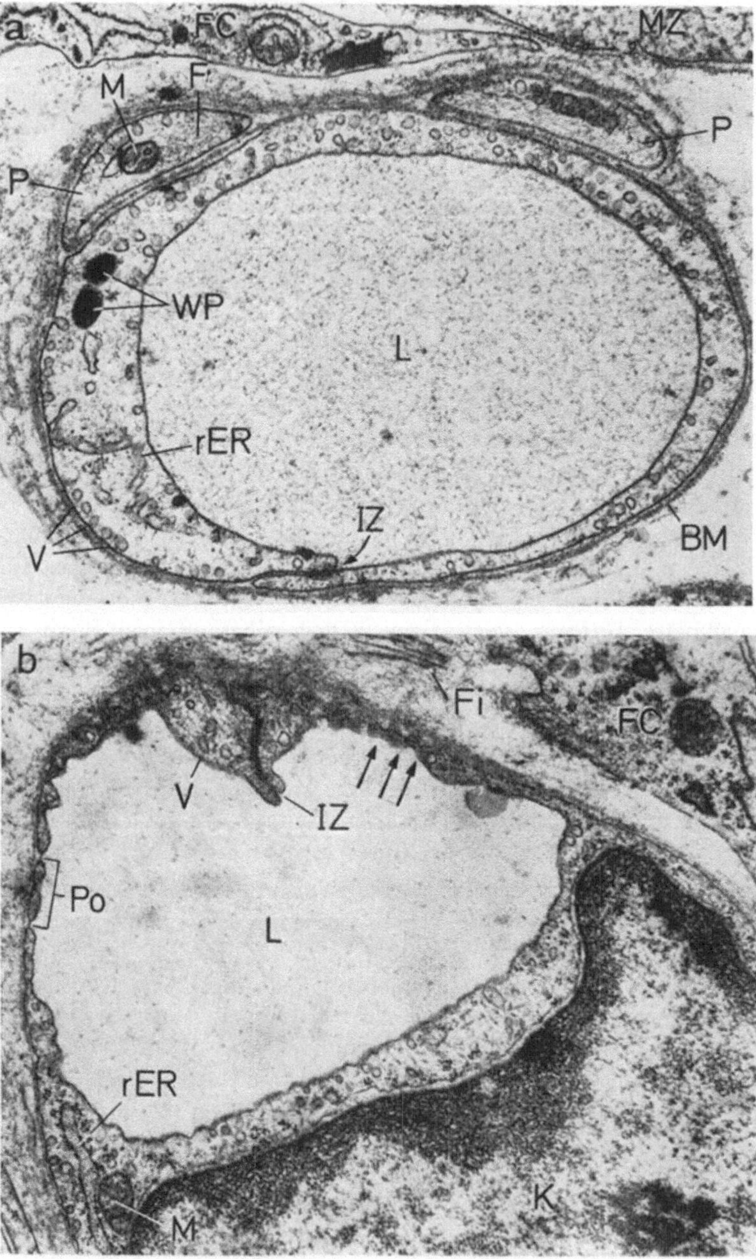


Abb. 2. a Capillare mit geschlossenem Endothel aus der Skeletmuskulatur (M. tibialis posterior, Mensch). Beachte den teilweise offenen und lumennahe geschlossenen Intercellularkontakt (*IZ*), die filamentreiche Zone in Pericytenfortsätzen (*F*). *MZ* Muskelzelle. Abkürzungen wie b. b Capillare mit teilweise porösem Endothel aus der Magenschleimhaut der Ratte. In der Umgebung des Endothelkerns (*K*) befinden sich Mitochondrien (*M*) und ribosomenbesetztes endoplasmatisches Reticulum (*rER*), in der Zellperipherie Poren (*Po*) und im Randwulst Vesikel (*V*). *FC* Fibrocyten, *BM* Basalmembran, *Fi* Kollagenfibrillen. a und b: Vergr. 24 000 : 1

rauhen endoplasmatischen Reticulums (Ergastoplasma, rER) und zu Polysomen
geordnete Ribosomen. Das glatte ER (ohne Ribosomenbesatz) besteht fast ausschließlich aus ziemlich gleichmäßig großen Vesikeln, die wegen ihrer ungewöhn-
lichen Zahl und besonderen Bedeutung gesondert besprochen werden (s.u.).
Osmiophile Einschlußkörper findet man vereinzelt in vielen Endothelien. Ein Teil
besitzt einen homogenen Inhalt und gleicht daher den sog. „dense bodies", die zum
Kreis der Lysosomen gerechnet werden. Ein anderer Teil, der nicht nur in größeren
Gefäßen, sondern auch in Capillaren vorkommt (WEIBEL u. PALADE, 1964;
ZELICKSON, 1966), wird im Golgi-Komplex gebildet (SENGEL u. STOEBNER, 1970)
und enthält im Gegensatz zu den erstgenannten Einschlußkörpern keine saure
Phosphataseaktivität (LEMEUNIER et al., 1969). Phagocytose scheint nicht zu den
Aktivitäten der Capillarendothelien zu gehören, obwohl sie unter pathologischen
Bedingungen dazu fähig sein sollen.

Die *cytoplasmatische Matrix* erscheint unter optimalen Fixierungsbedingungen
von einem sehr feinen Filamentnetz durchzogen ( $\varnothing = 3$ nm), das sich an den Zelloberflächen verdichtet und häufig nur Vesikel enthält. Dieses Filzwerk beteiligt
sich offenbar auch an der cytoplasmatischen Verdichtung entlang der Schlußleisten und Desmosomen. Damit nicht zu verwechseln sind Mikrotubuli, die einzeln
oder in kleinen Bündeln die Zelle durchziehen, und vor allem nicht dickere Filamente ( $\varnothing = 6$ nm; CECIO, 1967; WOLFF, 1963), die nach MAJNO et al. (1969) an
*Kontruktionen* der Endothelzellen unter dem Einfluß von Histamin und ahnlich
wirkenden Substanzen beteiligt sind. Das Endothel der Capillaren und Venolen
ist also nach einer jahrzehntelangen Diskussion als contractil zu bezeichnen. Unter
welchen physiologischen Bedingungen diese Contractilität wirksam wird, muß
noch durch weitere Untersuchungen geklärt werden.

Wie bereits erwähnt, enthält das Endothel — insbesondere in seiner *abgeflachten Peripherie* — zahlreiche 40—80 nm große *Vesikel* (Abb. 1a u. b und 2).
Sie sind in der Nähe der Zelloberflächen häufiger als im Innern des Cytoplasmas.
Der Grund für diese eigenartige Verteilung ist nicht bekannt. Möglicherweise ist
in Endothelzellen ein oberflächennaher Gelmantel ausgebildet, der auch für die
unterschiedliche Verweildauer in der oberflächennahen, besonders basalen und
in der mittleren Cytoplasmazone verantwortlich sein könnte, denn BRUNS u.
PALADE (1968) stellten fest, daß 40% der Vesikel an der basalen, 30% an der
luminalen Oberfläche und 30% im mittleren Cytoplasma liegen. Die maximale
Gesamtzahl von Vesikeln, die in einem Wandausschnitt von 1 $\mu$m$^2$ gefunden
wurden, beträgt 100—400 Vesikel (BRUNS u. PALADE, 1968; FUCHS, 1963; WOLFF,
1962, 1966; STAUBESAND, 1965), deren Außendurchmesser 65—75 nm und deren
Innendurchmesser ca. 55 nm ist. Bei einem Einzelvolumen von ca. $1,5 \times 10^{-4}$ $\mu$m$^3$
machen die Vesikel insgesamt ca. 0,015 $\mu$m$^3$ aus, was bei einer Dicke des Endothels von 0,2—0,3 $\mu$m 7—5% des Cytoplasmavolumens entsprechen würde (die
Autoren geben jedoch 15—20 Vol.-% an, wobei sie sogar das Perikaryon
einberechnet wissen wollen. Wenn man den Hämatokrit einberechnet, macht
das Vesikelvolumen ca. (2—) 6% des Plasmavolumens einer Capillare aus. Wir
haben aus eigenen Untersuchungsergebnissen berechnet, daß bei 400 Vesikeln/$\mu$m$^3$
Endothel ca. 10—20% seines Volumens von Vesikeln eingenommen wird, was
mit den Ergebnissen von BRUNS u. PALADE gut übereinstimmt. Größer als das
Volumen ist jedoch die relative Membranfläche, die diese Vesikel einnehmen. Die

100—400 Vesikel besitzen hinter 1 $\mu m^2$ Endothel ca. 2 $\mu m^2$ Membran. Wenn man die basale und Lumenoberflächenmembran zusammennimmt, so enthalten die Vesikel also noch einmal so viel Membran, also eine beträchtliche Membranreserve. Diese Membranreserve kann bei gleichzeitiger Fusion die Zellmembranen und damit die Endothelfläche erheblich vergrößern und schafft damit eine der Voraussetzungen für die Capillarerweiterung unter erhöhtem Innendruck. Die quantitative Relation zwischen Flächenvergrößerung und Abflachung des Endothels ist in Abb. 3 dargestellt (Wolff, 1966). Diese Berechnungen wären rein theoretische Spielerei, wenn die Vesikel nicht mit der Oberflächenmembran verschmelzen und

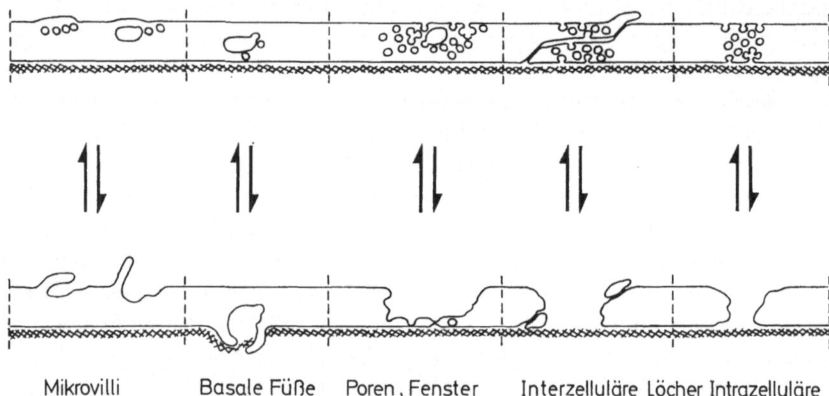


Abb. 3. Dynamische Veränderungen der endothelialen Zellmembranen durch Fusion oder Abschnürung von Vesikeln mit oder von der Oberfläche. Die Topographie und Zahl der Vesikel entscheidet darüber, welche Strukturen der Endothelwand entstehen oder verschwinden. (Modifiziert nach Wolff, 1967, Angiologica 4, 64)

aus ihr durch Invagination und Abschnürung entstehen könnten (Palade, 1953; Bennett, 1956). Dieser Vorgang, dessen morphologische Übergangsstufen im elektronenmikroskopischen Bild festgehalten wurden (Wolff, 1966; Palade u. Bruns, 1968; Kobayashi, 1968), wird *Vesiculation* genannt und ist dafür verantwortlich, daß neben Vesikeln im Cytoplasma immer zahlreiche Invaginationen der Zellmembran im fixierten Präparat zu sehen sind (Abb. 1 und 2). Letzteres wie die vorher genannten Prozentzahlen und die räumliche Verteilung von Vesikeln sprechen dafür, daß der Abschnürungs- und Fusionsprozeß von bzw. mit der Zellmembran relativ lange Zeit in Anspruch nimmt. Ebenso findet man Vesikel, die untereinander fusioniert sind, wodurch manchmal komplexe Kammern und Kanäle entstehen. Die Vesiculation ist an vielen Zellarten zu beobachten und offenbar oft an Membranvergrößerungen der Zellen beteiligt (Teilungsmembran bei der Mitose, Bildung von Mikrovilli, Zellausläufern von Fibrocyten und Pseudopodien wandernder Zellen; Lit. s. Wolff, 1966). Sie ist aber auch an vielen Epithelien zu beobachten, an denen Transport- oder Permeabilitätsvorgänge mit Hilfe der Vesiculation nachgewiesen wurden (Staubesand, 1960, 1962; Kaye, 1962). Es scheinen also beide Bestandteile der Vesikel in der Zellphysiologie eine Rolle zu spielen, die Membran und der Inhalt.

Um jedoch Transportvorgänge mit Hilfe der Vesiculation zu erklären, muß nachgewiesen werden, daß die Vesikel nach ihrer Abschnürung im Cytoplasma beweglich sind und mit der gegenüberliegenden Zellmembran verbunden, um ihren Inhalt dort zu entleeren. Dieser Nachweis ist mittels großer Moleküle (Ferritin, Eisendextran, Meerrettich-Peroxydase) und particulärer Substanzen (kolloidales Gold, Thoriumdioxyd, Kohlenpartikel, Chylomicronen etc.) vielfach erbracht (Lit. s. LUFT, 1965; STAUBESAND, 1965; MARCHESI, 1966; KARNOVSKY, 1967; FLOREY, 1967; BRUNS u. PALADE, 1968a und b; CLEMENTI u. PALADE, 1969). Einigkeit besteht aber noch nicht über den „Motor" dieses Prozesses. Viele Autoren nehmen einen gerichteten aktiven Transport an, der wahrscheinlich durch die Adsorption von bestimmten Molekülen ähnlich der Pinocytose induziert wird (COHN u. PARKS, 1967). Daher kommen die synonymen Bezeichnungen „membrane flow" (BENNETT, 1956), „transport inquanta" (PALADE, 1960), „micropinocytose" (PALADE, 1953; STAUBESAND, 1960), „cytopempsis" (MOORE u. RUSKA, 1957). Die Schwierigkeit bei dieser Hypothese ist zweiseitig: 1. Es ist immer wieder gezeigt worden, daß die Capillarpermeabilität keinen nennenswerten Energieverbrauch in der Endothelzelle bewirkt. Das besagt nicht, daß die Permeabilität vom Endothel unabhängig ist, denn sie steigt, wenn die Endothelzelle in ihrer Integrität, z.B. durch $O_2$-Mangel oder andere Noxen geschädigt wird. 2. Durch die gerichtete Verschiebung von Vesikeln; im arteriellen Capillarschenkel, z.B. von Lumen zur Basis, würde auch Membran dorthin verschoben, die wieder zurückgeführt werden muß. Besonders aus diesem letzteren Grund wird von einigen Autoren diskutiert, ob nicht ein abgeschnürtes Vesikel im Cytoplasma entsprechend der Brownschen Molekularbewegung verschoben wird und so nur zufällig die andere Zelloberfläche erreicht, aber ebenso an die Ausgangsoberfläche zurückkehren kann. Wenn man zusätzlich Abschnürungen und Fusionen für beide Oberflächen akzeptiert, wofür die elektronenmikroskopischen Bilder sprechen, so wäre jedenfalls für den Durchschleusungsmechanismus keine Extraenergie notwendig. Wieviel Energie die Abschnürung und Fusion von Vesikeln erfordern und ob dieselben Faktoren wirksam sind wie bei der Pinocytose, ist unbekannt (CASLEY-SMITH, 1964; WOLFF, 1966; SHEA u. KARNOVSKY, 1966).

Wenn die letztere Hypothese zutreffen sollte, wäre auch verständlich, warum die überlappten *Intercellularkontakte* eine *bevorzugte Stelle* für die Fusion von Vesikeln darstellt (Histamineffekt: ALKSNE, 1959; MAJNO u. PALADE, COTRAN u. MAJNO, zit. bei ROHEN u. CASTENHOLZ, 1969). Denn die Wahrscheinlichkeit einer Fusion mit einer Zellmembran würde neben der Zahl der vorhandenen Vesikel und der Viscosität des Cytoplasmas vor allem vom Abstand der Zellmembranen voneinander abhängen. Dieser Abstand ist an den besonders abgeflachten Überlappungsstellen besonders klein. Damit wären auch die Befunde erklärbar, nach denen diffundierende Substanzen besonders gehäuft an den Zellgrenzen präcipitiert werden können (MENDE u. CHAMBERS, 1958; JENNINGS u. FLOREY, 1967). Die basalen Teile der Intercellularspalten würden bei der Vesiculation als Ursache der Permeabilität als präformierte Kanäle bevorzugt benützt.

Die Wirksamkeit des Endothels bei den Vorgängen, die als Permeabilität meßbar werden, hängen natürlich nicht nur von morphologischen Mechanismen ab. Ebenso wichtig sind die chemischen, besonders die enzymatischen Prozesse, die mit oder ohne Bindung an die beschriebenen Strukturen ablaufen. Die Zahl der histo- und cytochemischen Untersuchungen am Capillarendothel ist aber immer noch sehr begrenzt. Darüber hinaus ist die funktionelle Bedeutung einiger Enzymreaktionen, z. B. der alkalischen Phosphatasen, die in den arteriellen Schenkeln der Capillaren mit kontinuierlichem Endothel fast regelmäßig positive Ergebnisse bringt, noch weitgehend unklar. Lediglich die Nucleosidphosphatasen, die an membrangebundenen Transportvorgängen beteiligt sind, haben gezeigt, daß ihre Aktivität in verschiedenen Capillaren unterschiedlich stark und verschieden verteilt ist. Häufig ist sie an den endothelialen Vesikeln zu beobachten, fehlt jedoch an der Zellmembran entlang des Lumens und der Basis (Barrnett et al., zit. bei David, 1966; Saito u. Ogawa, 1965; Santos-Buch, 1966). Alle diese Ergebnisse haben aber das Verständnis der Funktion des Endothels bei der Permeabilität der Capillarwand noch nicht wesentlich verbessern können. Immerhin ist nach der Enzymlokalisation eine Klassifikation von Capillaren möglich, die weiter unten besprochen wird.

Durch mehrere autoradiographische Studien wurde gezeigt, daß Endothelien keine sulfatierten sauren Mucopolysaccharide produzieren (Carr u. Kugler, 1968). Dieser Befund ist insofern interessant, als in Basalmembranen der Gefäße (vor allem aus dem Nierenglomerulum) ebenfalls keine sauren Mucopolysaccharide gefunden wurden (v. Bruchhausen, 1968, s. u.).

Die *Variationen* in der Ultrastruktur der abgeflachten *Zellperipherie* sind sehr stark. Sie hängen ab vom Organ, von der Tierart, von der Lage zum benachbarten Parenchym und dessen Funktionsstand bzw. vom Einfluß permeabilitätsbeeinflussender Substanzen und bestimmten pathologischen Bedingungen. Alle diese Variationen lassen sich in 3 Gruppen ordnen, die jedoch nicht scharf voneinander abgegrenzt sind, d. h. es gibt Übergangsformen.

a) Beim *kontinuierlichen Endothel* ist die Zellperipherie 0,1—1 µm dick, ist weder von Löchern noch von Poren durchsetzt und ist mit den benachbarten Zellen lückenlos verbunden. Der Durchmesser des Endothelrohrs variiert entsprechend dem Organ bzw. Gewebe, in dem die Capillare liegt, und nimmt meist vom arteriellen zum venösen Ende zu. Die kleinsten Durchmesser zeigen die arteriellen Schenkel in reich capillarisierten Geweben (Herz, Lunge, Darmzotte, ZNS, Glomerulum etc.), wo eine Zelle das gesamte Lumen umgreift und auf der dem Kern gegenüberliegenden Seite mit sich selbst Kontakt aufnimmt (Abb. 2a) („Protocapillare" nach Kisch, 1963). In den relativ weiten Capillaren im Bindegewebe (Haut, tiefere Schicht der Tunica propria der Harnblase und des Darmes etc.) sowie in den venösen Schenkeln der Capillaren sind 2—4 Endothelzellen oder deren Ausläufer an dem Umfang des Capillarlumens beteiligt. In der Ultrastruktur dominieren die oben beschriebenen Vesikel und Invaginationen der Zellmembranen. Ribosomenbesetztes endoplasmatisches Reticulum ist selten anzutreffen, kleine Mitochondrien kommen vereinzelt vor (Abb. 1 und 2) (vgl. Bennett et al., 1959; Simon, 1965; David, 1966).

b) Neben dieser Endothelform gibt es *poröse oder „gefensterte" Endothelien* in den Capillaren bestimmter Organe, deren gemeinsame Merkmale entweder eine ausgeprägte Filtration (Glomerulum, Plexus chorioideus etc.) oder Resorption (Darm, Nierentubuli, Gallenblase, endokrine Drüsen, neurosekretorische Gebiete des hypothalamohypophysären Pfortadersystem) sind. Weitere Einzelheiten zur organspezifischen Verteilung können Tabelle 3 entnommen werden. Die Poren durchsetzen jedoch nicht die gesamte Endotheloberfläche, sondern sind in bestimmten, sehr stark abgeflachten Zonen (0,1—0,03 μm dick) gehäuft und oft, z.B. im Glomerulum, fast hexagonal mit mittleren Abständen von ca. 60—80 nm angeordnet (Rhodin, 1962). Diese *Porenfelder* werden voneinander durch dickere Cytoplasmastränge getrennt, die oft strahlenförmig mit dem Perikaryon und dem regelmäßig ausgebildeten Randwulst verbunden sind (vgl. Abb. 2 und 4). Auf diese Weise erhält das poröse Endothel das Aussehen eines Blattes mit seinen Rippen (Wolff u. Merker, 1966; Friederici, 1968a). In den Cytoplasmasträngen wie in den auch hier überlappenden Randwülsten befinden sich vorwiegend

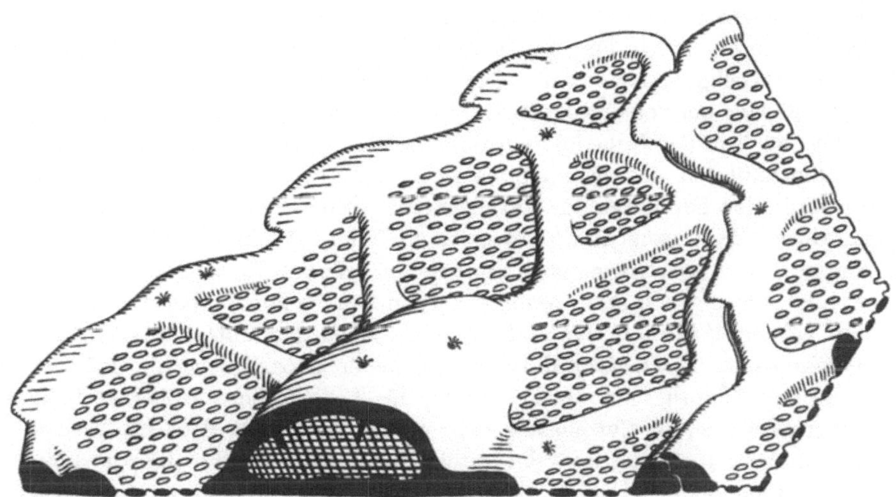

Abb. 4. Halbschematische Darstellung einer ausgebreiteten Endothelzelle aus einer Porencapillare. Schwarz: Schnittflächen, weiß: Aufsicht. Die „Cytoplasmainseln" erscheinen in der 3. Dimension als Strahlen, die mit dem Perikaryon in Verbindung stehen. (Aus Wolff u. Merker, 1966)

Vesikel und Invaginationen der Zellmembran. Sie unterscheiden sich also nicht vom „geschlossenen" Endothel.

Die *Poren* sind kreisrunde Öffnungen in der Endothelfläche, an deren Ränder sich beide Lamellen der Zellmembran (unit membrane) von der Lumenseite auf die Basisseite kontinuierlich fortsetzen. Ihr Durchmesser beträgt ziemlich konstant 50 nm. Sie sind meistens durch ein ca. 3 nm dickes *Diaphragma* „verschlossen", das nur mit der äußeren Lamelle der Zellmembran in Verbindung steht und ein dichteres und dickeres Zentrum (Zentralknopf) besitzt (Abb. 1c und d). Seine Herkunft ist umstritten. Manche Autoren halten es für einen Rest der äußeren Membranlamelle, der bei der Fusion der Zellmembranen bei der Porenbildung stehengeblieben ist (Elfvin, 1965; Wolff u. Merker, 1966; Friederici, 1969). Andere halten es für eine Fortsetzung des Oberflächenfilms (Luft, 1964; zit. nach Kobayashi, 1968; Elfvin, 1968) oder nur für das Präcipitat von Proteinen an der Grenze zwischen Blutplasma und Basalmembranraum (Lit. s. Wolff u. Merker, 1966).

Inzwischen ist auch mit der Gefrierätztechnik die Existenz eines Diaphragmas in vielen Poren nachgewiesen worden (Friederici, 1968; Leak, 1968). Die Mehrheit der Autoren neigt jetzt dazu, das Diaphragma als vitale Struktur aufzufassen, die bei der Schrumpfung während der Gewebepräparation manchmal aufgelöst oder zerrissen wird. Dafür spricht auch, daß ähnliche Diaphragmata zwischen fusionierten Vesikeln und zwischen den Podocytenfortsätzen im Nierenglomerulum ausgebildet sind (Rhodin, 1962b; Wolff u. Merker, 1966; Palade u. Bruns, 1968) und daß Ferritin sich zunächst an der Diaphragmagrenze ansammelt, so daß Clementi u. Palade (1969a) diese Struktur sogar als Äquivalent der ,,kleinen Poren" (nach Pappenheimer) ansehen. Für die ,,großen Poren" machen diese Autoren seltenere Poren ohne Diaphragma verantwortlich.

Endothelporen sind in längeren Zeiträumen keine konstanten Einrichtungen, sie können zurückgebildet werden. Dies geschieht z.B. nach Hypophysektomie und noch stärker bei verschiedenen Nephroseformen in den Nierencapillaren, im ersten Fall auch in der Nebennierenrinde, nach längerem Fasten und Dursten in den Zottencapillaren des Duodenums und nach Progesterongaben bzw. nach Kastration in den Capillaren der Rattenvagina. Andererseits kann man ihre Neubildung durch Hydantoin und Schwangerschaft in der Gingiva (Haim, 1968), in der Vagina durch Oestrogengaben induzieren (Wolff u. Merker, 1966). Bei diesen Beobachtungen konnte gezeigt werden, was schon vorher von mehreren Autoren vermutet worden war (Lit. s. in der oben genannten Arbeit), daß die *Porenbildung* und *-rückbildung* durch den gleichen Prozeß bewirkt wird, der im geschlossenen Endothel dominiert, durch die Vesiculation. Dabei verkleinern oder vergrößern sich die Cytoplasmastränge bzw. die Randwülste. Der Mechanismus ist in Abb. 3 schematisch dargestellt. Vesiculation führt immer dann zu Poren, wenn die Endothelschicht so dünn wird ($<100$ nm), daß eine Invagination mit der gegenüberliegenden Zellmembran verschmilzt, bevor sich ein Vesikel abschnüren konnte. So ist wohl auch zu erklären, daß vereinzelte Poren in vielen Capillaren beobachtet wurden, die an sich ein geschlossenes Endothel aufweisen, und auch in den Lebersinus[1] vorkommen.

Wie stark funktionelle Einflüsse auf die Ausbildung von Poren in Capillarendothelien wirken, erkennt man an den subepithelialen Capillaren, z.B. Darmzotten, der Harnblase, Gallenblase, Pankreasinseln, auch im peritubulären Bereich der Niere. Hier sind Poren nur an der Seite ausgebildet, die dem Epithel zugewandt ist, während sie auf der Bindegewebsseite fast ganz fehlen. Wenn darüber hinaus in exokrinen Drüsen, aber auch in Vasa vasorum, in der Gelenkinnenhaut etc. von verschiedenen Autoren entweder kontinuierliche oder poröse Endothelien oder sogar beide Formen nebeneinander gefunden wurden (z.B. Pankreas), und wenn man durch Oestrogen Porenendothelien in der Rattenvagina induzieren kann, wie sie im Oestrus vorkommen und die Porenbildung durch Progesteron bzw. Kastration verhindern kann, wird deutlich, daß die Gruppeneinteilung der Capillaren, wie sie oben angegeben wurde, nur theoretischen und didaktischen Wert besitzt. *Übergangsformen* sind induzierbar und gehören in vielen Organen zur physiologischen Variation von Capillarwänden (Abb. 2, Tabelle 3) (Wolff u. Merker, 1966). Die Fläche, die Poren im Capillarendothel einnehmen kann, schwankt zwischen 0 und 20—25% der Endothelfläche. Die höchsten Werte sind bisher für das Nierenglomerulum angegeben worden (Thoenes, 1961).

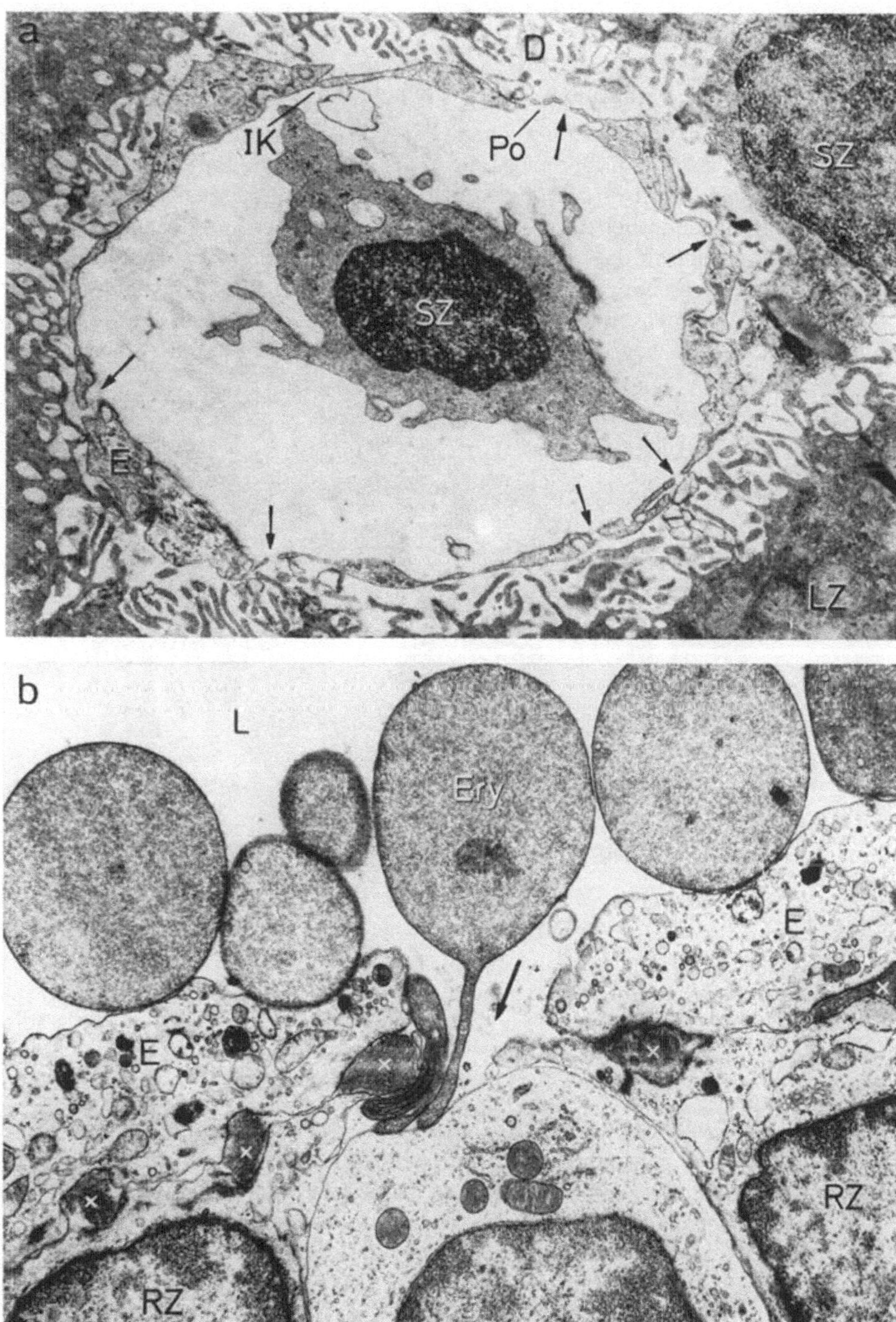

Abb. 5. a Sinus aus einer Rattenleber mit einfachen Adhäsionskontakten (*IK*) zwischen den Endothelzellen (*E*), die von vielen Lücken (↑) und vereinzelten Poren (*Po*) durchsetzt sind. *SZ* v. Kupffersche Sternzellen, *LZ* Leberzellen, *D* Dissescher Raum. b Sinus aus dem Knochenmark der Ratte mit plumperen Endothelzellen (*E*) und großen Lücken (↑) durch die Blutzellen (u. a. Erythrocyten = *Ery*) auswandern können. Die Reticulumzellen (*RZ*) begrenzen die Eingänge in das Reticulum. *X* Basalmembranbruchstücke, *L* Lumen. Für diese beiden Bilder danke ich Prof. Dr. Merker. a und b: Vergr. 15000:1

c) Schließlich bleibt noch das *lückenhafte Endothel* der Sinus[2] in Leber, Milz und Knochenmark zu besprechen (Abb. 5). In mancher Hinsicht nimmt es eine Mittelstellung zwischen kontinuierlichem und porösen Endothel ein. Seine Dicke ist sehr variabel, so daß an dünnen Stellen einzelne typische Poren zu beobachten sind, andere Stellen sind dicker und kontinuierlich. Es gibt aber mehrere Eigenschaften der Sinusendothelien, die sie deutlich von beiden unterscheiden. So ist die Vesiculation auch in den dicken Teilen auffallend gering, dafür sind häufiger Cisternen des rauhen endoplasmatischen Reticulums und Ribosomen anzutreffen. Typische Poren gehören zu den Ausnahmen, während in verschieden dicken Abschnitten des Endothels größere transcelluläre Löcher zu beobachten sind, deren

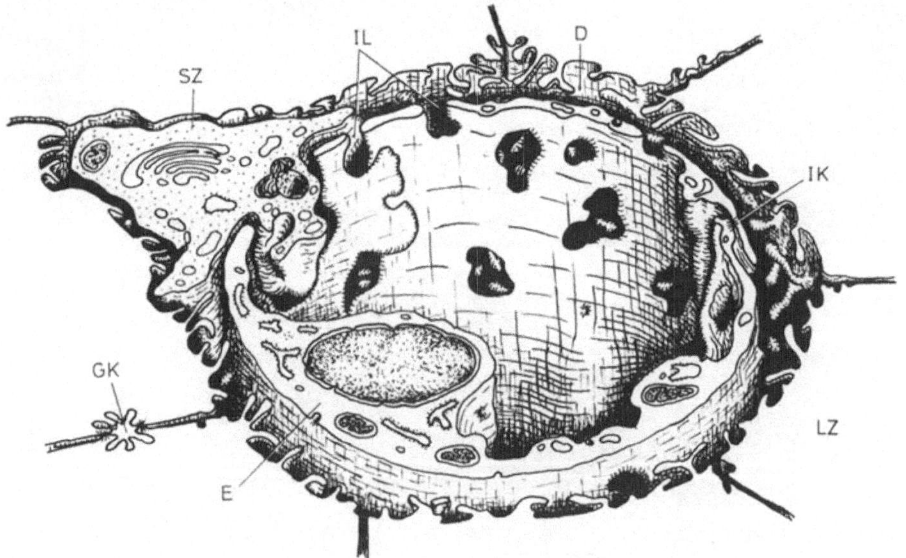



Abb. 6. Dreidimensionale Darstellung eines Lebersinus. (Modifiziert nach Elias, 1949.) *SZ* Sternzellen mit einem Fortsatz im Lumen, *IL inter*celluläre Lücken bzw. *intra*celluläre Löcher, *D* Dissescher Spaltraum, *IK* Intercellularkontakt, *E* Endothel, *LZ* Leberzelle, *GK* Gallencapillare

Durchmesser meist 0,5—1 µm beträgt, aber auch sehr viel größer sein kann. Diese Löcher sind selten ganz rund, sondern unregelmäßig begrenzt. Sie sind im Einzelschnitt schwer von *inter*cellulären Lücken zu unterscheiden und so häufig, daß nur kleine Teile der Zellgrenzen miteinander in Kontakt stehen, wo auch nur selten Haftstrukturen zu beobachten sind und „tight junctions" ganz zu fehlen scheinen (Abb. 5a) (David, 1966; Cossel, dort zit.). Die sehr schwierig vorstellbare räumliche Anordnung der einzelnen Zellteile hat für die Leber zuerst Elias (1965) dreidimensional dargestellt; danach wurde Abb. 6 modifiziert. Die Sinus-

---

2 Der Begriff „Sinusoid" wird hier vermieden. Er stammt von Minot (1901, zit. bei Simon, 1965) und bezeichnet „Capillaren ohne Endothel" oder solche, in denen das Endothel so dünn ist, daß es lichtmikroskopisch nicht sichtbar ist. Danach würden auch Porenendothelien, z. B. der endokrinen Drüsen „Sinusoide" begrenzen, was nach den dargestellten Unterschieden nicht sinnvoll ist.

endothelien in Milz und Knochenmark ähneln den oben beschriebenen Endothelien der Lebersinus sehr. Die Zellen sind lediglich oft plumper, d. h. dicker und
mit größeren transcellulären Löchern versehen (Abb. 5b).

Gemeinsam ist allen Sinus auch, daß phagocytierende Zellen nicht nur in ihrer
direkten Umgebung liegen, sondern mit mehr oder weniger großen Oberflächen
direkt an das Lumen grenzen, ja oft sogar weit in das Lumen hineinragen
(Abb. 5a, b). Es sind Zellen, die dem RES zugerechnet werden (Leber: v. Kupffersche Sternzellen; Milz und Knochenmark: Reticulumzellen). Sie unterscheiden
sich dadurch von Pericyten, abgesehen von ihrem direkten Kontakt mit dem Blut,
daß sie nicht von Basalmembran umgeben sind, sich weniger in ihrer Form der
Gefäßwand anpassen und keine cytoplasmatische Filamentanhäufungen zeigen
(vgl. „Pericyten"). Außerdem enthalten sie auch unter normalen Bedingungen
fast regelmäßig neben einem ausgeprägten rauhen endoplasmatischen Reticulum
und freien Ribosomen lysosomale Einschlüsse, die in der Mehrzahl Phagolysosomen sein dürften.

*Zusammenfassend* besteht das Endothel aus discusförmig abgeflachten Zellen,
die kleine Fortsätze ins Lumen und in die subendotheliale Umgebung aussenden.
Die intercellulären Kontakte sind verzahnt, enthalten einen schmalen Spalt, der
lumenwärts, zumindest über weite Strecken durch Schlußleisten verschlossen ist.
Im Cytoplasma sind Filamente, die z. B. nach Histamin Kontraktionen ermöglichen, und Vesikel, die sich entlang der Zellmembranen und in der abgeflachten
Peripherie häufen. Letztere bedingen einen Prozeß, der mit Abschnürung, Bewegung im Cytoplasma und Fusion mit Zellmembranen eine Verschiebung von
Membran und extracellulärem Material ermöglicht, die Vesiculation, und in
besonders abgeflachten Zellteilen zur Porenbildung führen kann. Die abgeflachte
Peripherie zeigt drei extreme Erscheinungsformen in verschiedenen Organen,
zwischen denen Übergänge existieren: kontinuierliches, poröses und lückenhaftes
Endothel.


## 2. Pericyten

Die Pericyten sind nach elektronenmikroskopischen Untersuchungen von den
oft sehr ähnlich der Gefäßwand angelagerten Bindegewebszellen dadurch zu
unterscheiden, daß sie von Basalmembran umgeben sind, die kontinuierlich in
das subendotheliale „Grundhäutchen" übergeht (SIMON, 1965). Damit entsprechen
sie den von ZIMMERMANN (1923) imprägnierten abgeflachten Zellen, die eigenartige,
z. T. verzweigte *Fortsätze* vom Perikaryon aussenden und sich eng an Capillaren
und Venolen anlegen, ohne deren Oberfläche vollständig zu bedecken. Die Fortsätze sind bis auf die periphersten Anteile so dick, daß darin alle Zellorganellen
vorkommen. Daher können wir die Ultrastruktur des *Cytoplasmas* als Ganzes
betrachten. Die Zellkerne sind oft abgeflacht wie die des Endothels. Manchmal
sind sie aber oval bis rund und ragen ziemlich weit in den perivasculären Bereich
vor, engen jedoch nie das Gefäßlumen ein. Das Cytoplasma enthält meist einen
gut entwickelten Golgi-Komplex, freie Ribosomen und ribosomenbesetztes endoplasmatisches Reticulum (ER) sowie kleine Mitochondrien und dichte Einschlußkörper vom Typ der Lysosomen oder Residualkörper (EPLING, 1966). Glattes ER
kommt wie im Endothel vorwiegend in der vesiculären Form vor. Hier ist die

Beschränkung der Vesikel auf die oberflächennahen Zonen und Invaginationen noch deutlicher als im Endothel. In dieser Hinsicht ähneln sie den glatten Muskelzellen größerer Gefäße (Rhodin, 1962). Oft sind sie nur auf die äußere Oberfläche beschränkt. An der dem Endothel zugekehrten Seite befindet sich sowohl in der Nähe des Kernes als auch in den Fortsätzen eine Zone, die mit feinen 3—6 nm dicken Filamenten gefüllt ist. Sie liegt meist dicht der Zellmembran an, zeigt jedoch keine Verdichtungen wie in der glatten Muskulatur oder den Langhansschen Zellen der Intima arterieller Gefäße (Reale u. Ruska, 1965). Die Filamentzone zieht bis in die feinsten Ausläufer hinein, die sie schließlich völlig ausfüllt, also bis in die Teile der Pericyten, die häufig die subendotheliale Basalmembran durchbrechen und in direkten Kontakt mit den Endothelzellen treten (Abb. 6 und 2a).

Diese Filamente werfen eine alte umstrittene Frage wieder neu auf, nämlich ob Pericyten contractil sind. Hierzu muß festgestellt werden, daß mit den verbesserten Fixierungsmethoden in den letzten Jahren im Cytoplasma vieler Zellen Filamente und Filamentbündel gefunden worden sind und daß in sehr verschiedenen Zellarten deren *Contractilität* nachgewiesen wurde (Wohlfarth-Bottermann, 1968; v. Keyserlingk, 1970). In den Pericyten sehr nahe stehender Mesangiumzellen (u.a.) konnte Pease (1968) wahrscheinlich machen, daß Myosinfilamente vorkommen, und wir haben unter pathologischen Bedingungen komprimierte Capillarformen im ZNS gefunden, die mit der Kontraktion der Pericyten leicht erklärt werden könnten (Wolff, 1964). Es gibt also eine Reihe von deutlichen Hinweisen und eine steigende Wahrscheinlichkeit, daß Pericyten wie viele Zellarten contractile Eigenschaften besitzen.

Eine andere Frage ist, welche Funktion und Stärke diese Contractilität unter normalen Bedingungen besitzt. Möglicherweise handelt es sich dabei um eine Einrichtung, die das Endothel trotz lokal oft extremer Abflachung vor Überdehnung und Zerreißen schützt. Für diese Aufgabe wären die Pericyten mit ihrer eigenartigen Form, durch die sie viele Stellen des Endothelrohrs erreichen, ohne es vollständig abzudecken und damit die Permeabilität zu behindern, geeignet. Abgesehen von dieser Spekulation ist natürlich auch an eine Eigenbeweglichkeit zu denken, die es ermöglichen würde, daß der Pericyt seine Flächenausdehnung der Weite der Capillare anpaßt, oder aber der Wanderung dieser Zellen dienen könnte. Dabei ist an die Untersuchungen von Benninghoff (1926) zu erinnern, der auf den Gestaltwandel von der Einziehung der Fortsätze bis zur Lösung und *Abwanderung* von der Capillarwand hinwies.

Neben der Contractilität wird immer wieder die Fähigkeit der Pericyten diskutiert, sich in andere Zellformen, insbesondere in Plasmazellen, umzuwandeln (Amano u. Tanaka, 1956) oder zu phagocytieren. Beide Eigenschaften sind unter normalen Bedingungen elektronenmikroskopisch schwer zu erfassen, weil sie offenbar, wenn überhaupt, nur selten wirksam werden. Die *Phagocytose*fähigkeit für Ferritin ist aber bei den Mesangiumzellen des Glomerulums nachgewiesen worden. Sie wurden sogar als „Abräumzellen" des Glomerulums bezeichnet (Farquhar u. Palade, 1962; Zamboni u. Martino, 1968).

Über die *Verteilung* der Pericyten auf den verschiedenen Teilen der terminalen Strombahn und in verschiedenen Organcapillaren gibt es u.W. keine exakten Zählungen. In allgemeiner Form wird angegeben, daß ihre Zahl zur Venole hin zunlmmt und daß sie in bestimmten Organen seltener sind oder ganz fehlen (peritubulär in Niere, Darmzotten, einige endokrine Drüsen). Eigenartig ist ihre Lage an subepithelialen Capillaren (Hautpapillen, Tubuli der Niere, Harnblase, Lunge etc.), wo sie immer auf der dem Epithel abgewandten Seite liegen. In ähnlicher Weise sind die pericytenähnlichen Mesangiumzellen am Gefäßpol konzentriert und damit von der Filtrationsfläche entfernt.

*Zusammenfassend* sind Pericyten abgeflachte mehr oder weniger sternförmige Zellen, deren verzweigte Fortsätze weite Teile des Capillarrohrs erreichen ohne dieses vollständig zu bedecken. An manchen Capillaren fehlen sie. Sie enthalten auf der Endothelseite eine Filamentzone, die Contractionen ermöglicht, deren physiologische Bedeutung aber unbekannt ist. Ihre Fähigkeiten zur Wanderung und Phagocytose werden diskutiert. Pericyten sind so gelagert, daß sie Capillar-Oberflächen mit starker Permeabilität freilassen.


## 3. Basalmembran

Der heute allgemein akzeptierte *Begriff* der Basalmembran deckt sich nicht immer mit den aus der Lichtmikroskopie übernommenen der „Glas-" oder „Grundhäutchen" bzw. der „Basalmembranen", in denen neben der Basalmembran im heutigen engeren Sinne Schichten oder Netze aus Retikulinfibrillen enthalten sind (VOLLRATH, 1968).

Die Elektronenmikroskopie machte hingegen eine wechselnd breite Schicht aus osmiophilem Material an vielen Zellarten sichtbar, die diese vom umgebenden Bindegewebe abgrenzt. Sie ist so häufig, daß man ihre *Topographie* leichter durch die Zellen eingrenzen kann, an denen sie fehlt: z.B. Fibro-, Histio-, Phago-, Leuko- und Lymphocyten sowie Plasma- und Mastzellen im Gewebe. Man kann diese Gruppe zusammenfassen als Zellen, die mittelbar oder unmittelbar am Stoffwechsel des Bindegewebes beteiligt sind oder den Zustand der extracellulären Bindegewebsanteile mit beeinflussen (PEASE, 1960; DOUGHERTY, 1962). Sie fehlen über weite Strecken am Endothel der Sinus von Leber, Milz und Knochenmark (BENNETT et al., 1959; BURKEL, 1965) sowie der Lymphcapillaren (CASLEY-SMITH, 1964). Man kann Basalmembranen also weder als typisch für Capillaren noch als obligatorischen Bestandteil der Capillarwand bezeichnen. Immerhin ist sie aber an den meisten Blutcapillaren regelmäßig subendothelial und an den Oberflächen der Pericyten anzutreffen (Abb. 1, 2; Tabelle 3). Die einzigen Diskontinuitäten befinden sich unter physiologischen Bedingungen an den Stellen, wo Pericytenfortsätze in direkten Kontakt mit dem Endothel treten oder sich Endothelfortsätze in die Umgebung ausstrecken (FUCHS, 1963).

Die *Ultrastruktur* der Basalmembranen ist relativ einheitlich in verschiedenen Lokalisationen. Man kann meistens 2 Schichten erkennen, die sich durch ihre verschiedene Elektronendichte oder Osmiophilie unterscheiden. Die osmiophile Schicht, auch *Lamina densa* genannt, setzt sich bei höherer Auflösung aus feinen 3—4 nm dicken Filamenten zusammen, die überwiegend parallel zur Zellmembran verlaufen, aber in der Fläche ungeordnet liegen (selektiv uniplanare Anordnung). Die Filamente liegen in einer amorphen und osmiophoben Matrix, die dadurch zu erkennen ist, daß die Filamente im Schnitt 3—7,5 nm voneinander entfernt erscheinen (VERNIER, 1964; GEKLE u. MERKER, 1966). Die Lamina densa besitzt

6*

also ein filzartiges Gefüge, dem zum Bindegewebe hin oft dickere Filamente (microfibrils: Low, 1962) auf- oder eingelagert sind, wie sie auch in elastischen Fasern und zwischen Retikulinfibrillen bzw. -fasern zu beobachten sind. Oft stellen sie sogar eine Verbindung zu diesen Fasern her. Die Mikrofibrillen besitzen im Gegensatz zu den dünneren Filamenten eine periodische Querstreifung im Abstand von ca. 20 nm. Die Lamina densa ist von der benachbarten Zellmembran durch eine osmiophobe Schicht von 20—40 nm getrennt, die als *Lamina rara* bezeichnet wird. Sie scheint einerseits kontinuierlich in die interfilamentäre Matrix oder Kittsubstanz der Lamina densa über zu gehen, andererseits setzt sie sich auch ohne Grenze in die Intercellularspalten zwischen die basalmembrantragenden Zellen fort (Abb. 1 und 2). Deshalb wurde sie mehrfach als Fortsetzung des osmiophoben Oberflächenfilms angesehen. Dagegen spricht jedoch ihre Dicke (vgl. „Endothel"). Außerdem erscheint auf der Bindegewebsseite ebenfalls eine osmiophobe „Lamina rara" nicht nur, wenn die Basalmembran in der Nähe von Bindegewebszellen liegt, sondern auch immer, wenn sie sich anderen Basalmembranen nähert, ohne mit ihnen zu verschmelzen. Für einen kontinuierlichen Zusammenhang des extracellulären Materials, der sich nicht an die Grenzen der Basalmembran hält und von ihren Filamenten nur durchwirkt wird, spricht, daß sich beim Gefrierätzpräparat Basalmembran und angrenzende bindegewebige Grundsubstanz nicht trennen lassen (Friederici, 1968; Leak, 1968). Unterschiede in der Elektronendichte dürfen also nicht mit der physikalischen Dichte gleichgesetzt werden. Der erstaunlich konstante Abstand der Lamina densa von der benachbarten Zellmembran wird zusätzlich dadurch erhalten, daß feine Filamente aus der Lamina densa abbiegen und im Gegensatz zu ihrem bisherigen Verlauf senkrecht durch die Lamina rara auf die Zellmembran zulaufen, mit der sie Kontakt aufnehmen (Jørgensen, 1967). Typische Halbdesmosomen, wie sie zwischen Zell- und Basalmembran an mechanisch besonders beanspruchten Epitheloberflächen zu beobachten sind, gibt es an capillären Basalmembranen nur selten (Stehbens, 1966; Linss, 1967).

Der Ultrastruktur steht nun in den letzten Jahren ein sich langsam abrundendes Bild der *chemischen Zusammensetzung* der Basalmembran gegenüber. Die Ergebnisse stützen sich bisher vorwiegend auf isolierte Basalmembranen des Nierenglomerulums (Lit. s. v. Bruchhausen, 1969; Misra u. Berman, 1969). Danach enthält sie einen relativ hohen Kollagenanteil, an den ca. 75% des Hexosegehalts gebunden ist. Das Kollagen unterscheidet sich von reifen (Sehnen-)Kollagen in mancher Hinsicht (Aminosäuren-Zusammensetzung, Hydroxylysin-Hydroxyprolin-Quotient, Lösungseigenschaften, Stabilität gegenüber proteolytischen Enzymen). Seine Moleküle sind nicht kristallin, sondern zufällig angeordnet und scheinen die elektronenmikroskopisch sichtbaren Filamente zu bilden. Neben dem Kollagen ist eine 2. Proteingruppe charakteristisch für Basalmembranen. Es handelt sich um Glykoproteine, die mit einer hexosaminhaltigen Komponente verbunden sind und beträchtliche Mengen von Fucose und Sialinsäure enthalten. Dieses Protein soll in „helicaler" Form vorliegen und mit der Kollagenkomponente vernetzt sein. Saure Mucopolysaccharide (Uronsäure und Sulfatester) fehlen fast ganz. Die beiden zuletzt genannten Eigenschaften sollen dafür verantwortlich sein, daß keine Kollagenfibrillen („reifes" Kollagen), sondern nur Filamente ausgebildet werden. In dieser Hinsicht ist interessant, daß das Endothel keine sulfatierten Mucopolysaccharide bilden kann. Der Hyaluronidase-Effekt auf die Basalmembran ist aber durch das Fehlen von sauren Mucopolysacchariden schwer zu erklären (THOENES, 1967). Lipoide: Phospholipoide, neutrale Lipoide und Sterole machen etwa 12—16% der Trockensubstanz aus und sind offenbar so locker gebunden, daß sie durch Ultraschallbehandlung aus der Basalmembran „herausgeklopft" werden können. Ihre Verteilung ist noch unbekannt, jedoch haben schon NIESSING u. ROLLHÄUSER (1954) aufgrund polarisationsoptischer Beobachtungen angenommen, daß die Lipoide inselartig verteilt sind.

An Enzymen wurden in Basalmembranen bisher Nucleosidphosphatasen, vor allem ATPase in den Gehirn- und Retinalcapillaren, Glucose-6-Phosphatasen und NAD- und Cytochrom-C-Oxydase sowie RNS (MISRA) in der Niere gefunden. Diese Kombination gibt kein klares Bild von ihrer Bedeutung in extracellulären Strukturen. Wenn sich diese Befunde bestätigen lassen, könnte man an eigenartige Syntheseleistungen und Umbauvorgänge denken, die in der Basalmembran selbst stattfinden könnten.

Ein weiterer interessanter Aspekt der Basalmembran sind ihre *antigenen Eigenschaften*. Sie beruhen offenbar vorwiegend auf der Glykoprotein-Sialinsäure-Aminozucker-Komponente, weil Extraktion von Kollagen und Lipoiden sie nicht wesentlich vermindert. Die Antigenität von capillären Basalmembranen variiert in Relation zur hämodynamischen Belastung, zum Reifungsgrad und zwischen verschiedenen Organen und Geweben (Lit. zu diesen Fragen siehe: v. BRUCH-HAUSEN, 1968; MISRA u. BERMAN, 1968). PIERCE et al. (1964) konnten in den Glomerulum-Basalmembranen zwei Antigen-Komponenten nachweisen, eine epitheliale und eine mesodermale, was gut damit übereinstimmt, daß die Bildung von BM-Bestandteilen sowohl von den Mesangiumzellen als auch von den Glomerulum-Deckepithelien ausgeht (KURTZ u. FELDMAN, 1962; KÖRTGE et al., 1969; WALLER, 1970). Ob an anderen Capillaren Endothel und Pericyten oder nur einer der beiden Bestandteile beteiligt ist, ist noch nicht geklärt. Da jedoch auch pericytenfreie Capillaren Basalmembranen bilden, scheint das Endothel auf jeden Fall dazu fähig zu sein. Eine weitere Frage ist, ob die Kollagenkomponente von Bindegewebszellen stammt, die dann unter dem Einfluß einer zellspezifischen (evtl. der Glykoprotein-)Komponente als Basalmembran abgelagert wird. Diese Vorstellung ist jedoch schwer mit der Tatsache zu vereinen, daß sich in weiter Entfernung von Fibroblasten pericapilläre Basalmembranen bilden, wie z.B. an den Capillaren im Zentralnervengewebe. Immerhin sind die Halbwertzeiten des Hydroxyprolins in normalen Nieren-Basalmembranen mit 30—60 Tagen relativ kurz (LAZAROW u. SPEIDEL, zit. bei v. BRUCHHAUSEN, 1968), zumal wenn man sie mit den sehr langen Umsatzzeiten von 1000 Tagen für die Endothelzellen vergleicht (ENGERMANN, 1967). In den verdickten Basalmembranen beim Diabetes ist der Einbau langsamer und bleibt länger bestehen.

Welche Beziehungen lassen sich nun zwischen der Struktur und dem chemischen Aufbau der Basalmembran einerseits und den *funktionellen Eigenschaften* (Permeabilität und Resistenz) der Capillarwand andererseits finden? Viele Autoren sehen die Matrix-gefüllte Filzstruktur der Basalmembran als ein *Molekularsieb* an, das vor allem die großen Moleküle an der Passage hindert (SITTE, 1959; HALL, 1960; weitere Lit. s. GEKLE u. MERKER, 1966). Die „Porengröße" soll nach diesen Vorstellungen wesentlich durch die Weite der interfilamentären

Zwischenräume bestimmt werden, die nicht einheitlich ist, sondern um einen Mittelwert streut. Durch die wenigen großen Maschen können nur wenige große Moleküle hindurchtreten, während ihre Mehrheit zurückgehalten wird. Je kleiner aber der Molekülradius ist, um so mehr „Poren" stehen ihnen für den Durchtritt zur Verfügung. Gekle et al. (1966) haben nun mit Hilfe von Verteilungsstudien an isolierten, normalen, glomerulären Basalmembranen für verschieden große Moleküle gezeigt, daß für die Größeren unter ihnen tatsächlich eine zunehmende Behinderung (Siebeffekt) auftritt. Nach ihren mathematischen Analysen zeigen die Porenäquivalente eine Gaußsche Verteilung mit einem mittleren Porenradius von $29 \pm 10$ Å (bei Aminonucleosid-Nephrose vergrößert auf $36 \pm 16$ Å). Das Grenzmolekulargewicht, bei dem die Glomerulum-BM relativ undurchlässig wird, beträgt 80000—90000, das entspricht bei sphärischen Molekülen einem Radius von 42—45 Å (bei Nephrose 65 Å bzw. 190000 MG.). Darüber hinaus können lipoidlösliche Moleküle leichter in die Basalmembran diffundieren als wasserlösliche, was bei ihrem relativ hohen Lipoidanteil nicht verwunderlich erscheint. Es muß allerdings betont werden, daß die glomeruläre Basalmembran aufgrund ihrer besonderen Dicke (vgl. Tabelle 2) sowie der bereits erwähnten Unterschiede in verschiedenen Organen und unter verschiedenen Bedingungen nicht allgemein gültige Daten liefern kann. Der erhöhten Eiweißpermeabilität, z.B. der Darmcapillaren, entspricht nicht nur die kleinere Dicke ihrer Basalmembran, denn die Eiweißpermeabilität kann auch mit Verdickung verbunden sein, wie z.B. bei den verschiedenen Nephroseformen (Gekle et al., 1966). Andererseits sind die verdickten Basalmembranen im alten Organismus vermindert permeabel (Tabelle 2). Dicken-Permeabilitätsrelationen können also nur unter ganz bestimmten Bedingungen und Vorbehalten gelten (Elias, 1965). Außerdem muß natürlich beachtet werden, daß Moleküle, welche die Basalmembran passieren sollen, freien Zugang haben müssen, was z.B. an den Capillaren des ZNS nicht überall der Fall zu sein scheint, weil das Endothel „dicht" ist (Reese u. Karnovsky, 1967).

Auch für die Frage der *Capillarresistenz* gilt, daß alle Elemente der Capillarwand, zumindest aber Endothel und Basalmembran, gemeinsam betrachtet werden müssen. Damit ist nicht nur gemeint, daß der molekulare Aufbau der Basalmembran vom Stoffwechsel und der Enzymaktivität der umgebenden Zellen abhängt (Joó, 1969), sondern auch, daß beide Wandelemente hintereinander geschaltet sind. Unter der Voraussetzung, daß das Endothel genügend große Löcher aufweist, muß auch die Basalmembran verändert sein, um Blutzellen die Passage in den perivasculären Bereich zu gestatten (Abb. 5b). Nach Staubesand u. Schmidt-Matthiesen (1966) äußert sich diese Veränderung bei fragilen Capillaren (allergische Purpura) in unregelmäßigen Verquellungen, Auflockerung, Verklumpung sowie im Verlust der 3-Schichtung (d.h. der Lamina rara). Im Gegensatz zur Verdickung bei Nephrose sind chemische Veränderungen bei Gefäßfragilität noch nicht bekannt. Sie muß aber verändert sein, denn unter normalen Bedingungen ist die Basalmembran mechanisch ziemlich stabil (Blinzinger et al., 1969), so daß Pease (1960) sie mit Recht als „Mikroskelet" der Capillaren bezeichnete. Isolierte Endotheleffekte, wie sie nach Histamin- und EDTA-Einwirkung oder nach $Ca^{++}$- bzw. $Mg^{++}$-Mangel auftreten, bewirken keine Diskontinuitäten der Basalmembran (Clementi u. Palade, 1969b).

Tabelle 2. *Dicke der Basalmembran in verschiedenen Organen und Tierarten*[a] *(nm)*

| Organ | Mensch | Hund gesamt | Hund bis 5 Jahre | Kaninchen, Ratte | Maus |
|---|---|---|---|---|---|
| *Niere* | | | | | |
| Glomerulum[b] | 100—200[c] | | | 100—220 | |
| | 225—*323*—480 | $250 \pm 31$ | $> 300$ | $284 \pm 50$[d] | $125 \pm 2{,}1$ |
| peritubulär (Capillar-BM) | | | | 35—40 | |
| *ZNS* | | | | | |
| Cortex | | | | 40—100 | |
| Retina | | $148 \pm 23$ | $> 150$ | | |
| im Bindegewebe (Pia mater, Area postrema, Neurohypophyse) | | | | 25— 35 | |
| *Lunge* | | | | | |
| Blut-Luft-Grenze | | | | 70—100 | |
| im Alveolarseptum | | | | 20— 35 | |
| Muskel | | $76 \pm 5$ | 70—100 | 20—35 | |
| Haut | | | | 25—50 | |
| Fett | | $66 \pm 10$ | $\leqq 150$ | 25—50 | |
| Bindegewebe | | | | 25—35 | |
| *Endokrine Drüsen* | | | | 0—*25*—70[e] | |

[a] Die Werte sind aus mehreren Publikationen zusammengetragen, die an dieser Stelle nicht im einzelnen aufgeführt, aber im Literaturverzeichnis enthalten sind oder aus Sammelartikeln entnommen werden können.

[b] Mit den beiden Laminae rarae gemessen.

[c] Kinder.

[d] Älter als 3 Jahre.

[e] 0 steht für die Funktionszustände, unter denen die Basalmembran elektronenmikroskopisch undeutlich wird oder verschwindet (z.B. in der Thyreoidea). Die äußere Grenze wie die Breite der Lamina rara ist oft schwer zu messen.

Im allgemeinen ist aber *Vorsicht geboten* bei der Korrelation von strukturellen und funktionellen Veränderungen der Basalmembran. Das hat mehrere Gründe, insbesondere in bezug auf ihre *Dicke:* 1. Treten durch die Schnittrichtung erhebliche Meßfehler auf (WILLIAMSON et al., 1969). 2. Sind Messungen oft nicht vergleichbar, wenn nicht angegeben ist, ob die Lamina rara mitgemessen wurde. 3. Muß bekannt sein, ob es sich um 2 Basalmembranen handelt, die in der Ontogenese miteinander verschmolzen sind, wie die endo- und epithelialen Basalmembranen der Lungen-Luft-Grenze, dem Nierenglomerum und im Gehirn etc. 4. Gibt es große Dickenunterschiede an verschiedenen Organcapillaren, innerhalb eines Organs zwischen Capillaren in verschiedenen Gewebsteilen (z.B. Glomerulum

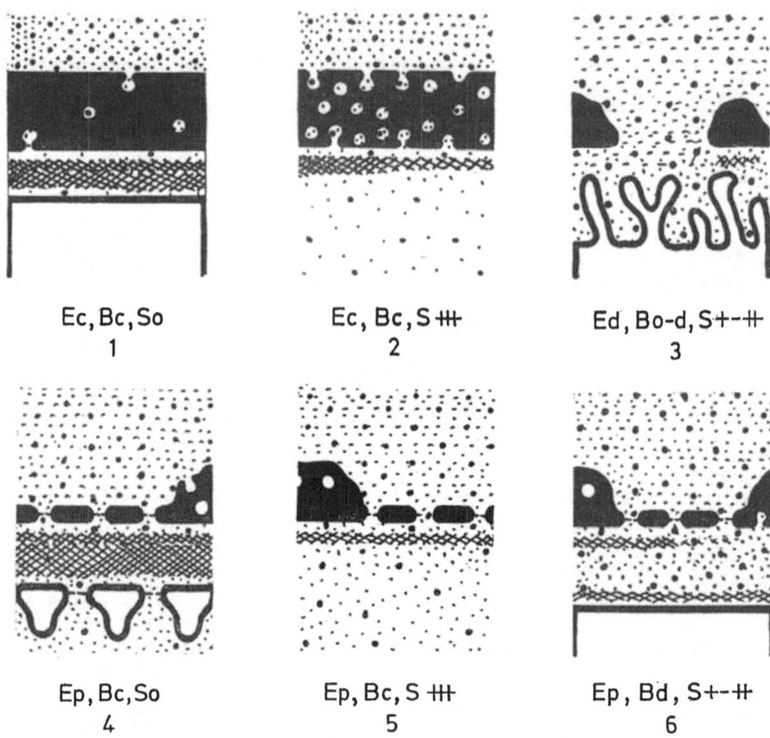



Abb. 7. Schematische Darstellung verschiedener Capillarformen. Die Nomenklatur ist dieselbe wie in Tabelle 3. Die kleinen Punkte stellen kleine, die großen große Moleküle dar. *1* Typ ZNS-Capillare, *2* Typ Muskulatur-Capillare, *3* Typ Leber-Sinus, *4* Typ Glomerulum, *5* Typ Porencapillare im Bindegewebe, *6* Typ subepitheliale Porencapillare mit schmalem Subendothelialraum. Ihre Verteilung im Lumen (oben) und perivasculär ist als ungefähres Abbild der Permeabilität für große und kleine Moleküle gedacht

und peritubuläre Capillaren) und schließlich bei verschiedenen Tierarten (Abb. 7, Tabelle 2) (vgl. Wolff, 1962; Gekle u. Merker, 1966; Bloodworth et al., 1969) und z.B. im Wach- und Schlafzustand bei Winterschläfern (Amon et al., 1965). 5. Nimmt die Basalmembrandicke von den Venolen zu den Arteriolen und mit dem Alter zu, jedoch bei verschiedenen Tierarten nicht gleichmäßig (Tabelle 2) (Scott, 1964). 6. Gibt es eine Reihe von experimentellen und pathologischen Bedingungen, unter denen sich die Basalmembran verdickt, ohne daß damit immer gleichartige Permeabilitätsveränderungen einhergehen (Zacks, 1964; Durand et al., 1967; Di Scala, 1968; Shirai et al., 1969). Zusätzlich zu den in der angeführten Literatur genannten Bedingungen sind Ca-Titriplex, Folsäure und hohe Dosen von Morphin zu nennen (persönl. Mitt. von Merker und v. Bruchhausen). Von den Krankheiten sind es vor allem die Hypertonie, der Diabetes mellitus, verschiedene Nieren- und Muskelerkrankungen, das Myxödem und die Amyloidose, die eine Basalmembranverdickung bewirken.

Die unter pathologischen Bedingungen häufig zu beobachtende *Mehrschichtigkeit* pericapillärer Basalmembranen kommt normalerweise an Papille und Schaft der Haarfollikel (Puccinelli et al., 1968), am Dottersackepithel (Petry u. Kühnel, 1964) und an den menschlichen Samenkanälchen (Burgos, 1960) vor. Dabei sind bis zu 15 Lamellen, die jeweils aus einer Lamina densa von 20—30 nm und einem Spalt von 40—500 nm Breite bestehen, mit einer Gesamtdicke bis zu 1500 nm beobachtet worden. Interessant ist, daß am Haarfollikel cyclische Veränderungen der Polysaccharide nachgewiesen wurden, die mit der rythmischen Basalmembranbildung in Beziehung stehen könnten (Montagna et al., 1952).

## II. Subendothelialer (perivasculärer) Raum

Die meisten Capillaren in Haut, Fett (Abb. 1a), Muskulatur (Abb. 2a), Organbindegewebe sind in relativ *große extracelluläre Räume* eingebettet, die von Bindegewebe angefüllt sind. Nur selten sind die cellulären und fibrillären Bestandteile des Bindegewebes völlig ungeordnet, meistens innerhalb von Verschiebeschichten oder auf Lymphgefäße und -spalten zu ausgerichtet. Die oft als „Leitbahnen" bezeichneten Kollagenfasern begrenzen also die Ausbreitung von Flüssigkeit und großmolekulären Substanzen im Bindegewebe (Mancini, 1963). Andererseits ist auch die Permeabilität der amorphen Grundsubstanz zu beachten (Buddecke, 1961). Durch die spezifische Anordnung von diffusionsbegrenzenden Faserschichten in verschiedenen Organen (Nagel, 1934) läßt also die Größe des perivasculären Bindegewebsraumes allein keine Aussage zu über den — zumindest innerhalb kurzer Zeiten — zur Verfügung stehenden Ausbreitungsraum, so daß Hartmann (1958) der Blut-Gewebs-Schranke nicht nur die Capillarwand, sondern auch das pericapilläre Bindegewebe bis zur Parenchymzelle zuordnet.

Eine große Zahl von Capillaren, die man als „*subepitheliale Capillaren*" zusammenfassen könnte, sind so nahe an der Parenchymgrenze verlegt, daß wenigstens auf einer Seite zwischen der Basalmembran der Capillare und des Parenchyms nur ein schmaler subendothelialer Spalt (Abb. 1d) ($<$500 nm; Lever, 1962) existiert. Sein Vorkommen ist in Tabelle 3 in der Spalte „S" mit „+ — + +" bzw. „0 — +" bezeichnet. Die meisten von ihnen liegen an resorbierenden Oberflächenepithelien (Niere, Darm, Gallenblase), ein kleiner Teil an sezernierenden Epithelien (z.T. exokrine Drüsen, Plexus chorioideus), eine andere Gruppe in den endokrinen Drüsen. Und schließlich bleibt ein Rest (Hautpapillen, Harnblase, Vagina, Endometrium, Fett), bei denen im allgemeinen eine Ernährungs- oder Transportfunktion angenommen wird. Es ist jedoch daran zu denken, daß viele von ihnen Poren im arteriellen Schenkel des Capillarendothelrohrs aufweisen, so daß eine erhebliche Filtration auftreten könnte. Das trifft auch für die „resorbierenden" Gebiete und endokrinen Drüsen zu. Zukünftige Experimente müssen untersuchen, ob nicht gerade in den zuletzt genannten Lokalisationen eine Spülfunktion vorliegt, die zu einer Verdünnung der im Subendothelialspalt auftretenden Substanzen (z.B. Nahrungsstoffe, Pharmaka, Hormone) führt. Eine ähnliche Situation findet sich im Disseschen Raum der Lebersinus, wo durch die trans- und interendothelialen Löcher ein Plasmastrom an der durch Mikrovilli vergrößerten Oberfläche der Leberzellen vorbeifließt.

Schließlich fehlt in bestimmten Organen mit *spezifischen Blut-Parenchym-Schranken* (ZNS, Plexus choriodeus, Lunge) das pericapilläre Bindegewebe, zumindest an der dem Parenchym zugewandten Seite. Hier kann die Gefäßwand vom Parenchym nicht getrennt betrachtet werden, weil die epitheliale mit der capillären Basalmembran verschmolzen ist. Dadurch entsteht nicht nur eine besonders dicke (Tabelle 2), sondern auch eine chemisch und immunologisch heterogen zusammengesetzte Basalmembran (s. o.). Außerdem kann die Parenchymnicht leicht von der eigentlichen Capillarpermeabilität getrennt werden (Tabelle 1). Wenn man darüber hinaus an die besonders geringe Vesiculation und die histochemischen Differenzen im Endothel bzw. der Basalmembran der Hirncapillaren denkt, so wird eine gegenseitige Beeinflussung der verschmolzenen Schichten deutlich. — Im Nierenglomerulum ist dieselbe Situation dadurch variiert, daß das „Parenchym" (Podocyten) lückenhaft ist, und so die heterogene Basalmembran stellenweise die einzige Schicht zwischen Blut und Primärharn darstellt: eine Spezialeinrichtung für die Filtration großer Volumina!

*Zusammenfassend* kann man feststellen, daß bei Permeabilitätsuntersuchungen neben der eigentlichen Gefäßwand auch der chemische und morphologische Aufbau des subendothelialen bzw. perivasculären Raumes (S) beachtet werden muß. Nach der Größe des Raumes kann man 3 Formen unterscheiden, die in bestimmten Organen bzw. Organsystemen vorkommen: Capillaren mit a) weitem S und verschiedener perivasculärer Anordnung bindegewebiger Strukturen, b) engem S und häufig porösem Endothel, c) fehlendem S, wobei die capilläre mit der parenchymatösen Basalmembran verschmilzt.


## III. Bemerkungen zur Klassifikation von Capillaren

Bisher sind 3 Versuche unternommen worden, die Capillaren mit ihrem morphologischen Wandbau zu klassifizieren. Der erste und m. E. beste stammt von Bennett et al. (1959), in dem das kontinuierliche, poröse und lückenhafte Endothel mit A, B, C, die kontinuierliche bzw. diskontinuierliche Basalmembran mit 1 bzw. 2 und die pericapillären Zellen nach ihrer vollständigen bzw. unvollständigen Bedeckung des Capillarrohrs mit $\alpha$ bzw. $\beta$ bezeichnet wurden. Diese Klassifikation weist 2 Schwierigkeiten auf. Erstens werden Pericyten und Parenchymzellen (Podocyten im Nierenglomerulum, Astrocyten im ZNS) gleichgesetzt, obwohl sie eine sehr unterschiedliche Beziehung zur Capillarwand haben, und zweitens haben die Symbole keine begriffliche Bedeutung, sind also schwerer im Gedächtnis zu behalten. Angesichts dieser Schwierigkeiten und der Komplexität der Capillarwand schlug dann Majno (1964) vor, die Capillaren in solche mit kontinuierlichem, porösem und diskontinuierlichem Endothel zu unterscheiden, offenbar in der Meinung, daß dies für die meisten Zwecke ausreichen würde. Die vorangegangene Darstellung und Tabelle 3 machen jedoch deutlich, daß es wesentliche Unterschiede innerhalb jeder dieser 3 Gruppen gibt.

So hat schließlich Simon (1965) aufbauend auf der 3-Teilung von Majno eine zusätzliche Unterteilung vorgeschlagen. Dabei werden im kontinuierlichen Typ mit fortlaufenden Buchstaben (a—e) hohes und niedriges Endothel, gemischte Formen und solche mit und ohne Pericyten; im porösen Typ hingegen wieder mit a—e Poren mit und ohne Diaphragma, gemischte Porenformen, Übergangsformen zwischen porösem und kontinuierlichem Typ und Glomerulumcapillaren usw. unterschieden. Diese Signatur ist in ihrer Bezeichnungsweise uneinsichtig

Tabelle 3. *Wandbau der Organcapillaren*

| Organ | Endothel (E) | Basalmembran (B) | Pericyten (P) | Subendothelialer Raum (S) |
|---|---|---|---|---|
| *Bindegewebe* }<br>*Haut* (subepidermal) | c | c | d | +++ |
| *Muskulatur* }<br>(Skelet-, Herz-, glatte)<br>*Fett* (gelb und braun) | c | c | d | +−+++ |
| *Haut* (Papillarleisten) }<br>Harn und Gallenblase | c/p | c | d | +−+++ |
| Zahnpulpa }<br>Gelenkinnenhaut<br>Vasa vasorum<br>Vagina | c−p | c | d | +−+++ |
| Darmzotten | p | c | 0—d | +−++ |
| *Exokrine Drüsen* | | | | |
| Prostata }<br>Schweiß- und Tränendrüsen<br>(bei Tieren) | c | c | d | +−+++ |
| Speicheldrüsen }<br>Pankreas<br>Magen-Darm-Trakt | c—p | c | d | +−+++ |
| *Niere* | | | | |
| Glomerulum | p | c[a] | 0—d | 0 |
| Tubuli contorti | p | c | 0 | 0 −+ |
| Mark | p/c | c | 0—d | +−++ |
| *Endokrine Drüsen* | p | 0—c | 0 | +−++ |
| *Nervensystem* | | | | |
| graue und weiße Substanz }<br>Retina | c | c[a] | d | 0 |
| Plexus chorioideus }<br>circum-ventriculäre Organe<br>hypothalamo-hypophysäres<br>System | c/p[b] | c | d | 0−++ |
| Lunge | c | c | d | 0 |
| Leber | d | 0—d | d[c] | +−++ |
| Milz und Knochenmark | d | d | d[c] | +++[d] |

[a] Hier sind eine epitheliale und eine endotheliale Basalmembran verschmolzen, „dicke" BM.

[b] Unterschiedlich: Subcommissuralorgan z.B.: C, Area postrema: p; Tierartunterschiede.

[c] Bei den Sinus werden die RES-Zellen als Pericyten gezählt.

[d] Die offene Verbindung zwischen Sinus und Reticulum ist gemeint.

und unkonsequent, wenn auch wesentliche Unterteilungen der 3 Hauptformen enthalten sind.

In Tabelle 3 haben wir auf eine Codierung verzichtet und die Beschreibungen abgekürzt: E = Endothel, B = Basalmembran, P = Pericyt, S = subendothelialer Raum, c = continuierlich, d = diskontinuierlich, p = porös, 0 = abwesend; die Weite von S ist mit einem abgeschätzten $0-+++$ bezeichnet. Der häufigste Capillartyp (in Muskulatur, Bindegewebe und Fett) wäre danach mit Ec Bc Pd $S+++$ zu bezeichnen; nach BENNETT: A 1 $\alpha$; nach MAJNO: kontinuierlicher Typ; nach SIMON: Typ I a oder b oder c. Man könnte die Pericyten weglassen, weil bisher keine eindeutige Beziehung zu den funktionellen Eigenschaften der Capillaren nachgewiesen ist.

Nach funktionellen Gesichtspunkten lassen sich 4 Extremformen von Capillaren unterscheiden:

1. mit *großem Filtrations- oder Resorptionsvolumen:* Ep, Bc, P0, $S0-+$ (Glomerulum, Plexus chorioideus, peritubuläre Capillaren etc.);

2. mit *hoher Permeabilität für große Moleküle:* Ep/d, Bc/0, P0, $S+-++$ (Darmzotten, Leber);

3. mit *hoher Zelldurchlässigkeit:* Ed, $B0-d$, Pd, $S+++$ (Milz, Knochenmark). Dabei sind die Reticulumzellen als P gerechnet und die offene Verbindung zwischen Reticulumräumen und Sinus als S bezeichnet;

4. mit spezifischen *Blut-Parenchym-Schranken:* Ec, Bc, Pd, S0 (ZNS, Retina, Blut-Luft-Grenze in Lunge, evtl. Thymus). Das Nierenglomerulum nimmt eine Sonderstellung durch die diskontinuierliche Bedeckung mit Podocytenfortsätzen ein.

Tabelle 4. *Unterschiede zwischen verschiedenen terminalen Gefäßabschnitten*

| | Arteriolen | Capillaren | Venulen | Lymph-capillaren |
|---|---|---|---|---|
| | c | c, p, d | c | c—d |
| *Endothel* | | | | |
| Vesiculation | $+++$ | $+-+++$ | $+-++$ | $+-++$ variabel |
| Alkalische Phosphatase | $+++$ | $++-0$ | — | — |
| Ergastoplasma (rER) | $++$ | $+$ | $++$ | $+$ |
| Weibel-Palade-Einschlüsse | $++$ | $+-0$ | $++$ | ? |
| Golgi-Komplex | $+++$ | $+$ | $++$ | $+-++$ |
| Intercellularkontakte | 3—6 | 1—3 | 3—8 | variabel |
| *Basalmembran* | c | c, d, 0 | c | 0—c |
| Dicke | $++$ | $++-+$ [a] | $+$ | $+$ |
| *Pericyten* | 0 | d | d—c | — |
| *Glatte Muskelzellen* | c | 0 | 0—d | — |
| *Perivasculäres Bindegewebe* | $+++$ | $0-+++$ | $++$ | $+++$ |

[a] In bestimmten Capillaren $+++$, in anderen 0.

Die bereits beschriebene häufigste Capillarform (Ec, Bc, Pd, S+++) nimmt insofern eine Mittelstellung ein, als weder das Flüssigkeitsvolumen noch die Eiweißpermeabilität besonders hoch ist (s. 3. und 4.).

### Unterschiede zu Arteriolen, Venolen und Lymphcapillaren

Abgesehen vom Kaliber der verschiedenen Gefäßabschnitte gibt es Unterschiede im Wandbau, die in Tabelle 4 zusammengefaßt sind. Eine Frage, die sich nach den bisher bekannten Kriterien nicht beantworten läßt, ist, wie es in bestimmten Organen mit (Ec, Bc, Pd, S+++)-Capillaren zu der zunehmenden Eiweißpermeabilität von der Arteriole zur Venule („Permeabilitätsgradient", s. S. 118ff.) kommt. Der Abnahme der Basalmembrandicke steht die Verminderung der Vesikelzahl in der gleichen Richtung gegenüber. Ob die Intercellularfugen auf der Venulenseite weniger dicht sind, ist bisher morphologisch nicht geklärt. Eine Sonderstellung nehmen die Lymphknotenvenulen ein, durch deren Intercellularspalten Lymphocyten in die Blutbahn gelangen (MARCHESI, 1966). Da diese Zellen aktiv die Gefäßwand eröffnen und durchwandern, ist daraus kein Schluß auf den normalen Zustand der Intercellularfugen zu ziehen.

## Literatur

ALKSNE, J. F.: The passage of colloidal particles across the dermal capillary wall under the influence of histamine. Quart. J. exp. Physiol. 44, 51—66 (1959).

AMANO, SH., TANAKA, H.: Further observations of the plasma cell generation from the vascular adventitia cell through metamorphosis by ultrathin sections under E.M. Acta haemat. jap. 19, 738—741 (1956).

AMON, H., KÜHNEL, W., PETRY, G.: Untersuchungen an der Niere des Siebenschläfers (Glis glis L.) im Winterschlaf und im sommerlichen Wachzustand. III. Die glomeruläre Permeabilitätssteigerung und ihre submikroskopische Grundlage. Z. Zellforsch. 65, 777—789 (1965).

BENNETT, H. S.: The concepts of membrane flow and membrane vesiculation as mechanisms for active transport and ion pumping. J. biophys. biochem. Cytol. 2/4, Suppl., 99—103 (1956).

— LUFT, J. H., HAMPTON, J. C.: Morphological classification of vertebrate blood capillaries. Amer. J. Physiol. 196, 381—390 (1959).

BENNINGHOFF, A.: Über die Formenreihe der glatten Muskulatur und die Bedeutung der Rougetschen Zellen an den Capillaren. Z. Zellforsch. 4, 125—170 (1926).

BLINZINGER, K., MATSUSHIMA, A., ANZIL, A. P.: High structural stability of vascular and glial basement membrane in areas of total brain tissue necrosis. Experientia (Basel) 25, 976 (1969).

BLOODWORTH, J. M., ENGERMAN, R. L., POWERS, K. L.: Experimental diabetic microangiopathy. I. Basement membrane statistics in the dog. Diabetes 18, 455—458 (1969).

BRÅNEMARK, P. I., EKHOLM, R.: Adherence of blood cells to vascular endothelium. A vital microscopic and electron microscopic investigation. Blut 16, 274—288 (1968).

BRUCHHAUSEN, F. v.: Biochemie der Kapillarwand. In: Int. Symp. Biochemie d. Gefäßwand, Fribourg 1968, Teil II, S. 114—144 (298—328) 1969.

BRUNS, R. R., PALADE, G. E.: Studies on blood capillaries. I. General organizations of muscle capillaries. J. Cell Biol. 37, 244—276 (1968).

— — Studies on blood capillaries. II. Transport of ferritin molecules across the wall of muscle capillaries. J. Cell Biol. 37, 277—299 (1968).

BUBIS, J. J., LUSE, S. A.: An electron microscopy study on the cerebral blood vessels of the opossum. Z. Zellforsch. 62, 16—25 (1964).

BUDDECKE, E.: Die Mukopolysaccharide der Gefäßwand. Dtsch. med. Wschr. 86, 1773—1780 (1961).

Burgos, M. M.: Fine structure of the basement membrane of the human seminiferous tubules. Anat. Rec. **136**, 312 (Abstr.) (1961).

Burkel, W. E.: Boudary membranes, space of Disse and tissue space in the rat liver lobules. J. Cell Biol. **27**, 16 A (1965).

Carr, J., Kugler, J. H.: The failure of vascular endothelium to bind labelled sulphate. J. Path. Bact. **95**, 185—189 (1968).

Casley-Smith, J. R.: Endothelial permeability — the passage of particles into and out of diaphragmatic lymphatics. Quart. J. exp. Physiol. **49**, 365—383 (1964).

Cecio, A.: Ultrastructural features of cytofilaments within mammalian endothelial cells. Z. Zellforsch. **83**, 40—48 (1967).

Chambers, R., Zweifach, B. W.: Intercellular cement and capillary permeability. Physiol. Rev. **27**, 436—463 (1947).

Clementi, F., Palade, G. E.: Intestinal capillaries. I. Permeability to peroxydase and ferritin. J. Cell Biol. **41**, 33—52 (1969).

— — Intestinal capillaries. II. Structural effects of EDTA and histamin. J. Cell Biol. **42**, 706—714 (1969).

Cohn, Z. A., Parks, E.: Die Regulation der Pinocytose in Makrophagen der Maus. II. Über Vesikelbildung-auslösende Faktoren. J. exp. Med. **125**, 213—232 (1967).

Cotran, R. S., Nicca, C.: The intercellular localization of cations in mesothelium, a light and electron microscopic study. Lab. Invest. **18**, 407—415 (1968).

David, H.: Vergleichende submikroskopische Morphologie der Kapillaren verschiedener Organe und Organismen. Dtsch. Gesundh.-Wes. **21/28**, 1319—1328 (1966).

Di Scala, G. H., Salomon, M., Grishman, E., Churg, J.: Renal structure in myxedema. Nephron **5**, 24—30 (1968).

Dougherty, C. M.: Relationship of normal cells to tissue space in the uterine cervix. Amer. J. Obstet. Gynec. **84**, 648—656 (1962).

Durand, M., Durand, A., Hatt, P. Y.: Les alterations vasculaires dermo-hypodermiques des hypertendus. Étude aux microscopes optique et électronique. Path. et Biol. **15**, 573—586 (1967).

Elfvin, L. G.: The ultrastructure of the capillary fenestrae in the adrenal medulla of the rat. J. Ultrastruct. Res. **12**, 687—704 (1965).

Elias, H.: A re-examination of the structure of the mammalian liver. II. The hepatic lobule and its relation to the vascular and biliary lobules. Amer. J. Anat. **85**, 379—456 (1949).

— Stereology of the renal corpuscle. 8. Intern. Anat. Kongr. Wiesbaden. Stuttgart: G. Thieme 1965.

Engermann, R. L.: Der Zellumsatz in Capillaren. Lab. Invest. **17**, 738—743 (1967).

Epling, G. P.: Elektronenmikroskopische Befunde an Pericyten kleiner Blutgefäße der Lunge und des Herzens beim normalen Rind und Schwein. Anat. Rec. **156**, 513—529 (1966).

Farquhar, M. G., Palade, G. E.: Functional evidence for the existence of a third cell type in the ranal glomerulus. Phagocytoses of filtration residues by a destinctive „third" cell. J. Cell Biol. **13**, 55—88 (1962).

Fischlschweiger, W., O'Rahilly, R.: The ultrastructure of the pecten oculi in the chick. Acta anat. (Basel) **65**, 561—578 (1966).

Florey, W.: The uptake of particulate matter by endothelial cells. Proc. roy. Soc. B **166**, 375—383 (1967).

Friederici, H. H.: Extrusion of basal endothelial projections through the capillary basement membrane. Angiology **16**, 163—169 (1965)

— The threedimensional ultrastructure of fenestrated capillaries. J. Ultrastruct. Res. **23**, 444—456 (1968).

— Freeze-etch observations on capillaries and interstitial connective tissue. J. Cell Biol. **39**, 47 a (1968).

— On the diaphragm across fenestrae of capillary endothelium. J. Ultrastruct. Res. **27**, 373—375 (1969).

Fuchs, U.: Elektronenmikroskopische Untersuchungen an Kapillaren des menschlichen Skelettmuskels mit besonderer Berücksichtigung basaler Endothelzellfortsätze. Acta anat. (Basel) **54**, 82—94 (1963).

GABBIANI, G., MAJNO, G.: Endothelial microvilli in the vessels of the rat Gasserian ganglion and testis. Z. Zellforsch. **97**, 111—117 (1969).

GEKLE, D., BRUCHHAUSEN, F. v., FUCHS, G.: Porenäquivalente isolierter Basalmembranen der Rattenniere nach Einwirkung von Aminonucleosid. Pflügers Arch. ges. Physiol. **290**, 250—257 (1966).

— MERKER, H. J.: Neue Vorstellungen über Struktur und Funktion der glomerulären Basalmembran der Niere. Klin. Wschr. **44**, 1217—1224 (1966).

HAIM, G.: Elektronenmikroskopische Untersuchungen der Hyperplasia gingivae gravidarum. Dtsch. Zahn-, Mund- u. Kieferheilk. **50**, 121—136 (1968).

HALL, B. V.: Renal glomerular basement membrane as a macromolecular system forming a multiple random-slit membrane filter. Anat. Rec. **151**, 356 (1966).

HAMMERSEN, F.: The pattern of terminal vascular bed. In: Oxygen transport in blood and tissue, ed. by LÜBBERS, LUFT, THEWS, WITZLEB. Stuttgart: G. Thieme 1968.

HARTMANN, F.: Die Blutgewebsschranke als Ort der Störung des Stoffaustausches zwischen Blut und Geweben. Dtsch. med. J. **9**, 274—281 (1958).

ILLIG, D.: Die terminale Strombahn. Berlin-Göttingen-Heidelberg: Springer 1961.

JENNINGS, M. A., FLOREY, L.: An investigation of some properties of endothelium related to capillary permeability. Proc. roy. Soc. B **167**, 39—63 (1967).

JOÓ, F.: Changes in the molecular organization of the basement membrane after inhibition of adenosine triphosphatase activity in the rat brain capillaries. Cytobiologie **1**, 280 (1960).

JØRGENSEN, F.: Electron microscopic studies of normal glomerular basement membrane. Lab. Invest. **17**, 416—424 (1967).

KAMPP, M., LUNDGREN, O., NILSSON, N. J.: Extravascular short-circuiting of oxygen indicating countercurrent exchange in the intestinal villi of the cat. Experientia (Basel) **23**, 197—198 (1967).

KARNOVSKY, M. J.: The ultrastructural basis of capillary permeability studied with peroxydase as a tracer. J. Cell Biol. **35**, 213—236 (1967).

KAYE, G. L.: Studies on the cornea. III. The fine structure of the frog cornea and the uptake and transport of colloidal particles by the cornea in vivo. J. Cell Biol. **15**, 241—258 (1962).

KEYSERLINGK, D. VON: Über die Bedeutung des interzellulären kontraktilen Systems für die Lokomotion der Fibroblasten. Cytobiologie **1**, 259—272 (1970).

KISCH, B.: The endothelial villi or tentacles in capillaries. Exp. Med. Surg. **21**, 1—12 (1963).

KOBAYASHI, S.: Some observations on the capillary vesicles and the pores. J. Electr. Microsc. **17**, 322—326 (1968).

KÖRTGE, P., SCHÜRHOLZ, J., SCHÖLL, A.: Über den Beitrag der Mesangiumzellen und der Glomerulumzellen an der Bildung der Basalmembran der Glomerulumkapillaren. Verh. dtsch. Ges. Path. **53**, 384—390 (1969).

KROGH, A.: Anatomie und Physiologie der Capillaren. Berlin: Springer 1929.

KURTZ, S. M., FELDMAN, J. D.: Experimental studies on the formation of the glomerular basement membrane. J. Ultrastruct. Res. **6**, 19—34 (1962).

LANDIS, E. M., PAPPENHEIMER, J. R.: Exchange of substances through the capillary wall. In: Handbook of physiology, sec. 2: Circulation, vol. II, p. 961. Washington: Amer. Physiol. Soc. 1963.

LANG, J.: Mikroskopische Anatomie der Arterien. Int. Symp. Morphologie, Histochemie d. Gefäßwand, Fribourg 1965, Teil I. Angiologica **2**, 225—284 (1965).

LEAK, L. V.: Observations on the fine structure of blood capillaries in freeze-etched heart and kidney. J. Cell Biol. **39**, 154a (1968).

LEMEUNIER, A., BURRI, P. H., WEIBEL, E. R.: Absence of acid phosphatase activity in specific endothelial organelles. Histochemie **20**, 143 (1969).

LEVER, J. D.: Fine structural organization in endocrine tissues. Brit. med. Bull. **18**, 229—232 (1962).

LIERSE, W.: Über die Kapillaren im Reptiliengehirn. 59. Verh. Anat. Ges. München 1963. Erg.-H. z. Anat. Anz. **113**, 183 (1964).

LINSS, W.: Elektronenmikroskopische Beobachtungen über Bildung und Feinstrukturen an Basalmembranen. Morphol. Jb. **111**, 429—435 (1967).

LOW, F. N.: Microfibrils: fine filamentous components of the tissue space. Anat. Rec. **142**, 131—134 (1962).

LUFT, J. H.: The ultrastructural basis of capillary permeability. In: ZWEIFACH et al., The inflammatory process, p. 121. New York: Acad. Press Inc. 1965.
— Fine structure of capillary and endocapillary layer as revealed by ruthenium red. Fed. Proc. **25**, 1773—1783 (1966).
MAJNO, G.: Ultrastructure of the vascular membrane. In: Handbook of Physiology, ed. by W. F. HAMILTON und P. Dow, vol. III, sect. 2, p. 2293. Washington: Amer. Physiol. Soc. 1965.
— SHEA, S. M., LEVENTHAL, M.: Endothelial contraction induced by histamine type mediators. J. Cell Biol. **42**, 647—672 (1969).
MANCINI, R. E.: Connective tissue and serum protein. Int. Rev. Cytol. **14**, 193—222 (1963).
MARCHESI, V. T.: Mechanisms of cell migration and macromolecule transport across the wall of blood vessels. Gastroenterology **51**, 875—887 (1966).
MENDE, T. J., CHAMBERS, E. L.: Studies on solute transfer in vascular endothelium. J. biophys. biochem. Cytol. **4**, 319—322 (1958).
MEYER, R., HACKENSELLNER, H. A.: Mitochondrien im Endothel von V. cava inf., V. portae und V.v. pulmonales des Kalbes. Naturwissenschaften **53**, 86 (1966).
MISRA, R. P., BERMAN, L. B.: Glomerular basement membrane: Insights from molecular models. Amer. J. Med. **47**, 337—339 (1969).
MONTAGNA, W., CHASE, H. B., MALONE, I. D., MELARAGNO, H. P.: Cyclic changes in polysaccharides of the papilla of the hair follicle. Quart J. Univ. Sci. **93**, 241—245 (1952).
MOORE, D. H., RUSKA, H.: The fine structure of capilaries and small arteries. J. biophys. biochem. Cytol. **3**, 457 (1957).
MUIR, A. R., PETERS, A.: Quintuple-layered membrane junctions at terminal bars between endothelial cells. J. Cell Biol. **12**, 443—448 (1962).
NAGEL, A.: Die mechanischen Eigenschaften der Kapillarwand und ihre Beziehungen zum Bindegewebslager. Z. Zellforsch. **21**, 376—387 (1934).
NIESSING, K., ROLLHÄUSER, H.: Über den submikroskopischen Bau des Grundhäutchens der Hirnkapillaren. Z. Zellforsch. **39**, 431—446 (1954).
PALADE, G. E.: Fine structure of blood capillaries. J. appl. Physiol. **24**, 1424 (1953).
— Transport in quanta across the endothelium of blood capillaries. Anat. Rec. **136**, 254 (Abstr.) (1960).
— BRUNS, R. R.: Structural modulations of plasmalemmal vesicles. J. Cell Biol. **37**, 633—649 (1968).
PEASE, D. C.: The basement membrane: substratum of histological order and complexity. 4. Internat. Kongr. Elektronenmikroskopie 1958, Bd. II, S. 139. Berlin-Göttingen-Heidelberg: Springer 1960.
— Myoepithelial characteristics of capsular and tubular cells of the kidney cortex. J. Cell Biol. **39**, 103a (1968).
PETRY, G., KÜHNEL, W.: Beitrag zur Kenntnis des Baues von Basalmembranen. Z. Zellforsch. **64**, 533—540 (1964).
PIERCE, G. B., BEALS, T. F., SRIRAM, J., MIDGLEY, A. R.: Basement membranes. IV. Epithelial origin and immunologic cross reactions. Amer. J. Path. **45**, 929—961 (1964).
PUCCINELLI, V., CAPUTO, R., CECCARELLI, B.: Changes in the basement membrane of the papilla and wall of the human hair follicle. Arch. klin. exp. Derm. **233**, 172—183 (1968).
REALE, E., RUSKA, H.: Die Feinstruktur der Gefäßwand. Angiologica **2**, 314—366 (1965).
REESE, T. S., KARNOVSKY, M. J.: Fine structural localization of a blood-brain-barries to exogeneous peroxidase. J. Cell Biol. **34**, 207—217 (1967).
RHODIN, J. A.: Fine structure of vascular walls in mammals. Physiol. Rev. **42**, Suppl. 5, II, 48 (1962).
— The diaphragm of capillary endothelial fenestrations. J. Ultrastruct. Res. **6**, 171—185 (1962).
ROHEN, J. W., CASTENHOLZ, A.: Morphologische Grundlagen der Zirkulation und Permeabilität im Bereich der Endstrombahn. Int. Sympos. 1968, München, Hrsg. HABERLAND u. MATIS, S. 1—19. Stuttgart u. New York: Schattauer 1969.
RUSZNYÁK, I., FÖLDI, M., SZABÓ, G.: Lymphologie. Budapest: Akad. Kiadó 1969.
SAITO, T., OGAWA, K.: Ultrastructural localization of thiamine pyrophosphatase activity in the rat ileum. J. Cell Biol. **27**, 144A (1965).

SANTOS-BUCH, C. A.: Extrusion of ATPase activity from pinocytotic vesicles of abutting endothelium and smooth muscle to the internal elastic membrane of the major arterial circle of the iris of rabbits. Nature (Lond.) **211**, 600—602 (1966).

SCHULZ, A.: Die submikroskopische Anatomie und Pathologie der Lunge. Berlin-Göttingen-Heidelberg: Springer 1959.

SCOTT, E. B.: Modification of the basal architecture of renal tubule cells in aged rats. Proc. Soc. exp. Biol. (N.Y.) **117**, 586—590 (1964).

SENGEL, A., STOEBNER, P.: Golgi origin of tubular inclusions in endothelial cells. J. Cell Biol. **44**, 223 (1970).

SHEA, S. M., KARNOVSKY, U. J.: Brownian motion: A theoretical explanation for the movement of vesicles across the endothelium. Nature (Lond.) **212**, 353—355 (1966).

SHIRAI, T., TAKASUGI, M., KITAMURA, A.: Variation of thickness of glomerular basement membrane in various experimental circumstances. Experientia (Basel) **25**, 1071 (1969).

SIMON, G.: Über die Struktur der Kapillarwand. Elektronenmikroskopische Untersuchungen. Münch. med. Wschr. **108**, 1281—1287 (1966).

SITTE, H.: Veränderungen im Glomerulum der Rattenniere nach Fremdeiweißgaben und hypothetische Erklärung der glomerulären Ultrafiltration. Verh. dtsch. Ges. Path. **43**, 225—234 (1959).

STAUBESAND, J.: Experimentelle elektronenmikroskopische Untersuchungen zum Phänomen der Membranvesikulation. Klin. Wschr. **38**, 1248—1249 (1960).

— Zur Histophysiologie des Herzbeutels. II. Mittlg. Elektronenmikroskopische Untersuchungen über die Passage von Metallsolen durch mesotheliale Membranen. Z. Zellforsch. **58**, 915—952 (1962).

— Cytopempsis. In: Sekretion und Exkretion, S. 162. Berlin-Heidelberg-New York: Springer 1965.

— Zur Orthologie der arteriovenösen Anastomosen. In: HAMMERSEN u. GROSS, Die arteriovenösen Anastomosen, S. 11—23. Bern-Stuttgart: Huber 1968.

— SCHMIDT-MATTHIESEN: Elektronenmikroskopische und histochemische Befunde zum Problem des sog. Gefäßfaktors bei hämorrhagischen Diathesen. Klin. Wschr. **44**, 547—550 (1966).

STEHBENS, W. E.: Endothelial „cement" in the frog. Quart. J. exp. Physiol. **48**, 324—327 (1963).

— The basal attachment of endothelial cells. J. Ultrastruct. Res. **15**, 389—399 (1966).

THOENES, G. H.: Enzymatische Untersuchungen an glomerulären Basalmembranen. Naturwissenschaften **54**, 285 (1967).

THOENES, W.: Die Mikromorphologie des Nephrons in ihrer Beziehung zur Funktion. I. Funktionseinheit: Glomerulum — proximales und distales Konvolut. Klin. Wschr. **39**, 504—518 (1961).

VEGGE, T.: The endothelial cells of the anterior chamber angle of human eye. J. Ultrastruct. Res. **8**, 194—195 (Abstr.) (1963).

VERNIER, R. L.: Electron microscopic studies of the normal basement membrane. In: Small blood vessels involvement in diabetes mellitus (ed. SIPERSTEIN, COLWELL and MEYER), p. 57—64. Washington: Amer. Inst. Biol. Sci. 1964.

VOLLRATH, L.: Über Bau und Funktion von Basalmembranen. Dtsch. med. Wschr. **93**, 360—365 (1968).

WALLER, F.: Experimental studies on the formation of glomerular epithelial cell coat and basement membrane. Experientia (Basel) **26**, 291 (1970).

WEIBEL, E. R., PALADE, G. E.: New cytoplasmic components in arterial endothelia. J. Cell Biol. **23**, 101—112 (1964).

WILLIAMSON, J. R., VOGLER, N. J., KILO, CH.: Estimation of vascular basement membrane thickness. Diabetes **18**, 567 (1969).

WOHLFARTH-BOTTERMANN, K. E.: Dynamik der Zelle. Mikroskopie **23**, 71—96 (1968).

WOLFF, J.: Neuere Vorstellungen über die Feinstruktur der Kapillarwand und ihre funktionelle Deutung. Berl. Med. **13**, 19—32 (1962).

— Beiträge zur Ultrastruktur der Kapillaren in der normalen Großhirnrinde. Z. Zellforsch. **60**, 409—431 (1963).

Wolff, J.: Über Möglichkeiten der Kapillarverengung im Zentralnervensystem. Eine elektronemnikroskopische Studie an der Großhirnrinde des Kaninchens. Z. Zellforsch. **63**, 593—611 (1964).
— Elektronenmikroskopische Untersuchungen über die Vesikulation im Kapillarendothel: Lokalisation, Variation und Fusion der Vesikel. Z. Zellforsch **73**, 143—164 (1966).
— Merker, H. J.: Ultrastruktur und Bildung von Poren im Endothel von porösen und geschlossenen Kapillaren. Z. Zellforsch. **73**, 174—191 (1966).
Zacks, S. I.: Basement membrane thickening in muscle capillaries. In: Small blood vessels involvement in: Diabetes mellitus (ed. by Siperstein et al.), p. 119. Washington: Amer. Inst. Biol. Sci. 1964.
Zamboni, L., Martino, C. de: A re-evaluation of the „mesangial" cells. Z. Zellforsch. **86**, 364—383 (1968).
Zelickson, A. S.: A tubular structure in the endothelial cells and pericytes of human capillaries. J. invest. Derm. **46**, 167—171 (1966).
Zimmermann, K. W.: Der feinere Bau der Blutkapillaren. Z. Anat. Entwickl.-Gesch. **68**, 29—109 (1923).

# Organisation
# und Funktion der terminalen Strombahn

G. Hauck

Mit 8 Abbildungen

## I. Einleitung

Die Bedeutung der terminalen Strombahn resultiert aus ihrer besonderen Situation im Gesamtgefüge der phylogenetisch notwendig gewordenen konvektiven Transportsysteme im tierischen Organismus. Sie beruht auf der Erfüllung einer biologischen Schrankenfunktion zwischen den angrenzenden Flüssigkeits-Compartments Blut und Gewebe und gründet sich in erster Linie auf die Ermöglichung des Stoffaustausches, ferner aber auch auf die Erhaltung der Zellkontinenz der Gefäßwand, insbesondere für Erythrocyten. *Capillarpermeabilität* und *Capillarresistenz* charakterisieren diese beiden Grundfunktionen der terminalen Strombahn. Ihre hierzu erworbene morphologische und funktionelle Ausstattung, die sie als eine von dem übrigen Organkreislauf abgrenzbare Einheit kennzeichnet, ist unter verschiedenen Aspekten u.a. von Krogh (1929), Tannenberg u. Fischer-Wasels (1927), Nordmann (1933), Landis (1934), Chambers u. Zweifach (1947), Pappenheimer (1953), Bartelheimer u. Küchmeister (1955), Renkin u. Pappenheimer (1957), Schroeder (1960), Illig (1961), Zweifach (1961), Landis u. Pappenheimer (1963), Abramson (1962), Majno (1965), Folkow et al. (1965) sowie Merrill (1969), ferner im Rahmen der Lymphdrainage von Drinker u. Field (1933), Yoffey u. Courtice (1956), Mayerson (1963), Rusznyak et al. (1967) zusammenfassend dargestellt worden.

Eine besonders intensive experimentelle Bearbeitung erfuhren die Gefäßpermeabilität — als zentrales Funktionsmerkmal der Endstrombahn — aufgrund der tragfähigen Konzeptionen von Carl Ludwig (1861) und Starling (1896), sowie die für die Ökonomie des Stoffaustausches wesentliche funktionelle Capillarbettorganisation, wofür die vitalmikroskopischen Intentionen von Chambers u. Zweifach (1944, 1947) und die Funktionserhellung der präcapillären Sphincteren entscheidende Impulse lieferten. Diese Resultate haben — unter steter Orientierung an elektronenoptische Ergebnissen — das moderne Funktionsbild von der terminalen Strombahn entscheidend mitgeprägt.

Eine Vertiefung des Funktionsverständnisses der Endstrombahn bleibt nicht zuletzt auch von einer besseren Kenntnis der chemisch-physikalischen Natur der Stoffaustauschräume selbst zu erwarten, ein Anliegen, dem für die Blutseite vor allem die von Fåhraeus begründete und auf Poiseuille zurückgehende Hämorheologie — als Lehre von den Fließeigenschaften des Blutes — zum anderen die Hämostaseologie — als weitergefaßte, auf die Funktionseinheit von strömendem Blut und Gefäßwand abzielende Blutgerinnungslehre (Marx, 1968; Schröer,

7*

1970) — Rechnung tragen. Ihre, in einem engen Wirkungszusammenhang untereinander und mit der Mikrozirkulation stehenden experimentellen Ergebnisse und die gedanklichen Ansätze hierzu (Copley, 1962; Witte, 1960; Sawyer et al., 1969) erscheinen nicht nur für die Permeabilität, sondern auch für diejenigen Wechselwirkungen zwischen Blut, Gefäßwand und Geweberaum von Bedeutung, welche die Erhaltung der Gefäßwandkontinenz für Erythrocyten garantieren und in der sog. Capillarresistenz erfaßt werden.

## II. Untersuchungsmethoden

Der Absicht des vorliegenden Kapitels entsprechend soll die Darstellung der Untersuchungsmethoden an der terminalen Strombahn im wesentlichen auf funktionsbezogene und am lebenden Organ durchführbare Verfahren beschränkt bleiben. Diese lassen sich in prinzipiell zwei Gruppen unterteilen: die der direkten und die der indirekten Verfahren.

### 1. Direkte Verfahren

Es gehört zur Eigentümlichkeit der Endstrombahn, daß ihre Funktionsabläufe auch direkt erfaßbar werden, etwa anhand des Strömungsbildes, der Vasomotorik, des Durchblutungsmusters oder eines örtlichen Permeabilitätsgeschehens. Dies stellt das Anliegen der Vitalmikroskopie als direktes Untersuchungsverfahren dar, die jedoch durch eine Vielfalt organspezifischer Techniken gekennzeichnet ist (Tischendorf, 1960; Illig, 1961): Transparente Gewebe, wegen ihres quasi-zweidimensional angelegten Gefäßnetzes für Grundlagenstudien besonders geeignet, erlauben zugleich die Anwendung des optisch günstigen *Durchlicht-Hell- bzw. Dunkelfeldprinzips*. Bevorzugt werden hierfür neben dem Froschmesenterium das Ratten- und Kaninchenmesenterium (Witte, 1957b; Illig, 1955; Hauck, 1969), die Ratten-Mesoappendix sowie das Omentum kleiner Hunde (Zweifach, 1954), die Goldhamsterbackentasche (Lutz u. Fulton, 1954) und der Fledermausflügel (Webb u. Nicoll, 1954; Wiedemann, 1954). Durchlichtbeobachtungen gestattet ferner die von Knisely (1936a) eingeführte, u.a. von Peck u. Hoerr (1951) weiterentwickelte „*Fused rod quartz technique*" einmal an den transparenten Organrändern von Milz, Leber und Niere verschiedener Kalt- und Warmblüter (Knisely, 1936b, 1939; Irwin u. Macdonald, 1953; Bloch, 1955; Parpat et al., 1955; Gottschalk, 1958; u.a.), ferner aber auch am trepanierten Meerschweinchen-Innenohr (Weille et al., 1954; Perlmann u. Kimura, 1955). Der Durchlichtanwendung dienen außerdem die *Knochenabtragungstechnik* an der Kaninchenfibula nach Brånemark (1958) zur Beobachtung der Knochenmarkendstrombahn und die *Scrotalhautfensterung* nach Majno et al. (1967), zur Vitalmikroskopie der Muskelendstrombahn am Rattencremaster.

Für *Auflichtuntersuchungen* an opaken Geweben bzw. ihrer meist stark lichtreflektierenden Oberflächen hat sich neben dem Epileuchtenprinzip vor allem die *Auflicht-Dunkelfeld-Anwendung*, technisch zweckmäßig realisiert im Leitz-Ultropak-System, bewährt.

Organspezifisch modifizierte Auflicht-Untersuchungstechniken existieren u.a. für die Kalt- und Warmblüterlungen (Irwin u. Burrage, 1958; Willnow, 1958), die Rattenleber (Peters, 1955; Gemählich, 1958), die Froschniere (Ellinger u. Hirt, 1931; Grafflin u. Bagley, 1952; u.a.) die Goldhamsterniere (Steinhausen, 1963), die Kaninchenbauchmuskulatur (Rous et al., 1930) die Hypophysenregion der Ratte (Green u. Harris, 1949) bzw. der

Albinomaus (WORTHINGTON, 1955), die menschliche Retina (DOLLERY et al., 1962; WESSING, 1968; NOVOTNY u. ALVIS, 1961; u.a.), die Katzenretina (THURANSKY, 1957; LEMMINGSON, 1964), die Nager-Iris (CASTENHOLZ, 1966), die Rattenzahnpulpa (POTHO u. SCHEININ, 1958).

Tierexperimentell weniger ergiebig, dafür aber von größerer klinischer Bedeutung — im Rahmen klinischer Funktionsdiagnostik (HARDERS et al., 1967) — ist die *Capillarmikroskopie der Haut.* Verbesserte Techniken wurden entwickelt für die Haut (ILLIG u. CONRATHS, 1959), die Unterhaut (LONG et al., 1965), die Mundschleimhaut (HARDERS, 1964), den Nagelwall (EHRING, 1956) sowie für die Conjunctiva (DITZEL u. ST. CLAIR, 1954; LEE, 1955; BLOCH, 1956; HARDERS, 1956; STROHMAIER, 1959; u.a.). *Langzeit-Beobachtungen* ermöglicht die operative Implantation von Beobachtungskammern in verschiedenen Geweben: Die auf der „*transparent chamber technique*" nach CLARK sowie SANDISON (1924) basierende „*Tantalumkammer*" nach WILLIAM u. ROBERTS (1950) für Durchlichtbeobachtungen am Kaninchen- oder Hundeohr, die — ebenfalls für Durchlichtbeobachtungen konstruierte — *Mäuserückenkammer* nach ALGIRE (1943), die Kammerung des trepanierten Schädels verschiedener Warmblüter für Auflichtbeobachtungen an der Dura und Pia mater (FORBES, 1051; MINARD et al., 1954; u.a.), die Pankreaskammerung (HEISSIG, 1968) und schließlich die für Durchlichtbeobachtungen in einer Rollappenplastik am menschlichen Unterarm implantierbare „*Titaniumkammer*" nach BRÅNEMARK (1961).

Für *Permeabilitätsuntersuchungen* mit einer der angeführten Techniken kann einmal der einzelne Erythrocyt als Bewegungsindicator transmuraler Flüssigkeitsbewegungen dienen (LANDIS, 1927a; ZWEIFACH u. INTAGLIETTA, 1968) oder aber eine optisch nachweisbare Plasmamarkierung, seltener mit Tusche, Kohlenpartikelchen bzw. Graphit (CHAMBERS u. ZWEIFACH, 1940; MAJNO et al., 1967), im allgemeinen jedoch mit Farbstoffen (Diachrome) wie Pat. blue V, Trypan Rot, Evans blue u.a. (LANDIS, 1927a, b; ROUS et al., 1930; CHAMBERS u. ZWEIFACH, 1940; u.a.) vorgenommen werden. Manche Untersucher bevorzugen auch die Farbstoffperfusion umschriebener Endstromabschnitte (LANDIS, 1964; WIEDERHIELM, 1966). Eine weitere Möglichkeit der Permeabilitätsuntersuchung bietet die *Fluorescenztechnik* (PFAFF u. HEROLD, 1937; NORDMANN u. LENZ, 1934; TEICHMANN, 1942; u.a.), wobei die Verwendung proteinaffiner und daher eliminationsgebremster Fluorochrome wie Brillantsulfoflavin und Fluorescein-Isothiocyanat sich besonders bewährte (WITTE, 1957a, b; HAUCK, 1969; HAUCK u. SCHRÖER, 1969).

Eine quantitative oder semi-quantitative Auswertungsmöglichkeit vitalmikroskopischer Befunde ist — vor allem seit der Einführung der Elektronenblitz-Mikrophotographie (HERRNRING et al., 1952) — in der *Serienphotogrammtechnik* nach ILLIG (1955) gegeben. Eine *mikrokymographische Funktionsanalyse* wurde von CASTENHOLZ (1967) entwickelt. An *intravitalen Mikromeßverfahren,* die entweder am einzelnen Gefäß oder am umschriebenen Endstrombezirk eingesetzt werden können, seien erwähnt: Die *Capillar-Okklusions-* bzw. *Mikrokanülierungstechnik* von LANDIS (1926) zur direkten Bestimmung des hydrostatischen, und zur indirekten Erfassung des kolloidosmotischen *Capillardruckes,* ferner — in der Modifikation nach ZWEIFACH u. INTAGLIETTA (1968) — zur Bestimmung des örtlichen *Filtrationskoeffizienten.* Ebenfalls auf der Mikrokanülierungstechnik beruhen *elektro-manometrische Capillardruckmessungen* nach RAPPAPORT et al. (1959) sowie WIEDERHIELM et al. (1964). Klinisch von Bedeutung sind unblutige, druckkompensatorische Capillardruckmessungen nach der Methode von KÜCHMEISTER u. HERRNRING (1950) an den Nagelfalzcapillaren sowie nach HARDERS (1963) an der Conjunctiva bzw. der Kantharidenblasen-Grundfläche. Bestimmungen der intravasalen *Erythrocytengeschwindigkeit* ermöglichen: Die auf einer optisch-elektrischen

Synchronisation beruhende „*flying spot method*" (Brånemark u. Jonsson, 1963), die „*streak image method*" mit Hilfe des „visual velocity meter" (Monro, 1962), sowie die voll elektronisch gesteuerte „*two slit photometric method*" (Wayland u. Johnson, 1967). Weitere Möglichkeiten bieten das stroboskopische Verfahren (Lovett u. Salna, 1955), die Hochfrequenz-Kinematographie (Widmer, 1957; Bloch, 1962; Buglarello u. Hayden, 1962), die sich wegen des Zeitraffer-Effektes ebenso für dynamische bzw. rheologische Studien eignet, die Analyse erythrocytenbedingter Frequenzmodulationen von Testlicht (Wiederhielm, 1966b) und die mikrophotometrische Plethysmographie (Asano et al., 1964). Mit Hilfe des „*television microscopy system*", d. h. der Umwandlung bestimmter optischer Informationen in spannungsvariable „Video-Signale" sind unter Ausnutzung optischer Dichte- bzw. Absorptionsunterschiede für monochromatisches Licht an transparenten Geweben (d. h. im Durchlichtverfahren) video-densitometrische Messungen des *Gefäßkalibers* (Bloch, 1963; Wiederhielm, 1963; Johnson, 1967), der *transmuralen Farbstoffpassagezeit* (Bloch u. Coyas, 1964), des örtlichen *Filtrationskoeffizienten* (Wiederhielm, 1966a) und extravasaler *Proteinkonzentrationen* (Witte, 1969) möglich. Eine mikroskopische Capillarresistometrie stellt die Mikrosaugmethode nach Kramár (1962) dar, während bei den klinischen Stau-, Saug- bzw. Druckverfahren an der Haut die Petechienauszählung mit der Lupe erfolgt.

## 2. Indirekte Verfahren

Sie dienen in der Mehrzahl der Bestimmung von Stoffaustauschraten und Durchblutungsgrößen integrierter Endstrombezirke. Allgemeinere Bedeutung erlangte die zur Bestimmung sowohl von *Filtrations-* als auch von *Diffusionskoeffizienten* geeignete *isogravimetrische Methode* nach Pappenheimer u. Soto-Rivera (1948) — von Baltzer et al. (1957) zur automatischen Einstellung des Isogravimetriezustandes weiterentwickelt und zumeist am isolierten Hinterlauf von Katze oder Hund (von Johnson, 1959, auch am Intestinum) eingesetzt. Zugleich erlaubt dieses Verfahren über die Bestimmung des sog. isogravimetrischen Capillardruckes eine Aussage über den effektiven kolloid-osmotischen Druck. Die *plethysmographisch-isovolumetrische Methode* nach Mellander (1960) wurde u. a. von Folkow et al. (1963) sowie Cobbold et al. (1963) zur Bestimmung von Filtrationskoeffizienten an separierten Austauschgebieten bei der Katze (hintere Skeletmuskulatur, Intestinum) — unter Erhaltung der zentralnervösen Gefäß- und natürlichen Blutversorgung — verwendet. Beiden Verfahren — dem isogravimetrischen und dem isovolumetrischen — gemeinsam ist die Erfassung transmuraler Flüssigkeitsverschiebungen über eine definierte Störung des Flüssigkeitsgleichgewichtes im Stoffaustauschgebiet. Quantitative Aussagen über die *Eiweißpermeabilität* der Endstrombahn bzw. der Plasma-Lymphschranke verschiedener Organe und Körperregionen gestattet die Bestimmung des Lymph-Plasma-Konzentrationsquotienten definierter Makromoleküle (Wassermann u. Mayerson, 1951; Grotte, 1956; Courtice u. Garlick, 1962; Vogel u. Stöcker, 1967; u. a.), wobei aus plasmatischer Eliminations- und lymphatischer Aufnahmerate Schätzungen der extravasalen Proteinkonzentration und damit des kolloidosmotischen Gewebedruckes möglich werden (Wassermann u. Mayerson, 1951; Sterling, 1951; u. a.). Von besonderem klinischen Interesse ist die nach Barthelheimer (1955) modifizierte *Kantharidenblasentechnik* für Eiweißpermeabilitätsbestimmungen an der Haut.

Weitere, durch die Vielzahl — meist organspezifisch — einsetzbarer Testmoleküle im Detail variierende Techniken zur Bestimmung terminaler Durchblutungs- und Stoffaustauschraten stellen — neben der Bestimmung der av-Extraktion — die Capillar- und Gewebe-*Clearance* dar, die u. a. auch als Radioisotopen-Clearance besondere Bedeutung erlangten und an anderer Stelle des Buches eingehender zur Darstellung gelangen. Das gleiche gilt für das als *Wärmeleitsondentechnik* bekannte Verfahren einer Wärme-Gewebe-Clearance zur Bestimmung peripherer Durchblutungsgrößen (HENSEL, 1954; GOLENHOFEN u. HILDEBRANDT, 1962).

Einer Erfassung der peripheren Durchblutung speziell im Haut-Muskel-Bereich dient die druckentlastungsplethysmographische Bestimmung des „*integrierten Capillardruckes*" (SCHROEDER, 1959), wobei — ebenso wie mit Hilfe der *Wachskügelchen-Injektionstechnik* (PIIPER u. SCHOEDEL, 1954) — eine Differenzierungsmöglichkeit zwischen nutritivem und nichtnutritivem Durchblutungsanteil gegeben ist. *Gewebedruckbestimmungen* wurden mit Hilfe eines hydrostatischen Equilibrierungsverfahrens (McMASTER, 1946) unter Verwendung von 25—30 gauge-Nadeln, durch Einsatz einer *Mikro-Transducer-Methode* (WIEDERHIELM et al., 1964) und über die subcutane Implantation perforierter und dadurch mit der Gewebeumgebung kommunizierender *Hohlkapseln* (GUYTON, 1963) vorgenommen. Eine Kegel-Platte-*Viscosimetrie* des Blutes unter strömungsähnlichen Bedingungen erlaubt die als Rheoscop bezeichnete Kombination des Wells-Brookfield-Viscometers mit einer Mikroskopiereinrichtung (SCHMIDT-SCHÖNBEIN et al., 1969). Mikroviscosimetrische bzw. -rheologische Untersuchungen an Glascapillaren bis zu 6 μm lichte Weite sind nach einer von BRAASCH u. JENETT (1968) entwickelten Methode möglich. Lokale Sauerstoff-Partialdruck-Bestimmungen im Gewebe (Hirn-, Leber- und Nierenoberfläche) wurden von LÜBBERS (1968), KESSLER (1968), LEICHTWEISS et al. (1969) mit Hilfe einer weiterentwickelten Platin-Mikroelektrodentechnik durchgeführt.

## III. Funktionelle Abgrenzung und Organisation der Endstrombahn

Die aus der evidenten Verbindungsfunktion der Capillaren zwischen arteriellem und venösem Gefäßsystem resultierende Auffassung, daß das Endstrom- bzw. Stoffaustauschgebiet ausschließlich auf den Capillarbereich, d.h. auf die Gefäße mit einer lichten Weite von durchschnittlich 7 μm zu beschränken sei, erfuhr durch den Begriff der „terminalen Strombahn" (RICKER, 1924) eine wesentliche Erweiterung. Man versteht darunter diejenigen, morphologisch durchaus verschiedenen Gefäßeinheiten der Peripherie, die sich durch die Gemeinsamkeit einer funktionellen, der Erhaltung einer mikrozirkulatorischen Homeostase dienenden Eigenständigkeit gegenüber dem übrigen Systemkreislauf — unbeschadet ihrer hämodynamischen Integration in diesen — auszeichnen. Wenngleich eine genaue Abgrenzung der terminalen Strombahn weder morphologisch noch funktionell möglich ist und die Meinungen darüber erheblich variieren (ILLIG, 1961), so umfaßt sie doch in jedem Falle neben den Capillaren die unmittelbar einspeisende Arteriole mit einer lichten Weite von ca. 20—25 μm und die drainierende Venule mit einer lichten Weite von ca. 25—30 μm (CHAMBERS u. ZWEIFACH, 1946; ILLIG, 1961). Dies bedeutet jedoch, daß der arterielle Schenkel der Endstrombahn zumindest in das präcapilläre Widerstandsgebiet hineinreicht, während die venöse Seite zugleich dem kapazitiven System zuzurechnen bleibt. Nach GAUER (1960) ist die terminale Strombahn mit Ausnahme ihrer arteriolären Strecke hämodynamisch dem Niederdrucksystem integriert (Abb. 1). Der nicht-capilläre Anteil der Endstrombahn wiederum ist Teil des rheologisch charakterisierten paracapillären Gefäßgebietes (FÅHRAEUS, 1932), das mit ca. 50% des Gesamtblut-

volumens die Gefäße zwischen 350 und 10 µm umfaßt, die im Gegensatz zu den
größeren Gefäßen und den Capillaren eine Separierung des Blutstromes in Plasma-
randstrom und axialen Zellstrom aufweisen. Als ein evidentes Indiz jedoch für
die Existenz einer stoffaustauschbezogenen funktionellen Einheit von terminaler
Arteriole, Metarteriole, Capillare und Venule muß der von zahlreichen Untersuchern erhobene vitalmikroskopische Befund gewertet werden, daß sich an all
diesen Gefäßkomponenten, insbesondere aber der venösen Endstromseite Stoffaustauschvorgänge nachweisen lassen und diese keinesfalls nur auf das eigentliche
Capillargebiet beschränkt bleiben (Rous et al., 1930; Chambers u. Zweifach,

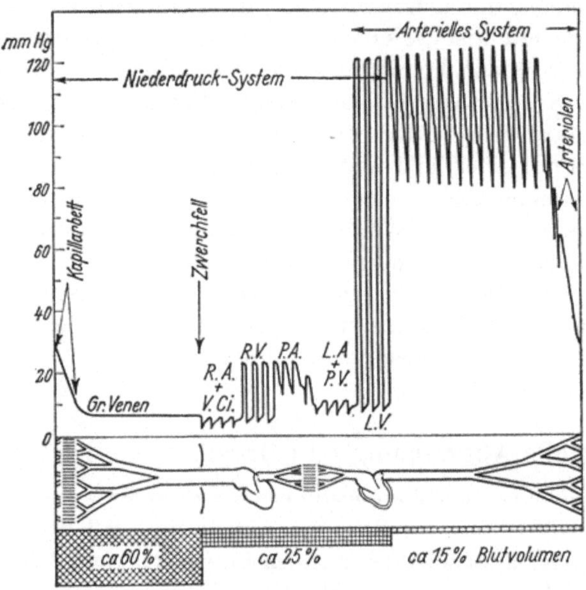


Abb. 1. Darstellung zu den Druck- und Volumenverhältnissen im menschlichen Kreislauf,
worin u.a. die hämodynamische Integration der terminalen Strombahn vorwiegend in das
Niederdrucksystem zum Ausdruck kommt; es bedeuten: *RA* rechter Vorhof, *V.Ci.* intra-
thorakale Vena cava, *RV* rechter Ventrikel, *PA* Pulmonalarterie, *LA* linker Vorhof, *LV* linker
Ventrikel. (Nach Gauer, in: Landois-Rosemann, Lehrbuch der Physiologie des Menschen,
28. Aufl., Bd. 1. München-Berlin: Urban & Schwarzenberg 1960)

1947; Landis, 1964; Witte, 1964; Bloch u. Coyas, 1964; Wiederhielm, 1966b;
Hauck, 1969; Hauck u. Schröer, 1969). Damit ist zugleich die Möglichkeit einer
ungefähren funktionellen Absteckung der Grenzen der terminalen Strombahn
bzw. desjenigen Gefäßbezirkes gegeben, der auch als Capillarbett (capillary bed)
verstanden wird und mehr den vital-mikroskopischen Intentionen Rechnung
trägt; nach Illig (1961) entspricht der Capillarbettbereich dem submakro-
skopischen Anteil des Gefäßsystems mit einer lichten Weite von ca. 60 µm ab-
wärts. Der terminalen Strombahn zuzurechnen bleiben ferner die zwar nicht am
Stoffwechsel beteiligten, aber in die gesamtterminale Durchblutung eingehenden
echten arteriovenösen Anastomosen (Clark u. Clark, 1934; Tischendorf u.
Curri, 1956; Clara, 1956; Staubesand, 1968; u.a.). Sie bilden jedoch aufgrund

zahlreicher morphologischer und funktioneller Befunde der jüngeren Zeit (ILLIG, 1957; HAMMERSEN, 1964; GOLENHOFEN, 1968) kein grundsätzlich integrierendes Merkmal der terminalen Strombahn, wie dies von ZWEIFACH (1949) postuliert wurde, sondern sind vor allem dem Haut-Endstromgebiet der Acren — im Dienst der Temperaturregulation — eigen.

Der *funktionellen Organisation* eines Endstromabschnittes obliegt es, die örtlichen Durchblutungsverhältnisse der aktuellen Stoffwechsellage so anzupassen, daß zugleich eine gewisse Ökonomie des Stoffaustauschgeschehens gewährleistet bleibt. Dem dienen Änderungen der Durchblutungsgröße und der lokalen Blutverteilung etwa dadurch, daß zusätzliche Capillaren eröffnet werden. Der Grad dieser Anpassungsfähigkeit wird einmal von dem Bauplan der terminalen Formation selbst, zum anderen von der Art und Lokalisation durchblutungsregelnder Mechanismen außer- und innerhalb der Endstrombahn abhängig sein. Dies muß dort, wo mit einer extremen Durchblutungsvariabilität physiologischerweise zu rechnen ist, vor allem also im Haut-Muskel- sowie im intestinalen Endstrombereich von besonderer Bedeutung sein.

## 1. Präcapillärer Sphincter

Eine primäre Bedeutung für die Durchblutungsregelung im terminalen Bereich kommt den am end- bzw. metarteriolären Ursprung von Capillaren befindlichen contractilen Strukturen zu, die als eigentliche präcapilläre Sphincteren zuerst von ZWEIFACH (1939) beim Kaltblüter, dann auch von FULTON u. LUTZ (1940), CHAMBERS u. ZWEIFACH (1944), ILLIG (1957) u.a. beim Warmblüter beschrieben bzw. funktionell lokalisiert werden konnten. Sie resultieren nach ILLIG (1957) aus dem Übergreifen glatter Muskelfasern (von der End- bzw. Metarteriole) auf die abgehende Capillare. Daraus ergibt sich, daß nicht alle Capillarabgänge eine solche Struktur aufzuweisen brauchen, besonders dort nicht, wo der Besatz an glatten Muskelfasern allmählich spärlicher wird: im Bereich der Metarteriole bzw. am peripheren Abschnitt von Endarteriolen, wo nach HAMMERSEN (1964) glatte Muskelfasern nicht mehr existieren dürften.

Die präcapillären Sphincteren sind durch eine unregelmäßige Spontanmotorik gekennzeichnet und für die bereits aus frühen vitalmikroskopischen Befunden bekannte periodischen Durchblutungsänderungen im Endstromgebiet — der sog. Vasomotion nach CHAMBERS u. ZWEIFACH (1946) — verantwortlich. Es besteht neben einer weitgehenden Unabhängigkeit von der Vasomotorik des eigentlichen Widerstandsgebietes eine hohe Empfindlichkeit gegenüber örtlichen Milieuänderungen (CHAMBERS u. ZWEIFACH, 1946; NICOLL u. WEBB, 1946; ILLIG, 1957), was als Hinweis dafür zu gelten hat, daß das zeitliche Aktivitätsmuster weitgehend von lokal-chemischen bzw. metabolischen Faktoren bestimmt wird. Nach den Vorstellungen von CHAMBERS u. ZWEIFACH überwiegt unter Ruhestoffwechselbedingungen die constrictorische Phase, wodurch, insbesondere bei Vorliegen einer Brückenformation, eine relative Ischämie des Capillarnetzes resultiert, während mit steigender Stoffwechselaktivität die dilatatorische Phase eine Verlängerung erfährt, was eine stärkere nutritive Durchblutung mit Vergrößerung der Stoffaustauschfläche und Intensivierung der Stoffaustauschvorgänge zur Folge hat. Gekoppelt mit der relativen Verlängerung der Dilatationsphase ist eine Abnahme der Phasenwechselfrequenz als Zeichen einer verminderten Vasomotion

(Zweifach, 1949). Die einzelne Phasendauer beträgt nach Chambers u. Zwei-fach (1946) an der Ratten-Mesoappendix wenige Sekunden bis wenige Minuten. Befunde von Zweifach u. Metz (1955a) sowie Zweifach et al. (1956) belegen ferner eine peripherwärts ansteigende Empfindlichkeit präcapillärer Sphincteren gegenüber humoralen Reizen bei einer abnehmenden Ansprechbarkeit auf zentral-nervöse, vasoconstrictorische Impulse.

Die grundsätzliche Richtigkeit der Konzeption einer funktionellen Differenzierung der terminalen contractilen Strukturen und ihre Relevanz insbesondere für die Haut-, Muskel- und intestinale Endstrombahn konnten durch zahlreiche, in erster Linie die zentralnervöse Kontrolle der terminalen Durchblutung abklärende Versuche — vor allem durch den Arbeits-kreis um Folkow — ihre Bestätigung finden (Folkow et al., 1968; Cobbold et al., 1963, 1968; Kjellmer, 1964 u.a., sowie Golenhofen u. Hildebrand, 1964; Schroeder, 1966). Hierbei ziehen Folkow et al. (1965) eine weitere funktionelle Differenzierung einzelner Schichten im präcapillären Sphincter zusätzlich in Betracht. Grundsätzlich aber darf an-genommen werden, daß zentralnervöse Impulse die Frequenz, lokalmetabolische Einflüsse hingegen die Amplitude der Durchblutungsschwankungen der Endstrombahn bestimmen (Schroeder, 1960).

Neben lokalen Einflüssen (Rodbard, 1971) dürften jedoch nach Wiedeman (1959), Golenhofen (1959, 1966), Johnson u. Wayland (1967) myogene bzw. mechanogene Re-aktionen über intravasale Druckschwankungen für die Modulation der Sphinctermotorik ebenso mitverantwortlich sein.

Zugleich schien mit der funktionellen Lokalisation der präcapillären Sphincteren eine Antwort auf die Frage nach der Existenz einer aktiven Capillarmotorik gegeben, die zunächst über eine Endothelschwellung bzw. „vitale Contractilität" der Endothelzelle, ferner über eine motorische Aktivierung der Rouget-Zellen angenommen wurde. Die Frage wird zwar von den meisten Untersuchern heute in der bereits von Tannenberg (1926) geäußerten Meinung beantwortet, daß die Capillare nur druckpassiv reagieren kann, wobei der von Tannenberg richtig erkannte „Pförtner-Mechanismus" in dem eigentlichen präcapillären Sphincter sein adäquates morphologisches Korrelat gefunden haben dürfte, doch lassen neuere Befunde durchaus an eine potentielle capillarmotorische Funktion der Pericyten denken (s. Kapitel: Ultrastruktur der Capillaren) und ferner aktive Formveränderungen des Endothels selbst annehmen (Majno et al., 1969).

## 2. Nutritives Capillarbett

Die Durchblutungsvariabilität eines Endstromabschnittes ist in weitgehendem Maße durch die Art der funktionellen Integration präcapillärer Sphincteren in den anatomisch vorgegebenen Bauplan bestimmt, wobei differenziertere Durch-blutungsänderungen vor allem dort zu erwarten bleiben, wo Capillarabgänge und deren unmittelbare Umgebung solche contractile Strukturen aufweisen. Diese Möglichkeit ist nicht grundsätzlich gegeben und dürfte z.B beim klassisch dicho-tomen Verzweigungstyp für all diejenigen Capillaren nicht existieren, die sich aus dem peripheren Teil der Endarteriole rekrutieren und so das für diesen Bauplan charakteristische reihengeschaltete Capillarnetz bilden. Nur für einen der einspeisenden Arteriole parallel geschalteten Capillarnetzanteil aus direkten Capillarabgängen können solch unmittelbar präcapilläre Sphincteren am Capillar-eingang erwartet werden. Dies ist aber grundsätzlich der Fall bei der von Cham-bers u. Zweifach (1944) beschriebenen Brückenformation, in dem das gesamte Capillarnetz einem zentralen Gefäßzug — bestehend aus terminaler Arteriole,

Metarteriole, stromcapillärem und venulärem Anteil des „preferential bzw. throughfare channel" — parallel geschaltet ist (Abb. 2) und dadurch der Spontanmotorik der präcapillären Sphincteren unmittelbarer unterliegt, als ein seriengeschalteter Capillarnetzanteil. Infolgedessen kommt es in einem solchen Capillarbett-Typ zu ausgesprochen vasomotionsbedingten Filtrations- und Rückresorptionsphasen (CHAMBERS u. ZWEIFACH, 1947), die vor allem das seitenständige Capillarnetz, aber weniger den Zentralkanal, d. h. den seriengeschalteten Anteil betreffen. Nach ZWEIFACH u. METZ (1955 b) soll dieser Endformationstyp

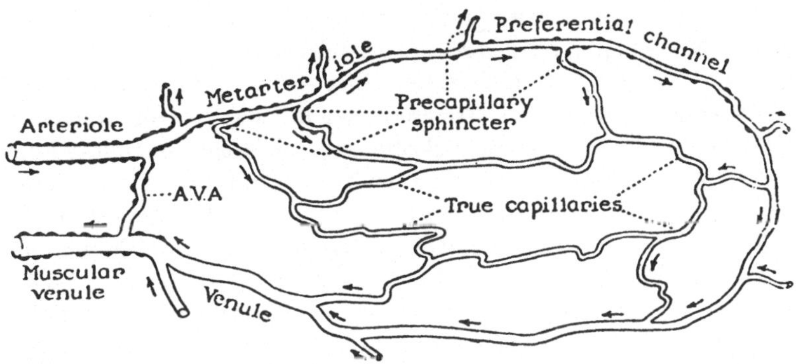


Abb. 2. Schema zum prinzipiellen Aufbau einer Brückenformation; weitere Einzelheiten s. Text. (Nach ZWEIFACH, in: Transaction of the third conference on factors regulating blood pressure. NewYork: Joshiah Macy, Jr., Foundation 1949)

im Muskelbereich eine capilläre Aufsplitterung des stromcapillären Brückengefäßanteils erfahren, wodurch die rein morphologische Abgrenzung von einem dichotomen Capillarbettmuster nicht mehr gegeben scheint und daher die Brückenkonzeption von morphologischer Seite für die Muskelendstrombahn eine Ablehnung erfährt (HAMMERSEN, 1964, 1968), ebenso wie die postulierte Allgemeinbedeutung als grundlegendes Capillarbettschema überhaupt (ILLIG, 1961). Hinzu kommt der Umstand, daß die von CHAMBERS u. ZWEIFACH hervorgehobene funktionelle Integration echter av-Anatomosen in der Brückenformation nicht bestätigt werden konnte (HAMMERSEN, 1964), wenngleich funktionelle Befunde für das Vorhandensein von Kurzschlußdurchblutungen beim Muskel sprechen (HYMAN et al., 1959; RENKIN u. ROSELL, 1962; SCHROEDER, 1966), diese aber zu ihrer Erklärung durchaus nicht der Existenz echter av-Anastomosen bedürfen (GOLENHOFEN, 1968).

Vergleichende Untersuchungen am jejunalen und duodenalen Kaninchenmesenterium (HAUCK, 1969) geben jedoch — im Gegensatz zu den Ergebnissen von ILLIG (1957, 1961) — Anlaß zur Annahme, daß die Brückenformation einen prinzipiellen Formationstyp repräsentiert, der in seiner reinen und wenig differenzierten Form in stoffwechselmäßig anspruchslosen Geweben, wie das jejunale Mesenterium, vorzugsweise anzutreffen ist. Dabei konnten deutliche Differenzierungsstufen, u. a. auch eine capilläre Aufsplitterung im stromcapillären Abschnitt des Brückengefäßes festgestellt werden, wodurch ein parallel- und ein seriengeschalteter Capillarnetzanteil abgrenzbar werden. Diese Form fand sich besonders häufig im duodenalen Mesenterium, wo sie auch von ILLIG (1957) beschrieben und als klassisch dichotomer Typ interpretiert wird. Wir hingegen möchten sie im Sinne einer weiter ausdifferenzierten, d. h.

dichotom modifizierten Brückenformation verstehen. Unabhängig jedoch von Einordnungs-
fragen kann in dieser — funktionell wesentlichen — Ausbildung eines größeren parallelgeschalteten und eines kleineren seriengeschalteten Capillarnetzanteils eine optimal anpassungs-
fähige Endformation bei stark wechselnder Gewebeaktivität, wie sie im Muskel besteht, erblickt werden, wobei das von Hammersen (1964) beschriebene Capillarbettmodell der Muskelendstrombahn auch in diesem Sinne interpretierbar erscheint.

## IV. Hämodynamik und Rheologie der Endstrombahn

### 1. Blutdruck und Strömungsgeschwindigkeit

Aus dem dichotomen Aufzweigungsprinzip des Gefäßbaumes in immer kürzere
und engere Gefäßeinheiten resultiert ein Anwachsen des Gesamtgefäßquerschnittes
mit seinem Maximum im Stoffaustauschgebiet — bzw. im prävenulären Capillarbereich, was eine entsprechende Abnahme der mittleren Strömungsgeschwindigkeit zur Folge hat, die letztlich dem Stoffaustauschgeschehen zugute kommt. Die
mittlere Strömungsgeschwindigkeit unter Ruhebedingungen wird mit 0,5 bis
0,8 mm/sec angegeben (Brånemark, 1963; Monro, 1964; Johnson u. Wayland,
1967; u.a.), so daß sich bei einer mittleren Capillarlänge von 500 µm eine durchschnittliche Passagezeit des Blutes bzw. des Erythrocyten von 1—2 sec ergibt
(während für die gesamte Austauschstrecke von terminaler Arteriole bis zur
Venule eine Passagezeit von ca. 3 sec zu veranschlagen bleibt). Bei einem mittleren
Ruhe-Minutenvolumen von 5000 cm³ (80 cm³/sec) ergäbe sich somit beim Menschen für eine mittlere capilläre Strömungsgeschwindigkeit von 0,5 mm/sec ein
Gesamtcapillarquerschnitt von größenordnungsmäßig 1600 cm² — gegenüber
einem durchschnittlichen Aortenquerschnitt von ca. 4,5 cm².

Bereits von Lee u. Holze (1950) wurden an der menschlichen Conjunctiva erhebliche
vasomotionsbedingte Geschwindigkeitsschwankungen zwischen 0,009 und 0,04 mm/sec gemessen, was einer Durchschnittsgeschwindigkeit von nur 0,026 mm/sec entspräche, während
Laszt (1949) Werte von 2,0—3,0 mm/sec angibt. Hohe Geschwindigkeiten von 1—2 mm/sec
bzw. 0,75 mm/sec mit Kontaktzeiten von nur 0,15 sec für die Erythrocyten — gegenüber der
theoretischen Forderung von 0,2 sec (Thews, 1963) — ergaben kinematographische Bestimmungen in der Katzen- bzw. Kaninchenlunge (Vogel, 1947; Schlosser et al., 1964). Aus
Untersuchungen von Johnson u. Wayland (1966) an Einzelcapillaren des druckkonstant
perfundierten Katzenmesenteriums mittels photometrischer Korrelationsmethode resultierten
verschiedene Geschwindigkeitstypen mit mittleren Geschwindigkeiten von 2,5; 1,0; 0,8;
0,2 mm/sec (neben einem sog. „on-off-Typ", also mit intermittierendem Strömungsstopp),
wobei aber nur der Geschwindigkeitstyp von 0,8 mm/sec regelmäßige Geschwindigkeits-
oscillationen zwischen 0,4 und 1,2 mm/sec erkennen ließ. Diese sehen die Autoren durch die
präcapilläre Sphinctermotorik verursacht, für die sie in erster Linie intravasale Druckschwankungen und nicht Strömungsänderungen bzw. einen metabolischen feed-back-Mechanismus
(im Sinne von Chambers u. Zweifach, 1946) verantwortlich machen. Entsprechende intermittierende Blutdruckschwankungen im Capillarbettbereich konnten bereits durch Landis
(1926) bei seinen direkten Blutdruckbestimmungen in Einzelcapillaren exakt erfaßt werden,
die er damals aufgrund der gleichzeitig beobachteten Gefäßerweiterungen und -verengungen
noch auf eine aktive Capillarmotorik zurückführte.

Die am Kalt- und Warmblütermesenterium sowie an den Nagelfalzcapillaren
beim Menschen zuerst von Landis (1926) durchgeführten Capillardruckmessungen
ergaben mittlere Capillardrucke (unter Ruhebedingungen) von 10,6 mm Hg am
arteriolären und 7 mm Hg am venösen Capillarschenkel des Froschmesenteriums,
und Werte um 28—30 bzw. zwischen 12,5 und 26 mm Hg beim Warmblüter,
während im Nagelfalzbereich 32—34 bzw. 12,1—21,9 mm Hg gemessen wurden

(Abb. 3). Diese Werte konnten durch moderne Verfahren grundsätzlich bestätigt werden (WIEDERHIELM et al., 1964; SCHROEDER, 1959), wobei JOHNSON (1964) sowie GUYTON (1966) darauf hinweisen, daß im intestinalen Bereich die arteriovenöse Capillardruckdifferenz (bei einer mittleren Capillarlänge von 200 μm) als .elativ klein anzusetzen bleibt. Aus den Ergebnissen von LANDIS (1927a, b) kann

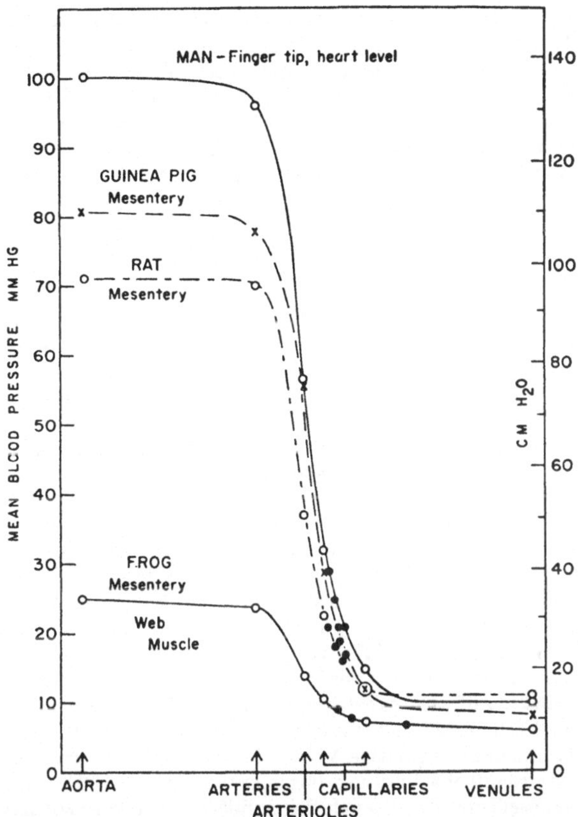


Abb. 3. Vergleichende Darstellung des mittleren Blutdruckes (helle Kreise) und des onkotischen Druckes (dunkle Kreise) verschiedener Warmblüter und des Frosches. (Nach LANDIS u. PAPPENHEIMER, in: Handbuch der Physiologie, Sec. 2, Circulation, vol. 2. Washington, D.C.: Amer. Soc. Physiol. 1963)

abgeleitet werden, daß Filtration und Rückresorption durchaus über die gesamte Capillarlänge ablaufen können, d. h. daß der venöse Capillardruck nicht unter den effektiven kolloid-osmotischen Druck der Eiweiße abzusinken braucht und umgekehrt, der arterioläre Capillardruck auch unter diesem liegen kann. Dieser Sukzessiv-Mechanismus, der im Bereich der relativ kurzen Intestinalcapillaren von ca. 200 μm eher zu erwarten bleibt als an den allgemein längeren Muskelcapillaren von durchschnittlich 500 μm (HAMMERSEN, 1968), ist im engsten Maße an die präcapilläre Vasomotorik gekoppelt und stellt ein wesentliches Funktionsprinzip der nutriven Capillarbettkonzeption von CHAMBERS u. ZWEIFACH (1944) dar. Nach Schroeder (1960) können in den Einzelcapillaren des Haut-Muskel-Bereichs Druckschwankungen bis zu 30 mm Hg auftreten, wobei als untere Grenze 10, als obere ca. 40 mm Hg angenommen werden. Entgegen der bisherigen Vorstellung existieren nach Untersuchungen von Gaehtgens (1970) über den gesamten Terminalbereich pulsatorische Blutdruckschwankungen in Höhe von 0,2—0,5 mm Hg.

Eine wesentliche Erhöhung des mittleren Capillardruckes muß unter orthostatischen Bedingungen für die Endstrombereiche unterhalb Herzhöhe durch die nunmehr zusätzlich wirksame hydrostatische Druckkomponente in Rechnung gestellt werden, wofür in erster Linie der ansteigende Venendruck verantwortlich zu machen bleibt: Aus der Beziehung zwischen dem mittleren Capillardruck $\bar{P}_C$, dem arteriellen bzw. venösen Systemdruck $P_A$ bzw. $P_V$, sowie dem Verhältnis aus postcapillärem zu präcapillärem Widerstand $r_V/r_A$ ergibt sich nach Pappenheimer u. Soto-Rivera (1948) durch Gleichsetzung der mittleren Stromstärken $J_A = J_V$ bzw. $P_A - \bar{P}_C/r_A = P_C - \bar{P}_V/r_V$:

$$\bar{P}_C = \frac{r_V/r_A \cdot P_A + P_V}{1 + r_V/r_A} \,.$$

Daraus wird ableitbar, daß — da $r_V/r_A$ wesentlich kleiner als 1 ist — eine venöse Druckerhöhung weitaus stärker $\bar{P}_C$ anhebt als eine entsprechende Erhöhung des arteriellen Druckes. Insofern wird unter orthostatischen Bedingungen zunächst eine Erhöhung der Filtrationsrate zu erwarten sein, d.h. die Ödembereitschaft ansteigen (Krug u. Schlicher, 1960), bis sich, ebenso wie für die Hämodynamik, ein neuer Gleichgewichtszustand der miteinander interferierenden transmuralen Druckgradienten eingestellt hat. Dafür in Betracht zu ziehen bleiben, neben Autoregulationsmechanismen, eine Auswirkung der orthostatischen Bedingungen auch auf den hydrostatischen Gewebedruck, der ohnehin mit ansteigender Filtration eine Zunahme erfährt, wobei der Dehnungswiderstand des Interstitiums, vor allem aber der äußeren Haut, ein wesentlicher limitierender Faktor für die Filtration darstellt. [Auch eine verminderte Wirkung des kolloid-osmotischen Gewebedruckes über einen Verdünnungseffekt des extravasalen Eiweißpoles durch die erhöhte Filtration und damit ein Anstieg des effektiven kolloid-osmotischen Druckes kann nach Wiederhielm (1969) einkalkuliert werden.] Nach Renkin u. Pappenheimer (1957) würde bei einer Erhöhung des mittleren Capillardruckes um 100 mm Hg ein Anstieg der Filtrationsrate auf 1,4 ml/min/100 g Gewebe zu erwarten sein (bei einem Filtrationskoeffizienten von 0,015 ml/min/mm Hg/100 g). Tatsächlich aber liegen die Werte wesentlich niedriger (0,3—0,4 ml/min/100 g nach Thron, 1967), was auf eine vornehmlich autoregulative Verminderung des Filtrationskoeffizienten über eine Einengung der Austauschfläche hinweist (Mellander et al., 1964). Schlagartig günstiger gestalten sich die venösen und damit auch die capillären Druckverhältnisse mit einsetzender Muskeltätigkeit, wobei Venendruckwerte in Knöchelhöhe von 90 mm Hg (bei ruhigem Stehen) unter den ersten Schritten auf Werte um 30 mm Hg absinken (Pollack u. Wood, 1948) und — ebenso wie der venöse Rückstrom — auch die Lymphdrainage eine Forcierung erfährt (Rusznyak et al., 1967). Mit sinkendem Capillardruck hingegen (bei zunehmendem Gesamtwiderstand) kommt zunächst eine „Autotransfusion" aus dem Gewebe in das Blut in Gang, bis sich ein neues Flüssigkeitsgleichgewicht eingestellt hat (Mellander, 1960).

## 2. Viscosität

Die Viscosität ($\eta$) oder „innere Reibung" des Gesamtwiderstandes $W = 8\eta \cdot l/\pi \cdot r^4$ (dyn sec·cm$^{-5}$) charakterisiert das Fließverhalten eines Mediums und hat die Dimension: dyn sec/cm$^2$ mit der Einheit „Poise" bzw. „Centipoise[1]". Sie ist in der Rheologie definiert als das Verhältnis von Scherkraft ($\tau$) oder shear stress (dyn/cm$^2$) zu Schergeschwindigkeit ($\gamma$) bzw. Schergrad oder shear rate (sec$^{-1}$, d.h. einem Geschwindigkeitsgradienten zweier sehr naher und sich konstant bewegender Flächen: cm/sec/cm = sec$^{-1}$). Während für sog. Newtonsche,

---

1 Die Viscosität $\eta$ geht ferner — neben der Massendichte $\varrho$, dem Gefäßradius $r$ und der mittleren Strömungsgeschwindigkeit $v$ — ein in die Reynoldssche Zahl $Re = 2rv\varrho/\eta$ zur Abgrenzung laminarer von turbulenter Strömung. Grenzwert: 2000—2400.

d. h. homogene bzw. ideale Medien die Viscosität unabhängig von Scherkraft und Schergeschwindigkeit ist bzw. deren Verhältnis über das gesamte Geschwindigkeitsprofil konstant bleibt, weisen pseudoplastische Flüssigkeiten in der Abhängigkeit ihrer Viscosität von der Strömungsgeschwindigkeit eine sog. scheinbare Viscosität auf, die auch dem Vollblut — als Erythrocytensuspension und aufgrund des linearkolloiden Charakters fast aller Plasmaproteine, insbesondere des Fibrinogens (COHN, 1947) — eigen ist. Daraus wird ableitbar, daß der Strömungswiderstand mit abnehmender Strömungsgeschwindigkeit (bei konstantem Hämatokrit) über die Viscosität erheblich anwachsen muß. Ausdruck hierfür ist die Existenz eines sog. „yield pressure" bzw. „yield shear stress", d. h. einer Schubkraft, die für ruhendes Vollblut zunächst aufgewendet werden muß, um seine hohe Ruheviscosität von etwa 10 Centipoise bei 40% Hämatokrit zu überwinden und es in Bewegung zu setzen.

Die Abnahme der Blutviscosität mit zunehmender Strömungsgeschwindigkeit ist daher für die bekannten Abweichungen in der Hämodynamik vom Poiseuilleschen Gesetz mitverantwortlich zu machen, dürfte allerdings verglichen mit der passiven Druckabhängigkeit des Gefäßdurchmessers eine untergeordnete Rolle spielen (GAUER, 1960). *Trotzdem* sinkt im paracapillären Gefäßbereich die relative Viscosität (bezogen auf Wasser mit der Viscosität = 1) auf Werte von 2 Centipoise — gegenüber 4,5 Centipoise und mehr in den größeren Gefäßen — was einer Verminderung des Druckabfalles etwa um 50% gleichkommt. Diese Beeinflussung der Blutviscosität in Abhängigkeit vom Gefäßdurchmesser, wie sie vor allem im paracapillären Gefäßbereich und damit auch im Endstrombahngebiet als sog. Fåhraeus-Lindqvist-Effekt (1931) in Erscheinung tritt, wird mit der Axialorientierung der Erythrocyten und dem Auftreten eines weitgehend zellfreien Plasmarandstromes in ursächlichen Zusammenhang gebracht [nach neueren Untersuchungen von BLOCH (1962) ist die bisherige Annahme einer absoluten Zellfreiheit des Plasmarandsaumes allerdings nicht zutreffend]. Damit manifestiert sich eine ausgeprägte Inhomogenität des strömenden Blutes mit einem Viscositätsmaximum der zentralen Suspensionsteilchen und einem Viscositätsminimum des weitgehend viscositätsstabilen und als Gleitschicht fungierenden Suspensionsmittels. Es darf ferner angenommen werden, daß mit enger werdendem Axialstrom intercelluläre Reibungen in diesem kaum mehr existieren und somit Reibungswiderstände lediglich an den Grenzflächen des Plasmamantels (zur Endothelseite und zur in sich homogenen und schneller bewegenden Erythrocytensäule hin) auftreten. Die Ursache für den Fåhraeus-Effekt muß nach BRAASCH u. HENNIG (1965) sowie GOLDSMITH u. MASON (1965, 1969) in der Deformierbarkeit und starken gegenseitigen mechanischen Anpassungsfähigkeit der Erythrocyten gesehen werden, was auch durch vitalmikroskopische Befunde belegt ist (BRÅNEMARK, 1962; BRÅNEMARK et al., 1964; MONRO, 1969). MONRO konnte an der Kaninchenohrkammer den Formwandel der Erythrocyten mit steigender Strömungsgeschwindigkeit nachweisen, wobei diese in eine anlagerungs- und strömungsmäßig günstige Längsform übergehen. Nach HAYNES u. BURTON (1959) sowie BRAASCH u. JENETT (1968) hat die fließende Erythrocytensäule bei einer Schubkraft von 20 dyn/cm² bereits ihre optimale Strömungsform erreicht, so daß höhere Druckgradienten an der Viscosität nichts mehr ändern. Ansteigender Hämatokrit, Zunahme des Gefäßlumens, Geschwindigkeitsverminderung und rigide Zellformen müssen sich daher auf den Fåhraeus-Lindqvist-Effekt, der nach BRAASCH u. JENETT (1968) bis in den Gefäßbereich um 15 µm nachweisbar ist und somit gut mit der unteren Grenze des paracapillären Gefäßgebietes koinzidiert, negativ auswirken.

Nach mikrorheologischen Befunden von Schmidt-Schönbein u. Wells (1969) sowie Schmidt-Schönbein u. Goldstone (1969) zeigt das strömende Blut im terminalen Gefäßbereich das Fließverhalten einer Emulsion, nicht einer Suspension, was darauf zurückgeführt wird, daß der normale und strömende Erythrocyt Fluidität besitzt, d. h. die Eigenschaften eines Flüssigkeitstropfens aufweist. Diese Eigenschaft soll es ermöglichen, daß im Bereich des Axialstromes die Erythrocytenoberfläche „panzerkettenartig" um ihren Inhalt rotiert, während Verlust der Deformierbarkeit der Zelle (Sichelzelle, Stechapfelform) und Auftreten von Zell-Aggregaten diese Eigenschaft wesentlich beeinträchtigen. Dies erscheint auch physiologisch von Belang, einmal im Hinblick auf die sog. Geldrollenbildung nach Fåhraeus (1929, 1958), vor allem aber hinsichtlich der postcapillären Strömungsverhältnisse, die besonders im intestinalen Endstromgebiet durch eine erhöhte Erythrocyten-Aggregationstendenz gekennzeichnet sind (Hauck, 1969). Als Ursache hierfür muß zunächst, wie bereits von Weiss-Fogh (1957) sowie Fåhraeus (1958) für die Geldrollenbildung vermutet, ein hämodynamischer Faktor, d. h. eine Strömungsverlangsamung in Betracht gezogen werden, wie sie im Venulenbereich als Stelle des größten Gesamtgefäßquerschnittes und der niedrigsten Strömungsraten physiologisch existiert; danach müßten sich hier besonders hohe Viscositätswerte bei niedriger Scherrate vorfinden. Dies aber kann aus viscosimetrischen Untersuchungen von Schmidt-Schönbein et al. (1967) an Vollblut unter definierten Strömungsbedingungen bzw. Scherraten deduziert werden: sie zeigten, daß niedrige Scherraten die Bildung von Erythrocyten-Aggregaten fördern, woraus dann hohe Viscositätswerte resultieren.

Bereits Hess (1915) postulierte, daß hohe Blutviscositätswerte Ausdruck eines durch Aggregate bedingten hohen elastischen Deformationswiderstandes sein müßten, wobei die experimentelle Nachprüfung zeigte, daß das Blut einer — das nicht-Newtonsche Fließverhalten erfassenden — Beziehung nach Casson (1959) voll genügt (Wells et al., 1961; Merrill et al., 1963; u. a.), welche eine direkte Proportionalität zwischen den Wurzeln aus Scherkraft ($\tau$) und Scherrate ($\gamma$) fordert:

$$\tau^{\frac{1}{2}} = a^{\frac{1}{2}} \cdot 8^{\frac{1}{2}} + \tau_y^{\frac{1}{2}}$$

(worin $a$ eine Konstante und $\tau_y$ den „yield shear stress" symbolisieren). Aus dieser Übereinstimmung wird somit ableitbar, daß niedrige Scherraten Erythrocytenaggregate bedingen, wodurch es aufgrund der geringen Suspensionsstabilität des Blutes zu einer Entmischung, dem sog. „Heterophasischen Effekt" nach Merrill, kommt (Schönbein et al., 1967).

Neben den niedrigen Scherraten muß jedoch im Venulenabschnitt — als Ort der physiologischen Eiweißpermeation insbesondere im intestinalen Bereich (Landis, 1964; Hauck, 1969; Hauck u. Schröer, 1969) — eine verminderte Wasserrückresorption, d. h. ein echter Hämokonzentrationseffekt und damit eine relative Anreicherung an großmolekularem Fibrinogen als aggregationsfördernder Mechanismus in Betracht gezogen werden. Merrill et al. (1966) konnten zeigen, daß der „yield shear stress" des Vollblutes auf der Erythrocyten-Aggregation beruht, die wiederum an die Gegenwart von Fibrinogen gebunden ist; eine reine Erythrocytenaufschwemmung weist keinen „yield shear stress" (Wells et al., 1962) auf.

In Capillaren bis zu einem Durchmesser von 6 $\mu$m, wo aufgrund einer „single file"-Bewegung der Erythrocyten eine intercelluläre Reibung nicht mehr auftreten kann, bleibt ein Viscositätsminimum zu erwarten, solange zwischen Zell- und Gefäßdurchmesser eine Differenz, d. h. ein Plasmarandsaum existiert (Braasch u.

JENETT, 1968). Dessen Breite allein müßte somit den Reibungswiderstand in Capillaren bestimmen, während eine verminderte Zellflexibilität oder ein erhöhter Hämatokrit bedeutungslos bleiben, wenn es nicht durch die Scherkraft zu einer Zellverbreiterung mit Einengung des Plasmarandsaumes oder gar zur Wandberührung kommt. Ein laminares Geschwindigkeitsprofil hingegen kann sich capillär nicht ausbilden, ohne eine Zerstörung der Erythrocyten zu bedingen, da sich in diesen alle Punkte gleich schnell bewegen (BRAASCH u. JENETT, 1968). Nach theoretischen Überlegungen von CANHAM u. BURTON (1968) beträgt der engste zylindrische Durchmesser, den 95% aller Erythrocyten noch passieren können, 3,66 μm.

Hinsichtlich der Blutverteilung im Endstromgebiet bzw. in den einzelnen Capillarbettbezirken zeigten Modellversuche von GELIN (1963), daß bei quasirechtwinkeligem Abgang der Capillaren aus der Arteriole — wie es für die Sphinctercapillaren charakteristisch ist (ZWEIFACH, 1949; NICOLL u. WEBB, 1956; ILLIG, 1957) — ein „plasma skimming"-Effekt resultiert und somit das seitenständige Capillarnetz — rheologisch bedingt — durch eine relative Ischämie gekennzeichnet ist. Dieser Effekt erfährt durch Engstellung der präcapillären Sphincter und durch das relative Überwiegen der constrictorischen über die dilatatorische Phase — unter Ruhebedingungen — eine Intensivierung, wie es kennzeichnend ist für die Blutverteilungsverhältnisse innerhalb einer Brückenformation (ZWEIFACH, 1949; HAUCK, 1969).

Ein von BURTON (1951) postulierter kritischer Verschlußdruck terminaler Gefäße konnte von HOCHBERGER u. ZWEIFACH (1968) am Kaninchenohr nicht gefunden werden. Hingegen konstatierten sie einen Strömungsstopp unterhalb eines Perfusionsdruckes von 3 cm H₂O, der mit dem sog. Restverschlußdruck (residual critical closure pressure) nach BURTON (1966) identisch sein dürfte und von diesem als Folge einer „interfacial tension" zwischen Capillarwand und Blut aufgefaßt wird.

## V. Permeabilität und Stoffaustauschmechanismen
### 1. Definition der Gefäßpermeabilität

Die Capillarpermeabilität wird von KÜCHMEISTER (1952) als Durchlässigkeit der Gefäßwand für Wasser mit echt und unecht gelösten Substanzen verstanden. Sie ist durch den jeweiligen Koeffizienten quantitativ charakterisiert und stellt das auf die Einheit bezogene Verhältnis von permeierender Substanz zu bewegender Kraft dar. Daraus ergibt sich, daß die Permeabilität als quantitativer Begriff stets in bezug auf den jeweiligen Transportmechanismus zu definieren bleibt, wobei thermodynamisch Druck- oder Konzentrationsgradienten in Frage kommen. Insofern wird die einem transmuralen Druckgradienten unterliegende hydrodynamische Flüssigkeitsverschiebung (bulk flow movement) durch den Filtrationskoeffizienten als „Einheit der Wasserdurchlässigkeit" (MANEGOLD, 1937) charakterisiert und hat die Dimension: ml/sec/cm²/mm Hg (cm H₂O) bei bekannter Austauschfläche, ansonsten: ml/sec/mm Hg/ 100 g Gewebe. Liegt hingegen ein transmuraler Konzentrationsgradient der Stoffbewegung zugrunde, so wird die Diffusionspermeabilität der Gefäßwand tragend, die auch als Permeabilität im engeren Sinne verstanden und somit durch den Diffusions- bzw. Permeabilitätskoeffizienten charakterisiert wird[2]. Dieser bleibt nach dem cgs-System zu definieren als Substanzmenge (g) pro Zeiteinheit (sec), Flächeneinheit (cm²) und Konzentrationsgradienten (g/cm³/cm) und hat somit die Dimension: cm²/sec. Eine andere Dimensionierung legt die

---

2 Der dimensionslose „osmotische Reflexionskoeffizient" $\sigma$ bestimmt den in einer osmotisch bedingten Flüssigkeitsbewegung (Rückresorption) erfolgenden Substanztransport. Seine Grenzwerte sind 1 und 0.

transcapilläre Diffusionsrate in mol pro Zeit- und Flächeneinheit bei einem Konzentrationsunterschied von 1 mol/l zugrunde: mol/sec, cm²/(mol/l). Eine quantitative Charakterisierung der aktiven Permeabilität geben Renkin (1964), Winne (1965), Shea et al. (1969).

Orientiert nach den möglichen Permeationswegen durch das Capillarendothel unterscheiden Renkin u. Pappenheimer (1957) zwischen einer *intercellulären* und *transcellulären Permeabilität*. Danach würde die intercelluläre Permeabilität die Stoffbewegung sowohl per filtrationem als auch per diffusionem über flüssigkeitsgefüllte präformierte Permeationswege (Intercellularspalten bzw. Porenäquivalenten) betreffen, die grundsätzlich allen Stoffen, in erster Linie aber Wasser und den kleinmolekularen lipoidunlöslichen Substanzen als Passageweg zur Verfügung stehen. Dies würde auch für die in der Basalmembran postulierten „aqueous channels" gelten, wobei jedoch die Unterscheidungen zwischen einer inter- oder transcellulären Permeabilität aufgrund ihrer fibrillär-lamellären, d. h. nichtcellulären Struktur (Bargmann, 1958; Niessing u. Rollhäuser, 1954) nicht anwendbar ist. Die transcelluläre Permeabilität betrifft die nur per diffusionem mögliche transendotheliale Passage lipoidlöslicher Stoffe — während nach Chinard et al. (1955) grundsätzlich alle Stoffe transcellulär diffundieren — sowie Stoffbewegungen über eine aktive endotheliale Zelleistung im Sinne der Mikropinocytose bzw. Membranvesiculation (Palade, 1953; Bennett, 1956; Mooire u. Ruska, 1957; u.a.), die in neuerer Zeit als primär ungerichteter statistscher Transporteffekt interpretiert wird (Karnovsky, 1967; Wolff, 1967). Es geht daraus hervor, daß im Gegensatz zu den passiven Transportmechanismen diese Transportform auf die nichtcelluläre Basalmembran nicht anwendbar wird und somit auch nicht als Total-Transportmechanismus durch die Gesamtcapillarwand rechnerisch behandelt werden kann.

## 2. Intercelluläre Permeabilität

### a) Filtration und Reabsorption (Flüssigkeitsgleichgewicht)

Nach Starling (1896) wird — unter Berücksichtigung der von Carl Ludwig (1861) aufgezeigten Bedeutung des Blutdruckes für den Filtrationsvorgang — durch die aus der Interferenz von hydrostatischen Capillardruck $(P_c)$ und kolloidosmotischem Druck der Plasmaeiweiße $(\pi_{pl})$ — also zweier Drucke unterschiedlicher Ursache — resultierende Druckdifferenz $P_{ef} = P_c - \pi_{pl}$ Flüssigkeit transmural gewebewärts verschoben, solange $P_c$ größer als $\pi_{pl}$ bleibt, hingegen Flüssigkeit dem Gewebe wieder entzogen, sobald $P_c$ kleiner als $\pi_{pl}$ wird. Beide Flüssigkeitsbewegungen würden das Flüssigkeitsgleichgewicht im Geweberaum weitgehend garantieren, wobei ein geringes Überwiegen der Nettofiltration die Lymphdrainage kompensieren soll. Unter Berücksichtigung interferierender hydrostatischer und kolloid-osmotischer Gewebedrucke $(P_g$ und $\pi_g)$ ergibt sich somit für den transmural wirksamen effektiven Druck die allgemeine Formulierung:

$$P_{ef} = \Delta P - \Delta \pi = P_c - P_g - \pi_{pl} + \pi_g.$$

Darin repräsentieren die Summanden mit positiven Vorzeichen die filtrativ, die mit negativen Vorzeichen die reabsorptiv wirksamen Druckkomponenten. Das

Flüssigkeitsgleichgewicht formuliert sich somit über die Nettoflüssigkeitsraten durch Filtration ($Q_F$), Reabsorption ($Q_A$) und Lymphdrainage ($Q_L$) als $Q_F = Q_A + Q_L$ bzw.:

$$(k \cdot A \cdot P_{\mathrm{ef}})_{\mathrm{art}} = (k \cdot A \cdot P_{\mathrm{ef}})_{\mathrm{ven}} + Q_L,$$

worin $k_{\mathrm{art/ven}}$ die Filtrationskoeffizienten, $A_{\mathrm{art/ven}}$ die Stoffaustauschfläche der arteriellen bzw. venösen Capillarseite symbolisieren.

Nach den die Starlingschen Vorstellungen bestätigenden Modellversuchen an der onkodynen Röhre durch SCHADE u. CLAUSSEN (1924) konnten LANDIS (1927a, b) an der Einzelcapillare des Froschmesenteriums über Veränderungen des hydrostatischen Capillardruckes $P_c$, PAPPENHEIMER u. SOTO-RIVERA (1948) am integrierten Muskelendstromgebiet des Katzenhinterbeines über Veränderungen des mittleren Capillardruckes $\bar{P}_c$ bzw. durch Ermitteln des sog. „isogravimetrischen Capillardruckes" $P_i$ die Gültigkeit der Starlingschen Hypothese für den lebenden Kreislauf aufzeigen: im isogravimetrischen Zustand betrug der entsprechende mittlere Capillardruck $\bar{P}_c$ (jetzt $P_i$) etwa 93% des in vitro gemessenen kolloid-osmotischen Druckes der Plasmaeiweiße. Die fehlenden 7% wurden auf die interferierende Wirkung eines geringen kolloid-osmotischen Gewebedruckes entsprechend einer Proteinkonzentration von ca. 0,64% für den Warmblüter zurückgeführt und waren praktisch vernachlässigbar. Als ebenso gering und daher vernachlässigbar wurde auch der Gewebedruck (mit 0—1 mm Hg) veranschlagt, so daß die interferierenden effektiven Teildrucke $\varDelta P$ und $\varDelta \pi$ praktisch dem hydrostatischen bzw. mittleren Capillardruck und dem kolloid-osmotischen Druck der Plasmaproteine entsprechen: $P_{\mathrm{ef}} = \bar{P}_c - \pi_{\mathrm{pl}}$. LANDIS wiederum konnte bei seinen vitalmikroskopischen Untersuchungen am Froschmesenterium die funktionelle Capillarmitte der Einzelcapillare objektivieren, wo eine transmurale Flüssigkeitsbewegung nicht mehr nachzuweisen war: in diesem Falle entsprach der hydrostatische Capillardruck dem kolloid-osmotischen Druck des Plasmas in Höhe von 5—10 mm Hg. Die Filtratmenge selbst erwies sich direkt proportional dem Capillardruck, sobald dieser über dem onkotischen Druck lag. Es durfte somit abgeleitet werden, daß Nettoflüssigkeitsbewegungen zu erwarten sind, sofern der mittlere effektive Capillardruck den effektiven kolloid-osmotischen Druck signifikant über- oder unterschreitet, wodurch zugleich die Bedeutung des mittleren Capillardruckes für das Flüssigkeitsgleichgewicht unterstrichen wurde.

Die aus der experimentellen Bestätigung der Starlingschen Hypothese ableitbaren Konsequenzen für das Funktionsprinzip im Endstrombereich, die auch in den weiteren Ergebnissen und Vorstellungen — vor allem des Arbeitskreises um LANDIS und PAPPENHEIMER — eine wesentliche Untermauerung und Verallgemeinerung erfuhren, lassen sich wie folgt zusammenfassen: a) Das Flüssigkeitsgleichgewicht im Stoffaustauschgebiet wird im wesentlichen durch einen Filtrations-Rückresorptions-Mechanismus garantiert, die Lymphdrainage ist hierfür von untergeordneter Bedeutung (RENKIN u. PAPPENHEIMER, 1957). b) Um die volle Wirkung des kolloid-osmotischen Druckes zu garantieren, muß eine weitgehende bzw. vollständige Impermeabilität der Endstrombahn für Plasmaproteine existieren. c) Interferierende Einflüsse eines hydrostatischen oder kolloid-osmotischen Gewebedruckes auf das Flüssigkeitsgleichgewicht sind als gering zu veranschlagen. d) Arterielle und venöse Endstromseite sind permeabilitätsmäßig als gleichwertig zu betrachten, d.h. Permeabilitätsunterschiede längs der Austauschstrecke existieren nicht; Filtrations- bzw. Diffusionskoeffizienten bleiben über den gesamten jeweiligen Endstromabschnitt unverändert. Diese Vorstellungen finden ihren prägnanten Ausdruck vor allem in der von PAPPENHEIMER (1953) konzipierten Porentheorie der Capillarwand, wonach eine intercelluläre Permeabilität der Endstrombahn über präformierte Durchlaßstellen im Sinne einer Isoporosität der Capillarwand existiert.

8*

### b) Porentheorie (Isoporosität)

Die Ursache der bis zu 300mal höheren Wasserdurchlässigkeit der Gefäßwand gegenüber der Zellwand (und ebenso für die höherer Permeabilität für mittelgroße und große Moleküle) sieht Pappenheimer (1953) in der Existenz präformierter Durchlaßstellen in den Capillarwandkomponenten Endothel und Basalmembran, so daß die Gefäßwand als Porenmembran aufzufassen und unter Orientierung an bekannten Daten für künstliche Porenmembranen rechnerisch erfaßbar wäre. Nach Untersuchungen u.a von Renkin (1954) ist bis zu einem Porenradius von 15 Å eine laminare Strömung durch diese zu erwarten, und somit das Poiseuillesche Gesetz für den Wasserdurchtritt anwendbar. Da Moleküle mit einem weitaus größeren Molekülradius als 15 Å ohne weiteres durch die Capillarwand permeieren, darf angenommen werden, daß auch an ihr die hydrodynamische Strömung dem Poiseuilleschen Gesetz folgt. Unter der Annahme einer isoporösen Membran mit $n$ gleichen Poren und einer transmuralen Weglänge von $\Delta x$ ergibt sich für die durch die Querschnittsporenfläche $A_p = n \cdot r^2 \pi$ filtrierte Flüssigkeitsrate ($Q_f$) nach Renkin und Pappenheimer (1957) die Formulierung:

$$Q_f = \frac{\eta \cdot r^4 \pi}{8 \cdot \eta} \cdot \frac{P_{\text{ef}}}{\Delta x} = \frac{r^2 \cdot A_p}{8 \cdot \eta \cdot \Delta x} (\Delta P - \Delta \pi).$$

Damit ist eine Möglichkeit gegeben, den effektiven Porenradius ($r$) als Funktion von Meßgrößen rechnerisch zu bestimmen, wobei sich am Skeletmuskel ein Wert von 31 Å ergibt. Dies bedeutet bei einer histologisch geschätzten Gesamtcapillaroberfläche von 7000 cm²/100 g Muskel 1—2 × 10⁹ Poren/cm² oder eine Gesamtporenfläche von 4 cm²/100 g Muskel, oder ca. 0,1% der Gesamtcapillaroberfläche (Pappenheimer u. Soto-Rivera, 1948). Eine solche Porengröße würde die mit der isogravimetrischen Methode konstatierte Impermeabilität der Muskelendstrombahn für Plasmaalbumine mit einem äquatorialen Molekülradius von 38 Å gut erklären.

Dieser Wert für den effektiven Porenradius konnte auf zwei weiteren methodischen Wegen auf der Grundlage der beschränkten Diffusion und molekularen Siebung (s. u.) weitgehend bestätigt werden. Für das Nierenglomerulum ergab sich hierbei ein effektiver Radius von 38 Å und damit eine Porenfläche von 4,5 cm²/1 g Niere bzw. ca. 5% der Gesamtcapillaroberfläche (Pappenheimer, 1955).

### c) Filtrationskoeffizient und Filtratmenge

Auf der Grundlage einer Isoporosität der Capillarwand kann die Filtratmenge pro Zeiteinheit ($Q_f$) entsprechend dem Darcyschen Gesetz nach Landis u. Pappenheimer (1964) formuliert werden als

$$Q_f = \frac{K_f \cdot A_m}{\eta \cdot \Delta x} (\Delta P - \Delta \pi),$$

worin $K_f$ den „Darcy-Koeffizienten", $A_m$ die Capillaroberfläche, $(\Delta P - \Delta \pi)/\Delta x$ den transmuralen Druckgradienten, $\eta$ die Viscosität symbolisieren. Der Darcy-Koeffizient (oder Strömungskonstante) hat die Dimension cm². Für den Filtrationskoeffizienten ($k$) ergibt sich somit bei bekannter Capillaroberfläche:

$$k_1 = \frac{Q_f}{P_{\text{ef}} \cdot A_m} = \frac{K_f}{\eta \cdot \Delta x}$$

bei unbekannter Capillaroberfläche (pro 100 g Gewebe):

$$k_2 = \frac{Q_f}{P_{\mathrm{ef}}} = \frac{K_f \cdot A_m}{\eta \cdot \Delta x}.$$

Für die Skeletmuskulatur lieferte die isogravimetrische Methode am nicht-arbeitenden Muskel bei 37° C ein $k_2$ von 0,11 ml/min/mm Hg und 100 g Gewebe bzw. durch Umrechnen auf die Oberflächeneinheit (über ein Capillarvolumen von 1,6% des Organgewichtes) ein $k_1$ von $2,5 \times 10^{-8}$ ml/sec/cm²/cm $H_2O$ (PAPPENHEIMER u. SOTO-RIVERA, 1948; PAPPENHEIMER et al., 1951). Diese Werte stimmen mit den von COBBOLD et al. (1963) isovolumetrisch erhaltenen Ruhewerte von 0,015 ml/min/mm Hg/100 g gut überein. Die Ruhewerte im intestinalen Bereich liegen nach Untersuchungen von FOLKOW et al. (1963) bei der Katze im Mittel bei 0,17 ml/min/mm Hg/100 g Gewebe, nach Ergebnissen von JOHNSON (1959, 1960), am Hunde-Intestinum sogar bis zu 30mal höher als am Skeletmuskel (isogravimetrisch bestimmt). Dieser Umstand dient als wesentliches Indiz für die Annahme, daß Autoregulationsmechanismen in erster Linie der Konstanterhaltung der Filtrationsrate, d.h. des mittleren Capillardruckes, weniger der Konstanterhaltung der Durchblutungsrate dienen (JOHNSON, 1960).

Nur Änderungen der Filtratmenge bei konstantem mittleren Capillardruck $\bar{P}_c$ dürfen als Ausdruck einer Änderung der Wasserdurchlässigkeit gewertet werden. Gemäß der allgemeinen thermodynamischen Formulierung einer hydrodynamischen Strömung durch Poren unter Berücksichtigung einer Interferenz von hydrostatischem und kolloid-osmotischem Druck (RENKIN u. PAPPENHEIMER, 1956):

$$Q_f = k \cdot \frac{A_p}{\Delta x} (\Delta P - \Delta \pi)$$

(worin $k$ einen Proportionalitätsfaktor, $A_p/\Delta x$ die Querschnittsporenfläche pro Wanddicke — im allgemeinen mit 0,3 µm eingesetzt — symbolisieren), kann eine solche Änderung zunächst nur über die Querschnittsporenfläche $A_p$ bzw. die Wanddicke $\Delta x$ (d.h. die Wandcharakteristika) erfolgen. Nach PAPPENHEIMER et al. (1951) repräsentiert jedoch der Quotient $A_p/\Delta x$ eine auf die Existenz geometrischer Strukturen (Porenäquivalente) basierende Größe, die als konstant zu gelten hat, wie aus Ergebnissen mit definierten Molekülen unter verschiedenen hämodynamischen und pharmakologischen Bedingungen geschlossen wurde. Auch die von LANDIS (1927a, b) nachgewiesene strenge Druckproportionalität der Filtratmenge wird als evidenter Beweis hierfür angesehen.

Die Kontrolle des mittleren Capillardruckes für eine Aussage über Veränderungen der Wasserdurchlässigkeit ist deshalb wichtig, weil aus der bereits zitierten Formulierung für den mittleren Capillardruck $\bar{P}_c$ (S. 110) hervorgeht, daß — auch bei konstantem Systemdruck — allein über Änderungen des prä- und postcapillären Widerstandes Veränderungen von $\bar{P}_c$ erfolgen können und dann die Änderung der Filtratmenge nicht auf einer Änderung des Filtrationskoeffizienten beruht.

Eine Zunahme des Filtrationskoeffizienten von 0,015 auf 0,030—0,050 ml/min/mm Hg/100 g, wie sie von COBBOLD et al. (1963) am arbeitenden Skeletmuskel festgestellt wurde, könnte somit — auch unter Mitberücksichtigung eines Anstiegs des mittleren Capillardruckes um etwa 10 mm Hg — allein über eine zusätzliche Eröffnung von Capillaren durch präcapilläre Sphincteren, d.h. über eine Vergrößerung der Gesamtaustauschfläche ($A_m$) erfolgen, wie dies bereits von KROGH

(1929) konstatiert wurde. Nach ihm soll die Zahl der durchbluteten Capillaren um das 20—30fache, nach Zweifach (1949) um das 10—15fache ansteigen. Das gleiche ist nach Kjellmer u. Oderlam (1965) der Fall nach Acetylcholin- und ATP-Injektion, während Histamin und Bradykinin zugleich die Permeabilität (d. h. $A_p/\Delta x$) verändern sollen. Die selektive Permeabilitätssteigerung durch Histamin im Bereich der Venule wird nach Majno et al. (1969) auf die Ausbildung sog. interendothelialer „gaps" infolge intraplasmatisch ausgelöster aktiver Endothelveränderungen zurückgeführt. Nach Infusionsversuchen im intestinalen Bereich von Hunden durch Shirley et al. (1957) muß zumindest im visceralen Endstromgebiet eine grundsätzlich veränderliche Porengröße, d. h. eine Inkonstanz von $A_p/\Delta x$ im Sinne eines sog. „stretched pore phenomenon" angenommen werden.

### d) Der „gradient of vascular permeability" (Heteroporosität)

Gegen die Annahme eines uniformen Filtrations- und auch Diffusionskoeffizienten längs der Stoffaustauschstrecke, d. h. gegen die permeabilitäts-

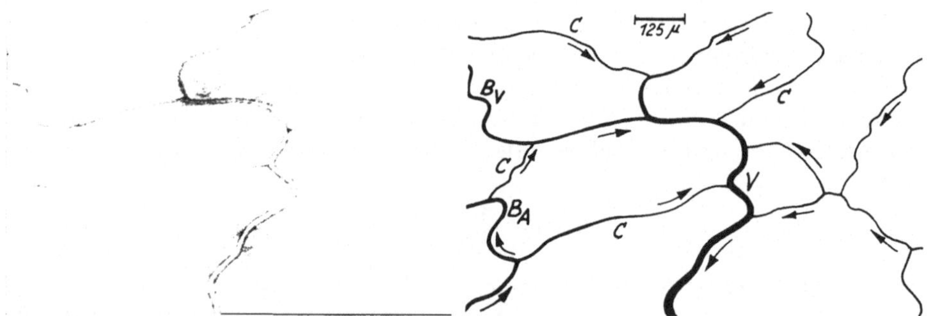


Abb. 4. Austritt von albumin-konjugiertem Fluorescein-Isothiocyanat ausschließlich längs des venulären Anteiles eines Brückengefäßzuges am jejunalen Katzenmesenterium, während das übrige Gefäßareal keinen Farbstoffaustritt aufweist. Zustand 10 min nach Farbstoffinjektion. $B_A$ und $B_V$ arteriolärer bzw. venulärer Brückengefäßabschnitt, $C$ Capillaren. [Nach Hauck u. Schröer, Bibl. anat. (Basel) **10** (1969)]

mäßige Gleichwertigkeit zwischen arterieller und venöser Capillarbettseite sprechen vitalmikroskopische Befunde, wie sie bereits 1930 von Rous et al. an der Kaninchenbauchmuskulatur mit Hilfe verschiedener kolloider Farbstoffe erhalten wurden, die ein Permeabilitätsmaximum im Bereich der Venule aufzeigten. Dieser zunächst in einer Reihe von Arbeiten gefestigte Befund (McMaster u. Hudack, 1932; McMaster et al., 1932; Smith u. Rous, 1931; Smith u. Dick, 1932) wurde als „gradient of vascular permeability", d. h. als eine Zunahme der Wanddurchlässigkeit von der arteriolären zur venulären Capillarstrecke aufgrund echter struktureller Wandunterschiede interpretiert und konnte in neuerer Zeit qualitativ (Abb. 4) und quantitativ voll bestätigt werden (Chambers u. Zweifach, 1947; Landis, 1964; Wiederhielm, 1966 a; Intaglietta, 1967; Zweifach u. Intaglietta, 1968; Hauck, 1969). Unter Zugrundelegen der Porentheorie muß daher angenommen werden, daß Zahl und Größe solcher Durchlaßstellen nach der venösen Seite hin zunehmen, wobei das Permeabilitätsmaximum im Venulenabschnitt liegt. Den quantitativen Beweis für die ansteigende Wasserdurchlässigkeit erbrachten INTAGLIETTA (1967a) sowie WIEDERHIELM (1966) am Froschmesenterium, ferner ZWEIFACH u. INTAGLIETTA (1968) am Kaninchenmesenterium, wonach mesenterial einem Filtrationskoeffizienten der arteriolären Capillarseite von durchschnittlich $4 \times 10^{-3}$ ($\mu^3/\mu^2$/sec/cm $H_2O$) ein solcher von $20—25 \times 10^{-3}$ der venösen Seite gegenübersteht, bei einem Capillardruck von 44 bzw. 25 cm $H_2O$ (Tabelle 1). Dieses inverse Verhalten zwischen Capillardruck und Filtrationskoeffizient muß als evidenter Beweis für eine örtliche Zunahme der Wasserdurchlässigkeit angesehen werden. Versuche von LANDIS (1964) mit Evans blue-markiertem Albumin am Froschmesenterium, sowie Versuche von HAUCK

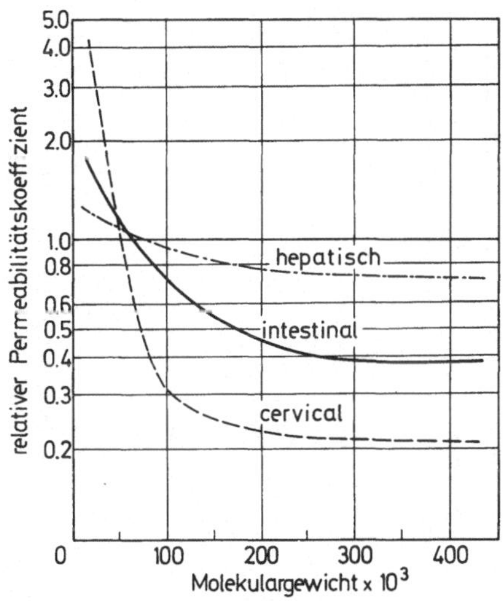


Abb. 5. Lymph-Plasma-Konzentrationsverhältnisse (Ordinate) großmolekularer Dextranfraktionen in verschiedenen Körperregionen im Hinblick auf körperregionale Permeabilitätsunterschiede. [Nach MAYERSON et al., Amer. J. Physiol. 198 (1960)]

(1969), HAUCK u. SCHRÖER (1969) mit eiweißkonjugiertem Fluorescein-Isothiocyanat und Brillantsulfoflavin an der muskulären, intestinalen sowie hepatischen Endstrombahn, lassen annehmen, daß weitlumige Durchlaßstellen für diese erhöhte Durchlässigkeit existieren und damit eine (funktionelle) Heteroporosität der Gefäßwand vorliegt (LANDIS, 1964). Für eine solche Heteroporosität sprechen auch Bestimmungen der Lymph-Plasma-Konzentrationsquotienten für großmolekulare Substanzen (GROTTE, 1956; MAYERSON et al., 1960; COURTICE, 1961; u. a.) wobei sich Werte von 0,2 (Cervicalbereich) bis 0,8 (Lebergebiet) ergaben (Abb. 5). GROTTE (1956) postulierte hierfür sog. „leaks" mit einem Radius von 250—500 Å und kalkulierte ein Verhältnis von 35000 kleinen Poren auf eine große (cervical), 20000:1 (intestinal) und 340:1 (hepatisch), während MAYERSON et al. (1960) den Anteil „großer Poren" mit 4,4, 21,6 bzw. 66,7% angeben. LANDIS wiederum gab für die großen Poren (am Froschmesenterium) ein Verhältnis von 1:14 zwischen arteriolärer und venulärer Capillarstrecke an. Der Grund

Tabelle 1. *Quantitative Daten hinsichtlich örtlicher Unterschiede von Filtratmenge, Filtrationskoeffizienten (K), Capillardruck, kolloid-osmotischem Druck (COP) und Hämatokrit im Capillarbett des Hasenmesenteriums.* [Nach Zweifach u. Intaglietta, Miscrovasc. Res. 1 (1968)]

*Differential capillary pressure and gradient of permeability*

| Vessel type | Systemic data | | | | Capillary data | | | | | | | |
| --- | --- | --- | --- | --- | --- | --- | --- | --- | --- | --- | --- | --- |
| | | | | | measured values | | | calculated values | | | | |
| | diam. ($\mu$) | pressure (mm Hg) | hcrt. (%) | COP (cm $H_2O$) | fluid movem. ($\mu$/sec) | | hcrt. (%) | pressure (cm $H_2O$) | | $\Delta P$ | $K^b$ | Expt. |
| | | | | | A | $V^a$ | | A | $V^a$ | | | |
| Precapillary | 8.8 | 110/80 | 36.8 | 26.2 | 0.113 | 0.058 | 30.0 | 44.3 | 32.8 | 11.5 | 7.4 | 36 |
| Arterial capillary | 8.0 | 115/65 | 35.1 | 20.5 | 0.063 | 0.048 | 27.0 | 36.8 | 29.2 | 7.6 | 4.0 | 71 |
| Arterial capillary | 10.2 | 127/75 | 39.9 | 23.8 | 0.047 | 0.032 | 31.5 | 39.2 | 33.8 | 5.4 | 3.2 | 12 |
| Midcapillary | 8.0 | 122/80 | 34.5 | 17.0 | 0.066 | 0.014 | 28.0 | 29.2 | 21.6 | 7.6 | 4.0 | 31 |
| Midcapillary | 8.4 | 130/75 | 38.2 | 25.1 | 0.106 | 0.088 | 14.7 | 34.4 | 31.8 | 2.6 | 12.0 | 20 |
| Venous capillary | 8.8 | 125/80 | 34.8 | 17.8 | 0.057 | 0.026 | 26.6 | 22.2 | 19.9 | 2.3 | 12.0 | 53 |
| Venous capillary | 11.4 | 110/70 | 33.1 | 19.0 | 0.095 | 0.070 | 17.0 | 24.2 | 21.0 | 3.2 | 24.1 | 69 |
| Venous capillary | 8.4 | 108/78 | 38.2 | 22.8 | 0.098 | 0.078 | 33.0 | 26.8 | 25.2 | 1.6 | 25.3 | 16 |

[a] A = Arterial, V = Venous sides of micro-occlusion.
[b] = $10^3$ $\mu^3/\mu^2$ sec cm $H_2O$.

für den wesentlich höheren Filtrationskoeffizienten im intestinalen Bereich gegenüber dem Muskelendstromgebiet (FOLKOW, 1963; JOHNSON, 1960) dürfte somit in einer ausgeprägteren Heteroporosität der Austauschgefäße begründet liegen.

Die Konsequenz aus der Permeabilitäts-Asymmetrie zwischen arterieller und venöser Capillarbettseite für das Flüssigkeitsgleichgewicht müßte zunächst in einem stark vergrößerten Rückresorptionsvolumen gegenüber der Filtratmenge liegen, wenn man für die Austauschflächen $A_m$ ein Verhältnis von etwa 1:5, für die Filtrationskoeffizienten ein solches von 1:2 (Froschmesenterium) bis 1:3 (Hasenmesenterium) zwischen arteriolärer und venulärer Seite zugrunde legt. Aus der Gleichung für das Flüssigkeitsgleichgewicht (ohne Berücksichtigung der Lymphdrainage), wonach

$$(A_m \cdot k \cdot P_{ef})_{art} = (A_m \cdot k \cdot P_{ef})_{ven}$$

bzw.

$$\frac{(A_m \cdot k)_{art}}{(A_m \cdot k)_{ven}} \cdot P_{ef_{art}} = P_{ef_{ven}}$$

(und $A_m$ die Austauschfläche, $k$ den Filtrationskoeffizienten und $P_{ef}$ den transmural wirksamen Druck art/ven repräsentieren), ergibt sich dann, daß $P_{ef}$ der venulären Seite nur ein Bruchteil von $P_{cf}$ der arteriellen Seite betragen dürfte, wenn ein Gleichgewicht herrschen und nicht eine Gewebedehydrierung resultieren soll (während nach klassischer Vorstellung beide Effektivdrucke etwa gleich groß sein müßten). Diese Gefahr der Gewebedehydrierung wäre nach WIEDERHIELM (1967) durch die Existenz negativer Gewebedrucke, wie sie von GUYTON (1963) im subcutanen Bereich mit einer Durchschnittshöhe von −6 mm Hg gemessen wurden, tatsächlich neutralisierbar, wobei dem numerischen Beispiel der Abb. 6 eine Verdoppelung der Permeabilität ($k$) und eine 5fache Zunahme der Austauschfläche ($A$) zugrunde liegt (nach WIEDEMAN, 1963). Es erscheint jedoch fraglich, ob die Werte der Kapsel-Implantationsmethode den tatsächlichen Gewebedruck repräsentieren, der heute nicht mehr als ein rein hydrostatischer Druck verstanden wird (ZWEIFACH u. INTAGLIETTA, 1966; McDONALD, 1968), zumal Untersuchungen von GERSH u. CATCHPOLE (1949), BAEZ et al. (1960), FUNG et al. (1966), WIEDERHIELM (1966) für eine sog. Zweiphasen-, d.h. Sol-Gel-Struktur des Interstitiums sprechen. WIEDERHIELM (1968) vermutet in der ungleichen Verteilung von Mucopolysacchariden zwischen inplantierten Kapseln und umgebendem Gewebe eine osmotische Ursache für die gemessenen negativen Gewebedrucke.

Von besonderem Interesse sind in dieser Hinsicht die Verhältnisse im intestinalen Endstromgebiet, wo im postcapillären Bereich aufgrund vitalmikroskopischer Untersuchungsergebnisse (INTAGLIETTA, 1967; ZWEIFACH u. INTAGLIETTA, 1968; HAUCK, 1969) sogar ein Hämokonzentrationseffekt im Sinne einer verminderten Wasserrückresorption in Betracht zu ziehen bleibt. ZWEIFACH u. INTAGLIETTA (1968) konnten nur in etwa 10% untersuchter Mesenterialcapillaren eine Wasserrückresorption am venösen Schenkel nachweisen. Kennzeichnend war ein Absinken des kolloid-osmotischen Druckes des Plasmas, wobei der Capillardruck auch im venulären Abschnitt über dem onkotischen Druck zu liegen kam. Die Ursache hierfür muß einmal in der mit dem „gradient of vascular permeability" bzw. der postulierten Heteroporosität der Capillarwand in ursächlichem Zusammenhang stehenden Eiweißdurchlässigkeit der Gefäßwand im venösen Bereich gesehen werden. Hinzu kommt, daß — wie bereits dargelegt — die Filtration vasomotionsbedingt durchaus die gesamte Capillarlänge betreffen kann und somit der Capillardruck nicht unter den kolloid-osmotischen Druck zu sinken braucht. Dadurch ist eine Eiweißpermeation im venösen Abschnitt auch im bulk flow, neben Diffusion und Vesikeltransport gegeben. Zugleich dürften mit ansteigender Eiweißpermeabilität wesentlich höhere — die Filtration fördernde — kolloid-osmotische Gewebedrucke als bisher angenommen existieren, wobei von Wiederhielm (1968) Druckwerte bis zu 8 mm Hg einkalkuliert werden. Unter Berücksichtigung dieser Ergebnisse darf somit angenommen werden, daß auch bei Abwesenheit relativ hoher negativer Gewebedrucke keine verstärkte, sondern im Gegenteil sogar eine verminderte Rückresorption aufgrund der Permeabilitäts-Asymmetrie resultiert und damit die Lymphdrainage an Bedeutung

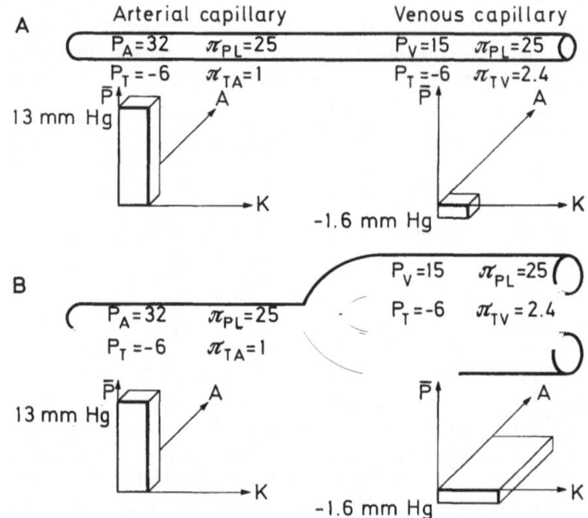


Abb. 6. Vergleich des Starlingschen (symmetrischen) Capillarmodells uniformer Permeabilität (A) mit dem asymmetrischen Typ — repräsentiert durch ein sog. ,, two-segment model'' (B) — im Hinblick auf das Flüssigkeitsgleichgewicht über den Filtrations-Rückresorptionsmechanismus: Die für das asymmetrische Capillarbett zunächst zu fordernde stärkere Rückresorption infolge eines — hier zugrunde gelegten — doppelt so hohen Filtrationskoeffizienten (K) und einer fünffach größeren Austauschfläche (A) der venösen Seite könnte über einen negativen Gewebedruck in Höhe von —6 mm Hg (entsprechend den Bestimmungen durch Guyton, 1963) kompensiert werden. Hingegen würden solche Gewebedrucke beim klassischen Capillarmodell eine verminderte Rückresorption bewirken. (Nach Wiederhielm, in: Physical basis of circulatory transport. Philadelphia-London: Saunders Comp. 1967)

für die Erhaltung des Flüssigkeitsgleichgewichts gewinnt. Nach Wiederhielm (1968) müssen allgemein mindestens 30% der Filtratmenge auf sie veranschlagt werden.

### e) Diffusion

Danielli u. Stock (1944) sahen im Filtrations-Rückresorptionsmechanismus den entscheidenden Vorgang für die Gewebeernährung mit Wasser und den darin gelösten Substanzen (über eine sog. pericapilläre Zirkulation). Dies würde bedeuten, daß z. B der Glucosebedarf des ruhenden Muskels von ca. 0,01 mg/sec/100 g über die Filtrationsrate zu decken bliebe, tatsächlich aber auf diesem Wege — bei einem Zuckerspiegel von 100 mg-%, einem mittleren Filtrationsdruck von 20 mm Hg und einem Koeffizienten von 0,011 ml/min/mm Hg/100 g — höchstens 0,004 mg/sec geliefert werden können. Der Rest bleibt über Diffusion zu decken. Kruhhøffer (1946) vor allem konnte am Insulin zeigen, daß sowohl Filtration als auch Diffusion für die Gewebeernährung eine Rolle spielen, die Diffusion jedoch überwiegt [und soll nach CHINARD et al. (1955) sogar von alleiniger Bedeutung sein]. Allerdings spricht die Zunahme des Filtrationskoeffizienten am arbeitenden Muskel um über 100% [von 0,015 auf 0,030—0,050 ml/min/mm Hg/100 g nach COBBOLD et al. (1963)] für die Bedeutung auch des filtrativen Substanztransportes. Grundlage der quantitativen Erfassung von Diffusionsraten bildet das Ficksche Diffusionsgesetz für freie Diffusion, wonach die Diffusionsgeschwindigkeit $dn/dt$ abhängt von dem Diffusionskoeffizienten $D$, der Diffusionsfläche $A$ und dem Konzentrationsgradienten $dc/dx$:

$$\frac{dn}{dt} = D \cdot A \, \frac{dc}{dx} \, .$$

Daraus ergibt sich für den Diffusionskoeffizienten die Dimension cm² sec⁻¹, und es läßt sich aus der Formulierung $t = l^2/D$ ableiten, daß die Diffusion über sehr kurze Distanzen einen enorm schnellen, über große Abstände hingegen einen sehr langsamen Vorgang darstellen muß. Für den Fall einer kontinuierlichen Substanzzufuhr auf der einen Membranseite mit der endlichen Dicke $\varDelta x$ (d.h. für einen „steady state-Konzentrationsgradienten") gilt bei einer isoporösen Membran mit der Querschnittsporenfläche $A_p$ für die Transportrate $T_D$ nach RENKIN u. PAPPENHEIMER (1957)

$$T_D = D \, \frac{A_p}{\varDelta x} \cdot \varDelta C \, .$$

Darin repräsentiert $D \cdot A_p/\varDelta x$ eine, die isoporösen Wandeigenschaften charakterisierende Proportionalitätskonstante. Aus der Beziehung für den Diffusionskoeffizienten:

$$D = R\,T/N_L 6 \pi r \eta$$

(EINSTEIN, 1905; SUTHERLAND, 1905) — worin $N_L$ = Loschmidtsche Zahl, $\eta$ = Viscosität, $r$ = Molekülradius sphärischer Teilchen darstellen — wird die grundsätzliche Abhängigkeit der Diffusion von Molekülradius und Viscosität ersichtlich.

### f) Beschränkte Diffusion

Freie Diffusion, d.h. eine direkte Proportionalität zwischen Diffusionsrate und dem Diffusionskoeffizienten ist nach MANEGOLD (1937) für Porenmembranen nur bei entsprechend großer Porenweite im Verhältnis zum Molekülradius garantiert und soll z.B. für das Glucosemolekül mit einem Durchmesser von 8,8 Å über 300 Å betragen. Obgleich in diesem Falle die Membran zwar lediglich die Gesamtdiffusionsfläche reduziert, bedeutet es, daß im biologischen Bereich grundsätzlich eine beschränkte Diffusion in Rechnung zu stellen bleibt, soweit diese durch geometrische Strukturen erfolgt. Rückt der Molekülradius in die Nähe des Porenradius, so erfährt die Diffusion eine zunehmende Beschränkung, d.h. die einer freien Diffusion noch zur Verfügung stehende Querschnittsporenfläche ($A_p'$) ist kleiner als die tatsächlich vorhandene ($A_p$) und wird als beschränkte Querschnittsporenfläche aufgefaßt (RENKIN u. PAPPENHEIMER, 1957). Somit wird der Diffusionskoeffizient ($D'$) für $A_p$ kleiner ausfallen, als der entsprechende freie Diffusionskoeffizient. Nach RENKIN (1954) bleibt eine Verminderung der Transportrate um 50% zu erwarten, sobald der Molekülradius etwa $^1/_4$—$^1/_6$ der Porengröße erreicht. Diese Beschränkung der Diffusion — im wesentlichen Folge sterischer und viscöser Faktoren — ist für isoporöse, nicht für heteroporöse Membranen kennzeichnend[3].

---

3 Die Existenz einer sog. „geförderten Diffusion" als aktive (nicht vesikuläre) und den Konzentrationsgradienten abbauende Transportform ist an der Capillarwand nicht belegt.

Die Tatsache, daß bei Nettodiffusionsbestimmungen für definierte Moleküle (Pappenheimer et al., 1951) unter verschiedenen hämodynamischen Bedingungen das Verhältnis von Diffusionsrate $T_D$ zur transcapillären Konzentrationsdifferenz $\Delta C$ (und damit der Proportionalitätsfaktor $D \cdot A/\Delta x$) konstant blieb und dieser bei ansteigender Molekülgröße stärker abnahm, als es aufgrund der Verminderung des Diffusionskoeffizienten zu erwarten blieb, wurde als Hinweis für die Existenz geometrischer Porenstrukturen in der Capillarwand gedeutet. Die über die beschränkte Diffusion errechenbare Porengröße ergab hierbei einen effektiven Porenradius für die Skeletmuskulatur von ca. 34 Å, gegenüber 31 Å entsprechend den Berechnungen über die Poiseuillesche Beziehung.

Die beschränkte Porenfläche pro Einheit Weglänge und 100 g Muskel ($A_p'/\Delta x/100$ g) errechnete sich nach der isogravimetrischen Methode für Myoglobin (Molgew. $= 17000$) auf 0,03 cm $\times 10^5$ bei einem Permeabilitätskoeffizienten von 0,05 mol/cm$^2$/sec/mol/l $\times 10^{-8}$ (gegenüber Kochsalz mit 1,03 bzw. 31,0), während für Plasmaalbumin (Molgew. $= 70000$) eine Permeabilität nicht mehr angezeigt und daher eine Impermeabilität für Plasmaproteine angenommen wurde. Eine Berechnung des Permeabilitätskoeffizienten für Albumin über die $J^{131}$-Austauschrate ergab jedoch einen Wert von 0,001 (mol/cm$^2$/sec/mol/l $\times 10^{-8}$) für die Skeletmuskulatur und damit eine annähernd 10000fach niedrigere Permeabilität als z.B. für Glucose (Renkin, 1955). Für die kleinmolekularen Substanzen Wasser, Kochsalz, Harnstoff und Glucose resultierten Diffusionskoeffizienten am nicht arbeitenden Muskel von 3,2, 2,27, 1,95 bzw. 0,91 cm$^2$/ sec $\times 10^{-5}$ (37° C) bei einer beschränkten Porenfläche pro Einheit Weglänge ($A_p'/\Delta x$) von 1,2, 1,03, 0,94 und 0,70 cm $\times 10^5$/100 g (Renkin, 1955) und Diffusionsraten von 5,0, 0,8, 0,03 und 0,04 g/sec/100 g Gewebe. Dies bedeutet Austauschraten in beiden Richtungen durch die Capillarwand, die 80-, 40-, 30- bzw. 10mal so groß sind wie die An- und Abtransportraten im Blut, d.h. aber, daß die Diffusion so schnell erfolgt, daß ein faßbarer osmotischer Transient nicht oder kaum entstehen kann (Renkin, 1955). Eine Veränderung der intercellulären Diffusionsrate bleibt ebenso wie bei der intercellulären Wasserdurchlässigkeit über Veränderungen der Gesamtaustauschfläche ($A_m$) zu erwarten (Renkin, 1968; Renkin u. Rossel, 1962).

Bestimmungen des Permeabilitätskoeffizienten für Inulin und Saccharose an der Skeletmuskulatur des Hundes mit Hilfe der „Indicator-Diffusion-Method" nach Crone (1963) ergaben Werte von 0,26 bzw. 0,74 (cm$^2$ sec$^{-1}$ $\times 10^{-5}$), die mit denen der freien Diffusion weitgehend übereinstimmen und somit gegen die Existenz einer beschränkten Diffusion sprächen, während die niedrigeren Werte von Pappenheimer et al. (1951) erst nach Behandlung mit einem Korrekturfaktor (Gierer u. Wirtz, 1953; Kedem u. Katchalsky, 1958) eine Übereinstimmung ergeben. Dieser Koeffizientenunterschied wird auf die nach Staverman (1951) nur bei strenger Semipermeabilität statthafte Anwendung der Van't Hoffschen Beziehung $\Delta C = \Delta P/RT$ zur Erfassung des mittleren transmuralen Konzentrationsunterschiedes über den osmotischen Druckgradienten mit der isogravimetrischen Methode durch Pappenheimer et al. (1951) zurückgeführt (Ussing, 1953; Crone, 1963). Der „osmotische Reflexionskoeffizient" $\sigma = \Delta P/\Delta C \cdot RT$ muß dann für alle Testmoleküle 1 sein.

### g) Diffusionsrate und Durchblutungsgröße

Im Gegensatz zu den Filtrationsraten stellt die Durchblutung für die Diffusionsraten kleinmolekularer lipoidunlöslicher (und -löslicher) Substanzen einen wesentlichen limitierenden Faktor dar. Ihre hohe Diffusionsgeschwindigkeit, die gleich der av-Konzentration exponentiell mit der Zeit abfällt, bedingt, daß die mittlere Konzentration z.T. unter 1% der arteriellen Plasmakonzentration zu liegen kommt und daher der Stoffaustausch auf die arterioläre Capillarstrecke beschränkt bleibt (KETY u. SMITH, 1948; SCHLOERBS et al., 1950; PAPPENHEIMER et al., 1951; RENKIN, 1955; u. a.). Infolgedessen ist nur über eine höhere Strömungsgeschwindigkeit für kleine Moleküle eine höhere mittlere Plasmakonzentration und damit eine Streckung des Diffusionsprofils zu erwarten. Nach RENKIN (1959) sowie CRONE (1963) fordert die mathematische Formulierung[4] der Beziehung zwischen Durchblutung, Diffusionsrate und Permeabilität für den Grenzfall der durchflußbegrenzten Diffusion kleiner Moleküle eine direkte Proportionalität zwischen Austausch- und Durchblutungsrate, während mit wachsender Molekülgröße (d. h. im anderen Grenzfall) die Austauschrate ausschließlich von der Diffusionseigenschaft der großen Moleküle bestimmt wird. Diese Vorstellungen jedoch berücksichtigen nicht die Existenz eines „gradient of permeability", wonach dem av-Konzentrationsabfall ein Anstieg der Permeabilität parallel geht, der auch für kleinere Moleküle durchaus tragend werden kann, wie dies vor allem im mesenterial-intestinalen Endstrombereich anzunehmen bleibt. Obgleich lokale Bestimmungen von Diffusionskoeffizienten längs von Einzelcapillaren — entsprechend den Bestimmungen von Filtrationskoeffizienten durch INTAGLIETTA (1967) sowie ZWEIFACH u. INTAGLIETTA (1968) — bisher nicht vorliegen, darf eine ebensolche Zunahme auch der eigentlichen Permeabilität von der arteriolären zur venulären Capillarbettseite — gemäß den Vorstellungen von ROUS et al. (1930) — sicher angenommen werden.

### h) Molekulare Siebung und Eiweißpermeabilität

Nach der Theorie von der Isoporosität der Capillarwand mit einem effektiven Porenradius von 31 Å wird die beschränkte Diffusion für die Plasmaproteine so groß, daß die Capillarwand ein weitgehend eiweißfreies Ultrafiltrat liefert. Diese auch mit den äquatorialen Molekülradien von rund 38 Å gut in Einklang zu bringende Vorstellung fand in der Siebungstheorie nach PAPPENHEIMER (1953) ihre theoretische Fundierung: Eine molekulare Absiebung ist immer dann zu erwarten, wenn bei einem Substanztransport über hydrodynamische Strömung die transportierte Substanz eine wesentliche Beschränkung ihrer Diffusion aufweist. Damit kommt es zu einer Trennung von Lösungsmittel und gelösten Teilchen im Sinne der Filtration, deren Grad von dem Verhältnis zwischen Transportrate per diffusionem $(T_D)$ — die mit der Absiebung zwangsläufig in Gang gesetzt wird — und der Transportrate per filtrationem $(T_F)$ bestimmt wird. Auskunft darüber gibt das Konzentrationsverhältnis von Filtrat zu Filtrand: $C_2/C_1$, das im Falle einer Nicht-Absiebung 1 beträgt, hingegen bei hochgradiger Absiebung (d. h. stark beschränkter Diffusion) sehr klein wird. Aus dieser Vorstellung wird ableitbar, daß auch für die kleinmolekularen Substanzen ein Absiebungseffekt zu erwarten bliebe, wenn die Filtrationsgeschwindigkeit genügend hoch angehoben werden könnte. Umgekehrt ist die physiologische Filtrationsgeschwindigkeit noch hoch genug, um bei der bestehenden Diffusionsbeschränkung der Proteine aufgrund einer Querschnittsporenfläche von nur $0,0008$ cm $\times$ $10^5/100$ g (RENKIN, 1955) eine praktisch völlige Absiebung, d. h. eine weitgehende Impermeabilität zu bewirken,

---

4 $E = 1 - e^{-PA/Q}$ (RENKIN, 1959) bzw. $P = Q/A \cdot \ln[1/1 - E]$ (CRONE, 1963), worin $E$ = fraktionelle Extraktion, $P$ = Diffusionskoeffizient von Capillarwand und Gewebe, $Q$ = Stromstärke, $A$ = Austauschfläche.

die sich aber in Richtung venösem Capillarschenkel infolge abnehmender Filtrationsrate auch bei Isoporosität vermindern müßte. Dies bedeutet, daß auch nach dieser Theorie eine örtlich verschiedene, d. h. nach der venösen Capillarbettseite zunehmende Proteinpermeationsrate zu erwarten bliebe. Der Konzentrationsquotient $C_2/C_1$ beträgt für die Muskelendstrombahn 0,06. Mit sinkender Filtrationsrate wird danach die Eiweißkonzentration im Filtrat ansteigen. In jedem Falle aber bleibt eine mögliche Eiweißpermeation, wo sie auch stattfinden möge, nach der Siebungstheorie an die Existenz einer hydrodynamischen Strömung geknüpft. Immerhin bedeutet eine Eiweißkonzentration im Filtrat bzw. extravasalen Raum in Höhe von 0,2—0,4% [gemäß Bestimmungen von LANDIS (1946) sowie aufgrund der Annahme, daß der effektive kolloidosmotische Druck 93% des in vitro-Wertes beträgt, was wiederum gut mit dem Konzentrationsquotienten der Absiebung von 0,06 übereinstimmt], daß bei einer Gesamtfiltratmenge von 20 l/24 Std (LANDIS u. PAPPENHEIMER, 1963) 40—60 g Eiweiß im Haut-Muskel-Endstrombereich permeieren, während jedoch bei Annahme einer extravasalen Proteinkonzentration von 2% (WIEDERHIELM, 1969) eine Gesamtpermeation von mindestens 400 g resultiert und damit mehr als das gesamte Eiweiß pro die einmal ausgetauscht wird. Eine Bestimmung der Albuminaustauschrate für das Ganztier ergab eine Umsatzrate von 0,1%/min und damit 100% in 16,6 bzw. 144% in 24 Std (WASSERMANN u. MAYERSON, 1951).

### i) Lokal und körperregional unterschiedliche Eiweißpermeabilität

Die im Verhältnis zur Permeabilität kleinmolekularer Substanzen gering zu veranschlagende Eiweißpermeabilität im Haut-Muskel-Endstrombereich konnte mit der isogravimetrischen Methode (PAPPENHEIMER u. SOTO-RIVERA, 1949; PAPPENHEIMER et al., 1951) nicht nachgewiesen werden, was zunächst als Ausdruck einer Impermeabilität aufgrund der Isoporosität interpretiert wurde. Bestimmungen des Lymph-Plasma-Konzentrationsquotienten für definierte großmolekulare Substanzen (Abb. 5) belegen jedoch auch eine Eiweißpermeabilität der Muskelendstrombahn und zugleich eine körperregionale Unterschiedlichkeit im Sinne einer ansteigenden Permeabilität im intestinalen Bereich mit einem Maximum im hepatischen Endstromgebiet (GROTTE, 1956; MAYERSON et al., 1960; COURTICE, 1961; u. a.). Vitalmikroskopische Untersuchungen konnten ferner zeigen (Abb. 4), daß als Ort der Proteinpassage die klassische Rückresorptionsstrecke der Endstrombahn — mit einem Maximum im Venulenbezirk — zu betrachten bleibt (LANDIS, 1964; HAUCK, 1969; HAUCK u. SCHRÖER, 1969), die gemäß den Ergebnissen von ROUS et al. (1930) durch eine erhöhte Wanddurchlässigkeit im Sinne des „gradient of vascular permeability" gekennzeichnet ist, wie durch WIEDERHIELM (1966a), INTAGLIETTA (1967) sowie ZWEIFACH u. INTAGLIETTA (1968) für die mesenteriale Endstrombahn quantitativ belegt wurde. Die Ursache hierfür wird in der Existenz einer Heteroporosität, d. h. im Auftreten eines zweiten Wandbesatzes nunmehr großer Poren [sog. „leaks" nach GROTTE (1956) bzw. „fenestellae" nach LANDIS (1964)] mit einem Radius von mehr als 250 Å erblickt. Dieser funktionell begründete Zusammenhang zwischen „gradient of permeability", Eiweißpermeabilität und Heteroporosität ist nun dadurch charakterisiert (Abb. 7), daß die zunehmende Eiweißdurchlässigkeit der Endstrombahn im intestinalen und hepatischen Bereich mit einem gleichzeitigen

Abbau des „gradient of permeability" von der Venulenseite her einhergeht:
Indem immer größere Abschnitte des Capillarbettes in die Eiweißdurchlässigkeit
einbezogen werden — entsprechend dem Anstieg des Lymph-Plasma- Quotienten —
schwindet der im „gradient of vascular permeability" zum Ausdruck kommende
arteriovenöse Permeabilitätsunterschied. Dieser ist am ausgeprägtesten im
mesenterialen Bereich, wo die Eiweißpermeabilität und Heteroporosität weitgehend auf die venöse Capillarbettseite beschränkt bleiben, und er wird um so

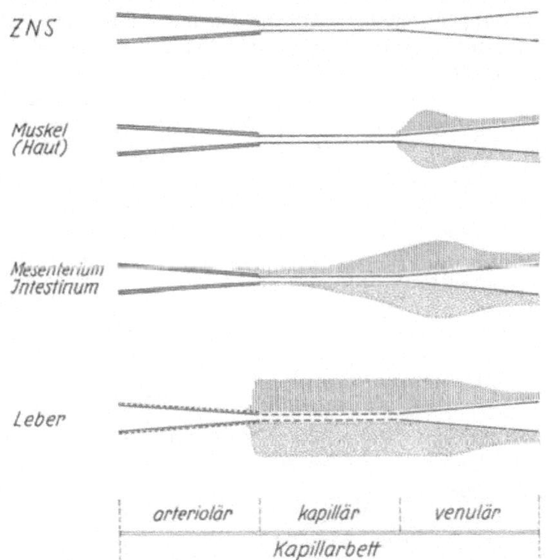


Abb. 7. Vergleichende Darstellung zur Beziehung zwischen Eiweißpermeabilität (punktiert)
und „gradient of permeability" (schraffiert) verschiedener Endstromgebiete beim Warmblüter: Der größte arteriovenöse Permeabilitätsunterschied dürfte im mesenterialen Endstrombereich existieren. Mit weiter zunehmender Eiweißpermeabilität, die im Leberendstrom-
gebiet die ganze Lebercapillare (Sinusoid) erfaßt, muß der arteriovenöse Permeabilitätsunterschied (im Sinne des „gradient of permeability") einen Abbau erfahren, so daß er im Leber-
bereich ein Minimum aufweist. Im ZNS hingegen darf aufgrund der absoluten Eiweißimpermeabilität der Endstrombahn auf das Fehlen eines „gradient of permeability" geschlossen werden, während für die Muskelendstrombahn nach vorliegenden Befunden venulär
ein „gradient of permeability" zu postulieren bleibt

geringer, je mehr die gesamte Endstrombahn in die Eiweißpermeabilität einbezogen wird. Das Minimum liegt im hepatischen Endstromgebiet, wo ein
„gradient of vascular permeability" vitalmikroskopisch nicht mehr nachweisbar
ist, da sich nunmehr die gesamte Endstromstrecke — im Bereich der Sinusoide[5] —
unterschiedslos als eiweißdurchlässig erweist (HAUCK, 1969; HAUCK u. SCHRÖER,
1969). SENEVIRATNE (1949) allerdings beschrieb auch in der Leber einen Farbstoffaustritt mit einem Maximum längs der Zentralvenulen, also im Sinne eines
„gradient of permeability". Tatsächlich bleibt auch bei gleichmäßiger Eiweißpassage längs der Austauschstrecke ein „gradient of vascular permeability"

<hr>

5 Zur Nomenklatur s. WOLFF, Kapitel: Ultrastruktur der Capillaren.

insofern zu postulieren, als dies nur möglich sein kann, wenn dem intrasinusoidalen Konzentrationsabfall ein entsprechender Anstieg der Permeabilität parallel geht. Ein morphologisches Äquivalent zur Heteroporosität und zum „gradient of permeability" muß entsprechend neueren elektronenoptischen Befunden vor allem von Clementi u. Palade (1969) im mesenterialen Endstromgebiet in der geschlossenen (kleines Porensystem) bzw. offenen (großes Porensystem) *Endothelfenestrierung* insbesondere des venösen Capillarschenkels erblickt werden.

Damit ließe sich funktionell die Leberendstrombahn mit ihrer uneingeschränkten Eiweißpermeabilität (aufgrund des sinusoidalen d.h. isoporösen Wandcharakters der Lebercapillaren bei fehlender Basalmembran) der Endstrombahn des ZNS mit völliger Eiweißimpermeabilität (infolge absoluter Isoporosität kleiner Poren bei kontinuierlicher Basalmembran) gegenüberstellen. Beide weisen daher keinen „gradient of vascular permeability" auf. Dazwischen liegen (*Endothel-fenestrierte*) intestinale und (*nicht-fenestrierte*) Muskelendstrombahn mit entsprechenden Übergangseigenschaften, für letztere im Sinne der Ergebnisse des Arbeitskreises um Landis u. Pappenheimer. Dafür sprechen auch neuere Befunde von Smaje et al. (1970) an der Ratten-Cremaster-Endstrombahn, allerdings *ohne* Berücksichtigung der Venulenstrecke, die nach den Befunden von Rous et al. (1930) und auch nach eigenen Beobachtungen im Bereich der Kaninchenbauchmuskulatur eine erhöhte Durchlässigkeit aufweist. Hierbei von besonderem Interesse erscheint — entgegen den klassischen Vorstellungen — die Stellung der Venule: Als Ort der höchsten Wanddurchlässigkeit im intestinalen und Muskelendstromgebiet repräsentiert sie zugleich das empfindlichste Glied der terminalen Gefäßkette, was in bevorzugter Manifestierung von Strömungsanomalien seinen Ausdruck findet. Ihre Wandeigenschaften sind physiologisch — etwa im Hinblick auf die Transportfunktion der Plasmaeiweiße (Bennhold, 1963) — aber auch pathophysiologisch — im Rahmen der Ödembildung oder des Entzündungs- und Schockgeschehens — von Bedeutung; sie stellt den selektiven Angriffsort für Histamin dar (Majno et al., 1961; Hauck, 1969). Zugleich aber sind es ihre Permeabilitätseigenschaften, die wesentlich zur Permeabilitätsasymmetrie des Capillarbettes beitragen und damit — wie gezeigt wurde — der Bedeutung der Lymphdrainage für das Flüssigkeitsgleichgewicht (im Rahmen der prinzipiell voll gültigen Starlingschen Konzeption) einen entsprechenden Stellenwert zuteilen. Casley-Smith (1970) interpretiert allerdings die auf der venösen Capillarbettseite zahlreicher auftretenden geschlossenen Endothelfenestrationen im Hinblick auf eine — eine mangelnde Lymphdrainage kompensierende — Protein-Rückresorption, die jedoch allgemein bezweifelt wird.

Als Transportmechanismen für die Eiweißpassage dürften unter der Annahme weitlumiger Durchlaßstellen sowohl Diffusion als auch Filtration in Betracht kommen. Während jedoch eine Auswärtsdiffusion auf der venösen Capillarbettseite auch bei gleichzeitig stattfindender Wasserrückresorption ablaufen kann, schließt ein Eiweißtransport im bulk flow eine gleichzeitige Wasserrückresorption aus. Dieser Umstand würde für die Gebiete zunehmender Eiweißpermeabilität ebenfalls auf eine Zunahme der Filtration hinweisen. Als weiterer Transportmechanismus, jedoch nur soweit er die transendotheliale Proteinpassage betrifft, bleibt die *Membranvesiculation* zu berücksichtigen.

### 3. Transcelluläre Permeabilität

#### a) *Membranvesiculation*

Diese zunächst von Palade (1953), Bennett (1956), Moore u. Ruska (1957) u.a. beschriebene Form einer aktiven transendothelialen Stoffpassage bleibt für den Transport von Wasser und kleinmolekularen Substanzen ohne Bedeutung (Renkin, 1964) und dient ausschließlich der transendothelialen Durchschleusung großer Moleküle. Nach neueren Untersuchungen von Karnovsky (1967) sowie

Wolff (1967) erscheint die zunächst gemachte Annahme eines gerichteten Transportvorganges nicht zutreffend; vielmehr bleibt die Mikropinocytose als eine ungerichtete, aus der Dynamik der Endotheloberfläche resultierende transendotheliale Substanzverschiebung mit statistischem Transporteffekt zu verstehen. Karnovsky (1968) sieht in ihr das morphologische Korrelat zur postulierten Heteroporosität der Haut-Muskel-Endstrombahn und somit auch für ihre Eiweißpermeabilität, doch kann diese Erklärung in jedem Falle nur die transendotheliale Proteinpassage betreffen, während zur notwendigen Überwindung der Basalmembran ein zusätzlicher passiver Transportmechanismus anzunehmen bleibt. Im mesenterialen Endstromgebiet stehen nach Befunden von Clementi u. Palade (1969) nicht Plasmavesikel, sondern passiver Transport via Endothelfensterung im Vordergrund. Berücksichtigt man ferner Ergebnisse von Wolff u. Merker (1966), daß die höchste Vesikeldichte meist nicht venulär, sondern arteriolär existiert, so dürfte für die noch resultierende Eiweißdurchlässigkeit der Capillarwand die Basalmembran von nicht geringer Bedeutung sein (Bargmann, 1968). Die Vesikel-Transitzeit liegt nach Renkin (1964) bei 300, nach Shea et al. (1969) bei 1,09 sec (bei einem Vesikel-Flux von 9/sec $\mu m^2$).

### b) Transcelluläre Diffusion

Für die passive transcelluläre Stoffpermeation kann nur Diffusion als Transportmechanismus in Frage kommen und sie betrifft die Atemgase sowie kleinbis mittelmolekulare lipoidlösliche Substanzen, während die großmolekularen als proteingebundene Anteile der Eiweißpermeation unterliegen (Courtice u. Morris, 1955). Damit steht mit der gesamten Capillaroberfläche ($A_m$) eine wesentlich größere Austauschfläche als bei der intercellulären Permeation zur Verfügung, wobei für die Atemgase in der Diffusionsgleichung neben dem Löslichkeitskoeffizienten $\alpha$ das transmurale Partialdruckgefälle $\Delta P$ einzusetzen bleibt:

$$T_D = D \cdot \alpha \cdot A_m \cdot \Delta P / \Delta x$$

bzw. nach Krogh:

$$T_D = k \cdot A_m \cdot \Delta P / \Delta x,$$

wobei $k = D \cdot \alpha$ wird[6].

Resultieren schon aus der hohen Diffusionsgeschwindigkeit kleinmolekularer Substanzen erhebliche methodische Schwierigkeiten für eine quantitatve Erfassung der Permeabilitätsdaten, so wird diese im Falle der transmuralen Atemgaskinetik — nicht zuletzt infolge der zusätzlichen erythrocytären Komponenten bzw. der Inhomogenität des Diffusionsmediums — noch wesentlich komplizierter und nur über in vitro-Bestimmungen und anhand von Modellvorstellungen realisierbar (Krogh, 1929; Thews, 1963; Diemer, 1965; Grunewald, 1968). Bedeutungsvoll hierfür wurde der von Krogh konzipierte „Gewebszylinder" im Hinblick auf die zu erwartenden Sauerstoffversorgungsverhältnisse des Gewebes. Danach ist jeder Capillare ein symmetrischer Versorgungsraum zugeordnet, dessen Größe und damit auch $O_2$-Versorgung von der Zahl an durchströmten Capillaren bestimmt wird. Er muß daher in der Ruhe größer sein als unter Arbeitsbedingungen. Die örtlichen $O_2$-Druckverhältnisse werden von der Sauerstoffspannung im Blut, dem $O_2$-Diffusionskoeffizienten im Gewebe und der Größe des Gewebezylinders bestimmt. Die ungünstigsten Versorgungsbedingungen müssen daher — unter Annahme einer parallel-symmetrischen Capillaranordnung — in der venösen Zylinder-Randzone existieren, die deshalb auch als „gefährdete Ecke" bezeichnet wird (Thews, 1963), und zur tödlichen Ecke wird, wenn $P_{O_2}$ auf Null absinkt. Insofern bildet die venöse Sauerstoffspannung ein Kriterium für die aktuellen $O_2$-Versorgungsbedingungen im Gewebe. Befriedigendere

---

6 In $T_D = DF \times \Delta P$ (Lunge) bilden $k$, $A_m$ und $\Delta_x$ den „Diffusionsfaktor" ($DF$).

Ergebnisse liefert das sog. Kegelstumpfmodell einer symmetrischen Capillaranordnung mit antiparalleler Stromrichtung bzw. das Modell einer asymmetrischen Capillaranordnung (Grunewald, 1968). Einen weiteren methodischen Fortschritt stellt die Möglichkeit einer örtlichen Messung der Gewebe-Sauerstoffspannung mit Hilfe von Mikro-Platin-Elektroden dar (Lübbers et al., 1968).

Untersuchungen von Pappenheimer et al. (1951) im Hinblick auf die Sauerstoffdiffusionsrate führten zu dem Schluß, daß für den An- und Abtransport der Atemgase durch die Capillarwand die Porenteilfläche als Passageweg, vor allem in der Lunge, nicht ausreicht, sondern mindestens die Hälfte der Gesamtcapillaroberfläche dazu notwendig ist. Aufgrund des hohen Öl-Wasser-Verteilungskoeffizienten der Atemgase untersuchte Renkin (1952, 1963) die Beziehung zwischen Lipoidlöslichkeit und Permeabilität unter Verwendung kleinmolekularer lipoidlöslicher Moleküle (Urethan, Paraldehyd oder Triacetin). Diese passierten so schnell die Capillarwand, daß sich ein „steady state-Konzentrationsgradient" nicht ausbilden konnte und ihre Diffusionsrate lag um ein Vielfaches höher, als diejenige gleich großer lipoidunlöslicher Moleküle (z. B. Harnstoff). Daraus wurde der Schluß gezogen, daß lipoidlösliche Moleküle die gesamte Capillaroberfläche — einschließlich der Poren — als Diffusionsweg benutzen. Insofern bestimmen Austauschfläche, d. h. Zahl der Capillaren, Durchblutungsgröße und transmuraler Konzentrationsgradient die Transportrate (Renkin, 1959, 1968). Eine weitere Beeinflussung muß theoretisch auch von der Capillarwanddicke ($\Delta x$) zu erwarten sein, wenn diese nach Schroeder (1960) im Falle einer Zunahme des Capillardurchmessers von 5 auf 11 µm um die Hälfte abnimmt.

Für Chinard et al. (1955) existiert überhaupt nur eine transcelluläre Permeation über Diffusion, d. h. sie lehnen die Existenz jeglicher permeabilitätswirksamer Porengebilde und damit auch eine hydrodynamische Strömung ab. Nach ihren Untersuchungen löst eine Druckanwendung grundsätzlich einen Diffusionsvorgang aus. Ein Hauptargument sehen sie jedoch darin, daß — wie die Anwendung von Tracer-Isotopen zeigte — 90% des Wassers in einem Durchgang durch das Endstromgebiet ausgetauscht wird, was ihrer Meinung nach nur über Diffusion möglich ist. Bloch u. Coyas (1964) fanden bei video-mikrophotometrischen Untersuchungen der transmuralen Passagedynamik von kolloiden Farbstoffen, daß für diese neben einer interendothelialen auch eine schnellere transendotheliale Permeation existiert, wobei sogar eine Penetration des Endothelkernes beobachtet wurde.

### c) Permeabilitätsregulierende Mechanismen

Eine normale Capillarpermeabilität ist an die Erhaltung der Gefäßwandintegrität geknüpft, wobei der Endothelinnenseite eine besondere Funktion zukommen dürfte. Aus Kaltblüterversuchen von Danielli (1940) sowie Chambers u. Zweifach (1940, 1947) resultiert die Annahme der Existenz eines die normale Endothelfunktion garantierenden endo-endothelialen Proteinsfilms, der sich laufend aus den Plasmaproteinen restituiert. Neuere elektronenoptische Befunde von Luft (1964) sprechen für die Existenz eines solchen aus Mucopolysacchariden bestehenden Endothelfilmes, der zugleich auch mit dem Diaphragma intracellulärer Poren sog. gefensterter Endothelien identisch sein soll. Die Befunde von Chambers u. Zweifach (1940) weisen ferner auf die für den Wasser- und Substanztransport wichtige Stellung interendothelialer Spalten, die bei der Muskelcapillare mit einer durchschnittlichen Weite von ca. 40 Å zwischen den sog. Zonulae bzw. Maculae occludentes (Luft, 1964; Karnovsky, 1969) als morphologisches Korrelat der von Pappenheimer (1953) postulierten Poren interpretiert werden. Nach CHAMBERS u. ZWEIFACH (1940) erhöhen verminderter Gehalt an Ca-Ionen und Kolloiden der Perfusionsflüssigkeit sowie deren Säuerung die Permeabilität interendothelialer Spalten.

Ein anderer permeabilitätserhaltender Mechanismus wird von gerinnungsphysiologischer Seite in Form eines endocapillären Fibrinfilmes postuliert (COPLEY, 1957, 1964; WITTE, 1960) und aus experimentellen Beeinflussungen der Permeabilität über Veränderungen des aktuellen Gerinnungspotentials abgeleitet (COPLEY, 1964, 1965; WITTE, 1958; MATIS, 1963, HAUCK u. SCHRÖER, 1965; SCHRÖER u. HAUCK, 1969). Hingegen konnte OYVIN et al. (1962) eine Permeabilitätsveränderung nach Heparin-Applikation über eine Bestimmung der Evans blue-Eliminationsrate nicht feststellen.

Aussagekräftiger jedoch als eine Permeabilitätserhöhung (weil ein unspezifischer, schädigender Faktor hierbei nicht mit Sicherheit ausgeschlossen werden kann) erscheint im Hinblick auf einen Wirkungszusammenhang zwischen Gerinnungspotential und Permeabilität eine signifikant verzögerte Farbstoffelimination, wie sie initial nach Thrombininfusion an Ratten (WITTE, 1958) und an Kaninchen (HAUCK u. SCHRÖER, 1965) beobachtet werden konnte. Da aber die Thrombininfusion nicht nur eine Defibrinierung, sondern zugleich auch einen massiven Thrombocytenzerfall mit Freisetzung möglicherweise gefäßwandaktiver Substanzen bewirkt, kann über den eigentlichen Wirkungsmechanismus der Permeabilitätsverminderung bei Thrombininfusion keine konklusive Aussage gemacht werden.

Eine weitere Stütze für die Vorstellung von einer permeabilitätsregulierenden Funktion der Blutgerinnung bildet die Annahme einer intravasal ablaufenden Fibrinoplasie (und Fibrinolyse) im Sinne einer sog. „latenten Gerinnung" (LASCH u. ROKA, 1954), auf deren Existenz wegen der relativ hohen Umsatzrate vor allem für Fibrinogen geschlossen wird. COPLEY (1964) erblickt in der aus diesem hämostatischen Gleichgewichtszustand resultierenden Bildung und Lyse eines endocapillären, nicht-gelförmigen Fibrinoids in der hierfür günstigen, weil weitgehend immobilen Plasmarandzone und in der exoendothelialen (zwischen Endothel und Basalmembran) stattfindenden Ablagerung eines Fibrin-Calcium-Komplexes (sog. Cement-fibrin) zwei wesentliche permeabilitätsbestimmende Vorgänge, die auch aufs engste mit der Capillarresistenz verknüpft sind. MÜLLER (1969) entwickelte bezüglich der Wechselwirkung zwischen Endothelfilm und strömendem Blut ein komplexes rückgekoppeltes Wirkungsgefügemodell.

Schließlich muß aufgrund der Versuche von DANIELLI (1940) sowie LÜSCHER (1956), WITTE (1958), HAUCK u. SCHRÖER (1965) auch an eine unmittelbar thrombocytäre Beeinflussung der Permeabilität gedacht werden, wobei jedoch Art und Weise dieses Wirkungsmechanismus noch offen sind. SAWYER et al. (1955, 1969) wiederum sehen in der komplexen Wechselwirkung bioelektrischer Oberflächenpotentiale zwischen Intima, Blutzellen und Plasma einen für die Gefäßwandintegrität und -funktion maßgeblichen Vorgang.

# VI. Capillarresistenz

Experimentelle und klinische Erfahrung lehren, daß Ödembildung und Erythrocytendiapedese nicht zwangsläufig gekoppelt auftreten, ja in der Regel sogar getrennt zu verlaufen scheinen. Dies zwingt zur Annahme, daß es sich um zwei prinzipiell verschiedene Vorgänge handelt, die begrifflich zu trennen sind (KÜCHMEISTER, 1952; WITTE, 1958; ILLIG, 1961; u.a.). KÜCHMEISTER definiert die Capillarresistenz (von manchen Autoren auch als Capillarfragilität verstanden) als „die Widerstandskraft der Capillarwand, mikroskopisch sichtbare, corpusculäre Elemente in der Blutstrombahn zu halten, gemessen an der Durchlässigkeit

der Capillarwand für Erythrocyten während eines bestimmten definierten Unter-
oder Überdruckes".

Als Methoden kommen Stau-, Saug- und Druckverfahren in Frage, die aber alle letztlich
eine Druckbelastung der Capillarwand mit einer Erythrocytenanschoppung bedingen (Gross,
Illig, Macher, 1957). Nach Kramár (1962) wird mit der Messung der Capillarresistenz der
Widerstand der Wände der präcapillären Arteriolen auf mechanische Belastung zunehmender
Intensität am Orte ihrer Vereinigung mit den Capillaren gemessen. Normale Capillarresistenz-
werte weisen ein Häufigkeitsmaximum bei etwa 150 mm Hg auf, während Werte unter
80 mm Hg als sicheres Zeichen einer verminderten Capillarresistenz angesehen werden.

## 1. Formen der Erythrocytendiapedese

### a) Kugelblutung

Die klassische Form der Erythrocytendiapedese stellt die Kugelblutung oder
petechiale Blutung dar (Abb. 8a), bei der eine Erythrocytenaustritt „im Schwall"

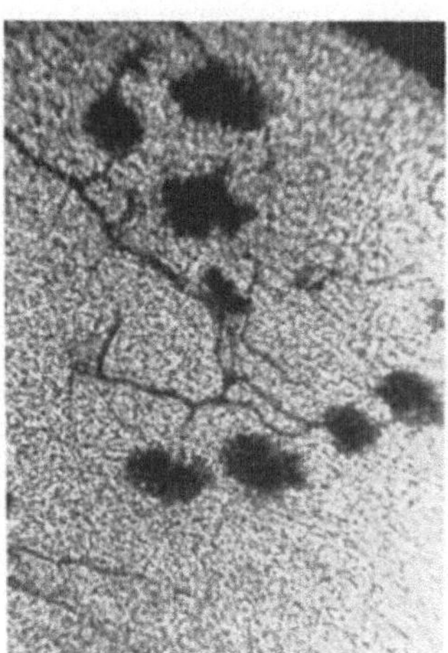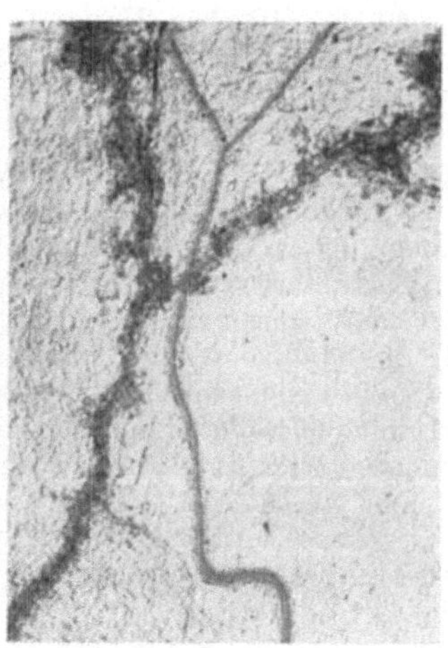

Abb. 8a u. b. Petechiale (a) und singuläre (b) Form der Erythrocytendiapedese am Kaninchen-
mesenterium: Nach Marcumar-Medikation (a), hier Lokalisation an Capillarschleifen, nach
Histamin-Injektion (b), hier Lokalisation ausschließlich längs einer Venule, die benachbarte
Arteriole ist frei

erfolgt. Es bleibt nach den Untersuchungen von Ehring (1956) anzunehmen, daß
dabei auch Plasma die Gefäßbahn verläßt, wofür das typische Abrücken der
Petechie vom Gefäß spricht. An Marcumar-behandelten Kaninchen kam es zu
ausgesprochenen Kugelblutungen, ohne daß Zeichen einer deutlich erhöhten
Permeabilität nachzuweisen waren (Schröer u. Hauck, 1969). Bevorzugte Lokali-
sierungen der Petechien bilden die venöse Capillarbettseite, ferner nach Arendt
et al. (1953), Spaet (1952a, b), Schröer u. Hauck (1969) Capillarschleifen und
-verzweigungsstellen als hämodynamisch stärker belastete Gefäßwandbezirke,
wobei strukturelle Besonderheiten ebenso von Bedeutung sein können. Damit
dürfte für diese Form der Erythrocytendiapedese der Gefäßinnendurck neben
einem Gefäßwandfaktor eine entscheidende Rolle spielen.

### b) Singuläre Erythrocytendiapedese

Diese Form ist durch den Austritt einzelner Erythrocyten gekennzeichnet, wodurch die betroffenen Gefäße manschettenartig von Erythrocyten umschlossen werden (WITTE, 1960; HAUCK, 1969). Sie wurde von WITTE (1960) bei experimenteller Thrombocytopenie beobachtet, tritt nach eigenen Erfahrungen jedoch immer im Verein mit einer hochgradigen Permeabilitätssteigerung, auch nach Histamingaben bzw. als Folge einer Gefäßwandschädigung in Erscheinung, und zeigt eine bevorzugte Lokalisation längs der Venulen (Abb. 8b). Eine singuläre Erythrocytendiapedese trat nach Beeinflussung des Gerinnungspotentials in eigenen Versuchen kaum in Erscheinung, was für eine relativ geringe Einflußnahme der Gerinnung auf die Permeabilität spräche. Nach WITTE (1959) ist eine Permeabilitätssteigerung erst zu erwarten, wenn die Gerinnungsfaktoren weniger als 10% ihrer Normalkonzentration betragen.

## 2. Capillarresistenz regulierende Mechanismen

CHAMBERS u. ZWEIFACH (1947) sowie ILLIG (1961) gelangen zu dem Schluß, daß die Basalmembran für die Capillarresistenz eine entscheidende Bedeutung hat, in dem sie die mechanische Stabilität des Capillarrohres garantiert. Dafür sprechen vor allem Hyaluronidaseversuche (CHAMBERS u. ZWEIFACH, 1947; COPLEY, 1964; POLLIWODA et al., 1965), die zu typischen petechialen Blutungen führten, wobei in der Basalmembran histochemische Entmischungsvorgänge nachweisbar wurden (POLLIWODA et al., 1965). Interessanterweise kommt es jedoch beim Menschen nach subcutaner Gabe von Hyaluronidase zu keinen petechialen Reaktionen (ILLIG, 1961). Hingegen konnten CLARK u. JACOBS (1950) sowie WITTE u. WILMES (1952) nach Injektion eines Anti-Endothelserums petechiale Blutungen feststellen, ebenso wie COPLEY (1964) sowie COPLEY u. GÉLOT (1956) nach Applikation eines Antifibrinserums. Diese Ergebnisse sowie die klinische Feststellung einer engen Koppelung zwischen plasmatischer und vor allem thrombocytärer Blutgerinnungsstörung und petechialen Blutungen lassen einen echten Kausalzusammenhang zwischen Blutgerinnung und — in Berücksichtigung der bereits erwähnten, wenn auch offenbar nur geringfügigen Beeinflussung der Gefäßpermeabilität — der Gefäßwandschranke schlechthin vermuten, wie es vor allem der Konzeption von COPLEY (1964, 1965) entspricht. Er postuliert hierbei — basierend auf der Existenz eines endo- und exoendothelial abgelagerten fibrinähnlichen Materials und dessen Erhaltung über einen fibrinoplastisch-fibrinolytischen Gleichgewichtszustand — ein zwangsläufig reziprokes Verhalten von Capillarpermeabilität und -resistenz (bzw. Fragilität). Diese Vorstellung trifft insoweit zu, als bei petechialen Blutungen allgemein eine eigentliche Ödembildung nicht existiert und fluorescenzmikroskopisch nur eine relativ geringgradige Permeabilitätssteigerung nachweisbar wird (WITTE, 1958; SCHRÖER u. HAUCK, 1969). Sie erscheint fraglich für die singuläre Erythrocytendiapedese, die nach eigenen Ergebnissen stets mit einer Permeabilitätssteigerung korreliert ist.

Die Tatsache, daß petechiale Blutungen vor allem bei Thrombocytopenien in Erscheinung treten, läßt ebenso wie experimentelle Befunde von DANIELLI (1940), LÜSCHER (1956) und WITTE (1958) eine bis heute aber im Wirkungsmechanismus noch unklare protektive Funktion auch der Thrombocyten (als Ganzes) oder von Thrombocytenmaterial für die Gefäßwand annehmen.

## 3. Funktion der Capillarwandkomponenten

Die meisten experimentellen Befunde sprechen dafür, daß hinsichtlich der Capillarwandresistenz der Basalmembran die entscheidende Funktion zufällt, indem sie dem mechanisch äußerst labilen Endothelverband (Burton, 1954) einen belastungsfähigen Schutz bietet. Zugleich aber erfüllt die Basalmembran eine nicht unwesentliche Permeabilitätsfunktion, insbesondere im Hinblick auf die Permeation großmolekularer Substanzen. Der Grad dieser Durchlässigkeit muß auf Kosten der Stützfunktion gehen, so daß im Bereich der Venule — als Ort der höchsten Permeabilität — ein physiologisches Resistenzminimum zu erwarten bleibt. Eine Funktionsbeeinträchtigung der Basalmembran führt zu petechialen Blutungen als Folge einer temporären Wandbelastung mit reversibler Dehnung auch des Endothelverbandes, der in erster Linie für die Stoffpermeation verantwortlich ist, die hierbei nicht oder nur mäßig beeinträchtigt sein dürfte. Eine singuläre Erythrocytendiapedese hingegen muß als Ausdruck einer verminderten Capillarresistenz — verbunden mit hochgradiger Permeabilitätssteigerung — gewertet werden, für die in erster Linie das Endothel verantwortlich zu machen ist. Auch hierfür bleibt im Venulenbereich ein physiologisches Resistenzminimum zu erwarten. Diese Endothelfunktion wird dort von tragender Bedeutung, wo eine Basalmembran fehlt, wie z. B. an den Leber-Sinusoiden.

## Literatur

Abramson, D. T.: Blood vessels and lymphatics. New York-London: Academic Press 1962.

Algire, G. H.: An adaption of the transparent chamber technique to the mouse. J. nat. Cancer Inst. 4, 1 (1943).

Arendt, J., Shulman, M. H., Fulton, G. P., Lutz, B. R.: Post-irradiation petechiae and the mechanism of formation with snake venom. Anat. Rec. 117, 595 (1953).

Asano, M., Yoshida, K., Tatai, K.: Blood flow rate in the microcirculation as measured by photoelectric microscopy. Bull. Inst. publ. Hlth (Tokyo) 13, 201 (1964).

Baez, S., Lamport, H., Baez, A.: Pressure effects in living microscopic vessels. In: Flow properties of blood, p. 122 (eds. A. L. Copley and G. Steinsby). Oxford: Pergamon Press 1960.

Baltzer, A., Wüthrich, H., Schmutziger, P., Wilbrandt, P. W.: Über eine Registriermethode zum Studium der Capillarpermeabilität. Helv. physiol. pharmacol. Acta 15, 450 (1957).

Bargmann, W.: Über die Struktur der Blutkapillaren. Dtsch. med. Wschr. 83, 1704 (1958).

Bartelheimer, H.: Die fraktionierte Gewebesaftuntersuchung extrazellulärer Stoffwechselabläufe. In: Kapillaren und Interstitium (Hrsg. H. Bartelheimer und H. Küchmeister). Stuttgart: Thieme 1955.

— Küchmeister, H.: Kapillaren und Interstitium. Stuttgart: Thieme 1955.

Bennett, St.: The concepts of membran flow and membran vesiculation as mechanisms for active transport and ion pumping. J. biophys. biochem. Cytol. 2, 99 (1956).

Bennhold, H.: Blutkreislauf und Transportvorgänge im menschlichen Körper. Klin. Wschr. 41, 109 (1963).

Bloch, E. H.: The in vivo microscopic vascular anatomy and physiology of the liver as determined with the quartz rod method of transillumination. Angiology 6, 340 (1955).

— Microscopic observations of the circulating blood in the bulbar conjunctiva in man in health and disease. Ergebn. Anat. Entwickl.-Gesch. 35, 1 (1956).

— A quantitative study of the hemodynamics in the living microvascular system. Amer. J. Anat. 110, 125 (1962).

— A method for studying the dynamics of transcapillary transfer quantitatively of the microscopic level in situ in living organs. Angiology 14, 97 (1963).

BLOCH, E. H., COYAS, S. I.: The transit of large molecules and particulate matter across individual endothelial cells analyzed in living animal with television microphotometry. Angiology **15**, 353 (1964).

BRAASCH, D., HENNIG, W.: Erythrocytenflexibilität und Strömung. Widerstand in Capillaren mit einem Durchmesser unter 20 μ. Pflügers Arch. ges. Physiol. **287**, 76 (1965).

— JENETT, W.: Erythrozytenflexibilität, Hämokonzentration und Reibungswiderstand in Glaskapillaren mit Durchmessern zwischen 6 bis 50 μ. Pflügers Arch. **202**, 245 (1968).

BRÅNEMARK, P. I.: Vital microscopy of bone marrow in rabbit. Scand. J. clin. Lab. Invest. **11**, Suppl. Nr. 38 (1958/59).

— Consideration on new fields and new methods of vital microscopy. Bibl. anat. **1**, 38 (1961).

— Intercapillary behaviour of the blood. Bibl. anat. **4**, 491 (1964).

— ASPEGREN, K., BREINE, U.: Microcirculatory studies in man by high resolution vital microscopy. Angiology **15**, 329 (1964).

— JONSSON, J.: Determination of the velocity of corpuscles in blood capillaries. Biorheology **1**, 143 (1963).

BUGLIARELLO, G., HAYDEN, J. W.: High speed microcinematographic studies of blood flow in vitro. Science **138**, 981 (1962).

BURTON, A. C.: On the physical equilibrium of small blood vessels. Amer. J. Physiol. **164**, 319 (1951).

— Role of geometry of size and shape in the microcirculation. Fed. Proc. **25**, 1753 (1966).

CANHAM, P. B., BURTON, A. C.: Distribution of size and shape in population of normal human red cells. Circulat. Res. **22**, 405 (1968).

CASLEY-SMITH, J. R.: The functioning of endothelial fenestrae on the arterial and venous limbs of capillaries, as indicated by the differing directions of passage of proteins. Experientia **26**, 852 (1970).

CASSON, H.: A flow equation for pigment-oil suspensions of the printing ink type. In: Rheology of disperse systems (ed. C. E. MILLS). New York: Pergamon Press 1959.

CASTENHOLZ, A.: Vitalmikroskopische Untersuchungen am vorderen Bulbusabschnitt kleiner Nager. Grundlagen der Methode und Beschreibung der apparativen Anordnung. Z. wiss. Mikr. **67**, 78 (1966).

— Micromymograph and its application in microcirculatory investigations. Advanc. Microcirc. **2**, 24 (1969).

CHAMBERS, R., ZWEIFACH, B. W.: Capillary endothelial cement in relation to permeability. J. cell. comp. Physiol. **15**, 255 (1940).

— — Topography and function of the mesenteric capillary circulation. Amer. J. Anat. **75**, 173 (1944).

— — Functional activity of the blood capillary bed, with special reference to visceral tissue. Ann. N.Y. Acad. Sci. **46**, 683 (1946).

— — Intercellular cement and capillary permeability. Physiol. Rev. **27**, 436 (1947).

CHINARD, F. P., VOSBURGH, G. J., EMS, T.: Transcapillary exchange of water and other substances in certain organs of the dog. Amer. J. Physiol. **183**, 221 (1955).

CLARA, M.: Die arterio-venösen Anastomosen, 2. Aufl. Wien: Springer 1956.

CLARK, E. R., CLARK, E. L.: Observations on living arterio-venous anastomoses as seen in transparent chambers introduced into the rabbit's ear. Amer. J. Anat. **54**, 229 (1934).

CLARK, W. G., JACOBS, E.: Experimental nonthrombopenic vascular purpura. Blood **5**, 320 (1950).

CLEMENTI, F., PALADE, G. E.: Intestinal capillaries. I. Permeability to peroxydase and ferritin. J. Cell Biol. **41**, 33 (1969).

COBBOLD, A., FOLKOW, B., KJELLMERAND, J., MELLANDER, S.: Nervous and local chemical control of pre-capillary sphincters in skeletal muscle as measured by changes in filtration coefficient. Acta physiol. scand. **57**, 180 (1963).

COHN, E. J.: Chemical, physiological and immunological properties and clinical use of blood derivates. Experentia (Basel) **3**, 123 (1947).

COPLEY, A. L.: Neue Auffassungen über Haemorrhagie, Haemostase und Thrombose. Ärztl. Forsch. **11**, I/114 (1957).

— Capillary permeability versus fragility and the significance of fibrin as a physiologic cement of the blood vessel wall. Bibl. anat. **4**, 3 (1964).

Copley, A. L.: Capillary permeability, capillary incontinence, compaction stasis and basement membran breakdown. Bibl. anat. **7,** 148 (1965).
— Gélot, B.: Experimental production of vascular pupura in guinea-pigs by guinea pig antifibrin serum of rabbits. Amer. J. Physiol. **187,** 593 (1956).
Courtice, F. C., Garlick, D. G.: The permeability of the capillary wall to the different plasma lipoproteins of the hypercholesteraemic rabbit in relation to their size. Quart. J. exp. Physiol. **47,** 221 (1962).
Crone, C.: The permeability of capillary in various organs as determined by use of the „indication diffusion" method. Acta physiol. scand. **58,** 292 (1963).
Danielli, J. F.: Capillary permeability and oedema in the perfused frog. J. Physiol. (Lond.) **98,** 109 (1940).
— Stock, A.: The structure and permeability of blood capillaries. Biol. Rev. **19,** 81 (1944).
Diemer, K.: Über die Sauerstoffdiffusion im Gehirn. Pflügers Arch. ges. Physiol. **285,** 99 (1965).
Ditzel, J., Clair, R. W. St.: Clinical method of photographing the smaller blood vessels and the circulating blood in the bulbar conjunctiva of human subjects. Circulation **10,** 277 (1954).
Dollery, C. T., Hodge, J. V., Engel, M.: Studies of the retinal circulation with fluorescein. Brit. med. J. **1962**II, 1210.
Drinker, C. K., Field, M. E.: Lymphatics, lymph and tissue fluid. Baltimore: Williams & Wilkins 1933.
Ehring, F.: Über Mikroblutungen am Nagelwall. Habil.-Schrift, Münster 1956.
Einstein, A.: Über die von der molekularkinetischen Theorie der Wärme geforderte Bewegung von in ruhenden Flüssigkeiten suspendierten Teilchen. Ann. Physik **17,** 549 (1909).
Ellinger, P., Hirt, A.: Mikroskopische Untersuchungen an lebenden Organen. IV. Mitt. Zur Funktion der Froschniere. Naunyn-Schmiedebergs Arch. exp. Path. Pharmak. **159,** 111 (1931).
Fåhraeus, R.: The suspensions-stability of the blood. Physiol. Rev. **9,** 241 (1929).
— The resistance to flow of the blood in various parts of the vascular systems. Nord. Med. **4,** 115 (1932).
— The influence of the rouleau formation of the erythrocytes on the rheology of the blood. Acta med. scand. **101,** 151 (1958).
— Lindqvist, T.: The viscosity of the blood in narrow capillary tubes. Amer. J. physiol. **96,** 562 (1931).
Folkow, B., Fuxe, K., Sonnenschein, R.: Competition between vasoconstrictor fibres and vasodilator melabolites in exercising skeletal muscle-a comparison between diving and non-diving animals. In: Circulation in skeletal muscle. (ed. O. Hudlicka). London-NewYork-Paris: Pergamon Press 1968.
— Hymans, C., Neil, E.: Integrated aspects of cardiovascular regulation. In: Handbook Physiologic, sect. 2, Circulation, vol. III, p. 1787. Washington, D.C.: Amer. Physiol. Soc. 1965.
— Lundgren, O., Wallentin, J.: Studies on the relationship between flow resistance, capillary filtration coefficient and regional blood volume in the intestine of the cat. Acta physiol. scand. **57,** 270 (1963).
Forbes, H. S.: Study of blood vessels on cortex of living mammalian brain-description of technique. Anat. Rec. **120,** 309 (1954).
Fulton, G. P., Lutz, B. R.: The neuro-motor mechanisms of the small blood vessels of the frog. Science **92,** 223 (1940).
Fung, Y. C., Zweifach, B. W., Intaglietta, M.: Elastic environment of the capillary bed. Circulat. Res. **19,** 441 (1966).
Gaethgens, P. A. L.: Pulsatile pressure and flow in the mesenteric vascular bed of the cat. Pflügers Arch. **316,** 140 (1970).
Gauer, O. H.: Kreislauf des Blutes. In: Landois-Rosemann, Lehrbuch der Physiologie des Menschen, 28. Aufl., S. 64. München-Berlin: Urban & Schwarzenberg 1960.
Gelin, L. E.: A method for studies of aggregation of blood cells, erythrostasis and plasma skimming in branching capillary tubes. Biorheology **1,** 119 (1963).
Gemählich, M.: Beitrag zur Technik der intravitalen Auflichtmikroskopie. Z. wiss. Mikr. **64,** 1 (1958).

GERSH, I., CATCHPOLE, H. R.: The organization of ground substance and basement membrane and its significance in tissue injury disease and growth. Amer. J. Anat. 85, 457 (1949).

GIERER, A., WIRTZ, K.: Molekulare Theorie der Mikroreibung. Z. Naturforsch. 8a, 532 (1953).

GOLDSMITH, H. L., MASON, S. G.: Some model experiments in haemodynamics. Bibl. anat. 4, 462 (1964).

— — Model particles and red cells in flowing concentrated suspensions. Bibl. anat. 10, 1 (1969).

GOLENHOFEN, K.: Die Wirkung von Adrenalin auf die menschlichen Muskelgefäße. 25. Tagung der Dtsch. Ges. f. Kreisl.-Forsch., S. 96 (1959).

— Physiologische Bemerkungen zum peripheren Blutkreislauf unter besonderer Berücksichtigung der menschlichen Muskeldurchblutung. Hippokrates (Stuttg.) 37, 3 (1966).

— Physiologie der Kurzschlußdurchblutung. In: Die arterio-venösen Anastomosen (Anatomie, Physiologie, Pathologie, Klinik) (Hrsg. F. HAMMERSEN und D. GROSS). Bern-Stuttgart: Huber 1968.

— HILDEBRANDT, G.: Das Verfahren der Wärmeleitmessung und seine Bedeutung für die Physiologie des menschlichen Muskelkreislaufes. Arch. Kreisl.-Forsch. 38, 23 (1962).

— — Normale Funktion des Muskelkreislaufes beim Menschen. In: Probleme der Haut- und Muskeldurchblutung (Bad Oeynhausener Gespräche 1962) (Hrsg. L. DELIUS und E. WITZLEB). Berlin-Göttingen-Heidelberg: Springer 1964.

GOTTSCHALK, C. W.: Hydrostatic pressures in individual tubules and capillaries of the rat kidney. III. Conference on microcirculatory physiology and pathology 1956. Physiol. Soc. 1958.

GRAFFLIN, A. L., BAGLEY, E. H.: Glomerular activity in the frog's kidney. Bull. Johns Hopk. Hosp. 91, 306 (1952).

GREEN, J. D., HARRIS, G. W.: Observation of the hypophysio-portal vessels of the living rat. J. Physiol. (Lond.) 108, 359 (1949).

GROSS, R., ILLIG, L., MACHER, E.: Kombinierte Untersuchungen haemorrhagischer Diathesen (Blutgerinnung, Kapillarenfragilität, Hautbiopsie). Thrombos. Diathes. haemorrh. (Stuttg.) 1, 55 (1957).

GROTTE, G.: Passage of dextran molecules across the blood lymph barrier. Acta chir. scand. 211, Suppl. (1956).

GRUNEWALD, W.: Theoretical analysis of the oxygen supply in tissue. In: Oxygentransport in blood and tissue (Eds. D. W. LÜBBERS, U. C. LUFT, G. THEWS u. E. WITZLEB). Stuttgart: Thieme 1968.

GUYTON, A. C.: A concept of negative interstitial pressure based on pressure in implanted perforated capsules. Circulat. Res. 12, 399 (1963).

— Interstitial fluid pressure. IV. Its effect on fluid movement through the capillary wall. Circulat. Res. 19, 1022 (1966).

HAMMERSEN, F.: Das Gefäßmuster der Skeletmuskulatur. In: Probleme der Haut- und Muskeldurchblutung (Bad Oeynhausener Gespräche, 1962) (Eds. L. DELIUS und E. WITZLEB). Berlin-Göttingen-Heidelberg: Springer 1964.

— The pattern of the terminal vascular bed and the ultrastructure of capillaries in skeletal muscle. In: Oxygen transport in blood and tissue, p. 184 (Eds. D. W. LÜBBERS, U. C. LUFT, G. THEWS, E. WITZLEB). Stuttgart: Thieme 1968.

HARDER, H.: Eine Apparatur zur Mikroskopie und Photographie der Gefäße und des zirkulierenden Blutes beim kranken Menschen. Med. Klin. 51, 1181 (1956).

HARDERS, H.: Vitalmikroskopische Untersuchungen an den sogenannten arteriellen Spinnen der Haut mit der Cantharidenblasenmethode. Verh. dtsch. Ges. inn. Med. 69, 210 (1963).

— Vitalhistologie der Zungenschleimhaut des Menschen. Bibl. anat. 4, 769 (1964).

— BARTELHEIMER, H., KÜCHMEISTER, H.: Endstrombahn. In: Klinische Funktionsdiagnostik (Hrsg. H. BARTELHEIMER und A. JORES), 3. Aufl. Stuttgart: Thieme 1967.

HAUCK, G.: Zur Frage der Existenz eines „gradient of vascular permeability" an der Endstrombahn. Arch. Kreisl.-Forsch. 59, 197 (1969).

— SCHRÖER, H.: Fluoreszenzmikroskopische Lebendbeobachtungen zur Frage einer Abhängigkeit der Gefäßwandschrankenfunktion vom hämostatischen Gleichgewicht. Thrombos. Diathes. harmorrh. (Stuttg.) 8, 439 (1965).

— — Vitalmikroskopische Untersuchungen zur Lokalisation der Eiweißpermeabilität an der Endstrombahn von Warmblütern. Pflügers Arch. 312, 32 (1969).

HAYNES, R. H., BURTON, A. C.: Role of the non-Newtonian behavior of blood in hemodynamics. Amer. J. Physiol. **197**, 943 (1959).

HEISSIG, N.: Functional analysis of the microcirculation in the exocrine pancreas. Advanc. Microcirc. **1**, 65 (1968).

HENSEL, H.: Fortlaufende Wärmeleitfähigkeits- und Durchblutungsmessung im Gewebe mit einer Differential-Calorimetersonde. Ber. ges. Physiol. **162**, 360 (1954).

HERRNRING, G., KÜCHMEISTER, H., PIRTKIEN, R.: Eine neue Methode der Capillarphotographie. Klin. Wschr. **30**, 897 (1952).

HESS, W. R.: Gehorcht das Blut dem allgemeinen Strömungsgesetz der Flüssigkeiten? Pflügers Arch. ges. Physiol. **162**, 187 (1915).

HILTON, S. M.: Local mechanisms regulating peripheral blood flow. Physiol. Rev. **42**, Suppl. 5, 265 (1962).

HOCHBERGER, A. I., ZWEIFACH, B. W.: Analysis of critical closing pressure in the perfused rabbit ear. Amer. J. Physiol. **214**, 962 (1968).

HYMAN, C., ROSELL, S., ROSEN, A., SONNENSCHEIN, R., UVNÄS, B.: Effects of alternation of total muscular blood flow on local tissue clearance of radioiodide in the cat. Acta physiol. scand. **46**, 358 (1959).

ILLIG, L.: Die Kreislaufmikroskopie am Mesenterium und Pankreas des lebenden Kaninchens. Z. ges. exp. Med. **126**, 249 (1955).

— Kapillar-„Kontraktilität", Kapillar-„Sphinkter" und Zentralkanäle" („A.-V.-Bridges"). Klin. Wschr. **35**, 7 (1957).

— Die terminale Strombahn, Pathologie und Klinik in Einzeldarstellungen, Bd. X. Berlin-Göttingen-Heidelberg: Springer 1961.

— CONRATHS, H.: Mikroskopische Lebendaufnahmen vom Kapillarbett des Tieres und des Menschen. Heft 2. Ingelheim: Firma C. H. Boehringer 1959.

INTAGLIETTA, M.: Evidence for a gradient of permeability in frog mesenteric capillaries. Bibl. anat. **9**, 465 (1967).

IRWIN, J. W., BURRAGE, W. S.: Regulation of microscirculation in the rabbit's lung. III. Conference on microcirculatory physiology and pathology, 1956, Factor regulating blood flow. Amer. Physiol. Soc. 1958.

— MACDONALD, J.: Microscopic observations of the intrahepatic circulation of living guinea pigs. Anat. Rec. **117**, 1 (1953).

JOHNSON, P. C.: Myogenic nature of increase in intestinal vascular resistance with venous pressure elevation. Circulat. Res. **7**, 992 (1959).

— Autoregulation of intestinal blood flow. Amer. J. Physiol. **199**, 311 (1960).

— Origin, localization and homeostatic significance of autoregulation in the intestine. Circulat. Res. **15**, Suppl. 1—225 (1964).

— Measurement of microvascular dimensions in vivo. J. appl. Physiol. **23**, 593 (1967).

— WAYLAND, H.: Regulation ob blood flow in single capillaries. Amer. J. Physiol. **212**, 1405 (1967).

KARNOVSKY, M. J.: The ultrastructure basis of capillary permeability studied with peroxidase as a tracer. J. Cell Res. **35**, 213 (1967).

— The ultrastructure basis of transcapillary exchange. J. gen. Physiol. **52**, Suppl. 64 (1968).

KEDEM, O., KATCHALSKY, A.: Thermodynamic analysis of the permeability of biological membranes to non-electrolytes. Biochim. biophys. Acta (Amst.) **27**, 229 (1958).

KESSLER, M.: Normal and critical $O_2$-supply of the liver. In: Oxygen transport in blood and tissue (Eds. D. W. LÜBBERS, N. C. LUFT, G. THEWS, E. WITZLEB) Stuttgart: Thieme 1968.

KETY, S. S., SMITH, C. F.: The nitrous oxyd method for the quantitative determination of cerebral blood flow in man: theory, prodecure and normal values. J. cn. Invest. **27**, 476 (1948).

KJELLMER, I.: The effect of exercise on the vascular bed of skeletal muscle. Acta physiol. scand. **62**, 18 (1964).

— ODERLAM, H.: The effect of some physiological vasodilators on the vascular bed of skeletal muscle. Acta physiol. scand. **63**, 94 (1965).

KNISELY, M. H.: A method of illuminating living structures for microscopic study. Anat. Rec. **64**, 499 (1936a).

— Spleen studies. I. Microscopic observations of the circulatory system of living instimulated mammalian spleens. Anat. Rec. **65**, 23 (1936b).

KRAMÁR, J.: The determination and evaluation of capillary resistance. A review of methotology. Blood **20**, 83 (1962).

KROGH, A.: Anatomie und Physiologie der Capillaren (deutsche Übersetzung von EBBECKE), 2. Aufl. Berlin: Springer 1924.

— The anatomy and physiology of capillaries. New Haven: Yale Univ. Press 1929.

KRUG, H., SCHLICHER, L.: Die Dynamik des venösen Rückstroms. Leipzig: G. Thieme 1960.

KRUHØFFER, P.: The significance of diffusion and convection for the distribution of solutes in the interstitial space. Acta physiol. scand. **11**, 37 (1946).

KÜCHMEISTER, H.: Kapillarpermeabilitäts- und resistenzprüfung in der Diagnostik und therapeutischen Erfolgsbeurteilung innerer Erkrankungen. Arch. Kreisl.-Forsch. **18**, 395 (1952).

— HERRNRING, G.: Eine neue Apparatur zur Kapillardruckmessung und ihre klinische Anwendung. Verh. dtsch. Ges. Kreisl.-Forsch. **16**, 240 (1950).

LANDIS, E. M.: The capillary pressure in frog mesentery as determined by micro-injection method. Amer. J. Physiol. **75**, 549 (1925/26).

— Micro-injection studies of capillary permeability. Amer. J. Physiol. **81**, 124 (1927a).

— Micro-injection studies of capillary permeability. II. The relation between capillary pressure and the rate of which fluid passes through the wall of single capillaries. Amer. J. Physiol. **83**, 528 (1927b).

— Capillary pressure and capillary permeability. Physiol. Rev. **14**, 404 (1934).

— Capillary permeability and the factor affecting the composition of capillary filtrate. Ann. N.Y. Acad. Sci. **46**, 713 (1946).

— Heteroporosity of the capillary wall as indicated by cinematographic analysis of the passage of dyes. Ann. N.Y. Acad. Sci. **116**, 765 (1964).

— PAPPENHEIMER, J. R.: Exchange of substances through the capillary walls. In: Handbook Physiology, sect. 2, Circulation, vol. II. p. 961. Washington, D.C.: Amer. Physiol. Soc. 1963.

LASCH, H. G., ROKA, L.: Über den Bildungsmechanismus der Gerinnungsfaktoren Prothrombin und Faktor VII. Klin. Wschr. **32**, 460 (1954).

LASZT, L.: Kinematographische Bestimmung der Blutströmungsgeschwindigkeit in feinsten Gefäßen der Conjunktiva bulbi und Modellversuche zur Bestimmung der Grenzgeschwindigkeit, welche vom Auge noch als Bewegung wahrgenommen werden kann. Helv. physiol. pharmacol. Acta **7**, 197 (1949).

LEE, R. E.: Anatomical and physiological aspects of the capillary bed in the bulbar conjunctiva of man in health and disease. Angiology **6**, 369 (1955).

— HOLZE, E. A.: Peripheral vascular system in bulbar conjunctiva of young normotensive adults at rest. J. clin. Invest. **29**, 146 (1950).

LEICHTWEISS, H.-P., LÜBBERS, D. W., WEISS, CH., BAUMGÄRTL, H., RESCHKE, W.: The oxygen supply of the rat kidney: Measurement of intrarenal $pO_2$. Pflügers Arch. **309**, 328 (1969).

LEMMINGSON, W.: Intravitalmikroskopie der Endstrombahn der Retina und ihre technischen Hilfsmittel. Leitz Mitteilungen Bd. III/2, 39 (1964).

LONG, CH., GREENFIELD, S., IMAMURA, T.: The hypodermic microscope: A new instrument permitting visualization of deep circulation in vivo. Angiology **16**, 478 (1965).

LOVETT DOUST, J. W., SALNA, M. E.: A stroboscopie method for estimating nailfold capillary blood flow in the skin of man. J. nerv. ment. Dis. **121**, 511 (1955).

LUDWIG, C.: Lehrbuch der Physiologie des Menschen, 2. Aufl. Leipzig 1861.

LÜBBERS, D. W.: The oxygen pressure field of the brain and its significance for the normal and critical oxygen supply of the brain. In: Oxygen transport in blood and tissue. (eds. D. W. LÜBBERS, U. C. LUFT, G. THEWS, E. WITZLEB). Stuttgart: Thieme 1968.

— LUFT, U. C., THEWS, G., WITZLEB, E.: Oxygen transport in blood and tissue. Stuttgart: Thieme 1968.

LÜSCHER, E. F.: Die physiologische Bedeutung der Thrombozyten. Schweiz. med. Wschr. **86**, 345 (1956).

LUFT, J.: Fine structure of the diaphragma across capillary „pores" in mouse intestine. Anat. Rec. **148**, 307 (1964).

LUTZ, B. R., FULTON, G. P.: The use of the hamster check pouch for the study of vascular changes at the microscopic level. Anat. Rec. **120**, 293 (1954).

LUTZ, J.: Hämodynamische Eigenschaften und Gefäßreaktionen der intestinalen Strombahn. Arch. Kreisl.-Forsch. **59**, 99 (1969).

Maggio, E.: Microhemocirculation. Springfield, Ill. (U.S.A.): Ch. C. Thomas 1965.

Majno, G.: Ultrastructure of the vascular membrane. In: Handbook Physiology, sect. 2, Circulation, vol. III, p. 2293. Washington, D.C.: Amer. Physiol. Soc. 1965.

— Gilmore, V., Leventhal, M.: A technique for the microscopic study of blood vessels in living striated muscle (cremaster). Circulat. Res. 21, 823 (1967).

— Pallade, G. E., Schoeffl, G. I.: Studies on inflammation. II. The site of action of histamin and serotonin along the vascular tree: a topographic study. J. biophys. biochem. Cytol. 11, 607 (1961).

— Shea, St. M., Leventhal, M.: Endothelial contraction induced by histamintype mediators. An electronmicroscopic study. J. Cell Biol. 41, 647 (1969).

Manegold, E.: Über Kapillarsysteme. Die Durchlässigkeit kanal- und netzartiger Kapillarsysteme für Flüssigkeiten und Gase. Kolloid.-Z. 81, 164 (1937).

Marx, R.: Was versteht man unter Hämostaseologie? Münch. med. Wschr. 110, 116 (1968).

Matis, P.: Fibrinolyse und Vasoaktivität. In: Experimentelle und therapeutische Fibrinolyse (Hrsg. L. Zukschwerdt, H. A. Thies). Stuttgart: Schattauer 1963.

Mayerson, H. S.: The physiologic importance of lymph. In: Handbook Physiology, sect. 2, Circulation, vol. II, p. 1035. Washington, D.C.: Amer. Physiol. Soc. 1963.

— Wolfram, C. G., Shirley, H. H., Jr., Wasserman, K.: Regional differences in capillary permeability. Amer. J. Physiol. 198, 155 (1960).

McDonald, D. A.: Hemodynamics. Ann. Rev. Physiol. 30, 525 (1968).

McDowall, R. J. S.: The response of the blood vessels of muscle with special reference to their central control. J. Physiol. (Lond.) 111, 1 (1950).

McMaster, P. D.: The pressure and interstitial resistance prevailing in the normal and edematous skin of animals and man. J. exp. Med. 84, 473 (1946).

— Hudack, St.: The vessels involved in hydrostatic transudation. J. exp. Med. 55, 417 (1932).

— — Rous, P.: The relation of hydrostatic pressure to the gradient of capillary permeability. J. exp. Med. 55, 203 (1932).

Mellander, S.: Comparative studies on the adrenergic neurohormonal control of resistance and capacitance blood vessels in the cat. Acta physiol. scand. 50, Suppl. 176 (1960).

— Öberg, B., Oderlam, H.: Vascular adjustments to increased transmural pressures in cat and man with special reference to shifts in capillary fluid transfer. Acta physiol. scand. 61, 34 (1964).

Mercker, H., Schoedel, W.: Die Unterdrückung konstriktorischer Effekte im Gefäßgebiet des tätigen Muskels. Pflügers Arch. ges. Physiol. 250, 1 (1948).

Merrill, E. W.: Rheology of blood. Physiol. Rev. 49, 863 (1969).

— Gilliland, E. R., Cokelet, C., Skin, H., Briton, A., Wells, R. E., Jr.: Rheology of blood and flow in the microcirculation. J. appl. Physiol. 18, 255 (1963).

— — Lee, T. S., Salzman, E. W.: Blood rheology: effect of fibrinogen deduced by addition. Circulat. Res. 18, 437 (1966).

Minard, D., Osserman, E. F., Howell, S. R.: The lucite calvarium for direct observation of the brain in monkeys. Anat. Rec. 120, 317 (1954).

Monro, P. A. G.: Progressive deformation of blood cells with increasing velocity of flowing blood. Bibl. anat. 10, 99 (1969).

— Visual particle velocity measurement: For fast particles and blood cells in vivo and in vitro. Bibl. anat. 4, 34 (1964).

Moore, D. H., Ruska, H.: The fine structure of capillaries and small arteries. J. biophys. biochem. Cytol. 3, 457 (1957).

Müller, Hk.: Wechselwirkungen zwischen Hämodynamik und Wandfilm. Bibl. anat. 10, 424 (1969).

Nicoll, P. A., Webb, R. L.: Blood circulation in the subcutaneous of the living bat's wing. Ann. N.Y. Acad. Sci. 46, 697 (1946).

Niessing, K., Rollhäuser, H.: Über den submikroskopischen Bau des Grundhäutchens der Hirnkapillaren. Z. Zellforsch. 39, 431 (1954).

Nordmann, M.: Kreislaufstörungen und pathologische Histologie. Dresden u. Leipzig: Steinkopff 1933.

— Lenz, E.: Der Flüssigkeitswechsel bei Kreislaufstörungen mit Lumineszenz an der Strombahn des lebenden Säugetieres beobachtet. Verh. dtsch. path. Ges. 28, 294 (1934).

Novotny, H. R., Denis, D. L.: A method of photographing fluorescence in circulating blood in the human retina. Circulation **24**, 82 (1961).

Oyvin, J. P., Oyvin, V. I., Baluda, V. P.: Permanent fibrin film on the intima of the vessels. Nature (Lond.) **194**, 686 (1962).

Palade, G. E.: Fine structure of blood capillaries. J. appl. Physiol. **24**, 1424 (1953).

Pappenheimer, J. R.: Passage of molecules through capillary walls. Physiol. Rev. **33**, 387 (1953).

— Über die Permeabilität der Glomerulummembran in der Niere. Klin. Wschr. **33**, 362 (1955).

— Renkin, E. M., Borrero, L. M.: Filtration, diffusion and moleculare sieving through peripheral capillary membranes. A contribution to the pore theory of capillary permeability. Amer. J. Physiol. **167**, 13 (1951).

— Soto-Rivera, A.: Effective osmotic pressure of the plasma proteins and other quantities associated with the capillary circulation in the hindlimbs of cats and dogs. Amer. J. Physiol. **152**, 471 (1948).

Parpat, A. K., Whipple, A. O., Chang, J. J.: The microcirculation of the spleen of the mouse. Angiology **6**, 350 (1955).

Peck, H. M., Hoerr, N. L.: The intermediary circulation in the red pulp of the mouse spleen. Anat. Rec. **109**, 447 (1951).

Perlman, H. B., Kimura, R. S.: Physiology of the cochlear blood vessels. Angiology **6**, 383 (1955).

Peters, Th.: Apparatur und Technik zur Mikroskopie an lebenden Säugerorganen in situ in gewöhnlichem Licht und Fluoreszenzlicht. Z. wiss. Mikr. **67**, 348 (1955).

Pfaff, W., Herold, W.: Versuche am Mesenterium des lebenden Kaninchens. In: Grundlagen einer neuen Therapieforschung der Tuberkulose. Leipzig: Thieme 1937.

Piiper, J., Schoedel, W.: Untersuchungen über die Durchblutung der arteriovenösen Anastomosen in der hinteren Extremität des Hundes mit Hilfe von Kugeln verschiedener Größe. Pflügers Arch. ges. Physiol. **258**, 489 (1954).

Pollack, W. D., Wood, E. H.: Venous pressure in sapheneous vein at the ankle in man during exercise and changes in posture. J. appl. Physiol. **1**, 649 (1949).

Polliwoda, H., Schmidt-Matthiesen, H., Staubesand, J.: Pathogenesis and therapy of increased vascular fragility. Bibl. anat. **7**, 235 (1965).

Potho, M., Scheinin, A.: Microscopic observations on living dental pulp. Acta odont. scand. **16**, 303 (1958).

Rappaport, M. B., Bloch, E. H., Irwin, J. W.: A manometer for measuring dynamic pressures in the microvascular system. J. appl. Physiol. **14**, 651 (1959).

Renkin, E. M.: Capillary permeability to lipid soluble molecules. Amer. Physiol. **168**, 538 (1952).

— Capillary and cellular permeability to some compounds related to antipyrine. Amer. J. Physiol. **173**, 125 (1953).

— Filtration, diffusion and molecular sieving through porous cellular membranes. J. gen. Physiol. **38**, 225 (1954).

— Effects of blood flow on diffusion kinetics in isolated perfused hindlegs of cats. Amer. J. Physiol. **183**, 125 (1955).

— Transport of potassium from blood to tissue in isolated mammalian skeletal muscles. Amer. J. Physiol. **197**, 1205 (1959).

— Transport of large molecules across capillary walls. Physiologist **7**, 13 (1964).

— Blood flow and transcapillary exchange in skeletal muscle. In: Circulation in skeletal muscle, p. 83 (ed. O. Hudlicka). London-New York-Paris: Pergamon Press 1968.

— Pappenheimer, J. R.: Wasserdurchlässigkeit und Permeabilität der Capillarwände. Ergebn. Physiol. **49**, 59 (1956).

— Rosell, S.: Effects of different types of vasodilator mechanisms on vascular tonus and on transcapillary exchange of diffusible material in sceletal muscle. Acta physiol. scand. **54**, 341 (1962).

Ricker, G.: Pathologie als Naturwissenschaft. Berlin: Springer 1924.

Rodbard, S.: Local regulation of blood flow. Symposium, Duarte (Calif.) 1970, ed.: S. Rodbard. Circulat. Res. **28**, Suppl. 1 (1971).

Rous, P., Gilding, H. P., Smith, F.: The gradient of vascular permeability. J. exp. Med. **51**, 807 (1930).

Rusznyak, I., Földi, M., Szabo, G.: Lymphatics and lymph circulation, II. edit. London-New York-Paris: Pergamon Press 1967.

Sandison, J. C.: A new method for the study of living growing tissues by the introduction of a transparent chamber into a rabbit's ear. Anat. Rec. **28**, 281 (1924).

Sawyer, P. N., Deutsch, B., Pate, J. W.: The relationship of bio-electric phenomena and small electric currents to intravascular thrombosis. In: Proc. 1st Int. Conf. Thrombosis and Embolism. Basel, 1955. p. 415. Basel: Schwabe 1955.

— Srinivasan, S.: Dependence of thrombosis on the electrochemical characteristics of the blood vessels wall, blood cells and prosthetic materials. In: Proc. 5th Europ. Conf. Microscirculation, Gothenburg, 1968, p. 405. Basel-New York: Karger 1969 (Bibl. anat. **10**).

Schade, H., Claussen, F.: Der onkotische Druck des Blutplasmas und die Entstehung der renal bedingten Ödeme. Z. klin. Med. **100**, 262 (1924).

Schloerbs, P. E., Friis-Hansen, B. J., Edelmann, I. S., Solomon, A. K., Moore, F. D.: The measurement of total body water in the human subject by deuterium oxide dilution with a consideration of the dynamics deuterium distrubution. J. clin. Invest. **29**, 1296 (1950).

Schlosser, D., Heyse, E., Bartels, H.: Microcinematographic measurement of erythrocyte flow rate in lung capillaries. Bibl. anat. **7**, 106 (1964).

Schmidt-Schönbein, H., Gaethgens, P., Hirsch, H.: Eine neue Methode zur Untersuchung der rheologischen Eigenschaften von Erythrozyten-Aggregaten. Pflügers Arch. ges. Physiol. **297**, 107 (1967).

— Wells, R. E.: Fluid drop-like transition of erythrocytes under shear. Science **165**, 288 (1969).

— — Goldstone, J.: Influence of deformability of human red cells upon blood viscosity. Circulat. Res. **25**, 131 (1969).

— — Schildkraut, R.: Microscopy and viscometry of blood flowing under uniform shear rate (rheoscopy). J. appl. Physiol. **26**, 674 (1969).

Schroeder, W.: Eine einfache Methode zur fortlaufenden Registrierung von Änderungen der Haut- bzw. Muskeldurchblutung des Menschen und des wachen Hundes (Kapillardruckmessung). Z. ges. exp. Med. **130**, 513 (1959).

— Der Saftstrom (Kapillaraustausch) bei den höheren Wirbeltieren. In: Medizinische Grundlagenforschung, Bd. III, S. 499 (Hrsg. K. Fr. Bauer). Stuttgart: Thieme 1960.

— Nutritive und nicht nutritive Skelettmuskeldurchblutung. Arch. Kreisl.-Forsch. **49**, 36 (1966).

Schröer, H.: Die Entwicklung der Hämostaseologie. In: Einführung in die Geschichte der Hämatologie (Hrsg. H. Schipper, E. Seidler u. K. G. Boroviczeny). Stuttgart: Thieme i. Druck.

— Hauck, G.: Influence of the Blood Clotting Potential on the Barrier Function of the Vessel Wall. Bibliotheca Anatomica, No. 10, 418—423, 1969 (Karger, Basel/New York) 5th Europ. Conf. Microcircul. Gothenburg 1968.

Seneviratne, R. D.: Physiological and pathological responses in the blood vessels of the liver. Quart. J. exp. Physiol. **35**, 77 (1949/50).

Shea, St., M., Karnovsky, M. J., Bossert, W. H.: Vesicular transport across endothelium: Simulation of a diffusion model. J. theor. Biol. **24**, 30 (1969).

Shirley, H. H., Jr., Wolfram, C. G., Wasserman, K., Mayerson, H. S.: Capillary permeability to macromolecules stretched pore phenomenon. Amer. J. Physiol. **190**, 189 (1957).

Smaje, L., Zweifach, B. W., Intaglietta, M.: Micropressures and capillary filtration coefficients in single vessels of the cremaster muscle of the rat. Microvasc. Res. **2**, 96 (1970).

Smith, F., Dick, M.: The influence of the plasma colloids on the gradient of capillary permeability. J. exp. Med. **56**, 371 (1932).

— Rous, P.: The gradient of vascular permeability. IV. The permeability of the cutaneous venules and its functional significance. J. exp. Med. **54**, 499 (1931).

Spaet, Th. H.: Vascular factors in the pathogenesis of haemorrhagic syndroms. Blood **7**, 641 (1952b).

— Microscopic studies on blood vessels of rats with experimental purpura. Amer. J. Physiol. **170**, 333 (1952a).

Starling, E. H.: On the absorption of fluids from the connective tissue spaces. J. Physiol. (Lond.) **19**, 312 (1896).

STAUBESAND, J.: Zur Orthologie der arteriovenösen Anastomosen. In: Die arterio-venösen Anastomosen (Anatomie, Pathologie, Klinik) (Hrsg. F. HAMMERSEN und D. GROSS). Bern-Stuttgart: Huber 1968.

STAVERMAN, E. J.: The theory of measurement of osmotic pressure. Rec. Trav. chim. Pays-Bas **70**, 344 (1951).

STEINHAUSEN, M.: In vivo-Beobachtungen an der Nierenpapille von Goldhamstern nach intravenöser Lissamingrün-Injektion. Pflügers Arch. ges. Physiol. **279**, 195 (1964).

STERLING, K.: The turnover rate of serum albumin in man as measured by $J^{131}$-taggedalbumin. J. clin. Invest. **30**, 1228 (1951).

STROHMAIER, K.: Die photographische Darstellung des Gefäßnetzes der Conjunctiva des menschlichen Auges. Z. wiss. Mikr. **64**, 129 (1959).

SUTHERLAND, W. A.: A dynamical theory of diffusion for non-electrolytes and the molecular mass of albumin. Phil. Mag. **9**, 781 (1905).

TANNENBERG, J.: Bau und Funktion der Blutcapillaren. Frankfurt. Z. Path. **34**, 1 (1926).

— FISCHER-WASELS, B.: Die lokalen Kreislaufstörungen. In: Handbuch der normalen und pathologischen Physiologie, Bd. VII/2, S. 1497. Berlin: Springer 1927.

TEICHMANN, K.: Beobachtungen über Stoffaustausch im Kapillargebiet mit Hilfe der intravitalen Fluoreszenzmikroskopie. Z. ges. exp. Med. **110**, 732 (1942).

THEWS, G.: Die theoretischen Grundlagen der Sauerstoffaufnahme in der Lunge. Ergebn. Physiol. **53**, 42 (1963).

THRON, H. L.: Das Verhalten peripherer Blutgefäße in vivo bei passiven und aktiven Weitenänderungen. Arch. Kreisl.-Forsch. **52**, 1 (1967).

THURANSKY, K.: Der Blutkreislauf der Netzhaut. Budapest: Verlag d. Ung. Akad. d. Wissenschaft 1957.

TISCHENDORF, F.: Vitalmikroskopie und terminale Strombahn. Mit Berücksichtigung der „transparent chamber" und „quartz rod illumination"-Methode. Z. wiss. Mikr. **64**, 336 (1960).

— CURRI, S. B.: Experimentelle Untersuchungen zur Histophysiologie und Pathologie der arteriovenösen Anastomosen (nach Lebendbeobachtungen am Kaninchenohr). Z. mikr.-anat. Forsch. **62**, 326 (1956).

USSING, H. H.: Transport through biological membranes. Ann. Rev. Physiol. **15**, 1 (1953).

VOGEL, G. H., STÖCKER, H.: Regionale Unterschiede der Capillarpermeabilität. Untersuchungen über die Penetration von Polivinylpyrolidon und endogenen Proteinen aus dem Plasma in die Lymphe von Kaninchen. Pflügers Arch. ges. Physiol. **249**, 119 (1967).

VOGEL, H.: Die Geschwindigkeit des Blutes in den Lungenkapillaren. Helv. physiol. Acta **5**, 105 (1947).

WASSERMAN, K., MAYERSON, H. S.: Exchange of albumin between plasma and lymph. Amer. J. Physiol. **165**, 15 (1951).

WAYLAND, H., JOHNSON, P. C.: Erythrocyte velocity measurement in microvessels by a two-slit photometric method. J. appl. Physiol. **22**, 333 (1967).

WEBB, R. L., NICOLL, P. A.: The bat wing as a subject for studies in homeostasies of capillary bed. Anat. Rec. **120**, 253 (1954).

WEILLE, F. L., GARGANO, S. R., PFISTER, R., MARTINEZ, D., IRWIN, J. W.: Circulation of the spiral ligament and stria vascularis of living guinea pig. Arch. Otolaryng. **59**, 731 (1954).

WEISS-FOGH, F.: Aggregation of erythrocytes in small blood vessels. Clinical and experimental studies. Scand. J. clin. Lab. Invest. **9**, Suppl. 28 (1957).

WELLS, E. E., JR., MERRILL, E. W., GABELNICK, H.: Shear rate dependence of viscosity of blood: Interaction of red cells and plasma proteins. Trans. Soc. Rheol. **6**, 19 (1962).

WELLS, R. E., JR., DENTON, R., MERRILL, E. W.: Measurement of viscosity of biologic fluids by cone plate viscometer. J. Lab. clin. Med. **57**, 646 (1961).

WESSING, A.: Fluoreszenzangiographie der Retina. Stuttgart: Thieme 1968.

WIDMER, L. K.: Zur Strömungsgeschwindigkeit in kleinsten peripheren Arterien. Arch. Kreisl.-Forsch. **21**, 54 (1957).

WIEDEMAN, M. P.: Dimensions of blood vessels from distributing artery to cellecting vein. Circulat. Res. **12**, 375 (1963).

— Response of subcutaneous vessels to venous distension. Circulat. Res. **7**, 238 (1959).

— Reactivity of arterioles following denervation of subcutaneous areas of the bat wing. Amer. J. Physiol. **177**, 309 (1954).

Wiederhielm, C. A.: Continuous recording of arteriolar dimensious with a television microscope. J. appl. Physiol. 18, 1041 (1963).
— Transcapillary and interstitial transport phenomena in the mesentery. Fed. Proc. 25, 1789 (1966a).
— Photospectrum analysis technique. Meth. med. Res. 11, 212 (1966b).
— Analysis of small vessel function. In: Physical basis of circulatory transport: Regulation and exchange (eds. E. B. Reeve and A. C. Guyton). Philadelphia-London: Saunders Company 1967.
— Dynamics of transcapillary fluid exchange. J. gen. Physiol. 52, Suppl. 29 (1968).
— Woodbury, J. W., Kirk, S., Rushmer, R. F.: Pulsatile pressure in the microcirculation of frog's mesentery. Amer. J. Physiol. 207, 173 (1964).
Williams, R. G., Roberts, B.: An improved tantalum chamber for prolonged microscopic study of living cells in mammals. Anat. Rec. 107, 359 (1950).
Willnow, R.: Besonderheiten im oberflächenmikroskopischen Bild der lebenden Igellunge. Z. mikr.-anat. Forsch. 64, 548 (1958).
Winne, D.: Die Capillarpermeabilität hochmolekularer Substanzen. Pflügers Arch. ges. Physiol. 289, 119 (1965).
Witte, S.: Eine neue Methode zur Untersuchung der Kapillarpermeabilität. Z. ges. exp. Med. 129, 181 (1957a).
— Fluoreszenzmikroskopische Untersuchungen über die Kapillarpermeabilität. Z. ges. exp. Med. 129, 358 (1957b).
— Steigerung der Capillarpermeabilität durch Blutgerinnungsstörungen. Thrombos. Diathes. haemorrh. (Stuttg.) 2, 146 (1958).
— Die biologische Bedeutung der Blutgerinnung beim Menschen. In: Medizinische Grundlagenforschung, Bd. III (Hrsg. K. Fr. Bauer). Stuttgart: Thieme 1960.
— Investigations of transvascular plasma passage with fluorescent microscopic technique. Bibl. anat. 7, 218 (1964).
— Vital microscopy with the ultraviolet microscop. Bibl. anat. 10, 557 (1969).
— Wilmes, K. W.: Die Wirkung von Rutin bei der experimentellen thrombopenischen Purpura der Ratte. Acta haemat. (Basel) 7, 89 (1952).
Wolff, J.: On the meaning of vesiculation in capillary endothelium. Angiology 4, 64 (1967).
— Merker, H. J.: Ultrastructur und Bildung von Poren im Endothel von porösen und geschlossenen Kapillaren. Z. Zellforsch. 73, 174 (1966).
Worthington, W. C., Jr.: Some observations on the hypophyseal portal system in the living mouse. Bull. Johns Hopk. Hosp. 97, 343 (1955).
Yoffey, J. M., Courtice, Fr. C.: Lymphatics, lymph and lymphoid tissue. London: Arnold 1956.
Zweifach, B. W.: The character and distribution of the blood capillaries. Anat. Rec. 73, 475 (1939).
— Basic mechanisms in peripheral vascular homeostasis. In: Transactions of the Third Conference on Factors Regulating Blood Pressure, p. 13. (eds. B. W. Zweifach and E. Schorr). New York: Josiah Macy, Inv. Foundation 1949.
— Direct observation of the mesenteric circulation in experimental animals. Anat. Rec. 120, 277 (1954).
— Functional behavior of the microcirculation. Springfield, Ill. (U.S.A.): Ch. C. Thomas 1961.
— Intaglietta, M.: Fluid exchange across the blood capillary interface. Fed. Proc. 25, 1784 (1966).
— — Mechanics of fluid movement across single capillaries in the rabbit. Microvasc. Res. 1, 83 (1968).
— Metz, D. B.: Regional difference in response of terminal vascular bed to vasoactive agents. Amer. J. Physiol. 182, 155 (1955a).
— — Selektive distribution of blood through the terminal vascular bed of mesenteric structures and skeletal muscle. Angiology 6, 282 (1955b).
— Nagler, A. L., Thomas, L.: The role of epinephrine in the reactions produced by the endotoxins of gram-negative bacteria. J. exp. Med. 104, 881 (1956).

# Gehirn

H. Hirsch

Mit 13 Abbildungen

## I. Meßmethoden

### 1. Indirekte, quantitative Methoden

*Diffusionsmethoden. Die $N_2O$-Methode,* 1945 von Kety u. Schmidt beschrieben, ist Standardmethode zur Bestimmung der Durchblutung des Gesamtgehirns. Sie beruht auf dem Diffusionsprinzip mit der Berechnungsgrundlage nach Fick. Das Prinzip der Methode ist im Kapitel Herz beschrieben. Entnahmeorte für die Blutproben sind beim Menschen irgendeine Arterie, meistens die leicht zu punktierende A. femoralis und der Bulbus venae jugularis. Entnahmeorte für die Blutproben sind beim Tier irgendeine Arterie und, da nicht nur ein venöser Abfluß vorhanden ist, der Sinus sagittalis superior oder der Confluens sinuum. Diese verschiedenen möglichen Entnahmeorte für venöses Blut können die Ursache für unterschiedliche Meßwerte sein; das Abflußgebiet eines Sinus ist nicht repräsentativ für das Gesamtgehirn. Der Sinus sagittalis superior enthält z.B. relativ mehr Rindenblut. Fehler können ferner durch Seitendifferenzen in den Gefäßen zustande kommen (Kety u. Schmidt, 1948a; Himwich, Homburger u.a.). Eine weitere Voraussetzung für das Nicht-Auftreten von Meßfehlern ist das Fehlen größerer extracerebraler Beimischungen. Die Beimischung extracerebralen Blutes über Emissarien beträgt beim Menschen 2—3%, maximal bis zu 6% (Kety u. Schmidt, 1948a); beim Hund und der Katze sind wahrscheinlich noch größere Prozentsätze möglich. Wegen der Streubreite der Methode sind Aussagen im Einzelfall fragwürdig; meist werden bindende Aussagen nur über Mittelwerte von Gruppen mit wenigstens 5 Einzelfällen erhalten. Die Versuchsdauer zur Durchführung einer Messung dauert normalerweise 10 min, da nach dieser Zeit die arteriovenöse $N_2O$-Differenz praktisch Null ist. Bei verminderter Gehirndurchblutung muß die Meßdauer u.U. erheblich verlängert werden; am Ende der Messung ist zu kontrollieren, ob arterielle und venöse $N_2O$-Konzentrationen gleich sind. Anstelle von Einzelblutproben, die ursprünglich in gleichen Abständen während der Meßdauer entnommen wurden, hat sich die kontinuierliche Entnahme über die ganze Meßdauer bewährt (Scheinberg u. Stead; Bernsmeier u. Siemons, 1953a). $N_2O$ kann außer auf manometrische Weise auch colorimetrisch bestimmt werden (Meyer u.a., 1966).

Anstelle von $N_2O$ kann das radioaktive Isotop eines Edelgases, wie z. B. $^{85}Kr$ verwendet werden, das aus einem geschlossenen System *eingeatmet* wird (Lassen u. Munck). Die Konzentrationsänderungen des Isotopes in den Blutproben sind bei geringem Zeitaufwand mit Strahlungsdetektoren (Geiger-Müller-Zählrohr oder Szintillationszähler) leicht meßbar. Die zu analysierenden Blutproben werden wie bei der $N_2O$-Methode aus dem Bulbus venae jugularis und der A. femoralis entnommen. Je 8 arterielle und venöse Blutproben werden während 14 min, in denen [85]Kr eingeatmet wird, entnommen. Durch zusätzliche $O_2$-Bestimmung der entnommenen Blutproben kann wie bei der $N_2O$-Methode neben der Durchblutung auch der $O_2$-Verbrauch bestimmt werden. Die so gemessene Durchblutung normaler Versuchspersonen entspricht der mit der $N_2O$-Methode gemessenen (Lassen u. Munck; Géraud u.a.) (Tabelle 1).

Auch Wasserstoff kann anstelle von $N_2O$ geatmet werden (Gotoh u.a., 1966b; Fieschi u.a., 1969). Die Blutproben können beim Menschen kontinuierlich aus Nebenschlüssen entnommen werden.

Bei den oben genannten Methoden kann die Durchblutung aus der Sättigung oder Entsättigung berechnet werden (McHenry, 1964). Bei verminderter Durchblutung, bei der, wie oben ausgeführt, die Meßdauer verlängert werden muß, kann die Entsättigungsmethode vorteilhafter sein.

Eine Messung der regionalen Durchblutung ist beim Menschen möglich durch *Injektion von* in physiologischer NaCl-Lösung *gelöstem* [85]*Kr oder* [133]*Xe* in die A. carotis interna und Messung der Aktivität durch den intakten Schädel (Lassen u.a., 1963; Høedt-Rasmussen u.a., 1966; Ingvar, Cronquist u.a.). Diese Methoden werden im Schrifttum häufig als Clearance-Methoden bezeichnet. Die Methode zur regionalen Durchblutungsmessung wird auch am freigelegten Cortex beim Menschen und im Tierversuch verwendet.

Das in physiologischer NaCl-Lösung gelöste radioaktive inerte Gas gelangt mit dem Blutstrom ins Gehirn. Ein Teil des Gases diffundiert ins Gehirngewebe. Das Verhältnis der Gasanteile zwischen Blutgefäßsystem und Gehirngewebe wird durch den experimentell ermittelten Verteilungskoeffizienten $\lambda_i$ bestimmt. Strömt indicatorfreies Blut nach, so diffundiert das radioaktive inerte Gas zurück in die Gefäße, gelangt über die Venen in die Lunge und wird dort abgeatmet. Eine Rezirkulation fällt bei den Durchblutungsmessungen daher nicht ins Gewicht.

Über dem zu untersuchenden Gehirnabschnitt wird durch einen geeigneten Detektor (Geiger-Müller-Zählrohr, Szintillationszähler, Halbleiterdetektor) die emittierte radioaktive Strahlung registriert und die zeitliche Änderung der Intensität mit einem Schreiber kontinuierlich aufgezeichnet. Man erhält so eine Auswaschkurve des Indicators aus dem Meßbereich (Abb. 1).

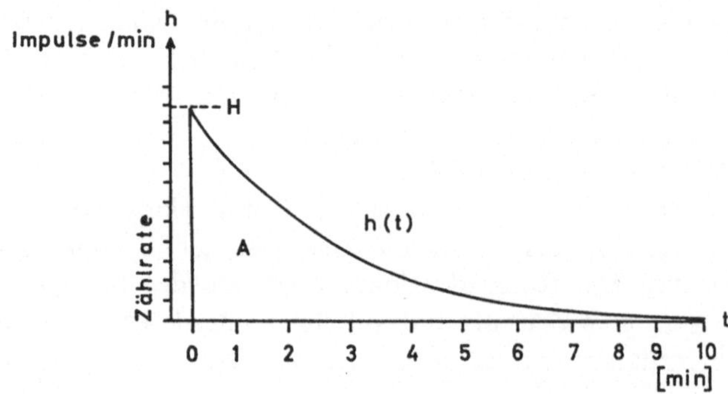


Abb. 1. Auswaschkurve für [85]Kr. Detektor auf dem Cortex

Die Auswertungsverfahren solcher Messungen beruhen auf Hypothesen über den Austausch des radioaktiven inerten Gases zwischen Blut und Gewebe. Unbestritten ist die Annahme, daß die Menge des Blutes wesentlich kleiner ist als die Menge des Gewebes im betrachteten Volumen. In die Auswertung gehen ein die Diffusionsgeschwindigkeit des radioaktiven Gases, die Zahl der von den Meßmethoden erfaßten Kompartments, die für die einzelnen Kompartments gleichen oder verschiedenen Verteilungskoeffizienten und die in den verschiedenen Kompartments gleichen oder nicht gleichen Anfangskonzentrationen des radioaktiven Gases.

Die Auswaschkurven, die bei Messungen auf der Oberfläche des Gehirns ermittelt werden, werden je nach Arbeitshypothese als Summen mit mehr oder weniger Exponentialfunktionen dargestellt:

$$Q\left(t\right)=\Sigma q_{i0}\,e^{-\frac{f_i}{\lambda_i}t}\quad\text{mit}\quad Q\left(0\right)=\Sigma q_{i0}\,.$$

Dabei ist $t$ die Zeit, $q_{i0}$ die Tracermenge im Gewebe $i$ zur Zeit $t=0$ und $Q\left(t\right)$ die gesamte von einem Detektor registrierbare Tracermenge zur Zeit $t$.

Unter der Annahme, daß die Auswaschkurven, die bei diesen Messungen registriert werden, durch eine solche Formel dargestellt werden können, bieten sich zwei zeichnerische Auswerteverfahren an:

1. Die Flächenmethode (ZIERLER). Wird ein Tracer verwendet, dessen Konzentration $q_i/v_i$ über eine Zählrate $h\left(t\right)$ gemessen werden kann, dann ist die Durchblutung pro Gramm Gewebe in dem durch das Meßgerät erfaßten Bereich

$$f_i=\lambda_i\,\frac{H}{A}\,[\text{ml/g}\cdot\text{min}].$$

Dabei ist die initiale Höhe der Meßkurve $H$ der zum Zeitpunkt $t=0$ im interessierenden Gewebebezirk vorhandenen Tracermenge $Q\left(0\right)$ proportional. $A$ ist die Fläche, die von den Koordinatenachsen $0<h<H$ und $0<t<\infty$ und der Meßkurve $h\left(t\right)$ aufgespannt wird (Abb. 1). $\lambda_i$ ist der Verteilungskoeffizient für den Tracer und gibt das Verhältnis der Tracerkonzentrationen in Blut und Gewebe an. Die mittlere Durchblutung $f$ [ml/g·min] ist dann bestimmt, wenn sichergestellt ist, daß die Bedingungen

$$\lambda_1=\lambda_2=\lambda_3\ldots\lambda_i=\lambda$$

und

$$\frac{q_1}{v_1}=\frac{q_2}{v_2}=\frac{q_3}{v_3}\ldots\frac{q_i}{v_i}=\frac{q}{v}$$

erfüllt sind. Damit ist

$$f=\lambda\,\frac{H}{A}\,.$$

2. Die sog. Tangentenmethode (INGVAR u. LASSEN). Nach der Übertragung der Meßkurve

$$h\left(t\right)\sim Q\left(t\right)=\Sigma q_{i0}e^{-\frac{f_i}{\lambda_i}t}$$

in ein semilogarithmisches Netz läßt sich die Kurve u.U. in zwei wesentliche Anteile mit deutlich unterschiedlichen Exponentialkoeffizienten zerlegen (Abb. 2):

$$\log h\left(t\right)=\log\left(z\left(t\right)+y\left(t\right)\right)$$

mit der Nebenbedingung

$$\log h\,(0) = \log y\,(0) + \log z\,(0).$$

Wenn sich zeigen läßt, daß für

$$t < \tau_1: y\,(t) \gg z\,(t)$$

und für

$$t > \tau_2: y\,(t) \ll z\,(t)$$

gilt, dann lassen sich diese einzelnen Anteile als Geraden im halblogarithmischen Netz darstellen.

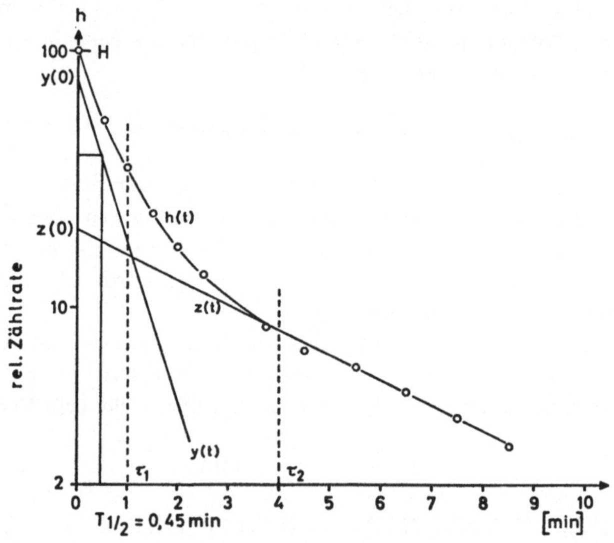


Abb. 2. Auswertung der Auswaschkurve für $^{85}$Kr nach der sog. Tangentenmethode
Halblogarithmische Darstellung

Geht man noch davon aus, daß die Gerade

$$\log z\,(t) = -r_2 t + \log z\,(0)$$

eine Störung der Meßgröße

$$\log y\,(t) = -r_1 t + \log y\,(0)$$

darstellt (Abb. 2), dann läßt sich die Durchblutung des interessierenden Gewebebezirkes aus $r_1$ berechnen:

$$r_1 = \frac{\ln 2}{T_{\frac{1}{2}}}.$$

Die spezifische Durchblutung ist dann

$$\bar{f} = \lambda\,\frac{0{,}693}{T_{\frac{1}{2}}}\ [\text{ml/g} \cdot \text{min}].$$

$\bar{f}$ repräsentiert häufig einen zu hohen Wert, da die schnell durchbluteten Gewebsabteilungen schneller gesättigt und entsättigt sind als die langsam durchbluteten Gewebsabteilungen. Folgende weitergehende Interpretation hat sich bewährt

(Høedt-Rasmussen u.a., 1966): Aus der Differenz der Tangente $z$ $(t)$ an den langsam abfallenden Schenkel der Auswaschkurve im halblogarithmischen Koordinatensystem und den Ordinatenwerten der Kurve erhält man $y$ $(t)$. Aus Experimenten ist $\lambda_g$ und $\lambda_w$, die Blut-Gewebe-Verteilungskoeffizienten für die schneller durchblutete graue Substanz des Gehirns und die langsamer durchblutete weiße Substanz bekannt (Ingvar u. Lassen). Die Durchblutung der grauen Substanz errechnet sich zu

$$ \mathrm{CBF}_g = \lambda_g \cdot \frac{0{,}693}{T_{\frac{1}{2}\,g}} \; [\mathrm{ml/g \cdot min}] , $$

die der weißen Substanz zu

$$ \mathrm{CBF}_w = \lambda_w \cdot \frac{0{,}693}{T_{\frac{1}{2}\,w}} \; [\mathrm{ml/g \cdot min}] . $$

Alle Diffusionsmethoden mit radioaktiven Gasen und extrakraniell angeordneten Detektoren geben nur eine Aussage über die regionale Gehirndurchblutung.

In letzter Zeit sind Versuche unternommen worden, die lokale Durchblutung mit der Platinelektrode unter Verwendung von Wasserstoff oder Sauerstoff zu messen (Fieschi u.a., 1965; Lübbers u.a.).

*Autoradiographie.* Bei den von Landau u.a. durchgeführten Messungen der lokalen Durchblutung wurde eine autoradiographische Methode benutzt, mit der die Durchblutung nicht nur der Rinde, sondern auch aller tieferen Strukturen bestimmt werden kann. Diese Messungen sind zwar quantitativ, aber nur am Tier möglich und nur einmal durchführbar, da die Aktivität an Gehirnschnitten bestimmt wird.

*Dilutionsmethoden.* Farbstoffverdünnungsmethoden wurden in früheren Jahren von Gibbs u.a., Shenkin, Harmel u. Kety und von Hellinger u.a. und in der letzten Zeit von Grote u. Kreuscher mit Erfolg benutzt. Für sie gelten alle bei der Besprechung der $N_2O$-Methode gegebenen Hinweise bezüglich der Fehler durch die Entnahmeorte und durch extracerebrale Beimischungen. Die Farbstoffverdünnungsmethoden sind im Tierversuch wie auch bei Untersuchungen am Menschen verwendet worden. Anstelle eines Farbstoffes wurden auch markierte Erythrocyten verwendet (Nylin u.a., 1956, 1960; Hedlund u. Nylin).

## 2. Indirekte, qualitative Methoden

*Zirkulationszeit.* Für manche Fragestellungen ist es ausreichend, die Zirkulationszeit des Gehirns zu bestimmen. Sie kann beim Menschen röntgenologisch als die Zeit vom Eintritt des Kontrastmittels an der Schädelbasis in das Gehirn bis zum Austritt aus dem Bulbus venae jugularis (Tönnis u. Schiefer) oder mit radioaktiven Indicatoren ohne Blutentnahme durch außen aufgesetzte Detektoren als Zeit zwischen den Aktivitätsmaxima über der A. carotis und dem Confluens sinuum gemessen werden (Fedoruk u. Feindel; Bell; Greitz; Wilcke u. Zeh). Mit der letztgenannten Methode wurde beim gesunden Menschen zwischen den Aktivitätsmaxima eine mittlere Zeit von 7—11 sec gemessen; bei 70—80 Jahre alten Personen kann die Zeit auf 13 sec ansteigen. Als Indicatoren wurden bei den extrakraniellen Messungen vorwiegend Gammastrahler ($^{65}$Cu, $^{24}$Na, $^{131}$J-Albumin oder $^{51}$Cr) benutzt. Die Zirkulationszeit kann auch aus der Aktivität von Blutproben ermittelt werden, die bei Injektion des radioaktiven Indicators in die A. carotis aus dem Bulbus venae jugularis oder bei intravenöser Injektion aus der A. carotis und dem Bulbus venae jugularis entnommen werden (Hedlund u. Nylin; Hedlund u.a.; Nylin u.a., 1961). Auch Messungen mit nur einem Zählrohr über dem Schädel können noch zu Aussagen über die Zirkulationszeit führen (Ljundgreen u.a.; Eichhorn). Ferner kann durch schnelle Änderung der $O_2$-Sättigung und oxymetrische Messung des arterialisierten Ohrblutes und des Blutes aus dem Bulbus venae jugularis die Kreislaufzeit des Gehirns beim Menschen bestimmt werden (Brobeil u.a.). Auf die methodischen Schwierigkeiten bei der Kreislaufzeitmessung hat Nilsson hingewiesen.

*Thermoelemente.* Thermosonden sind zunächst im Tierversuch (Gibbs; Carlyle u. Grayson; Ludwigs; Schmidt, 1934, 1935/36; Forbes u.a., 1939; Serota u. Gerard; Betz, 1965a; Betz u. Hensel), später auch beim Menschen (Betz u. Herrmann; Betz u. Wüllenweber) mit Erfolg benutzt worden. Außer mit Sonden, die in die Tiefe des Gewebes geschoben werden, kann auch mit Meßköpfen, die auf die Gehirnrinde gelegt werden, gemessen werden (Betz u. Schmahl; Wüllenweber u. Schmitz-Valckenberg; Kanzow, 1961a). Gemessen wird die durchblutungsabhängige Erwärmung oder Abkühlung des Gehirngewebes. Meßgröße ist die Wärmeleitzahl. Einzelheiten sind aus dem Kapitel Haut zu entnehmen. Eine indirekte Eichung der mit der Thermosonde erhaltenen kontinuierlichen Werte ist möglich durch gleichzeitige Messungen mit einer quantitative Einzelwerte liefernden Methode; z.B der Clearance-Methode mit $^{85}$Kr (Betz, Ingvar u.a).

*Beobachtung der Piagefäße.* Das Ausmessen des Gefäßquerschnittes, in früherer Zeit oft geübt (Forbes, 1928, 1958; Forbes u. Cobb; Cobb u. Finesinger; Forbes, Nason u. Wortman; Forbes u. Wolff; Fog, 1934, 1937, 1938, 1939a, b), ist in den letzten Jahren wieder als Methode benutzt worden (Gurdjian u.a.; Mchedlishvili u. Nikolaishvili; Diekhoff u. Kanzow).

*Rheographie.* Alle Bemühungen, mit Hilfe von Widerstandsmessungen, die auch als Impendanz-Plethysmographie bezeichnet werden (Polzer u. Schuhfried; Kunert; Jenker, 1959, 1962; Bertha u.a.; Spunda; Birzis u. Tachibana), zu Aussagen über Durchblutungsänderungen des Gehirns zu kommen, haben wenig Erfolg gebracht, da die erhaltenen Veränderungen auch durch Änderungen der Durchblutung extracerebraler Gefäße, des Liquordrucks und des Hämatokrits zustande kommen können. Es handelt sich bei der Methode weder um eine qualitative Messung der Gehirndurchblutung (Perez-Borja u. Meyer; Kunert; Spunda), noch um eine echte Plethysmographie.

### 3. Direkte Methoden

*Elektromagnetische Durchflußmesser.* Die Methode wurde beim Menschen zur Messung des Durchflusses in der V. jugularis (Meyer u.a., 1963) oder der A. carotis interna (Krogh), beim Affen zur Messung des Durchflusses der V. jugularis (Meyer u.a., 1964; Handa u.a.), der A. carotis communis und der A. vertebralis (Symon u.a.; Ishikawa u.a.) und der A. carotis interna (Langfitt u.a) benutzt.

Direkte Messungen sind im Tierversuch ferner möglich mit folgenden Methoden:

*Bubble-flow-meter* (DUMKE u. SCMIDT; KETY u. SCHMIDT, 1945; SCHMIDT, KETY u. PENNES; NOELL u. SCHNEIDER, 1948a).

*Tropfenzähler* (INGVAR; INGVAR u. SÖDERBERG).

*Ausflußmessung mit Meßzylinder* (HIRSCH u. KÖRNER).

*Diathermie-Stromuhren* (NOELL u. SCHNEIDER, 1942).

*Magnetische Rotameter* (ROSOMOFF u. HOLADAY; CREECH u.a.).

Alle Messungen der cerebralen Durchblutung, die im Tierversuch mit einer direkten Methode durchgeführt wurden, ermöglichen wegen der Gefäßversorgung keine Aussage über die Durchblutung des Gesamtgehirns, da das Blut der Entnahmeorte nicht repräsentativ für das Gesamtgehirn ist. Es ist nicht nur ein arterieller Zufluß oder nur ein venöser Abfluß vorhanden. Außerdem gibt es Anastomosen zwischen cerebralen und extracerebralen Gefäßen. Als Meßorte wurden außer den oben genannten Gefäßen die A. basilaris, der Confluens sinuum und der Sinus sagittalis superior gewählt. Um die Durchblutung an der Meßstelle zu erhöhen, wurden oft eins oder mehrere arterielle Gefäße und Anastomosen unterbunden. Diese Messungen erfassen immer nur die Durchblutung eines mehr oder weniger großen Teils des Gehirns und sind deswegen als regional zu bezeichnen.

## II. Durchblutung des Gesamtgehirns

Die Durchblutung des Gesamtgehirns beträgt beim gesunden Erwachsenen etwa 54 ml/100 g·min (Tabelle 1). Das Gehirn eines erwachsenen Mannes hat bei einem Gewicht von 1400 g eine Durchblutung von 756 ml/min. Das sind etwa 15% des durchschnittlichen Herzminutenvolumens. Der $O_2$-Verbrauch des Gehirns beträgt 3,5 ml/100 g·min bzw. bei einem Gehirngewicht von 1400 g 47 ml/min.

Mehrfachbestimmungen von Einzelwerten bei derselben Person ergeben eine auffällige Konstanz der Meßwerte. Eine kontinuierliche Registrierung der regionalen Gehirndurchblutung zeigt jedoch, daß diese dauernd leichten Schwankungen unterworfen ist (KANZOW u. KRAUSE; KRUPP).

Tabelle 1. *Durchblutung und $O_2$-Verbrauch des Gesamtgehirns beim Menschen. Daten verschiedener Untersucher. Mittelwerte mit Standardabweichung*

| | Durchblutung [ml/100 g·min] | $O_2$-Verbrauch [ml/100 g·min] |
|---|---|---|
| KETY u. SCHMIDT (1948a) | 54,0 ± 12,0 | 3,3 ± 0,4 |
| SCHEINBERG u. STEAD | 64,7 ± 12,1 | 3,8 ± 0,6 |
| BERNSMEIER u. SIEMONS (1953a) | 58,3 ± 6,6 | 3,7 ± 0,4 |
| LINDÉN | 54,5 ± 9,7 | 3,9 ± 0,6 |
| LASSEN u. MUNCK | 52,0 ± 8,6 | 3,4 ± 0,6 |
| GÄNSHIRT u. TÖNNIS | 55,7 ± 6,8 | 3,5 ± 0,5 |
| GÉRAUD u.a. | 53,4 ± 1,9 | 3,3 ± 0,2 |
| KENNEDY u. SOKOLOFF | 60,1 ± 2,6 | 4,2 ± 0,5 |
| LASSEN u.a. (1960) | 50,4 ± 4,9 | 3,5 ± 0,3 |
| McHENRY (1964) | 56,5 ± 7,7 | 3,4 ± 0,5 |

Die in Tabelle 1 aufgeführten Mittelwerte verschiedener Untersucher zeigen eine gute Übereinstimmung. Die leichten Unterschiede sind u. a. dadurch bedingt, daß die Alterszusammensetzung der Kollektive unterschiedlich ist und daß, da alle Messungen am nicht narkotisierten Menschen durchgeführt wurden, die innere Spannung sicher unterschiedlich war. *Angst* und *Schreck* können die Durchblutung des Gesamtgehirns steigern; die Durchblutung kann dabei aber auch unverändert bleiben (KETY, 1960; SCHEINBERG u. STEAD). Ursache für die unterschiedlichen Ergebnisse ist wahrscheinlich der Grad der emotionalen Belastung. Ähnliche Ergebnisse kommen bei Epinephrin-Injektion bzw. -Infusion zustande (KING u. a.; SOKOLOFF, 1956); Epinephrin wird bei emotionalen Belastungen von der Nebenniere ausgeschüttet. Geistige Anspannung steigert die Durchblutung des Gesamtgehirns nicht (SOKOLOFF u. a.).

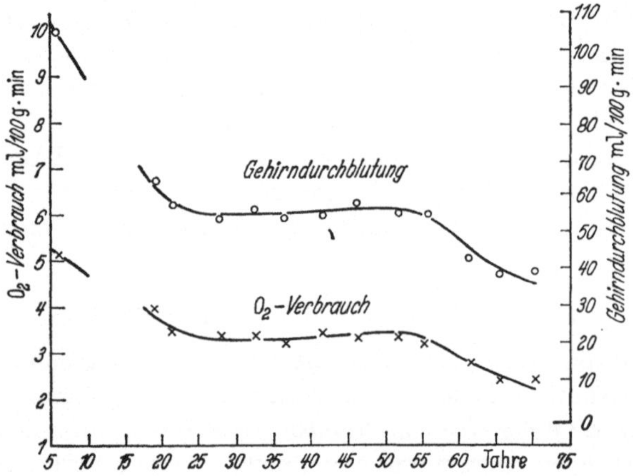


Abb. 3. Gehirndurchblutung und $O_2$-Verbrauch des Gehirns bei verschiedenem Lebensalter. [Leicht modifiziert nach A. BERNSMEIER u. U. GOTTSTEIN: Verh. dtsch. Ges. Kreisl.-Forsch. **24**, 248—253 (1958)]. Mittelwerte für je 5 Lebensjahre. Die für Kinder mit einem mittleren Alter von 6 Jahren eingezeichneten Daten sind Mittelwerte von C. KENNEDY u. L. SOKOLOFF. [J. clin. Invest. **36**, 1130—1137 (1957)]

Bei starker *Ermüdung* ist die Durchblutung des Gesamtgehirns nicht verändert (MANGOLD u. a.).

Während des *Schlafes* ist die Durchblutung des Gesamtgehirns im Vergleich zu der bei wachem, entspannten Zustand erhöht (MANGOLD u. a.) oder unverändert (BERNSMEIER, 1959); die cerebrale $O_2$-Aufnahme ist immer unverändert. Wahrscheinlich ist ein im Schlaf erhöhter arterieller $pCO_2$ die Ursache für diesen Durchblutungsanstieg. Langzeitmessungen der lokalen Durchblutung mit implantierten Thermosonden ergaben, daß beim Menschen ein Durchblutungsanstieg nur dann nachweisbar war, wenn die Patienten auf dem Rücken lagen und schnarchten; bei Seitenlage blieb die Durchblutung konstant (WÜLLENWEBER, 1965).

Die Durchblutung des Gesamtgehirns ist vom *Lebensalter* abhängig; sie ist beim Kind am höchsten, fällt mit zunehmendem Lebensalter zuerst steiler, dann langsamer ab und bleibt vom 25. bis 55. Lebensjahr etwa konstant, um im höheren Alter dann wieder leicht abzusinken. Dieser Befund wurde bei der Untersuchung einer großen Anzahl von Personen von einem Untersucher (Abb. 3) und auch nach

Zusammenstellen der Daten zahlreicher Untersuchergruppen (KETY, 1956) erhoben. Da die Meßwerte durch ängstliche Spannung verfälscht werden können, mußte bei der Untersuchung der Kinder anstelle der Atemmaske eine durchsichtige Haube genommen und die Kinder mußten durch Filme abgelenkt werden. Der cerebrale $O_2$-Verbrauch ist in ähnlicher Weise vom Lebensalter abhängig. Die Ursache für die im Mittel gefundene Abnahme der Durchblutung des Gesamtgehirns im Alter ist wahrscheinlich die verminderte $O_2$-Aufnahme des Gesamtgehirns. Im Einzelfall ist auch im Alter die Gehirndurchblutung nicht erniedrigt, wenn der $O_2$-Verbrauch nicht erniedrigt ist. Eine Verminderung der Gehirndurchblutung oberhalb des 55. Lebensjahres ist immer die Folge einer verminderten $O_2$-Aufnahme, die durch eine Cerebralsklerose bedingt ist.

## III. Durchblutung verschiedener Areale des Gehirns

Die verläßlichsten Daten über die absolute Durchblutung verschiedenster Areale des Gehirns wurden von LANDAU u.a. mit der autoradiographischen Methode angegeben (Tabelle 2). Aus der Tabelle ist zu erkennen, daß die Durchblutung des Marks etwa 5mal geringer ist als die der Rinde, daß die Durchblutung der Assoziationsfelder niedriger ist als die der Projektionsfelder und daß die Durchblutung des Allocortex geringer ist als die des Neocortex. Im Kleinhirn ist die Durchblutung der Kerne höher als die der Rinde. Von den Thalamuskernen hat das Corpus geniculatum die höchste Durchblutung. Die Angaben über die Durchblutung des Hypothalamus und der Formatio reticularis sind sicher sehr summarisch; es werden in diesen Arealen wahrscheinlich Gebiete mit höherer und solche mit niedrigerer Durchblutung vorhanden sein. Auffällig ist, daß die Colliculi caudales die höchste Durchblutung von allen untersuchten Arealen haben; die Ursache für diese extrem hohe Durchblutung ist unbekannt.

Außer den in Tabelle 2 aufgeführten Werten für die Durchblutung des *Cortex* sind in den letzten Jahren in großer Anzahl von verschiedenen Untersuchern Daten mit der Clearance-Methode ermittelt worden. Die Durchblutung des Cortex beträgt beim Menschen etwa 80 ml/100 g·min; die temporalen Rindenabschnitte haben dabei die niedrigste Durchblutung von 70 ml/100 g·min (INGVAR, CRONQUIST u.a.). Andere Untersucher fanden mittlere Werte von 50—60 ml/100 g·min (WOLLMAN u.a.; VEALL u. MALLETT; LASSEN u.a., 1963). Beim narkotisierten Hund wurden für den Cortex mittlere Werte von etwa 60—70 ml/100 g·min gemessen (GLEICHMANN u.a.; HÄGGENDAL u. JOHANSSON); die Einzelwerte schwankten zwischen etwa 30 und 100 ml/100 g·min. Der $O_2$-Verbrauch der Gehirnrinde beträgt beim Hund im Mittel 7 ml/100 g·min (GLEICHMANN u.a.).

Die Durchblutung des *Marks* beträgt beim Menschen im Mittel 21 ml/100 g·min (INGVAR, CRONQUIST u.a). Andere Untersucher maßen eine mittlere Durchblutung von 16 ml/100 g·min (WOLLMAN u.a.). Außer dem in Tabelle 2 für die Katze angegebenen Wert für die Durchblutung des Marks wurden beim Hund zwischen 6 und 20 ml/100 g·min gemessen (HÄGGENDAL u.a., 1965).

Bei erhöhter geistiger *Anspannung* und Aufmerksamkeit kann die regionale Durchblutung beim Menschen gering ansteigen (INGVAR u. RISBERG). Untersuchungen an der Katze ergaben, daß die Rindendurchblutung durch *Affekte* bis auf das Doppelte ihres Ausgangswertes erhöht werden kann (KANZOW u. KRAUSE;

Tabelle 2. *Durchblutung einzelner Gehirnareale [ml/g·min] bei der unnarkotisierten und narkotisierten Katze. Daten von* Landau, Freygang, Roland, Sokoloff u. Kety. (Nach Sokoloff, 1961)

|  | Ohne Narkose | Narkose |
|---|---|---|
| **Oberflächliche Strukturen** | | |
| sensomotorischer Cortex | $1{,}38 \pm 0{,}12$ | $0{,}65 \pm 0{,}07$ |
| Hörrinde | $1{,}30 \pm 0{,}05$ | $0{,}72 \pm 0{,}07$ |
| Sehrinde | $1{,}25 \pm 0{,}06$ | $0{,}77 \pm 0{,}09$ |
| Assoziationsfelder | $0{,}88 \pm 0{,}04$ | $0{,}67 \pm 0{,}06$ |
| olfaktorische Rinde | $0{,}77 \pm 0{,}06$ | $0{,}62 \pm 0{,}07$ |
| Mark | $0{,}23 \pm 0{,}02$ | $0{,}26 \pm 0{,}04$ |
| **Tiefe Strukturen** | | |
| Corpus geniculatum mediale | $1{,}22 \pm 0{,}04$ | $0{,}81 \pm 0{,}09$ |
| Corpus geniculatum laterale | $1{,}21 \pm 0{,}08$ | $0{,}79 \pm 0{,}07$ |
| Nucleus caudatus | $1{,}10 \pm 0{,}08$ | $0{,}91 \pm 0{,}11$ |
| Thalamus | $1{,}03 \pm 0{,}05$ | $0{,}71 \pm 0{,}09$ |
| Hypothalamus | $0{,}84 \pm 0{,}05$ | $0{,}55 \pm 0{,}06$ |
| Basalganglien und Nucl. Amygdalae | $0{,}75 \pm 0{,}03$ | $0{,}58 \pm 0{,}05$ |
| Hippocampus | $0{,}61 \pm 0{,}03$ | $0{,}59 \pm 0{,}04$ |
| Tractus opticus | $0{,}27 \pm 0{,}02$ | $0{,}22 \pm 0{,}08$ |
| **Mittelhirn und Pons** | | |
| Colliculus inferior | $1{,}80 \pm 0{,}11$ | $1{,}41 \pm 0{,}14$ |
| Colliculus superior | $1{,}15 \pm 0{,}07$ | $0{,}82 \pm 0{,}10$ |
| Olive | $1{,}17 \pm 0{,}13$ | $1{,}56 \pm 0{,}27$ |
| Formatio reticularis | $0{,}59 \pm 0{,}05$ | $0{,}49 \pm 0{,}06$ |
| Pons, graue Substanz | $0{,}88 \pm 0{,}04$ | $0{,}61 \pm 0{,}03$ |
| Pons, weiße Substanz | $0{,}24 \pm 0{,}02$ | $0{,}31 \pm 0{,}04$ |
| **Kleinhirn** | | |
| Kerne | $0{,}79 \pm 0{,}05$ | $0{,}56 \pm 0{,}08$ |
| Cortex | $0{,}69 \pm 0{,}04$ | $0{,}57 \pm 0{,}05$ |
| Mark | $0{,}24 \pm 0{,}01$ | $0{,}29 \pm 0{,}06$ |
| **Medulla oblongata** | | |
| Vestibulariskern | $0{,}91 \pm 0{,}04$ | $0{,}84 \pm 0{,}10$ |
| Cochleariskern | $0{,}87 \pm 0{,}07$ | $0{,}99 \pm 0{,}14$ |
| Pyramide | $0{,}26 \pm 0{,}02$ | $0{,}28 \pm 0{,}03$ |
| **Rückenmark** | | |
| graue Substanz | $0{,}63 \pm 0{,}04$ | $0{,}53 \pm 0{,}07$ |
| weiße Substanz | $0{,}14 \pm 0{,}02$ | $0{,}15 \pm 0{,}06$ |

Kanzow u. Reichel; Betz u. Hensel). *Berührungsreize* und *akustische Reize* können im Tierversuch zu Durchblutungsänderungen der Gehirnrinde führen; dabei kann es zu Mehr- oder Minderdurchblutungen kommen, die mit einer EEG-Arousal einhergehen können (Kanzow u.a., 1961 b). Bei elektrischer *Reizung peripherer Nerven* kommt es im Tierversuch häufig zu einer Durchblutungszunahme der Gehirnrinde. Diese tritt auch dann ein, wenn die Aktivierung der corticalen elektrischen Tätigkeit bei einer Narkosevertiefung erlischt (KRUPP). Die im Tierversuch bei *Schmerzreizen* gefundenen Mehrdurchblutungen sind häufig druckpassiv bedingt (BETZ u. SCHMAHL). Beim Menschen ergaben Reizungen des *N. trigeminus* oder der Trigeminuswurzel eine Mehrdurchblutung, die wahrscheinlich nicht ausschließlich druckpassiv ist (WÜLLENWEBER u. SCHMITZ-VALCKENBERG). Reizung der peripheren sensiblen Trigeminusfasern dagegen änderte beim Menschen die lokale Durchblutung der Gehirnrinde fast nie.

Während des natürlichen Schlafes kann bei der Katze im Rhombencephalon eine Mehrdurchblutung zustande kommen (BAUST). Beim Übergang vom natürlichen zum paradoxen *Schlaf* steigt die Durchblutung der Großhirnrinde infolge Dilatation um 30—50% an (KANZOW u.a., 1962). Auch die Durchblutung des Rhombencephalon steigt an und die des Mesencephalon d.h. die der Strukturen, die für den Wachzustand verantwortlich sind, fällt ab (BAUST). Während einer Weckreaktion durch Reizung oder während eines spontanen Wachwerdens kommt es umgekehrt häufig zu einem Anstieg der Durchblutung im Mesencephalon und zu einem Abfall der Durchblutung im Rhombencephalon (BAUST).

Die mit der $N_2O$-Methode und direkten Methoden beim Tier ermittelten Werte über die Gehirndurchblutung geben wegen der auf S. 145 und 151 erwähnten anatomischen Besonderheiten nie die Durchblutung des Gesamtgehirns, sondern nur eines mehr oder weniger großen Gehirnabschnittes an. So wurde mit der $N_2O$-Methode beim Hund eine Durchblutung von 45 ml/100 g·min (HIRSCH, GROTE u. SCHLOSSER) und 63 ml/100 g·min (HOMBURGER u.a.) gemessen. Mit der Farbstoffverdünnungsmethode wurde eine Durchblutung von 79 ml/100 g·min gefunden (GROTE u. KREUSCHER). Diese Unterschiede in der Größe der Gehirndurchblutung sind außer durch die oben genannten anatomischen Variationen auch durch unterschiedliche Narkosetiefe bedingt. In einer Reihe von Untersuchungen, die mit den verschiedensten Methoden durchgeführt wurden, konnte gezeigt werden, daß die Gehirndurchblutung durch *Narkose* vermindert wird (HOMBURGER u.a.; SOKOLOFF, 1961; HIRSCH, GROTE u. SCHLOSSER; KREUSCHER) (Tabelle 2).

Die Versuche, mit der Clearance-Methode zu Aussagen über die absolute Durchblutung tiefer Gehirngebiete zu gelangen, haben bisher keinen Erfolg gehabt (BROCK u.a).

# IV. Capillarisierung

Die Capillarisierung ist in den verschiedenen Anteilen des Gehirns unterschiedlich groß (Tabelle 3). Vom Säuglingsalter bis zum Erwachsenenalter nimmt die Capillarzahl zu und der Capillarabstand entsprechend ab (Abb. 4). Die Veränderung von Zahl und Abstand der Capillaren bis zum 4. Lebensjahr läßt vermuten, daß das Verhältnis von $O_2$-Bedarf des Gewebes und $O_2$-Angebot durch das Blut wesentlich entscheidend für Zahl und Abstand der Capillaren ist. Die Zunahme der Capillarisierung zwischen dem 4. Lebensjahr und dem Erwachsenenalter weist jedoch darauf hin, daß wenigstens noch ein anderer Faktor den Grad der Capillarisierung bestimmen muß, da die $O_2$-Aufnahme des Gehirns in dieser Zeit deutlich

Tabelle 3. *Prozentuales Capillarvolumen, Menge und Dichte der Capillaren in verschiedenen Hirnregionen des Menschen.* [Aus W. Lierse: Acta anat. (Basel) **54**, 1—31 (1963)]

| Region | Vol.-% | Z | a [$\mu$] |
|---|---|---|---|
| Fornix | 0,3 | 0,7 | 117,8 |
| Zentrales Höhlengrau | 0,5 | 1,2 | 90,1 |
| Pyramidenbahn | 0,5 | 1,2 | 90,1 |
| Tractus long. med. | 0,5 | 1,2 | 90,1 |
| Chiasma | 0,6 | 1,6 | 80,6 |
| Nucl. centr. sup. | 0,7 | 1,9 | 73,5 |
| Nucl. pontis | 0,8 | 2,1 | 69,4 |
| Cerebellum, Mark | 0,9 | 2,4 | 64,1 |
| Med. oblongata | 0,8 | 2,2 | 68,0 |
| Frontalrinde | 1,0 | 2,6 | 62,1 |
| Formatio reticul. | 1,0 | 2,6 | 62,1 |
| Nucl. niger | 1,0 | 2,6 | 62,1 |
| Nucl. caudatus | 1,1 | 2,8 | 59,9 |
| Colliculus inf. | 1,1 | 2,8 | 59,9 |
| Gyrus dentatus | 1,2 | 3,1 | 57,1 |
| Calcarinarinde Lam. I, II, III | 1,2 | 3,1 | 57,1 |
| Cerebellum, Vermis, Strat. moleculare | 1,3 | 3,4 | 54,1 |
| Gyrus praecentral. | 1,3 | 3,4 | 54,1 |
| Nucl. olivae | 1,4 | 3,5 | 53,2 |
| Nucl. N. XII | 1,4 | 3,5 | 53,2 |
| Thalamus | 1,5 | 3,8 | 51,0 |
| Nucl. term. spin. N.V. | 1,5 | 3,8 | 51,0 |
| Hippocampus | 1,5 | 3,8 | 51,0 |
| Nucl. term. N. IX, X | 1,6 | 4,2 | 49,0 |
| Nucl. ambiguus | 1,6 | 4,2 | 49,0 |
| Calcarinarinde | 1,6 | 4,2 | 49,0 |
| Inselrinde | 1,6 | 4,2 | 49,0 |
| Nucl. med. fasc. dors. | 1,6 | 4,2 | 49,0 |
| Nucl. Schwalbe | 1,7 | 4,4 | 47,8 |
| Nucl. term. dors., N. cochleae | 1,7 | 4,4 | 47,8 |
| Calcarinarinde Lam. IV | 2,0 | 5,2 | 43,9 |
| Cerebellum, Hemisphäre Strat. moleculare | 2,1 | 5,4 | 43,1 |
| Putamen | 2,4 | 6,2 | 40,2 |
| Cerebellum, Hemisphäre, Strat. granulosum | 3,3 | 8,5 | 34,2 |

Vol.-% = prozentuales Volumen der Capillaren. Z = Capillarzahl/10000 $\mu^2$. a = mittlerer Capillarabstand in $\mu$.

kleiner wird (Abb. 3). Wahrscheinlich ist die Capillarisierung eines Gebietes von verschiedenen Faktoren abhängig (Lierse).

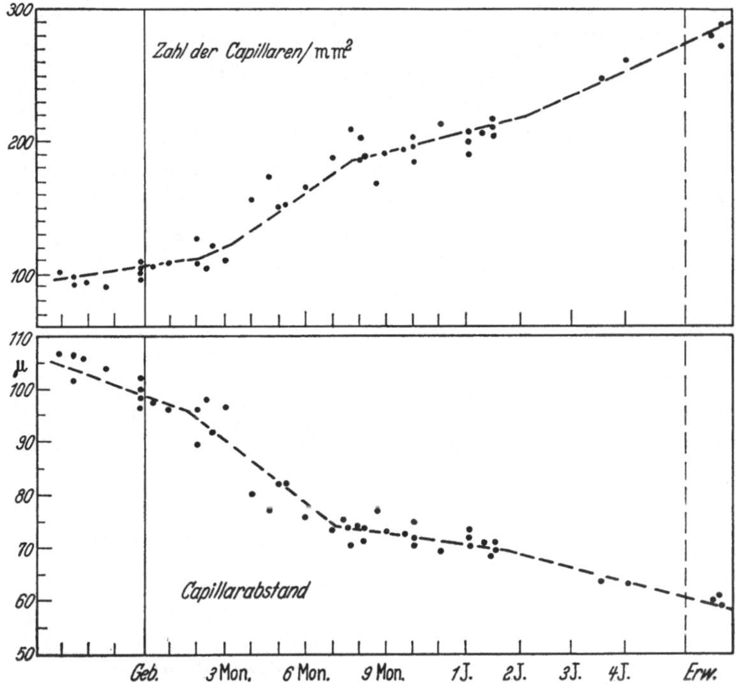



Abb. 4. Capillardichte und Capillarabstand in der frontalen Großhirnrinde des Menschen beim Feten, Säugling, Kleinkind, Kind und Erwachsenen. *Geb.* = Geburt. [Aus K. DIEMER: Mschr. Kinderheilk. 112, 240—242 (1964)]

## V. Regulation der Durchblutung

Die Dosierung der Durchblutung erfolgt mit Hilfe von Mechanismen, die sich vom Blut, von den Gefäßen oder vom Gewebe her auswirken. Vom arteriellen Blut her regulieren $pO_2$, $pCO_2$, pH, Blutdruck und Viscosität. Von den Gefäßen her regulieren Autonomie, Elastizität und Vasomotorik. Vom Gewebe her regulieren Metabolite, im wesentlichen je nach Höhe des $pO_2$ und pH im Gewebe. Das Ziel experimenteller Untersuchungen ist, den Einfluß der genannten Faktoren einzeln quantitativ zu bestimmen. Die Schwierigkeit besteht darin, bei Bestimmung der Wirkung eines Faktors die anderen konstant zu halten; multifaktorielle Ergebnisse sind nur schwer oder überhaupt nicht zu deuten.

### 1. pO₂

*Erhöhung* des $pO_2$ im *arteriellen* Blut ändert die Gehirndurchblutung nur wenig (OPITZ u. SCHNEIDER; McDOWALL) (Abb. 5). Bei einem $pO_2$ im arteriellen Blut von 760 Torr ist die Gehirndurchblutung um etwa 13% gesunken (KETY u. SCHMIDT, 1948b; LAMBERTSEN u.a.; PATTERSON, HEYMAN u. DUKE; HARPER u.a.; HEYMAN u.a.). Die $O_2$-Aufnahme des Gehirns ist dabei unverändert. Bei $O_2$-Atmung unter 3—4 Atm sinkt die Gehirndurchblutung um etwa 25% (LAMBERTSEN u.a.); die $O_2$-Aufnahme ist auch jetzt unverändert. Als Ursache für diese Verminderung der Gehirndurchblutung wird eine Hyperventilation genannt, die durch eine Erhöhung des $pCO_2$ im Gehirngewebe infolge einer Verminderung des $CO_2$-Bindungsvermögens des venösen Blutes bedingt sei und die zu einer Erniedrigung des $pCO_2$ im arteriellen Blut führe. Bei konstant gehaltenem arteriellen $pCO_2$ kommt entgegen zunächst geäußerten Vermutungen, die auch durch entsprechende Befunde über eine Konstanz der Gehirndurchblutung bei Atmung von 21 und 80% $O_2$ gestützt wurden (Turner u. a.), keine Konstanz der Gehirndurchblutung während der Atmung von 100% $O_2$ bei 1 oder 2 Atm zustande (McDowall). $O_2$ hat demnach möglicherweise selbst einen constrictorischen Einfluß auf die Gehirngefäße.

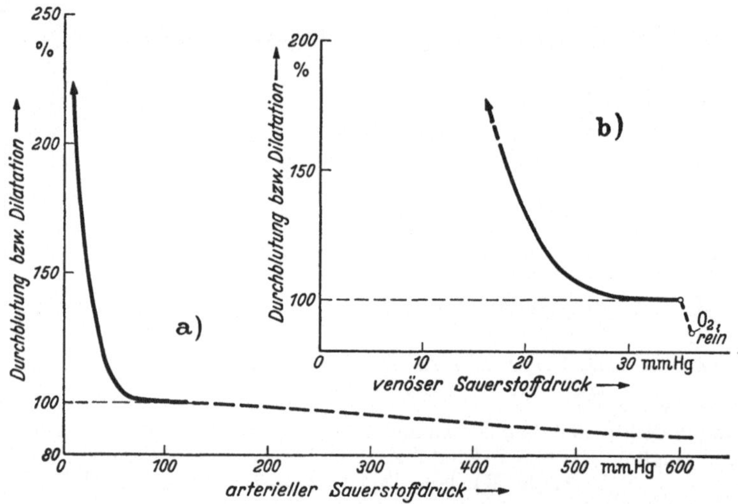


Abb. 5a u. b. Einfluß des $pO_2$ im arteriellen (a) und venösen (b) Gehirnblut auf die Gehirndurchblutung. [Modifiziert nach E. Opitz u. M. Schneider: Ergebn. Physiol. **46**, 125—260 (1950)]

*Erniedrigung* des $pO_2$ im *arteriellen* Blut ändert die Gehirndurchblutung erst, wenn ein $pO_2$ von 60 Torr erreicht wird. Bei weiterer Erniedrigung des arteriellen $pO_2$ steigt die Gehirndurchblutung steil an (Kety u. Schmidt, 1948b; Opitz u. Schneider; Fazekas, Alman u. Bessman; Wollmann u. a.; McDowall; Kogure u. a.) (Abb. 5). Diese Erhöhung der Gehirndurchblutung bei starker Erniedrigung des arteriellen $pO_2$ ist in erster Linie nicht Zeichen einer Regulation, sondern einer verminderten $O_2$-Versorgung des Gehirngewebes.

*Erniedrigung* des $pO_2$ im *venösen* Gehirnblut läßt, wenn sie gering ist, die Gehirndurchblutung unbeeinflußt (Abb. 5). In dieser Phase eines freien Intervalls sinkt der $pO_2$ des venösen Gehirnblutes von seiner Normalhöhe von 36—38 Torr auf etwa 29 Torr ab (Noell, 1944b; Opitz u. Schneider). Unterhalb von etwa 29 Torr wird die Reaktionsschwelle überschritten; die Gehirndurchblutung steigt an, zunächst sehr geringfügig, dann jedoch rasch zunehmend (Turner u. a.). Wenn der $pO_2$ im venösen Gehirnblut 19 Torr erreicht hat, ist die Gehirndurchblutung um etwa 30% angestiegen (Kety u. Schmidt, 1948b; Opitz u. Schneider). Bei noch weiterer Erniedrigung des $pO_2$ im venösen Gehirnblut steigt die Gehirndurchblutung steil an. Dieser Durchblutungsanstieg geht mit einer Acidose des Gehirngewebes einher. Beim Organismus führt ein Unterschreiten des venösen $pO_2$ unter 19 Torr rasch zu einem Zusammenbruch von Kreislauf und Atmung und damit zum Tod. Die Erniedrigung des $pO_2$ im venösen Gehirnblut kann z. B. durch eine Hypoxämie, eine Anämie, eine Asphyxie oder eine Ischämie, durch Blutdrucksenkung oder eine teilweise Verlegung von Gefäßen zustande kommen. Der $O_2$-Verbrauch des Gesamtgehirns ist, wenn der $pO_2$ im venösen Gehirnblut etwa 19 Torr erreicht hat, minimal oder noch nicht signifikant vermindert. In diesem Zustand liegen schon Funktionsstörungen des Gehirns vor,

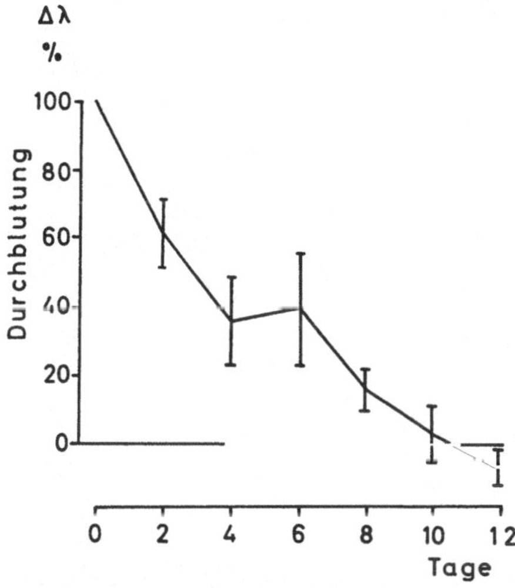


Abb. 6. Mittlere Veränderung der regionalen Gehirndurchblutung mit Standardabweichungen bei der Katze im $O_2$-Mangel, der 12 Tage lang täglich für 4 Std durch Einatmung von 10% $O_2$ gesetzt wurde. Die Durchblutungsänderung des 1. Versuchstages wurde als 100% Änderung vom Ausgangswert eingezeichnet. [Nach E. BETZ: Acta neurol. scand., Suppl. 14, 121—128 (1965)]

wie z. B. EEG-Veränderungen (GOTOH u. a., 1965) oder Bewußtseinstrübung bis zur Bewußtlosigkeit. Wenn die Untersuchungen mit besonderer Methodik durchgeführt werden, kann auch bei noch tieferem venösen $pO_2$ untersucht werden; diese Untersuchungen zeigten, daß die $O_2$-Aufnahme des Gesamtgehirns dann deutlich abfällt (HIRSCH, GLEICHMANN u. a., 1961).

*Erhöhung* des $pO_2$ im *venösen* Gehirnblut kommt bei einem nicht geschädigten Gehirn zustande, wenn reiner $O_2$ bei Atmosphärendruck oder Überdruck eingeatmet wird. Bei der Atmung von reinem $O_2$ bei 1 Atm steigt der $pO_2$ des venösen Gehirnblutes auf 40 Torr, bei 3,5 Atm auf 75 Torr an (LAMBERTSEN u. a.).

Im chronischen $O_2$-Mangel kann die Capillarisierung vermehrt sein; sie ist beim Menschen (DIEMER, 1965) und beim Versuchstier (MERCKER u. OPITZ; MERCKER u. SCHNEIDER; DIEMER u. HENN) nachgewiesen worden.

Der Durchblutungsanstieg des Gesamtgehirns oder einzelner Gebiete, der bei der ersten Einwirkung eines erniedrigten arteriellen $pO_2$ eintritt, wird bei längerer Einwirkung des $O_2$-Mangels geringer. Bei einem $O_2$-Gehalt der Inspirationsluft von 10%, der täglich für 4—6 Std gegeben werden, stieg bei der Katze die Durchblutung der Rinde von Tag zu Tag weniger an, um nach 12 Tagen konstant zu bleiben (Abb. 6). In Versuchen auf 3810 m Höhe fand sich beim Menschen in den ersten Stunden nach Beginn des Höhenaufenthaltes eine Durchblutungssteigerung um 24%, während nach 3—5 Tagen die Durchblutung nur noch um 13% gesteigert war (SEVERINGSHAUS u.a). Ursache hierfür sind Adaptationsvorgänge verschiedenster Art an den *chronischen $O_2$-Mangel:* Ein Anstieg des Hämoglobingehaltes und des Hämatokrits erklärt teilweise den Rückgang der anfänglichen Durchblutungszunahme (ADOLPH). Schon nach 3—5 Tagen Höhenaufenthalt normalisiert sich das pH des Liquors, während das arterielle pH leicht erhöht ist und der arterielle $pCO_2$ von seinem Normwert auf 30 Torr abgefallen ist. Die sich

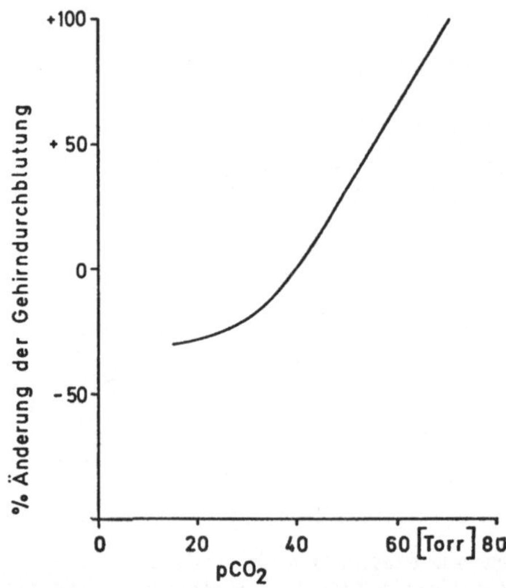


Abb. 7. Einfluß des $pCO_2$ im arteriellen Blut auf die Gehirndurchblutung. [Schema nach W. NOELL u. M. SCHNEIDER: Pflügers Arch. ges. Physiol. 247, 514—527 (1944). S. S. KETY, u. C. F. SCHMIDT: J. clin. Invest. 27, 484—492 (1948). A. M. HARPER: Acta neurol. scand., Suppl. 14, 41, 94—103 (1965). M. REIVICH: Amer. J. Physiol. 206, 25—35 (1964). E.HÄGGENDAL u. B. NORBÄCK: Acta chir. scand., Suppl. 364, 13—22 (1966)]

bei längerem Höhenaufenthalt zeigende Normalisierungstendenz der Gehirndurchblutung scheint durch das pH der extracellulären Flüssigkeit bedingt zu sein und nicht durch den arteriellen $pCO_2$, der ja erniedrigt ist (SEVERINGSHAUS u.a.). Die beteiligten Transportvorgänge für Ionen und die Funktion der Schranken sind noch weitgehend unbekannt.

## 2. $pCO_2$

*Erhöhung* des $pCO_2$ im arteriellen Blut läßt die Gehirndurchblutung ansteigen (NOELL u. SCHNEIDER, 1944; KETY u. SCHMIDT, 1946, 1948b; SCHIEVE u. WILSON; WILSON u.a.; NOVACK u.a.; PATTERSON u.a., 1955; LEWIS u.a.; FAZEKAS, BESSMAN u.a.; FAZEKAS, ALMAN u. BESSMAN; INGVAR, 1958; DEWAR u. DAVIDSON; AIZAWA u.a.; HARPER; BETZ u. HENSEL; REIVICH; ALEXANDER u.a.; HÄGGENDAL u. NORBÄCK) (Abb. 7). Die $O_2$-Aufnahme des Gehirns bleibt dabei unverändert. Die Erhöhung des arteriellen $pCO_2$ wird durch Zugabe von $CO_2$ zur Inspirationsluft oder durch Hypoventilation erreicht. Die Angaben der einzelnen Untersucher über das Ausmaß der Durchblutungssteigerung bei Erhöhung des arteriellen pCO$_2$ über 80 Torr sind sehr different (HÄGGENDAL u. NORBÄCK; REIVICH). Die Erhöhung des pCO$_2$ im arteriellen Blut geht mit einer Erhöhung des pCO$_2$ auf der Gehirnoberfläche und einer Erniedrigung des pH der Gehirnoberfläche einher.

*Erniedrigung* des pCO$_2$ im arteriellen Blut vermindert die Gehirndurchblutung (NOELL u. SCHNEIDER, 1944; KETY u. SCHMIDT, 1946, 1948a, b; GRANT u.a.; LEWIS u.a.; INGVAR, 1958; FAZEKAS, BESSMAN u.a.; FAZEKAS, MCHENRY u.a.; WOLLMAN u.a.; HARPER; ALEXANDER u.a.; HÄGGENDAL u. NORBÄCK) (Abb. 7). Die O$_2$-Aufnahme des Gehirns bleibt auch hier unverändert. Die Erniedrigung des arteriellen pCO$_2$ wird durch Hyperventilation erzielt. Die Gehirndurchblutung kann durch Hyperventilation auf etwa 50—70% gesenkt werden. Die Erniedrigung des pCO$_2$ im arteriellen Blut führt zu einer Erniedrigung des pCO$_2$ der Gehirnoberfläche und einen Anstieg des pH der Gehirnoberfläche.

Ob die Ursache der bei Erhöhung oder Erniedrigung des arteriellen pCO$_2$ entstehenden Mehr- oder Minderdurchblutung durch Änderung des pCO$_2$ oder pH in der Gefäßmuskulatur, im Gewebe oder im Extracellulärraum zustande kommt, ist bisher nicht sicher entschieden. Die schnelle Veränderung der Gehirndurchblutung nach stufenweiser Erniedrigung des arteriellen pCO$_2$ weist jedoch auf eine primäre Wirkung an der Gefäßmuskulatur hin (SEVERINGHAUS u. LASSEN).

Die mit Erniedrigung des arteriellen pCO$_2$ einhergehende Verminderung der Gehirndurchblutung erreicht im akuten Versuch einen Endwert, wenn der pO$_2$ im venösen Gehirnblut etwa 19 Torr erreicht hat (NOELL u. SCHNEIDER, 1944). Dieser pO$_2$ läßt sich auch aus den Daten von KETY u. SCHMIDT (1946, 1948b) errechnen. Bei Hyperventilation wird dieser pO$_2$ im venösen Gehirnblut nicht unterschritten (NOELL u. SCHNEIDER, 1944; KETY u. SCHMIDT, 1946; GOTOH u.a., 1965). Bei derjenigen Minderdurchblutung, die bei Hypokapnie erreicht wird und die auch bei noch stärkerer Hyperventilation nicht unterschritten wird, kann der pCO$_2$ des arteriellen Blutes unterschiedlich stark abgefallen sein. Dies ist durch die Höhe des Blutdrucks, des Hämoglobingehaltes und des arteriellen pO$_2$ bedingt. Für die Höhe der Durchblutung ist in Hypokapnie nicht der arterielle pCO$_2$ entscheidend, sondern der pO$_2$ des venösen Gehirnblutes. Die endgültige Durchblutungshöhe, die bei Hypokapnie nicht unterschritten wird, ist durch die O$_2$-Versorgung des Gehirngewebes bedingt. Wenn der pO$_2$ im venösen Gehirnblut etwa 19 Torr erreicht hat, sind die Gefäße weit und der O$_2$-Verbrauch ist gerade minimal eingeschränkt (HIRSCH, GLEICHMANN u.a., 1961). Die Minderdurchblutung durch Hypokapnie und die Gefäßerweiterung durch den O$_2$-Mangel halten sich bei einem venösen pO$_2$ von etwa 19 Torr gerade die Waage.

Bei einer Hyperventilation treten schon Funktionsstörungen des Gehirns auf, bevor eine Grenze in der O$_2$-Versorgung des Gewebes erreicht wird, also vor Erreichen eines pO$_2$ im venösen Gehirnblut von 19 Torr. Die Funktionsstörungen werden erst bei einem pO$_2$ des venösen Gehirnblutes von 19 Torr schwerwiegend, so daß anzunehmen ist, daß der O$_2$-Mangel schneller und stärker zu Funktionsstörungen führt als der CO$_2$-Mangel und die schwerwiegendste Folge des CO$_2$-Mangels die sekundäre des O$_2$-Mangels im Gehirngewebe ist.

Daß die Durchblutung nicht immer vom pCO$_2$ des arteriellen Blutes gesteuert wird, zeigt sich bei Verabreichung hoher Dosen von *Carboanhydrasehemmern:*

die Gehirndurchblutung steigt als Folge des erhöhten $pCO_2$ der Gehirnoberfläche an. Diese Erhöhung der Gehirndurchblutung ist nicht vom $pCO_2$ des arteriellen Blutes abhängig, der als Folge einer Hyperventilation erniedrigt oder bei sehr hoher Dosierung des Carboanhydrasehemmers als Folge einer Atemhemmung erhöht sein kann (Mithoefer u.a.; Mithoefer u. Davis; Gotoh u.a., 1966a; Meyer u.a., 1961; Ehrenreich u.a.).

Bei einem mäßigen allgemeinen oder mäßigen lokalisierten $O_2$-Mangel kann durch Zugabe von $CO_2$ zur Inspirationsluft eine Vasodilatation und damit eine Mehrdurchblutung erzielt werden; die $O_2$-Versorgung wird verbessert und die Gewebsacidose vermindert. Bei einem kritischen allgemeinen $O_2$-Mangel, bei dem die Gehirndurchblutung durch den $O_2$-Mangel schon erhöht ist, kann die Gehirndurchblutung durch Zugabe von $CO_2$ zur Inspirationsluft nicht weiter erhöht werden; die Zugabe von $CO_2$ zur Inspirationsluft ist jetzt sogar schädlich, da Acidose und Ödemgefahr zunehmen. Bei einem kritischen lokalen $O_2$-Mangel wird die Durchblutung der hypoxischen Gewebes ebenfalls durch Zugabe von $CO_2$ nicht erhöht; die Durchblutung des benachbarten Gewebes steigt durch Zugabe von $CO_2$ zur Inspirationsluft an und kann sekundär sogar zu einer Minderdurchblutung desjenigen Gewebsbezirkes führen, für den schon ein kritischer $O_2$-Mangel vorlag.

Die durch Hyperventilation entstehende Hypokapnie führt zu einer Linksverschiebung der $O_2$-Bindungskurve des Hämoglobins. Hierdurch würde schon bei gleichbleibender Gehirndurchblutung der $pO_2$ im venösen Blut und Gehirngewebe erniedrigt. Die Senkung des $pO_2$ im Gehirngewebe wird durch die Minderdurchblutung noch verstärkt. Die Hypokapnie würde, wenn die Durchblutung gleichbliebe, zu einer deutlichen Alkalose des Gehirngewebes führen. Durch die Verminderung der Gehirndurchblutung wird diese Alkalose jedoch abgeschwächt.

Die bei Veränderung des arteriellen $pCO_2$ auftretende Änderung der Gehirndurchblutung bleibt nicht konstant, wenn der neue $pCO_2$ des arteriellen Blutes für Minuten oder Stunden konstant gehalten wird (Betz, 1968; Agnoli). Für die zeitlichen Änderungen der Gehirndurchblutung bei z. B. erhöhtem, aber konstantem $pCO_2$ des arteriellen Blutes sind methodische Gründe wie Freilegung der Gehirnrinde mit Resektion der Dura sicher teilweise verantwortlich (Pontén u. Siesjö). Die bei Veränderung des arteriellen $pCO_2$ auftretende Änderung der Gehirndurchblutung bleibt bei *chronischer Einwirkung* noch weniger konstant. Die Mehrdurchblutung, die durch Zugabe von 5% $CO_2$ zur Inspirationsluft zustande kommt, wird, wenn diese täglich für 4—6 Std gegeben wird, im Verlauf von 14 Tagen kleiner und scheint sich dem Ausgangswert zu nähern (Betz, 1965b). Die Adaptationsvorgänge, die in diesen chronischen Versuchen ablaufen, sind bisher nicht voll überschaubar. Die in solchen Versuchen im Liquor gefundene Konstanz des erhöhten $pCO_2$, der kontinuierliche Anstieg des Bicarbonatgehaltes im Liquor und der nach anfänglicher Erniedrigung langsam wieder ansteigende pH des Liquors weisen auf solche Anpassungsvorgänge hin (Pontén u. Siesjö). Wahrscheinlich können die Liquorwerte denen des Extracellulärraumes gleichgesetzt werden.

### 3. pH

Da bei Erhöhung des arteriellen $pCO_2$ unterschiedliche Blutdruckreaktionen auftreten, ließ sich der Gefäßwiderstand besser als die Mehrdurchblutung zum

$pCO_2$ der Cortexoberfläche korrelieren. Weiter zeigte sich, daß eine noch bessere Korrelation des Gefäßwiderstandes zum pH der Gehirnoberfläche, d.h. zum pH des Extracellulärraums, als zum $pCO_2$ der Cortexoberfläche vorhanden ist (BETZ u. KOZAK). Für die Auffassung, daß das pH eine wesentliche Bedeutung für die Regulation der Gehirndurchblutung besitzt, ist eine Reihe von Argumenten zusammengetragen worden (SEVERINGHAUS). Da eine Erniedrigung des pH der Cortexoberfläche nicht unter allen Bedingungen mit einer Erhöhung der Gehirndurchblutung und eine Erhöhung des pH nicht unter allen Bedingungen mit einer Verminderung der Gehirndurchblutung einhergeht, ist zu vermuten, daß das pH der Cortexoberfläche nicht direkt die Gehirndurchblutung reguliert, sondern daß ein anderer Faktor der eigentlich regulierende ist.

Die Gehirndurchblutung reagiert im Tierversuch bei einer intravenösen *Injektion einer Säure oder Base* nicht nach dem arteriellen pH, sondern nach dem auf dem Cortex gemessenen $pCO_2$ bzw. pH. Bisher ist nicht sicher zu entscheiden, ob nach einer primären Änderung des pH im Blut der $pCO_2$ oder das pH der Cortexoberfläche die die Gehirndurchblutung verändernde Größe ist. Bei intravenöser Injektion von Natriumbicarbonat kam es trotz Alkalisierung des arteriellen Blutes zu einer Acidose der Gehirnoberfläche, zu einer Erhöhung des $pCO_2$ sowohl im arteriellen Blut wie auch auf der Gehirnoberfläche und zu einem Anstieg der Rindendurchblutung. Bei einer Acidose durch intravenöse Injektion von HCl kam es nach einer langdauernden Erniedrigung des arteriellen pH in etwa der Hälfte der Versuche vorübergehend zu einem Anstieg der Rindendurchblutung mit einer vorübergehenden Erniedrigung des pH der Gehirnoberfläche und einem vorübergehenden Anstieg des $pCO_2$ der Gehirnoberfläche (BETZ u. HEUSER). Es kommt also sowohl bei der Gabe von $NaHCO_3$ wie auch zunächst bei der Gabe von HCl zu einer Mehrdurchblutung. Dies zeigt eindeutig, daß in diesen Fällen nicht das arterielle pH die Gehirndurchblutungsänderung bestimmt. Bei der Gabe von $NaHCO_3$ diffundiert $CO_2$ schnell ins Gewebe, verursacht die Acidose des Gehirngewebes und den Anstieg der Gehirndurchblutung, während das langsam diffundierende Bicarbonat die Blutalkalose bedingt. Bei der Gabe von HCl diffundiert $CO_2$, das im Blut aus seiner Bindung getrieben wird, schnell ins Gehirngewebe, verursacht dessen Acidose und den Anstieg der Gehirndurchblutung; durch die Blutacidose kommt es zu vermehrter Abrauchung von $CO_2$ und damit wieder zu einer Erniedrigung des zunächst erhöhten $pCO_2$ des Gehirngewebes; da die Wasserstoffionen weniger schnell diffundieren, kommt die pH-Erhöhung der Gehirnrinde verzögert zustande; die Gehirndurchblutung wird dann wieder vermindert (BETZ u. HEUSER).

Bei einer Alkalose durch intravenöse Gabe von $NaHCO_3$ verhalten sich pH, $pCO_2$ und Durchblutung der Gehirnrinde also entgegengesetzt wie bei einer Alkalose durch Hyperventilation. Bei einer Acidose durch intravenöse Gabe von HCl ist die erste Reaktion von pH, $pCO_2$ und Durchblutung der Rindenoberfläche dieselbe wie bei einer Acidose durch Zugabe von $CO_2$ zur Inspirationsluft. Ob die Änderung der Gehirndurchblutung bei primärer metabolischer Acidose oder Alkalose durch Änderung von pH oder $pCO_2$ des Gehirngewebes, des gesamten Cortex, der Cortexoberfläche oder des Extracellulärraums zustande kommt, ist bisher ungeklärt. Da $CO_2$ sehr schnell diffundiert, werden sich etwaige Differenzen des $pCO_2$ im Gewebe schnell ausgleichen.

11*

Bei Infusion einer Säure oder Base kommt keine Änderung der Rindendurchblutung zustande, wenn der arterielle $pCO_2$ durch passive Ventilation konstant gehalten wird (Harper u. Bell). Eine Reihe von unterschiedlichen und sich teilweise widersprechenden Ergebnissen verschiedener Untersucher finden dadurch ihre Erklärung.

## 4. Blutdruck

### a) Autoregulation

Bei einem ungeschädigtem Gehirn und normalem $O_2$- und $CO_2$-Gehalt des arteriellen Blutes ist die Relation zwischen Gehirndurchblutung und Blutdruck

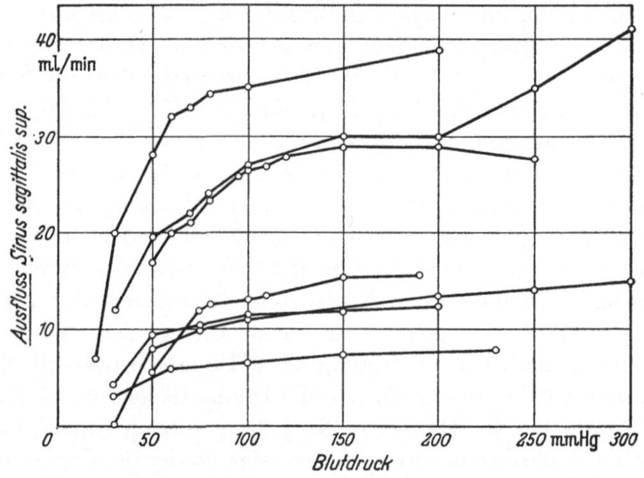


Abb. 8. Einfluß des arteriellen Mitteldrucks auf die Gehirndurchblutung. Jede Kurve wurde bei einem anderen Gehirn (Hund) aufgestellt. Der $pCO_2$ des arteriellen Blutes war für jede Kurve konstant. Die eingetragenen Durchblutungswerte sind steady states. [Aus H. Hirsch u. K. Körner: Pflügers Arch. ges. Physiol. 280, 316—325 (1964)]

nicht linear. Von einer bestimmten Blutdruckhöhe ab nimmt die Gehirndurchblutung bei ansteigendem Blutdruck nicht weiter zu (Hirsch u. Körner; Green u.a.; Rapela u. Green; Harper) (Abb. 8). Dieser Sachverhalt: Konstanz der Gehirndurchblutung bei Erhöhung des Blutdrucks über einen bestimmten Bereich, ist als Autoregulation bezeichnet worden. Sie entsteht myogen ohne nervale Beteiligung.

Auf die Autoregulation wurde schon 1928 von Forbes u. Wolff und 1934 von Fog bei der mikroskopischen Beobachtung der Piagefäße hingewiesen. In den Versuchen von Carlyle und Grayson, die 1956 die Autoregulation mit Thermosonden nachwiesen, zeigte sich, daß die Autoregulation durch Vertiefung der Narkose aufhebbar war; wahrscheinlich trat mit der Vertiefung der Narkose eine Blutdrucksenkung auf, die, wie unten ausgeführt, durch eine unzureichende $O_2$-Versorgung die Autoregulation zum Erliegen bringen kann.

Erhöht man den Blutdruck von seinem Normwert aus, so bleibt die Gehirndurchblutung konstant. Entsprechend ist die Gehirndurchblutung beim Hyper-

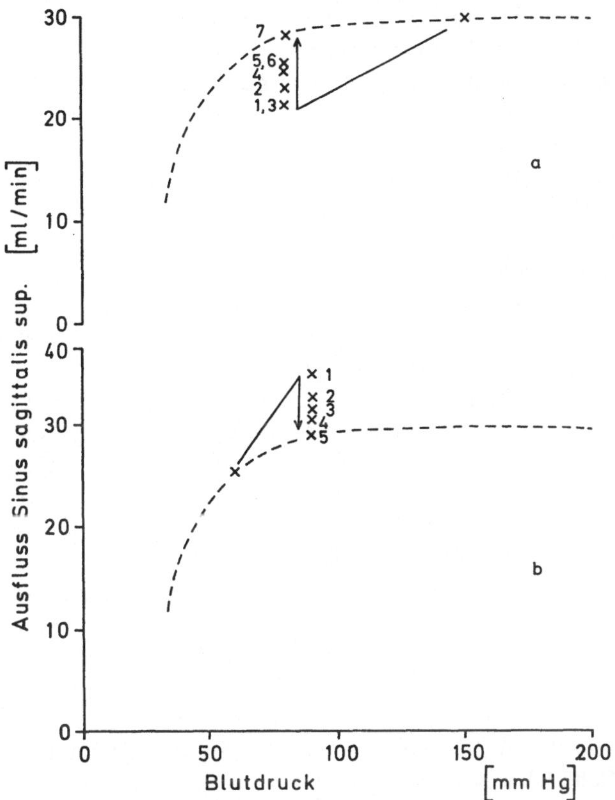


Abb. 9a u. b. Druck-Durchblutungs-Relation im steady state (---). a Gehirndurchblutung bei Senkung des arteriellen Mitteldrucks von 150 auf 80 mm Hg. Die Ziffern *1* bis *7* neben den Kreuzen geben die zeitliche Reihenfolge der jede Minute nach der Blutdruckänderung gemessenen Durchblutung an. Der Pfeil bezeichnet schematisch den zeitlichen Ablauf. Die endgültige Durchblutung stellte sich bei Erniedrigung des Blutdrucks erst nach 6 min ein. b Gehirndurchblutung bei Erhöhung des arteriellen Mitteldrucks von 60 auf 90 mm Hg. Ziffern, Kreuze und Pfeil wie in a. Die endgültige Durchblutung stellte sich erst nach 4 min ein. [Nach H. HIRSCH u. K. KÖRNER: Pflügers Arch. ges. Physiol. **280**, 318—325 (1964)]

toniker normal, vorausgesetzt, daß nicht zusätzlich eine Sklerose vorliegt (KETY, HAFKENSCHIEL u. a., 1948; HAFKENSCHIEL, CRUMPTON u. FRIEDLAND; SHENKIN u. a., 1953; McCALL). Senkt man beim Hypertoniker den Blutdruck in den Normbereich, so bleibt die Gehirndurchblutung konstant (HAFKENSCHIEL, CRUMPTON u. a., 1950; HAFKENSCHIEL, FRIEDLAND u. a., 1954). Senkt man den Blutdruck von seinem Normwert aus, so bleibt anfänglich trotzdem die Gehirndurchblutung konstant oder nimmt nur wenig ab (BERNSMEIER, SACK u. SIEMONS; BERNSMEIER u. SIEMONS, 1953b; DEWAR u. a., 1953; HAFKENSCHIEL, CRUMPTON u. MOYER; McCALL u. TAYLOR; MORRIS, MOYER u. a., 1954). Der Gefäßwiderstand nimmt in diesem Bereich laufend ab. Sobald ein bestimmter kritischer Druck erreicht ist, fällt mit weiter sinkendem Druck die Durchblutung besonders scharf ab (FINNERTY u. a., 1954; HIRSCH u. KÖRNER); ein $O_2$-Mangel entwickelt sich und die Autoregulation verschwindet vollständig.

Erhöht man den Blutdruck von seinem Normwert aus schnell, so kommt vorübergehend eine Mehrdurchblutung zustande; nach einigen Minuten stellt sich die vor der Druckerhöhung vorhandene Durchblutungshöhe wieder ein (Abb. 9). Senkt man den Blutdruck von einem überhöhten Wert langsam auf seinen Normwert, so bleibt die Gehirndurchblutung konstant. Senkt man den Blutdruck von seinem überhöhten Wert schnell auf seinen Normwert, so fällt die Gehirndurchblutung vorübergehend ab, um nach einigen Minuten wieder den Ausgangswert zu erreichen (Abb. 9).

Der in Abb. 8 für jeweils ein Gehirn gezeigte zur Druckabszisse konkave Verlauf der Druck-Durchblutungs-Kurve entspricht der beim Menschen aus Daten einer großen Anzahl von Untersuchergruppen zusammengestellten Beziehung (Lassen, 1959; Bernsmeier, 1961).

Die *Deutung* des Phänomens der Autoregulation ist im Prinzip dieselbe geblieben, wie sie schon von dessen Entdecker Bayliss gegeben wurde. Bei Erhöhung des Innendrucks der Gefäße kann es in einzelnen Zellen der glatten Muskulatur zu einer Depolarisierung kommen, die fortgeleitet wird und weitere Zellen zur Kontraktion bringt. Bei Überschreiten eines bestimmten Dehnungsgrades können durch Oscillation des Membranpotentials autorhythmisch tätige Stellen entstehen, die wahrscheinlich in den kleinsten Arterien liegen, möglicherweise durch diffundierende Metabolite in ihrer Funktion beeinflußt werden können und die in ihrer Funktion mit den Schrittmacherzellen des Herzens (Folkow, 1964) verglichen werden können. Die fortgeleiteten Erregungen könnten sich herzwärts auf größere, vorgeschaltete Arterien ausbreiten. Außer dieser myogenen Genese der Autoregulation werden ein bei Erhöhung des Blutdrucks innerhalb der Schädelkapsel zunehmender Gewebsdruck und eine Beeinflussung durch Metabolite als Mitursache der Autoregulation diskutiert. Der Gewebsdruck kann bei primärer Erhöhung des venösen Druckes eine Bedeutung haben; die Metabolite bei extremen Änderungen von $pO_2$ und $pCO_2$ des Blutes.

Bei Erhöhung des venösen Druckes entsteht eine Verminderung des arteriovenösen Blutdruckgefälles. Die Druckerhöhung auf der venösen Seite wird passiv über das Capillarsystem fortgeleitet und führt zu einer Druckerhöhung im Bereich der Arteriolen, deren Gefäßwandtonus daraufhin zunimmt. Die Gehirndurchblutung wird nicht eingeschränkt, wenn der venöse Druck nicht wesentlich über 300 mm $H_2O$ ansteigt (Moyer, Miller u. Snyder); die Autoregulation bleibt erhalten. Erst bei stärkerer Verminderung des arteriovenösen Blutdruckgefälles kann die Autoregulation eingeschränkt bzw. aufgehoben und die Gehirndurchblutung vermindert werden.

Bei starken Änderungen des $O_2$- oder $CO_2$-Gehaltes im arteriellen Blut wird die *Autoregulation vermindert oder aufgehoben.*

Bei einer *Senkung der arteriellen $O_2$-Sättigung* unter 60% wird die Druck-Durchblutungs-Relation linear (Abb. 10): die Durchblutung steigt auch oberhalb des Normalwertes, in dem sie sonst durch die Autoregulation konstant gehalten wird, etwa linear an. Dies weist auf die große klinische Bedeutung der Aufrechterhaltung des Blutdrucks bei cerebralem Sauerstoffmangel hin; die bei einer Blutdrucksenkung durch Erniedrigung des $pO_2$ im venösen Gehirnblut zustande kommende Mehrdurchblutung (s. S. 158—159) ist also Ausdruck einer Verminderung oder Aufhebung der Autoregulation.

Bei *Erhöhung des arteriellen* $pCO_2$ kann die Autoregulation ebenfalls vermindert werden (RAPELA u. GREEN; HÄGGENDAL u. JOHANSSON). Bei einem arteriellen $pCO_2$ von 70—90 Torr ist die Autoregulation erloschen (Abb. 11). Die Ergebnisse von Untersuchungen, in denen sich bei demselben $pCO_2$ nur eine Einschränkung der Autoregulation fand, sind durch methodische Unterschiede zu erklären. Die Autoregulation ist umgekehrt um so ausgeprägter, je stärker die Hypokapnie und je höher der Tonus der Gehirngefäße ist. Voraussetzung hierfür ist, daß diese Tonuserhöhung nicht zu $O_2$-Mangel führt. Die Autoregulation kommt um so weniger zum Ausdruck, je niedriger der Gefäßwiderstand ist, z. B. durch $O_2$-Mangel oder Hyperkapnie.

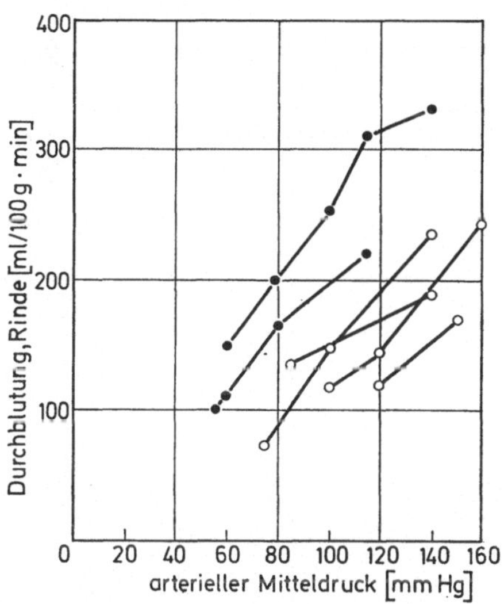


Abb. 10. Durchblutung der Gehirnrinde bei Hypoxämie in Abhängigkeit vom mittleren arteriellen Blutdruck bei unterschiedlichem arteriellen $pCO_2$. ● arterieller $pCO_2 > 50$ Torr; ○ 30—50 Torr. Arterielle $O_2$-Sättigung $< 60\%$. [Modifiziert nach E. HÄGGENDAL u. B. JOHANSSON: Acta physiol. scand., Suppl. 258, **66**, 27—53 (1965)]

Voraussetzung für die Aufstellung von IP-Kurven des Gehirns mit Autoregulation ist die Konstanz von normalen arteriellen Gasdrücken; bei Schwankungen im arteriellen $pCO_2$ wurden Kurven verschiedenster Form gefunden (HIRSCH u. KÖRNER).

Die fehlende Autoregulation in den Versuchen von SAGAWA und GUYTON läßt sich wahrscheinlich durch $O_2$-Mangel erklären. In einigen Untersuchungen wurde schließlich nicht die reine Gehirndurchblutung erfaßt, sondern gleichzeitig auch die *Durchblutung extracerebraler Gefäße* (HALLEY u.a.; GERCKEN u. ROTH; LANGFITT u.a.), die eine Autoregulation in weit geringerem Ausmaß oder gar nicht aufweisen. Auch tiefe Narkosen können möglicherweise die Autoregulation vermindern oder aufheben.

### b) Kritischer Blutdruck

Als kritischer Blutdruck wird derjenige Blutdruck bezeichnet, bei dessen Unterschreiten Störungen zentralnervöser Funktionen eintreten, also nicht derjenige

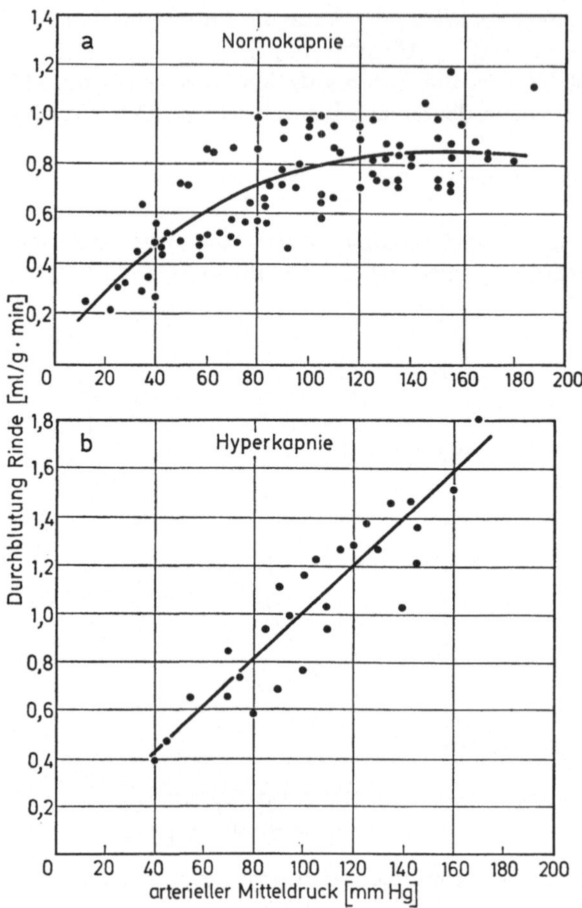



Abb. 11a u. b. Durchblutung der Gehirnrinde bei Normokapnie (a) und Hyperkapnie (b) in Abhängigkeit vom mittleren arteriellen Blutdruck. Arterieller $pCO_2$ 70—90 Torr. [Modifiziert nach A. M. Harper: Acta neurol. scand., Suppl. 14, 41, 94—103 (1965)]

Blutdruck, unterhalb dessen die Gehirndurchblutung absinkt. Schon bevor bei Erniedrigung des Blutdrucks dieser kritische Wert erreicht wird, sinkt die Gehirndurchblutung ab. Wenn der kritische Blutdruck für längere Zeit unterschritten wird, so können irreversible Schädigungen zustande kommen. Der kritische Blutdruck ist beim Menschen unterschritten, wenn die Gehirndurchblutung auf etwa 30 ml/100 g·min abgesunken ist (Finnerty u.a., 1954, 1957). In Versuchen mit kontrollierter, pharmakologisch induzierter Hypotonie betrug der mittlere arterielle Blutdruck, wenn die Gehirndurchblutung auf etwa 30 ml/100 g·min abgesunken war, 30—35 mm Hg (Finnerty u.a., 1954). Dieser Blutdruck ist sicher der unterste Grenzbereich des kritischen Blutdrucks. Henry u.a. fanden in Untersuchungen am Menschen mit der Zentrifuge eine kritische arteriovenöse Blutdruckdifferenz in Höhe der Schädelbasis von mindestens 45 mm Hg. In den Untersuchungen am Menschen von Moyer u. Morris fand sich bei pharmakologisch induzierter Hypotonie ein kritischer Druck von 55—60 mm Hg. Die individuelle Streuung für den kritischen Blutdruck scheint beim Menschen nicht unerheblich zu sein. Mit dem Vorliegen eines kritischen Blutdrucks ist für den Menschen im Liegen zu rechnen, wenn der Druck auf 50 und 60 mm Hg (Mitteldruck in der A. brachialis) abgefallen ist. Bestimmend für das Auftreten von Störungen zentralnervöser Funktionen bei Blutdrucksenkung ist nicht der kritische arterielle Blutdruck, sondern die kritische arteriovenöse Blutdruckdifferenz. Deswegen ist auch im Stehen und Sitzen der kritische Blutdruck wegen der unterschiedlich großen Kompensation der hydrostatischen Druckdifferenz etwas höher anzusetzen. Beim Hund beträgt der kritische arterielle Mitteldruck im Liegen etwa 70—80 mm Hg (NOELL, 1944a), beim Kaninchen etwa 40 mm Hg.

Bei einer Sklerose, die den Druck hinter der Gefäßeinengung deutlich senkt, liegt der kritische Blutdruck entsprechend höher. Bei solchen Patienten kann bei einer Blutdrucksenkung schon Bewußtlosigkeit auftreten, wenn 100 mm Hg unterschritten werden. Der bei solchen Patienten für eine ausreichende Versorgung notwendige Blutdruck wird Erfordernishochdruck genannt.

### c) Blutdruckgefälle bei Lagewechsel

Bei Lagewechsel kann sich die Gehirndurchblutung ändern, da das arteriovenöse Blutdruckgefälle der Gehirngefäße nicht konstant bleibt. Wären die Venen zwischen Gehirn und Herz starr eingebettet, so würde beim Aufrichten aus der Horizontalen keine Änderung im Druckgefälle auftreten können, weil der Druckverlust auf der arteriellen Seite entsprechend der Höhendifferenz zwischen Indifferenzpunkt und Gehirn durch eine entsprechende Drucksenkung auf der venösen Seite wettgemacht würde. Im Sitzen und Stehen sinkt der intracerebrale Venendruck nicht proportional dem Verlust auf der arteriellen Seite ab; damit wird auch das Gesamtdruckgefälle niedriger. Der Abfall des Drucks in den Gehirnarterien beim Lagewechsel des menschlichen Körpers von der Horizontalen in die Senkrechte (Kopf oben) (LOMAN u.a.) um die hydrostatische Drucksäule, die vom Gehirn bis zum Indifferenzpunkt reicht und beim erwachsenen Menschen etwa 40 mm Hg beträgt, wird also nicht völlig kompensiert. Das Ausmaß dieses Druckverlustes ist beim Menschen individuell stark unterschiedlich. Beim Hund dagegen entspricht der Druckabfall im Gehirnsinus bei passivem Lagewechsel von der Horizontalen in die Senkrechte (Kopf oben) immer der hydrostatischen Druckdifferenz zwischen Gehirn und Indifferenzpunkt.

Die Gehirndurchblutung sinkt beim Lagewechsel von der Horizontalen zur Senkrechten (Kopf oben). Für das Aufrichten um 90° fehlen bisher Daten; bei 65° wurde beim Menschen eine Erniedrigung der Gehirndurchblutung um etwa 20% gemessen (SCHEINBERG u. STEAD; PATTERSEN u. CANNON; PATTERSEN u. WARREN). Beim Aufrichten um nur 20° änderte sich die Gehirndurchblutung nicht signifikant (SHENKIN u.a., 1949; HAFKENSCHIEL u.a., 1951) mit Ausnahme von Patienten mit Gehirntumoren (SHENKIN u.a., 1949).

Das Druckgefälle im Gehirn ist beim Aufrichten (Kopf oben) niedriger als im Liegen, wobei das Ausmaß dieser Erniedrigung individuell sehr großen Schwankungen unterliegt. Das spielt unter pathologischen Bedingungen eine wesentliche Rolle, da die Messung der Gehirndurchblutung ja im Liegen erfolgt.

Ein Druckgefälle, das im Liegen noch durchaus zur vollständigen Versorgung des Gehirns ausreicht, kann u. U. im Stehen oder Sitzen unzureichend werden. So erklärt sich der Befund, daß bei einem Patienten mit einem solchen Druckgefälle die Bestimmung von Durchblutung und $O_2$-Aufnahme im Liegen normale Werte ergeben kann. Ist in diesem Fällen der arterielle Blutdruck intracerebral schon im Liegen in der Nähe der kritischen Höhe, dann kann dieser im Stehen leicht unterschritten werden, so daß mit der Zeit Zellausfälle eintreten.

Die bei Lagewechsel von der Horizontalen in die Senkrechte auftretenden Änderungen des arteriovenösen Blutdruckgefälles entsprechen denen, die bei Beschleunigung auf der Zentrifuge zustande kommen (Henry u. a). Der Grad der Verminderung des arteriovenösen Blutdruckgefälles wird vom Ausmaß der Negativität des venösen Blutdrucks begrenzt. Die individuellen Unterschiede sind groß. Bei den Versuchen auf der Zentrifuge trat beim Menschen Bewußtlosigkeit ein, wenn der Mitteldruck der Gehirnarterien auf etwa 25 mm Hg abgesunken war. Der Druck im Bulbus venae jugularis konnte in diesen Versuchen auf —20 bis —60 mm Hg abfallen. Je niedriger der Druck im Bulbus venae jugularis werden kann, desto höher ist das arteriovenöse Druckgefälle.

### d) Blutdruckgefälle bei Liquordruckerhöhung

Liquordruckerhöhung vermindert das arteriovenöse Druckgefälle, da der Liquordruck und der intracerebrale Venendruck gleich hoch sind (Noell u. Schneider, 1948b). Diese Verminderung des arteriovenösen Druckgefälles kann so groß sein wie die, die bei einer Senkung des arteriellen Blutdrucks mit aufgehobener Autoregulation eintritt.

Die Gehirndurchblutung wird eingeschränkt, wenn der Liquordruck auf 30—50 mm Hg angestiegen ist (Kety, Shenkin u. Schmidt; Langfitt u. a.). Bei einer größeren Steigerung des Liquordruckes, bei der das kritische arteriovenöse Blutdruckgefälle annähernd erreicht ist, wird die Gehirndurchblutung so vermindert, daß es zu einem $O_2$-Mangel des Gehirngewebes und dadurch zu einer Vasodilatation kommt, durch die die Ausgangsdurchblutung allerdings nicht wieder erreicht werden kann (Ludwigs u. Wiemers). Trotz des erhöhten Umgebungsdruckes kann also eine Gefäßerweiterung auf der arteriellen Seite auftreten. Dies zeigt sich auch in der Möglichkeit, durch Zugabe von $CO_2$ zur Inspirationsluft die bei Liquordrucksteigerung verminderte Gehirndurchblutung zu erhöhen (Noell u. Schneider, 1948b); eine solche Zugabe von $CO_2$ zur Inspirationsluft ist im übrigen wegen der Gefahr der Ödementstehung oder -zunahme gefährlich.

Bei kontinuierlich zunehmender Liquordruckerhöhung lag beim Hund die Höhe des arteriovenösen Blutdruckgefälles, unterhalb der eine Dilatation der Gehirngefäße meßbar wird, bei etwa 70 mm Hg (Ludwigs u. Wiemers). Häggendal u. a. (1967) fanden, daß die Gehirndurchblutung bis zu einem Liquordruck, der 30—40 mm Hg unter dem mittleren arteriellen Blutdruck liegt, konstant bleibt. In Versuchen am Hund und Affen mit akuter, lokaler Liquordruckerhöhung durch einen Ballonkatheter wurde eine größere Streubreite gefunden, da innerhalb des Gehirns ein Druckgefälle auftritt, so daß die Liquordruckmessung keine zuverlässige Angabe über den mittleren intracerebralen venösen Druck ermöglicht (HUBER u. a.).

Bei plötzlicher Aufhebung der Liquordrucksteigerung kommt es zu einer reaktiven Mehrdurchblutung (NOELL u. SCHNEIDER, 1948b; HÄGGENDAL u.a., 1967).

Mit einer Erhöhung des Liquordrucks steigt der Druck im Circulus arteriosus cerebri an, während der Druck im Sinus sagittalis fällt (NOELL u. SCHNEIDER, 1948b; WRIGHT, 1938; BEDFORD). Diese Druckerniedrigung im Sinus ist eine hämodynamische Folge der Drosselung im venösen System vor dem Sinus sagittalis (NOELL u. SCHNEIDER, 1948b), der gewissermaßen als extrakraniell zu

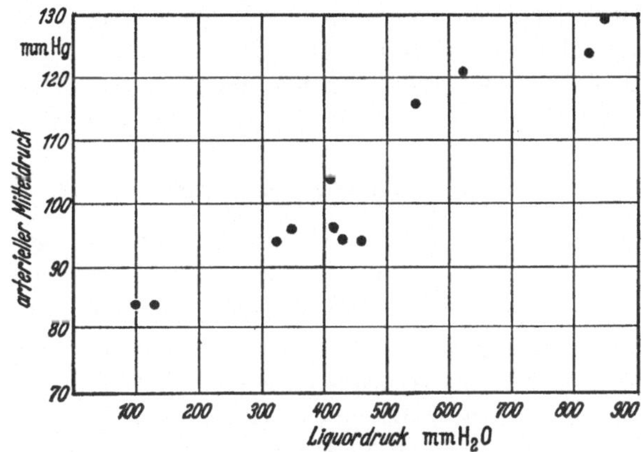


Abb. 12. Korrelation zwischen Blutdruck und Liquordruck beim Menschen. [Nach S. S. KETY, H. A. SHENKIN u. C. F. SCHMIDT: J. clin. Invest. **27**, 493—499 (1948)]

betrachten ist (WRIGHT), solange die Dura intakt ist. Durch Liquordruckerhöhung läßt sich der Sinus sagittalis nicht zum Verschluß bringen. Ganz entsprechend fällt der Druck im Sinus sagittalis immer dann, wenn er vom Druck der Zisterne übertroffen wird (BEDFORD).

Wenn der Liquordruck eine bestimmte Höhe überschreitet, kommt es zur *Blutdrucksteigerung.* Ursprünglich wurde angenommen, daß diese von CUSHING beschriebene Reaktion erst dann eintrete, wenn zumindest der diastolische oder gar der mittlere arterielle Druck überschritten werde, und daß dies ausschließlich durch Asphyxie der Zentren bedingt sei. Es hat sich in der Folgezeit erwiesen, daß schon erheblich früher eine Blutdrucksteigerung ausgelöst werden kann und daß eine recht gute Korrelation zwischen Liquordruckerhöhung und Blutdrucksteigerung besteht (KETY, SHENKIN u. SCHMIDT; HUBER u.a.) (Abb. 12). In den ersten Stufen der Blutdruckerhöhung tritt noch keine Steigerung der erniedrigten Gehirndurchblutung ein. Diese Blutdrucksteigerung kommt durch eine Massenverschiebung der Medulla oblongata oder der Aktivierungszone der Formatio reticularis des Mittelhirns zustande und nicht durch eine Asphyxie der Zentren (THOMPSON u. MALINA). Wenn bei langsamer Drucksteigerung in der Cisterna magna Massenverschiebungen vermieden werden, kommt die Blutdrucksteigerung erst zustande, wenn eine erhebliche Einschränkung der Gehirndurchblutung eingetreten ist (Häggendal u. a., 1967). In den höheren Stufen der Blutdruckerhöhung wird dann die durch die Liquordrucksteigerung erniedrigte Durchblutung erhöht. Es müssen somit zwei Formen der Blutdrucksteigerung bei Liquordruckerhöhung unterschieden werden, eine erste, früh einsetzende, durch Massenverschiebung bedingte und eine zweite, erst bei stärkerer Liquordruckerhöhung auftretende, durch Asphyxie der Zentren ausgelöste. Daß in der ersten Stufe der Blutdruckerhöhung bei Massenverschiebung noch keine Durchblutungssteigerung herbeigeführt wird, erklärt sich durch die Autoregulation der Gehirngefäße. Erst bei höheren Stufen des Liquordrucks, wenn durch den $O_2$-Mangel und die $CO_2$-Anhäufung die Autoregulation aufgehoben ist, vermag die Blutdrucksteigerung zu einer Erhöhung der erniedrigten Gehirndurchblutung zu führen, allerdings nicht so weit, daß dadurch der $O_2$-Mangel wirklich behoben würde. Immerhin wird durch den Cushing-Reflex die Gehirndurchblutung in die Höhe des kritischen Bereichs gehoben, so daß die Liquordrucksteigerung über längere Zeit nicht zum Tode führt.

## 5. Viscosität des Blutes

Bei *Erniedrigung des Hämatokrits*, die bei Anämie vorliegt, ist die Gehirndurchblutung beim Menschen vermehrt (Heyman, Patterson u. Duke). Es kommt erst zu den Erscheinungen eines cerebralen $O_2$-Mangels, nachdem solche von seiten des Herzens längst manifest geworden sind. Häggendal u.a. (1966) konnten in systematischen tierexperimentellen Untersuchungen zeigen, daß die Durchblutung der Gehirnrinde bei einem Hämatokrit zwischen 44 und 30% weitgehend konstant ist, unterhalb 30% anzusteigen beginnt und bei etwa 15% auf das Doppelte des Ausgangswertes angestiegen ist (Abb. 13).

Eine *Erhöhung des Hämatokrits*, die bei der Polycythämie vorliegt, führt beim Menschen zu einer Verminderung der Gehirndurchblutung bei unverändertem cerebralen $O_2$-Verbrauch (Nelson u. Fazekas; Bernsmeier u. Gottstein, 1956; Kety, 1950). Tierexperimentelle Untersuchungen haben dagegen gezeigt, daß die Durchblutung der Gehirnrinde bei Hämatokritwerten zwischen 44 und 70% konstant ist (Häggendal u.a., 1966) (Abb. 13). Die Ursache für diesen Unterschied ist nicht bekannt; möglicherweise sind bei der chronischen Hämatokriterhöhung der Polycythämie gegenüber dem akuten Tierversuch eine zeitliche Summation oder zusätzliche, bisher nicht bekannte Faktoren für die Verminderung der Gehirndurchblutung verantwortlich.

Wenn die Hämatokritänderung nicht durch Zugabe vom Plasma, sondern durch hochmolekulares (MG 5000000) oder niedermolekulares (MG 40000) Dextran erzielt wurde, so wurde im Prinzip derselbe Befund erhoben. Allerdings schien in dem untersuchten Hämatokritbereich von 20—50% die Gehirndurchblutung für hochmolekulares Dextran etwas geringer zu sein als die für niedermolekulares Dextran oder Plasma (Häggendal u.a., 1966).

Bei *Variationen der Blutviscosität* zwischen 2 und 35 cP durch Plasma, Albumin, niedermolekulares (MG 70000) oder hochmolekulares (MG 5000000) Dextran zeigte sich, daß die Rindendurchblutung von der normalen Viscosität von 7 cP bis zu einer von 35 cP konstant blieb und daß die Rindendurchblutung unter 7 cP zuerst langsam, dann zunehmend stärker anstieg, um bei 2 cP bis auf das Vierfache anzusteigen (HÄGGENDAL u. NORBÄCK). Dieser Anstieg der Durchblutung ist durch die Hämodilution bedingt. Die durch eine Erhöhung des arteriellen $pCO_2$ erzielbare Mehrdurchblutung war bei höherer Blutviscosität geringer, da der Gefäßwiderstand hier höher war (HÄGGENDAL u. NORBÄCK).

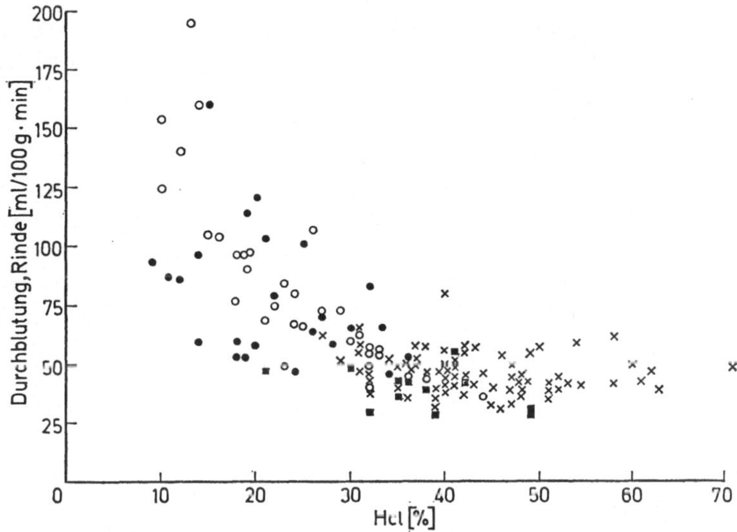

Abb. 13. Korrelation zwischen regionaler Durchblutung der Gehirnrinde und Hämatokrit beim Hund. Blutdruck > 100 mm Hg. Arterielle $O_2$-Sättigung > 85%. Arterieller $pCO_2$ 20—35 Torr. × Kontrollversuche mit normalem Blut oder nach Zugabe von Erythrocyten. ○ Zugabe von homologem Plasma. ● Zugabe von niedermolekularem Dextran (MG 40000; 6 oder 10%). ■ Zugabe von hochmolekularem Dextran (MG 5000000; 6%). [Modifiziert nach F. HÄGGENDAL, N. J. NILSSON u. B. NORBÄCK: Acta chir. scand., Suppl. **364**, 3—12 (1966)]

## 6. Vasomotorik

Eine geringe Vasoconstriction ist durch Reizung des *Sympaticus* auslösbar (SCHMIDT, 1934, 1935/36; POOL u.a.; FORBES, 1958; KROGH; HOLMQVIST u.a.; INGVAR, 1958; MOLNAR; KRUPP). Die zustande kommende Durchblutungsminderung konnte bei der Ente, der Möwe, dem Kaninchen, der Katze, dem Hund und dem Menschen nachgewiesen werden. Sie war bei Untersuchungen mit Thermosonden im Mark ausgeprägter als in der grauen Substanz (LUDWIGS u. SCHNEIDER). Der Blutdruck blieb bei der Sympaticusreizung häufig unverändert. Die Größe der Vasoconstriction nach Sympaticusreizung ist von dem Ausgangswert der Durchblutung abhängig. Unter Normalbedingungen ist die Vasoconstriction am größten. Ist die Durchblutung durch Hyperventilation gesenkt, so ist die vasoconstrictorische Wirkung der Sympaticusreizung vermindert oder aufgehoben. Ist die Autoregulation durch $CO_2$-Zugabe zur Inspirationsluft abgeschwächt oder erloschen, so ist die vasoconstrictorische Wirkung der Sympaticusreizung ebenfalls vermindert oder aufgehoben (LUDWIGS u. SCHNEIDER).

Einige Autoren (FLOREY; GURDIJAN u.a.) fanden keine Vasoconstriction nach Sympaticusreizung. Dieser abweichende Befund ist nur durch methodische Differenzen erklärbar.

Die bei Durchschneidung des Halssympaticus erhobenen tierexperimentellen Befunde über die Auswirkung auf die Gehirndurchblutung sind unterschiedlich; es wurden fehlende Reaktionen (Florey; Forbes, 1958; Ludwigs u. Schneider) wie auch Vasodilatationen und Mehrdurchblutungen (Krogh; Schmidt, 1935/36; Holmqvist u.a.) berichtet. Die Vasodilatation war allerdings gering und entsprach in ihrer Intensität etwa der, die bei einer Zugabe von 5% $CO_2$ zur Inspirationsluft eintrat (Schmidt, 1935/36). Beim Menschen dagegen konnte von vielen Untersuchern weder durch medikamentöse oder operative Ausschaltung des Ganglion stellatum bzw. durch Sympatektomie (Scheinberg; Harmel u.a.; Shenkin u.a., 1950, 1951; Wüllenweber u. Schmitz-Valckenberg) noch durch Gabe von Sympaticolytica (Hafkenschiel, Crumpton u.a., 1950; Moyer, Snyder u. Miller; McCall u. Taylor; Gottstein; Ludwigs u. Schneider) eine Durchblutungsänderung eindeutig nachgewiesen werden. Nur Lindén fand bei Patienten mit erhöhtem Gefäßwiderstand nach Stellatumblockade eine Mehrdurchblutung. Eine in Einzelfällen nach Blockierung des Ganglion stellatum eintretende Zunahme der Gehirndurchblutung könnte auch durch eine Erweiterung von Anastomosen zwischen Gehirngefäßen und extracerebralen Gefäßen zustandekommen, deren Tonus im starken Maße von nervösen Einflüssen abhängig ist. Auch für die Beurteilung von pharmakologischen Beeinflussungen der Gehirndurchblutung ist dieser Mechanismus wahrscheinlich von Bedeutung.

Entsprechend der geringen Auswirkung der Sympaticusreizung auf die Gehirndurchblutung ist auch die Wirkung der Überträgerstoffe Noradrenalin und Adrenalin sehr gering. Bei intraarterieller Injektion von *Noradrenalin* ist zur Auslösung einer Vasoconstriction beim Gehirnkreislauf eine 10—20mal größere Konzentration erforderlich als bei der A. femoralis oder A. carotis communis (Gottstein). Die Gehirndurchblutung wird bei intravenöser Infusion oder nach intramuskulärer Injektion von Noradrenalin beim Menschen und Tier nur geringfügig kleiner (King u.a.; Moyer, Morris u. Snyder; Sensenbach u.a.; Häggendal) oder sie bleibt konstant (Gottstein). Die Konstanz der Gehirndurchblutung kann trotz des erhöhten arteriellen Blutdrucks durch die vasoconstrictorische Wirkung des Noradrenalin oder durch Autoregulation zustande kommen. Bei intraarterieller Injektion von *Adrenalin* fand sich im Tierversuch bei niedriger Konzentration ein Anstieg der Gehirndurchblutung, bei höherer Konzentration ein Abfall der Gehirndurchblutung (Gottstein); nach intravenöser Injektion von Adrenalin fällt die Gehirndurchblutung nie ab. Beim Menschen kommt es bei intravenöser Infusion oder nach intramuskulärer Injektion entweder zu einer leichten mit dem Blutdruckanstieg einhergehenden Zunahme der Gehirndurchblutung (King u.a.) oder zu keiner Veränderung der Gehirndurchblutung (Sensenbach u.a.; Gottstein).

Eine Vasodilatation der Piagefäße ist im Tierversuch durch Reizung *parasympatischer Fasern* des N. facialis bzw. des N. petrosus superficialis major in einer großen Anzahl von Untersuchungen mit Messungen der Gefäßdurchmesser nachgewiesen worden (Forbes u. Wolff; Cobb u. Finesinger; Forbes, Nason u. Wortman; Forbes u. Cobb). Die Vasodilatationen gingen in den meisten Fällen mit einer Blutdrucksenkung einher, so daß dann wegen der Autoregulation keine Aussagen über etwaige Änderungen der Durchblutung möglich sind. Untersuchungen mit Thermosonden konnten zeigen, daß auch ohne Blutdrucksenkung eine

Zunahme der Rindendurchblutung zustande kommen kann (FORBES, SCHMIDT u. NASON). Andere Untersuchungen mit derselben Methodik ergaben, daß sowohl am Tier (MOLNAR; KRUPP) wie auch beim Menschen (WÜLLENWEBER u. SCHMITZ-VALCKENBERG) die lokale Durchblutung der Gehirnrinde und verschiedener tiefer Gebiete bei gleichzeitiger starker Blutdrucksenkung erniedrigt wird. Auch Untersuchungen mit direkter Messung des Sinusausflusses ergaben, daß es mit der auftretenden Blutdrucksenkung zu einer Durchblutungsminderung kommt (HOLMQVIST u.a.). Die durch Parasympathicuseinfluß möglichen Durchblutungsänderungen sind offenbar nur von geringen Ausmaß; die in den verschiedenen Untersuchungen erhaltenen Ergebnisse sind außer durch Blutdruckänderungen möglicherweise auch durch Atmungsänderungen beeinflußt.

Der Überträgerstoff *Acetylcholin* scheint bei direkter Applikation an den Piaarterien nur bei einer schon vorliegenden Mangelversorgung der Großhirnrinde zu einer Dilatation zu führen (MCHEDLISHVILI u. NIKOLAISHVILI).

Untersuchungen der Gehirndurchblutung beim Menschen mit der $N_2O$-Methode führten zu der Vermutung, daß die nach Lobotomie eintretende Verminderung der Gehirndurchblutung durch einen normalerweise vom Frontalhirn ausgehenden dilatorischen Einfluß auf die Gehirngefäße zustande kommt, der allerdings nicht weiter aufgeklärt werden konnte (SHENKIN, WOODFORD u. a.). Diese Verminderung der Gehirndurchblutung entsteht durch eine ausgedehnte Unterbrechung von Assoziationsbahnen und wahrscheinlich durch Zerstörung von Gewebe, das für die Funktion vegetativer Rindenabschnitte von wesentlicher Bedeutung ist. Auch vom Hypothalamus und von der Formatio reticularis kann die Gehirndurchblutung verändert werden (GEIGER u. SIGG; MEYER u.a., 1969).

Die Möglichkeit einer nervösen Beeinflussung der Piagefäße konnte durch Denervationsversuche nachgewiesen werden; eine bei erhöhter corticaler Tätigkeit oder nach einem $O_2$-Mangel auftretende Dilatation der Piagefäße fand nach Denervation nicht mehr statt (MCHEDLISHVILI u. NIKOLAISHVILI). Welcher Art diese Nervenfasern sind, konnte bisher nicht entschieden werden, obschon noradrenalin- wie auch cholinesterasehaltige Nervenfasern nachgewiesen werden konnten (FALCK u.a.; MCHEDLISHVILI u. NIKOLAISHVILI).

## Literatur


ADOLPH, E.F.: General and specific characteristics of physiological adaptions. Amer. J. Physiol. 184, 18—28 (1956).

AGNOLI, A.: Adaptation of CBF during induced chronic normooxic respiratory acidosis. Scand. J. clin. Lab. Invest., Suppl. 102, VIII: D (1968).

AIZAWA, T., TAZAKI, Y., GOTOH, F.: Cerebral circulation in cerebrovascular disease. Wld. Neurol. 2, 635—648 (1961).

ALEXANDER, S. C., WOLLMAN, H., COHEN, P. J., CHASE, P. E., MELMAN, E., BEHAR, M.: Krypton[85] and nitrous oxide uptake of the human brain during anesthesia. Anaesthesiology 25, 27—42 (1964).

BAUST, W.: Local blood flow in different regions of the brain-stem during natural sleep and arousal. Electroenceph. clin. Neurophysiol. 22, 365—372 (1967).

BAYLISS, W. M.: On the local reactions of the arterial wall to changes of internal pressure. J. Physiol. (Lond.) 28, 220—231 (1902).

BEDFORD, T. H. B.: The effect of variations in the subarachnoid pressure on the venous pressure in the superior longitudinal sinus and in the torcular of the dog. J. Physiol. (Lond.) 101, 362—368 (1942).

Bell, R. L.: Observations of cerebral arterio-venous transit times using radio-iodinated human serum albumin. J. nucl. Med. 5, 9—15 (1964).

Bernsmeier, A.: Probleme der Hirndurchblutung. Z. Kreisl.-Forsch. 48, 278—323 (1959).

— Zur Pathogenese cerebraler Zirkulationsstörungen bei Erkrankungen des Herzens und der Lungen. Proceedings of the VII International Congress of Neurology, vol. 1, p. 291—315, Rom (1961).

— Gottstein, U.: Die Sauerstoffaufnahme des menschlichen Gehirns unter Phenothiacinen, Barbituraten und in der Ischämie. Pflügers Arch. ges. Physiol. 263, 102—108 (1956).

— — Hirndurchblutung und Alter. Verh. dtsch. Ges. Kreisl.-Forsch. 24, 248—253 (1958).

— Sack, H., Siemons, K.: Hochdruck und Hirndurchblutung (Unter besonderer Berücksichtigung der Augenhintergrundveränderungen und der neurologischen Komplikationen). Klin. Wschr. 32, 971—975 (1954).

— Siemons, K.: Die Messung der Hirndurchblutung mit der Stickoxydulmethode. Pflügers Arch. ges. Physiol. 258, 149—162 (1953 a).

— — Der Hirnkreislauf bei der gesteuerten experimentellen Hypotension (Hypotension contrôlée). Schweiz. med. Wschr. 83, 210—212 (1953 b).

Bertha, H., Heppner, F., Jenker, F. L., Lechner, H., Rodler, R.: Zur Deutung des Schädelrheogrammes. Zbl. Neurochir. 15, 257—266 (1957).

Betz, E.: Zur Registrierung der lokalen Gehirndurchblutung mit Wärmeleitsonden. Pflügers Arch. ges. Physiol. 284, 278—284 (1965 a).

— Adaption of regional cerebral blood flow in animals exposed to chronic alteration of $pO_2$ and $pCO_2$. Acta neurol. scand. 41, Suppl. 14, 121—128 (1965 b).

— Zur Pathophysiologie der Sauerstoffversorgung. Z. prakt. Anästh. Wiederbelebung 3, 261—272 (1968).

— Local heat clearance from the brain as a measure of blood flow in acute and chronic experiments. Acta neurol. scand. 41, Suppl. 14, 29—37 (1965).

— Hensel, H.: Fortlaufende Registrierung der lokalen Durchblutung des Gehirns bei wachen, frei beweglichen Tieren. Pflügers Arch. ges. Physiol. 274, 608—614 (1962).

— Herrmann, E.: Die fortlaufende Registrierung der Gehirndurchblutung beim Menschen mit flexiblen Wärmeleitsonden. Nervenarzt 37, 173—175 (1966).

— Heuser, D.: Cerebral cortical blood flow during changes of acid-base equilibrium of the brain. J. appl. Physiol. 23, 726—733 (1967).

— Ingvar, D. H., Lassen, N. A., Schmahl, F. W.: Regional blood flow in the cerebral cortex measured simultaneously by heat and inert gas clearance. Acta physiol. scand. 67, 1—9 (1966).

— Kozak, R.: Der Einfluß der Wasserstoffionenkonzentration der Gehirnrinde auf die Regulation der corticalen Durchblutung. Pflügers Arch. ges. Physiol. 293, 56—67 (1967).

— Schmahl, F. W.: Durchblutung und Sauerstoffdruck in der Gehirnrinde bei Carotisdrosselung und ihre Beeinflussung durch Pharmaka. Pflügers Arch. ges. Physiol. 287, 368—384 (1966).

— Wüllenweber, R.: Fortlaufende Registrierung der lokalen Gehirndurchblutung mit Wärmeleitsonden am Menschen. Klin. Wschr. 40, 1056—1058 (1962).

Birzis, L., Tachibana, S.: Measurement of local cerebral blood flow by impedance changes. Life Sci. 11, 587—598 (1962).

Brobeil, A., Härter, O., Herrmann, E., Nilsson, N. J.: Messungen von cerebralen Kreislaufzeiten am Menschen und ihre Beziehung zur Gehirndurchblutung. Acta physiol. scand. 40, 122—129 (1957).

Brock, M., Ingvar, D. H., Jacobsen, C. W. S.: Regional blood flow in deep structures of the brain measured in acute cat experiments by means of a new beta-sensitive semiconductor needle detector. Exp. Brain Res. 4, 126—137 (1967).

Carlyle, A., Grayson, J.: Factors involved in the control of cerebral blood flow., J. Physiol. (Lond.) 133, 10—30 (1956).

Cobb, S., Finesinger, J. E.: Cerebral circulation. XIX. The vagal pathway of the vasodilator impulses. Arch. Neurol. Psychiat. (Chic.) 28, 1243—1256 (1932).

Creech, O., Bresler, E., Halley, M., Adam, M.: Cerebral blood flow during extracorporeal circulation. Surg. Forum 8, 510—514 (1957).

CUSHING, H.: Some experimental and clinical observations concerning states of increased intracranial tension. Amer. J. med. Sci. **124**, 375—400 (1902).

DEWAR, H. A., DAVIDSON, L. A. G.: The cerebral blood flow in mitral stenosis and its response to carbon dioxide. Brit. Heart J. **20**, 516—522 (1958).

— OWEN, S. G., JENKINS, A. R.: Influence of tolazoline hydrochloride (Priscol) on cerebral blood-flow in patients with mitral stenosis. Lancet **1953**b, 867—870.

DIECKHOFF, D., KANZOW, E.: Über die Lokalisation des Strömungswiderstandes im Hirnkreislauf. Pflügers Arch. **310**, 75—85 (1969).

DIEMER, K.: Über die Entwicklung der Gefäßversorgung im Säuglingsalter. Mschr. Kinderheilk. **112**, 240—242 (1964).

— Der Einfluß chronischen Sauerstoffmangels auf die Capillarentwicklung im Gehirn des Säuglings. Mschr. Kinderheilk. **113**, 281—283 (1965).

— HENN, R.: Kapillarvermehrung in der Hirnrinde der Ratte unter chronischem Sauerstoffmangel. Naturwissenschaften **52**, 135—136 (1965).

DUMKE, P. R., SCHMIDT, C. F.: Quantitative measurements of cerebral blood flow in the macacque monkey. Amer. J. Physiol. **138**, 421—431 (1943).

EHRENREICH, D. L., BURNS, R. A., ALMAN, R. W., FAZEKAS, J. F.: Influence of acetazolamide on cerebral blood flow. Arch. Neurol. Psychiat. (Chic.) **5**, 227—232 (1961).

EICHHORN, O.: Die Radiocirculographie, eine klinische Methode zur Messung der Hirndurchblutung. Wien. klin. Wschr. **71**, 499—502 (1959).

FALCK, B., MCHEDLISHVILI, G. I., OWMAN, CH.: Histochemical demonstration of adrenergic nerves in cortex-pia of rabbit. Acta pharmacol. (Kbh.) **23**, 133—142 (1965).

FAZEKAS, J. F., ALMAN, R. W., BESSMAN, A. N.: Cerebral physiology of the aged. Amer. J. med. Sci. **223**, 245—257 (1953).

— BESSMAN, A. N., COTSONAS, N. J., ALMAN, R. W.: Cerebral hemodynamics in cerebral arteriosclerosis. J. Geront. 8, 137—144 (1953).

— MCHENRY, L. C., ALMAN, R. W., SULLIVAN, J. F.: Cerebral hemodynamics during brief hyperventilation. Arch. Neurol. Psychiat. (Chic.) 4, 132—138 (1961).

FEDORUK, S., FEINDEL, W.: Measurement of brain circulation time by radioactive iodinated albumin. Canad. J. Surg. **3**, 312—318 (1960).

FIESCHI, C., BOZZAO, L., AGNOLI, A.: Regional clearance of hydrogen as a measure of cerebral blood flow. Acta neurol. scand., Suppl., **14**, 46—52 (1965).

— — — NARDINI, M., BARTOLINI, A.: The hydrogen method of measuring local blood flow in subcortical structures of the brain: Including a comperative study with the $^{14}$C antipyrine method. Exp. Brain Res. **7**, 111—119 (1969).

FINNERTY, F. A., GUILLAUDEU, R. L., FAZEKAS, J. F.: Cardiac and cerebral hemodynamics in drug induced postural collapse. Circulat. Res. **5**, 34—39 (1957).

— WITKIN, L., FAZEKAS, J. F.: Cerebral hemodynamics during cerebral ischemia induced by acute hypotension. J. clin. Invest. **33**, 1227—1232 (1954).

FLOREY, H.: Microscopical observation on the circulation of blood in the cerebral cortex. Brain **48**, 43—64 (1925).

FOG, M.: Om piaarteriernes vasomotoriske reaktioner. Munksgaard: Köpenhamm 1934.

— Cerebral circulation. The reactions of the pial arteries to a fall in blood pressure. Arch. Neurol. Psychiat. **37**, 351—364 (1937).

— The relationship between the blood pressure and the tonic regulation of the pial arteries. J. Neurol. Psychiat. **1**, 187—197 (1938).

— Cerebral circulation. I. Reaction of pial arteries to Epinephrine by direct application and by intravenous injection. Arch. Neurol. Psychiat. (Chic.) **41**, 109—118 (1939a).

— Cerebral circulation. II. Reaction of pial arteries to increase in blood pressure. Arch. Neurol. Psychiat. (Chic.) **41**, 260—268 (1939b).

FOLKOW, B.: Description of the myogenic hypothesis. Circulat. Res. **15**, Suppl. 1, 279—287 (1964).

FORBES, H. S.: The cerebral circulation. I. Observation and measurement of pial vessels. Arch. Neurol. Psychiat. (Chic.) **19**, 751—761 (1928).

— Regulation of the cerebral vessels — new aspects. Arch. Neurol. Psychiat. (Chic.) **80**, 689—695 (1958).

— COBB, ST. S.: Vasomotor control of cerebral vessels. Brain **61**, 221—233 (1938).

Forbes, H. S., Nason, G. I., Wortman, R. C.: Cerebral circulation. XLIV. Vasodilation in the pia following stimulation of the vagus, aortic and carotid sinus nerves. Arch. Neurol. Psychiat. (Chic.) **37**, 334—350 (1937).

— Schmidt, C. F., Nason, G. I.: Evidence of vasodilator innervation in the parietal cortex of the cat. Amer. J. Physiol. **125**, 216—219 (1939).

— Wolff, H. G.: Cerebral circulation. III. The vasomotor control of cerebral vessels. Arch. Neurol. Psychiat. (Chic.) **19**, 1057—1086 (1928).

Gänshirt, H., Tönnis, W.: Durchblutung und Sauerstoffverbrauch des Hirns bei intracraniellen Tumoren. Dtsch. Z. Nervenheilk. **174**, 305—330 (1956).

Geiger, A., Sigg, E. B.: The significance of the hypothalamus in the regulation of the metabolism of the brain. Trans. Amer. neurol. Ass. **80**, 117—120 (1955).

Géraud, J., Bès, A., Rascol, A., Delpla, M., Marc-Vergnes, J. P.: Mesure du débit sanguin cérébral au krypton 85. Quelques applications physio-pathologiques et cliniques. Rev. neurol. **108**, 542—557 (1963).

Gercken, G., Roth, E.: Metabolitkonzentration im Gehirn und Stromstärke-Druckabhängigkeit bei künstlicher Perfusion des Kaninchenkopfes. Pflügers Arch. ges. Physiol. **273**, 589—603 (1961).

Gibbs, F. A.: A thermoelectric blood flow recorder in the form of a needle. Proc. Soc. exp. Biol. (N.Y.) **31**, 141—147 (1933).

— Maxwell, H., Gibbs, E. L.: Volume flow of blood through the human brain. Arch. Neurol. Psychiat. (Chic.) **57**, 137—144 (1947).

Gleichmann, U., Ingvar, D. H., Lassen, N. A., Lübbers, D. W., Siesjö, B. K., Thews, G.: Regional cerebral cortical metabolic rate of oxygen and carbon dioxide, related to the EEG in the anesthetized dog. Acta physiol. scand. **55**, 82—94 (1962).

Gotoh, F., Meyer, J. S., Takagi, Y.: Cerebral effects of hyperventilation in man. Arch. Neurol. Psychiat. **12**, 410—423 (1965).

— — Tomita, M.: Carbonic anhydrase inhibition and cerebral venous blood gases and ions in man. Arch. intern. Med. **117**, 39—46 (1966a).

— — — Hydrogen method for determining cerebral blood flow in man. Arch. Neurol. Psychiat. **15**, 549—559 (1966b).

Gottstein, U.: Der Hirnkreislauf unter dem Einfluß vasoaktiver Substanzen. Heidelberg: Rüthig 1962.

Grant, F. C., Spitz, E. B., Shenkin, H. A., Schmidt, C. F., Kety, S. S.: The cerebral blood flow and metabolism in idiopathic epilepsy. Trans. Amer. neurol. Ass. **72**, 82—86 (1947).

Green, H. D., Rapela, C. E., Conrad, M. C.: Resistance (conductance) and capacitance phenomena in vascular beds. In: Handbook of physiology, sect. II, Circulation, p. 935. Washington, D.C.: American Physiological Society 1963.

Greitz, T.: A radiologic study of the brain circulation by rapid serial angiography of the carotid artery. Acta radiol. (Stockh.) **140**, 12—19 (1956).

Grote, J., Kreuscher, M.: Die Sauerstoffversorgung des Hundegehirns. I. Mitteilung: Die cerebrale Durchblutung und Sauerstoffaufnahme. Zool. Anz. **179**, 320—329 (1967).

Gurdjian, E. S., Webster, J. E., Martin, F. A., Thomas, L. M.: Cinephotomicrography of the pial circulation. Arch. Neurol. Psychiat. (Chic.) **80**, 418—430 (1958).

Häggendal, E.: Effects of some vasoactive drugs on the vessels of cerebral grey matter in the dog. Acta physiol. scand. **66**, Suppl. 258, 55—79 (1965).

— Johansson, B.: Effects of arterial carbon dioxide tension and oxygen saturation on cerebral blood flow autoregulation in dogs. Acta physiol. scand. **66**, Suppl .258, 27—53 (1965).

— Löfgren, L., Nilsson, N. J., Zwetnow, N.: Die Gehirndurchblutung bei experimentellen Liquordruckänderungen. Acta neurochir. (Wien) **16**, 163 (1967).

— Nilsson, N. J., Norbäck, B.: On the components of Kr[85] clearance curves from the brain of the dog. Acta physiol. scand. **66**, Suppl. 258, 5—25 (1965).

— — — Effect of blood corpuscle concentration on cerebral blood flow. Acta chir. scand., Suppl. **364**, 3—12 (1966).

— Norbäck, B.: Effect of blood viscosity on cerebral blood flow. Acta chir. scand., Suppl. **364**, 13—22 (1966).

Hafkenschiel, J. H., Crumpton, C. W., Friedland, C. K.: Cerebral oxygen consumption in essential hypertension. Constancy with age, severity of the disease, sex and variations of blood constituents, as observed in 101 patients. J. clin. Invest. **33**, 63—69 (1954).

HAFKENSCHIEL, J. H., CRUMPTON, C. W., MOYER, J. H.: The effect of intramuscular dihydroergocornine on the cerebral circulation in normotensive patients. J. Pharmacol. exp. Ther. 98, 144—146 (1950).
— — — JEFFERS, W. A.: The effect of dihydroergocornine on the cerebral circulation of patients wit essential hypertension. J. clin. Invest. 28, 408—411 (1950).
— — SHENKIN, H. A., MOYER, J. H., ZINTEL, H. A., WENDEL, H., JEFFERS, W. A.: The effects of twenty degree head-up tilt upon the cerebral circulation of patients with arterial hypertension before and after sympathectomy. J. clin. Invest. 30, 793—798 (1951).
— FRIEDLAND, C. K., ZINTEL, H. A., LINCOLN, N. K., BRANDT, H., MERILL, J.: The blood flow and oxygen concumption of the brain in patients with essential hypertension before and after adrenalectomy. J. clin. Invest. 33, 57—62 (1954).
HALLEY, M. M., REEMTSMA, K., CREECH, O.: Cerebral blood flow, metabolism, and brain volume in extracorporeal circulation. J. thorac. Surg. 36, 506—518 (1958).
HANDA, J., ISHIKAWA, S., HUBER, P., MEYER, J. S.: Experimental production of the „subclavian steal“: electromagnetic flow measurements in the monkey. Surgery 58, 703—712 (1965).
HARMEL, M. H., HAFKENSCHIEL, J. H., AUSTIN, G. M., CRUMPTON, C. W., KETY, S. S.: The effect of bilateral stellate ganglion block on the cerebral circulation in normotensive and hypertensive patients. J. clin. Invest. 28, 415—418 (1949).
HARPER, A. M.: The inter-relationship between $aP_{CO_2}$ and blood pressure in the regulation of blood flow through the cerebral cortex. Acta neurol. scand. 41, Suppl. 14, 94—103 (1965).
— BELL, R. A.: The effect of metabolic acidosis and alkalosis on the blood flow through the cerebral cortex. J. Neurol. Neurosurg. Psychiat. 26, 341—344 (1963).
— JACOBSEN, J., McDOWALL, D. G.: The effect of hyperbaric oxygen on the blood flow through the cerebral cortex. In: LEDINGHAM, I. M. (ed.), Hyperbaric oxygenation. Edinburgh a. London: Livingstone Ltd. 1965.
HEDLUND, S., LJUNDGREEN, K., BERGGREN, B., BRUNDELL, P. O.: Scintillation detectors for determination of cerebral blood flow. Acta radiol. (Stockh.) 2, 51—64 (1964).
— NYLIN, G.: Cerebral blood flow and circulation time studied with labelled erythrocytes. Arch. int. Pharmacodyn. 139, 503—511 (1962).
HELLINGER, F. R., BLOOR, B. M., McCUTCHEN, J. J.: Total cerebral blood flow and oxygen consumption using the dye dilution method. J. Neurosurg. 19, 964—970 (1962).
HENRY, J. P., GAUER, O. H., KETY, S. S., KRAMER, K.: Factors maintaining cerebral circulation during gravitational stress. J. clin. Invest. 20, 292—300 (1951).
HEYMAN, A., PATTERSON, JR., J. L., DUKE, T. W.: Cerebral circulation and metabolism in sickle cell and other chronic anemias, with observations on the effects of oxygen inhalation. J. clin. Invest. 31, 824 (1952).
HIMWICH, W. A., HOMBURGER, E., MARESKA, K., HIMWICH, H. E.: Brain metabolism in man: unanesthetized and in pentothal narcosis. Amer. J. Psychiat. 103, 669—696 (1947).
HIRSCH, H., GLEICHMANN, U., KRISTEN, H., MAGAZINOVIĆ, V.: Über die Beziehung zwischen $O_2$-Aufnahme des Gehirns und $O_2$-Druck im Sinusblut des Gehirns bei uneingeschränkter und eingeschränkter Durchblutung. Pflügers Arch. ges. Physiol. 273, 213—222 (1961).
— GROTE, G., SCHLOSSER, V.: Über den Einfluß von Hexobarbitursäure auf Sauerstoffverbrauch und Vulnerabilität des Gehirns. Pflügers Arch. ges. Physiol. 272, 247—253 (1961).
— KÖRNER, K.: Über die Druck-Durchblutungs-Relation der Gehirngefäße. Pflügers Arch. ges. Physiol. 280, 316—325 (1964).
HØEDT-RASMUSSEN, K.: Regional cerebral blood flow in man measured externally following intra-arterial administration of $Kr^{85}$ of $Xe^{133}$ dissolved in saline. Acta neurol. scand. 41, Suppl. 14, 65—68 (1965).
— SVEINSDOTTIR, E., LASSEN, N. A.: Regional cerebral blood flow in man determined by intra-arteriel injection of radioactive inert gas. Circulat. Res. 18, 237—247 (1966).
HOLMQVIST, B., INGVAR, D. H., SIESJÖ, B.: Cerebral sympathetic vasoconstriction and EEG. Acta physiol. scand. 40, 146—160 (1957).
HOMBURGER, E., HIMWICH, E. A., ETSTEIN, E., YORK, G., MARESCA, R., HIMWICH, H. E.: Effect of pentothal anesthesia on canine cerebral cortex. Amer. J. Physiol. 147, 343—345 (1946).

Huber, P., Meyer, J. S., Handa, J., Ishikawa, S.: Electromagnetic flowmeter study of carotid and vertebral blood flow during intracranial hypertension. Acta neurochir. (Wien) 13, 37—63 (1965).

Ingvar, D. H.: Cortical state of excitability and cortical circulation. In: Reticular formation of the brain. Boston, Mass.: Little Brown 1958.

— Cronquist, S., Ekberg, R., Risberg, J., Høedt-Rasmussen, K.: Normal values of regional cerebral flow in man including flow and weight estimates of gray and white matter. Acta neurol. scand. 41, Suppl. 14, 72—78 (1965).

— Lassen, N. A.: Regional blood flow of the cerebral cortex determined by krypton[85]. Acta physiol. scand. 54, 325—338 (1962).

— Risberg, J.: Influence of mental activity upon regional cerebral blood flow in man. Acta neurol. scand. 41, Suppl. 14, 183—186 (1965).

— Söderberg, U.: A new method for measuring cerebral blood flow in relation to the electroencephalogram. Electroenceph. clin. Neurophysiol. 8, 403—412 (1956).

Ishikawa, S., Handa, J., Meyer, J. S., Huber, P.: Haemodynamics of the circle of Willis and the leptomeningeal anastomoses: an electromagnetic flowmeter study of intracranial arterial occlusion in the monkey. J. Neurol. Neurosurg. Psychiat. 28, 124—136 (1965).

Jenkner, F. L.: Rheoencephalography. Confin. neurol. (Basel) 19, 1—20 (1959).

— Rheoencephalography. A method for the continuous registration of cerebrovascular changes. Springfield, Ill.: Thomas 1962.

Kanzow, E.: Quantitative fortlaufende Messung von Durchblutungsänderungen in der Hirnrinde. Pflügers Arch. ges. Physiol. 273, 100—209 (1961a).

— Gregl, I. M., Held, U. P., Richtering, I.: Vasomotorische Reaktionen in der Großhirnrinde bei der EEG-Arousal. Pflügers Arch. ges. Physiol. 273, 288—301 (1961b).

— Krause, D.: Vasomotorik der Hirnrinde und EEG-Aktivität wacher, frei beweglicher Katzen. Pflügers Arch. ges. Physiol. 174, 447—458 (1962).

— — Kühnel, H.: Die Vasomotorik der Hirnrinde in den Phasen desynchronisierter EEG-Aktivität im natürlichen Schlaf der Katze. Pflügers Arch. ges. Physiol. 274, 593—607 (1962).

— Reichel, K.: Apperzeptiv-affektive Gefäßreaktionen in der Großhirnrinde. Pflügers Arch. ges. Physiol. 293, 19—33 (1967).

Kennedy, C., Sokoloff, L.: An adaptation of the nitrous oxide methode to the study of the cerebral circulation in children; normal values for cerebral blood flow and cerebral metabolic rate in childhood. J. clin. Invest. 36, 1130—1137 (1957).

Kety, S. S.: Circulation and metabolism of the human brain in health and disease. Amer. J. Med. 8, 205—217 (1950).

— The theory and applications of the exchange of inert gas at the lungs and tissues. Pharmacol. Rev. 3, 1—41 (1951).

— Human cerebral blood flow and oxygen consumption as related to aging. J. chron. Dis. 3, 478—486 (1956).

— The cerebral circulation. In: Handbook of physiology, sect. I: Neurophysiology, vol. III. Washington, D.C.: American Physiological Society 1960.

— Hafkenschiel, J. H., Jeffers, W. A., Leopold, J. H., Shenkin, H. A.: The blood flow, vascular resistance, and oxygen consumption of the brain in essential hypertension. J. clin. Invest. 27, 511—514 (1948).

— Schmidt, C. F.: The determination of cerebral blood flow in man by the use of nitrous oxide in low concentration. Amer. J. Physiol. 143, 53—66 (1945).

— — The effect of active and passive hyperventilation on cerebral blood flow, cerebral oxygen consumption, cardiac output, and blood pressure of normal young men. J. clin. Invest. 25, 107—119 (1946).

— — The nitrous oxide method for the quantitative determination of cerebral blood flow in man. Theory, procedure and normal values. J. clin. Invest. 27, 476—483 (1948a).

— — The effects of altered arterial tensions of carbon dioxide and oxygen on cerebral blood flow and cerebral oxygen consumption of normal young man. J. clin. Invest. 27, 484—492 (1948b).

— Shenkin, H. A., Schmidt, C. F.: The effect of increasing intracranial pressure on cerebral circulatory functions in man. J. clin. Invest. 27, 493—499 (1948).

King, B. D., Sokoloff, L., Wechsler, R. L.: The effects of l-epinephrine and l-nor-epinephrine upon cerebral circulation and metabolism in man. J. clin. Invest. 31, 273 (1952).

KOGURE, K., SCHEINBERG, P., REINMUTH, O. M., FUJISHIMA, M., BUSTO, R.: Mechanism of cerebral vasodilatation in hypoxia. J. appl. Physiol. **29**, 223—229 (1970).

KREUSCHER, H.: Die Gehirndurchblutung unter Neuroleptanaesthesie. Berlin-Heidelberg-NewYork: Springer 1967.

KROGH, J.: A comparative study of the effect of cervical sympathetic stimulation on cerebral blood flow. Medical Research Foundation of Christian Plesner, Oslo, 1964.

KRUPP, P.: Cerebrale Durchblutung und elektrische Hirnaktivität. Basel-Stuttgart: Schwabe & Co. 1966.

KUNERT, W.: Über die Grundlagen der Schädelrheographie. Z. klin. Med. **156**, 94—116 (1959).

LAMBERTSEN, C. J., KOUGH, R. H., COOPER, D. Y., EMMEL, G. L., LOESCHKE, H. H., SCHMIDT, C. F.: Oxygen toxicity. Effects in man of oxygen inhalation at 1 and 3, 5 atmospheres upon blood gas transport, cerebral circulation and cerebral metabolism. J. appl. Physiol. **5**, 471—486 (1953).

LANDAU, W. M., FREYGANG, W. H., ROLAND, L. P., SOKOLOFF, L., KETY, S. S.: The local circulation of the living brain; values in the unanesthetized and anesthetized cat. Trans. Amer. neurol. Ass. **80**, 125—129 (1955).

LANGFITT, T. W., KASSELL, N. F., WEINSTEIN, J. D.: Cerebral blood flow with intracranial hypertension. Neurology (Minneap.) **15**, 761—773 (1965).

LASSEN, N. A.: Cerebral blood flow and oxygen consumption in man. Physiol. Rev. **39**, 183—238 (1959).

— FEINBERG, I., LANE, M. H.: Bilateral studies of cerebral oxygen uptake in young and aged normal subjects and in patients with organic dementia. J. clin. Invest. **39**, 491—500 (1960).

— HØEDT-RASMUSSEN, K., SORENSEN, S. C., SKINHOJ, E., CRONQUIST, S., BADFORSS, B., INGVAR, D. H.: Regional cerebral blood flow in man determined by krypton[85]. Neurology (Mineap.) **13**, 719—727 (1963).

— MUNCK, O.: The cerebral blood flow in man determined by the use of radioactive krypton. Acta physiol. scand. **33**, 30—49 (1955).

LEWIS, B. M., SOKOLOFF, L., WECHSLER, R. L., WENTZ, W. B., KETY, S. S.: A method for the continuous measurement of cerebral blood flow in man by means of radioactive krypton (KR[79]). J. clin. Invest. **39**, 707—716 (1957).

LIERSE, W.: Die Kapillardichte im Wirbeltiergehirn. Acta anat. (Basel) **54**, 1—31 (1963).

LINDÉN, L.: The effect of stellate ganglion block on cerebral circulation in cerebrovascular accidents. Acta med. scand., Suppl. 301 (1955).

LJUNDGREEN, K., NYLIN, G., BERGGREEN, B., HEDLUND, S., REGNSTRÖN, O.: Observation on the determination of blood passage times in the brain by means of radioactive erythrocytes and externally placed detectors. Int. J. appl. Radiat. **12**, 55—59 (1961).

LOMAN, J., DAMESHEK, W., MYERSON, A., GOLDMAN, D.: Effect of alterations in posture on the intra-arterial blood pressure in man. Arch. Neurol. Psychiat. (Chic.) **35**, 1216—1224 (1936).

LUDWIGS, N.: Über eine Modifikation der Methode nach GIBBS zur lokalisierten Durchblutungsmessung des Hirngewebes und die Gültigkeit der damit erhobenen Befunde. Pflügers Arch. ges. Physiol. **259**, 35—42 (1954).

— SCHNEIDER, M.: Über den Einfluß des Halssympathicus auf die Gehirndurchblutung. Pflügers Arch. ges. Physiol. **259**, 43—55 (1954).

— WIEMERS, K.: Zur Hämodynamik der Hirndurchblutung bei Liquordrucksteigerung. Verh. dtsch. Ges. Kreisl.-Forsch. **19**, 96—99 (1953).

LÜBBERS, D. W., KESSLER, M., KNAUST, K., McDOWALL, D. G., WODICK, R.: Die Verwendung von Wasserstoff und Sauerstoff zur Messung der lokalen Gewebedurchblutung in situ mit der Platinelektrode. Pflügers Arch. ges. Physiol. **289**, R 99 (1966).

MANGOLD, R., SOKOLOFF, L., CONNER, E., KLEINERMANN, J., THERMAN, P. G., KETY, S. S.: The effect of sleep and lack of sleep on the cerebral circulation an the metabolism of normal young men. J. clin. Invest. **34**, 1092—1100 (1955).

McCALL, M. L.: Cerebral circulation and metabolism in toxemia of pregnancy. Observations on the effects of *Veratrum Viride* and apresoline (1-hydrazinophthalazine). Amer. J. Obstet. Gynec. **66**, 1015—1030 (1953).

— TAYLOR, H. W.: The action of hydergine on the circulation and metabolism of the brain in toxemia of pregnancy. Amer. J. med. Sci. **226**, 537—540 (1953).

McDowall, D. G.: Interrelationship between blood oxygen tensions and cerebral blood flow. In: Payne, J. P. and D. H. Hill (eds.), A Symposium on Oxygen Measurements in Blood and Tissues and their Significance. London: J. & A. Churchill Ltd. 1966.

Mchedlishvili, G. I., Nikolaishvili, L. S.: Zum nervösen Mechanismus der funktionellen Dilatation der Piaarterien. Pflügers Arch. ges. Physiol. 296, 14—20 (1967).

McHenry, L.: Quantitative cerebral blood flow determination. Application of a krypton 85 desaturation technique in man. Neurology (Minneap.) 14, 785—793 (1964).

Mercker, H., Opitz, E.: Die Gefäße der Pia mater höhenangepaßter Kaninchen. Pflügers Arch. ges. Physiol. 251, 117—122 (1949).

— Schneider, M.: Über Capillarveränderungen des Gehirns bei Höhenanpassung. Pflügers Arch. ges. Physiol. 251, 49—55 (1949).

Meyer, J. S., Gotho, F., Tazaki, Y.: Inhibitory action of carbon dioxide and acetazoleamide in seizure activity. Electroenceph. clin. Neurophysiol. 13, 762—775 (1961).

— — Tomita, M., Akiyama, M.: Automatic recording of cerebral blood flow by the nitrous oxide method without blood loss. Ann. N.Y. Acad. Sci. 133, 305 (1966).

— Ishikawa, S., Lee, T. K.: Electromagnetic measurement of internal jugular venous flow in the monkey. Effect of epilepsy and other procedures. J. Neurosurg. 21, 524—529 (1964).

— — — Thal, A.: Quantitative measurement of cerebral blood flow with electromagnetic flowmeters. Trans. Amer. neurol. Ass. 88, 78—83 (1963).

— Nomura, F., Sakamoto, K., Kondo, A.: Effect of stimulation of the brain-stem reticular formation on cerebral blood flow and oxygen consumption. Electroenceph. clin. Neurophysiol. 26, 125—133 (1969).

Mithoefer, J. C., Davis, J. S.: Inhibition of carbonic anhydrase: Effect in tissue gas tensions in the rat. Proc. Soc. exp. Biol. (N.Y.) 98, 797—801 (1958).

— Mayer, P. W., Stocks, J. F.: Effect of carbonic anhydrase on the cerebral circulation of the unanesthetized dog. Fed. Proc. 16, 382—383 (1957).

Molnar, L.: Données récentes sur la régulation du débit sanguin cérébral. Actualités Neurophysiol. 7, 217—238 (1967).

Morris, G. C., Moyer, S. H., Snyder, H. B., Haynes, B. W.: Cerebral hemodynamics in controlled hypotension. Surg. Forum 4, 140—143 (1954).

Moyer, J. H., Miller, S. I., Snyder, H.: Effect of increased jugular pressure on cerebral hemodynamics. J. appl. Physiol. 7, 245—247 (1954).

— Morris, G.: Cerebral hemodynamics during controlled hypotension induced by the continuous infusion of ganglionic blocking agents (Hexamethonium, Pendiomide and Arfonad). J. clin. Invest. 33, 1081—1088 (1954).

— — Snyder, H., Smith, C. P.: A comparsion of the cerebral hemodynamic response to aramine and norepinephrine in the normotensive and the hypotensive subject. Circulation 10, 265—270 (1954).

— Snyder, H., Miller, S. I., Smith, C. P.: Cerebral hemodynamic response to blood pressure reduction with phenoxybenzamine (Dibenzyline 688 A). Amer. J. med. Sci. 288, 563 (1954).

Nelson, D., Fazekas, J. F.: Cerebral blood flow in polycythemia vera. Arch. intern. Med. 98, 328—330 (1956).

Nilsson, N. J.: Eine oximetrische Methode zur Kreislaufzeitmessung am menschlichen Gehirn. Acta physiol. scand. 40, 84—100 (1957).

Noell, W.: Über die Durchblutung und die Sauerstoffversorgung des Gehirns. V. Mitteilung. Einfluß der Blutdrucksenkung. Pflügers Arch. ges. Physiol. 247, 528—552 (1944a).

— Über die Durchblutung und Sauerstoffversorgung des Gehirns. VI. Mitteilung. Einfluß der Hypoxämie und Anämie. Pflügers Arch. ges. Physiol. 247, 553—575 (1944b).

— Schneider, M.: Über die Durchblutung und Sauerstoffversorgung des Gehirns im akuten Sauerstoffmangel. I. Mitteilung. Die Gehirndurchblutung. Pflügers Arch. ges. Physiol. 246, 181—200 (1942).

— Über die Durchblutung und die Sauerstoffversorgung des Gehirns. IV. Mitteilung. Die Rolle der Kohlensäure. Pflügers Arch. ges. Physiol. 247, 514—527 (1944).

— — Quantitative Angaben über Durchblutung und Sauerstoffversorgung des Gehirns. Pflügers Arch. ges. Physiol. 250, 35—41 (1948a).

— — Zur Hämodynamik der Gehirndurchblutung bei Liquordrucksteigerung. Arch. Psychiat. Nervenkr. 180, 713—730 (1948b).

Novack, P., Shenkin, H. A., Bortin, L., Goluboff, B., Soffe, A. M.: The effects of carbon dioxide inhalation upon the cerebral blood flow and cerebral oxygen consumption in vascular disease. J. clin. Invest. 32, 696—702 (1953).

Nylin, G., Blömer, H., Jones, H., Hedlund, S., Rylander, C. G.: Further studies on the cerebral blood flow with thorium B-labelled erythrocytes. Brit. Heart. J. 18, 385—392 (1956).

— Hedlund, S., Regnström, O.: Studies of the cerebral circulation with labelled erythrocytes in healthy man. Circulat. Res. 9, 664—674 (1961).

— Silfverskiöld, B. P., Löfstedt, S., Regnström, O., Hedlund, S.: Studies on cerebral blood flow in man, using radioactive-labelled erythrocytes. Brain 83, 293—335 (1960).

Opitz, E., Schneider, M.: Über die Sauerstoffversorgung des Gehirns und den Mechanismus von Mangelwirkungen. Ergebn. Physiol. 46, 126—260 (1950).

Patterson, J. L., Cannon, J. L.: Postural changes in the cerebral circulation, studied by continuous oxymetric and pressure-recording technique. J. clin. Invest. 30, 664 (1951).

— Heyman, A., Battey, L. L., Ferguson, R. W.: Treshold of response of the cerebral vessels of man to increase in blood carbon dioxide. J. clin. Invest. 34, 1857—1864 (1955).

— — Duke, T.: Cerebral circulation and metabolism in chronic pulmonary emphysema. With observations on the effect of inhalation of oxygen. Amer. J. Med. 12, 363—387 (1952).

— Warren, J. V.: Mechanisms of adjustment in the cerebral circulation upon assumption of the upright position. J. clin. Invest. 31, 653 (1952).

Perez-Borja, C., Meyer, J. S.: A cortical evaluation of rheoencephalography in control subjects and in proven cases of cerebrovascular disease. J. Neurol. Neurosurg. Psychiat. 27, 66—72 (1964).

Polzer, K., Schuhfried, F.: Rheographische Untersuchungen am Schädel. Wien. Z. Nervenheilk. 2, 295—297 (1951).

Pontén, N., Siesjö, B. K.: Brain tissue carbon dioxide changes and cerebral blood flow measurements. Acta neurol. scand. 41, Suppl. 14, 129—134 (1905).

Pool, J. L., Forbes, H. S., Nason, G. I.: Cerebral circulation. XXXII. Effect of stimulation of the sympathetic nerve on the pial vessels in the isolated head. Arch. Neurol. Psychiat. (Chic.) 32, 915—923 (1934).

Rapela, C. E., Green, H. D.: Autoregulation of canine cerebral blood flow. Circulat. Res. 15, Suppl. 1, 205—212 (1964).

Reivich, M.: Arterial $pCO_2$ and cerebral hemodynamics. Amer. J. Physiol. 206, 25—35 (1964).

Rosomoff, N. L., Holaday, D. A.: Cerebral blood flow and cerebral oxygen consumption during hypothermia. Amer. J. Physiol. 179, 85—88 (1954).

Sagawa, K., Guyton, A. C.: Pressure flow relationships in isolated canine cerebral circulation. Amer. J. Physiol. 200, 711—714 (1961).

Scheinberg, P.: Cerebral blood flow in vascular disease of the brain. With observations on the effects of stellate ganglion block. Amer. J. Med. 8, 139—147 (1950).

— Stead, E. A.: The cerebral blood flow in male subjects as measured by the nitrous oxide technique. Normal values for blood flow, oxygen utilization, glucose utilization, and peripheral resistance, with observations on the effect of tilting and anxiety. J. clin. Invest. 28, 1163—1171 (1949).

Schieve, J. F., Wilson, W. P.: The influence of age, anesthesia and cerebral arteriosclerosis on cerebral vascular activity to $CO_2$. Amer. J. Med. 15, 171—174 (1953).

Schmidt, C. F.: The intrinsic regulation of the circulation in the hypothalamus of the cat. Amer. J. Physiol. 110, 137—152 (1934).

— The intrinsic regulation of the circulation in the parietal cortex of the cat. Amer. J. Physiol. 114, 572—585 (1935/36).

— Kety, S. S., Pennes, H. H.: The gaseous metabolism of the brain of the monkey. Amer. J. Physiol. 143, 33—52 (1945).

Sensenbach, W., Madison, L., Ochs, L.: A comparision of effects of l-nor-epinephrine, synthetic l-epinephrine, and USP-epinephrine upon cerebral blood flow and metabolism in man. J. clin. Invest. 32, 226—232 (1953).

Serota, H., Gerard, R. W.: Localized thermal changes in the cat's brain. J. Neurophysiol. 1, 115—124 (1938).

Severinghaus, J. W.: Outline of $H^+$-blood flow relationship in brain. Scand. J. clin. Lab. Invest., Suppl. 102, VIII: K (1968).

Severinghaus, J. W., Chiodi, H., Eger, E. I., Brandstater, B., Hornbein, T. F.: Cerebral blood flow in man at high altitude. Circulat. Res. 19, 274—282 (1966).
— Lassen, N.: Step hypocapnia to separate arterial from tissue $pCO_2$ in the regulation of cerebral blood flow. Circulat. Res. 20, 272—278 (1967).
Shenkin, H. A., Cabieses, F., Noordt, C. van den: The effect of bilateral stellectomy upon the cerebral circulation of man. J. clin. Invest. 30, 90—93 (1951).
— Hafkenschiel, J. H., Kety, S. S.: Effects of sympathectomy on the cerebral circulation of hypertensive patients. Arch. Surg. 61, 319—324 (1950).
— Harmel, M. H., Kety, S. S.: Dynamic anatomy of the cerebral circulation. Arch. Neurol. Psychiat. (Chic.) 60, 240—252 (1948).
— Novak, P., Goluboff, B., Soffe, A., Bortin, L.: The effects of aging, arteriosclerosis, and hypertension upon the cerebral circulation. J. clin. Invest. 32, 459—465 (1953).
— Scheurman, M. G., Spitz, E. B., Groff, R. A.: Effect of change of position upon cerebral circulation of man. J. appl. Physiol. 2, 317—326 (1949).
— Woodford, R. B., Freyhan, F. A., Kety, S. S.: The effects of frontal lobotomy on the cerebral blood flow and metabolism. Res. Publ. Ass. nerv. ment. Dis. 27, 823—831 (1948).
Sokoloff, L.: Relation of cerebral circulation and metabolism to mental activity. In: Korey, S. R., and J. I. Nurnberger (eds.), Neurochemistry. New York: Hoeber-Harper 1956.
— Local cerebral circulation at rest and during altered cerebral activity induced by anesthesia or visual stimulation. In: Kety, S. S. and J. Elkes (eds.), Regional neurochemistry. Oxford: Pergamon Press 1961.
— Mangold, R., Wechsler, R. L., Kennedy, C., Kety, S. S.: The effects of mental arithmetric on cerebral circulation and metabolism. J. clin. Invest. 34, 1001—1008 (1955).
Spunda, Ch.: Über den Wert und Anwendung der Schädelrheographie. Wien. klin. Wschr. 67, 788—792 (1955).
Symon, L., Ishikawa, S., Lavy, S., Meyer, J. S.: Quantitative measurement of cephalic blood flow in the monkey. A study of vascular occlusion in the neck using electromagnetic flowmeters. J. Neurosurg. 20, 199—218 (1963).
Thompson, R. K., Malina, St.: Dynamic axial brain-stem distortion as a mechanism explaning the cardiorespiratory changes in increased intracranial pressure. J. Neurosurg. 16, 664—675 (1959).
Tönnis, W., Schiefer, W.: Zirkulationsstörungen des Gehirns im Serienangiogramm. Berlin-Göttingen-Heidelberg: Springer 1959.
Turner, J., Lambertsen, C. J., Owen, S. G., Wendel, H., Chiodi, H.: Effects of .08 and .8 atmospheres of inspired $pO_2$ upon cerebral hemodynamics at a "constant" alveolar $pCO_2$ of 43 mm Hg. Fed. Proc. 16, 130 (1957).
Veall, N., Mallett, B. L.: Regional cerebral blood flow determination by [133]Xe inhalation and external recording: The effect of arterial recirculation. Clin. Sci. 30, 353—369 (1966).
Wilcke, G., Zeh, H.: Klinische und experimentelle Untersuchungen zur Bestimmung der Zirkulationszeit mit radioaktiven Isotopen. Zbl. Neurochir. 23, 145—152 (1963).
Wilson, W. P., Odom, G. L., Durham, N. C., Schieve, J. F.: The effect of carbon dioxide on cerebral blood flow, spinal fluid pressure and brain volume during pentothal sodium anesthesia. Curr. Res. Anesth. 32, 268—273 (1953).
Wollman, H., Alexander, S. C., Cohen, P. J., Stephen, G. W., Zeiger, L. S.: Two-Compartment of the Blood Flow in the Human Brain. Acta neurol. scand. 41, Suppl. 14, 79—82 (1965).
Wright, D.: Experimental observations on increased intracranial pressure. Aust. N.Z. J. Surg. 7, 215—235 (1938).
Wüllenweber, R.: Schwankungen der Hirndurchblutung unter physiologischen und pathophysiologischen Bedingungen. Acta neurochir. (Wien) 13, 64—76 (1965).
— Schmitz-Valckenberg, P.: Zur Frage der nervösen Regulation der Hirndurchblutung. Acta neurochir. (Wien) 18, 95—111 (1968).
Zierler, K. L.: Equations for measuring blood flow by external monitoring of radioisotopes. Circulat. Res. 16, 309—321 (1965).
— Circulation times and the theory of indicatordilution methods for determining blood flow and volume. In: Handbook od physiology, sect. II, vol. 1, p. 585—615. Washington: American Physiological Society 1962.

# Herz

W. Lochner

Mit 15 Abbildungen

## I. Funktionelle Anatomie der Coronargefäße

Der Herzmuskel wird durch die Kranzarterien, die im Bereich des ventralen und des linken Sinus aortae entspringen, mit Blut versorgt. Die Arteria coronaria sinistra ist meist stärker als die Arteria coronaria dextra und entspringt aus dem linken Sinus aortae. Sie zieht links von der Arteria pulmonalis ventralwärts und kommt zwischen der Arteria pulmonalis und dem linken Herzohr zum Vorschein. In der ventralen Längsfurche des Herzens teilt sie sich in den Ramus circumflexus und in den Ramus descendens. Die Arteria coronaria dextra entspringt aus dem ventralen Sinus aortae, zieht zwischen dem rechten Herzohr und der Arteria pulmonalis hindurch, in der Kranzfurche zum rechten Rand, und verläuft dann weiter in der dorsalen Längsfurche des Herzens.

Der Verlauf der Coronargefäße ist bei allen Säugetierherzen sehr ähnlich. Unterschiede zwischen den einzelnen Species sind geringer, als die Variationen innerhalb einer Species (Chase u. DeGaris, 1939; Grant u. Regnier, 1926). Bei direkten Messungen am narkotisierten Hund hat sich gezeigt, daß normalerweise 85% der Gesamtcoronardurchblutung in die linke Arterie fließen und 15% in die rechte Arterie (Gregg, 1955; Gregg u. Fisher, 1963). Hund und Kaninchen haben im Gegensatz zum Menschen einen Septumast, der aus der linken Coronararterie entspringt und 11—12% des Gesamtzuflusses der linken Coronararterie erhalten soll (Gregg u. Fisher, 1963; Moir et al., 1963).

Neben dem Normalversorgungstyp (68% der Fälle nach Schoenmackers, 1958, 1969) gibt es einen Linksversorgungstyp und einen Rechtsversorgungstyp. Beim Normalversorgungstyp (Verhältnisse beim Menschen) versorgt die linke Coronararterie neben der linken Kammer (mit Ausnahme von Teilen der Hinterwand und mit Ausnahme dorsaler Abschnitte des Septums) einen schmalen Streifen der Vorderwand des rechten Ventrikels. Die rechte Coronararterie versorgt dagegen den rechten Ventrikel mit Ausnahme der medialen Abschnitte der Vorderwand. Sie übernimmt dafür aber Teile der Hinterwand des linken Ventrikels und die dorsalen Abschnitte des Kammerseptums. Beim Linksversorgungstyp findet man den Ramus circumflexus sinister in der hinteren Kranzfurche, und er kann sogar mit Ästen auf die Rückwand des rechten Ventrikels übergreifen. In diesem Fall werden Septum und Herzspitze nur von der linken Herzarterie versorgt. Bei einem Rechtsversorgungstyp greift die rechte Coronararterie auf die Hinter- und die Seitenwand des linken Ventrikels über. Zwischen diesen einzelnen Versorgungstypen sind alle Übergänge möglich (s. Abb. 1). Die größeren Arterien und Venen des Herzens verlaufen an der Oberfläche, nur ihre Abzweigungen senken sich in die Muskulatur.

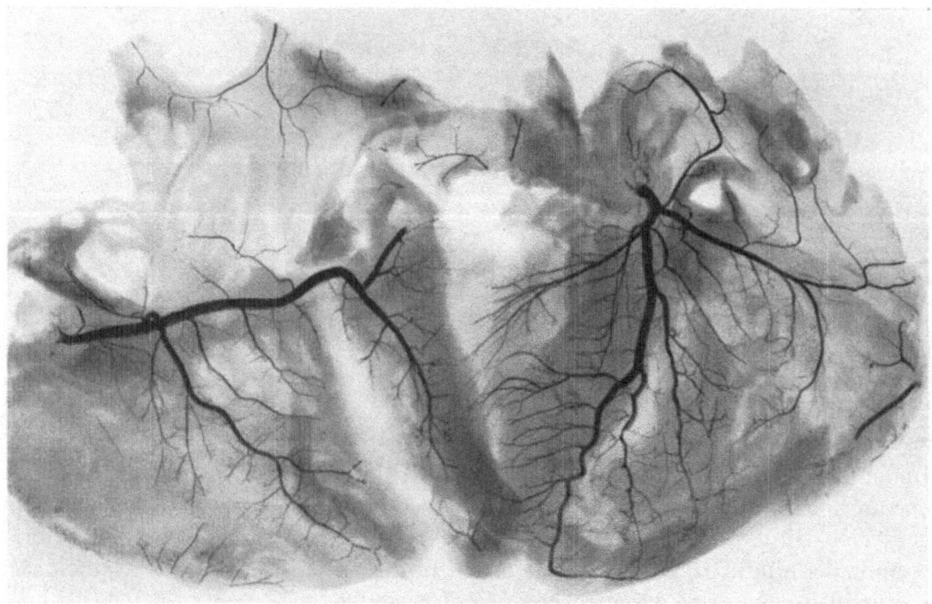

Abb. 1a. Normalversorgungstyp, aufgeklapptes Herz (Schoenmackers, 1969)

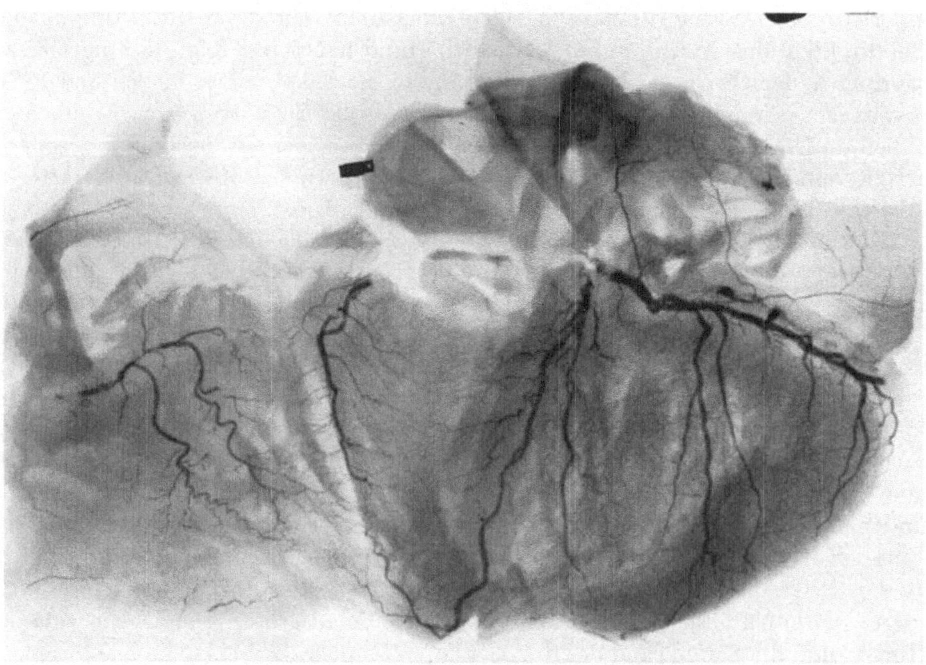

Abb. 1b. Linksversorgungstyp, aufgeklapptes Herz (Schoenmackers, 1969)

Die Herzvenen münden überwiegend in den rechten Vorhof. Die größte, in den rechten Vorhof mündende Vene ist der Sinus coronarius; er mündet im Winkel

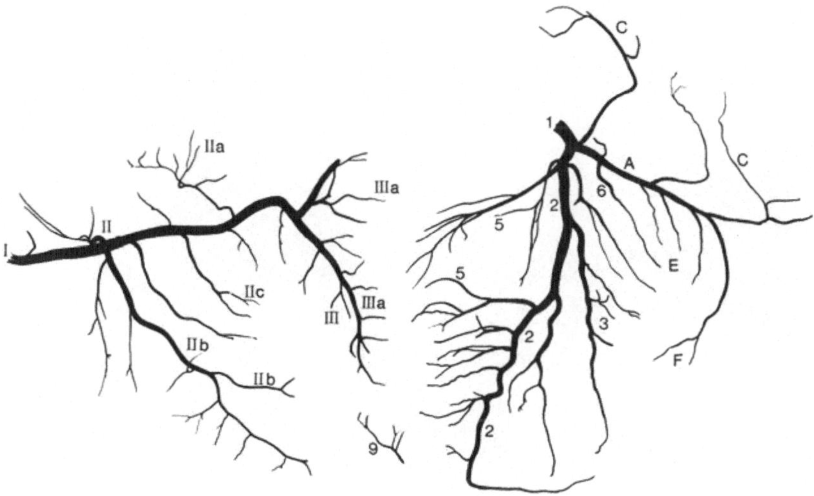

Abb. 1 d (zu Abb. 1 a)

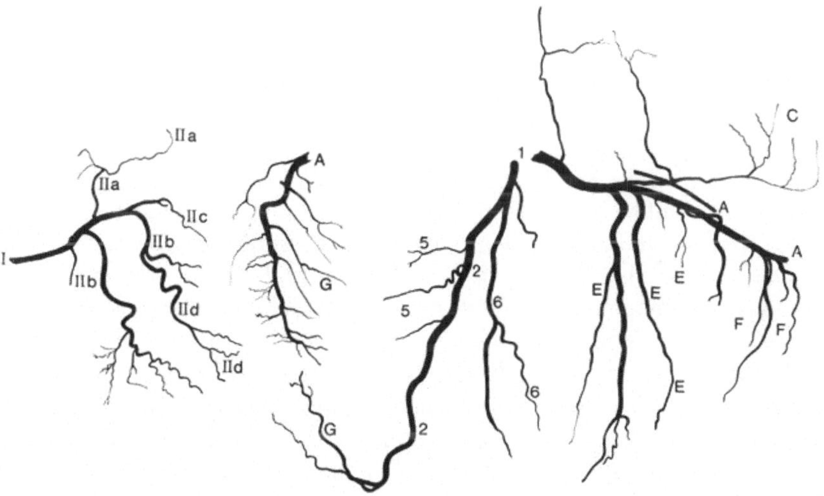

Abb. 1 e (zu Abb. 1 b)

Abb. 1 d—f. A. coronaria sinistra. *1* Stamm der A. coronaria sinistra; *2* R. descendens anterior sinister; *3* Äste des R. descendens anterior sinister für die Vorderwand des linken Ventrikels; *4* Äste des R. descendens anterior sinister für die Vorderwand des rechten Ventrikels; *5* Äste des R. descendens anterior sinister für das Ventrikelseptum; *6* R. diagonalis. *A* R. circumflexus sinister; *B* R. diagonalis für die Vorderwand des linken Ventrikels; *C* Vorhofäste; *D* Äste für die Vorderwand des linken Ventrikels; *E* R. des margo obtusus (linker Kantenast); *F* Äste für die Hinterwände des linken Ventrikels; *G* dorsale Septumäste (nur bei Linksversorgungstyp und betonter Linksversorgung). A. coronaria dextra. *I* A. coronaria dextra; *II* R. circumflexus; *II a* Vorhofäste; *II a 1* Conus pulmonalis-Ast; *II b* Äste für die Vorderwand des rechten Ventrikels; *II c* Ast für den Margo acutus (rechter Kantenast); *II d* Äste für die Hinterwand des rechten Ventrikels; *III* R. descendens posterior; *III a* Äste für die Hinterwand des linken Ventrikels; *III b* Septumäste des R. descendens posterior

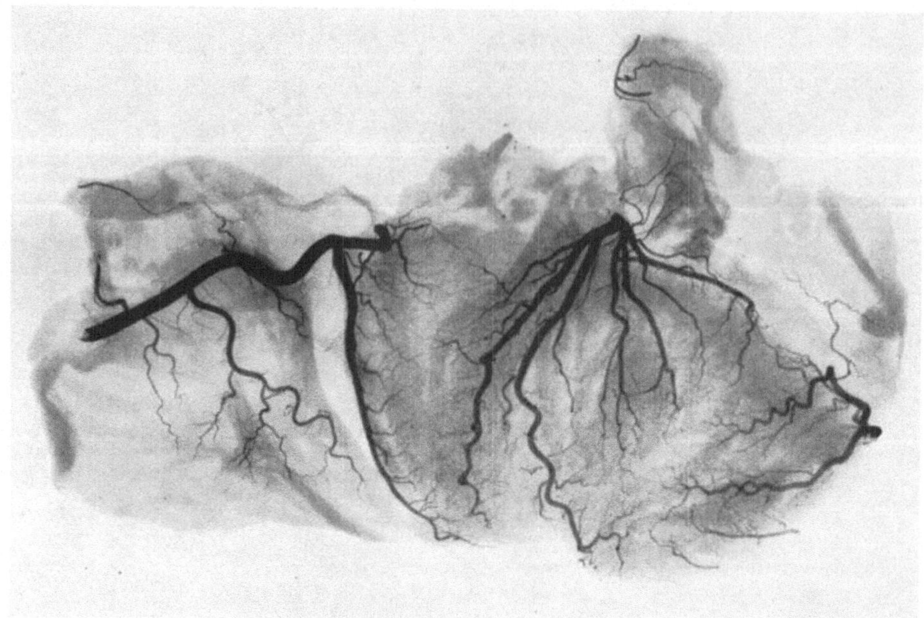

Abb. 1c. Rechtsversorgungstyp, aufgeklapptes Herz (Schoenmackers, 1969)

zwischen der Vena cava caudalis und der rechten Artrioventricularöffnung. Der Sinus coronarius bildet sich aus der Vena cordis magna. Diese beginnt an der Spitze des Herzens und zieht in der ventralen Längsfurche zur Basis der Kammer, wo sie sich dann in der Kranzfurche nach links und dorsal wendet und in den Sinus coronarius übergeht. Die Venae cordis ventrales kommen aus der ventralen Wand des rechten Ventrikels und münden direkt in den rechten Vorhof. Die beiden Venengebiete kommunizieren miteinander.

Das Blut aus dem Sinus coronarius stammt überwiegend aus der linken Coronararterie und damit aus der Muskulatur der Wand der linken Kammer. Hirche u. Lochner (1963) haben zeigen können, daß am narkotisierten Hund im Mittel 1,5% des Sinusausflusses aus der rechten Coronararterie stammen. Bei kleiner Durchblutung wurden vorwiegend Werte unter 1% gemessen und bei großer Durchblutung vorwiegend Werte zwischen 2 und 3%. Zum gleichen Ergebnis gelangten mit etwas unterschiedlicher Methode auch Rayford et al. (1959). Sie haben die rechte Coronararterie abgeklemmt und dann eine Abnahme des Sinusausflusses um nicht mehr als 2% gefunden. Bei Bestimmung der Coronardurchblutung durch Messung des Sinusausflusses muß also mit einer nennenswerten Zumischung aus dem rechten Ventrikel nicht gerechnet werden (Friesinger et al., 1964).

Nach Rayford et al. (1959) werden 80—90% des durch die linke Coronararterie fließenden Blutes im Sinus coronarius wiedergefunden, der Rest muß also durch andere Venen — vorwiegend in den rechten Vorhof — abfließen (s. auch Gregg u. Shipley, 1947).

Neben den beiden genannten oberflächlichen Venensystemen gibt es noch ein tiefliegendes System kleiner Venen, die sog. Thebesischen Gefäße. Sie stellen direkte Verbindungen zu den Cavitäten der Vorhöfe und Ventrikel dar. Im rechten Ventrikel sind diese Verbindungen zahlreicher als im linken (JAMES, 1961; GREGG, 1950). Experimentelle Untersuchungen haben ergeben, daß es keinen wesentlichen Abfluß des Blutes aus der rechten Coronararterie über die

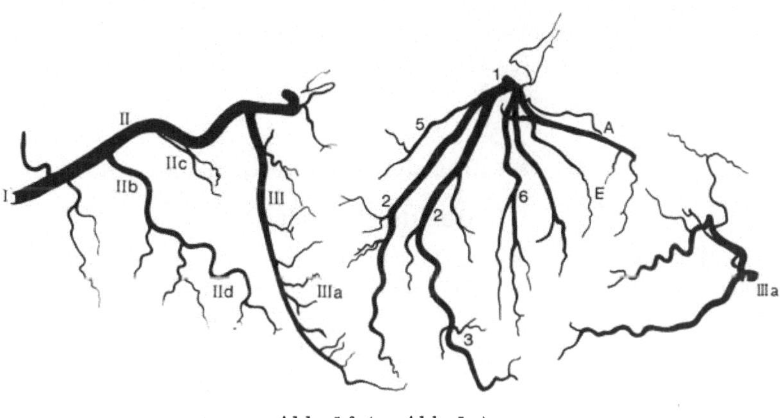

Abb. 1f (zu Abb. 1c)

Thebesischen Gefäße gibt. Auf der linken Seite liegen die Dinge etwas anders, ca. 15% des Einflusses in die linke Coronararterie werden nicht im Sinus coronarius wiedergefunden. Ein Teil davon dürfte über die vorderen Herzvenen abfließen. Ein anderer Teil versorgt den linken Vorhof und fließt direkt in den linken Vorhof als venöses Blut ab. Weiter geht der größere Teil des das Septum versorgenden arteriellen Blutes direkt in die Höhle des rechten Ventrikels (MOIR et al., 1963, 1963a).

Es ist die Frage untersucht worden, inwieweit unter besonderen pathologischen Umständen, z.B. bei Verschluß der linken Coronararterie, Blut aus der Höhle des linken Ventrikels über die Thebesischen Gefäße das Arbeitsmyokard gegebenenfalls versorgen könne. Ein positiver Beweis für solch eine Möglichkeit konnte bisher jedoch nicht erbracht werden (GREGG u. FISHER, 1963).

Es ist schon lange bekannt, daß es Verbindungen zwischen den Coronararterien gibt, sog. interarterielle Anastomosen, auch arterio-arterielle Anastomosen oder Collateralen genannt (WEST, 1883; SPALTEHOLZ, 1924; MAY, 1960; SCHAPER, 1967). Umstritten ist die Frage nach der Zahl und Größe bzw. der funktionellen Bedeutung dieser Collateralen und in jüngster Zeit auch die Frage einer Beeinflußbarkeit ihrer Bildung. SCHAPER (1967) kommt zu dem Schluß, daß funktionell wirksame interarterielle Anastomosen das Ergebnis eines Wachstumsprozesses sind: Kleine Arteriolen mit einem inneren Durchmesser von 0,03 bis 0,07 mm wachsen zu kleinen Arterien mit einem Durchmesser von ca. 1 mm heran. Die Collateralentwicklung wird mit morphologischer Methodik beurteilt; am sichersten jedoch und am empfindlichsten ist die Messung des Blutdrucks in der

Arterie distal von ihrer Unterbindung, die Messung also des retrograden Druckes (back pressure).

Eine langsame Constriction einer Coronararterie am Hund durch einen Ameroid-Constrictor führt in 2—3 Wochen bei einem Teil der Hunde zum Tode. Ca. 40% aber überlebten in den Untersuchungen von Schaper (1967) und hatten Collateralen entwickelt, die funktionell den Ausfall der verschlossenen Arterie ersetzten. Das Wachstum der Collateralen kann durch spezifische Coronardilatatoren angeregt werden (Vineberg et al., 1962; Schmier u. Schmidt, 1966; Meesmann u. Bachmann, 1966; Schaper et al., 1965). Die Zahl der Anastomosen wird weiter durch eine relative Hypoxie (Anämie) vergrößert (Zoll et al., 1951).

## II. Messung der Durchblutung

### 1. Direkte Methoden

Direkte Methoden zur Messung der Durchblutung des Herzens können nur im Tierversuch, sei es am intakten Tier, sei es an mehr oder weniger isolierten Herzpräparaten, durchgeführt werden. Am isolierten Herzen nach Langendorff (1895), sei es leerschlagend, sei es isovolumetrisch arbeitend (Arnold et al., 1968), kann die Coronardurchblutung in einfacher Weise als Einfluß gemessen werden, und zwar als Durchfluß durch die Aorta. Auch das Herz-Lungen-Präparat (Anrep, 1936; Knowlton et al., 1912) und das metabolisch unterstützte Herz von Sarnoff et al. (1958a) erlauben Einflußmessungen.

Solche Präparate sind in der Vergangenheit angewendet worden, weil die Einflußmessung dabei einfach ist, teilweise aber auch, um die verschiedenen hämodynamischen Größen am Herzen experimentell gut in der Hand zu haben. Konnte zunächst nur blutig gemessen werden, so gestatteten es später methodische Entwicklungen, den Einfluß auch am uneröffneten Gefäß zu messen. Genannt sei die Thermostromuhr (Rein, 1931, 1931a), die zum ersten Mal eine Messung am uneröffneten Gefäß gestattete und das elektromagnetische Flowmeter, das mit guter Sicherheit heute die Messung auch am wachen Hund gestattet (Gregg et al., 1965; Khouri et al., 1965; Khouri u. Gregg, 1963; Gregg u. Fisher, 1963).

Isoliert man das rechte Herz in der Weise, daß man den venösen Rückstrom aus der Peripherie am rechten Herzen vorbei direkt in die Arteria pulmonalis leitet, so kann man im rechten Herzen das gesamte venöse Coronarblut erfassen, gegebenenfalls auch durch die Arteria pulmonalis auswerfen lassen und dabei auf geeignete Weise messen.

Eine Messung des Ausflusses aus dem Sinus coronarius wurde zum ersten Mal von Morawitz u. Zahn (1914) durchgeführt. Man erfaßt hiermit überwiegend die Durchblutung des linken Ventrikels. Harrison u. Mitarb. (1936) haben die Thorakotomie zum ersten Mal dadurch umgangen, daß sie von der Vena jugularis aus über den rechten Vorhof ein Rohr in den Sinus coronarius schoben. Nach Aufblasen eines Ballons fließt der gesamte Ausfluß durch das Rohr und kann außen mit geeigneten Methoden gemessen werden. Ähnlich sind später Schlepper u. Witzleb (1961) sowie auch Lochner u. Nasseri (1960) vorgegangen. Da der Sinusausfluß rhythmisch erfolgt, entstehen — insbesondere bei großen Strom-

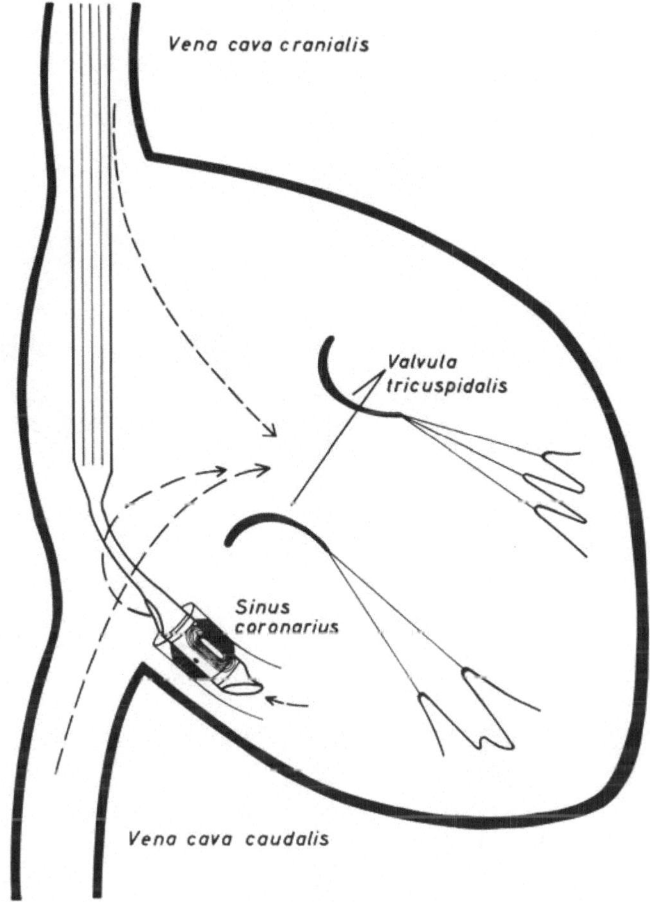


Abb. 2a

Abb. 2a u. b. Elektromagnetische Stromuhr zur Messung des Coronarsinusausflusses. a Einführung in den Sinus coronarius durch die Vena cava cranialis. b Schnitt durch den elektromagnetischen Meßkopf (Lochner u. Oswald, 1964)

volumina — am Anfang des Rohres hohe Drucke, und ein rückwirkungsfreies Messen ist unter diesen Umständen nicht möglich.

Kanzow hat deshalb als erster das Prinzip dahingehend abgewandelt, daß er das Rohr auf ca. 2 cm Länge verkürzte, so daß der Sinusausfluß durch das Rohr direkt in den Vorhof mündete. Der Strömungswiderstand wird hierbei genügend klein. Er brachte dabei in der Wand des Rohres eine Thermostromuhr unter (zitiert von Bretschneider, 1962). Bretschneider hat 1962 über einen ähnlichen Meßkopf berichtet, der auf dem Druck-Differenz-Verfahren beruht. Lochner u. Oswald (1964) führten in diese Meßmethodik das elektromagnetische Flowmeter ein, so daß mit hohem zeitlichen Auflösungsvermögen und linearer Eichung am narkotisierten Tier bei geschlossenem Thorax der Sinusausfluß sicher gemessen werden kann (s. Abb. 2a und b).

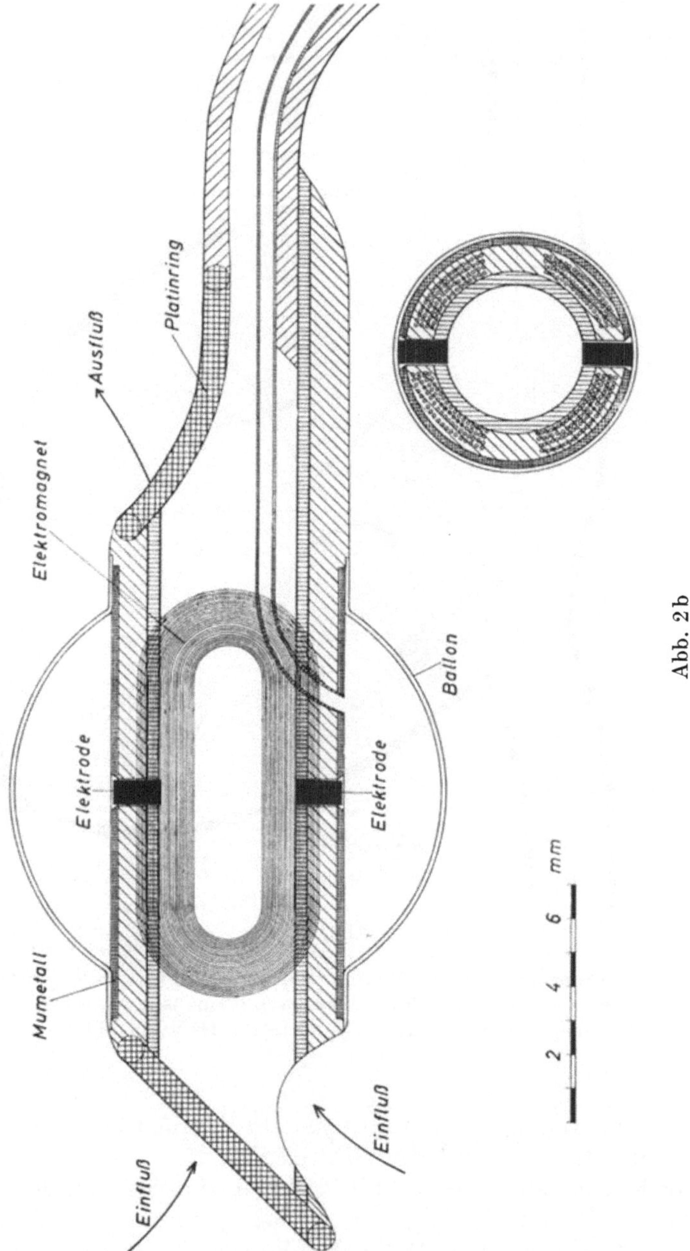


## 2. Indirekte Methoden

Bei den indirekten Verfahren gibt es eine Gruppe, bei der der dem Blut zugegebene Teststoff die Blutbahn nicht verläßt. Bei einer anderen Gruppe kommt es zu einem Austausch des Teststoffs zwischen Blut und Gewebe, oder der Teststoff wird primär ins Gewebe gegeben.

Bei der *Teststoff-Verdünnungsmethode* verläßt der Teststoff die Blutbahn nicht. Sie ist ursprünglich zur Bestimmung des Herzzeitvolumens entwickelt worden (HAMILTON et al., 1928; HAMILTON, 1962; ORCUTT u. WATERS, 1937), kann im Tierexperiment aber auch zur Bestimmung der Coronardurchblutung und zur Bestimmung der mittleren Durchflußzeit durch das coronare Gefäßbett verwandt werden. Am narkotisierten Hund kann bei geschlossenem Thorax eine geeignete Testsubstanz in die linke Coronararterie injiziert werden. Bei fortlaufender Bestimmung der Teststoffkonzentration im Sinus coronarius erhält man eine Zeitkonzentrationskurve, die es gestattet, die Durchblutung zu berechnen; genauer gesagt, erhält man damit die Durchblutung des Sinus coronarius. Das Produkt aus mittlerer Durchflußzeit und Durchblutung ergibt das intracoronare Blutvolumen (HIRCHE u. LOCHNER, 1962; ROSS et al., 1964; MUNFORD et al., 1965).

Die *Stickoxydulmethode* ist die bekannteste *Fremdgasmethode* und zugleich das bekannteste indirekte Meßverfahren. Sie gehört zu den Methoden, bei denen es zu einem Austausch des Teststoffes zwischen Blut und Gewebe kommt. Die Methode wurde zuerst für die Bestimmung der Gehirndurchblutung entwickelt; sie beruht, wie alle indirekten Methoden, letzten Endes auf dem Fickschen Prinzip (KETY, 1948, 1951, 1960; KETY u. SCHMIDT, 1948). Sie ist zu einer Standardmethode für die Bestimmung der Gehirndurchblutung und der Coronardurchblutung geworden, und besonders deshalb, weil ausgedehnte Operationen nicht erforderlich sind. Die Testsubstanz Stickoxydul ist ein inertes Gas, das schnell genug in das Gewebe diffundiert, so daß es zu einem Gleichgewicht zwischen Gasdruck im Gewebe und Gasdruck im venösen Teil der Capillaren kommt. Wenn der Verteilungskoeffizient des Gases zwischen Blut und Gewebe bekannt ist, kann im Gleichgewichtszustand die Menge Testsubstanz, die durch 100 g Gewebe aufgenommen worden ist, bestimmt werden.

Gleichzeitige Messung der arteriovenösen Differenz, d.h. der arteriellen und der venösen Konzentration für Stickoxydul gibt dann die Möglichkeit, die Durchblutung pro Minute und 100 g Gewebe zu bestimmen.

$$CD = \frac{100 \cdot Vu \cdot s}{\int_0^u (A-V)\, dt}.$$

Hierbei ist $A$ = arterielle $N_2O$-Konzentration; $V$ = venöse $N_2O$-Konzentration; $s$ = Verteilungskoeffizient für $N_2O$ zwischen Blut und Gewebe; $Vu$ = venöse $N_2O$-Konzentration nach Erreichen des Äquilibriums während der Zeit $u$; $CD$ = Coronare Durchblutung in ml pro 100 g Gewebe und Minute.

Das Vorgehen bei dem Verfahren ist im Einzelnen folgendes: Der Patient atmet ein Gasgemisch von Sauerstoff, Stickstoff und 15% Stickoxydul für eine Zeit von 10 min. Während dieser Zeit werden 5 Blutproben entnommen, und zwar gleichzeitig aus dem Sinus coronarius und aus einer peripheren Arterie. Die Blutproben müssen unter anaeroben Bedingungen gesammelt werden. Sie werden dann analysiert und es wird die Stickoxydulkonzentration nach der Methode von ORCUTT u. WATERS (1937) bestimmt. Die Abb. 3 zeigt den Verlauf der arteriellen und venösen Konzentration des Stickoxyduls. Wie man aus der Abbildung ersehen kann, müssen ca. 10 Blutproben analysiert werden, was das Verfahren erschwert. Deshalb ist von SCHEINBERG u. STEAD (1949) sowie von BERNSMEIER u. SIEMONS

(1953) eine Modifikation vorgeschlagen worden. Die Abnahme einzelner Proben ist dabei durch die kontinuierliche Abnahme einer arteriellen und einer venösen Probe über 10 min ersetzt worden. Die wichtigste Voraussetzung für die Methode ist die, daß man in der Vena jugularis bzw. im Sinus coronarius eine repräsentative Probe gemischten venösen Blutes erhält. Man braucht also nicht eine Vene, in der der gesamte Ausfluß vorhanden ist, sondern man braucht eine Vene, die repräsentatives venöses Blut des Organs enthält. Es ist deshalb auch Voraussetzung, daß die Konzentration der Testsubstanz in allen abführenden Venen gleich ist.

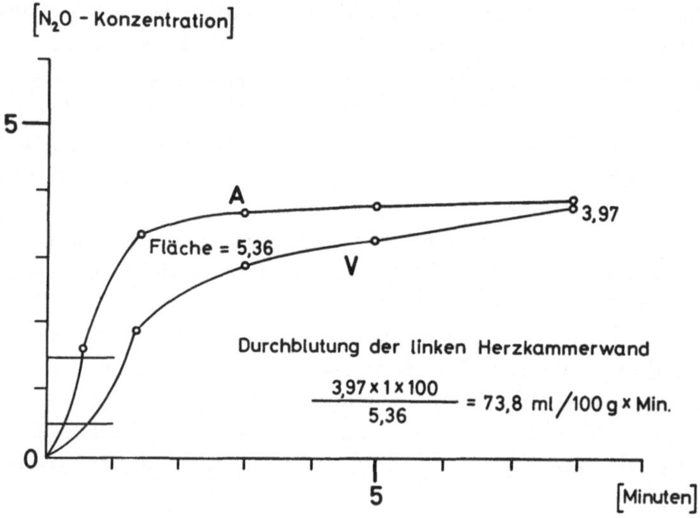


Abb. 3. Stickoxydulmethode zur Messung der Coronardurchblutung (Bing et al., 1949)

Der Blutausfluß aus dem Sinus coronarius ist repräsentativ für die Durchblutung der Wand des linken Ventrikels. Als es die Katheterisierungstechnik möglich machte, Blut vom Sinus coronarius auch am Menschen zu erhalten, wurde die Stickoxydulmethode erfolgreich auch am Menschen angewandt (Eckenhoff et al., 1947, 1948; Goodale et al., 1948; Bing et al., 1949). In tierexperimentellen Untersuchungen wurde eine gute Übereinstimmung zwischen der Stickoxydulmethode und direkten Messungen gefunden (Gregg et al., 1951). In einer Reihe von Untersuchungen ist auch die Entsättigung des Myokards mit Stickoxydul als Meßverfahren benutzt worden. Die Ergebnisse waren ähnlich wie die, die mit der Aufsättigungsmethode gewonnen worden sind (Goodale et al., 1953; Bargeron et al., 1957). Bretschneider u. Mitarb. (Bretschneider et al., 1966; Rau et al., 1968; Rau, 1969) haben darauf hingewiesen, daß das Stickoxydulverfahren unter Ruhebedingungen recht gute Werte liefert, daß jedoch bei einer Vergrößerung der Durchblutung und damit Verkleinerung der arteriovenösen Differenz des Teststoffes große Fehlermöglichkeiten auftreten können. Benutzt man das Edelgas Argon, so ergibt sich eine wesentlich kürzere Aufsättigungszeit als mit Stickoxydul. Zusammen mit der geringen Fehlerbreite der einzelnen Analysen ergibt sich mit Argon eine ca. 5mal bessere Meßgenauigkeit. Es können deshalb auch hohe Organdurchblutungen mit hinreichender Sicherheit gemessen werden.

Zu den indirekten Methoden gehört weiter das *Auswaschverfahren*. Dieses Verfahren ist zunächst für die Messung der Gehirndurchblutung entwickelt (KETY, 1949, 1951) und dann auf das Herz übertragen worden. Der Teststoff muß dem Myokard isoliert durch Injektionen in eine Coronararterie zugeführt werden. Damit die arterielle Konzentration im Verlaufe der Messung immer Null bleibt, es also zu keiner Rezirkulation kommt, sollte der Teststoff bei jeder Lungenpassage vollständig eliminiert werden. Schließlich ist wichtig, daß bei jeder Passage durch die Capillaren des Herzens ein vollständiger Diffusionsausgleich zwischen Blut und Gewebe erreicht wird. Die Auswaschkurve verläuft sehr steil, so daß eine kontinuierliche Analyse der Teststoffkonzentration erforderlich ist. Als geeignet erwiesen haben sich für das Verfahren Krypton und Xenon (Ross et al., 1964; JOHANSSON et al., 1964; DOUTHEIL u. ROHDE, 1966; HERD et al., 1962). Die Berechnung der Durchblutung pro Minute und 100 g erfolgt dann ebenfalls nach dem Fickschen Prinzip.

Beim *Clearance-Verfahren* wird die Anreicherung eines mit dem Blut zugeführten Teststoffes im Myokard gemessen. Das Verfahren funktioniert nur dann, wenn über längere Zeit eine gleichbleibende Extraktion des Teststoffes gegeben ist. Angewandt wurde deshalb Kalium (als $^{42}$K), das intracellulär in hoher Konzentration vorliegt, und Rubidium (als $^{86}$Rb oder $^{84}$Rb), das sich ähnlich wie das Kalium verhält. Die Anreicherung des radioaktiven Indikators kann außen mit einem entsprechenden Detektor gemessen werden. Das Verfahren hat den Vorteil, daß weder der Sinus coronarius noch eine Coronararterie katheterisiert zu werden brauchen (COHEN et al., 1965; BLÜMCHEN et al., 1964; BING et al., 1964; DONATO et al., 1966). An den Voraussetzungen der Methode sind starke Zweifel geäußert worden, insbesondere an der konstanten Extraktionsrate. Die Beziehung zwischen Clearance und Durchblutung scheint nicht konstant zu sein, so daß die Methode nur qualitative Schlüsse auf die Durchblutung zuläßt (MOIR, 1966).

## III. Größe der Durchblutung, des intracoronaren Blutvolumes und der mittleren Durchflußzeit

Die Durchblutung des menschlichen Herzens und die des Hundeherzens stimmen überein (GREGG, 1963). Für den linken Ventrikel wird bei einer Herzarbeit von 3,0—4,6 mkp eine mittlere Durchblutung von 72—85 ml/min · 100 g Herzgewicht angegeben (GREGG, 1963). HIRCHE u. LOCHNER (1963) haben an Hunden in Morphin-Chloralose-Urethan-Narkose einen Wert von 87,3 ± 7,1 ml/min · 100 g ($N = 8$) gefunden. Auch in der älteren Literatur finden sich ähnliche Werte (s. MERKER et al., 1958). Nur ausnahmsweise werden auch höhere Werte für den linken Ventrikel angegeben, z.B. von DOMENECH et al. (1969): 111—169 ml/ 100 g · min am narkotisierten Hund.

An gesunden Herzen kann die Durchblutung stark gesteigert werden. SHAW et al. (1959) fanden an narkotisierten Hunden bei starker Belastung eine Steigerung auf das 4—5fache des Ruhewertes. Unter schwerer Hypoxie haben CASE et al. (1955) einen Anstieg auf das 5fache gefunden. Ähnlich große Steigerungen findet auch ALELLA (1954, 1954a, 1955, 1958). DOLL et al. (1966a) haben am

Menschen durch spezifische pharmakologische Dilatation eine Durchblutungssteigerung um 400% messen können.

Hirche u. Lochner (1962) haben mit der Teststoffinjektionsmethode den
Blutgehalt des Herzmuskels am narkotisierten Hund in Pentobarbitalnarkose
gemessen und fanden für die Durchblutung, die mittlere Durchflußzeit, die
kürzeste Durchflußzeit und das intracoronare Blutvolumen die in der Tabelle 1
angegebenen Werte. Danach muß man zum blutfreien Gewicht ca. 15,5% zu-
ziehen, um das Gewicht mit Blutfüllung unter Normalbedingungen zu erhalten.
Wurde die Coronardurchblutung durch einen Coronardilatator gesteigert, so stieg
auch die Blutfüllung an; erhöhte sich die Durchblutung auf ca. 200%, so stieg der
Blutgehalt auf ca. 150%. Die Durchflußzeit war entsprechend verkürzt, und zwar
auf 75%. Wird die Durchblutung nicht über einen Dilatator, sondern über eine
Erhöhung des Perfusionsdrucks gesteigert, so kann das intramyokardiale Blutvolumen noch wesentlich stärker gesteigert sein (Morgenstern et al., 1970). Bei
einer Änderung des Durchflusses durch den Herzmuskel ändern sich also sowohl
das intracoronare Blutvolumen wie auch die mittlere Durchflußzeit. Ähnliche
Basiswerte für die mittlere Durchflußzeit und das intracoronare Blutvolumen
fanden auch Munford et al. (1965).

Tabelle 1. *Meßwerte an Hunden in Pentobarbitalnarkose, N = 21* (Hirche u. Lochner, 1962)

| | |
|---|---|
| Durchblutung | $94,0 \pm 4,4$ ml/min $\times$ 100 g |
| Mittlere Durchflußzeit | $10,2 \pm 0,3$ sec |
| Kürzeste Durchflußzeit | $1,8 \pm 0,05$ sec |
| Intracoronares Blutvolumen | $15,6 \pm 0,5$ ml/100 g |

## IV. Rhythmische Durchblutung des Herzens

Durch die Kontraktionen des Herzens kommt es zu rhythmischen Veränderungen der extravasalen Komponente des Coronarwiderstandes und dadurch zu
einem rhythmischen Einstrom und Ausstrom. Scholtholt u. Lochner (1966)
haben Messungen des rhythmischen Coronarsinusausflusses mittels einer elektromagnetischen Stromuhr an narkotisierten Hunden bei geschlossenem Thorax
durchgeführt und ein charakteristisches Ausflußprofil in Abhängigkeit von der
Kontraktion des Herzmuskels gefunden (s. Abb. 4 und 5). Das Maximum des
Ausstroms liegt am häufigsten in der Entspannungszeit und wird bei größerem
mittlerem Sinusausfluß in Richtung auf die isotonische Kontraktionsphase verschoben. 40,8% des Ausflusses werden während der Systole ausgeworfen und
68,7% während der coronarwirksamen Systole (Systolendauer und isometrische
Entspannungszeit). Der Anteil des systolischen und diastolischen Ausflusses am
Ausfluß pro Herzschlag ist unabhängig von der Herzfrequenz (untersuchter Bereich 100—200/min). Das Verhältnis ist außerdem unabhängig von der Größe des
Gesamtausflusses. Dies bedeutet, daß Systole und Diastole in gleicher Stärke an
der Steigerung des Ausflusses teilnehmen. Der während der Entspannungszeit
ausgeworfene Anteil beträgt 28%. Das Maximum des Ausflusses kann während
der Systole bei maximaler, pharmakologisch hervorgerufener Dilatation 80 bis
100 ml/min betragen (s. auch Anrep et al., 1927; Wiggers, 1954).

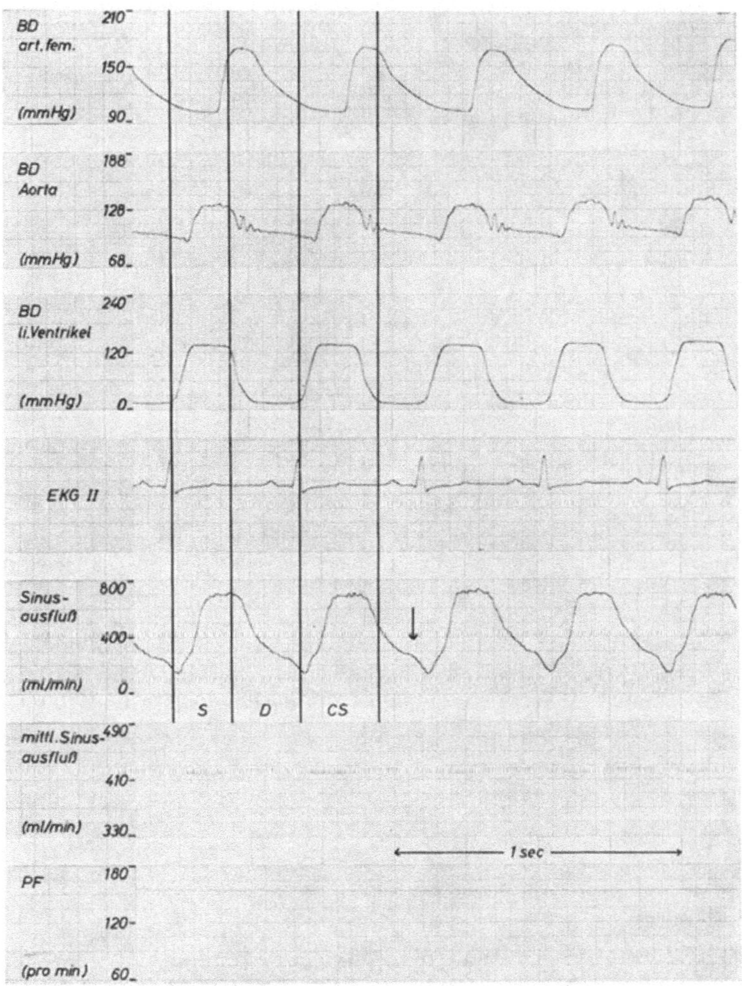



Abb. 4. Originalregistrierung, narkotisierter Hund. Von oben nach unten: Blutdruck in der Arteria femoralis, Blutdruck in der Aorta und Blutdruck im linken Ventrikel in mm Hg; die zweite Ableitung des Standardelektrokardiogramms, der rhythmische Sinusausfluß und der mittlere Sinusausfluß in ml/min; die Pulsfrequenz in Schlägen/min. *S* Systole; *D* Diastole; *CS* coronarwirksame Systole (SCHOLTHOLT u. LOCHNER, 1966)

Der rhythmische Einstrom ist am ausführlichsten wohl von GREGG u. Mitarb. in den letzten Jahren untersucht worden, und zwar sowohl an narkotisierten wie auch an unnarkotisierten Hunden mit Hilfe der Methode der implantierten elektromagnetischen Flowmeter (GREGG, 1963, 1967; GREGG et al., 1965; KHOURI et al., 1965). Die Abb. 6 zeigt eine Registrierung am unnarkotisierten Hund (GREGG, 1967). Der Durchfluß durch die linke Coronararterie beträgt 51 ml/min. Während einer Herzaktion fließen 0,98 ml ein, davon ca. 18% während der systolischen Phase und 82% während der Diastole. Der Anteil des systolischen Einflusses kann unter Ruhebedingungen bei den einzelnen Hunden zwischen 15

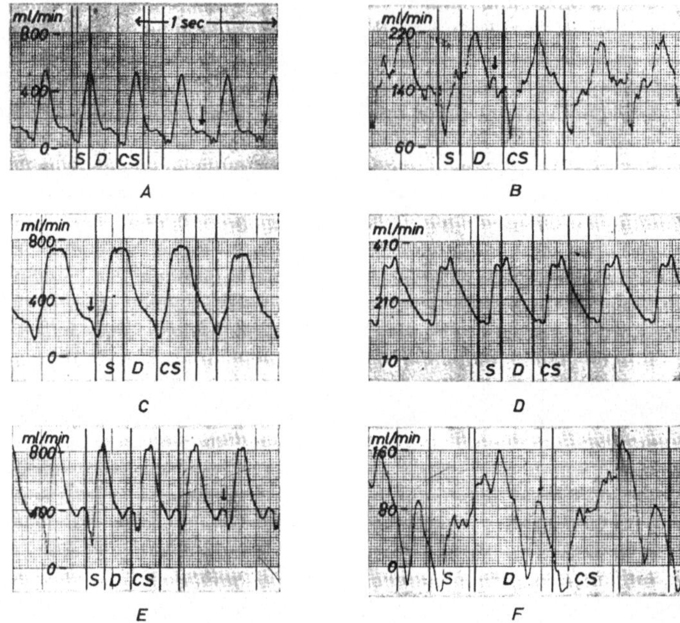

Abb. 5. Originalregistrierungen verschiedener Formen von Sinusausflußprofilen bei verschieden großem mittlerem Sinusausfluß. Die Pfeile in der Abbildung zeigen eine präsystolische positive Welle. *S* Systole; *D* Diastole; *CS* coronarwirksame Systole (Scholtholt u. Lochner, 1966)

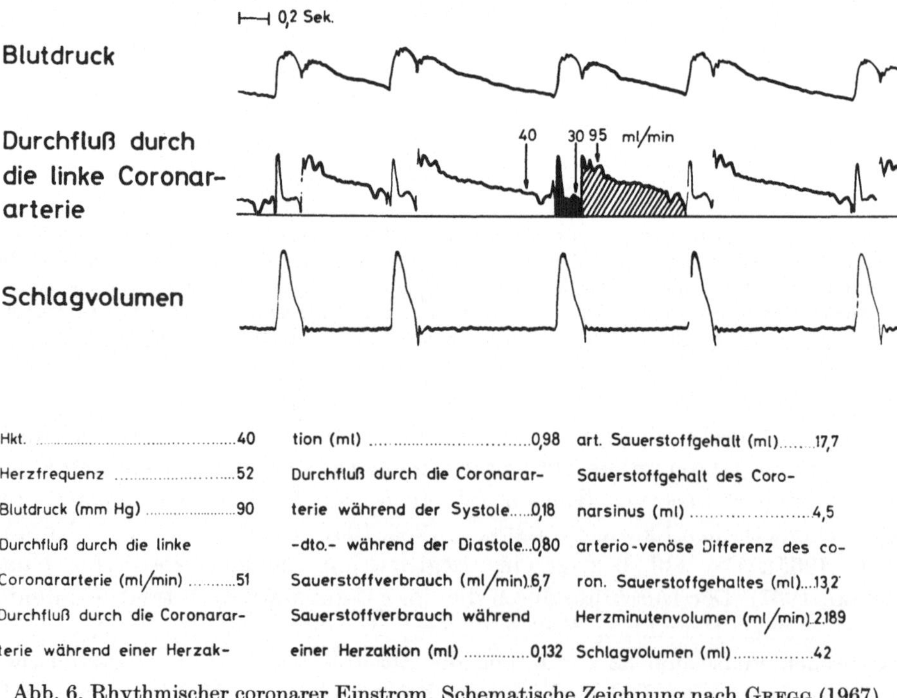


| | | |
|---|---|---|
| Hkt. ............40 | tion (ml) ............0,98 | art. Sauerstoffgehalt (ml)......17,7 |
| Herzfrequenz ............52 | Durchfluß durch die Coronarar- | Sauerstoffgehalt des Coro- |
| Blutdruck (mm Hg) ............90 | terie während der Systole.....0,18 | narsinus (ml) ............4,5 |
| Durchfluß durch die linke | -dto.- während der Diastole...0,80 | arterio-venöse Differenz des co- |
| Coronararterie (ml/min) ..........51 | Sauerstoffverbrauch (ml/min).6,7 | ron. Sauerstoffgehaltes (ml)...13,2 |
| Durchfluß durch die Coronarar- | Sauerstoffverbrauch während | Herzminutenvolumen (ml/min).2189 |
| terie während einer Herzak- | einer Herzaktion (ml) ............0,132 | Schlagvolumen (ml)............42 |

Abb. 6. Rhythmischer coronarer Einstrom. Schematische Zeichnung nach Gregg (1967)

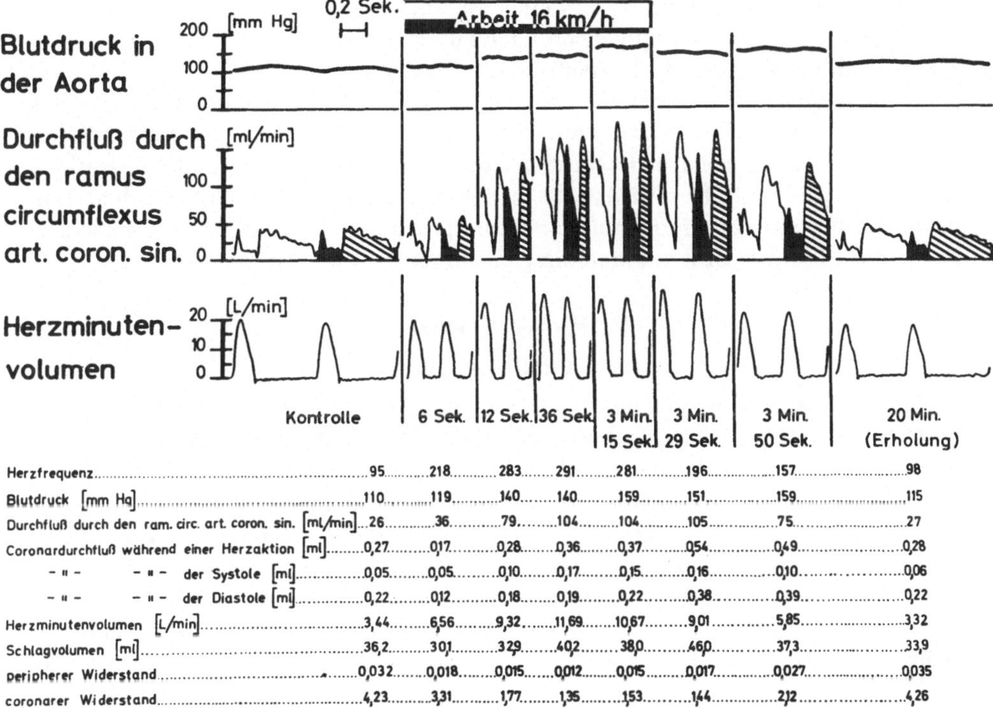



| | Kontrolle | 6 Sek. | 12 Sek. | 36 Sek. | 3 Min. 15 Sek. | 3 Min. 29 Sek. | 3 Min. 50 Sek. | 20 Min. (Erholung) |
|---|---|---|---|---|---|---|---|---|
| Herzfrequenz | 95 | 218 | 283 | 291 | 281 | 196 | 157 | 98 |
| Blutdruck [mm Hg] | 110 | 119 | 140 | 140 | 159 | 151 | 159 | 115 |
| Durchfluß durch den ram. circ. art. coron. sin. [ml/min] | 26 | 36 | 79 | 104 | 104 | 105 | 75 | 27 |
| Coronardurchfluß während einer Herzaktion [ml] | 0,27 | 0,17 | 0,28 | 0,36 | 0,37 | 0,54 | 0,49 | 0,28 |
| – " – – " – der Systole [ml] | 0,05 | 0,05 | 0,10 | 0,17 | 0,15 | 0,16 | 0,10 | 0,06 |
| – " – – " – der Diastole [ml] | 0,22 | 0,12 | 0,18 | 0,19 | 0,22 | 0,38 | 0,39 | 0,22 |
| Herzminutenvolumen [L/min] | 3,44 | 6,56 | 9,32 | 11,69 | 10,67 | 9,01 | 5,85 | 3,32 |
| Schlagvolumen [ml] | 36,2 | 30,1 | 32,9 | 40,2 | 38,0 | 46,0 | 37,3 | 33,9 |
| peripherer Widerstand | 0,032 | 0,018 | 0,015 | 0,012 | 0,015 | 0,017 | 0,027 | 0,035 |
| coronarer Widerstand | 4,23 | 3,31 | 1,77 | 1,35 | 1,53 | 1,44 | 2,12 | 4,26 |

Abb. 7. Verhalten des coronaren Einstromes am unnarkotisierten Hund bei schwerer Laufarbeit auf dem Laufband. Einzelheiten siehe Text. Schematische Zeichnung nach PITT et al. (1966)

und 45% schwanken. Ein Teil des systolischen Einflusses wird sicher die großen epikardialen Gefäße stärker füllen. Man muß jedoch auch annehmen, daß ein Teil des systolischen Einflusses in den Herzmuskel eindringt. Das phasische Profil des Einflusses ist in der Arteria circumflexa, in der Arterie descendens und in der Arteria septalis im wesentlichen dasselbe. Die Abb. 7 zeigt das Verhalten des coronaren Einflusses am unnarkotisierten Hund bei schwerer Laufarbeit auf dem Laufband. Die Herzfrequenz steigt von 95 auf 291 im Maximum an und der Einfluß in die Coronararterie von 26 ml/min auf im Maximum 105 ml/min, d.h. 400%. Der Einfluß in die Coronararterie während einer einzelnen Herzaktion steigt um 37%. Der prozentuale Anteil des systolischen Einflusses am Gesamteinfluß wird größer und nähert sich an den Einfluß während der Diastole an. Die systolische Komponente des Einflusses wird also unter den Bedingungen dieser Belastung hier sehr wichtig. Mehr als 60% der Gesamtzeit sind systolische Zeit. Im übrigen weist GREGG darauf hin, daß die Einflußkurven außerordentlich variieren können und daß die Anpassungsfähigkeit groß ist. Die systolische Komponente kann z.B. stark überwiegen, wenn die Belastung durch Arbeit mit einer chronischen Coronarinsuffizienz kombiniert ist.

Der Anstieg der Durchblutung pro Schlag ist stark vom Verhalten der Herzfrequenz abhängig. Wird die Frequenz bei auf dem Laufband arbeitenden Hunden konstant gehalten, so kommt es zu einer wesentlich stärkeren Zunahme des Einflusses pro Schlag und entsprechend auch zu einer stärkeren Zunahme des systolischen Einflusses (Pitt et al., 1966).

Inwieweit es sich nun bei den beobachteten Veränderungen des Widerstandes und damit des Einflusses bei Laufarbeit um reine Einflüsse der extravasalen Komponente des Coronarwiderstandes handelt und wieweit metabolisch bedingt der Widerstand geändert wird, läßt sich hier zunächst nicht entscheiden. Das Problem soll weiter unten in dem Kapitel besprochen werden, in dem die einzelnen Faktoren, die den Coronarwiderstand beeinflussen, beschrieben werden.

# V. Herzstoffwechsel
## 1. Oxydativer Umsatz

Der Sauerstoffverbrauch des linken Ventrikels beträgt unter Ruhebedingungen 8—10 ml/min · 100 g (Gregg u. Fisher, 1963; Mercker et al., 1958; Lochner, 1965). Die höchsten bisher am intakten Herzen gemessenen Sauerstoffverbrauchswerte wurden durch eine Dinitrophenolvergiftung erreicht und liegen bei 25 ml/min · 100 g (Lochner u. Nasseri, 1960). Am isolierten Herzen wurde unter Dinitrophenol ein Sauerstoffverbrauch von 36 ml/min · 100 g gemessen (Müller, 1962). Die Oxydationskapazität des Herzens liegt also mindestens in dieser Größe. Gregg (1967) findet an unnarkotisierten Hunden bei schwerer Laufarbeit für ein nicht näher definiertes Herzgewicht einen Anstieg des Sauerstoffverbrauches von 3,6 auf 22 ml, das sind 600% des Kontrollwertes. Es ist also eine beachtliche Steigerung des Sauerstoffverbrauches möglich. Im Hinblick auf die Coronardurchblutung muß davon ausgegangen werden, daß die Coronardurchblutung diesen Sauerstoffbedarf durch das entsprechende Angebot decken kann.

Die Sauerstoffausnutzung des Coronarblutes ist groß. Die venöse Sättigung beträgt ca. 30%; $^2/_3$ des Sauerstoffs werden bei der Passage durch den Herzmuskel extrahiert (Gregg, 1963; Katz und Feinberg, 1958; Mercker et al., 1958). Der Sauerstoffdruck des venösen Coronarblutes ist entsprechend niedrig und liegt bei 16 mm Hg.

Schaper (1967) findet für den Sauerstoffdruck im Sinus coronarius bei 10 Hunden mit Unterbindung eines Coronargefäßes einen Mittelwert von 15,9 mm Hg (11,4—20,4 mm Hg). An narkotisierten Hunden gibt er einen Wert von 16,5 ± 2,03 mm Hg an, die übrigen Kreislaufwerte betrugen hierbei:

Systolischer Druck  = 148,2 ±  2,6
Diastolischer Druck =  96,3 ± 16,8
Herzfrequenz        =  87,3 ± 25,8/min (Schaper, 1963).

Lochner u. Nasseri (1959) haben am narkotisierten Hund einen Wert von 16,9 ± 1,54 ($N = 10$) gefunden, bei einer venösen $O_2$-Sättigung von 15,1 ± 1,7%. Dieselben Autoren finden an unnarkotisierten Hunden unter Ruhebedingungen einen Sauerstoffdruck von 16,0 ± 1,4 mm Hg ($N = 15$). Keul u. Mitarb. haben Untersuchungen am Menschen durchgeführt (Doll u. Keul, 1968; Doll et al., 1966, 1965) und finden einen Sauerstoffdruck von 24,7 ± 1,9 ($N = 6$), bei einem arteriellen Sauerstoffdruck von 96,6 ± 3,6, einer venösen Sättigung von 44,6 ± 3,2% und einer arteriovenösen Differenz für den Sauerstoff von 10,2 ± 0,7 (9,13—10,86).

Es fragt sich, wie weit der venöse Sauerstoffdruck bei einer Steigerung des Verbrauchs (Steigerung der Ausnutzung) sinken kann, bevor es zu Versorgungsschwierigkeiten kommt. Der kritische Sauerstoffdruck ist dann erreicht, wenn es zu einem dynamischen Versagen des Herzens kommt. BRETSCHNEIDER u. Mitarb. haben das Verhalten der Milchsäureverwertung durch den Herzmuskel für die Festlegung der kritischen Sauerstoffspannung benutzt (BRETSCHNEIDER et al., 1957; BRETSCHNEIDER, 1961). Normalerweise wird dem Coronarblut Milchsäure entnommen. Unterhalb einer bestimmten Sauerstoffspannung wird aber bilanzmäßig Milchsäure vom Herzmuskel abgegeben, die arteriovenöse Differenz der Milchsäure im Coronarblut kehrt sich um. Aufgrund dieser Untersuchungen sind die Autoren zu dem Schluß gekommen, daß der kritische Druck im Blut des Sinus coronarius sicher unter 7 mm Hg liegt. LOCHNER u. NASSERI (1959) haben an gesunden, auf dem Laufband arbeitenden Hunden den Sauerstoffdruck im venösen Coronarblut gemessen und sind ebenfalls zu dem Schluß gekommen, daß der kritische Druck unter 7 mm Hg liegen muß.

Wichtig erscheint auch die Frage, wie lange der Sauerstoffvorrat in der Herzmuskelzelle bei plötzlicher Unterbrechung der Versorgung reicht. Der Sauerstoffverbrauch pro Kontraktion ist mit 0,1 ml $O_2$/100 g anzusetzen. Der in der Muskelzelle vorhandene Sauerstoff ist zum überwiegenden Teil an das Myoglobin gebunden; ein geringer Teil ist physikalisch gelöst (OPITZ u. THEWS, 1952). Bei einem Myoglobingehalt von 0,4 g/100 g berechnet sich ein Sauerstoffvorrat von ungefähr 0,7 ml $O_2$/100 g. Das Molekulargewicht des Myoglobins ist 17600, 1 g bindet 22400/17600 = 1,27 ml $O_2$ aufgrund der molaren Verhältnisse; 0,4 g binden ca. 0,5 ml $O_2$; für den physikalisch gelösten Sauerstoff ergibt sich bei einer mittleren $O_2$-Spannung von 40 mm Hg eine Menge von ca. 0,15 ml $O_2$/100 g, das sind zusammen ca. 0,7 ml $O_2$/100 g. Der Sauerstoffvorrat reicht also bei der Tätigkeit des Herzmuskels nur für wenige Systolen. Diese Überschlagsrechnung steht in Übereinstimmung mit den experimentellen Ergebnissen von SAYEN et al. (1954) sowie von KREUZER u. SCHOEPPE (1963). Die ersten Veränderungen der Kontraktion eines Infarktbezirkes beginnen nach ca. 8 Systolen.

Das Herz gewinnt die erforderliche Energie hauptsächlich durch die Oxydation von Glucose, Milchsäure (MS) und freien Fettsäuren (FFS). Die Anteile der einzelnen Substrate am Sauerstoffverbrauch des Hundeherzens zeigt Tabelle 2.

Tabelle 2. *Substrataufnahme des Herzmuskels bei narkotisierten Hunden nach 14 Std Fasten* (HIRCHE, 1968)

| Substrat | $O_2$-Extraktionsquotient |
|---|---|
| Glucose | 10—30% |
| Milchsäure | 8—25% |
| Freie Fettsäuren | 35—60% |
| Triglycerid-Fettsäuren | 15—20% |
| Brenztraubensäure | |
| Aminosäuren | 5% |
| Ketonkörper | |

$$RQ = 0{,}79{-}0{,}85.$$

Ähnliche Sauerstoffextraktionsquotienten wurden auch am menschlichen Herzen gefunden (Bing, 1965; Bernsmeier u. Rudolph, 1962; Keul et al., 1966). Der Sauerstoffextraktionsquotient eines Substrates ist derjenige Anteil des $O_2$-Verbrauchs in Prozent, der auf das Substrat entfiele, wenn es unmittelbar zu $CO_2$ und $H_2O$ oxydiert würde.

Die Anteile der einzelnen Substrate können in Abhängigkeit von der arteriellen Konzentration erheblich schwanken. Innerhalb der unter physiologischen Bedingungen vorkommenden Konzentrationsänderungen wurde gefunden, daß der FFS-Sauerstoffextraktionsquotient zwischen 40 und 100% und der Extraktionsquotient für die Milchsäure zwischen 10 und 85% schwanken kann. In situ kann also das Herz unter bestimmten Umständen fast den gesamten Energiebedarf durch die Oxydation entweder von Milchsäure oder von freien Fettsäuren decken (Hirche, 1968).

Die Substrate können sich gegenseitig ergänzen. Ihre Extraktion ist niedrig und kann beachtlich gesteigert werden. Bei einem Absinken der Konzentration des einen oder anderen Substrates im Blut kann deshalb bei Versorgungsschwierigkeiten, sei es ein Absinken der Durchblutung, sei es ein Absinken der Konzentration eines Substrates, auf ein anderes Substrat zurückgegriffen werden. Es ergibt sich aus dem Gesagten, daß bei einer Einschränkung der Coronardurchblutung die mangelhafte Versorgung mit Sauerstoff ganz im Vordergrund steht.

## 2. Anaerober Energiegewinn

Wir können von der Tatsache ausgehen, daß das in situ unter normaler Belastung stehende gesunde Herz zu einem Energiegewinn aus aerober Glykolyse im steady state nicht fähig ist. Bretschneider (1957, 1961) fand bei allgemeiner Hypoxie, daß bei einer Senkung der Sauerstoffsättigung des venösen Coronarblutes unter 7% es zu einer Umkehr der arteriovenösen Milchsäuredifferenz und zu einem dynamischen Versagen des Herzens kam. Es ist trotzdem nicht ausgeschlossen, daß der anaerobe Energiegewinn eine Rolle spielen und einen Teil des Energiebedarfs decken kann, möglicherweise nur für eine begrenzte Zeit oder unter besonderen pathologischen Bedingungen. Hinweise dafür sind durch folgende experimentelle Befunde gegeben.

a) Unter Dinitrophenolvergiftung konnte am isolierten Herzen eine Glykolyserate von $110 \pm 10$ mg/min · 100 g Feuchtgewicht beobachtet werden. Diese Glykolyserate ermöglicht theoretisch einen Energiegewinn, der etwa 85% des normalen Energiebedarfs in situ ausmacht (Lochner et al., 1968).

b) Das stillgestellte, nicht arbeitende Herz kann unter anoxischen Bedingungen mindestens 90 min überleben, der Erhaltungsumsatz muß also anaerob gedeckt werden können (Lochner et al., 1968; Lochner u. Dudziak, 1965).

c) Das isolierte Herz eines Warmblüters kann einen gewissen Prozentsatz seiner normalen Arbeit auch unter völlig anoxischen Bedingungen über längere Zeit leisten (Lochner, 1965; Arnold et al., 1968).

d) Das isolierte, arbeitende Herz des Meerschweinchens kann unter leichter Cyanidvergiftung ca. 13% seines Energiebedarfs aus aerober Glykolyse decken, ohne daß es während des Beobachtungszeitraums von 15 min zu einem Versagen kommt (Müller-Ruchholtz u. Lochner, 1969).

e) Das in situ arbeitende Herz des Hundes ist zu aerober Glykolyse für einen Zeitraum bis zu 30 min unter leichter Cyanidvergiftung fähig (LOCHNER et al., 1959; NEILL et al., 1963).

f) Eine Umkehr der arteriovenösen Milchsäuredifferenz kann auch am erkrankten Menschenherzen beobachtet werden, insbesondere dann, wenn die Frequenz gesteigert wird (NEILL, 1968; KRASNOW et al., 1962; PARKER et al., 1969).

## 3. Faktoren, die den Sauerstoffverbrauch des Herzens beeinflussen

Der Sauerstoffverbrauch des Herzens hängt in erster Annäherung von der äußeren Herzarbeit ab. Diese wiederum ist in erster Annäherung als Druck-Volumen-Arbeit aus dem Aortendruck und dem Herzzeitvolumen zu berechnen. Experimentelle Untersuchungen haben jedoch gezeigt, daß die Zusammenhänge zwischen der Tätigkeit des Herzens und seinem Sauerstoffverbrauch wesentlich komplizierter sind. Wird die Arbeit des Herzens über eine Erhöhung des Aortendrucks gesteigert (vorwiegende Druckarbeit), so ist der Sauerstoffverbrauch größer als bei einer Steigerung über eine Erhöhung des Fördervolumens (vorwiegend Volumenarbeit) (ALELLA et al., 1956). Weiter steigt der Sauerstoffbedarf mit steigender Frequenz. Dies kann besonders in Untersuchungen am leerschlagenden Herzen leicht gezeigt werden (LAURENT et al., 1956; HOFFMEISTER et al., 1959).

Andere Autoren haben eine gute Beziehung zwischen dem Tension-Time-Index und dem $O_2$-Verbrauch gefunden (SARNOFF et al., 1958). BRITMAN u. LEVINE (1964) haben eine gute Beziehung zwischen der Arbeit des kontraktilen Elementes und dem $O_2$-Verbrauch gefunden. SONNENBLICK et al. (1965) hingegen meinen, daß die Geschwindigkeit der Kontraktion ein wichtiger, den Umsatz bestimmender Faktor sei. Neuerdings fanden STRAUER et al. (1969) in Untersuchungen an narkotisierten Hunden eine gute Korrelation zwischen dem Logarithmus des $O_2$-Verbrauches und dem Produkt aus der „Summe von Anstiegs- und Abfallgeschwindigkeit des Druckes im linken Ventrikel" und der „Quadratwurzel der äußeren Herzarbeit". Auch bei sehr unterschiedlichen negativ und positiv inotropen Einflüssen auf das Herz wurde diese gute Korrelation nicht beeinträchtigt.

GREGG (1963) hat zeigen können, daß unter bestimmten experimentellen Bedingungen ein Anstieg der Coronardurchblutung — hervorgerufen durch eine Erhöhung des Perfusionsdruckes — zu einem Anstieg des $O_2$-Verbrauches des Herzens führt. Dieser Effekt wurde unter anderem von BACANER et al. (1965) nachuntersucht. Sie deuten ihre Befunde so, daß mit der veränderten Durchblutung primär Veränderungen des Stoffwechsels gesetzt werden und daß dadurch sekundär die Tätigkeit des Herzens im Sinne einer Leistungssteigerung beeinflußt wird. ARNOLD et al. (1968, 1970) kommen aufgrund von Untersuchungen an isolierten Herzen und an intakten Herzen narkotisierter Hunde zu dem Schluß, daß der entscheidende Faktor der coronare Perfusionsdruck ist. Eine Steigerung des Perfusionsdrucks führt zu einer Steigerung der Kontraktionskraft des Herzens. Ein wichtiger Befund ist bei ihrer Argumentation der, daß sich die Steigerung von Kontraktionskraft und $O_2$-Verbrauch auch auslösen läßt, wenn nur der Perfusionsdruck erhöht und das Perfusionsvolumen durch Erhöhung der Viscosität des Perfusats konstant gehalten wird. Eine Steigerung der Durchblutung allein, z.B. durch eine milde Hypoxie, führt nicht zu einer Steigerung der Kontraktionskraft und des $O_2$-Verbrauchs.

## VI. Coronarreserve

Das Sauerstoffangebot an das Herz wird aus der Durchblutung und aus der arteriovenösen Differenz für den Sauerstoff berechnet. Geht man von einer Ruhedurchblutung von 80 ml/min·100 g aus und von einer arteriovenösen Differenz von 14,5 Vol.-%, so ergibt sich ein Sauerstoffangebot von 11,6 ml $O_2$/min·100 g. Ein gesundes Herz kann die Durchblutung auf das 4fache steigern und die Sauerstoffausnutzung maximal wahrscheinlich auf 90% erhöhen. Auf diese Weise würde sich ein maximaler Antransport von 74,0 ml $O_2$/min·100 g ergeben; die Coronarreserve ist 7mal so groß wie das Sauerstoffangebot unter Ruhebedingungen. Der bisher gemessene Maximalwert für den Sauerstoffverbrauch (am isolierten Herzen) beträgt 36 ml/min·100 g, so daß sich rechnerisch eine Reserve von 100% ergibt, anders ausgedrückt: Wenn die Dilatationsfähigkeit der Coronargefäße auf die Hälfte herabgesetzt wird, könnte immer noch der maximale $O_2$-Bedarf gedeckt werden.

## VII. Faktoren, die die Coronardurchblutung beeinflussen

Für die Berechnung der einzelnen Faktoren, die die Coronardurchblutung beeinflussen, soll das Übersichtsschema der Abb. 8 herangezogen werden und gleichzeitig die Gliederung für die folgende Besprechung abgeben. Aus der bis-

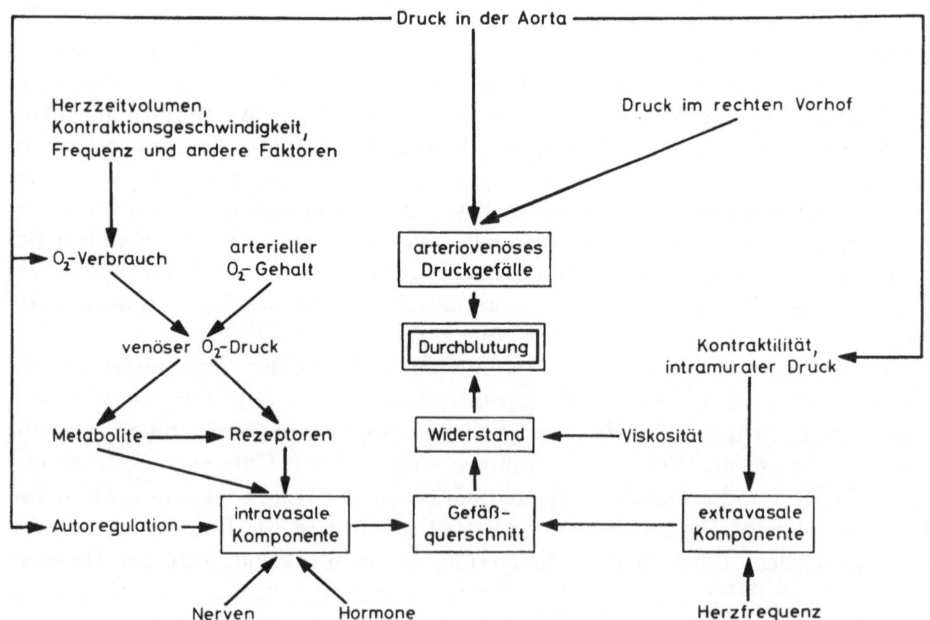


Abb. 8. Darstellung der Faktoren, die die Coronardurchblutung beeinflussen

herigen Darstellung ist hervorgegangen, daß die Durchblutung des Herzmuskels sehr eng an den $O_2$-Verbrauch und damit an die Herzarbeit dekoppelt ist, besser gesagt, gekoppelt sein muß. Gründe hierfür sind die große Sauerstoffausnutzung und die Unfähigkeit des Herzens zu einem genügend hohen Energiegewinn aus Glykolyse, jedenfalls im steady state.

Analog zum Ohmschen Gesetz der Elektrizitätslehre ist die Coronardurchblutung vom arteriovenösen Druckgefälle und vom Widerstand abhängig. Dieser Widerstand wiederum ist von der Viscosität des Blutes und vom Gefäßquerschnitt abhängig. Der Gefäßquerschnitt wird durch eine extravasale und durch eine intravasale Komponente beeinflußt bzw. verändert.

## 1. Hypoxie

Es ist seit langem bekannt, daß eine Verminderung des Sauerstoffangebotes an das Herz zu einer Coronardilatation führt (ALELLA, 1954, 1954a, 1955, 1958; HILTON u. EICHHOLTZ, 1925). Das gilt nicht nur für das intakte Herz in situ, sondern auch für das isolierte Herz (ARNOLD et al., 1968) und für das Herz-Lungen-Präparat (HILTON u. EICHHOLTZ, 1925). Da das Herz auf den Antransport von Sauerstoff angewiesen ist, führt jede Verminderung der arteriellen Sauerstoffkonzentration über die Reserve hinaus, die noch in einer möglichen Erhöhung der $O_2$-Extraktion liegt, zu einer Verminderung des Strömungswiderstandes. Dasselbe gilt für jede Verminderung der Durchblutung. Die Experimente am isolierten Herzen zeigen, daß es sich bei der hypoxischen Dilatation um einen rein lokalen Mechanismus handelt. Die Untersuchungen von REIN (1951) haben zum ersten Mal gezeigt, daß der Mechanismus schon im physiologischen Bereich wirksam ist: Eine Senkung der arteriellen Sauerstoffsättigung um wenige Prozent führt am narkotisierten Hund schon zu einer meßbaren Dilatation.

Nach den Untersuchungen von ARNOLD et al. (1968) am isolierten, leerschlagenden Herzen beginnt die Hypoxie erst dann merklich wirksam zu werden, wenn der venöse Sauerstoffdruck unter 50 mm Hg sinkt. Im Gegensatz dazu stehen Beobachtungen von MÜLLER-RUCHHOLTZ u. NEILL (1970). Sie konnten eine Arbeitsmehrdurchblutung schon bei einem wesentlich höheren venösen Sauerstoffdruck beobachten. Diese Arbeitsmehrdurchblutung geht mit einer Senkung des venösen $pO_2$ einher und wird wahrscheinlich hierdurch ausgelöst (s. weiter unten).

Für die Auslösung einer hypoxischen Dilatation ist der $O_2$-Mangel im Gewebe, d.h. auf der venösen Seite der Capillare entscheidend. Eine Minderung des $O_2$-Druckes auf der arteriellen Seite allein führt nicht zu einer Dilatation. BERNE et al. (1957) haben fibrillierende Hundeherzen mit Blut verschiedener Sättigung durchströmt. Eine beachtliche Verminderung des arteriellen Gehaltes führte noch nicht zu einem Anstieg der Durchblutung. Ein solcher konnte erst dann beobachtet werden, wenn der $O_2$-Gehalt im Sinus coronarius unter 5,5 Vol.-% abgesunken war.

GUZ et al. (1960) haben isolierte Herzen mit Lösungen unterschiedlicher Hb-Konzentrationen durchströmt. Bei konstantem arteriellem $pO_2$ kam es mit sinkendem arteriellen Sauerstoffgehalt zu einer Dilatation. Diese muß also durch die Verringerung des $O_2$-Gehaltes bzw. des $O_2$-Druckes auf der venösen Seite des

Capillarbettes ausgelöst worden sein. Ein Sauerstoffmangel stellt den bisher stärksten bekannten Reiz für eine Dilatation der Coronargefäße dar.

## 2. Kohlensäure

Die starke Abhängigkeit der Coronardurchblutung von der Herzarbeit, d. h. vom Sauerstoffverbrauch legt die Frage nahe, ob nicht die Kohlensäure einen Einfluß auf den Coronarwiderstand hat, denn sie fällt bei vermehrter Arbeit in vermehrtem Umfang an.

In Untersuchungen am Herz-Lungen-Präparat gelangten schon Markwalder u. Starling (1913) sowie Hilton u. Eichholtz (1925) zu der Ansicht, daß eine erhöhte $CO_2$-Konzentration einen dilatierenden Effekt auf die Coronardurchblutung ausübt. Green u. Wegria (1942) und Eckenhoff et al. (1947) konnten dagegen an thorakotomierten Hunden keinen signifikanten Einfluß der Kohlensäure auf die Coronardurchblutung feststellen. Feinberg et al. (1960) und Betz (1962) schrieben dagegen der Kohlensäure eine coronardilatierende Wirkung zu. Eberlein (1966) berichtete kürzlich über Experimente an Hunden mit geschlossenem Thorax, wonach die Kohlensäure eine stark dilatierende Wirkung hat.

Lochner et al. (1967) fanden an narkotisierten Hunden folgendes: Wurde der arterielle $CO_2$-Druck um $24 \pm 7$ mm Hg gesteigert, ausgehend von $37 \pm 8$ mm Hg, so betrug die Zunahme der Coronardurchblutung $2,7 \pm 2,6\%$ pro 1 mm Hg $CO_2$-Druckzunahme ($N = 20$).

## 3. Wasserstoffionenkonzentration

Ob und in welchem Maße die während der $CO_2$-Drucksteigerung beobachtete Coronardilatation durch die gleichzeitig auftretende Erhöhung der Wasserstoffionenkonzentration mitbedingt wird, kann aufgrund der bisher vorliegenden Befunde nicht entschieden werden. Senkungen des pH-Wertes führen an isolierten Herzen zu einer Abnahme der Kontraktionskraft und der Herzfrequenz sowie zu einer leichten Zunahme der Coronardurchblutung als Folge einer leichten Abnahme des coronaren Gefäßwiderstandes (McElroy et al., 1958). Wang u. Katz (1965) erzeugten lokale Änderungen des pH am Herzen in situ an thorakotomierten Hunden. Sie folgerten aus ihren Untersuchungen, daß intracelluläre Alkalosen eine Zunahme der Kontraktionskraft und der Coronardurchblutung bewirken, und daß umgekehrt intracelluläre Acidosen eine Abnahme der Kontraktionskraft und der Coronardurchblutung verursachen. Goodyer et al. (1961) untersuchten die Wirkungen schwerer metabolischer Acidosen und Alkalosen auf die Funktion, den Stoffwechsel und die Durchblutung des Herzmuskels bei intakten narkotisierten Hunden. Die pH-Änderungen wurden durch HCl- und $NaHCO_3$-Infusionen erzeugt. Dabei ergab sich, daß die Herzdynamik durch schwere metabolische Acidosen beim intakten Tier viel weniger stark beeinträchtigt wird als am isolierten Herzen. Während der Acidose nahmen der $O_2$-Verbrauch des Herzens und die Coronardurchblutung ab. Trotzdem sank der coronare Gefäßwiderstand, d. h. die metabolische Acidose führte zu einer coronaren Gefäßdilatation. Eine Alkalose bewirkte dagegen eine Zunahme des coronaren Gefäßwiderstandes. Es bleibt noch die Frage zu klären, ob alleinige Veränderungen der Wasserstoffionenkonzentration bei konstantem $pCO_2$ eine coronarerweiternde Wirkung im Sinne einer primären Dilatation haben.

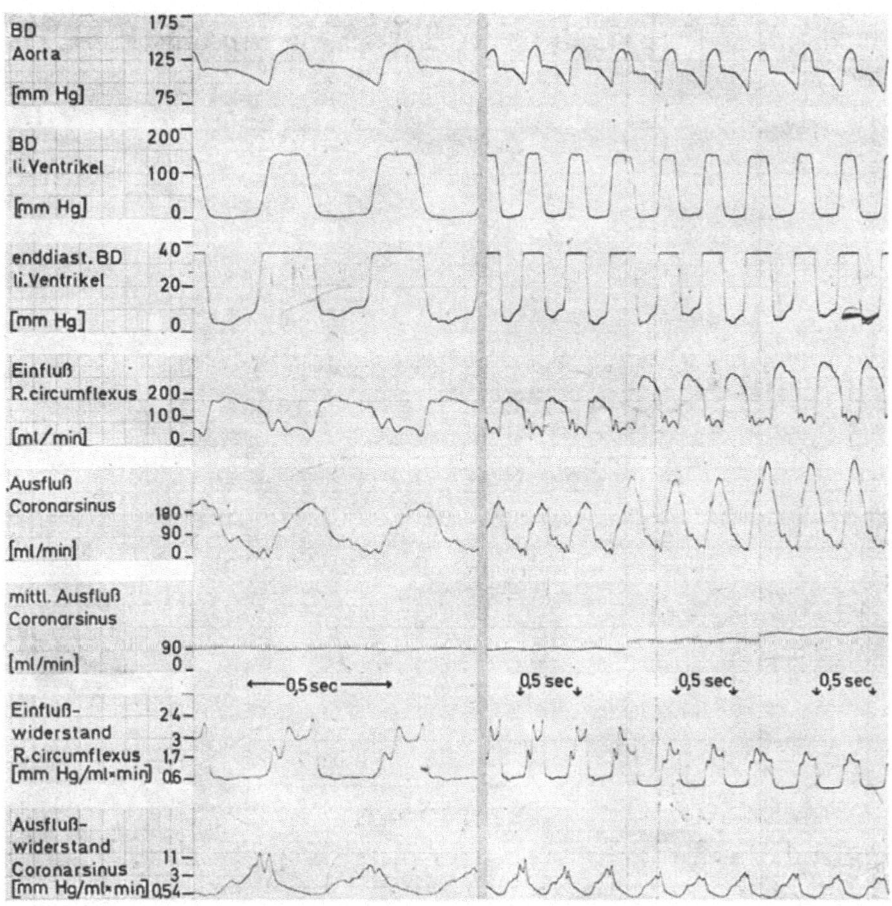



Abb. 9. Darstellung der extravasalen Komponente des Coronarwiderstandes durch fortlaufende Registrierung des Einfluß- und Abflußwiderstandes. Steigende Werte für die mittlere Durchblutung. Originalregistrierung am narkotisierten Hund von RAFF, KOSCHE u. LOCHNER (1970)

## 4. Extravasale Komponente des Coronarwiderstandes

Die Untersuchung des rhythmischen Einstroms und Ausstroms hat gezeigt, daß die extravasale Komponente einen ganz beachtlichen Einfluß ausübt. Im Hinblick auf den systolischen Einfluß wirkt die Kontraktion sicherlich als Einflußbehinderung; der Einflußwiderstand ist während der Systole erhöht und hat ein Minimum während der Diastole. Der Ausflußwiderstand wird, wie die Abb. 9 zeigt, während der Kontraktion eindeutig vermindert. Eine Betrachtung des rhythmischen Ausstroms legt die Frage nahe, ob nicht durch die Kontraktion des Myokards der Durchfluß beschleunigt werden könnte. Unter diesem Gesichtspunkt beschäftigt man sich schon seit langer Zeit mit der Frage, wie sich die Kontraktion des Herzens auf den Strömungswiderstand der Coronargefäße auswirkt.

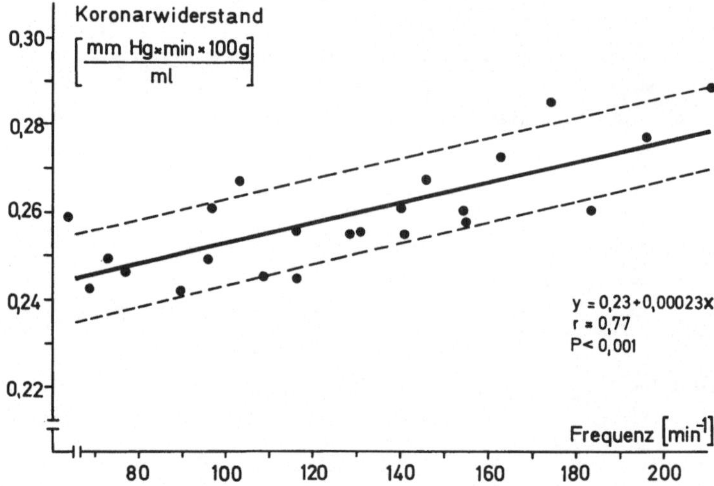



Abb. 10. Abhängigkeit der extravasalen Komponente des Coronarwiderstandes von der Herz-frequenz. Die vasale Komponente wurde durch Coronardilatatoren ausgeschaltet. Untersuchungen am narkotisierten Hund (Raff et al., 1970)

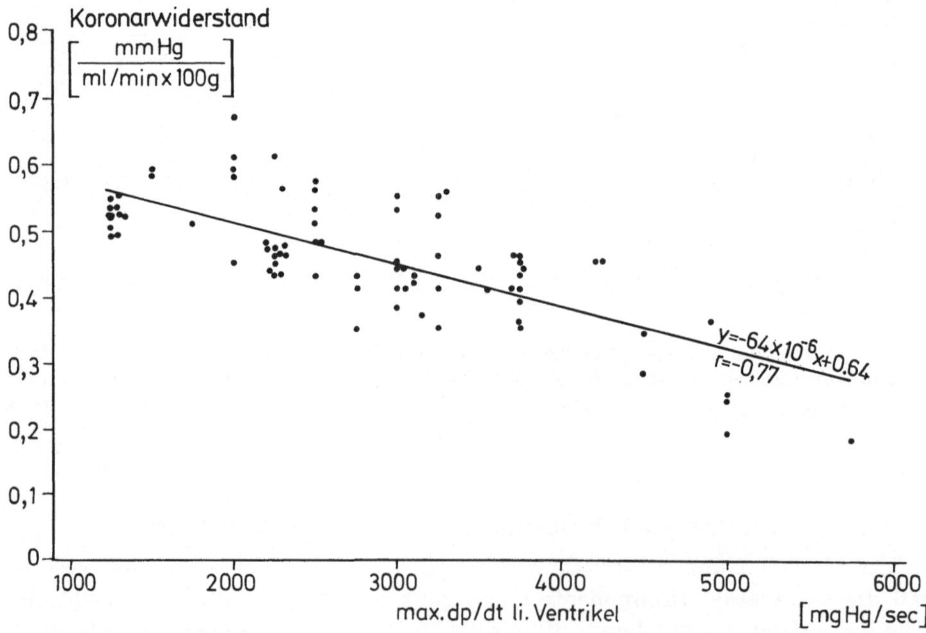



Abb. 11. Abhängigkeit des Coronarwiderstandes vom Suffizienzgrad des Herzens nach Ausschaltung der vasalen Komponente durch Coronardilatatoren. Bei einer Herzinsuffizienz (kenntlich an der Abnahme von $dp/dt$ im linken Ventrikel), die durch $\beta$-Blocker und Barbitursäure hervorgerufen wurde, steigt der Widerstand an (Hirche et al., 1968)

Im Mittel wird durch die Kontraktionen des Herzens der Coronarwiderstand erhöht. Sabiston u. Gregg (1957) konnten bei Herzstillstand durch Vagusreizung eine eindeutige Zunahme der Durchblutung, d.h. eine eindeutige Abnahme des

Widerstandes feststellen. Mit dieser Schlußfolgerung ist das Problem aber nun keineswegs gelöst, es ergeben sich noch folgende Fragen:

a) Wie verändert sich die extravasale Komponente des Coronarwiderstandes, wenn sich die Zahl der Kontraktionen, d.h. die Herzfrequenz im physiologischen Bereich verändert und

b) wie verändert sich die Größe der extravasalen Komponente des Widerstandes in Abhängigkeit von der Kraft der Kontraktion des Herzens?

Schaltet man im Tierexperiment durch eine maximale pharmakologische Dilatation die intravasale Komponente des Coronarwiderstandes aus, so sind Änderungen des Coronarwiderstandes extravasal bedingt. Mit steigender Herzfrequenz (Abb. 10), mit durch Isoproterenol bedingten Erhöhungen der maximalen Druckanstiegsgeschwindigkeit und mit steigendem enddiastolischen Druck nimmt die extravasale Komponente des Coronarwiderstandes zu (RAFF et al., 1971). In anderen Versuchen haben HIRCHE et al. (1968) unter derselben Bedingung der maximalen pharmakologischen Dilatation den Suffizienzgrad des Herzens verändert. Als Maß für den Suffizienzgrad diente die Anstiegsgeschwindigkeit des Druckes im linken Ventrikel. Wie aus der Abb. 11 hervorgeht, steigt der Coronarwiderstand (in diesem Fall die extravasale Komponente) bei zunehmender Insuffizienz des linken Ventrikels an.

## 5. Adrenalin und Noradrenalin

Die Untersuchung der beiden Hormone ist wichtig, weil sie auf dem Blutweg die Coronargefäße erreichen und dort zur Wirkung kommen können. Außerdem werden Adrenalin und Noradrenalin lokal bei sympathischer Nervenreizung freigesetzt. Die Untersuchung lokal wirksamer Dosen kann deshalb Aufschluß über die Wirkung einer Reizung des Sympathicus geben.

Ganz allgemein ist zu sagen, daß die Wirkungen der genannten Substanzen auf den Coronarkreislauf kompliziert sind. Neben einer möglichen direkten Wirkung auf die Coronargefäße im Sinne einer primären Dilatation oder primären Constriction muß eine Wirkung auf alle die Faktoren diskutiert werden, die geeignet sind, die Coronardurchblutung sekundär zu beeinflussen. Hierzu gehört jegliche Veränderung der Sauerstoffaufnahme aufgrund einer veränderten Belastung oder aufgrund veränderter Arbeitsbedingungen. Hierzu gehört ferner jede Veränderung der extravasalen Komponente des Coronarwiderstandes. HIRCHE (1966) hat deshalb in seiner Untersuchung neben der Durchblutung und neben den hämodynamischen Parametern fortlaufend den Sauerstoffdruck oder die Sauerstoffsättigung im venösen Coronarblut gemessen. Außerdem hat er die Substanzen nicht als Stoßinjektion, sondern als Dauerinfusion gegeben. Eine Zunahme des Sauerstoffdrucks bei gleichzeitiger Steigerung der Durchblutung zeigt an, daß auf jeden Fall eine primäre Dilatationskomponente vorhanden ist; eine sekundäre Komponente kann nicht ausgeschlossen werden. Um diese auszuschließen, müßte die Sauerstoffaufnahme gemessen werden. Bleibt sie konstant, so liegt eine sekundäre metabolische Dilatation nicht vor.

Abb. 12a zeigt die Wirkung intravenöser Infusionen von Adrenalin, Noradrenalin und Isoproterenol unter Kontrollbedingungen sowie nach einer $\beta$-Blockade mit Nethalide (HIRCHE, 1966). Die Untersuchung des Isoproterenol ist einbezogen worden, weil es ein reiner $\beta$-Stimulator ist. Kleine Isoproterenol- und

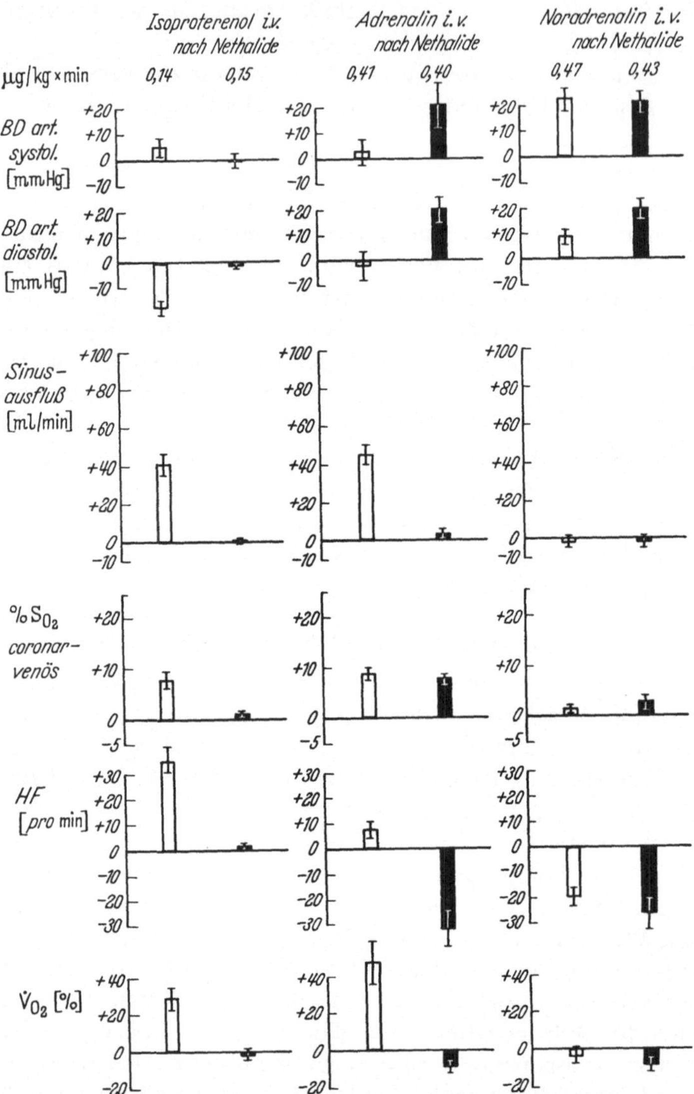



Abb. 12a. Änderungen des Blutdruckes, des Sinusausflusses, der coronarvenösen $O_2$-Sättigung, der Herzfrequenz ($HF$) und des myokardialen $O_2$-Verbrauches ($\dot{V}_{O_2}$), während der i.v. Infusionen von Isoproterenol, Adrenalin und Noradrenalin, jeweils vor (weiße Balken) und nach (schwarze Balken) der Blockierung der $\beta$-Receptoren mit Nethalide (Hirche, 1966)

Adrenalindosen führen zu einem Anstieg des Sinusausflusses und zu einer Zunahme der Sauerstoffsättigung im coronarvenösen Blut; sie haben also eine starke primär dilatatorische Komponente. Bei Noradrenalin kommt es bei kleinen Dosen weder zu einem Anstieg des Sinusausflusses noch zu einem Anstieg der coronarvenösen Sättigung. Hier spielt sicher auch die starke reflektorische Abnahme der Herzfrequenz eine bedeutsame Rolle.

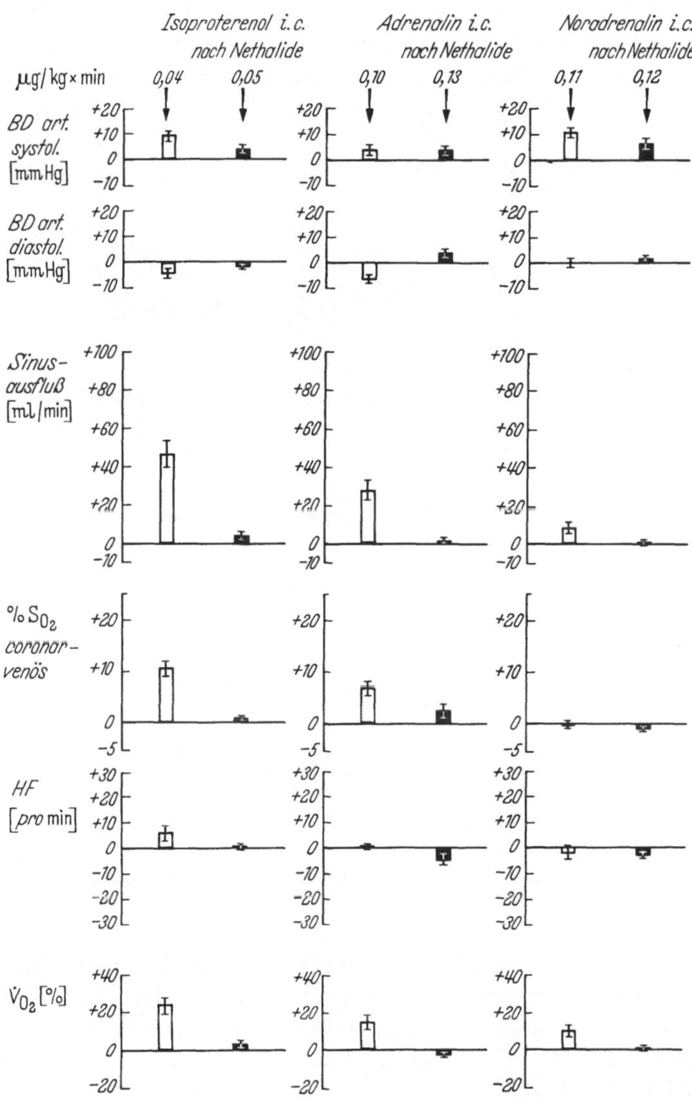


Abb. 12b. Änderungen des Blutdruckes, des Sinusausflusses, der coronarvenösen $O_2$-Sättigung, der Herzfrequenz (*HF*) und des myokardialen $O_2$-Verbrauches ($\dot{V}_{O_2}$), während der intracoronaren Infusionen von Isoproterenol, Adrenalin und Noradrenalin, jeweils vor (weiße Balken) und nach (schwarze Balken) der Blockierung der β-Receptoren mit Nethalide (HIRCHE, 1966)

Höhere Dosen der genannten Stoffe, intravenös gegeben, steigern die Coronardurchblutung und den myokardialen Sauerstoffverbrauch erheblich. Der coronarvenöse Sauerstoffdruck fällt dabei unter Isoproterenol ab und steigt nur wenig unter Adrenalin und Noradrenalin an. Hieraus ist zu schließen, daß hohe Catecholamindosen die Coronardurchblutung vorwiegend indirekt durch Erhöhung des myokardialen Sauerstoffverbrauchs steigern. Bei intracoronarer Infusion können

Adrenalin, Noradrenalin und Isoproterenol die Durchblutung steigern, ohne den Blutdruck und die Herzfrequenz zu ändern. Die Mehrdurchblutung beruht dann auf einer Verminderung der intravasalen Komponente des Widerstandes. Auch hier gelingt eine Differenzierung zwischen primär-vasomotorischer und nutritionsbedingter, also sekundär-vasomotorischer Mehrdurchblutung mittels gleichzeitiger Messung des coronarvenösen Sauerstoffdrucks. Abb. 12b zeigt, daß nach Isopro-

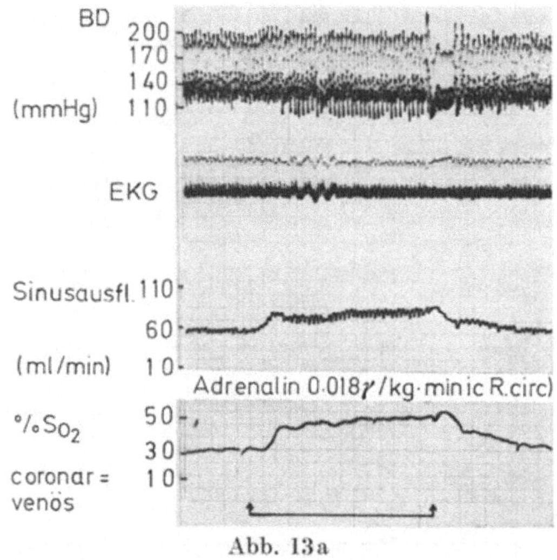


Abb. 13a

Abb. 13a u. b. Originalregistrierung am narkotisierten Hund (Lochner u. Hirche, 1965). *BD* Blutdruck in der Aorta; *EKG* Elektrokardiogramm, Messung des Sinusausflusses mit einer elektromagnetischen Stromuhr, Messung der coronarvenösen $O_2$-Sättigung $S_{O_2}$ fortlaufend mit einem Oximeter nach Kramer. a Primäre Coronardilatation durch eine intracoronare Adrenalininfusion. b Blockung der Dilatation durch Nethalide

terenol und nach Adrenalin nicht nur der Sinusausfluß, sondern auch die venöse Sauerstoffsättigung zunimmt. Bei Noradrenalin ist die Zunahme des Sinusausflusses bei unveränderter coronarvenöser Sauerstoffsättigung nur gering. Der primär dilatatorische Effekt kann durch $\beta$-Blockade ausgeschaltet werden (s. Abb. 13b).

Aus den Ergebnissen kann hinsichtlich der sympathischen Receptoren im Herzen gefolgert werden, daß diese sowohl im coronaren Gefäßbett wie auch im Myokard vorhanden sind. Isoproterenol und Adrenalin stimulieren die $\beta$-Receptoren im Herzmuskel, aber auch die in den Coronargefäßen, und haben dadurch neben ihrer stoffwechselsteigernden Wirkung auf die Muskulatur des Herzens auch eine direkte, primär dilatierende Wirkung auf die Coronargefäße. Noradrenalin steigert dagegen die Coronardurchblutung wahrscheinlich vorwiegend durch Erhöhung des Myokardstoffwechsels.

Die Zahl der $\alpha$-Receptoren im coronaren Gefäßbett ist gering. Eine primäre Vasoconstriction läßt sich nach Adrenalin und Noradrenalin nur nachweisen, wenn die $\beta$-Receptoren geblockt sind (Parratt, 1965; Doutheil, 1966a; Gaal et al., 1966).

Abb. 13a zeigt das Ergebnis einer intracoronaren Adrenalindauerinfusion mit einer vorwiegend primären Dilatation: Der Ausfluß aus dem Coronarsinus sowie gleichzeitig die Sättigung des coronarvenösen Blutes steigen an. Abb. 13b zeigt eine Blockung des Adrenalineffektes bei intracoronarer Injektion durch den $\beta$-Blocker Nethalide.

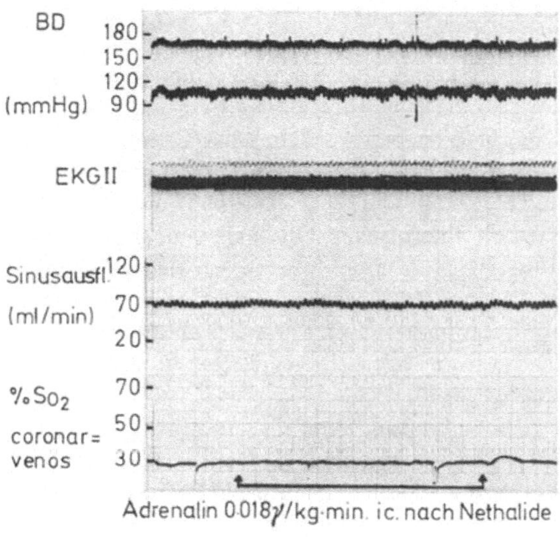


Abb. 13b

## 6. Nervöse Einflüsse auf die Coronardurchblutung

Die Frage, inwieweit das autonome Nervensystem (Sympathicus und Parasympathicus) die Coronardurchblutung beeinflußt, ist problematisch und umstritten. Das adäquate Experiment zur Lösung dieser Frage ist die Reizung der autonomen Nerven, die das Herz versorgen. Die Stimulation des Ganglion stellatum oder seiner zum Herzen führende Äste führt am Hund zu einer Steigerung der Coronardurchblutung. Gregg u. Fisher (1963) weisen jedoch darauf hin, daß in keinem Falle der coronare Einfluß ansteigt, ohne daß nicht aufgrund einer gesteigerten Contractilität oder Herzarbeit der Stoffwechsel gleichzeitig ansteigt (s. auch Feinberg u. Katz, 1958). Das weist auf die Schwierigkeiten der Beurteilung jedes Experimentes hin. Die Frage ist nämlich, ob es sich bei der Steigerung der Coronardurchblutung — als Ergebnis einer Stimulation des sympathischen Nervensystems — um eine primäre oder um eine sekundäre Dilatation handelt. Eine sekundäre Komponente dürfte bei einer physiologischen Dilatation immer im Spiel sein.

Die Frage ist somit eigentlich die, ob es denkbar ist, daß durch Reizung des Sympathicus eine primäre Dilatation möglich ist bzw. ob eine Dilatation möglich ist, die über die unmittelbaren Bedürfnisse des Stoffwechsels hinausgeht. Die Frage könnte geklärt werden, wenn bei solchen Reizexperimenten neben der Durchblutung fortlaufend auch der Sauerstoffdruck im venösen Coronarblut gemessen würde.

Etwas weiter hilft in diesem Problem die Betrachtung der Wirkung lokaler Infusionen von Adrenalin und Noradrenalin, weil diese Hormone lokal bei Sympathicusreizung im Herzen freiwerden. Es ist ganz sicher, daß Dosierungen gefunden werden können, die zu einer Steigerung der Coronardurchblutung bei gleichzeitigem Anstieg des venösen Sauerstoffdrucks führen. Die sekundären Faktoren, die die Durchblutung beeinflussen können, nämlich metabolische und physikalische, bleiben dabei so gut wie unverändert. Es kann also kein Zweifel sein, daß das Adrenalin eine primäre Dilatation bewirkt; somit ist es denkbar, daß es bei Reizung des autonomen Systems auch zu einer primären Dilatation kommen kann.

Ein primärer constrictorischer Einfluß des Sympathicus ist von Juhasz-Nagy u. Szentivanyi (1961) beschrieben worden. Da α-Receptoren nur in geringer Zahl im coronaren Gefäßbett vorhanden sind, dürfte ein solcher Effekt unter physiologischen Bedingungen gering sein. Feigl (1969) konnte an den Coronargefäßen keinen sympathischen cholinergischen Dilatationsmechanismus finden, wie er am Skeletmuskel bekannt ist. Zusammenfassend ist also zu sagen, daß bei Nervenreizung ein direkter vasoconstrictorischer Effekt sehr unwahrscheinlich ist, auch wenn sehr viel Noradrenalin freigesetzt werden sollte. Die α-Receptoren sind in der Minderzahl, und ein constrictorischer Effekt konnte bisher überhaupt nur unter β-Blockade gezeigt werden.

Die Frage einer Beeinflussung der Coronardurchblutung durch den parasympathischen Anteil des autonomen Nervensystems kann in Analogie zum sympathischen Anteil abgehandelt werden. Bei Reizung des Nervus vagus kommt es zu Änderungen der Coronardurchblutung (Winbury u. Green, 1952; Grayson u. Mendel, 1961). Bei diesem Effekt steht aber sicherlich ganz die Wirkung der Frequenzverlangsamung auf die Coronardurchblutung im Vordergrund. Auch Gregg u. Fisher (1963) meinen, daß die auf die Coronardurchblutung beobachteten Effekte immer sekundär sind.

Abgeklärt werden muß, ob es eine direkte primäre Beeinflussung der Gefäßweite durch Vaguseinfluß gibt. Das schließt gleichzeitig die Frage ein, ob es überhaupt eine entsprechende Innervation der Ventrikelmuskulatur bzw. der die Ventrikelmuskulatur versorgenden Gefäße gibt. Bisher ist eine direkte Beeinflussung des Ventrikelmyokards ganz allgemein abgelehnt worden (Rushmer, 1958; Schreiner et al., 1957). Daggett et al. (1967) kommen neuerdings zu der Ansicht, daß durch Vagusstimulation die Contractilität des Ventrikels direkt zu beeinflussen sei (s. auch Harman u. Reeves, 1968; Wildenthal et al., 1969). Bei verminderter Contractilität kommt es zu einem Anstieg der Durchblutung. Das spricht für einen direkten dilatatorischen Effekt des Vagus auf die Coronargefäße. Auch Feigl (1969) ist zu dem Schluß gekommen, daß es einen direkten parasympathischen dilatatorischen Effekt gibt, der unabhängig von der chronotropen und inotropen Wirkung des Nervus vagus ist.

## VIII. Intravasaler Druck und das Problem der Autoregulation

Wie beeinflußt der coronare Perfusionsdruck die Durchblutung? Wie ist die Beziehung zwischen Druck und Durchblutung im coronaren Gefäßbett?

Druck-Durchblutungs-Beziehungen sind bisher besonders ausführlich an der Lunge und an der Niere untersucht worden. Für die Lunge ist charakteristisch, daß im Bereich physiologischer Drucke die Durchblutung stärker ansteigt als der Druck, es kommt zu einer Verminderung des Widerstandes. An der Niere findet man im Bereich physiologischer Drucke eine weitgehende Unabhängigkeit der Durchblutung vom Druck. Dieses wird als Schutzmechanismus für die Capillaren des Glomerulum aufgefaßt. An der Lunge ist eine Abnahme des Widerstandes mit steigendem Druck sinnvoll, um bei großen Herzminutenvolumina eine zu starke Steigerung des Druckes in der Arteria pulmonalis zu vermeiden.

Eine Besprechung der Druck-Durchblutungs-Beziehung ist nicht möglich, ohne den Begriff der Autoregulation zu besprechen. Die Autoregulation kann einmal definiert werden als die Fähigkeit eines Organs, seine Durchblutung an den Bedarf anzupassen. Im Rahmen dieser Definition verfügt das Herz in hohem Maße über diesen Mechanismus der Autoregulation. Die Autoregulation wird weiter auch definiert als die Fähigkeit eines Organs, die Durchblutung an einen veränderten Druck anzupassen, die Durchblutung ist in einem gewissen Bereich unabhängig vom Druck (s. auch JOHNSON, 1964).

Am Herzen führt jede Veränderung der Funktion (Arbeit) über einen veränderten $O_2$-Bedarf zu einer Veränderung der Durchblutung; weiter führt auch jede Veränderung des coronaren Perfusionsdruckes (Aortendruck) zu einer Änderung der Funktion und damit des Energiebedarfs des Herzens, und das aus zwei Gründen:

1. Eine Erhöhung des Aortendrucks führt zu einer Erhöhung des Auswurfwiderstandes und damit zu einer Erhöhung der äußeren Herzarbeit.

2. Eine Erhöhung des Aortendrucks führt als Erhöhung des coronaren Perfusionsdrucks zu einer Steigerung der Contractionskraft des Herzens und damit auch zu einer Erhöhung des Sauerstoffbedarfs.

Mit einer Linearität zwischen Druck und Durchblutung ist also am Herzen sicherlich nicht zu rechnen.

Die Faktoren, die die Druck-Durchblutungs-Kurve am Herzen beeinflussen können, müssen folgendermaßen zusammengefaßt werden: a) Die Elastizität der Widerstandsgefäße, b) ein Autoregulationsmechanismus im Sinne der myogenen Theorie von BAYLISS (BAYLISS, 1902), c) eine metabolische Autoregulation, d) eine Veränderung des Energiebedarfs durch den Perfusionsdruck über eine Veränderung der Funktion, e) eine Veränderung der Contractionskraft durch den Perfusionsdruck und dadurch eine Veränderung der extravasalen Komponente des Coronarwiderstandes.

Man kann sich nun überlegen, ob es möglich ist, die Summe aller dieser Faktoren in einer typischen Druck-Durchblutungs-Kurve darzustellen. Das wäre dann der Fall, wenn die genannten Faktoren als konstant und gut reproduzierbar angesehen werden könnten. Das trifft aber nicht zu. Es sei nur darauf hingewiesen, daß Sauerstoffbedarf und Arbeit des Herzens in komplizierter Weise voneinander abhängig sind. Es haben weiter Einfluß auf den $O_2$-Verbrauch und die Durchblutung die Kontraktionsform, die Contractionskraft, die Druckanstiegsgeschwindigkeit und die Frequenz (s. im Kapitel Stoffwechsel). Zum Thema Autoregulation der Coronardurchblutung s. auch CROSS (1964) und DRISCOL et al. (1964).

# IX. Arbeitsmehrdurchblutung

Es ist sicherlich richtig, im ersten Ansatz davon auszugehen, daß die Arbeitsmehrdurchblutung durch eine relative Hypoxie ausgelöst wird. Die relative Hypoxie wiederum kommt durch den vergrößerten $O_2$-Verbrauch zustande. Hierfür sprechen, wie oben ausführlich dargestellt worden ist, folgende Umstände: Mit jeder Steigerung der Herzarbeit steigt der $O_2$-Verbrauch. Da die Sauerstoffausnutzung des Coronarblutes sehr groß ist und nicht wesentlich gesteigert werden kann, muß es zu einer Mehrdurchblutung, d. h. Dilatation kommen. Hinzu kommt, daß das Herz nur geringe Möglichkeiten für eine anoxydative Deckung seines Stoffwechsels (Glykolyse) hat. Weiter muß angeführt werden, daß die Coronargefäße sehr empfindlich auf einen arteriellen Sauerstoffmangel reagieren, und daß ein Sauerstoffmangel der stärkste bekannte Reiz für eine Dilatation der Coronargefäße ist. (Zur Arbeitsmehrdurchblutung s. auch Abb. 7.)

Die stärksten Argumente für diese Hypothese ergeben sich aber aus dem Befund, daß mit steigender Arbeit und mit dabei ansteigender Durchblutung der venöse Sauerstoffdruck absinkt. Lochner u. Nasseri (1959) fanden unter Ruhebedingungen an unnarkotisierten Hunden einen Sauerstoffdruck im Blute des Sinus coronarius von $16,0 \pm 1,4$ mm Hg ($N = 15$). In 11 Arbeitsversuchen an 7 Hunden kam es in jedem Falle zu einer Abnahme des venösen $pO_2$, und zwar im Mittel um $4,7 \pm 0,6$ mm Hg. Der Sauerstoffverbrauch des Gesamttieres war bei dieser Arbeit auf dem Laufband schätzungsweise auf mehr als das 3fache angestiegen. Lochner u. Nasseri (1960) steigerten den Sauerstoffverbrauch des Herzens und die Herzarbeit narkotisierter Hunde durch eine DNP-Vergiftung. Der Sauerstoffverbrauch stieg dabei auf 270% und entsprechend stieg die Durchblutung. Der Sauerstoffdruck des venösen Coronarblutes sank im Mittel um $2,7 \pm 0,95$ ($N = 10$, $P = 0,02$). Bretschneider (1957) fand an narkotisierten Hunden, daß mit steigender Frequenz die $O_2$-Sättigung des venösen Coronarblutes abnimmt. Dieser Befund kann dadurch erklärt werden, daß mit steigender Herzfrequenz der Stoffwechsel des Herzens zunimmt. Auch Hirche (1966a) hat die Arbeitsmehrdurchblutung an narkotisierten Hunden untersucht. Die Herzfrequenz wurde dabei durch eine Infusion von Isoproterenol in die rechte Coronararterie gesteigert, alle übrigen hämodynamischen Bedingungen blieben weitgehend unverändert. Der Sinusausfluß stieg unter diesen Umständen an, während der Sauerstoffdruck absank (s. Abb. 14). Doll et al. (1965, 1966) haben Untersuchungen am Menschen durchgeführt und zeigen können, daß der Sauerstoffdruck im venösen Coronarblut bei Trainierten und Untrainierten unter Belastung absinkt. Eine Arbeitsmehrdurchblutung kann auch am isolierten Herzen ausgelöst werden und geht auch am isolierten Herzen mit einer Senkung des venösen Sauerstoffdruckes einher (Müller-Ruchholtz u. Neill, 1970).

Diese Feststellung schließt nicht aus, daß bei Arbeitsbelastung des Herzens in situ weitere Faktoren zusätzlich zu der relativen lokalen Hypoxie ins Spiel kommen. Hier kommen in Frage:

1. Physikalische Faktoren, wie eine Veränderung des Aortendrucks und eine Veränderung der extravasalen Komponente des Widerstandes: Es ändern sich Contractilität und Herzfrequenz.

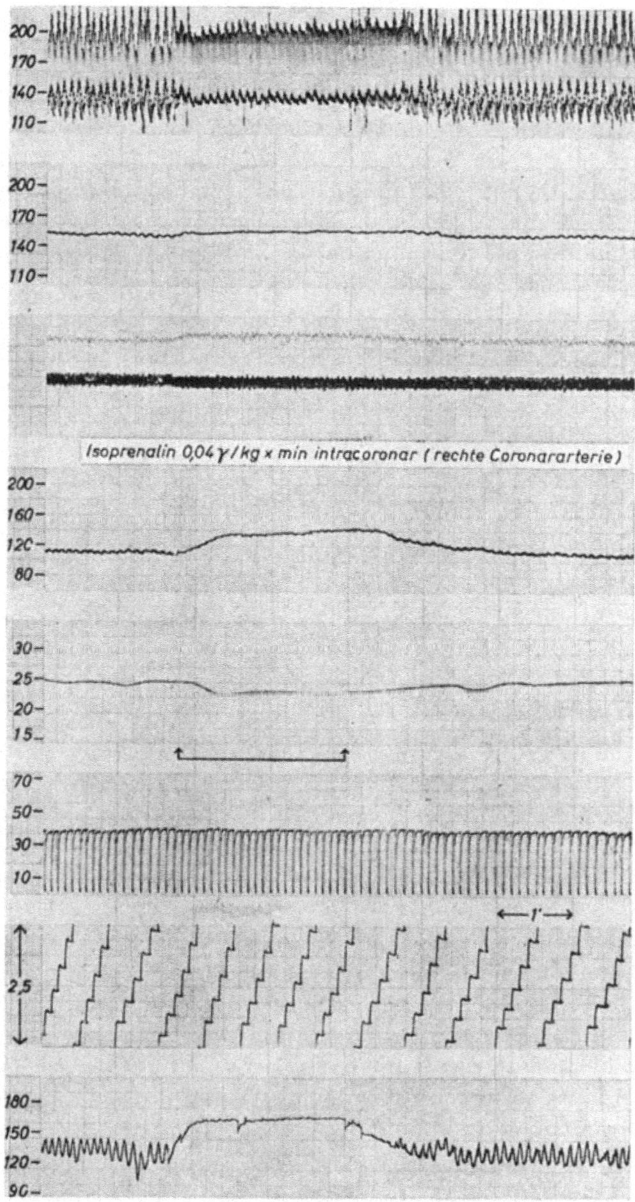


Abb. 14. Arbeitsmehrdurchblutung bei Steigerung der Herzfrequenz durch Infusion von Isoproterenol in die rechte Coronararterie eines narkotisierten Hundes. Von oben nach unten: Arterieller Blutdruck in der Arteria femoralis, arterieller Mitteldruck, II. Ableitung des Elektrokardiogramms, mittlerer Coronarsinusausfluß (elektromagnetisch gemessen), Sauerstoffdruck im venösen Coronarblut, alveolarer Kohlensäuredruck, Atemzeitvolumen und Pulsfrequenz (HIRCHE, 1966a)

2. Humorale Faktoren, die mit dem Blut ans Herz gelangen können, z. B. Adrenalin und Noradrenalin.

3. Nervöse Einflüsse auf den coronaren Gefäßwiderstand.

4. Weitere Einflüsse von seiten des Stoffwechsels.

Die Frage nach der Bedeutung von Änderungen des Kohlensäuredrucks und der Wasserstoffionenkonzentration für die physiologische Regelung der Coronardurchblutung, d.h. für die Arbeitsmehrdurchblutung, läßt sich aufgrund der bisher vorliegenden Befunde mit einiger Sicherheit beantworten. Die coronaren Durchblutungssteigerungen, die durch Steigerungen des Kohlensäuredrucks oder durch Senkungen des pH im physiologischen Bereich hervorgerufen werden können, sind verhältnismäßig gering, insbesondere wenn man sie mit den starken Dilatationen vergleicht, die bei einer Hypoxie auftreten. Man muß daraus folgern, daß extracelluläre $pCO_2$- oder pH-Änderungen bei der Anpassung der Coronardurchblutung an die Höhe des Myokardstoffwechsels keine entscheidende Rolle spielen.


# X. Reaktive Hyperämie

Wird die Durchblutung einer Coronararterie durch eine Drossel vermindert, so kommt es hinter der Drossel zu einer Verminderung des Widerstandes; die Durchblutung geht auf den Ausgangswert zurück, sofern die Coronarreserve ausreichend groß ist. Nach Lösung der Drossel kommt es zu einer temporären Durchblutungssteigerung, die als reaktive Hyperämie bezeichnet wird. Schon nach einer vollständigen Unterbrechung der Durchblutung von 2—3 sec kann eine solche reaktive Hyperämie an der linken Coronararterie beobachtet werden. Sie kann auch am isolierten Herzen, am Herz-Lungen-Präparat, am narkotisierten Hund und am nicht narkotisierten Tier ausgelöst werden. Dauer und Ausmaß der reaktiven Hyperämie hängen von der Länge der Drosselungsperiode bzw. von der Dauer des Verschlusses ab. Sie kann wesentlich größer ausfallen als die durch die Abklemmung eingegangene Durchblutungsschuld.

Die Abb. 15 zeigt die schematische Wiedergabe eines typischen Befundes von Gregg (1967). Von oben nach unten ist aufgeführt: Der arterielle Blutdruck, der Einfluß in die linke Coronararterie, der Sauerstoffgehalt des Coronarsinusblutes sowie der berechnete Sauerstoffverbrauch, und zwar vor, während und im Anschluß einer Abklemmung der Coronararterie von 30 sec Dauer. Es kommt zu einem starken Anstieg sowohl des systolischen wie auch des diastolischen Flusses schon innerhalb der ersten Sekunden; die Vasodilatation hat den systolischen und diastolischen Einflußwiderstand vermindert. Die rechnerisch eingegangene Sauerstoffschuld in Höhe von 3,1 ml ist kleiner als der Sauerstoffmehrverbrauch in Höhe von 4,5 ml während der reaktiven Hyperämie. Bemerkenswert ist, daß die $O_2$-Sättigung des venösen Coronarblutes zunächst absinkt; man könnte hierin eine auslösende Ursache für die Dilatation sehen. In der späteren Phase der reaktiven Hyperämie steigt die Sättigung jedoch über den Ausgangswert an. Hieraus muß man wohl folgern, daß nicht die $O_2$-Sättigung oder der $O_2$-Druck allein bzw. direkt wirken. Es ist denkbar, daß durch den $O_2$-Mangel Metabolite angehäuft worden sind, deren Abtransport einige Zeit benötigt und die als dilatatorischer Reiz auch dann wirken, wenn der $pO_2$ schon wieder auf einen Wert über der Norm angestiegen ist.

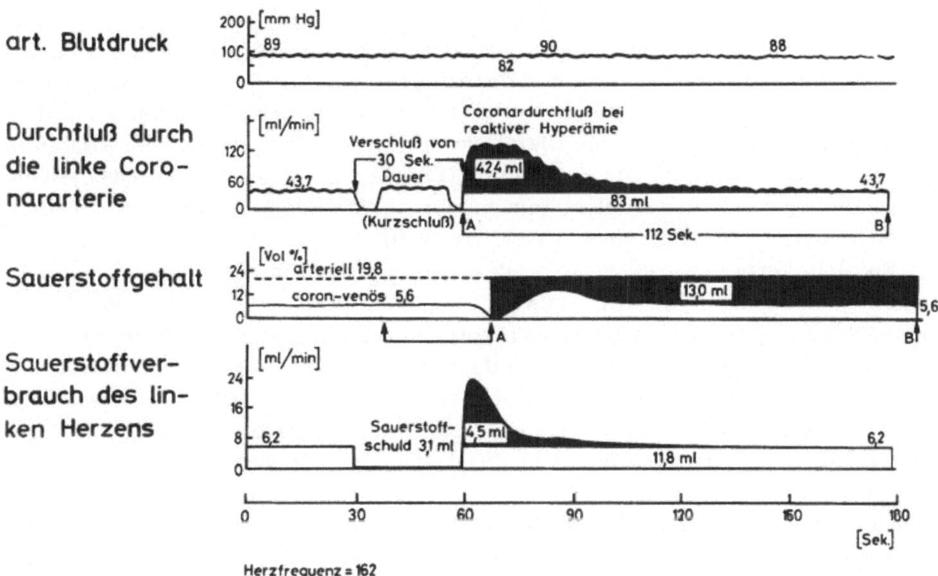


Abb. 15. Reaktive Hyperämie an der linken Coronararterie. Schematische Zeichnung nach GREGG (1967)

# XI. Zum Mechanismus der Durchblutungsregulation

Die Größe des Herzstoffwechsels nimmt eine Schlüsselstellung in der Regulation der Coronardurchblutung ein. Ein erhöhter Herzstoffwechsel bewirkt eine Dilatation. Entscheidend ist dabei der relativ verminderte Antransport des Sauerstoffs. Deshalb führt nicht nur jede Erhöhung des Sauerstoffverbrauches, sondern auch jede Verminderung des Sauerstoffantransportes zu einer Dilatation. Weiter geht, wie oben ausführlich dargestellt wurde, eine Arbeitsmehrdurchblutung mit einer Verminderung des Sauerstoffdrucks im Myokard einher. Welche Verbindung besteht nun zwischen dem gesteigerten Stoffwechsel bei der Arbeitsmehrdurchblutung bzw. dem verminderten $O_2$-Druck und dem Gefäßtonus? Es gibt folgende Möglichkeiten:

a) Der Sauerstoffdruck wirkt direkt auf die glatte Muskulatur der Blutgefäße.

b) Der Sauerstoffdruck wirkt auf dem Umweg über Chemoreceptoren auf die glatte Muskulatur.

c) Durch einen Sauerstoffmangel bzw. einen vermehrten Stoffwechsel werden ein oder mehrere Metabolite frei, die auf den Tonus der Arteriolen direkt einwirken, wobei die Menge des Stoffwechselproduktes mit steigendem Sauerstoffverbrauch ansteigt.

d) Es werden Metabolite freigesetzt und gelangen über Chemoreceptoren zur Wirkung (s. Abb. 8).

HILTON u. EICHHOLZ (1925) glaubten aus ihren Untersuchungen den Schluß ziehen zu müssen, daß die Abnahme des Arteriolentonus auf eine direkte Wirkung der verminderten Sauerstoffspannung auf die glatte Muskulatur zurückzuführen sei, und lehnten die Hypothese einer vasodilatatorischen Substanz, die unter

Hypoxie frei wird, ab. Die Dilatation während einer Hypoxie ging in ihren Untersuchungen nicht mit einem erhöhten Stoffwechsel einher; außerdem sahen sie nur geringe Effekte der Kohlensäure und der Milchsäure auf die Coronardurchblutung.

Da Histamin ein starker Coronardilatator ist, ist die Theorie vertreten worden, daß die physiologische Coronardilatation durch eine Freisetzung von Histamin bewirkt wird (Anrep u. von Saalfeld, 1935; Anrep et al., 1936, 1944). Überzeugende Beweise, insbesondere mit modernen Methoden, konnten aber nicht erbracht werden (Berne, 1964; Parratt, 1969).

Zu den körpereigenen Stoffen, die als Überträgerstoff diskutiert werden, gehört auch das Bradykinin (Parratt, 1964). Lochner u. Parratt (1966) konnten nachweisen, daß lokale Infusionen von Bradykinin in die linke Coronararterie zu einer starken Mehrdurchblutung und zu einem Anstieg der Sauerstoffsättigung bzw. Sauerstoffspannung des venösen Coronarblutes und damit zu einer primären Dilatation führen. Nach den Untersuchungen von Scholtholt et al. (1965) ist das Bradykinin bei intracoronarer Injektion sogar 50mal wirksamer als das Adenosin. Der Nachweis einer starken coronardilatatorischen Wirkung genügt nun sicher zum Beweis einer solchen Hypothese nicht. Man müßte das Bradykinin im Coronarsinusblut nachweisen, insbesondere müßte man unter den besonderen Bedingungen der Arbeitsdilatation Bradykinin vermehrt nachweisen können.

Es ist schon lange bekannt, daß die Adeninnucleotide starke Vasodilatatoren sind; man hat deshalb versucht, eine Beziehung zwischen ihrer starken vasodilatatorischen Eigenschaft und der lokalen Regulation der Muskeldurchblutung herzustellen (Rigler, 1932). Besonders eingehend wird das Adenosin diskutiert. Es hat eine starke vasodilatatorische Wirkung, wird schnell durch eine Desaminase inaktiviert und steht immer zur Verfügung. Die Abbauprodukte des Adenosins, nämlich das Inosin und Hypoxanthin, konnten von Berne (1963) am isolierten Herzen während einer Hypoxie nachgewiesen werden. Sie sind nicht mehr vasoaktiv. Wenn Desaminasehemmer (z. B. 8-Azaguanin) eingesetzt werden, dann kann das Adenosin selbst in der Perfusionsflüssigkeit des Herzens wiedergefunden werden (Katorie u. Berne, 1966). Die Adenosinhypothese wird durch die Aufklärung des Nucleotidabbaus im Myokard gestützt (Gerlach et al., 1963): Adenosinmonophosphat wird über Adenosin zu Inosin und Hypoxanthin abgebaut. Im Skeletmuskel geht der Hauptweg dagegen vom Adenosinmonophosphat über Inosinmonophosphat zu Inosin. Inosin und Inosinmonophosphat sind nicht vasoaktiv.

Die Entdeckung spezifischer pharmakologischer Dilatatoren hat die Suche nach dem Mechanismus der Coronardilatation stark befruchtet. Es ist wahrscheinlich, daß solche spezifischen Dilatatoren über den physiologischen Mechanismus wirken. Die Untersuchung und Aufklärung des Dilatationsmechanismus dieser Stoffe verspricht deshalb, Licht in den physiologischen Mechanismus zu bringen. So wurde beobachtet, daß intravenös appliziertes Adenosin durch Dipyridamol potenziert werden kann (Bretschneider et al., 1959; Bretschneider, 1963). Es konnte aber bald gezeigt werden, daß dieser Effekt für eine Erklärung nicht genügt; lokale Injektionen von Adenosin zeigten keinerlei Potenzierung durch Dipyridamol, und auch am isolierten Herzen konnte eine wesentliche Potenzierung des Adenosins durch Dipyridamol nicht beobachtet werden (Scholtholt et al., 1965).

Ein anderer, auch sehr spezifischer Dilatator, das Carbochromen, zeigt keinerlei Zusammenhänge mit dem Adenosin-Stoffwechsel (Lochner u. Hirche, 1964). Bretschneider (1964) vermutet aus diesem und aus anderen Gründen, daß noch eine sympathinähnliche Substanz als zweiter Überträgerstoff eingeschaltet sei. In diesem Zusammenhang ist der Befund von Bussmann u. Lochner (1966) interessant, wonach eine Blockung der genannten Dilatatoren Dipyridamol und Carbochromen sowie auch des Adenosins durch den $\beta$-Blocker Nethalide nicht möglich ist.

Lochner u. Hirche (1962) verfolgten die Chemoreceptorenhypothese. Sie fanden auffallend gleiche pharmakologische Eigenschaften an den Chemoreceptoren des Sinus caroticus und an der zu einer Dilatation führenden Chemoreception der Coronargefäße. Eine Reihe von Substanzen stimulieren die Chemoreceptoren im Sinus caroticus und erweitern die Coronargefäße: NaCN, $Na_2S$, Nicotin, Lobelin, Papaverin, Dipyridamol, Oxyäthyltheophyllin und Nitroglycerin. Es gelang ihnen, mit Procain die stimulierende Wirkung des NaCN auf die Chemoreceptoren des Sinus caroticus zu blocken und gleichfalls die erweiternde Wirkung auf die Coronargefäße stark zu unterdrücken. Für eine Receptorenhypothese spricht u. a. auch, daß die $O_2$-mangelempfindliche Regulation schon bei Sauerstoffdrucken anspricht, die weit überkritisch sind.

## Literatur

ALELLA, A.: Arterielle Sauerstoff-Sättigung und Koronardurchblutung. Pflügers Arch. ges. Physiol. **259**, 422 (1954).
— Beziehungen zwischen arterieller Sauerstoffsättigung im Sinus coronarius und Sauerstoffausnutzung im Myocard unter Berücksichtigung von Sauerstoffkapazität und arteriellem Druck. Pflügers Arch. ges. Physiol. **259**, 436 (1954a).
— Koronardurchblutung und Hypoxie. Pflügers Arch. ges. Physiol. **261**, 373 (1955).
— Steuerung der Coronardurchblutung. In: Probleme der Coronardurchblutung. Bad Oeynhausener Gespräche II. Berlin-Göttingen-Heidelberg: Springer 1958.
— WILLIAMS, F. L., WILLIAMS, C. B., KATZ, L. N.: Role of oxygen and exogenous glucose and lactic acid in the performance of the heart. Amer. J. Physiol. **185**, 487 (1956).
ANREP, G. V., BARSOUM, G. S., SALAMA, S., SOUIDAN, Z.: Liberation of histamine during reactive hyperaemia and muscle contraction in man. J. Physiol. (Lond.) **103**, 297 (1944).
— — TALAAT, M.: Liberation of histamine by the heart muscle. J. Physiol. (Lond.) **86**, 431 (1936).
— CRUICKSHANK, E. W. H., DOWNING, A. C., SUBBA RAU, A.: Coronary circulation in relation to the cardiac cycle. Heart **14**, 11 (1927).
— SAALFELD, E. VON: The blood flow through the skeletal muscle in relation to its contraction. J. Physiol. (Lond.) **85**, 375 (1935).
ARNOLD, G., KOSCHE, F., MIESSNER, E., NEITZERT, A., LOCHNER, W.: The importance of the perfusion pressure in the coronary arteries for the contractility and the oxygen consumption of the heart. Pflügers Arch. ges. Physiol. **299**, 339 (1968).
— MORGENSTERN, C., LOCHNER, W.: The autoregulation of the heartwork by the coronary perfusion pressure. Pflügers Arch. Ges. Physiol. **321**, 34 (1970).
— MÜLLER-RUCHHOLTZ, E. R., LOCHNER, W.: Die Persufflation der Koronargefäße mit gasförmigem Sauerstoff zur Verlängerung der Ischämiedauer des Herzen. Ärztl. Forsch. **22**, 257 (1968).
BACANER, M. B., LIOY, F., VISSCHER, M. B.: Induced change in heart metabolism as a primary determinant of heart performance. Amer. J. Physiol. **209**, 519 (1965).
BARGERON, L. M., EHMKE, D., GONLUBOL, F., CASTELLANOS, A., SIEGEL, A., BING, R. J.: Effect of cigarette smoking on coronary blood flow and myocardial metabolism. Circulation **15**, 251 (1957).

BAROLDI, G., MANTERO, O., SCOMAZZONI, G.: The collaterals of the coronary arteries in normal and pathologic hearts. Circulat. Res. **4**, 223 (1956).

BAYLISS, V. M.: On the local reactions of the arterial wall to changes in internal pressure. J. Physiol. (Lond.) **28**, 220 (1902).

BERNE, R. M.: Cardiac nucleotides in hypoxia possible role in regulation of coronary blood flow. Amer. J. Physiol. **204**, 317 (1963).

— Regulation of coronary blood flow. Physiol. Rev. **44**, 1 (1964).

— BLACKMON, J. R., GARDNER, T. H.: Hypoxemia and coronary blood flow. J. clin. Invest. **36**, 1101 (1957).

BERNSMEIER, A., RUDOLPH, W.: Neue Ergebnisse über Durchblutung und Substratversorgung des menschlichen Herzens. Münch. med. Wschr. **104**, 46 (1962).

— SIEMONS, K.: Die Messung der Hirndurchblutung mit der Stickoxydulmethode. Pflügers Arch. **258**, 149 (1953).

BETZ, E.: Die Wirkung von Kohlendioxydinhalationen auf die Durchblutung im Myokard, Gehirn, Skelettmuskulatur und Haut. Arch. Physiol. Therap. **14**, 53 (1962).

BING, R. J.: Cardiac metabolism. Physiol. Rev. **45**, 171 (1965).

— BENNISH, A., BLUEMCHEN, G., COHEN, A., GALLACHER, J. P., ZULESKI, E. J.: The determination of coronary flow equivalent with coincidence counting technic. Circulation **29**, 833 (1964).

— HAMMOND, M. M., HANDELMANS, J. C., POWERS, S. R., SPENCER, F. C., ECKENHOFF, J. E., GOODALE, W. T., HAFKENSCHIEL, J. H., KETY, S. S.: The measurement of coronary blood flow, oxygen consumption and efficiency of the left ventricle in man. Amer. Heart J. **38**, 1 (1949).

BLÜMCHEN, G., COHEN, A., GALLACHER, J., ZULESKI, E., BASSENGE, E., BING, R. J.: Das Messen der Coronardurchblutung mit einer neuen Isotopentechnik. Med. Klin. **59**, 1123 (1964).

BRETSCHNEIDER, H. J.: Sauerstoffbedarf und -versorgung des Herzmuskels. Verh. dtsch. Ges. Kreisl.-Forsch. 27. Tagg, S. 32 (1961).

— Methoden zur Messung der Durchblutung mit einem hohen zeitlichen Auflösungsvermögen. Kreislaufmessungen. 3. Freiburger Kolloquium, München 1962.

— Vergleichende Untersuchungen von Koronar- und Nierendurchblutung unter der Wirkung von Sympathikomimetika, Sympatholytika und Adenosinkörpern. Kreislaufmessungen. 4. Freiburger Kolloquium, München: Banaschewski 1964.

— COTT, L., BERNARD, U., KOCHSIEK, K., SCHELER, F.: Die Wirkung eines Pyrimido-pyrimidin-Derivates auf die Sauerstoffversorgung des Herzmuskels. Arzneimittel-Forsch. **9**, 49 (1959).

— — HILGERT, G., PROBST, R., RAU, G.: Gaschromatographische Trennung und Analyse von Argon als Basis einer neuen Fremdgasmethode zur Durchblutungsmessung von Organen. Verh. dtsch. Ges. Kreisl.-Forsch. **32**, 267 (1966).

— KANZOW, E., BERNARD, U.: Über den kritischen Wert und die physiologische Abhängigkeit der Sauerstoffsättigung des venösen Coronarblutes. Pflügers Arch. ges. Physiol. **264**, 399 (1957).

BRITMAN, N. A., LEVINE, H. J.: Contractile element work. A major determinant of myocardial oxygen consumption. J. clin. Invest. **43**, 1397 (1964).

BUSSMANN, W. D., LOCHNER, W.: Die Wirkung einiger Coronardilatatoren auf das isolierte Warmblüterherz vor und nach Blockade der $\beta$-Rezeptoren. Arzneimittel-Forsch. **16**, 51 (1966).

CASE, R. B., BERGLUND, E., SARNOFF, ST. J.: Ventricular function. VII. changes in coronary resistance and ventricular function resulting from acutely induced anemia and the effect therem of coronary circulation. Amer. J. Med. **18**, 397 (1955).

CHASE, R. E., DE GARIS, C. F.: Arteriae coronariae (cordis) in the higher primates. Amer. J. Physiol. Anthropol. **24**, 427 (1939).

COHEN, A., GALLACHER, J. P., LUEBS, E. D., VARGA, Z., YAMANAKA, J., ZULESKI, E. J., BLUEMCHEN, S., BING, R. J.: The quantitative determination of coronary flow with a positron emitter (Rubidium — 84). Circulation **32**, 663 (1965).

CROSS, C. E.: Influence of coronary arterial pressure in coronary vasomotor tonus. Circulat. Res. **15**, 87 (1964).

DAGGETT, W. M., NUGENT, G. C., CARR, P. W., POWERS, D. C., HARADA, Y.: Influence of vagal stimulation on ventricular contractility, $O_2$ consumption, and coronary flow. Amer. J. Physiol. 212, 8 (1967).

DOLL, E., KEUL, J.: Der koronarvenöse Sauerstoffdruck und die arteriovenöse Sauerstoffgehaltsdifferenz beim insuffizienten Herzen. In: REINDELL, KEUL u. DOLL, Herzinsuffizienz. Stuttgart: Thieme 1968.

— — BRECHTEL, A.: Sauerstoffdruck und Sauerstoffsättigung im koronarvenösen Blut sowie bei Veränderungen der arterio-koronarvenösen Sauerstoffdruckdifferenz und des Koronardurchflusses unter hoher Dosis von Persantin. Z. Kreisl.-Forsch. 55, 1076 (1966).

— — STEIM, H., MAIWALD, CHR., REINDELL, H.: Über den Stoffwechsel des menschlichen Herzens. II. Sauerstoff- und Kohlensäuredruck, pH, Standardbikarbonat und base excess im coronarvenösen Blut in Ruhe, während und nach körperlicher Arbeit. Pflügers Arch. ges. Physiol. 282, 28 (1965).

— — — — — Über den Stoffwechsel des Herzens bei Hochleistungssportlern. II. Sauerstoff- und Kohlensäuredruck, pH, Standardbikarbonat und base excess im koronarvenösen Blut in Ruhe, während und nach körperlicher Arbeit. Z. Kreisl.-Forsch. 55, 248 (1966).

DOMENECH, R. J., HOFFMAN, J. I. E., NOBLE, M. I. M., SAUNDERS, K. B., HENSON, J. R., SUBIJANTO, A.: Total and regional coronary blood flow measured by radioactive microspheres in conscious and anesthetized dogs. Circulat. Res. 25, 581 (1969).

DONATO, L., BARTOLOMEI, G., FEDERIGHI, G., TORREGGIANI, A.: Measurement of coronary blood flow by external counting with radioactive Rubidium. Critical appraised and validation of the method. Circulation 33, 708 (1966).

DOUTHEIL, N.: Wirkung von Brenzkatecholaminen auf die Coronardurchblutung an asystolischen Hundeherzen. Pflügers Arch. ges. Physiol. 287, 111 (1966a).

— ROHDE, R.: Messung der Koronardurchblutung mit der Auswaschtechnik radioaktiver inerter Gase ($^{133}$Xe, $^{85}$Kr) im Zusammenhang mit der Frage nach der Durchblutungsverteilung im Myokard. Verh. dtsch. Ges. Kreisl.-Forsch. 33, 273 (1966).

DRISCOL, TH. E., MOIR, TH. W., ECKSTEIN, R. W.: Vascular effects of changes in perfusion pressure in the nonischemic and ischemic heart. Amer. Heart. Ass. Monogr. 8, 94 (1964).

EBERLEIN, H. J.: Koronardurchblutung und Sauerstoffversorgung des Herzens unter verschiedenen $CO_2$-Spannungen und Anästhetika. Arch. Kreisl.-Forsch. 50, 18 (1966).

ECKENHOFF, J. E., HAFKENSCHIEL, J. H., HARMEL, M. H., GOODALE, W. T., LUBIN, M., BING, R. J., KETY, S. S.: Measurement of coronary blood flow by the nitrous oxide method. Amer. J. Physiol. 152, 356 (1948).

— — LANDMESSER, C. M., HARMEL, M. H.: Cardiac oxygen metabolism and control of the coronary circulation. Amer. J. Physiol. 149, 634 (1947).

FEIGL, E. O.: Parasympathetic control of coronary blood flow in dogs. Circulat. Res. 25, 509 (1969).

FEINBERG, H. X., GEROLA, A., KATZ, L. N.: Effect of changes in blood $CO_2$ level on coronary flow and myocardial $O_2$-consumption. Amer. J. Physiol. 199, 349 (1960).

— KATZ, L. N.: Effect of catecholamines, l-epinephrine and l-norepinephrine in coronary flow and oxygen metabolism of the myocardium. Amer. J. Pnysiol. 193, 151 (1958).

FRIESINGER, G. C., SCHAEFER, J., GAERTNER, R. A., ROSS, R. S.: Coronary sinus drainage and measurement of left coronary artery flow in the dog. Amer. J. Physiol. 206, 57 (1964).

GAAL, P. G., KATTUS, A. A., KOLIN, A., ROSS, G.: Effects of adrenaline and noradrenaline on coronary blood flow before and after beta-adrenergic blockade. Brit. J. Pharmacol. 26, 713 (1966).

GERLACH, E., DEUTICKE, B., DREISBACH, R. H.: Der Nucleotid-Abbau im Herzmuskel bei Sauerstoffmangel und seine mögliche Bedeutung für die Koronardurchblutung. Naturwissenschaften 50, 228 (1963).

GOODALE, W. T., HACKEL, D. B.: Measurement of coronary blood flow in dogs and man from rate of myocardial nitrous oxide desaturation. Circulat. Res. 1, 502 (1953).

— LUBIN, M., ECKENHOFF, J. E., HAFKENSCHIEL, J. H., BANFIELD, W. G.: Coronary sinus catheterization for studying coronary blood flow and myocardial metabolism. Amer. J. Physiol. 152, 340 (1948).

GOODYER, A. V., ECKHARDT, W. F., OSTBERG, R. H., GOODKIND, M. J.: Effects of metabolic acidosis and alkalosis on coronary blood flow and myocardial metabolism in the intact dog. Amer. J. Physiol. 200, 628 (1961).

Grant, R. T., Regnier, M.: The comparative anatomy of the cardiac coronary vessels. Heart 13, 285 (1926).

Grayson, J., Mendel, D.: Myocardial blood flow in the rabbit. Amer. J. Physiol. 200, 968 (1961).

Green, H. D., Wegria, R.: Effects of asphyxia, anoxia and myocardial ischemia on the coronary blood flow. Amer. J. Physiol. 135, 271 (1942).

Gregg, D. E.: Coronary circulation in health and disease. Philadelphia: Lea & Febiger 1950.

— Some problems of the coronary circulation. Verh. dtsch. Ges. Kreisl.-Forsch. 21, 22 (1955).

— Effect of coronary perfusion pressure or coronary flow on oxygen usage of the myocardium. Circulat. Res. 13, 497 (1963a).

— The coronary circulation in the unanesthetized dog. In: Coronary circulation and energetics of the myocardium, p. 54—64. Basel-New York: Karger 1967.

— Fisher, L. C.: Blood supply to the heart. Handbook of Physiology. Washington D. C.: Amer. Physiol. Soc. 1963.

— Khouri, E. M., Rayford, C. R.: Systemic and coronary energetics in the resting unanesthetized dog. Circulat. Res. 16, 102 (1965).

— Longino, F. H., Green, P. A., Czerwonka, L. J.: A comparison of coronary flow determination by the nitrous oxide method and by a direct method using a rotameter. Circulation 3, 89 (1951).

— Shipley, R. E.: Studies of the venous drainage of the heart. Amer. J. Physiol. 151, 13 (1947).

Guz, A., Kurland, G. S., Freedberg, A. S.: Relation of coronary flow to oxygen supply. Amer. J. Physiol. 199, 179 (1960).

Hamilton, W. F.: Measurement of the cardiac output. In: Handbook of physiology, sect. 2, vol. II, p. 551. Washington, D.C.: Amer. Physiol. Soc. 1962.

— Moore, J. W., Kinsman, J. M., Spurling, R. G.: Simultaneous determination of the pulmonary and systemic circulation times in man and of a figure related to cardiac output. Amer. J. Physiol. 84, 338 (1928).

Harman, M. A., Reeves, T. J.: Effects of efferent vagal stimulation on atrial and ventricular function. Amer. J. Physiol. 215, 1210 (1968).

Harrison, T. R., Friedmann, B., Resuick, H.: Mechanism of acute experimental heart failure. Arch. intern. Med. 57, 927 (1936).

Herd, J. A., Hollenberg, M., Thorburn, G. D., Kopald, H. H., Barger, A. C.: Myocardial blood flow determined with $^{85}$Krypton in unanesthetized dogs. Amer. J. Physiol. 63, 122 (1962).

Hilton, R., Eichholtz, F.: The influence of chemical factors on coronary circulation. J. Physiol. (Lond.) 59, 413 (1925).

Hirche, Hj.: Die Wirkung von Isoproterenol, Adrenalin, Noradrenalin und Adenosin auf die Durchblutung und den $O_2$-Verbrauch des Herzmuskels vor und nach der Blockierung der $\beta$-Rezeptoren. Pflügers Arch. ges. Physiol. 288, 162 (1966).

— Die Regelung der Koronardurchblutung. Dtsch. med. Wschr. 91, 1 (1966a).

— Regulation der Substrataufnahme des Herzens. In: Reindell, Keul u. Doll, Herzinsuffizienz. Stuttgart: Thieme 1968.

— Lochner, W.: Messung der Durchblutung und der Blutfüllung des coronaren Gefäßbettes mit der Teststoffinjektionsmethode am narkotisierten Hund bei geschlossenem Thorax. Pflügers Arch. ges. Physiol. 274, 624 (1962).

— — Bestimmung des Anteils der rechten Coronararterie am Coronarsinusausfluß. Pflügers Arch. ges. Physiol. 276, 593—599 (1963).

— — Scholtholt, J.: Koronardurchblutung bei experimenteller Herzinsuffizienz. In: Reindell, Keul u. Doll, Herzinsuffizienz. Stuttgart: Thieme 1968.

Hoffmeister, H. E., Kreuzer, H., Schoeppe, W.: Der Sauerstoffverbrauch des stillstehenden, des leerschlagenden und des flimmernden Herzens. Pflügers Arch. ges. Physiol. 269, 194 (1959).

James, Th. N.: Anatomy of the coronary arteries. New York: Paul B. Hoeber Inc. 1961.

Johansson, B., Linder, E., Seeman, T.: Collateral blood flow in myocardium of dogs measured with $^{85}$Krypton. Acta physiol. scand. 62, 263 (1964).

Johnson, P. C.: Review of previous studies and current theories of autoregulation. Amer. Heart Ass. Monogr. 8, 2 (1964).

JUHASZ-NAGY, A., SZENTIVANYI, M.: Separation of cardioaccelerator and coronary vasomotor fibers in dog. Amer. J. Physiol. 200, 125 (1961).

KATORIE, M., BERNE, R. M.: Release of adenosine from anoxic hearts. Circulation 19, 420 (1966).

KATZ, L. N., FEINBERG, H.: The relation of cardiac effort to myocardial oxygen consumption and coronary flow. Circulat. Res. 6, 656 (1958).

KETY, S. S.: Quantitative determination of cerebral blood flow in man. In: Meth. med. Res. 1, 204 (1948).

— Measurement of regional circulation by the local clearance of radioactive sodium. Amer. Heart J. 38, 321 (1949).

— The theory and applications of the exchange of inert gas at the lungs and tissues. Pharmacol. Rev. 3, 1 (1951).

— Theory of blood-tissue exchange and its application to measurement of blood flow. In: Meth. med. Res. 8, 223 (1960).

— SCHMIDT, C. F.: The nitrous oxide method for the quantitative determination of cerebral blood flow in man: theory, procedure and normal values. J. clin. Invest. 27, 476 (1948).

KEUL, J., DOLL, E., STEIM, H., FLEER, V., REINDELL, H.: Über den Stoffwechsel des Herzens bei Hochleistungssportlern. III. Der oxydative Stoffwechsel des trainierten menschlichen Herzens unter verschiedenen Arbeitsbedingungen. Z. Kreisl.-Forsch. 55, 477 (1966).

KHOURI, E. M., GREGG, D. E.: Miniature electromagnetic flowmeter applicable to coronary arteries. J. appl. Physiol. 18, 224 (1963).

— — RAYFORD, C. R.: Effect of excercise on cardiac output left coronary flow and myocardial metabolism in the unanesthetized dog. Circulat. Res. 17, 427—437 (1965).

KNOWLTON, F. P., STARLING, E. H.: The influence of variations in temperature and blood pressure on the performance of the isolated mammalian heart. J. Physiol. (Lond.) 44, 206 (1912).

KRASNOW, N., NEILL, W. A., MESSER, J. V., GORLIN, R.: Myocardial lactate and pyruvate metabolism. J. clin. Invest. 41, 2075 (1962).

KREUZER, H., SCHOEPPE, W.: Funktionsänderungen des Myokards bei experimentellem Coronarverschluß. Verh. dtsch. Ges. inn. Med. 5, 853 (1963).

LANGENDORFF, O.: Untersuchungen am überlebenden Säugetierherzen. Pflügers Arch. ges. Physiol. 61, 291 (1895).

LAURENT, D., BOLENE-WILLIAMS, C., WILLIAMS, F. L., KATZ, L. N.: Effects of heart rate on coronary flow and cardiac oxygen consumption. Amer. J. Physiol. 185, 355 (1956).

LOCHNER, W.: Admixing methods for measurement of regional blood flow. Handbook of physiology, vol. II, p. 1290. Washington 1963.

— Substratumsatz, Sauerstoffverbrauch und anaerober Energiegewinn des Herzens. Z. Kreisl.-Forsch. 54, 103 (1965).

— ARNOLD, G., MÜLLER-RUCHHOLTZ, E. R.: Metabolism of the artificially arrested heart and gas-perfused heart. Amer. J. Cardiol. 22, 299 (1968).

— DUDZIAK, R.: Stillstandsumsatz und Ruheumsatz des Herzens. Pflügers Arch. ges. Physiol. 285, 169 (1965).

— HIRCHE, HJ.: Untersuchungen über die stimulierende Wirkung einiger Substanzen auf die Chemorezeptoren des Sinus caroticus und über die erweiternde Wirkung auf die Coronargefäße. Naturwissenschaften 49, 259 (1962).

— — Untersuchungen mit 3-($\beta$-Diäthyl-amino-äthyl)-4-methyl-7-carbäthoxy-methoxy-2-oxo-(1,2-chromen), einer neuen coronargefäßerweiternden Substanz. Arzneimittel-Forsch. 13, 251 (1963).

— — KOIKE, S.: Die Wirkung arterieller Kohlensäuredrucke auf die Koronardurchblutung. Ärztl. Forsch. 21, 408 (1967).

— MERCKER, H., NASSERI, M.: Über den anaeroben Energiegewinn des Warmblüterherzens in situ unter Cyanidvergiftung. Naunyn-Schmiedebergs Arch. exp. Path. Pharmak. 236, 365 (1959).

— NASSERI, M.: Über den Venösen Sauerstoffverbrauch, die Einstellung der Koronardurchblutung und den Kohlenhydratstoffwechsel des Herzens bei Muskelarbeit. Pflügers Arch. ges. Physiol. 269, 407 (1959).

— — Untersuchungen über den Herzstoffwechsel und die Coronardurchblutung insbesondere bei Dinitrophenolvergiftung. Pflügers Arch. ges. Physiol. 271, 405 (1960).

LOCHNER, W., OSWALD, S.: Eine elektromagnetische Stromuhr zur Messung des Coronarsinus-ausflusses. Pflügers Arch. ges. Physiol. **281**, 305 (1964).
— PARRATT, J. R.: A comparison of the effects of locally and systemically admistered kinins on coronary blood flow and myocardial metabolism. Brit. J. Pharmacol. **26**, 17 (1966).
MARKWALDER, J., STARLING, E. H.: Note on some factors which determine blood flow through coronary circulation. J. Physiol. (Lond.) **47**, 275 (1913).
MAY, A. M.: Surgical anatomy of the coronary arteries. Dis. Chest **38**, 645 (1960).
McELROY, W. T., GERDES, A. J., BROWN, B. E.: Effect of $CO_2$, bicarbonate and pH on the performance of isolated perfused guinea pig heart. Amer. J. Physiol. **195**, 412 (1958).
MEESMANN, W., BACHMANN, G. W.: Pharmakodynamisch induzierte Entwicklung von Koronarkollateralen in Abhängigkeit von der Dosis. Arzneimittel-Forsch. **16**, 501 (1966).
MERCKER, H., LOCHNER, W., BRETSCHNEIDER, H. J.: Die Sauerstoffversorgung des Herzmuskels. Dtsch. med. Wschr. **83**, 17, 61, 102 (1958).
MOIR, T. W.: Measurement of coronary blood flow in dogs with normal and abnormal myocardial oxygenation and function. Comparison of flow measured by a rotameter and by $^{86}$Rb technique. Circulat. Res. **19**, 695 (1966).
— ECKSTEIN, R. W., DRISCOL, T. E.: Phasic and mean blood flow in the canine septal artery an estimate of systolic resistance in deep myocardial vessels. Circulat. Res. **12**, 203 (1963).
— — — Thebesian drainage of the septal artery. Circulat. Res. **12**, 212 (1963 a).
MORAWITZ, P., ZAHN, A.: Untersuchungen über den Coronarkreislauf. Dtsch. Arch. klin. Med. **116**, 364 (1914).
MORGENSTERN, C., ARNOLD, G., HÖLJES, U., WINDRATH, H. J., LOCHNER, W.: Der Einfluß des coronaren Perfusionsdruckes auf das intracoronare Blutvolumen und auf die Größe des linken Ventrikels. Pflügers Arch. ges. Physiol. **316**, 16 (1970).
MÜLLER, E. R.: Über die aerobe und anaerobe Stoffwechselkapazität des isolierten Warmblüterherzens. Pflügers Arch. ges. Physiol. **276**, 42 (1962).
MÜLLER-RUCHHOLTZ, E. R., LOCHNER, W.: Über die Nutzbarkeit der aeroben Glycolyse am Meerschweinchenherzen. Pflügers Arch. ges. Physiol. **312**, 11 (1969).
— NEILL, W. A.: 1970 unveröffentlicht.
MUNFORD, R. S., McMULLAN, G. K., LOVE, W. D.: Circulating coronary blood volume. Circulat. Res. **17**, 155 (1965).
NEILL, W. A.: Myocardial hypoxia and anaerobic metabolism in coronary heart disease. Amer. J. Cardiol. **22**, 507 (1968).
— KRASNOW, N., LEVINE, H. J., GORLIN, R.: Myocardial anaerobic metabolism in intact dogs. Amer. J. Physiol. **204**, 427 (1963).
OPITZ, E., THEWS, G.: Einfluß von Frequenz und Faserdicke auf die Sauerstoffversorgung des menschlichen Herzens. Arch. Kreisl.-Forsch. **18**, 137 (1952).
ORCUTT, F. S., WATERS, R. M.: Method for determination of cyclopropane, ethylene and nitrous oxide in blood with Van Slyke-Neill manometric apparatus. J. biol. Chem. **117**, 509 (1937).
PARKER, J. O., CHIONG, M. A., WEST, R. O., CASE, R. B.: Sequential alterations in myocardial lactate metabolism, S-T segments, and left ventricular function during angina induced by atrial pacing. Circulation **40**, 113 (1969).
PARRATT, J. R.: A comparison of the effects of the plasma kinins, bradykinin and kallidin, on myocardial blood flow and metabolicm. Brit. J. Pharmacol. **22**, 34 (1964).
— Blockade of sympathetic $\beta$-receptors in the myocardial circulation. Brit. J. Pharmacol. **24**, 601 (1965).
— Pharmacological aspects of the coronary circulation. In: Progress in medicinal chemistry. London: Butterworth & Co. 1969.
PITT, B., ELLIOT, E. C., KHOURI, E. M., GREGG, D. E.: Coronary hemodynamics effect of exercise at fixed ventricular rate in unanesthetized dog. Circulation, Suppl. III, **34**, 188 (1966).
RAFF, W. K., KOSCHE, F., LOCHNER, W.: Herzfrequenz und extravasale Komponente des Coronarwiderstandes. Pflügers Arch. **323**, 241—249 (1971).
— — — Die extravasale Komponente des Coronarwiderstandes bei Steigerung der linksventrikulären Druckanstiegsgeschwindigkeit durch Isoproterenol. Pflügers Arch. **325**, 323—333 (1971).
— — — Extravasale Komponente des Coronarwiderstandes und Coronardurchblutung bei steigendem enddiastolischen Druck. Pflügers Arch. **327**, 225—233 (1971).

RAU, G.: Messung der Koronardurchblutung mit der Argon-Fremdgasmethode. Arch. Kreisl.-Forsch. **58**, 322 (1969).
— TAUCHERT, M., BRÜCKNER, J. B., EBERLEIN, H. J., BRETSCHNEIDER, H. J.: Messung der Koronardurchblutung mit der Argon-Fremdgasmethode am Patienten. Verh. dtsch. Ges. Kreisl.-Forsch. 34. Tagg, 385—393 (1968).
RAYFORD, C. R., KHOURI, E. M., LEWIS, F. B., GREGG, D. E.: Evaluation of use of left coronary artery inflow and oxygen content of coronary sinus blood as a measure of left ventricular metabolism. J. appl. Physiol. **14**, 817 (1959).
REIN, H.: Die Physiologie der Coronardurchblutung. Verh. dtsch. Ges. inn. Med. **43**, 247 (1931).
— Die Physiologie der Herzkranzgefäße. I. Mitt. Z. Biol. **92**, 101 (1931).
— Über die Drosselungstoleranz und die kritische Drosselungsgrenze der Herzcoronargefäße. Pflügers Arch. ges. Physiol. **253**, 205 (1951).
RIGLER, R.: Über die Ursache der vermehrten Durchblutung des Muskels während der Arbeit. Naunyn-Schmiedebergs Arch. exp. Path. Pharmak. **167**, 54 (1932).
ROSS, R. S., UEDA, K., LICHTLEN, P. R., REES, J. R.: Measurement of myocardial blood flow in animal and man by selective injection of radioactive inert gas into the coronary arteries. Circulat. Res. **15**, 28 (1964).
RUSHMER, R. F.: Autonomic balance in cardiac control. Amer. J. Physiol. **192**, 631 (1958).
SABISTON, D. C., GREGG, D. E.. Effect of cardiac contraction on coronary blood flow. Circulation **15**, 14 (1957).
SARNOFF, S. J., BRAUNWALD, E., WELCH, G. H., CASE, R. B., STAINSBY, W. N., MACRUZ, R.: Hemodynamic determinants of the oxygen consumption of the heart with special reference to the tensiontime index. Amer. J. Physiol. **192**, 148 (1958).
— CASE, R. B., WELCH, G. II., BRAUNWALD, E., STAINSBY, W. N.: Performance characteristics and oxygen debt in a non-failing metabolically supported isolated heart preparation. Amer. J. Physiol. **192**, 141 (1958).
SAYEN, J. J., SHELDON, W. F., PEIRCE, G., KUO, P. T.: Motion picture studies of ventricular muscle dynamics in experimental localized ischemia, correlated with myocardial oxygen tension and electrocardiograms. J. clin. Invest. **33**, 962 (1954).
SCHAPER, W.: The collateral circulation in the canine coronary system. University of Louvain, Faculty of Medicine, 1967.
SCHAPER, W. K. A., XHONNEUX, R. JAGENEAU: A. H. M.: Stimulation of the coronary collateral circulation by lidoflazine (R 7904). Naunyn-Schmiedebergs Arch. exp. Path. Pharmak. **252**, 1 (1965).
SCHEINBERG, P., STEAD, E. A.: Cerebral blood flow in male subjects measured by the nitrous oxide technique: normal values for blood flow, oxygen utilization, glucose utilization, and peripheral resistance, with observations on the effect of tilting and anxiety. J. clin. Invest. **28**, 1163 (1949).
SCHLEPPER, M., WITZLEB, E.: Das Verhalten von Sauerstoffangebot und -verbrauch des Warmblüterherzens unter der Wirkung von koronaraktiven Substanzen. Z. Kreisl.-Forsch. **50**, 42 (1961).
SCHMIER, J., SCHMIDT, H. D.: Erhöhte Toleranz gegen Coronarverschluß durch ein pharmakologisch vermehrtes Gefäßnetz. Arzneimittel-Forsch. **16**, 1058 (1966).
SCHOENMACKERS, J.: Zur Anatomie und Pathologie der Coronargefäße. In: Probleme der Coronardurchblutung, Bad Oeynhausener Gespräche II. Berlin-Göttingen-Heidelberg: Springer 1958.
— Die Blutversorgung des Herzmuskels und ihre Störungen. In: Lehrbuch der speziellen pathologischen Anatomie von KAUFMANN u. STAEMMLER. Berlin: Walter de Gruyter 1969.
SCHOLTHOLT, J., BUSSMANN, W. D., LOCHNER, W.: Untersuchungen über die Coronarwirksamkeit des Adenosin und der Adeninnucleotide sowie ihre Beeinflussung durch zwei Substanzen mit starker Coronarwirkung. Pflügers Arch. ges. Physiol. **285**, 274 (1965).
— LOCHNER, W.: Systolischer und diastolischer Anteil am Coronarsinusausfluß in Abhängigkeit von der Größe des mittleren Ausflusses. Pflügers Arch. ges. Physiol. **290**, 349 (1966).
SCHREINER, G. L., BERGLUND, E., BORST, H. G., MONROE, R. G.: Effects of vagus stimulation and of acetylcholine on myocardial contractility $O_2$ consumption and coronary flow in dogs. Circulat. Res. **5**, 562 (1957).

Shaw, R., Rayford, C. R., Gregg, D. E.: Patterns of phasic blood flow in the left coronary artery. Physiologist 2 (No 3), 105 (1959).

Sonnenblick, E. H., Ross, J., Covell, J. W., Kaiser, G. A., Braunwald, E.: Velocity of contraction as a determinant of myocardial oxygen consumption. Amer. J. Physiol. **209**, 919 (1965).

Spalteholz, W.: Die Arterien der Herzwand. Leipzig: Hirzel 1924.

Strauer, B. E., Reploh, H. D., Bretschneider, H. J.: Hämodynamische Parameter zur Abschätzung des Sauerstoffverbrauches und der Coronardurchblutung des linken Ventrikels, Untersuchungen am narkotisierten, intakten Hund. Pflügers Arch. ges. Physiol. **312**, 20 (1969).

Vineberg, A. M., Chari, R. S., Pifarre, R., Mercier, C.: The effect of persantine on intercoronary collateral circulation and survival during gradual experimental corronary occlusion. Canad. med. Ass. J. 87, 336 (1962).

Wang, H. H., Katz, L.: Effects of changes in coronary blood pH on the heart. Circulat. Res. **17**, 114 (1965).

West, S.: The anastomoses of the coronary arteries. Lancet 1883I, 945.

Wiggers, C. J.: The interplay of coronary vascular resistance and myocardial compression in regulating coronary flow. Circulat. Res. 2, 271 (1954).

Wildenthal, K., Mierzwiak, D. S., Wyatt, H. L., Mitchell, J. H.: Influence of efferent vagal stimulation on left ventricular function in dogs. Amer. J. Physiol. **216**, 577 (1969).

Winbury, M. M., Green, J. M.: Studies on the nervous and humoral control of coronary circulation. Amer. J. Physiol. **170**, 555 (1952).

Zoll, D. M., Wessler, S., Schlesinger, M. J.: Interarterial coronary anastomosis in the human heart with particular reference to anemia and relative cardiac hypoxia. Circulation **4**, 797 (1951).

# Abdominalorgane

J. Lutz und E. Bauereisen

Mit 11 Abbildungen

## I. Intestinum

### 1. Zur Methodik der Untersuchung von Teilkreisläufen

#### a) Perfusionstechnik

Der Intestinalkreislauf, soweit er von der A. mesenterica sup. versorgt wird oder auch sonst abschnittsweise zu untersuchen ist, kann nach Unterbrechung der Anastomosen zu Randgebieten gut unabhängig von anderen Kreislaufeinstellungen im Experiment perfundiert werden. Daher werden an dieser Stelle die Perfusionsmethoden ausführlicher besprochen, die in nur wenig modifizierter Weise für alle einheitlich versorgten Gefäßgebiete Geltung haben. Bezüglich der direkten und indirekten Methoden zur Ermittlung der einzelnen für das Intestinalgebiet geltenden Kreislaufparameter muß dagegen an andere Stelle verwiesen werden.

Um Reaktionen eines Gefäßgebietes auf die verschiedenartigsten Reize zu prüfen, hat man Variationen des Systemblutdruckes auszuschließen. Selbst die gleichzeitige, fortlaufende Messung des Druckes und der Stromstärke genügt nicht, um resultierende Widerstandsänderungen dem auslösenden Reiz auch nur richtungsmäßig zuzuordnen. So kann bei einer generellen Drucksteigerung der lokale Gefäßwiderstand fallen, ohne daß dort eine dilatatorische Antwort vorliegt, wenn sich das beobachtete Gefäßgebiet nur druckpassiv verhalten hat. Umgekehrt kann bei der gleichen generellen Drucksteigerung der lokale Gefäßwiderstand zunehmen, ohne daß eine von *außen* bedingte Vasoconstriction vorliegt, wenn die Strombahn ein autonomes, autoregulatives Verhalten zeigt. Um aus beobachteten Widerstandsänderungen auf die Beeinflussung der interessierenden Strombahn schließen zu können, muß also das unlineare Verhalten der Beziehung von Stromstärke und Druck im jeweiligen Gefäßgebiet berücksichtigt werden. Dies geschieht am einfachsten durch Konstanthalten einer der beiden Größen, was einwandfrei meist erst mittels der Perfusionstechnik gelingt, die damit auch den Einfluß kardialer und generell vasculärer Effekte ausschließt, soweit diese nicht humoral übertragen werden (z. B. etwa bei Adrenalinausschüttung). Die druck- oder stromkonstante Perfusion mit dem aus einer größeren Arterie gewonnenen Eigenblut oder von einem Spender her stellt somit ein überaus wichtiges Hilfsmittel dar, das Verhalten eines Teilkreislaufes zu beobachten. Einwände gegen den mit der Perfusion verbundenen Eingriff (Folkow, 1952; Dresel u. Wallentin, 1966; u. a.) konnten soweit entkräftet werden, als die jeweils interessierenden Reaktionen durchweg bei schonender Präparation und Perfusionstechnik mit gleichartigem Verlauf nachweisbar sind, obgleich es offenbar ist, daß in manchen Fällen die Unversehrtheit der Gefäßbahn merklich stärkeres Reagieren zur Folge hat. Es werden jedoch unter Standardbedingungen Beziehungen deutlich, welche sonst leicht überdeckt sind.

Bei der praktischen Durchführung dient zur *stromkonstanten Durchströmung* meist eine okklusiv und kontinuierlich fördernde Schlauchpumpe, welche in Form einer peristaltischen Welle (Fingerpumpe vom Typ Sigmamotor oder Harvardpumpe) oder durch Rollenbewegung (okklusive Rollenpumpe) jeweils den Schlauchinhalt mit bestimmter Geschwindigkeit weiterbewegt. Wichtig ist die Konstanz der Fördermenge bei Variation des Gegendruckes für den Bereich vorkommender Druckhöhen.

Zur *druckkonstanten Perfusion* wird im Anschluß an eine beliebige Pumpe beispielsweise ein druckabhängiger Widerstand verwendet, der bei Überschreiten eines eingestellten Druckes die übermäßige Fördermenge wieder zurück shuntet. Schonender ist die Kombination der Pumpe mit einem teilweise mit dem Perfusat gefüllten Druckkessel, von dem aus das Gefäßgebiet durchströmt wird. Läßt man die Regelung der Pumpe sehr genau von dem Niveau des Perfusates im Druckkessel her erfolgen, so braucht das Druckreservoir neben seinem Luftpolster nur wenige Milliliter Perfusat zu enthalten und die Umdrehungszahl der Pumpe gibt ein genaues Maß der Stromstärke.

Eine dritte Perfusionsart ist gegeben, wenn die Durchströmung aus einem Druckreservoir mit nachgeschalteter Drossel erfolgt (Hemingway, 1926; Koepchen et al., 1967). Der Druckabfall an diesem festen Strömungswiderstand ist der jeweiligen Stromstärke proportional, der resultierende Perfusionsdruck schwankt im Rhythmus der Vasomotorik. Zu beachten bleibt, daß sich mit einer Widerstandsänderung nunmehr sowohl die Stromstärke als auch der Druck ändern, was nur bei kleineren Bereichen noch tragbar erscheint.

Bei einer Gefäßreaktion, die beispielsweise mit einer Constriction einhergeht, ist es nun nicht ganz ohne Belang, ob sie unter druck- oder stromkonstanter Perfusion abläuft. Ähnlich wie bei isometrischer und isotonischer Kontraktion sind die Kontraktionsbedingungen verschieden, wenn auch am tangential angreifenden Gefäßmuskel in situ physikalisch nicht so einfach definiert wie am Muskelstreifen. Für die Gefäßwandspannung $T$ gilt die Beziehung $T = \dfrac{P \cdot r}{d}$ ($P =$ Druck, $r =$ Gefäßradius, $d =$ Wandstärke). Daneben hat Burton (1951) unterschieden: $T = T_a + T_e$ ($T_a =$ aktive Muskelspannung, $T_e =$ elastische Wandspannung).

Mit der Kontraktion und Radiusverkleinerung sowie Zunahme der Wandstärke nimmt $T$ ab. Da aber infolge der stark zur Druckabszisse konvex gekrümmten Längenspannungskurve mit abnehmendem Radius die elastische Spannung sich überproportional vermindert, muß die aktive Muskelspannung schon bei druckkonstanter Perfusion etwas erhöht werden. Bei stromkonstanter Perfusion ist zusätzlich auch noch die durch den Druckanstieg bedingte Spannungszunahme vom Muskel zu kompensieren.

Aus diesem Grunde kommt es unter druckkonstanter Perfusion zu keiner reinen isotonischen Kontraktion, unter stromkonstanter Perfusion zu keiner isometrischen, weil jeweils Verkürzungen und Spannungsänderungen gleichzeitig auftreten, wenn auch in sehr unterschiedlichem Verhältnis. Im allgemeinen sind die Bedingungen der *druckkonstanten* Perfusion für die Muskelkontraktion günstiger, wenn man an der Strombahn die Ergebnisse beider Perfusionsarten mittels des resultierenden Widerstandsanstieges vergleicht (Einschränkungen s. u.). Bezüglich der Wahl des Perfusionsmodus sind aber verschiedene Aspekte maßgebend. Als Vorteil der druckkonstanten Perfusion hat zu gelten, daß sie den Verhältnissen am Gesamtkreislauf u. U. am nächsten kommt, wenn man unterstellt, daß es bei der Constriction eines nicht allzu ausgedehnten Teilkreislaufes auch ohne die Gegenregulation der Pressoreceptoren weniger zu einem Druckanstieg als zu einer lokalen Verminderung der Stromstärke kommt.

Das häufige Vorziehen der *stromkonstanten* Perfusion hat nicht nur einen methodischen Grund (Druckmessung statt Stromstärkemessung, Perfusionsanordnung einfacher). Bei dieser Perfusionsweise ist durchweg ein konstantbleibender Metaboliten-An- und -Abtransport gewährleistet, was viele Untersuchungen erleichtert und eine günstige Kontrollbedingung schafft. Eng damit verbunden ist die Möglichkeit, bei Anwendung einer Dauerinfusionspumpe stets eine einheitliche Konzentration von beigefügten Lösungen zu erreichen. Bei der druckkonstanten Perfusion wird dies nur möglich, wenn etwa die versorgende, unterschiedlich schnell laufende Perfusatpumpe sich mit einer variablen Infusionspumpe koppeln läßt. Es hat sich weiterhin gezeigt, daß bei der druckkonstanten Perfusion unter dem Einfluß etwa eines constrictorischen Pharmakons oder Transmitters der Gefäßwiderstand mit zunehmender Konzentration sehr unlinear ansteigt, ja bis $\infty$ streben kann, während bei stromkonstanter Perfusion eine wesentlich engere Beziehung zwischen Reiz und Wirkung besteht (GREEN, 1944; BURTON u. STINSON, 1960). Das hängt einerseits mit der Definition des Gefäßwiderstands $R = P/I$ zusammen, bei der sich im Zähler der Druck nur bis höchstens auf das 3—5fache steigern läßt, eine Variation der Stromstärke im Nenner dagegen bis auf nahezu Null erfolgen kann. Zum anderen ergibt sich nach BURTON u. STINSON (1960) in der Beziehung zwischen Widerstand und aktiver Spannung des Gefäßmuskels bei der stromkonstanten Perfusion eine Kompensation der verschieden auftretenden Exponenten von $R$, welche die Beziehung linearisieren soll. Der Perfusionsmodus ist somit von Fall zu Fall abzuwägen. Es gibt auch eine Reihe von Fragestellungen, bei denen der Vergleich beider Perfusionsarten von Vorteil ist.

Das zu erwartende Überwiegen constrictorischer Reaktionen unter der druckkonstanten Perfusion ergibt sich besonders bei sehr starken Kontraktionen, wenn die Stromstärke gegen 0 strebt, weiterhin unter erschwerten Bedingungen wie bei einem vom Blut stärker differierenden Perfusionsmedium und besonders niedrigen oder überhöhten Perfusionsdrucken. Dagegen macht sich im mittleren Druckbereich (etwa 70—120 mm Hg) bei stromkonstanter Perfusion der mit der drucksteigernden Kontraktion einhergehende zusätzliche Spannungsreiz fördernd bemerkbar: besonders barynogen ausgelöste Reaktionen, aber z.T. auch humoral oder durch Nervenreiz verursachte Constrictionen zeigen hier einen verstärkten Widerstandsanstieg (LUTZ u. HENRICH, 1970).

### b) Die IP-Kurve

Mit der druck- oder stromkonstanten Perfusion bzw. durch sukzessives Drosseln des vorher möglichst erhöhten arteriellen Systemdruckes läßt sich auch die Stromstärke-Druckbeziehung zwischen der Stromstärke 0 und den höchsten noch interessierenden oder erreichbaren Drucken aufstellen. Dabei muß man berücksichtigen, daß die *IP*-Kurve als solche bereits eine gewisse Abstraktion darstellt, da bei verschiedener Tonuseinstellung ein sehr breites *IP*-Band durchlaufen werden kann. Liegen die aufgenommenen Punkte zeitlich weit auseinander, so können sehr verschiedenartige Formen entstehen, ohne daß ihre Verbindungslinie den einzigen wahren Verlauf zu charakterisieren vermag. Da man Tonusänderungen im Verlauf der Druckvariation und damit der Gefäßwanddehnung zu erwarten hat, müssen möglichst die übrigen Bedingungen weitgehend konstant bleiben. Auf die Bedeutung der Geschwindigkeit, mit der im Experiment die $IP$-Werte aufgenommen werden und ihren Einfluß auf die Form der $IP$-Kurve haben besonders Wetterer u. Kenner (1968) hingewiesen. Am Ende des Kapitels wird auf rasch durchlaufene Kurven eingegangen. Zwei willkürlich herausgegriffene Einzelmeßwerte erlauben bezüglich der Steilheit ihrer Verbindungslinie noch keine allgemeingültige Aussage zu machen; am günstigsten vermag ein Kurvenzug durch zahlreiche Meßwerte vorübergehende extreme Tonuslagen auszugleichen. Die Kurven verlaufen bei steigendem und fallendem Druck häufig nicht identisch, weisen aber fast stets das gleiche charakteristische Merkmal wie Autoregulation oder druckpassives Verhalten auf. Der Verlauf der $IP$-Kurve stellt somit auch einen Faktor dar bei der Erklärung, warum häufig für das gleiche Gefäßgebiet der gleichen Species sehr unterschiedliche Durchblutungswerte zu finden sind. Von methodischen Gründen und extremen Tonuslagen abgesehen, bleibt ein beachtlicher Bereich, der durchlaufen werden kann.

Bei Drosselung der Stromstärke kommt es noch bei Vorliegen eines merklichen Druckes zum Stillstand der Durchblutung. Der entsprechende Innendruck wurde von Burton (1951) als kritischer Verschlußdruck (critical closing pressure) bezeichnet und darauf zurückgeführt, daß bei konstant bleibendem Gefäßmuskeltonus unter nachlassendem transmuralem Druck der Punkt erreicht werde, bei dem die aktive Spannung gegenüber der abnehmenden elastischen Spannung überwiege und totaler Gefäßverschluß in den Widerstandsgefäßen die Folge sei. Gegen diese Vorstellung sind in der Zwischenzeit erhebliche Bedenken geäußert worden, die insbesondere die Annahme eines konstant bleibenden Gefäßmuskeltonus bei abnehmendem transmuralem Druck und stagnierender Strömung betreffen (Merrill et al., 1963; H. D. Johnson, 1967; P. C. Johnson, 1967; Hochberger u. Zweifach, 1968). Selbst bei einer rasch durchgeführten Senkung des Innendrucks genügt eine kurze Zeitspanne, um mit der Verminderung der für den Gefäßtonus so maßgeblichen Dehnung auch die aktive Muskelspannung abnehmen zu lassen. Auch ist zu berücksichtigen, daß die elastischen Wandelemente nicht erst bei totalem Gefäßverschluß entlastet sind, sondern ebenso wie am Herzventrikel eine gewisse Formelastizität besitzen, die beim Unterschreiten eines gewissen Radius in umgekehrter Form wirkt und nunmehr dem Verschluß einen Widerstand entgegensetzt. Bei Nachlassen des Gefäßinnendruckes ist somit nicht mit dem totalen Gefäßverschluß zu rechnen. Dagegen erscheint ein gewisser Druck eher zur Überwindung der viscösen Reibung sowie der Oberflächenspannung erforderlich zu sein, wobei eine bleibende Engerstellung, wie sie nach starker humoraler Beeinflussung auftritt, auch zu einer gewissen Erhöhung dieses scheinbaren Verschlußdruckes, besser des Stagnationsdruckes (flow cessation pressure, yield pressure), führt. Wieweit Variationen des Gewebsdruckes praktisch vorkommen und den Stagnationsdruck verändern, ist schwer abzuschätzen. Da die Größe dieses Gewebsdruckes in vielen Gefäßgebieten nur als gering anzunehmen ist, wird anstelle des transmuralen Druckes meist allein der Innendruck berücksichtigt.

Der Stagnationsdruck, der im allgemeinen 10—20 mm Hg beträgt, stellt zugleich ein gutes Kriterium über das Vorliegen arterieller Anastomosen dar zu Nachbarbezirken, die mit dem vollen Systemdruck in Verbindung stehen. Bleibt nach Abklemmen des Blutzuflusses ein hoher Druck bestehen, so liegt der Verdacht auf derartige funktionstüchtige Verbindungen nahe. In diesem Falle wird die *IP*-Kurve bei niedrigen Stromstärken zu hohe, bei hohen Stromstärken zu niedrige Perfusionsdrucke ausweisen und mehr nach dem passiven Verhalten tendieren. Der Verlauf der *IP*-Kurve läßt auf einfache Weise unterscheiden zwischen Abschnitten mit druckpassiver Erweiterung, starrem und aktivem Verhalten. Extrapoliert man die angelegte Tangente bis hin zur Ordinate, so wird bei passivem Verlauf der Schnittpunkt unterhalb des Ursprungs liegen, bei starrem Verhalten den Ursprung schneiden und bei aktiv steigendem Gefäßtonus die positive Ordinate kreuzen.

Man kann Teile einer *IP*-Kurve rasch, d.h. innerhalb weniger Sekunden durchfahren, wenn man beispielsweise die perfundierende Stromstärke durch ein wechselndes, etwa aus einer sinusförmig arbeitenden Kolbenpumpe stammendes Zeitvolumen überlagert. Die Gefäßmuskulatur vermag solchem Wechseln nicht mehr zu folgen und es ergibt sich eine Annäherung an „reine *IP*-Kurven" (WETTERER u. KENNER, 1968). Jedoch resultiert infolge der Speicherung und Entspeicherung von Perfusionsvolumen eine Phasenverschiebung zwischen $I$ und $P$, die zu im Uhrzeigersinn durchlaufenen Ellipsen führt, während aufgrund der Dehnungshysterese umgekehrt durchfahrene Schleifen zu erwarten sind. Es läßt sich eine mittlere Tangente anlegen, deren $ctg = \Delta P/\Delta I$ dem rasch aufgenommenen differentiellen Widerstand entspricht[1]. Der extrapolierte Schnitt der Tangente mit der Druckachse bleibt aber weitgehend vom herrschenden Perfusionsdruck abhängig und hat erwartungsgemäß keine Aussagekraft über einen Resttonus (SPIER u. LUTZ, 1968).

Bezüglich des Versuches einer quantitativen Erfassung der *IP*-Kurve oder eines Teiles davon sei auf GREEN (1944) sowie WEZLER u. SINN (1953) verwiesen. Um das Ausmaß der Autoregulation zu definieren, genügt zwar relativ, aber nicht in absoluter Größe der differentielle Widerstand (vgl. Fußnote). Besser betrachtet man hier das Widerstandsverhältnis unter zwei definierten Druckwerten, s. S. 243.

Neben der Darstellung der *IP*-Beziehung wird bisweilen auch eine Widerstands-Druckkurve verwendet, aus deren Anstieg oder Abfall dann wieder deutlich Autoregulation oder Passivität zu erkennen ist. Ganz allgemein sind alle Grenzfälle — bei denen der Widerstand mit wachsendem Druck zwar nicht steigt, aber weniger abfällt als unter (pharmakologischer) Ausschaltung des Muskeltonus zu erwarten ist — wie bei den veno-vasomotorischen Reaktionen (Abb. 3, S. 244) als latente Reaktionen zu betrachten.

## 2. Anatomische Übersicht

Die intestinale Strombahn weist an den 5 Bahnabschnitten Duodenum, Jejunum, Ileum, Colon und Rectum einen in vielem ähnlichen Feinbau auf. Gemeinsam ist die Versorgung der wichtigsten Schichten der Darmwand: der lumennahen Tunica mucosa, der sie umgebenden Submucosa und schließlich der äußeren, unter einem dünnen Serosablatt gelegenen, variabel ausgeprägten Muscularis, die im Colon einiger Species Verstärkung über die Taenien erfährt (Abb. 1). Das Gefäß-

---

1 Der ctg an eine normal aufgenommene *IP*-Kurve ergibt einen anderen differentiellen Widerstand, der im Fall einer kompletten Autoregulation $= \infty$ wird.

bett der *Mucosa* trägt den Hauptteil am Stoff- und Flüssigkeitsaustausch, sowohl
hin zu den sezernierenden Drüsen als auch zurück von der resorbierenden Darmwand her. Entsprechend liegt hier die lokale Durchblutung außerordentlich hoch,
sie ist von Folkow et al. (1963) unter maximaler Dilatation auf 500 ml/
min·100 g Gewebe berechnet worden und erreicht damit die Werte der durchschnittlichen renalen Durchblutung. Angaben über die Ruhedurchblutung siehe im

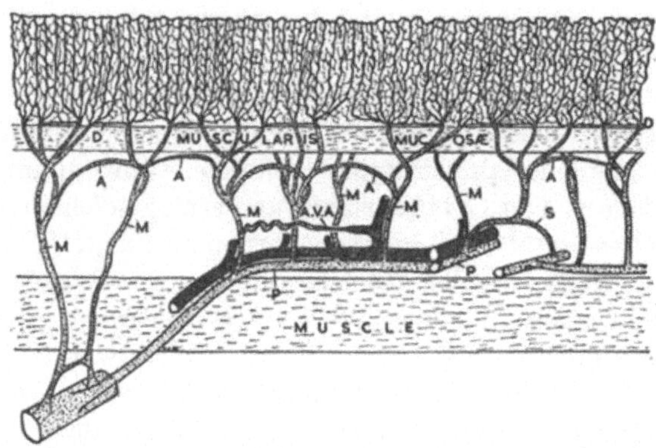


Abb. 1. Die Gefäßverteilung in den Schichten der Darmwand, dargestellt am Beispiel des
Magens. Von oben nach unten: Mucosa, Muscularis mucosae, Submucosa, Muscularis.
*A* Anastomosen zwischen bereits abgezweigten Mucosa-Arterien; *M* Mucosa-Arterien;
*D* Netzwerk auf der glandulären Seite der Muscularis mucosae, von dem die Capillaren der
Mucosa entspringen; *AVA* Arteriovenöse Anastomosen; *P* Submuköse Plexus; *S* Subsidiäre
Anastomosenverbindungen. [Nach Barlow et al.: Surg. Gynec. Obstet. **93**, 657 (1951),
s. auch Grayson u. Mendel (1965)]

nächsten Abschnitt und in Tabelle 2. Als Maß für den transcapillären Flüssigkeits-
austausch wird der capilläre Filtrationskoeffizient (CFC) herangezogen, seine
Größe entspricht der Filtratmenge, die pro Minute und 100 g Gewebe bei einem
Druckgradienten von 1 mm Hg gebildet wird. Für die diesbezüglichen Werte der
Mucosa sind bei maximaler Durchblutung Koeffizienten bis zu 1 ml/min·mm
Hg·100 g Gewebe angegeben worden, was etwa das 20fache gegenüber Werten
für die Skeletmuskulatur ausmacht.

An den Darmzotten ist ein Gegenstromprinzip beschrieben in der Weise, daß zwischen der
zentral in den Zotten gelegenen aufsteigenden Arterie und dem sie umgebenden absteigenden
capillären Netzwerk eine Diffusion stattfindet. Die trennende Gewebsschicht wird auf eine
mittlere Stärke von nur 15—20 µ geschätzt (Lundgren, 1967). Eine Bedeutung für das
Gegenstromsystem sehen Folkow (1967) sowie Lundgren darin, daß infolge einer veno-
arteriellen Rückdiffusion eine allzu rasche Absorption aus dem Darmlumen verhindert werde
und damit das interne Milieu leichter konstant gehalten und vor plötzlichen Konzentrations-
anstiegen geschützt werden könne. Umgekehrt kommt es auch zu einem arteriovenösen
Kurzschluß diffundibler Stoffe des Blutes. Sie liegen damit in der Zottenspitze in verminderter Konzentration vor. Es kann dann an dieser für die Resorption besonders bedeutsamen
Stelle die Aufnahme körpereigener Stoffe sogar erleichtert sein aufgrund eines erhöhten
Konzentrationsgradienten. Daß auch der Sauerstoff an dem basisnahen Kurzschluß teilnimmt,
mag bei der hohen Durchblutungsgröße noch keine hypoxische Gefahr für die Zottenspitze
bedingen. Hinweise für ein gewisses Haarnadel-Gegenstromprinzip in den Darmzotten bestehen darin, daß tatsächlich der Sauerstoff schneller im venösen Blut erscheint als der
Reisegeschwindigkeit der Erythrocyten entspricht. Auch das Auftreten des hochdiffundiblen

Kryptons auf der venösen Seite erfolgt rascher als es die intravasale Durchströmung bedingt; erst bei sehr hohen Durchblutungswerten verschwindet die Differenz. An der zottenlosen Magenschleimhaut war ein solches Shunten des Kryptons nicht zu beobachten (JANSSON et al., 1966). Eine verminderte Konzentration an der Zottenspitze für markiertes Antipyrin, für Harnstoff und das Rubidium-Ion ist von KAMPP et al. (1967, 1968) gefunden worden.

Im Gebiet der *Submucosa* hat man lange Zeit das Vorhandensein auch funktionell bedeutsamer arteriovenöser Anastomosen angenommen (SPANNER, 1932). Auf die Problematik dieser Gefäßkurzschlüsse bzw. auf die Annahme einer Umschichtung der Blutverteilung unter constrictorischen Reizen zugunsten der Submucosa wird im weiteren Verlauf (S. 246) noch näher eingegangen. In der Submucosa verteilen sich im übrigen die größeren Gefäße weitgehend, um nach Durchqueren einer dünnen Tunica muscularis mucosae Äste von etwa 60—80 μ Durchmesser in die wesentlich dichter vascularisierte Mucosa abzugeben.

Die nutritiven Bedürfnisse der *Muscularis* ergeben einen bei weitem niedrigeren Durchblutungsbedarf gegenüber der Mucosa. Es wurde eine Blutstromstärke von 10—20 ml/min·100 g Gewebe errechnet. Diesbezügliche Messungen erfolgten an der äußeren Darmwand von der Serosa-Seite aus über wenig tiefreichende $\beta$-Detektoren nach der $^{85}$Kr-Clearance-Technik (LUNDGREN u. KAMPP, 1966). Die gewonnenen Werte entsprechen denen der Durchblutung in anderen Geweben mit glatter Muskulatur, wie der Blasenwand und dem Uterus (MUNCK et al., 1964).

Das *Mesenterialblatt* mit seinen Gefäßverzweigungen gehört wegen seiner geringen Schichtdicke und beidseitigen Zugänglichkeit schon seit langem zu den bestuntersuchten Gefäßgebieten. In bezug auf die intestinale Gesamtdurchblutung spielt aber dieser Anteil, selbst bei Einbezug der an den Retroperitonealraum grenzenden Lymphknoten eine geringere Rolle.

Bei der Versorgung durch die größeren Gefäße bestehen regionale Unterschiede. Das *Duodenum* wird noch teilweise aus der A. coeliaca versorgt, und zwar über die A. pancreatico duodenalis superior, die an der dem Pankreas zugewandten Darmseite mit der A. pancreatico duodenalis inferior aus der A. mesenterica superior anastomosiert. Hier liegt eine wichtige Unterbindungsstelle, wenn man das Darmgebiet vom übrigen Kreislauf getrennt untersuchen will. Ansonsten verläuft noch dort eine kleine retropankreatische Verbindung zur A. colica media aus der A. mesenterica sup. Die venöse Drainage erfolgt aus nahezu dem gesamten Intestinalgebiet über die Vv. mesentericae in die Pfortader. Im Gegensatz zum Menschen ist bei den häufig gebrauchten Versuchstieren wie Hund und Katze, aber auch bei der Ratte der venöse Abstrom in einer gemeinsamen Mesenterialvene vereinigt und die V. mesenterica superior mündet nicht in die V. lienalis. Die V. portae nimmt außer vom Intestinalbereich neben der Milzvene auch noch die V. coronaria ventriculi auf. Beide münden aber nahe der Leberpforte, so daß eine quantitative Erfassung von unvermischtem Blut aus dem Intestinaltrakt etwas weiter darmwärts keine Schwierigkeiten bereitet, wenn das Rectalgebiet ausgeschlossen ist (s. u.).

Zu *Jejunum und Ileum* ziehen die Aa. jejunales und ilicae, die in Arkaden jeweils miteinander anastomosieren und aus der A. mesenterica superior stammen. Diese Hauptarterie versorgt auch über A. colica dextra und media etwa $^2/_3$ des *Colons*, der restliche Colonanteil zusammen mit dem Großteil des *Rectums* bleibt der schwächer ausgeprägten A. mesenterica inferior vorbehalten. Die A. rectalis inferior aus dem Stamm der A. iliaca interna (hypogastrica) stellt eine Verbindung zu den großen, außerhalb des Abdominalbereichs entspringenden Gefäßen dar, wie sie ebenso über Venen aus dem Plexus rectalis erfolgt. Hier oder schon im Grenzgebiet zwischen A. mesenterica superior und inferior muß an eine gefäßmäßige Trennung gedacht werden, soll der Hauptanteil des Intestinaltraktes isoliert sein.

Die Unterschiede in der Ernährung verschiedener Species haben zur Folge, daß quantitative Verschiebungen auch in der Blutversorgung der einzelnen Darmabschnitte bestehen. Unter den Herbivoren erreichen die Cellulosefresser wie das Kaninchen eine die Körperlänge um mehr als das 10fache übertreffende Darmlänge, während die ausgesprochenen Fruchtfresser unter den Nagern wie Eichhörnchen und Siebenschläfer im Gegensatz dazu stehen und ihnen auch die sonst so starke Ausbildung von Caecum oder Colon fehlt. Lediglich die Fischfresser unter den Carnivoren erreichen noch, wie im Falle der Robben und Zahnwale, größere relative Darmlängen. Die größten Unterschiede bestehen in der Relation zwischen Dünn- und Dickdarm, wie die Tabelle 1 am Beispiel von Kaninchen und

Tabelle 1. *Übersicht über die Relationen von Darmgewicht zu Körpergewicht (Kgw) sowie der verschiedenen Darmabschnitte untereinander bei Kaninchen (n = 7) und Katzen (n = 13).* $\bar{x} \pm s_x$ (Nach Lutz, Habilitationsschrift Würzburg, 1966)

| Untersuchte Größe | Kaninchen (g) | Katzen (g) |
|---|---|---|
| Darmgewicht/kg Kgw | $55,2 \pm 6,4$ | $36,2 \pm 6,2$ |
| Darmanteil/kg Kgw, über A. mes. sup. perfundiert | $49,6 \pm 5,8$ | $33,4 \pm 5,9$ |
| Proz. Darmanteile | % | % |
| Intestinum tenue | 44,8 | 77,5 |
| Caecum | 28,7 ⎫ | 15,4 |
| Colon und Rectum | 21,4 ⎬ 50,1 | |
| Mesenterium und Drüsen | 5,1 | 7,1 |

Katzen zeigt. Zwischen diesen Extremen stehen die Omnivoren und mit ihnen der Mensch. Für die im folgenden behandelten Kreislaufparameter und -reaktionen sind jedoch — über gewisse quantitative Abweichungen bei Bezug auf das Körpergewicht hinaus — keine grundsätzlichen Verschiedenheiten zu erwarten, so daß wir dem Versuchstier noch immer den Großteil unserer Erkenntnisse auch für den Menschen verdanken.

### 3. Durchblutung

Unter den Kreislaufparametern für ein spezielles Organgebiet hat von jeher besonders die Größe der Stromstärke interessiert. Für das gesamte portale Einstromgebiet sind sehr früh experimentelle Messungen angestellt worden, bei denen der Durch- oder Abfluß der V. portae für ein gewisses Zeitintervall untersucht wurde und sich Werte von 16—25 ml/min·kg Körpergewicht bei Hunden ergaben (Burton-Opitz, 1911; Grab et al., 1921; Blalock u. Mason, 1936; Grindlay, et al.,

1941; GREEN et al., 1959; DRAPANAS et al., 1960; SCHOLTHOLT et al., 1967). Da hierbei jedoch auch der Zufluß aus Magen, Milz und Pankreas enthalten ist, sind die entsprechenden Größen für den hier betrachteten Bereich nicht maßgebend. Die intestinale Strombahn, die im wesentlichen dem Versorgungsgebiet der A. mesenterica sup. entspricht, trägt etwa 60% zur portalen Blutdurchströmung bei (BURTON-OPITZ, 1908; SAPIRSTEIN, 1958). Entsprechend finden sich hierfür Größen, die um 12—14 ml/min·kg liegen (GRODINS et al., 1941; BURNS u. SCHENK, 1969; FRONEK u. FRONEK, 1970; Katze: ROSS, 1967; LUTZ, 1969), teilweise aber bis zu 16 ml/min·kg angegeben werden (GRIM, 1963). Bezieht man die Durchblutung auf 100 g Darmgewicht, so ergeben sich im allgemeinen Werte zwischen 40 und 70 ml/min (WALLENTIN, 1965; GRIM u. LINDSETH, 1958; DELANEY u. CUSTER, 1965). Auch darunter- und darüberliegende Größen werden angegeben (TRAPOLD, 1956; DEAL u. GREEN, 1956; SELKURT et al., 1958; GEBER, 1960), wobei jedoch für herausgegriffene Darmbezirke durch den unterschiedlich stark miterfaßten Anteil von Mesenterialstiel und Lymphknoten starke Differenzen entstehen. Für die lokalen Gebiete von Duodenum, Jejunum, Ileum und Colon hat GEBER 1960 eine absteigende Reihenfolge in der Durchblutungsgröße angegeben, wobei die einzelnen Werte mittels des induktiven Durchflußmessers an abgegrenzten Darmgebieten gewonnen wurden. Mittels der Verteilung von Rb fand GOODHEAD (1969) allerdings eine andere Abstufung, derzufolge das Jejunum-Ileum-Gebiet niedriger und das Colon noch vor dem Duodenum am höchsten mit der lokalen Durchblutung liegen soll. Auch nach DELANEY u. CUSTER (1965) ergibt sich — mittels der gleichen Technik bestimmt — die Colondurchblutung mit 82 ml/min·100 g Gewebe höher als die des Dünndarms. Hier werden die Schwierigkeiten der Abgrenzung eines umschriebenen, repräsentativen Bezirkes mit verschiedener Blutversorgung deutlich.

Über den Beitrag der V. mesenterica inf. an der Intestinaldurchblutung kann man nur eine Abschätzung vornehmen. Aus der Differenz der Durchströmung der V. portae und den Werten der übrigen Zuflüsse ergibt sich eine Größe von nur ca. 2 ml/min·kg (vgl. Tabelle 3, S. 266).

Die Durchblutungsgröße der A. mesenterica sup. und besonders ihr prozentualer Anteil am Herzminutenvolumen (HMV) — in Ruhe etwa 8—9% beim Hund — ändert sich merklich mit der Verdauungstätigkeit. Im Gegensatz zu älteren Untersuchungen, welche eine generelle Steigerung des HMV nach Nahrungsaufnahme für die intestinale Mehrdurchblutung verantwortlich machten (HERRICK et al., 1934; REINIGER u. SAPIRSTEIN, 1957), liegen neuerdings andersartige Befunde vor, die mit implantierten Durchflußmessern an der ascendierenden Aorta und der A. mesenterica sup. gewonnen sind. Danach erhöht sich in der ersten Phase, der Nahrungsaufnahme selbst, das Herzminutenvolumen deutlich, wobei aber der mesenteriale Anteil auf unter 8% zurückgeht (FRONEK u. STAHLGREN, 1968). In der eigentlichen Phase der Verdauungstätigkeit nach etwa 1 Std hat dagegen das HMV längst wieder etwa den Ausgangswert erreicht, die mesenteriale Durchblutung nimmt nun einen 12—15%igen Anteil davon ein, sie ist auf etwa 19 ml/min·kg angestiegen. Auch in Versuchen von BURNS u. SCHENK (1969) hat sich die Durchblutung von 7,5 auf 14,6% des HMV erhöht. Die Durchblutungszunahme läßt sich nicht durch $\beta$-Receptorblocker unterdrücken, wohl aber durch Atropin. Der Anstieg des HMV und die relative Verminderung der Durchblutung während der Nahrungsaufnahme dagegen ist sympathisch gesteuert und wird durch kombinierte α- und β-Blocker aufgehoben (Vatner et al., 1970).

Unter Arbeitsbelastung sinkt der mesenteriale Durchblutungsanteil auf etwa 5% des HMV ab. Selbst während der Verdauungshyperämie kommt es mit gesteigerter Muskeltätigkeit zu einem — allerdings nur relativen — Rückgang auf 6—7% des HMV (Burns u. Schenk, 1969; Fronek u. Fronek, 1970).

Von den Pressoreceptoren wird die mesenteriale Durchblutung ebenfalls erheblich beeinflußt. Eine Carotidenocclusion läßt den Gefäßwiderstand nach einer initialen druckpassiven Verminderung ansteigen (Bond u. Green, 1970; Fronek, 1970), was auf den erhöhten Sympathotonus, z. T. bei dem zunehmenden Systemdruck auf eine Autoregulation zurückzuführen ist. Auch dies tritt ebenso während der hyperämischen Verdauungsphase ein.

Der Blutverteilung innerhalb der einzelnen Strukturen der Darmwand wurden seither mehrere Untersuchungen gewidmet. Mit Hilfe von markierten Mikrokugeln, die teilweise vor der Capillarbahn steckenbleiben und in ihrer Häufigkeit ein relatives Maß für deren Durchblutung geben, z.T. auch arteriovenöse Anastomosen passieren, kamen Grim u. Lindseth 1958 zu den in Tabelle 2 aufgeführten Werten

Tabelle 2. Nach Grim u. Lindseth, Minn. Med. **30**, 138 (1963)

Aufteilung der jejunalen Durchblutung
(57 ml/min · 100 g Darmgewebe) zugunsten von

| | |
|---|---|
| Mucosa | 54% |
| Submucosa | 10% |
| Muscularis | 19% |
| Mesenterium | 17% |

Infolge der unterschiedlichen Massenverhältnisse ergaben sich
hier folgende örtliche Durchblutungen

56 ml/min pro 100 g Mucosa
93 ml/min pro 100 g Submucosa
44 ml/min pro 100 g Muscularis
41 ml/min pro 100 g Mesenterium

am Jejunum nüchterner Hunde. Nach Fütterung ergab sich dort keine erhebliche Änderung der Durchblutung, wohl aber am Ileum. Dort hatten bei Nüchternheit annähernd gleiche Werte gegolten, die aber nach Fütterung auf insgesamt 77 ml/ min · 100 g anstiegen und besonders die Muscularis, erstaunlich wenig die Mucosa, betrafen. Bezieht man die Durchblutung auf jeweils 100 g des entsprechenden Darmwandgewebes, so ergeben sich nach den genannten Autoren sehr ähnliche Werte für Mucosa und Muscularis von je 40—50 ml/min · 100 g, so daß die hohe Durchblutung der Mucosa besonders auf deren gewichtsmäßig großem Anteil (ca. 50% des Darmgewebes) beruhen würde. Mit der entsprechenden Methode am Magen (s. S. 254) vom gleichen Arbeitskreis aufgestellte Größen lassen dort eine mehr als das 3fache höhere Mucosadurchblutung gegenüber derjenigen der Muscularis erkennen. Über den Austausch von kurzzeitig mitperfundiertem $D_2O$, dessen Verteilung als durchströmungsabhängig angesehen werden kann, ergab sich bei Rayner et al. (1960) eine lokale Muscularisdurchblutung von ca. 40 ml/min · 100 g

Gewebe am Ileum. FOLKOW et al. (1963) haben die Darmwandgewebe grob in 60% Muscularis und 40% Mucosa unterteilt und bei direkt gemessener, durch Isoproterenol maximal erhöhter Stromstärke von 250—275 ml/min·100 g für die Muscularis eine lokale Durchblutung von 50 ml/min·100 g, für die Mucosa von 500/min·100 g errechnet. Aus den Auswaschkurven von radioaktivem Krypton wurde von KAMPP u. LUNDGREN 1968 die lokale Durchblutung ermittelt. Aus technischen Gründen wurden dort nur die Werte bei einer Gesamtdurchblutung von über 60 ml/min·100 g herangezogen, sie verteilte sich zu 80% in das Mucosa-Submucosa-Gewebe (60 ml/min·100 g), zu 20% auf die Muscularis (15 ml/min·100 g). Durch Injektion von Isoproterenol ließ sich auch hier die Gesamtdurchblutung bis auf 225 ml/min·100 g steigern. Die Muscularisdurchblutung erreichte etwa den doppelten Ausgangswert, von dem Submucosa-Mucosa-Gewebe wird ein Teil mit einer Maximaldurchblutung von 150—200 ml/min·100 g angenommen. Dabei muß man allerdings berücksichtigen, daß die einzelnen Gefäßgebiete hier mehr funktionell unterschieden sind und sich keineswegs in morphologische Grenzen trennen lassen und außerdem die Unterscheidung und Berechnung mehrerer Verteilungscompartments bei der Auswaschkurve einige theoretische und praktische Schwierigkeiten zu überwinden haben.

Über das Auftreten von arteriovenösen Anastomosen (AVA) im Intestinalkreislauf herrschten zeitweise sehr gegensätzliche Meinungen. Untersuchungen von MALL (1887) mittels Ausgußtechnik haben keinen Hinweis für das Bestehen von AVA ergeben. Demgegenüber wies SPANNER 1932 nach Kontrastmittelinjektion und mikroskopischer Beobachtung auf Speciesunterschiede hin, denen zufolge das Auftreten bei Mensch und Herbivoren in den Darmzotten gesichert sei. Bei Carnivoren und Huftieren sollten sie dagegen dort fehlen, aber in der Submucosa zu finden sein. Erst durch eine summarisch die funktionelle Bedeutung ermittelnde Meßtechnik mit markierten Mikrokugeln ($\varnothing > 20\,\mu$) konnte nachgewiesen werden, daß beim daraufhin eingehend untersuchten Hund in keiner Darmstruktur über die AVA ein Anteil von mehr als ca. 3% des Blutes fließt (GRIM u. LINDSETH, 1958; DELANEY, 1969). Er ließ sich auch durch Histamingaben nicht steigern. Vergleichweise sind in der Muskelstrombahn 30% von Mikrokugeln mit $30\,\mu$ Durchmesser auf die venöse Seite gelangt. Dagegen kommt durch arteriovenöse Brückengefäße ein Anteil von 14—24% der Kugeln mit $12\,\mu$ Durchmesser. Für eine unter Adrenalininfusion auftretende Blutumleitung, die im Rahmen des escape-Phänomens gesondert besprochen wird, können AVAs nicht verantwortlich gemacht werden, ihr Durchblutungsanteil bleibt auch unter dieser Bedingung im Mittel weitgehend konstant (DELANEY, 1969).

## 4. Gefäßreaktionen

### a) Autoregulation

Die Größe der Gesamtdurchblutung ist außer von der Gefäßweiteneinstellung vom herrschenden Druck abhängig, und zwar in einem Maß, das sich in der Steilheit der jeweils geltenden $IP$-Beziehung ausdrückt. Somit ist deren Verlauf zu besprechen, der auch umgekehrt den Einfluß des Druckes auf den Gefäßtonus wiedergibt. Der Stagnationsdruck beträgt am Intestinalkreislauf etwa 10 bis 15 mm Hg und erreicht auch unter ungünstigen Bedingungen nicht so hohe Werte, wie sie dann für Nieren- oder Extremitätenstrombahnen zu messen sind. Bei geringem oder künstlich ausgeschaltetem Muskeltonus verläuft die *IP*-Kurve extrem druckpassiv in einem Bogen mit zunehmend steilerem Anstieg, wie es sonst nur für die Lungenstrombahn typisch ist. Entsprechend liegt schon bei annähernd geradlinigem Verlauf, der an vielen anderen Teilkreisläufen Ausdruck für das passive Verhalten ist, eine gewisse kompensatorische Muskeleinstellung vor (latente Autoregulation vgl. S. 233). In mehreren früheren Arbeiten ist ein geringgradig druckkonvex gekrümmter Verlauf der *IP*-Kurve als das typische Verhalten geschildert worden (Trapold, 1956; Selkurt et al., 1958; Hinshaw, 1962). Bei intakter arterieller Strombahn wurden jedoch bei weitgehender Drosselung des

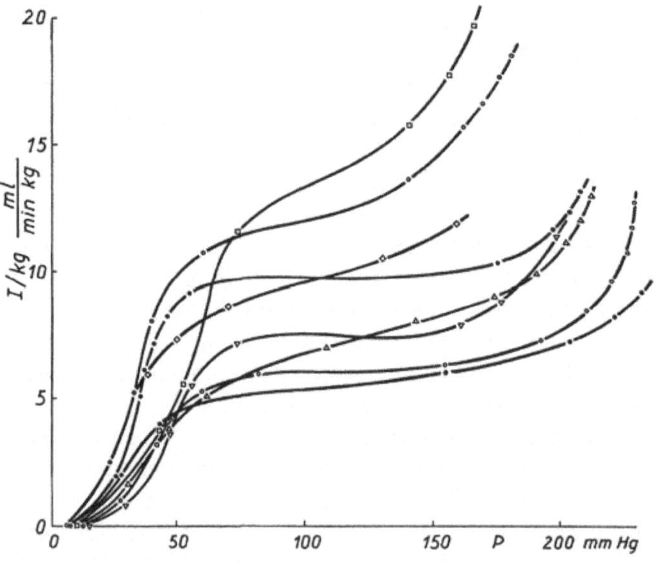

Abb. 2. *IP*-Kurven mit Autoregulation am Intestinalkreislauf. Es lassen sich 3 Abschnitte mit unterschiedlicher Krümmungsrichtung erkennen. [Nach Lutz: Arch. Kreisl.-Forsch. **59**, 99 (1969)]

lokalen Blutdrucks auch Widerstandsverminderungen beschrieben (Folkow, 1949), die aber ebenso im Sinne einer reaktiven Hyperämie zu deuten waren. Johnson (1960) fand unter Vermeidung einer arteriellen Kanülierung *IP*-Kurven mit Autoregulation, Texter et al. (1962) auch unter künstlicher Perfusion.

Bei genauer Betrachtung der *IP*-Kurve mit Autoregulation (Abb. 2) fallen drei Abschnitte auf: Zunächst nimmt mit steigendem Druck auch hier die Stromstärke überproportional zu — druckkonvexer Verlauf, der bei der Deutung der Autoregulation eine gewisse Rolle spielt. Erst oberhalb von etwa 60 mm Hg beginnt der Gefäßwiderstand zuzunehmen, teilweise so stark, daß wie bei der Niere nahezu Stromstärkekonstanz trotz Druckvariation erreicht wird. Es bestehen jedoch alle Übergänge, bisweilen nimmt sogar die Stromstärke mit steigendem Druck noch etwas ab. Die Stromstärke tritt somit keineswegs als vollends geregelte Größe auf. In einem dritten Abschnitt, der meist etwa bei 180—200 mm Hg und somit frühzeitiger als etwa an der Niere beginnt, überwiegt meist wieder die druckpassive

Erweiterung der Gefäße und vermindert den Widerstand. Dies ist zugleich ein gutes Kriterium dafür, daß bei einer Druckzunahme der Widerstand nicht irreversibel zunimmt. Er muß zumindest beim anschließenden Drucksenken wieder abnehmen, andernfalls hat die gewonnene Kurve nur geringe Aussagekraft bezüglich einer Autoregulation. Das Auftreten einer häufig sehr stark ausgeprägten Autoregulation in einem nicht-renalen Kreislauf wirft auf deren Zustandekommen ein besonderes Licht. Gegenüber der humoralen Erklärungsweise an der renalen Strombahn mittels der Auslösung des Renin-Angiotensin-Mechanismus fehlen bei nahezu gleich starkem Auftreten an den nicht-renalen Gefäßen die erforderlichen morphologischen Strukturen. Diese Zellverbände scheinen damit mehr eine auxilläre Funktion auszuüben. Es ist zwar beispielsweise für andere Strombahnen denkbar, daß mit zunehmendem Druck die Vorstufe einer vasoaktiven Substanz filtriert wird, die dann — im Gewebe aktiviert — den Gefäßmuskel zur Constriction bringt und so eine Regelung des Filtrationsdruckes bewirkt. Eine derartige *Filtrationstheorie* der Autoregulation würde schon vielen Argumenten gerecht werden, die etwa gegen die reine Regelung der Stromstärke sprechen.

Wird der Gefäßinnendruck nicht von der arteriellen Seite, sondern von der venösen Seite aus erhöht, so tritt ebenfalls eine Vasoconstriction ein (veno-vasomotorische Reaktion, s. S. 243). Da sich hierbei schon primär die Stromstärke vermindert, unter der Constriction noch zusätzlich aktiv eingeschränkt wird, kann sie nicht als Regelgröße fungieren. Dagegen begegnet die Gefäßkontraktion in allen Fällen sinnvoll einer Erhöhung des Filtrationsdruckes, sei sie durch arterielle oder venöse Drucksteigerungen bedingt. Um beide Fälle dieser barynogenen, durch Druckerhöhung ausgelösten Gefäßreaktionen zu charakterisieren, kann man besser von der Autoregulation des Gefäßwiderstandes sprechen.

Eine Erhöhung des Filtratvolumens tritt allerdings auch bei Erhöhung der Gefäßpermeabilität ein, die dann bei der humoralen Regelung im Sinne einer Filtrationstheorie durchweg eine Vasoconstriction zur Folge haben müßte.

Die Widerlegung rein *physikalischer Theorien*, die über die verminderte Blutviscosität (WINTON, 1937, 1952; KINTER u. PAPPENHEIMER, 1956) oder den Gewebsdruck (HINSHAW et al., 1959a, 1959b; SCHER, 1959; RODBARD, 1963, 1966) das Phänomen zu erklären suchten, erfolgt durch den Nachweis einer Ausschaltung der Autoregulation nach Lähmung der glatten Muskulatur mittels KCN (MILES et al., 1959; OCHWADT, 1956), Papaverin (THURAU et al., 1959), Chloralhydrat (FOLKOW u. LÖFVING, 1956). Dies hat dazu geführt, daß heute oft im Gegensatz zu diesen ursprünglich mechanischen Theorien von einem myogenen Mechanismus gesprochen wird, wenn nur an die Aufhebung des Effektes durch myotrope Substanzen gedacht wird. Es ist jedoch der glatte Gefäßmuskel der Effector zahlreicher möglicher Mechanismen. Auch eine *reflektorisch ausgelöste Autoregulation* (PAGE u. McCUBBIN, 1953; BRULL et al., 1955) wäre durch Wegfall dieses Effectors aufgehoben, während erst der Beweis eines Fortbestehens unter nervaler Blockade die Reflexnatur widerlegte (WAUGH, 1960). Die eigentliche myogene Theorie (s.u.) beinhaltet vielmehr, daß der Muskel selbst als Receptor und Erfolgsorgan wirkt. Für eine *Metabolitentheorie* scheint zunächst eine ganze Reihe von Ergebnissen zu sprechen. Entsprechend der Auslösung einer reaktiven Hyperämie kann jeder verminderte Durchfluß die Konzentration dilatatorischer Stoffwechselprodukte steigern. Ein vermindertes $O_2$-Angebot per se senkt den Gefäßtonus, wie insbesondere GUYTON u. Mitarb. zeigten (CRAWFORD et al., 1959; GUYTON et al., 1964). Es kann jedoch nicht als alleinige Ursache für das Zustandekommen der

Autoregulation gedeutet werden (Waugh, 1960; Bond et al., 1969), wenn man einer u. U. künstlich variierten $O_2$-Versorgung von Organkreisläufen mit Autoregulation Rechnung trägt. Auch der unterschiedliche Anfall von natürlichen Dilatatoren wie $K^+$, Metaboliten der Glykolyse sowie ATP oder Adenosin reicht zur Erklärung nicht aus. Unterhalb eines Druckes von etwa 60 mm Hg, bei dem die Autoregulation meist zum Erliegen kommt, müßte die metabolische Regulation vermehrt einsetzen, weil erst hier die nutritive Versorgung stärker gefährdet ist; statt dessen nimmt passiv der Gefäßwiderstand von da an mit sinkendem Druck wieder zu. Der wichtigste Einwand gegen die allein metabolische Erklärungsweise rührt von der veno-vasomotorischen Reaktion her, bei der eine venös ausgelöste Stromstärkeverminderung reaktiv zur Constriction führt.

Die Befunde, daß sowohl arteriell wie venös gesetzte Druckreize den Gefäßmuskel zur Kontraktion bringen, haben die *myogene Theorie* manches an Wahrscheinlichkeit gewinnen lassen. Dabei tritt für die Vielzahl verschiedener Teilkreisläufe ein gemeinsames Prinzip, die Reaktion des glatten Muskels auf Dehnungsreize, in den Vordergrund und ergibt eine einheitliche Erklärungsweise. Die Möglichkeit der Ausschaltung physikalisch-passiver, nervöser und metabolischer Mechanismen hat vielfach die Annahme einer dehnungsbedingten Auslösung gefördert, ohne daß dabei aber in allen Fällen die Schwierigkeiten eines solchen Wirkungsmechanismus diskutiert wurden. Um mit steigendem transmuralen Druck eine Widerstandserhöhung zu bedingen, muß die glatte Muskulatur nicht nur bei der primär erfolgenden passiven Dehnung die Ausgangslänge wieder herstellen, sondern sie unterschreiten. Für die Aufrechterhaltung dieses Zustandes scheint aber der weitere Dehnungsreiz zu fehlen. Eine Erklärungsweise bietet die Auflösung der Gefäßkontraktion in rhythmische Prozesse, bei denen in lokalen Kontraktionspausen der verstärkte Dehnungsreiz auf die ruhenden Muskelfasern (oder die Schrittmacher, Folkow, 1964) einwirkt und Dauer und Intensität der anschließenden Constriction bedingt. Im zeitlichen Mittel würde sich so mit zunehmendem Druck eine engere Gefäßeinstellung ergeben.

Daß die Autoregulation erst ab einem Druck von etwa 60—70 mm Hg einsetzt, ist mit der Eigenschaft der glatten Muskulatur erklärbar, unterhalb einer gewissen Ausgangslänge nur schwach zu reagieren. Das läßt sich am Gefäßmuskel auch bei humoral oder neurogen ausgelösten Kontraktionen zeigen, deren Stärke zwar im normalen Druckbereich mit steigendem Druck nachläßt (Korol u. Brown, 1967; Wilder, 1967; Hatch et al., 1967), bei denen aber dennoch mit sinkendem Druck bzw. Nachlassen der Spannung die Kontraktionen stark abnehmen (Speden, 1960; Sparks u. Bohr, 1962; Uchida et al., 1967; Webb-Peploe u. Shepherd, 1968; Lutz u. Henrich, 1970).

In vitro hat sich seither am Gefäßmuskel eine autoregulative Kontraktion von der Form, daß auf einen Dehnungsreiz eine Constriction mit stärkerer Längen- oder Spannungsänderung als dem auslösenden Reiz entspricht, nur unter extremen Bedingungen reproduzieren lassen, obgleich Bayliss (1902) von solchen Kontraktionen sprach. Lediglich für die Umbilicalarterie, die zu starken, oft nicht mehr voll reversiblen Kontraktionen neigt (Sparks, 1964; Davignon et al., 1965) oder an der länger aufbewahrten A. carotis (Jaeger, 1966) sind derart überschießende Reaktionen belegt; in situ zeigt der Gefäßstamm der A. carotis keine Autoregulation bei Druckerhöhung (Leitz u. Arndt, 1968). Sie spielt sich in situ vermutlich vorwiegend an kleinen Widerstandsgefäßen ab, die der Isolation schwer zugänglich sind und ihre Funktion erst im Zusammenspiel gewisser Verbände erfüllen.

Das Ausmaß der Autoregulation ist von der Ansprechbarkeit und vom Bau der Gefäßmuskulatur abhängig, daneben wird es beeinflußt von lokalen Mechanismen, die einmal nutritive Belange oder — wie an der Niere — besondere Funktionskreise zusätzlich mitwirken lassen. Ob dabei nur eine *multifaktorielle Theorie* diesen Gegebenheiten gerecht wird, hängt von der Beurteilung des jeweiligen Schwerpunktes ab. — Sehr schwierig ist der quantitative Vergleich für den Reaktionsausfall an verschiedenen Teilkreisläufen, da selbst mehrere abgebildete *IP*-Kurven nur wenig über das Gesamtkollektiv aussagen können. Es läßt sich in Annäherung aus dem Widerstandsverhältnis bei bestimmten Druckwerten (günstig sind 70 und 140 mm Hg) ein vergleichbares Maß gewinnen, demzufolge nach der Niere die Intestinalstrombahn noch vor Hirn- und Muskelstrombahn steht (Lutz, 1969), deutlich günstiger auch als etwa der Milzkreislauf (s.u.).

### b) Die veno-vasomotorische Reaktion

Bei Erhöhung des Venendrucks tritt am Intestinalkreislauf eine kräftige Constriction ein. Diese Reaktion, die man auch an anderen Teilkreisläufen beobachtet hat, ist zunächst vorwiegend auf lokale, von der Venenwand ausgehende Reflexe zurückgeführt worden (Girling, 1952; Burton et al., 1953, 1966; Haddy et al., 1954). Dafür schien vor allem die Unterdrückung durch Lokalanaesthetica zu sprechen. Es hat sich jedoch gezeigt, daß diese Pharmaka sehr bald auch myotrop wirken und damit die Reaktion unterdrücken, die andererseits nach chronischer sympathischer Denervation an den Extremitäten (Patterson u. Shepherd, 1954), sowie nach Anwendung von Sympatholytica (Johnson, 1959; Lutz, 1966) erhalten bleibt. Deutlich werden diese Reaktionen beispielsweise, wenn stromkonstant perfundiert wird und der arterielle Perfusionsdruck um einen stärkeren Betrag ansteigt, als der Erhöhung des Venendruckes entspricht (Abb. 3). Es bestehen viele Gemeinsamkeiten mit der durch arteriellen Druckreiz verursachten Autoregulation, und deren Deutung wurde, wie schon weiter oben ausgeführt, durch die venös ausgelösten Befunde maßgebend beeinflußt. Die venöse Drucksteigerung pflanzt sich über die passiv erweiterten Venen und die Capillaren in das arterielle Gebiet fort und führt in den kleinen capillarwärts gelegenen Widerstandsgefäßen zu einer größeren Druckerhöhung, als dies eine entsprechend große arterielle Drucksteigerung bedingen würde. Dies geht aus einer Reihe von Druckmessungen hervor, die an Gefäßen der Mesenterialarkaden während gleich großer venöser und arterieller Drucksteigerungen vorgenommen wurden (Lutz, 1969). In der Regel treten Autoregulation und veno-vasomotorische Reaktion gemeinsam auf (Abb. 4). Daß der prozentuale Widerstandsanstieg auf eine gleich große venöse Drucksteigerung erheblicher ist, braucht nach den geschilderten Druckmessungen nicht zu wundern. Entsprechend lassen sich auch Fälle mit bestehender veno-vasomotorischer Reaktion und Ausbleiben der Autoregulation so erklären, daß letztere gerade noch latent bleibt, der Unterschied also quantitativer und nicht qualitativer Natur ist. Besonders eklatant ist die Differenz in der Ausprägung am Milzkreislauf (Lutz et al., 1969), wo möglicherweise der Unterschied durch die besonderen Gefäßstrukturen begünstigt wird (s.u.).

An der Niere scheint die Reaktion in Konkurrenz zu treten mit einer durch die Venendruckerhöhung einhergehenden Dilatation, die entweder in Analogie zum Verhalten bei uretärer Okklusion über eine Unterbrechung der aktiven Na-Ausscheidung zu deuten ist,

16*

oder — weniger wahrscheinlich — durch eine Übertragung des venösen Druckanstieges auf
den Gewebsdruck, was auf der arteriellen Seite zu einer Verminderung des transmuralen
Druckes führen müßte mit einer im Sinne der Autoregulation zu fordernden Widerstands-
*abnahme*. Dieser letztere Mechanismus hat sich aber bei den anderen abdominalen Organkreisläufen nie durchzusetzen vermocht. Bei der Perfusion der Muskelstrombahn sahen
Jones u. Berne (1964) neben häufigem Auftreten der Autoregulation nach Venendruck-
erhöhungen nur eine vorübergehende Constriction, deren Übergang in eine Dilatation im
Sinne einer reaktiven Hyperämie zu deuten wäre.

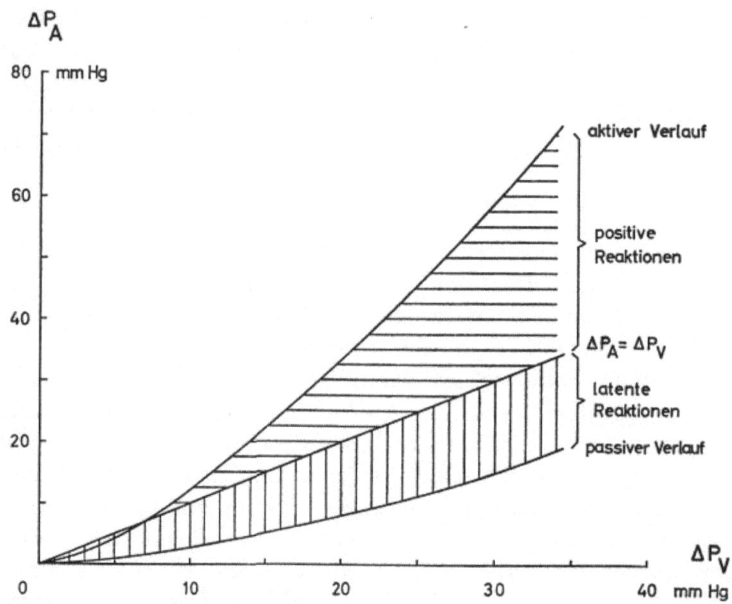


Abb. 3. Darstellung der Gebiete latenter und positiver veno-vasomotorischer Reaktionen für
die A. mesenterica sup. (Mittelwerte). Die zugrunde liegenden Werte sind unter stromkonstanter Perfusion gewonnen. Unter diesen Bedingungen müßte bei einem starren Gefäßsystem eine Venendrucksteigerung $\Delta P_V$ von einer gleichgroßen arteriellen Drucksteigerung
$\Delta P_A$ gefolgt sein (Gerade $\Delta P_A = \Delta P_V$). Tatsächlich ergibt sich aber bei passivem Verlauf
die darunterliegende Kurve. Das vertikal schraffierte Feld umfaßt somit Reaktionen, die sich
über das passive Verhalten erheben, aber noch nicht den eindeutig positiven Reaktionsausfall (horizontal schraffiert) ergeben. [Nach Lutz: Arch. Kreisl.-Forsch. **59**, 99 (1969)]

Johnson (1967) konnte mittels elektronischer Abtastmikroskopie feststellen, daß sich
Arteriolen einer isolierten Darmschlinge bei arteriellen Drucksenkungen kompensatorisch
erweitern, dabei also eine Autoregulation zeigen. Dagegen blieb an ihnen eine constrictorische
Reaktion bei Venendruckerhöhung aus, die sich demnach an weiter capillarwärts gelegenen
Gefäßabschnitten (präcapillären Sphincteren) abspielen mußte, da die Messung der Strömungsgeschwindigkeit von Erythrocyten in Capillaren eine venös ausgelöste, überproportionale Verlangsamung erkennen ließ, mithin eine ausgeprägte veno-vasomotorische Reaktion
bestand. Der postcapilläre Kreislaufabschnitt scheidet als Wirkungsort aus, da dort stets nur
passive Erweiterungen bzw. Verminderungen des Druckabfalles zu beobachten sind.

Die Entstehungsmöglichkeiten der veno-vasomotorischen Reaktion sind noch
mehr als die der Autoregulation eingeschränkt. Ein Zustandekommen über den
Anstieg des Gewebsdruckes (vgl. S. 241), der zur Einengung der Gefäße führte,
müßte nach Anwendung von Papaverin besonders deutlich werden; tatsächlich
fällt aber nach dessen Applikation die Reaktion völlig aus. Auch das Nachlassen

der veno-vasomotorischen Reaktion bei schlechtem Befinden des Versuchstieres spricht gegen eine rein physikalische Erklärungsweise. Ebenso versagt sich eine Beteiligung von Metaboliten, da sie bei Ansammlung jetzt constrictorisch wirken müßten und den nutritiven Belangen entgegenstünden. Eine myogene Entstehung kann dagegen beide Erscheinungsformen Autoregulation und veno-vasomotorische Reaktion verbinden; das gemeinsame Resultat ist die Konstanthaltung des Filtrationsdruckes und der Filtrationsfläche (FOLKOW, 1963). Nur über einen mit

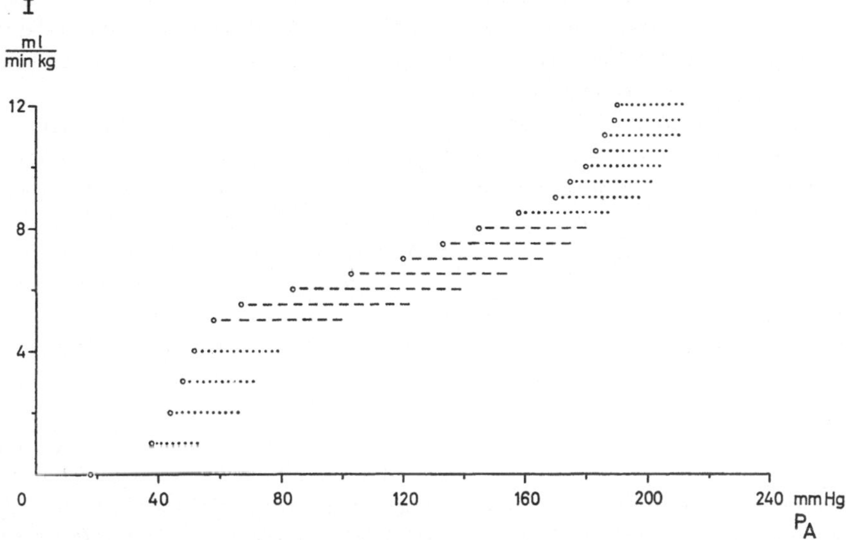


Abb. 4. Autoregulation und veno-vasomotorische Reaktion am Intestinalkreislauf. Die kleinen Kreise stellen Punkte der $IP$-Kurve dar, bei denen jeweils auch eine Messung der veno-vasomotorischen Reaktion erfolgte. Unter stromkonstanter Perfusion wurde dazu der Venendruck um 33 mm Hg gesteigert, die resultierende arterielle Drucksteigerung — nach rechts aufgetragen — ergab zunächst passive oder latente Werte (punktiert), im optimalen Bereich deutliche Reaktionen (gestrichelt) mit $P_A > P_V$. (Nach LUTZ, Habilitationsschrift Würzburg, 1966)

gesteigerter Filtration aktiv werdenden constrictorischen Faktor ergäbe sich noch eine Auslösemöglichkeit; Einwände sind bereits im vorangehenden Abschnitt geschildert.

Ein gewisser Ausgangstonus ist für die Auslösung der veno-vasomotorischen Reaktion unerläßlich. Bei zu niedrigem arteriellen Druck (weniger als 40 mm Hg) kommt sie nicht zustande, weiterhin bleibt sie bei einem ungünstig zusammengesetzten Perfusionsmedium aus, selbst wenn die Ansprechbarkeit des Gefäßmuskels auf Katecholamine oder elektrische Reize noch erhalten ist (LUTZ u. HENRICH, 1970). Das kann für den komplizierteren myogenen Mechanismus sprechen, bei dem der glatte Muskel nicht nur Erfolgsorgan, sondern auch Receptor ist. In ihrer Schutzfunktion gegenüber venösen Drucksteigerungen hat die veno-vasomotorische Reaktion eine Bedeutung nicht nur in der Erhaltung einer möglichst konstant bleibenden Filtration, sondern sie verhindert auch das Auffüllen von Teilkreisläufen mit Blut, indem der arterielle Zustrom den verschlechterten Abflußbedingungen angepaßt wird. Das ist in ganz stark ausgeprägter Form im

Splanchnicusgebiet der Fall, spielt aber eine Rolle in den Extremitätenstrombahnen, so daß dem Gesamtkreislauf durch Stauungen, hydrostatische Einflüsse oder Preßatmung keine unkontrollierbaren Blutvolumina vorenthalten bleiben.

### c) Vasculäres escape-Phänomen

Unter einer länger anhaltenden Sympathicusreizung beobachteten Folkow et al. (1964) am Intestinalkreislauf, daß die eintretende Vasoconstriction während der Reizung sehr schnell nachließ und der Gefäßwiderstand nach wenigen Minuten nur knapp über dem Ausgangswert lag. Aus dem unverändert erniedrigt bleibenden Filtrationskoeffizienten schlossen die Autoren, daß es sekundär zu einer Erweiterung anderer lokaler Gefäßbezirke gekommen sei und somit eine Umleitung des Blutes stattfinden müsse, für die der Weg von der Mucosa zu der weniger Austauschfläche bietenden Submucosa angenommen wurde. Tusche-Injektionen schienen diese Neuverteilung unter der Reizung zu bestätigen. Später ergänzten Dresel u. Wallentin (1966) die Ergebnisse, indem sie zeigten, daß auch humoral zugefügte Katecholamine den gleichen Wirkungsschwund aufwiesen. Demnach kann die Reaktion nicht lediglich an eine unterschiedliche Anordnung constrictorischer Sympathicusfasern bei den Gefäßen der verschiedenen Darmwandschichten gebunden sein, sondern es muß zumindest auch eine entsprechende Verteilung von α-Receptoren vorliegen. Auch eine im Verlauf der Reizung nachlassende Transmitter-Freisetzung ist durch den gleichartigen Effekt bei humoraler Beeinflussung auszuschließen. Ein escape tritt auch auf, wenn stromkonstant perfundiert wird, es somit für die jeweilige Strombahn zu keiner Durchblutungsverminderung kommt, die metabolisch zusätzlich Wege eröffnen könnte. Dafür hätte die nach der elektrischen oder humoralen Reizung eintretende vorübergehende Hyperämie sprechen können. Es ist allerdings nicht ausgeschlossen, daß bei einer örtlichen Constriction vermehrt Metaboliten anfallen, welche die ursprünglich nur passiv erweiterten Aushilfsbahnen dann sekundär zur Dilatation bringen bzw. die Constrictionsstärke beeinflussen. Dresel u. Wallentin lassen die Möglichkeit offen, daß es zu einer Umschichtung der Blutverteilung dadurch kommt, daß in der Submucosa liegende, von Spanner 1932 beschriebene shuntartige Gefäße auch adrenerg innerviert sind, bzw. auf Katecholamine reagieren, sich infolge ihrer vorherrschenden Längsmuskulatur aber verkürzen und möglicherweise auch erweitern.

Von Richardson u. Johnson (1969) wurde auf die Diskrepanz gegenüber der Erscheinung der Autoregulation hingewiesen, so daß es dienlich erscheint, die Bezeichnung um das Adjektiv „autoregulatory" zu reduzieren und vom escape-Phänomen der Vasoconstriction zu sprechen. Die Frage, ob constrictorische Substanzen von nicht katecholaminartiger Wirkung ebenfalls das escape-Phänomen zeigen, führt zu sehr unterschiedlicher Beurteilung. Während Dresel u. Wallentin dies für Vasopressin ablehnten, hat sich für diese Substanz an der Leber (Hanson, 1969) sowie auch am Intestinaltrakt (Henrich u. Lutz, 1971) ein deutliches escape nachweisen lassen. Schon das Auftreten des escape-Phänomen an anderen Strombahnen setzt die Wahrscheinlichkeit einer lokalen Blutneuverteilung durch spezielle Strukturen herab. So müßten auch für die Milz (Greenway et al., 1968), die arterielle Leberstrombahn (Greenway, 1967) und die Niere (Johansson et al., 1970; Lutz u. Henrich, 1971) morphologische Grundlagen einer entsprechenden Blutumleitung gefordert werden, nachdem es selbst unter niederfrequenter Nervenreizung dieser Organe bald zu einem Rückgang der Gefäßmuskelkontraktion kommt. Die Reizung mit einer höheren Frequenz als etwa 15—20 Hz führt noch viel deutlicher zu einem frühzeitigen Nachlassen der Constriction, was nur z. T. als eine Erschöpfung der Transmitterfreisetzung angesehen wird, dann allerdings kein eigentliches escape darstellt. Auch für die Extremitätengefäße gibt es Befunde im Sinne eines escape (STINSON, 1961; GEROVA u. GERO, 1968), wobei das Auftreten am isolierten Aortenstreifen unter stärkster humoraler Reizung (PEIPER et al., 1969) vermutlich in dem Überschreiten eines Optimums der Dosis-Wirkungskurve eine andere Ursache hat. Auf der anderen Seite kann man auch nicht generell von einer sekundären Erschlaffung des glatten Muskels sprechen, denn dazu ist das Auftreten zu labil in seiner Ausprägung. Vom Gefäßmuskel ist sehr wohl bekannt, daß er sich für Zeiten von über 10 min unter gleichbleibender Reizstärke stark kontrahieren kann, ohne bereits nachzulassen. Es ist auch nicht etwa die vorgeschädigte Strombahn, welche das escape-Phänomen zeigt, sondern gerade umgekehrt kommt es im Verlaufe längerer Versuche vor, daß anstelle der Reaktion eine für die Dauer der Katecholamininfusion anhaltende Constriction auftritt. Auch unter künstlicher Perfusion mit dextranhaltigen Lösungen sind, im Gegensatz zum escape-Phänomen, vorwiegend konstant bleibende Kontraktionen zu beobachten (HENRICH u. LUTZ, 1970). Daher sollte man mehr den initialen overshoot der Kontraktion als typisch ansehen, im Gegensatz zu dem nachträglichen Rückgang auf einen steady state, welches auch der weniger reagible Muskel zu halten vermag.

Die Frage, ob der Beteiligung der $\beta$-Receptoren bei dem Effekt eine Rolle zukommt, ist unterschiedlich beurteilt worden. Ross (1967) gibt die weitgehende Aufhebung des escapes nach 0,5—1 mg/kg Körpergewicht Propranolol an, auch GEROVA u. GERO (1968) sprechen sich für eine Verminderung des Effekts nach $\beta$-Blockade aus. Dagegen ist in Versuchen von GREENWAY et al. (1967) keine Minderung der Reaktion nach der gleichen Dosis Propranolol an der Leberstrombahn auftreten. Auch eigene Befunde sprechen gegen eine ursächliche $\beta$-Receptoren-Beteiligung (HENRICH u. LUTZ, 1971). Ross (1967) berichtet, daß die postconstrictorische Hyperämie stärker ist als eine nach entsprechend langer arterieller Okklusion auftretende reaktive Hyperämie, daß sie jedoch nur teilweise durch Propranolol unterdrückt wird. Dafür nimmt er als dilatatorisches Prinzip Dopamin an, das unbeeinflußt von $\beta$-Blockern wirkt und im Intestinalbereich reichlich vorkommt. Eine mit der Sympathicuseinwirkung einhergehende Unterdrückung der Darmmotilität und Erschlaffung der Darmwand kann nicht für die sekundäre Dilatation verantwortlich sein, da sie auch am tonuslosen Darm oder unsynchron mit dessen Tätigkeit auftritt (Ross, 1967; BAKER u. MENDEL, 1967).

Nach Erwägung all der oben zusammengefaßten Einzelfakten muß man zu dem Ergebnis kommen, daß der Wirkungsmechanismus des escape-Phänomen noch keineswegs geklärt ist und daß es weiterer Untersuchungen bedarf, etliche Widersprüche zu lösen, auch die Frage nach der Allgemeingültigkeit des Effektes zu klären. Eine solche könnte, ähnlich wie bei Autoregulation und veno-vasomotorischer Reaktion, gegeben sein, ohne daß die Ausprägung an allen Organkreisläufen eine annähernd gleiche zu sein braucht. Für das engere Splanchnicusgebiet (Intestinum, Leber, Milz) gilt noch uneingeschränkt, daß das escape-Phänomen in seiner dort auftretenden Stärke seither noch an keinem anderen Teilkreislauf zu beobachten war.

Für das quantitative Maß des escape hat sich in allgemeiner Übereinstimmung der prozentuale Rückgang von der maximalen Kontraktion bewährt, es liegt somit ein hundertprozentiges escape-Phänomen (EP) vor, wenn noch unter der Reizung die Kontraktion völlig zurückgegangen ist. Bezeichnet man bei der stromkonstanten Perfusion den Ausgangsdruck mit $P_1$, den Maximaldruck unter der Reizung mit $P_2$ und den Enddruck vor Ende des Reizes mit $P_3$, so gilt:

$$\mathrm{EP} = \frac{P_2 - P_3}{P_2 - P_1} \cdot 100;$$

für die druckkonstante Perfusion analog

$$\mathrm{EP} = \frac{I_2 - I_3}{I_2 - I_1} \cdot 100.$$

Bei humoraler Untersuchung des EP muß das in dem Abschnitt Methodik (S. 231) über die Konstanz der Pharmakazuführung Gesagte berücksichtigt werden: außer bei stromkonstanter Perfusion genügt es nicht, eine gleichbleibende *Menge* einer Substanz der arteriellen Blutzuführung beizumengen. Sonst kommt es unter der einsetzenden Vasoconstriction und Stromstärkeverminderung zu einer fortlaufenden Erhöhung der *Konzentration*, bis die Kontraktion einen Maximalwert erreicht hat. Bei dem geringsten Nachlassen der erreichten Constriction nimmt die Stromstärke wieder zu und damit die Konzentration ab, entsprechend dieser Rückkopplung schaukelt sich die Reaktion wieder ab, bis sich ein steady state bildet. Auf diese Weise gewonnene Werte (RICHARDSON u. JOHNSON, 1969) können u. U. einen zu großen Effekt darstellen.

## 5. Elastizität und intravasales Volumen

Die elastischen Eigenschaften der Gefäßwand bestimmen das Ausmaß der Volumenaufnahme mit Druckänderungen, seien sie pulsatorisch oder von längerer Dauer. Für das arterielle sowie das kapazitive Gefäßsystem lassen sich entsprechende Werte auf unterschiedliche Weise aufnehmen und liefern einen augenfälligen Hinweis auf das so unterschiedliche Speichervermögen. Am arteriellen Schenkel der A. mesenterica sup. ergibt sich bei Überlagerung der Perfusionsstromstärke mit einer zusätzlichen, sinusförmig wechselnden Blutstrommenge eine Größe für $E'$ — bezogen auf 1 kg Körpergewicht — von $19{,}2 \cdot 10^5$ dyn cm$^{-5}$, für das entsprechende kapazitive Gefäßsystem läßt sich bei Variation des Venendruckes ein Wert von $21 \cdot 10^3$ dyn cm$^{-5}$ ermitteln (LUTZ, 1969). Der Vergleich der arteriellen zur kapazitiven Strecke ergibt demgemäß eine Relation von etwa 1:100.

Die arterielle Weitbarkeit (Reziprokwert von $E'$) der intestinalen Strombahn macht damit etwa 3% der arteriellen Gesamtweitbarkeit aus, sie hat an der Windkesselwirkung für den Gesamtorganismus nur einen geringen Anteil. Für das gesamte arterielle Gefäßsystem der Baucheingeweide, einschließlich von Magen, Leber, Milz und Niere, läßt sich aus postmortalen Füllungsversuchen von REMINGTON u. HAMILTON (1947) ein Anteil von 7,2% an der arteriellen Gesamtweitbarkeit errechnen. Eine andere Größenangabe als Maß für die druckabhängige Volumenaufnahme stellt der Compliancewert dar, ausgedrückt in ml/mm Hg·100 g Gewebe. Wichtig ist, daß die zugehörigen Druckänderungen genügend lange beibehalten werden, da die venöse Strombahn sich erst im Verlauf mehrerer Minuten anpaßt (delayed compliance, ALEXANDER, 1954). Während an den daraufhin besonders gut plethysmographisch untersuchten Extremitätengefäßen entsprechende Werte selten über 0,1 liegen (CLARK, 1933; GREENFELD u. PATTERSON, 1954; SCHEPPOKAT et al., 1958) hat sich am Intestinalkreislauf für den Venendruckbereich 0—15 cm H$_2$O dafür eine Größe von 0,21 ml/mm Hg·100 g Gewebe ermitteln lassen, der nur von parenchymatösen Organen (Leber s. u.) noch merklich überschritten wird (LUTZ, 1969). In höheren Druckbereichen nimmt die weitere Volumenaufnahme stark ab, da das venöse Druck-Volumen-Diagramm sehr rasch an Steilheit zunimmt.

Über das *lokale Blutvolumen* stehen für das Intestinalgebiet nur wenige Angaben zur Verfügung. Dabei sind die jeweils herrschenden Druckverhältnisse besonders zu berücksichtigen, da sich aus den obigen Angaben zeigt, wie weit sich eine Volumenänderung insbesondere unter einer venösen Druckvariation ergibt. Werte von 4,1—6 ml/100 g Gewebe (GIBSON et al., 1946) sind am bereits ausgebluteten Intestinum gewonnen und nur auf dieser Basis mit anderen Gefäßgebieten zu vergleichen. Von Bedeutung ist, daß das untersuchte Gewebsareal noch bei physiologischen Druckwerten gleichzeitig arteriell und venös abgeklemmt und isoliert wurde. Unter Berücksichtigung dieser Aspekte erhielten FOLKOW et al. (1963) Werte zwischen 7 und 9 ml/100 g Darmgewebe, wobei nach Angabe der Autoren diese Zahlen eher zu niedrig als zu hoch gegriffen sind, da mit einem niedrigeren Gewebshämatokrit zu rechnen war. Während einer bestimmten Kreislaufsituation läßt sich in vivo auch aus mittlerer Kreislaufzeit und der Stromstärke das lokale Blutvolumen ermitteln. Auf diese Weise wurden — ebenfalls an Katzen — bei einem Venendruck von 15 cm $H_2O$ (11 mm Hg) im Mittel 12,3 ml/100 g Darmgewebe gemessen (LUTZ, 1969). Das entspricht 4,5 ml/kg Korpergewicht im Darmgebiet enthaltenem Blut und stimmt mit den Werten überein, die sich aus gemittelten Angaben von GRIM (1963) für den Hund aufstellen lassen: bei 15 kg Gewicht wurde das im Abdominalraum mit 200—250 ml enthaltene Blutvolumen als zu 25—30% in den Darmgefäßen liegend angenommen, woraus sich eine Größe von 3,5—5 ml/kg Körpergewicht ergibt. Während auf das Splanchnicusgebiet einschließlich der Leber ein Anteil von 19—22% des Blutvolumens entfällt (Hund: BRADLEY, 1963; DELORME et al., 1951; HORVATH et al., 1957; JOHNSTONE, 1956), kommen demgemäß auf das intestinale Gebiet etwa 6% des Blutvolumens.

JODAL u. LUNDGREN (1970) haben das lokale Blutvolumen für 3 Darmwandschichten unterteilt und kamen für die Mucosa auf 27%, für die Submucosa auf 44% und die Muscularis auf 29% der insgesamt in einem Darmsegment befindlichen Blutmenge. Dabei ergab sich für die Submucosa mit ca. 22 ml/100 g ein mehr als 6fach höherer Blutgehalt als für Mucosa und Muscularis.

## 6. Humorale Beeinflussung

Für *Adrenalin* ist von einem großen Teil der Untersucher eine biphasische Wirkung mit initialer Vasoconstriction, sekundärer Dilatation beschrieben worden. Abgesehen davon, daß insbesondere bei intravenöser Verabfolgung der Systemdruck ansteigt und Stromstärke- oder Volumenmessungen dann meist eine Erhöhung aufweisen, bleibt die Beurteilung von Einzelinjektionen mehrdeutig. Man hat jedoch beispielsweise unter Ergotoxin schon frühzeitig die constrictorische Komponente ausschalten können und damit in der intestinalen Gefäßbahn eine deutliche Gefäßerweiterung nachgewiesen (BÜLBRING u. BURN, 1936). BURN u. HUTCHEON (1949) sowie FOLKOW et al. (1948) haben die Befunde einer adrenalinbedingten Volumenzunahme bzw. die Dilatation an der intestinalen Strombahn mit der gleichzeitigen Erschlaffung der Darmmuskulatur erklärt, sie tritt nach ROSS (1967) jedoch unabhängig vom Tonus des glatten Darmmuskels auf. Im Sinne der Ahlquistschen Receptorentheorie ist damit auf ein gemeinsames, reichliches Vorkommen von $\alpha$- und $\beta$-Receptoren zu schließen. Bei *Noradrenalin* ist es weitaus schwieriger, eine dilatatorische Wirkung etwa unter α-Blockade nachzuweisen (Green et al., 1955). Eine sekundäre Dilatation bei Einzelinjektionen beschrieb Ross (1967). Die vermehrte Durchblutung nach Absetzen einer Dauerinfusion ist nach diesen Autoren stärker als einer vergleichbaren reaktiven Hyperämie entspricht, sie wird durch β-Blockade nicht völlig aufgehoben und soll auf einer Freisetzung des im Darmgebiet reichlich gespeicherten Dopamins beruhen. Dessen dilatatorische Wirkung ist am Intestinalkreislauf von Eble (1964) sowie Ross u. Brown (1967) näher untersucht. *Isoproterenol* hat eine stark dilatierende Wirkung (Green et al., 1955; Folkow et al., 1963; u.a.), die sich bis zu bereits für das Gesamttier letalen Dosen erstreckt. Der dilatatorische Effekt ist auch dann ausgeprägt, wenn unter Adrenalin kein escape-Phänomen auftritt, so daß ein solcher Ausfall nicht mit dem mangelnden Ansprechen der β-Receptoren erklärbar wird.

Neben der unterschiedlichen Wirkung auf die Gefäßmuskulatur von Adrenalin und Noradrenalin gegenüber Isoproterenol haben diese Katecholamine gemeinsam die starke Hemmung auf die Tätigkeit der Eingeweidemuskulatur. Diese Hemmwirkung beruht aber für α- bzw. β-adrenerge Substanzen auf einem verschiedenen Mechanismus (Anderson u. Mohme-Lundholm, 1969), sie ist weder allein durch α-, noch allein durch β-Receptorenblocker zu unterdrücken, wohl aber durch beide zusammen. Während die α-Receptoren vermutlich über die Veränderung der Ionenpermeabilität der Zellmembran wirken, soll der relaxierende Effekt der β-Receptoren über das cyclische Adenosinmonophosphat erfolgen. *Acetylcholin* vermag in niedrigen Konzentrationen den Gefäßtonus herabzusetzen. Bei höheren Dosen tritt eine Widerstandserhöhung auf, die z. T. auch durch die nun gesteigerte Darmmotilität bedingt ist (Boatman u. Brody, 1963; Scott u. Dabney, 1964; Texter et al., 1964). Ebenso treten unter *Histamin* neben Dilatation bei größeren Dosen Vasoconstrictionen auf, die deutliche Darmkontraktionen erkennen lassen. Für beide Substanzen ließ sich eine Unterdrückung von myogenen Reaktionen leicht nachweisen (Lutz, 1969). *Bradykinin* ähnelt in seiner Funktionsweise derjenigen der vorgenannten Substanzen, wieder wird die Gefäßerweiterung durch die Darmerregung begrenzt (Haddy et al., 1967). *Vasopressin* sowie *Angiotensin* entfalten am Intestinalkreislauf ihre bekannte constrictorische Wirkung (Barer, 1961), wobei Vasopressin heute durch das synthetische, wesentlich weniger antidiuretisch wirkende Octapressin ersetzt werden kann (Messmer u. Lange, 1969). Für *Serotonin* fällt der vasomotorische Effekt weniger einheitlich aus. Der hohe Gehalt innerhalb des Darmgebietes bezieht sich auf die chromaffinen Zellen der Darmwand. Neben der starken Wirkung auf die Darmmuskulatur hängt diejenige auf die Gefäße mit constrictorischer oder dilatatorischer Reaktion stark von Ausgangslage und dem jeweiligen Gefäßabschnitt ab (Haddy, 1960). Unter den *Prostaglandinen* erweist sich die $E_1$-Fraktion wie an anderen Gefäßbahnen als dilatierend; die $F_{2\alpha}$-Fraktion hat initial stark constrictorische Wirkung (Shehadeh et al., 1969; Henrich u. Lutz, 1971). Nach *Gastrin* konnten Burns u. Schenk (1969) einen 45%igen Anstieg der mesenterialen Durchblutung registrieren, nach *Sekretin* einen nahezu ebensogroßen.

*Glucagon* wirkt dilatatorisch, ohne daß dieser Effekt wie der kardiale Einfluß durch β-Receptorenblocker vermindert würde (Ross, 1970). Dies ist auffallend, da man ansonsten die Glucagonwirkung wie die des Isoproterenols in einer Förderung der Bildung von Adenylcyclase und damit der Vermehrung von cyclischen Adenosinmonophosphat sieht.

Die humorale Beeinflussung der Darmmuskulatur in situ kann besser noch als durch Messung des intraluminalen Druckes abgeschlossener Darmschlingen aus deren Compliance, also der Druck-Volumen-Beziehung des Darmrohres ermittelt werden (CHOU u. DABNEY, 1967), da sich beispielsweise eine Hemmung an einem nur schwach tätigen Darm am Innendruck kaum äußert.

## 7. Nervöse Regulation

Die sympathische Innervation des Intestinalbereiches erfolgt über einige prävertebrale Ganglien, von denen das paarige *Ggl. coeliacum* das weitaus größte ist. Hierhinein münden Bahnen des N. splanchnicus major, welcher fast ausschließlich präganglionäre Fasern (aus dem 6.—10. Thorakalsegment) führt. Lediglich in einigen eingestreuten Ganglienzellgruppen erfolgt bereits eine Umschaltung. Der N. splanchnicus minor (aus Th 11, z. T. auch Th 12) zieht zu einem caudaleren Teil des Ggl. coeliacum und mit einem zweiten Ast zur Niere. Zum Teil läßt sich auch noch ein dritter Splanchnicusstamm abtrennen: N. splanchnicus imus aus Th 12. Die postganglionären Fasern laufen großenteils längs der Stämme der A. coeliaca, weitere lateral zu Nebennieren und Nieren, jeweils einen Plexus bildend. Daran beteiligen sich auch Äste des *Ggl. mesentericum superius*, das im Anschluß an das Ggl. coeliacum und z. T. mit ihm verwachsen an der A. mesenterica sup. liegt und diese über einen gleichnamigen Plexus versorgt, ebenso den langgezogenen Plexus intermesentericus abgibt, welcher auch in Verbindung zum *Ggl. mesentericus inferius* steht. Dieses Ganglion, in welches präganglionär nur die unbedeutenden Rami splanchnici aus L 1 und L 2 einstrahlen, innerviert über einen entsprechenden Plexus insbesondere das Gebiet des Colon. Die beiden Nn. splanchnici lumbales, die zur Teilungsstelle der Aorta ziehen und durch Äste des lumbalen Grenzstranges verstärkt werden, haben nichts mehr mit der intestinalen Innervation zu tun, sondern bilden anschließend die Nn. hypogastrici, nachdem sie in Form des gemeinsamen N. praesacralis zusammen verlaufen sind. Der gesamte Komplex aus Ganglien und Nerven im Bereich zwischen A. coeliaca und A. mes. inf. wird unter dem Namen Plexus solaris zusammengefaßt.

Die afferenten Sympathicusfasern, welche etwa die Hälfte der in den peripheren vegetativen Nerven verlaufenden Bahnen umfassen, durchziehen die sympathischen Geflechte und den Grenzstrang und gelangen über die hinteren Wurzeln, nur zu einem geringen Teil auch die vorderen, ins Rückenmark. Die zugehörigen Nervenzellen liegen vor allem in den Spinalganglien, aber auch in den Grenzstrangganglien (ELZE, 1960). Im Rückenmark führen sie zu Synapsen mit Zellen der präganglionären efferenten Fasern oder sie enden an Nervenzellen der Hintersäulen, deren Neuriten in den Vorderseitenstrang einstrahlen und dort gehirnwärts ziehen. Sie vermitteln lediglich Schmerzempfindungen, während die übrigen Organempfindungen wie Übelkeit oder Stuhl- bzw. Harndrang im Parasympathicus geleitet werden.

Die parasympathische Innervation des Intestinalbereiches erfolgt bis hin zum Colon transversum aus dem Vagus, erst caudal davon schließt sich der sacrale Parasympathicus an. Die Grenze stimmt etwa mit derjenigen zwischen den Versorgungsgebieten der A. mesenterica sup. und inf. überein, caudal von ihr treten die Nn. pelvici aus den Segmenten S 2 bis S 5 an die restlichen Darmabschnitte heran. Das Ggl. coeliacum sowie die mesenterialen Ganglien werden von Vagusästen durchsetzt, die sich anschließend weitgehend an den Gefäßverlauf halten und zum Darm ziehen. Die Umschaltung auf die postganglionäre Bahn erfolgt in den submukösen oder intramuskulären Plexus, die darüber hinaus noch eine weitere Funktion haben als lediglich die einer Umschaltstelle. Sie stellen ein Reflexzentrum dar, welches die Darmtätigkeit im Sinne einer Automatie beeinflußt und auch am isolierten Darmstück Pendel- sowie peristaltische Bewegungen ermöglicht. Afferente Fasern steigen im N. vagus und in den Nn. pelvici auf, aus diesen treten sie mit den spinalen Hinterwurzelfasern der Sacralsegmente in das Rückenmark ein und münden in die Hintersäulen des Sacralmarks.

Die elektrische Reizung des peripheren N. splanchnicus führt entsprechend dessen großen Versorgungsgebietes zu weitreichenden Gefäßkontraktionen, bei denen auch eine Widerstandserhöhung durch das nachgeschaltete, ebenfalls mitbetroffene Portalgebiet erfolgt. Die Constriction der Intestinalgefäße aber überwiegt, so daß es primär zu einem Portaldruckabfall kommt (Hara, 1929), ein Effekt, der früher Anlaß zur Fehldeutung einer hepatischen Widerstandsverminderung geführt hat (Mautner, 1924). Bei einem sekundär zu beobachtenden Portaldruckanstieg kann die abklingende Constriction der portalen Lebergefäße zusammen mit einer poststimulatorischen Mehrdurchblutung des Intestinums zusammentreffen. Auch bei Untersuchungen über die sympathisch ausgelöste Entspeicherung und das auf diese Weise freiwerdende Blutvolumen handelt es sich um Summenwerte des gesamten Splanchnicusgebietes, die noch stark von Milz und Leber beeinflußt sind. Über den Volumenanteil des Intestinums s. S. 249. Bei $\alpha$-Receptorenblockade kommt es unter dem Reiz z.T. zu einer geringgradigen Mehrdurchblutung (Folkow et al., 1948; Deal u. Green, 1956), die sich durch Atropin nicht aufheben läßt und damit auch nicht durch cholinerge sympathische Fasern bedingt ist. Es handelt sich dabei vermutlich um die Erregung von $\beta$-Receptoren, die sonst überdeckt ist. Eine Erklärung des Effektes durch die sympathische Hemmung der Darmtätigkeit, die Folkow et al. (1948) anführten, wurde zumindest für die entsprechende Wirkung des Adrenalins von Ross (1967) abgelehnt, da eine derart ausgelöste Dilatation sich als unabhängig von der Darmmotilität erwies. Der Einfluß einer Hemmung der Darmmotilität bei sympathischer Reizung wurde von McGregor (1965) durch Perfusion des vom Darm abgetrennten Intestinums der Ratte ausgeschaltet. Es zeigte sich, daß der constrictorische Effekt einer postganglionären Sympathicusreizung entweder infolge des verschiedenen Ortes oder der Art der Transmitterfreisetzung nicht ganz durch exogenes Noradrenalin reproduziert werden kann. So vermochte nur eine vorausgegangene sympathische Reizung den Effekt weiterer Nervenreize oder humoraler, durch Noradrenalin oder Angiotensin ausgelöster Kontraktionen zu steigern; diese humoralen Substanzen hatten dagegen umgekehrt auf die Höhe der nerval bedingten Kontraktionen keinen Einfluß.

Im Gegensatz zur sympathischen ist die efferente parasympathische Reizung ohne deutlichen Einfluß auf die Intestinaldurchblutung (Bayliss u. Starling, 1899; Bayliss, 1923). Im Unterschied zu der Wirkung an anderen Gefäßabschnitten (Abrahams et al., 1960) ließ sich auch bei medullärer Reizung kein Areal feststellen, das eine intestinale Vasodilatation hervorgerufen hätte (Lindgren u. Uvnäs, 1953). Eine derartige Reaktion kann allerdings durch eine sympathische Hemmung ausgelöst werden, welche bei Reizung der vorderen Abschnitte des Hypothalamus (Folkow et al., 1959) eintritt. Dabei konnte auch eine Erregung vagaler efferenter Fasern, die zum Herzen führen, nachgewiesen werden.

Lediglich indirekt durch Erhöhung der Sekretionstätigkeit und der Darmmotilität besteht ein Einfluß auf die Durchblutung. Im Gegensatz zu Befunden bei Erhöhung der Darmwandspannung fanden Sidky u. Bean (1958) sowie Price et al. (1969) unter angeregter rhythmischer Tätigkeit der Darmmuskulatur eine Mehrdurchblutung. Erst extensive Muskelkontraktionen bewirken Gefäßwiderstandszunahmen (Boatman u. Brody, 1963; Scott u. Dabney, 1964). Die von verschiedenartigen Receptoren des Splanchnicusgebietes ausgehenden und großenteils auf dieses rückwirkenden Reflexe sind in der weiteren Folge an gesondertem Platz behandelt.

## II. Magen

### 1. Anatomische Übersicht

Der Magen stellt durch seine vielfältige Blutversorgung an die kreislaufmäßige Untersuchungstechnik besondere Anforderungen. Der arterielle Zufluß erfolgt zum größten Teil über zwei Gefäßbögen. An der kleinen Kurvatur sind es die A. gastrica sinistra (als bedeutendster Stamm überhaupt) und die A. gastrica dextra (aus der A. hepatica propria bzw. gastroduodenalis), welche eine Arkade bilden. Die große Kurvatur wird von der A. gastro-epiploica sinistra aus der A. lienalis und der A. gastro-epiploica dextra (aus der A. gastro-duodenalis) versorgt; die rechtsseitigen Magengefäße aus der Leberarterie verfälschen leicht bei fehlender Unterbindung direkt gewonnene Angaben über die Leberdurchblutung. Schließlich sind kurze Aa. gastricae breves aus der A. linealis und Rami oesophagicae der A. gastrica sin. zu nennen, aus denen weitere Zuflüsse bestehen. Das venöse Blut sammelt sich in der V. coronaria ventriculi, den Vv. gastroepiploicae sowie Vv. gastricae breves und gelangt direkt oder indirekt zur Pfortader mit der bekannten, bei Stauung zusätzlich wirksamen extraportalen Abflußmöglichkeit über den Plexus oesophagicus.

Eine wesentliche Aufteilung der Arterien erfolgt in der Submucosa. Während die Mucosa-Arterien früher als Endarterien für jeweils einen umgrenzten Schleimhautbezirk angesehen wurden (DISSE, 1904), läßt sich diese Anschauung heute nicht mehr aufrechterhalten (BARLOW et al., 1951). Im Bereich der Muscularis mucosae liegen Verbindungsäste von etwa 50 µ Durchmesser, weiterhin ergeben sich an Brückengefäßen gemeinsame Versorgungen. An der kleinen Kurvatur fällt die geringere Verzweigung submucöser Plexus auf, hier entstammen die Mucosa-Arterien im wesentlichen bereits aus der äußeren Muskelschicht, was man mit der Entstehung von Ulcera an dieser disponierten Gegend in Zusammenhang gebracht hat. Das Fehlen von Zotten und ihrer Gefäße mit entsprechendem Ausbleiben von Diffusionskurzschlüssen im Gegensatz zum Intestinum wurde schon S. 235 erwähnt. Arteriovenöse Anastomosen sind, außer durch morphologische Untersuchung, auch mit markierten Partikeln nachgewiesen worden. Ihr Durchfluß in Ruhe wird mit 5% (WALDER, 1952), von DELANEY u. GRIM (1964) allerdings nur mit 1—2% der Magendurchblutung angegeben. Der wirksame Anteil soll mit einer Vasoconstriction eher zunehmen, was für eine Umleitung der herangeführten Blutmenge sprechen würde. Demnach wären die von zahlreichen Morphologen in der Submucosa beschriebenen Strukturen in etwa konstantem Ausmaß geöffnet und ließen je nach Gefäßtonus der Mucosagefäße einen kleineren, bei deren Constriction einen größeren Blutanteil durch.

### 2. Durchblutung

Für die Gesamtdurchblutung des Magens ergibt sich aus Perfusionsversuchen von JACOBSON et al. (1962) am Hund bei einem Druck von 120 mm Hg eine Größe von 4,1 ml/min·kg Körpergewicht; indirekt aus der $^{42}$K-Verteilung bei Versuchen von SAPIRSTEIN (1958) 4,3 ml/min·kg, nach DELANEY u. GRIM (1964) 3,2—3,8 ml/min·kg. Auf das Gramm Gewebe bezogen findet man 0,37 ml/min·g (SALMON et al., 1959), bei Umrechnung auf einen Blutdruck von 120 mm Hg entsprechen dem auch Werte von BURTON-OPITZ (1910), wobei allerdings die (finalen) Magengewichte nach diesen Autoren mit 1,6% des Körpergewichtes um über das 2fache zu hoch liegen. Aus Angaben von DELANEY u. GRIM (1964) resultieren etwa 0,5 ml/min·g. Berechnet pro kg Körpergewicht bei etwa 0,6—0,7 % Magenanteil sind das 3—3,5 ml/min·kg. Für operierte Magentaschen die am eingehendsten auf das Sekretions-Durchblutungs-Verhältnis untersucht sind, ergibt sich als Ruhedurchblutung mit 1 ml/min·g ein doppelt so hoher Betrag (Jacobson et al., 1966a), was aber nicht für den gesamten Magen zutreffen dürfte.

Eine Aufgliederung bezüglich des Anteils der Mucosa ist bei gleichzeitiger Anwendung eines Clearance-Verfahrens (z.B. mittels Basen wie Aminopyrin [Shore et al., 1957] oder einer postmortalen Untersuchung der Verteilung von $^{42}$K [Sapirstein, 1958]) möglich. Auf diese Weise sind Werte zwischen $^1/_2$—$^2/_3$ der Gesamtdurchblutung ermittelt worden, die nach Swan u. Jacobson (1967) weitgehend mit dem jeweiligen Sekretionszustand parallel laufen und beim wachen Tier unter Gastrininfusion auf etwa 60% ansteigen. Delaney u. Grim (1964) haben die Durchblutungsanteile weiter aufgegliedert und kommen für die Mucosa auf 72%, die Submucosa auf 13% und die Muscularis auf 15%. Dabei ergeben sich für die Mucosadurchblutung 0,91 ml/min·g Gewebe, für die Susbmucosa 0,42 und für die Muscularis 0,26 ml/min·g.

Die Gesamtdurchblutung scheint nur teilweise einer sekretorischen Mehrleistung zu folgen, sie hat oft schon ihren Gipfel überschritten, wenn die histaminbedingte Sekretion weiter anhält oder noch ansteigt. Nur größere Histamindosen, die bereits sehr stark sekretorisch wirken, lassen die Gesamtdurchblutung zunehmen. Es kann also die direkte Gefäßwirkung und die Sekretionsförderung des Histamins unterschieden werden, insbesondere läßt sich unter gleichzeitiger Gabe von Vasopressin die Durchblutung erheblich vermindern, während die Sekretion größer als unter der Kontrollbedingung bleibt (Jacobson et al., 1966a). Die *Gesamt*durchblutung kann unter einem Anstieg der Mucosastromstärke nahezu konstant bleiben (Jacobson et al., 1966a) — entsprechend mit ansteigen, so daß die Mucosadurchblutung immer einer konstanten Fraktion entspricht (Moody, 1966) — oder nur um den Betrag zunehmen, der der Vermehrung der Mucosadurchströmung entspricht (Harper et al., 1968). Der restliche Anteil der Durchblutung wird im ersten Fall zurückgehen, im zweiten zunehmen und im dritten Beispiel konstant bleiben. Dagegen ist die Korrelation zwischen der *Mucosa*durchblutung und der etwa histaminbedingten Sekretionsleistung ein wesentlich engerer. Das Polypeptid Gastrin läßt ebenfalls mit der Sekretion die Mucosadurchblutung ansteigen, sie kann jedoch auch hier ein Maximum erreichen, wenn die Sekretionsleistung noch weiter ansteigt. Die Gesamtdurchblutung soll dabei im Gegensatz zur Histaminanwendung selbst von großen Dosen nicht signifikant beeinflußt werden (Swan u. Jacobson, 1967, vgl. aber die Gastrinwirkung auf die mesenteriale Durchblutung, S. 250).

## 3. Humorale Beeinflussung

Eine weitere humorale Einwirkung auf den Magen erfolgt in der Weise, daß *Adrenalin* und *Noradrenalin* neben ihrer constrictorischen Wirkung auf die Gefäße auch vermutlich eine spezielle Sekretionshemmung ausüben (Pradhan u. Wingate, 1962). Eine dilatierende Wirkung für Adrenalin ist nach Thomson u. Vane (1953), Cumming et al. (1963) sowie Delaney u. Grim (1964) nachweisbar. Zum Teil ist die beschriebene Durchblutungsförderung allerdings durch den resultierenden Blutdruckanstieg zu erklären. Die sekretionshemmende Wirkung von

Adrenalin und Noradrenalin wurde lange Zeit sehr widersprüchlich beschrieben (CODE, 1951). Dies ist aber erklärlich, wenn man bedenkt, daß nahezu stets eine Einwirkung dieser Substanzen auf das Gesamttier erfolgte, dazu in unterschiedlichen Dosen. Dennoch überwogen schließlich die Befunde mit Hemmung, die teilweise nur auf die Constriction (FORREST u. CODE, 1954b), dann aber auf eine spezifische Wirkung zurückgeführt wurden (HARRIES, 1956; PRADHAN u. WINGATE, 1962). Auch soll eine Hemmung der parasympathisch induzierten Sekretion wesentlich stärker sein als die der histamininduzierten (LINDE, 1950; BABKIN et al., 1944). *Isoproterenol* hemmt ebenfalls die Magensekretion trotz seiner sonst gefäßdilatatorischen Wirkung, das Ausmaß der Hemmung wird teilweise als schwächer (HARRIES, 1957), teils als stärker (PRADHAN u. WINGATE, 1962) gegenüber der von Adrenalin und Noradrenalin angegeben. Die entsprechende Gefäßwirkung am Magen ist seither erst wenig untersucht (DEMLING et al., 1963; JACOBSON et al., 1966b). *Acetylcholin* erhöht neben seiner sekretionsfördernden Wirkung auch die Durchblutung (NECHELES et al., 1936a, b; JACOBSON, 1963), die Kopplung beider Effekte ist ebenso schwer zu trennen wie für Histamin. Für *Bradykinin* ist, auf gleiche gewichtsmäßige Konzentration bezogen, eine mindestens ebenso starke, aber länger anhaltende dilatatorische Wirkung wie für *Histamin* beschrieben (JACOBSON, 1964). Dagegen ergibt sich für *Serotonin* kein einheitlicher Einfluß (NICOLOFF, 1936; HAVERBACK et al., 1958; SCHMID u. KINZLMEIER, 1959). Die stark constrictorische Wirkung von *Vasopressin* wird therapeutisch bei Oesophagusvaricenblutungen nutzbar gemacht (KEHNE et al., 1956; SHERLOCK, 1960); das synthetische Derivat Octapressin wurde beim Intestinalkreislauf bereits genannt.

Unter *Prostaglandin $E_1$*, das dilatierend wirkt, ist die Magensekretion vermindert (ROBERT et al., 1967; CLASSEN et al., 1970). Ob die Magendurchblutung durch die gleichzeitig auftretende Reduktion der Schlagvolumens und des Blutdrucks beeinflußt wird, ist unklar. Im Vordergrund steht eine Deutung der Sekretionshemmung über eine verminderte Bildung von cyclischem Adenosinmonophosphat (ROBERT et al., 1967). *Sekretin* konnte in Versuchen von DELANEY u. GRIM (1965) die Magendurchblutung nicht signifikant steigern. Der Einfluß von *Gastrin* ist bereits bei der Durchblutung behandelt.

## 4. Nervöse Regulation

Die Innervation des Magens erfolgt über sympathische Fasern aus dem Plexus coeliacus (Th 6—9) sowie Vagusfasern, die in einen vorderen und hinteren, nicht einheitlich akzeptierten Plexus gastricus an der kleinen Kurvatur einstrahlen und sich mit dem Plexus coeliacus verbinden. Über das Auftreten sympathischer Fasern im Verlauf des N. vagus s. u. Afferente Nervenfasern aus dem Magengebiet sind im Sympathicus sowohl wie im Vagus, z. T. auch im N. phrenicus enthalten. Die intramuralen Plexus, die im gesamten alimentären Trakt vom Oesophagus bis zum Rectum vorkommen, sind am Magenausgang und Ileum am dichtesten, entsprechend ist dort auch der Reichtum an Ganglienzellen insbesondere in der Submucosa (MEISSNER), aber auch zwischen zirkulärer und longitudinaler Muskelschicht (AUERBACH) am höchsten. Für den Magen ist darüber hinaus auch noch ein subseröser Plexus beschrieben.

Während die constrictorische Wirkung einer Sympathicusreizung deutlich ist (Burton-Opitz, 1910; Baxter, 1934; Thomson u. Vane, 1953; Peter et al., 1963), ist ein Durchblutungsanstieg nach Sympathektomie und seine Dauer fragwürdiger, da vom zuvor herrschenden Sympathotonus abhängig. Die Blutfülle der Mucosa unmittelbar nach Sympathektomie wurde größer gefunden als bei Kontrollen (Arabehety et al., 1959). Nach vollständiger Sympathektomie, einschließlich Aufhebung der nervösen Versorgung der Nebennieren, steigt im chronischen Versuch die Magensaftsekretion an (Oberhelman et al., 1951), was auf einen verminderten Blutkatecholaminspiegel, z.T. auch auf die nunmehr geringere Insulintoleranz zurückgeführt wird (Forrest u. Code, 1954a). Insulinbedingte Hypoglykämie wirkt vermutlich über vagale Reizung sekretionsfördernd (Boehnheim, 1930; Jemerin et al., 1943). In der Folge einer nur postganglionären Sympathektomie konnten Brown (1933) sowie Heslop (1938) und Forrest u. Code (1954a) keine eindeutige Sekretionssteigerung feststellen.

Der Effekt einer Vagusreizung auf die Durchblutung ist wenig überzeugend (Peter et al., 1963; Burton-Opitz, 1910), eher bei Vagotomie neben der Verminderung der Sekretion ein gewisser Rückgang der Durchströmung bzw. der Blutfülle in der Mucosa (Nylander u. Olerud, 1961). Der Tonus der Magenwandmuskulatur wird durch Vagusreize erhöht, dabei liegt die Reizschwelle jedoch etwas höher als für die chronotrope Wirkung am Herzen (Martinson u. Muren, 1963). Starke Reizung ließ den Effekt wieder deutlich abnehmen, was auf eine Mitreizung sympathischer, innerhalb des N. vagus verlaufender Fasern zurückgeführt wurde (s. auch Harrison u. McSwiney, 1936), wofür auch spricht, daß diese Hemmung durch Atropin verstärkt und nach Untersuchungen von Greeff u. Holtz (1956a, b) durch Dihydroergotamin aufgehoben wird. Entsprechend sollen Faserstärke und Leitungsgeschwindigkeit in der Reihenfolge kardiale Fasern — excitatorische Fasern — inhibitorische Fasern im N. vagus abnehmen. Unter einer vagalen Reizung soll es auch zu einer lokalen Freisetzung von Prostaglandinen kommen (Coceani et al., 1967), die teilweise wieder selbst hemmend auf die Sekretion einwirken. Eine durch Reizung des hinteren Hypothalamus ausgelöste Sekretions- und Durchblutungssteigerung bleibt nach Vagusdurchtrennung aus (Leonard, 1962). Hirschowitz u. Sachs (1965) beschrieben eine zentrale Vaguserregung mit sekretorischer Wirkung auf den Magen durch i.v. Verabfolgung von 2-deoxy-D-glucose. Erst unter einer totalen Denervation des Magens zeigt sich, wie stark durch Gefäßautonomie, intramurale Ganglien und humorale Steuerung die Tätigkeit funktionell ausreichend aufrechterhalten werden kann.

## 5. Gefäßreaktionen

Gefäßreaktionen sind am Magenkreislauf nur schwer zu untersuchen. In Perfusionsversuchen haben Jacobson et al. (1962) keine Autoregulation nachweisen können. Da nur eine der zuführenden Arterien perfundiert wurde, stellte möglicherweise die Unterbindung aller übrigen Gefäße ein zu großes Trauma dar oder die nur indirekt versorgten Stromgebiete boten für die Reaktion ein Hindernis. Günstiger wirkt sich eine Perfusion der A. coeliaca aus, wobei nach Unterbindung der A. hepatica propria und Ligaturen in Richtung Duodenum, Oesophagus und Milz zumindest 3 Hauptarterien eine isolierte Magenzirkulation besorgen. Unter dieser Bedingung ließen sich eindeutige veno-vasomotorische Reaktionen nachweisen (LUTZ u. BIESTER, 1971), die allerdings, verglichen mit der starken Ausprägung an Milz und Intestinum, etwas zurückstanden. Es kam daneben zu einer Autoregulation, wenn auch häufig in der latenten Form (vgl. S. 233).

## III. Pankreas

### 1. Anatomische Übersicht

Für das Pankreas erfolgt die *Blutversorgung* über die A. pancreatica duodenalis sup. (aus der A. gastro-duodenalis) und inferior (aus der A. mesenterica sup.), das Organ liegt also zwischen den Versorgungsgebieten der beiden Stämme A. coeliaca und mesenterica. Der Schwanz und obere Rand wird von Rami pancreatici aus der A. lienalis versorgt. Der venöse Abfluß geschieht über die Vv. pancreatico duodenales sup. und inf., welche die beiden obengenannten Arterien bis zum Abgang in die Pfortader begleiten, sowie auch durch entsprechende Venae pancreaticae, die zur V. lienalis ziehen. Für die nervöse Versorgung strahlen Fasern aus dem Ganglion coeliacum ohne deutliche Stamm- oder Plexusbildung ein, teils zusammen mit Fasern aus dem Plexus hepaticus und lienalis. Dazu kommen markhaltige Fasern des N. vagus, die vom Magen und Duodenum her an das Organ herantreten.

Über im Gegensatz zur parasympathischen Nervenversorgung von Hund und Katze bei Schwein, Pferd und Mensch vorhandene, stärker ausgeprägte cholinesteraseaktive Strukturen berichteten COMLINE et al. (1964), was einige der für das Schwein weiter unten angeführte Befunde verständlich machen könnte.

Bei Schwein, Rind und Kaninchen mündet der Ductus pancreaticus getrennt vom D. choledochus in das Duodenum und erleichtert damit etwas die Sekretionsstudien, während bei Mensch, Affe und Katze die beiden Gänge gemeinsam in der Vaterschen Papille münden, außerdem noch ein akzessorischer Ausführungsgang besteht, der beim Hund seine Lage mit dem Hauptausführungsgang vertauscht (MANN, 1920).

### 2. Durchblutung

Noch weniger als der Magen ist das Pankreas für hämodynamische Untersuchungen zugänglich. Hier haben erst die indirekten Methoden über die Gesamtdurchblutung Aufschluß gegeben, während direkte Messungen, soweit sie sich auf ein bestimmtes Gewicht beziehen ließen, die Blutdrainage nur eines bestimmten Anteils erfaßten, so etwa die Hälfte (BENNETT u. STILL, 1933), für die sich dann eine Ruhedurchblutung von 0,5—0,6 ml/min·g errechnen läßt. Die älteren, direkt gewonnenen Werte von BURTON-OPITZ (1912) ergeben 0,8 ml/min·g für etwa $^2/_3$ des Organs und auch im Vergleich zu den sonstigen, vom gleichen Autor gewonnenen Werte (Darm 0,31; Milz 0,58; Leber 0,84 ml/min·g) eine relativ hohe Durchblutung. Auch bei den indirekten Bestimmungsmethoden liegt die lokale Durchblutung ($^{42}$K-Verteilung; SAPIRSTEIN, 1958) mit 1,0 ml/min·g teilweise sehr hoch. Auf das Körpergewicht bezogen entspricht dies bei 0,27% Organanteil am Körpergewicht einer Durchblutung von 2,7 ml/min·kg. DELANEY u. GRIM (1969) haben mit der gleichen Technik an einem größeren Tiermaterial (ebenfalls Hunde) Werte von 0,61 ml/min·g gefunden, bei grober Entfernung von anhängendem Fett und größeren Gefäßen betrug der Organanteil am Körpergewicht 0,19% und ergibt eine Durchblutung von 1,16 ml/min·kg Körpergewicht. Der Anteil am Herzminutenvolumen lag mit 0,65% mehr als 3mal so hoch wie dem Gewichtsanteil am Körpergewicht entspricht. Aus einer Wasserstoff-Clearance ermittelten AUME u. SEMB (1969) 0,73 ml/min·g als lokale Durchblutung; diese Autoren fanden eine deutliche Durchblutungsverminderung unter dem Einfluß einer Barbituratnarkose.

### 3. Humorale Beeinflussung

Über die Änderung der Durchblutung unter dem Einfluß humoraler, körpereigener Substanzen liegen durch die indirekten Methoden zwar klare Ergebnisse vor, die aber auch unter beträchtlichen Variationen am Gesamtkreislauf gewonnen wurden und somit nicht die aktive Gefäßkomponente allein (vgl. S. 229) beinhalten. So erhöht in Versuchen von Delaney u. Grim (1966) *Noradrenalin* scheinbar die lokale Durchblutung, da aber der Blutdruck beträchtlich ansteigt und sich nur ein momentaner Wert festhalten läßt, kann dies nicht gewertet werden. Barlow et al. (1965) haben mit direkter Methode eine biphasische Variation der Durchblutung gefunden. Für *Adrenalin* beschrieben Delaney u. Grim trotz Blutdruckanstieg einen Rückgang der Durchblutung von mehr als 40%, was einer noch erheblich stärkeren Vasoconstriction entspricht. Dabei fällt der Gegensatz zu einer mit gleicher Technik und Dosis am Magen von diesen Autoren beobachteten Durchblutungssteigerung auf. Die Constriction geht einher mit einer starken Hemmung der Pankreassekretion (Mann u. McLachlin, 1917; Barlow et al., 1965). Daß eine solche Sekretionshemmung auch unabhängig von der Vasoconstriction auftritt, konnte Hubel (1970) am nur äußerlich, in vitro durch Diffusion versorgten Pankreas des Kaninchens (Rothman, 1965) unter Katecholaminzufuhr nachweisen.

Eine Relation zwischen Durchblutung und Sekretion kann heute trotz möglicher Ausnahmen als gegeben angesehen werden. Obgleich noch in früheren Übersichten (Tankel u. Hollander, 1957; Grim, 1963) diese Beziehung bis auf den Grundsatz abgelehnt wurde, daß eine minimale Durchblutung für eine sekretorische Tätigkeit Voraussetzung sei, bejaht Jacobson (1967) u.a. aufgrund der Analogie zur Magenmucosa eine solche Beziehung. Einwände, die lange Zeit durch die Eingriffe der Durchblutungs- und Sekretionsmessung gegeben waren, entfallen bei der indirekten Messung, und diese erwies deutlich die Mehrdurchblutung unter *Sekretin*. Es bleibt lediglich — wie an anderen sekretorischen Organen — die Frage nach zwei unabhängigen Effekten oder einer (u.U. metabolischen) Rückwirkung (Harper, 1967). Unter Sekretin ließ sich eine 50%ige Steigerung der Durchblutung gegenüber Kontrolltieren erzielen (Delaney u. Grim, 1966). Dieser unter indirekter Messung erhobene Befund konnte auch unter elektromagnetischer Durchflußmessung an der A. pancreatico-duodenalis inf. in annähernder Höhe erhoben werden (Dorigotti u. Glässer, 1968); die erforderlichen Dosen lagen dabei allerdings wesentlich über den sekretionsauslösenden. Der Nachweis einer Durchblutungsvermehrung unter *Pankreozymin* war von den gleichen Autoren ebenfalls mit direkter Durchblutungsmessung zu gewinnen. Hier lagen die Schwellen für die Sekretionsauslösung und die Vasodilatation dichter beisammen. Bei einer Stimulierung durch das Gewebshormon Pankreozymin oder durch Acetylcholin kann auch an einen koppelnden Mechanismus über das im Pankreas (wie in der Submaxillardrüse) dabei produzierte, indirekt dilatierend wirkende Kallikrein und über eine Bradykininbildung gedacht werden (Hilton u. Jones, 1963; Lewis, 1967).

Mit *Vasopressin* wurde von Delaney u. Grim (1966) die stärkste überhaupt beobachtete Durchströmungsverminderung erzielt. Für *Histamin* ließ sich — im Gegensatz zur Wirkung am Magen — keine signifikante Stromstärkeerhöhung nachweisen (Hickson, 1970). Lediglich am Schwein wurde eine Durchblutungsförderung von letzteren Autoren nach *Bradykinin* beobachtet.

## 4. Nervöse Regulation

Über die Durchblutungsminderung unter einer Sympathicusreizung besteht seit BURTON-OPITZ (1912) kein Zweifel, desgleichen nicht an einer Sekretionshemmung (ANREP, 1916; GAYET u. GUILLAUME, 1930; HARPER u. VASS, 1941). Dagegen sind für Vagusreiz Zunahme (GAYET u. GUILLAUME, 1930; KUZNETSOVA, 1963), früher vereinzelt aber auch mangelnder Einfluß auf die Durchblutung (ANREP, 1916) beschrieben worden. Lediglich am Schwein erscheint der Effekt völlig eindeutig durchblutungssteigernd (HICKSON, 1970). Der Einfluß einer Vagusreizung auf das bereits sekretinstimulierte Organ besteht bei Hund und Katze (HARPER u. VASS, 1943; BROWN et al., 1963) lediglich in einer Zunahme des Fermentgehaltes ohne Vermehrung der Flüssigkeits- oder Elektrolytmenge, beim Schwein nimmt selbst ohne Sekretingabe auch die Sekretionsmenge erheblich zu. Im Gegensatz zur Gefäßwirkung einer Acetylcholinverabreichung ist deren Sekretionswirkung genauer beschrieben: neben einer wechselhaften Steigerung der Sekretionsmenge erhöht sich besonders der Enzymgehalt, beim Hund im Gegensatz zum Schwein ist erstere Wirkung jedoch schwächer ausgeprägt (HICKSON, 1970; MAGEE, 1965). Häufiger wurden stabilere Parasympathicomimetica untersucht, wobei insbesondere eine Sekretionssteigerung bei gleichzeitiger Gabe von Sekretin sowie ein Anstieg im Enzymgehalt in Erscheinung trat (COMFORT u. OSTERBERG, 1940; MAGEE, 1963; KYLE, 1950; JUNQUEIRA, 1958). Der Effekt einer Vagusreizung am Pankreas des Schweins läßt sich im Gegensatz zu einer Wirkung von Acetylcholin durch Atropin nicht unterdrücken, was HICKSON (1970) auf besondere parasympathische Ganglienzellen zurückgeführt hat, ohne daß deren Funktion genauer geklärt wäre.

Aus der Gruppe von WHITE u. MAGEE (1960, 1963) wurde eine nervöse Kopplung der Tätigkeit von Magen und Pankreas in der Weise beschrieben, daß eine Dehnung des Fundus die Ruhesekretion sowie sekretinstimulierte Tätigkeit erhöhe, was nach Nervendurchschneidung unterbleibe und als gastropankreatischer Reflex bezeichnet wurde. Eine Bestätigung dieser Befunde steht noch aus; neben der mannigfaltigen humoralen Kopplung kann eine nervöse noch zur Seite stehen, zumal auch der sekretorische Effekt auf Peptonlösungen und HCl nach Vagotomie (CRIDER u. THOMAS, 1944) zurückgehen soll. Trotz allem kann die Pankreasfunktion, wie die anderer Intestinalorgane, in bemerkenswerter Vollkommenheit noch nach völliger Denervation aufrechterhalten werden, wenn auch die cephalische und z.T. die gastrische Phase der Tätigkeit an intakte Nerven gebunden sind. — Über Gefäßreaktionen liegen entsprechend der eingangs erwähnten schwierigen Präparation einer kompletten, isolierten Versorgung keine Ergebnisse vor, so daß man hier weitgehend auf Analogieschlüsse gegenüber anderen intestinalen Organen angewiesen ist.

# IV. Milz

## 1. Anatomische Übersicht

Der Gefäßbau der Milz besitzt zahlreiche Eigentümlichkeiten, die in einigen ausführlichen morphologischen Übersichten besonders gewürdigt sind und daher hier nur knapp erwähnt werden (v. HERRATH, 1953; TISCHENDORF, 1956, 1969; LENNERT u. HARMS, 1970).

Während die A. lienalis bei den Nichtsäugern fast ausschließlich dieses Organ versorgt, übernimmt sie bei den Säugern auch die Blutzuführung zu Abschnitten des Magens, des Omentum majus und teilweise des Pankreas. Im letzteren Falle entsteht die zerstreute Form, die mit meist zwei Ästen in die Milz dringt und für Mensch, Karnivoren und Ratte typisch ist, während Kaninchen, Schwein, Rind und Pferd die konzentrierte Form mit nur einem Hauptast und getrennter Pankreasversorgung aufweisen. Der Funktion nach ist wiederum zwischen der Speichermilz etwa von Pferd, Hund und Katze gegenüber der Stoffwechselmilz von Mensch und Kaninchen zu unterscheiden, bei ersterer überwiegt das Reticulum der roten Pulpa bei kräftig ausgebildeter Trabekelmuskulatur und höherem relativen Milzgewicht (> 0,25% des Körpergewichtes). Bei der Stoffwechselmilz spielt das Abwehrsystem

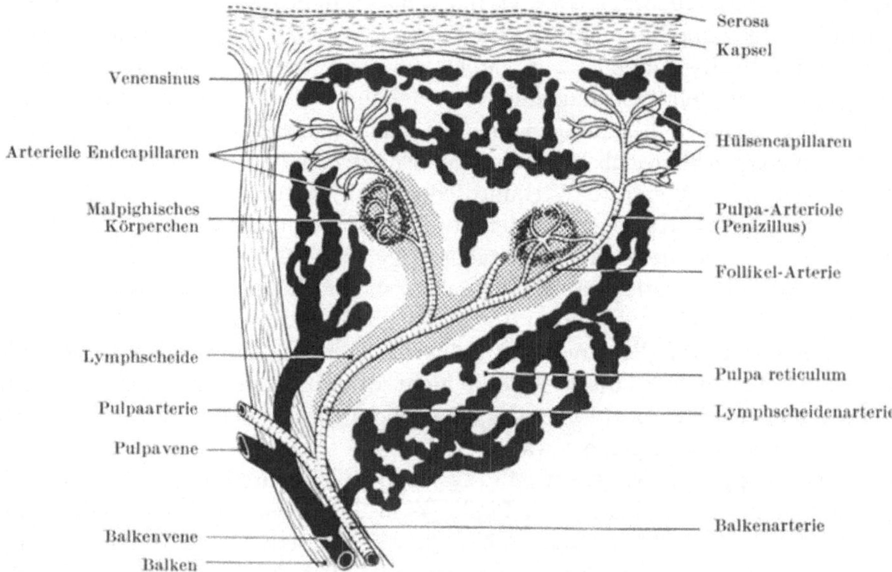


Abb. 5. Der Gefäßbau der Milz. Punktiert: weiße Pulpa; weiß: Reticulumanteil der roten Pulpa; schwarz: Sinusanteil der roten Pulpa. [Nach Tischendorf: Handbuch der Zoologie, VIII, 5 (2). Berlin: W. de Gruyter 1956]

mit dem Lymphgewebe der weißen Pulpa eine besondere Rolle, der Gewichtsanteil liegt meist unter 0,2%. In Verbindung mit den Trabekeln treten die Balkenarterien in das Organ ein und teilen sich in die Pulpaarterien und Follikelarterien auf (Abb. 5). Letztere ziehen von lymphatischem Gewebe umgeben als Lymphscheidenarterien in die weiße Pulpa. Die dort liegenden Lymphfollikel sind keine dauerhaften Bildungen und bedingen mit ihrer Entwicklung auch eine entsprechende Neubildung von Gefäßen. An die Follikelarterien schließen sich vielfach aufzweigende Pinselarterien an, daraufhin kommt es in den Hülsenarterien bzw. -capillaren zu dem engsten Abschnitt der arteriellen Strombahn. Deren ellipsoide Umhüllungen bestehen aus modifizierten Reticulumzellen, deren Bedeutung man als Filtrierapparat, Wachstumszentren oder in einer aktiv-kreislaufregulatorischen Funktion gesehen hat (Tischendorf, 1956). Es schließen sich Endcapillaren an, welche teilweise in das Reticulum der roten Pulpa einmünden, teils sich in Venensinus, Pulpa- und Balkenvenen sammeln.

Über die Form der Milzdurchströmung bestehen seit langer Zeit unterschiedliche Vorstellungen. Auf der einen Seite wurde ein geschlossener Kreislauf postuliert mit einheitlichen, über Capillaren bzw. endothelial ausgekleideten Verbindungen (Billroth, 1882; Knisely, 1936), andererseits ein offener: die Gefäße münden in die Pulpastränge, die Blutzellen treten gewissermaßen in den extracellulären Raum über (ROBINSON, 1926; MACKENZIE et al., 1941). Heute bahnt sich ein Kompromiß insofern an, als beide Formen vereinigt vorkommen. Neben den mehr unmittelbaren Verbindungen durch die Sinus der roten Pulpa münden Gefäße in das Reticulum der Pulpastränge, von wo aus intakte Erythrocyten durch Poren in die Sinus übertreten (WEISS, 1963; STUTTE, 1970). Die Anteile von Sinus, Pulpasträngen und arteriellen Gefäßen in der roten Pulpa betragen beim Menschen etwa 36, 62 und 2%.

Die Innervation der Milz erfolgt über sympathische Fasern, welche vornehmlich aus dem linken Plexus coeliacus in Begleitung der Gefäße in das Organ gelangen, nachdem es bei den meisten Species zu der Bildung eines eigenen Plexus lienalis gekommen ist. Nur wenige Fasern treten unmittelbar durch die Kapsel ein. Auch nach dem Ganglion coeliacum soll es im Verlauf der zur Milz ziehenden Nervenfasern eingestreute Ganglienzellen geben, in denen die Umschaltung auf das postganglionäre Neuron erfolgt (KUNTZ u. JACOBS, 1955; DALY u. SCOTT, 1961). Eine parasympathische Versorgung erfolgt nicht, entsprechende Fasern scheinen lediglich an der Milz vorbei zum Pankreas zu führen (GLASER, 1928), innerhalb der Milz haben sich keine entsprechenden Ganglienzellen (UTTERBACK, 1944) bzw. cholinerge Nervenendigungen (THOENEN et al., 1966; FILLENZ, 1966) nachweisen lassen.

## 2. Durchblutung

Der Bezug der Ruhedurchblutung der Milz erfolgt am besten auf das Körpergewicht, da die Angabe des Milzgewichtes ebenso wie die des Lebergewichtes je nach Blutfülle extrem starken Schwankungen unterliegt. Aus Werten von BURTON-OPITZ (1909) errechnet sich für den Hund eine Größe von 2,7 ml/min·kg Kgw, nach OTTIS et al. (1957) allerdings nur 1,52, nach SAPIRSTEIN (1958) schließlich 2,2 ml/min·kg. Werte, die GRINDLAY et al. (1939) mittels der Thermostromuhr gewonnen haben, liegen nach Umrechnung auf das Körpergewicht bei 5,2 ml/min·kg. Aus Angaben von SATO et al. (1968) ergibt sich eine Größe von 5,6 ml/min·kg, aus solchen für den Rhesusaffen nach FORSYTH et al. (1968) 5,2 ml/min·kg. GREENWAY et al. (1968) fanden für die Katze Werte, die mit 10 ml/min·kg wesentlich höher liegen. Dabei mag der Barbituratnarkose (s. S. 262) und dem hohen mittleren Blutdruck (141 mm Hg) eine wesentliche Rolle zukommen. Den von GRIM (1963) zusammengestellten Werten entspricht eine Größe von 3,3 ml/min·kg, wenn man aus dem angegebenen Grund auf einen Bezug auf das Milzgewicht verzichtet und sie auf das Körpergewicht der Hunde bezieht. Mit radioaktiven Mikrosphären bestimmte Werte lassen für das Kaninchen (NEUTZE et al., 1968) 3,86 ml/min·kg sowie für den Hund 3,9 ml/min·kg (KAIHARA et al., 1969) errechnen. Bei Bezug auf das Organgewicht ergeben sich bei NEUTZE et al. 900 ml/min·100 g Gewebe, eine Größe, die noch wesentlich über der der Nierendurchblutung liegt und daher stammt, daß offensichtlich die Stromstärke auf das ausgeblutete Organ bezogen wurde (s. o.). Auch Angaben von WOLF u. FISCHER (1970), die für den Menschen aus dem Konzentrationsabfall wärmealterierter Erythrocyten ermittelt wurden, sind mit 300 ml/min·100 g Gewebe (ca. 10% des HMV) noch außerordentlich hoch. Beim Hund hatte SAPIRSTEIN (1958) 60 ml/min·100 g Gewebe bestimmt, was sich mit älteren Angaben von BURTON-OPITZ (1909) weitgehend deckt; nach GREENWAY et al. (1968) ergeben sich 88 ml/min·100 g, nach SATO et al. (1968) 128 ml/min·100 g.

Die Durchblutung bei Perfusionsversuchen am Hund (FROHLICH u. GILLENWATER, 1963) sowie an der Katze (LUTZ et al., 1969) stimmt im entsprechenden Druckbereich mit den angeführten Größen von 3—5 ml/min·kg überein.

### 3. Gefäßreaktionen

Bei der Aufnahme von *IP*-Kurven sowohl an der isolierten als auch in situ befindlichen Milz des Hundes konnten Frohlich u. Gillenwater (1963) keine Gefäßreaktionen mit Widerstandsanstieg unter Druckerhöhung im Sinne einer Autoregulation feststellen. Venöse Okklusionen (Boatman u. Brody, 1964; Greenway et al., 1968; Ross, 1967) waren nicht geeignet, veno-vasomotorische Reaktionen aufzudecken. Die Perfusion der in situ befindlichen Milz ergab später an der Katze (Lutz et al., 1969) eine schwach ausgeprägte *Autoregulation*. Erhöhungen des Venendruckes führten dagegen zu einer starken *veno-vasomotorischen Reaktion*, die derjenigen der Intestinalstrombahn nicht nachstand (Abb. 6). Die Diskrepanz der Erscheinungen Autoregulation und veno-vasomotorische Reaktion, die zwar in gewissem Grade auch an den anderen Teilkreisläufen auftritt, vom Magen abgesehen aber selten das hier vorgefundene Ausmaß erreicht, kann verschiedene Ursachen haben. Einmal stellt die kreislaufmäßige Isolation der Milz mit der laufenden Unterbindung sämtlicher Magen- und Pankreasäste einen größeren Eingriff dar, der die Autoregulation offensichtlich stärker beeinträchtigt und leichter unterdrückt als die veno-vasomotorische Reaktion, bei der sich eher hohe lokale Drucksteigerungen erzielen lassen. Zum anderen könnten an der Milz die capillarnahen Strukturen der Pinsel- und Hülsenarterien besonders empfindlich auf Dehnungsreize reagieren. Die Autoregulation, für die schon normalerweise ein höherer Druckreiz erforderlich ist, wird schließlich durch passive Erweiterung überdeckt und neben den quantitativen Unterschied im Reaktionsausfall tritt ein scheinbar qualitativer.

Die Bedeutung der bei venöser Drucksteigerung auftretenden arteriellen Zustromdrosselung gerade bei der Milz liegt auf der Hand: ohne diesen Schutzmechanismus könnten portale Stauungen ein viel größeres Ausmaß erreichen und würden stärker auf die Milz übergreifen, wenn nicht der Zustrom dieses der Speicherung besonders fähigen Organs rasch an einen verminderten Abstrom angepaßt werden könnte.

### 4. Blutvolumen

Der hohe Blutgehalt der Milz bzw. seine Relation zum Organgewicht, soweit sie nicht durch Entbluten verändert ist, drückt die Fähigkeit der Volumenaufnahme aus. Neben den schon erwähnten Speciesunterschieden führen hier verschiedene Funktionszustände zu sehr variablen Werten, die sich auch im Verhältnis von Milz- zu Körpergewicht äußern. Größen bis zu 20 g Milz/kg Körpergewicht bei Hunden (Ottis et al., 1957; Frohlich u. Gillenwater, 1963) stehen solche von 0,8—3,77 g/kg (Mintzlaff, 1909) gegenüber; selbst für die stark speichernde Katzenmilz gehen Angaben einerseits herunter bis auf $^1/_{400}$ des Körpergewichtes (2,5 g/kg; v. Herrath, 1953) bzw. ergeben 1,56—10,6 g/kg (Steger, 1939) oder 5,8—19 g/kg (Greenway et al., 1968). Unter Barbituratnarkose ist dabei die Milzgröße erhöht (Hausner et al., 1938; Hahn et al., 1943; Friedman, 1959), unter Äther vermindert (Hausner et al., 1938). Der Blutgehalt der Milz wurde bei Hunden in leichter Barbituratnarkose auf bis zu 10% des gesamten Blutvolumens bestimmt (Allen u. Reeve, 1953), bei der Katze sollen ca. 9%

des Körper-Blutvolumens aus der Milz entspeichert werden (GREENWAY u. STARK, 1969).

Für das lokale Blutvolumen werden Größen bis 50 ml/100 g Gewebe angegeben (Hund: GIBSON et al., 1946; Ratte: LEWIS et al., 1952). Diese sowie noch niedrigere Angaben sind unter Gefäßeröffnung gewonnen, während auch schon für das residuale Blutvolumen der Milz am ausgebluteten Tier Werte von 33 bis 35 ml/100 g Gewebe (Rind und Schaf: HANSARD, 1956) ermittelt wurden. Bei einer durch Blutentnahmen provozierten Milzentspeicherung am Hund hatte in Versuchen von GREEFF et al. (1954) die abgegebene Blutmenge annähernd die gleiche Größe, wie sie dem Gewicht der entbluteten Milz entsprach. Blutverluste bis zu 12 ml/kg konnten fast zur Hälfte durch die Milzentspeicherung kompensiert werden, wobei infolge des Erythrocytenreichtums die tatsächliche Kompensation noch größer ist. Das in der Milz gespeicherte Blut weist nach Berechnungen von KRAMER u. LUFT (1951) mit ca. 40 g Hb/100 ml einen extrem hohen Erythrocytengehalt auf.

Bei den meisten Untersuchungen über den Milzkreislauf wurde weniger der absolute Blutgehalt, als vielmehr seine Änderung unter gewissen Einflüssen bestimmt. Dabei wurde die sympathische Reizung wirksamer als auf dem Blutweg zugeführtes Adrenalin gefunden (CELANDER, 1954) — was jedoch auf eine unterschiedliche lokale Konzentration zurückgeführt werden könnte; weiterhin war Adrenalin wirksamer als eine äquivalente Dosis Noradrenalin (HOLTZ et al., 1952; CELANDER, 1954; AHLQUIST et al., 1954; GREEN et al., 1960). GUNTHEROTH u. MULLINS (1963) fanden unter Adrenalin (ca. 1 µg/kg) bis zu 10 ml/kg Körpergewicht Blutentspeicherung. Unter Hypoxie und bei Blutdrucksenkungen kommt es dann unter Adrenalinausschüttung und starken sympathischen Entladungen zur kräftigen Milzentspeicherung (KRAMER u. LUFT, 1951; GREEFF et al., 1954; BAUEREISEN et al., 1963). Ein constrictorischer Effekt der Milzgefäße ist nicht gleichbedeutend mit einer Entspeicherung, wie auch eine Occlusion der Milzarterie noch nicht zu einer passiven Entleerung des Organs führt (GREENWAY u. STARK, 1969). Somit kann bei der nervösen und humoralen Beeinflussung zwischen der Wirkung auf die Kapsel- und die Gefäßmuskulatur unterschieden werden, wobei eine nervale Reizung die Trabekelmuskulatur offensichtlich besser erreicht als eine humorale. Die zur Entspeicherung führenden Reizfrequenzen liegen deutlich niedriger als die zur Constriction der Widerstandsgefäße erforderlichen (DAVIES et al., 1968). Dagegen läßt sich auf humoralem Weg eine stärkere Vasoconstriction erzielen als durch Nervenreizung (THOENEN et al., 1963).

Der größte Teil der hier beschriebenen Befunde stammt vom Hund, jedoch ist die seit BARCROFT (1926) stark betonte Speicherfunktion, die für diese Species zweifellos zutrifft, nach dem eingangs Gesagten keineswegs voll auf andere Milzarten zu übertragen.


## 5. Humorale Beeinflussung

Neben der beschriebenen Wirkung von Noradrenalin und Adrenalin auf das Speichervolumen ist deren vasoconstrictorischer Effekt gut untersucht. Nach Blockade der α-Receptoren mit Phenoxybenzamin sahen GREEN et al. (1960) nach

Adrenalin eine dilatatorische Wirkung. Dagegen fanden die gleichen Autoren (Ottis et al., 1957) nach *Isoproterenol* weder Dilatation noch einen Einfluß auf die Speichertätigkeit, was möglicherweise aber mit der Ausgangslage zusammenhängt. Ross (1967) konnte nach i. a. Einzelgaben von Isoproterenol starke, besonders rhythmisch (s. u.) auftretende Erhöhungen der Stromstärke beobachten; der Einfluß auf die Blutspeicherung war gering, da auch der venöse Abstrom entsprechend zunahm. Nach Blockade der α-Receptoren fanden Greenway et al. (1968) auch unter Splanchnicusreizung deutliche Dilatationen.

Bei *Acetylcholin* wird die Gefäßwirkung leicht vom Einfluß auf die Trabekelmuskulatur überdeckt. Während der isolierte Milzstreifen stets zur Kontraktion kommt (Fredericq, 1929; Holtz et al., 1952), war für die perfundierte Milz eine Gefäßdilatation nachzuweisen (Grindlay et al., 1939; Green, 1960; Daly u. Scott, 1961). Letztere Autoren konnten gleichzeitig im Plethysmographen eine initiale Volumenverminderung registrieren, Boatman u. Brody (1964) eine Gewichtsabnahme.

Bei der Untersuchung der Wirkung von *Histamin* hat seither meist der depressorische Einfluß auf den Gesamtkreislauf im Vordergrund gestanden (Ferguson et al., 1936; Grindlay et al., 1939). Unter *Vasopressin* treten sowohl die vasoconstrictorische als auch eine entspeichernde Wirkung nebeneinander auf (Grindlay et al., 1939), nach Greenway u. Stark (1970) ist die letztere jedoch vernachlässigbar gering. Bei *Angiotensin* konnten die gleichen Autoren (1969) eine etwas niedrigere Schwelle für den constrictorischen gegenüber dem entspeichernden Effekt feststellen; Boatman u. Brody (1964) sowie Davies et al. (1968) haben nur die constrictorische Reaktion beschrieben.

Für *E-Prostaglandine*, die allgemein dilatatorisch wirken, hat sich an der Milz auch noch eine Hemmung der Wirkung und der Freisetzung von Noradrenalin gezeigt (Hedqvist, 1969). Durch Phenoxybenzamin läßt sich eine nervale Prostaglandinfreisetzung (s. Abschnitt 6) stark hemmen, während die Noradrenalinausschwemmung nun die bekannte Verstärkung erfährt (Brown u. Gillespie, 1957; Thoenen et al., 1964), die damit u. U. auch auf einem unterdrückten Prostaglandineffekt beruht. *Prostaglandine der F-Gruppe* haben dagegen wie an anderen Gefäßen auch an der Milzstrombahn in situ eine eindeutig constrictorische Wirkung. Dieser Prostaglandineffekt, der mit einer stark excitatorischen Wirkung auf die übrige glatte Muskulatur einhergeht, wird mit der Freiseztung von gebundenem Calcium oder einem verstärkten Ca-Einstrom in Beziehung gebracht.

## 6. Nervöse Regulation

Die Ergebnislosigkeit einer Vagusreizung wurde schon früh festgestellt (Bulgak, 1877; Schafer u. Moore, 1896). Infolge des Fehlens jeglicher parasympathischer Innervation ließ sich an der Milz gut die Burn-Randsche Hypothese (1962) eines cholinergen Zwischengliedes bei der sympathischen postganglionären Erregungsübertragung prüfen (Thoenen et al., 1966), zumal unter den in die Milz eintretenden Nerven sich auch keine präganglionären sympathischen Fasern befinden (BLAKELY et al., 1963; HERTTING u. WIDHALM, 1965), die einer cholinergen Umschaltung bedürften. Dabei stellte sich heraus, daß für dieses Organ keine Verstärkung der sympathischen Stimulation durch Cholinesterasehemmer erfolgte, somit eine zwischengeschaltete cholinerge Transmission unwahrscheinlich ist. Unter der stark constrictorisch wirkenden Splanchnicusreizung tritt wie in anderen Organen eine verdeckte, nach Behandlung mit $\alpha$-Receptorenblockern deutlich werdende dilatatorische Wirkungskomponente auf. Sie bleibt, wie zu erwarten, unbeeinflußt nach der Anwendung von Atropin. Bei der elektrischen Reizung der zur Milz ziehenden sympathischen Nervenfasern wird außer Noradrenalin auch Prostaglandin, insbesondere in der Form $E_2$, freigesetzt (DAVIES et al., 1967). Diese Substanz übt neben der bereits erwähnten vasodilatatorischen Wirkung eine starke Hemmung auf die Freisetzung von Noradrenalin aus, so daß man hierin einen Gegenkopplungsmechanismus vermutet, der eine zu starke Ausschüttung und deren Effekt bremst (HEDQVIST, 1969; 1970). Die nervöse Beeinflussung der Speicherfunktion wurde bereits auf S. 263 behandelt.

## 7. Splenomotorische Wellen

Ein auffallender Befund bei der Untersuchung des Milzkreislaufes sind rhythmische Schwankungen des Gefäßwiderstandes (s. Abb. 6), die sich auch in Volumenänderungen äußern. Gerade diese standen in früheren Versuchen im Vordergrund (ROY, 1881), da zu ihrer Erfassung keine Gefäßdurchtrennung erforderlich ist. Da das Milzvolumen ein Minimum hat, während in den zuführenden Gefäßen der Druck sein Maximum durchläuft, ließen sich schon von ROY passive Gefäßkaliberschwankungen ausschließen. Von BARCROFT u. NISIMARU (1932) wurden die splenomotorischen Wellen, die eine Periodendauer von 40 sec bis 2 min mit einem Optimum von etwa 1 min aufweisen, weiter untersucht und auf primäre Volumenschwankungen zurückgeführt. MERTENS (1935) sowie GRINDLAY et al. (1939) haben dann durch genaue zeitliche Differenzierung nachweisen können, daß die venöse Durchblutungssteigerung der arteriellen nacheilt und damit der Wellencharakter von der Gefäßmuskulatur und nicht der Milzkapsel ausgeht. Gleichzeitig trat die rhythmische Milzverkleinerung zusammen mit der Stromstärkeverminderung auf, bewirkte also hierbei nicht aktiv eine Entspeicherung. Das deckt sich mit der Tatsache, daß die Trabekelmuskulatur selbst keine Rhythmen zeigt (LOEWE u. FAURE, 1925), obgleich bei deren Untersuchung durch die Isolation eine Synchronisation der Tätigkeit gestört sein könnte. Eine solche Synchronisation in der Arbeit zahlreicher Gefäßmuskelbezirke wurde auch von GREENWAY et al. (1968) als Ursache der Rhythmen angesehen, die sich verstärken lassen, wenn nach einer Durchblutungspause die Durchströmung plötzlich wieder freigegeben wird. Die Rhythmik kann sowohl durch constrictorische als auch dilatatorische Pharmaka gesteigert werden; sie bleibt nach $\beta$-Receptorenblockade bestehen (ROSS, 1967). Auch die veno-vasomotorische Reaktion, die sich den Druck- oder Stromstärkewellen überlagert, führt anschließend noch zu einigen überhöhten Wellenzügen, ohne daß bei starker Ausprägung sich deren Periodendauer verändert (LUTZ et al., 1969). Nur in seltenen Fällen allerdings wirken die Widerstandsänderungen des Milzkreislaufs auf den Gesamtkreislauf zurück, so daß in diesem die spleno-motorischen Wellen erkennbar werden.

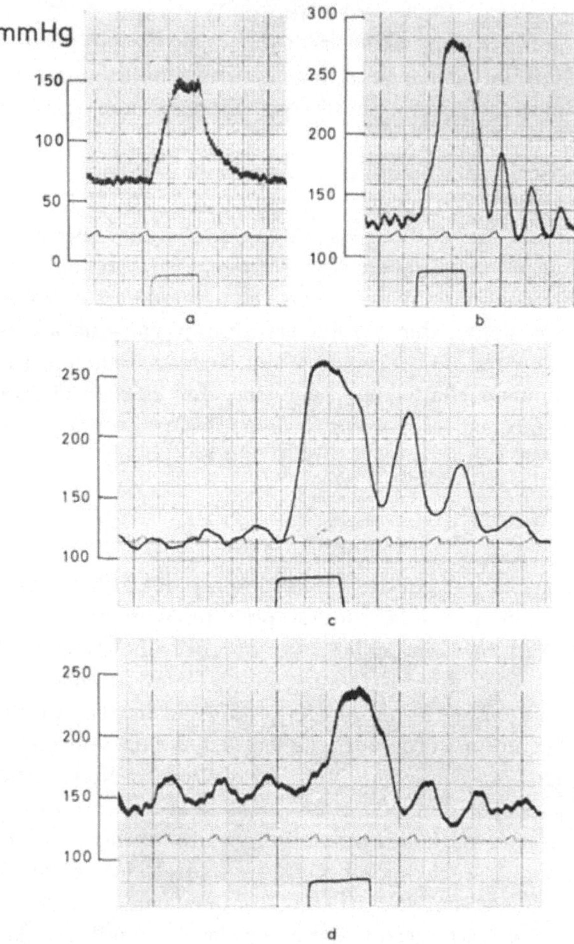

Abb. 6a—d. Beispiel für veno-vasomotorische Reaktionen der Milzstrombahn unter stromkonstanter Perfusion. Zeitschreibung 1 min, Venendruckerhöhung um 33 mm Hg. a Ohne
Eigenrhythmik; b—d mit splenomotorischen Wellen, deren Amplitude vorübergehend erhöht
wird. Ordinate: Druck in der A. lienalis. [Nach Lutz, Henrich, Peiper u. Bauereisen:
Pflügers Arch. ges. Physiol. **313**, 271 (1969)]

Tabelle 3. *Zusammenfassende Darstellung über die Durchblutung der abdominalen, in die V. portae
mündenden Organkreisläufe. Einzelangaben sind in den jeweiligen Abschnitten angeführt; die
Werte beziehen sich vorwiegend auf Hund oder Katze*

| Organkreislauf | Lokale Durchblutung (ml/min · 100 g) | Gesamtdurchblutung (ml/min · kg Kgw) | Anteil HMV (%) |
|---|---|---|---|
| Intestinum | | | |
| über A. mes. sup. | 40— 70 | 12—14 | 8—9 |
| über A. mes. inf. | 50— 80 | ca. 2 | ca. 1 |
| Magen | 40— 60 | 3—4,5 | 2—3 |
| Pankreas | 60—100 | 1,5—2,5 | ca. 1 |
| Milz | 60—130 | 3—6 | 2—6 |
| V. portae | — | 20—28 | 15—20 |

## V. Leber

Die Leber ist das zentrale Stoffwechselorgan des Körpers. Durch ihre Funktion gewährleistet sie die metabolische Homeostase des Gesamtorganismus. Die Physiologie der Leberzirkulation muß daher diejenigen Besonderheiten der Strömungsdynamik erkennen lassen, die die spezifische Organfunktion ermöglichen. Offenbar sind optimaler Substrattransport und ausreichende $O_2$-Versorgung hierfür unerläßliche Bedingungen. Sie können, da die Leber zum Endgebiet der wichtigsten Kapazitätsgefäße gehört, nur unter sehr niedrigen intrahepatischen Druckgradienten erfüllt werden. Dies macht eine Reihe struktureller und funktioneller Besonderheiten der Leberzirkulation verständlich.

Da der portale Zufluß — vom Intestinal- und Milzkreislauf kommend — *extrahepatisch* reguliert wird, können Änderungen der portalen Leberdurchblutung *intrahepatisch* offenbar nur durch kompensierend wirkende Einflüsse auf die arterielle Strombahn ausgeglichen werden. Hierzu erscheint der direkte arterielle Zufluß besonders geeignet, da der gesamte regulierbare arterio-sinusoidale Druckabfall in der Leber stattfindet, während der arterio-porto-sinusoidale Druckverlust zu 90% im Intestinalkreislauf erfolgt (Tabelle 4). Das Austauschgebiet

Tabelle 4. *Hepatische Druckgradienten.* (Nach Brauer, 1963)

| | |
|---|---|
| A. hepatica | 140 cm $H_2O$ |
| V. portae (extrahep.) | 12 cm $H_2O$ |
| V. portae (intrahep.) | 12 bis 6 cm $H_2O$ |
| Sinusoide | 6 bis ca. 2 cm $H_2O$ |
| V. centralis | ca. 2 cm $H_2O$ |
| Vv. hepaticae | ca. 2 cm $H_2O$ |

der Leber in Form des sinusoidalen Schwammes mit seiner sehr hohen Eiweißpermeabilität erfordert vor allem Konstanz des niedrigen intrasinusoidalen Druckes. Interaktion des arteriellen und portalen Zuflusses zur Kontrolle der Blutverteilung und des Sinusoidaldruckes bei niedrigsten Druckgradienten sind die wesentlichen Aufgaben der intrahepatischen Regulation der Leberzirkulation.

Die vollständigsten neueren Zusammenfassungen über den Leberkreislauf im Dienste der Leberfunktion finden sich bei Brauer (1963) sowie Grayson u. Mendel (1965). Shoemaker u. Elwyn (1969) stellen die metabolische Homeostase in den Mittelpunkt ihrer Übersicht, während Greenway u. Stark (1971) die neueste und pharmakologisch vollständigste Zusammenfassung geben.

Aussagekräftige Ergebnisse über die intrahepatische Hämodynamik sind nur durch getrennte und unabhängige direkte Messungen von Druck und Stromstärke in der V. portae und A. hepatica zu erhalten. Wesentliche Beiträge haben vitalmikroskopische Strömungsbeobachtungen geliefert. Demgegenüber sind die Ergebnisse der indirekten Messung der Gesamtdurchblutung der Leber eher aufschlußreich für die Pathophysiologie der Leber bzw. für ihre Bedeutung innerhalb der Gesamtzirkulation (Popper u. Schaffner, 1961; Bradley, 1963). Unerläßlich für die Physiologie der intrahepatischen Zirkulation im Dienste der Leberfunktion ist die Kenntnis der morphologischen Strukturprinzipien. Ausgezeichnete Übersichten finden sich bei Elias u. Sherrick (1969) und bei Wallraff (1969).

## 1. Messung der Durchblutung und Meßergebnisse

Die Aussagewerte indirekter und direkter Durchblutungsmessungen sind bei der Leber ganz unterschiedlich, da mit den gebräuchlichen indirekten Methoden arterieller und portaler Zustrom nicht getrennt erfaßt werden. Die indirekt ermittelte Gesamtdurchblutung kann für die Hämodynamik des Gesamtkreislaufes bedeutungsvoll sein, sie gibt jedoch, wie schon betont, keine sichere Auskunft über die intrahepatischen, der eigentlichen Leberfunktion dienenden zirkulatorischen Vorgänge. Diese sind nur durch direkte Stromstärke- und Druckmessungen — besonders in Verbindung mit Perfusionstechniken — zu erfassen.

Die risikolose Anwendung am Menschen hat zur extensiven Benutzung der indirekten Meßverfahren bei klinischen Untersuchungen geführt. Im wesentlichen bedient man sich dreier Verfahren, deren theoretische Grundlagen und Fehlergrenzen ausführlich bei Bradley (1963) referiert sind:

a) Leberclearance von Farbstoffen bei Dauerinfusion,

b) Leberclearance von kolloidalen Indicatoren nach Einzelinjektion,

c) über der Leber gewonnene Zeit-Konzentrations-Kurven markierter Indicatoren.

a) *Farbstoffe* (Bromsulphalein, Cardiogreen, Fluorescein) werden bei der Leberpassage von den Parenchymzellen aufgenommen und mit der Galle ausgeschieden. Die pro Minute aus dem Plasma extrahierte Farbmenge ist gleich der zur Konstanterhaltung der Plasmakonzentration notwendigen i.v. infundierten Farbstoffmenge. Nach dem Fickschen Prinzip ergibt der Quotient aus dieser Menge und der Farbstoff-Konzentrationsdifferenz des arteriellen und Lebervenenblutes die Leberdurchblutung. Die Methode macht das Katheterisieren einer Lebervene notwendig.

b) *Kolloidale Indicatoren* ($^{32}$P-Chrom-Phosphat, $^{198}$Au, hitzedenaturiertes Plasmaalbumin mit $^{131}$J markiert). Die Indicatoren müssen ausschließlich und vollständig vom RES der Leber aufgenommen werden. Eine Katheterisierung der Lebervenen erübrigt sich dann. Da nach einer Einzelinjektion der Konzentrationsabfall im Plasma exponentiell erfolgt, läßt sich aus der Halbwertszeit die Eliminationskonstante $k$ errechnen

$$c_1 = c_0 \cdot e^{-k \cdot t}; \qquad k = \frac{\ln 2}{t/2}.$$

Für $c_0$ kann ein beliebiger Wert gewählt werden. Es ist dann die Zeit $(t/2)$ zu bestimmen, in der $c_0$ auf $0{,}5\,c_0$ abfällt. Multiplikation von $k$ mit dem Gesamtplasmavolumen $V$ ergibt den prozentualen Anteil von $V$, der durch die Leber geströmt ist.

c) *Zeit-Konzentrations-Kurven* markierter Indicatoren können über der Leber aufgenommen werden. Aus der injizierten Indicatormenge, der mittleren Konzentration und der Passagezeit läßt sich die Durchblutung nach dem Verfahren von Stewart-Hamilton berechnen. Indicatorinjektion erfolgt in die Milz oder den nicht obliterierten Teil der Nabelvene.

Die direkten Methoden der Stromstärke- und Druckmessung werden an anderer Stelle dieses Bandes beschrieben. Meßergebnisse sind in den Tabellen 4 und 5 zusammengestellt.

Die Leberdurchblutung eines 70 kg schweren Menschen beträgt in der Minute ca. 1500 ml. Das sind 25—30% des Herzminutenvolumens. Die auf das *Körpergewicht* bezogene Leberdurchblutung ergibt bei einigen Species wesentlich höhere Werte als beim Menschen. Das bedeutet jedoch nicht, daß der prozentuale hepatische Anteil am HMV im gleichen Maße ansteigt, da das auf das Körpergewicht bezogene Ruhe-HMV (beim Menschen etwa 80 bis 100 ml/kg) bei anderen Species sehr viel größer sein kann: Hund bis ca. 140 ml/kg, Katze bis 140 ml/kg, Ziege bis ca. 220 ml/kg, Ratte bis 260 ml/kg (Werte nach Handbook of Circulation, W. B. Saunders, Philadelphia-London 1959). Bezogen auf das allerdings unsichere (s. o., S. 261) *Organgewicht* beträgt nach neuesten Angaben von Greenway u. Stark (1971) die Durchblutung bei Katzen, Hunden und Menschen rund 100 ml/min und 100 g Leber. Auf die A. hepatica entfallen 25—30%.

Tabelle 5. *Leberdurchblutung und transhepatische Zirkulationszeit*

| Species | Gesamt-durchblutung ml | Arteria hepatica | Methode | Autoren |
|---|---|---|---|---|
| | min·kg Kgw | (%) | | |
| Schaf, nüchtern | 44 | 24 | Katheter | KATZ u. BERGMANN, Amer. |
| nach Fütterung | 55 | 25 | V. portae | J. Physiol. **216**, 946 (1969) |
| Hund | 25—30 | 20—40 | flowmeter | COHN u. PINKERSON, Amer. J. Physiol. **216**, 285 (1969) |
| Hund ($n = 18$) (Mittelwerte) | 25 | 17,2 | flowmeter | SCHOLTHOLT, LOCHNER, RENN u. SHIRAISHI (166) |
| Katze ($n = 30$) (Mittelwerte) | 42 | 45 | flowmeter | GREENWAY, LAWSON u. MELLANDER (1967) |
| Mensch | 22 | 30,4 | Katheter V. portae | CHIANDUSSI et al., Acta hepato-splenol. **15**, 1966 (1968) |
| Ratte ($n = 30$) (Mittelwerte) | 60,7 | 25,5 | [86]Rb-Verteilung | SAPIRSTEIN et al., Circulat. Res. 8, 135 (1960) |
| Vena portae — Vena cava inf. (Thorotrast) | Katze | 2,5—3,0 sec | | DANIEL u. PRICHARD J. Physiol. (Lond.) **114**, 538 (1951) |
| | Kaninchen | 2,5—3,0 sec | | |
| | Ziege | 2,5—3,0 sec | | |
| | Ratte | 2,3 sec | | |

Der venöse portale Zufluß ist für die normale Struktur und Funktion des Leberparenchyms notwendig. Bei laminarer Strömung in der V. portae und Körperruhe soll die V. mesenterica sup. in der Regel den rechten, die V. lienalis (10—35% des portalen Blutes) den linken Leberlappen versorgen (WAKIM, 1965). Unterbindung der A. hepatica wird nur überlebt, wenn arterielle Collateralgefäße vorhanden sind (WAKIM, 1965).

Die *Lymphproduktion* der Leber erreicht mit 0,5 ml/min und kg Lebergewicht (Hilusdrainage) etwa den 10fachen Wert der Skeletmuskulatur. Der Eiweißgehalt der Leberlymphe unterscheidet sich nur geringfügig von dem des Blutplasmas (BRAUER, 1963; YOFFEY u. COURTICE, 1970). Den Sinusoidalwänden fehlen Schrankenfunktion und Permeabilitätsgradient des üblichen Capillarbettes (HAUCK u. SCHRÖER, 1969) (s. o. S. 127 und Abb. 7).

## 2. Die hepatischen Zufluß- und Abflußbahnen.
### Elastizitätswerte des gesamten Lebersystems

Die Stromstärke-Druck-Charakteristiken der A. hepatica sowie der portocavalen Gefäßstrecke sind gut belegt. Die *A. hepatica* zeigt autoregulatorisches Verhalten (TORRANCE, 1961; CONDON et al., 1962; BRAUER, 1964; HANSON, 1964; MESSMER et al., 1966). Für die venöse Gefäßbahn *V. portae — Vv. hepaticae* werden unterschiedliche Angaben gemacht, jedoch überwiegen die Befunde mit druckpassivem Verlauf (BRAUER, 1964; HANSON u. JOHNSON, 1966; BAUEREISEN et al., 1966).

Aktive myogene Reaktionen der Venen sind nur bei den Species zu erwarten, deren venöse Gefäße eine ausgeprägte Wandmuskulatur enthalten. In der V. portae sind entsprechende Befunde an Hund, Katze, Ratte, Kaninchen erhoben (Riecker, 1955; Johansson u. Ljung, 1967; Hollman et al., 1968), jedoch überwiegt die Längsmuskulatur beträchtlich. Eine gesicherte hämodynamische Bedeutung läßt sich der rhythmisch aktiven glatten Muskulatur der V. portae daher nicht zuordnen. Möglicherweise steht ihre Funktion im Zusammenhang mit den in der Portawand mit guten Gründen vermuteten Receptoren (s.u.). Sehr sorgfältig sind die sphincterartigen Muskelzüge in den Vv. hepaticae untersucht (F. Tischendorf, 1939; J. Wallraff, 1969). Allgemein werden die Muskelzüge in den Lebervenen als Drosselmechanismen für den Blutabfluß aus der Leber gedeutet, ohne daß jedoch die hämodynamische Bedeutung klar überblickt würde. Manche Autoren betrachten die Leber als bedeutendes Blutdepot, das je nach Enger- oder Weiterstellung der Abflußvenen die Tätigkeit des rechten Herzens regulieren soll (Knisely et al., 1948). Die stärkst entwickelte Venenmuskulatur besitzen im Wasser lebende Säuger. Bei Katzen und Primaten fehlen nennenswerte Wandmuskeln in den Vv. hepaticae (L. L. Smith u. U. P. Veraguth, 1964). Die speciesabhängigen Unterschiede im Muskelgehalt der porto-cavalen Gefäßwände zwingen zur Zurückhaltung bei Übertragung tierexperimenteller Ergebnisse auf den Menschen.

Die Bedeutung der Leber innerhalb des kapazitiven Gefäßsystems resultiert aus ihren für die Volumenaufnahme maßgeblichen elastischen Eigenschaften, die in der folgenden Tabelle 6 wiedergegeben sind.

Tabelle 6. *Blutvolumen, Volumelastizität und Compliancewert des hepatischen Gefäßsystems (Katze) für den Bereich von 0—9 cm $H_2O$ Venendruck ($n=15$, für Compliance $n=7$, angegeben sind die Mittelwerte und deren mittlere Fehler $s_{\bar{x}}$).* [Nach Lutz, Peiper, Segarra-Domenech u. Bauereisen, Pflügers Arch. ges. Physiol. **295**, 315 (1967)]

| Blutvolumen ($V$) | Volumelastizität ($E'$) | Compliance ($C$) |
|---|---|---|
| $3,78 \pm 0,21$ ml/kg | $965,9 \pm 40,8$ dyn cm$^{-5}$ | arterielle und portale Perfusion<br>$2,42 \pm 0,23$ ml/mm Hg·100 g Gewebe |
| | $E' \cdot G$ ($G =$ Körpergewicht)<br>$2450 \pm 142$ dyn cm$^{-5}$ kg | ausschließlich portale Perfusion<br>$2,64 \pm 0,26$ ml/mm Hg·100 g Gewebe |

Setzt man die gefundene Speicherfähigkeit zu der des Gesamtkreislaufes der Katze (Arndt, 1968) in Beziehung, so entfallen 12,5% der möglichen Volumenaufnahme auf die Leber.

## 3. Intrahepatische Gefäßinteraktion

Unter diesem Begriff werden die gegenseitigen, reziproken Beeinflussungen der arteriellen und portalen Zuflußbahnen im Bereich ihrer gemeinsamen Austausch-(Sinusoide) und Abfluß-(V. hepaticae)gefäße verstanden. Die experimentelle Analyse erfolgt durch gleichzeitige, aber *getrennte* Perfusion der A. hepatica und V. portae bei Variation des venösen Abflußdruckes (Hanson u. Johnson, 1966; Lutz et al., 1968; Peiper et al., 1968). Die danach möglichen Interaktionen können durch 3 Versuchsreihen beschrieben werden:

*a) Einfluß der A. hepatica auf die V. portae (arterio-portale Interaktion)* (Abb. 7)

Innerhalb des geprüften Druckbereiches ist die reziproke Interaktion annähernd gleich und von Papaveringaben unabhängig. Eine aktive myogene Reaktion ist daher ausgeschlossen. Der Wirkungsmechanismus beruht auf einer Verminderung des porto-sinusoidalen Druckgradienten infolge arteriellen Einstromes in die Sinusoide. Bei normaler Durchblutung ist die arterio-portale Interaktion vernachlässigbar gering. Am geschädigten Organ, insbesondere mit stark herabgesetzter Portadurchblutung, kann sie deutlicher hervortreten (TAKEUCHI et al., 1969). Auch ist eine portale Mehrdurchblutung nach Ligatur der A. hepatica unter diesen Bedingungen verständlich (BERMAN et al., 1951).

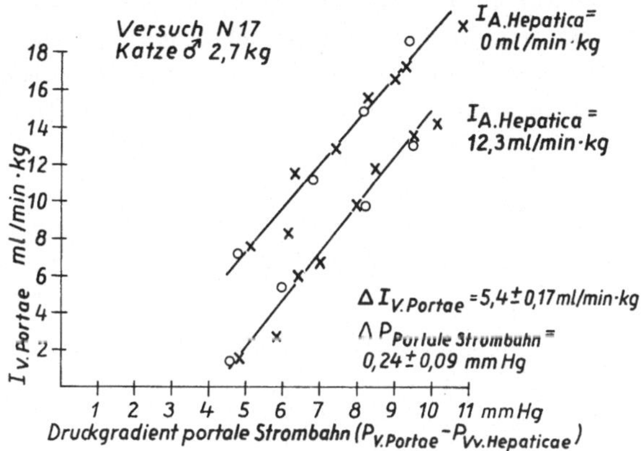


Abb. 7. Portale Stromstärke-Druckkurven bei Variation der A. hepatica-Durchblutung. × unbeeinflußt, ○ nach Papaveringaben. [Nach U. PEIPER, J. LUTZ u. H. K. WULLSTEIN: Z. Kreisl.-Forsch. **58**, 197 (1969)]

*b) Einfluß der V. portae auf die A. hepatica (porto-arterielle Interaktion)* (Abb. 8)

Erhöhung der portalen Durchströmung mit entsprechender Drucksteigerung im porto-cavalen Gefäßbett löst in der A. hepatica eine deutliche reaktive Vasoconstriction aus. Daß die Reaktion unter Ganglienblockade erhalten bleibt, unter

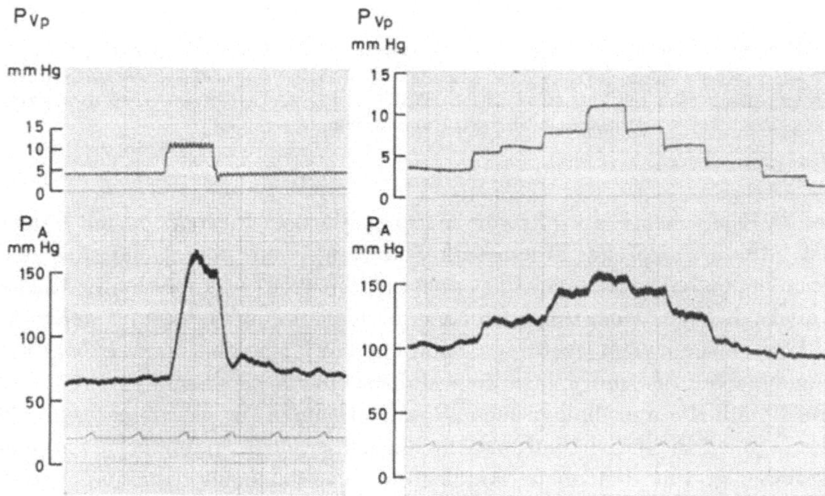


Abb. 8. Reaktive überschießende Druckerhöhung in der konstant perfundierten A. hepatica ($P_A$) nach Druckerhöhung in der V. portae $P_{Vp}$. [Nach J. LUTZ, U. PEIPER u. E. BAUEREISEN: Pflügers Arch. ges. Physiol. **299**, 311 (1968)]

Papaverinwirkung aber verschwindet, spricht für eine aktive myogene Reaktion im Sinne einer veno-vasomotorischen Reaktion (VVR) (s.o. S. 243) (Johnson, 1959; Lutz, 1966).

*c) Einfluß der Venae hepaticae auf die V. portae und A. hepatica* (Abb. 9)

Das Verhalten der beiden zuführenden Strombahnen wird aus der unterschiedlichen Reaktion auf die Druckerhöhung in den Vv. hepaticae deutlich. Der Druck in der V. portae folgt der venösen Drucksteigerung nur passiv. Die VVR an der arteriellen Strombahn ist als aktive myogene Reaktion u.a. dadurch erwiesen, daß die arterielle Drucksteigerung die venöse beträchtlich übertrifft.

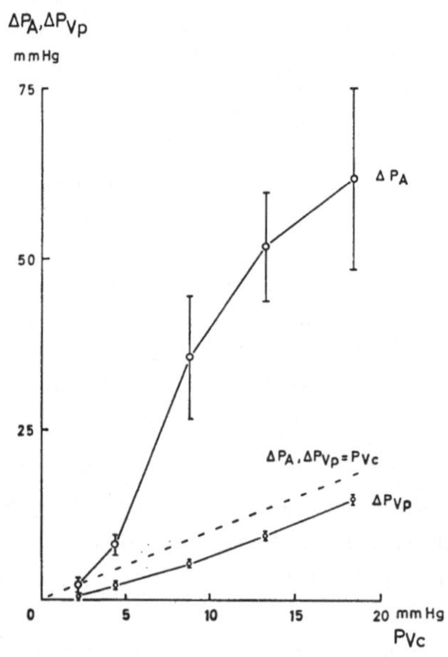


Abb. 9. Passive Erhöhung des Druckes der konstant perfundierten V. portae ($\Delta P_{Vp}$) und reaktive Druckerhöhung in der konstant perfundierten A. hepatica ($\Delta P_A$) bei stufenförmiger Drucksteigerung in den Vv. hepaticae ($P_{Vc}$). [Nach J. Lutz, U. Peiper u. E. Bauereisen: Pflügers Arch. ges. Physiol. **299**, 311 (1968)]

Die VVR erscheint als aktiver intrahepatischer Interaktionsmechanismus geeignet, durch reziproke Stromstärkeänderungen in der A. hepatica extrahepatisch bedingte Änderungen des portalen Zustromes (Intestinal-, Milzkreisläufe) auszugleichen. Über Angriffsorte und biologische Bedeutung der aktiven Interaktionsmechanismen (Autoregulation und VVR) lassen sich zwar begründete Deutungen geben. Sie sind jedoch keinesfalls schlüssig bewiesen.

Abb. 10 läßt die morphologischen Voraussetzungen für intrahepatische Interaktion erkennen. Sicherlich sind manche der zahlreichen Sphincteren weitgehend speciesabhängig. Für den oben dargelegten Regelfall eines druckpassiven Verhaltens der porto-cavalen Strombahn und des aktiven myogenen Reaktionsvermögens der A. hepatica erlangen die Arteriolenmuskulatur und insbesondere die präsinusoidalen arteriellen Sphincteren (Elias, 1949) besondere Bedeutung.

Möglicherweise können erstere als Angriffsorte der Autoregulation, letztere als die der VVR gelten, wenn man die am Intestinalkreislauf erhobenen vitalmikroskopischen Beobachtungen (JOHNSON, 1967) (s. o. S. 244) auf die Leber überträgt (s. auch LUTZ et al., 1969).

Hinsichtlich der allgemeinen biologischen Bedeutung der von den venösen und den arteriellen Gefäßen auslösbaren aktiven Reaktion handelt es sich, wie bei jeder Autoregulation, im weitesten Sinne um die lokale Justierung des Gefäß-

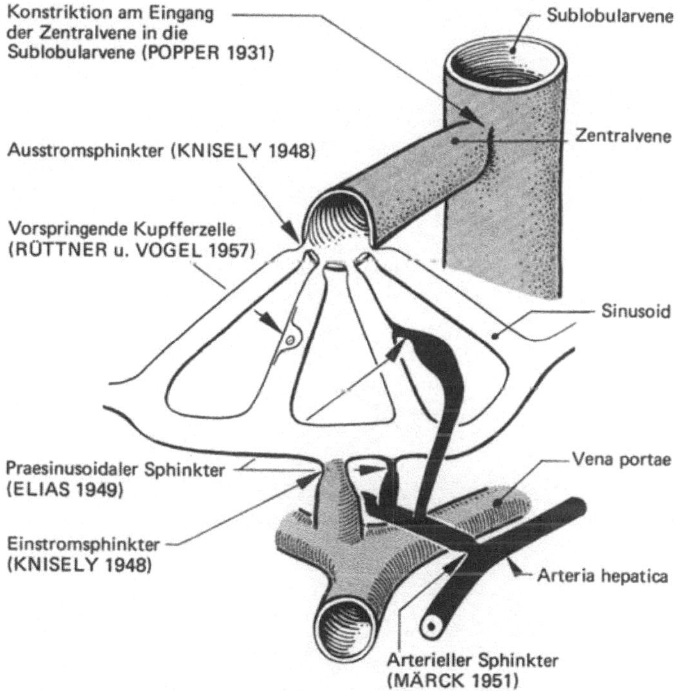


Abb. 10. Nach H. E. ELIAS u. J. C. SHERRICK: Morphology of the liver. New York: Academic Press 1969. Fig. II—12

widerstandes. Dabei ist zu berücksichtigen, daß die Leber-Sinusoide[2] als Austauschgefäße homeoporos sind, während das übliche Capillarbett mit dem gradient of permeability Heteroporosität zeigt (HAUCK u. SCHRÖER, 1969). Die druckreaktive Anpassung dient daher vor allem der Aufrechterhaltung eines *konstanten niederen Sinusoidaldruckes*. Das ist für die Eiweißpermeation und für die Flüssigkeitsfiltration (Ascites!) — infolge der schon bei Besprechung der Lymphproduktion hervorgehobenen Besonderheiten der Sinusoidwände — besonders bedeutungsvoll.

Die druckabhängige Reaktion der präsinusoidalen Sphincteren könnte weiterhin die alleinige oder bevorzugte Durchblutung einzelner strömungsdynamisch günstig gelegener Verbindungen zwischen Portalfeld und Zentralvene vermeiden. Der aktiven intrahepatischen Interaktion würde damit eine Art Verteilerfunktion für die Durchblutung der Sinusoide zukommen.

2 Zur Terminologie vgl. S. 80.

Schließlich kann die intrahepatische Gefäßinteraktion auch für die $O_2$-Versorgung der Leber bedeutungsvoll sein, derart, daß extrahepatisch bewirkte Schwankungen des *portalen* $O_2$-Antransportes durch gegensinnige Stromstärkeänderungen in der A. hepatica ausgeglichen werden. In diesem Zusammenhang sei auf die Befunde von Greenway et al. (1967) und Cohen et al. (1970) hingewiesen, wonach eine akute Hämorrhagie zu einer Constriction der Intestinal- und Milzgefäße mit Absinken der portalen Stromstärke führt. Gleichzeitig wird einer Con-

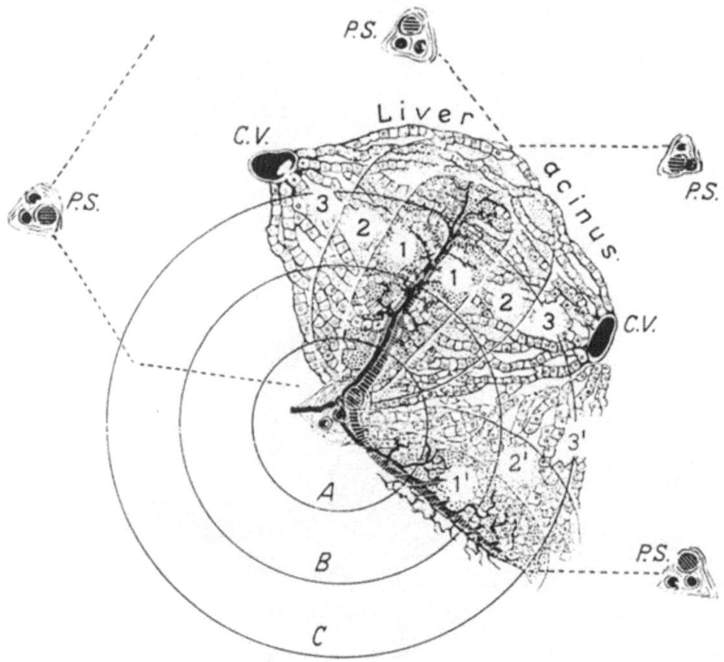


Abb. 11. *P.S.* portaler Strang mit V. portae und A. hepatica. *C.V.* V. centralis. 1, 2, 3 Zonen geringer werdender arterieller Versorgung. Vgl. dazu aber Abb. 10 (eine nahe der Zentralvene einmündende Arteriole). [Nach A. M. Rappaport: Klin. Wschr. **38**, 561 (1960), s. auch Wallraff (1969)]

striction der A. hepatica durch metabolische und/oder myogene Einflüsse entgegengewirkt, so daß der hepatische Anteil des HMV und somit die $O_2$-Versorgung der Leber durch die Hämorrhagie nicht vermindert wird. Andererseits sind von Schneider et al. (1969) bereits in der Frühphase des Entblutungsschocks anoxische Herde in der Leber gefunden worden.

Die von Rappaport (1960) topographisch begründete nutritive Gefährdung der um die Zentralvene gelegenen zirkulatorischen Zone 3 (Abb. 11) kann bei physiologischer portaler Minderdurchblutung durch veno-vasomotorische Erschlaffung der in Sinusoidmitte einmündenden Arteriolen (Abb. 10) verringert werden. Andererseits muß unter den pathologischen Bedingungen der venösen Rückstauung neben den topographischen Verhältnissen auch die VVR als ursächlich für die Nekroseanfälligkeit der Zone 3 betrachtet werden.

## 4. Beeinflussung der Leberdurchblutung durch vegetative Nerven, Überträgerstoffe und metabolische Vorgänge

*Autonome Innervation.* Die orthosympathische nervöse Versorgung der Leber stammt aus dem Plexus hepaticus, der ein Teil des Plexus coeliacus ist, die parasympathische Innervation stammt aus Vagusästen, die entweder direkt oder über den Plexus hepaticus die Leberpforte erreichen. Die hepatischen Nerven enthalten somit sympathische und parasympathische afferente und efferente Fasern (MITCHELL, 1953). Die Ergebnisse nervöser Reizungen sind — infolge der unterschiedlichen Ausbildung der Venenmuskulatur — speciesabhängig. Bei Plexusreizung wird eine Abnahme der Stromstärke in der A. hepatica infolge Widerstandszunahme gefunden. Während der Reizung ist das vasculäre escape-Phänomen (s. S. 246) deutlich ausgeprägt. Die Stromstärke in der Vena portae bleibt bei Plexusreizung konstant, jedoch steigt infolge Widerstandszunahme der Portadruck an (GRAYSON u. MENDEL, 1965; GREENWAY et al., 1967). Reizung der parasympathischen Nerven ist ohne Erfolg (GREEN et al., 1959).

Stromstärke- resp. Druckänderungen bei Widerstandszunahme in der arteriellen bzw. portalen Strombahn können als schlüssiger physiologischer Beweis dafür angesehen werden, daß der *arterielle Zustrom* wesentlich druckkonstant (Systemdruck), der *portale Zufluß* wesentlich *stromkonstant* (vorgeschalteter Intestinalwiderstand) erfolgen.

Da die orthosympathischen Reizwirkungen nur durch α-Blockade aufgehoben werden, beziehen GREENWAY et al. (1967) die Effekte auf adrenerge α-Receptoren. Eine Änderung der portalen und arteriellen Blutverteilung in der Leber durch Plexusreizung wurde von DANIEL und PRICHARD (1951) beschrieben [vgl. dazu auch BRAUER (1963) und LIFSON et al. (1970)].

### Adrenerge Substanzen, Acetylcholin

Bei Applikation von Noradrenalin und Adrenalin in die A. hepatica oder V. portae werden die gleichen Wirkungen wie bei Plexusreizung gefunden (GREENWAY et al., 1967; SCHOLTHOLT et al., 1967). Bei Injektion der Substanzen in eine Körpervene überdecken die constrictorische Beeinflussung der Intestinalgefäße und die pressorische Wirkung auf den Systemblutdruck die spezifische Wirkung an den Lebergefäßen.

Bei intraarterieller Injektion löst Acetylcholin eine beträchtliche Zunahme der Stromstärke in der A. hepatica aus. Portale Injektion von Acetylcholin kann beim Hunde eine Erhöhung des Portadruckes bewirken (SCHOLTHOLT u. SHIRAISHI, 1968). Bei der Katze bleibt die portale Strömung unbeeinflußt, jedoch kann die arterielle Widerstandsabnahme auch über den portalen Applikationsweg ausgelöst werden (LUTZ et al., 1968).

### Metabolische Vorgänge

*Reaktive Hyperämie.* GREEN et al. (1959) konnten weder nach Okklusion der A. hepatica noch der V. portae eine reaktive Hyperämie beobachten. HANSON u. JOHNSON (1966) fanden nach Okklusion der A. hepatica eine kurze reaktive Hyperämie, die im allgemeinen bei Verlängerung der Okklusion noch zunahm. Bei

18*

Shunten des portalen Zuflusses war sie jedoch stark abgeschwächt oder ganz unterdrückt, ohne daß sich für diesen Mechanismus eine Erklärung ergab. Scholtholt (1969) beschreibt, daß das Ausmaß und die Dauer der von ihm beobachteten leichten reaktiven Hyperämie in keinem Verhältnis zu der Dauer der Abklemmung und zum Durchblutungsdefizit stand.

*Steigerung der Stoffwechseltätigkeit.* Die Mehrzahl der Untersucher berücksichtigt aus methodischen Gründen nur die Gesamtdurchblutung der Leber, ohne Trennung des arteriellen und portalen Zuflusses (ausführliche Literatur bei Grayson u. Mendel, 1965). Differenzierte Messungen sind neuerdings von Scholtholt (1969) durchgeführt worden. Vergleicht man die arterielle und portale Durchströmung der Leber bei induzierter Stoffwechselsteigerung durch intraportale Injektion von Aminosäuren, so ergibt sich absolut und relativ eine stärkere Durchblutungszunahme der A. hepatica. Das führt Scholtholt (1969) darauf zurück, daß der extrahepatisch gesteuerte portale Zufluß von intrahepatischen Stoffwechselsteigerungen wesentlich weniger beeinflußt wird, als der direkte arterielle Zufluß mit seinen intrahepatischen Widerstandsgefäßen. Nach Gaben von Aminosäuren finden sich beim Hunde die in Tabelle 7 enthaltenen Werte für die $O_2$-Aufnahme.

Tabelle 7. *Portale und arterielle $O_2$-Zufuhr und $O_2$-Aufnahme beim Hunde*

| Portale Zufuhr (ml $O_2$/ 100 g Leber) (min) | Arterielle Zufuhr (ml $O_2$/ 100 g Leber) (min) | Gesamt-Aufnahme (ml $O_2$/ 100 g Leber) (min) | Anteil der arteriellen Durchblutung | Autoren |
|---|---|---|---|---|
| 2,82 | 1,43 | 4,25 | 18% | Blalock u. Mason, Amer. J. Physiol. 117, 328 (1936) (wache Hunde) |
| 2,57 | 1,99 | 4,56 | 22% | Scholtholt (1969), Hunde in Chloralose-Urethan-Narkose |
| (3,72) | (3,38) | (7,10) | (35%) | (nach Aminosäureninjektion) |

Unter gesteigerter Stoffwechseltätigkeit wurde zwischen $O_2$-Aufnahme und dem *arteriellen* Leberzufluß eine enge Korrelation festgestellt. Die Portadurchblutung wurde dagegen nur geringfügig unter Erhöhung der porto-cavalen $O_2$-Differenz vermehrt. Diese Befunde werfen die Frage auf, wieweit der $O_2$-Verbrauch resp. $O_2$-Druck für die Regulierung der Leberdurchblutung bedeutungsvoll ist. Bei dem arteriellen Zufluß hält Scholtholt (1969) die Abhängigkeit vom $O_2$-Verbrauch für erwiesen. Der Wirkungsmechanismus ist nicht bekannt. In den Untersuchungen von Lutz et al. (1968) wurde die mögliche $O_2$-Regulierung der arteriellen Leberdurchblutung jedoch von der veno-vasomotorischen Reaktion überdeckt.

# VI. Die Abdominalkreisläufe
## als einheitliches mesenteriales Stromgebiet
### Mesenterio-mesenteriale Gefäßreflexe

Die Organkreisläufe des Digestionstraktes, der großen Verdauungsdrüsen und der Milz sind durch zahlreiche und weitlumige Anastomosen sowie durch die gemeinsame venös-portale Gesamtdrainage zu einer anatomisch-funktionellen zirkulatorischen Einheit zusammengefaßt. Sie wird üblich als Mesenterialkreislauf oder Splanchnicusgebiet (splanchnic circulation) bezeichnet. Funktionell sind an dieser Vereinheitlichung außer der gemeinsamen efferenten Splanchnicusinnervation sympathische spinale vasculäre Reflexe beteiligt, die ihre Receptoren im Bereich arterieller und venöser Mesenterialgefäße haben und deren Erfolgsorgane wieder die Mesenterialgefäße sind. Diese mesenterio-mesenterialen Reflexe kontrollieren Strömung, Verteilung und Volumen des Blutes in den mesenterialen Widerstands- und Kapazitätsgefäßen.

*Arterielle* gefäßwirksame Mechanoreceptoren sind erstmalig 1935 durch Ableitung ihrer afferenten Impulse im N. splanchnicus durch GAMMON und BRONK nachgewiesen worden. HEYMANS et al. (1936) haben pressorische und depressorische Wirkungen auf den isoliert perfundierten Milzkreislauf durch Drucksenkung und -steigerung in den Aa. coeliaca und mesenterica superior beobachtet. H. REIN (1943) schrieb der A. hepatica als Receptorgebiet besondere Bedeutung zu, da von dort ein Nutritionsreflex der Leber auslösbar sei (Hepatica-Reflex). Die zeitweilig vertretene Ansicht, daß die mesenterialen arteriellen Mechanoreceptoren im Sinne des sinu-aortalen Systems den zentralen Blutdruck kontrollieren (SARNOFF u. YAMADA, 1959), gilt als widerlegt (BAUEREISEN et al., 1963a; NISSEN, 1965).

NISSEN (1965) führt alle beobachteten Gefäßreaktionen auf das sinu-aortale System zurück und hält die Existenz von Baroreceptoren im Gebiet der A. coeliaca und mesenterica überhaupt für unwahrscheinlich. Die Ergebnisse eigener ausgedehnter Untersuchungen auch bei stabilisiertem Systemdruck und verödeten Carotissinus lassen sich jedoch am besten mit den von HEYMANS et al. (1936) entwickelten Vorstellungen interpretieren. Werden die Gebiete der oberen Mesenterialarterie, der A. coeliaca sowie der Milzkreislauf hämodynamisch isoliert und werden die 3 Strombahnen getrennt perfundiert (BAUEREISEN, HENRICH, LUTZ, PEIPER, 1971), so treten Widerstandsänderungen im Sinne spinaler mesenteriomesenterialer Gefäßreflexe auf: Drucksenkung in der A. mesenterica führt zu Vasoconstriction im Coeliacagebiet und im Milzkreislauf. Druckerhöhung in der A. mesenterica bewirkt Vasodilatation in den genannten Stromgebieten. Entsprechende vasomotorische Reflexantworten im Milzkreislauf und im Gebiet der oberen Mesenterialarterie treten bei Variation des Coeliacadruckes auf. Der von H. REIN (1943) beschriebene nutritive Hepatica-Reflex dürfte, soweit er nicht auf einer VVR beruht (vgl. S. 243), als einer der zahlreichen mesenterio-mesenterialen Gefäßreflexe zu betrachten sein. Eine Bevorzugung der A. hepatica propria als Receptorfeld konnten wir nicht finden.

*Chemoreceptoren* sind im Mesenterialgebiet bisher experimentell nicht sicher belegt HEYMANS et al., 1960). Über chemische Aktivierung der Mechanoreceptoren wurde von SAPHIR u. RAPAPORT (1969) berichtet. Dort auch ausführliche Literatur.

*Venöse* mesenteriale Mechanoreceptoren wurden durch Registrierung afferenter Impulse im N. splanchnicus major sowie pressorischer Reaktionen im isoliert perfundierten Milzkreislauf von Bauereisen, Lutz u. Peiper (1963b) nachgewiesen. Volumenzunahme der zentralen mesenterialen Venen führt zu einer — durch Ganglienblockade reversibel aufhebbaren — reflektorischen Kontraktion der mesenterialen Widerstands- und Kapazitätsgefäße.

Die morphologische Identifizierung der mesenterialen gefäßaktiven Receptoren steht noch aus. Wahrscheinlich handelt es sich um die scheinbar diffus verstreuten Pacini-Körperchen (Gammon u. Bronk, 1935). Die Funktionsdifferenzierung arterieller und venöser Receptoren läßt sich bis zu einem gewissen Grade aus dem makroskopischen Aufbau der mesenterialen Strombahn ableiten: Die arteriellen Receptoren sind auf die einzelnen, *getrennt* aus der Aorta kommenden Zuflußbahnen verstreut. Sie regeln reflektorisch Zufluß und Blutverteilung in den einzelnen Organkreisläufen der mesenterialen Strombahn. Die venösen Receptoren liegen dagegen in der *gemeinsamen* Endstrecke der mesenterialen Niederdruckdrainage. Sie wirken als Fühler für das mesenteriale Blutvolumen und regeln den arteriellen Zufluß in die und den venösen Abfluß aus den mesenterialen Kapazitätsgefäßen. Damit beeinflussen sie über den venösen Rückstrom die Förderleistung des Herzens.

Eine weitere für den Gesamtkreislauf bedeutungsvolle, jedoch über die spezielle Hämodynamik des Mesenterialkreislaufes schon hinausgehende Funktion portaler und portanaher Osmoreceptoren besteht in der von Lemarchand u. Tanche (1962) sowie von Haberich et al. (1966) nachgewiesenen reflektorischen Beeinflussung der Diurese im Sinne der Blutvolumenregelung.

# Literatur

*Intestinum*

Abrahams, V. C., Hilton, S. M., Zbrozyna, A.: Active muscle vasodilatation produced by stimulation of the brain stem: Its significance in the defence reaction. J. Physiol. (Lond.) **154**, 491 (1960).

Agostoni, E., Chinnock, J. E., De Burgh, M., Murray, J. G.: Functional and histological studies of the vagus nerve and its branches to the heart, lungs and abdominal viscera in the cat. J. Physiol. (Lond.) **135**, 182 (1957).

Alexander, R. S.: The influence of constriction drugs on the distensibility of the splanchnic venous system, analyzed on the basis of an aortic model. Circulat. Res. **2**, 140 (1954).

Anderson, R., Mohme-Lundholm, E.: Studies on the relaxing actions mediated by stimulation of adrenergic α- and β-receptors in taenia coli of the rabbit and guinea pig. Acta physiol. scand. **77**, 372 (1969).

Baker, R., Mendel, D.: Some observations on "autoregulatory escape" in cat intestine. J. Physiol. (Lond.) **190**, 229 (1967).

Barer, G. W.: A compension of the circulatory effects of angiotensin, vasopressin and adrenaline in the anaesthetized cat. J. Physiol. (Lond.) **156**, 49 (1961).

Bauereisen, E., Lutz, J., Peiper, U.: Die Bedeutung mesenterialer Mechanoreceptoren für die reflektorische Innervation der Widerstands- und Kapazitätsgefäße des Splanchnikusgebietes. Pflügers Arch. ges. Physiol. **276**, 445 (1963).

Bayliss, W. M.: On the local reactions of the arterial wall to changes of internal pressure. J. Physiol. (Lond.) **28**, 220 (1902).

— The vasomotor system. London: Longmans 1923.

— Starling, E. H.: The movements and the innervation of the small intestine. J. Physiol. (Lond.) **24**, 99 (1899).

Blalock, A., Mason, M.: Observations on the blood flow and gaseous metabolism of the liver of unanesthetized dogs. Amer. J. Physiol. **117**, 328 (1936).

BOATMAN, D. L., BRODY, K. J.: Effects of acetylcholine on the intestinal vasculature of the dog. J. Pharmacol. exp. Ther. **142**, 185 (1963).

BOND, R. F., BLACKARD, R. F., TAXIS, J. A.: Evidence against oxygen being the primary factor governing autoregulation. Amer. J. Physiol. **216**, 788 (1969).

— GREEN, H. D.: Cardiac output redistribution during bilateral common carotid occlusion. Amer. J. Physiol. **216**, 393 (1969).

BRADLEY, S. E.: The hepatic circulation. Handbook of physiol., sect. 2, vol. II., p. 1387. Washington, D.C. 1963.

BRULL, L., LOUIS-BAR, D., LYBECK, H.: Action of chronic denervation and of the use of a ganglioplegic or a sympatholytic agent on the baresthetic device of the renal arteries. Acta physiol. scand. **34**, 175 (1955).

BÜLBRING, E., BURN, J.: Sympathetic vasodilatation in the skin and the intestine of the dog. J. Physiol. (Lond.) **87**, 254 (1936).

BURN, J., HUTCHEON, D.: The action of noradrenaline. Brit. J. Pharmacol. **4**, 373 (1949).

BURNS, G. B., SCHENK, W. G.: Effect of digestion and exercise on intestinal blood flow and cardiac output. Arch. Surg. **98**, 790 (1969).

BURTON, A.C.: Physiology and biophysics of the circulation. Chicago: Year Book Publishers 1966.

— STINSON, R. H.: The measurement of tension in vascular smooth muscle. J. Physiol. (Lond.) **153**, 290 (1960).

BURTON-OPITZ, R.: Über die Strömung des Blutes in dem Gebiete der Pfortader. I. Das Stromvolumen der Vena Mesenterica. Pflügers Arch. ges. Physiol. **124**, 469 (1908).

— The vascularity of the liver. IV. The magnitude of the portal inflow. Quart. J. exp. Physiol. **4**, 113 (1911).

CELANDER, O., FOLKOW, B.: A comparison of sympathetic vasomotor fibre control of the vessels within the skin and the muscles. Acta physiol. scand. **29**, 241 (1953).

CHOU, C. C., DABNEY, J. M.: Interrelation of ileal wall compliance and vascular resistance. Amer. J. dig. Dis. **12**, 1198 (1967).

CLARK, J. H.: The elasticity of veins. Amer. J. Physiol. **105**, 418 (1933).

CRAWFORD, D. G., FAIRCHILD, H. M., GUYTON, A. C.: Oxygen lack as a possible cause of reactive hyperemia. Amer. J. Physiol. (Lond.) **197**, 613 (1959).

DAVIGNON, J., LORENZ, R. R., SHEPHERD, J. T.: Responses of human umbilical artery to changes in transmural pressure. Amer. J. Physiol. **209**, 51 (1965).

DEAL, C., GREEN, H.: Comparison of changes in mesenteric resistance following splanchnic nerve stimulation with responses to epinephrine and norepinephrine. Circulat. Res. **4**, 38 (1956).

DELANEY, J. P.: Arteriovenous anastomotic blood flow in the mesenteric organs. Amer. J. Physiol. **216**, 1556 (1969).

— CUSTER, J.: Gastrointestinal blood flow in the dog. Circulat. Res. **17**, 394 (1965).

DELORME, E. J., MACPHERSON, A. I. S., MUHERJEE, S. R., ROWLANDS, S.: Measurement of the visceral blood volume in dogs. Quart. J. exp. Physiol. **36**, 219 (1951).

DRAPANAS, T., KLUGE, D., SCHENK, W.: Measurement of hepatic blood flow by bromsulphalein and by the electromagnetic flowmeter. Surgery **48**, 1017 (1960).

DRESEL, P., WALLENTIN, I.: Effect of sympathetic vasoconstrictor fibres, noradrenaline and vasopressin on the intestinal vascular resistance during constant blood flow or blood pressure. Acta physiol. scand. **66**, 427 (1966).

EBLE, J. N.: A proposed mechanism for the depressor effect of dopamine in the anesthetized dog. J. Pharmacol. exp. Ther. **145**, 64 (1964).

ELZE, C.: In: BRAUS, H.: Anatomie des Menschen, Bd. 3. Berlin-Heidelberg-New York: Springer 1960.

FOLKOW, B.: Intravascular pressure as a factor regulating the tone of the small vessels. Acta physiol. scand. **17**, 289 (1949).

— A critical study of some methods used in investigations on the blood circulation. Acta physiol. scand. **27**, 118 (1952).

— Description of the myogenic hypothesis. Circulat. Res. **15**, Suppl. I, 279 (1964).

— Regional adjustments of intestinal blood flow. Gastroenterology **52**, 423 (1967).

— FROST, J., UVNÄS, B.: Action of adrenaline, noradrenaline and some other sympathomimetic drugs on the muscular, cutaneous and splanchnic vessels of the cat. Acta physiol. scand. **15**, 412 (1948).

Folkow, B.: Johansson, B., Öberg, B.: A hypothalamic structure with a marked inhibitory effect on tonic sympathetic activity. Acta physiol. scand. **47**, 262 (1959).

— Lewis, D. H., Lundgren, O., Mellander, E., Wallentin, I.: The effect of graded vasoconstrictor fibre stimulation on the intestinal resistance and capacitance vessels. Acta physiol. scand. **61**, 445 (1964).

— Löfving, B.: The distensibility of the systemic resistance blood vessels. Acta physiol. scand. **38**, 37 (1956).

Folkow, B., Lundgren, O., Wallentin, I.: Studies on the relationship between flow resistance, capillary filtration coefficient and regional blood volume in the intestine of the cat. Acta physiol. scand. **57**, 270 (1963).

Fronek, A.: Combined effect of carotid sinus hypotension and digestion on splanchnic circulation. Amer. J. Physiol. **219**, 1759 (1970).

Fronek, K., Fronek, A.: Combined effect of exercise and digestion on hemodynamics in conscious dogs. Amer. J. Physiol. **218**, 555 (1970).

— Stahlgren, L. H.: Systemic and regional hemodynamic changes during food intake and digestion in non-anesthetized dogs. Circulat. Res. **23**, 687 (1968).

Gaskell, P., Burton, A. C.: Local postural vasomotor reflexes arising from the limb veins. Circulat. Res. **1**, 27 (1953).

Geber, W. F.: Quantitative measurement of blood flow in various areas of small and large intestine. Amer. J. Physiol. **198**, 985 (1960).

Gerova, M., Gero, J.: The effect of prolonged sympathetic stimulation on conduit vessel diameter. Experientia (Basel) **24**, 1134 (1968).

Gibson, J. G., Seligman, A. M., Peacock, W. C., Aub, J. C., Fine, J., Evans, R. D.: The distribution of red cells and plasma in large and minute vessels of the normal dog determined by radioactive isotopes of iron and iodine. J. clin. Invest. **25**, 848 (1946).

Girling, F.: Critical closing pressure and venous pressure. Amer. J. Physiol. **171**, 204 (1952).

Goodhead, B.: Distribution of blood flow in various selected areas of small and large intestine in the dog. Amer. J. Physiol. **217**, 835 (1969).

Grab, W., Janssen, W. S., Rein, H.: Über die Größe der Leberdurchblutung. Z. Biol. **89**, 324 (1929).

Grayson, J., Mendel, D.: Physiology of the splanchnic circulation. London: Arnold Ltd. 1965.

Green, H. D.: Circulation: Physical principles. In: Medical physics. Chicago: The Year Book Publishers 1944.

— Deal, G. P., Bardhanahaedya, S., Denison, A. B.: The effects of adrenergic substances and ischemia on the blood flow and peripheral resistance of the canine mesenteric vascular bed before and during adrenergic blockade. J. Pharmacol. exp. Ther. **113**, 115 (1955).

— Hall, L. S., Sexton, J., Deal, C. P.: Autonomic vasomotor responses in the canine hepatic arterial and venous beds. Amer. J. Physiol. **196**, 196 (1959).

Greenfield, A. D. M., Patterson, G. C.: The effect of small degrees of venous distension on the apparent rate of blood inflow to the forearm. J. Physiol. (Lond.) **125**, 525 (1954).

Greenway, C. V., Lawson, A. E., Mellander, S.: The effects of stimulation of the hepatic nerves, infusions of noradrenaline and occlusion of the carotid arteries on liver blood flow in the anaesthetized cat. J. Physiol. (Lond.) **192**, 21 (1967).

— — Stark, R. D.: Vascular responses of the spleen to nerve stimulation during normal and reduced blood flow. J. Physiol. (Lond.) **194**, 421 (1968).

Grim, E.: The flow of blood in the mesenteric vessels. Handbook of physiol., sect. 2, vol. II, p. 1439. Washington D. C. 1963.

— Lindseth, E. O.: Distribution of blood flow to tissues of the small intestine in the dog. Minn. Med. **30**, 138 (1958).

Grindlay, J. H., Herrick, J. F., Mann, F. F.: Measurement of the blood flow of the liver. Amer. J. Physiol. **132**, 489 (1941).

Grodins, F. S., Osborne, S. L., Ivy, A. C., Goldman, L.: The effect of bile acids on hepatic blood flow. Amer. J. Physiol. **132**, 375 (1941).

Guyton, A. C., Ross, J. M., Carrier, O., Walker, J. R.: Evidence for tissue oxygen demand as the major factor causing autoregulation. Circulat. Res. **15**, Suppl. I, 60 (1964).

HADDY, F. J.: Serotonin and the vascular system. Angiology 11, 21 (1960).

— CHOU, C. C., SCOTT, J. B., DABNEY, J. M.: Intestinal vascular responses to naturally occuring vasoactive substances. Gastroenterology 52, 444 (1967).

— GILBERT, R. P.: The relation of a venous-arteriolar reflex to transmural pressure and resistance in small and large systemic vessels. Circulat. Res. 4, 25 (1956).

HANSON, K. M.: Responses of the gastrointestinal vasculature to the administration of vasopressin (pitressin). Physiologist 12, 247 (1969).

HARA, K.: Über den Einfluß der Reizung des N. splanchnicus auf den Druck und die Durchströmungsgröße in der Pfortader der Katze. Pflügers Arch. ges. Physiol. 222, 350 (1929).

HATCH, R. C., HUGHES, R. W., BOZIVICH, H.: Effect of resting blood pressure on pressure responses to drugs and carotid occlusion. Amer. J. Physiol. 213, 1515 (1967).

HEMINGWAY, A.: The sensitising action of alkalies. J. Physiol. (Lond.) 62, 81 (1926).

HENRICH, H., LUTZ, J.: Untersuchungen über das vasculäre Escape-Phänomen der Vasokonstriktion am Intestinalkreislauf der Ratte. Pflügers Arch. 319, R40 (1970).

— — Das vasculäre Escape-Phänomen am Intestinalkreislauf und seine Auslösung durch unterschiedliche vasoconstrictorische Substanzen. Pflügers Arch. ges. Physiol. (im Druck).

HERRICK, J. F., ESSEX, H. E., MANN, F. C., BALDES, E. J.: The effect of digestion on the blood flow in certain blood vessels of the dog. Amer. J. Physiol. 108, 621 (1934).

HINSHAW, L. B.: Arterial and venous pressure resistance relationships in perfused log and intestine. Amer. J. Physiol. 203, 271 (1962).

— BALLIN, H. M., DAY, S. B., CARLSON, C. H.: Tissue pressure as a causal factor in the autoregulation of blood in the isolated perfused kidney. Amer. J. Physiol. 197, 853 (1959).

— DAY, S. B., CARLSON, C. H.: Tissue pressure as a causal factor in the autoregulation of blood in the isolated perfused kidney. Amer. J. Physiol. 197, 309 (1959).

HOCHBERGER, A. I., ZWEIFACH, B. W.: Analysis of critical closing pressure in the perfused rabbit ear. Amer. J. Physiol. 214, 962 (1968).

HORVATH, S. M., KELLY, T., FOLK, G. E., HUTT, S. K.: Measurement of blood volumes in the splanchnic bed of the dog. Amer. J. Physiol. 189, 573 (1957).

JAEGER, M.: L'élasticité des artères et son influence sur leur irrigation. Helv. physiol. pharmacol. Acta, Suppl. 17, 1 (1966).

JANSSON, G., KAMPP, M., LUNDGREN, O., MARTINSON, J.: Studies on the circulation of the stomach. Acta physiol. scand. 68, Suppl. 277, 91 (1966).

JODAL, M., LUNDGREN, O.: Regional distribution of red cells, plasma and blood volume in the intestinal wall of the cat. Acta physiol. scand. 80, 533 (1970).

JOHANSSON, B., SPARKS, H. V., BIBER, B.: The escape of the renal blood flow response during sympathetic nerve stimulation. Angiologia 7, 330 (1970).

JOHNSON, H. D.: Critical closing pressure in blood vessels. Nature (Lond.) 215, 858 (1967).

JOHNSON, P. C.: Myogenic nature of increase in intestinal vascular resistance with venous pressure elevation. Circulat. Res. 7, 992 (1959).

— Autoregulation of intestinal blood flow. Amer. J. Physiol. 199, 311 (1960).

— Autoregulation of blood flow in the intestine. Gastroenterology 52, 435 (1967).

— Autoregulatory responses of cat mesenteric arterioles measured in vivo. Circulat. Res. 22, 199 (1968).

JOHNSTONE, F.: Measurement of splanchnic blood volume in dogs. Amer. J. Physiol. 185, 450 (1956).

JONES, R. D., BERNE, R. M.: Local regulation of blood flow in skeletal muscle. Circulat. Res. 15, Suppl. 1, 30 (1964).

KAMPP, M., LUNDGREN, O.: Blood flow and flow distribution in the small intestine of the cat as analysed by the Kr$^{85}$ wash-out technique. Acta physiol. scand. 72, 282 (1968).

— — SJÖSTRAND, J.: On the components of the Kr$^{85}$ wash-out curves from the intestine of the cat. Acta physiol. scand. 72, 257 (1967).

— — — The distribution of intravascularly administered lipid soluble and lipid insoluble substances in the mucosa and the submucosa of the small intestine of the cat. Acta physiol. scand. 72, 469 (1968).

KINTER, W. B., PAPPENHEIMER, J. R.: Role of red blood corpuscles in regulation of renal blood flow and glomerular filtration rate. Amer. J. Physiol. 185, 399 (1956).

Koepchen, H. P., Seller, H., Polster, J.: Hochempfindliche Widerstandsregistrierung bei kleinen Flüssen. Pflügers Arch. ges. Physiol. **294**, 72 (1967).

Korol, B., Brown, M. L.: Influence of existing arterial pressure on autonomic drug responses. Amer. J. Physiol. **213**, 112 (1967).

Leitz, K. H., Arndt, J. O.: Die Durchmesser-Druck-Beziehung des intakten Gefäßgebietes der A. carotis communis von Katzen. Pflügers Arch. ges. Physiol. **301**, 50 (1968).

Lindgren, P., Uvnäs, B.: Activation of sympathetic vasodilator and vasoconstrictor neurones by electric stimulation in the medulla of dog and cat. Circulat. Res. **1**, 479 (1953).

Lundgren, O.: Studies on blood flow distribution and countercurrent exchange in the small intestine. Acta physiol. scand., Suppl. 303 (1967).

— Kampp, M.: The wash-out of intraarterially injected Krypton[85] from the intestine of the cat. Experientia (Basel) **22**, 268 (1966).

Lutz, J.: Über veno-vasomotorische Gefäßreaktionen im Mesenterialkreislauf der Katze. Pflügers Arch. ges. Physiol. **287**, 330 (1966).

— Hämodynamische Eigenschaften und Gefäßreaktionen der intestinalen Strombahn. Arch. Kreisl.-Forsch. **59**, 99 (1969).

— Henrich, H.: Gefäßkontraktionen in situ bei druck- und stromkonstanter Perfusion der intestinalen Strombahn und ihre Abhängigkeit vom Ausgangsdruck. Pflügers Arch. ges. Physiol. **319**, 68 (1970).

— — Auftreten und Stärke des vasculären escape-Phänomens der Vasokonstriktion an der Nierenstrombahn. Pflügers Arch. ges. Physiol. (in Vorbereitung).

— — Peiper, U., Bauereisen, E.: Autoregulation und veno-vasomotorische Reaktion im Milzkreislauf. Pflügers Arch. ges. Physiol. **313**, 271 (1969).

Mall, F.: Die Blut- und Lymphwege im Dünndarm des Hundes. Abh. sächs. Ges. Wiss., math.-phys. Kl. **14**, 151 (1887).

Mautner, H.: Die Bedeutung der Venen und deren Sperrvorrichtungen für den Wasserhaushalt. Wien. Arch. klin. Med. **7**, 251 (1924).

McGregor, D. D.: The effect of sympathetic nerve stimulation on vasoconstrictor responses in perfused mesenteric blood vessels of the rat. J. Physiol. (Lond.) **177**, 21 (1969).

Merrill, E. W., Cokelet, G. C., Britten, A., Wells, R. E.: Non-newtonian rheology of human blood. Effect of fibrinogen deduced by "subtraction". Circulat. Res. **13**, 48 (1963).

Messmer, K., Lange, T.: Die Wirkung von Vasopressin und Oktapressin auf Mesenterialdurchblutung und Herzminutenvolumen des Hundes. Z. ges. exp. Med. **151**, 279 (1969).

Miles, B. E., Ventom, M. G., De Wardener, H. E.: Observation on the mechanism of circulatory autoregulation in the perfused dog's kidney. J. Physiol. (Lond.) **123**, 143 (1954).

Munck, O., Lysgaard, H., Pontonnier, G., Lefevre, H., Lassen, N. A.: Measurement of blood flow through uterine muscle by local injection of 133 Xenon. Lancet **1964I**, 1421.

Ochwadt, B.: Zur Selbststeuerung des Nierenkreislaufes. Pflügers Arch. ges. Physiol. **262**, 207 (1956).

Page, I. H., McCubbin, J. W.: Renal vascular and systemic arterial pressure responses to nervous and chemical stimulation of the kidney. Quart. J. Physiol. **173**, 411 (1953).

Patterson, G. C.: The blood flow in the human forearms following venous congestion. J. Physiol. (Lond.) **125**, 501 (1954).

Peiper, U., Ohnhaus, E. E.: Der Einfluß zeitlicher und räumlicher Summation auf den Kontraktionsablauf der Gefäßmuskulatur in situ. Pflügers Arch. ges. Physiol. **286**, 285 (1965).

— Wende, W., Wullstein, H. K.: Der Einfluß von Temperatur, Vorspannung und Propranolol auf die Noradrenalinwirkung am isolierten Gefäßstreifen der Rattenaorta. Pflügers Arch. ges. Physiol. **305**, 167 (1969).

Price, W. E., Shehadeh, Z., Thompson, G. H., Underwood, L. D., Jacobson, E. D.: Effects of acetylcholine on intestinal blood flow and motility. Amer. J. Physiol. **216**, 343 (1969).

Rayner, R., MacLean, L., Grim, E.: Intestinal tissue blood flow in shock due to endotoxin. Circulat. Res. **8**, 1212 (1960).

Reiniger, E. J., Sapirstein, L. A.: Effect of digestion on distribution of blood flow in the rat. Science **126**, 1176 (1957).

Remington, J. W., Hamilton, W. F.: Quantitative calculation of the time course of cardiac ejection from the pressure pulse. Amer. J. Physiol. **148**, 25 (1947).

RICHARDSON, D. R., JOHNSON, P. C.: Comparison of autoregulatory escape and autoregulation in the intestinal vascular bed. Amer. J. Physiol. **217**, 586 (1969).

RODBARD, S., TAKACS, L.: Hydrodynamics of autoregulation. Cardiologia (Basel) **48**, 433 (1966).

ROSS, G.: Effects of epinephrine and norepinephrine on the mesenteric circulation of the cat. Amer. J. Physiol. **212**, 1037 (1967).

— BROWN, A. W.: Cardiovascular effects of dopamine in the anesthetized cat. Amer. J. Physiol. **212**, 823 (1967).

SAPIRSTEIN, L.: Regional blood flow by fractional distribution of indicators. Amer. J. Physiol. **193**, 161 (1958).

SCHEPPOKAT, K. D., THRON, H. L., GAUER, O. H.: Quantitative Untersuchungen über Elastizität und Kontraktilität peripherer menschlicher Blutgefäße in vivo. Pflügers Arch. ges. Physiol. **266**, 130 (1958).

SCHER, A. M.: Autoregulation of renal blood flow. Fed. Proc. **18**, 138 (1959).

SCHOLTHOLT, J., LOCHNER, W., RENN, H., SHIRAISHI, T.: Die Wirkung von Noradrenalin, Adrenalin, Isoproterenol und Adenosin auf die Durchblutung der Leber und des Splanchnicusgebietes des Hundes. Pflügers Arch. ges. Physiol. **293**, 129 (1967).

SCOTT, J. B., DABNEY, J. M.: Relation of gut motility to blood flow in the ileum of the dog. Circulat. Res. 15, Suppl. I, 234 (1964).

SELKURT, E., SCIRETTA, M., CULL, T.: Hemodynamics of intestinal circulation. Circulat. Res. **6**, 92 (1958).

SHEHADEH, Z., PRICE, E., JACOBSON, D.: Effects of vasoactive agents on intestinal blood flow and motility in the dog. Amer. J. Physiol. **216**, 386 (1969).

SIDKY, M., BEAN, J. W.: Influence of rhythmic and tonic contraction of intestinal muscle on blood flow and blood reservoir capacity in dog intestine. Amer. J. Physiol. **193**, 386 (1958).

SPANNER, R.: Neue Befunde über die Blutwege der Darmwand und ihre funktionelle Bedeutung. Morph. Jb. **69**, 394 (1932).

SPARKS, H. V.: Effect of quick stretch on isolated vascular smooth muscle. Circulat. Res. 15, Suppl. I, 254 (1964).

— BOHR, D. F.: Effect of stretch on passive tension and contractility of isolated vascular smooth muscle. Amer. J. Physiol. **202**, 835 (1962).

SPEDEN, R. N.: The effect of initial strip length on the noradrenaline-induced isometric contraction of arterial strips. J. Physiol. (Lond.) **154**, 15 (1960).

SPIER, R., LUTZ, J.: Die Bestimmung der arteriellen Volumelastizität an perfundierten Teilkreisläufen. Pflügers Arch. ges. Physiol. **300**, R 52 (1968).

STINSON, R. H.: Electrical stimulation of the sympathetic nerves of the isolated rabbit ear and the fate of the neurohormone released. Canad. J. Biochem. Physiol. **39**, 309 (1961).

TEXTER, E. C., CHOU, C. C., MERRILL, S. L., LAURETA, H. C., FROHLICH, E. D.: Direct effects of vasoactive agents on segmental resistance of the mesenteric and portal circulation. J. Lab. clin. Med. **64**, 624 (1964).

— MERRILL, S. L., SCHWARTZ, M., VANDERSTRAPPEN, G., HADDY, F. J.: Relationship of blood flow to pressure in the intestinal bed of the dog. Amer. J. Physiol. **202**, 253 (1962).

THURAU, K., KRAMER, K.: Weitere Untersuchungen zur myogenen Natur der Autoregulation des Nierenkreislaufes. Aufhebung der Autoregulation durch muskulotrope Substanzen und druckpassives Verhalten des Glomerulusfiltrates. Pflügers Arch. ges. Physiol. **269**, 77 (1959).

TRAPOLD, J.: Effect of ganglionic blocking agents upon blood flow and resistance in the superior mesenteric artery of the dog. Circulat. Res. **4**, 718 (1956).

UCHIDA, E., BOHR, D. F., HOOBLER, S. W.: A method for studying isolated resistance vessels from rabbit mesentery and brain and their responses to drugs. Circulat. Res. 21, 525 (1967).

VATNER, S. F., FRANKLIN, D., CITTERS, R. L. VAN: Mesenteric vasoaction in the conscious dog associated with eating and digestion. Amer. J. Physiol. **219**, 170 (1970).

WALLENTIN, I.: Studies on intestinal circulation. Acta physiol. scand. **69**, Suppl. 279 (1965).

WALLIS, W., BØRNEMAN, R., HONIG, C. R.: A veni-venomotor response to local congestion. J. appl. Physiol. 18, 593 (1963).

WAUGH, W. H., SHANKS, R. G.: Cause of genuine autoregulation of the renal circulation. Circulat. Res. 8, 871 (1960).

Webb-Peploe, M. M., Shepherd, J. T.: Responses of large hindlimb veins of the dog to sympathetic nerve stimulation. Amer. J. Physiol. **215**, 299 (1968).

Wetterer, E., Kenner, T.: Grundlagen der Dynamik des Arterienpulses. Berlin-Heidelberg-New York: Springer 1968.

Wilder, J.: Stimulus and response. New York 1967.

Winton, F. R.: Intrarenal pressure and renal blood flow. In: Transact. 3. Conference on renal function. New York 1952 (S. 51).

— Physical factors involved in the activities of the mammalian kidney. Physiol. Rev. **17**, 408 (1937).

## Magen

Arabehety, J., Dolcini, H., Gray, S.: Sympathetic influences or circulation of the gastric mucosa of the rat. Amer. J. Physiol. **197**, 915 (1959).

Babkin, B. P., Schachter, M., Nisse, R.: Further studies in relationship between the vagal secretory function and the chemical phase of gastric secretion. Clinics **3**, 494 (1944).

Barlow, T. E., Bentley, F. H., Walder, D. N.: Arteries, veins and arterio-venous anastomoses in the human stomach. Surg. Gynec. Obstet. **93**, 657 (1951).

Baxter, S. G.: Sympathetic secretory innervation of the gastric mucosa. Amer. J. dig. Dis. **1**, 36 (1934).

Boenheim, F.: Über das Minutenvolumen des Magens und seine Beeinflussung durch Blutdruck, durch Vagusreizung, durch Histamin und durch Organextrakte. Z. ges. exp. Med. **71**, 88 (1930).

Brown, M. R.: The effect of removal of the sympathetic chains and of the coeliac ganglia on gastric acidity. Amer. J. Physiol. **105**, 399 (1933).

Burton-Opitz, R.: Das Stromvolumen der Vena gastrica. Pflügers Arch. ges. Physiol. **135**, 205 (1910).

Classen, M., Koch, H., Deyle, P., Weidenhiller, S., Demling, L.: Wirkung von Prosta- glandin E$_1$ auf die basale Magensekretion des Menschen. Klin. Wschr. 48, 876 (1970).

Coceani, F., Pace-Asciak, C., Volta, F., Wolfe, L. S.: Effect of nerve stimulation on prostaglandin formation and release from the rat stomach. Amer. J. Physiol. **213**, 1056 (1967).

Code, C. F.: The inhibition of gastric secretion, a review. Pharmacol. Rev. **3**, 59 (1951).

Cumming, J. D., Haigl, A. L., Harries, E. H. L., Nutt, M. E.: A study of gastric secretion and blood flow in the anaesthetized dog. J. Physiol. (Lond.) **168**, 219 (1963).

Delaney, J. P., Grim, E.: Canine gastric blood flow and its distribution. Amer. J. Physiol. **207**, 1195 (1964).

— — Experimentally induced variations in canine gastric blood flow and its distribution. Amer. J. Physiol. **208**, 353 (1965).

Demling, L., Ottenjann, R., Wachsmann, F.: Method for measurement of blood flow and acidity in the human stomach. Amer. J. dig. Dis. **9**, 517 (1964).

Disse, J.: Über die Blutgefäße der menschlichen Magenschleimhaut, besonders über die Arterien derselben. Arch. mikr. Anat. **63**, 512 (1904).

Forrest, A. P. M., Code, C. F.: Effect of postganglionic sympathectomy on canine gastric secretion. Amer. J. Physiol. **177**, 425 (1954a).

— — The inhibiting effect of epinephrine and norepinephrine on secretion induced by histamine in separated pouches of dogs. J. Pharmacol. exp. Ther. **110**, 447 (1954b).

Greeff, K., Holtz, P.: Untersuchungen am isolierten Vagus-Magen-Präparat. Naunyn-Schmiedebergs Arch. exp. Path. Pharmak. **227**, 427 (1956a).

— — Über die Natur des Überträgerstoffes vagalmotorischer Magenerregungen. Naunyn-Schmiedebergs Arch. exp. Path. Pharmak. **227**, 559 (1956b).

Harper, A. A., Reed, J. D., Smy, J. R.: Gastric blood flow in anaesthetized cats. J. Physiol. (Lond.) **194**, 795 (1968).

Harries, E. H. L.: The effect of noradrenaline on the gastric secretory response to histamine in the dog. J. Physiol. (Lond.) **133**, 498 (1956).

— The mode of action of sympathomimetic amines in inhibiting gastric secretion. J. Physiol. (Lond.) **138**, 48 P (1957).

HARRISON, J. S., McSWINEY, B. A.: The chemical transmitter of motor impulses to the stomach. J. Physiol. (Lond.) 87, 79 (1936).

HAVERBACK, D. J., BOGDANSKI, D., HOGBEN, C. A. M.: Inhibition of gastric acid secretion in the dog by the precursor of serotonin and 5-hydrodytryptophan. Gastroenterology 34, 188 (1958).

HESLOP, T. S.: The nervous control of gastric secretion. An experimental study. Brit. J. Surg. 25, 884 (1938).

HIRSCHOWITZ, B. I., SACHS, G.: Vagal gastric secretory stimulation by 2-deoxy-D-glucose. Amer. J. Physiol. 209, 452 (1965).

JACOBSON, E. D.: Effects of histamine, acetylcholine and norepinephrine on gastric vascular resistance. Amer. J. Physiol. 204, 1013 (1963).

— Hemodynamic effects of bradykinin and gastrin in the stomach. Amer. Heart J. 68, 214 (1964).

— EISENBERG, M. M., SWAN, K. G.: Effects of histamine on gastric blood flow in conscious dogs. Gastroenterology 51, 466 (1966).

— LINFORD, R. H., GROSSMAN, M. I.: Gastric secretion in relation to mucosal blood flow studied by a clearance technic. J. clin. Invest. 45, 1 (1966b).

— SCOTT, J. B., FROHLICH, E. D.: Hemodynamics of the stomach. I. Resistance-flow relation in the gastric vascular bed. Amer. J. dig. Dis. 7, 779 (1962).

JEMERIN, E. E., HOLLANDER, F., WEINSTEIN, V. A.: A comparison of insulin and food as stimuli for the differentiation of vagal and non-vagal gastric pouches. Gastroenterology 1, 500 (1943).

KEHNE, J. H., HUGHES, F. A., GOMPERTZ, M. L.: The use of surgical pituitrin in the control of esophageal varix bleeding. Surgery 39, 917 (1956).

LEONARD, A. S., LONG, D. M., THOMAS, F., WALDER, A. I., PETER, E. T., WANGENSTEEN, O. H.: Hypothalamic influences on gastric and mesenteric blood flow. Surg. Forum 13, 280 (1962).

LINDE, S.: Studies on the stimulation mechanism of gastric secretion. Acta physiol. scand. 21, 1 (1950).

LUTZ, J., BIESTER, J.: Gefäßreaktionen im Strombett des Magens im Vergleich zu anderen portal-drainierten Gefäßbahnen. Pflügers Arch. ges. Physiol. (In Vorbereitung.) (1971).

MARTINSON, J., MUREN, A.: Excitatory and inhibitory effects of vagus stimulation on gastric motility in the cat. Acta physiol. scand. 57, 309 (1963).

MOODY, F. G.: Gastric blood flow and acid secretion during direct intra arterial histamine administration. Gastroenterology 52, 216 (1967).

NECHELES, H., FRANK, R., KAYE, E., ROSENMAN, E.: Effect of acetylcholine on the blood flow through the stomach and kidneys of the rat. Amer. J. Physiol. 114, 695 (1936).

— LEVITSKY, D., KOHN, R., MASKIN, M., FRANK, R.: The vasomotor effect of acetylcholine on the stomach of the dog. Amer. J. Physiol. 116, 330 (1936).

NICOLOFF, D. M., SOSIN, H., PETER, E. T., BERNSTEIN, E. F., WANGENSTEEN, O. H.: The effect of serotonin on gastric secretion. Amer. J. dig. Dis. 8, 267 (1963).

NYLANDER, G., OLERUD, S.: The vascular pattern of the gastric mucosa of the rat following vagotomy. Surg. Gynec. Obstet. 112, 475 (1961).

OBERHELMAN, H. A., WOODWARD, E. R., SMITH, C. A., DRAGSTEDT, L. R.: Effect of sympathectomy on gastric secretion in total pouch dogs. Amer. J. Physiol. 166, 679 (1951).

PETER, E. T., NICOLOFF, D. M., LEONARD, A. S., WALDER, A. I., WANGENSTEEN, O. H.: Effect of vagal and sympathetic stimulation and ablation on gastric blood flow. J. Amer. med. Ass. 183, 1003 (1963).

PRADHAN, S. N., WINGATE, H. W.: Effects of adrenergic agents on gastric secretion in dogs. Arch. int. Pharm. 140, 399 (1962).

ROBERT, A., NEZAMIS, J. E., PHILLIPS, J. P.: Inhibition of gastric secretion by prostaglandins. Amer. J. dig. Dis. 12, 1073 (1967).

SALMON, P., GRIFFIN, W., WANGENSTEEN, O. H.: Effect of intragastric temperature changes upon gastric blood flow. Proc. Soc. exp. Biol. (N.Y.) 101, 442 (1959).

SAPIRSTEIN, L. A.: Regional blood flow by fractional distribution of indicators. Amer. J. Physiol. 193, 161 (1958).

Schmid, E., Kinzlmeier, H.: Über die Wirkung von Serotonin (5-hydroxytryptamin) auf die Azidität des Magens und die Motilität im Verdauungstrakt. Gastroenterologica **91**, 254 (1959).

Shaldon, S., Sherlock, S.: The use of vasopressin (pitressin) in the control of bleeding from esophageal varices. Lancet **1970** II, 222.

Shore, P., Brodie, B., Hogben, C. A. M.: The gastric secretion of drugs: a pH partition hypothesis. J. Pharmacol. exp. Ther. **119**, 361 (1957).

Swan, K. G., Jacobson, E. D.: Gastric blood flow and secretion in conscious dogs. Amer. J. Physiol. **212**, 891 (1967).

Thomson, J. E., Vane, J. R.: Gastric secretion induced by histamine and its relationship to the rate of blood flow. J. Physiol. (Lond.) **121**, 433 (1953).

Walder, D. N.: Arteriovenous anastomoses of the human stomach. Clin. Sci. **11**, 59 (1952).


*Pankreas*

Anrep, G.: The influence of the vagus on pancreatic secretion. J. Physiol. (Lond.) **50**, 421 (1916).

Aume, S., Semb, L. S.: The effect of secretin and pancreocymin on pancreatic blood flow in the conscious and anesthetized dog. Acta physiol. scand. **76**, 406 (1969).

Barlow, T. E., Greenwell, J. R., Harper, A. A., Scratcherd, T.: The effect of adrenaline and noradrenaline on the blood flow, electrical conductivity and external secretion of the pancreas. J. Physiol. (Lond.) **178**, 9 P (1965).

Bennett, A., Still, E.: A study of the relation of pancreatic duct pressure to the rate of blood through the pancreas. Amer. J. Physiol. **106**, 454 (1933).

Brown, J. C., Harper, A. A., Scratcherd, T.: The effect of the vagus on the rate of flow of secretin-stimulated pancreatic juice in the cat. J. Physiol. (Lond.) **166**, 31 P (1963).

Burton-Opitz, R.: Über die Strömung des Blutes in dem Gebiete der Pfortader V. Die Blutversorgung des Pförtners und Pankreas. Pflügers Arch. ges. Physiol. **146**, 344 (1912).

Comfort, M. W., Osterberg, A. E.: Pancreatic secretion in man after stimulation with secretin and acetyl-betamethylcholine (mecholyl). Arch. intern. Med. **66**, 688 (1940).

Comline, R. S., Hickson, J. C. D., Message, M. A.: Nervous tissue in the pancreas of different species. J. Physiol. (Lond.) **170**, 47 P (1964).

Crider, J. O., Thomas, J. E.: Secretion of pancreatic juice after cutting the extrinsic nerves. Amer. J. Physiol. **141**, 730 (1944).

Delaney, J. P., Grim, E.: Influence of hormones and drugs on canine pancreatic blood flow. Amer. J. Physiol. **211**, 1398 (1966).

Dorigotti, L., Glässer, A. H.: Comperative effects of caerulein, pancreozymin and secretin on pancreatic blood flow. Experientia (Basel) **24**, 806 (1968).

Gayet, R., Guillaume, M.: Les réactions vasomotorices du pancréas étudiés par la mesure des débits sanguins. C. R. Soc. Biol. (Paris) **103**, 1106 (1930).

Grim, E.: The flow of blood in the mesenteric vessels. Handbook of physiol., sect. 2, vol. II, p. 1439. Washington, D.C. 1963.

Harper, A. A.: Hormonal control of pancreatic secretion. Handbook of physiology, sect. 6, vol. II, p. 969. Washington D.C. 1967.

— Vass, C. C.: The control of the external secretion of the pancreas in cats. J. Physiol. (Lond.) **99**, 415 (1941).

Hickson, J. C. D.: The secretory and vascular response to nervous and hormonal stimulation in the pancreas of the pig. J. Physiol. (Lond.) **206**, 299 (1970).

Hilton, S. M., Jones, M.: The role of plasma kinin in functional vasodilatation in the pancreas. J. Physiol. (Lond.) **195**, 521 (1968).

Hubel, K. A.: Response of rabbit pancreas in vitro to adrenergic agonists and antagonists. Amer. J. Physiol. **219**, 1590 (1970).

Jacobson, E. D.: Secretion and blood flow in the gastrointestinal tract. Handbook of physiology, sect. 6, vol. II, p. 1043. Washington, D.C. 1967.

Junqueira, L. C. U., Rothschild, H. A., Vugham, I.: The action of atropine on pancreatic secretion. J. Pharmacol. **13**, 71 (1958).

KUZNETSOVA, E. K.: Characteristics of blood supply of the pancreas during different phases of its activity. Fed. Proc. Trans., Suppl. **22**, 99 (1963).

KYLE, G. C., MACHELLA, T. E., LORBER, S. H., HILSMAN, J. T., REINHOLD, J. G., BROWN, J. C.: The use of urecholine as a stimulant for the external secretion of the pancreas. Gastroenterology **16**, 285 (1950).

LEWIS, G. P.: The role of plasma kinins as mediator of functional vasodilation. Gastroenterology **52**, 406 (1967).

MAGEE, D. F., WHITE, T. T.: Influence of vagal stimulation on secretion of pancreatic juice in the pig. Ann. Surg. **161**, 605 (1965).

— ELMSLIE, R. G.: The importance of the vagi in the regulation of the external pancreatic secretion. Biochem. Pharmacol., Suppl. **12**, 133 (1963).

MANN, F. C., FOSTER, J. P., BRIMHALL, S. D.: The relation of the common bile duct to the pancreatic duct in common domestic and laboratory animals. J. Lab. Clin. Med. **5**, 203 (1920).

— McLACHLIN, L.: The action of adrenalin in inhibiting the flow of pancreatic secretion. J. Pharmacol. Exp. Ther. **10**, 251 (1917).

ROSS, G.: Regional circulatory effects of pancreatic glucagon. Brit. J. Pharmacol. **38**, 735 (1970).

ROTHMAN, S. S., BROOKS, F. P.: Electrolyte secretion from rabbit pancreas in vitro. Amer. J. Physiol. **208**, 1171 (1965).

SAPIRSTEIN, L.: Regional blood flow by fractional distribution of indicators. Amer. J. Physiol. **193**, 161 (1958).

TANKEL, H., HOLLANDER, F.: The relation between pancreatic secretion and local blood flow: A review. Gastroenterology **32**, 633 (1957).

WHITE, T. T., LUNDH, G., MAGEE, D. F.: The splanchnic nerves and the gastropancreatic distension reflex. Gastroenterology **45**, 698 (1963).

## Milz

AHLQUIST, R., TAYLOR, J., RAWSON, C., SYDOW, V.: Comparative effects of epinephrine and levarterenol in the intact anesthetized dogs. J. Pharmacol. exp. Ther. **110**, 352 (1954).

ALLEN, T., REEVE, E.: Distribution of "extraplasma" in the blood of some tissues in the dog as measured with $P^{32}$ and T 1824. Amer. J. Physiol. **175**, 218 (1953).

BARCROFT, J., NISIMARU, Y.: Cause of rhythmical contraction of the spleen. J. Physiol. (Lond.) **74**, 299 (1932).

BAUEREISEN, E., LUTZ, J., PEIPER, U.: Reflektorische Milzentspeicherung nach adäquater Reizung venöser Receptoren im Mesenterialkreislauf der Katze. Pflügers Arch. ges. Physiol. **277**, 397 (1963).

BILLROTH, T.: Neue Beiträge zur vergleichenden Anatomie der Milz. Z. wiss. Zool. **11**, 325 (1862).

BLAKELY, A. G. H., BROWN, G. L., FERRY, C. B.: Pharmacological experiments on the release of the sympathetic transmitter. J. Physiol. (Lond.) **167**, 505 (1963).

BOATMAN, D. L., BRODY, M. J.: Analysis of vascular responses in the spleen. Amer. J. Physiol. **207**, 155 (1964).

BROWN, G. L., GILLESPIE, J. S.: The output of sympathetic transmitter from the spleen of the cat. J. Physiol. (Lond.) **138**, 81 (1957).

BULGAK, A.: Über die Contractionen und die Innervation der Milz. Virchows Arch. path. Anat. **69**, 181 (1877).

BURN, J. H., RAND, M. J.: A new interpretation of the adrenergic nerve fibre. London: Academic Press 1962.

BURTON-OPITZ, R.: Über die Strömung des Blutes im Gebiete der Pfortader. II. Das Stromvolumen der Vena lienalis. Pflügers Arch. ges. Physiol. **129**, 189 (1909).

CELANDER, O.: The range of control exercised by the sympathico adrenal system. Acta physiol. scand. **32**, Supp. 116 (1954).

DALY, M. DE B., SCOTT, M. J.: Effects of acetylcholine on volume and vascular resistance in the dog's spleen. J. Physiol. (Lond.) **156**, 246 (1961).

Davies, B. N., Gamble, J., Withrington, P. G.: Effects of noradrenaline, adrenaline and angiotensin on vascular and capsular smooth muscle of the spleen of the dog. Brit. J. Pharmacol. **32**, 424P (1968a).

— — — The separation of the vascular and capsular smooth muscle response to sympathetic nerve stimulation in the dog's spleen. J. Physiol. (Lond.) **196**, 42P (1968b).

— Horton, E. W., Withrington, P. G.: The occurrence of Prostaglandin $E_2$ in splenic venous blood of the dog following splenic nerve stimulation. J. Physiol. (Lond.) **188**, 38P (1967).

Ferguson, J., Joy, A. C., Greengard, H.: Observations on the response of the spleen to the intravenous injection of certain secretin preparations, acetylcholine and histamine. Amer. J. Physiol. **117**, 701 (1936).

Fillenz, M.: Innervation of the spleen. J. Physiol. (Lond.) **185**, 2P (1966).

Forsyth, R. P., Nies, A. S., Wyler, F., Neutze, J., Melmon, K. L.: Normal distribution of cardiac output in the unanesthetized, restrained rhesus monkey. J. appl. Physiol. **25**, 736 (1968).

Fredericq, H.: Le nature parasympathique probable de l'innervation motrice de la rate du chien. C. R. Soc. Biol. (Paris) **101**, 1164 (1929).

Friedman, J.: Effect of nembutal on circulating and tissue blood volume and hematocrits of intact and splenectomized mice. Amer. J. Physiol. **197**, 399 (1959).

Frohlich, E. D., Gillenwater, J. Y.: Pressure-flow relationships in the perfused dog spleen. Amer. J. Physiol. **204**, 645 (1963).

Gibson, J. G., Seligman, A. M., Peacock, W. C., Aub, J. C., Fine, J., Evans, R. D.: The distribution of red cells and plasma in large and minute vessels of the normal dog determined radioactive isotope of iron and iodine. J. clin. Invest. **25**, 848 (1946).

Glaser, W.: Über die motorische Innervierung der Blutgefäße der Milz. Z. ges. Anat. **87**, 741 (1928).

Greeff, K., Koch, J., Plewa, W., Thauer, R.: Zur Analyse der quantitativen Beziehung zwischen Blutverlusten und Entspeicherungsvorgängen in der Milz. Pflügers Arch. ges. Physiol. **259**, 454 (1954).

Green, H. D., Ottis, K., Kitchen, T.: Autonomic stimulation and blockade on canine splenic inflow, outflow and weight. Amer. J. Physiol. **198**, 424 (1960).

Greenway, C. V., Lawson, A. E., Stark, R. D.: Vascular responses of the spleen to nerve stimulation during normal and reduced blood flow. J. Physiol. (Lond.) **194**, 421 (1968).

— Stark, R. D.: Vascular responses of the spleen to rapid hemorrhage in the anesthetized cat. J. Physiol. (Lond.) **204**, 169 (1969).

— — The vascular responses of the spleen to intravenous infusions of catecholamines, angiotensin and vasopressin in the anesthetized cat. Brit. J. Pharmacol. **38**, 583 (1970).

Grim, E.: The flow of blood in the mesenteric vessels, sect. 2, vol. II, Handbook of physiology, p. 1439. Washington, D.C. 1960.

Grindlay, J. H., Herrick, J. F., Baldes, E. J.: Rhythmicity of the spleen in relation to blood flow. Amer. J. Physiol. **127**, 119 (1939).

— — Mann, F. C.: Measurement of the blood flow of the spleen. Amer. J. Physiol. **204**, 35 (1963).

Guntheroth, W. G., Mullins, G. L.: Liver and spleen as venous reservoirs. Amer. J. Physiol. **204**, 35 (1963).

Hahn, P., Bale, W., Bonner, J.: Removal of red cells from the active circulation by sodium pentobarbital. Amer. J. Physiol. **138**, 415 (1943).

Hansard, S. L.: Residual organ blood valume of cattle, sheep and swine. Proc. Soc. exp. Biol. (N.Y.) **91**, 31 (1956).

Hausner, E., Essex, H., Mann, F.: Roentgenologic observations of the spleen of the dog under ether, sodium amytal, pentobarbital sodium and pentothal sodium anesthesia. Amer. J. Physiol. **121**, 387 (1938).

Hedqvist, P.: Modulating effect of prostaglandin $E_2$ on noradrenaline release from the isolated cat spleen. Acta physiol. scand. **75**, 511 (1969).

— Studies on the effect of prostaglandins $E_1$ and $E_2$ on the sympathetic neuromuscular transmission in some animal tissues. Acta physiol. scand. **79**, Suppl. 345 (1970).

HERRATH, E. v.: Die Morphologie des reticulo-endothelialen Systems. Verh. dtsch. Ges. Path. **37**, 13 (1953).
— Bau und Funktion der Milz. Berlin: W. de Gruyter 1958.
HERTTING, G., WIDHALM, S.: Über den Mechanismus der Noradrenalinfreisetzung aus sympathischen Nervenendigungen. Naunyn-Schmiedebergs Arch. exp. Path. Pharmak. **246**, 13 (1963).
HOLTZ, P., BOCHMANN, F., ENGELHARDT, A., GREEFF, K.: Die Milzwirkung des Adrenalins und Arterenols. Pflügers Arch. ges. Physiol. **255**, 232 (1952).
KAIHARA, S., RUTHERFORD, R. B., SCHWENTKER, E. P., WAGNER, H. N.: Distribution of cardiac output in experimental hemorrhagic shock in dogs. J. appl. Physiol. **27**, 218 (1969).
KNISELY, M. H.: Spleen studies. I. Microscopic observations of the circulatory system of living unstimulated mammalian spleens. Anat. Rec. **65**, 23 (1936).
KRAMER, K., LUFT, U. C.: Mobilization of red cells and oxygen from the spleen in severe hypoxia. Amer. J. Physiol. **165**, 215 (1951).
KUNTZ, A., JACOBS, M. W.: Components of periarterial extensions of coeliac and mesenteric plexuses. Anat. Rec. **123**, 509 (1955).
LENNERT, K., HARMS, D.: Die Milz. Berlin-Heidelberg-New York: Springer 1970.
LEWIS, A. E., GOODMAN, R. D., SCHUCK, E. A.: Organ blood valume measurements in normal rats. J. Lab. clin. Med. **39**, 704 (1952).
LOEWE, S., FAURE, W.: Unmittelbarer Nachweis der Muskeltätigkeit der Milzkapsel. Klin. Wschr. **4**, 1358 (1925).
LUTZ, J., HENRICH, H., PEIPER, U., BAUEREISEN, E.: Autoregulation und veno-vasomotorische Reaktion im Milzkreislauf. Pflügers Arch. ges. Physiol. **313**, 271 (1969).
MACKENZIE, D. W., WHIPPLE, A. O., WINTERSTEINER, M. P.: Studies on the microscopic anatomy and physiology of living transilluminated mammalian spleens. Amer. J. Anat. **68**, 397 (1941).
MERTENS, O.: Die Milz als Kreislauforgan. Nachr. Ges. Wiss. Göttingen, N.F. **1**, 261 (1935).
MINTZLAFF, M.: Leber, Milz, Magen und Pankreas des Hundes. Leipzig 1909.
NEUTZE, J. M., WYLER, F., RUDOLPH, A. M.: Use of radioactive microspheres to assess distribution of cardiac output in rabbits. Amer. J. Physiol. **215**, 486 (1968).
OTTIS, K., DAVIS, J. E., GREEN, H. O.: Effects of adrenergic and cholinergic drugs on splenic inflow and outflow before and during adrenergic blockade. Amer. J. Physiol. **189**, 599 (1957).
REIN, H.: Die Beeinflussung von Coronar- oder Hypoxie-bedingten Myocardinsuffizienzen durch Milz und Leber. Pflügers Arch. ges. Physiol. **253**, 435 (1951).
— Über ein Regulationssystem „Milz-Leber" für den oxydativen Stoffwechsel der Körpergewebe und besonders des Herzens. Naturwissenschaften **36**, 233 (1949).
ROBINSON, W. L.: The vascular mechanism of the spleen. Amer. J. Path. **2**, 341 (1926).
ROSS, G.: Effects of catecholamines on splenic blood flow in the cat. Amer. J. Physiol. **213**, 1076 (1967).
ROY, C. S.: The physiology and pathology of the spleen. J. Physiol. (Lond.) **3**, 203 (1881).
SAPIRSTEIN, L.: Regional blood flow by fractional distribution of indicators. Amer. J. Physiol. **193**, 161 (1958).
SATO, T., SUDA, Y., KOYAMA, K., YAMAUCHI, H., YAMAMOTO, K.: Changes of weight and hemodynamics of the spleen consequent on circulatory disturbance. Tohoku J. exp. Med. **96**, 267 (1968).
SCHAFER, A. E., MOORE, B.: On the contractility and innervation of the spleen. J. Physiol. (Lond.) **20**, 1 (1896).
STEGER, G.: Die Artmerkmale der Milz der Haussäugetiere. Morph. Jb. **83**, 125 (1939).
STUTTE, H. J.: Die pathologische Anatomie der roten Milzpulpa. In: Die Milz (edit. LENNERT, K., HARMS, D.), S. 53. Berlin-Heidelberg-New York: Springer 1970.
TISCHENDORF, F.: Milz. In: Handbuch der Zoologie, Bd. VIII, Lief. 5 (2). Berlin: W. de Gruyter 1956.
— Milz. Berlin-Heidelberg-New York: Springer 1969.
THOENEN, H., HÜRLIMANN, A., HAEFELY, W.: The effect of postganglionic sympathetic stimulation on the isolated, perfused spleen of the cat. Helv. physiol. Pharmakol. Acta **21**, 17 (1963).

Thoenen, H., Hürlimann, A., Haefaly, W.: Dual site of action of phenoxybenzamine in the cat's spleen: Blockade of α-adrenergic receptors and inhibition of re-uptake of neurally released norepinephrine. Experientia (Basel) **20**, 272 (1964).

— Tranzer, J. P., Hürlimann, A., Haefely, W.: Untersuchungen zur Frage eines cholinergischen Gliedes in der postganglionären sympathischen Transmission. Helv. physiol. pharmacol. Acta **24**, 229 (1966).

Utterback, R. A.: The innervation of the spleen. J. comp. Neurol. **81**, 55 (1944).

Weiss, L.: The structure of intermediate vascular pathways in the spleen of rabbits. Amer. J. Anat. **113**, 51 (1963).

Wolf, F., Fischer, J.: Das Milzminutenvolumen. In: Die Milz (edit. Lennert, K., Harms, D.), S. 113. Berlin-Heidelberg-NewYork: Springer 1970.


## Leber

Arndt, J. O.: Die Beziehung zwischen Umfang der Vorhöfe und Vorhofdrucken bei Volumenänderungen an narkotisierten Katzen. Pflügers Arch. ges. Physiol. **292**, 343 (1966).

Bauereisen, E., Lutz, J., Ohnhaus, E. E., Peiper, U.: Druck-Stromstärke-Beziehungen der Porta-Lebervenen-Strombahn bei Hunden und Katzen. Pflügers Arch. ges. Physiol. **289**, 246 (1966).

Berman, J. K., Koenig, H., Muller, L. P.: Ligation of hepatic and splenic arteries in treatment of portal hypertension. Arch. Surg. **63**, 379 (1951).

Bradley, S. E.: The hepatic circulation. Handbook of physiology, sect. 2, vol. II, p. 1396. Washington, D.C. 1963.

Brauer, R. W.: Liver circulation and function. Physiol. Rev. **43**, 115 (1963).

— Autoregulation of blood flow in the liver. Circulat. Res. 14, Suppl. I, 213 (1964).

Chiandussi, L., Greco, F., Sardi, G., Vaccarino, A., Ferraris, C. M., Curti, B.: Estimation of hepatic arterial and portal venous blood flow by direct catheterization the vena porta through the umbilical cord in man. Acta hepato-splenol. (Stuttg.) **15**, 166 (1968).

Cohen, M. M., Sitar, D. S., McNeill, J. R., Greenway, C. L.: Vasopressin and Angiotensin on resistance vessels of spleen, intestine and liver. Amer. J. Physiol. **218**, 1704 (1970).

Condon, R. E., Chapman, N. D., Nyhus, L. M., Harkins, N. H.: Hepatic and portal venous pressure-flow relationships in isolated perfused (calf-)liver. Amer. J. Physiol. **202**, 1090 (1962).

Daniel, P. M., Prichard, M. M. L.: Effects of stimulation of the hepatic nerves and of Adrenaline upon the circulation of the portal venous blood within the liver. J. Physiol. (Lond.) **114**, 538 (1951).

Elias, H. E.: The hepatic lobule and its relation to the vascular and biliary system. Amer. J. Anat. **85**, 379 (1949).

— Sherrick, J. C.: Morphology of the liver. New York: Academic Press 1969.

Grayson, J., Mendel, D.: Physiology of the splanchnic circulation. London: Arnold 1965.

Green, H. D., Hall, L. S., Sexton, J., Deal, C. P.: Autonomic vasomotor responses in the canine hepatic arterial and venous beds. Amer. J. Physiol. **196**, 196 (1959).

Greenway, C. V., Lawson, A. E., Mellander, S.: The effects of stimulation of the hepatic nerves, infusions of noradrenaline and occlusion of the carotid arteries on liver blood flow in the anaesthetized cat. J. Physiol. (Lond.) **192**, 21 (1967).

— — Stark, R. D.: The effect of haemorrhage on hepatic artery and portal flows in the anaesthetized cat. J. Physiol. (Lond.) **193**, 375 (1967).

— Stark, R. D.: Hepatic vascular bed. Physiol. Rev. **51**, 23 (1971).

Hanson, K. M.: Experiments on autoregulation of hepatic blood flow in the dog. Circulat. Res. 14, Suppl. 1, 222 (1964).

— Johnson, P. C.: Local control of hepatic arterial and portal venous flow in the dog. Amer. J. Physiol. **211**, 712 (1966).

Hauck, G., Schröer, H.: Vitalmikroskopische Untersuchungen zur Lokalisation der Eiweißpermeabilität in der Endstrombahn von Warmblütern. Pflügers Arch. ges. Physiol. **312**, 32 (1969).

Hollman, M. E., Kasby, C. B., Suthers, M. B., Wilson, J. F.: Some properties of the smooth muscle of rabbit portal vein. J. Physiol. (Lond.) **196**, 111 (1968).

JOHANSSON, B., LJUNG, B.: Sympathetic control of rhythmically active vascular smooth muscle of (cat and rabbit) portal vein. Acta physiol. scand. 70, 299 (1967).

JOHNSON, P. C.: Myogenic nature of increase in intestinal vascular resistance with venous pressure elevation. Circulat. Res. 6, 992 (1959).

— Autoregulation of blood flow in the intestine. Gastroenterology 52, 435 (1967).

KNISELY, M. H., BLOCH, E. H., WARNER, L.: Selective phagocytosis I. Microscopic observations concerning the regulation of the blood flow through the liver. Kgl. danske videnskab. Selskab. Biol. Skr. 4, 1 (1948).

LIFSON, N., LEVITT, D. G., GRIFFEN, W. O., JR., ELLIS, C. J.: Intrahepatic distribution of hepatic blood flow. Amer. J. Physiol. 218, 1480 (1970).

LUTZ, J.: Über veno-vasomotorische Gefäßreaktionen im Mesenterialkreislauf der Katze. Pflügers Arch. ges. Physiol. 287, 330 (1966).

— HENRICH, H., PEIPER, U., BAUEREISEN, E.: Autoregulation und veno-vasomotorische Reaktion im Milzkreislauf. Pflügers Arch. ges. Physiol. 313, 271 (1969).

— PEIPER, U., BAUEREISEN, E.: Auftreten und Verhalten veno-vasomotorischer Reaktionen in der Leberstrombahn. Pflügers Arch. ges. Physiol. 299, 311 (1968).

— — SEGARRA-DOMENECH, J., BAUEREISEN, E.: Das Druck-Volumendiagramm und Elastizitätswerte des gesamten Lebergefäßsystems der Katze in situ. Pflügers Arch. ges. Physiol. 295, 315 (1967).

MÄRCK, W.: Zur Kenntnis der Arterienwülste beim Menschen und bei einigen Säugern. Anat. Nachr. 1, 305 (1951).

MESSMER, K., BRENDEL, W., DEVENS, K., REULEN, H. J.: Druckabhängigkeit der Leberdurchblutung. Pflügers Arch. ges. Physiol. 289, 75 (1966).

MITCHELL, G. A. G.: Anatomy of the Autonomic Nervous System. Edinburgh and London: Livingstone 1953.

PEIPER, U., LUTZ, J., WULLSTEIN, H. K.: Über die gegenseitige Beeinflussung der Durchblutung im Bereich von V. portae und A. hepatica. Z. Kreisl.-Forsch. 58, 197 (1968).

POPPER, H.: Über Drosselvorrichtungen an Lebervenen. Klin. Wschr. 10, 2129 (1931).

— SCHAFFNER, F.: Die Leber, Struktur und Funktion. Stuttgart: Thieme 1961.

RAPPAPORT, A. M.: Betrachtungen zur Pathophysiologie der Leberstruktur. Klin. Wschr. 38, 561 (1960).

RIECKER, G.: Über die Beziehung zwischen Druck und Stromstärke der portalen Lebergefäße (des Hundes). Pflügers Arch. ges. Physiol. 262, 37 (1955).

RÜTTNER, J. R., VOGEL, A.: Elektronenmikroskopische Untersuchungen an der Lebersinusoidwand. Verh. dtsch. path. Ges. 41, 314 (1957).

SAPIRSTEIN, L. A., SAPIRSTEIN, E. H., BREDEMEYER, A.: Effect of hemorrhage on the cardiac output and its distribution in the rat. Circulat. Res. 8, 135 (1960).

SCHNEIDER, H., HARTEL, W., KESSLER, M., LANG, H., STARLINGER, H., THERMANN, M.: Die Sauerstoffversorgung der Hundeleber in situ im experimentellen Entblutungsschock. Pflügers Arch. ges. Physiol. 312, R 42 (1969).

SCHOLTHOLT, J.: Experimentelle Untersuchungen zur Regulation der Leberdurchblutung. Habil.-Schrift, Medizin. Fak. Univ. Düsseldorf (1969) und Pflügers Arch. ges. Physiol. 318, 185 (1970).

— LOCHNER, W., RENN, H., SHIRAISHI T.: Die Wirkung von Noradrenalin, Adrenalin, Isoproterenol und Adenosin auf die Durchblutung der Leber und des Splanchnikusgebietes des Hundes. Pflügers Arch. ges. Physiol. 293, 129 (1967).

— SHIRAISHI, T.: Die Wirkung von Acetylcholin, Bradykinin und Angiotensin auf die Durchblutung der Leber des narkotisierten Hundes und auf den endständigen Druck im Ductus choledochus. Pflügers Arch. ges. Physiol. 300, 189 (1968).

SHOEMAKER, W. C., ELWYN, D. H.: Liver: Functional interactions within the intact animal. Ann. Rev. Physiol. 31, 277 (1969).

SMITH, L. L., VERAGUTH, U. P.: The liver and shock. Progr. Surg. (Basel) 4, 55 (1964).

TAKEUCHI, J., KUBO, T., TONE, T., TAKADA, A., KITAGAWA, T., YOSHIDA, H.: Autoregulation and interactions between two vascular systems in dog liver. J. appl. Physiol. 27, 77 (1969).

TISCHENDORF, F.: Histologische Beiträge zur Kenntnis der venösen Lebersperre. Z. mikr.-anat. Forsch. 45, 266 (1939).

TORRANCE, H. B.: Control of the hepatic arterial circulation. J. Physiol. (Lond.) 158, 39 (1961).

Wakim, K. G.: Basic and Clinical Physiology of the Liver. Anesth. and Analg. **44**, 634 (1965).

Wallraff, J.: Handbuch der mikroskopischen Anatomie, Bd. V/4. Berlin-Heidelberg-New York: Springer 1969.

Yoffey, J. M., Courtice, F. C.: Lymphatics, lymph and the lymphomyeloid complex. London-New York: Academic Press 1970.

### Mesenterio-mesenteriale Gefäßreflexe

Bauereisen, E., Henrich, H., Lutz, J., Peiper, U.: Über spinale mesenterio-mesenteriale Gefäßreflexe. Ein Beitrag zur Frage des Hepatica-Reflexes von H. Rein. Pflügers Arch. ges. Physiol. (im Druck) (1971).

— Lutz, J., Peiper, U.: Die Bedeutung mesenterialer Mechanorezeptoren für die reflektorische Innervation der Widerstands- und Kapazitätsgefäße des Splanchnikusgebietes. Pflügers Arch. ges. Physiol. **276**, 445 (1963a).

— — — Reflektorische Milzentspeicherung nach adaequater Reizung venöser Rezeptoren im Mesenterialkreislauf der Katze. Pflügers Arch. ges. Physiol. **277**, 397 (1963b).

Gammon, G. D., Bronk, D. W.: The discharge of impulses from Pacinian corpuscles in the mesentery and its relation to vascular changes. Amer. J. Physiol. **114**, 77 (1935).

Haberich, F. J., Aziz, O., Nowacki, P.: Das Verhalten von Blutdruck und Diurese bei kurzfristiger Abklemmung der Vena portae. Pflügers Arch. ges. Physiol. **288**, 151 (1966).

Heymans, C., Bouckaert, J. J., Farber Sidney, Hsu, F. Y.: Spinal vasomotor reflexes associated with variations in blood pressure. Amer. J. Physiol. **117**, 619 (1936).

— Schaepdryver, A. F., Vleeschhouwer, G. R.: Abdominal baro- and chemosensitivity in dogs. Circulat. Res. **8**, 347 (1960).

Lemarchand, H., Tanche, M.: Sur les modalités de la vasoconstriction renale declenchée par l'occlusion de la veine porte chez le chien. C. R. Soc. Biol. (Paris) **156** (8—9), 1438 (1962).

Nissen, D. J.: Peripheral resistance response to occlusion of visceral arteries. Acta physiol. scand. **63**, 58 (1965).

Rein, H.: Vasomotorische Schutzreflexe aus dem Stromgebiet der A. hepatica. Pflügers Arch. ges. Physiol. **246**, 866 (1943).

Saphir, R., Rapaport, E.: Cardiovascular responses of the cat to mesenteric intraarterial administration of nicotine, cyanide and venous blood. Circulat. Res. **25**, 713 (1969).

Sarnoff, S. J., Yamada, S. J.: Evidence for reflex control of arterial pressure from abdominal receptors with special reference to the pancreas. Circulat. Res. **7**, 325 (1949).

# Niere

K. Thurau

Mit 27 Abbildungen

Bruno Ochwadt Gewidmet

Bei der Darstellung der Hämodynamik der Niere befindet man sich in zunehmendem Maße in einer schwierigen Situation: Die Funktionen der Niere, d. h. ihre Filtrations-, Resorptions- und Sekretionseigenschaften sind aufs Innigste an die Durchblutung gekoppelt. Dabei ist besonders gravierend, daß nicht nur diese Funktionen von der Höhe der Durchblutung abhängen, sondern daß umgekehrt auch die tubulären Funktionen die Höhe der Durchblutung bestimmen. Daraus ergibt sich, daß die Darstellung der Nierendurchblutung nur dann über einen deskriptiven Wert hinausgehen kann, wenn ihr eine funktionsbezogene Analyse zugrunde liegt. Es ist verständlich, daß im Rahmen einer Kreislauf-Monographie diese Funktionsbezogenheit nur angedeutet werden kann. Im folgenden ist jedoch versucht, diesen Aspekt bei der Beschreibung einzelner Teilgebiete der renalen Hämodynamik so weit zu vertiefen, daß für den Leser das Prinzip dieser Verknüpfung von Hämodynamik und Funktion erkennbar ist.

## I. Gesamtnierendurchblutung

Das Blut, das der Niere durch die Nierenarterie zugeführt wird, teilt sich intrarenal in Gebiete auf, die sich in ihrer Hämodynamik und Funktion wesentlich unterscheiden. Deshalb zeigen Änderungen der Gesamtnierendurchblutung nicht notwendigerweise die Verhältnisse der intrarenalen lokalen Durchblutung an, noch müssen Änderungen der lokalen Durchblutung die Gesamtnierendurchblutung entsprechend beeinflussen. Diese Einschränkung in der Interpretation der Gesamtnierendurchblutung gilt auch für die Beurteilung des Glomerulumfiltrates der Gesamtniere (Horster und Thurau, 1968).

Die Durchblutung der Nierenrinde, die etwa 75% des Gesamtnierengewichtes ausmacht, beträgt 400—500 ml/min/100 g Gewebe. Die Durchblutung des Nierenmarkes ist wesentlich niedriger: Das äußere Mark wird mit etwa 120 und die innere Medulla mit etwa 25 ml/min/100 g Gewebe durchblutet (Einzelheiten der Markdurchblutung s. S. 324). Der überwiegende Anteil der Rinde mit ihrer hohen Durchblutung bedingt, daß etwa 93% der Gesamtnierendurchblutung auf die Rinde entfallen. Daher läßt sich die Gesamtnierendurchblutung, wie man sie besonders mit der Clearance-Methode mißt, in erster Annäherung als ,,Rinden''-Durchblutung betrachten. Dies zeigt deutlich, daß Durchblutungsänderungen ausschließlich im Nierenmark durch Messung der Nierengesamtdurchblutung nicht erfaßbar sind.

Die Analyse phasischer, pulsatiler Stromstärken in der Nierenarterie, wie sie
mit elektromagnetischen Strömungsmessern registriert werden kann, zeigt, daß
der Widerstand der arteriellen Endaufzweigungen in der Niere niedrig ist. Daher
bleibt während der gesamten Diastolendauer normalerweise eine Grundströmung
erhalten, die etwa 40% des systolischen Maximumwertes beträgt, wie es von
Gregg (1962) am Hund und von Thurau (1964a) beobachtet wurde (Abb. 1). Rück-
ströme, besonders zu Beginn der Diastole, treten in der Nierenarterie nur dann
auf, wenn der intrarenale Reflektionsfaktor durch Vasoconstriction erhöht ist
(Okino und Spencer, 1961). Die unter physiologischen Bedingungen auftretenden
Widerstandszunahmen in der Niere reichen jedoch nicht aus, in der Frühdiastole
einen Rückstrom zu verursachen.

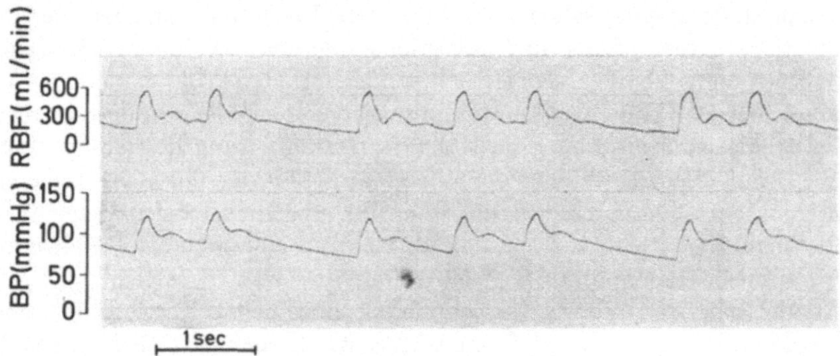



Abb. 1. Phasische Blutstromstärke in der Nierenarterie und Blutdruck in der Aorta beim
wachen Hund während respiratorischer Arrhythmie. Zur Messung der Nierendurchblutung
war 3 Wochen vor dem Versuch eine elektromagnetische Strömungsmeßeinheit an die linke
Nierenarterie implantiert worden

Der normalerweise niedrige Strömungswiderstand des Nierenkreislaufes bedingt beim Menschen eine Nierendurchblutung von etwa 1200 ml/min, was etwa
25% des Herzminutenvolumens entspricht (renale Fraktion des Herzminutenvolumens). Es ist daher verständlich, daß die renale Strombahn häufig unter dem
Aspekt eines arteriovenösen Shunts im Zusammenhang mit Problemen der Kreis-
laufregulation betrachtet wurde. Änderungen des renalen Strömungswiderstandes
sollten für kreislaufregulatorische Vorgänge besonders wirkungsvoll sein. Eine
quantitative Betrachtung wirft hinsichtlich einer solchen Funktion des Nierenkreislaufes jedoch Zweifel auf: Bei Muskelarbeit kann beim Menschen das Herzminutenvolumen von 5 auf 25 l/min ansteigen, ohne daß der arterielle Druck sich
wesentlich ändert. Würde unter solchen Bedingungen die Nierendurchblutung
durch Vasoconstriction vollständig unterbrochen werden, dann könnten die
Nieren zu dem Anstieg des Herzminutenvolumens um 20 l/min mit 1,2 l/min beitragen, also nur mit 6%. Ein „Einsparen" zugunsten anderer Kreislaufgebiete
ist also gerade in Fällen höchster Kreislaufbelastung durch renale Vasoconstriction
wenig wirkungsvoll und tritt, wie weiter unten aufgeführt ist, unter normalen
Bedingungen auch nicht ein.

Auch bei Blutverlusten reagiert die renale Blutstrombahn nervös-constric-
torisch erst unter extremen Bedingungen. In Versuchen an wachen Hunden mit

implantierten elektromagnetischen Strömungsmessern an einer Nierenarterie wurde durch Blutentzug von 60% des Blutvolumens für 7 Std der arterielle Druck auf Werte zwischen 70 und 60 mm Hg erniedrigt (Abb. 2). Die Stromstärke in der Nierenarterie sank dabei von 250 während der Kontrolle auf 160 ml/min ab. Diese Verminderung ist geringer, als man bei einer druckpassiven Abnahme erwartet hätte, so daß eine Dilatation der Nierengefäße resultiert. Nach Reinfusion der entnommenen Blutmenge sind Nierendurchblutung, Glomerulumfiltrat und Ausscheidungsfunktion innerhalb weniger Stunden normalisiert. Erst wenn der

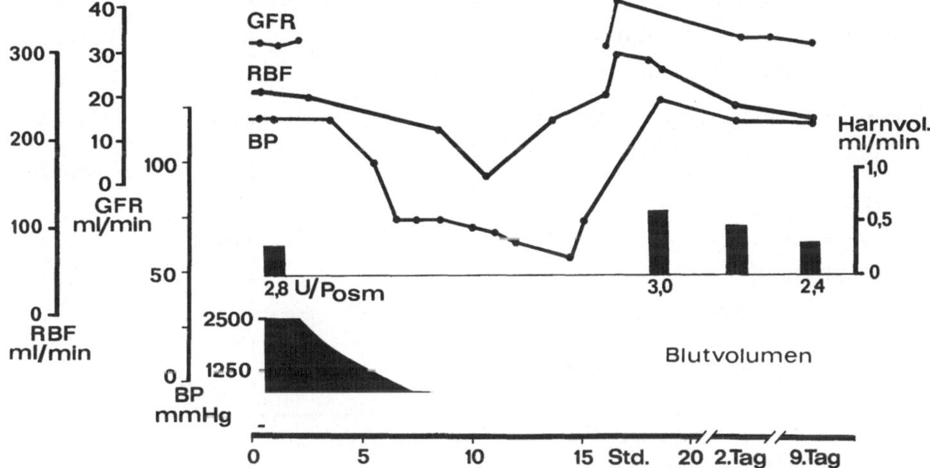


Abb. 2. Arterieller Blutdruck ($BP$), Nierendurchblutung ($RBF$), Glomerulumfiltrat ($GFR$), Harnvolumen und osmolares Konzentrationsverhältnis von Harn zu Plasma ($U/P_{osmol}$) in einem nichtnarkotisierten Hund während einer hämorrhagischen Hypotension. Technik wie Abb. 1

Blutdruck unter 60 mm Hg durch Blutentzug gesenkt wird, erhöht sich der renale Strömungswiderstand am nicht narkotisierten Hund (Gregg, 1962).

Die Befunde über das Verhalten der Nierendurchblutung und der renalen Fraktion des Herzminutenvolumens während hämorrhagischer Hypotension an narkotisierten Hunden widersprechen sich in der Literatur. Dies dürfte im wesentlichen darauf beruhen, daß die Ergebnisse während größerer, nicht steriler operativer Eingriffe gewonnen wurden. Dies bedingt eine unkontrollierte Störung des Elektrolyt- und Wasserhaushaltes mit primären Auswirkungen auf die renale Funktion und Hämodynamik, so daß variable Ergebnisse zu erwarten sind. In vielen Versuchen wurde zudem die Nierendurchblutung aus der PAH-Clearance berechnet. Die Einwände gegen die Anwendung dieser Methode während hämorrhagischer Hypotension wurden von Selkurt (1962), Balint und Fekete (1960) und Balint et al. (1964) diskutiert.

## II. Hydrostatische Drucke und Strömungswiderstände in den Gefäßen der Nierenrinde

Unter normalen, nicht-diuretischen Zuständen fällt der arterielle Druck bis zu den peritubulären Capillaren auf etwa 15—20 mm Hg ab (Tabelle 1). Dieser Wert wurde mit der Mikropunktionsmethode an Ratten und Katzen von mehreren Arbeitsgruppen bestimmt, die auch keine Druckdifferenz zwischen peritubulären

Tabelle 1. *Drucke (mm Hg) in den peritubulären Capillaren und proximalen Konvoluten der Niere*

| Autor | Arteriell | Peri-tubuläre Capil-laren | Proximaler Tubulus | Tier |
|---|---|---|---|---|
| Wirz (1952) | — | 17,4 | 14,8 | Ratte |
| Wirz (1955) | — | — | 15—21 | Ratte |
| Gottschalk und Mylle (1956) | 118—128 | 14,0 | 13,5—14,6[a] | Ratte |
| Gottschalk und Mylle (1957) | — | — | 12,5[a] | Ratte |
| Thurau und Wober (1962) | 80—198 | — | 14,3[a] | Ratte |
| | 80—140 | 16,6[a] | — | Ratte |
| | 108 | — | 17,8 | Katze |
| Liebau et al. (1968) | 95—165 | — | 18,3[a] | Hund |
| | 165—215 | — | 19,8[a] | Hund |
| Koch et al. (1968) | 105—130 | — | 12,3 | Ratte |
| | 140—184 | — | 21,4 | Ratte |
| Schnermann et al. (1969) | — | — | 15,3 | Ratte |
| Gertz et al. (1969) | — | — | 12,6—16,7 | Ratte |

[a] Unabhängig von Änderungen des arteriellen Druckes.

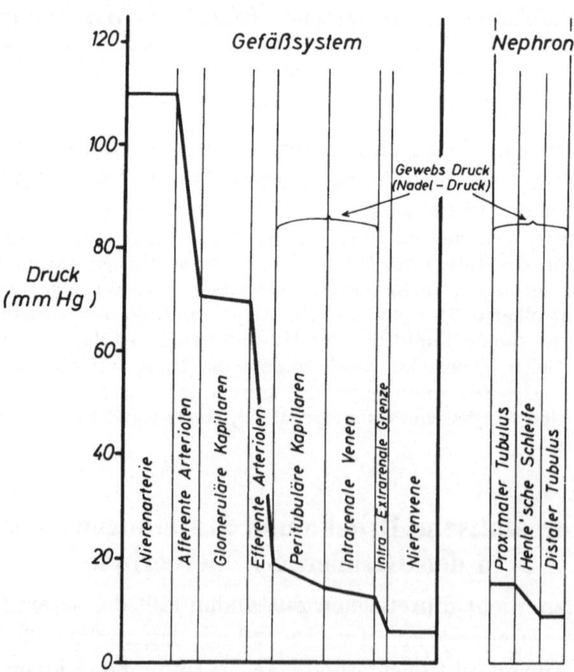


Abb. 3. Die hydrostatischen Drucke in den Nierengefäßen und Tubuli während Antidiurese

Capillaren und proximalen Konvoluten beobachten konnten (WIRZ, 1955; GOTT-SCHALK und MYLLE, 1956; THURAU und WOBER, 1962).

Die Drucke in den glomerulären Capillarschlingen sind bisher noch nicht direkt gemessen worden. Die Kenntnis dieser Drucke wäre erforderlich, um die Verteilung des Druckabfalles und damit des Strömungswiderstandes auf afferente und efferente Arteriolen zu erfassen. WINTON (1951/52) und PAPPENHEIMER (1955) kalkulierten einen glomerulären Capillardruck von etwa 70 mm Hg, GERTZ et al. (1966) von 88 mm Hg. In den Venen fällt der Druck am Übergang vom intra-zum extrarenalen Verlauf um etwa 7 mm Hg ab (SWANN, 1952; GOTTSCHALK und MYLLE, 1965; BRUN et al., 1956). Aus diesen Angaben ergibt sich ein intrarenaler Druckabfall, wie er in Abb. 3 dargestellt ist. Diese Verteilung des intrarenalen Druckabfalles kann sich unter bestimmten Bedingungen ändern. Bei osmotischer Diurese, Anstieg des Nierenbeckendruckes oder pharmakologischer Vasodilatation können die peritubulären Capillardrucke bis etwa 60 mm Hg ansteigen (THURAU und WOBER, 1962), auch die intrarenalen venösen Drucke liegen dann in der gleichen Größenordnung (BRUN et al., 1956; THURAU und HENNE, 1964). Dies deutet darauf hin, daß bei Erhöhung des intrarenalen Gewebsdruckes eine Einengung der Venen am Übergang vom intra- zum extrarenalen Verlauf erfolgt.

## III. Autoregulation des Nierenkreislaufes

Eine zentrale Stellung bei den hämodynamischen Betrachtungen des Nieren-kreislaufes nimmt der Befund ein, wonach die Nierendurchblutung bei einer Er-höhung des arteriellen Druckes über 90 mm Hg annähernd konstant bleibt (Abb. 4). Dieses Phänomen wurde zuerst 1911 von BURTON-OPITZ und LUCAS beobachtet und später von REIN (1931) sowie CORCORAN und PAGE (1939) wieder aufgegriffen. Da sich diese Änderungen des Strömungswiderstandes an innervierten, denervierten und isoliert perfundierten Nieren, sowie nach pharmako-logischer Ausschaltung intrarenaler nervöser Strukturen nachweisen läßt, werden sie auf einen intrarenalen, nicht nervösen Mechanismus zurückgeführt und als *Autoregulation des Nierenkreislaufes* bezeichnet (FORSTER und MAES, 1947; SEL-KURT et al., 1949; SHIPLEY und STUDY, 1951; MILES et al., 1954; OCHWADT, 1956; GRUPP et al., 1959; THURAU et al., 1959a; WAUGH und SHANKS, 1960; THURAU, 1967a, b).

Bereits FORSTER und MAES (1947) hatten nicht nur die Konstanz der Durch-blutung, sondern auch die des Glomerulumfiltrates beobachtet, ein Befund, der von vielen Autoren später bestätigt wurde (SELKURT et al., 1949; SELKURT, 1951; SHIPLEY und STUDY, 1951; THOMPSON et al., 1957; THURAU und KRAMER, 1959). Die Konstanz des Glomerulumfiltrates weist bereits auf eine preglomeruläre Lokalisation der autoregulativen Widerstandsänderungen hin. Diese Lokalisation wird durch Messungen der postglomerulären Drucke in den Capillaren und Tubuli unterstützt, die bei arteriellen Drucksteigerungen im Autoregulationsbereich sich entweder nicht verändern (THURAU und WOBER, 1962; LIEBAU et al., 1968), oder im Verhältnis zu Änderungen des arteriellen Druckes nur geringfügige Schwan-kungen zeigen (GERTZ, 1966; KOCH et al., 1968). Auch die mit der „Nadel-Technik" gemessenen intrarenalen Drucke bleiben vom arteriellen Blutdruck im Autoregulationsbereich unbeeinflußt (MILES und DE WARDENER, 1954; THURAU und Henne, 1964; Gottschalk, 1952) sowie der lymphatische Staudruck in den Nierenlymphgefäßen (Haddy und Scott, 1965). Da auch das Nierengesamtvolumen ebenso wie das interstitielle Volumen und Blutvolumen der Nieren nicht ansteigen, wenn der Blutdruck über 100 mm Hg erhöht wird (Folkow und Langstone, 1964; Swann, 1964; Gärtner, 1966), scheint eine Lokalisation der autoregulatorischen Widerstandsänderungen im Venenabschnitt so gut wie ausgeschlossen zu sein. Daraus folgt, daß die Konstanz des glomerulären Filtrationsdruckes, wie sie sich aus dem Phänomen der Autoregulation des Glomerulum-

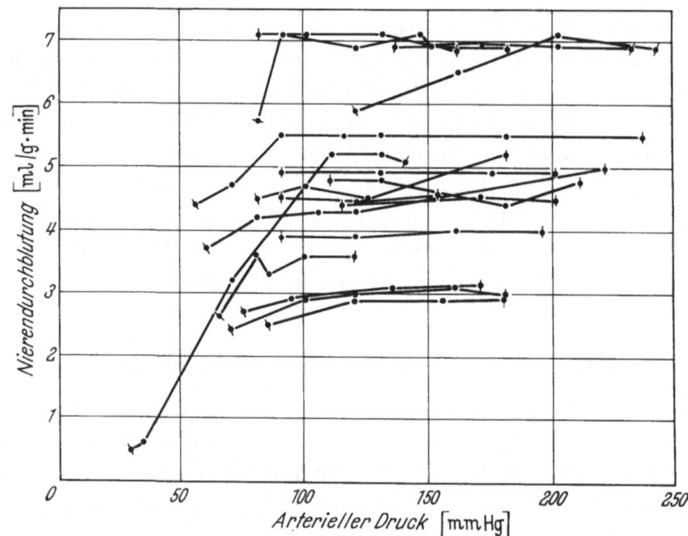


Abb. 4. Druck-Stromstärke-Beziehung in der Nierenarterie beim Hund während Antidiurese. (Nach Thurau und Henne, 1964)

filtrates ableiten läßt, nur dadurch aufrechterhalten werden kann, daß der Druck in den glomerulären Capillaren durch einen variablen präglomerulären Widerstand von Schwankungen des arteriellen Druckes ausgenommen bleibt.

Die Reaktivität der präglomerulären Arteriolen ist von der funktionellen Intaktheit der glatten Gefäßmuskulatur abhängig, da die Autoregulation nach Paralysierung der glatten Muskulatur mit Novocain in hohen Dosen und KCN (Lochner und Ochwadt, 1954), Papaverin (Thurau und Kramer, 1959; Gilmore, 1964b; Waugh, 1964; Takeuchi et al., 1965; Basar et al., 1968), Procain und Chloralhydrat (Waugh und Shanks, 1960), sowie Acetylcholin (Nahmod und Lanari, 1964) nicht mehr nachweisbar ist. Die Druck-Stromstärke-Kurven verlaufen dann als Ausdruck der aufgehobenen Autoregulation auch bei Drucken über 90 mm Hg konvex zur Druckabszisse (Abb. 5).

Die Untersuchungen an Nieren mit paralysierter Gefäßmuskulatur haben gezeigt, daß normalerweise eine Dilatation nur bei arteriellen Drucken über 90 mm Hg möglich ist und daß bei niedrigeren Drucken die Nierengefäße keinen myogenen Tonus besitzen (Ochwadt, 1956; Thurau und Kramer, 1959).

In der Literatur existiert eine gewisse Verwirrung über den Begriff ,,aufgehobene Autoregulation'', da von einigen Autoren jede Druck-Stromstärke-

Kurve, die konvex zur Druckabszisse verläuft, als aufgehobene Autoregulation interpretiert wird. Der Begriff sollte auf den Fall beschränkt bleiben, daß die Widerstandszunahme bei einem arteriellen Druck von 90 mm Hg nicht eintritt, die bei weiter ansteigendem arteriellen Druck die Durchblutung konstant hält. Es resultiert daraus ein weiterer Anstieg der Blutstromstärke bei Druckerhöhungen über den normalen Autoregulationswert *hinaus*. Anders sind die Verhältnisse, wenn der hohe Strömungswiderstand, der normalerweise erst im Verlauf der

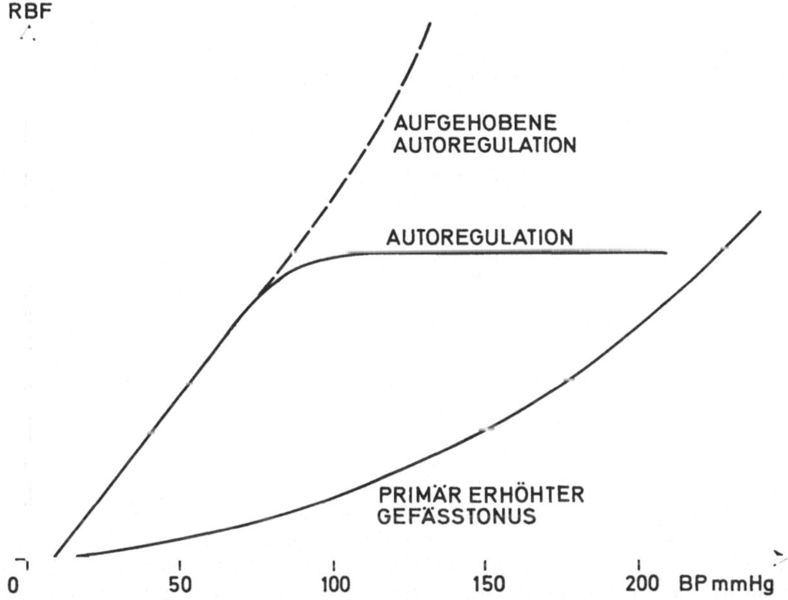


Abb. 5. Druck-Stromstärke-Beziehung in der A. renalis unter normalen Bedingungen (Autoregulation), nach aufgehobener Autoregulation (z. B. unter Papaverin) und bei primär erhöhtem Gefäßtonus (z. B. unter Adrenalin oder bei Hämorrhagie)

arteriellen Drucksteigerung entsteht, dem Gefäßsystem bereits bei niedrigen Drucken vorgegeben ist, wie es z. B. durch Adrenalinzugabe möglich ist. Die Druck-Stromstärke-Kurven verlaufen dann wesentlich flacher und eine zusätzliche Widerstandszunahme bei Druckerhöhung tritt nicht mehr auf. Auch in diesem Fall resultieren Druck-Stromstärke-Kurven, die in ihrer Charakteristik denen bei aufgehobener Autoregulation ähnlich sind (Abb. 5). Die Autoregulation ist jedoch nicht aufgehoben, sondern durch einen primären Gefäßtonus überlagert.

Mehrere Theorien sind in den vergangenen Jahren entwickelt worden, um den Mechanismus der autoregulativen Widerstandsänderungen zu erklären. Aus der Vielzahl dieser Theorien stehen gegenwärtig zwei Theorien im Mittelpunkt des Interesses, die beide die Funktion der glatten Gefäßmuskulatur in den Regulationsmechanismus einbeziehen. Sie unterscheiden sich darin, durch welchen Reiz die glatte Gefäßmuskulatur stimuliert wird:

1. Transmurale Drucktheorie;
2. Juxtaglomeruläre Rückkoppelungstheorie.

## 1. Transmurale Drucktheorie

Als Reiz für die Kontraktion der präglomerulären Gefäßmuskulatur bei arteriellen Druckanstiegen über 90 mm Hg wird in dieser Theorie die Zunahme der Gefäßwandspannung angesehen (Semple und de Wardener, 1959; Gilmore, 1964a; Nash und Selkurt, 1964; Waugh, 1964; Thurau, 1964c; Basar et al., 1968), die sich als Tangentialspannung der Gefäßwand ($T_{\text{Wand}}$) vereinfachend nach der La Placeschen Gleichung beschreiben läßt:

$$T_{\text{Wand}} = r\,(P_{\text{innen}} - P_{\text{außen}}) \tag{1}$$

$r$ = innerer Gefäßradius; $P_{\text{innen}}$ = intravasculärer hydrostatischer Druck; $P_{\text{außen}}$ = extravasaler hydrostatischer Druck (Gewebsdruck).

Die Verwendung dieser Formel zur Berechnung der Reizstärke für die Gefäßmuskulatur ist in vieler Hinsicht limitiert:

1. $r$ läßt sich aus hämodynamischen Meßgrößen nur für ein Kenngefäß berechnen, das als Einzelgefäß den gleichen Strömungswiderstand wie die vielen parallel geschalteten Gefäße im Organ entwickelt:

$$r_{\text{Kenngefäß}} = \sqrt[4]{\frac{I \times \eta \times l \times 8}{P \times \pi}} \tag{2}$$

$I$ = Stromstärke; $\eta$ = Viscosität; $l$ = Gefäßlänge; $P$ = arteriovenöse Druckdifferenz.

2. Das nach Gl. (2) berechnete $r$ ist aus einem anderen Grund unreal: Der Gefäßradius ist in Wirklichkeit größer am Arteriolenbeginn als am Arteriolenende. Vergleichbare Verkürzungen der Gefäßmuskulatur erhöhen daher den Widerstand dort relativ stärker, wo das *Ausgangs-r* niedriger ist.

3. Die Gefäßlänge $l$ variiert von Arteriole zu Arteriole, zur Berechnung von $r_{\text{Kenngefäß}}$ ist $l$ als Konstante eingesetzt.

4. $P_{\text{innen}} - P_{\text{außen}}$ ist die transmurale Druckdifferenz, von der man nicht weiß, wie sie sich entlang der Arteriole verändert. Bei einem linearen Abfall des intravasculären Druckes vom Arteriolenbeginn zum Arteriolenende und überall gleichem extravasculärem Druck würde sich die transmurale Druckdifferenz pro Längeneinheit Arteriole immer um den gleichen Betrag vermindern und am Arteriolenende Null sein. Bei einem nichtlinearen Abfall des intravasculären Druckes entlang der Arteriole verändert sich die Tangentialspannung entsprechend unterschiedlich in den einzelnen Arteriolenabschnitten.

Die dargestellten Einschränkungen in der Anwendung der La Placeschen Gleichung machen eine quantitative Berechnung der Tangentialspannung in den Widerstandsgefäßen als Reizparameter für die vasculären Reaktionen wenig sinnvoll, dagegen lassen sich qualitative Änderungen damit erfassen.

Es wurde bereits darauf hingewiesen, daß normalerweise die postglomerulären Drucke in den Tubuli und Capillaren bei arteriellen Drucksteigerungen konstant bleiben oder nur wenig variieren. Da die muskelhaltigen afferenten Glomerulumarteriolen von diesen Strukturen umgeben sind, könnte bei arteriellen Drucksteigerungen die transmurale Druckdifferenz der Arteriolen und damit deren Tangentialspannung ansteigen. Auf eine solche Möglichkeit weisen die Ergebnisse von Versuchen hin, in denen die Wandspannung der arteriolären Gefäße ($T_{\text{Wand}}$) durch Erhöhung des extravasalen Druckes verkleinert wurde. Dies läßt sich bei osmotischer Diurese, Venendruckerhöhung und bei Erhöhung des Ureterdruckes (stop-flow) erreichen. Dabei nimmt der Strömungswiderstand ab und die Durchblutung steigt an (Enger et al., 1937; Blake et al., 1949; Shave, 1952; Schirmeister et al., 1962; Kiil und Aukland, 1961; Selkurt et al., 1963; Gilmore, 1964a; Waugh, 1964; Thurau und Henne, 1964). Die Nierendurchblutung

steigt jedoch nicht quantitativ entsprechend der präcapillaren Widerstandsabnahme an, da durch die gleichzeitig erfolgende intrarenale Gewebsdruck-
steigerung die venösen Gefäße am Übergang vom intra- zum extrarenalen Verlauf
eingeengt werden (SWANN, 1952; BRUN et al., 1956; WAUGH, 1964; THURAU und
HENNE, 1964). Durch die präcapilläre Dilatation wird diese venöse Abklemmung
nicht nur kompensiert, sondern die Durchblutung der Niere nimmt in den meisten
Fällen sogar zu. Bereits eine konstante Nierendurchblutung bei erhöhtem Ureter-
druck und Gewebsdruck würde eine arterioläre Dilatation voraussetzen, mit der
die gleichzeitig erfolgte venöse Widerstandszunahme ausgeglichen wird. Diese
Überlegungen gelten auch für die quantitative Berechnung der Widerstandsänderungen nach der Injektion dilatierender Substanzen, die ebenfalls einen Anstieg des intrarenalen Gewebsdruckes verursachen und dadurch zu einer Erhöhung
des venösen Widerstandes führen.

Nach der transmuralen Drucktheorie müßte bei arteriellen Druckstcigerungen
die Gefäßmuskulatur immer gerade denjenigen Verkürzungsgrad einstellen, der zu
einer Konstanz der Durchblutung und des Glomerulumfiltrats führt. Eine Beziehung zwischen der geregelten Stromstärke und der Tangentialspannung als
Reizparameter für die glatte Muskulatur ist jedoch bisher nicht nachgewiesen
worden. Wird der arterielle Druck verdoppelt und die autoregulative Gefäßeinengung hält die Stromstärke konstant, dann ist in diesem Zustand die Wandspannung mit 190% der Kontrolle ebenfalls fast verdoppelt. Da die Wandspannung der Reizparameter für die glatte Muskulatur sein soll, müßte sich nach
der Theorie die Muskulatur weiterhin verkürzen, bis durch Radiusverminderung
die Ausgangsspannung von 100% wieder erreicht ist. Dazu müßte der Gefäßradius
um den Faktor 1,9 abnehmen, was gleichbedeutend wäre mit einem Anstieg des
Widerstandes um den Faktor $1{,}9^4 = 13{,}0$. Um eine konstante, autoregulierte
Wandspannung zu haben, müßte die Durchblutung bei der Verdoppelung des
arteriellen Druckes auf $1/_{13}$ oder auf 7,7% abfallen, wie es in Abb. 6 dargestellt ist
(THURAU, 1967a). Eine solche Antwort der glatten Muskulatur auf Druckänderung tritt jedoch nicht ein, so daß man allein schon daraus ableiten kann,
daß Elemente am Autoregulationsmechanismus beteiligt sein müssen, die im
Rahmen einer transmuralen Drucktheorie nicht beschreibbar sind.

BASAR et al. (1968) analysierten die Wirkung von sinusförmigen Druckschwankungen auf die phasischen Durchblutungsverläufe an der isoliert-perfun-
dierten Rattenniere. Die Autoren folgerten, daß zwei unterschiedliche myogene
Mechanismen an den autoregulativen Widerstandsänderungen beteiligt sind, eine
schnelle Komponente, die durch den Differentialquotienten $\Delta P/t$ stimuliert wird
und eine langsame Komponente, bei der Angiotensin als Transmittersubstanz
nicht ausgeschlossen ist. In diesem Zusammenhang muß jedoch erwähnt werden,
daß die Autoregulation auch bei Perfusion mit nicht-pulsatilen Drucken erhalten
bleibt (GOODYER und GLENN, 1951; RITTER, 1952). Die pulsatilen Druckänderungen in der Nierenarterie stellen daher keine Bedingung für die Existenz einer
Autoregulation dar.

Eine andere Beobachtung bleibt bei der transmuralen Druckhypothese ungeklärt: Unterhalb eines Blutdruckes von 70 mm Hg, wo praktisch kein Glomerulumfiltrat mehr gebildet wird und daher auch die tubuläre Strömung sistiert,
ist die Gefäßmuskulatur vollständig relaxiert und reagiert nicht auf Änderungen

des Blutdruckes, obwohl dadurch die Gefäßwandspannung variiert wird (Ochwadt, 1956; Thurau et al., 1959b). Es ist bemerkenswert, daß autoregulative Widerstandsänderungen erst ab einer Blutdruckhöhe beginnen, bei der auch die Bildung eines Glomerulumfiltrates und damit tubuläre Strömung beobachtet wird. In den vergangenen Jahren sind aufgrund dieser Zusammenhänge von Thurau (1964d, 1967a) und Guyton et al. (1964) Theorien entwickelt worden, die die tubuläre Funktion und die Funktion des juxtaglomerulären Apparates in den Autoregulationsmechanismus einbeziehen.

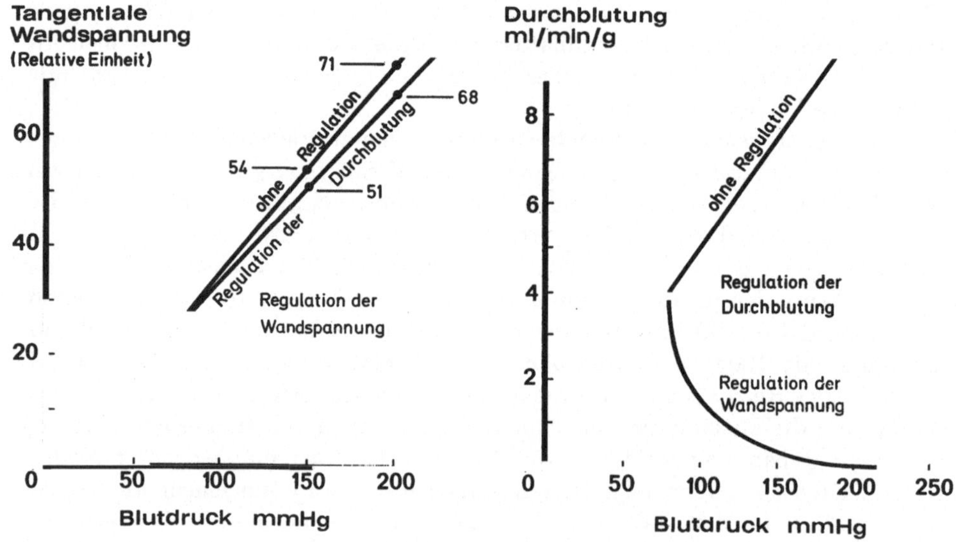


Abb. 6. Beziehung der tangentialen Wandspannung der präglomerulären Gefäße (linke Abbildung) und der Durchblutung (rechte Abbildung) zum arteriellen Blutdruck. Die Kurven sind aus der Pouisseuilleschen Beziehung und dem La Placeschen Gesetz abgeleitet. Einzelheiten s. Text

## 2. Juxtaglomeruläre Rückkoppelungstheorie

Mit den Kenntnissen der modernen Nephrologie, die besonders auf den Mikropunktionsanalysen aufbauen, lassen sich theoretische und experimentelle Ansätze entwickeln, die das Phänomen der Autoregulation nicht als isoliertes vasomotorisches Phänomen betrachten, sondern als Folge eines intrarenalen Regulationsmechanismus, der den druckpassiven Filtrationsprozeß und damit die von den Tubuli zu resorbierende Flüssigkeits- und Natriummmenge (tubuläres Na-Load) konstant hält. Diese Konstanz der filtrierten NaCl-Menge läßt sich als Folge einer glomerulo-tubulären Balance auffassen, bei der die zu resorbierende NaCl-Menge der cellulären Energiebereitstellung angepaßt bleibt. Die Konstanz der Durchblutung wird bei dieser Betrachtung als zwangsläufige Folge eines konstanten Glomerulumfiltrates aufgefaßt.

Das anatomische Substrat für eine Anpassung des Glomerulumfiltrates an die resorptive Funktion des Tubulus (glomerulo-tubuläre Balance) ist mit der Ausbildung des juxtaglomerulären Apparates (JGA) geschaffen (Abb. 7a), der das

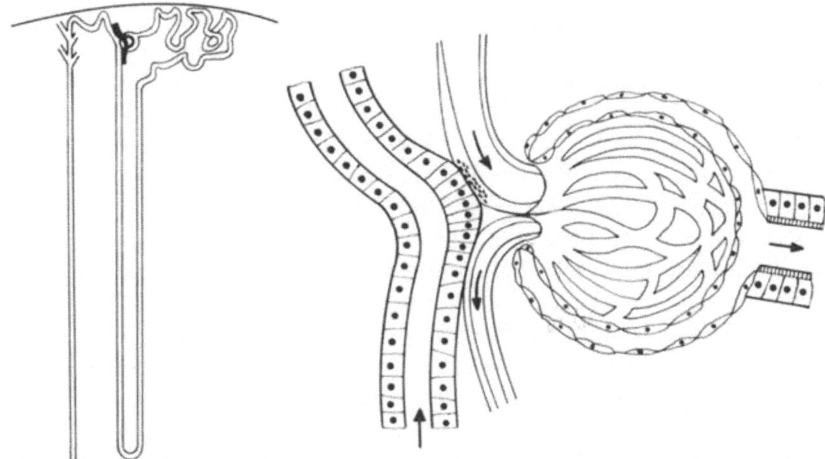

Abb. 7a. Schematische Darstellung der anatomischen Beziehung zwischen tubulären und vasculären Strukturen des juxtaglomerulären Apparates in der Einzelnephroneinheit. Im rechten Teil ist der Kontakt zwischen aufsteigendem Schenkel der Henleschen Schleife und dem vasculären Pol des Glomerulum in vergrößerter Form dargestellt

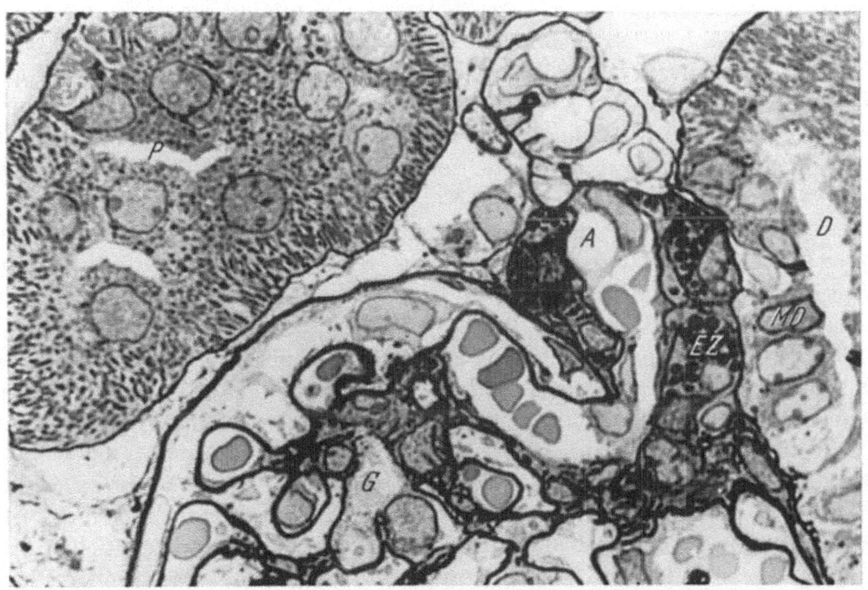


Abb. 7b. Mäuseniere. Vas afferens (A) beim Eintritt in ein Glomerulum (G) mit granulierten Epitheloidzellen (EZ) in unmittelbarer Nähe des Gefäßpols. Rechts vom Vas afferens die Macula densa-Zellen (MD), die einen Teil der Wand des distalen Tubulus (D) bilden. P proximaler Tubulus. Versilberung nach MOVAT, Mikrophotogramm, Vergr. 1400fach, Schnittdicke ca. $^1/_2$ μ. (Freundlicherweise überlassen von A. BOHLE)

Ende der Henleschen Schleife mit dem vasculären Pol des dazugehörigen Glomerulum verbindet (PETER, 1909, 1927; MICHAILOWITSCH, 1918; ZIMMERMANN, 1933). Die Tubuluszellen des Kontaktpunktes (Macula densa-Zellen) werden an ihrer luminalen Seite von Tubulusflüssigkeit, nach Durchlaufen der Henleschen Schleife, berührt. Auf der peritubulären Seite stehen die Macula densa-Zellen in engem Kontakt mit den reninhaltigen Epitheloidzellen der afferenten Arteriole (Goormaghtigh, 1937, 1945; Dunihue, 1941; Bohle, 1954; Bucher und Reale, 1961; Barajas und Latta, 1963; Faarup, 1965; Riedel und Bucher, 1967; Hatt, 1966). Macula densa-Zellen und reninhaltige Epitheloidzellen bilden zusammen mit weniger differenzierten Zwischenzellen den JGA (Abb. 7b).

Goormaghtigh hatte 1945 als erster das Konzept einer endokrinen Funktion des JGA formuliert und es besteht heute kaum ein Zweifel daran, daß in den granulierten epitheloiden Zellen der afferenten Arteriolenwand das Enzym Renin gebildet wird (Edelman und Hartroft, 1961; Cook, 1968; Dahlheim et al., 1970). Bereits Goormaghtigh nahm an, daß die Macula densa-Zellen in der Lage sein könnten, Änderungen des Volumens oder der Konzentration der tubulären Flüssigkeit am Ende der Henleschen Schleife zu registrieren und mittels einer Beeinflussung der Funktion der reninhaltigen Granulazellen die Durchblutung des zum gleichen Nephron gehörenden Glomerulums zu regulieren. In einem Übersichtsreferat zu diesem Thema schrieb Schloss 1945: ,,Die geistvolle Hypothese Goormaghtighs über die Funktion der e-Zellen ist natürlich schwer zu beweisen. Es wäre an sich reizvoll, eine Automatie des einzelnen Nephrons anzunehmen, da hiermit die experimentell gesicherte Tatsache des unabhängigen Funktionierens der einzelnen Glomerula voneinander ... erklärt wäre... "

Die Theorie von der Beteiligung des JGA an der Autoregulation des Nierenkreislaufes geht von der Vorstellung aus, daß preglomeruläre Widerstandsänderungen durch Freisetzung von Renin im JGA und lokale Angiotensinbildung in der Arteriolenwand erfolgt. Dafür sollten im Bereich des JGA sowohl Reninsubstrat, Renin als auch Converting Enzym vorhanden sein (s. Abb. 8).

Lever und Peart (1962) wiesen in der Nierenlymphe *Reninsubstrat* nach. Dieser Befund zeigt, daß das Substrat, ein $\alpha_2$-Globulin, nicht nur im Plasmaraum, sondern auch im interstitiellen Raum der Niere verteilt ist. Man kann daher annehmen, daß das Substrat auch im interstitiellen Raum des JGA vorhanden ist.

Das Enzym *Renin* wird in den granulierten, epitheloiden Zellen des JGA gebildet, die in der Arteriolenwand liegen (Hartroft, 1963; Cook, 1968), das den ersten Schritt in der Freisetzung des vasoaktiven Angiotensin II katalysiert. Für das Verständnis der lokalen Angiotensinbildung wäre eine Aufklärung des Sekretionsweges des Renins im Bereich des JGA wichtig. Darüber liegen bisher keine Befunde vor. Man muß annehmen, daß Renin aus den Granula erst in das Cytoplasma der epitheloiden Zellen gelangt und von dort in den interstitiellen Raum des JGA. Einen Hinweis für hohe Reninaktivitäten in der interstitiellen Flüssigkeit des JGA gibt der Befund von Lever und Peart (1962), wonach die Reninaktivität in der Nierenlymphe etwa 50mal höher als im Nierenvenenblut ist. Bedenkt man, daß die Lymphe des JGA nur einen kleinen Anteil an der Lymphe der Gesamtniere ausmachen kann, dann läßt dieser Befund auf eine hohe Reninaktivität im Interstitium des JGA schließen. Man muß dann annehmen, daß Renin aus den granulierten Zellen nicht direkt in das Lumen der afferenten Arteriole, sondern primär in den interstitiellen Raum sezerniert wird. Die Anwesenheit sowohl von Renin als auch seines Substrates im Bereich des JGA bedeutet, daß das Dekapeptid Angiotensin I als Vorstufe des vasoaktiven Angiotensin II lokal gebildet werden kann. Für die Umwandlung in Angiotensin I ist die Aktivität des Converting Enzyms erforderlich (s. Abb. 8).

DAHLHEIM et al. (1970) haben in einzelnen, mikrodissezierten JGAs *Converting Enzym-Aktivität* nachweisen können. Die Autoren konnten zeigen, daß bei der Inkubation von einzelnen JGAs mit hochgereinigtem Reninsubstrat Angiotensin II entsteht. Dies deutet darauf hin, daß ausreichende Mengen von Converting

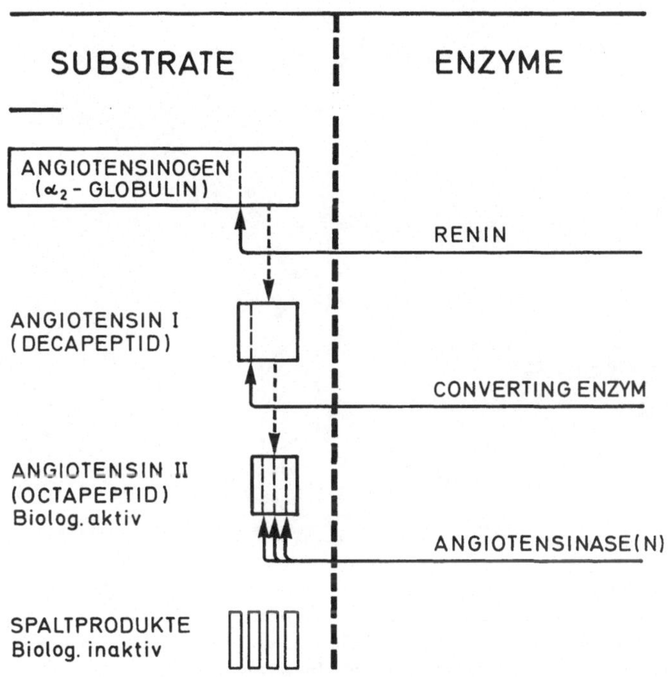


Abb. 8. Schematische Darstellung der funktionellen Beziehung zwischen Substraten und Enzymen im Renin-Angiotensin-System

Enzym-Aktivität im JGA vorhanden sind, um das gesamte Angiotensin I, das durch die Anwesenheit des Renins im JGA gebildet wurde, in Angiotensin II zu überführen. Der Nachweis von Converting Enzym-Aktivität im JGA scheint Resultaten von NG und VANE (1967) zu widersprechen, die Angiotensin I in die Nierenarterie injizierten und beobachteten, daß Angiotensin I während der Passage durch die Niere kaum in Angiotensin II umgewandelt wurde. Die Autoren vermuteten daher, daß die Niere keine hohe Converting-Aktivität besitzt. Eine Umwandlung in Angiotensin II ist jedoch dann unwahrscheinlich, wenn das Converting Enzym primär im JGA lokalisiert ist. In diesem Fall würde das in das Blut injizierte Angiotensin I während der Passage durch die afferente Arteriole kaum mit dem Converting Enzym des JGA in Berührung kommen.

Die hier dargelegten Befunde zeigen, daß eine lokale intrarenale Bildung des vasoaktiven Angiotensin II im Bereich des glomerulären Gefäßpols möglich ist. Elektronenoptisch lassen sich in den granulierten, epitheloiden Zellen der Arteriolenwand mit großer Regelmäßigkeit Myofibrillen nachweisen, so daß con-

tractile Strukturen im selben Bereich wie die Angiotensinbildung vorhanden sind
(s. Abb. 9). Damit wären die Voraussetzungen für eine lokale Vasomotorik in der
Arteriolenwand am Glomerulumpol geschaffen, womit die Größe des Glomerulumfiltrates und somit die Menge des filtrierten Natriums (tubuläres Na-Load) beeinflußt werden können.

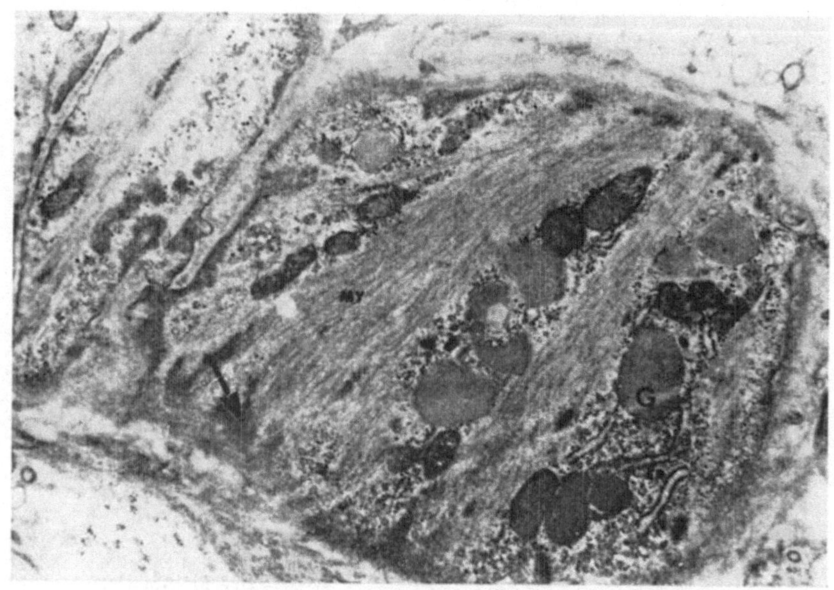

Abb. 9. Elektronenmikroskopische Aufnahme einer epitheloiden Zelle in der Wand der
afferenten Glomerulumarteriole. Es ist deutlich zu erkennen, daß innerhalb der gleichen Zelle
Granula ($G$) und Myofibrillen ($My$) enthalten sind. (Freundlicherweise überlassen von
J. Rojo-Ortega)

Bei der Einbeziehung des JGA in einen vasomotorischen Regulationsmechanismus erhebt sich die Frage nach dem Reiz für die lokale Angiotensinbildung. Die
strukturelle Verknüpfung des Endes der Henleschen Schleife mit dem Glomerulum
des Nephrons legt die Vermutung einer funktionellen Verbindung nahe, wodurch
das „Resultat" der tubulären Resorption im Nephronabschnitt bis zum Ende der
Henleschen Schleife zum Beginn des Nephrons zurückgemeldet werden kann. Die
luminale Membran der Macula densa-Zellen steht mit der tubulären Flüssigkeit
am Ende des aufsteigenden Schenkels der Henleschen Schleife in direktem Kontakt. Die Na-Konzentration der Tubulusflüssigkeit in diesem Nephronsegment
beträgt mit 30—50 mÄq/l nur etwa $^1/_3$—$^1/_5$ der Plasmakonzentration (Malnic et al.,
1966; Hierholzer et al., 1965; Schnermann et al., 1966). Auch die Osmolarität
liegt unter der des Plasmas. Dies ist eine Folge der aktiven Na-Resorption im
dicken, aufsteigenden Schleifenschenkel bei gleichzeitig niedriger $H_2O$- und Na-
Permeabilität dieser Tubuluszellen. In Mikropunktionsversuchen zeigten Thurau
und Schnermann (1965), daß eine Beeinflussung der glomerulären Filtrationsrate von der tubulären Seite am juxtaglomerulären Kontaktpunkt her möglich ist.
Bei einer Erhöhung der Na-Konzentration im Macula densa-Segment wurde eine

Verkleinerung bzw. ein Verschwinden des Lumens des proximalen Konvolutes beobachtet. Daraus läßt sich auf eine Reduktion bzw. Unterbrechung des Einzel-nephronfiltrates in dieser Nephroneinheit schließen. Die Beteiligung des JGA an dieser Reaktion erscheint dadurch gesichert, daß das Filtrat immer nur des Glo-merulum abnimmt, das zu dem gleichen Nephron gehört, an dessen Macula densa-Zellen die Na-Konzentration erhöht wird. Der JGA bildet die einzige anatomische Verbindung zwischen distalem Tubulus und Glomerulum. Auch der Befund, daß die Reaktion in reninverarmten Nieren nicht oder nur abgeschwächt nachweisbar ist, spricht für die Beteiligung des JGA mit seinem Renin-Angiotensin-System. Die Reaktion scheint Na-spezifisch zu sein, da die Injektion Na-freier Test-lösungen in das Macula densa-Segment das Glomerulumfiltrat nicht vermindert. Diese Befunde sprechen auch gegen den Einwand von GOTTSCHALK und LEYSSAC (1968), wonach die Beobachtungen am proximalen Tubuluslumen auf einem tech-nischen Artefakt beruhen könnten (s. auch SCHNERMANN et al., 1970).

Ein tubulo-vasculärer Rückkoppelungsmechanismus als Ursache der Auto-regulation des Glomerulumfiltrates setzt ein tubuläres „Signal" voraus, das im Macula densa-Segment die Größe des Glomerulumfiltrates reflektiert. Damit wäre das Phänomen Autoregulation an das Vorhandensein einer Strömung von Tubulusflüssigkeit gebunden, ein Zusammenhang, der bereits auf S. 301 diskutiert wurde.

GUYTON et al. (1964) kamen aufgrund einer Computeranalyse zu dem Schluß, daß die Osmolarität der Tubulusflüssigkeit im Macula densa-Segment den arterio-lären Widerstand reguliert. TOBIAN (1960) hatte den JGA als arteriellen Dehnungs- oder Druckreceptor aufgefaßt, was später von VANDER (1967) in Frage gestellt wurde. Änderungen der Reninaktivität im Nierenvenenblut, wie man sie durch Variationen des arteriellen Druckes induzieren kann, lassen sich bei gleichzeitiger Änderung der tubulären Na-Resorption kompensieren. VANDER kam daher zu dem Schluß, daß Änderungen in der Zusammensetzung der tubulären Flüssigkeit, wahrscheinlich im Bereich der Macula densa-Zellen, die Reninsekretion regulieren. Auch TOBIAN (1967) revidierte seine Vorstellungen dahin, daß die Funktion des JGA für den Natriumhaushalt des Organismus von Bedeutung sei.

Die Mikroinjektionsversuche von THURAU und SCHNERMANN (1965) ließen ver-muten, daß der adäquate Reiz für die Einstellung des Einzelnephronfiltrates die Na-Konzentration bzw. Na-Menge im Bereich des Macula densa-Segmentes sei. Damit stimmen Befunde von CORTNEY et al. (1966) überein, wonach bei Mikro-perfusion einzelner Henlescher Schleifen eine positive Korrelation zwischen Per-fusionsrate und Na-Konzentration am Ende der perfundierten Schleife besteht. Diese Ergebnisse wurden später durch MORGAN und BERLINER (1969) und SCHNER-MANN et al. (1970) im wesentlichen bestätigt, wobei jedoch beide Gruppen beob-achteten, daß im niedrigen Perfusionsbereich eine positive Korrelation nicht besteht. Dies könnte dadurch bedingt sein, daß die Entnahmestelle des Perfusats im frühdistalen Segment einige 100 $\mu$ vom Macula densa-Segment entfernt liegt. Der modifizierende Einfluß des resorptiven Epithels zwischen Macula densa-Segment und distaler Entnahmestelle auf die Zusammensetzung der tubulären Flüssigkeit ist nicht quantifizierbar und sollte besonders bei niedrigen Perfusions-raten mit langer Kontaktzeit der Perfusionsflüssigkeit mit dem Epithel zum Tragen kommen.

Ein funktionelles Verhalten der Henleschen Schleifen, das Stromstärken-
änderungen in Änderungen der Na-Konzentration bzw. Na-Menge am Schleifen-
ende transformiert, könnte ein „Signal" für die Autoregulation des Glomerulumfiltrates darstellen. Es ist offensichtlich, daß eine solche Filtratregulation der
Ausdruck einer Anpassung der filtrierten Na-Menge an die tubuläre Na-Resorp-
tionskapazität wäre. Die Autoregulation der Nierendurchblutung wäre dann ein

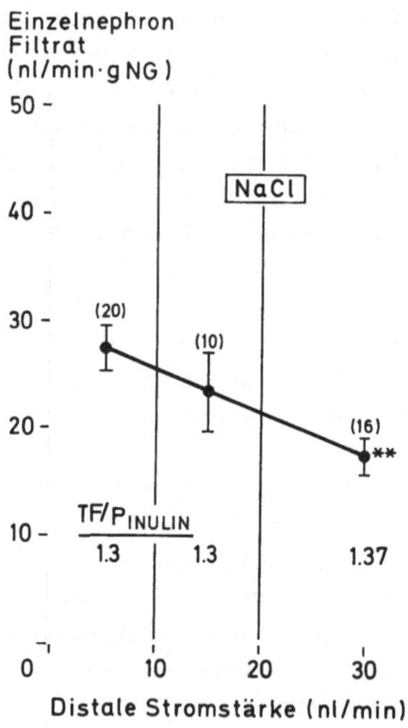


Abb. 10. Beziehung zwischen distaler Stromstärke und Einzelnephronfiltrat während Perfusion der Henleschen Schleife mit Ringerlösung bei konstantem proximalen Tubulusdruck.
(Aus Schnermann et al., 1970)

Nebeneffekt dieser Filtratregulation. Hiermit stimmt auch der seit langem bekannte Befund überein, wonach Mannitol die Nierendurchblutung erhöht, da die
intratubuläre Na-Konzentration im früh-distalen Tubulus unter den schon normalerweise niedrigen Wert bis auf 7 mÄq/l abfallen kann.

Eine grundsätzliche Schwierigkeit bei der quantitativen Analyse des juxtaglomerulären Rückkoppelungsmechanismus ist dadurch bedingt, daß das Macula
densa-Segment in der Warmblüterniere einer direkten Mikropunktionsanalyse
nicht zugänglich ist. Die Analyse der Flüssigkeit im frühdistalen Tubulus-
segment kann nur in erster Annäherung einen Hinweis auf die Bedingungen im
Macula densa-Segment geben. Ein weiterer Schritt zur quantitativen Analyse
des Rückkoppelungsmechanismus wurde von Schnermann et al. (1970) getan.
Am gleichen Nephron wurde die Henlesche Schleife perfundiert und die Zusammensetzung der Perfusionsflüssigkeit nach Passage der Henleschen Schleife
zu Beginn des distalen Tubulus zusammen mit dem Einzelnephronfiltrat bestimmt.
Die in Abb. 10 dargestellten Befunde zeigen, daß eine inverse Korrelation zwischen

Perfusionsrate der Henleschen Schleife und glomerulärer Filtrationsrate dieses Nephrons besteht, wenn die Schleife mit NaCl-Lösung perfundiert wird. Weiterhin läßt sich aus den Befunden ableiten, daß der Rückkoppelungsmechanismus weniger durch die absolute Stromstärke oder den Druck im Macula densa-Segment beeinflußt wird, sondern vielmehr durch die chemische Zusammensetzung der intratubulären Flüssigkeit in diesem Nephronabschnitt. Dies folgt aus Perfusionsversuchen mit $Na_2SO_4$-Lösung, wo das Einzelnephronfiltrat durch die Perfuionsstromstärke nicht mehr beeinflußt wird. Der Unterschied scheint durch die verschiedene Permeabilität der Zellmembranen für $SO_4$- und Cl-Ionen bedingt zu sein. Biologische Membranen sind für $SO_4$-Ionen generell schlechter als für Cl-Ionen permeabel. Da bei Gegenwart von $SO_4$-Ionen in der Tubulusflüssigkeit auch die transmembranale Bewegung der Na-Ionen vermindert ist, muß man annehmen, daß der Rückkoppelungsmechanismus durch Na-Ionen beeinflußt wird, die nach Durchtritt der luminalen Membran der Macula densa-Zellen intracellulär wirksam werden. Da unter physiologischen Bedingungen die intratubulären Na-Ionen vorzugsweise von Cl-Ionen begleitet sind, wird die Höhe des transmembranalen Na-Nettoflusses an den Macula densa-Zellen entweder durch die NaCl-Konzentration in der Tubulusflüssigkeit oder durch einen von der Na-Konzentration bzw. vom Na-Load abhängigen aktiven Transport bestimmt. Als andere Möglichkeit käme noch eine Beeinflussung der Membranpotentiale dieser Zellen durch das tubuläre Natrium in Betracht, wodurch Funktionsänderungen auslösbar sein könnten. Obwohl noch zahlreiche Einzelschritte in dem Funktionsablauf dieses Rückkoppelungsmechanismus unbekannt sind, insbesondere die Funktion der Macula densa-Zellen, lassen die Befunde kaum einen Zweifel an der Existenz eines juxtaglomerulären Regulationsmechanismus für das Einzelnephronfiltrat und damit für die Nierendurchblutung.

## IV. Sauerstoffverbrauch der Niere

Die Besonderheiten des renalen $O_2$-Verbrauches werden am deutlichsten durch einen Vergleich mit den Verhältnissen am quergestreiften Muskel sichtbar: In der Muskulatur bleibt über einen weiten Bereich von Durchblutungsänderungen die $O_2$-Aufnahme des Muskels relativ konstant, so daß die arteriovenöse $O_2$-Differenz bei Abnahme der Durchblutung größer wird (PAPPENHEIMER, 1941). Durchblutung und arteriovenöse $O_2$-Differenz stehen somit in umgekehrter Beziehung zueinander, wie es in Abb. 11 schematisch dargestellt ist. Im Gegensatz dazu bleibt in der filtrierenden Niere die arteriovenöse $O_2$-Differenz konstant, wenn die Durchblutung abfällt (VAN SLYKE et al., 1934; KRAMER und WINTON, 1939; KRAMER und DEETJEN, 1960; LASSEN et al., 1961). Dieser Befund zeigt, daß der renale $O_2$-Verbrauch eine Funktion der Blutstromstärke ist im Gegensatz zur Muskulatur, wo der $O_2$-Verbrauch von der Durchblutung weitgehend unabhängig ist.

Eine weitere Besonderheit der Niere besteht in ihrer hohen Blutstromstärke (400 ml/min/100 g Nierengewicht) und der niedrigen arteriovenösen $O_2$-Differenz von nur 1—2 Vol.-%. Die hohe Blutstromstärke läßt sich daher nicht als Notwendigkeit eines entsprechend hohen Stoffwechsels erklären. Im Vergleich zu dem der Niere mit der hohen Durchblutung angebotenen $O_2$ pro Minute ist der $O_2$-Verbrauch relativ gering, so daß daraus die schon erwähnte niedrige arteriovenöse $O_2$-Differenz resultiert. Auch zeigt die Niere im Gegensatz zu vielen anderen Organen nur eine sehr geringe reaktive Hyperämie (Grupp und Heimpel, 1958). Dies beruht darauf, daß etwa 75% des renalen $O_2$-Verbrauchs durch die tubuläre Resorption des filtrierten Natriums bestimmt sind (s.u.). Von den restlichen 25% wird angenommen, daß sie zur Deckung des Basalstoffwechsels des Nierengewebes erforderlich sind. Wenn in der Niere bei Durchblutungsunterbrechung eine $O_2$-Schuld auftritt, dann für den Basalstoffwechsel, da der mit der

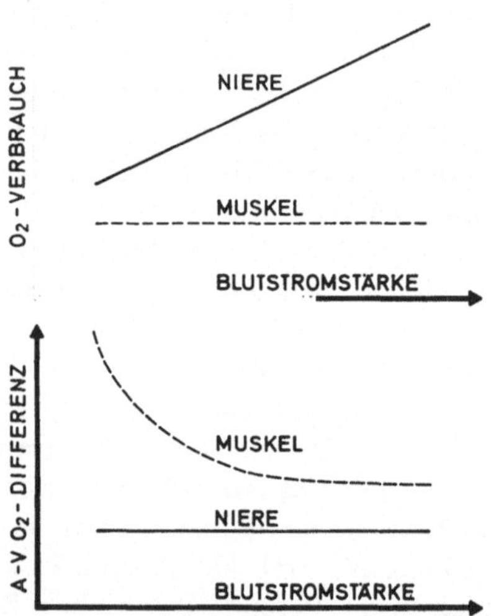


Abb. 11. Schematische Darstellung der Beziehungen zwischen dem $O_2$-Verbrauch bzw. der arteriovenösen $O_2$-Differenz zur Blutstromstärke an der Niere und an der Muskulatur

tubulären Na-Resorption korrelierte $O_2$-Verbrauch bei Filtrationsunterbrechung aufhört. Daher ist das Ausmaß der renalen reaktiven Hyperämie nur gering im Gegensatz z.B. zur quergestreiften Muskulatur, wo nach einer ischämischen Periode die Durchblutung auf das 10—20fache des Ruhewertes ansteigen kann. Auch wurde bereits weiter oben darauf hingewiesen, daß bei arteriellen Drucken von etwa 100 mm Hg die renale Gefäßbahn normalerweise nahezu vollständig dilatiert ist, wodurch bereits das Ausmaß einer Mehrdurchblutung von vornherein beschränkt ist.

Für lange Jahre blieb die Frage nach der bestimmenden Größe des renalen $O_2$-Verbrauchs unbeantwortet. Die Bemühungen, eine Beziehung zur osmotischen Konzentrierungsarbeit der Niere aufzuzeigen, blieben erfolglos (Eggleton et al., 1940). Angeregt durch den Befund von Zerahn (1956) über eine Korrelation des Na-Transportes mit dem $O_2$-Verbrauch an der Froschhaut wurde von mehreren Arbeitsgruppen (Lassen et al., 1961; Deetjen und Kramer, 1961; Thurau, 1961; Kiil et al., 1961; Balint und Forgacs, 1966; Eisner et al., 1964) gefunden, daß etwa 75% des renalen $O_2$-Verbrauches für die aktive Resorption des gefilterten Natriums aufgewandt werden (Abb. 12). Bei experimentell variierter Na-Resorption läßt sich eine lineare Beziehung zwischen Na-Resorption und $O_2$-Verbrauch nachweisen, wobei der Schnittpunkt der Kurve auf der Ordinate bei 0,42 mÄq

$O_2$/min · 100 g Niere anzeigt, daß ein von der Na-Resorption unabhängiger, basaler $O_2$-Verbrauch existiert. Da eine 100 g schwere Niere normalerweise etwa 10 mÄq Na/min resorbiert, beträgt der Anteil des basalen am gesamten renalen $O_2$-Verbrauch etwa 25%. Die stöcheometrische Beziehung zwischen Na-Resorption und suprabasalem $O_2$-Verbrauch beträgt 28—32 mÄq Na für 1 mmol $O_2$. Dieser Befund

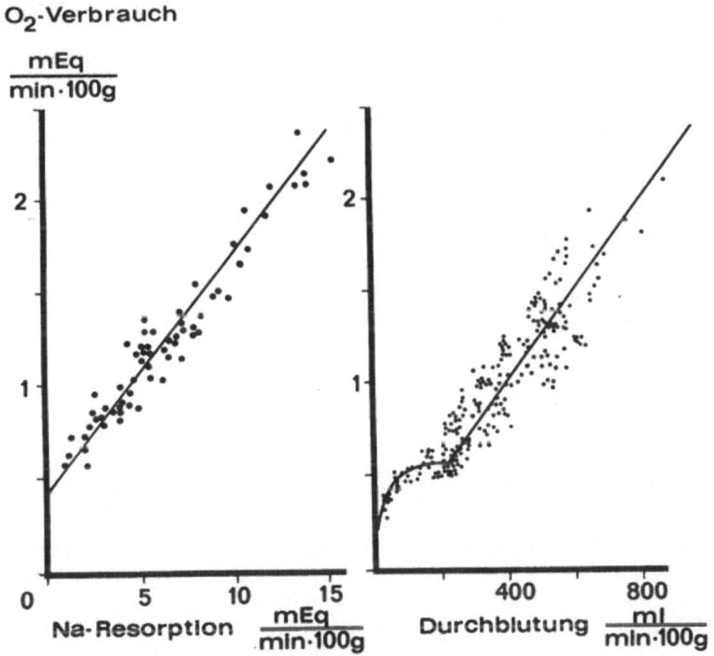


Abb. 12. Beziehung des renalen $O_2$-Verbrauches zur tubulären Na-Resorption (links) und zur Nierendurchblutung (rechts). (Nach DEETJEN und KRAMER, 1961)

gilt als entscheidende Stütze für die derzeit gültige Vorstellung, wonach die tubuläre Resorption des Glomerulumfiltrates primär auf einem aktiven Transport des Natriums beruht, in dessen Gefolge Chlor und Wasser passiv resorbiert werden.

Die Menge des resorbierten Natriums ist normalerweise mit 99% praktisch identisch mit der Menge des glomerulär filtrierten Natriums. Dies bedingt, daß bei einer Erhöhung der Nierendurchblutung mit Zunahme des Filtrates die von den Tubuli zu resorbierende Na-Menge und damit der renale $O_2$-Verbrauch ansteigen (Abb. 12). Diese Beziehung tritt jedoch erst oberhalb einer Durchblutungsgröße auf, bei der auch ein Filtrat gebildet wird. Bei einer Durchblutungserniedrigung auf weniger als $^1/_3$ der Norm, die alle Teile der Niere gleichmäßig betrifft, sind Filtratbildung und Resorption nahezu unterbrochen. Der dann noch nachweisbare basale $O_2$-Verbrauch bleibt unabhängig von einer weiteren Abnahme der Durchblutung, so daß in diesem Durchblutungsbereich ein reziprokes Verhältnis zwischen arteriovenöser $O_2$-Differenz und Durchblutung besteht.

Bei einer inhomogenen Verteilung einer Durchblutungsabnahme in der Niere wird der Nachweis einer partiellen intrarenalen Hypoxie durch Bestimmung der arteriovenösen $O_2$-Differenz nahezu unmöglich. Als Beispiel ist in Abb. 13 der Fall schematisch dargestellt, daß 50% einer 100 g schweren Niere nur mit einem Zehntel der normalen Durchblutung versorgt werden, so daß in der ischämischen Hälfte weder filtriert noch resorbiert wird. Die Sauerstoffausnützung bei einer $AVD_{O_2}$ von 6 Vol.-% ist in der ischämischen Hälfte zur Deckung des basalen $O_2$-Verbrauches für die Niere unverhältnismäßig hoch und spiegelt die Hypoxie wider. Da die hypoxische Blutmenge von 20 ml, die sich in der Nierenvene mit

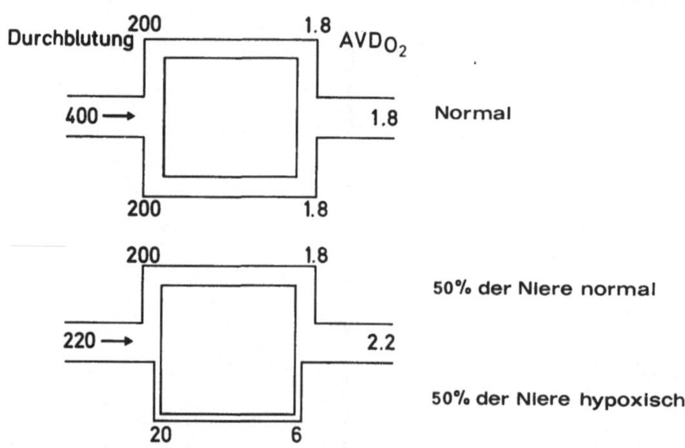


Abb. 13. Schematische Darstellung der Beeinflussung der renalen arteriovenösen $O_2$-Differenz durch partielle Ischämie der Niere. In diesem vereinfachten Beispiel sind zwei Teilgebiete der Niere dargestellt, die je mit 200 ml/min·50 g durchblutet werden. Oben: Die Durchblutung von 400 ml/100 g Niere·min verteilt sich homogen. Die a.v. $D_{O_2}$ beträgt für jede Hälfte der Niere 1,8 Vol.-%, so daß auch die gesamte a.v. $D_{O_2}$ der Niere 1,8 Vol.-% beträgt. Unten: Hier ist der Fall dargestellt, daß eine Hälfte der Niere mit normaler Stromstärke, d.h. 200 ml/min·50 g, bei unveränderter a.v. $D_{O_2}$ von 1,8 Vol.-% perfundiert wird, die andere Hälfte dagegen nur mit $^1/_{10}$ der normalen Stromstärke, d.h. mit 20 ml/min·50 g. Dabei ist die a.v. $D_{O_2}$ auf 6 Vol.-% angestiegen. Dies bedingt in diesem Fall der partiellen Ischämie einen Anstieg der gesamten a.v. $D_{O_2}$ der Niere auf nur 2,2 Vol.-%

den 200 ml aus der normalen funktionierenden Nierenhälfte mischt, verhältnismäßig klein ist, bleibt im venösen Mischblut der Gesamtniere die Hypoxie unerkannt, die $AVD_{O_2}$ steigt von 1,8 auf nur 2,2 Vol.-% an. Diese Überlegungen, die auch für den Fall disseminierter Hypoxieherde in der Niere gelten (Buchborn, 1962), weisen auf die Schwierigkeiten, renale Hypoxien an der $AVD_{O_2}$ zu erkennen.

## V. Sauerstoffdruck im Nierengewebe

Mit Hilfe von Mikro-Sauerstoffelektroden läßt sich im Nierenmark ein niedrigerer $O_2$-Druck als in der Nierenrinde nachweisen, wobei der niedrigste $O_2$-Druck an der Papillenspitze gemessen wird (Abb. 14). Der $P_{O_2}$ im Papillengewebe und im Harn ist wesentlich niedriger als im Nierenvenenblut (Aukland und Krog, 1960; Ulfendahl, 1962a; Kramer und Deetjen, 1963; Strauss et al., 1968). Die Existenz eines cortico-papillären $P_{O_2}$-Gradienten und die niedrigsten $O_2$-

Drucke in der Papillenspitze sind durch die Gegenstromanordnung der medullären Strukturen und durch die Charakteristik der Blutversorgung im Mark bedingt. Der $O_2$-Verbrauch im Nierenmark bewirkt, daß der $O_2$-Druck in den aufsteigenden Vasa recta niedriger als in den absteigenden ist. Da besonders in der äußeren Markzone die auf- und absteigenden Vasa recta in Gefäßbündeln einander anliegen (s. Abb. 20), erfolgt eine $O_2$-Diffusion von den absteigenden in die aufsteigenden

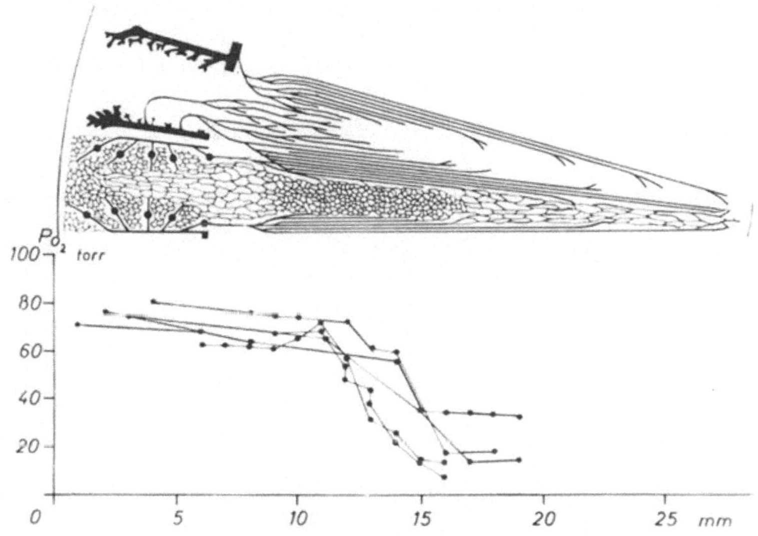


Abb. 14. $O_2$-Druck in verschiedenen Abschnitten der Niere. Im oberen Teil ist die Gefäß-architektur schematisch dargestellt, im unteren Teil der Verlauf des $O_2$-Druckes. (Nach DEETJEN, 1968)

Vasa recta entlang der Längsachse des Nierenmarks ($O_2$-Kurzschluß). Da im steady state der medulläre $O_2$-Verbrauch diesen transvasculären $O_2$-Druckgradienten bedingt, übernimmt hier der medulläre $O_2$-Verbrauch die Rolle eines Multiplikationsfaktors für die Behandlung des Sauerstoffs im Gegenstromsystem. Der niedrige $P_{O_2}$ im Papillengewebe wird somit durch zwei sich addierende Faktoren verursacht: a) dem medullären $O_2$-Verbrauch und b) dem $O_2$-Kurzschluß zwischen ab- und aufsteigenden Vasa recta. Ein niedriger medullärer $O_2$-Druck könnte auch durch die von PAPPENHEIMER und KINTER (1956) inaugurierte „plasma skimming" zustande kommen, wonach die tiefen Gebiete der Niere mit einem erythrocytenarmen Blut perfundiert werden. Dies würde ebenfalls den $P_{O_2}$ im Gewebe erniedrigen. Obwohl die Ergebnisse zahlreicher Experimente gegen die allgemeine Gültigkeit dieser Theorie sprechen (Lit. s. THURAU, 1964b), scheint ein gewisses Ausmaß von „plasma skimming" im Nierenmark zu bestehen. Mikropunktionsanalysen des Vasa recta-Blutes haben gezeigt, daß der Hämatokrit niedriger als im peripheren Blut ist, so daß dadurch eine Verminderung des medullären $O_2$-Druckes verursacht sein könnte. Der niedrige $P_{O_2}$ des Urins kommt durch eine Equilibrierung des Harnes mit dem Markgewebe während der Sammelrohrpassage zustande. Einzelheiten zu diesem Thema sind von DEETJEN (1968) ausgeführt worden.

## VI. Intrarenales Blutvolumen und intrarenaler Hämatokrit

In Tabelle 2 sind die intrarenalen Blutvolumina nach den Methoden gegliedert, mit denen die Werte gewonnen wurden. Bei der Durchflußmethode werden die mittleren Kreislaufzeiten von der A. zur V. renalis für Plasma und Erythrocyten

Tabelle 2. *Intrarenales Blutvolumen und intrarenaler Hämatokrit*

| Autor | Intrarenales Blutvolumen (% der Gesamtniere) | System-Hct / Intraren. Hct | Versuchstier |
|---|---|---|---|
| *Durchflußmethode* | | | |
| Lilienfield et al. (1958) | 24,0 | 0,89 | Hund |
| Ochwadt (1957) | 20,0 | 0,90 | Hund |
| Chinard et al. (1964) | 19,8 | 0,88 | Hund |
| *Gewebsanalysen* | | | |
| Emery et al. (1959) | 34,0 | 0,45 | Hund |
| Lilienfield et al. (1958) | 32,8 | 0,49 | Hund |
| Pappenheimer und Kinter (1956) | 24,8 | 0,48 | Katze |
| Ulfendahl (1962b) | 20,0 | 0,53 | Kaninchen |

getrennt bestimmt, zusammen mit der renalen Blutstromstärke. Daraus läßt sich das intrarenale Blutvolumen (Vol$_\text{intraren}$) bestimmen:

$$\text{Vol}_\text{intrarenal} = \text{RBF}\,(1 - \text{Hct}) \cdot \bar{t}_\text{Plasma} + \text{Hct} \cdot \bar{t}_\text{Ery} \qquad (3)$$

RBF = renale Blutstromstärke; Hct = Hämatokrit des arteriellen Blutes; $\bar{t}_\text{Plasma}$ = mittlere Kreislaufzeit für Plasma; $\bar{t}_\text{Ery}$ = mittlere Kreislaufzeit für Erythrocyten.

Bei der Methode, bei der das intrarenale Blutvolumen aus Gewebsanalysen ermittelt wird, werden Erythrocyten und Plasma des Blutes radioaktiv markiert und die Aktivitäten in Gewebsschnitten analysiert. Das Verhältnis Aktivität pro Gewebsvolumen zur Aktivität pro arterielles Blutvolumen ergibt den Blutanteil im Gewebe.

Die intrarenalen Hämatokrite wurden entweder aus den mittleren Kreislaufzeiten für Erythrocyten und Plasma oder aus dem Verhältnis der Plasma- und Erythrocytenaktivität im Gewebe berechnet. Über Einzelheiten der intrarenalen Verteilung der Blutvolumina s. Tabelle 3. Aus Tabelle 2 geht hervor, daß die Werte aus den Gewebsanalysen im Mittel höher liegen als bei Benutzung der Durchflußmethode. Dies beruht darauf, daß durch den Austritt von Plasmaindikatoren in den extravaculären Raum das Plasmavolumen zu groß bestimmt wird. Durch diesen Fehler erklären sich auch die niedrigeren Hämatokritwerte und die Tatsache, daß die Blutvolumina um so höher bestimmt werden, je länger die Zeit zwischen Indicatorinjektion in die Blutbahn und Gewebsanalyse ist. Den wahren Verhältnissen am nächsten dürften die mit der Durchflußmethode bestimmten Werte von Ochwadt (1957), Lilienfield und Rose (1958), Chinard et al. (1964) kommen, obwohl auch hier folgende Einschränkung gemacht werden muß:

a) In die arteriovenösen Durchflußzeiten für Erythrocyten und Plasma gehen auch die Passagezeiten durch die großen Gefäße der Niere (arteriell und venös) ein, in denen der Hämatokrit dem Systemhämatokrit entspricht. Eine Korrektur dafür würde zu einem niedrigeren Hämatokrit in den kleinen Gefäßen führen als in Tabelle 2 angegeben.

b) Die Plasmaindicatoren, mit denen die Passagezeiten bestimmt werden, treten auch bei einem einmaligen Durchfluß durch die Niere in den extravasculären Raum über (CHINARD et al., 1964). Damit wäre die längere Plasmapassagezeit gegenüber der Erythrocytenzeit nicht nur durch einen relativ größeren *intravasculären* Plasmaverteilungsraum bedingt, sondern zum Teil durch die selektive Durchlässigkeit der Capillarmembran für Plasma.

Von KÜGELGEN und BRAUNGER (1962) haben in einer ausgedehnten histologischen Studie das Capillarsystem der Hundeniere ausgemessen. In dieser Arbeit finden sich Angaben über die Capillardichte im Gewebe, Capillaranordnung, Capillaroberflächen und Capillarvolumina, auf die an dieser Stelle verwiesen werden muß.

## VII. Nervöse Kontrolle der Nierendurchblutung

Normalerweise besitzen die Nierengefäße nur einen geringen vasoconstrictiven, sympathischen Tonus (SMITH, 1951). Die häufig in der Literatur mitgeteilten Ergebnisse, daß die Nierendurchblutung nach Denervierung ansteigt, beziehen sich auf narkotisierte Tiere, in denen ein neurogener Vasoconstrictorentonus durch die Narkose erzeugt ist. BERNE (1952) denervierte an Hunden eine Niere 6 bis 40 Tage vor dem Experiment und fand dann in Nembutal- oder Chloralosenarkose bei 68% der Versuche Mehrdurchblutung bis zu 13% auf der denervierten Seite. Ohne Narkose waren Seitendifferenzen nicht nachweisbar. Ein ähnliches Verhalten gilt auch für das Glomerulumfiltrat. Überzeugende Hinweise für das Fehlen eines neurogenen Tonus unter normalen Bedingungen geben die Ergebnisse nach Nierentransplantationen, die normale Werte für das Glomerulumfiltrat und die Durchblutung zeigen (BRICKER et al., 1956).

Gegen die Beteiligung der Nierenstrombahn an allgemeinen kreislaufregulatorischen Phänomenen sprechen auch Befunde während arterieller Hypoxie und Hämorrhagie: Vasoconstrictionen treten erst bei $O_2$-Konzentrationen in der Atemluft unter 10 Vol.-% auf (KORNER, 1963b; KRAMER, 1952). Der neurogene Ursprung dieser Vasoconstriction scheint damit bewiesen, daß

1. die hypoxiebedingte Vasoconstriction durch zusätzliche Reizung der Pressoreceptoren aus Aortenbogen und Carotissinus durchbrochen werden kann (KRAMER, 1959) und

2. die Hypoxie ohne renale Constriction verläuft, wenn die Chemoreceptoren des Aortenbogens und beidseitig im Glomus caroticum ausgeschaltet sind.

Ein neurogener Gefäßtonus mit Abnahmen von Filtrat und Durchblutung läßt sich außer in Narkose auch während arterieller Hypoxie nachweisen, wenn der Sauerstoffgehalt der Einatmungsluft unter 10—7% absinkt (KRAMER, 1952; KORNER, 1963b). Die Vasoconstriction tritt in denervierten Nieren nicht ein und auch nicht nach bilateraler Ausschaltung der Chemo- und Pressoreceptoren (KORNER, 1963a), so daß die Aktivierung der Chemoreceptoren für das Zustandekommen der renalen Vasoconstriction in Hypoxie sehr wahrscheinlich ist. Der neurogene Ursprung der renalen Vasoconstriction in Hypoxie wird außerdem dadurch belegt, daß bei Reizung der Pressoreceptoren im Carotissinus und Aortenbogen während einer arteriellen Hypoxie die Nierendurchblutung wieder ansteigt (Kramer, 1959). Die Ansichten, ob man durch Entlastung der Pressoreceptoren eine neurogene renale Vasoconstriction auslösen kann, widersprechen sich. Die Schwierigkeit in der Interpretation der Befunde liegt zum Teil daran, daß gleichzeitig mit der Pressoreceptorenentlastung der arterielle Systemdruck ansteigt, so daß eine dabei beobachtete Konstanz der Durchblutung nicht auf einer neurogenen Widerstandszunahme beruhen muß, sondern Ausdruck der intrarenalen Autoregulation sein kann. So wurde auch bei innervierten (Somlay et al., 1962) und denervierten (Thurau und Henne, 1964) Nieren eine Widerstandszunahme gefunden, die die Nierendurchblutung konstant hält, wenn der arterielle Blutdruck durch Ausschaltung der Pressoreceptoren gesteigert wurde.

Gilmore (1964c) konnte in einigen Versuchen die bei Carotidenabklemmung auftretende renale Widerstandszunahme durch eine sympathicolytische Substanz (Phenoxybenzamin) verhindern. In solchen Fällen scheint es sich um einen neurogenen Gefäßtonus zu handeln, da nach Ochwadt (1956) und Waugh u. Shanks (1960) sympathicolytische Substanzen *autoregulative* Widerstandsänderungen nicht beeinflussen. In Clearance-Untersuchungen an wachen hydrierten Hunden fanden Somlay et al. (1962) bei Carotidenabklemmung beiderseits keine Änderung der PAH-Clearance, gleiche Ergebnisse erhielt Perlmutt (1963) an hydrierten, narkotisierten Hunden. Das Glomerulumfiltrat stieg bei wachen Hunden geringgradig an (Somlay et al., 1962).

Durch direkte Reizung (Study und Shipley, 1950; Houck, 1951; Block et al., 1952; Kubicek et al., 1953; Celander, 1954) der zu den Nieren ziehenden Nerven gelingt es, eine starke Durchblutungsminderung zu erzielen, es fehlen aber bis heute experimentelle Beweise dafür, daß die Nierendurchblutung normalerweise reflektorisch gesteuert wird. Die Befunde von Block et al. (1952) zeigen außerdem, daß es durch direkte Reizung der Nierennerven nicht gelingt, eine anhaltende, gleichstarke renale Vasoconstriction zu erzeugen. Nach einer initialen Vasoconstriction steigt die Durchblutung bei erhaltener Nervenreizung innerhalb von 1—2 Std an und kann Ausgangswerte wieder erreichen; ähnlich verhält sich das Glomerulumfiltrat.

Widersprüchlich sind die Ergebnisse über das Verhalten der Nierendurchblutung bei Muskelarbeit, was z.T. dadurch bedingt sein mag, daß als Maß für die Durchblutung meist die PAH-Clearance unmittelbar am Ende der Muskelarbeit herangezogen wurde. Auch sind Befunde von Freeman et al. (1955) aufschlußreich, wonach die PAH-Clearance beim Menschen, der in aufrechter Körperstellung arbeitet, abfällt, dagegen konstant bleibt, wenn die Arbeit im Liegen ausgeübt wird. Dies läßt vermuten, daß die bei Arbeit beobachtete Vasoconstriction z.T. auf einen orthostatischen Effekt zurückzuführen ist. Castenfors (1967) hat auch bei Arbeit in liegender Stellung eine Abnahme der PAH-Clearance bei gleichbleibender PAH-Extraktion gefunden. Fortlaufende Messungen der Nierendurchblutung mit dem elektromagnetischen Fluß-Meßgerät während Muskelarbeit sind am wachen Hund ausgeführt worden (Abb. 15). Die Nierendurchblutung sinkt ab, wenn das Tier durch Stehen auf den Hinterpfoten in eine aufrechte

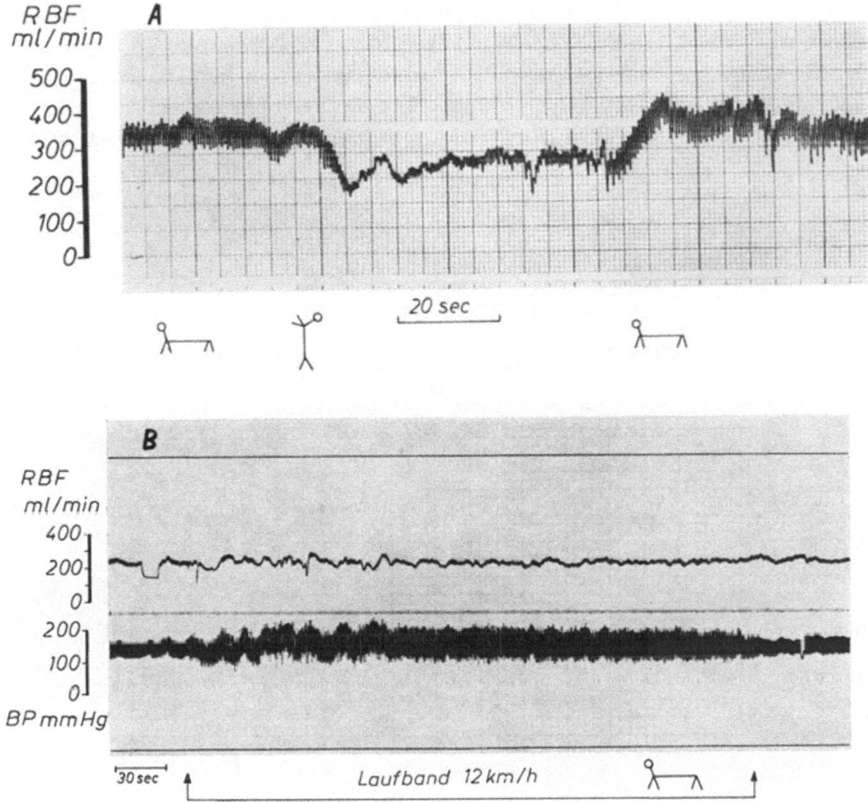


Abb. 15. Oben: Nierendurchblutung am wachen Hund bei normaler Körperstellung und in aufrechter Stellung. Unten: Nierendurchblutung und arterieller Blutdruck am wachen Hund während Ruhe und Arbeit auf dem Laufband. Technik wie in Abb. 1. (Aus THURAU, 1964)

Haltung gebracht wurde, sie blieb dagegen unverändert, wenn das Tier in seiner normalen, horizontalen Körperstellung auf dem Laufband Muskelarbeit verrichtete (Abb. 15).

Pharmakologische Substanzen, die die glatte Gefäßmuskulatur paralysieren, führen in perfundierten Nieren oder bei Infusion in die Nierenarterie zu einem Anstieg der Nierendurchblutung (OCHWADT, 1956; THURAU u. KRAMER, 1959; WAUGH und SHANKS, 1960). Am intakten Organismus kann bei i.v. Injektion solcher dilatierenden Substanzen, wie z.B. Papaverin und Acetylcholin, die Wirkung auf die Nierendurchblutung unterschiedlich sein. Da diese Substanzen gleichzeitig den arteriellen Druck senken, können reflektorisch Vasoconstrictionen ausgelöst werden. Wird in einen wachen Hund Papaverin als Einzelinjektion in die Aorta oberhalb des Abganges der Nierenarterie injiziert, dann erfolgt nur initial und kurzfristig eine renale Vasodilatation, die von einer anschließenden Vasoconstriction gefolgt wird (Abb. 16).

Elektrophysiologische Untersuchungen über die efferente Innervation der Warmblüterniere (Katze und Hund) wurden von ENGELHORN (1957) ausgeführt.

Die Analysen haben im wesentlichen bestätigt, was aus Durchblutungsmessungen gefolgert war: die efferente Entladungsfrequenz der Nierennerven nahm zu bei Asphyxie, Carotidenabklemmung und Aderlaß; die vorher herzsynchronen Potentiale verschmolzen zu Dauerentladungen. Ebenso vermehrten sich die efferenten Impulse im Verlauf einer Blutdrucksenkung mit Acetylcholin bzw. Histamin. Die

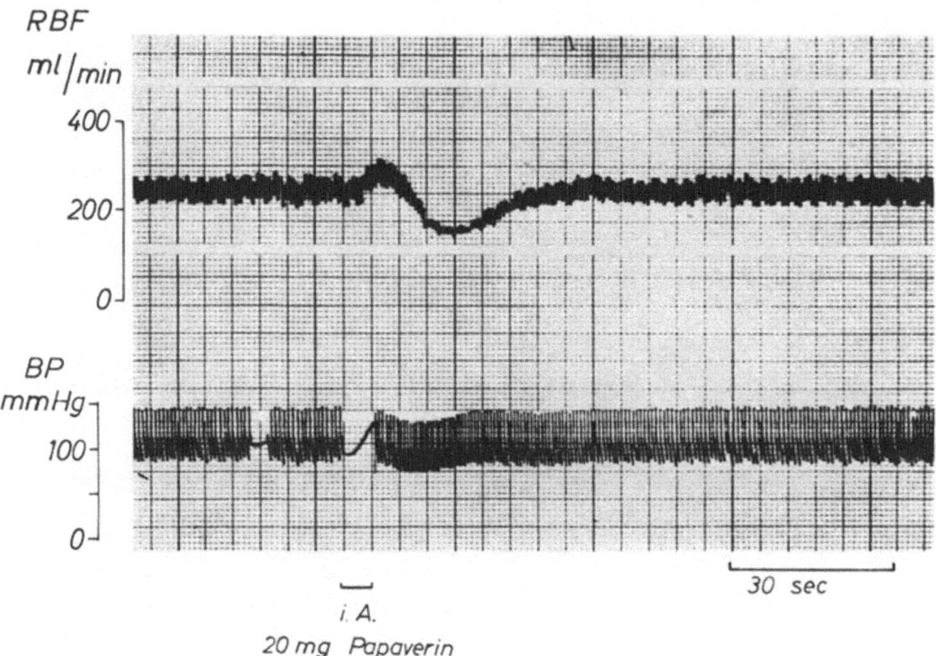


Abb. 16. Das Verhalten der Nierendurchblutung nach Injektion von Papaverin in die Aorta oberhalb des Abgangs der Nierenarterie. Technik wie in Abb. 1. (Aus Thurau, 1964)

Durchtrennung des Vagus hatte keine Wirkung auf das Entladungsmuster. Hemmungen der efferenten Entladungen traten nach Adrenalin, Noradrenalin und blutdrucksteigernden ADH-Dosen auf.

## VIII. Nierendurchblutung nach renaler Ischämie

In zahlreichen Versuchen (Sarre und Ansorge, 1939; Selkurt, 1946; Phillips und Hamilton, 1948; Roof et al., 1951; Dutz und Kretschmar, 1954; Birkeland et al., 1959; Neely und Turner, 1959) wurde die Erholung der Nierendurchblutung und des Glomerulumfiltrates nach unterschiedlich langer Unterbrechung der Nierendurchblutung untersucht.

Ischämien bis zu 20 min führen zu keinen langanhaltenden Veränderungen der Nierendurchblutung und der Filtration (Sarre und Ansorge, 1939; Dutz und Kretschmar, 1954; Fajers, 1955). Nach 30 min Ischämie wurden Kontrollwerte wieder nach etwa $^1/_2$ Std erreicht, dagegen war nach 45 min Ischämie die PAH-Clearance und die Inulin-Clearance noch nach 2 Std nicht normalisiert (Dutz und Kretschmar, 1954).

Die PAH-Clearance ist in der postischämischen Phase nicht mehr als Maß für die Durchblutung zu werten, da die PAH-Extraktion ($E_\mathrm{PAH}$) im Anschluß an eine Ischämie unberechenbar abnimmt. Während nach 15 min Ischämie die $E_\mathrm{PAH}$ noch fast unbeeinflußt bleibt (DUTZ und KRETSCHMAR, 1954), nimmt sie nach länger ausgedehnten Ischämien ab. PHILLIPS und HAMILTON (1948) fanden die $E_\mathrm{PAH}$ nach 20 min Ischämie von 0,87 auf 0,74 erniedrigt, nach 60 min von 0,80 auf 0,53 und nach 120 min von 0,92 auf 0,22. Diese postischämischen $E_\mathrm{PAH}$-Werte wurden jeweils 2 Std nach Wiederdurchblutung gewonnen. Zu qualitativ ähnlichen Ergebnissen kommen SELKURT (1946), FRIEDMAN et al. (1954), THORN et al. (1961). Die Ursache für die anhaltende erniedrigte PAH-Extraktion bei fast vollständig erholter Nierendurchblutung ist unbekannt, es kann sowohl die tubuläre Sekretionsleistung für PAH vermindert sein, als auch aufgrund einer Permeabilitätszunahme der Tubuluszellen für PAH eine Abnahme der intracellulären PAH-Konzentration erfolgen. Aus den Angaben von SELKURT (1946) lassen sich für die postischämische Phase Durchblutungswerte miteinander vergleichen, die mit direkter Meßmethodik und aus $C_\mathrm{PAH}/E_\mathrm{PAH}$ gewonnen wurden. Die direkt ermittelten Werte liegen immer höher. PAH muß also unter diesen Bedingungen entweder von der Niere gespeichert oder zerstört worden sein.

Sieht man von kurzzeitigen Ischämien bis zu 10 min ab, dann wurde übereinstimmend eine renale Vasoconstriction in der postischämischen Phase beobachtet (FRIEDMAN et al., 1954; SELKURT, 1946; PHILLIPS und HAMILTON, 1948; ROOF et al., 1951; DUTZ und KRETSCHMAR, 1954). SELKURT (1946) fand 1 Std nach einer Nierenarterienabklemmung für 20 min die Durchblutung (direkte Methode) auf 55% der Kontrolle erniedrigt. Ähnlich verhielt sich die Reduktion des GFR. In akut einseitig nephrektomierten Hunden betrug die renale Plasmastromstärke 2 Std nach Ischämie 81—85% des Kontrollwertes, gleichgültig, ob die Ischämiedauer 20, 60 oder 120 min betrug (PHILLIPS und HAMILTON, 1948). Die Erholungsphase nach Ischämie wird durch eine Mannitoldiurese vor Beginn der Arterienabklemmung begünstigt (SELKURT, 1946), ebenso durch lokale Abkühlung der Niere während Ischämie auf 5—17°C (BIRKELAND et al., 1959). Eine Erholung der Nierenfunktion erfolgt dann selbst nach 7—12stündiger Ischämie. Dagegen reicht eine mäßige Allgemeinhypothermie von 31—33°C nicht aus, die Toleranz der Niere gegen die Ischämie zu vergrößern.

Wenig ist über den Mechanismus bekannt, der die lang anhaltende renale Vasoconstriction im Anschluß an eine Ischämie erzeugt. Gegen die Annahme eines intrarenalen nervösen Reflexes (FRANKLIN et al., 1951) sprechen die Befunde, daß Ganglienblocker keinen Einfluß auf den renalen Strömungswiderstand ausüben (OCHWADT, 1956; WAUGH und SHANKS, 1960).

Als Ursache für die postischämische renale Vasoconstriction tritt die seit langem diskutierte Vorstellung über einen intrarenalen humoralen Mechanismus, der die Constriction unterhält, wieder in den Vordergrund. Auf S. 302 sind die heutigen Vorstellungen über die intrarenale Beteiligung des Renin-Angiotensin-Systems an renalen Widerstandsänderungen näher besprochen. Einen wichtigen Faktor in der Aktivierung dieses Systems stellt danach die Na-Konzentration bzw. Na-Menge im Tubulusharn am Ende des aufsteigenden Teils der Henleschen Schleife dar. Die normalerweise niedrige Na-Konzentration im Bereich der Macula densa-Zellen kann nur dann aufrechterhalten werden, wenn die NaCl-Resorption

des aufsteigenden Schleifenschenkels intakt ist. Eine Schädigung der tubulären
Zellfunktion sollte daher zu einem Anstieg der Na-Konzentration im Macula densa-
Segment auf Plasmawerte führen. Einen solchen Anstieg der frühdistalen Na-Konzentration beobachteten Schnermann et al. (1966) nach temporärer renaler Ischämie. Das Glomerulumfiltrat war gleichzeitig als Zeichen der renalen Vasoconstriction bis auf $^1/_{10}$ des Ausgangswertes erniedrigt (Abb. 17). Ähnliche Zusammenhänge
dürften auch bei der renalen Vasoconstriction während des akuten Nierenversagens eine pathogenetische Rolle spielen (Thurau, 1970).

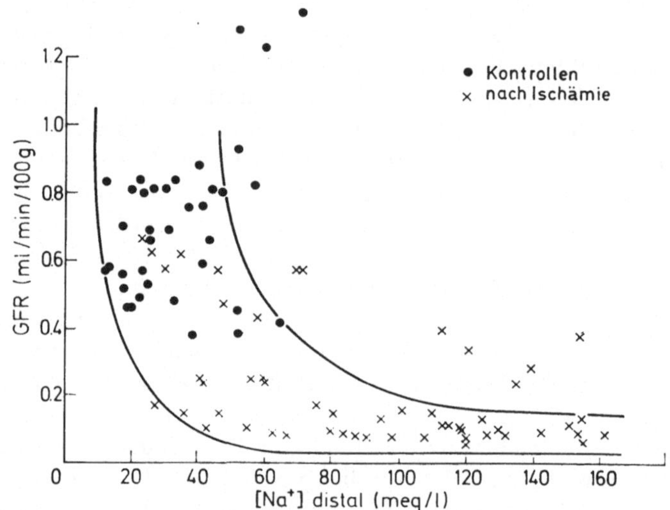



Abb. 17. Beziehung zwischen frühdistaler Na-Konzentration und Glomerulumfiltrat der
Gesamtniere vor und nach renaler Ischämie. (Aus Schnermann et al., 1966)

Die intrarenale Beteiligung des Renin-Angiotensin-Systems an der Filtrat-
senkung und Vasoconstriction geschädigter Nieren wird durch Messungen der
Reninaktivität und der Angiotensin II-Konzentration unterstützt. Tu (1965) beobachtete eine erhöhte Plasma-Renin-Aktivität unter diesen Bedingungen, ein
Befund, der in jüngster Zeit durch die Messung erhöhter Angiotensin II-Konzen-
trationen ergänzt wurde. In diesem Zusammenhang ist ein Befund von Phillips
und Hamilton aus dem Jahre 1948 interessant: Sie beobachteten an einseitig
nephrektomierten Hunden, daß im Anschluß an eine 2stündige renale Ischämie
die Nierendurchblutung wieder 80—85% des Kontrollwertes betrug, unabhängig
davon, ob die renale Ischämie 20, 60 oder 120 min dauerte. Dieses Ergebnis wird
verständlich, wenn man den von Gross et al. (1963) erhobenen Befund berücksichtigt, daß bei einseitiger Nephrektomie der Reningehalt in der verbleibenden
Niere stark herabgesetzt ist.

Die Bedeutung einer durch Vasoconstriction verursachten Herabsetzung des
Glomerulumfiltrates in einer geschädigten Niere wird erkennbar, wenn man die
Folgen eines unveränderten Filtrates ( = tubuläres Na-Load) bei eingeschränkter
tubulärer Resorptionskapazität um 50% bedenkt. Die Na-Ausscheidung würde
dann etwa 50% des filtrierten Natriums betragen, ebenso wie das Harnvolumen

auf die Hälfte des Glomerulumfiltrates ansteigen würde. Es ist offensichtlich, daß die Reduktion des Glomerulumfiltrates und die Vasoconstriction in einer geschädigten Niere als eine kompensatorische Reaktion aufgefaßt werden müssen, um einen solchen Volumen- und Natriumverlust zu verhindern. Die Normalisierung des Glomerulumfiltrates und die daran gekoppelte Erhöhung der Nierendurchblutung treten dann ein, wenn die Tubuluszellen ihre normale Fähigkeit zur Na-Resorption wiedererlangen, was sich am Ende der Henleschen Schleife in einer Erniedrigung der intratubulären NaCl-Konzentration ausdrückt.

## IX. Pharmakologische Beeinflussung der Nierendurchblutung

Zahlreiche Untersucher haben die renale Wirkung pharmakologischer Substanzen durch Infusion in die Nierenarterie zu erfassen versucht. Die Aussage-

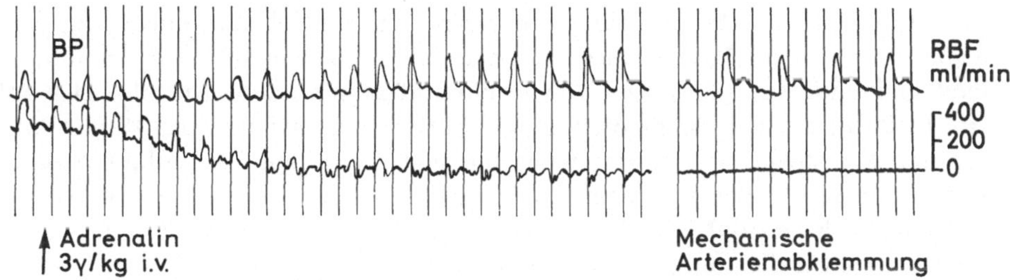


Abb. 18. Vollständige Unterbrechung der Nierendurchblutung nach intravenöser Adrenalininjektion von 3 γ/kg Körpergewicht am narkotisierten Hund. Obere Kurve: Arterieller Blutdruck. Untere Kurve: Phasische Aufzeichnung der Nierendurchblutung mit elektromagnetischem Flußmesser. Im rechten Teil der Kurve ist der Nullpunkt der Durchblutungsregistrierung durch Abklemmen der Nierenarterie distal vom elektromagnetischen Meßkopf dargestellt

fähigkeit solcher Experimente ist jedoch eingeschränkt, da sich bei dieser Technik die injizierte Substanz nicht gleichmäßig mit dem Blutstrom mischt. Setzt man z.B. der Infusionsflüssigkeit einen Farbstoff zu, kann man die Farblösung häufig nur durch Segmente der Nierenoberfläche fließen sehen, die sich nach dem anatomischen Arterienverlauf abgrenzen. Dadurch werden nicht nur Dosiswirkungsbeziehungen bei Applikation in die Nierenarterie hinfällig, sondern auch zeitliche Verläufe von vasomotorischen Reaktionen sind unübersehbar.

Über die im folgenden dargestellte pharmakologische Beeinflußbarkeit der Nierendurchblutung finden sich weitere Angaben im Handbuch der experimentellen Pharmakologie (1969).

1. *Adrenalin* und *Noradrenalin* wirken an der Niere ausschließlich vasoconstringierend (Lit. s. THURAU, 1968). Die PAH-Clearance wird beim Menschen durch 20,4 γ/min Noradrenalin i.v. stärker als durch 24,5 γ/min Adrenalin i.v. herabgesetzt, das Glomerulumfiltrat ($C_{IN}$) bleibt bei diesen Dosen praktisch unverändert (WERKÖ et al., 1951). Bei ausreichender Dosierung läßt sich die Nierendurchblutung praktisch vollständig unterbrechen (Abb. 18). Am Hund reichen 4—8 γ/kg i.v. oder 10 γ i.a. ren. zu einem kurzfristigen Durchblutungsstop aus, bei 8 γ/kg i.v. erreicht die Nierenoberfläche ihre maximale Blutleere (KRAMER,

1952). Die Wiedererholung nach einmaliger Adrenalininjektion geht innerhalb 40—50 sec vonstatten. Spencer et al. (1954) sahen in der Erholungsphase die Durchblutung über den Kontrollwert ansteigen, andere Autoren haben eine sog. reaktive Hyperämie nach Adrenalin nicht beobachtet. Im Vordergrund scheint eine Constriction der afferenten Glomerulumarteriolen zu stehen (Zimmermann et al., 1964), wie es auch an der Reduktion des Glomerulumfiltrates erkennbar ist. Die Erhöhung der Filtrationsfraktion (Barclay et al., 1947) zeigt aber, daß auch der Strömungswiderstand in den postglomerulären Gefäßen erhöht wird (Mehrizi und Hamilton, 1959; Zimmermann et al., 1964).

Eine adrenergisch dilatierende Komponente ($\beta$-Receptoren) ist an der Niere nicht eindeutig nachgewiesen. Corcoran und Page (1947) fanden am wachen Hund nach Isoproterenol i.v. eine geringe Abnahme des renalen Widerstandes, Spencer (1956) dagegen sah bei Injektion in die Nierenarterie eher eine Vaso-constriction, die aber unvergleichbar schwächer als bei Adrenalininjektion ist.

2. *Angiotensin II* (Hypertensin) vermindert beim Menschen in einer Menge von 7,5 $\gamma$/min i.v. die PAH-Clearance maximal um 45% von 605 auf 330 ml/min (Bock und Krecke, 1958). Das Glomerulumfiltrat nimmt dabei von 111,0 auf 78 ml (—29%) ab, bei einem Anstieg der Filtrationsfraktion von 0,18 auf 0,24. $C_{PAH}$ und $C_{IN}$ steigen jedoch unter der Infusion wieder an, die Inulin-Clearance erreicht annähernd Kontrollwerte. Zu ähnlichen Ergebnissen kommt Schröder (1963), der während 0,01 $\gamma$/kg/min Angiotensin II i.v. nach etwa 20 min wieder Kontrollwerte für die Inulin-Clearance maß.

3. *5-Hydroxytryptamin* (Serotonin) bewirkt bei intravenöser Injektion am wachen Hund eine Zunahme der PAH-Clearance und Abnahme der Inulin-Clearance. Während 5 μg/kg/min praktisch ohne Wirkung sind, fällt $C_{Inulin}$ bei 15 μg/kg/min um 11%, bei 25 μg/kg/min um 26%, die $C_{PAH}$ nimmt maximal um 22% zu (Spinazzola und Sherrod, 1957; Blackmore, 1958). Der arterielle Druck blieb in diesen Versuchen nahezu unbeeinflußt. Bei Injektion von 10 bis 100 μg/min in die Nierenarterie des Hundes wurden dagegen Vasoconstrictionen von Emanuel et al. (1959) gesehen. Auch an der isoliert perfundierten Ratten-niere wurden bei einer Serotoninkonzentration im Perfusat von 0,034—10,0 μg/ml reversible Constrictionen beobachtet (Passow et al., 1960).

4. *Acetylcholin* in niedrigen Dosen vermindert den renalen Strömungswider-stand, wobei ähnlich wie unter dem Einfluß anderer dilatierender Stoffe (Papa-verin, Euphyllin, Apresolin) das Glomerulumfiltrat nicht parallel ansteigt (Pinter et al., 1964; Vander, 1964). Dieser Effekt beruht darauf, daß sich die Dilatation auch auf die efferenten Arteriolen erstreckt und daß der effektive Filtrationsdruck zusätzlich durch einen Anstieg des hydrostatischen Druckes im Bowmannschen Kapselraum im Gefolge der Gefäßdilatation vermindert wird (Thurau und Kra-mer, 1959; Schirmeister et al., 1962). Die autoregulativen Widerstandszunahmen werden durch Acetylcholin vollständig verhindert (Nahmod und Lanari, 1964). Die Acetylcholinwirkung kann durch Atropin aufgehoben werden (Vander, 1964). Atropin ohne vorherige Zufuhr von Acetylcholin ist an der Niere hinsichtlich der Hämodynamik und der Ausscheidungsfunktion wirkungslos. Vander (1964) schließt daraus, daß endogen gebildetes Acetylcholin in der Niere nicht vorhanden ist. Åström et al. (1964) sahen an Katzen und Hunden eine renale Vasoconstric-tion bei Injektionen von 0,2—200 μg Acetylcholin in die Nierenarterie, niedrigere

Dosen (0,002—0,02 μg) erzeugten Vasodilatationen. Die constrictorische Wirkung von Acetylcholin wurde durch Neostigmin (30 mg/kg i.v.) potenziert und durch Atropin (0,2 mg/kg i.v.) aufgehoben. Nach Dihydroergotamin (0,5 mg/kg i.v.) und Reserpin (5 mg/kg i.p., 24 Std vorher) blieb die Vasoconstriction erhalten, obwohl dadurch die constrictorische Wirkung von Adrenalin, Noradrenalin und direkter Reizung der Nierennerven aufgehoben war. Die Autoren nehmen daher eine direkte constringierende Wirkung von Acetylcholin auf die renale Gefäßmuskulatur an. In diesen Versuchen ist jedoch nicht ausgeschlossen, daß Acetylcholin eine intrarenale Bildung von Angiotensin II durch Reninfreisetzung verursachen kann. Die Angaben, daß die constrictorische Wirkung von Acetylcholin am Anfang des Versuches stärker ist und daß zwischen den Injektionen mindestens 2 min vergehen müssen, um Constrictionen erneut zu erzeugen, könnten dafür sprechen, daß durch Acetylcholin Renin aus den Granulazellen des juxtaglomerulären Apparates freigesetzt wird.

5. *Bradykinin.* Im Gegensatz zu der Bedeutung des Bradykinins für die Durchblutung exkretorischer Drüsen scheint Bradykinin an der Niere keine funktionelle Rolle zu spielen. Am Menschen wurde von MERTZ (1963) bei 0,15—0,3 μg/kg/min i.v. eine Zunahme von $C_{\text{Inulin}}$ von 69,4 auf 82,8 ml/1,73 m²/min gefunden, $C_{\text{PAH}}$ erhöhte sich von 417 auf 472 ml/1,73 m²/min. In Tierexperimenten wurden von BARER (1963) ähnliche Ergebnisse erhoben, dagegen finden HEIDENREICH et al. (1964) am Hund praktisch keine Beeinflussung der $C_{\text{PAH}}$ durch 0,5—1,0 μg/kg/min Bradykinin i.v. Unübersichtlich sind die Befunde über die teils antidiuretische, teils diuretische Wirkung des Bradykinins. Am Hund wurde bei i.v.-Injektion eine Abnahme des Harnvolumens gemessen, wobei die Interpretation dieser Harnvolumenabnahme als *Antidiurese* (HEIDENREICH et al., 1964) fragwürdig ist, wenn man unter dem Begriff Antidiurese nicht nur eine Harnvolumenabnahme versteht, sondern auch eine Zunahme der Harnkonzentration. Die Na-Konzentration im Endharn fällt jedenfalls von 50,0 mÄq/l auf 20 mÄq/l unter Bradykinin ab, um nach Absetzen von Bradykinin wieder auf 41 mÄq/l anzusteigen. MERTZ (1963) hat am Menschen unter Bradykinin i.v. eine leichte Diurese beobachtet.

## X. Intrarenale Verteilung des Glomerulumfiltrates

Die Heterogenität der intrarenalen Durchblutungsverteilung findet bis zu einem gewissen Grade eine Parallele in der Verteilung des Gesamtnierenfiltrates auf die einzelnen Glomerula. Die ersten Anhalte für eine ungleiche Aufteilung des Gesamtfiltrates auf einzelne Glomerula in verschiedenen Schichten der Nierenrinde wurden von HANSSEN (1961) erbracht, der Ferrocyanid als Indicator für das Einzelnephronfiltrat in die Blutbahn injizierte und verschiedene Mengen dieses Indicators in einzelnen Tubuli je nach ihrer Lage in einer bestimmten Schicht der Rinde wiederfand. Eine quantitative Analyse der intrarenalen Filtratverteilung wurde von HORSTER und THURAU (1968) durch Mikropunktionstechniken erstellt. In salzverarmten, antidiuretischen Ratten betrug das superfizielle Einzelnephronfiltrat nur etwa 50% des Filtrates in den juxtamedullären Nephronen (Abb. 19). Auf eine ungleiche Verteilung der Einzelnephronfiltrate weisen auch anatomische Befunde hin, wonach in der Rattenniere 80% aller Glomerula dem superfiziellen Typ angehören, während die restlichen 20% als juxtamedulläre Glomerula bezeichnet werden (Sperber, 1944). Die intrarenale Verteilung des Einzelnephronfiltrates hängt in hohem Maße von der Salzaufnahme ab. Sowohl bei diätetischer NaCl-Zufuhr als auch bei akuter Kochsalzinfusion sind Steigerungen der Filtrate in den superfiziellen Nephronen beobachtet worden (s. Abb. 19). Diese Einzelnephronfiltraterhöhung ist relativ größer als die Steigerung des Gesamtnierenfiltrates, so daß die tiefer gelegenen, juxtamedullären Nephrone entweder konstant bleiben oder abfallen.

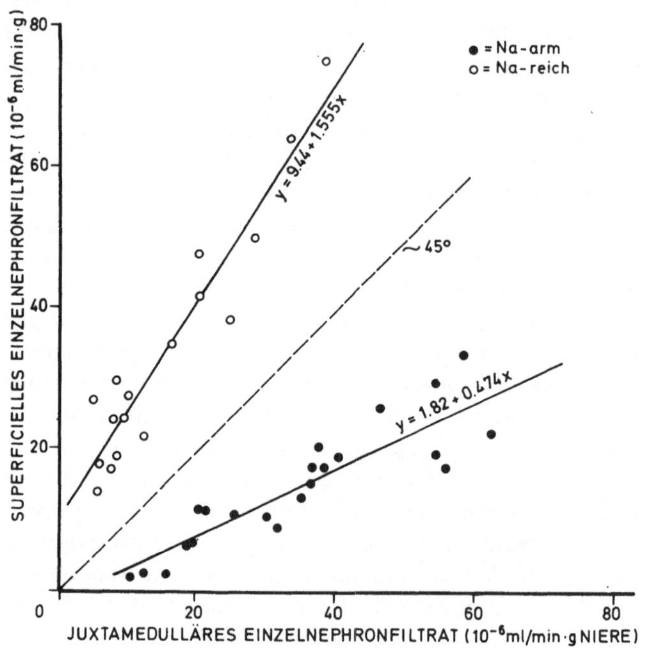


Abb. 19. Beziehung zwischen gleichzeitig bestimmtem oberflächlichen und juxtamedullären Einzelnephronfiltrat in Ratten bei hoher und niedriger NaCl-Diät. (Aus Horster und Thurau, 1968)

Auch das antidiuretische Hormon (ADH) scheint eine Wirkung auf die intrarenale Filtratverteilung zu besitzen (Horster et al., 1969). ADH erzeugt in Ratten mit hereditärem Diabetes insipidus (Fehlen von ADH) einen Anstieg des Filtrates der juxtamedullären, tiefen Glomerula. Auf die Besonderheiten der Beziehungen zwischen Nierenmarkdurchblutung und Filtrationsrate der Glomerula an der Rinden-Markgrenze wird auf S. 337 näher eingegangen.

## XI. Durchblutung des Nierenmarkes

Nachdem zu Beginn der 50er Jahre durch die Untersuchungen von Kuhn, Wirz und Hargitay die Funktion des Nierenmarkes als Gegenstromsystem zur osmotischen Konzentrierung des Endharnes erkannt war, wurde auch das Interesse an der Strömungsdynamik in den medullären Blutgefäßen geweckt, da die Wirksamkeit dieser Gegenstromanordnung unter anderem von der Stromstärke in den Vasa recta abhängig ist (Berliner et al., 1958).

In einem Modell hat GÜNZLER (in: THURAU u. DEETJEN, 1962) die folgende Beziehung zwischen Blutstromstärke ($V$) und osmotischer Konzentration an der Papillenspitze ($c_1$) aufgestellt:

$$c_1 = c_0 + \frac{\Phi\, m_a}{\dot{V}} \left(1 + 2\, \frac{P\, m_i}{\dot{V}}\, L\right) x - \frac{\Phi\, m_a \cdot P\, m_i}{\dot{V}}\, x^2 \tag{4}$$

$c_1$ = osmotische Konzentration an der Schleifenspitze; $c_0$ = osmotische Konzentration am Anfang des Schleifensystems; $\Phi\, m_a$ = Einstrom osmotisch aktiver Teilchen über die Außenwände der Gefäße in das Vasa recta-Blut pro Fläche pro Zeit; $P\, m_i$ = Gegenstromdiffusion osmotisch aktiver Teilchen über die Grenzflächen der ab- und aufsteigenden Gefäße pro Fläche pro Zeit; $L$ = Gesamtlänge der Gefäßschleife; $x$ = Abstand vom Beginn der Schleife; $\dot{V}$ = Blutstromstärke.

Die Konzentrierungsfähigkeit ($c_1$) des Markes steht demnach *ceteris paribus* in umgekehrter Beziehung zur Blutstromstärke, und zwar zu einem Wert, der zwischen $\dot{V}$ und $\dot{V}^2$ liegt. Diese aus einem Modell abgeleitete Wechselbeziehung zwischen Blutstromstärke und osmotischer Konzentrierungsfähigkeit steht im Vordergrund des Interesses jener Arbeiten, die sich mit Problemen der medullären Hämodynamik befassen.

## 1. Anatomie der Gefäße im Nierenmark

Auf der Grundlage der klassischen Arbeiten von v. MÖLLENDORFF (1930) und TRUETA et al. (1948) sind in den vergangenen Jahren von mehreren Gruppen detaillierte Untersuchungen des medullären Gefäßsystems durchgeführt worden (MOFFAT und FOURMAN, 1963; ROLLHÄUSER et al., 1964; PLACKE und PFEIFFER, 1964; KRIZ, 1967; MOFFAT, 1967).

Die Vasa recta des Nierenmarkes entstammen den efferenten Arteriolen der juxtamedullären Glomerula, welche ebenfalls das capilläre Netzwerk der äußeren Markzone zwischen den Gefäßbündeln versorgen. Die efferenten Arteriolen der juxtamedullären Glomerula sind relativ dick, z.T. entspringen zwei efferente Arteriolen, von denen sich eine in ein capilläres System des Außenstreifens aufzweigt. Der Großteil der efferenten Arteriolen teilt sich in parallel verlaufende Gefäße, den arteriellen Vasa recta, die gebündelt im Bereich des äußeren Markes zum inneren Mark absteigen.

Die Vorstellung, daß das gesamte Vasa recta-Blut post-glomerulären Ursprungs sei, muß möglicherweise revidiert werden: Bei der Kombination von stereomikroangiographischen und histologischen Methoden beobachtete LJUNGQVIST (1964) in vielen Fällen eine direkte Verbindung zwischen afferenter und efferenter Arteriole am Gefäßpol juxtamedullärer Glomerula. Solche Kurzschlußverbindungen am Gefäßpol wurden in superfiziellen Glomerula nicht beobachtet, wo afferente und efferente Arteriolen nur über die glomerulären Capillaren verbunden sind.

Die Untersuchungen von ROLLHÄUSER et al. (1964), MOFFAT und FOURMAN (1963) sowie KRIZ (1967) haben Einzelheiten über den Verlauf der Vasa recta und ihre Beziehung zum Capillarsystem des Nierenmarkes geklärt. Im Gegensatz zu der von TRUETA et al. (1948) geäußerten Ansicht gibt es keine direkte, schleifenartige Umkehr des absteigenden in den aufsteigenden Gefäßschenkel. Vielmehr

teilt sich das absteigende Gefäß erst in ein Capillarnetz auf, aus dem sich das rückführende venöse Gefäß wieder in das Gefäßbündel einfügt. In allen Höhen des
Nierenmarkes verlassen „arterielle" Vasa recta die Gefäßbündel und versorgen
Capillarplexus (Abb. 20). Die Capillardichte erscheint nach den Untersuchungen

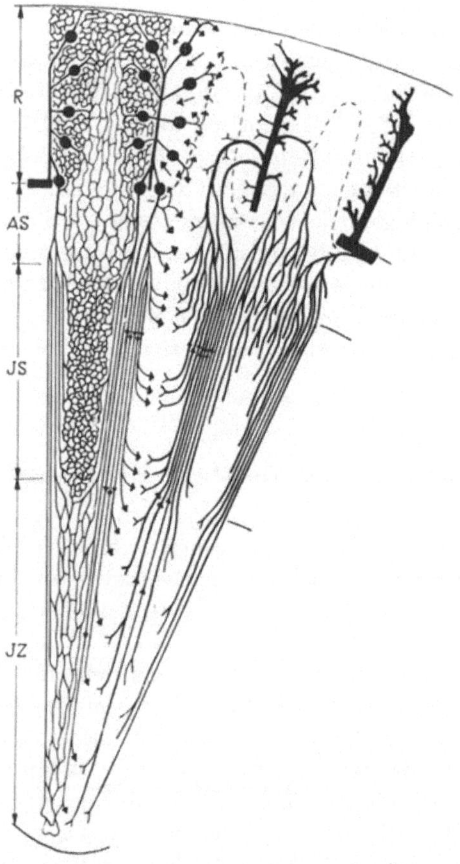


Abb. 20. Schema der feineren Gefäßverteilung in der Rattenniere. Links sind die arteriellen
Gefäße und die Capillaren gezeichnet, rechts die venösen Gefäße. In der Mitte ist die aus der
Gefäßanordnung zu vermutende Blutströmung skizziert. Die Abbildung ist in der Mittellinie
gefaltet und übereinander projiziert zu denken. *R* Rinde; *AS* Außenstreifen; *IS* Innenstreifen;
*IZ* Innenzone. (Aus Rollhäuser et al., 1964)

von Rollhäuser et al. (1964) geringer im inneren Mark verglichen zum äußeren
Mark. Die Capillaranordnung im inneren Mark gleicht einem in die Länge gezogenen Netzwerk, wodurch ein Parallelverlauf der Capillaren vorgetäuscht wird.

In der Rattenniere fügen sich in der äußeren Markzone jeweils 40—170 Vasa
recta zu einem Gefäßbündel zusammen (Kriz, 1967) (Abb. 21). Am Übergang von
der äußeren zur inneren Markzone reduziert sich die Anzahl der Vasa recta im
einzelnen Gefäßbündel auf etwa 30, eine weitere Abnahme findet man entlang der
Längsachse zur Papillenspitze hin. Absteigende und aufsteigende Vasa recta liegen

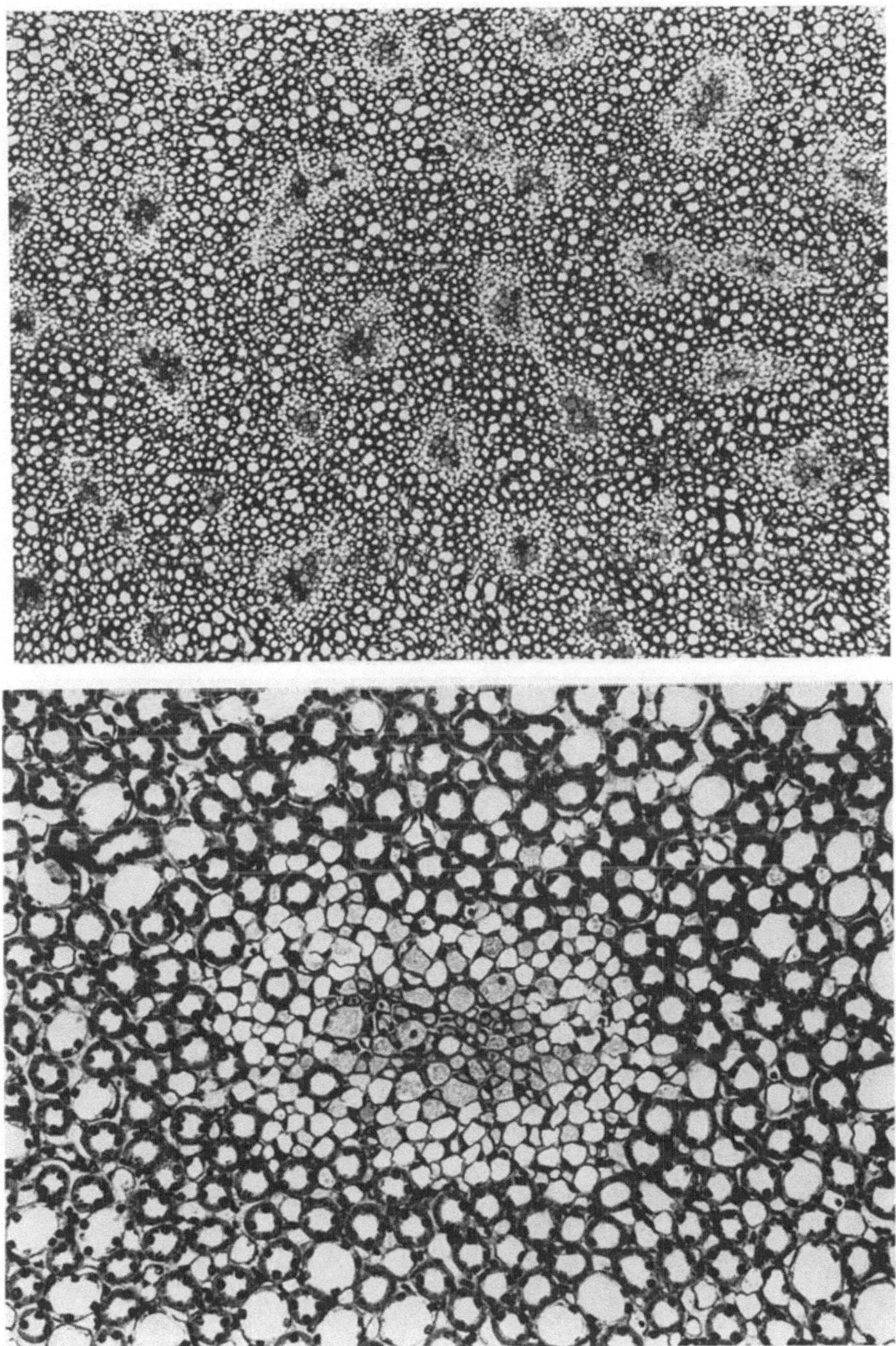

Abb. 21. Querschnitt durch den inneren Streifen des Nierenmarkes. Oben: Die konzentrische Anordnung der Tubuli um die Gefäßbündel ist deutlich zu erkennen. Im Zentrum jeweils 1 Gefäßbündel, umlagert von absteigenden, dünnen Schleifensegmenten. Nach außen folgen die aufsteigenden dicken Schleifenschenkel und schließlich in Kränzen angeordnet die Sammelrohre (Vergr. ca. 80fach). Unten: Querschnitt einer einzelnen Gefäßbündeleinheit mit dazugehörigen Tubuli. Man erkennt deutlich den Ring der absteigenden, dünnen Schleifen unmittelbar um das Gefäßbündel (Vergr. ca. 400fach). (Aus KRIZ, 1967)

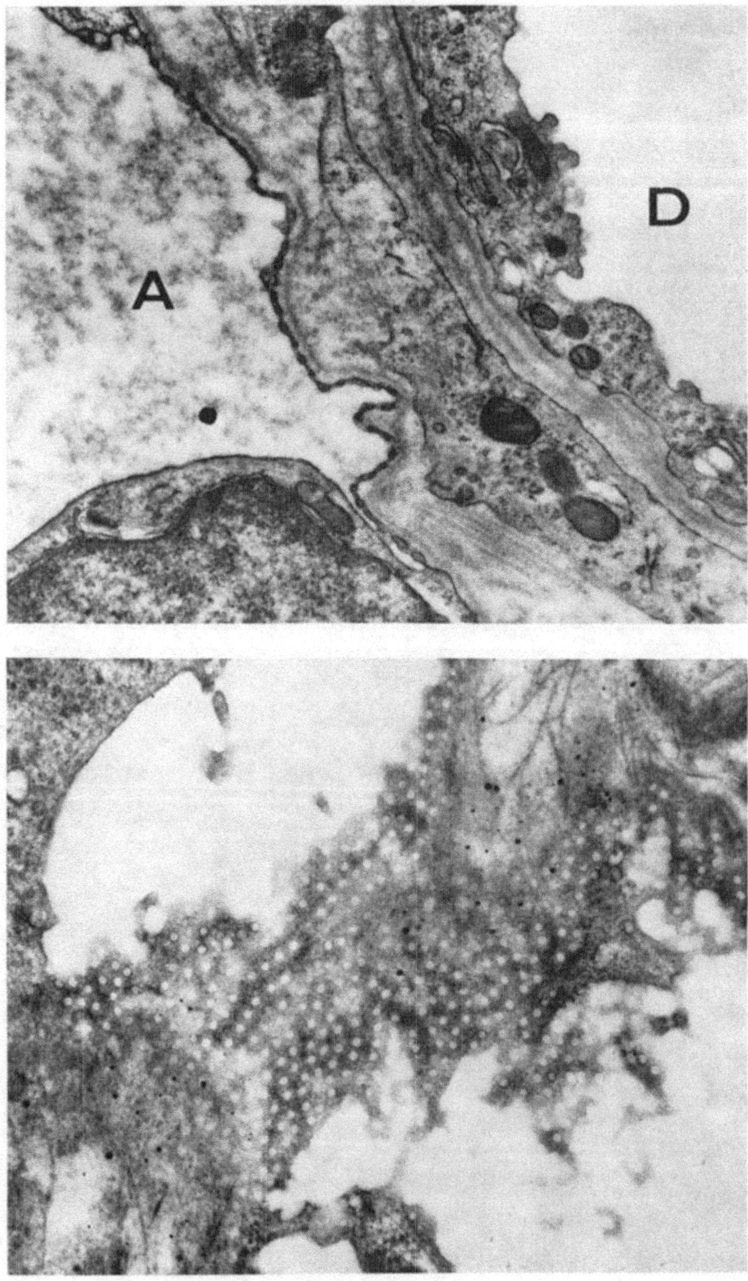

Abb. 22. Oben: Schnitt durch die aneinanderliegenden Wände der dezendierenden (*D*) und aufsteigenden (*A*) Vasa recta im äußeren Mark der Rattenniere. Das Endothel des aufsteigenden Vas rectum ist dünn und fenestriert. Unten: Tangentialschnitt durch das Endothel eines aufsteigenden Vas rectum, wobei die Fenestrierung der Gefäßwand deutlich in Erscheinung tritt (Vergr. 36000fach). (Freundlicherweise überlassen von D. B. Moffat)

innerhalb der Gefäßbündel vermischt, so daß ein „rete mirabile" existiert. Der
äußere Ring der Gefäßbündel ist vorzugsweise mit aufsteigenden (venösen) Vasa
recta besetzt, welche dadurch eine enge Beziehung zu den daneben liegenden
dünnen absteigenden Schenkeln der Henleschen Schleife erhalten. Das Endothel
der absteigenden Vasa recta ist verhältnismäßig dick, während das der aufsteigenden, venösen Vasa recta dünn und fenestriert ist (Abb. 22).

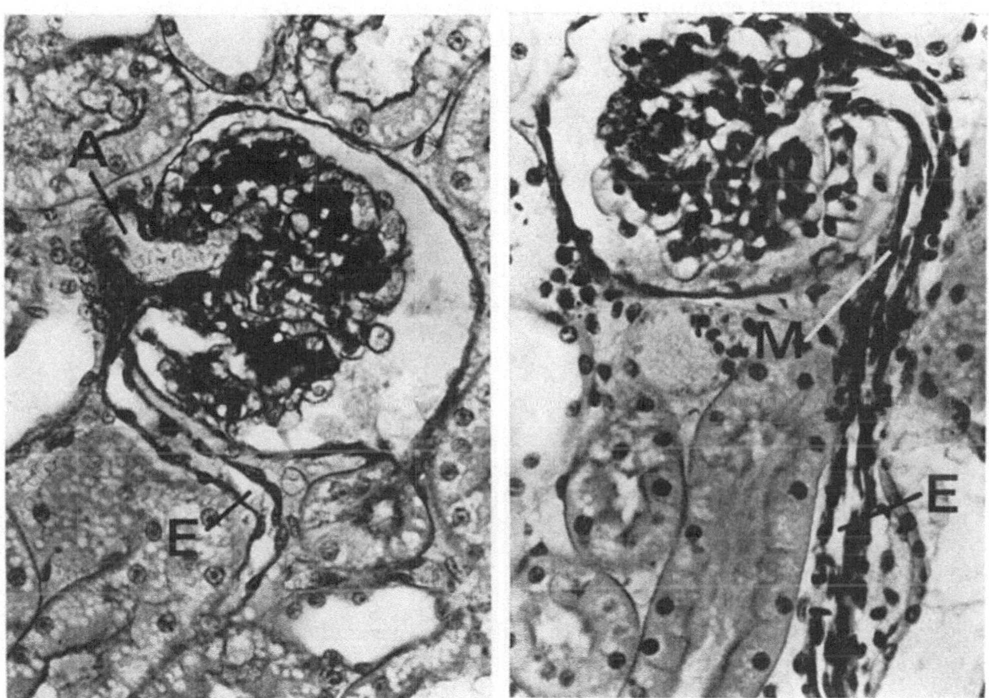


Abb. 23. Links: Gefäßpol eines oberflächlichen Glomerulus. *E* efferente Arteriole, an der
keine glatten Muskelzellen zu erkennen sind; *A* afferente Arteriole. Rechts: Efferente Arteriole (*E*) eines juxtamedullären Glomerulus. Es sind deutlich glatte Muskelzellen (*M*) zu
erkennen. (Aus KRIZ, 1970)

Die efferenten Arteriolen der juxtamedullären Glomerula und der Anfangsteil
der Vasa recta zeigen einen starken Besatz mit glatten Muskelzellen (Abb. 23).
Dies steht im Gegensatz zu den Verhältnissen an den efferenten Arteriolen der
oberflächlichen Glomerula (MOFFAT, 1967). Zur Papillenspitze hin werden die
glatten Muskelzellen allmählich durch perivasculäre Zellen ersetzt (LONGLEY et al.,
1960; DIETRICH, 1968). Es sind somit anatomische Anhalte gegeben, daß der
Strömungswiderstand in den efferenten Arteriolen der juxtamedullären Glomerula
und in dem Anfangsteil der Vasa recta durch aktive Vasomotorik beeinflußt
werden kann. Widerstandsänderungen in diesem postglomerulären Gefäßabschnitt
würden eine reziproke Veränderung des juxtamedullären Einzelnephronfiltrates
und der Markdurchblutung bewirken (s.u.).

## 2. Hämodynamik des Nierenmarkes

Eine direkte Messung der Blutstromstärke im Mark ist technisch nicht möglich, da es kein gemeinsames zu- oder abführendes Gefäß gibt. Die intrarenale Verteilung der Durchblutung läßt sich daher nur mit indirekten Methoden erfassen. Die ersten quantitativen Untersuchungen über die Hämodynamik des Markes wurden von Kramer, Thurau und Deetjen (1960) ausgeführt. Mit Hilfe von kleinen Photozellen, die der Nierenoberfläche bzw. der Oberfläche der Papille anlagen, wurden Farbstoffverdünnungskurven nach arterieller Injektion eines Farbindicators in den einzelnen Gebieten der Niere gemessen (Abb. 24). Aus den

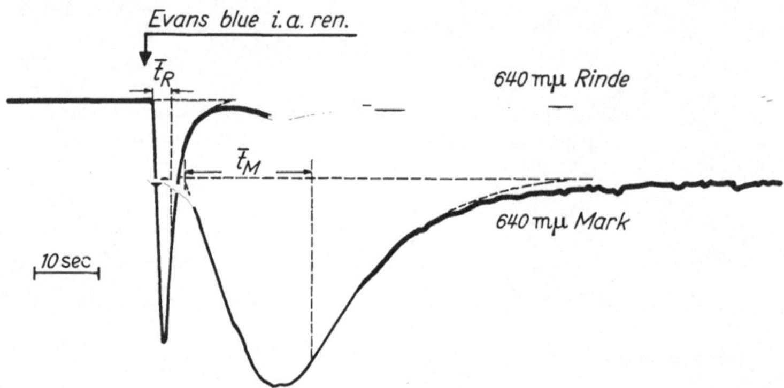


Abb. 24. Farbstoffverdünnungskurve in Nierenrinde und Nierenmark der Hundeniere nach stoßweiser Injektion von Evans-blue in die A. renalis (↑). Empfindlichkeit der Photozellen bei 640 mµ. $t_R$ mittlere Kreislaufzeit in der Rinde; $t_M$ mittlere Kreislaufzeit im Mark. (Durchgezeichnete Originalkurve nach Kramer, Thurau und Deetjen, 1960)

längeren Kreislaufzeiten im Nierenmark und einem annähernd gleichen vasculären Volumen in beiden Nierengebieten ergeben sich für die innere Markzone wesentlich niedrigere Blutstromstärken als für die Rinde (s. Tabelle 3).

Thorburn et al. (1963) berechneten die lokalen Blutstromstärken aus dem nicht-exponentiellen Abfall einer Krypton-85-Auswaschkurve. Der Vorteil dieser Methode liegt in ihrer Anwendbarkeit am wachen Tier. Grundsätzlich lassen sich jedoch lokale Blutstromstärken mit dieser Methode nur dann quantitativ berechnen, wenn das Auswaschen der Testsubstanz aus dem Gewebe ausschließlich durch die Durchblutung verursacht wird. Dieses scheint in erster Annäherung für die Nierenrinde zuzutreffen. Im Nierenmark dagegen wird die Geschwindigkeit der Substanzauswaschung außer durch die Durchblutung auch durch die Diffusion im Gegenstromsystem und den Harnfluß beeinflußt. Daher sind die berechneten Werte nicht ohne weiteres der Blutstromstärke im Nierenmark gleichzusetzen. Diese Einschränkung gilt auch für die von Aukland und Berliner (1964) und Haining und Turner (1966) verwendete Methode der Wasserstoffgas-Clearance im Gewebe, die polarographisch mit kleinen Platinelektroden erfaßt werden kann. Die mit diesen Techniken errechneten Werte sind in der Tabelle 3 unkorrigiert enthalten.

Wolgast (1968) hat mit Hilfe von $^{32}$P-markierten Erythrocyten eine ausgedehnte Untersuchung über die intrarenale Passage der roten Blutkörperchen durchgeführt. Mit $\beta$-empfindlichen nadelförmigen Detektoren, die in verschiedene Schichten der Niere eingestochen werden, können nach Injektion der markierten Erythrocyten in die Nierenarterie lokale Passagekurven registriert werden (THURAU et al., 1959a). Auch hier gelten die gleichen Schwierigkeiten wie bei der Farbstoffverdünnungsmethode, wenn man aus den Passagezeiten Rückschlüsse auf die Durchblutung ziehen will. In jedem Fall ist die Kenntnis des intravasculären,

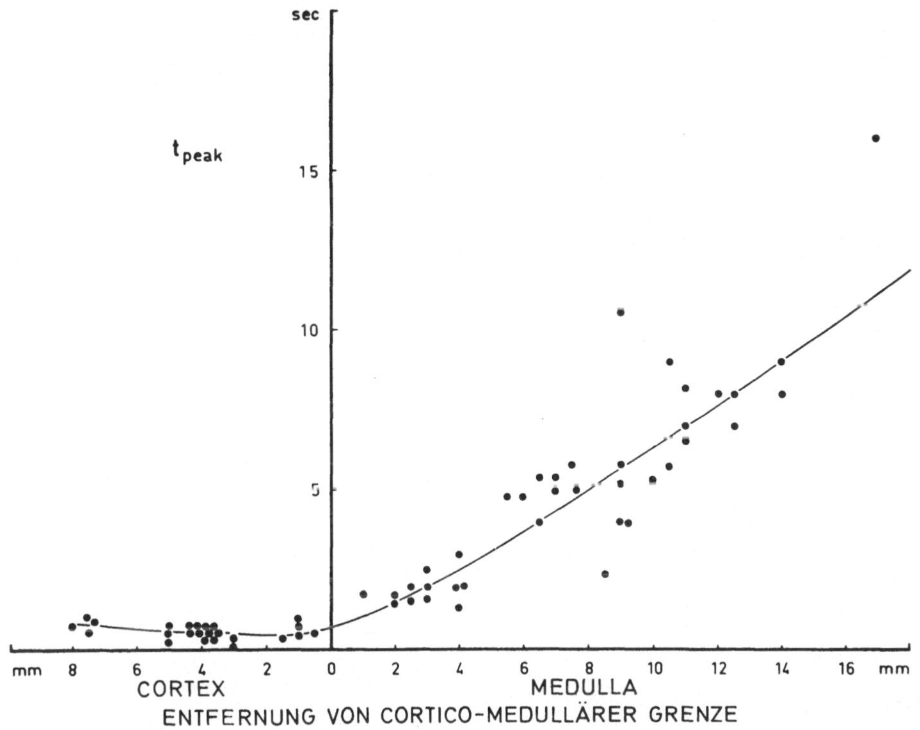


Abb. 25. Mittlere Strömungsgeschwindigkeit von $^{32}$P-markierten roten Blutkörperchen in verschiedenen Abschnitten der Hundeniere. (Aus WOLGAST, 1968)

dynamischen Hämatokriten und des lokalen vasculären Volumens erforderlich, um aus den Passagezeiten für Plasma oder Erythrocyten die lokale Blutstromstärke berechnen zu können.

Wie aus der Zusammenstellung in Tabelle 3 zu ersehen ist, ist die Blutstromstärke pro Gewichtseinheit im äußeren und inneren Nierenmark wesentlich niedriger als in der Nierenrinde. Inneres und äußeres Mark erhalten nur etwa 6—7% der gesamten Nierendurchblutung. Die niedrigste Stromstärke hat das innere Nierenmark, das mit nur etwa 1% der gesamten Nierenblutstromstärke perfundiert wird. Der Begriff einer „niedrigen" Blutstromstärke im Nierenmark ist jedoch nur berechtigt im Vergleich zur Nierenrinde. Die Blutstromstärke pro Gewichtseinheit im inneren Nierenmark ist schließlich etwa 15mal höher als in der ruhenden Muskulatur und beträgt etwa 50% der Gehirndurchblutung und der Herzmuskeldurchblutung unter Ruhebedingungen. Ähnlich wie in der Nierenrinde entfallen auch im Nierenmark etwa 20% des Gewebsvolumens auf das vasculäre

Tabelle 3. *Zusammenstellung der Literaturangaben*

| | | Ge-wicht (% der Gesamt-niere) | Mittlere Passage-zeit (min) | Vasculäres Volumen | | |
| --- | --- | --- | --- | --- | --- | --- |
| | | | | ml/100 g Gewebe | ml/100 g Niere | % des gesamten renalen vasculären Volumens |
| Rinde | Hund | 70 | 0,021 | 19,2 | 13,5 | 69,0 |
| | Hund | 75 | — | — | — | — |
| | Hund | — | — | — | — | — |
| | Hund | — | — | — | — | — |
| | Hund | — | 0,022—0,035[a] | — | — | — |
| | Ratte | — | — | — | — | — |
| | Ratte | — | — | — | — | — |
| | Mensch | — | 0,13 | — | — | 69,4 |
| Äußeres Mark | Hund | 20 | 0,086 | 19,2 | 3,9 | 20,0 |
| | Hund | — | — | — | — | — |
| | Hund | 15 | — | — | — | — |
| | Hund | — | — | — | — | — |
| | Hund | — | 0,065—0,087[a] | — | — | — |
| | Ratte | — | — | — | — | — |
| Äußeres und inneres Mark | Mensch | — | 0,358 | — | — | 30,6 |
| Inneres Mark | Hund | 10 | 0,75 | 22,0 | 2,2 | 11,0 |
| | Hund | — | — | — | — | — |
| | Hund | 10 | — | — | — | — |
| | Hund | — | — | — | — | — |
| | Hund | — | — | — | — | — |
| | Hund | — | 0,18—0,5[a] | — | — | — |
| | Ratte | — | — | — | — | — |
| Papille | Ratte | — | — | — | — | — |
| Compartment I + II (Rinde und Teile des äußeren Markes) | Hund | — | 0,095 0,073[a] | — | 17,3 | 74,0 |
| Compartment III (Teile des äußeren Markes und inneres Mark) | Hund | — | 1,4 1,1[a] | — | 6,1 | 26,0 |

[a] Erythrocyten.

Volumen (s. Tabelle 3). Der höhere Strömungswiderstand im Nierenmark ist wahrscheinlich durch die ungewöhnliche Länge der Vasa recta (beim Hund bis zu 40 mm) bedingt. Die Tatsache, daß die das innere Nierenmark versorgenden Gefäße länger als die für das äußere Nierenmark sind, führt auch dazu, daß die Blutstromstärke pro Gewichtseinheit in Richtung Papillenspitze kleiner wird. Dementsprechend wird auch die Passagezeit für Erythrocyten zur Papillenspitze hin länger (Wolgast, 1968), wie es in Abb. 25 dargestellt ist.

Der hydrostatische Druck in den Vasa recta fällt nicht gleichförmig über die gesamte Länge der ab- und aufsteigenden Gefäße ab. Der größte Druckabfall und *über die intrarenale Hämodynamik*

| Blutstromstärke | | | Autor |
|---|---|---|---|
| ml/min · 100 g Gew. | ml/min · 100 g Niere | % der Gesamt-nieren-durchblutung | |
| 458 | 321,0 | 92,5 | Kramer et al. (1960) |
| 472 | 354,0 | 94,1 | Thorburn et al. (1963) |
| 476 | — | — | Harsing und Pessey (1965) |
| 481 | — | 85,0 | Carriere et al. (1966) |
| — | — | — | Wolgast (1968) |
| 347—499 | — | — | Haining und Turner (1966) |
| 564 | — | — | Girndt und Ochwadt (1969) |
| — | — | 87,0 | Reubi et al. (1966) |
| 112 | 22,4 | 6,5 | Deetjen et al. (1964) |
| 135 | | — | Harsing und Pessey (1965) |
| 132 | 20,0 | 5,3 | Thorburn et al. (1963) |
| 111 | — | 12,0 | Carrière et al. (1966) |
| 190—380 | — | — | Wolgast (1968) |
| 190 | — | — | Girndt und Ochwadt (1969) |
| — | | 13,0 | Reubi et al. (1966) |
| 29 | 2,9 | 1,0 | Kramer et al. (1960) |
| 66 | — | — | Harsing und Pessey (1965) |
| 17 | 2,0 | 0,6 | Thorburn et al. (1963) |
| 22 | — | — | Lilienfield et al. (1961) |
| 18 | — | 3,0 | Carriere et al. (1966) |
| 40—120 | — | — | Wolgast (1968) |
| 104 | — | — | Girndt und Ochwadt (1969) |
| 72 | — | — | Girndt und Ochwadt (1969) |
| — | 209,5 | 96,9 | Ochwadt (1964) |
| — | 6,5 | 3,1 | Ochwadt (1964) |

somit der größte Anteil des Widerstandes ist auf den absteigenden Schenkel beschränkt. Im absteigenden Gefäßschenkel der Hamsterpapille wurde ein Druckabfall von 6,5 mm Hg/mm Gefäßstrecke gemessen, in den aufsteigenden Vasa recta ließ sich ein Druckgefälle nicht nachweisen (Thurau, 1964d). Nimmt man für die absteigenden Vasa recta einen einheitlichen Druckabfall von 6,5 mm Hg/ mm Gefäßlänge an, so läßt sich bei einer Gesamtlänge der absteigenden Gefäße von 6—8 mm ein Druck von 60—70 mm Hg am Anfang der Vasa recta (postglomerulär) berechnen. Der intravasale Druck an der Papillenspitze liegt bei etwa 6—9 mm Hg (Thurau, 1964d; Wunderlich und Schnermann, 1969). Der Anteil der absteigenden Gefäßbahnen am gesamten medullären Gefäßvolumen beträgt 37 % (Meier et al., 1964).

Aus den hydrostatischen Drucken in den Vasa recta geht hervor, daß im Bereich der äußeren Markzone, dort, wo die absteigenden und aufsteigenden Vasa recta als Gefäßbündel zusammengelagert sind, hydrostatische Druckdifferenzen zwischen ab- und aufsteigenden Gefäßen in der Größenordnung von 45 mm Hg vorhanden sind. Dieser transvasale Druckgradient reicht jedoch nicht aus, um als Multiplikationsfaktor die osmotische Konzentrierungsfähigkeit des Nierenmarkes zu erklären, wie es ursprünglich von Kuhn u. Ramel (1959) und später von Lever (1965) diskutiert wurde (Berliner und Bennett, 1967; Thurau, 1967b; Wilde und Vorburger, 1967).

Der hohe Strömungswiderstand in den Vasa recta kann außer durch ihre Länge durch eine Viscositätszunahme des Blutes infolge des Eiweißkonzentrationsanstieges bedingt sein, wie durch Mikropunktionsanalysen (Ullrich et al., 1961; Gottschalk et al., 1962; Wilde et al., 1963) und indirekt in Gewebsanalysen gefunden wurde (Lassen et al., 1958; Bethge et al., 1962; Ulfendahl, 1962b; Young und Wissig, 1964). Eine Quantifizierung des Viscositätseffektes ist durch den Umstand erschwert, daß der Hämatokrit des Vasa recta-Blutes etwa nur die Hälfte desjenigen im peripheren Blut beträgt (Thurau et al., 1960b; Ullrich et al., 1961) und daß durch die Schrumpfung der Erythrocyten im hyperosmotischen Milieu des Markes unberechenbare Strömungsverhältnisse bestehen. In vitro-Versuche haben gezeigt, daß die Fluidität der roten Blutkörperchen bei Osmolaritäten über 300 mOsm stark reduziert ist, wodurch die scheinbare Viscosität des Blutes ansteigt (Schmid-Schönbein et al., 1969). Der niedrige Hämatokrit des Nierenmarkblutes würde diesen viscositätssteigernden Effekt teilweise kompensieren. Immerhin könnte ein Viscositätsanstieg an dem erhöhten Strömungswiderstand des Markes beteiligt sein. Dabei würde es sich jedoch um einen sekundären Effekt des Konzentrierungsmechanismus auf die Hämodynamik handeln.

## XII. Beziehung zwischen Markdurchblutung und Konzentrierungsmechanismus

Mathematische Behandlungen des Gegenstromsystems (Günzler, in: Thurau u. Deetjen, 1962; Kelman et al., 1966; Stephenson, 1965) zeigen, daß eine alleinige Zunahme der Blutstromstärke den osmotischen Gradienten zur Papillenspitze hin reduziert (s. G. (4)). Ein eindeutiger experimenteller Beweis für diese Beziehung ist jedoch bisher nicht erbracht worden, da eine Änderung nur der Markdurchblutung ohne gleichzeitige Änderung der Stromstärke in den Henleschen Schleifen und den Sammelrohren nicht möglich ist. Besonders erschwerend für eine Analyse ist der Umstand, daß die anatomische Anordnung der Markgefäße in Bündeln eine funktionelle Trennung zwischen Hämodynamik des inneren Markes und des äußeren Markes unmöglich macht. Diese beiden Markabschnitte tragen aber mit ihren tubulären Strukturen sehr unterschiedlich zum Konzentrierungsvermögen bei.

Im Gegensatz zur Nierenrinde läßt sich im inneren Nierenmark des Hundes kaum eine Autoregulation nachweisen (Thurau und Deetjen, 1962). Eine druckpassive Durchblutung des Nierenmarkes könnte erklären, weshalb bei steigenden arteriellen Drucken das Konzentrierungsvermögen der Niere reduziert ist. Für die Annahme einer reduzierten Gewebsosmolarität bei erhöhten arteriellen Drucken spricht auch der Befund von Selkurt et al. (1965), wonach die Gewebs-Na-Konzentration im Papillenbereich der Medulla signifikant reduziert ist.

Aukland (1966) und Wolgast (1968) kamen aufgrund ihrer Untersuchungen an der äußeren Medulla zu dem Schluß, daß die Durchblutung auch des Nierenmarkes autoreguliert sei. Wie bereits oben ausgeführt, sind die Interpretationsschwierigkeiten der experimentellen Befunde wahrscheinlich die Ursache für die unterschiedlichen Ergebnisse. Es erscheint jedoch unwahrscheinlich, daß die Durchblutungsregulationen in äußerer und innerer Markzone unterschiedlich sind, da das vasculäre System für beide Gebiete aus den efferenten Arteriolen der juxtamedullären Glomerula hervorgeht. Gegen eine Autoregulation des Nierenmarkes sprechen auch Befunde an Ratten bei renaler Hypertension (Girndt und Ochwadt, 1969). In der nichtgeklammerten Niere, die unter dem Einfluß des hohen arteriellen Blutdruckes von 200 mm Hg stand, wurde eine unveränderte Rindendurchblutung beobachtet, während die Durchblutung des äußeren Markes um 40%, des inneren Markes um 50% und der Papille um 70% zugenommen hatte.

Wenn auch die Markdurchblutung nicht aktiv zum Konzentrierungsmechanismus beiträgt, so ist aus nutritiven Gründen und zum Abtransport der aus Henleschen Schleifen und Sammelrohren resorbierten Wasser- und Substanzmengen eine Mindestdurchblutung erforderlich. Für den Konzentrierungsmechanismus wirkt sich jedoch eine ständige Durchblutung des Markes mit Blut insofern störend aus, als dadurch osmotisch wirksame Teilchen aus dem Mark ausgeschwemmt werden. Dieser „osmotische Verlust" wird durch die Gegenstromanordnung der Gefäße in den Gefäßbündeln minimal gehalten. Die Vermengung und Wand-an-Wand-Lagerung von arteriellen und venösen Vasa recta am Eingang zum Nierenmark begünstigen einen osmotischen Angleich des einströmenden an das ausströmende Blut, indem osmotische Teilchen vom aufsteigenden in die absteigenden Gefäße diffundieren und damit dem Nierenmark erhalten bleiben können. Für die Erhaltung des osmotischen Konzentrationsanstieges ist nicht nur die Rezirkulation von osmotischen Teilchen bedeutsam, sondern auch eine Diffusion von $H_2O$ in umgekehrter Richtung. Dieser transmurale Wasserkurzschluß von ab- zu aufsteigenden Gefäßschenkeln erniedrigt die Umsatzrate des medullären Gewebswassers, wie es aus den Versuchen von Morel et al. (1960) zu ersehen ist, in denen tritiummarkiertes Wasser in die Nierenarterie injiziert wurde. Während in der Nierenrinde schon nach 1—2 min ein Gleichgewicht zwischen markiertem und nicht markiertem Wasser besteht, war dieses in der inneren Markzone noch nach 10 min nicht erreicht.

## XIII. Markdurchblutung während Wasserdiurese und osmotischer Diurese

Beim Übergang von Antidiurese zur Wasserdiurese nimmt die Plasmapassagegeschwindigkeit im Mark zu (Thurau et al., 1960a). In Abb. 26 sind Farbstoffverdünnungskurven im inneren Mark der Hundeniere während Antidiurese, Wasserdiurese und ADH-induzierter Antidiurese dargestellt. Unter der Annahme eines konstanten vasculären Volumens ist 1/Passagezeit ein relatives Maß für die

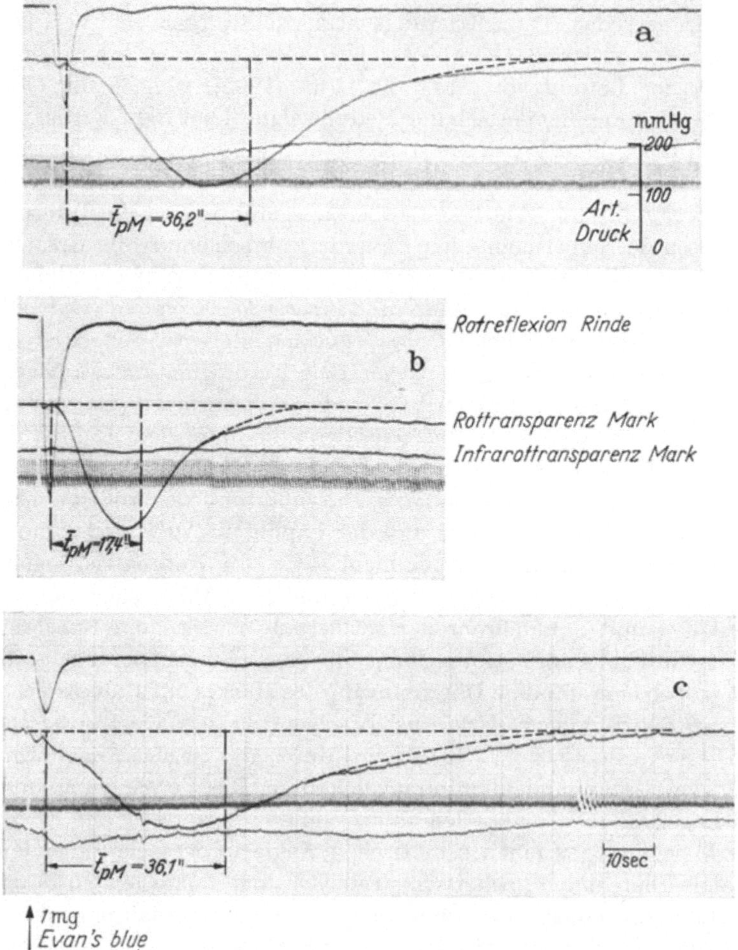


Abb. 26. Farbstoffverdünnungskurven in Mark und Rinde der Hundeniere bei Antidiurese (oben), Wasserdiurese (Mitte) und ADH-induzierter Antidiurese (unten). $\bar{t}_{pM}$ Mittlere capilläre Farbstoffpassage im Nierenmark. (Aus Thurau, Deetjen und Kramer, 1960)

lokale Markdurchblutung. Die in Abb. 27 dargestellte Zunahme der inneren Markdurchblutung um etwa 70% ist möglicherweise noch stärker, da in Wasserdiurese das vasculäre Volumen, das in Abb. 27 als konstant angesetzt ist, nach den Untersuchungen von Ulfendahl (1962b) zunimmt.

Über die Mechanismen der Durchblutungsregulation im Nierenmark während Antidiurese und Wasserdiurese war bislang nichts bekannt, erst kürzlich wurden Vorstellungen dazu entwickelt. Fourman und Kennedy (1966) beobachteten eine starke Färbung der Vasa recta-Gefäße nach Injektion eines fluorescierenden Farbstoffes bei Tieren in Wasserdiurese und bei D.I.-Ratten unabhängig davon, ob diese hydriert oder dehydriert waren. Dagegen beobachteten sie an normalen Ratten bei Dehydrierung oder nach Injektion von ADH (unabhängig von der Wasserbelastung) eine starke Verminderung der Anfärbung der Vasa recta. Diese Versuche zusammen mit der Beobachtung einer ausgedehnten Verbreitung von glatten Muskelzellen in den efferenten Arteriolen der juxtamedullären Glomerula (Abb. 23) führten zu dem Konzept, daß ADH eine vasoconstrictorische Wirkung auf die efferenten Arteriolen der juxtamedullären Glomerula ausübt. Mit dieser Vorstellung stimmen Ergebnisse von HORSTER et al. (1969) überein, wonach bei Ratten mit hereditärem hypothalamischem Diabetes insipidus die Filtrationsrate der juxtamedullären Glomerula nach ADH-Gabe ansteigt. Auch das Verhalten der

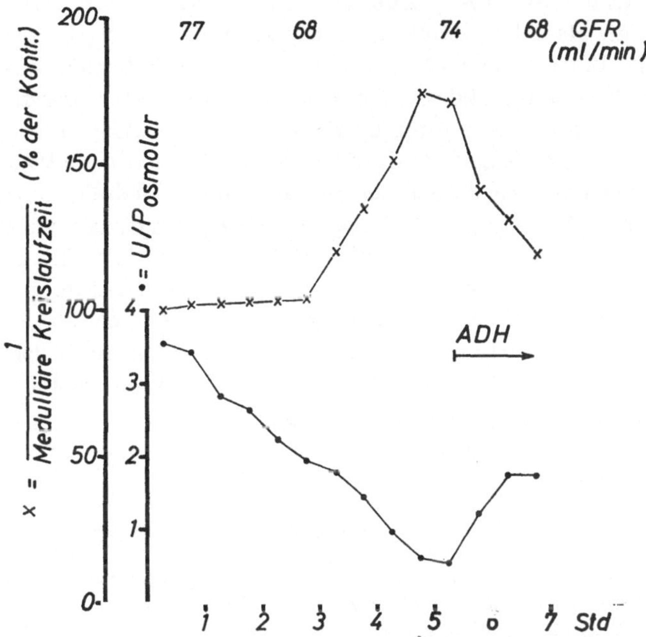


Abb. 27. Verhalten der Markdurchblutung (berechnet als Reziprokwert der Kreislaufzeit) bei Erzeugung einer Wasserdiurese und deren Hemmung durch ADH. (Modifiziert nach THURAU, DEETJEN und KRAMER, 1960)

Vasa recta-Drucke in Ratten während Wasserdiurese und ADH-induzierter Antidiurese sprechen für eine constrictorische Wirkung des ADH. Während Wasserdiurese betrug der intravasale Druck $13{,}0 \pm 4{,}2$ und nach ADH $8{,}3 \pm 2{,}3$ mm Hg (WUNDERLICH und SCHNERMANN, 1969).

Mit der Methode der Wasserstoff-Gas-Clearance beobachtete AUKLAND (1968), daß sich die medulläre Wasserstoff-Clearance in Hundenieren nicht ändert, wenn ADH hydrierten Hunden gegeben wurde. Er schloß daraus, daß ADH nicht selektiv die medulläre Durchblutung vermindert. Bei dieser Interpretation muß jedoch berücksichtigt werden, daß die Wasserstoff-Clearance im Mark durch die Strömungen in den Vasa recta und den Henleschen Schleifen gleicherweise beeinflußt wird. Falls ADH, wie es von HORSTER et al. (1969) gezeigt wurde, das Filtrat der juxtamedullären Glomerula und damit die Stromstärke in den Henleschen Schleifen heraufsetzt, dann spricht eine konstante Wasserstoff-Gas-Clearance dafür, daß gleichzeitig die Stromstärke in den Vasa recta vermindert war. Daher widerspricht der Befund von AUKLAND nicht einer reduzierten Markdurchblutung während Antidiurese.

## XIV. Markdurchblutung während hämorrhagischer Hypotension

Widersprüchlich sind die Angaben über das Verhalten der Nierenmarkdurchblutung während hämorrhagischer Hypotension. Die unterschiedlichen Ergebnisse scheinen hier vornehmlich durch die angewandten Methoden bedingt zu sein (s. „Markdurchblutung"). Mit der Kombination von Krypton-85-Auswaschtechnik und Autoradiographie in Hunden (Methode s. Thorburn et al., 1963) haben Carrière et al. (1966) Anhalte dafür erhalten, daß während schwerer Hämorrhagie die Markdurchblutung nahezu konstant bleibt (Blutdruck = 50 mm Hg, 35—60% Blutvolumenentzug). Die Rindendurchblutung war dabei stark herabgesetzt. Eine unveränderte Markdurchblutung unter diesen Bedingungen würde bedeuten, daß der Strömungswiderstand der Markgefäße um etwa 50% vermindert wurde. Im Gegensatz dazu wurde von Aukland und Wolgast (1968) die lokale Wasserstoff-Gas-Clearance für die äußere Medulla und lokale Krypton-85-Clearance für die innere Medulla benutzten, gezeigt, daß bei einer vergleichbar starken Hämorrhagie die Markdurchblutung auf 25% des Kontrollwertes abfällt, woraus sich eine Verdoppelung des vasculären Strömungswiderstandes errechnet. Vergleichbare Widerstandsänderungen berechneten sie auch für die Nierenrinde. Eine proportionale Abnahme der Durchblutung in Rinde und Mark wurde auch von Kramer (1962) mit der Farbstoffverdünnungstechnik errechnet. Aukland und Wolgast (1968) wenden gegen die Ergebnisse von Carrière et al. (1966) ein, daß ihnen eine fehlerhafte Interpretation der Krypton-85-Auswaschkurven zugrunde liegt.

## Literatur

Åström, A., Crafoord, J., Samelius-Broberg, U.: Vasoconstrictor action of acetylcholine on kidney blood vessels. Acta physiol. scand. **61**, 159 (1964).

Aukland, K.: Study of renal circulation with inert gas, measurements in tissue. Proc. 3rd Int. Congr. Nephrol. vol. 1, p. 188. Washington 1966.

— Vasopressin and intrarenal blood flow distribution. Acta physiol. scand. **74**, 173 (1968).

— Berliner, R. W.: Renal medullary countercurrent system studied with hydrogen gas. Circulat. Res. **15**, 430 (1964).

— Krog, J.: Renal oxygen tension. Nature (Lond.) **188**, 671 (1960).

— Wolgast, M.: Effect of hemorrhage and retransfusion on intrarenal distribution of blood flow in dogs. J. clin. Invest. **47**, 488 (1968).

Balint, P., Fekete, A.: Das Verhalten des Minutenvolumens und der Nierendurchblutung bei stagnierender Hypoxie. Pflügers Arch. ges. Physiol. **270**, 575 (1960).

— — Forgacs, I.: Quantitative considerations on the storage of clearance substances in the kidney. Clin. Sci. **26**, 345 (1964).

— Forgacs, I.: Natriumreabsorption und Sauerstoffverbrauch der Niere bei osmotischer Belastung. Pflügers Arch. ges. Physiol. **288**, 332 (1966).

Barajas, L., Latta, H.: A three-dimensional study of the juxtaglomerular apparatus in the rat. Lab. Invest. **12**, 257 (1963).

Barclay, J. A., Cooke, W. T., Kenney, R. A.: Observations on the effects of adrenaline on renal function and circulation in man. Amer. J. Physiol. **151**, 621 (1947).

Barer, G. R.: The action of vasopressin, a vasopressin analogue (PLV$_2$) oxytocin, angiotensin, bradykinin and theophylline ethylene diamine on renal blood flow in unaesthetized cat. J. Physiol. (Lond.) **169**, 62 (1963).

Başar, E., Tischner, H., Weiss, Ch.: Untersuchungen zur Dynamik druckinduzierter Änderungen des Strömungswiderstandes der autoregulierenden, isolierten Rattenniere. Pflügers Arch. ges. Physiol. **299**, 191 (1968).

Berliner, R. W., Bennett, C. M.: Concentration of urine in the mammalian kidney. Amer. J. Med. **42**, 777 (1967).

BERLINER, R. W., LEVINSKY, N. G., DAVIDSON, D. G., EDEN, M.: Dilution and concentration of the urine and the action of antidiuretic hormone. Amer. J. Med. **24**, 730 (1958).

BERNE, R. M.: Hemodynamics and sodium excretion of denervated kidney in anaestetized and unanaestetized dogs. Amer. J. Physiol. **171**, 148 (1952).

BETHGE, H. B., OCHWADT, B., WEBER, R.: Der scheinbare Verteilungsraum von 131-J Albumin in verschiedenen Schichten der Niere bei Diurese und Antidiurese. Pflügers Arch. ges. Physiol. **276**, 236 (1962).

BIRKELAND, S., VOGT, A., KROG, J., SEMB, C.: Renal circulatory occlusion and local cooling. J. appl. Physiol. **14**, 227 (1959).

BLACKMORE, W. P.: Effect of serotonin on renal hemodynamics and sodium excretion in the dog. Amer. J. Physiol. **193**, 639 (1958).

BLAKE, W. D., WEGRIA, R., KEATING, R. P., WARD, H. P.: Effect of increased renal venous pressure on renal function. Amer. J. Physiol. **157**, 1 (1949).

BLOCK, M. A., WAKIM, K. G., MANN, F. C.: Circulation through the kidney during stimulation of the renal nerves. Amer. J. Physiol. **169**, 659 (1952).

BOCK, K. D., KRECKE, H. J.: Die Wirkung von synthetischem Hypertensin II auf die PAH- und Inulin-Clearance, die renale Hämodynamik und die Diurese beim Menschen. Klin. Wschr. **36**, 69 (1958).

BOHLE, A.: Kritischer Beitrag zur Morphologie einer endokrinen Nierenfunktion und deren Bedeutung für den Hochdruck. Arch. Kreisl.-Forsch. **20**, 103 (1954).

BRICKER, N. S., GUILD, W. R., REARDAN, J. B., MERRILL, J. P.: Studies of the functional capacity of a denervated homotransplanted kidney in an identical twin with parallel observation in the donor. J. clin. Invest. **35**, 1354 (1956).

BRUN, C., CRONE, C., DAVIDSEN, H. G., FABRICIUS, J., HANSEN, A. T., LASSEN, N. A., MUNCK, O.: Renal interstitial pressure in normal and anuric man: based on wedged renal vein pressure. Proc. Soc. exp. Biol. (N.Y.) **91**, 199 (1956).

BUCHBORN, E.: Zur Abgrenzung des Begriffes der „Schockniere" im Rahmen des akuten Nierenversagens. In: Akutes Nierenversagen. Stuttgart: Thieme 1962.

BUCHER, O., REALE, E.: Zur elektronenmikroskopischen Untersuchung der juxtaglomerulären Spezialeinrichtungen der Niere. II. Über die Macula densa des Mittelstücks. Z. mikr.-anat. Forsch. **67**, 514 (1961).

CARRIÈRE, S., THORNBURN, G. D., O'MORCHOE, C. C. C., BARGER, C. A.: Intrarenal distribution of blood flow in dogs during hemorrhagic hypotension. Circulat. Res. **19**, 167 (1966).

CASTENFORS, J.: Renal function during exercise. Acta physiol. scand. **70**, Suppl. 293 (1967).

CELANDER, O.: Range of control exercised by the sympathico-adrenal system. Acta physiol. scand. **32**, 116 (1954).

CHINARD, F. P., ENNS, T., NOLAN, M. F.: Arterial hematocrit and separation of cells and plasma in the dog kidney. Amer. J. Physiol. **207**, 128 (1964).

COOK, W. F.: The detection of renin in juxtaglomerular cells. J. Physiol. (Lond.) **194**, 73 (1968).

CORCORAN, A. C., PAGE, I. H.: The effect of renin, pitressin, and pitressin and atropine on renal blood flow and clearance. Amer. J. Physiol. **126**, 354 (1939).

— — Renal hemodynamic effects of adrenaline and isuprel. Proc. Soc. exp. Biol. (N.Y.) **66**, 148 (1947).

CORTNEY, M. A., NAGEL, W., THURAU, K.: A micropuncture study of the relationship between flow-rate through the loop of Henle and sodium concentration in the distal tubule. Pflügers Arch. ges. Physiol. **287**, 286 (1966).

DAHLHEIM, H., GRANGER, P., THURAU, K.: A sensitive method for determination of renin activity in the single juxtaglomerular apparatus of the rat kidney. Pflügers Arch. **321**, 303 (1970).

DEETJEN, P.: Normal and critical oxygen supply of the kidney. Oxygen transport in blood and tissue. Stuttgart: G. Thieme 1968.

— BRECHTELSBAUER, H., KRAMER, K.: Hämodynamik des Nierenmarks. III. Mitteilung: Farbstoffpassagezeiten in äußerer Markzone und V. renalis. Die Durchblutungsverteilung in der Niere. Pflügers Arch. ges. Physiol. **279**, 281 (1964).

— KRAMER, K.: Die Abhängigkeit des $O_2$-Verbrauchs der Niere von der Na-Rückresorption. Pflügers Arch. ges. Physiol. **273**, 636 (1961).

DIETRICH, H. J.: Die Ultrastruktur der Gefäßbündel im Mark der Rattenniere. Z. Zellforsch. **84**, 350 (1968).

Dunihue, F. W.: Effect of cellophane perinephritis on the granular cells of the juxtaglomerular apparatus. Arch. Path. **32**, 211 (1941).

Dutz, H., Kretzschmar, G.: Die Veränderungen in der Funktion beider Nieren nach einseitiger vollständiger Ischämie. Z. exp. Med. **123**, 497 (1954).

Edelman, R., Hartroft, P. M.: Localization of renin in juxtaglomerular cells of rabbit and dog through the use of the fluorescent antibody techniques. Circulat. Res. **9**, 1069 (1961).

Eggleton, M. G., Pappenheimer, J. R., Winton, F. R.: The influence of diuretics on the osmotic work done and on the efficiency of the isolated kidney of the dog. J. Physiol. (Lond.) **97**, 363 (1940).

Eisner, G. M., Slotkoff, L. M., Lilienfield, L. S.: Sodium reabsorption and oxygen consumption in the human kidney. Proc. II. Intern. Congr. Nephrol., Excerpta Med. Fd. 118 (1964).

Emanuel, D. A., Scott, J., Collins, R., Haddy, F. J.: Local effect of serotonin on renal vascular resistance and urine flow rate. Amer. J. Physiol. **196**, 1122 (1959).

Emery, E. W., Gowenlock, A. M., Riddel, A. G., Black, D. A. K.: Intrarenal variations in haematocrit. Clin. Sci. **18**, 205 (1959).

Engelhorn, R.: Aktionspotentiale der Nierennerven. Naunyn-Schmiedebergs Arch. exp. Path. Pharmak. **231**, 219 (1957).

Enger, R., Gerstner, H., Sarre, H.: Die Abhängigkeit der Nierendurchblutung vom Ureterendruck. Zbl. inn. Med. **58**, 865 (1937).

Faarup, P.: On the morphology of the juxtaglomerular apparatus. Acta anat. (Basel) **60**, 20 (1965).

Fajers, C. M.: On the effect of brief unilateral renal ischemia. Acta path. microbiol. scand., Suppl. 106 (1955).

Folkow, B., Langstone, J.: The interrelationship of some factors influencing renal blood flow autoregulation. Acta physiol. scand. **61**, 165 (1964).

Forster, R. P., Maes, J. P.: Effects of experimental neurogenic hypertension on renal blood flow and glomerular filtration rates in intact denervated kidneys of unanesthetized rabbits with adrenal glands demedullated. Amer. J. Physiol. **150**, 534 (1947).

Fourman, J., Kennedy, G. C.: An effect of antidiuretic hormone on the flow of blood through the vasa recta of the rat kidney. J. Endocr. **35**, 173 (1966).

Franklin, K. J., McGee, L. E., Ullmann, E. A.: Effects of severe asphyxia on the kidney and urine flow. J. Physiol. (Lond.) **112**, 43 (1951).

Freeman, O. W., Mitchell, G. W., Wilson, J. S., Fitzhugh, F. W., Merrill, A. J.: Renal hemodynamics, sodium and water excretion in supine exercising normal and cardiac patients. J. clin. Invest. **34**, 1109 (1955).

Friedman, L. M., Johnson, R. L., Friedman, C. L.: The pattern of recovery of renal function following renal artery occlusion in the dog. Circulat. Res. **2**, 231 (1954).

Gärtner, K.: Das Volumen der interstitiellen Flüssigkeit der Niere bei Änderungen ihres hämodynamischen Widerstandes; Untersuchungen am Kaninchen. Pflügers Arch. ges. Physiol. **292**, 1 (1966).

Gertz, K. H., Brandis, M., Braun-Schubert, G., Boylan, J. W.: The effect of saline infusion and hemorrhage on glomerular filtration pressure and single nephron filtration rate. Pflügers Arch. **310**, 193 (1969).

— Mangos, J. A., Braun, G., Pagel, H. D.: Pressure in the glomerular capillaries of the rat kidney and its relation to arterial blood pressure. Pflügers Arch. ges. Physiol. **288**, 369 (1966).

Gilmore, J. P.: Influence of tissue pressure on renal blood flow autoregulation. Amer. J. Physiol. **206**, 707 (1964a).

— Renal vascular resistance during elevated ureteral pressure. Circulat. Res. **14/15**, Suppl. I, 148 (1964b).

— Contribution of baroreceptors to the control of renal function. Circulat. Res. **14**, 301 (1964c).

Girndt, J., Ochwadt, B.: Durchblutung des Nierenmarks, Gesamtnierendurchblutung und cortico-medulläre Gradienten beim experimentellen renalen Hochdruck der Ratte. Pflügers Arch. **313**, 30 (1969).

Goodyer, A. V. N., Glenn, W. W. L.: Relation of arterial pulse pressure to renal function. Amer. J. Physiol. **167**, 689 (1951).

Goormaghtigh, N.: L'appareil neuromyoarteriel juxtaglomerulaire du rein: ses réactions en pathologie et ses rapports avec le tube urinifère. C. R. Soc. Biol. (Paris) **124**, 293 (1937).

GOORMAGHTIGH, N.: Facts in favour of an endocrine function of the renal arterioles. J. Path. Bact. 57, 392 (1945).

GOTTSCHALK, C. W.: A comparative study of renal interstitial pressure. Amer. J. Physiol. 169, 180 (1952).

— LASSITER, W. E., MYLLE, M.: Studies of the composition of vasa recta plasma in the hamster kidney. Excerpta med. (Amst.) Sect. 2, 47, 375 (1962).

— LEYSSAC, P. P.: Proximal tubular function in rats with low inulin clearance. Acta physiol. scand. 74, 453 (1968).

— MYLLE, M.: Micropuncture study of pressures in proximal tubules and peritubular capillaries of the rat kidney and their relation to ureteral and venous pressures. Amer. J. Physiol. 185, 430 (1956).

GREGG, D. E.: Hemodynamic factors in shock. In: Shock-Pathogenesis and Therapy. Berlin-Göttingen-Heidelberg: Springer 1962.

GROSS, F., SCHAECHTELIN, G., BRUNNER, H., PETERS, G.: The role of the renin-angiotensin system in blood pressure regulation and kidney function. Canad. med. Ass. J. 90, 258 (1963).

GRUPP, G., HEIMPEL, H.: Zum Problem der „reaktiven Hyperämie" der Niere. Pflügers Arch. ges. Physiol. 267, 426 (1958).

— — HIERHOLZER, K.: Über die Autoregulation der Nierendurchblutung. Pflügers Arch. ges. Physiol. 269, 149 (1959).

GUYTON, A. C., LANGSTONE, J. B., NAVAR, G.: Theory for renal autoregulation by feedback of the juxtaglomerular apparatus. Circulat. Res. 14/15, Suppl. I, 187 (1964).

HADDY, F. J., SCOTT, J. B.: Role of transmural pressure in local regulation of blood flow through kidney. Amer. J. Physiol. 208, 825 (1965).

HAINING, J. L., TURNER, M. D.: Tissue blood flow in rat kidneys by hydrogen desaturation. J. appl. Physiol. 21, 1705 (1966).

Handbuch der experimentellen Pharmakologie, Bd. XXIV, Diuretica (Hrsg. H. HERKEN). Berlin-Heidelberg-New York: Springer 1969.

HANSSEN, O. E.: The relationship between glomerular filtration and length of proximal convoluted tubules in mice. Acta path. microbiol. scand. 53, 265 (1961).

HARSING, L., PESSEY, K.: Die Bestimmung der Nierenmarkdurchblutung auf Grund der Ablagerung und Verteilung von $^{86}$Rb. Pflügers Arch. ges. Physiol. 285, 302 (1965).

HARTROFT, P. M.: Juxtaglomerular cells. Circulat. Res. 12, 525 (1963).

HATT, P. Y.: L'appareil juxtaglomerulaire. Presse Med. 74, 2269 (1966).

HEIDENREICH, O., KELLER, P., KOOK, Y.: Die Wirkungen von Bradykinin und Kallidin auf die Nierenfunktion des Hundes. Naunyn-Schmiedebergs Arch. exp. Path. Pharmak. 247, 243 (1964).

HIERHOLZER, K., WIEDERHOLT, M., HOLZGREVE, H., GIEBISCH, G., KLOSE, R. M., WINDHAGER, E. E.: Micropuncture study of renal transtubular concentration gradients of sodium and potassium in adrenalectomized rats. Pflügers Arch. ges. Physiol. 285, 193 (1965).

HORSTER, M., SCHNERMANN, J., THURAU, K.: Die Funktion der juxtamedullären Nephrone in Wasserdiurese und ADH-induzierter Antidiurese. 4. Symp. Ges. Nephrol., Wien 1968. Verlag der Wiener Med. Akademie 1969.

— THURAU, K.: Micropuncture studies on the filtration rate of single superficial and juxtamedullary glomeruli in the rat kidney. Pflügers Arch. ges. Physiol. 301, 162 (1968).

HOUCK, C. R.: Alteration of renal hemodynamics and function in separate kidneys during stimulation of the renal artery nerves in dogs. Amer. J. Physiol. 167, 523 (1951).

KELMAN, R. B., MARSH, D. J., HOWARD, H. C.: Nonmonotonicity of solutions of linear differential equations occurring in the theory of urine formation. SIAM Review 8, 463 (1966).

KIIL, F., AUKLAND, K.: Renal concentration mechanism and hemodynamics at increased ureteral pressure during osmotic and saline diuresis. Scand. J. clin. Lab. Invest. 13, 276 (1961).

— — REFSUM, H. E.: Renal sodium transport and oxygen consumption. Amer. J. Physiol. 201, 511 (1961).

KOCH, K. M., AYNEDJIAN, H. S., BANK, N.: Effect of acute hypertension on sodium reabsorption by the proximal tubule. J. clin. Invest. 47, 1696 (1968).

KORNER, P. I.: Renal blood flow, glomerular filtration rate, renal PAH extraction ratio, and the role of the renal vasomotor nerves in the unanesthetized rabbit. Circulat. Res. 12, 353 (1963a).

Korner, P. I.: Effects of low oxygen and of carbon monoxide on the renal circulation in unanesthetized rabbits. Circulat. Res. 12, 361 (1963b).

Kramer, K.: Zur Vasomotorik des intrarenalen Kreislaufs. Marburger Sitzungsberichte 75, 26 (1952).

— Die Stellung der Niere im Gesamtkreislauf. Verh. dtsch. Ges. inn. Med. 65, 225 (1959).

— Das akute Nierenversagen im Schock. In: Schock, Pathogenese und Therapie. Berlin-Göttingen-Heidelberg: Springer 1962.

— Deetjen, P.: Beziehungen des $O_2$-Verbrauchs der Niere zu Durchblutung und Glomerulumfiltrat bei Änderung des arteriellen Druckes. Pflügers Arch. ges. Physiol. 271, 782 (1960).

— — In: E. Neil, Symposion on oxygen, p. 425. London: Pergamon Press 1963.

— Thurau, K., Deetjen, P.: Hämodynamik des Nierenmarks. I. Mitteilung: Capilläre Passagezeit, Durchblutung, Gewebshämatokrit und $O_2$-Verbrauch des Nierenmarks, in situ. Pflügers Arch. ges. Physiol. 270, 251 (1960).

— Winton, F. R.: The influence of urea and of change in arterial pressure on the $O_2$ consumption of the isolated kidney of the dog. J. Physiol. (Lond.) 96, 87 (1939).

Kriz, W.: Der architektonische und funktionelle Aufbau der Rattenniere. Z. Zellforsch. 82, 495 (1967).

— Dieterich, H. J.: The supplying and draining vessels of the renal medulla in mammals. Proc. IV Intern. Congr. Nephrol., Stockholm 1969, vol. 1, p. 138. Basel-München-New York: Karger 1970.

Kubicek, W. G., Kottke, F. J., Laker, D. J., Visscher, M. B.: Renal function during arterial hypertension produced by chronic splanchnic nerve stimulation in the dog. Amer. J. Physiol. 174, 397 (1953).

Kügelgen, A. v., Braunger, B.: Quantitative Untersuchungen über Kapillaren und Tubuli der Hundeniere. Z. Zellforsch. 57, 766 (1962).

Kuhn, W., Ramel, A.: Aktiver Salztransport als möglicher (und wahrscheinlicher) Einzeleffekt bei der Harnkonzentrierung in der Niere. Helv. chim. Acta 42, 628 (1959).

Lassen, N. A., Longley, J. B., Lilienfield, L. S.: Concentration of albumin in renal papilla. Science 128, 720 (1958).

— Munck, O., Thaysen, J. H.: Oxygen consumption and sodium reabsorption in the kidney. Acta physiol. scand. 51, 371 (1961).

Lever, A. F.: The vasa recta and countercurrent multiplication. Acta med. scand. 178, Suppl. 434, 1 (1965).

— Peart, W. S.: Renin and angiotensin-like activity in renal lymph. J. Physiol. (Lond.) 160, 548 (1962).

Liebau, G., Levine, D. Z., Thurau, K.: Micropuncture studies on the dog kidney. I. The response of the proximal tubule to changes in systemic blood pressure within and below the autoregulatory range. Pflügers Arch. 304, 57 (1968).

Lilienfield, L. S., Maganzini, H. C., Bauer, M. H.: Blood flow in the renal medulla. Circulat. Res. 9, 614 (1961).

— Rose, J. C.: Effect of blood pressure alterations on intrarenal red cell-plasma separation. J. clin. Invest. 37, 1106 (1958).

Ljungqvist, A.: Structure of the arteriolo-glomerular units in different zones of the kidney. Micro-angiographic and histologic evidence of an extraglomerular medullary circulation. Nephron 1, 329 (1964).

Lochner, W., Ochwadt, B.: Über die Beziehung zwischen arteriellem Druck, Durchblutung, Durchflußzeit und Blutfüllung an der isolierten Hundeniere. Pflügers Arch. ges. Physiol. 258, 275 (1954).

Longley, J. B., Banfield, W. G., Brindley, D. C.: Structure of the rete mirabile in the kidney of the rat as seen with the electron microscope. J. biophys. biochem. Cytol. 7, 103 (1960).

Malnic, G., Klose, R. M., Giebisch, G.: Micropuncture study of distal tubular potassium and sodium transport in rat nephron. Amer. J. Physiol. 211, 529 (1966).

Mehrizi, A., Hamilton, W. F.: Effect of levarterenol on renal blood flow and vascular volume in dogs. Amer. J. Physiol. 197, 1115 (1959).

Meier, M., Brechtelsbauer, H., Kramer, K.: Hämodynamik des Nierenmarks. IV. Mitteilung: Farbstoffverdünnungskurven in verschiedenen Abschnitten des Nierenmarks. Pflügers Arch. ges. Physiol. 279, 294 (1964).

MERTZ, D. P.: Renotrope Wirkungen von synthetischem Bradykinin. Naunyn-Schmiedebergs Arch. exp. Path. Pharmak. **244**, 405 (1963).

MICHAILOWITSCH, V.: Wie verhält sich der aufsteigende Schenkel der Henle'schen Schleife zum Corpusculum renis. Dissertation Bern. Unpublished (1918).

MILES, B. W., VENTON, M. G., DE WARDENER, H. E.: Observations on the mechanism of circulatory autoregulation in the perfused dog's kidney. J. Physiol. (Lond.) **123**, 143 (1954).

MILES, G. E., DE WARDENER, H. E.: Intrarenal pressure. J. Physiol. (Lond.) **123**, 131 (1954).

MÖLLENDORFF, W. V.: Handbuch der mikroskopischen Anatomie des Menschen, Bd. 7, I. Berlin: Springer 1930.

MOFFAT, D. B.: The fine structure of the blood vessels of the renal medulla with particular reference to the control of the medullary circulation. J. Ultrastruct. Res. **19**, 532 (1967).

— FOURMAN, J.: The vascular pattern of the rat kidney. J. Anat. (Lond.) **97**, 543 (1963).

MOREL, F. F., GUINNEBAULT, M., AMIEL, C.: Misc en evidence d'un processus d'échange d'eau par contrecourant dans les regions profondes du rein de hamster. Helv. physiol. pharmacol. Acta **18**, 183 (1960).

MORGAN, T., BERLINER, R. W.: A study by continuous microperfusion of water and electrolyte movement in the loop of Henle and distal tubule of the rat. Nephron **6**, 388 (1969).

NAHMOD, V. E., LANARI, A.: Abolition of autoregulation of renal blood flow by acetylcholine. Amer. J. Physiol. **207**, 123 (1964).

NASH, F. D., SELKURT, E. E.: Effects of elevated ureteral pressure on renal blood flow. Circulat. Res. **14/15**, Suppl. I, 142 (1964).

NEELY, W. A., TURNER, M. D.: The effect of arterial, venous and arterio-venous occlusion on renal blood flow. Surg. Gynec. Obstet. **108**, 669 (1959).

NG, K. K. F., VANE, F. R.: Conversion of angiotensin I to angiotensin II. Nature (Lond.) **216**, 762 (1967).

OCHWADT, B.: Zur Selbststeuerung des Nierenkreislaufes. Pflügers Arch. ges. Physiol. **262**, 207 (1956).

— Durchflußzeiten von Plasma und Erythrocyten, intrarenaler Hämatokrit und Widerstandsregulation der isolierten Niere. Pflügers Arch. ges. Physiol. **265**, 112 (1957).

— The measurement of intrarenal blood flow distribution by wash-out technique. Proc. II Congr. Nephrol., p. 62. Amsterdam-New York-London-Milano-Tokyo: Excerpta Medica Found. 1964.

OKINO, H., SPENCER, M. P.: Analysis of the dynamic pressure flow relationship in renal artery. Fed. Proc. **20**, 109 (1961).

PAPPENHEIMER, J. R.: Blood flow, arterial oxygen saturation, and oxygen consumption in the isolated perfused hindlimb of the dog. J. Physiol. (Lond.) **99**, 283 (1941).

— Über die Permeabilität der Glomerulummembranen in der Niere. Klin.Wschr. **33**, 362 (1955).

— KINTER, W. B.: Hematocrit ratio of blood within mammalian kidney and its significance for renal hemodynamics. Amer. J. Physiol. **185**, 377 (1956).

PASSOW, H., SCHNIEWIND, H., WEISS, C.: Die Wirkung von 5-Hydroxytryptamin auf das Gefäßsystem der isolierten Rattennieren. Naunyn-Schmiedebergs Arch. exp. Path. Pharmak. **240**, 179 (1960).

PERLMUTT, J. H.: Reflex antidiuresis after occlusion of common carotid arteries in hydrated dogs. Amer. J. Physiol. **204**, 197 (1963).

PETER, K.: Untersuchungen über Bau und Entwicklung der Niere. Jena 1909 und 1927.

PHILLIPS, R. A., HAMILTON, P. B.: Effect of 20, 60 and 120 minutes of renal ischemia on glomerular and tubular function. Amer. J. Physiol. **152**, 523 (1948).

PINTER, G. G., O'MORCHOE, C. C. C., SIKAND, R. S.: Effect of acetylcholine on urinary electrolyte excretion. Amer. J. Physiol. **207**, 979 (1964).

PLACKE, R. K., PFEIFFER, E. W.: Blood vessels of the mammalian renal medulla. Science **146**, 1683 (1964).

REIN, H.: Vasomotorische Regulationen. Ergebn. Physiol. **32**, 28 (1931).

REUBI, F. C., GOSSWEILER, N., GÜRTLER, R.: Renal circulation in man studied by means of a dye-dilution method. Circulation **33**, 426 (1966).

RIEDEL, B., BUCHER, O.: Die Ultrastruktur des juxtaglomerulären Apparates des Meerschweinchens. Z. Zellforsch. **79**, 244 (1967).

RITTER, E. R.: Pressure flow relations in the kidney. Alleged effects of pulse pressure. Amer. J. Physiol. **168**, 480 (1952).

Rollhäuser, H., Kriz, W., Heinke, W.: Das Gefäßsystem der Rattenniere. Z. Zellforsch. **64**, 381 (1964).

Roof, B. S., Lauson, H. D., Bella, S. T., Eder, H. A.: Recovering of glomerular and tubular function, including PAH-extraction, following two hours of renal artery occlusion in the dog. Amer. J. Physiol. **166**, 666 (1951).

Sarre, H., Ansorge, H.: Über die reaktive Hyperämie der Niere. Pflügers Arch. ges. Physiol. **242**, 79 (1939).

Schirmeister, J., Schmidt, L., Söling, H. D.: Über die Autoregulation des Glomerulum-filtrates bei intratubulärem Druckanstieg am Hund. Klin. Wschr. **40**, 884 (1962).

Schloss, G.: Der Regulationsapparat am Gefäßpol des Nierenkörperchens in der normalen menschlichen Niere. Acta anat. (Basel) **1**, 365 (1945/46).

Schmid-Schönbein, H., Wells, R. E., Goldstone, J.: Influence of deformability of human red cells upon blood viscosity. Circulat. Res. **25**, 131 (1969).

Schnermann, J., Horster, M., Levine, D. Z.: The influence of sampling technique on the micropuncture determination of GFR and reabsorptive characteristics of single rat proximal tubules. Pflügers Arch. **309**, 48 (1969).

— Nagel, W., Thurau, K.: Die frühdistale Natriumkonzentration in Rattennieren nach renaler Ischämie und hämorrhagischer Hypotension. Pflügers Arch. ges. Physiol. **287**, 296 (1966).

— Wright, F. S., Davis, J. M., Stackelberg, W. v., Grill, G.: Regulation of superficial nephron filtration rate by tubulo-glomerular feedback. Pflügers Arch. **318**, 147 (1970).

Schröder, R.: Die Beeinflussung der Angiotensinwirkung auf die renale Elektrolyt- und Wasserausscheidung durch Aldosteronvorbehandlung. Klin. Wschr. **41**, 620 (1963).

Selkurt, E. E.: Renal blood flow and renal clearance during hemorrhagic shock. Amer. J. Physiol. **145**, 699 (1946).

— Effect of pulse pressure and mean arterial pressure modification on renal hemodynamics and electrolyte and water excretion. Circulation **4**, 541 (1951).

— Nierendurchblutung und renale Clearances bei Blutverlust und im hämorrhagischen Schock. In: Schock — Pathogenese und Therapie. Berlin-Göttingen-Heidelberg: Springer 1962.

— Elpers, M. J., Womack, I., Dailey, W. N.: Effect of ureteral blockade on renal blood flow and urinary concentrating ability. Amer. J. Physiol. **205**, 286 (1963).

— Hall, P. W., Spencer, M. P.: Influence of graded arterial pressure decrement on renal clearance of creatinine, p-aminohippurate and sodium. Amer. J. Physiol. **139**, 369 (1949).

— Womack, I., Dailey, W. N.: Mechanism of natriuresis and diuresis during elevated renal arterial pressure. Amer. J. Physiol. **209**, 95 (1965).

Semple, S. J. G., Wardener, H. E. de: Effect of increased renal venous pressure on circulatory autoregulation of isolated dog kidneys. Circulat. Res. **7**, 643 (1959).

Shave, L.: Effect of increased ureteral pressure on renal function. Amer. J. Physiol. **168**, 97 (1952).

Shipley, R. E., Study, R. S.: Changes in renal blood flow, extraction of inulin, glomerular filtration rate, tissue pressure and urine flow with acute alterations of renal arterial blood pressure. Amer. J. Physiol. **167**, 676 (1951).

Slyke, D. D. van, Rhoads, C. P., Miller, A., Alving, A. S.: Relationships between urea excretion, renal blood flow, renal oxygen consumption, and diuresis. Amer. J. Physiol. **109**, 336 (1934).

Smith, H. W.: The kidney. Structure and function in health and disease. New York: Oxford Univ. Press 1951.

Somlay, L., Thron, H. L., Petran, K., Carl, G.: Die Nierenfunktion während doppelseitiger Carotisabklemmung am wachen Hund. Pflügers Arch. ges. Physiol. **276**, 117 (1962).

Spencer, M. P.: The renal vascular response to vasodepressor sympathomimetics. J. Pharmacol. exp. Ther. **116**, 237 (1956).

— Denison, A. B., Green, H. D.: Direct renal vascular effects of epinephrine and norepinephrine before and after adrenergic blockade. Circulat. Res. **2**, 537 (1954).

Sperber, I.: Studies on the mammalian kidney. Zool. Bidrag (Uppsala) **22**, 249 (1944).

Spinazzola, A. J., Sherrod, T. R.: The effect of serotonin (5-dehydroxytryptamine) on renal hemodynamics. J. Pharmacol. exp. Ther. **119**, 114 (1957).

STEPHENSON, J. L.: Ability of counterflow systems to concentrate. Nature (Lond.) **206**, 1215 (1965).

STRAUSS, J., BERAN, A. V., BROWN, C. T., KATURICH, N.: Renal oxygenation under normal conditions. Amer. J. Physiol. **215**, 1482 (1968).

STUDY, R. S., SHIPLEY, R. E.: Comparison of direct with indirect renal blood flow, extraction of inulin and Diodrast before and during acute renal nerve stimulation. Amer. J. Physiol. **163**, 442 (1950).

SWANN, H. G.: In: Renal function. Josiah Macy Jr. Foundation, vol. 3. New York 1952.

— Some aspects of renal blood flow and tissue pressure. Circulat. Res. **14/15**, 1 (1964).

TAKEUCHI, J., KUBO, T., SAWADA, T., FUNAKI, E., SANADA, M., KITAGAWA, T., NAKADA, Y.: Autoregulation of renal circulation. Jap. Heart J. **6**, 243 (1965).

THOMPSON, D. D., KAVALER, F., LOZANO, R., PITTS, R. F.: Evaluation of the cell separation hypothesis of autoregulation of renal blood flow and filtration rate. Amer. J. Physiol. **191**, 493 (1957).

THORBURN, G. D., KOPALD, H. H., HERD, J. A., HOLLENBERG, M., O'MORCHOE, C. C. C., BARGER, A. C.: Intrarenal distribution of nutrient blood flow determined with krypton[85] in the unanesthetized dog. Circulat. Res. **13**, 290 (1963).

THORN, W., LIEMAN, F., WICHERT, P. v.: Metabolitenkonzentration in der Niere und PAH-Clearance nach akuter Ischämie und in der Erholung nach Ischämie. Pflügers Arch. ges. Physiol. **273**, 528 (1961).

THURAU, K.: Renal sodium reabsorption and $O_2$ uptake in dogs during hypoxia and hydrochlorothiazide infusion. Proc. Soc. exp. Biol. (N.Y.) **106**, 714 (1961).

— In: Kreislaufmessungen, S. 182. München-Gräfelfing: Werkverlag Dr. Edmund Banaschewski 1964a.

Renal hemodynamics. Amer. J. Med. **36**, 698 (1964b).

— Autoregulation of RBF and GFR including data on tubular and peritubular capillary pressure and vessel wall tension. Circulat. Res. **14/15**, Suppl. 1, 132 (1964c).

— Fundamentals of renal circulation. Proc. II Intern. Congr. Nephrol., p. 51. Amsterdam-New York-London-Milano-Tokyo: Excerpta Medica Fd. 1964d.

— The nature of autoregulation of renal blood flow. Proc. III Intern. Congr. Nephrology, vol. I, 62 (HANDLER, J. S., ed.). 288 pp. Basel-New York: Hans Huber 1967a.

— Blutkreislauf der Niere. Verh. dtsch. ges. Kreisl.-Forsch. **33**, 1 (1967b).

— Haemodynamik des Nierenkreislaufes. In: Handbuch innere Medizin, Bd. VIII, 1. Teil (Hrsg. H. SCHWIEGK). Berlin-Heidelberg-New York: Springer 1968.

— Pathophysiologie des akuten Nierenversagens. Anaesthesiologie und Wiederbelebung, Bd. 49, S. 1. Berlin-Heidelberg-New York: Springer 1970.

— DAHLHEIM, H., GRANGER, P.: On the local formation of angiotensin at the site of the juxtaglomerular apparatus. Proc. IV. Intern. Congr. Nephrol., Stockholm 1969, vol. 2, p. 24. Basel-München-New York: Karger 1970.

— DEETJEN, P.: Die Diurese bei arteriellen Drucksteigerungen. Bedeutung der Hämodynamik des Nierenmarkes für die Harnkonzentrierung. Mit einem theoretischen Beitrag von H. GÜNZLER: „Gegenstromsysteme mit Stoffzufuhr durch die Außenwände." Pflügers Arch. ges. Physiol. **274**, 567 (1962).

— — KRAMER, K.: Farbkonzentrationskurven, Erythrocytenpassage, kapilläre $O_2$-Sättigung im Nierenmark. Pflügers Arch. ges. Physiol. **270**, 50 (1959a).

— — Hämodynamik des Nierenmarks. II. Mitteilung: Wechselbeziehung zwischen vasculärem und tubulärem Gegenstromsystem bei arteriellen Drucksteigerungen, Wasserdiurese und osmotischer Diurese. Pflügers Arch. ges. Physiol. **270**, 270 (1960a).

— HENNE, G.: Die transmurale Druckdifferenz der Widerstandsgefäße als Parameter der Widerstandsregulation in der Niere. Pflügers Arch. ges. Physiol. **279**, 156 (1964).

— KRAMER, K.: Weitere Untersuchungen zur myogenen Natur der Autoregulation des Nierenkreislaufes. Pflügers Arch. ges. Physiol. **269**, 77 (1959).

— — BRECHTELSBAUER, H.: Die Reaktionsweise der glatten Muskulatur der Nierengefäße auf Dehnungsreize und ihre Bedeutung für die Autoregulation des Nierenkreislaufes. Pflügers Arch. ges. Physiol. **268**, 188 (1959b).

— SCHNERMANN, J.: Die Natriumkonzentration an den Macula densa-Zellen als regulierender Faktor für das Glomerulumfiltrat. Klin. Wschr. **43**, 410 (1965).

Thurau, K., Sugiura, T., Lilienfield, L. S.: Micropuncture of renal vasa recta in hydropenic hamsters. Clin. Res. **8**, 383 (1960b).
— Wober, E.: Zur Lokalisation der autoregulativen Widerstandsänderungen in der Niere. Pflügers Arch. ges. Physiol. **274**, 553 (1962).
Tobian, L.: Interrelationship of electrolytes, juxtaglomerular cells and hypertension. Physiol. Rev. **40**, 280 (1960).
— Renin release and its role in renal function and control of salt balance and arterial pressure. Fed. Proc. **26**, 48 (1967).
Trueta, J., Barclay, A. E., Daniel, P. M., Franklin, J., Prichard, M. M. C.: Studies of the renal circulation. Oxford: Blackwell Sci. Publ. 1948.
Tu, W. H.: Plasma renin activity in acute tubular necrosis and other renal diseases associated with hypertension. Circulation **25**, 189 (1962).
Ulfendahl, H. R.: Intrarenal oxygen tension. Acta Soc. Med. upsalien. **67**, 95 (1962a).
— Distribution of red cells and plasma in rabbit and cat kidneys. Acta physiol. scand. **52**, 1 (1962b).
Ullrich, K. J., Pehling, G., Espinar-Lafuente, M.: Wasser- und Elektrolytfluß im vasculären Gegenstromsystem des Nierenmarks. Mit einem theoretischen Beitrag von R. Schlögl: „Salztransport durch ungeladene Porenmembranen." Pflügers Arch. ges. Physiol. **273**, 562 (1961).
Vander, A. J.: Effects of acetylcholine, atropine and physostigmine on renal function in the dog. Amer. J. Physiol. **206**, 492 (1964).
— Control of renin release. Physiol. Rev. **47**, 359 (1967).
Waugh, W. H.: Circulatory autoregulation in the fully isolated kidney and in the humorally supported, isolated kidney. Circulat. Res. **14/15**, Suppl. I, 156 (1964).
— Shanks, R. G.: Cause of genuine autoregulation of the renal circulation. Circulat. Res. **8**, 871 (1960).
Werkö, L., Bucht, H., Josephson, B., Ek, J.: The effect of nor-adrenaline and adrenaline on renal hemodynamics and renal function in man. Scand. J. clin. Lab. Invest. **3**, 255 (1951).
Wilde, W. S., Thurau, K., Schnermann, J., Prchal, K.: Counter current multiplier for albumin in renal papilla. Pflügers Arch. ges. Physiol. **278**, 43 (1963).
— Vorburger, C.: Albumin multiplier in kidney vasa recta analyzed by microspectrophotometry of T-1824. Amer. J. Physiol. **213**, 1233 (1967).
Winton, F. R.: Hydrostatic pressures affecting the flow of the urine and blood in the kidney. Harvey Lect. **67** (1951/52).
Wirz, H.: Druckmessung in Kapillaren und Tubuli der Niere durch Mikropunktion. Helv. physiol. pharmacol. Acta **13**, 42 (1952).
— Der Einfluß des antidiuretischen Hormones auf den intratubulären Druck der Rattenniere. Helv. physiol. pharmacol. Acta **13**, C42 (1955).
Wolgast, M.: Studies on the regional renal blood flow with $P^{32}$-labelled red cells and small beta-sensitive semiconductor detectors. Acta physiol. scand., Suppl. 313 (1968).
Wunderlich, P., Schnermann, J.: Fortlaufende Registrierung des hydrostatischen Drucks in Nierentubuli und Blutkapillaren. Pflügers Arch. **312**, R 95 (1969).
Young, D., Wissig, S. L.: A histologic description of certain epithelial and vascular structures in the kidney of the normal rat. Amer. J. Anat. **115**, 43 (1964).
Zerahn, K.: Oxygen consumption and active sodium transport in the isolated and short circuited frog skin. Acta physiol. scand. **36**, 300 (1956).
Zimmermann, B. G., Abboud, F. M., Eckstein, J. W.: Effects of norepinephrine and angiotensin on total and venous resistance in the kidney. Amer. J. Physiol. **206**, 701 (1964).
Zimmermann, K. W.: Über den Bau des Glomerulus der Säugerniere. Z. mikr.-anat. Forsch. **32**, 176 (1933).

# Haut

K. Golenhofen

Mit 18 Abbildungen

## Vorbemerkungen

Von den mannigfaltigen Funktionen der Haut ist es vor allem der Wärmeaustausch mit der Umgebung, der für die Zirkulation der Haut die bestimmende Größe ist. Die dazu erforderliche Durchblutung liegt in der Regel so hoch, daß die nutritiven Funktionen automatisch miterledigt werden können. Dieser Tatbestand ist ein Specificum der Haut. Für die übrigen Organe ist es eher umgekehrt, daß nämlich der Wärmetransport nebenbei mitbesorgt wird. Würde beispielsweise in einem inneren Organ der gesamte Sauerstoff des Blutes zur Verbrennung ausgenutzt, so würde die Wärmebildung nicht über 1 kcal/l, die Aufwärmung des Blutes also nicht über 1°C hinaus ansteigen. Aufwärmungen dieses Umfangs können aber ohne weiteres toleriert werden. Bei der Blutverteilung innerhalb der Haut müssen allerdings die nutritiven Erfordernisse wieder Berücksichtigung finden.

Das Hautorgan hat im Menschen eine so spezielle Differenzierung erreicht, daß es im Tierreich kaum ein geeignetes Modell dafür gibt. Dieser Nachteil wird zum Glück dadurch wieder ausgeglichen, daß die Haut wegen ihrer guten Zugänglichkeit am Menschen selbst besonders gut untersucht werden kann. Deshalb werden in diesem Abschnitt ganz überwiegend Befunde vom Menschen behandelt. Besonders enge Beziehungen bestehen zwischen der Zirkulation der Haut und der Muskeldurchblutung — schon allein deshalb, weil zahlreiche Untersuchungen der „peripheren Durchblutung" ohne Differenzierung von Haut- und Muskelstrombahn durchgeführt worden sind. Manche Grenzfragen sind deshalb im Kapitel „Skeletmuskel" (S. 385) ausführlicher erörtert.

Wegen der engen Beziehungen zum Wärmehaushalt sind für die Zirkulation der Haut neben den spezieller auf den Kreislauf ausgerichteten Übersichten (Barcroft, 1960; Barcroft u. Swan, 1954; Delius u. Witzleb, 1964; Folkow, 1956; Greenfield, 1963; Hensel, 1964; Hertzman, 1959; Hille, 1965; Illig, 1961; Lewis, 1927/28; Mellander u. Johansson, 1968; Mendlowitz, 1954; Richards, 1946; Shepherd, 1963; Thauer, 1965; Wolstenholme et al., 1954) auch verschiedene Darstellungen der Thermoregulation zu berücksichtigen (Aschoff, 1958; Burton u. Edholm, 1955; Edholm u. Bacharach, 1965; Hensel, 1955; Newburgh, 1949; Thauer, 1939). Viele der in den genannten Übersichten zitierten Arbeiten können hier nicht wieder speziell erwähnt werden.

# I. Methodisches

## 1. Vergleich verschiedener Verfahren zur Messung der Hautdurchblutung

Während bei Studien an narkotisierten Tieren auch die üblichen Stromuhren zum Anlegen an oder Einbinden in Blutgefäße verwendet werden können, stehen für Untersuchungen am Menschen einige speziellere Verfahren zur Verfügung: 1. Die Venenverschluß-Plethysmographie. Sie ist die älteste und einzige direkte Methode zur Durchblutungsbestimmung. 2. Die thermischen Methoden, insbesondere die Wärmeleitmessung (lokale Wärme-Clearance). Sie wird in Abschnitt I, 2 näher erläutert. 3. Die Radioisotopen-Clearance als jüngstes Verfahren (Beschreibung im Kapitel Gehirn). Aus der Zusammenstellung der Vor- und Nachteile der verschiedenen Verfahren in Tabelle 1 ergibt sich, daß jede Methode für bestimmte Fragen besondere Vorzüge bietet, so daß das Optimum nur in der

Tabelle 1. *Vergleich verschiedener Methoden zur Messung der menschlichen Hautdurchblutung*

| Vorzüge | Nachteile |
|---|---|
| **Venenverschlußplethysmographie** | |
| 1. Direkte Messung der Durchblutung | 1. Keine fortlaufende Registrierung |
| 2. Quantitative Messung in absoluten Einheiten | 2. Miterfassung anderer Gewebe |
| 3. Integration über größere Gewebsbezirke | 3. Nur an acralen Partien anwendbar |
| **Wärmeleitmessung (lokale Wärme-Clearance)** | |
| 1. Fortlaufende Registrierung, optimale Erfassung der Dynamik | 1. Quantitative Messung in relativen Einheiten, Absoluteichung schwierig |
| 2. Isolierte Erfassung der Haut | 2. Gefahr thermischer Störungen |
| 3. An allen Stellen anwendbar | |
| 4. Miterfassung der Anastomosendurchblutung | |
| 5. Erfassung kleiner Gewebspartien | |
| **Radioisotopen-Clearance** | |
| 1. Isolierte Erfassung der Haut | 1. Keine fortlaufende Registrierung |
| 2. Erfassung der capillären Durchblutung allein (quantitativ ?) | 2. Absoluteichung schwierig |
| 3. An den meisten Stellen anwendbar | 3. Schlechtes zeitliches Auflösungsvermögen |
| 4. Erfassung kleiner Gewebspartien | 4. Keine Erfassung der Anastomosendurchblutung |
| | 5. Radioaktivität |

Kombination liegen kann. Bestimmte Merkmale, wie die „Erfassung kleiner Gewebspartien", können je nach Fragestellung zum Vor- oder Nachteil werden. Die speziellen Bedingungen für die Anwendung der Isotopen-Clearance an der menschlichen Haut wurden von Sejrsen (1967, 1969) gründlich untersucht. Dabei zeigt sich besonders deutlich, wie sich die verschiedenen Verfahren ergänzen können. Während die Isotopen-Clearance (die $^{133}$Xe-Clearance scheint besonders günstig zu sein) an den Acren, wo sich die Verschlußplethysmographie gut einsetzen läßt, wegen des Anastomosenreichtums keine zuverlässige Durchblutungsmessung erlaubt, liefert sie am Stamm, wo keine arteriovenösen Anastomosen vorhanden sind, gute Werte, während dort die Verschlußplethysmographie nicht angewandt werden kann.

Neben den genannten Verfahren behalten natürlich die übrigen Methoden wie Thermometrie, Oscillographie, photometrische Methoden usw. ihren Wert für bestimmte Aussagen bezüglich der Hautzirkulation.

## 2. Die Wärmeleitmessung (lokale Wärme-Clearance)

Zur Wärmeleitmessung wird an einem Ort des Gewebes eine Überwärmung gesetzt, in der Regel durch eine konstante elektrische Wärmebildung, und die

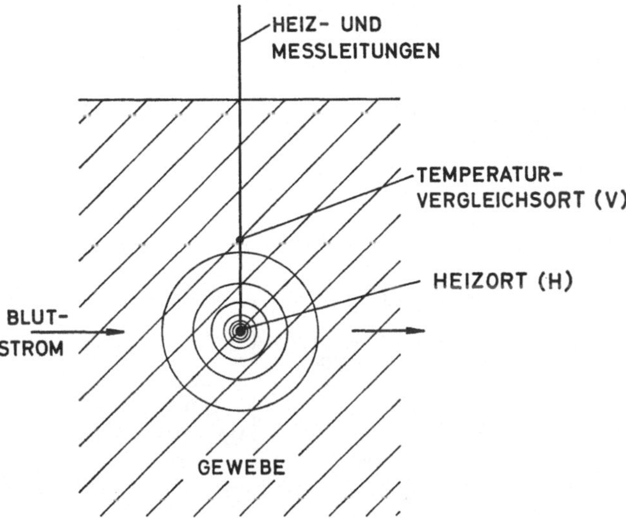


Abb. 1. Schematische Darstellung zur Durchblutungsmessung nach dem Prinzip der lokalen Wärme-Clearance (Wärmeleitmessung)

Übertemperatur $\vartheta$ an diesem Heizort $H$ gegenüber einem Vergleichsort $V$ fortlaufend registriert (Abb. 1). In einem homogenen undurchbluteten Medium ist die Übertemperatur $\vartheta$ im stationären Zustand proportional der Wärmebildung und indirekt proportional der Wärmeleitzahl $\lambda$ des Mediums. Für $\lambda$ ergibt sich somit die Bestimmungsgleichung

$$\lambda = \frac{k \cdot I^2}{\vartheta}. \tag{1}$$

$I^2$, das Quadrat der Heizstromstärke, ist für den Fall der elektrischen Aufheizung ein Maß für die Wärmebildung ($R \cdot I^2$), $k$ ist eine Eichkonstante, die vom Aufbau des jeweiligen Meßelementes abhängt und auch den Widerstand $R$ des elektrischen Heizsystems enthält. Wird der Wärmeabstrom nicht nur durch Konduktion, sondern zusätzlich noch durch Konvektion getragen, wie bei Messungen im durchbluteten Gewebe, so wird für den $\lambda$-Wert die Bezeichnung „Wärmeleitzahl" besser durch „Wärmetransportzahl" ersetzt (ASCHOFF, 1944a).

Da jede Realisierung dieses Meßprinzips den Einbau der Wärmequelle in ein Meßelement mit Verbindungsleitungen erfordert, die auch dann noch etwas Wärme abtransportieren, wenn das Element in ein Medium der Wärmeleitzahl 0 eingebracht würde, geht die Funktion (1) nicht durch den Nullpunkt, sie muß vielmehr in folgende Form erweitert werden:

$$\lambda = \frac{k \cdot I^2}{\vartheta} - a. \tag{2}$$

Gibbs (1933) hat erstmals ein „geheiztes Thermoelement" gebaut und damit dieses Prinzip zur Durchblutungsmessung in lebendem Gewebe angewandt. In den

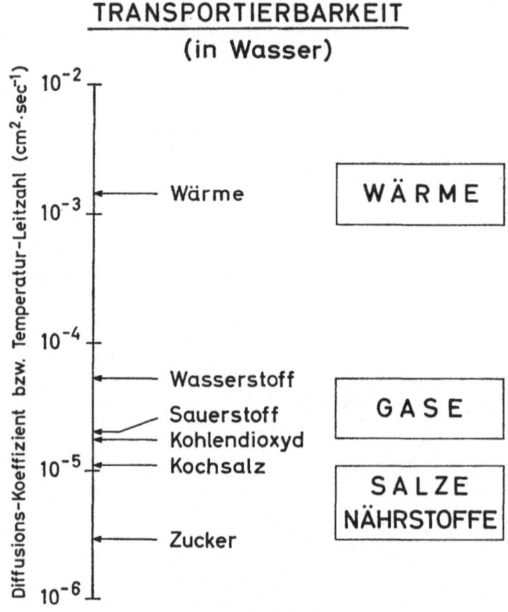


Abb. 2. „Transportierbarkeit" von Wärme und einigen im Blut gelösten Gasen und Stoffen, bezogen auf wäßrige Lösungen. (Nach Golenhofen, 1968)

Folgejahren wurde die Technik stufenweise weiterentwickelt (Burton, 1940; Grayson, 1952; Hensel u. Ruef, 1954; Übersicht bei Golenhofen et al., 1963). Es liegen auch schon verschiedene Ansätze zur theoretischen Fundierung einer quantitativen Durchblutungsbestimmung auf der Basis der lokalen Wärme-Clearance vor (Grängsjö et al., 1966; Müller-Schauenburg u. Betz, 1969; Perl, 1962; Perl u. Cucinell, 1965; Perl u. Hirsch, 1966; Priebe u. Betz, 1969; Stow u. Schieve, 1959), die meist auf instationären Aufheizungen basieren. Diese Darstellung bleibt auf die Messungen mit konstanter Heizung, unter quasi-stationären Bedingungen beschränkt.

### a) Wärme-Clearance und stoffliche Clearance

Die Unterschiede zwischen den verschiedenen Clearance-Messungen liegen in den Differenzen der Diffusions-Koeffizienten der jeweils verwendeten Medien begründet. Wie die Zusammenstellung in Abb. 2 zeigt, ist die Wärme selbst dem unter den stofflichen Medien bestdiffundierenden Wasserstoff noch 30fach überlegen. Gegenüber den größermolekularen Gasen, wozu auch die zu Clearance-Bestimmungen häufig verwendeten Gase Krypton und Xenon zu rechnen sind, beträgt der Unterschied etwa 100:1. Daraus ergibt sich, daß bei der Gas-Clearance der Nulleffekt (bei Durchblutung Null) wirklich nahe bei Null liegt, während er bei der Wärme-Clearance das Vielfache des Flußeffektes betragen kann. In einem schwach durchbluteten Organ, wie beispielsweise dem ruhenden Muskel, wird nur etwa 1% der mit einer Wärmeleitsonde zugeführten Wärme durch den Blutstrom und 99% durch Wärmeleitung abgeführt. Ferner geht daraus hervor, daß bezüglich der Wärme in den terminalen Gefäßen mit Sicherheit ein voller Ausgleich

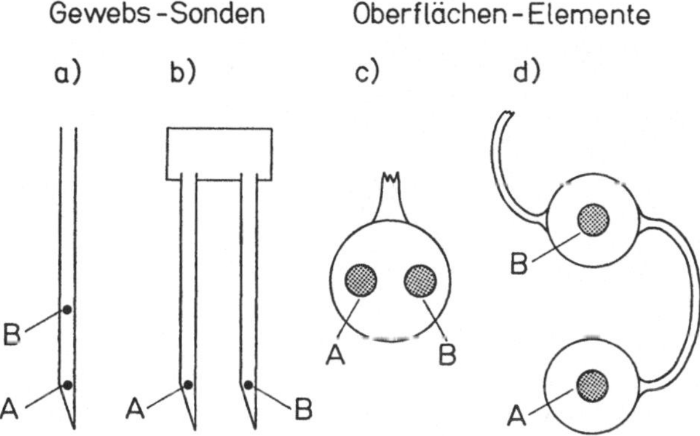


Abb. 3. Schematische Darstellung verschiedener Bautypen von Wärmeleitelementen

zwischen Blut und Gewebe erreicht wird, und zwar nicht nur bei capillärer Durchblutung, sondern auch beim Blutfluß durch arteriovenöse Anastomosen. Selbst durch die Wände größerer Arterien und Venen kann ein erheblicher Wärmeaustausch erfolgen, und Hindernisse wie die Epidermis können von der Wärme gleichfalls leicht überwunden werden, wodurch sich gute Möglichkeiten für Messungen von der Oberfläche her ergeben.

### b) Verschiedene Typen von Wärmeleitelementen

Durch verschiedenen Aufbau der Wärmeleitelemente läßt sich das Meßprinzip in mannigfaltiger Weise den jeweiligen Erfordernissen anpassen (Abb. 3). Einmal lassen sich Gewebssonden zum Einführen ins Gewebe und Oberflächenelemente zum Anlegen an äußere und innere Oberflächen unterscheiden. Man hat jeweils die Möglichkeit, beide Meßorte $A$ und $B$ (Heizort $H$ und Vergleichsort $V$) gemeinsam in ein Element einzubauen, wobei eine einfache Sonde (Abb. 3a) (HENSEL u. RUEF, 1954) oder das Zweiplatten-Oberflächenelement (Abb. 3c) (HENSEL, 1959) entstehen, oder auch beide Meßstellen zu trennen, indem man Doppelsonden (Abb. 3b) bzw. Mehrfach-Oberflächenelemente (Abb. 3d) (GOLENHOFEN u. HERMESMEIER, 1970) baut. Die Sonden können entweder durch Einbau in eine Stahlkanüle als starre Einstichsonden oder auch als flexible Elemente hergestellt werden (Einbau in Katheter oder als nackte, lackisolierte Drahtelemente). Gegenüber der Zusammenstellung bei GOLENHOFEN et al. (1963) haben sich folgende Neuerungen ergeben: Die Elemente werden heute bevorzugt so gebaut, daß an beiden Temperatur-Meßorten ein Heizsystem angeordnet wird, so daß wahlweise $A$ oder $B$ bzw. beide Orte regelmäßig alternierend aufgeheizt werden können (Golenhofen et al., 1964: alternativ heizbare starre Sonde). Eine spezielle flexible Doppelsonde wurde entwickelt, die sich besonders für langfristige Messungen im Tierversuch, z.B. zur Registrierung der Myokarddurchblutung an wachen Hunden, eignet; dabei ist gleichfalls eine alternierende Heizung möglich (Betz et al., 1966). Durch Einbau einer Injektionskanüle oder eines dünnen Katheters in eine Sonde können

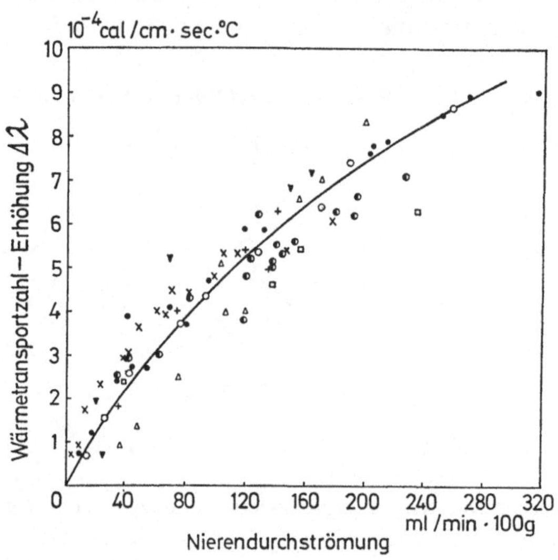


Abb. 4. Abhängigkeit der Wärmetransportzahlerhöhung ($\Delta \lambda$) von der Durchströmungsgröße, bei künstlicher Perfusion der Nierenrinde der Katze. Ergebnisse desselben Versuches jeweils durch gleiche Symbole dargestellt. Die durchgezogene Kurve ist aus Mittelwerten gewonnen, die durch offene Kreise dargestellt sind. (Nach Golenhofen et al., 1963)

Injektionen an den Meßort vorgenommen werden, z.B. zur Kombination mit der lokalen Isotopen-Clearance vom selben Meßort, wodurch auch absolute Eichungen ermöglicht werden (Golenhofen, 1967). Zur Messung der menschlichen Hautdurchblutung wurde ein Mehrfachelement (Wärmeleitband, Abb. 3d) mit sechs hintereinandergeschalteten Meßköpfen gebaut, bei dem die beiden Dreierpaare $A$ und $B$ alternierend aufgeheizt werden können (Golenhofen u. Hermesmeier, 1970).

### c) Beziehungen zwischen Wärmetransportzahl und Durchblutung

Durch Einbringen in bzw. Anlegen an Medien bekannter Wärmeleitzahl lassen sich die Wärmeleitelemente zur quantitativen Bestimmung der Wärmetransportzahl eichen (gemäß Gl. (2)). Die Abhängigkeit der durch den Blutstrom bedingten Wärmetransportzahlerhöhung $\Delta \lambda$ über den $\lambda_0$-Wert ($\lambda$-Wert bei Durchströmung Null) ist je nach Organ und Sondenlage verschieden. Bei relativ homogener Vascularisation und starker Durchblutung können die Wärmetransportzahl-Durchströmungskurven für ein Organ recht einheitlich ausfallen, wie Abb. 4 am

Beispiel der Nierenrinde zeigt, so daß gute Voraussetzungen für absolute Durchblutungsmessungen vorliegen. Bei blindem Einstich einer Sonde ins Gewebe ist aber in der Regel eine solche Einheitlichkeit nicht gegeben. Das liegt vor allem daran, daß der Wärmeübergang an das Blut nicht auf die terminalen Gefäße beschränkt ist. So ergibt sich selbst bei homogener terminaler Vascularisation für die lokale Wärme-Clearance eine erhebliche Inhomogenität, die durch den Wärmeübergang an größere arterielle oder venöse Gefäße bedingt ist. In Tierversuchen kann diese Schwierigkeit durch eine in situ-Eichung für jede Sondenlage überwunden werden. Beim Menschen geht man, wie an einem Beispiel der Muskeldurchblutungsmessung in Abb. 5 dargestellt, so vor, daß man zunächst den absoluten

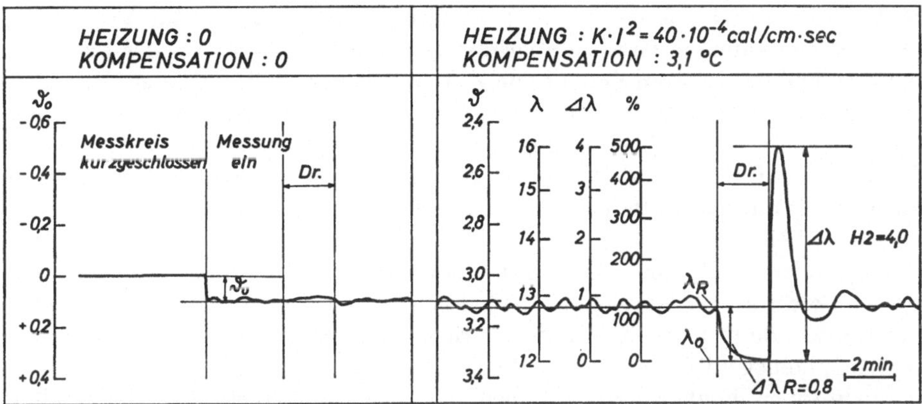


Abb. 5. Schema zur Auswertung von Wärmeleitkurven. Links: Messung des Gradientabgriffes ($\vartheta_0$) und Drosselungstest (*Dr.*) bei ungeheiztem Element. Rechts: Auswertungsgang für die Wärmeleitkurve nach Aufheizung des Elementes. $\vartheta$ durch Aufheizung bedingte Übertemperatur am Heizort; $\lambda$ absolute Wärmetransportzahl, in $10^{-4}$ cal/cm·sec·°C; $\varDelta\lambda$ Erhöhung der Wärmetransportzahl über den Wert bei Durchblutungsstillstand ($\lambda_0$), gleiche Dimension wie $\lambda$; % $\varDelta\lambda$ in Prozent von $\varDelta\lambda_R$; $\varDelta\lambda_R$ Differenz von $\lambda_R$ (Wärmetransportzahl bei Ruhedurchblutung) und $\lambda_0$; $\varDelta\lambda_{H2}$ maximales $\varDelta\lambda$ während reaktiver Hyperämie nach 2 min langer Durchblutungssperre (*Dr.*). (Nach GOLENHOFEN et al., 1963)

$\lambda$-Wert bei Ruhedurchblutung ($\lambda_R$) bestimmt. Durch vorübergehende Durchblutungssperre läßt sich der $\lambda_0$-Wert ermitteln und damit auch die Größe von $\varDelta\lambda_R$. Man kann nun alle Änderungen von $\varDelta\lambda$ im weiteren Verlauf in Prozent des $\varDelta\lambda_R$-Wertes ausdrücken (%-Skala der Abb. 5). Diese prozentualen Änderungen des $\varDelta\lambda$-Wertes decken sich zwar nicht genau mit den prozentualen Durchblutungsänderungen, da die Beziehung zwischen Wärmetransportzahl und Durchblutung nicht linear ist (vgl. Abb. 4). Durch zusätzliche Tests läßt sich aber häufig ermitteln, wieweit im Einzelfall eine annähernd lineare Beziehung gilt. Eine sehr gute Linearität hat sich beispielsweise für die Hautdurchblutungsmessung mit Oberflächenelementen ergeben (BURTON u. EDHOLM, 1955; HENSEL, 1956; HENSEL u. BENDER, 1956). Ferner sind auch beim Menschen absolute in situ-Eichungen möglich, z.B. durch Kombination mit der Venenverschluß-Plethysmographie oder der Isotopen-Clearance. Die Schwierigkeiten, die sich aus der Anisotropie der

Durchblutung für die Wärmeleitmessung ergeben, wurden von Aschoff u. Wever (1957, 1958c, 1959) überschätzt.

### d) Temperatur- und Mitheizungsfehler

Da in die Bestimmungsgleichung für die Wärmetransportzahl $\lambda$ nur die durch die Aufheizung bedingte Übertemperatur $\vartheta$ eingeht, müssen alle übrigen Temperatureinflüsse auf den Meßort eliminiert werden. Dazu genügt in der Regel, vor allem bei Messung in inneren Organen, das Zusammenlegen von Heiz- und Meßort in ein Element. Bei Messung an den Extremitäten und insbesondere auf der Haut können aber selbst bei Abständen von 5—10 mm zwischen den Meßorten noch so starke Abgriffe von den physiologischen Temperaturgradienten im Gewebe erfaßt werden, daß sich daraus Fehlerquellen ergeben können. Zur Vermeidung solcher Fehler kann der Gradientabgriff $\vartheta_0$ (Abb. 5) vor Aufheizung des Elementes gemessen und im weiteren Verlauf von Zeit zu Zeit kontrolliert werden. Man kann ferner durch Hintereinanderschalten vieler Elemente für eine statistische Kompensation sorgen. Schließlich gelingt durch regelmäßig alternierende Heizung der Meßorte $A$ und $B$ eine automatische Eliminierung, da mit dem Umschalten zugleich der Temperaturdifferenz-Meßkreis umgepolt wird (Golenhofen u. Hermesmeier, 1970).

Eine andere Fehlerquelle liegt darin, daß bei zu starker Annäherung von Heiz- und Vergleichsort der letztere zu sehr mitgeheizt wird — Mitheizungen zwischen 5 und 20% kommen bei den üblichen Elementtypen durchaus vor. Wegen der starken Inhomogenität der lokalen Wärmeabtransportbedingungen kann es dabei zu qualitativen Fehlanzeigen kommen, die sich am wirksamsten durch alternierende Aufheizung der beiden Meßorte kontrollieren lassen (vgl. Golenhofen, 1967).

## II. Gesamtdurchblutung der Haut

Angaben über die Gesamtdurchblutung der menschlichen Haut sind nur in grober Näherung möglich, da einmal die Durchblutungswerte starken zeitlichen Schwankungen im Tagesgang unterworfen und wegen der Empfindlichkeit auf die verschiedensten Einflüsse Standardbedingungen schwer festzulegen sind; zum anderen bestehen starke regionale Differenzen, und quantitative Messungen lassen sich gerade an den Bezirken, die besonders stark in den Gesamtwert eingehen — Körperstamm und proximale Extremitäten — nur schwer durchführen. Neueste Untersuchungen von Sejrsen (1969) lassen hoffen, daß mit Hilfe der $^{133}$Xe-Clearance die den letzteren Punkt betreffenden Lücken geschlossen werden können. Unter Bedingungen thermischer Indifferenz fand Sejrsen an Unterarm, Bauch und lateraler Beinregion erstaunlich einheitliche Durchblutungswerte um 4—6 ml/min·100 ml Hautgewebe (Unterarm 5; Bauch 4—5; Bein 6 ml/min·100 ml). Legt man eine durchschnittliche Dicke der Haut (Epidermis und Cutis, ohne subcutanes Fettgewebe) von 2 mm zugrunde (Leider, 1949), so ergibt sich eine Durchblutungsgröße von etwa 100 ml/min·m² Hautoberfläche. Dieser Wert stimmt gut mit früheren Kalkulationen anhand calorimetrischer Untersuchungen und Bestimmungen der Helium-Diffusion durch die Haut überein (Behnke u. Willmon, 1941; Hardy u. Soderstrom, 1938; Stewart u. Evans, 1943). Das gesamte

Minutenvolumen der Haut eines 180 cm großen und 80 kg schweren Menschen (2 m² Oberfläche) kann somit auf etwa 200 ml bei thermischer Behaglicherkeit angesetzt werden, d.h. ungefähr 4% des Herzminutenvolumens.

Nimmt man an, daß die Steigerung des Herzminutenvolumens bei starker Hitzebelastung allein oder ganz überwiegend zu Lasten der Hautdurchblutung geht, so ergeben sich für diese Bedingungen nach Messungen von KOROXENIDIS et al. (1961) Durchblutungswerte von ungefähr 2000 ml/min·m² Oberfläche, also Anstiege auf das 20fache des Basalwertes. ROWELL et al. (1969) fanden sogar Steigerungen des Herzminutenvolumens um 7—10 l/min, was bei alleiniger Verteilung auf die Haut Werte von 4 l/min·m² und mehr ergeben würde. Unter diesen Extremsituationen, die mit einem Anstieg der Körperkerntemperatur von 2°C verbunden waren, muß man aber doch schon mit erheblichen Mehrdurchblutungen in anderen Körperregionen rechnen, so daß der Wert von 2 l/min·m² das cutane Maximum wohl noch am besten wiedergibt. Davon können aber auch noch erhebliche Anteile auf das subcutane Gewebe entfallen.

Quantitative Angaben der cutanen Durchblutungsgröße basieren häufig auf verschlußplethysmographischen Untersuchungen. Dabei werden zwar alle im Plethysmographen eingeschlossenen Gewebspartien erfaßt, aber unter Berücksichtigung der Zusammensetzung der verschiedenen Extremitätenabschnitte (Tabelle 2) können doch gewisse quantitative Rückschlüsse auf den Anteil der Hautdurchblutung gewonnen werden.

Tabelle 2. *Gewebszusammensetzung menschlicher Extremitäten, in Volumen-Prozenten.* (Nach GREENFIELD, 1963)

| | Hand | Fuß | Unterarm A | Unterarm B |
|---|---|---|---|---|
| Haut | 30,2 | 17 | 8,6 | 13,4 |
| Subcutanes Gewebe | | 24 | 8,0 | |
| Fett | 54,3 | 2 | | 28,0 |
| Knochen | | 43 | 13,7 | |
| Sehnen | | | 6,1 | |
| Muskel | 15,5 | 14 | 63,6 | 58,6 |

Literatur:
Hand: Mittelwerte von 3 Händen. (Nach ABRAMSON u. FERRIS, 1940.)
Fuß: Mittelwerte von 2 Füßen. (Nach ALLWOOD u. BURRY, 1954.)
Unterarm A: Mittelwerte von 5 Unterarmen. (Nach COOPER et al., 1955.)
Unterarm B: Mittelwerte von 3 Unterarmen. (Nach ABRAMSON u. FERRIS, 1940.)

## III. Topographische Differenzierung
## im Durchblutungsverhalten der Haut

In der Haut ist die regionale Differenzierung so stark ausgeprägt, daß man
kaum noch von einem einheitlichen Organ sprechen kann. Abb. 6 stellt einen Ansatz zur Kennzeichnung der örtlichen Unterschiede anhand einiger quantitativer
Merkmale dar. Das mögliche Durchblutungsmaximum sowie die Variabilität der
Durchblutungsgröße nehmen zu den Acren hin zu — parallel mit der Dichte der
arteriovenösen Anastomosen — und erreichen in den Fingerspitzen wohl die
höchsten Werte. Dort kann die Durchblutung bis nahe Null eingeschränkt und
andererseits zu Höchstwerten bis über 200 ml/min · 100 ml Gewebe gesteigert
werden.

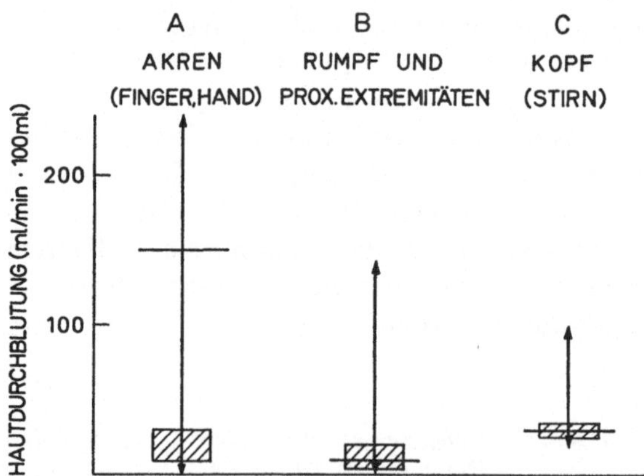


Abb. 6. Stark schematisierte Darstellung zur Kennzeichnung der regionalen Differenzen im
Verhalten der menschlichen Hautdurchblutung. Für drei Typen — *A*, *B* und *C* — sind der
Umfang der Durchblutungsschwankungen mit den Extremwerten (Pfeilspitzen), der Durch-
blutungsbereich unter Normalbedingungen (schraffierte Kästchen) sowie die Durchblutungs-
größe nach akuter Nervenausschaltung (Querstrich) zur Kennzeichnung des „autonomen
Tonus" dargestellt

Auch die Mechanismen, welche die Durchblutungsgröße steuern, variieren von
Ort zu Ort. Als Zeichen dafür dient in Abb. 6 die Durchblutungsgröße nach akuter
Ausschaltung der Innervation, die den „autonomen Tonus" der Gefäße kennzeichnet. Die Acren stehen ganz unter Kontrolle der vasoconstrictorischen Nerven,
was dazu führt, daß nach Nervenblockade die Gefäße sehr stark dilatieren und
nur noch durch lokale Wärmeeinflüsse weiter dilatiert werden können (vgl. VII, 2).
In den proximalen Arealen ist die vasoconstrictorische Innervation viel schwächer,
der autonome Tonus ist intensiver, und nur mit Hilfe vasodilatatorischer Nerven
können die maximalen Durchblutungswerte erreicht werden (vgl. IV, 1 und VII, 2).
An der Stirn ist nach Untersuchungen von Coffman (1969) der Einfluß vasoconstrictorischer Nerven vernachlässigbar gering, und auch Adrenalingaben haben
nur sehr schwache Effekte. Die Fähigkeit zur Dilatation im Zusammenhang mit
der Schweißsekretion ist dabei voll ausgeprägt. Die Sonderstellung der Stirnhaut
bezüglich der schwachen constrictorischen Effekte ist durch viele Untersuchungen
gut belegt (Blair et al., 1961a; Fox et al., 1962; Froese u. Burton, 1957;

HERTZMAN et al., 1942, 1947). Von acral nach zentral finden sich natürlich alle Übergangsstufen, und bestimmte Stammregionen (Brust) stehen der Stirn möglicherweise sehr nahe. Die Durchblutungsregulation an den Acren des Kopfes (Ohr, Nase und auch Lippen) entspricht weitgehend der an den Acren der Extremitäten (BLAIR et al., 1961a; Fox et al., 1962).

Aber auch Regionen, die hinsichtlich der bisher genannten Parameter ähnlich sind, können unter versch'edenen Bedingungen differenziert reagieren. HILLE (1965) hat viele Beispiele für die Mannigfaltigkeit der Reaktionstopographie der Haut zusammengestellt. Von einer befriedigenden einheitlichen Theorie sind wir aber noch weit entfernt. In den folgenden Abschnitten werden die regionalen Differenzen immer wieder berührt. Bemerkenswert für die allgemeinen topographischen Spielregeln sind vor allem auch die Kreislaufumstellungen bei körperlicher Arbeit (vgl. X, 2).

## IV. Mechanismen der Durchblutungsregulation

### 1. Nervale Steuerung

CLAUDE BERNARD stellte fest, daß sich beim Kaninchen nach Durchtrennung des Halssympathicus das gleichseitige Ohr rötete und erwärmte, während eine Reizung des Grenzstranges den gegenteiligen Effekt hatte. Daraus ließ sich schließen, daß im Sympathicus vasoconstrictorische Fasern verlaufen, die unter normalen Bedingungen ständig eine gewisse Aktivität besitzen und so die Gefäße in einem Zustand mittlerer Constriction halten. Für die Acren des Menschen konnten diese Beobachtungen bestätigt und von WALKER et al. (1950) quantitativ belegt werden: Die Durchblutungswerte der Hand stiegen unmittelbar nach einer Sympathektomie von durchschnittlich 5,2 auf 22,7—59,2 ml/min · 100 ml Gewebe; im Fuß von 2,1 auf 20,8—28,0 ml/min · 100 ml Gewebe.

In der Haut des Unterarmes findet man dagegen keine wesentliche Durchblutungssteigerung nach Ausschaltung der vasoconstrictorischen Nerven. Nur durch Erregung efferenter Nerven läßt sich in diesen Regionen die mögliche Maximaldurchblutung erzielen. Die nähere Analyse hat ergeben, daß diese „aktive Vasodilatation" sehr eng an die Schweißbildung gebunden ist. Da sich beim Menschen während des Schwitzens ein Anstieg der Bradykinin-Konzentration in der Haut nachweisen läßt, darf man annehmen, daß die aktive Vasodilatation in der Haut des Unterarmes eine indirekte ist: über sympathische cholinerge Nerven wird die Schweißbildung angeregt, wobei gleichzeitig das Gewebshormon Bradykinin freigesetzt wird, welches die Erweiterung der Hautgefäße vermittelt (Fox u. HILTON, 1958; LOVE u. SHANKS, 1962). Auch die Tatsache, daß in schweißdrüsenfreien Hautregionen von Hund und Katze keine aktive Vasodilatation der Hautgefäße nachgewiesen ist, spricht für den genannten Mechanismus der dilatatorischen Innervation (FOLKOW et al., 1949; GREEN et al., 1965). Bei emotionaler Schweißbildung kann dieser Mechanismus auch an der Hand Bedeutung erlangen (ALLWOOD et al., 1959a; vgl. Abschnitt VI).

Die kombinierte constrictorische und dilatatorische Innervation kann als das Normale für die meisten Körperregionen angesehen werden, wobei die relative Wertigkeit beider Mechanismen von Ort zu Ort stark variiert (vgl. Abschnitt III).

Die zeitlichen Eigenschaften der cutanen Vasomotorik wurden von Polster et al. (1967) sowie Seller et al. (1967) an Hunden näher analysiert.

Die constrictorischen Nerven der Haut sind offensichtlich, wie alle übrigen vasoconstrictorischen Nerven, noradrenerg, d.h. der Überträgerstoff von den Nervenenden auf die Gefäßmuskulatur ist das Noradrenalin; $\alpha$-Blocker hemmen die constrictorischen Einflüsse.

Eine Dilatation der Hautgefäße läßt sich auch durch antidrome Erregung afferenter Nervenfasern auslösen. Mit dieser an sich unphysiologischen Maßnahme wird wahrscheinlich ein physiologischer Mechanismus imitiert: der Axonreflex, dessen Impulse von sensiblen Nervenendigungen ausgehen und über andere periphere Ausläufer derselben Nervenfaser „antidrom" zu den Blutgefäßen gelangen. Als Überträgerstoff der antidromen Dilatation wird das Adenosintriphosphat diskutiert (Holton, 1959; Holton u. Holton, 1954; Holton u. Perry, 1951). Zur vasomotorischen Innervation vgl. ferner Folkow (1956, 1959, 1960), Celander (1954), Greenfield (1963) und Shepherd (1963).

## 2. Humorale Steuerung

Für die zentrale Steuerung der Hautzirkulation ist der humorale Weg quantitativ von wesentlich geringerem Gewicht als der nervale. Den stärksten Effekt auf die Hautgefäße haben noch die Hormone Adrenalin und Noradrenalin, aber auch im Wirkungsspektrum dieser Stoffe ist der Effekt auf die Hautgefäße nicht der wichtigste. Sowohl Adrenalin als auch Noradrenalin lösen eine direkte Constriction der Hautgefäße aus, wie sich durch intraarterielle Injektionen zeigen läßt. Bei endogenen Ausschüttungen der Katecholamine aus dem Nebennierenmark sowie bei intravenöser Applikation wird die lokale Wirkung noch von zentralen Kreislaufeffekten überlagert. Durch $\alpha$-Blocker (Phentolamin, Phenoxybenzamin) läßt sich die constrictorische Wirkung auf die Hautgefäße aufheben. Eine physiologisch relevante dilatatorische $\beta$-Receptorenaktivität ist in den Hautgefäßen nicht vorhanden, wenn sich auch nach Gabe von Isopropylnoradrenalin (Isoproterenol, Aludrin) leichte Dilatationen beobachten lassen (Allwood u. Ginsburg, 1961; Barcroft u. Swan, 1953; Shepherd, 1963; Wolstenholme et al., 1954).

Vasopressin führt sowohl bei intraarterieller als auch bei intravenöser Gabe zu einer Verminderung der Hautdurchblutung an der Hand (Kitchin, 1957). Oxytocin löst dagegen eine Dilatation der Handgefäße aus (Kitchin et al., 1959), so daß die beiden Hormone des Hypophysenhinterlappens eine gegensinnige Wirkung auf den Hautkreislauf entfalten.

Die Effekte anderer Wirkstoffe, die im Rahmen zentraler humoraler Steuerungen keine wesentliche Rolle spielen, werden an anderer Stelle erörtert (Abschnitt XI, 1).

## 3. Lokale Regulation

Neben den zentral-steuernden Impulsen, die über Nerven und Hormone den Hautgefäßen mitgeteilt werden, und dem arteriellen Blutdruck wirken noch verschiedene lokale Regulationsmechanismen an der Bestimmung der cutanen Durchblutungsgröße mit (vgl. Mellander, 1970). Dabei lassen sich lokal-chemische und lokal-mechanische Faktoren unterscheiden. Erstere sind auf die Aufrechterhaltung eines bestimmten chemischen Milieus ausgerichtet und stehen im Dienste des Stoffwechsels; sie lassen sich bei Drosselungen der Durchblutung besonders gut untersuchen und werden im entsprechenden Abschnitt behandelt (IX). Letztere zielen auf die Regulation mechanischer Faktoren ab, insbesondere der Gefäßwandspannung, und werden bei Druck- und Lageänderungen wirksam (Abschnitt VIII). Als Besonderheit der Haut kommen noch die thermischen Einwirkungen hinzu, die lokale Durchblutungsreaktionen mit regulatorischem Charakter hervorrufen können (Abschnitt VII). Lokale Reize können auch zu Änderungen des Gefäßtonus führen, die über den Reizort selbst hinausgreifen. Daran können Axonreflexe mitwirken (vgl. IV, 1), aber in jüngerer Zeit werden zunehmend auch die Möglichkeiten einer myogenen Ausbreitung innerhalb des Gefäßsystems diskutiert (CROCKFORD et al., 1962).

# V. Spontanverhalten

## 1. Schnelle Rhythmen

Die höchstfrequenten Wellen im Blutdruck werden im arteriellen System auch am stärksten gedämpft, so daß die pulsatorischen Schwankungen (Blutdruckwellen 1. Ordnung) im capillären Durchfluß kaum noch zu erkennen sind. Ähnliches gilt für den blutdruckpassiven Effekt der respiratorischen Wellen (Blutdruckwellen 2. Ordnung). Allerdings unterliegen die Hautgefäße im Rahmen der nervalen Koppelungen zwischen Kreislauf und Atmung noch gewissen atemsynchronen Schwankungen im vasoconstrictorischen Tonus (KOEPCHEN, 1962; MATTHES, 1951). Relevant für den peripheren Durchfluß werden eigentlich erst die nächstlangsameren Wellen (Blutdruckwellen 3. Ordnung, THM-Wellen, 10 sec-Rhythmus, GOLENHOFEN u. HILDEBRANDT, 1958). Es ist daher berechtigt, daß BURCH bei einem Gliederungsversuch der Durchblutungswellen erst mit diesen Rhythmen beginnt ($\alpha$-Wellen) (BURCH, 1954; BURCH et al., 1942; BURCH u. DE PASQUALE, 1960). Die Hautgefäße werden durch entsprechende Schwankungen der vasoconstrictorischen Innervation am 10 sec-Rhythmus beteiligt.

## 2. Minutenrhythmus

Stärker und auffälliger als die Schwankungen im 10 sec-Rhythmus sind noch langsamere Wellen in der Hautdurchblutung, deren Periodendauer im Bereich von 0,5—2 min liegt ($\beta$-Wellen nach BURCH et al.). Diese sind gleichfalls zentral-nerval gesteuert und an den acralen Hautpartien bei mittlerem Gefäßtonus besonders ausgeprägt; sie verlaufen in verschiedenen Hautpartien synchron (ASCHOFF, 1944 b; BURTON, 1939; BURTON u. TAYLOR, 1940; HENSEL, 1955, 1964; SCHRÖDER, 1959; STEIN, 1954). Nach Befunden von SELLER et al. (1967) am Hund ist aber der Minutenrhythmus auch im peripheren Hautgefäß selbst noch verankert. An der Haut des Körperstammes sind die minutenrhythmischen Fluktuationen gleichfalls nachweisbar, wenn auch in schwächerer Ausprägung (HILLE, 1965). In der Skeletmuskulatur finden sich Durchblutungswellen, die gegensinnig zu denen der Haut verlaufen (GOLENHOFEN u. HILDEBRANDT, 1957a). (Weitere Angaben zur Minutenrhythmik im Kapitel Skeletmuskel.)

## 3. Tagesrhythmus und langsamere Schwankungen

Noch langsamere Schwankungen der Hautdurchblutung sind eng mit der Thermoregulation verbunden (Aschoff, 1958; Hensel, 1955; Hildebrandt, 1962). So finden sich im Zusammenhang mit dem Tagesgang der Körperkerntemperatur ausgeprägte Fluktuationen der acralen Hautdurchblutung, wie Abb. 7 erkennen läßt. Die von der Durchblutung abhängige Wärmeabgabe der Hand

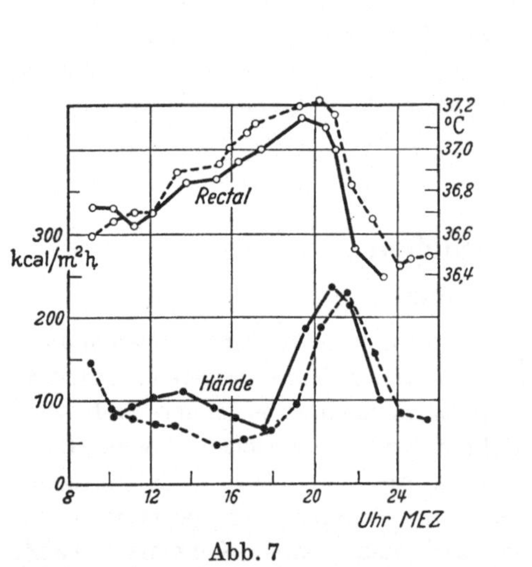


Abb. 7

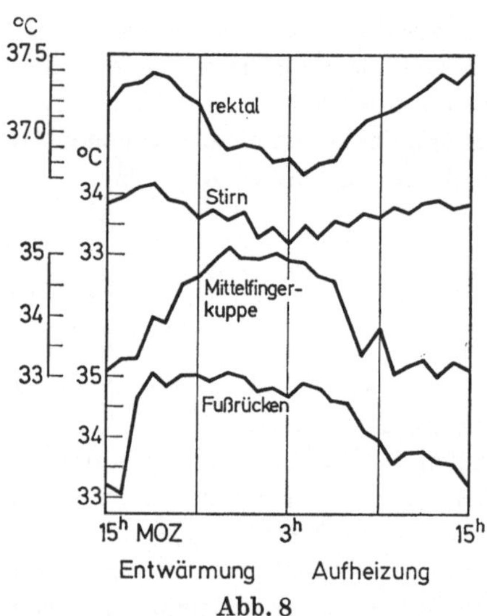


Abb. 8

Abb. 7. Tagesrhythmische Schwankungen der Hautdurchblutung an der Hand, zwei verschiedene Versuche. Oben: Rectaltemperatur. Unten: Wärmeabgabe der Hände an strömendes Wasser von 32°C, als Maß für die Hautdurchblutung. Konstante Umgebungsbedingungen, Nüchternheit. (Nach Aschoff, 1955)

Abb. 8. Tagesgang der Rectaltemperatur sowie der Hauttemperaturen an Stirn, Mittelfingerkuppe und Fußrücken bei gesunden Personen unter Bettruhe. (Nach Hildebrandt u. Engelbertz, 1953)

erreicht in der Zeit des besonders steilen Rückganges der Kerntemperatur ihr Maximum, was darauf hindeutet, daß die acrale Hautdurchblutung eine entscheidende Stellgröße in der Steuerung der circadianen Kerntemperaturänderungen ist. Die acrale Hautdurchblutung ist also stärker von der Änderungsgeschwindigkeit der Kerntemperatur als von deren absoluter Größe abhängig (Aschoff, 1955; Hildebrandt, 1962). Mit diesen Umstellungen der Durchblutungsgröße gehen auch Veränderungen in der Reaktionsbereitschaft der Hautgefäße auf thermische Reize einher, die sich in der Wiedererwärmungszeit nach einem Kaltreiz oder auch in der Kältedilatation der Hautgefäße nachweisen lassen (Hildebrandt, 1967; Kramer u. Schulze, 1948).

In den tagesrhythmischen Variationen wird auch die topographische Differenzierung der Hautzirkulation deutlich, was in Abb. 8 an Tagesgängen verschiedener Hauttemperaturen dargestellt ist. Während die acralen Hauttemperaturen den beschriebenen Gang der Durchblutung qualitativ getreu wiedergeben, weist die Parallelität von Stirn- und Rectaltemperatur darauf hin, daß sich die Stirndurchblutung nicht an den Reaktionen der acralen Hautgefäße beteiligt (ASCHOFF, 1955; HILDEBRANDT, 1962).

Auch die noch langsameren Rhythmen (Monats- und Jahresrhythmik) können sich auf die Hautdurchblutung auswirken (HILDEBRANDT, 1962).

## VI. Emotion

Die acrale Hautdurchblutung gehört zu denjenigen Gliedern des Blutkreislaufes, die sich an emotionalen Reaktionen mit besonderer Empfindlichkeit beteiligen. Sie kann schon eher als die Pulsfrequenz von solchen Reaktionen ergriffen werden, wofür Abb. 9 ein Beispiel gibt. In diesem Fall kam es beim Lesen aufregender Stellen eines Buches zu Constrictionen der Hautgefäße, die lediglich von

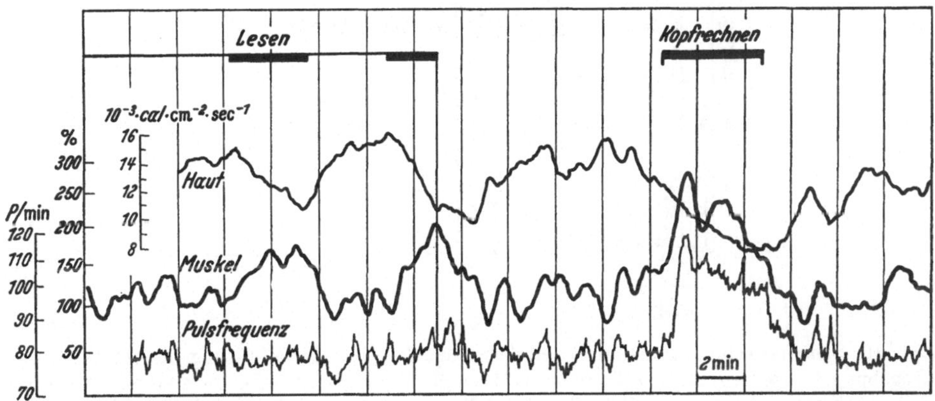


Abb. 9. Fortlaufende Registrierung der Hautdurchblutung am rechten Fuß, der Muskeldurchblutung in der linken Wade und der Pulsfrequenz. Anfangs las die Versuchsperson ein Buch, worin zweimal eine „tolle Schlägerei" vorkam (mit Balken gekennzeichnet). Später Kopfrechnen: Multiplikation zweistelliger Zahlen. (Nach GOLENHOFEN u. HILDEBRANDT, 1957b)

gegensinnigen Änderungen im Muskel begleitet waren. Erst bei einer nachfolgenden intensiveren Reaktion, die durch unerwartetes Stellen von Kopfrechenaufgaben ausgelöst war, trat mit stärkeren Durchblutungsänderungen auch ein erheblicher Anstieg der Pulsfrequenz auf. Während die ersten Hautreaktionen als rein vasomotorisch aufzufassen sind (Nachlassen des vasoconstrictorischen Tonus), ist im Rahmen der stärkeren Kopfrechenreaktion sicher auch eine endogene Adrenalinausschüttung an der Constriction der Hautgefäße beteiligt. Die acralen Gefäßconstrictionen sind als Teil einer allgemeineren „Aufheizungsreaktion" zu verstehen (vgl. EBBECKE, 1948) und deshalb in vieler Hinsicht den Kältereaktionen ähnlich (vgl. Abschnitt VII).

Bei länger anhaltenden emotionalen Reizen kann es im Zusammenhang mit emotionaler Schweißbildung an der Handinnenfläche auch zu Anstiegen der Handdurchblutung kommen, die über die mit der Schweißbildung einhergehende Freisetzung von Bradykinin erklärt werden (ALLWOOD et al., 1959a) (vgl. Abschnitt IV,1). An den proximaleren Hautbezirken, z.B. schon am Unterarm, sind die emotionalen Durchblutungsreaktionen generell schwächer ausgeprägt (Fencl et al., 1959). Auch gegensinnige Verläufe an Acren und Stammpartien sind zu beobachten (Hille, 1965), was aber nicht notwendig eine gegensinnige Innervation bedeutet; Durchblutungszunahmen können auch blutdruckpassiv erfolgen. Bei Suggestion emotionaler Ereignisse finden sich gleichfalls die typischen Veränderungen der Hautdurchblutung (Finer u. Graf, 1968).

## VII. Thermische Reaktionen

Im Rahmen thermischer Einflüsse auf den Organismus kommt der Hautdurchblutung eine doppelte Funktion zu, was das Schema der Abb. 10 veranschaulichen

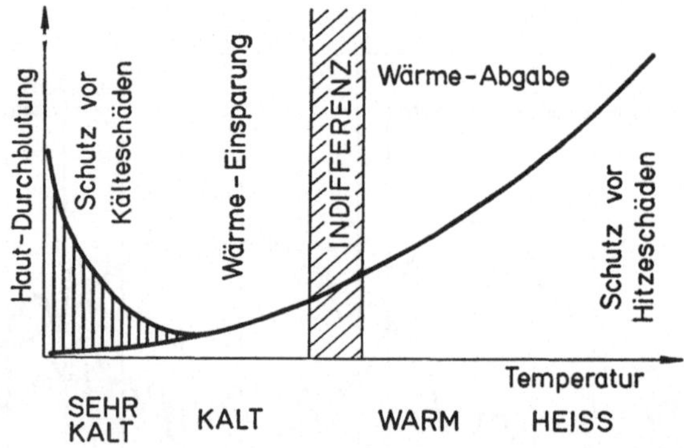


Abb. 10. Schematische Darstellung zum Verhalten der Hautdurchblutung bei verschiedenen Umgebungstemperaturen. Der Bereich der Behaglichkeit (thermische Indifferenz) ist schraffiert eingetragen. Zur warmen Seite hin steigt die Durchblutung an, sowohl zur Steigerung der Wärmeabgabe als auch zum Schutz vor lokalen Hitzeschäden. Zur kalten Seite hin fällt die Durchblutung zunächst zum Zwecke der Wärmeeinsparung ab, bei sehr starker Kälte steigt sie zum Schutz vor Kälteschäden wieder an, an den Acren in Form periodisch verlaufender Kältedilatationen (senkrecht schraffierter Bereich)

soll. Einmal hat sie im Dienste der Thermoregulation des Gesamtorganismus die Wärmeabgabe zu besorgen, zum anderen aber soll sie Kälte- und Hitzeschäden des Hautorgans selbst verhüten. Während im warmen Bereich beide Aufgaben zu gleichgerichteten Veränderungen führen, kommt es bei starker Kälte zu Konflikten: zur Wärmeeinsparung soll die Durchblutung reduziert werden, die Verhütung lokaler Kälteschäden fordert dagegen eine Durchblutungssteigerung.

### 1. Allgemeines zum Wärmeaustausch

In Abb. 2 ist dargestellt, daß die Austauschbedingungen für Wärme etwa um den Faktor 100 besser sind als für die nutritiv wichtigen Stoffe und Gase. Dieser in der Kreislaufphysiologie zu wenig beachtete Tatbestand bedeutet, daß die sog. arteriovenösen Anastomosen (AVA) in der Haut keine „Kurzschlußgefäße" darstellen, sondern vielmehr an die spezielle Funktion der Wärmeabgabe angepaßte „Austauschgefäße", die gemeinsam mit den übrigen terminalen Gefäßen, vor allem den Venolen und kleinen Venen, den Wärmeaustausch ebenso vollständig besorgen dürften wie die Capillaren den Stoff- und Gasaustausch (Golenhofen, 1968; Piiper, 1959). Unter arteriovenösen Anastomosen werden hier Verbindungskanäle besonders geringen Widerstandes zwischen arterieller und venöser Seite der peripheren Strombahn, mit nicht-capillärer Wandstruktur, verstanden. Auf die verschiedenen Typen der AVA kann hier nicht näher eingegangen werden (vgl. Clara, 1956; Hammersen u. Gross, 1968). Weiterhin geht aus den guten Transportbedingungen für Wärme hervor, daß zwischen benachbarten Arterien und Venen schon ein erheblicher Gegenstrom-Wärmeaustausch stattfindet, der für die Wärmeeinsparung im Organismus von großer Bedeutung ist (Aschoff, 1957; Aschoff u. Wever, 1958a und b; Bazett, 1949; Hensel, 1952, 1955).

Der hohe Diffusionskoeffizient der Wärme bedeutet schließlich, daß auch im undurchbluteten Gewebe ein relativ guter Wärmetransport möglich ist, der mit Hilfe der Blutdurchströmung gar nicht so dramatisch verbessert werden kann. Für die Überbrückung langer Wege, etwa vom Körperkern zur Hand, ist der Blutstrom zwar unerläßlich, aber zur Oberfläche hin wird dieser Transportmechanismus immer weniger wichtig, und der letzte Schritt des Wärmetransportes durch die Epidermis ist nur noch durch Wärmeleitung möglich. Für die thermoregulatorische Steuerung der Wärmeabgabe sind deshalb die von der Durchblutung abhängigen Hauttemperaturen und Temperaturgradienten in der Schale von größter Bedeutung (Hensel, 1952). Von der Oberfläche der Haut aus läßt sich beispielsweise mit einem Wärmeleitmesser bei maximaler Hautdurchblutung kaum eine Verdoppelung der lokalen Wärmetransportzahl gegenüber dem Wert bei Durchblutungsstillstand messen. Burton u. Edholm (1955) fanden Zunahmen von höchstens 60%.


## 2. Reaktionen auf Erwärmung

Wird die Haut über den Bereich der thermischen Indifferenz hinaus erwärmt, so kommt es zunächst aufgrund einer lokalen Reaktion zu einer Erweiterung der Hautgefäße. Darüber hinaus wird die Wärmeeinwirkung über Thermoreceptoren sowie über den Rückstrom des erwärmten Blutes den thermoregulatorischen Zentren mitgeteilt, die daraufhin mit Hilfe nervaler Steuerungen eine allgemeine Dilatation der Hautgefäße, insbesondere im Bereich der Acren, auslösen. Am Ort der Wärmeeinwirkung überlagern sich beide Reaktionskomponenten. Während der lokale Effekt schlecht von dem allgemeinen abzutrennen ist, läßt sich der letztere Anteil relativ leicht dadurch isoliert darstellen, daß man den Körper möglichst großflächig der Wärme aussetzt und lediglich die der Messung dienende Extremität davon ausnimmt, wie das im Beispiel der Abb. 11 geschehen ist. Bei kräftiger Hitzebelastung setzt in der Hand rasch eine Mehrdurchblutung ein, die ein hohes Niveau erreicht, welches sich durch Ausschaltung der vasomotorischen Nerven nicht weiter anheben läßt. Die Dilatation der Handgefäße kann somit als ein völliges Aufheben des vasoconstrictorischen Tonus erklärt werden (vgl. IV, 1). Die Unterarmdurchblutung steigt dagegen zunächst nur mäßig an und nimmt erst in einem späteren Stadium, mit Beginn des Schweißausbruches, stärker zu. Daß für die Steigerungen der Unterarm-Gesamtdurchblutung die Haut verantwortlich ist, ist experimentell gut belegt (vgl. Kapitel Skeletmuskel, S. 414). Der Reaktionsmechanismus an der Haut des Unterarmes ist komplexer als an der Hand,

wie sich durch Abb. 12 belegen läßt. Die frühe Durchblutungszunahme strebt
Werten zu, wie sie sich am anderen Arm nach Nervenblockade eingestellt haben;
dieser Anteil läßt sich also — wie bei der Hand — als Nachlassen des constrictorischen Tonus erklären. Der späte, mit der Schweißsekretion einhergehende

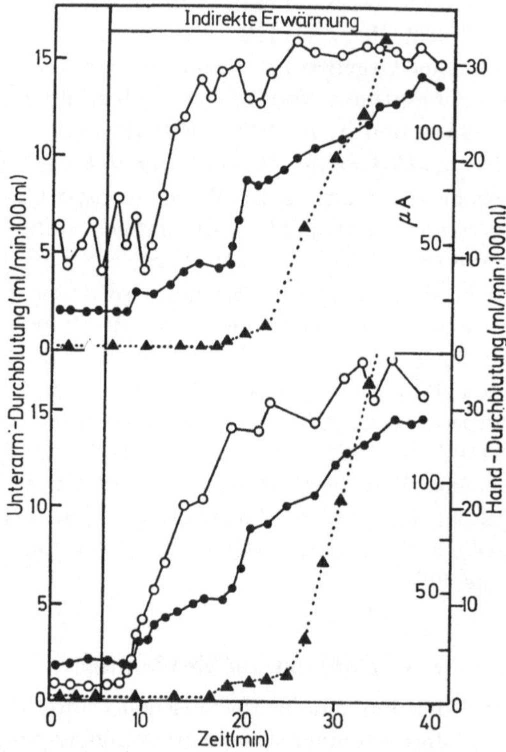


Abb. 11. Unterarmdurchblutung (●) und Handdurchblutung (○) bei indirekter Erwärmung.
Ergebnisse von zwei verschiedenen Versuchspersonen. Die Dreiecke geben die elektrische
Leitfähigkeit der Haut (in µA) als Maß für die Schweißsekretion an. (Nach Roddie et al.,
1957a)

Anteil überschreitet jedoch die Blockadewerte, er muß also auf eine „aktive
Vasodilatation" zurückgeführt werden. Diese wird heute als ein mittelbarer Effekt
gedeutet, der über die an die Schweißsekretion gebundene Freisetzung von
Bradykinin ausgelöst wird (vgl. Abschnitt IV, 1).

Die frühe Dilatation im Unterarm ist in ihrem Ausmaß sehr von der Ausgangslage abhängig. Von kühlen Bedingungen ausgehend ist sie in der Regel deutlich,
wie in Abb. 11 und 12, bei wohliger Behaglichkeit kann sie völlig fehlen; sie ist
mindestens teilweise als Nachlassen einer kälteinduzierten Vasoconstriction zu
verstehen.

Wird die allgemeine Erwärmung mit einer lokalen Erwärmung kombiniert,
indem beispielsweise im Meßplethysmographen die Wassertemperatur auf 44°C
erhöht wird, so läßt sich die Hautdurchblutung noch erheblich weiter steigern, in

der Hand bis zu 60—80 ml/min·100 ml Handgewebe (etwa 200 ml/min·100 ml Haut), womit zugleich die maximale Dilatation erreicht wird. Im Fuß werden bei qualitativ ähnlichen Reaktionen keine so hohen Durchblutungswerte eingestellt; auf das Volumen bezogen etwa nur 50% und pro Oberfläche etwa 75% im Vergleich zur Hand.

Die Schutzfunktion, die die hohe Hautdurchblutung bei Wärmeeinwirkung ausübt, läßt sich durch eine Unterbrechung der Zirkulation nachweisen: während

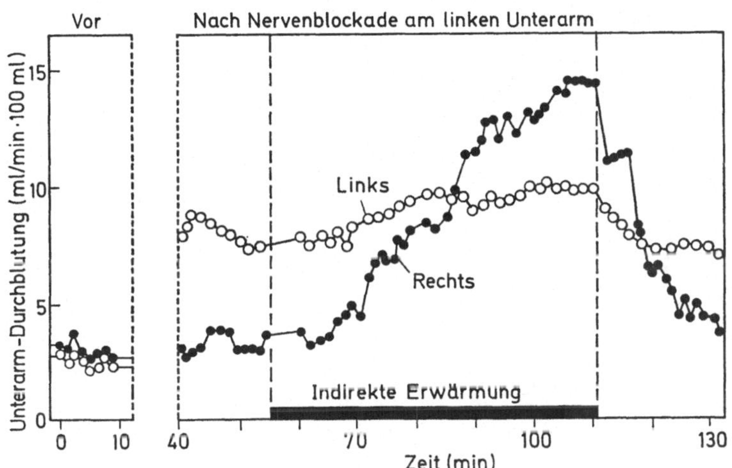


Abb. 12. Der Einfluß einer indirekten Erwärmung auf die Unterarmdurchblutung. Gegenüberstellung der Reaktion am intakten rechten Unterarm mit der am linken Arm, dessen Innervation blockiert war. (Nach RODDIE et al., 1957 b)

die Hand bei freier Durchblutung ohne weiteres in Wasser von 45°C gehalten werden kann, wird dies bei Unterbrechung der Durchblutung bald schmerzhaft.

Die übrigen Regionen der Haut lassen sich in ihren Reaktionen auf Erwärmung am ehesten mit dem Unterarm vergleichen: Der nerval-vasoconstrictorische Tonus ist bei indifferenter Mittellage schwach, stärkere Durchblutungszunahmen sind an den Bradykinin-Mechanismus gebunden (vgl. Abschnitt IV, 1).

(Vgl. GREENFIELD, 1963; SHEPHERD, 1963; THAUER, 1965.)

## 3. Kältereaktionen

Auch bei Einwirkung von Kälte überlagern sich direkte Gefäßreaktionen am Wirkort mit zentral gesteuerten, reflektorischen Veränderungen. Die von den Zentren gesteuerten Maßnahmen bestehen vor allem in einer Intensivierung der vasoconstrictorischen Innervation der Haut, die sich entsprechend den regionalen Unterschieden in der constrictorischen Nervenversorgung auch topographisch differenziert auswirkt; besonders stark also wieder in der Durchblutung der Acren, wo dabei vor allem die arteriovenösen Anastomosen verschlossen werden und die Durchblutungsgröße unter 1 ml/min·100 ml absinken kann. An Orten schwacher vasoconstrictorischer Innervation (Stammregionen, Stirn) können sich andere

Einflüsse einer komplexen allgemeinen Kältereaktion (Kalt-Affekt, Aktivierung
des Organismus, Adrenalin-Ausschüttung, Blutdruckerhöhung etc.) durchsetzen
und eventuell sogar zu Durchblutungssteigerungen führen (vgl. Hille, 1965),
deren Bedeutung aber nicht überschätzt werden sollte. An der lokalen Kälte-
wirkung kann einmal eine, meist vorübergehende, Kälteaktivierung der Gefäßmuskulatur mitwirken sowie eine mit der Senkung des Stoffwechsels verbundene
Konzentrationsabnahme dilatatorischer Wirkstoffe. Durch die erhöhte Viscosität
des kalten Blutes wird ferner eine von der Gefäßweite unabhängige Durchblutungsminderung hervorgerufen.

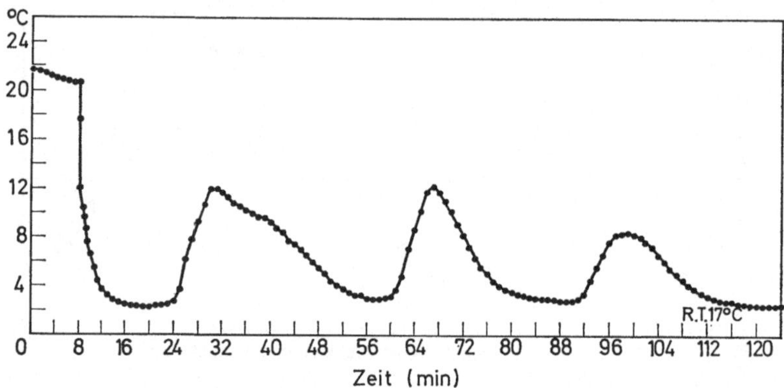


Abb. 13. Verlauf der Hauttemperatur am Zeigefinger nach Eintauchen in Eiswasser (in der
8. min). (Nach Lewis et al., 1930)

Das interessanteste Phänomen unter den Kältereaktionen der Haut ist wohl
die von Lewis et al. (1930) beschriebene periodische Dilatation der Hautgefäße
bei starker lokaler Kälteeinwirkung an den Acren (Kältevasodilatation, Lewissche Reaktion, „hunting reaction"), der auch viele gründliche Studien gewidmet
sind. Abb. 13 zeigt einen Originalbefund von Lewis et al. (1930). Beim Einbringen
eines Fingers in Eiswasser (8. min) kommt es zu einer maximalen Constriction, die
nach ca. 15 min erstmals von einer Kältevasodilatation durchbrochen wird,
welche sich im weiteren Verlauf regelmäßig wiederholt. Die Bedeutung der Lewisschen Reaktion ist im Schutz der Haut vor Kälteschäden zu erblicken (Abb. 10).
Untersucht man die Kältevasodilatation gleichzeitig an beiden Händen, so
sind die Intervalle zwischen den Dilatationswellen sehr ähnlich, aber es kommt
doch zu starken Phasenverschiebungen, so daß es sich nicht um eine koordinierte
zentrale Steuerung handeln kann. Das zeigt sich vor allem auch darin, daß die
Lewisschen Reaktionen noch an der akut denervierten Hand ablaufen. Die entscheidende Ursache für die periodischen Kältedilatationen muß also in lokalen
Reaktionen gesucht werden. Da auch der glatte Gefäßmuskel bei tiefen Tempera-
turen gelähmt wird und somit erschlafft (Keatinge, 1958, 1964; Sams u. Winkelmann, 1969), bietet sich in diesem Befund eine einfache Erklärung an. Die durch
die Vasodilatation hervorgerufene Erwärmung würde dann automatisch dem
Gefäß wieder seine Kontraktionsfähigkeit zurückgeben und zur Constriction
führen, bis die folgende Auskühlung das Gefäß wieder lähmt und so den nächsten

Cyclus in Gang setzt. Auch eine Kältelähmung der vasoconstrictorischen Nerven kann daran beteiligt sein. Die Tatsache, daß sich eine durch Adrenalin-Iontophorese hervorgerufene maximale Constriction der Hautgefäße durch Eintauchen des behandelten Fingers in Eiswasser wieder aufheben läßt, spricht ebenfalls für die Mitwirkung einer Kältelähmung an der Kältevasodilatation (KEATINGE, 1961). Die normale periodische Verlaufsform der Reaktion läßt sich auf diese Weise aber nicht imitieren. Das bevorzugte Auftreten von Schmerzen in der Phase der Minimaldurchblutung spricht dafür, daß doch auch nociceptive nervale Reflexe mitwirken, vielleicht im Sinne von Axonreflexen, da ja die nervale Verbindung mit den Zentren keine Vorbedingung ist. Nach Nervendegeneration bei chronischer Denervierung sind die Reaktionen auch schlechter auslösbar, aber sie sind doch nicht völlig unterdrückt. Axonreflexe allein reichen also ebenfalls nicht zur vollständigen Erklärung aus (BURTON u. EDHOLM, 1955; FOLKOW et al., 1963; GREENFIELD et al., 1952).

Genauere quantitative Untersuchungen über die Durchblutungsgröße im Finger bei Kältedilatation haben ergeben, daß nahezu maximale Durchblutungswerte auf dem Gipfel der Dilatationen erreicht werden können (GREENFIELD u. SHEPHERD, 1950; GREENFIELD et al., 1950, 1951). Dies bedeutet, daß es sich bei der lokalen Reaktion in jedem Fall um einen über größere Areale hinweg (mindestens im Bereich eines ganzen Fingers) koordinierten Prozeß handeln muß (vgl. ASCHOFF, 1944c). Das ist allerdings kein Beweis für die Mitwirkung von Nerven, da im glatten Muskel eine enge funktionelle Koppelung der Muskelzellen besteht, die allein auf myogenen Mechanismen beruht.

Insgesamt darf man mit FOLKOW et al. (1963) annehmen, daß es sich bei der Kältedilatation um eine komplexe Reaktion handelt, an der mindestens folgende vier Mechanismen beteiligt sind: eine Reduzierung des myogenen Tonus durch Kälte; eine durch Kälte reduzierte Reaktion der Gefäße auf die vasoconstrictorischen Impulse; Axonreflexe sowie Bildung dilatatorischer Stoffe mit beginnender Gewebsschädigung.

Die beschriebenen Kältereaktionen werden stark von der allgemeinen thermoregulatorischen Tendenz bestimmt und sind in der Mittellage am besten ausgeprägt (GREENFIELD u. SHEPHERD, 1950; KEATINGE, 1957; KRAMER u. SCHULZE, 1948). Bei zentral ausgelöster starker Vasoconstriction können sich an einem in kaltes Wasser getauchten Finger trotz erhöhter Schmerzen keine kräftigen Vasodilatationen durchsetzen — was die Grenzen für die Theorie der Kältelähmung aufzeigt; bei starker allgemeiner Vasodilatation werden andererseits die constrictorischen Reaktionsanteile unterdrückt. Auch tages- und jahreszeitliche Schwankungen der Reaktion sind zu beobachten (KRAMER u. SCHULZE, 1948).

Die Lewissche Reaktion wurde meist am Finger untersucht. Sie verläuft aber auch bei Exposition der Zehen sowie der ganzen Hand oder des ganzen Fußes gleichartig. Am Unterarm kommt es bei langem Einbringen in kaltes Wasser zwar auch zu einer Durchblutungszunahme, aber die für die Acren typische periodische Verlaufsform ist nicht zu sehen (CLARKE et al., 1958). Das deutet darauf hin, daß die arteriovenösen Anastomosen bei der periodischen Kältedilatation eine große Rolle spielen (GRANT u. BLAND, 1931; ASCHOFF, 1944c). Am Kaninchenohr läßt sich das Eröffnen der AVA bei Kältedilatation gut beobachten (GRANT, 1930).

Ob und welche Wirkstoffe bei der Lewisschen Reaktion mitwirken, ist unbekannt. Weder durch Atropin noch durch Antihistaminica läßt sich die Reaktion vermindern (Whittow, 1955).

## 4. Thermische Adaptation

Längere und regelmäßige Kälte- oder Hitzebelastungen führen zu Umstellungen der Thermoregulation im Sinne einer Anpassung an das veränderte Klima (Akklimatisation), wobei auch die Regulation der Hautdurchblutung betroffen wird. Bei Hitzeakklimatisation kommt es vor allem zu einer Verbesserung der Schweißsekretion, so daß die Hautdurchblutung eher entlastet wird und die Neigung zum Hitzekollaps abnimmt (Hensel, 1955; Thauer, 1965). Zur Rolle der Hautdurchblutung bei Kälteakklimatisation sind gerade in jüngerer Zeit so viele Untersuchungen an Menschen verschiedener Rassen in verschiedenen Lebensräumen unter so mannigfaltigen Bedingungen durchgeführt worden, daß ein einheitliches Konzept heute noch nicht mit Sicherheit gegeben werden kann (Übersichten: Carlson u. Hsieh, 1965; Shepherd, 1963; Thauer, 1965; Yoshimura, 1964). Manche Divergenzen in den Resultaten dürften nur scheinbar Widersprüche sein, die darauf zurückzuführen sind, daß, ähnlich wie bei den akuten Reaktionen auf Kälte, auch bei den langfristigen Umstellungen verschiedene Funktionstendenzen am Werk sind, die auf qualitativ entgegengerichtete Reaktionen der Hautdurchblutung abzielen, wobei je nach den gewählten Bedingungen sowie den individuellen und rassischen Besonderheiten der eine oder andere Prozeß das Übergewicht erlangen kann.

Einer der an der Kälteakklimatisation beteiligten Prozesse zielt auf möglichst weitgehende Wärmeeinsparung ab. So konnten Yoshimura et al. (vgl. Yoshimura, 1964) an akklimatisierten Soldaten beobachten, daß bei einer Standard-Kältebelastung die Hauttemperatur stärker und die Rectaltemperatur weniger abfiel als im Vergleichstest vor Akklimatisation.

Bei Wiederholung starker Kältebelastungen, die im akuten Test zur Lewisschen Kältedilatation an den Acren führen, werden andererseits diese Prozesse trainiert, so daß nach längerer Gewöhnung die Kältedilatation rascher einsetzt und auch intensiver ausfallen kann. Das führt dazu, daß bei Adaptation an starke Kältebelastungen die Acren wärmer gefunden werden als beim Unadaptierten. Diese Form der acralen Adaptation kann mit der oben genannten Form an den zentraleren Hautpartien kombiniert sein, so daß insgesamt eine Tendenz zu starker Wärmeeinsparung erhalten bleibt und die Acren zugleich vor Kälteschäden geschützt werden. Die Intensivierung der Kältedilatation kann allerdings im Zuge sehr langfristiger Anpassungen wieder dadurch abklingen, daß die peripheren Gewebe eine größere Kälteresistenz entwickeln; sie wird damit nicht mehr im alten Umfang benötigt.

In vielen Versuchsreihen wurden die Kältebelastungen mit Sport und körperlicher Betätigung kombiniert, wodurch ein weiterer Faktor hineinkommt, der der erstgenannten Tendenz zur Wärmeeinsparung entgegengerichtet ist: die Extremitäten werden wegen des muskulären Einsatzes stärker durchblutet.

## VIII. Druckänderungen und Lagewechsel

Die Gefäßweite ist stets das Ergebnis zweier entgegengerichteter Kräfte, der
dehnenden Kraft des effektiven Gefäßinnendruckes (transmuraler Druck) und
des Tonus der Gefäßwand. Gegen Verminderungen des transmuralen Druckes, sei
es durch Anheben des untersuchten Bezirkes über Herzhöhe oder durch äußeren
Gegendruck, wobei zugleich das arteriovenöse Druckgefälle absinkt, haben die
Hautgefäße kaum Möglichkeiten zur Kompensation. Die Handdurchblutung fällt
mit sinkendem Durchströmungsdruck rasch ab und sistiert bei noch relativ hohen

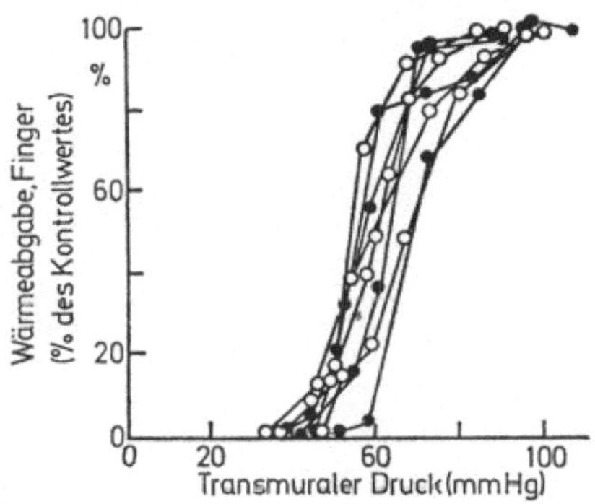


Abb. 14. Fingerdurchblutung (Wärmeabgabe des Fingers) in Abhängigkeit vom transmuralen
Druck in den Fingerarterien. ○ Veränderung des transmuralen Druckes durch Anheben der
Hand. ● Veränderung des transmuralen Druckes durch positiven Gegendruck. (Nach RODDIE
u. SHEPHERD, 1957)

Drucken völlig (Abb. 14). Die Größe des kritischen Verschlußdruckes („critical
closing pressure") variiert mit dem Gefäßtonus und liegt beim Finger zwischen
10 und 56 mm Hg (BURTON, 1951, 1965; RODDIE u. SHEPHERD, 1957; YAMADA,
1954).

Erhöhungen des transmuralen Druckes bei Konstanz des arteriovenösen
Druckgefälles kommen bei Lageänderungen vor. Durch Senkung des Umgebungsdruckes lassen sich diese Druckumstellungen in umschriebenen Bezirken experimentell imitieren. Bei Senkung der Extremitäten wurde in einigen Versuchsreihen
ein Anstieg der Wärmeabgabe von Finger und Zehen gefunden (RODDIE, 1955;
ENGLAND u. JOHNSTON, 1956) sowie eine Abnahme der arteriovenösen Sauerstoff-
differenz in Arm und Bein als Zeichen erhöhter Durchblutung, die sich druckpassiv
erklären läßt (WILKINS et al., 1950; ROSENSWEIG, 1955). Stärkere Variationen des
transmuralen Druckes durch Veränderungen des Umgebungsdruckes haben aber
doch gezeigt, daß sich die Gefäße keineswegs nur druckpassiv verhalten; vielmehr
erhöhen sie reaktiv ihren Tonus und können dabei sogar die druckpassive Dehnung
überkompensieren, so daß der Strömungswiderstand mit steigendem transmuralen
Druck zunimmt (COLES, 1957; COLES u. GREENFIELD, 1956; GOLENHOFEN, 1962).
In den unteren Extremitäten sind diese Reaktionen offensichtlich ausgeprägter als
an den oberen, möglicherweise als Ausdruck einer Anpassung an die stärkeren
orthostatischen Druckbelastungen. In Abb. 15 sind die Veränderungen der
menschlichen Hautdurchblutung an den unteren Extremitäten bei stufenweiser

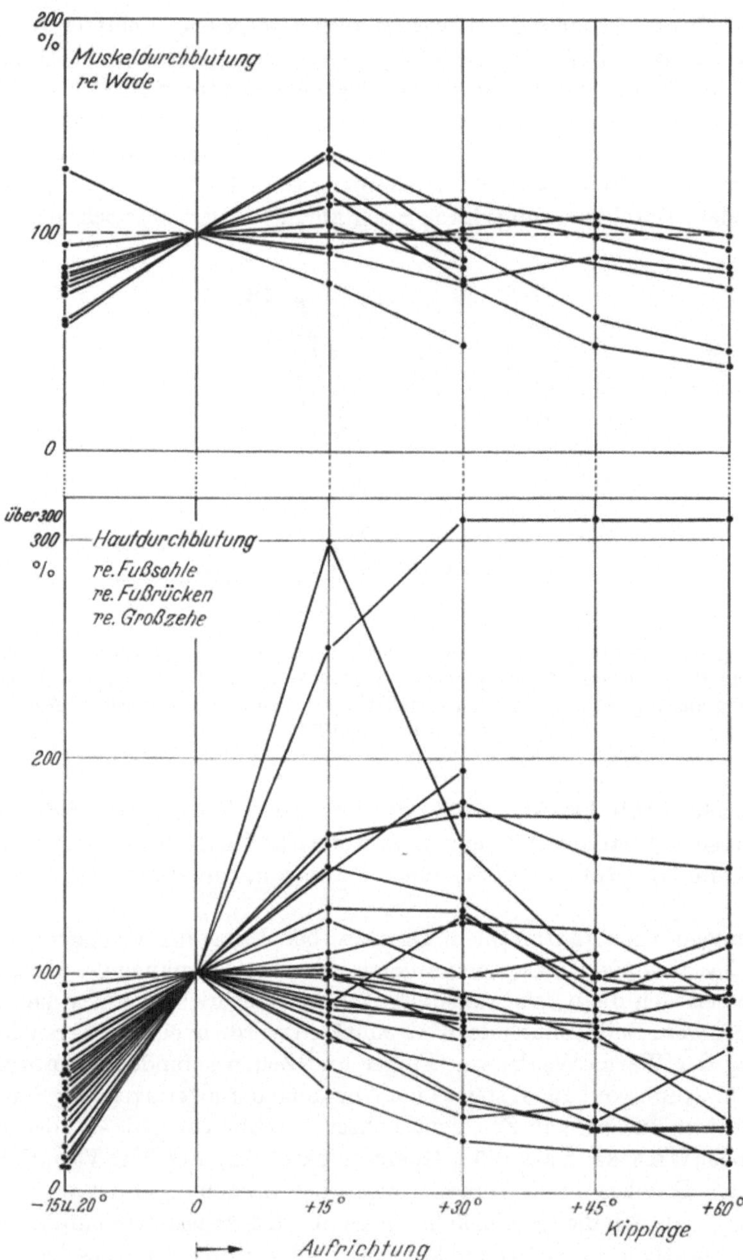


Abb. 15. Veränderungen von Haut- und Muskeldurchblutung am unbelasteten Bein bei graduellem Aufrichten (bis + 60°) und leichter Kopftieflage (−15 und −20°) am Kipptisch. Durchblutungsgröße in Prozent des mittleren Ausgangswertes, mittels Wärmeleitmessung gewonnen. 11 Versuche an gesunden Personen. (Nach Golenhofen u. Hildebrandt, 1964)

Aufrichtung der Versuchsperson dargestellt. Während bei leichtem Aufrichten (+15°) noch häufig eine Mehrdurchblutung zu beobachten ist, führt die weitere Kippung doch ganz überwiegend zu fortschreitender Einschränkung der Durchblutung, d.h. der Tonusanstieg der Gefäße ist so stark, daß der druckpassive Dehnungseffekt sogar überkompensiert wird. An diesen Reaktionen wirkt einerseits eine Intensivierung der vasoconstrictorischen Innervation mit. Es ist aber andererseits gut belegt, daß auch die Hautgefäße aus sich heraus eine druckpassive Dehnung mit Tonussteigerung beantworten, im Sinne einer „myogenen Reaktion" (Bayliss-Effekt: BAYLISS, 1902; FOLKOW, 1964). Diese Reaktionen stellen auch einen wichtigen Schutzmechanismus gegen zu starke capilläre Filtration und Ödembildung dar (MELLANDER et al., 1964; MELLANDER u. JOHANSSON, 1968).

## IX. Reaktionen auf Durchblutungsdrosselung

Wird die Durchblutung der Haut für einige Minuten unterbrochen, so kommt es anschließend zu einer reaktiven Mehrdurchblutung (reaktive Hyperämie), verbunden mit einer Rötung der Haut. Die Größe der Reaktion hängt stark von der Ausgangslage der Gefäße ab, was dazu führt, daß das Verhältnis zwischen der während der Sperre eingegangenen Blutschuld und der folgenden Überschußdurchblutung nicht konstant ist. Darin spiegelt sich vor allem der Tatbestand, daß die Durchblutung der Haut nicht kritisch an den Stoffwechselbedarf angepaßt ist, sondern weit höher liegen kann. Da in vielen verschlußplethysmographischen Untersuchungen zur reaktiven Hyperämie Haut und Muskel gemeinsam erfaßt wurden und die dabei ablaufenden lokal-chemischen Regulationsmechanismen in der Muskelstrombahn ausgeprägter sind als in der Haut, sollen die näheren Erörterungen im Kapitel Skeletmuskel erfolgen (S. 406). Lokal-mechanische Regulationen (vgl. Abschnitt VIII) wirken aber ebenfalls an der reaktiven Hyperämie mit, indem die Widerstandsgefäße den Abfall des intravasalen Druckes mit einem Nachlassen des aktiven Tonus beantworten.

## X. Reaktionen im Dienste des Gesamtkreislaufes

### 1. Blutdruck- und Blutvolumenregelung

Die Steuerung der Hautdurchblutung kann mit der Blutdruckregelung in Konflikt geraten, wenn unter starker Hitzebelastung das Bedürfnis nach maximaler Erweiterung aller Hautgefäße besteht und das Herz nicht die nötige Leistung erbringen kann, um gleichzeitig den arteriellen Blutdruck aufrechtzuerhalten. Kommt es dabei zu einem Hitzestau mit Anstieg der Körperkerntemperatur, so wird die Kraft des thermoregulatorischen Zentrums immer größer, was schließlich zu einem Hitzekollaps führen kann. Allerdings spielt dabei auch der Tonus im Niederdrucksystem eine wichtige Rolle. Wird für ein hinreichendes Blutangebot zum Herzen gesorgt, beispielsweise im Liegen oder noch unterstützt durch einen leichten hydrostatischen Gegendruck im Bad, so kann das gesunde Herz selbst bei zentralen Überwärmungen um mehrere Grad Celsius noch die Aufgaben einer hohen Hautdurchblutung und die der Blutdruckstabilisierung gemeinsam bewäl-

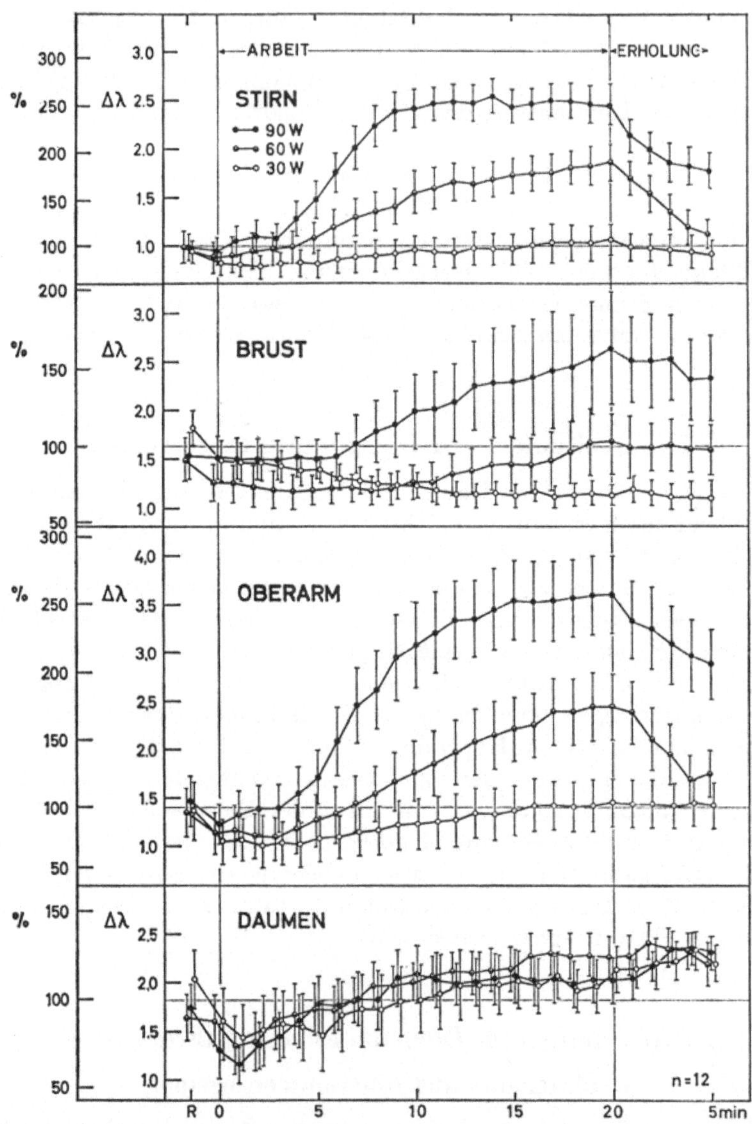



Abb. 16. Mittlerer Verlauf der Hautdurchblutung während 20 min Tretarbeit von 30, 60 und 90 W (jeweils andere Symbole). Untersuchungen mittels Wärmeleitmessung an verschiedenen Körperstellen, bei 12 gesunden Versuchspersonen. $\Delta\lambda$ durchblutungsabhängige Erhöhung der Wärmetransportzahl über den Wert bei Durchblutung Null, in $10^{-4}$ cal/cm·sec·°C; %: $\Delta\lambda$ in Prozent des mittleren Ausgangswertes. (Nach Melchior u. Hildebrandt, 1967)

tigen. Wieweit der Sieg der Hautdurchblutung im Hitzekollaps darauf beruht, daß sich eine vasoconstrictorische Innervation gegen die an die Schweißsekretion geknüpfte Bradykinin-Dilatation nicht durchsetzen kann, oder in welchem Umfang schon der zentrale constrictorische Tonus unterdrückt wird, läßt sich wohl noch nicht genau entscheiden (vgl. Beiser et al., 1970; Crossley et al., 1966).

## 2. Körperliche Arbeit

Bei muskulärer Arbeit kommt es gleichfalls zu Interferenzen verschiedener Funktionstendenzen, die sich bei topographischer Differenzierung der Hautdurchblutung aufdecken lassen (MELCHIOR u. HILDEBRANDT, 1967). Wie das durchschnittliche Durchblutungsverhalten von vier verschiedenen Hautregionen in Abb. 16 erkennen läßt, findet sich zu Beginn der Arbeit zunächst in allen Regionen eine Einschränkung der Durchblutung, die als eine kompensatorische Constriction zugunsten der Muskulatur gewertet werden darf (BEVEGÅRD u. SHEPHERD, 1967; BISHOP et al., 1957; BLAIR et al., 1961 b; CHRISTENSEN et al., 1942; HANKE et al., 1969; KAMON u. BELDING, 1969). Im weiteren Verlauf der Arbeit besteht die Notwendigkeit, den Überschuß der Wärmebildung zusätzlich abzugeben. Zu diesem Zweck werden nun nicht wie beim thermoregulatorischen Einsatz gegen äußere Wärmebelastung bevorzugt die Acren eingesetzt, sondern im Gegenteil die Stammregionen, wobei sich enge Beziehungen zur Schweißbildung finden lassen. Die einfachste Erklärung für diese Befunde ist die, daß während der gesamten Arbeitszeit eine Tendenz zur Vasoconstriction bestand, die sich entsprechend der besonders starken vasoconstrictorischen Innervation der Acren nur dort anhaltend gegen die thermoregulatorisch angestrebte Vasodilatation, verbunden mit Schweißsekretion, durchsetzen konnte. Daraus resultiert, daß bei Arbeit der Schwerpunkt der Wärmeabgabe von den Acren mehr zum Stamm und zugleich von der trockenen auf die evaporative Wärmeabgabe verlagert wird, wobei die Durchblutungssteigerungen in der Haut zugunsten des Muskels geringer gehalten werden können.

# XI. Vasoaktive Stoffe und verschiedene andere Einflüsse

## 1. Vasoaktive Stoffe

Die Wirkungen von Adrenalin und Noradrenalin, die sowohl als Transmitter bei der vasomotorischen Innervation als auch bei der hormonalen Steuerung eine so wichtige Rolle spielen, wurden bereits erörtert, ebenso wie die Hormone des Hypophysenhinterlappens, Vasopressin und Oxytocin (Abschnitt IV, 2).

Durch intraarterielle Gabe von Acetylcholin läßt sich eine Zunahme der Handdurchblutung auslösen. Wegen des hohen Gehalts von Cholinesterase im menschlichen Blut sind dazu aber sehr hohe Dosen erforderlich, so daß dieser Mechanismus im Rahmen der humoralen Kontrolle der Hautgefäße sicher keine Rolle spielt (DUFF et al., 1953).

Gibt man Serotonin (5-Hydroxytryptamin) in Dosen von 1 µg/min oder mehr in die A. brachialis, so kommt es, wie in Abb. 17 dargestellt, zu einer Minderdurchblutung der Haut bei gleichzeitiger starker Rötung, die mit Volumenzunahme verbunden ist (RODDIE et al., 1955; BOCK et al., 1957). Dieser Befund belegt die wichtige Tatsache, daß die für den Durchfluß bestimmenden Widerstandsgefäße und die für die Hautfarbe verantwortlichen oberflächlichen Capillaren selektiv und unabhängig voneinander gesteuert werden können, was auch für Pathologie und Pharmakotherapie von großer Bedeutung ist (vgl. DOERR u. HEITE, 1957).

Der Haupteffekt von Histamin liegt gleichfalls in der Eröffnung von Capillaren, verbunden mit Rötung der Haut, aber im Gegensatz zum Serotonin steigt dabei die Gesamtdurchblutung leicht an (DUFF et al., 1953).

Adenosintriphosphat gehört zu den kräftigsten Vasodilatatoren, auch für die Hautgefäße (Duff et al., 1954b). Es spielt wahrscheinlich auch physiologisch eine große Rolle, insbesondere im Rahmen der Axonreflexe (vgl. IV,1).

Das Bradykinin gehört mit verwandten Plasmakininen zu einer Gruppe biologisch hochaktiver Polypeptide, die wahrscheinlich in vielen Organen an lokalregulatorischen Gefäßerweiterungen beteiligt sind (Frey et al., 1968; Hilton,

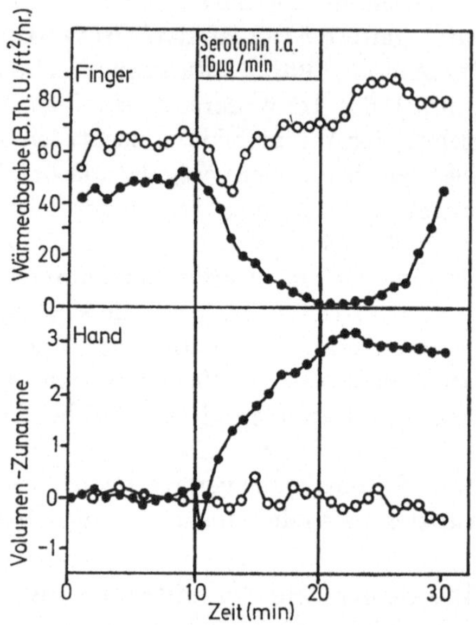


Abb. 17. Gleichzeitige Messung der Wärmeabgabe vom Finger (als Maß für die Hautdurchblutung) und des Volumens der Hand bei Infusion von Serotonin in die A. brach. am linken Arm. ● Meßwerte der behandelten Seite. ○ Kontrollwerte am anderen Arm. (Nach Roddie et al., 1955)

1962; Schachter, 1969). In der Haut ist es ein hochaktiver Vasodilatator und besorgt die mit der Schweißsekretion einhergehende Gefäßerweiterung (vgl. IV,1).

Hypertensin führt zu kräftigen Constrictionen der Hautgefäße (Bock et al., 1958).

## 2. $CO_2$ und Atmung

Die Rötung der Haut im $CO_2$-Bad gehört zu den ältesten ärztlichen Erfahrungen. Sie weist auf den starken capillären Angriffspunkt des Kohlendioxyds hin, aber auch die Durchblutungsgröße nimmt dabei zu (Hentschel, 1967). Wird die Hand in Wasser getaucht, welches mit $CO_2$ gesättigt ist, so steigt die Wärmeabgabe gegen Wasser von 20°C um etwa 40% an (Diji, 1959; Diji u. Greenfield, 1960). Bei den Änderungen der $CO_2$-Spannung im Blut im Zusammenhang mit Atemumstellungen spielen diese lokalen Effekte keine große Rolle. Dabei kommt es vielmehr zu komplexen Reaktionen infolge zentraler Angriffspunkte des $CO_2$, die an anderer Stelle erörtert werden. Die Effekte von willkürlicher Hyperventilation, Hypoxie sowie Atmung verschiedener $CO_2$-Gemische auf die Extremitätendurchblutung des Menschen sind bei Shepherd (1963) zusammengestellt.

## 3. Mechanische Reize

Die Reaktionen der menschlichen Hautgefäße auf mechanische Reizung wurden bereits von LEWIS (1927/28) gründlich untersucht und genau beschrieben. Streicht man mit einem stumpfen Gegenstand über die Haut, so kommt es zu lokalen Reaktionen, die bei schwacher Reizung darin bestehen, daß es im gereizten Bezirk selbst zu einem Abblassen der Haut, also zu einer Constriction der für die Hautfärbung verantwortlichen oberflächlichen Gefäßschichten kommt, die einige Minuten anhalten kann (Weiß-Reaktion). Bei stärkerer Reizung bzw. empfindlicher Haut tritt eine rote Linie unter der strichförmigen Reizstelle auf (Rot-Reaktion), von der aus sich bei sehr starker Reizung bzw. großer Empfindlichkeit eine hellere Rötung bis zu 2—3 cm nach beiden Seiten ausbreiten kann („red flare", roter Hof). Während die Reaktionen auf der Reizlinie selbst von der Innervation unabhängig sind, tritt die flammige Rötung des Hofes zwar nach akuter Denervierung noch auf, aber nicht mehr nach Degeneration der peripheren Nerven. Daraus hat LEWIS gefolgert, daß der rote Hof durch Axonreflexe ausgelöst wird (vgl. IV,1). Die lokale Rot-Reaktion kann schließlich zu einem lokalen Ödem führen. Die Kombination von Rot-Reaktion mit rotem Hof und Quaddelbildung wird als Dreifach-Reaktion bezeichnet.

## 4. Bestrahlung

Bei Bestrahlung mit ultraviolettem Licht kommt es zu einem scharf auf den Reizort begrenzten Erythem. Daran sind sicher chemische Wirkstoffe beteiligt, aber wahrscheinlich nicht Histamin (PARTINGTON, 1954). Die Durchblutungssteigerung breitet sich aber in gewissem Umfang auch auf die Umgebung aus (CROCKFORD et al., 1962b).

## 5. Rauchen und Nicotin

Beim Rauchen überlagern sich die Effekte vertiefter Atemzüge mit den komplexen Reaktionen auf Nicotin. Normales gemütliches Rauchen einer Zigarette mit etwa einer Inhalation pro Minute führt zu einer kurzen Constriction der Handgefäße nach jedem tiefen Atemzug, die aber bei imitiertem Rauchen in gleicher Weise auftritt. Erst bei forciertem Rauchen (3 Inhalationen pro Minute) kommt es in Verbindung mit einem Pulsfrequenzanstieg und einer leichten Blutdruckerhöhung zu einer starken Verminderung der Handdurchblutung, die bei gleichartigem Schein-Rauchen nicht zu beobachten ist (Abb. 18). Diese Reaktion wird überwiegend durch die vasoconstrictorischen Nerven vermittelt, bei starken Reaktionen können aber auch Katecholaminausschüttungen mitwirken (RUEF et al., 1955; SHEPHERD, 1951; weitere Lit. bei SHEPHERD, 1963).

## 6. Gasembolie

Intraarterielle Gasinsufflation führt nicht nur zu vorübergehender Verlegung der terminalen Gefäße, sondern auch zu kräftigen Reaktionen, die aus einer initialen, wohl durch den Fremdkörperreiz der Gasblasen bedingten Constriction und einer bis zu 1 Std oder auch noch länger fortwirkenden Dilatation bestehen (DUFF et al., 1954a; WERNITZ u. DÖRKEN, 1954).

## 7. Hypoglykämie

Bei Hypoglykämie nimmt die Hautdurchblutung in Hand und Unterarm zu. Während der Anstieg im Unterarm durch Atropin zu blockieren ist (cholinerge Dilatation, über Schweißsekretion — Bradykinin), wird die Dilatation der Handgefäße dadurch nicht beeinflußt (Allwood u. Ginsburg, 1959; Allwood et al., 1959b).

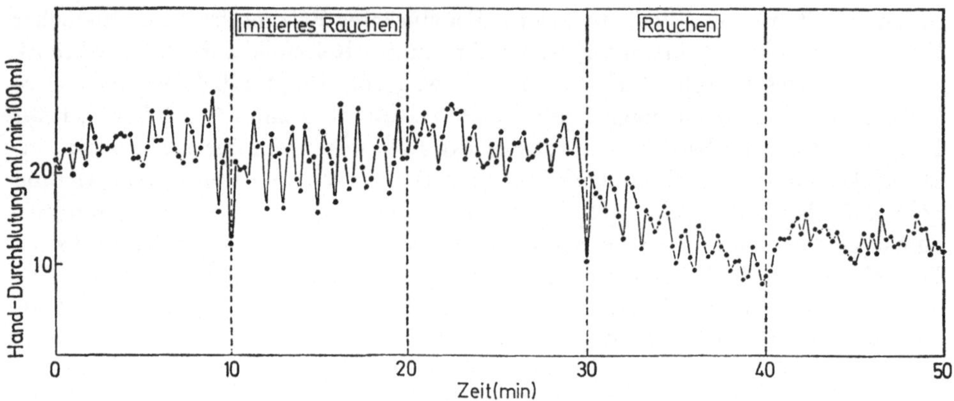


Abb. 18. Verminderung der Hautdurchblutung bei forciertem Rauchen (alle 20 sec eine Inhalation). Mittleres Verhalten bei 6 Versuchspersonen. In einer Vorperiode wurde das Atemverhalten beim Rauchen imitiert. (Nach Shepherd, 1951)

# XII. Konstitution und Alter

## 1. Konstitutionelle Einflüsse auf die Hautdurchblutung

Konstitutionelle Besonderheiten im Reagieren der Hautstrombahn spielen vor allem bei Kältebelastungen eine Rolle und sind aufs engste mit den Unterschieden der thermischen Isolierung, d.h. der Ausprägung des subcutanen Fettpolsters verknüpft. So sind magere Personen kälteempfindlicher und weisen bei gleicher Kältebelastung stärkere Hautconstrictionen auf als Personen mit stärkerem subcutanen Fettgewebe. Wieweit die intensiveren Reaktionen allein darauf beruhen, daß beim Mageren die Kälte wegen der schlechteren Isolierung zu stärkerer Auskühlung führt, oder wieweit Empfindlichkeitsunterschiede in bestimmten Reaktionsgliedern vorliegen, läßt sich dabei schwer entscheiden (Carlson et al., 1958; Le Blanc, 1954; Pirlet, 1962; Pugh et al., 1960; Schröder, 1959).

## 2. Der Hautkreislauf beim Neugeborenen

Während beim Erwachsenen nur noch relativ geringe funktionelle Umstellungen der Hautzirkulation mit zunehmendem Alter ablaufen (Übersicht bei Shepherd, 1963), finden sich beim Neugeborenen eine Reihe bemerkenswerter Besonderheiten. Die bekannte Empfindlichkeit des Neugeborenen gegen Auskühlung beruht darauf, daß das Oberflächen-Volumenverhältnis sehr ungünstig und die

Haut noch dünn und ohne subcutane Fettpolster ist. Die oft geäußerte Vermutung, daß die Thermoregulation noch nicht ausgereift sei, ist dagegen unzutreffend (BRÜCK, 1961; HENSEL, 1955). Gründliche Untersuchungen der Hautdurchblutung haben ergeben, daß in den ersten Lebensstunden eine wohl an den Geburtsstress gebundene Gefäßconstriction besteht, die nur durch stärkere Erwärmung zu durchbrechen ist. Nach Abklingen dieser Reaktion findet sich bei thermischer Indifferenz schon ein völlig normales Bild mit spontanen minutenrhythmischen Schwankungen der Hautdurchblutung. Die Reaktionen auf thermische Reize sind empfindlicher als beim Erwachsenen, wesentlich geringere Hautkühlungen führen schon zu kräftigen Gefäßconstrictionen, und innere Auskühlungen werden gleichfalls mit einer Einschränkung der Hautdurchblutung beantwortet (BRÜCK et al., 1957, 1958; BRÜCK, 1961). Die absolute Durchblutungsgröße sowie das mögliche Durchblutungsmaximum liegen eher höher als beim Erwachsenen. Verschlußplethysmographische Messungen an Wade und Fuß haben Werte zwischen 5 und 10 ml/min · 100 ml unter Normalbedingungen und Maxima während reaktiver Hyperämie zwischen 30 und 75 ml/min · 100 ml ergeben (CELANDER, 1960; CELANDER u. MÅRILD, 1962).

## Literatur

ABRAMSON, D. I., FERRIS, E. B.: Responses of blood vessels in the resting hand and forearm to various stimuli. Amer. Heart J. **19**, 541—553 (1940).

ALLWOOD, M. J., BARCROFT, H., HAYES, J. P. L. A., HIRSJÄRVI, E. A.: The effect of mental arithmetic on the blood flow through normal, sympathectomized and hyperhidrotic hands. J. Physiol. (Lond.) **148**, 108—116 (1959a).

— BURRY, H. S.: The effect of local temperature on blood flow in the human foot. J. Physiol. (Lond.) **124**, 345—357 (1954).

— GINSBURG, J.: The effect of intra-arterial atropine on blood flow in the hand and forearm during insulin hypoglycaemia. J. Physiol. (Lond.) **149**, 486—493 (1959).

— — The effect of phenoxybenzamine (dibenyline) on the vascular response to sympathomimetic amines in the forearm. J. Physiol. (Lond.) **158**, 219—228 (1961).

— HENSEL, H., PAPENBERG, J.: Muscle and skin blood flow in the human forearm during insulin hypoglycaemia. J. Physiol. (Lond.) **147**, 269—273 (1959b).

ASCHOFF, J.: Grundversuche zur Temperaturregulation. Über vergleichende Meßwerte zur Beurteilung der Wärmeabgabe an Wasser. Pflügers Arch. ges. Physiol. **247**, 469—479 (1944a).

— Mitteilungen zur spontanen und reflektorischen Vasomotorik der Haut. Pflügers Arch. ges. Physiol. **248**, 171—177 (1944b).

— Kreislaufregulatorische Wirkungen der Kältedilatation einer Extremität als Folge extremer, umschriebener Abkühlung. Pflügers Arch. ges. Physiol. **248**, 436—442 (1944c).

— Der Tagesgang der Körpertemperatur beim Menschen. Klin. Wschr. **33**, 545—551 (1955).

— Wärmeaustausch in einer Modellextremität. Pflügers Arch. ges. Physiol. **264**, 260—271 (1957).

— Hauttemperatur und Hautdurchblutung im Dienst der Temperaturregulation. Klin. Wschr. **36**, 193—202 (1958).

— WEVER, R.: Durchblutungsmessung an der menschlichen Extremität. Verh. dtsch. Ges. Kreisl.-Forsch. **23**, 375—380 (1957).

— — Wirkungen des Wärme-Kurzschlusses in einer Modellextremität. Pflügers Arch. ges. Physiol. **267**, 120—127 (1958a).

— — Modellversuche zum Gegenstrom-Wärmeaustausch in der Extremität. Z. ges. exp. Med. **130**, 385—395 (1958b).

Aschoff, J., Wever, R.: Messungen zum Wärmetransport im lebenden Gewebe. Pflügers Arch. ges. Physiol. **268**, 10 (1958c).
— — Die Anisotropie der Haut für den Wärmetransport. Pflügers Arch. ges. Physiol. **269**, 130—134 (1959).
Barcroft, H.: Sympathetic control of vessels in the hand and forearm skin. Physiol. Rev., Suppl. **4**, 81—91 (1960).
— Swan, H. J. C.: Sympathetic control of human blood vessels. London: Arnold 1953.
Bayliss, W. M.: On the local reactions of the arterial wall to changes of internal pressure. J. Physiol. (Lond.) **28**, 220—231 (1902).
Bazett, H. C.: The regulation of body temperatures. In: L. H. Newburgh (Ed.), Physiology of heat regulation and the science of clothing, p. 109—192. Philadelphia: Saunders 1949.
Behnke, A. R., Willmon, T. L.: Cutaneous diffusion of helium in relation to peripheral blood flow and the absorption of atmospheric nitrogen through the skin. Amer. J. Physiol. **131**, 627—632 (1941).
Beiser, G. D., Zelis, R., Epstein, S. E., Mason, D. T., Braunwald, E.: The role of skin and muscle resistance vessels in reflexes mediated by the baroreceptor system. J. clin. Invest. **49**, 225—231 (1970).
Betz, E., Hensel, H., du Mesnil de Rochemont, W.: Simultane Messungen der lokalen Myokarddurchblutung mit Wärmeleitmessern und $^{85}$Krypton-Clearance. Pflügers Arch. ges. Physiol. **288**, 389—400 (1966).
Bevegård, B. S., Shepherd, J. T.: Regulation of the circulation during exercise in man. Physiol. Rev. **47**, 178—213 (1967).
Bishop, J. M., Donald, K. W., Taylor, S. H., Wormald, P. N.: Blood flow in human arm during leg exercise. J. Physiol. (Lond.) **137**, 294—308 (1957).
Blair, D. A., Glover, W. E., Roddie, I. C.: Cutaneous vasomotor nerves to the head and trunk. J. appl. Physiol. **16**, 119—122 (1961a).
— — — Vasomotor responses in the human arm during leg exercise. Circulat. Res. **9**, 264—274 (1961b).
Bock, K. D., Dengler, H., Kuhn, H. M., Matthes, K.: Die Wirkung von 5-Hydroxy-tryptamin auf Blutdruck, Haut- und Muskeldurchblutung des Menschen. Naunyn-Schmiedebergs Arch. exp. Path. Pharmakol. **230**, 257—273 (1957).
— Krecke, H.-J., Kuhn, H. M.: Untersuchung über die Wirkung von synthetischem Hypertensin II auf Blutdruck, Atmung und Extremitätendurchblutung des Menschen. Klin. Wschr. **36**, 254—261 (1958).
Brück, K.: Temperature regulation in the newborn infant. Biol. Neonat. (Basel) **3**, 65—119 (1961).
— Brück, M., Lemtis, H.: Hautdurchblutung und Thermoregulation bei neugeborenen Kindern. Pflügers Arch. ges. Physiol. **265**, 55—65 (1957).
— — Hautdurchblutung und Thermoregulation bei reifen und unreifen Neugeborenen. Arch. Gynäk. **190**, 512—519 (1958).
— — Wärmeleitfähigkeit und Durchblutung verschiedener Stellen der Körperoberfläche bei reifen und unreifen Neugeborenen. Pflügers Arch. ges. Physiol. **266**, 518—527 (1958).
Burch, G. E.: Digital Plethysmography. New York: Grune & Stratton 1954.
— Cohn, A. E., Neumann, C.: A study by quantitative methods of the spontaneous variations in volume of the finger tip, toe tip, and postero-superior portion of the pinna of resting normal white adults. Amer. J. Physiol. **136**, 433—447 (1942).
— De Pasquale, N.: Relation of arterial pressure to spontaneous variations in digital volume. J. appl. Physiol. **15**, 23—24 (1960).
Burton, A. C.: The range and variability of the blood flow in the human fingers and the vasomotor regulation of body temperature. Amer. J. Physiol. **127**, 437—453 (1939).
— The direct measurement of thermal conductance of the skin as an index of peripheral blood flow. Amer. J. Physiol. **129**, 326 (1940).
— On the physical equilibrium of small blood vessels. Amer. J. Physiol. **164**, 319—329 (1951).
— Physiology and biophysics of the circulation. Chicago: Year Book Medical Publishers Inc. 1965. Deutsche Übersetzung: Stuttgart-New York: Schattauer 1969.

Burton, A. C., Edholm, O. G.: Man in a cold environment. London: Edward Arnold Ltd. 1955.
— Taylor, R. M.: A study of the adjustment of peripheral vascular tone to the requirements of the regulation of body temperature. Amer. J. Physiol. **129**, 565—577 (1940).
Carlson, L. D., Hsieh, A. C.: Cold. In: Edholm, O. G., and A. L. Bacharach (eds.), The physiology of human survival, p. 15—51. London, New York: Academic Press 1965.
— — Fullington, F., Elsner, R. W.: Immersion in cold water and body tissue insulation. J. Aviat. Med. **29**, 145 (1958).
Celander, O.: The range of control exercised by the sympathico-adrenal system. Acta physiol. scand. **32**, Suppl. 116 (1954).
— Blood flow in the foot and calf of the newborn. Acta paediat. (Uppsala) **49**, 488—496 (1960).
— Mårild, K.: Reactive hyperaemia in the foot and calf of the newborn infant. Acta paediat. (Uppsala) **51**, 544—552 (1962).
Christensen, E. H., Nielsen, M., Hannisdahl, B.: Investigations of circulation in the skin at the beginning of muscular work. Acta physiol. scand. **4**, 162—170 (1942).
Clara, M.: Die arteriovenösen Anastomosen, 2. Aufl. Wien: Springer 1956.
Clarke, R. S. J., Hellon, R. F., Lind, A. R.: Vascular reactions of the human forearm to cold. Clin. Sci. **17**, 165—179 (1958).
Coffman, J. D.: Forehead blood flow measured by radioisotope disappearance rates. Amer. J. Physiol. **217**, 1134—1138 (1969).
Coles, D. R.: Heat elimination from the toes during exposure of the foot to subatmospheric pressures. J. Physiol. (Lond.) **135**, 171—181 (1957).
— Greenfield, A. D. M.: The reactions of the blood vessels of the hand during increases in transmural pressure. J. Physiol. (Lond.) **131**, 277—289 (1956).
Cooper, K. E., Edholm, O. G., Mottram, R. F.: The blood flow in skin and muscle of the human forearm. J. Physiol. (Lond.) **128**, 258—267 (1955).
Crockford, G. W., Hellon, R. F., Heyman, A.: Local vasomotor responses to rubefacients and ultra-violet radiation. J. Physiol. (Lond.) **161**, 21—29 (1962a).
— — Parkhouse, J.: Thermal vasomotor responses in human skin mediated by local mechanisms. J. Physiol. (Lond.) **161**, 10—20 (1962b).
Crossley, R. J., Greenfield, A. D. M., Plassaras, G. C., Stephens, D.: The interrelation of thermoregulatory and baroreceptor reflexes in the control of the blood vessels in the human forearm. J. Physiol. (Lond.) **183**, 628—636 (1966).
Delius, L., Witzleb, E.: Probleme der Haut- und Muskeldurchblutung. Bad Oeynhausener Gespräche VI. Berlin-Göttingen-Heidelberg: Springer 1964.
Diji, A.: Local vasodilator action of carbon dioxide on blood vessels of the hand. J. appl. Physiol. **14**, 414—416 (1959).
— Greenfield, A. D. M.: The local effect of carbon dioxide on human blood vessels. Amer. Heart J. **60**, 907—914 (1960).
Doerr, F. F., Heite, H.-J.: Farbe und Wärmeabgabe der Haut nach Einwirkung von Nicotinsäurebenzylester, insbesondere bei Neurodermitikern. Arch. klin. exp. Derm. **204**, 543—553 (1957).
Duff, F., Greenfield, A. D. M., Shepherd, J. T., Thompson, I. D.: A quantitative study of the response to acetylcholine and histamine of the blood vessels of the human hand and forearm. J. Physiol. (Lond.) **120**, 160—170 (1953).
— — Whelan, R. F.: Observations on the mechanism of the vasodilatation following arterial gas embolism. Clin. Sci. **13**, 365—376 (1954a).
— Patterson, G. C., Shepherd, J. T.: A quantitative study of the response to adenosine triphosphate of the blood vessels of the human hand and forearm. J. Physiol. (Lond.) **125**, 581—589 (1954b).
Ebbecke, U.: Schüttelfrost in Kälte, Fieber und Affekt. Klin. Wschr. **39/40**, 609—613 (1948).
Edholm, O. G., Bacharach, A. L.: The physiology of human survival. London-New York: Academic Press 1965.
England, R. M., McC. Johnston, J. G.: The effect of limb position and of venous congestion on the circulation through the toes. Clin. Sci. **15**, 587—592 (1956).

Fencl, V., Hejl, Z., Jirka, J., Madlafousek, J., Brod, J.: Changes of blood flow in forearm muscle and skin during an acute emotional stress (mental arithmetic). Clin. Sci. 18, 491—498 (1959).

Finer, B., Graf, K.: Mechanisms of circulatory changes accompanying hypnotic imagination of hyperalgesia and hypoalgesia in causalgic limbs. Z. ges. exp. Med. 148, 1—21 (1968).

Folkow, B.: The nervous control of the blood vessels. In: McDowall, R. J. S., The control of the circulation of the blood, p. 1—85. Suppl.: Dawson Ltd. 1956.

— The efferent innervation of the cardiovascular system. Verh. dtsch. Ges. Kreisl.-Forsch. 25, 84—96 (1959).

— Range of control of the cardiovascular system by the central nervous system. Physiol. Rev. 40, Suppl. 4, 93—99 (1960).

— Role of the nervous system in the control of vascular tone. Circulation 21, 760—768 (1960).

— Description of the myogenic hypothesis. Circulat. Res. 14/15, Suppl. 1, 279—285 (1964).

— Fox, R. H., Krog, J., Odelram, H., Thorén, O.: Studies on the reactions of the cutaneous vessels to cold exposure. Acta physiol. scand. 58, 342—354 (1963).

— Frost, J., Haeger, K., Uvnäs, B.: The sympathetic vasomotor innervation of the skin of the dog. Acta physiol. scand. 17, 195—200 (1949).

Fox, R. H., Goldsmith, R., Kidd, D. J.: Cutaneous vasomotor control in the human head, neck and upper chest. J. Physiol. (Lond.) 161, 298—312 (1962).

— Hilton, S. M.: Bradykinin formation in human skin as a factor in heat vasodilatation. J. Physiol. (Lond.) 142, 219—232 (1958).

Frey, E. K., Kraut, H., Werle, E.: Das Kallikrein-Kinin-System und seine Inhibitoren. Stuttgart: Ferdinand Enke 1968.

Froese, G., Burton, A. C.: Heat losses from the human head. J. appl. Physiol. 10, 235—241 (1957).

Gibbs, F. A.: A thermoelectric blood flow recorder in the form of a needle. Proc. Soc. exp. Biol. (N.Y.) 31, 141—146 (1933).

Golenhofen, K.: Physiologie des menschlichen Muskelkreislaufes. Marb. Sitzungsber. 83/84, 167—254 (1962).

— Blood flow of muscle and skin studied by the local heat clearance technique (Wärmeleitmessung). Scand. J. clin. Lab. Invest. 19, Suppl. 99, 79—85 (1967).

— Physiologie der Kurzschlußdurchblutung. In: Hammersen, F., u. D. Gross (Hrsg.), Die arteriovenösen Anastomosen, S. 67—81. Bern und Stuttgart: Hans Huber 1968.

— Hensel, H., Hildebrandt, G.: Durchblutungsmessung mit Wärmeleitelementen. Stuttgart: Georg Thieme 1963.

— — — Recent developments in the measurement of muscle blood flow in man with heated thermocouples. J. Physiol. (Lond.) 170, 58—59 P (1964).

— Hermesmeier, D.: Messung der Hautdurchblutung mit einem Wärmeleitband. Pflügers Arch. 316, R 22 (1970).

— Hildebrandt, G.: Über spontan-rhythmische Schwankungen der Muskeldurchblutung des Menschen. Z. Kreisl.-Forsch. 46, 257—270 (1957a).

— — Psychische Einflüsse auf die Muskeldurchblutung. Pflügers Arch. ges. Physiol. 263, 637—646 (1957b).

— — Die Beziehungen des Blutdruckrhythmus zu Atmung und peripherer Durchblutung. Pflügers Arch. ges. Physiol. 267, 27—45 (1958).

— — Normale Funktion des Muskelkreislaufes beim Menschen. In: Delius, L., u. E. Witzleb (Hrsg.), Probleme der Haut- und Muskeldurchblutung, S. 70—87. Berlin-Göttingen-Heidelberg: Springer 1964.

Grängsjö, G., Sandblom, J., Ulfendahl, H. R., Wolgast, M.: Theory of the heated thermocouple principle. Acta physiol. scand. 66, 366—373 (1966).

Grant, R. T.: Observations on direct communications between arteries and veins in the rabbit's ear. Heart 15, 281—303 (1930).

— Bland, E. F.: Observations on arteriovenous anastomoses in human skin and in the bird's foot with special reference to the reaction to cold. Heart 15, 385—407 (1931).

Grayson, J.: Internal calorimetry in the determination of thermal conductivity and blood flow. J. Physiol. (Lond.) 118, 54—72 (1952).

GREEN, H. D., HOWARD, W. B., KENAN, L. F.: Autonomic control of blood flow in hind paw of the dog. Amer. J. Physiol. **187**, 469—472 (1956).

GREENFIELD, A. D. M.: The circulation through the skin. In: Handbook of physiology, sect. 2: Circulation, vol. II, p. 1325—1351. Washington, D.C.: American Physiological Society 1963.

— SHEPHERD, J. T.: A quantitative study of the response to cold of the circulation through the fingers of normal subjects. Clin. Sci. **9**, 323—347 (1950).

— — WHELAN, R. F.: The average internal temperature of fingers immersed in cold water. Clin. Sci. **9**, 349—354 (1950).

— — — The loss of heat from the hands and from the fingers immersed in cold water. J. Physiol. (Lond.) **112**, 459—475 (1951).

— — — Circulatory response to cold in fingers infiltrated with anesthetic solution. J. appl. Physiol. **4**, 785—788 (1952).

HAMMERSEN, F., GROSS, D.: Die arterio-venösen Anastomosen. Bern und Stuttgart: Hans Huber 1968.

HANKE, D., SCHLEPPER, M., WESTERMANN, K., WITZLEB, E.: Venentonus, Haut- und Muskeldurchblutung an Unterarm und Hand bei Beinarbeit. Pflügers Arch. **309**, 115—127 (1969).

HARDY, J. D., SODERSTROM, G. F.: Heat loss from the nude body and peripheral blood flow at temperature of 22° C to 35° C. J. Nutr. **16**, 493 (1938).

HENSEL, H.: Physiologie der Thermoreception. Ergebn. Physiol. **47**, 166—368 (1952).

— Mensch und warmblütige Tiere. In: PRECHT, H., J. CHRISTOPHERSEN u. H. HENSEL, Temperatur und Leben, S. 329—466. Berlin-Göttingen-Heidelberg: Springer 1955.

— Kritische Betrachtungen zur Messung der Hautdurchblutung mit thermischen Methoden. Klin. Wschr. **34**, 1273—1276 (1956).

— Meßkopf zur Durchblutungsregistrierung an Oberflächen. Pflügers Arch. ges. Physiol. **268**, 604—606 (1959).

— Physiologie der menschlichen Hautdurchblutung. In: DELIUS, L., u. E. WITZLEB, Probleme der Haut- und Muskeldurchblutung. Bad Oeynhausener Gespräche VI, S. 57—69. Berlin-Göttingen-Heidelberg: Springer 1964.

— BENDER, F.: Fortlaufende Bestimmung der Hautdurchblutung am Menschen mit einem elektrischen Wärmeleitmesser. Pflügers Arch. ges. Physiol. **263**, 603—614 (1956).

— RUEF, J.: Fortlaufende Registrierung der Muskeldurchblutung am Menschen mit einer Calorimetersonde. Pflügers Arch. ges. Physiol. **259**, 267—280 (1954).

HENTSCHEL, H. D.: Über die Hautrötung im Kohlensäurebad. Allg. Ther. **7**, 180 (1967).

HERTZMAN, A. B.: Vasomotor regulation of cutaneous circulation. Physiol. Rev. **39**, 280—306 (1959).

— RANDALL, W. C., JOCHIM, K. E.: Relations between cutaneous blood flow and blood content in the finger pad, forearm, and forehead. Amer. J. Physiol. **150**, 122—132 (1947).

— ROTH, L. W.: The absence of vasoconstrictor reflexes in the forehead circulation. Effects of cold. Amer. J. Physiol. **136**, 692—697 (1942).

HILDEBRANDT, G.: Biologische Rhythmen und ihre Bedeutung für die Bäder- und Klimaheilkunde. In: AMELUNG, W., u. A. EVERS (Hrsg.), Handbuch der Bäder- und Klimaheilkunde, S. 730—785. Stuttgart: Schattauer 1962.

— Die Koordination rhythmischer Funktionen beim Menschen. Verh. dtsch. Ges. inn. Med. **73**, 921—941 (1967).

— ENGELBERTZ, P.: Bedeutung der Tagesrhythmik für die Physikalische Therapie. Arch. physikal. Ther. **5**, 160—170 (1953).

HILLE, H.: Zur Durchblutung der Terminalstrombahn. Heidelberg: Dr. Alfred Hüthig 1965.

HILTON, S. M.: Local mechanisms regulating peripheral blood flow. Physiol. Rev. **42**, Suppl. 5, 265—275 (1962).

HOLTON, F. A., HOLTON, P.: The capillary dilator substances in dry powders of spinal roots; a possible role of adenosine triphosphate in chemical transmission from nerve endings. J. Physiol. (Lond.) **126**, 124—140 (1954).

HOLTON, P.: The liberation of adenosine triphosphate on antidromic stimulation of sensory nerves. J. Physiol. (Lond.) **145**, 494—504 (1959).

— PERRY, W. L. M.: On the transmitter responsible for antidromic vasodilatation in the rabbit's ear. J. Physiol. (Lond.) **114**, 240—251 (1951).

Illig, L.: Die terminale Strombahn. Capillarbett und Mikrozirkulation. Berlin-Göttingen-Heidelberg: Springer 1961.

Kamon, E., Belding, H. S.: Dermal blood flow in the resting arm during prolonged leg exercise. J. appl. Physiol. 26, 317—320 (1969).

Keatinge, W. R.: The effect of general chilling on the vasodilator response to cold. J. Physiol. (Lond.) 139, 497—507 (1957).

— The effect of low temperatures on the responses of arteries to constrictor drugs. J. Physiol. (Lond.) 142, 395—405 (1958).

— The return of blood flow to fingers in icewater after suppression by adrenaline or noradrenaline. J. Physiol. (Lond.) 159, 101—110 (1961).

— Mechanism of adrenergic stimulation of mammalian arteries and its failure at low temperatures. J. Physiol. (Lond.) 174, 184—205 (1964).

Kitchin, A. H.: The effect of pitressin on hand and forearm blood flow. Clin. Sci. 16, 639—644 (1957).

— Lloyd, S. M., Pickford, M.: Some actions of oxytocin on the cardiovascular system in man. Clin. Sci. 18, 399—407 (1959).

Koepchen, H. P.: Die Blutdruckrhythmik. Darmstadt: Dr. D. Steinkopff 1962.

Koroxenidis, G. T., Shepherd, J. T., Marshall, R. J.: Cardiovascular response to acute heat stress. J. appl. Physiol. 16, 869—872 (1961).

Kramer, K., Schulze, W.: Die Kältedilatation der Hautgefäße. Pflügers Arch. ges. Physiol. 250, 141—170 (1948).

LeBlanc, J.: Subcutaneous fat and skin temperature. Canad. J. Biochem. 32, 354—358 (1954).

Leider, M.: On the weight of the skin. J. invest. Derm. 12, 187—191 (1949).

Lewis, T.: The blood vessels of the human skin and their responses. London: Shaw 1927. — Übersetzung von E. Schilf: Die Blutgefäße der menschlichen Haut und ihr Verhalten gegen Reize. Berlin: S. Karger 1928.

— Haynal, I., Kerr, W., Stern, E., Landis, E. M.: Observations upon the reactions of the vessels of the human skin to cold. Heart 15, 177—208 (1930).

Love, A. H. G., Shanks, R. G.: The relationship between the onset of sweating and vasodilatation in the forearm during body heating. J. Physiol. (Lond.) 162, 121—128 (1962).

Matthes, K.: Kreislaufuntersuchungen am Menschen mit fortlaufend registrierenden Methoden. Stuttgart: Georg Thieme 1951.

Melchior, H., Hildebrandt, G.: Die Hautdurchblutung verschiedener Körperregionen bei Arbeit. Int. Z. angew. Physiol. 24, 68—80 (1967).

Mellander, S.: Systemic circulation: Local control. Ann. Rev. Physiol. 32, 313—344 (1970).

— Johansson, B.: Control of resistance, exchange, and capacitance functions in the peripheral circulation. Pharmacol. Rev. 20, 117—196 (1968).

— Öberg, B., Odelram, H.: Vascular adjustments to increased transmural pressure in cat and man with special reference to shifts in capillary fluid transfer. Acta physiol. scand. 61, 34—48 (1964).

Mendlowitz, M.: The digital circulation. New York: Grune & Stratton 1954.

Müller-Schauenburg, W., Betz, E.: Gas and heat clearance comparison and use of heat transport for quantitative local blood flow measurements. In: Brock, M. et al. (ed.), Cerebral blood flow. Berlin-Heidelberg-New York: Springer 1969.

Newburgh, L. H.: Physiology of heat regulation. Philadelphia: Saunders 1949.

Partington, M. W.: The vascular response of the skin to ultra-violet light. Clin. Sci. 13, 425—439 (1954).

Perl, W.: Heat and matter distribution in body tissues and the determination of tissue blood flow by local clearance methods. J. theor. Biol. 2, 201—235 (1962).

— Cucinell, S. A.: Local blood flow in human leg muscle measured by a transient response thermoelectric method. Biophys. J. 5, 211—230 (1965).

— Hirsch, R. L.: Local blood flow in kidney tissue by heat clearance measurement. J. theor. Biol. 10, 251—280 (1966).

Piiper, J.: Durchblutung der arterio-venösen Anastomosen und Wärmeaustausch an der Hundeextremität. Pflügers Arch. ges. Physiol. 268, 242—253 (1959).

Pirlet, K.: Die Verstellung des Kerntemperatur-Sollwertes bei Kältebelastung. Pflügers Arch. ges. Physiol. **275**, 71—94 (1962).
— Körperbau, Wärmehaushalt und individuelle Reaktionsweise. Arch. physikal. Therap. **1**, 11—26 (1962).
Polster, J., Seller, H., Langhorst, P., Koepchen, H. P.: Zeitliche Eigenschaften der Vasomotorik. Pflügers Arch. ges. Physiol. **296**, 95—109 (1967).
Priebe, L., Betz, E.: Wärmetransport in homogen und isotrop durchblutetem Gewebe. Ärztl. Forsch. **23**, 18—30 (1969).
Pugh, L. G. C. E., Edholm, O. G., Fox, R. H., Wolff, H. S., Hervey, G. R., Hammond, W. H., Tanner, J. M., Whitehouse, R. H.: A physiological study of channel swimming. Clin. Sci. **19**, 257—273 (1960).
Richards, R. L.: The peripheral circulation in health and disease. Baltimore: Williams & Wilkins 1946.
Roddie, I. C., Shepherd, J. T.: Evidence for critical closure of digital resistance vessels with reduced transmural pressure and passive dilatation with increased venous pressure. J. Physiol. (Lond.) **136**, 498—506 (1957).
— — Whelan, R. F.: The action of 5-hydroxytryptamine on the blood vessels of the human hand an forearm. Brit. J. Pharmacol. **10**, 445—450 (1955).
— — — The contribution of constrictor and dilator nerves to the skin vasodilatation during body heating. J. Physiol. (Lond.) **136**, 489—497 (1957a).
— — — The vasomotor nerve supply to the skin and muscle of the human forearm. Clin. Sci. **16**, 67—74 (1957b).
Roddie, R. A.: Effect of arm position on circulation through the fingers. J. appl. Physiol. **8**, 67—72 (1955).
Rosensweig, J.: The effect of the position of the arm on the oxygen saturation of the effluent blood. J. Physiol. (Lond.) **129**, 281—288 (1955).
Rowell, L. B., Brengelmann, G. L., Murray, J. A.: Cardiovascular responses to sustained high skin temperature in resting man. J. appl. Physiol. **27**, 673—680 (1969).
Ruef, J., Bock, K. D., Hensel, H.: Über die Wirkung des Rauchens auf die Muskeldurchblutung. Z. Kreisl.-Forsch. **44**, 272—278 (1955).
Sams, W. M., Jr., Winkelmann, R. K.: Temperature effects on isolated resistance vessels of skin and mesentery. Amer. J. Physiol. **216**, 112—116 (1969).
Schachter, M.: Kallikreins and Kinins. Physiol. Rev. **49**, 509—547 (1969).
Schröder, J.: Über die Wärmeabgabe von Hand und Wange im thermischen Behaglichkeitsbereich. Arch. Kreisl.-Forsch. **29**, 146—201 (1959).
Sejrsen, P.: Blood flow in cutaneous tissue in man studied by washout of radioactive xenon. Circulat. Res. **25**, 215—229 (1969).
Seller, H., Langhorst, P., Polster, J., Koepchen, H. P.: Zeitliche Eigenschaften der Vasomotorik. II. Erscheinungsformen und Entstehung spontaner und nervös induzierter Gefäßrhythmen. Pflügers Arch. ges. Physiol. **296**, 110—132 (1967).
Shepherd, J. T.: Effect of cigarette-smoking on blood flow through the hand. Brit. med. J. **1951**, 1007.
— Physiology of the circulation in human limbs in health and disease. Philadelphia-London: W. B. Saunders Comp. 1963.
Stein, E.: Die spontane vasomotorische Aktivität der peripheren Strombahn des Menschen. Z. Kreisl.-Forsch. **43**, 73—90 (1954).
Stewart, H. J., Evans, W. F.: Peripheral blood flow under basal conditions in normal male subjects in the third decade. Amer. Heart J. **26**, 67—77 (1943).
Stow, R. W., Schieve, J. F.: Measurement of blood flow in minute volumes of specific tissues in man. J. appl. Physiol. **14**, 215—224 (1959).
Thauer, R.: Der Mechanismus der Wärmeregulation. Ergebn. Physiol. **41**, 607—805 (1939).
— Circulatory adjustments to climatic requirements. In: Handbook of physiology, sect. II: Circulation, vol. III, p. 1921—1966. Washington, D.C.: Amer. Physiol. Soc. 1965.
Walker, A. J., Lynn, R. B., Barcroft, H.: On the circulatory changes in the hand and foot after sympathectomy. St Thom. Hosp. Rep. **6**, 18 (1950).
Wernitz, W., Dörken, P.: Die intraarterielle Sauerstoffinsufflation. I. Die physiologischen Vorgänge bei der intraarteriellen Sauerstoffinsufflation. Ärztl. Forsch. **8**, 308—317 (1954).

Whittow, G. C.: Effect of anti-histamine substances on cold vasodilatation in the finger. Nature (Lond.) **176**, 511—512 (1955).

Wilkins, R. W., Halperin, M. H., Litter, J.: The effect of the dependent position upon blood flow in the limbs. Circulation **2**, 373—379 (1950).

Wolstenholme, G. E. W., Freeman, J. S., Etherington, J. (ed.): Peripheral circulation in man (Ciba Foundation Symposium). London: Churchill 1954.

Yamada, S.: Effects of positive tissue pressure on blood flow of the finger. J. appl. Physiol. **6**, 495—500 (1954).

Yoshimura, H.: Organ systems in adaptation: the skin. In: Handbook of physiology, sect. 4: Adaptation to the environment, p. 109—131. Washington: Amer. Physiol. Soc. 1964.

# Skeletmuskel

K. Golenhofen

Mit 17 Abbildungen

## I. Allgemeines

Die Skeletmuskulatur ist mit 40% der Körpermasse das größte Organsystem des Menschen. In Ruhe ist der Durchblutungsanteil dieses Organs gering: Die spezifische Durchblutungsgröße liegt bei 2—3 ml/min · 100 ml (2—3%/min), woraus sich eine Gesamtdurchblutung von 600—900 ml/min für 30 kg Muskulatur ergibt, also etwa 10—15% des Herzminutenvolumens. Bei Muskelarbeit kann aber die spezifische Durchblutung bis zu 50%/min oder noch höher ansteigen, was bei gleichzeitigem Einsatz aller Muskeln eine Gesamtdurchblutung von 15 l/min bedeuten würde. Dies wäre etwa das Dreifache des Herzminutenvolumens in Ruhe bzw. ca. 75% des erhöhten Herzminutenvolumens bei starker Arbeit. So gehört die Skeletmuskulatur mit der Haut zu denjenigen Organen, die die größten Schwankungen der Durchblutungsgröße aufweisen; ja man kann sagen, daß die großen Leistungssteigerungen des Herzens nur im Hinblick auf die Anforderungen von Haut- und Muskelkreislauf erforderlich sind, Umstellungen in anderen Gefäßprovinzen spielen demgegenüber eine quantitativ unbedeutende Rolle. Bei diesen Abschätzungen der Gesamtdurchblutung muß allerdings beachtet werden, daß erhebliche Unterschiede zwischen verschiedenen Muskeln bestehen können (vgl. nächster Absatz und Tabelle).

Bei dem folgenden Abriß der heutigen Kenntnisse sollte man stets die großen Lücken und Ungewißheiten im Auge behalten, die uns gerade durch Untersuchungen der allerjüngsten Zeit wieder verdeutlicht worden sind. So ist man beispielsweise jetzt darauf aufmerksam geworden, daß sich ,,schnelle" (,,weiße") und ,,langsame" (,,rote") Muskeln sowohl in ihrer Ruhedurchblutungsgröße als auch in ihren Umstellungen bei Arbeit in erstaunlichem Maße unterscheiden (Folkow u. Halicka, 1968; Hilton u. Vrbová, 1968; Hudlická, 1969; Reis et al., 1967). Nach Hudlická (1969) beträgt bei der Katze die Ruhedurchblutungsgröße des langsamen M. soleus 65%/min[1] gegenüber 6%/min im schnellen M. gastrocnemius. Die wichtigste Reaktion der Muskelstrombahn, die Widerstandsabnahme bei Arbeit, wird bei dem in Ruhe schon stark durchströmten Soleus völlig vermißt (Hilton u. Vrbová, 1968; Hilton, 1968b) bzw. schwächer gefunden (Folkow u. Halicka, 1968). Wenn auch beim Menschen überwiegend gemischte Muskeln zu finden sind, so ergibt sich aus diesen Befunden doch die Notwendigkeit zu systematischen Vergleichen der verschiedenen Muskelregionen, da tonische und phasische Funktionen der Muskulatur doch verschiedenartig verteilt sind. Die Zusammenstellung in der Tabelle soll einen Eindruck von der

---

1 %/min = ml Blut pro 100 ml Gewebe und Minute.

Tabelle. *Spezifische Durchblutungsgröße der Skeletmuskulatur.*
Zusammenstellung von Meßergebnissen bei verschiedenen Species und verschiedenen Muskelgruppen, unter Bevorzugung neuerer Arbeiten. (Durchblutungswerte in %/min = ml/100 ml·min.)

| Durchblutungsgröße | | Muskel | Species | Meßtechnik und Bedingungen | Autoren |
|---|---|---|---|---|---|
| Ruhe | Hyperämie | | | | |
| 2,2 | | M. tibialis ant. | Mensch, unter 50 Jahre | $^{133}$Xe-Clearance | LASSEN, LINDBJERG u. MUNCK (1964) |
| | 54,9 | M. tibialis ant. | Mensch, unter 50 Jahre | max. Arbeitshyperämie | |
| 2,0 | | M. tibialis ant. | 50 Jahre und älter | | |
| | 51,8 | M. tibialis ant. | 50 Jahre und älter | max. Arbeitshyperämie | |
| 1,8 | | M. gastrocnemius | Mensch | $^{133}$Xe-Clearance | LASSEN, LINDBJERG u. DAHN (1965) |
| | 31,5 | M. gastrocnemius | Mensch | max. Arbeitshyperämie | |
| 2,0 | | M. tibialis ant. | Mensch | $^{133}$Xe-Clearance | |
| | 48,3 | M. tibialis ant. | Mensch | max. Arbeitshyperämie | |
| 2,8 | | Wade (mit Haut etc.) | Mensch | Venenverschlußplethysmographie | |
| | 41,9 | Wade (mit Haut etc.) | Mensch | max. Arbeitshyperämie | |
| 1,6 | | M. tibialis ant. | Mensch | $^{133}$Xe-Clearance | CHRISTENSEN (1968) |
| | 71 | M. tibialis ant. | Mensch | max. Arbeitshyperämie | |
| 1,8—9,6 (M = 3,9) | | Unterarm-Muskel | Mensch | Verschlußplethysmographie, Adrenalin-Iontophorese in die Haut | COOPER, EDHOLM u. MOTTRAM (1955) |
| 2,75 | | Unterarm-Muskel | Mensch | Verschlußplethysmographie, Adrenalin-Iontophorese in die Haut | EDHOLM, FOX u. MACPHERSON (1956) |
| 3 | | Unterarm-Muskel | Mensch | kalkuliert aus verschluß- plethysmographischen Messungen | FENCL, HEJL, JIRKA, MADLAFOUSEK u. BROD (1959) |

| | | Muskel | Tier | Methode | Autor |
|---|---|---|---|---|---|
| 40 | | Wade (mit Haut) | Mensch | Verschlußplethysmographie Maximalwerte nach Arbeit | BLACK (1959) |
| 2,3 | | Unterarm-Muskel | Mensch | Verschlußplethysmographie, Adrenalin-Iontophorese in die Haut | KONTOS, RICHARDSON u. PATTERSON (1966) |
| 6 | | M. gastrocnemius | Hund | venöser Ausfluß | KRAMER, OBAL u. QUENSEL (1939) |
| | 40—70 | M. gastrocnemius | Hund | max. Arbeitshyperämie | |
| 9 | | M. gastrocnemius | Katze | Tropfenzählung, Narkose | FOLKOW u. HALICKA(1968) |
| | 46 | M. gastrocnemius | Katze | max. pharmakologische Dilatation | |
| 20 | | M. soleus | Katze | Tropfenzählung, Narkose | |
| | 118 | M. soleus | Katze | max. pharmakologische Dilatation | |
| 9,8 | | M. gastrocnemius | Katze | $^{86}$Rb-Methode, waches Tier | REIS, WOOTEN u. HOLLENBERG (1967) |
| 26,7 | | M. soleus | Katze | $^{86}$Rb-Methode, waches Tier | |
| 5,4 | | M. vastus lateralis (weiß) | Katze | $^{86}$Rb-Methode, waches Tier | |
| 28,3 | | M. crureus (rot) | Katze | $^{86}$Rb-Methode, waches Tier | |
| 8,1 | | M. tibialis ant. (weiß) | Katze | $^{86}$Rb-Methode, waches Tier | |
| 13,0 | | M. extensor carpi ulnaris (weiß) | Katze | $^{86}$Rb-Methode, waches Tier | |
| 91,5 | | M. rectus lat. oculi | Katze | $^{86}$Rb-Methode, waches Tier | |
| 12,0 | | M. gastrocnemius | Katze | $^{85}$Kr-Clearance, Narkose | |
| 30,5 | | M. soleus | Katze | $^{85}$Kr-Clearance, Narkose | |
| 23,1 | 29,4 | M. latissimus dorsi ant. (langsam) | Huhn | Tropfenzählung, Narkose | HUDLICKÁ (1969) |
| 12,3 | 19,0 | M. latissimus dorsi post. (schnell) | Huhn | Tropfenzählung, Narkose | |
| 6,0 | | M. gastrocnemius | Katze | Tropfenzählung, Narkose | |
| 65,0 | | M. soleus | Katze | Tropfenzählung, Narkose | |
| 30—50 | | Beinmuskulatur | Ente | Tropfenzählung, Narkose | FOLKOW, FUXE u. SONNENSCHEIN (1966) |
| | 140—150 | Beinmuskulatur | Ente | max. Arbeitshyperämie | |

großen Variabilität der Muskeldurchblutungsgröße, sowohl intra- als auch interspezifisch, vermitteln, wobei allerdings zu berücksichtigen ist, daß durch Unterschiede im methodischen Vorgehen die echte biologische Variabilität möglicherweise vergrößert ist.

Neueste Untersuchungen über die cholinergen vasodilatatorischen Nerven haben deutlich gemacht, daß man in der Physiologie des Muskelkreislaufes bei der Verallgemeinerung von den an einer Species erhobenen Befunden doch nicht vorsichtig genug vorgegangen ist. Nachdem in jahrzehntelangen Bemühungen das cholinerg-dilatatorische System bei Hund und Katze analysiert worden ist und auch nachgewiesen werden konnte, daß es bei den Muskeldurchblutungssteigerungen während Emotion entscheidend witwirkt (vgl. Abschnitt III, 2), wobei man in der Regel eine generelle Gültigkeit für Säugetiere und Mensch annahm, haben Bolme et al. (1970) jetzt nachgewiesen, daß dieses Steuerungssystem der Muskelstrombahn bei Ratte, Iltis, Dachs, Opossum, Hase und Affe völlig fehlt und nur bei Fuchs, Schaf und Ziege ähnliche Resultate wie bei Hund und Katze zu erheben sind. Die Bedeutung ein und desselben Mechanismus, z.B. der vasoconstrictorischen Innervation, kann artspezifisch stark variieren. So ist beispielsweise die Ente in der Lage — entgegen allen sonstigen Erfahrungen — mit Hilfe der vasoconstrictorischen Nerven die Durchblutung des Muskels nahezu völlig zu stoppen und auch die Arbeitsmehrdurchblutung zu unterdrücken, was als spezielle Anpassung an langes Tauchen gewertet werden darf (Folkow et al., 1966).

Schließlich muß in einer Liste der Lücken noch darauf hingewiesen werden, daß die wichtigste Reaktion der Muskelstrombahn, die Durchblutungssteigerung bei Arbeit, in ihrem Mechanismus immer noch unklar ist (vgl. Abschnitt VI).

Von den neueren Übersichten seien genannt: Barcroft (1963), Bevegård u. Shepherd (1967), Folkow (1956, 1959), Golenhofen (1962a), Golenhofen u. Hildebrandt (1964), Haddy u. Scott (1968), Hudlická (1968, 1971), Mellander u. Johansson (1968), Shepherd (1963).


## II. Methodisches

Zur Messung der Muskeldurchblutung stehen im Tierversuch zunächst alle üblichen Stromuhren zur Verfügung. Für Studien am Menschen ist die Venenverschluß-Plethysmographie die älteste zuverlässige Methode. Da man mit diesem Verfahren nur ganze Extremitätenabschnitte mit allen ihren Gewebsanteilen gemeinsam erfassen kann, mißt man zur Bestimmung der Muskeldurchblutung an den besonders muskelreichen Abschnitten Unterarm und Wade. Unter gewissen Voraussetzungen läßt sich der durch die Muskeln selbst fließende Anteil einigermaßen sicher kalkulieren (Muskelanteil etwa $^2/_3$, s. S. 355, Tabelle 2). Die zuverlässigste quantitative Bestimmung des Muskelanteils ist möglich, wenn man durch iontophoretische Applikation constrictorischer Stoffe (Adrenalin oder Noradrenalin) die Hautdurchblutung im erfaßten Segment ganz ausschaltet (Cooper et al., 1955; Edholm et al., 1956). Andere Muskelbezirke sind dieser Methode nicht zugänglich. Die thermischen Durchblutungsmeßmethoden wurden von Hensel durch die Konstruktion einer Wärmeleitsonde (Hensel u. Ruef, 1954; Übersicht bei GOLENHOFEN et al., 1963) für die Messung im menschlichen Muskel verfügbar gemacht (s. S. 349). Schließlich wurden die am Menschen anwendbaren Methoden noch durch die Radioisotopen-Clearance bereichert (s. Kapitel „Gehirn"), wobei das von LASSEN et al. (1964) zu diesem Zweck eingeführte $^{133}$Xe offensichtlich die besten Voraussetzungen bietet (CHRISTENSEN, 1968; DAHN u. LASSEN, 1967; KJELLMER et al., 1967; LASSEN et al., 1965; SEJRSEN u. TÖNNESEN, 1968; STRANDELL u. SHEPHERD, 1968; TÖNNESEN, 1968; TÖNNESEN u. SEJRSEN, 1970). Für den Vergleich dieser Verfahren gelten die Ausführungen S. 348, Tabelle 1.

## III. Mechanismen der Durchblutungsregulation im Muskel

Wie bei allen übrigen Organen lassen sich auch beim Muskel zentral-steuernde Einflüsse von lokalen Regulationsmechanismen abgrenzen. Erstere gliedern sich in nervale und humorale Komponenten, unter den letzteren lassen sich lokal-chemische und lokal-mechanische Regulation unterscheiden. Die lokal-chemischen Mechanismen sind für die Durchblutungsanpassung an den Stoffwechselbedarf verantwortlich und werden im Zusammenhang mit der Muskelarbeit erörtert (Abschnitt VI und VII). Lokal-mechanische Reaktionen (myogene Reaktion, Bayliss-Effekt) spielen vor allem bei Druck- und Lageänderungen eine große Rolle und werden dort beschrieben (Abschnitt VIII).

### 1. Basaler Tonus der Muskelgefäße

Unter dem basalen Tonus der Blutgefäße wird derjenige aktive Gefäßtonus verstanden, der nach Ausschalten aller nervalen und hormonalen Einflüsse erhalten bleibt. Ein quantitatives Maß dafür ergibt sich aus dem Vergleich dieses basalen Tonus zum völlig tonuslosen Zustand, den man durch chemische Ausschaltung der Gefäßmuskulatur oder durch Erzeugen eines physiologischen Zustandes maximaler Gefäßerweiterung einstellen kann. Beim Menschen steigt die Muskelruhedurchblutung nach Denervierung nur unerheblich an, selten mehr als bis zum Doppelten des Ausgangswertes, also auf etwa 5%/min. Durch einen maximalen Dilatationsreiz (kräftige Muskelarbeit) läßt sich dieser Wert noch einmal verzehnfachen (ca. 50%/min). Damit gehört die Muskelstrombahn zu jenen Gefäßregionen, die einen besonders starken basalen Tonus besitzen (FOLKOW, 1960; MELLANDER u. JOHANSSON, 1968). Die Ursache für diesen basalen Tonus ist überwiegend in der spontanen Aktivität der Blutgefäßmuskulatur selbst zu suchen. Die Muskelgefäße sind also in der Lage, ohne jede nervale oder hormonale Steuerung den peripheren Strömungswiderstand auf das Zehnfache des Wertes bei völlig tonuslosem Zustand zu erhöhen und langfristig aufrechtzuerhalten. Man kann darin eine ökonomische Anpassung an die Ruhesituation erblicken. Im Hinblick auf die große Bedeutung der Muskelstrombahn für den Gesamtkreislauf geht BARCROFT (1963) so weit zu sagen, daß unser Leben von der Aufrechterhaltung des basalen Tonus der Muskelgefäße abhängt — in der Tat käme es sonst zu einem bedrohlichen Blutdruckabfall oder das Herz müßte ständig das vierfache Minutenvolumen fördern!

## 2. Nervale Steuerung

Der Strömungswiderstand der Muskelgefäße kann vom Basalwert aus durch vasomotorische Nerven nach beiden Richtungen hin verstellt werden. Die constrictorische Innervation ist von gleicher Art wie bei den meisten übrigen Organen: sympathische adrenerge, oder präziser gesagt noradrenerge Nerven führen zu einer Tonussteigerung der Blutgefäße. Auf diesem Wege kann im Dienste des Gesamtkreislaufes auch die Muskeldurchblutung eingeschränkt werden. Folkow et al. (1967) haben die Tätigkeit dieser Nerven am Katzenmuskel unter verschiedenen Reizbedingungen analysiert und dabei Noradrenalinausschüttung und Wiederaufnahme quantitativ bestimmt. Bei einer maximalen tonischen Aktivität der Nerven mit 8—10 Impulsen/sec läßt sich die Noradrenalinausschüttung auf 80—100 ng/min·100 g Muskel kalkulieren, was etwa 1% des Gesamtgehaltes entspricht. Die Zahl der von einer Einzelfaser pro Impuls freigesetzten Noradrenalin-Moleküle schätzen die Autoren auf 400 und die im synaptischen Spalt erreichte Noradrenalin-Konzentration auf $10^{-6}$. (Neuere Arbeiten zur Wirkung der constrictorischen Nerven auf Muskelgefäße: Donald u. Ferguson, 1970; Folkow, 1962; Peiper et al., 1966, 1967; Viveros, 1968.)

Zur nervalen Auslösung von Dilatationen verfügt die Muskulatur über einen spezielleren, in anderen Organen vielleicht gar nicht existierenden Mechanismus: sympathische cholinerge Nerven. Dieses System wurde vor allem in tierexperimentellen Studien an Katzen und Hunden nachgewiesen und analysiert (Übersichten: Folkow, 1956, 1959; Hudlická, 1971; Uvnäs, 1954, 1960). Reizt man nach Blockade der adrenergen Nerven die sympathischen Nerven zum Muskel, so wird eine Dilatation ausgelöst, die sich durch Atropin aufheben läßt. Durch Reizung des zentralen Repräsentationsortes dieses Systems im Hypothalamus läßt sich am wachen Tier Flucht- und Kampfverhalten auslösen (Abrahams et al., 1960; Hilton, 1968a). Unter solchen Reizungen kann sich das Herzminutenvolumen verdoppeln bei einem gleichzeitigen Anstieg der Muskeldurchblutung bis zum Fünffachen des Ruhewertes (Folkow et al., 1968). Es ist also gut belegt, daß das cholinerg-dilatatorische System der Muskelstrombahn im Rahmen von Notfalls- oder Alarmreaktionen (defence reaction, emergency reaction) bei Hund und Katze eine wichtige Rolle spielt. Die Zweifel an der Übertragbarkeit dieser Resultate auf den Menschen (Golenhofen, 1962a; vgl. Abschnitt V) haben dadurch neue Nahrung erhalten, daß nach Bolme et al. (1970) bei vielen Arten einschließlich Affe keine cholinergen Dilatatoren im physiologischen Experiment nachzuweisen sind. Bolme u. Fuxe (1970) konnten mit histochemischen Methoden cholinerge Nerven in Muskelgefäßen von Hund und Katze nachweisen, nicht aber bei Mensch und Affe, und schließen daraus im Zusammenhang mit den funktionellen Ergebnissen, daß der Mensch zu den Species gehört, die keine cholinergdilatatorischen Nerven besitzen.

In der neueren Literatur finden sich immer wieder Hinweise auf nichtcholinerge dilatatorische Nerven, für die verschiedene Überträgermechanismen diskutiert werden, u. a. auch die Freisetzung von Histamin als Transmitter (Beck, 1961, 1965; Brody u. Shaffer, 1970; Zimmerman, 1968).

## 3. Humorale Steuerung

Das Nebennierenmark mit seinen Hormonen Adrenalin und Noradrenalin hat unter den endokrinen Drüsen die größte Bedeutung für die Regulation des Muskelkreislaufes. Das Phänomen der „Adrenalin-Umkehr" hatte schon frühzeitig darauf hingewiesen, daß die Kreislaufwirkung der Katecholamine eine doppelsinnige ist: der Blutdruckanstieg nach höheren Adrenalindosen ließ sich durch Gabe von „Sympathikolytika" in einen Blutdruckabfall umkehren. Inzwischen sind auch Pharmaka entwickelt worden, die die ursprünglich nicht blockierbaren, zu Blutdrucksenkung führenden Effekte aufheben können, und man gliedert deshalb die adrenergen Inhibitoren in $\alpha$- und $\beta$-Blocker, und die physiologischen Wirkungen entsprechend in $\alpha$- und $\beta$-Effekte. Es ist üblich geworden, die Angriffspunkte an den Effektorzellen als $\alpha$- und $\beta$-Receptoren zu bezeichnen — was man unbedenklich tun kann, wenn man im Auge behält, daß es sich bei diesem Begriffssystem um ein Hilfsgerüst handelt, das bei der weiteren Aufklärung adrenerger Wirkmechanismen nützlich sein kann.

Am Muskelgefäß lassen sich durch die Katecholamine excitatorische $\alpha$-Effekte und inhibitorische $\beta$-Effekte auslösen. Bei Adrenalin-Applikation dominiert im unteren Dosisbereich die dilatierende (inhibitorische) Wirkung, und erst bei hohen Konzentrationen, wie sie im Rahmen endogener Adrenalinausschüttungen kaum erreicht werden, überwiegt der constrictorische Effekt. Abb. 1 zeigt dies an einem Beispiel für den menschlichen Muskelkreislauf bei intraarterieller Applikation. Zwischen der Schwellendosis für die dilatierende Wirkung ($0{,}2$—$0{,}5\,\gamma$/min) und dem Umschlag zur Constriction ($4\,\gamma$/min) besteht immerhin ein Unterschied von einer vollen Zehnerpotenz. In Abb. 2 ist die Aufhebung der Adrenalin-Dilatation durch $\beta$-Blocker zu erkennen und an der Blutdruck-Reaktion zugleich die Bedeutung dieses Effektes für den Gesamtkreislauf. Nach $\beta$-Blockade steigt der systolische Blutdruck infolge der unbeeinflußten Adrenalin-Constrictionen in anderen Organen um 40 mm Hg an, während unter Normalbedingungen dieser Effekt durch die Erweiterung der Muskelgefäße voll ausgeglichen werden kann. Die Muskeldurchblutung kann unter Adrenalineinfluß bis zum Fünffachen des Ausgangswertes ansteigen, in der initialen Wirkungsphase sogar noch stärker.

Im Gegensatz zum Adrenalin dominiert bei Noradrenalin-Applikation unter normalen Bedingungen beim Menschen stets die constrictorische Wirkung. Durch Blockade dieses constrictorischen $\alpha$-Effektes läßt sich aber auch hier eine schwächere inhibitorische ($\beta$-)Wirkung demaskieren (BRICK et al., 1968).

Die ursprünglich von BARCROFT und den englischen mit der Verschlußplethysmographie arbeitenden Gruppen betonte Aufgliederung der Adrenalinwirkung in eine kräftige initiale, und eine darauf folgende schwächere anhaltende Dilatation, für die auch verschiedene Mechanismen postuliert wurden, kann heute aufgegeben werden. Der ursprüngliche verschlußplethysmographische Befund, daß die anhaltende Dilatation nur bei intravenöser, nicht aber bei intraarterieller Infusion auftritt (BARCROFT u. SWAN, 1953; DUFF u. SWAN, 1951; WHELAN, 1954, 1967) dürfte überwiegend auf eine ungleiche Adrenalinverteilung bei intraarterieller Gabe zurückzuführen sein. Mit der Wärmeleitsonde läßt sich die anhaltende Dilatation auch bei intraarterieller Gabe nachweisen

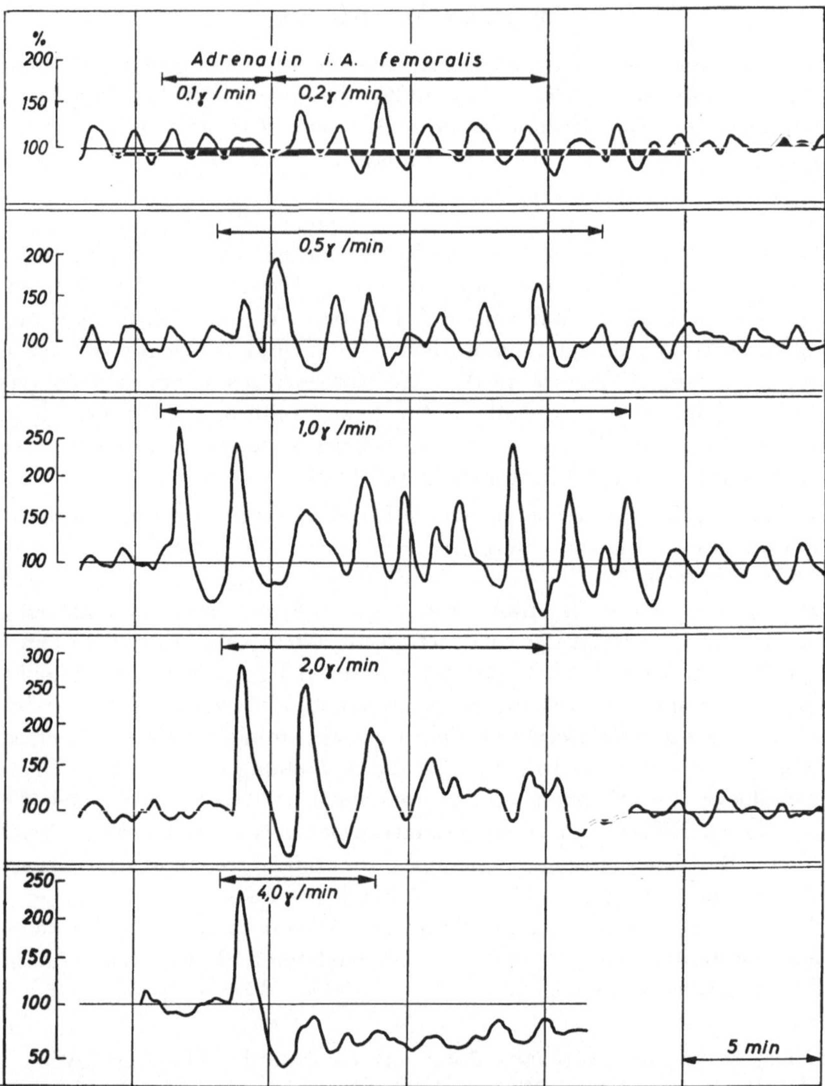



Abb. 1. Die Wirkung von Adrenalin auf die Muskeldurchblutung des Menschen bei intra-arterieller Applikation. Dauerinfusionen in die A. femoralis mit steigender Dosierung, Durch-blutungsmessung mit einer Wärmeleitsonde in der Wadenmuskulatur, alle Ausschnitte aus einem Versuch. Ungefähre Eichung in Prozent des mittleren Ausgangswertes. (Nach GOLENHOFEN, 1962c)

(BOCK et al., 1955; GOLENHOFEN, 1962b), und auch mit verschlußplethysmo-graphischer Technik ist sie deutlich zu erfassen, wenn man durch Verwendung eines Spezialkatheters für eine gleichmäßige Verteilung im arteriellen Blut sorgt (GOLENHOFEN u. HILDEBRANDT, 1964). Das initiale Überschießen der Dilatation ist somit Teil einer einheitlichen, periodisch gedämpft ablaufenden Reaktion, deren Dämpfungsgrad auch variieren kann (vgl. Abschnitt IX).

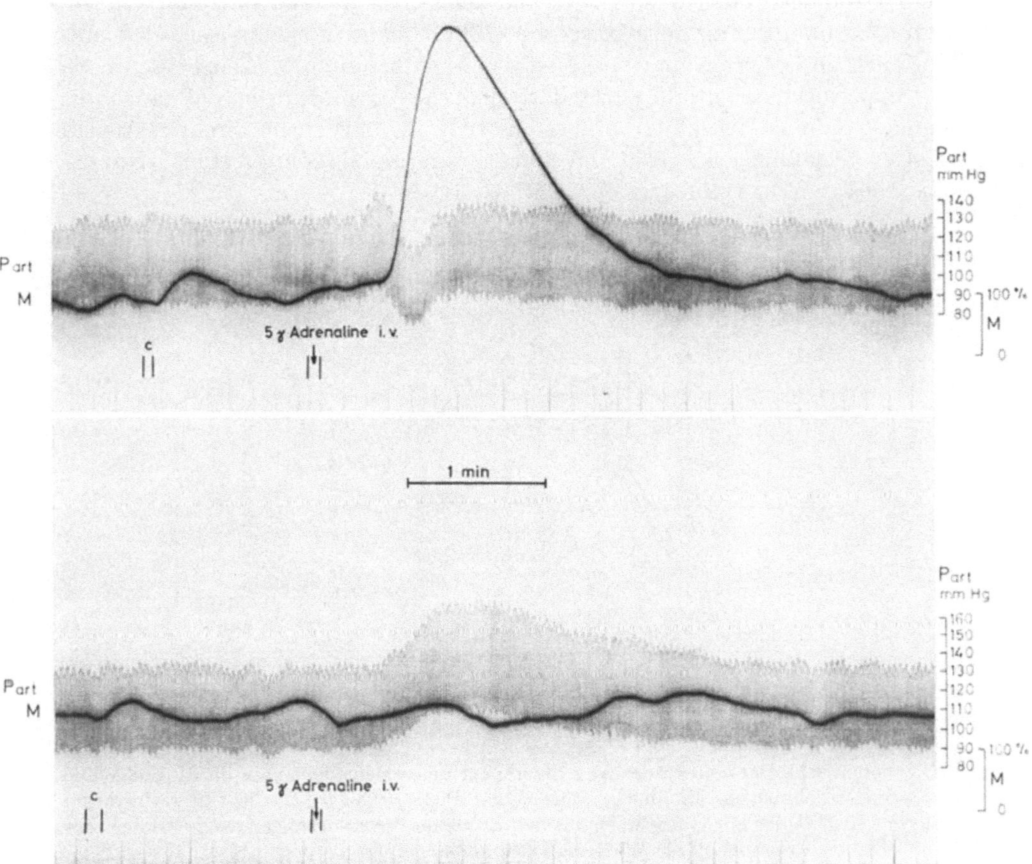


Abb. 2. Die Wirkung einer intravenösen Injektion von 5 γ Adrenalin auf die Muskeldurchblutung im Unterarm (*M*) und auf den arteriellen Blutdruck (*P* art). Oben: unter normalen
Bedingungen. Unten: 4 min nach Gabe von 5 mg Propranolol i.v. (Nach SCHOOP u. SCHMIDTKE,
1965)

Der von DÖRNER (1956) erhobene Befund, daß bei intravenöser Gabe von
Adrenalin und Noradrenalin außerdem noch eine nerval-reflektorische, atropin-
unempfindliche Dilatation der Muskelgefäße ausgelöst wird, wurde inzwischen
bestätigt (BECK, 1961, 1965; SAKUMA u. BECK, 1961).

Die gedankliche Schwierigkeit, sich eine doppelsinnig-antagonistische Wirkung
ein und derselben Substanz an ein und demselben Substrat vorstellen zu können,
war Anlaß zu der Annahme, daß vielleicht nur der constrictorische Effekt ein
direkt vasomotorischer, der dilatatorische dagegen ein indirekter, vielleicht über
den Stoffwechsel des Skeletmuskels vermittelter Effekt sei (vgl. CELANDER, 1954).
Für die Annahme von LUNDHOLM (1956), Milchsäure sei der Vermittler einer
solchen indirekten dilatierenden Wirkung, ließen sich in Untersuchungen am
Menschen keine Belege finden (GOLENHOFEN, 1959a; DE LA LANDE u. WHELAN,
1962). Untersuchungen am glatten Muskel haben ergeben, daß gegensinnige

$\alpha$- und $\beta$-Wirkungen tatsächlich an ein und demselben Gewebe auftreten können. Schmidt-Vanderheyden u. Koepchen (1967) konnten nachweisen, daß Adrenalin auch an isolierten und von Muskelgewebe befreiten Muskelgefäßen noch seine Doppelwirkung entfaltet. So darf man heute annehmen, daß auch die dilatierende Adrenalinwirkung, mindestens teilweise, auf einem direkten Angriff am glatten Gefäßmuskel beruht. (Weitere Literatur: Barcroft, 1963; Golen-Hofen, 1962a; Wolstenholme et al., 1954.)

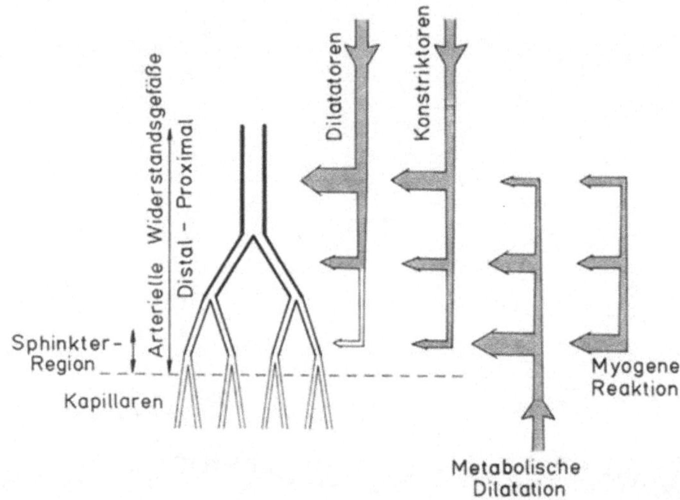


Abb. 3. Schematische Darstellung der Angriffsorte für die verschiedenen auf die Muskelgefäße einwirkenden Mechanismen. Mit der Abstufung der Pfeilstärken sollen die Unterschiede im bevorzugten Angriff der einzelnen Mechanismen an den aufeinanderfolgenden Sektionen der präcapillären Widerstandsgefäße angezeigt werden

Die Hormone des Hypophysenhinterlappens, Vasopressin und Oxytocin, haben nur geringe direkte Effekte auf die Muskelgefäße, so daß ihnen in der physiologischen Regulation der Muskelstrombahn keine große Bedeutung zukommt (vgl. Shepherd, 1963).

## 4. Angriffsorte

Die verschiedenen Mechanismen, die den arteriellen Strömungswiderstand im Skeletmuskel bestimmen, unterscheiden sich auch in der Lokalisation ihrer Wirkung, wie in Abb. 3 schematisch dargestellt ist. Die bei Arbeit wirksamen metabolischen Faktoren greifen vor allem an den distalen Aufzweigungen der präcapillären Widerstandsgefäße an (Kjellmer, 1965c), die über Öffnung oder Verschluß der Capillaren entscheiden. Man kann diesen distalsten Abschnitt als Sphincter-Region bezeichnen, was nicht heißen soll, daß sich nur Capillar-Sphincteren im morphologischen Sinn an der Reaktion beteiligen. Die metabolische Dilatation greift, wenn auch mit geringerer Kraft, auf die vorgeschalteten Gefäßabschnitte über. Man kann sie insgesamt als eine aus der Peripherie aufsteigende, ascendierende Dilatation kennzeichnen.

Der Angriffsschwerpunkt der dilatatorischen Nerven liegt demgegenüber im proximalen Bereich der Widerstandsgefäße, so daß die Größe der capillären Austauschfläche auf diesem Wege nicht wesentlich beeinflußt werden kann (BOLME u. EDWALL, 1970; DJOJOSUGITO et al., 1968; FOLKOW et al., 1961a; RENKIN u. ROSELL, 1962; ROSELL u. UVNÄS, 1962). Diese Wirkung kann man als descendierende Dilatation den metabolischen Effekten gegenüberstellen.

Die constrictorische Innervation nimmt offensichtlich eine gewisse Mittelstellung ein. Man kann zwar auch diesen Mechanismus noch als descendierenden bezeichnen, da sein Einfluß auf die Sphincter-Region schwächer ist als der der metabolischen Faktoren; im Vergleich zu den dilatatorischen Nerven wirken die Vasoconstrictoren aber stärker auf die Sphincter-Region (BOLME u. NOVOTNÝ, 1969; COBBOLD et al., 1963).

Möglicherweise besteht auch ein funktioneller Dualismus zwischen verschiedenen Wandschichten der stärkeren Widerstandsgefäße derart, daß die innere Schicht eine ausgeprägte myogene Aktivität besitzt, welche durch die dilatatorischen Nerven herabgesetzt werden kann, während die äußere Schicht dem Einfluß der constrictorischen Nerven unterliegt und keine Automatie besitzt (FOLKOW et al., 1964b).

Die „myogene Reaktion" auf Gefäßdehnung ist in der Sphincter-Region besonders deutlich, wo generell der basale, myogene Tonus stärker ausgeprägt ist (FOLKOW, 1964; FOLKOW u. ÖBERG, 1961; LUNDVALL et al., 1967).

Für die auf dem Blutweg wirkenden Hormone gibt es anscheinend im Bereich der präcapillären Gefäße keine so markante Differenzierung im Angriffsort. Während Infusion von Adrenalin fanden beispielsweise ALPERT u. COFFMAN (1969) eine gute Übereinstimmung zwischen der Zunahme der Gesamtdurchblutung und der $^{133}$Xe-Clearance.

Auch auf der postcapillären venösen Seite der Muskelstrombahn ist die Kraft der einzelnen Mechanismen unterschiedlich, so daß sich insgesamt eine noch stärkere Differenzierung der verschiedenen Wirkmuster ergibt (MELLANDER, 1960, 1971; MELLANDER u. JOHANSSON, 1968).

## 5. Interferenzen zwischen den verschiedenen Mechanismen

Zu Interferenzen zwischen den einzelnen Prozessen kommt es häufig schon bei primär isolierten Angriffen über einen einzelnen Mechanismus. So führt beispielsweise die Erregung der constrictorischen Nerven initial auch zu einer Constriction im Sphincterbereich. Die unter Normalbedingungen resultierende Durchblutungsminderung zieht aber sofort metabolische Gegenregulationen nach sich, die entsprechend ihrem bevorzugten Wirkort die Sphincter-Constriction abschwächen (oder unter Umständen sogar in eine Dilatation umkehren können), wobei die Senkung des transmuralen Druckes noch unterstützend wirkt (COBBOLD et al., 1963; MELLANDER u. JOHANSSON, 1968; LUNDGREN et al., 1964). Ein solches „Ausweichen" der Gefäße vor einem bestimmten Einfluß durch Einschaltung anderer Regulationsmechanismen wird heute im englischen Schrifttum häufig als „escape" bezeichnet. (Über escape-Phänomene im Intestinalkreislauf s. S. 246.)

Bei Reizung der dilatatorischen Nerven können Escape-Reaktionen der Sphincter-Region bei erhöhter Gesamtdurchblutung zu einer Einschränkung der capillären Austauschfläche führen, und zwar infolge einer myogenen Reaktion auf den erhöhten transmuralen Druck in diesen Gefäßbezirken. Dies hat zur Folge, daß bei anhaltender Reizung der dilatierenden Nerven die initial starke Dilatation relativ rasch abklingt (Bolme u. Edwall, 1970; Djojosugito et al., 1968; Folkow et al., 1961).

Schließlich wurden die Wechselwirkungen zwischen den einzelnen Mechanismen auch bei gleichzeitiger Aktivierung mehrerer Prozesse in verschiedenen Kombinationen geprüft. Dabei ließ sich der bereits von Rein (1931, 1941) erhobene Befund, daß die metabolisch-dilatierenden Reize die kräftigsten sind und sich gegen alle übrigen Tendenzen durchzusetzen vermögen, weiter belegen (Cobbold et al., 1963; Kjellmer, 1965b; Lewis u. Mellander, 1962). Donald et al. (1970) konnten beim wachen Hund die Arbeitshyperämie bei allen Belastungsstufen durch Reizung der sympathischen Nerven deutlich reduzieren, das Durchblutungsmaximum wurde fast auf die Hälfte herabgedrückt. Als Ausnahme gegenüber dem normalen Dominieren der lokal-chemischen Regulation gegenüber den nerval-vasoconstrictorischen Einflüssen muß das Übergewicht der Vasoconstriction bei der Ente (bzw. allen tauchenden Vögeln) erwähnt werden (Djojosugito et al., 1969; Folkow et al., 1966).

Bei Kombination von transmuralen Drucksteigerungen und metabolischen Umstellungen durch Muskelarbeit hat sich herausgestellt, daß die myogene Reaktion der Gefäße mit steigender Muskelarbeit zwar an Kraft verliert, aber im Sphincterbereich doch nicht ganz von den metabolischen Reizen überspielt werden kann (Lundvall et al., 1967). Ob der Capillar-Filtrations-Koeffizient (CFC) unter diesen Bedingungen die capilläre Austauschfläche zuverlässig genug für diese Folgerung wiedergibt, bedürfte vielleicht weiterer Prüfung.

Der Effekt einer vasodilatatorischen Reizung kann durch gleichzeitige Erregung der constrictorischen Nerven reduziert werden (Bolme et al., 1967, Untersuchung an Hunden). Nach Versuchen von Folkow et al. (1964) an der Katze läßt sich die Vasodilatation durch die constrictorischen Nerven nahezu vollständig unterdrücken (Übersichten: Mellander u. Johansson, 1968; Mellander, 1971).

## 6. Kurzschlußdurchblutung

Mit Hilfe der in den vorangehenden Abschnitten dargelegten Differenzierung der Angriffsorte für die verschiedenen Mechanismen und den daraus resultierenden komplizierten Interferenzen lassen sich auch alle diejenigen Durchblutungsreaktionen zwanglos erklären, aus denen früher die Existenz spezieller Kurzschlußgefäße bzw. einer speziellen nicht-nutritiven Zirkulation (vgl. Schroeder, 1966) abgeleitet worden war. Die Durchblutungssteigerung bei Reizung der dilatatorischen Nerven beispielsweise, die im Gegensatz zur metabolischen Dilatation ohne wesentliche Veränderung der capillären Austauschflächen einhergeht, wird heute als eine Mehrdurchströmung der gerade geöffneten Capillaren aufgefaßt. Man kann dies mit Folkow et al. (1961) zur Abgrenzung gegen die Arbeitshyperämie als einen „funktionellen Kurzschluß" bezeichnen. Nachdem aber Bolme u. Edwall (1970) gezeigt haben, daß unter solchen Bedingungen auch der Clearance-Wert von radioaktivem Xenon proportional mit der Durchblutungsgröße ansteigt — was bedeutet, daß auch die Bedingungen für den physiologischen Gasaustausch entsprechend verbessert werden — erscheint jegliche Verwendung des Begriffes „Kurzschluß" irreführend. Vielmehr ist die Mehrdurchblutung unter Reizung der cholinergen Vasodilatatoren, die unter physiologischen Bedingungen Teil einer allgemeineren „Alarm-Reaktion" (FOLKOW et al., 1961 a; FOLKOW u. RUBINSTEIN, 1965) ist, eine Durchblutungsbereitstellung im Hinblick auf eine zu erwartende Mehrleistung, die im Augenblick des Bedarfs sofort durch gesteigerte Capillarisierung besser nutritiv genutzt werden kann. Ein wirksamer Durchblutungskurzschluß, d. h. Ausschluß von der nutritiven Funktion, ist offensichtlich nur durch echte arteriovenöse Anastomosen, die sich anatomisch durch eine nichtcapilläre Wand auszeichnen, möglich (vgl. GOLENHOFEN, 1968a). Da sich aber, im Gegensatz zur Hautstrombahn der Acren, solche Anastomosen im Skeletmuskel nicht als regelmäßiger Bestandteil der terminalen Strombahn nachweisen lassen, besteht heute weitgehend Einigkeit darüber, daß die Muskelstrombahn keine spezifischen Kurzschlußgefäße besitzt (HAMMERSEN u. GROSS, 1968; HAMMERSEN, 1964, 1970; HUDLICKÁ, 1971; ILLIG, 1961; PIIPER u. ROSELL, 1961; vgl. ferner Literatur der vorangegangenen Abschnitte 4 und 5).

## IV. Spontanverhalten in Ruhe

Registriert man beim ruhenden Menschen fortlaufend die Muskeldurchblutung, so finden sich als auffallendstes Merkmal regelmäßige Schwankungen der Durchblutungsgröße mit Periodendauern von 0,5—2 min (GOLENHOFEN u. HILDEBRANDT, 1957a). Wie das Beispiel der Abb. 4 erkennen läßt, verläuft diese „Minutenrhythmik" in verschiedenen Muskelabschnitten gleichsinnig-synchron

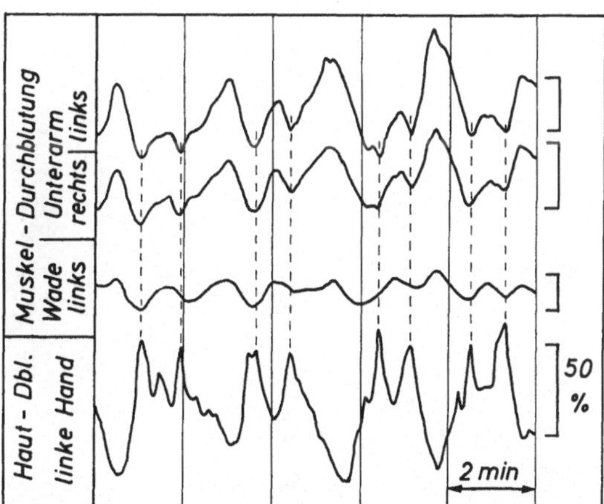



Abb. 4. Spontane, minutenrhythmische Schwankungen der Durchblutungsgröße beim Menschen. Gleichsinnig-synchroner Verlauf in drei verschiedenen Muskelpartien, begleitet von gegensinnigen Schwankungen in der Haut. Ruhende Versuchspersonen bei thermischer Indifferenz. Durchblutungsbestimmung nach dem Prinzip der Wärmeleitmessung, die Eichmarken geben 50% der Ruhedurchblutungsgröße an. (Nach GOLENHOFEN, 1962a)

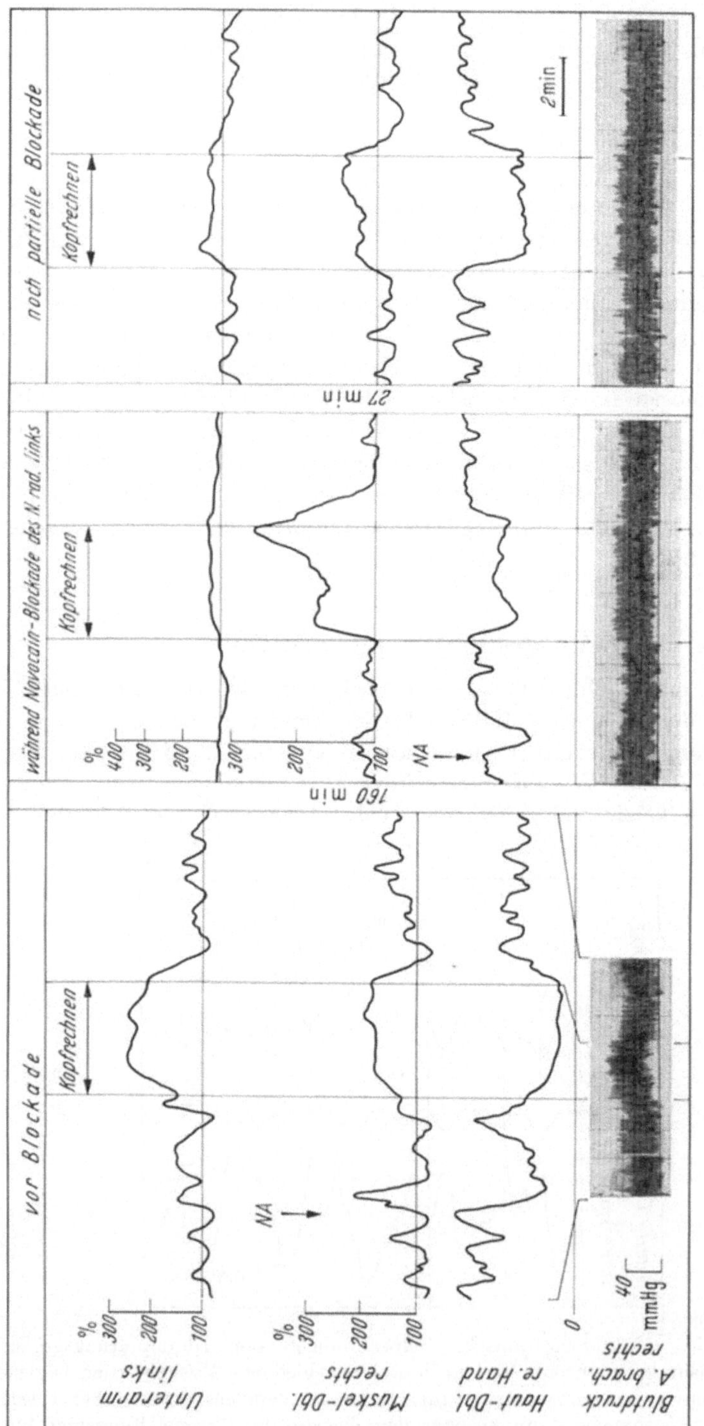



Abb. 5. Muskeldurchblutung in beiden Unterarmen, Hautdurchblutung und arterieller Blutdruck des Menschen bei emotionaler Belastung (Kopfrechentest). Nach Nervenblockade am linken Unterarm ist dort die emotionale Muskelmehrdurchblutung aufgehoben (Mitte). Partielle Erholung beim Abklingen der Nervenblockade (rechts). Ausschnitte einer fortlaufenden Registrierung. Durchblutungsbestimmung mittels Wärmeleitmessung, ungefähre Eichung in Prozent des mittleren Ausgangswertes. (Nach GOLENHOFEN et al., 1961)

und gegensinnig zu entsprechenden Fluktuationen der Hautdurchblutung (s. S. 359). Blockade der Nervenversorgung des untersuchten Bezirkes führt zum Erlöschen der Rhythmik (vgl. Abb. 5), was auf die Mitwirkung der vasomotorischen Innervation hinweist (GOLENHOFEN u. HILDEBRANDT, 1957b). Durchblutungsschwankungen ähnlicher Periodendauer sind auch im Uterus (HILLE u. NOBEL, 1967; PRILL, 1959) sowie in der Leber- und Intestinalstrombahn des Menschen (GRAF et al., 1959) beobachtet worden. Die Koordination mit denen in Haut und Muskel ist noch nicht befriedigend geklärt, die Koppelung ist wohl nicht so streng wie zwischen Haut und Muskel. Der gegensinnige Verlauf der minutenrhythmischen Widerstandsänderungen in Haut und Muskel führt zu einer gegenseitigen Kompensation, so daß im arteriellen Blutdruck die Minutenrhythmik in der Regel nicht zu erkennen ist. Häufig finden sich aber Schwankungen der Pulsfrequenz, die mit denen der Muskeldurchblutung parallel laufen.

Da die Minutenrhythmik ein allgemeines Merkmal der glatten Muskulatur ist und auch an isolierten Blutgefäßen auftritt (vgl. GOLENHOFEN, 1970; GOLENHOFEN u. v. LOH, 1970), wäre die Annahme naheliegend, daß auch die Durchblutungsschwankungen in situ auf Grundeigenschaften der Blutgefäßmuskulatur beruhen. Das Erlöschen der Spontanrhythmik nach Nervenblockade schließt diese Deutung nicht unbedingt aus. Vielmehr darf man annehmen, daß die Blutgefäße im Verlauf der Phylogenese zum Zwecke einer besseren Koordination des Kreislaufes ihre Autonomie mehr und mehr an die integrierenden Zentren abgetreten haben, so daß im Gefäßmuskel selbst der minutenrhythmische Grundprozeß zwar verdeckt, aber nicht aufgehoben ist (GOLENHOFEN, 1968b).

In tierexperimentellen Studien finden sich bislang nur wenige Hinweise auf minutenrhythmische Schwankungen der Muskeldurchblutung, was wahrscheinlich darauf zurückzuführen ist, daß die Minutenrhythmik sehr empfindlich gegen Narkose und andere experimentelle Eingriffe ist. WHALEN u. NAIR (1970) sahen bei leicht narkotisierten Katzen mitunter starke Schwankungen des lokalen Sauerstoffdruckes im Muskel mit einer Frequenz von 1—2/min, die kaum anders als durch entsprechende Schwankungen der lokalen Durchblutung zu erklären sind. PEŇÁZ et al. (1968) fanden unter rhythmischer vasomotorischer Reizung eine Resonanz der Muskelgefäße bei 2—5/min sowie gedämpfte Schwingungen ähnlicher Frequenz nach sprunghaften Druckänderungen (vgl. auch BAŞAR et al., 1968; BAŞAR u. WEISS, 1970; PEŇÁZ, 1970; SELLER et al., 1967).

Die schnelleren Kreislaufrhythmen bis zu den Blutdruckwellen 3. Ordnung besitzen keine wesentliche Bedeutung für die Muskeldurchblutung. Tagesrhythmische Schwankungen der Muskeldurchblutung wurden von KANEKO et al. (1968) beschrieben.

## V. Emotion

Die Muskeldurchblutung beteiligt sich mit großer Empfindlichkeit an emotionalen Reaktionen, wobei sich ein ähnlich streng gegensinniger Verlauf zur Hautdurchblutung findet wie bei den spontanen Schwankungen (Abschnitt IV). Schon das unerwartete Eintreten einer Respektsperson in den Untersuchungsraum kann zu einer Verdoppelung der Muskeldurchblutung bei einer Versuchsperson führen (GOLENHOFEN, 1962a), und selbst bei sorgfältiger Abschirmung aller äußeren Einflüsse muß man damit rechnen, daß durch Vorstellungen erregenden Inhaltes der Kreislauf beeinflußt wird. So kann beispielsweise das Lesen aufregender Stellen in einem Buch von deutlichen Zunahmen der Muskeldurchblutung begleitet sein (Golenhofen u. Hildebrandt, 1957c; Beispiel in Abb. 9, S. 361). Zur experimentellen Auslösung emotionaler Reaktionen eignen sich Kopfrechenaufgaben, wobei naturgemäß das Ausmaß der Reaktion weniger an die Rechenleistung selbst als an den Grad der allgemeinen Anspannung, an Ehrgeiz und Angst vor Blamage gebunden ist (vgl. Brod et al., 1959; Fencl et al., 1959).

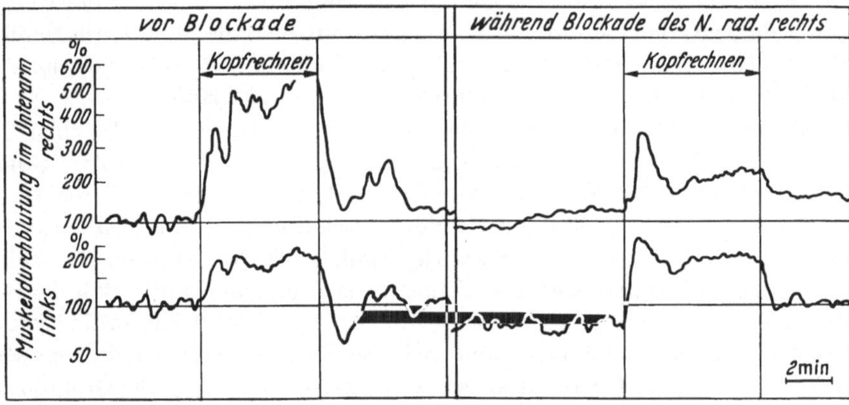



Abb. 6. Durchblutung der Unterarmmuskulatur bei Emotion. Im Gegensatz zu Abb. 5 führte hier die Nervenblockade am rechten Arm nur zu einer partiellen Aufhebung der emotionalen Muskelmehrdurchblutung. Die Rest-Reaktion zeigt Merkmale einer Adrenalin-Dilatation, z. B. in der Verzögerung gegenüber dem linken Arm. Meßtechnik wie in Abb. 5. (Nach Golenhofen et al., 1961)

Zur Analyse der emotionalen Muskelmehrdurchblutung wurde im Versuch der Abb. 5 nach dem ersten Rechentest an einem Arm die Nervenversorgung durch eine Leitungsanaesthesie blockiert. Die Maßnahme führte nicht nur zum Erlöschen der Minutenrhythmik, sondern auch zum Ausbleiben der nächsten Affekt-Reaktion, die im rechten Kontrollarm eher stärker war als während des ersten Tests. Die leichte Durchblutungszunahme im blockierten Arm um 10—20% läßt sich als blutdruck-passiv erklären. Da die motorische Innervation nicht für die emotionale Durchblutungssteigerung verantwortlich gemacht werden kann—auch nach Ausschalten der motorischen Innervation durch Infusion von Succinylcholin ist die Reaktion nicht erkennbar verändert — muß die Ursache in der vasomotorischen Steuerung der Muskelgefäße gesucht werden.

Im Beispiel der Abb. 6 war die insgesamt sehr kräftige Reaktion durch Nervenblockade nicht voll zu unterdrücken. Die genauere Betrachtung läßt allerdings erkennen, daß auch hier der sofort mit Rechenbeginn, synchron mit dem linken Arm einsetzende Reaktionsanteil weitgehend ausgelöscht war und erst mit einer Latenz von etwa 0,5 min eine stärkere Durchblutungszunahme im blockierten rechten Arm eintrat. Diese Latenz ist typisch für die Dilatation nach intravenöser Applikation von Adrenalin, so daß gefolgert werden darf, daß der verzögerte, nach

Nervenblockade erhaltene Reaktionsanteil durch eine endogene Adrenalinausschüttung hervorgerufen ist. Es läßt sich also insgesamt ein nerval-vasomotorischer Anteil von einem hormonal ausgelösten abgrenzen.

Da die emotionalen Mehrdurchblutungen häufig 300—500% des Ausgangswertes erreichen und damit weit über den Wert hinausgehen, der sich nach Nervenblockade mit Aufhebung des vasoconstrictorischen Tonus einstellt (100 bis 200% des Ausgangswertes), läßt sich mit großer Sicherheit sagen, daß die menschlichen Muskelgefäße von dilatatorischen Nerven versorgt werden, die im Rahmen von Emotionen ihre Aktivität entfalten. Nach GOLENHOFEN et al. (1961) und FINER u. GRAF (1968) handelt es sich dabei allerdings nicht um cholinerge Dilatatoren, da Atropin die Reaktionen nicht signifikant verändert. Die experimentelle Grundlage für die gegenteilige Auffassung von BLAIR et al. (1959) ist nicht befriedigend. Auch in den Untersuchungen von BARCROFT et al. (1960) war die Wirkung von Atropin so gering, daß die Ergebnisse, entgegen der Interpretation der Autoren selbst, eher gegen als für die Existenz cholinerger Dilatatoren sprechen. Nach den neueren tierexperimentellen Ergebnissen über die vasodilatatorische Innervation (Abschnitt III, 2) darf mit anderen als cholinergen Übertragermechanismen durchaus gerechnet werden.

Die Erhöhung der Muskeldurchblutung im Affekt ist als Teil einer Alarm-Reaktion aufzufassen, die einer allgemeinen Steigerung der Einsatzbereitschaft dient (vgl. FOLKOW et al., 1965; HILTON, 1965).

## VI. Arbeit

### 1. Durchblutungsverhalten bei Arbeit

Wird der ruhende Muskel zur Leistung stimuliert, so steigt die Durchblutung rasch an und stellt sich auf einen erhöhten stationären Wert ein, der von der Größe der Muskelleistung abhängt. Die Originalkurve von REIN (1931) in Abb. 7 gibt die Durchblutung des M. gastrocnemius beim Hund während stufenweise erhöhter Muskelleistung wieder und läßt dabei auch erkennen, daß die Arbeitshyperämie praktisch latenzlos dem Arbeitseinsatz folgt. Genauere quantitative Studien haben ergeben, daß bei rhythmischer Tätigkeit Sauerstoffverbrauch und Durchblutungsgröße in einem weiten Bereich linear mit der Muskelleistung ansteigen (Abb. 8). Bei hohen Leistungen erreicht die Durchblutungsgröße allerdings einen Grenzwert, der nicht nur durch die maximale Gefäßweite, sondern auch durch eine Strömungsbehinderung durch die Kontraktion selbst bestimmt wird. In Abb. 8 macht sich diese Begrenzung etwa ab 80% der Muskelhöchstleistung bemerkbar. Die Bedingungen waren dabei so gewählt, daß tetanische Reizungen und Pausen im Verhältnis 1:1 alternierten. Bei Daueranspannung der Muskulatur kann es schon bei geringeren Leistungen zu Durchblutungsbehinderungen kommen (KRAMER u. QUENSEL, 1937; KRAMER et al., 1939a und b; QUENSEL u. KRAMER, 1939).

Da bei Blockade der Kontraktion (durch Curarisierung) die Stimulierung der Muskelnerven allein keine Durchblutungssteigerung auslöst, was schon GASKELL (1877) richtig erkannt hat, muß man folgern, daß die Durchblutungsanpassung an den Bedarf des Muskels bei Arbeit durch einen lokal-automatischen Prozeß zustandekommt und nicht etwa dadurch, daß der Gefäßwiderstand in enger Kopplung an die motorische Innervation entsprechend eingestellt würde. Diese lokale Automatie ist ein geschlossener Funktionskreis mit den Merkmalen einer Regelung und wird deshalb am besten als lokal-chemische Regulation bezeichnet, da dieses Funktionssystem auf die Stabilisierung eines bestimmten lokal-chemischen Milieus abzielt. Dieser Regelprozeß läßt sich am einfachsten so beschreiben, daß eine vom Muskelstoffwechsel abhängige, bei insuffizienter Energieversorgung ansteigende chemische Größe (bzw. ein Komplex) $x$ geregelt wird. Ein Anstieg von $x$ bewirkt direkt oder unter Einschaltung weiterer Prozesse eine Erschlaffung der Widerstandsgefäße und führt so zur Durchblutungssteigerung, die durch Verbesserung

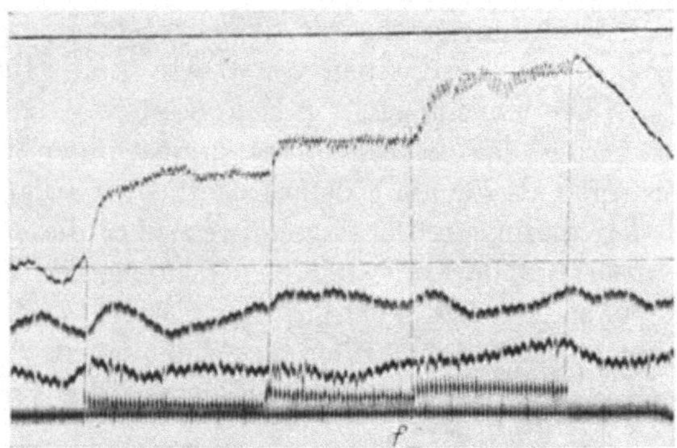

Abb. 7. Durchblutung des M. gastrocnemius (obere Kurve) beim narkotisierten Hund während stufenweise gesteigerter Muskelleistung (elektrische Reizung). Weitere Kurven, von oben nach unten: arterieller Blutdruck, Durchblutung der A. femoralis links, Arbeitskurve des M. gastrocnemius rechts. Zeitmarkierung durch Kurvenunterbrechung alle 10 sec. Muskelleistung auf den drei Stufen: 0,3, 0,45 und 0,7 kpcm/sec. Entsprechende Durchblutungsgrößen im stationären Zustand: 34, 52 und 112 ml/min. (Nach Rein, 1931)

der Energieversorgung und/oder Ausschwemmung des Überschusses von $x$ den Funktionskreis im Sinne einer negativen Rückkoppelung schließt.

Man muß es als Verdienst von Hermann Rein werten, die besondere Bedeutung dieser lokal-chemischen Regulationsprozesse für die Zirkulation des Skeletmuskels erkannt und herausgestellt zu haben. Wenn man heute feststellen muß, daß er die Vormachtstellung dieses Prozesses etwas überwertet und dadurch die Analyse anderer wichtiger Mechanismen vielleicht verzögert hat, so kann das seine historischen Leistungen nicht einschränken (Keller et al., 1930; Rein, 1931, 1941, 1944, 1951; Rein u. Schneider, 1930).

Die lokal-chemischen Regelprozesse können eine maximale Dilatation der Muskelstrombahn auslösen, wie auch aus Abb. 8 hervorgeht. Eine Acetylcholininfusion, die gleichfalls eine maximale Dilatation hervorruft, vermag die Durchblutungswerte bei Höchstleistung nicht weiter zu steigern. Im Vergleich zu den höheren Durchblutungswerten unter Acetylcholininfusion bei geringerer Muskelleistung ergibt sich auf diese Weise zugleich ein Maß für das kontraktionsbedingte Strömungshindernis bei Maximalleistung. Unter solchen Bedingungen kann sich die maximale Dilatation erst nach Beendigung der Arbeit in einer Maximaldurchblutung manifestieren, es kommt zu einer Nachhyperämie, mit der die bei Arbeit eingegangene Blutschuld zurückgezahlt wird. HIRCHE et al. (1970) haben die mechanische Strömungsbehinderung bei isotonischen und isometrischen Kontraktionen sowie passiven Dehnungen am Gastrocnemius des Hundes systematisch untersucht.

In situ können die lokal-chemischen Regulationsprozesse mit anderen Einflüssen interferieren, sowohl mit vasoconstrictorischen oder dilatatorischen Impulsen als auch mit myogenen Reaktionen auf Änderungen des transmuralen Druckes, so daß die oben skizzierten Grundreaktionen in mannigfaltiger Weise variiert werden können (vgl. Abschnitt III sowie HUDLICKÁ, 1971). Wichtig sind in diesem Zusammenhang auch die neueren Untersuchungen über die Unter-

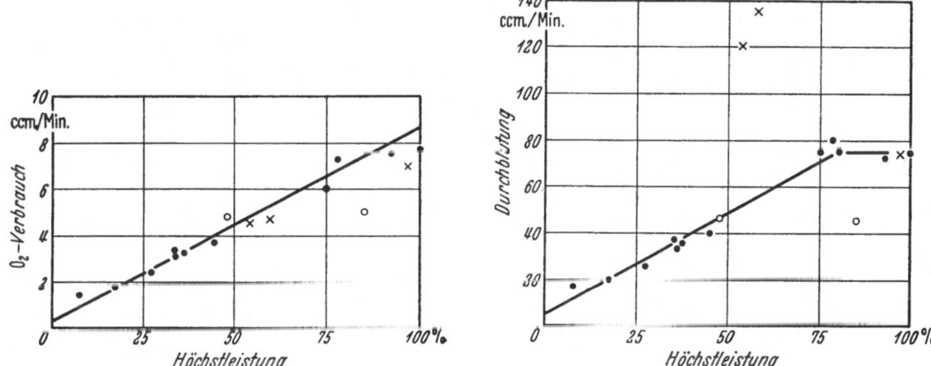


Abb. 8. Sauerstoffverbrauch und Muskeldurchblutung in Abhängigkeit von der Muskelleistung (in Prozent der Höchstleistung). Messungen am M. gastrocnemius des Hundes bei rhythmischer Reizung, Arbeits-Pausen-Verhältnis 1:1. Kreuze: Meßwerte bei gleichzeitiger Infusion von Acetylcholin. (Nach KRAMER et al., 1939a)

schiede von weißen und roten Muskeln, die klargestellt haben, daß die Ruhedurchblutung nicht immer kritisch an den Bedarf angepaßt ist, und daß eine so fundamentale Reaktion wie die Arbeitshyperämie an manchen Muskeln weitgehend fehlen kann (FOLKOW u. HALICKA, 1968; HILTON, 1968b; HUDLICKÁ, 1969; REIS et al., 1967).

Die beschriebenen Durchblutungsumstellungen im Muskel bei Arbeit, die sich auf tierexperimentelle Studien, vorwiegend an isolierten Muskeln, stützen, können auch für den menschlichen Muskelkreislauf Gültigkeit beanspruchen (Übersichten: BARCROFT, 1963; BARCROFT u. SWAN, 1953; BEVEGÅRD u. SHEPHERD, 1967; HUDLICKÁ, 1968; SHEPHERD, 1963. Neuere Arbeiten: DOLL et al., 1968; HÄGGENDAL et al., 1968; KONTOS et al., 1966; LANDIN u. WAHREN, 1969; RODBARD u. PRAGAY, 1968; TÖNNESEN, 1964; WAHREN, 1966). Die Ruhedurchblutungswerte liegen beim Menschen mit 2—3%/min (vgl. Tabelle) deutlich unter denen des M. gastrocnemius von Hund und Katze (etwa 6—10%/min). Die Maximalwerte weichen wenig voneinander ab. Auch für den Menschen darf man Höchstwerte von 60—80%/min ansetzen, die sich sowohl aus Messungen mit Hilfe der Xe-Clearance ergeben als auch aus den verschlußplethysmographischen Messungen unter Berücksichtigung der Gewebszusammensetzung für den Muskel kalkulieren lassen (Tabelle). Der Spielraum zwischen normaler Ruhedurchblutung und Maximalwert beträgt somit für die Extremitätenmuskulatur 1:20 bis 1:30.

In Abb. 9 sind Ergebnisse über die menschliche Wadendurchblutung beim Laufen mit verschiedenen Geschwindigkeiten zusammengestellt. Die Durchblutung wurde in diesen Versuchen nach dem Laufen einer konstanten Strecke (130 Yard ≈ 120 m) mit einem zuvor angelegten Plethysmographen gemessen.

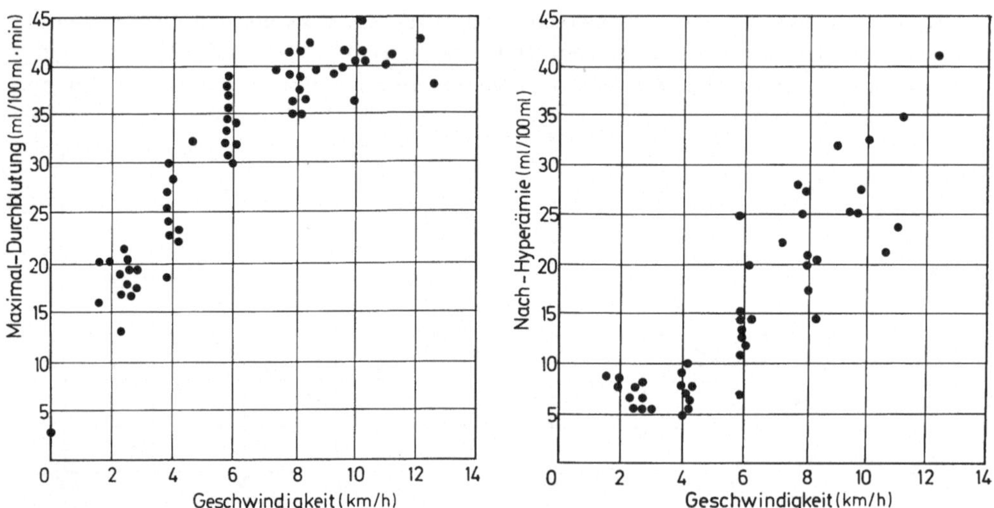

Abb. 9. Wadendurchblutung des Menschen beim Gehen mit verschiedenen Geschwindigkeiten. Durchblutungsmessung unmittelbar nach Zurücklegen von 120 m. Links: Maximaler Durchblutungswert nach dem Gehen. Rechts: Größe der gesamten Nach-Hyperämie. Meßergebnisse von 5 Versuchspersonen. (Nach Black, 1959)

Die Spitzenwerte der Durchblutung unmittelbar (5 sec) nach dem Laufen sind dabei ein Maß für den Dilatationszustand der Gefäße während der Arbeit, unabhängig davon, ob die Durchblutung während der Arbeit durch die Kontraktionen behindert war oder nicht. Die Größe der gesamten Nachhyperämie (Durchblutungsüberschuß im Vergleich zur Ruhedurchblutungsgröße) ist dagegen ein Maß für die beim Laufen eingegangene Blutschuld. Es zeigt sich, daß die Gefäßweite im Bereich normaler Gehgeschwindigkeiten bis zu 6 km/h in guter Linearität mit der Belastungsgröße zunimmt (entsprechend den Tierversuchen in Abb. 8) und eine nennenswerte Blutschuld dabei noch nicht auftritt. Der Energiebedarf des Muskels kann unter diesen Bedingungen fortlaufend durch die Blutzufuhr gedeckt werden, so daß solche Leistungen auch langfristig durchgehalten werden können. Mit höheren Geschwindigkeiten erreicht die Dilatation dann bald ihr Maximum, und es kommt zu einer zunehmenden Blutschuld (vgl. Clarke u. Hellon, 1959; Coles u. Cooper, 1959).

Eine Kompression der Blutgefäße durch die Kontraktion spielt bei rhythmischen Bewegungen in den Belastungsbereichen, die langfristig aufrechterhalten werden können, noch keine wesentliche Rolle (vgl. Abb. 17); bei Daueranspannungen wirkt sie sich dagegen bald aus. Steht man beispielsweise auf einem Bein auf den Zehenspitzen, so ist die Zeit bis zum Einsetzen von Wadenschmerzen unabhängig davon, ob die Durchblutung des Beines unterbunden ist oder nicht, woraus geschlossen werden darf, daß die isometrische Dauerkontraktion der Wadenmuskulatur unter diesen Bedingungen die Durchblutung unterdrückt (BARCROFT, 1963; BARCROFT u. MILLEN, 1939).

## 2. Zum Mechanismus der lokal-chemischen Regulation

Die zentral wichtige Frage, wie die gute Abstimmung zwischen Durchblutung und Energiebedarf des Muskels zustandekommt, ist bis heute noch nicht befriedigend gelöst. Die sehr umfangreiche Literatur darüber kann hier nicht eingehend erörtert werden. Es liegt aber eine Reihe von Übersichten neueren Datums dazu vor (HADDY u. SCOTT, 1968; HILTON, 1962, 1968b, 1971a und b; HUDLICKÁ, 1971; MELLANDER, 1970; MELLANDER u. JOHANSSON, 1968; MELLANDER u. LUNDVALL, 1971; SKINNER, 1971).

Zunächst lassen sich heute einige sichere negative Feststellungen treffen. Alle gröberen Änderungen im lokal-chemischen Milieu, wie pH-Verschiebung, $CO_2$-Überschuß, Milchsäureanhäufung u.ä., spielen keine wesentliche direkte Rolle, da sie keine oder nur schwache dilatatorische Wirkungen entfalten und da vor allem die metabolische Regulation so empfindlich ist, daß schon erhebliche Dilatationen auftreten, ehe sich wesentliche Änderungen der genannten Größen finden. Für die Bedeutungslosigkeit der Milchsäure hat die menschliche Pathologie einen bemerkenswerten Beitrag geliefert — sofern es nach den Befunden von RIGLER (1932), der die Arbeitsdilatation auch nach Unterdrückung der Milchsäurebildung durch Vergiftung mit Monojodessigsäure gemessen hat, noch weiterer Beweise bedurfte. Patienten, die aufgrund eines glykogenolytischen Defektes im Muskel die Milchsäurebildung bei Arbeit nicht steigern (McArdle-Syndrom), weisen dennoch eine normale Arbeitshyperämie des Muskels auf (BARCROFT et al., 1967; McARDLE, 1951; SCHMID u. MAHLER, 1959).

Bei der Suche nach einer entscheidenden Schlüsselsubstanz wurden auch spezifischere, hochaktive dilatatorische Substanzen geprüft. Acetylcholin und Histamin konnten ausgeschlossen werden. Auch für das Bradykinin ergaben sich keine positiven Resultate, aber man wird die Ergebnisse wohl nicht als sicheren Ausschluß einer Mitwirkung von Stoffen aus der Gruppe der Plasmakinine werten dürfen.

Als aussichtsreichste Kandidaten für die Schlüsselfunktion der lokal-chemischen Regulation können heute Stoffe des Adeninnucleotid-Phosphat-Stoffwechsels angesehen werden. Adenosindiphosphat (ADP) und Adenosintriphosphat (ATP), und auch noch das Monophosphat (AMP), gehören zu den potentesten Dilatatoren der Muskelstrombahn; aber man nimmt an, daß sie unter physiologischen Bedingungen kaum die Muskelzelle verlassen und deshalb als Schlüsselstoffe ausscheiden (vgl. dagegen BOYD u. FORRESTER, 1968). Adenosin selbst, das in der Diskussion um die funktionelle Dilatation der Coronargefäße eine besondere Rolle spielt (s. S. 220), dürfte beim Skeletmuskel von geringer Bedeutung sein, da der Hauptabbauweg — im Gegensatz zum Herzen — hier vom Adenosinmonophosphat zu den nicht mehr vasoaktiven Stoffen Inosinmonophosphat und Inosin verläuft. HILTON (1971a und b) nimmt neuerdings an,

daß es das anorganische Phosphat ist — dessen Konzentration in der Tat bei
Muskelarbeit im Extracellulärraum ansteigt — welches als Schlüsselstoff wirkt
(vgl. Barcroft et al., 1970; Hilton u. Vrbová, 1970).

Da es schwierig ist, mit irgendeinem der geprüften Wirkstoffe allein die lokal-
chemische Regulation befriedigend zu erklären, muß man ernsthaft erwägen, ob
nicht ein Komplex von mehreren Stoffen hier zusammenwirkt, einschließlich der
$O_2$-Konzentration (vgl. Scott et al., 1970; Skinner u. Costin, 1969) — eine
schon lange bemühte Hypothese, mit der aber niemand so recht zufrieden war.
Als Mitwirkende in diesem Komplex muß man schließlich noch das $K^+$-Ion sowie
Erhöhungen des osmotischen Druckes berücksichtigen, die gerade auch in jüngerer
Zeit geprüft worden sind (Brecht et al., 1969; Kjellmer, 1965a; Lundvall
et al., 1969; Mellander et al., 1967).

Zwischen Herzmuskel und Skeletmuskel wurde früher eine weitgehende Übereinstimmung in den Grundmechanismen der lokal-chemischen Durchblutungsanpassung angenommen. Sollte wirklich das Adenosin und damit ein Stoff aus
einem spezifischeren Stoffwechselweg des Herzmuskels eine Schlüsselstellung in
der Regelung der Coronardurchblutung besitzen, so hätten wir darin einen neuen
Befund für eine erstaunlich starke organspezifische Differenzierung in formal sehr
ähnlichen Grundprozessen. Gerade die neueren Befunde über spezifische Coronardilatatoren (s. S. 220) sprechen durchaus für solche Organspezifitäten.

Mit den auslösenden Ursachen kennt man erst den kleinsten Teil im Gesamt-
mechanismus der lokal-chemischen Regulation. Die terminalsten Abschnitte der
Widerstandsgefäße, insbesondere die Sphincter-Region, können direkt von den
Wirkstoffen dilatiert werden. Wie die Erweiterung der vorgeschalteten, größeren
Widerstandsgefäße zustandekommt, ist weniger klar. Es sind immer wieder Axon-
Reflexe diskutiert worden (vgl. Hilton, 1953), aber in jüngerer Zeit neigt man
mehr zur Annahme einer myogenen Natur (vgl. Hilton, 1962).

## VII. Durchblutungsdrosselung

Die Reaktionen der Muskelstrombahn auf vorübergehende Unterbrechung der
Zirkulation sind denen bei Arbeit sehr ähnlich, denn auch bei Durchblutungssperre sind es vor allem die Mechanismen der lokal-chemischen Regulation, die
versuchen, den Durchblutungsmangel durch eine Gefäßerweiterung auszugleichen. (Zum Mechanismus und zur Literatur vgl. deshalb Abschnitt VI.) Die
fundamentalen Gesetzmäßigkeiten der „reaktiven Hyperämie", die einer Durchblutungssperre folgt, wurden von Lewis u. Grant (1926) in noch heute gültiger
Form beschrieben. Wie in Abb. 10 zu erkennen ist, wächst die reaktive Mehrdurchblutung mit zunehmender Drosselungsdauer an. Der Gipfelwert der Mehrdurchblutung erreicht dabei schon nach wenigen Minuten Drosselungsdauer seinen
Höchstwert (etwa nach 3—4 min; Abb. 10 enthält in dieser Hinsicht eine Verzögerung wegen des thermischen Meßverfahrens), während der weitere Zuwachs
durch eine zunehmende zeitliche Ausdehnung der Reaktion erfolgt. Der Flächenwert der Gesamtreaktion (Durchblutungsüberschuß während der reaktiven Mehrdurchblutung im Vergleich zur Ausgangsdurchblutung) nimmt auf diese Weise in
weitem Bereich linear mit der Drosselungsdauer zu. Häufig findet man aber auch
nach kurzen Drosselungen (1—2 min) eine initiale Mehrdurchblutung mit einer

periodisch gedämpften Wiedereinstellung der Durchblutungsgröße, wobei der
Flächenwert der gesamten Drosselungsreaktion nahe bei Null liegt. Bei solchen
kurzen Drosselungen spielen sicher auch die lokal-mechanischen Regulationen eine
wichtige Rolle (vgl. GOLENHOFEN u. HILDEBRANDT, 1957d; YONCE u. HAMILTON,
1959; sowie Abschnitt VIII).

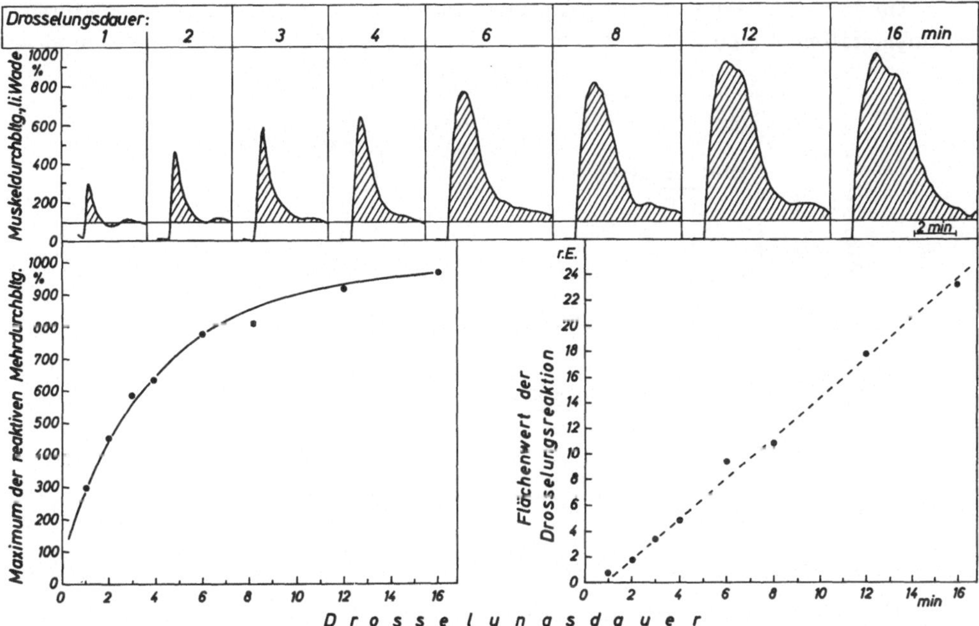



Abb. 10. Die „reaktive Hyperämie" der menschlichen Muskelstrombahn in Abhängigkeit von
der Dauer der Durchblutungssperre. Oben: Originalkurven der Muskeldurchblutung nach
Durchblutungssperre, Beispiele aus einem Versuch. Unten, links: maximale Durchblutungs-
werte während der reaktiven Mehrdurchblutung; rechts: Flächenwerte der gesamten
Drosselungsreaktion, entsprechend den oben schraffierten Flächen. Durchblutungsgrößen in
Prozent des mittleren Ausgangswertes, Flächenwerte in relativen Einheiten. (Nach GOLEN-
HOFEN, 1962a)

## VIII. Druckänderungen und Lagewechsel

Die wichtige Entdeckung von BAYLISS (1902), daß die Blutgefäße eine druckpassive Dehnung mit einer Zunahme des Tonus beantworten, hat erst spät die
gebührende Anerkennung gefunden (vgl. FOLKOW, 1964b). Heute ist klar, daß
eine solche „myogene Reaktion" (Bayliss-Effekt) eine fundamentale Eigenschaft
der spontan aktiven glatten Muskulatur ist, und es kann sich hier nur darum
handeln, die Bedeutung dieses Mechanismus im Zusammenwirken mit den anderen
Komponenten für den Muskelkreislauf zu ermitteln. Bei der Dehnungsreaktion
der Muskelstrombahn in situ läßt sich schwer entscheiden, wieweit sich neben der
„myogenen Reaktion" in dem von BAYLISS beschriebenen Sinn noch andere
Mechanismen beteiligen, etwa lokale Reflexe oder myogene Erregungsausbrei-
tungen. Deshalb wird hier vorsichtiger von „lokal-mechanischer Regulation"
gesprochen (GOLENHOFEN, 1962a), womit die Prozesse gemeint sind, die auf die

Regelung einer lokal-mechanischen Größe, nämlich der tangentialen Gefäßwand-spannung (Langendorf et al., 1955), hinwirken. Der Begriff „Autoregulation" wird hier vermieden, weil er in sehr unterschiedlichem Sinn verwendet wird (vgl. Folkow, 1964a und b; Stainsby u. Renkin, 1961; sowie die Beiträge in den anderen Kapiteln dieses Bandes). Man kann ihn am ehesten mit dem Gesamt-komplex „lokale Regulation" gleichsetzen.

Am Menschen läßt sich die lokal-mechanische Regulation am besten dadurch prüfen, daß man eine Extremität in eine Kammer einbringt und durch Verminde-

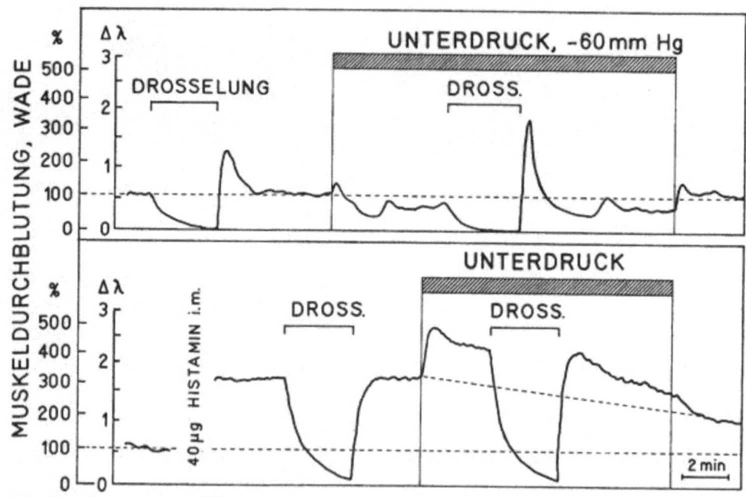


Abb. 11. Beispiel für das Verhalten der menschlichen Muskeldurchblutung bei lokaler Steigerung des effektiven Gefäßinnendruckes (Reduzierung des Umgebungsdruckes an der Wade). Oben: Gefäßsystem unbeeinflußt. Unten: Ausschaltung des Gefäßtonus durch lokale Applikation von Histamin mit Hilfe einer in der Meßsonde eingebauten Injektionskanüle. Danach verändert sich die Durchblutungsgröße druckpassiv mit dem effektiven Gefäßinnen-druck. (Nach Golenhofen u. Merguet, veröffentlicht in Hudlická, 1968, S. 253)

rung des Umgebungsdruckes in diesem Bereich den effektiven Gefäßinnendruck (transmuraler Druck) bei Konstanz des arteriovenösen Druckgefälles erhöht (Golenhofen, 1962a; Golenhofen u. Hildebrandt, 1964; Merguet u. Golenhofen, 1967). Im Beispiel der Abb. 11 ist zu erkennen, daß mit Beginn des lokalen Unterdruckes eine druckpassive Dilatation mit Mehrdurchblutung einsetzt, die aber schon innerhalb einer halben Minute durch eine entgegen-gerichtete Reaktion abgefangen wird. Die reaktive Constriction führt im weiteren Verlauf periodisch gedämpft auf ein neues Durchblutungsniveau, das über dem initialen, aber auch, wie im Beispiel der Abb. 11, anhaltend darunter liegen kann. Wiederholt man denselben Test nach lokaler Applikation von Histamin (Injektion durch die Meßsonde direkt in den Meßbezirk), was zu einem Tonusverlust der Gefäße führt, so läßt sich der druckpassive Effekt der lokalen Erhöhung des transmuralen Druckes weitgehend isoliert darstellen (Abb. 11, unterer Teil). Im Vergleich zu den druckpassiven Änderungen läßt sich schließen, daß unter Normal-bedingungen die Erhöhung des transmuralen Druckes mit einer erheblichen Tonuszunahme beantwortet wird. In Abb. 12 sind die Ergebnisse einer größeren Versuchsreihe zusammengestellt. Da die für diese Messungen verwendete dickere Meßsonde eine gewisse Kompression des umgebenden Muskelgewebes bewirkt, führen die ersten Senkungen des Umgebungsdruckes, bis etwa —20 Torr, zu einem Ausgleich der Kompression. Deshalb ist die Durchblutung bei diesem Druckwert als normale Ausgangslage im Liegen zu werten (100%). Von diesem

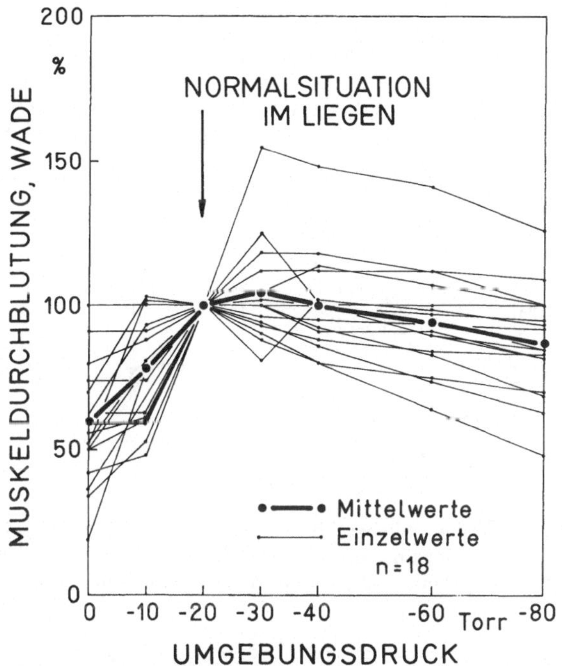


Abb. 12. Muskeldurchblutung der Wade in Abhängigkeit vom lokalen effektiven Gefäßinnendruck, Ergebnisse von 18 Untersuchungen an gesunden Versuchspersonen. Erhöhung des effektiven Gefäßinnendruckes durch Reduzieren des Umgebungsdruckes im Bereich der Wade. Unter den gewählten Experimentalbedingungen entspricht der Druckwert —20 Torr der Normalsituation im Liegen. Durchblutung in Prozent des Normalwertes. (Nach GOLENHOFEN u. MERGUET, unveröff.)

Wert ab führen weitere Senkungen des Umgebungsdruckes zunächst noch zu einem uneinheitlichen Verhalten, ab —30 mm Hg ist aber die Gesamttendenz der Durchblutung eindeutig fallend. Der druckpassive Effekt stärkerer Erhöhungen des transmuralen Druckes wird somit im Durchschnitt nicht nur kompensiert sondern sogar überkompensiert.

Verschlußplethysmographische Messungen sind während Umgebungsdruckänderung am selben Ort schlecht durchzuführen. Aus dem Durchblutungsverlauf nach Unterdruckperioden ließ sich auch mit diesem Verfahren auf eine Tonussteigerung der Gefäße während des Unterdruckes schließen. Messungen der venösen $O_2$-Sättigung haben gleichfalls ergeben, daß bei Erhöhung des transmuralen Druckes die Muskeldurchblutung nach initialer Erhöhung wieder zum

Ausgangswert zurückgeht oder auch weiter absinkt (Übersicht bei Shepherd, 1963; vgl. auch neue Untersuchungen von Fentem u. Matthews, 1970).

Das stationäre Durchblutungsniveau, das in Abb. 12 aufgetragen ist, stellt sicher ein Gleichgewicht von lokal-chemischer und lokal-mechanischer Regulation dar. Man darf annehmen, daß die der initialen druckpassiven Dilatation folgende Constriction (Abb. 11, oben) die lokal-mechanische Regulation am besten wiedergibt, während sich an der Wiedereinstellung eines etwas höheren Niveaus im

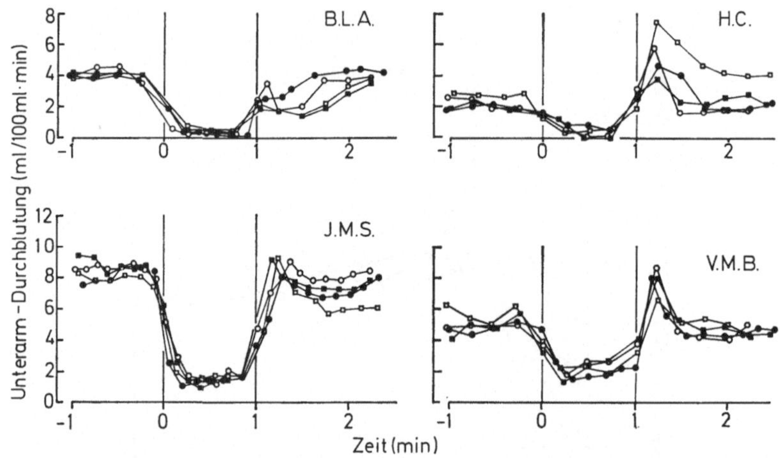


Abb. 13. Durchblutung des menschlichen Unterarms (im Liegen) bei Applikation eines Unterdruckes von —70 mm Hg an der unteren Körperhälfte für 1 min (von 0 bis 1). Messungen an 4 Versuchspersonen, jeweils viermal hintereinander. (Nach Ardill et al., 1967)

weiteren Verlauf die lokal-chemischen Prozesse beteiligen dürften. Auch im Vergleich mit den tierexperimentellen Resultaten (vgl. Abschnitt III, 4 und 5, sowie Mellander et al., 1964) muß gefolgert werden, daß die lokal-mechanische Regulation in der Muskelstrombahn eine wichtige Rolle spielt und — mindestens unter Ruhebedingungen — ein ernsthafter Partner der lokal-chemischen Regulation ist.

Gegen Erhöhungen des Außendruckes, die zugleich mit Verminderung des arteriovenösen Druckgefälles einhergehen, haben die Muskelgefäße keine große Kompensationsmöglichkeit, die Durchblutungsgröße sinkt ab (entsprechend Abb. 12, von —20 Torr zu 0) (vgl. Dahn et al., 1967), wie das in ähnlicher Weise auch für die Hautstrombahn gilt (S. 369, Abb. 14).

Die lokal-mechanische Regulation der Muskelstrombahn spielt vor allem beim Lagewechsel eine wichtige Rolle (Golenhofen u. Hildebrandt, 1964; Hildebrandt, 1968). Die Veränderung der Muskeldurchblutung in der Wade bei stufenweisem Aufrichten eines Menschen ist in Abb. 15 des Kapitels „Haut" gemeinsam mit der Durchblutungsgröße der Haut aufgetragen. Das Verhalten deckt sich gut mit dem in Abb. 12, wenn man berücksichtigt, daß beim Aufrichten um 60° der transmurale Druck in der Wade um 60—80 mm Hg ansteigt.

Aber auch nerval-vasoconstrictorische Einflüsse wirken beim Lagewechsel auf die Muskelstrombahn ein (Übersicht bei Shepherd, 1963). Beim Aufrichten nimmt unter normalen Bedingungen die Muskeldurchblutung im Unterarm ab, während diese Reaktion nach Sympathektomie ausbleibt. Durch Applikation von Unterdruck an der unteren Körperhälfte lassen sich gleichfalls starke Vasoconstrictionen im Unterarm auslösen (ARDILL et al., 1967; BROWN et al., 1966). Abb. 13 gibt Beispiele dafür, daß starke Reize dieser Art zu maximalen Constrictionen führen können, wobei sicher auch die Muskeldurchblutung erheblich eingeschränkt wird.

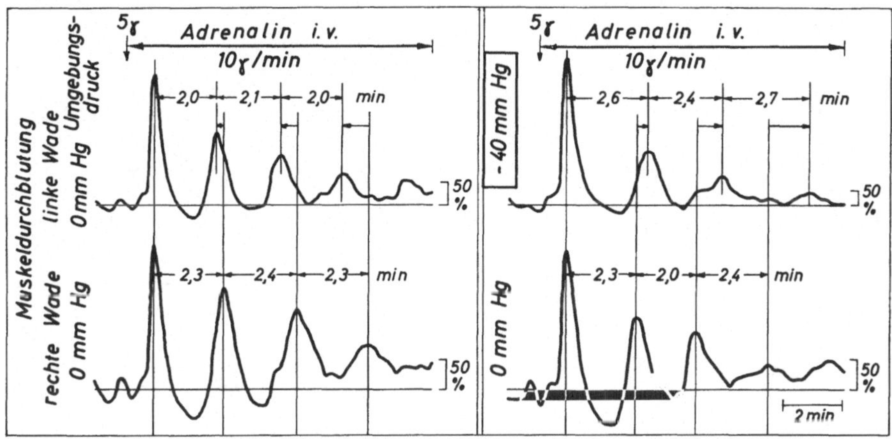


Abb. 14. Reaktiv-periodische Durchblutungsschwankungen der menschlichen Muskulatur während intravenöser Dauerinfusion von Adrenalin, gleichzeitige Messung in beiden Waden mit Wärmeleitsonden. Bei reduziertem Umgebungsdruck an der linken Wade (—40 mm Hg, rechter Bildteil) ist dort die Periodendauer der Durchblutungswellen verlängert gegenüber der Normalsituation (linker Bildteil). (Nach GOLENHOFEN, 1959a)

## IX. Dynamik lokaler Reaktionen

Bei der Beschreibung der Adrenalin-Dilatation (Abschnitt III, 3) wurde erwähnt, daß sich die Muskeldurchblutung in Form einer periodisch gedämpften Schwingung auf das neue Niveau einstellt (Abb. 1). Diese Reaktionsperiodik ist nicht spezifisch für Adrenalin; sie findet sich vielmehr nach allen stoßförmigen Auslenkungen der Gefäßweite — sei es durch Pharmaka, kurze Drosselungen oder Druckänderungen — in sehr ähnlicher Form, mit einer Periodendauer von 2 bis 3 min beim Menschen (GOLENHOFEN, 1962a und c). Man darf deshalb folgern, daß es sich hierbei um allgemeinere Merkmale der Reaktionsdynamik handelt.

Die reaktiv-periodischen Schwankungen der Muskeldurchblutung werden im wesentlichen durch die lokalen Regulationsprozesse bestimmt, was sich einmal darin zeigt, daß bei intravenöser Adrenalin-Infusion die Wellen nicht in beiden Waden streng synchron verlaufen. Im Beispiel der Abb. 14 war die Periodendauer in der rechten Wade 0,3 min länger als in der linken, so daß es zu einer zunehmenden Phasenverschiebung mit einem gegensinnigen Durchblutungsverlauf nach der dritten Mehrdurchblutungswelle kam. Lokale Steigerung des transmuralen Druckes führt zu deutlicher Verlängerung der Periodendauer. Im Beispiel der Abb. 14 ließ sich auf diese Weise die Reaktion so verändern, daß bei negativem Druck um die linke Wade die Periodendauer dort länger war als auf der Gegenseite.

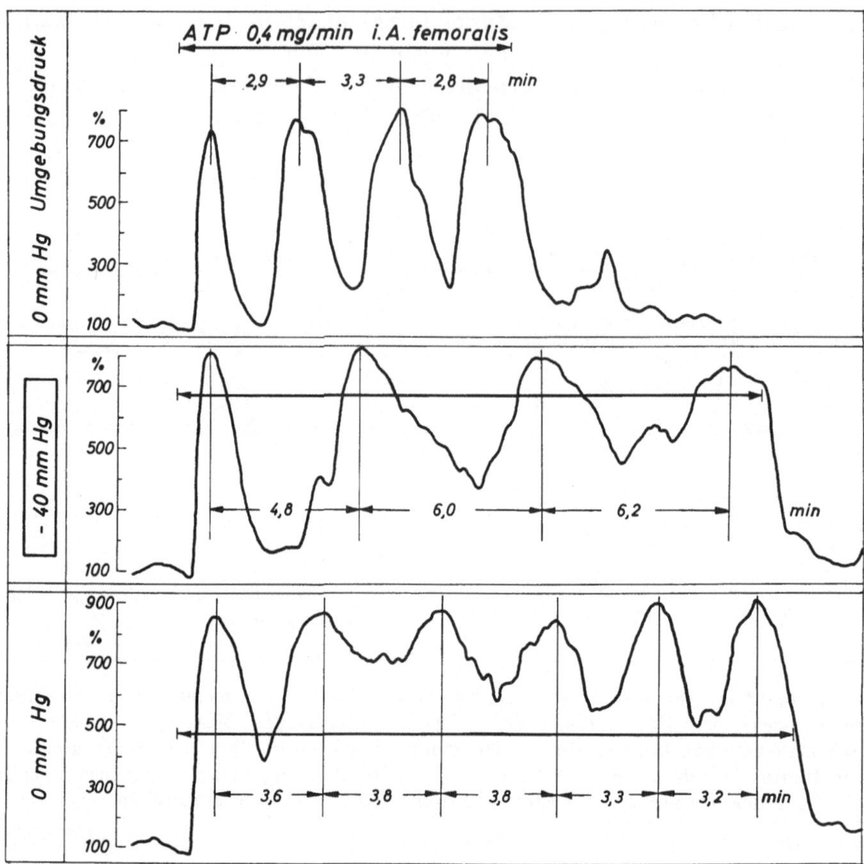



Abb. 15. Muskeldurchblutung in der Wade bei Infusion von Adenosintriphosphat in die
A. femoralis. Alle Kurven aus einer Untersuchung, in der Reihenfolge der Abbildung gewonnen. Bei reduziertem Umgebungsdruck an der Wade (—40 mm Hg) ist die Periodendauer
des wellenförmigen Durchblutungsverlaufs verlängert. Ungefähre Eichung in Prozent des
mittleren Ausgangswertes. (Nach GOLENHOFEN, 1962c)

Auch pharmakologisch läßt sich die lokale Reaktionsdynamik beeinflussen.
So ist die Periodendauer unter intraarterieller Infusion von Adenosintriphosphat
durchweg länger als bei Einwirkung von Adrenalin, wofür Abb. 15 ein Beispiel
gibt. Durch Steigerung des transmuralen Druckes läßt sich auch unter diesen
Bedingungen die Periodendauer weiter erhöhen.

Lokal-chemische und lokal-mechanische Faktoren lassen sich in ihrer Mitwirkung an den periodischen Reaktionen schlecht differenzieren. Die Tatsache,
daß isolierte Blutgefäße und der glatte Muskel allgemein minutenrhythmische
Tonusschwankungen zeigen, kann als Hinweis für die Mitwirkung myogener
Mechanismen angesehen werden (vgl. Abschnitt IV). Andererseits ist aber auch
die Auffassung von SCHOOP u. PFLEIDERER (1957) nicht von der Hand zu weisen,
daß die lokal-chemischen Regelmechanismen eine solche Schwingung unterhalten
könnten. Auch die Zunahme der Periodendauer im Unterdruck ließe sich lokal-

chemisch verstehen, da mit der Zunahme des Blutvolumens im Unterdruck auch der Zeitverlauf der Konzentrationsänderungen dilatatorischer Substanzen modifiziert wird.

## X. Reaktionen im Dienste des Gesamtkreislaufes

Über die vasoconstrictorischen Nerven kann auch die Muskelstrombahn in erheblichem Umfang zur Stabilisierung des Gesamtkreislaufes herangezogen

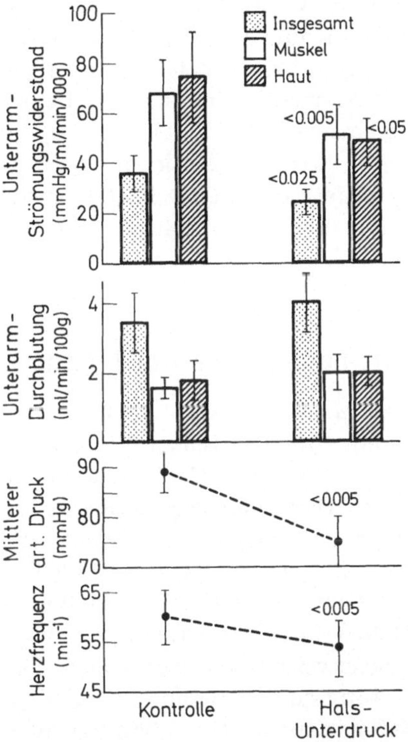


Abb. 16. Strömungswiderstand und Durchblutung im Unterarm sowie arterieller Blutdruck und Pulsfrequenz, links unter Normalbedingungen, rechts während Unterdruck von —50 mm Hg am Hals. Mittelwerte von 6 gesunden Versuchspersonen. Bei signifikanten Änderungen sind die p-Werte angegeben. (Nach BEISER et al., 1970)

werden, was vor allem die Reaktionen der Unterarmdurchblutung bei Druck- und Lageänderungen gelehrt haben (Abschnitt VIII). An diesen Reaktionen sind einmal die Blutverschiebungen im Niederdrucksystem selbst beteiligt. Aber auch von den Pressoreceptoren des arteriellen Systems gehen kräftige reflektorische Einflüsse auf die Muskelgefäße aus, wie in jüngerer Zeit durch Veränderungen des transmuralen Druckes im Bereich des Carotissinus (Unterdruck am Hals) am Menschen selbst nachgewiesen werden konnte (BEISER et al., 1970; BEVEGÅRD u. SHEPHERD, 1966a). In den Versuchen von BEISER et al., (1970) wurden durch Adrenalin-Iontophorese der Haut die Reaktionen von Haut- und Muskelstrombahn differenziert. Abb. 16 gibt die Durchblutungs- und Widerstandsänderungen bei einem Unterdruck von —50 mm Hg am Hals wieder.

Bei körperlicher Arbeit können ruhende Muskelgruppen zu kompensatorischen Constrictionen zugunsten der arbeitenden Muskulatur herangezogen werden. Bevegård u. Shepherd (1966b) fanden bei starker Beinarbeit Einschränkungen der Muskeldurchblutung im Unterarm bis zu 50% des Ausgangswertes oder sogar noch weiter (vgl. Bevegård u. Shepherd, 1967).

Die Erhöhungen der peripheren Durchblutung im Dienste der Thermoregulation gehen allein auf das Konto der Hautdurchblutung, bei starken Erweiterungen der Hautgefäße nimmt die Muskeldurchblutung sogar ab (Barcroft et al., 1955; Edholm et al., 1956; Roddie et al., 1956). An den Kältereaktionen wird der Muskelkreislauf in zweifacher Weise beteiligt. Plötzliche Einwirkung von Kälte führt im Rahmen einer allgemeinen emotionalen Reaktion zu einer Erhöhung der Muskeldurchblutung, insbesondere im Unterarm, für die die Beschreibung in Abschnitt V gilt. Ferner wird die Muskeldurchblutung beim Auftreten von Kältezittern in den vom Zittern ergriffenen Partien gesteigert, wobei der Mechanismus dem der Arbeitshyperämie entsprechen dürfte (vgl. Golenhofen, 1959b, 1962a).

# XI. Langfristige Umstellungen

Die Umstellungen des Muskelkreislaufes beim körperlichen Training lassen sich heute noch nicht endgültig beurteilen. Während ältere Ergebnisse dafür sprachen, daß sich mit zunehmender Capillarisierung auch die Arbeitsdurchblutung bzw. das mögliche Durchblutungsmaximum erhöht, ist dies heute als allgemeingültiges Konzept umstritten (vgl. Hensel u. Hildebrandt, 1964; Lange Andersen, 1968). Elsner u. Carlson (1962) fanden beim trainierten Sportler eine geringere Arbeits-Nachhyperämie im Vergleich zum Untrainierten und sahen darin ein Zeichen dafür, daß die Energieversorgung des Muskels während Arbeit besser war, möglicherweise durch eine höhere Durchblutung. Treumann u. Schroeder (1968) bestätigten den Befund von Elsner u. Carlson, deuteten ihn aber als Zeichen dafür, daß die Durchblutung auch während Arbeit beim Trainierten bis zu 50% unter der des Untrainierten liegt und der Wirkungsgrad der Durchblutung entsprechend verbessert ist. Grimby et al. (1967) fanden die Xe-Clearance des Muskels während Arbeit beim Trainierten gleich groß wie beim Untrainierten (Abb. 17), wenn man die Leistung in Prozent des möglichen individuellen Maximums ausdrückt. Die Autoren nehmen an, daß sich das größere Herzminutenvolumen des Trainierten bei Maximalleistung (die absolut höher liegt als beim Untrainierten) auf eine größere Muskelmasse verteilt und die spezifische Durchblutungsgröße zwischen Trainierten und Untrainierten keine wesentlichen Differenzen aufweist. Unterschiede sowohl in der Ausgangssituation der Untrainierten als auch im Trainingszustand bei den verschiedenen Versuchsreihen dürften für die unterschiedlichen Resultate mit verantwortlich sein. Die Erfahrungen beim Krankheitsbild der vasoregulativen Asthenie, das u.a. durch überhöhte Ruhewerte der Muskeldurchblutung gekennzeichnet ist und durch körperliches Training gebessert werden kann, dürften auch allgemeinere Rückschlüsse hinsichtlich der Adaptation der Muskelstrombahn erlauben (Graf u. Ström, 1959; Holmgren et al., 1959).

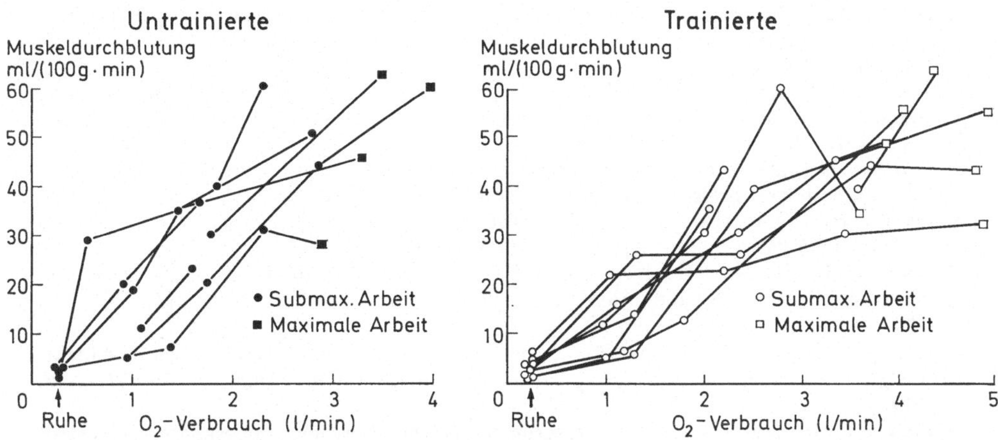



Abb. 17. Muskeldurchblutung im Oberschenkel in Abhängigkeit von der Leistung, gemessen als Sauerstoffverbrauch. Links bei 7 untrainierten, rechts bei 8 trainierten Versuchspersonen. Die quadratischen Symbole geben die Meßwerte bei Höchstleistung an. Durchblutungsbestimmung mit Hilfe der $^{133}$Xe-Clearance. (Nach GRIMBY et al., 1967)

## XII. Vasoaktive Stoffe

Die Wirkungen von Adrenalin und Noradrenalin wurden bereits in Abschnitt III, 3 beschrieben. Das Isopropylnoradrenalin (Isoproterenol, Aludrin) unterscheidet sich vom Adrenalin dadurch, daß es eine reinere $\beta$-stimulierende Wirkung hat und deshalb eine stärkere, von $\alpha$-constrictorischen Effekten weniger überlagerte, Dilatation der Muskelgefäße auslöst (vgl. JOHNSSON u. ÖBERG, 1968; SHEPHERD, 1963).

Zu den körpereigenen Stoffen, die die stärksten Dilatationen der Muskelgefäße auszulösen vermögen, mehr oder weniger bis zum Maximum der Gefäßweite, zählen Acetylcholin, Histamin, Bradykinin sowie die Adeninnucleotide AMP, ADP und ATP (Abb. 15), wobei sich durchaus Unterschiede im Angriffsschwerpunkt der verschiedenen Stoffe finden (vgl. ABLAD u. MELLANDER, 1963; DIANA u. KAISER, 1970; DUFF et al., 1954; FREY et al., 1968; GOTTSTEIN et al., 1966; KJELLMER u. ODELRAM, 1965; SCHACHTER, 1969; SCHOOP u. PFLEIDERER, 1957). 5-Hydroxytryptamin (Serotonin) führt bei geringer Dosierung zu einer Mehrdurchblutung des Muskels, die bei höheren Konzentrationen in eine Constriction übergeht (BOCK et al., 1957; HADDY, 1960; SHEPHERD, 1963).

Unter den constrictorischen Wirkstoffen ist neben dem Noradrenalin vor allem das Angiotensin (Hypertensin) zu nennen, das auch an den Muskelgefäßen kräftige Constrictionen auszulösen vermag (vgl. BOCK et al., 1958; BROD et al., 1968; FOLKOW et al., 1961b; JOHNSSON et al., 1965; MELLANDER u. NORDENFELT, 1970).

## Literatur

ABLAD, B., MELLANDER, S.: Comparative effects of hydralazine, sodium nitrite and acetylcholine on resistance and capacitance blood vessels and capillary filtration in skeletal muscle in the cat. Acat physiol. scand. 58, 319—329 (1963).

Abrahams, V. S., Hilton, S. M., Zbrożyna, A.: Active muscle vasodilatation produced by stimulation of the brain stem: its significance in the defence reaction. J. Physiol. (Lond.) **154**, 491—513 (1960).

Alpert, J. S., Coffman, J. D.: Effect of intravenous epinephrine on skeletal muscle, skin, and subcutaneous blood flow. Amer. J. Physiol. **216**, 156—160 (1969).

Ardill, B. L., Bannister, R. G., Fentem, P. H., Greenfield, A. D. M.: Circulatory responses of supine subjects to the exposure of parts of the body below the xiphisternum to subatmospheric pressure. J. Physiol. (Lond.) **193**, 57—72 (1967).

Barcroft, H.: Circulation in skeletal muscle. Handbook of physiology, Circulation II, p. 1353—1385. Washington: Amer. Physiol. Soc. 1963.

— Bock, K. D., Hensel, H., Kitchin, A. H.: Die Muskeldurchblutung des Menschen bei indirekter Erwärmung und Abkühlung. Pflügers Arch. ges. Physiol. **261**, 199—210 (1955).

— Brod, J., Hejl, Z., Hirsjärvi, E. A., Kitchin, A. H.: The mechanism of the vasodilatation in the forearm muscle during stress (mental arithmetic). Clin. Sci. **19**, 577—586 (1960).

— Foley, T. H., McSwiney, R. R.: Experiments on the liberation of phosphate from active human muscle, and on the action of phosphate on human blood vessels. J. Physiol. (Lond.) **210**, 34P—35P (1970).

— Greenwood, B., McArdle, B., McSwiney, R. R., Semple, S. J. G., Whelan, R. F., Youlton, L. F. J.: The effect of exercise on forearm blood flow and on venous blood pH, $P_{CO_2}$, and lactate in a subject with phosphorylase deficiency in skeletal muscle (McArdle's syndrome). J. Physiol. (Lond.) **189**, 44P—46P (1967).

— Millen, J. L. E.: The blood flow through muscle during sustained contraction. J. Physiol. (Lond.) **97**, 17—31 (1939).

— Swan, H. J. C.: Sympathetic control of human blood vessels. London: Arnold 1953.

Başar, E., Ruedas, G., Schwarzkopf, H. J., Weiss, C.: Untersuchungen des zeitlichen Verhaltens druckabhängiger Änderungen des Strömungswiderstandes im Coronargefäßsystem des Rattenherzens. Pflügers Arch. ges. Physiol. **304**, 189—202 (1968).

— Weiss, C.: Time series analysis of spontaneous fluctuations of the flow in the perfused rat kidney. Pflügers Arch. ges. Physiol. **319**, 205—214 (1970).

Bayliss, W. M.: On the local reactions of the arterial wall to changes of internal pressure. J. Physiol. (Lond.) **28**, 220—231 (1902).

Beck, L.: Active reflex dilatation in the innervated perfused hind leg of the dog. Amer. J. Physiol. **201**, 123—128 (1961).

— Histamine as the potential mediator of active reflex vasodilatation. Fed. Proc. **24**, 1298—1310 (1965).

Beiser, G. D., Zelis, R., Epstein, S. E., Mason, D. T., Braunwald, E.: The role of skin and muscle resistance vessels in reflexes mediated by the baroreceptor system. J. clin. Invest. **49**, 225—231 (1970).

Bevegård, B. S., Shepherd, J. T.: Circulatory effects of stimulating the carotid arterial stretch receptors in man at rest and during exercise. J. clin. Invest. **45**, 132 (1966a).

— — Reaction in man of resistance and capacity vessels in forearm and hand to leg exercise. J. appl. Physiol. **21**, 123—132 (1966b).

— — Regulation of the circulation during exercise in man. Physiol. Rev. **47**, 178—213 (1967).

Black, J. E.: Blood flow requirements of the human calf after walking and running. Clin. Sci. **18**, 89—93 (1959).

Blair, D. A., Glover, W. E., Greenfield, A. D. M., Roddie, I. C.: Excitation of cholinergic vasodilator nerves to human skeletal muscles during emotional stress. J. Physiol. (Lond.) **148**, 633—647 (1959).

Bock, K. D., Dengler, H., Kuhn, H. M., Matthes, K.: Die Wirkung von 5-Hydroxytryptamin auf Blutdruck, Haut- und Muskeldurchblutung des Menschen. Naunyn-Schmiedebergs Arch. exp. Path. Pharmak. **230**, 257—273 (1957).

— Hensel, H., Ruef, J.: Die Wirkung von Adrenalin und Noradrenalin auf die Muskel- und Hautdurchblutung des Menschen. Pflügers Arch. ges. Physiol. **261**, 322—333 (1955).

Bock, K. D., Krecke, H.-J., Kuhn, H. M.: Untersuchung über die Wirkung von synthetischem Hypertensin II auf Blutdruck, Atmung und Extremitätendurchblutung des Menschen. Klin. Wschr. 36, 254—261 (1958).

Bolme, P., Edwall, L.: The disappearance of $Xe^{133}$ and $I^{125}$ from skeletal muscle of the anesthetized dog during sympathetic cholinergic vasodilatation. Acta physiol. scand. 78, 28—38 (1970).

— Fuxe, K.: Adrenergic and cholinergic nerve terminals in skeletal muscle vessels. Acta physiol. scand. 78, 52—59 (1970).

— Ngai, S. H., Rosell, S.: Influence of vasoconstrictor nerve activity on the cholinergic vasodilator response in skeletal muscle in the dog. Acta physiol. scand. 71, 323—333 (1967).

— Novotný, J.: Oxygen uptake in skeletal muscle of the anesthetized dog during sympathetic vasodilatation. Acta physiol. scand. 77, 333—343 (1969).

— — Uvnäs, B., Wright, P. G.: Species distribution of sympathetic cholinergic vasodilator nerves in skeletal muscle. Acta physiol. scand. 78, 60—64 (1970).

Boyd, I. A., Forrester, T.: The release of adenosine triphosphate from frog skeletal muscle in vitro. J. Physiol. (Lond.) 199, 115—135 (1968).

Brecht, K., Konold, P., Gebert, G.: The effect of potassium, catecholamines and other vasoactive agents on isolated arterial segments of the muscular type. Physiol. bohemoslov. 18, 15—22 (1969).

Brick, I., Hutchison, K. J., Roddie, I. C.: Effect of adrenergic receptor blockade on the responses of forearm blood vessels to circulating noradrenaline and vasoconstrictor nerve activity. In: Hudlická, O. (ed.), Circulation in skeletal muscle, p. 25—34. Oxford: Pergamon Press 1968.

Brod, J., Fencl, V., Hejl, Z., Jirka, J.: Circulatory changes underlying blood pressure elevation during acute emotional stress (mental arithmetic) in normotensive and hypertensive subjects. Clin. Sci. 18, 269—279 (1959).

— Hejl, Z., Hornych, A., Jirka, J., Šlechta, V.: Effect of intravenous angiotensin infusion on redistribution of blood to viscera and muscle in man. In: Hudlická, O. (ed.), Circulation in skeletal muscle, p. 15—23. Oxford: Pergamon Press 1968.

Brody, M. J., Shaffer, R. A.: Distribution of vasodilator nerves in the canine hindlimb. Amer. J. Physiol. 218, 470—474 (1970).

Brown, E., Goei, J. S., Greenfield, A. D. M., Plassaras, G. C.: Circulatory responses to simulated gravitational shifts of blood in man induced by exposure of the body below the iliac crests to sub-atmospheric pressure. J. Physiol. (Lond.) 183, 607—627 (1966).

Celander, O.: The range of control exercised by the sympathico-adrenal system. Acta physiol. scand. 32, Suppl. 116 (1954).

Christensen, N. J.: The significance of work load and injected volume in Xenon[133] measurement of muscular blood flow. Acta med. scand. 183, 445—447 (1968).

Clarke, R. S. J., Hellon, R. F.: Hyperaemia following sustained and rhythmic exercise in the human forearm at various temperatures. J. Physiol. (Lond.) 145, 447—458 (1959).

Cobbold, A., Folkow, B., Kjellmer, I., Mellander, S.: Nervous and local chemical control of pre-capillary sphincters in skeletal muscle as measured by changes in filtration coefficient. Acta physiol. scand. 57, 180—192 (1963).

Coles, D. R., Cooper, K. E.: Hyperaemia following arterial occlusion or exercise in the warm and cold human forearm. J. Physiol. (Lond.) 145, 241—250 (1959).

Cooper, K. E., Edholm, O. G., Mottram, R. F.: The blood flow in skin and muscle of the human forearm. J. Physiol. (Lond.) 128, 258—267 (1955).

Dahn, I., Lassen, N. A. (Ed.): Clinical studies of peripheral circulation. Scand. J. clin. Lab. Invest. 19, Suppl. 99 (1967).

— — Westling, H.: Blood flow in human muscles during external pressure or venous stasis. Clin. Sci. 32, 467—473 (1967).

Diana, J. N., Kaiser, R. S.: Pre- and postcapillary resistance during histamine infusion in isolated dog hindlimb. Amer. J. Physiol. 218, 132—142 (1970).

Djojosugito, A. M., Folkow, B., Lisander, B., Sparks, H.: Mechanism of escape of skeletal muscle resistance vessels from the influence of sympathetic cholinergic vasodilator fibre activity. Acta physiol. scand. **72**, 148—156 (1968).

— — Yonce, L. R.: Neurogenic adjustments of muscle blood flow, cutaneous A-V shunt flow and of venous tone during „diving" in ducks. Acta physiol. scand. **75**, 377—386 (1969).

Dörner, J.: Zum Vorhandensein einer auf nervösem Wege hervorgerufenen Gefäßdilatation nach Adrenalin und Noradrenalin. Pflügers Arch. ges. Physiol. **262**, 265—271 (1956).

Doll, E., Keul, J., Maiwald, C.: Oxygen tension and acid-base equilibria in venous blood of working muscle. Amer. J. Physiol. **215**, 23—29 (1968).

Donald, D. E., Ferguson, D. A.: Study of the sympathetic vasoconstrictor nerves to the vessels of the dog hind limb. Circulat. Res. **26**, 171—184 (1970).

— Rowlands, D. J., Ferguson, D. A.: Similarity of blood flow in the normal and the sympathectomized dog hind limb during graded exercise. Circulat. Res. **26**, 185—199 (1970).

Duff, F., Patterson, G. C., Shepherd, J. T.: A quantitative study of the response to adenosine triphosphate of the blood vessels of the human hand and forearm. J. Physiol. (Lond.) **125**, 581—589 (1954).

Duff, R. S., Swan, H. J. C.: Further observations on the effect of adrenaline on the blood flow through the human skeletal muscle. J. Physiol. (Lond.) **114**, 41—55 (1951).

Edholm, O. G., Fox, R. H., Macpherson, R. K.: The effect of body heating on the circulation in skin and muscle. J. Physiol. (Lond.) **134**, 612—619 (1956).

Elsner, R. W., Carlson, L. D.: Postexercise hyperemia in trained and untrained subjects. J. appl. Physiol. **17**, 436—440 (1962).

Fencl, V., Hejl, Z., Jirka, J., Madlafousek, J., Brod, J.: Changes of blood flow in forearm muscle and skin during an acute emotional stress (mental arithmetic). Clin. Sci. **18**, 491—498 (1959).

Fentem, P. H., Matthews, J. A.: The duration of the increase in arterial inflow during exposure of the forearm to subatmospheric pressure. J. Physiol. (Lond.) **210**, 65 P (1970).

Finer, B., Graf, K.: Mechanisms of circulatory changes accompanying hypnotic imagination of hyperalgesia and hypoalgesia in causalgic limbs. Z. ges. exp. Med. **148**, 1—21 (1968).

Folkow, B.: The nervous control of the blood vessels. In: McDowall, R. J. S., The control of the circulation of the blood, Suppl., Dawson Ltd. 1956, p. 1—85.

— The efferent innervation of the cardiovascular system. Verh. dtsch. ges. Kreisl.-Forsch. **25**, 84—96 (1959).

— Role of the nervous system in the control of vascular tone. Circulation **21**, 760—768 (1960).

— Nervous adjustments of the vascular bed with special reference to patterns of vasoconstrictor fibre discharge. In: Bock, K. D. (ed.), Schock, p. 61—72. Berlin-Göttingen-Heidelberg: Springer 1962.

— Autoregulation in muscle and skin. Circulat. Res. **14/15**, Suppl. 1, 19—24 (1964a).

— Description of the myogenic hypothesis. Circulat. Res. **14/15**, Suppl. 1, 279—285 (1964b).

— Fuxe, K., Sonnenschein, R. R.: Responses of skeletal musculature and its vasculature during „diving" in the duck: Peculiarities of the adrenergic vasoconstrictor innervation. Acta physiol. scand. **67**, 327—342 (1966).

— Häggendal, J., Lisander, B.: Extent of release and elimination of noradrenaline at peripheral adrenergic nerve terminals. Acta physiol. scand., Suppl. 307 (1967).

— Halicka, H. D.: A comparison between „red" and „white" muscle with respect to blood supply, capillary surface area and oxygen uptake during rest and exercise. Microvasc. Res. **1**, 1—14 (1968).

— Heymans, C., Neil, E.: Integrated aspects of cardiovascular regulation. Handbook of physiology, sect. 2, Circulation III, p. 1787—1823. Washington: Amer. Physiol. Soc. 1965.

— Johansson, B., Mellander, S.: The comparative effects of angiotensin and noradrenaline no consecutive vascular sections. Acta physiol. scand. **53**, 99—104 (1961b).

FOLKOW, B., LISANDER, B., TUTTLE, R. S., WANG, S. C.: Changes in cardiac output upon stimulation of the hypothalamic defence area and the medullary depressor area in the cat. Acta physiol. scand. **72**, 220—233 (1968).

— MELLANDER, S., ÖBERG, B.: The range of effect of the sympathetic vasodilator fibres with regard to consecutive sections of the muscle vessels. Acta physiol. scand. **53**, 7—22 (1961 a).

— ÖBERG, B.: Autoregulation and basal tone in consecutive vascular sections of the skeletal muscles in reserpine-treated cats. Acta physiol. scand. **53**, 105—113 (1961).

— — RUBINSTEIN, E. H.: A proposed differentiated neuro-effector organization in muscle resistance vessels. Angiologica **1**, 197—208 (1964).

— RUBINSTEIN, E. H.: Behavioural and autonomic patterns evoked by stimulation of the lateral hypothalamic area in the cat. Acta physiol. scand. **65**, 292—299 (1965).

FREY, E. K., KRAUT, H., WERLE, E.: Das Kallikrein-Kinin-System und seine Inhibitoren. Stuttgart: Ferdinand Enke 1968.

GASKELL, T. W. H.: The changes of the bloodstream in muscle through stimulation of their nerves. J. Anat. (Lond.) **11**, 360 (1877).

GOLENHOFEN, K.: Die Wirkung von Adrenalin auf die menschlichen Muskelgefäße. Verh. dtsch. ges. Kreisl.-Forsch. **25**, 96—104 (1959 a).

— Die Reaktionen der menschlichen Muskulatur in Kälte und Affekt unter dem Gesichtspunkt der Thermoregulation. Arch. Phys. Med. **11**, 45—58 (1959 b).

— Physiologie des menschlichen Muskelkreislaufes. Marb. Sitzungsber. **83/84**, 167—254 (1962 a).

— Sustained dilatation in human muscle blood vessels under the influence of adrenaline. J. Physiol. (Lond.) **160**, 189—199 (1962 b).

— Zur Reaktionsdynamik der menschlichen Muskelstrombahn. Arch. Kreisl.-Forsch. **38**, 202—223 (1962 c).

— Physiologie der Kurzschlußdurchblutung. In: HAMMERSEN, F., und D. GROSS (Hrsg.), Die arteriovenösen Anastomosen, S. 67—81. Bern u. Stuttgart: Hans Huber 1968 a.

— Spontaneous rhythms in muscle blood flow. In: HUDLICKÁ, O. (ed.), Circulation in skeletal muscle, p. 287—294. Oxford: Pergamon Press 1968 b.

— Slow rhythms in smooth muscle (minute-rhythm). In: E. BÜLBRING et al. (ed.), Smooth muscle, p. 316—342. London: Arnolds Ltd. 1970.

— BLAIR, D. A., SEIDEL, W.: Zur Natur affektiver Muskeldurchblutungssteigerungen beim Menschen. Pflügers Arch. ges. Physiol. **272**, 223—236 (1961).

— HENSEL, H., HILDEBRANDT, G.: Durchblutungsmessung mit Wärmeleitelementen. Stuttgart: Georg Thieme 1963.

— HILDEBRANDT, G.: Über spontan-rhythmische Schwankungen der Muskeldurchblutung des Menschen. Z. Kreisl.-Forsch. **46**, 257—270 (1957 a).

— — Zur Ursache spontaner Muskeldurchblutungsschwankungen im 1-Minuten-Rhythmus. Verh. dtsch. Ges. Kreisl.-Forsch. **23**, 380—385 (1957 b).

— — Psychische Einflüsse auf die Muskeldurchblutung. Pflügers Arch. ges. Physiol. **263**, 637—646 (1957 c).

— — Die Reaktion der menschlichen Muskelgefäße auf Durchblutungsdrosselung. Pflügers Arch. ges. Physiol. **264**, 492—512 (1957 d).

— — Normale Funktion des Muskelkreislaufes beim Menschen. In: DELIUS, L., und E. WITZLEB (Hrsg.), Probleme der Haut- und Muskeldurchblutung, S. 70—87. Berlin-Göttingen-Heidelberg: Springer 1964.

— v. LOH, D.: Intracelluläre Potentialmessungen zur normalen Spontanaktivität der isolierten Portalvene des Meerschweinchens. Pflügers Arch. ges. Physiol. **319**, 82—100 (1970).

GOTTSTEIN, U., FELIX, R., FLAD, H. D., SEDLMEYER, I.: Untersuchungen zur Wirkung von Nikotinsäure und Adenosinmonophosphat auf Haut- und Muskeldurchblutung von Gefäßgesunden und Kranken mit peripheren Durchblutungsstörungen. Z. Kreisl.-Forsch. **55**, 970—987 (1966).

GRAF, K., GRAF, W., ROSELL, S.: Zusammenhänge der Durchblutungsrhythmik in Haut-, Muskel- und Intestinalstrombahn des Menschen. Pflügers Arch. ges. Physiol. **270**, 43 (1959).

Graf, K., Ström, G.: Größe und Verhalten der peripheren Durchblutung des Menschen bei vasoregulativer Asthenie. Verh. dtsch. Ges. Kreisl.-Forsch. **25**, 223—230 (1959).

Grimby, G., Häggendal, E., Saltin, B.: Local Xenon[133] clearance from the quadriceps muscle during exercise in man. J. appl. Physiol. **22**, 305—310 (1967).

Haddy, F. J.: Serotonin and the vascular system. Angiology **11**, 21—24 (1960).

— Scott, J. B.: Metabolically linked vasoactive chemicals in local regulation of blood flow. Physiol. Rev. **48**, 688—707 (1968).

Häggendal, E., Kerstell, J., Steen, B., Svanborg, A.: Blood flow and uptake of oxygen and substrates in forearm muscle and subcutaneous fat tissue in man. Acta med. scand. **183**, 79 (1968).

Hammersen, F.: Das Gefäßmuster der Skeletmuskulatur. In: Delius, L., u. E. Witzleb (Hrsg.), Probleme der Haut- und Muskeldurchblutung, S. 11—26. Berlin-Göttingen-Heidelberg: Springer 1964.

— The terminal vascular bed in skeletal muscle with special regard to the problem of shunts. Alfred Benzon Symp. II, Capillary permeability. Copenhagen: Munksgaard 1970.

— Gross, D.: Die arterio-venösen Anastomosen. Bern u. Stuttgart: Hans Huber 1968.

Hensel, H., Hildebrandt, G.: Organ systems in adaptation: the muscular system. Handbook of physiology, sect. 4: Adaptation to the environment, p. 73—90. Washington: Amer. Physiol. Soc. 1964.

— Ruef, J.: Fortlaufende Registrierung der Muskeldurchblutung am Menschen mit einer Calorimetersonde. Pflügers Arch. ges. Physiol. **259**, 267—280 (1954).

Hildebrandt, G.: Significance of autoregulation in skeletal muscle for orthostatic regulation. In Hudlická, O. (ed.), Circulation in skeletal muscle, p. 277—285. Oxford: Pergamon Press 1968.

Hille, H., Nobel, J.: Über spontanrhythmische Durchblutungsschwankungen des menschlichen Uterus. Pflügers Arch. ges. Physiol. **293**, 172—183 (1967).

Hilton, S. M.: Experiments on the post-contraction hyperaemia of skeletal muscle. J. Physiol. (Lond.) **120**, 230—245 (1953).

— Local mechanisms regulating peripheral blood flow. Physiol. Rev. **42**, Suppl. 5, 265—275 (1962).

— Emotion. In: Edholm, O. G., and A. L. Bacharach (ed.), The physiology of human survival, p. 465—489. London-New York: Academic Press 1965.

— Central nervous regulation of skeletal muscle circulation. In: Hudlická, O. (ed.), Circulation in skeletal muscle, p. 5—13. Oxford: Pergamon Press 1968a.

— The search for the cause of functional hyperaemia in skeletal muscle. In: Hudlická, O. (ed.), Circulation in skeletal muscle, p. 137—144. Oxford: Pergamon Press 1968b.

— A new candidate for mediator of functional dilatation in skeletal muscle. Circulat. Res. **28**, Suppl. 1, 70—72 (1971a).

— Local chemical factors involved in vascular control. Int. Symp. on Angiology. Basel: Karger 1971b (im Druck).

— Vrbová, G.: Absence of functional hyperaemia in the soleus muscle of the cat. J. Physiol. (Lond.) **194**, 86P (1968).

— — Inorganic phosphate — a new candidate for mediator of functional vasodilatation in skeletal muscle. J. Physiol. (Lond.) **206**, 29P—30P (1970).

Hirche, H., Raff, W. K., Grün, D.: The resistance to blood flow in the gastrocnemius of the dog during sustained and rhythmical isometric and isotonic contractions. Pflügers Arch. ges. Physiol. **314**, 97—112 (1970).

Holmgren, A., Jonsson, B., Levander, M., Linderholm, H., Mossfeldt, F., Sjöstrand, T., Ström, G.: Effect of physical training in vasoregulatory asthenia, in Da Costa's syndrome, and in neurosis without heart symptoms. Acta med. scand. **165**, 89—103 (1959).

Hudlická, O. (ed.): Circulation in skeletal muscle. Oxford: Pergamon Press 1968.

— Resting and postcontraction blood flow in slow and fast muscles of the chick during development. Microvasc. Res. **1**, 390—402 (1969).

— Regulation of muscle blood flow. Prag: Akademie-Verlag; Amsterdam: Swets & Zeitlinger 1971 (im Druck).

Illig, L.: Die terminale Strombahn. Capillarbett und Mikrozirculation. Berlin-Göttingen-Heidelberg: Springer 1961.

JOHNSSON, G., HENNING, M., ÅBLAD, B.: Studies on the mechanism of the vasoconstrictor effect of angiotensin II in man. Life Sci. **4**, 1549—1554 (1965).

— ÖBERG, B.: Comparative effects of isoprenaline and nitroglycerin on consecutive vascular sections in the skeletal muscle of the cat. Angiologica **5**, 161—171 (1968).

KANEKO, M., ZECHMAN, F. W., SMITH, R. E.: Circadian variation in human peripheral blood flow levels and exercise responses. J. appl. Physiol. **25**, 109—114 (1968).

KELLER, C. J., LOESER, A., REIN, H.: Die Physiologie der Skelett-Muskeldurchblutung. Z. Biol. **90**, 260—298 (1930).

KJELLMER, I.: The potassium ion as a vasodilator during muscular exercise. Acta physiol. scand. **63**, 460—468 (1965a).

— On the competition between metabolic vasodilatation and neurogenic vasoconstriction in skeletal muscle. Acta physiol. scand. **63**, 450—459 (1965b).

— Studies on exercise hyperemia. Acta physiol. scand. **64**, Suppl. 244 (1965c).

— LINDBJERG, I., PŘEROVSKÝ, I., TÖNNESEN, H.: The relation between blood flow in an isolated muscle measured with the Xe$^{133}$ clearance and a direct recording technique. Acta physiol. scand. **69**, 69—78 (1967).

— ODELRAM, H.: The effect of some physiological vasodilators on the vascular bed of skeleta muscle. Acta physiol. scand. **63**, 94—102 (1965).

KONTOS, H. A., RICHARDSON, D. W., PATTERSON, J. L.: Blood flow and metabolism of forearm muscle in man at rest and during sustained contraction. Amer. J. Physiol. **211**, 869—876 (1966).

KRAMER, K., OBAL, F., QUENSEL, W.: Untersuchungen über den Muskelstoffwechsel des Warmblüters. III. Die Sauerstoffaufnahme des Muskels während rhythmischer Tätigkeit. Pflügers Arch. ges. Physiol. **241**, 717—729 (1939a).

— QUENSEL, W.: Untersuchungen über den Muskelstoffwechsel des Warmblüters. I. Der Verlauf der Muskeldurchblutung während der tetanischen Kontraktion. Pflügers Arch. ges. Physiol. **239**, 620—643 (1938).

— — SCHÄFER, K. E.: Untersuchungen über den Muskelstoffwechsel des Warmblüters. IV. Beziehungen zwischen Sauerstoffaufnahme und Milchsäureabgabe des Muskels während der Tätigkeit. Pflügers Arch. ges. Physiol. **241**, 730—740 (1939b).

LANDE, I. S. DE LA, WHELAN, R. F.: The role of lactic acid in the vasodilator action of adrenaline in the human limb. J. Physiol. (Lond.) **162**, 151—154 (1962).

LANDIN, S., WAHREN, J.: Blood flow, oxygen uptake and lactate production in the forearm during exercise induced by median nerve stimulation. Acta physiol. scand. **75**, 82—91 (1969).

LANGE ANDERSEN, K.: The cardiovascular system in exercise. In: FALLS, H. B. (ed.), Exercise physiology, p. 79—128. New York-London: Academic Press 1968.

LANGENDORF, H., SCHÖNBACH, G., ZAHN, R. K.: Das Verhalten der kleinen Blutgefäße der Schwimmhaut des Frosches bei erhöhtem Außendruck. Z. exp. Med. **126**, 82—104 (1955).

LASSEN, N. A., LINDBJERG, I., DAHN, I.: Validity of the Xenon$^{133}$ method for measurement of muscle blood flow evaluated by simultaneous venous occlusion plethysmography. Circulat. Res. **16**, 287—293 (1965).

— LINDBJERG, I. F., MUNCK, O.: Measurement of blood flow through skeletal muscle by intramuscular injection of Xenon$^{133}$. Lancet **1964**, 686—689.

LEWIS, D. H., MELLANDER, S.: Competitive effects of sympathetic control and tissue metabolites on resistance and capacitance vessels and capillary filtration in skeletal muscle. Acta physiol. scand. **56**, 162—188 (1962).

LEWIS, T., GRANT, R.: Observations upon hyperaemia in man. Heart **12**, 73—120 (1926).

LUNDGREN, O., LUNDWALL, J., MELLANDER, S.: Range of sympathetic discharge and reflex vascular adjustments in skeletal muscle during hemorrhagic hypotension. Acta physiol. scand. **62**, 380—390 (1964).

LUNDHOLM, L.: The mechanism of the vasodilator effect of adrenaline. I. Effect on skeletal muscle vessels. Acta physiol. scand. **39**, Suppl. 133 (1956).

LUNDVALL, J., MELLANDER, S., SPARKS, H.: Myogenic response of resistance vessels and precapillary sphincters in skeletal muscle during exercise. Acta physiol. scand. **70**, 257—268 (1967).

Lundvall, J., Mellander, S., White, T.: Hyperosmolality and vasodilatation in human skeletal muscle. Acta physiol. scand. **77**, 224—233 (1969).

McArdle, B.: Myopathy due to a defect in muscle glycogen breakdown. Clin. Sci. **10**, 13—33 (1951).

Mellander, S.: Comparative studies on the adrenergic neurohormonal control of resistance and capacitance blood vessels in the cat. Acta physiol. scand. **50**, Suppl. 176 (1960).

— Systemic circulation: Local control. Ann. Rev. Physiol. **32**, 313—344 (1970).

— Interaction of local and nervous factors in vascular control. Int. Symp. on Angiology. Basel: Karger 1971 (im Druck).

— Johansson, B.: Control of resistance, exchange and capacitance functions in the peripheral circulation. Pharmacol. Rev. **20**, 117—196 (1968).

— — Gray, S., Jonsson, O., Lundvall, J., Ljung, B.: The effects of hyperosmolarity on intact and isolated vascular smooth muscle. Possible role in exercise hyperemia. Angiologica **4**, 310—322 (1967).

— Lundvall, J.: Role of tissue hyperosmolality in exercise hyperemia. Circulat. Res. **28**, Suppl. 1, **39**—45 (1971).

— Nordenfelt, I.: Comparative effects of dihydroergotamine and noradrenaline on resistance, exchange and capacitance functions in the peripheral circulation. Clin. Sci. **39**, 183—201 (1970).

— Öberg, B., Odelram, H.: Vascular adjustments to increased transmural pressure in cat and man with special reference to shifts in capillary fluid transfer. Acta physiol. scand. **61**, 34—48 (1964).

Merguet, P., Golenhofen, K.: Lokal-mechanische Regulation der menschlichen Muskelstrombahn („myogene Reaktion", „Bayliss-Effekt"). Pflügers Arch. ges. Physiol. **297**, R36 (1967).

Peiper, U., Ohnhaus, E. E., Brettschneider, H.: Kontraktionsablauf der Muskulatur der Widerstandsgefäße in situ (Skeletmuskelstrombahn) bei Variation der intravasalen Noradrenalinkonzentration. Pflügers Arch. ges. Physiol. **290**, 362—375 (1966).

— Wullstein, H. K., Maier, C. P.: Unterschiedliche Summationsfähigkeit für vasoconstrictorische Efferenzen im Haut-, Skeletmuskel- und Mesenterialkreislauf der Katze. Pflügers Arch. ges. Physiol. **298**, 31—43 (1967).

Peňáz, J.: The blood pressure control system: a critical and methodological introduction. In: Koster, M., H. Musaph, and P. Visser (ed.), Psychosomatics in essential hypertension, p. 125—150. Basel-München-New York: Karger 1970.

— Buriánek, P., Semrád, B.: Dynamic aspects of vasomotor and autoregulatory control of blood flow. In: Hudlická, O. (ed.), Circulation in skeletal muscle, p. 255—269. Oxford: Pergamon Press 1968.

Piiper, J., Rosell, S.: Attempt to demonstrate large arteriovenous shunts in skeletal muscle during stimulation of sympathetic vasodilator nerves. Acta physiol. scand. **53**, 214—217 (1961).

Prill, H. J.: Über die Durchblutung des Uterus. Z. Geburtsh. Gynäk. **152**, 69—98 (1959).

Quensel, W., Kramer, K.: Untersuchungen über den Muskelstoffwechsel des Warmblüters. II. Die Sauerstoffaufnahme des Muskels während der tetanischen Kontraktion. Pflügers Arch. ges. Physiol. **241**, 698—716 (1939).

Rein, H.: Vasomotorische Regulationen. Ergebn. Physiol. **32**, 28—72 (1931).

— Kreislauf und Stoffwechsel. Verh. dtsch. Ges. Kreislauf.-Forsch. **14**, 9—39 (1941).

— Die bestimmenden Faktoren für die Vasomotorik der Ruhedurchblutung des Skeletmuskels. Pflügers Arch. ges. Physiol. **248**, 100—110 (1944).

— Über die Drosselungstoleranz und die kritische Drosselungsgrenze der Herz-Coronargefäße. Pflügers Arch. ges. Physiol. **253**, 205—223 (1951).

— Schneider, M.: Die Physiologie der Skeletmuskel-Durchblutung. II. Mitt. Die Interferenzen verschiedener Regulationen im Muskelgefäßnetz. Z. Biol. **91**, 13—25 (1930).

Reis, D. J., Wooten, G. F., Hollenberg, M.: Differences in nutrient blood flow of red and white skeletal muscle in the cat. Amer. J. Physiol. **213**, 592—596 (1967).

Renkin, E. M., Rosell, S.: Effects of different types of vasodilator mechanisms on vascular tonus and on transcapillary exchange of diffusible material in skeletal muscle. Acta physiol. scand. **54**, 241—251 (1962).

RIGLER, R.: Über die Ursache der vermehrten Durchblutung des Muskels während der Arbeit. Naunyn-Schmiedebergs Arch. exp. Path. Pharmak. **167**, 54—56 (1932).

RODBARD, S., PRAGAY, E. B.: Contraction frequency, blood supply and muscle pain. J. appl. Physiol. **24**, 142—145 (1968).

RODDIE, I. C., SHEPHERD, J. T., WHELAN, R. F.: Evidence from venous oxygen saturation measurements that the increase in forearm blood flow during body heating is confined to the skin. J. Physiol. (Lond.) **134**, 444—450 (1956).

ROSELL, S., UVNÄS, B.: Vasomotor nerve activity and oxygen uptake in skeletal muscle of the anesthetized cat. Acta physiol. scand. **54**, 209—222 (1962).

SAKUMA, A., BECK, L.: Pharmacological evidence for active reflex dilatation. Amer. J. Physiol. **201**, 129—133 (1961).

SCHACHTER, M.: Kallikreins and kinins. Physiol. Rev. **49**, 509—547 (1969).

SCHMID, R., MAHLER, R.: Chronic progressive myopathy with myoglobinuria; demonstration of a glycogenolytic defect in the muscle. J. clin. Invest. **38**, 2044 (1959).

SCHMIDT-VANDERHEYDEN, W., KOEPCHEN, H. P.: Zum Mechanismus der Adrenalindilatation der Skeletmuskelgefäße. Pflügers Arch. ges. Physiol. **298**, 1—11 (1967).

SCHOOP, W., PFLEIDERER, T.: Die Bedeutung eines lokalen Regelmechanismus für die Muskeldurchblutung bei intraarterieller Dauerinfusion von Adenylsäuren. Z. Kreisl.-Forsch. **46**, 304—311 (1957).

— SCHMIDTKE, I.: The effect of beta-adrenergic blocking substances on muscle blood flow in man. Angiologica **3**, 141—152 (1965).

SCHROEDER, W.: Nutritive und nicht-nutritive Skelettmuskeldurchblutung. Arch. Kreisl.-Forsch. **49**, 36—49 (1966).

SCOTT, J. B., RUDKO, M., RADAWSKI, D., HADDY, F. J.: Role of osmolarity, $K^+$, $H^+$, $Mg^{++}$, and $O_2$ in local blood flow regulation. Amer. J. Physiol. **218**, 338—345 (1970).

SEJRSEN, P., TÖNNESEN, K. H.: Inert gas diffusion method for measurement of blood flow using saturation techniques. Comparison with directly measured blood flow in isolated gastrocnemius muscle of the cat. Circulat. Res. **22**, 679—693 (1968).

SELLER, H., LANGHORST, P., POLSTER, J., KOEPCHEN, H. P.: Zeitliche Eigenschaften der Vasomotorik. II. Erscheinungsformen und Entstehung spontaner und nervös induzierter Gefäßrhythmen. Pflügers Arch. ges. Physiol. **296**, 110—132 (1967).

SHEPHERD, J. T.: Physiology of the circulation in human limbs in health and disease. Philadelphia-London: W. B. Saunders Comp. 1963.

SKINNER, N. S., JR., COSTIN, J. C.: Role of $O_2$ and $K^+$ in abolition of sympathetic vasoconstriction in dog skeletal muscle. Amer. J. Physiol. **217**, 438—444 (1969).

— — Interactions between oxygen, potassium, and osmolality in regulation of skeletal muscle blood flow. Circulat. Res. **28**, Suppl. 1, 73—85 (1971).

STAINSBY, W. N., RENKIN, E. M.: Autoregulation of blood flow in resting skeletal muscle. Amer. J. Physiol. **201**, 117—122 (1961).

STRANDELL, T., SHEPHERD, J. T.: The effect in humans of exercise on relationship between simultaneously measured $^{133}$Xe and $^{24}$Na clearances. Scand. J. clin. Lab. Invest. **21**, 99—107 (1968).

TÖNNESEN, K. H.: Blood flow through muscle during rhythmic contraction measured by $^{133}$Xenon. Scand. J. clin. Lab. Invest. **16**, 646—654 (1964).

— Simultaneous measurement of the calf blood flow by strain-gauge plethysmography and the calf muscle blood flow measured by $^{133}$Xenon clearance. Scand. J. clin. Lab. Invest. **21**, 65 (1968).

— SEJRSEN, P.: Washout of $^{133}$Xenon after intramuscular injection and direct measurement of blood flow in skeletal muscle. Scand. J. clin. Lab. Invest. **25**, 71 (1970).

TREUMANN, F., SCROEDER, W.: Trainingseinfluß auf Muskeldurchblutung und Herzfrequenz. Z. Kreisl.-Forsch. **57**, 1024—1033 (1968).

UVNÄS, B.: Sympathetic vasodilator outflow. Physiol. Rev. **34**, 608—618 (1954).

— Sympathetic vasodilator system and blood flow. Physiol. Rev. **40**, Suppl. 4, 69—76 (1960).

VIVEROS, O. H., GARLICK, D. G., RENKIN, E. M.: Sympathetic beta adrenergic vasodilatation in skeletal muscle of the dog. Amer. J. Physiol. **215**, 1218—1225 (1968).

WAHREN, J.: Quantitative aspects of blood flow and oxygen uptake in the human forearm during rhythmic exercise. Acta physiol. scand. **67**, Suppl. 269 (1966).

WHALEN, W. J., NAIR, P.: Skeletal muscle $P_{O_2}$: effect of inhaled and topically applied $O_2$ and $CO_2$. Amer. J. Physiol. **218**, 973—980 (1970).

WHELAN, R. F.: The effect of adrenaline and noradrenaline on the blood flow through human skeletal muscle, p. 75—81. London: Ciba Symp., J. & A. Churchill Ltd. 1954.

— Mechanism of action of catecholamines on peripheral blood vessels in man. Circulat. Res. **21**, Suppl. 3, 173—176 (1967).

WOLSTENHOLME, G. E. W., FREEMAN, J. S., ETHERINGTON, J. (Ed.): Peripheral circulation in man. London: Ciba Found. Symp., Churchill 1954.

YONCE, L. R., HAMILTON, W. F.: Oxygen consumption in skeletal muscle during reactive hyperemia. Amer. J. Physiol. **197**, 190—192 (1959).

ZIMMERMAN, B. G.: Comparison of sympathetic vasodilator innervation of hindlimb of the dog and cat. Amer. J. Physiol. **214**, 62—66 (1968).

# Fetal- und Placentarkreislauf

W. MOLL und H. BARTELS

Mit 16 Abbildungen

## I. Entwicklung des fetalen Kreislaufs

Der Blutkreislauf bildet sich im frühen Embryonalstadium aus. Kurz vor dem Neurula-Stadium (beim Menschen am 19. Tag nach der Befruchtung) bilden sich Blutinseln, die innerhalb der nächsten 2 Tage miteinander zu kommunizieren beginnen. Am 24. Tag ist bereits ein geschlossener Kreislauf innerhalb des Embryos sowie der Dottersack- und der Chorionkreislauf ausgebildet (Abb. 1). Die Ventrikel beginnen etwa am 22. Tag zu schlagen. Bei denjenigen Säugetieren, die eine Placenta ausbilden (Placentalia), wird der Dottersackkreislauf von der 4. Woche ab zurückgebildet. Der Chorionkreislauf (der spätere Placentarkreislauf) übernimmt allein den Stofftransport von der Mutter zum Embryo bzw. Feten und zurück.

Der Zeitpunkt des Beginns der Kreislauffunktion kann folgendermaßen erklärt werden: Das befruchtete Ei sowie die durch Teilung sich daraus entwickelnde Blastocyste und die Gastrula werden durch Diffusion ernährt. Wenn jedoch die Dimensionen des frühen Embryos ein gewisses Maß überschreiten, reichen die

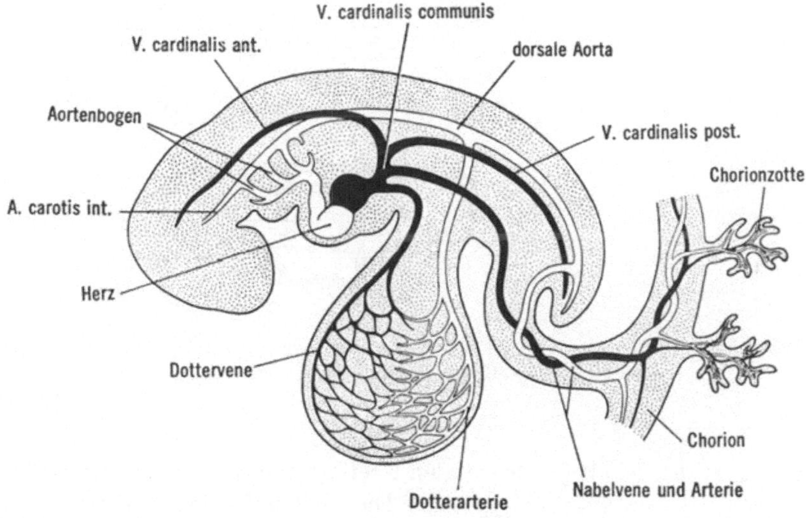



Abb. 1. Schematische Darstellung der großen intra- und extraembryonalen Blutgefäße bei einem 4 mm-Embryo am Ende der 4. Woche. Es sind nur die Gefäße auf der linken Seite des Embryos dargestellt. (Aus JAN LANGMAN: Medizinische Embryologie, Stuttgart: Thieme 1970)

Diffusionsprozesse allein für die Ernährung nicht mehr aus. Der Stofftransport im Conceptus muß dann durch den Blutkreislauf beschleunigt werden. Diesen Anschauungen liegt folgender Sachverhalt zugrunde (Bartels, 1970):

Der Embryo kann in erster Annäherung mit einem Zylinder verglichen werden. Der maximale Durchmesser $2r$ eines Zylinders, der gerade noch durch Diffusion ausreichend mit Sauerstoff versorgt werden kann, ist eine Funktion der Diffusionskonstanten $(K_{O_2})$, des Sauerstoffverbrauchs pro Gewebevolumen $(\dot{V}_{O_2})$ und des $O_2$-Druckes $(P_{O_2})$ im umgebenden Medium:

$$2r = \sqrt{4\,\frac{K_{O2}}{\dot{V}_{O2}}\,P_{O_2}}.$$

Für wahrscheinliche Werte der einzelnen Parameter ergibt sich ein Maximaldurchmesser von etwa 0,5—0,6 mm.

Bei allen untersuchten Species, unabhängig von der Entwicklungsgeschwindigkeit, beginnt der Kreislauf gerade dann, wenn der größte Sagittaldurchmesser der Frucht 0,5—0,6 mm erreicht ist. Dies ist bei der Maus am 7.—8. Tag, bei der Ratte am 8.—9. Tag, beim Rhesusaffen und beim Menschen am 20.—23. Tag der Fall.

## II. Kennzeichen des fetalen Kreislaufs

Der Stoffaustausch des Feten einschließlich seines Gasaustausches erfolgt in der Placenta. Dies begründet die wesentlichen Besonderheiten des fetalen Kreislaufs.

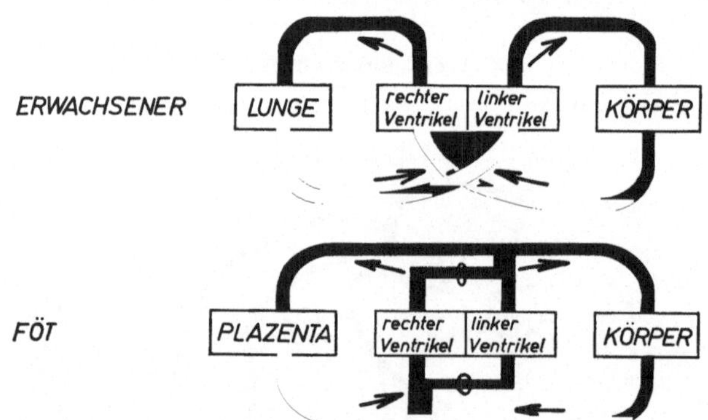


Abb. 2. Schaltung des Kreislaufs des Erwachsenen und des Feten. Das für das Fetalleben unwichtige Gefäßbett der Lunge ist weggelassen

In Abb. 2 ist die Schaltung des fetalen Kreislaufs derjenigen des Erwachsenenkreislaufs schematisch gegenübergestellt. Die beiden fetalen Ventrikel pumpen gemeinsam das Blut durch die parallel geschalteten Gefäßgebiete des Feten und der Placenta. Kurzschlüsse führen einerseits dem linken Vorhof Blut aus den Venen des großen Kreislaufs zu und schließen andererseits den rechten Ventrikel an die Arterien des großen Kreislaufs an. Die Lunge ist in dem Schema weggelassen. Die fetale Lunge hat einen hohen Gefäßwiderstand. Sie ist für den fetalen Kreislauf ohne Bedeutung.

# III. Anatomische Besonderheiten des fetalen Herzens sowie des fetalen und placentaren Gefäßsystems

## 1. Anatomische Besonderheiten des fetalen Herzens

Kennzeichen des fetalen Herzens ist das offene Foramen ovale, eine Kommunikation zwischen der Vena cava inferior und dem linken Vorhof (Abb. 3).

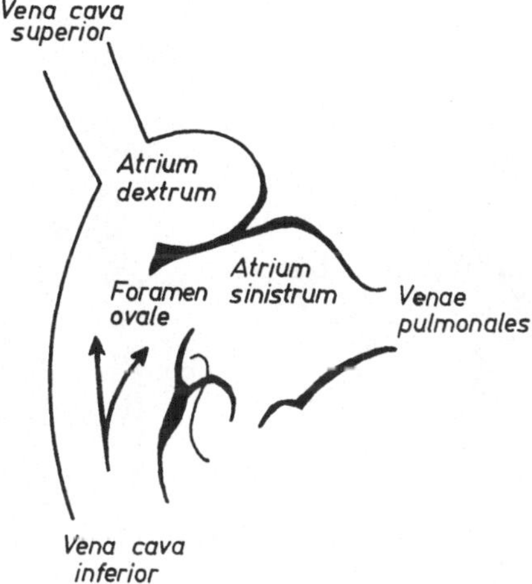


Abb. 3. Das Foramen ovale als Pforte zwischen unterer Hohlvene und linkem Vorhof. (Nach DAWES, 1968)

Im Gegensatz zu dem Herzen des Erwachsenen haben rechter und linker Ventrikel des fetalen Herzens gleiches Gewicht (KEEN, 1955). Die Wandstärke beträgt bei beiden Ventrikeln etwa 4 mm (BOELLAARD, 1952).

Die Faserdicke ist kleiner als beim Herzen des Erwachsenen. Der Durchmesser fetaler Fasern ist 7 $\mu$, während der Faserdurchmesser beim Erwachsenenherzen ca. 14 $\mu$ beträgt (ROBERTS und WEARN, 1941). Die Zahl der Muskelfaserschichten ist beim Herzen der Feten und der Erwachsenen gleich.

Gleich ist auch die Gewichtsrelation von Herz und Körper. Die Ventrikel des menschlichen fetalen Herzens wiegen zum Geburtstermin 14 g ($s^1 = 3$ g) (KEEN, 1955). Dieses Ventrikelgewicht macht wie beim Erwachsenen 0,4—0,5% des Körpergewichtes aus.

## 2. Anatomische Besonderheiten des fetalen Gefäßsystems

### a) Die großen Gefäße

Das fetale Gefäßsystem ist in Abb. 4 schematisch dargestellt. Außer den Dimensionen sind folgende Unterschiedsmerkmale zum Gefäßsystem des Erwachsenen gegeben:

*1. Das placentare Gefäßsystem.* Das placentare Gefäßsystem ist über die Nabelschnurgefäße an den Kreislauf des Feten angeschlossen. Die Nabelschnur-

---

1 Standardabweichung.

arterien gehen von den inneren Iliaca-Arterien ab, die Nabelschnurvene mündet teils über die Vena portae in die Lebersinusoide, teils über den Ductus venosus Arantii direkt in die untere Hohlvene ein. Fetale und placentare Gefäße sind parallel geschaltet.

2. *Der Ductus arteriosus Botalli.* Der Ductus arteriosus Botalli verbindet die Ausflußbahnen beider Ventrikel. Das Gefäßsystem der Lunge kommt dadurch in den Nebenschluß.

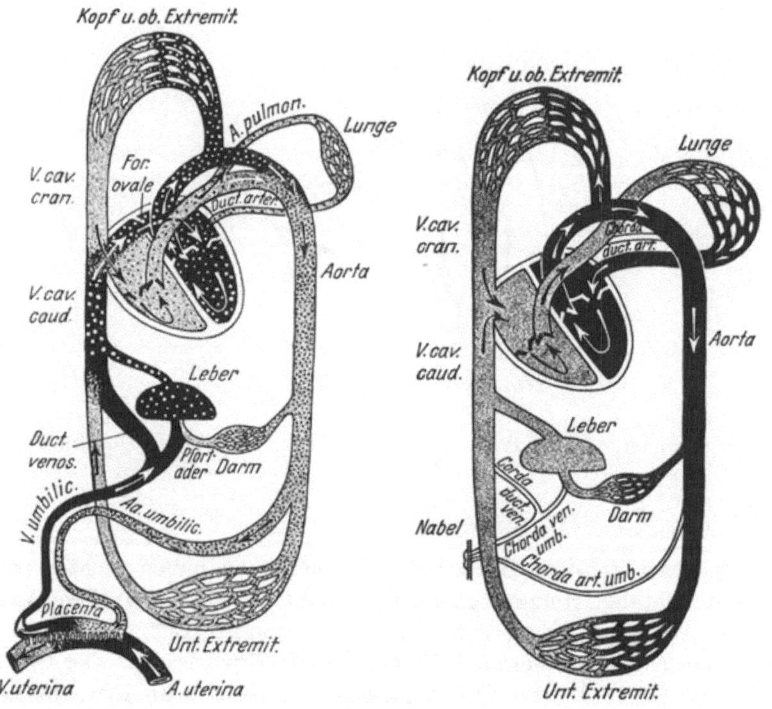


Abb. 4. Die großen Gefäße des Feten und des Erwachsenen. (Nach Saling, 1960)

### b) Die Capillaren

Im *Gehirn*, das beim Menschen erst postnatal vollständig funktionsfähig wird, ist die Capillardichte in der Fetalzeit wesentlich geringer als beim Erwachsenen. Die Diffusionsstrecken sind entsprechend größer. Zum Zeitpunkt der Geburt ist die Capillardichte in der Hirnrinde des Menschen $100/mm^2$, während sie beim Erwachsenen $300/mm^2$ ist. Dem entspricht ein mittlerer Capillarabstand in der fetalen Hirnrinde von $100\,\mu$ gegenüber $50—60\,\mu$ beim Erwachsenen (Diemer, 1965).

Im *Herzen*, das im Gegensatz zum Gehirn in der Fetalzeit schon voll funktionsfähig ist, haben die Capillaren etwa die gleiche Dichte wie beim Erwachsenen. Bei Fet und Erwachsenem bestehen demnach für $O_2$ die gleichen Diffusionsbedingungen. Die Capillardichte beträgt $3700/mm^2$ nach Roberts und Wearn (1941), $2500/mm^2$ nach Hort und Severidt (1966).

## 3. Anatomie des placentaren Gefäßsystems

Beim Menschen bildet das fetale Gewebe in der Placenta ca. 15 größere und ca. 30 kleinere Lappen, welche der menschlichen Placenta ihr charakteristisches Aussehen verleihen. Die Lappen sind wiederum in einzelne Zottenbäume, die *Cotyledonen* (s. Abb. 5), unterteilt, welche unmittelbar in der Chorionplatte

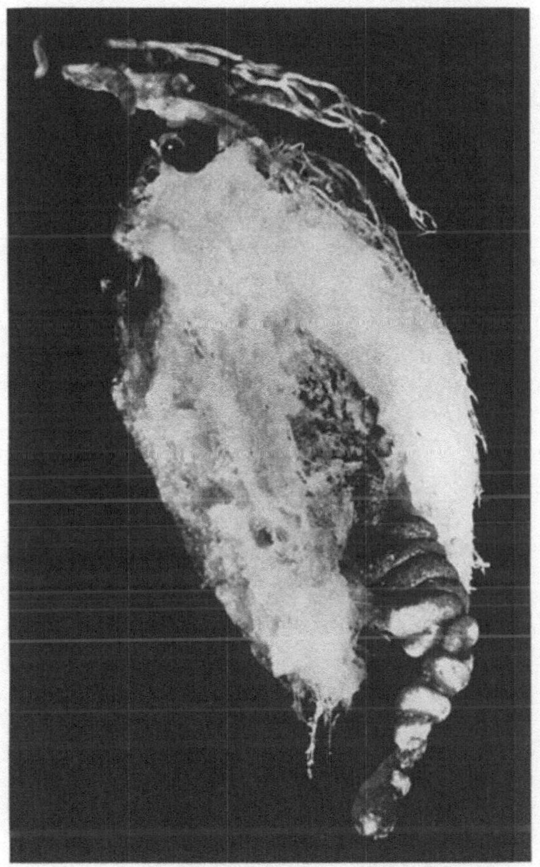

Abb. 5. Cotyledo mit Spiralarterie einer menschlichen Placenta. Injektionspräparat. (Nach FREESE, 1968)

wurzeln und von je einer Arterie versorgt werden. Die Cotyledonen sind mit der Uterusschleimhaut (Decidua) verwachsen. Insgesamt findet man 200—250 Cotyledonen in einer Placenta. 60—100 von diesen zeigen einen *zentralen, zottenfreien Raum* (CRAWFORD, 1962; FREESE, 1966). Diese Cotyledonen stellen die funktionelle Einheit der Placenta dar.

Die fetale Arterie eines Cotyledons verzweigt sich entsprechend der Verästelung des Zottenbaumes und mündet an der Zottenoberfläche in ein Capillarnetz. Aus diesem Capillarnetz sammelt sich das fetale Blut in den abführenden Venen, welche die gleiche Anordnung wie die zuführenden Arterien aufweisen.

Die Spalten zwischen den Zotten, der *intervillöse Raum*, bilden das Strombett des mütterlichen Blutes. Das mütterliche Blut gelangt in eigentümlich gewundenen Arterien, den Spiralarterien, in den intervillösen Raum (s. Abb. 5). Die Bedeutung dieser in der Natur einzigartigen Gefäßausbildung ist unklar. Das Lumen der

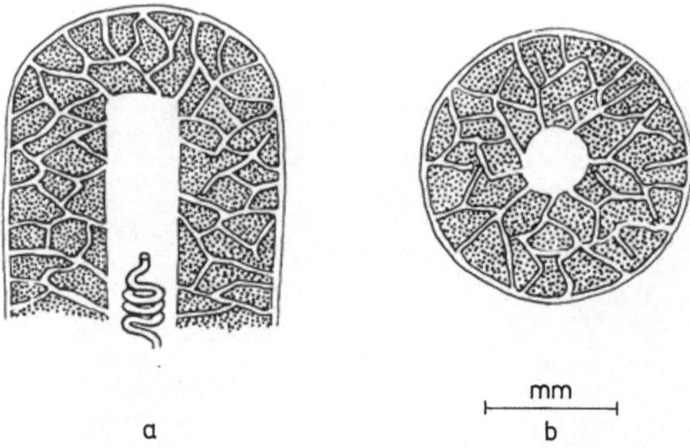


Abb. 6a u. b. Schematische Darstellung des intervillösen Strombettes eines Cotyledo. a Querschnitt senkrecht zur Uteruswand; b Querschnitt parallel zur Uteruswand

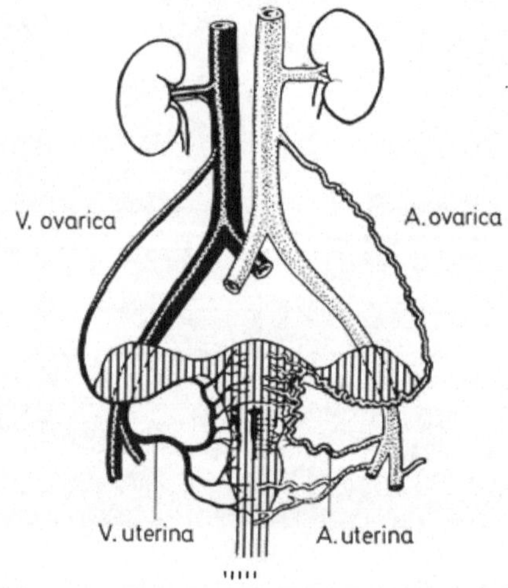


Abb. 7. Die uterinen Gefäße. Der Uterus wird beidseitig von den Uterinarterien und den Ovarialarterien versorgt. Die venöse Versorgung ist analog. (Nach Reynolds, 1963)

Spiralarterien ist am Ende der Schwangerschaft 1,0—1,5 mm weit. Die Spiralarterie mündet unmittelbar in den zentralen zottenfreien Raum der Cotyledonen (Freese, 1968). Die Wand des zentralen Raumes besteht aus einem dichten Zottenwerk, dessen Spalten das mütterliche Blut aus dem zentralen Raum in die zottenarme Cotyledonperipherie leiten (s. Abb. 5 und 6). Die venösen Ostien des mütterlichen Blutes liegen wie die Spiralarterie in der Decidua basalis.

Die Placenten der subhumanen Primaten sind ähnlich gebaut. Im Gegensatz dazu besteht die Placenta der Nagetiere nicht aus fetalen Zotten, sondern einem allseitig verwachsenen fetalen Gewebe, in welches das fetale Capillarsystem eingebettet ist. Dieser Placentatyp wird labyrinthär genannt. Die Lücken zwischen dem fetalen Gewebe bilden ein Kanalnetz für das mütterliche Blut. In der epitheliochorialen, villösen Placenta des Schafes bleiben die mütterlichen Gefäße erhalten. Ein mütterliches und fetales Capillarnetz stehen sich, getrennt von mütterlichem und fetalem Binde- und Epithelgewebe, einander gegenüber.

In den labyrinthären Placenten der Nagetiere wird mütterliches und fetales Blut im Gegenstrom aneinander vorbeigeleitet (Tafani, 1887). In den Primatenplacenten fließt das mütterliche Blut an einer Serie von fetalen Zottencapillaren vorbei. Dieses System wird als multivillöses Strombahnsystem bezeichnet; es entspricht funktionell weitgehend einem Kreuzstrom. Die Austauschwirksamkeit liegt zwischen jener des Gegenstromsystems und jener des Gleichstromsystems (Bartels und Moll, 1964).

Der intervillöse Raum wird von den paarig angelegten Uterinarterien und Ovarialarterien gespeist. Die Uterinarterien kommunizieren mit der gleichseitigen Ovarialarterie. Die venöse Drainage erfolgt über die Uterin- und Ovarialvenen (s. Abb. 7).

## IV. Methoden zur Messung der Durchblutung von Fet und Placenta

### 1. Messung der fetalen Durchblutung der Placenta

Zur Messung der placentaren Durchblutung wurde eine Reihe unterschiedlicher Methoden angewandt.

Die ersten verläßlichen Werte der Nabelschnurdurchblutung bei Schaffeten lieferte die *Venenocclusions-Plethysmographie* des Feten (Cooper und Greenfield, 1949). Die Nabelschnurdurchblutung wurden hierbei aus der Volumenabnahme des Feten während der Kompression der Nabelschnurvenen ermittelt.

Am intakten Gefäß (Assali und Morris, 1964) und am kanülierten Gefäß (Dawes und Mott, 1964) wurden *elektromagnetische Blutstrommessungen* durchgeführt. Die Nabelschnurarterien sind paarig angelegt. Während der Kanülierung einer Arterie kann eine partielle Sauerstoffversorgung des Feten jeweils über die Kollaterale erfolgen. Es gelingt deswegen ohne vorherige vollständige Unterbrechung, die Nabelschnurdurchblutung blutig in verschiedenen Abschnitten der Schwangerschaft bzw. Tragzeit zu messen.

Neben der *Wärmeverdünnungsmethode* (Stembera et al., 1964) wurde eine *stationäre Teststoff-Verdünnungsmethode* (Meschia et al., 1966) angewandt. Ein lipoidlöslicher, niedermolekularer Teststoff verteilt sich nach der Infusion in den Feten entsprechend den Volumenverhältnissen auf Mutter und Kind, d. h., er tritt vorwiegend in die Mutter über. Bei kontinuierlicher, länger dauernder Infusion kann die in die Placenta übertretende Teststoffmenge der pro Zeit infundierten Teststoffmenge ($\dot{m}$) gleichgesetzt werden. Aus der infundierten Teststoffmenge und der arteriovenösen Konzentrationsdifferenz (AVD) zwischen dem Blut in den Nabelschnurarterien und dem Blut der Nabelschnurvenen kann dann die Nabelschnurdurchblutung ($\dot{Q}_{umb}$) nach folgender Gleichung bestimmt werden:

$$\dot{Q}_{umb} = \frac{\dot{m}}{AVD} \cdot$$

Die Methode verlangt die Infusion und die Blutentnahme aus den Nabelschnurgefäßen. Werden die Nabelschnurgefäße über die Placenta kanüliert, ist die
Durchblutungsbestimmung auch im uneröffneten Uterus möglich (Meschia et al.,
1965).

## 2. Durchblutungsmessung fetaler Organe

Die Messung der Durchblutung fetaler Organe ist mit radioaktiv markierten
Partikeln möglich. Zunächst wurden Albuminaggregate mit stark streuendem
Durchmesser verwandt (Power et al., 1966; Flohr, 1968). Später wurden Partikel von einem Durchmesser von 25—50 $\mu$ mit einer Standardabweichung von
nur 5 $\mu$ injiziert (Rudolph und Heymann, 1967). Die Partikel bleiben in den
Arteriolen der Organe stecken. Bei einer homogenen Verteilung der Partikel im
Blut, welche allerdings nur in Annäherung besteht (Phibbs et al., 1967), gibt
die Verteilung der Partikel bzw. der Radioaktivitäten auf die einzelnen Organe
die Verteilung des Blutes der injizierten Arterie wieder. Die Methode setzt voraus, daß keine Partikelchen auftreten, welche die Capillaren passieren können.
Offensichtlich ist diese Voraussetzung gegeben; das Blut wird bei der Passage
bestimmter Organe, etwa der Placenta des Schafes, zu über 99% von den Partikeln geklärt.

Die Aussagekraft des Partikelverteilungsverfahrens wurde unter anderem
durch einen Vergleich mit der elektromagnetischen Strommessung bewiesen.

## 3. Bestimmung der Verteilung des Blutstromes im fetalen Herzen und in den fetalen Kurzschlüssen

Zur Bestimmung der relativen Durchblutungsgrößen in den verschiedenen
Kammern des Herzens sowie in den verschiedenen Gefäßabschnitten des fetalen
Kreislaufs wurden zwei verschiedene Methoden angewendet; die Größen wurden
einmal aus den Sauerstoffsättigungen in den einzelnen Lungenabschnitten
(Dawes et al., 1954), zum anderen mit der Partikelverteilungsmethode (Rudolph
und Heymann, 1967) bestimmt.

### a) Die Bestimmung der Blutströme aus den Sauerstoffsättigungen

Die $O_2$-Konzentrationen der verschiedenen Arterien und Venen des Feten
differieren zum Teil beträchtlich voneinander. Mischen sich zwei Blutströme $Q_1$
und $Q_2$ mit den unterschiedlichen Konzentrationen $c_1$ und $c_2$, so ergibt sich folgende
Gemischkonzentration $c_3$:

$$c_3 = \frac{c_1 \cdot Q_1 + c_2 \cdot Q_2}{Q_1 + Q_2}.$$

Aus den Konzentrationen kann umgekehrt das Mischungsverhältnis berechnet
werden. So gilt etwa für das Verhältnis des Teilstromes $Q_1$ zum Gesamtstrom
$Q_1 + Q_2$:

$$\frac{Q_1}{Q_1 + Q_2} = \frac{c_3 - c_2}{c_1 - c_2}.$$

Unter einer Reihe von Annahmen, z.B., daß keine $O_2$-Entnahme der Leber aus
den Umbilicalvenen erfolgt, konnte so erstmals der Blutstrom in den Herzven-
trikeln und in den großen Gefäßen in Prozent des kombinierten Herzzeitvolumens

angegeben werden. Die Ergebnisse dieser Methode wurden mit der Partikelverteilungsmethode, die von den nötigen Annahmen unabhängig ist, im wesentlichen bestätigt.

*b) Die Bestimmung der Blutstromstärken in den fetalen Kurzschlüssen mit Hilfe der Partikelverteilungsmethode*

*Zur Messung der Verteilung des Blutes der Aorta ascendens auf die Kopfarterien und die Aorta descendens* wurden Partikel in das linke Herz injiziert. Das Aktivitätsverhältnis von Herz, Kopf, Gehirn und oberen Extremitäten einerseits und den übrigen Organen, einschließlich der Placenta, andererseits, ergibt das Durchblutungsverhältnis der Kopfarterien und der Aorta descendens vor der Einmündung des Ductus Botalli.

*Zur Messung des durch das Foramen ovale strömenden Blutes der Vena cava inferior* wurden die Partikel in eine Vene des Einzugsgebietes der unteren Hohlvene injiziert. Die Relation der Aktivität in der oberen Körperhälfte ($I_0$) zur Gesamtaktivität ($I_t$) dividiert durch den Strömungsanteil der Kopfarterien ($Q_{\mathrm{brach}}$) an der Strömung der Aorta ascendens ($Q_{\mathrm{as}}$) ergibt den Kurzschluß ($Q_{\mathrm{sh}}$) relativ zur Durchblutung der Vena cava inferior ($Q_{\mathrm{VCI}}$).

$$\frac{Q_{\mathrm{sh}}}{Q_{\mathrm{VCI}}} = \frac{I_0}{I_t} \cdot \frac{Q_{\mathrm{as}}}{Q_{\mathrm{brach}}}.$$

*Der Anteil des durch das Foramen ovale fließenden Blutes der Vena cava superior* wird entsprechend durch Injektion in eine Vene des Einzugsgebietes der Vena cava superior bestimmt.

## 4. Bestimmung des fetalen Herzzeitvolumens

Der Auswurf des linken und rechten Ventrikels kann mit Farbstoffverdünnungsverfahren ermittelt werden, wenn die Absaugekatheter proximal vom Ductus arteriosus Botalli liegen (MAHON et al., 1966). Das kombinierte Herzzeitvolumen wurde auch mit der Partikelverteilungsmethode (RUDOLPH und HEYMANN, 1967) sowie aus den Sauerstoffsättigungen der verschiedenen Herzkammern (DAWES et al., 1954) unter Verwendung der Absolutwerte der Nabelschnurdurchblutung ermittelt.

## 5. Messung der maternalen Durchblutung der Placenta und der Durchblutung der Uterusmuskulatur

Bei den meisten Untersuchungen wurde die maternale Durchblutung der Placenta gemeinsam mit der Durchblutung der Uterusmuskulatur gemessen. Die angegebenen Verfahren sind mit beträchtlichen Fehlerquellen belastet.

*Die elektromagnetische Strommessung* (ASSALI et al., 1960) ist bei der Anwendung am Uterus nicht nur durch die üblichen Schwierigkeiten dieser Methode (Nullpunktsschwankungen, Eichzwang bei Manschettenmeßköpfen), sondern auch durch die multiple arterielle Gefäßversorgung am Uterus erschwert. In der Regel wurden die Messungen an *einer* Arteria uterina durchgeführt.

*Zur Durchblutungsmessung mit inerten Teststoffen* wurden $N_2O$ (ASSALI et al., 1953; METCALFE et al., 1955) und 4-amino-Antipyrin (HUCKABEE und WALCOTT,

1960) verwandt. Mit Dauerkathetern wurde die Uterusdurchblutung mit dieser Methode auch an unnarkotisierten Tieren über einen größeren Zeitraum der Tragzeit bestimmt. Die Anwendung der Methode am Uterus stößt jedoch auf zwei wesentliche Schwierigkeiten. Einmal ist bei der multiplen venösen Drainage des Uterus unmöglich zu entscheiden, ob eine Blutprobe aus einer einzelnen Vene repräsentativ für den Mittelwert des venösen Blutes am Uterus ist. Zum anderen setzt die Methode von Kety und Schmidt (1948) in ihrer ursprünglichen Form voraus, daß während der Meßzeit ein Konzentrationsangleich zwischen Blut und Gewebe eintritt. Dieser Konzentrationsangleich erfordert jedoch beim Uterus mehr als $1/2$ Std und ist während der üblichen Meßzeit nicht abgeschlossen (Parer et al., 1968). Die Anwendung des Verfahrens erfordert daher die Abschätzung der Teststoffaufnahme aus den Teststoffkonzentrationen im fetalen Blut, in der Amnionflüssigkeit und im fetalen Gewebe.

*Die Sammlung des venösen Ausflusses* bei gleichzeitiger Bluttransfusion (Barcroft et al., 1933) erfordert ausgedehnte chirurgische Maßnahmen. Dasselbe gilt für die *Blutstrommessung mit einem Rotameter*, das zwischen der Arteria femoralis und der Arteria uterina eingebaut wurde (Ahlquist, 1950).

*Eine quantitative Messung des Anteils der Placentadurchblutung an der gesamten Uterusdurchblutung* ist mit Hilfe der Partikelverteilungsmethode möglich (Power et al., 1966; Makowski et al., 1968; Duncan und Lewis, 1969). Eine qualitative Aussage über die placentare Durchblutung gibt die Abklingkurve über dem Uterus nach Injektion von radioaktiven Stoffen in den intervillösen Raum wieder (McClure Browne und Veall, 1953).

## V. Funktion des fetalen Herzens

Das Mischblut aus der Körperperipherie des Feten und der Placenta wird auf den rechten und linken Ventrikel zu annähernd gleichen Volumina verteilt (Dawes et al., 1954; Rudolph und Heymann, 1967). Diese Verteilung wird durch das in der Fetalzeit offene Foramen ovale ermöglicht. Die Ausflußbahnen beider Ventrikel sind durch den Ductus Botalli miteinander verbunden; sie münden beide in die thorakale Aorta. Beim Feten arbeiten demnach die beiden Kammern nicht wie beim Erwachsenen in Serie, sondern parallel. Sie bilden eine gemeinsame Pumpe, welche das Blut in die Körperperipherie und das parallel geschaltete placentare Gefäßbett pumpt.

### 1. Verteilung des Blutstromes im fetalen Herzen

Die Sauerstoffsättigung in der Arteria carotis ist nicht identisch mit der Sauerstoffsättigung der Aorta ascendens. Das Blut besitzt demnach in der rechten und linken Kammer eine unterschiedliche Sauerstoffsättigung. Hieraus wurde schon früh der Schluß gezogen (Hugget, 1927), daß sich das Blut der Vena cava inferior mit jenem der Vena cava superior nur unvollständig mischt, so daß der Hauptteil des Blutes aus der Vena cava inferior in den linken Ventrikel geleitet wird. Angiokinematographische Untersuchungen an Schafféten und an menschlichen Feten bestätigten diese Annahme (Barclay et al., 1944; Lind und Wegelius, 1954).

Mit Hilfe der Partikelverteilungsmethode konnten die Blutströme im Herzen von Schaffeten in groben Zügen quantitativ bestimmt werden. Die Abb. 8a gibt den Blutstrom in den verschiedenen Herzkammern und in den großen Gefäßen in Prozent des kombinierten Herzzeitvolumens beider Kammern an. Die Abb. 8b zeigt die relativen Blutstromstärken, welche aus den Sauerstoffsättigungen in den Herzkammern und in verschieden großen Gefäßen berechnet wurden (Dawes et al., 1954). Zwischen den Ergebnissen der Partikelverteilungsmethode und der Sauerstoffsättigungsmethode besteht eine gute Übereinstimmung.

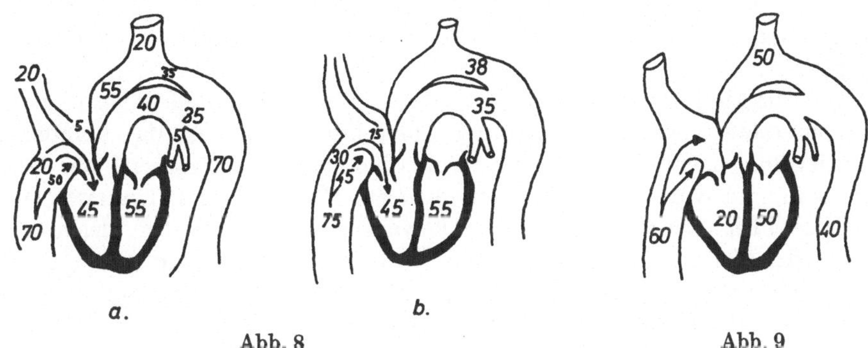

a.          b.

Abb. 8          Abb. 9

Abb. 8a u. b. Die Blutströme in den Herzkammern und in den großen Gefäßen in Prozent des kombinierten Herzzeitvolumens. a Berechnung der Blutströme aus der Verteilung von 50 µm Partikeln. (Nach Rudolph und Heymann, 1967.) b Berechnung aus den $O_2$-Sättigungen. (Nach Dawes et al., 1954)

Abb. 9. Anteil des Umbilicalvenenblutes am Blut der verschiedenen Arterien. (Berechnet nach Werten von Rudolph und Heymann, 1967)

Nach der Abb. 8a erfolgt der venöse Rückstrom überwiegend (70%) über die Vena cava inferior und nur zu 20% über die Vena cava superior. Der restliche venöse Rückstrom erfolgt über die Venen des Herzens und der Lunge. Der rechte Ventrikel erhält praktisch sämtliches Blut aus der Vena cava superior und aus dem Sinus coronarius sowie 30% des Blutes aus der Vena cava inferior. 45% des Venenblutes strömen insgesamt in das rechte Herz. Der linke Ventrikel erhält demgegenüber über das Foramen ovale den Hauptanteil des Blutes aus der Vena cava inferior sowie das Blut der Lungenvenen. Gut die Hälfte (55%) des gesamten venösen Rückstromes erfolgt in den linken Ventrikel.

Der rechte Ventrikel wirft sein Blut zum größten Teil über den Ductus arteriosus Botalli in die Aorta descendens aus. Nur 10—20% des Blutes gelangt in die Lunge. Das Blut der Aorta ascendens aus dem linken Ventrikel verteilt sich etwa zur Hälfte auf das Gehirn, das Herz und die oberen Extremitäten einerseits und die Aorta descendens andererseits. In der Aorta descendens mischt sich das Blut der beiden Ventrikel zu etwa gleichen Teilen.

Der Anteil des Umbilical-Venenblutes an dem Blut der verschiedenen Arterien schwankt beim Schaf nur wenig (s. Abb. 9). Das Blut in den Arterien der oberen Körperhälfte besteht zu 50%, jenes der unteren Körperhälfte zu 40% aus arterialisiertem Blut aus der Placenta. Große Unterschiede bestehen demgegenüber in den Venen. Das Blut der Vena cava inferior besteht zu etwa 60% aus dem Placentablut, während das Blut der Vena cava superior naturgemäß rein venöses Blut ist.

## 2. Kombiniertes Herzzeitvolumen des Feten

Im Organismus eines gesunden Erwachsenen ist das Herzzeitvolumen des rechten und des linken Ventrikels gleich. Beim Feten ist das nicht notwendigerweise der Fall; das Zeitvolumen des rechten Ventrikels ist von jenem des linken Ventrikels zu unterscheiden. Da die beiden Ventrikel parallel geschaltet sind, ist es sinnvoll, den Begriff des kombinierten Herzzeitvolumens zu verwenden, d. h. von der Summe der Zeitvolumina des rechten und des linken Ventrikels zu sprechen.

Nach direkten Messungen an Schaffeten mit dem Indikatorverdünnungsverfahren (Mahon et al., 1966) unter Chloralose-Narkose ist das kombinierte Herzzeitvolumen nahe dem Geburtstermin 360 ml/min/kg; während der Untersuchung fiel der Wert jedoch kontinuierlich ab. Rudolph und Heymann (1967) ermittelten bei Anwendung der Partikelverteilungsmethode bei gleichzeitiger Messung der Placentadurchblutung, daß das fetale Herzzeitvolumen bei Schafen und Ziegen nahe dem Wurftermin 500 ml/min/kg ist. Dawes et al. (1954) erhielten aus der Placentadurchblutung und den relativen Sauerstoffsättigungen in den einzelnen Herzkammern und den großen Gefäßen unter Narkose einen Wert von 320 ml/min/kg. In allen Fällen war die Standardabweichung groß (30%). Das fetale Herzzeitvolumen scheint also je nach Narkoseart und Schwere des operativen Eingriffes 300—500 ml/min/kg zu betragen.

Beim erwachsenen Schaf ist das kombinierte Herzzeitvolumen beider Kammern 240 ml/min/kg (Cross et al., 1959), bei der erwachsenen Ziege 280 ml/min/kg (Hilpert et al., 1964). Das Herzzeitvolumen pro Kilogramm ist demnach beim Feten größer als beim Erwachsenen. Nach den Untersuchungen von Dawes et al. (1954) beruht dies auf einer hohen Placentadurchblutung, nach den Untersuchungen von Rudolph und Heymann (1967) auch auf einer höheren Durchblutung der fetalen Organe.

## 3. Fetale Herzfrequenz

Der Normalwert der fetalen Herzfrequenz des Menschen beträgt im 5. Schwangerschaftsmonat 156/min ($s = 3$) und fällt am Ende der Schwangerschaft auf 142 ($s = 3$) Schläge pro Minute. Die Herzfrequenz zeigt am Ende der Schwangerschaft Spontanschwankungen von 4—10 Schlägen pro Minute (Mendez-Bauer et al., 1963).

Die fetale Herzfrequenz steht am Ende der Schwangerschaft unter dem dämpfenden Einfluß des cholinergen Nervensystems. Blockade des cholinergen Nervensystems durch intramuskuläre Atropininjektionen führt beim menschlichen Feten zu einer Erhöhung der Herzfrequenz um ungefähr 25 Schläge pro Minute. Auch die Spontanschwankungen der Herzfrequenz werden durch Atropin gedämpft (Mendez-Bauer et al., 1963).

Eine Erregung des cholinergen Nervensystems erfolgt — wahrscheinlich über die Vaguskerne — bei einer Schädelkompression. Diese tritt physiologischerweise im Verlauf der Preßwehen auf (Mendez-Bauer et al., 1963).

## 4. Fetaler Blutdruck

Die folgende Tabelle gibt eine Übersicht über die mittleren arteriellen Drucke
verschiedener Species nahe dem Geburtstermin. Sie sind den Werten des Erwachsenen gegenübergestellt.

Tabelle. *Arterieller Mitteldruck (mm Hg) bei verschiedenen Species am Ende der Fetalzeit
und in der Erwachsenenperiode*

Die fetalen Werte sind einer Zusammenstellung von DAWES (1968), die Erwachsenenwerte
einer von ALTMAN und DITTMER (1964) entnommen. Falls der Mitteldruck nicht angegeben
war, wurde er aus dem systolischen und diastolischen Druck nach folgender Formel ab-
geschätzt: Mitteldruck = (systolischer Druck + 2 × diastolischer Druck)/3.

| Species | Fetaler Blutdruck | Narkose | Adulter Blutdruck | Narkose |
|---|---|---|---|---|
| Mensch | 53 | — | 92 | — |
| Schaf | 66 | Nembutal | 114 | lokal |
| Hund | 35 | Nembutal | 130 | Medinal |
| Rhesusaffe | 45 | lokal | 138 | — |
| Katze | 30 | Nembutal | 125 | Dialuretan |
| Kaninchen | 30 | Nembutal | 90 | — |

Es ist ersichtlich, daß die fetalen Blutdruckwerte etwa halb so groß sind wie
jene im großen Kreislauf des Erwachsenen. In der fetalen Pulmonalarterie, deren
Drucke sich von dem Aortendruck nicht unterscheiden, herrscht demgegenüber,
verglichen mit dem Erwachsenen, eine physiologische Hypertension.

Pränatal und postnatal steigt der Blutdruck im großen Kreislauf bei allen
untersuchten Species kontinuierlich an; im kleinen Kreislauf fällt er ab (DAWES,
1968).

## 5. Peripherer Widerstand

Durch die fetalen Organe des Schafes wird bei einem arteriellen Mitteldruck
von 66 Torr ein Blutstrom von ca. 200 ml/min/kg unterhalten, während beim
erwachsenen Schaf bei 114 Torr ein Blutstrom von ca. 120 ml/min/kg erfolgt. Der
periphere Widerstand ist, wenn er auf das Gewicht bezogen wird, beim Feten
demnach $^1/_3$ desjenigen des Erwachsenen. Die Ursache ist in der Zahl und dem
Durchmesser der Widerstandsgefäße zu suchen. Hierüber sind jedoch den Ver-
fassern keine Untersuchungen bekannt.

Die Herzarbeit als Produkt von Herzzeitvolumen und Blutdruck ist — ebenfalls auf das Gewicht bezogen — demgegenüber beim Feten und beim Erwachsenen in etwa gleich. Dem entspricht, daß der Anteil des Herzgewichtes am Gesamtgewicht beim Feten und beim Erwachsenen etwa gleich ist.

## 6. Fetale Kreislaufregulation

Die Regulations-Anforderungen an den fetalen Kreislauf sind andere als an
den Kreislauf des Erwachsenen: Beim Feten treten keine akuten Kreislauf-
belastungen auf, wie sie beim Erwachsenen infolge Muskelarbeit und Wärmeregulation erforderlich sind. Deshalb ist keine reflektorische Regulation des HZV

notwendig. Auch orthostatischen Belastungen ist der im Amnion schwimmende
Fet nicht ausgesetzt. Andererseits erfolgt ein kontinuierliches Wachstum der
Gewebe, welches ein entsprechendes Wachstum des fetalen Gefäßsystems voraus-
setzt. Dieses Wachstum könnte genetisch vorgegeben sein oder unter der Kon-
trolle von Stoffkonzentrationen wie z. B. der Sauerstoffkonzentration oder der
$CO_2$-Konzentration stehen.

Eine Steuerung des Gefäßwachstums durch den Sauerstoffdruck scheint im
fetalen Gehirn, dessen Capillardichte normalerweise klein ist, zu erfolgen. Chronischer Sauerstoffmangel kann die Capillardichte bei Ratten annähernd verdoppeln
(Diemer, 1965). Im Herzen, wo schon normalerweise eine hohe Capillardichte
vorliegt, hat demgegenüber der Sauerstoffmangel keinen Einfluß auf das Capillar-
wachstum (Hort und Severidt, 1966).

Eine nervöse Kontrolle des Kreislaufs scheint in der frühen Schwangerschaft
noch nicht wirksam zu sein. Bei Schaffeten (mittlere Tragzeitdauer 151 Tage),
welche jünger als 60 Tage sind, können weder durch Injektion von Ganglienblockern, noch durch elektrische Reizung des Vagus Änderungen der Herzfrequenz und des Blutdruckes ausgelöst werden (Dawes, 1968). Offensichtlich
wird die Herzaktion entsprechend den Frank-Starlingschen Gesetzen durch die
diastolische Füllung und den peripheren Widerstand bestimmt.

In der 2. Hälfte der Schwangerschaft wächst der Einfluß des Nervensystems
auf die Funktion des Herzens. Dies ist an den reaktiven Änderungen der Herzfrequenz und des Blutdruckes zu erkennen. 60—90 Tage alte Schweinefeten
(Tragzeitdauer 114 Tage), welche extrauterin an eine künstliche Placenta angeschlossen waren, reagierten auf eine Verminderung des peripheren Widerstandes
und eine Einschränkung des venösen Rückstromes wie der Erwachsene mit einer
Steigerung der Herzfrequenz. Bei einer Steigerung des venösen Rückstroms und
einer Erhöhung des peripheren Widerstandes trat eine Senkung der Herzfrequenz
auf (Lawn et al., 1967). Reizung des peripheren Vagusendes hat bei 60 Tage
alten Feten praktisch keinen Effekt, erniedrigt aber bei 90 Tage alten Feten
die Herzfrequenz um 30%, bei reifen Feten sogar um 80% (Dawes, 1968).
80 Tage alte Feten reagieren mit ihrer Herzfrequenz auch auf Hypoxie, 100 Tage
alte Feten auf eine Injektion mit Ganglienblockern. Unter Hypoxie wird die
Durchblutung der A. femoralis zugunsten der Durchblutung der A. brachio-
cephalica gesenkt (Assali et al., 1962).

## VI. Durchblutung fetaler Organe

Unsere Kenntnisse über die Durchblutung der fetalen Organe (außer der
Placenta) sind höchst unzureichend. Die folgende Darstellung beruht nahezu
ausschließlich auf den Untersuchungen von Rudolph und Heymann (1967).
Prüfende und ergänzende Nachuntersuchungen stehen noch aus. Die referierten
Daten können deshalb nur einen groben Anhalt geben und können noch nicht
als gesicherte Befunde gelten.

Abb. 10 zeigt, daß sich das kombinierte Herzzeitvolumen nach dem Partikel-
verteilungsverfahren zu etwa gleichen Teilen auf die intrafetalen Organe einerseits und die Placenta andererseits verteilt.

Abb. 11 zeigt die Organdurchblutung, bezogen auf die Organgewichte. Die Punkte zeigen die einzelnen Meßwerte und verdeutlichen die Größe des Streubereiches. Statistisch signifikant verschieden sind die Werte bei einer 5%igen Irrtumswahrscheinlichkeit nicht.

Die *Leber* von Schaffeten erhält ca. 2% des kombinierten Herzzeitvolumens über die Arteria hepatica zugeführt. Auf das Organgewicht bezogen ist die arterielle Blutzufuhr kleiner als bei anderen Organen.

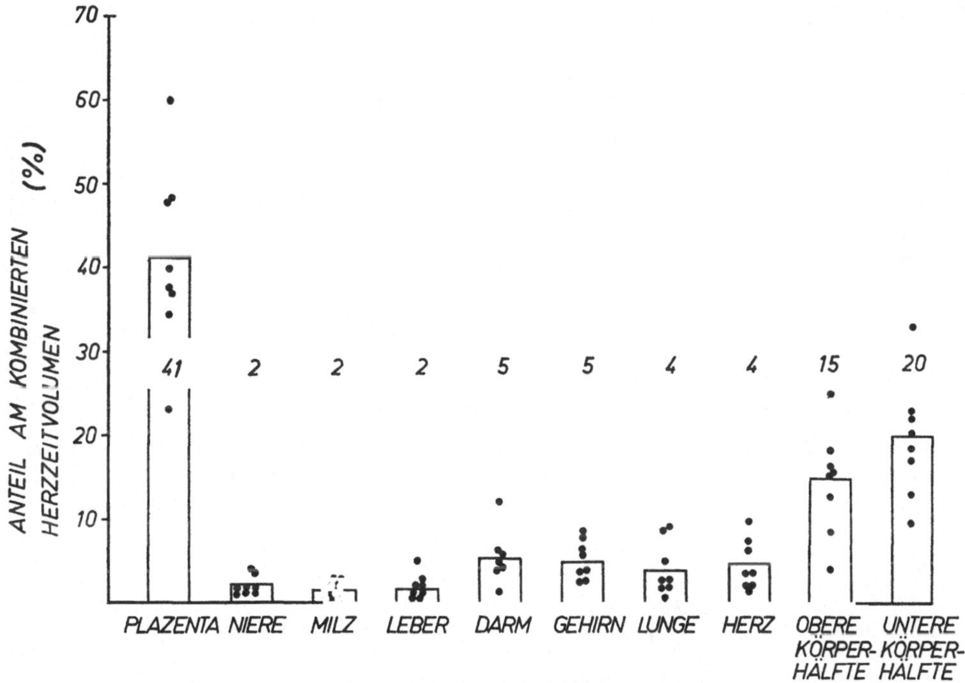


Abb. 10. Die Verteilung des kombinierten Herzzeitvolumens auf die Placenta, die fetalen Organe sowie das Restgewebe der oberen und unteren Körperhälfte. (Nach Rudolph und Heymann, 1967)

Die Gesamtdurchblutung der Leber über die Arteria hepatica und die Vena umbilicalis ist demgegenüber hoch. 10—40% des Blutes der Umbilicalvene, das sind 5—20% des kombinierten Herzzeitvolumens, erreichen die Leber. Die Gesamtdurchblutung ohne Berücksichtigung der Blutzufuhr aus dem Mesenterialgebiet beträgt etwa 1000—2000 ml/kg/min und ist damit ungefähr gleich hoch wie jene der anderen fetalen Organe.

60—90% des Nabelschnurvenenblutes werden über den Sinus venosus Arantii kurzgeschlossen. Die Verteilung des Blutes auf die Sinusoide der Leber und den Ductus venosus scheint eine Funktion der Placentadurchblutung zu sein (s. Abb. 12). Je höher die placentare Durchblutung, desto größer wird die Durchblutung des Ductus venosus und desto niedriger jene der Sinusoide. Mit anderen Worten: die Durchblutung der Leber scheint unabhängig von der placentaren Durchblutung und konstant zu sein.

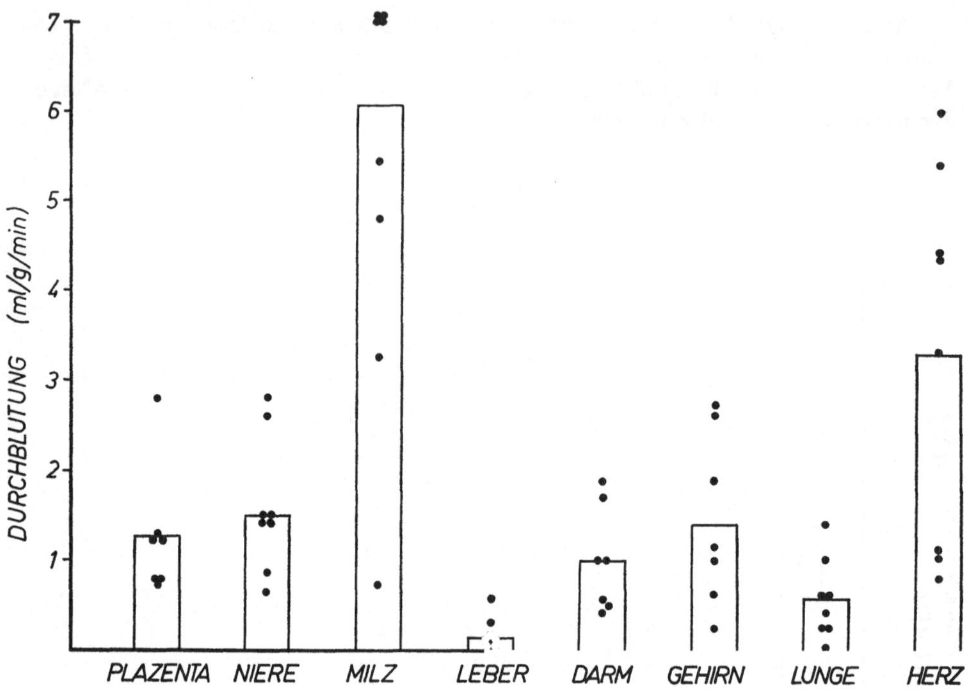



Abb. 11. Die Durchblutung fetaler Organe pro Organgewicht bei Schaf- und Rinderfeten am Ende der Tragzeit. (Nach Rudolph und Heymann, 1967)

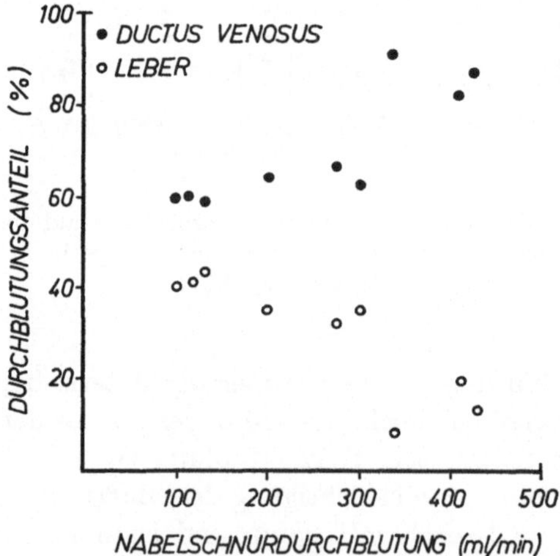



Abb. 12. Die Verteilung des Blutes der Nabelschnurvenen von Schaffeten und Ziegenfeten auf die Sinusoide der Leber und den Ductus venosus Arantii. (Nach Rudolph und Heymann, 1967)

Die *Gehirndurchblutung* macht bei Schaffeten ca. 5% des kombinierten Herzzeitvolumens aus (1500 ml/kg/min). Sie ist hoch, verglichen mit der Gehirndurchblutung des erwachsenen Menschen (800 ml/kg/min).

4—5% des kombinierten Herzzeitvolumens erhält das *Herz* von Schaffeten. Die Durchblutung pro Organgewicht ist hoch (3000 ml/kg/min). Beim erwachsenen Menschen ist der Anteil der Coronardurchblutung 2% des gesamten kombinierten Herzzeitvolumens. Die Coronardurchblutung pro Herzgewicht ist 700 ml/kg/min (GREGG, 1955).

Die hohe Durchblutung des fetalen Schafherzens ist offensichtlich für eine ausreichende $O_2$-Versorgung des Herzmuskels erforderlich, weil die $O_2$-Kapazität beim fetalen Lamm nur ca. 50% der $O_2$-Kapazität des erwachsenen Menschen (MESCHIA et al., 1965) und die arterielle Sättigung nur 60% der arteriellen $O_2$-Sättigung beim erwachsenen Menschen ist (DAWES et al., 1954). Beim menschlichen Feten ist zwar die $O_2$-Kapazität höher (22 Vol.-% nach BEER et al., 1955), die arterielle $O_2$-Sättigung jedoch niedriger (40% nach SALING, 1964), so daß die erforderliche Herzdurchblutung beim menschlichen Feten wahrscheinlich annähernd gleich der des fetalen Lammes ist.

Bei Schafen wurde gemessen, daß die *fetalen Nieren* im Mittel 2—3% des kombinierten Herzzeitvolumens erhalten. Beim Erwachsenen beträgt die Nierendurchblutung ca. 10% des kombinierten Herzzeitvolumens beider Ventrikel. Die Durchblutung pro Organgewicht bei Feten ist danach 1000—2000 ml/kg/min, während sie beim Erwachsenen etwa 5000 ml/kg/min ist (SMITH, 1951). Beim Feten ist also die Nierendurchblutung vergleichsweise niedrig. Dies entspricht der funktionellen Inaktivität dieses Organs.

Die *Milz* erhält bei Schaffeten 1—2% des kombinierten Herzzeitvolumens. Auf das Organgewicht bezogen ergibt sich eine hohe Durchblutung (6000 ml/kg je min). Es liegt nahe, die hohe Durchblutung mit der Blutbildung in der fetalen Milz in Zusammenhang zu bringen.

Der *Darm* erhält zusammen mit den Anhangsdrüsen 600 ml/kg/min bei Schaffeten. Die Durchblutungsintensität ist demnach gleich wie beim Erwachsenen.

*Die restlichen Gewebe* erhalten beim Schaffeten ca. $^1/_3$ des gesamten kombinierten Herzzeitvolumens. Beim Erwachsenen erhalten sie demgegenüber nur $^1/_8$ des gesamten Herzzeitvolumens. Die absolute und relative Durchblutung dieser Organteile ist beim Feten demnach mehr als doppelt so hoch wie beim Erwachsenen.

Die *fetale Lunge* liegt im Gegensatz zur Erwachsenenlunge im Nebenschluß. Nach DAWES et al. (1954) erhält sie nur 12%, nach RUDOLPH und HEYMANN (1967) nur 4% des kombinierten Herzzeitvolumens. Der Blutdruck in der Arteria pulmonalis ist gleich dem in der Aorta. Der Gefäßwiderstand der Lunge, welcher beim Erwachsenen etwa $^1/_6$ des Widerstandes des großen Kreislaufs beträgt, ist beim Feten 8—25mal höher als der gesamte periphere Widerstand. Das Verhältnis beruht einmal auf dem niedrigen Strömungswiderstand der Placenta und der Organe im Feten, zum anderen darauf, daß die Gefäße der kollabierten, gasfreien fetalen Lunge einen vielfach höheren Widerstand haben als die Gefäße der Erwachsenenlunge. Die Lungengefäße stehen nicht wie beim Erwachsenen unter dem dilatierenden Einfluß des Lungenzuges. Die Präcapillaren haben eine stärkere Muskelschicht, welche unter dem tonisierenden Einfluß des Sympathicus steht: Elektrische Reizung des Sympathicus erhöht den Lungenwiderstand. Resektion des Sympathicus und elektrische Reizung des Vagus verdreifachen die Durchblutung bei 40 Torr Blutdruck (COLEBATCH et al., 1965). Die Muskelschicht wird

weiter vom $O_2$- und $CO_2$-Partialdruck direkt beeinflußt. Eine Erhöhung des
Sauerstoffdruckes sowie eine Senkung des $CO_2$-Druckes bei einer künstlichen
Beatmung des Feten, vermag den Leitwert der Lungengefäße zu verdoppeln
(Cassin et al., 1964). Gemeinsam wirkend können die Senkung des $O_2$-Partial-
druckes und die Erhöhung des $CO_2$-Partialdruckes die Durchblutung bei 40 Torr
Blutdruck vervierfachen. Der Effekt ist auch an der denervierten Lunge nach-
weisbar.

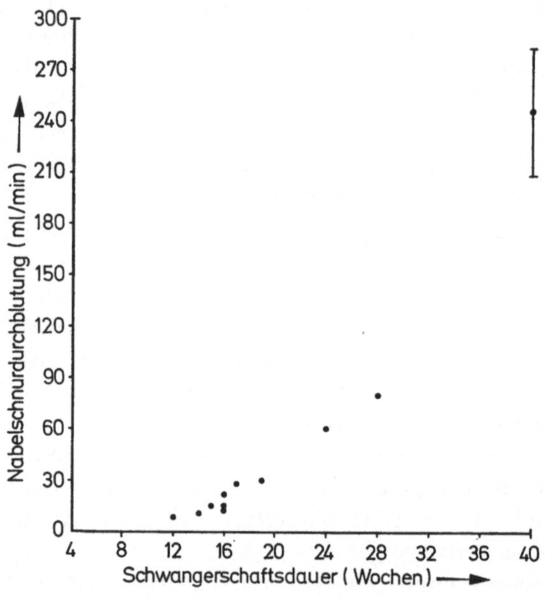

Abb. 13. Die fetale Placentadurchblutung beim Menschen im Verlauf der Schwangerschaft.
[Nach Werten von Assali et al. (1960) und Stembera et al. (1964)]

## VII. Fetale Durchblutung der Placenta

Die fetale placentare Durchblutung beim Menschen im Alter von 10—28
Wochen ist nach intrauterinen Messungen mit elektromagnetischen Flowmetern
dem Fetalgewicht proportional; die Durchblutung pro Fetalgewicht beträgt
110 ml/kg/min ($s = 10$ ml/kg/min) (Assali et al., 1960). Die Nabelschnurdurchblutung beträgt in den ersten Minuten nach der Geburt nach Messungen mit
der Wärmeverdünnungsmethode, 76 ml/kg/min ($s = 11$ ml/kg/min) (Stembera
et al., 1964). Extrapolation der Werte auf den Zeitpunkt der Geburt ergibt
ebenfalls 100 ml/kg/min. Ein Wert von 100 ml/kg/min wurde schließlich auch aus
der Sauerstoffaufnahme des Feten und der arteriovenösen Konzentrationsdifferenz im Nabelschnurblut nach der Geburt berechnet (Bartels et al., 1962).
Die Nabelschnurdurchblutung scheint also während der Schwangerschaft linear
mit dem Gewicht anzusteigen (Abb. 13). Inwieweit jedoch die Meßwerte während
der Geburt die Durchblutung vor Einsetzen der Wehen wiedergeben, bleibt
dahingestellt.

Intensiv wurde die Nabelschnurdurchblutung an fetalen Lämmern untersucht.
Die Placentadurchblutung beträgt etwa die Hälfte des kombinierten Zeitvolu-

mens beider Ventrikel beim Schaffeten. Nach DAWES et al. (1954) beträgt sie 57%, nach RUDOLPH und HEYMANN (1967) 41%.

Die placentare Durchblutung steigt auch beim Schaf während der Tragzeit fortlaufend an. Die Durchblutungssteigerung der Placenta geht zunächst auf eine Erniedrigung des placentaren Gefäßwiderstandes, später vorwiegend auf die Erhöhung des fetalen Blutdruckes zurück (DAWES, 1962). Die fetale Placentadurchblutung bei 80—120 Tage alten Schaffeten ist nach übereinstimmenden Messungen ca. 250 ml/kg/min (ACHESON et al., 1957; MESCHIA et al., 1966). Nach ACHESON et al. (1957) fällt die Placentadurchblutung *pro Fetalgewicht* zum Ende der Tragzeit ab, nach MESCHIA et al. (1966) bleibt sie konstant.

Die placentare Durchblutung ist vom arteriellen $O_2$-Partialdruck abhängig. Die Senkung des Sauerstoffdruckes im arteriellen Blut des Feten bewirkt zunächst eine Steigerung der fetalen Placentadurchblutung (ASSALI et al., 1962; DAWES, 1962). Die Durchblutungssteigerung wird vorwiegend durch einen Anstieg des Blutdruckes erzielt. Bei stärkerem Abfall des Sauerstoffdruckes steigt jedoch der Gefäßwiderstand der Placenta an, und der Blutdruck fällt ab. Aus beidem resultiert eine starke Abnahme der placentaren Durchblutung.

Die Partikelmethode ergab, daß in der Placenta keine arteriovenösen Kurzschlüsse mit einem Gefäßdurchmesser über 50 μm vorliegen. Der placentare CO-Übertritt in perfundierten Placenten weist darauf hin, daß Capillaren vorliegen, welche nicht in Kontakt mit dem mütterlichen Blut stehen, oder ein Diffusionskurzschluß zwischen arteriellen und venösen Gefäßbahnen auftritt (METCALFE et al., 1965).

## VIII. Maternale Durchblutung der Placenta und Uterusdurchblutung

### 1. Strömungsrichtung im intervillösen Raum

Das mütterliche Blut wird durch die Spiralarterien in die zentralen Räume der Cotyledonen geleitet (s. Abb. 5, 6 und 14a). In diesen weitlumigen Räumen liegt praktisch kein Strömungswiderstand vor. Es herrscht somit dort ein homogener Blutdruck.

Der zentrale Leerraum ist etwa 5 mm weit und 17 mm hoch (FREESE, 1970). Die Durchblutung eines Cotyledons ergibt sich aus der Gesamtdurchblutung der Placenta (500 ml/min nach METCALFE et al., 1955) und der Zahl der Cotyledonen (durchschnittlich 80). Nach dem Hagen-Poiseuilleschen Strömungsgesetz gilt für den Druckabfall im zentralen Raum:

$$\Delta P = \frac{8}{\pi}\frac{\eta h}{r^4}\dot{Q},$$

wobei $r$ der Radius, $h$ die Höhe des zentralen Raumes, $\dot{Q}$ die Durchblutung und $\eta$ die Viscosität des Blutes ist. Mit $r = 0{,}25$ cm, $\dot{Q} = 0{,}1$ cm³/s, $h = 1{,}7$ cm und $3 \times 10^{-2}$ Poise ergibt sich ein maximaler Druckabfall von 3,3 dyn/cm² = 0,003 Torr.

Der zentrale Raum wird schalenförmig von dichtem Zottengewebe (s. Abb. 5) mit ca. 10—30 μ weiten Spalten umgeben. Dem zentralen Raum scheint ein peripherer zottenarmer Raum an der Cotyledonperipherie gegenüberzustehen (s. Abb. 6), der nach den vorhandenen Daten wahrscheinlich so breit ist, daß auch hier ein weitgehend homogener Druck herrscht. Das Blut wird also wahrscheinlich infolge eines gleichmäßigen radiären Druckgefälles durch die Spalten zwischen den Zotten geleitet. Aus dem peripheren Raum wird das Blut, durch die an der Decidua gelegenen Venen drainiert.

Nach älteren Anschauungen erfolgt die Durchblutung des intervillösen Raumes in anderen Bahnen. Die Strömungsrichtung war nach Bumm (1893) und Stieve (1941) fetomaternal, nach Spanner (1935) maternofetal. Diese Anschauungen sind in den Abb. 14b und 14c dargestellt. Sie sind durch röntgenologische Lokalisation der arteriellen und venösen Ostien in der Decidua widerlegt (Borell and Westman, 1958).

Aus dem zeitlichen Verlauf der Füllung und Entleerung des intervillösen Raumes mit Kontrastmitteln lassen sich grobe Abschätzungen der Verweildauer

Abb. 14a—c. Schematische Darstellung der Durchströmung des intervillösen Raumes. a Neuere Anschauung: Das mütterliche Blut tritt aus der Spiralarterie in einen zentralen, zottenfreien Raum ein. Aus dem zentralen Raum fließt es zwischen den Zotten radiär ab und fließt an der Cotyledo-Peripherie zur Decidua zurück. b Durchblutungsmuster nach Bumm (1893) und Stieve (1941): Das mütterliche Blut dringt über die Septen tief in die Placenta ein und fließt durch den Cotyledo zurück. Dieses Durchblutungsmuster ist das Spiegelbild von a. c Durchblutungsmuster nach Spanner (1935). Das maternale Blut tritt an der Decidua ein und fließt über den Placentarand ab. Die einzelnen Autoren stellten auch die Zottenanordnung unterschiedlich dar. Diese Unterschiede sind zur Vereinfachung nicht dargestellt worden

des Blutes im intervillösen Raum durchführen. Nach Freese et al. (1966) beträgt das Zeitintervall zwischen der Darstellung und Klärung der Cotyledonen bei Rhesusaffen ca. 20 sec. Den gleichen Wert erhält man beim Menschen, wenn man die Aufenthaltsdauer des mütterlichen Blutes im intervillösen Raum aus der Uterusdurchblutung (ca. 8 ml/sec) und dem morphometrisch gemessenen Volumen des intervillösen Raumes (150 ml) bestimmt. Die Kontaktzeit ergibt sich als der Quotient des Volumens des intervillösen Raumes ($V_{ivR}$) und seiner Durchblutung ($Q_{ivR}$):

$$T_c = V_{ivR}/Q_{ivR}$$
$$= 150/8 = 19 \text{ sec.}$$

## 2. Durchblutung vor Beginn des Geburtsvorganges

### a) Durchblutungsgrößen

Am Menschen sind Messungen während artifizieller Aborte an 10—28 Wochen alten Früchten (Assali et al., 1960) sowie bei der Geburt (Assali et al., 1953; Metcalfe et al., 1955) durchgeführt worden. Die Durchblutung verzehnfacht sich in dem untersuchten Zeitraum. Die Uterusdurchblutung ist nach den Messungen dem Gesamtgewicht des schwangeren Uterus proportional. Die Uterusdurchblutung pro Uterusgewicht beträgt 90 ml/kg/min ($s = 20\%$). Der Verlauf der Uterusdurchblutung während der Schwangerschaft ist in der Abb. 15 dargestellt.

Bei Affen (PARER et al., 1968b; PETERSON und BEHRMAN, 1969) und Kaninchen (BARCROFT et al., 1933) wurden ähnliche Werte gemessen (80 ml/kg/min bzw. 120 ml/kg/min bzw. 90 ml/kg/min). Die Meßwerte bei Schafen und Ziegen liegen

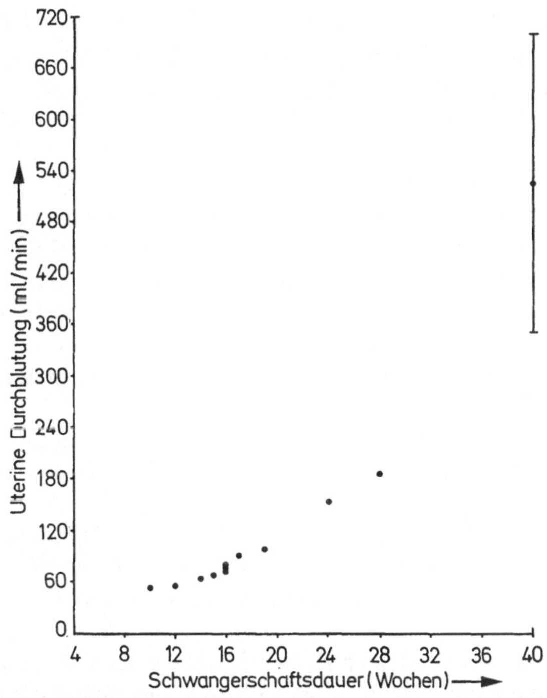


Abb. 15. Die Uterusdurchblutung beim Menschen im Verlauf der Schwangerschaft. [Nach Werten von ASSALI et al. (1960) und METCALFE et al. (1955)]

etwa doppelt so hoch [200—300 ml/kg/min nach METCALFE et al. (1959) und MESCHIA et al. (1966)]. Vergleiche zwischen den einzelnen Species sind jedoch noch von geringem Aussagewert, da bei den verschiedenen Species auch verschiedene Methoden mit unterschiedlichen Fehlerquellen verwandt wurden (Übersicht s. LEWIS, 1969).

Die placentare Durchblutung macht am Ende der Tragzeit bei Schafen ca. 80—95% (POWER et al., 1966; MAKOWSKI et al., 1968), bei Kaninchen 70% (DUNCAN und LEWIS, 1969) der gesamten Uterusdurchblutung aus.

### b) Strömungswiderstand

Die maternale Durchblutung *pro Placentagewicht* [630 g nach HOSEMANN (1949) zum Geburtstermin] beträgt beim Menschen nach den vorliegenden Messungen 900 ml/kg/min. Die Placenta gehört damit zu den Organen mit dem kleinsten Gefäßwiderstand des mütterlichen Kreislaufs. Der Strömungswiderstand der Placenta liegt vornehmlich in den zuführenden Arterien. Der Druck beträgt im intervillösen Raum und in der Amnionflüssigkeit am wehenlosen Uterus ca. 10 Torr (Hendricks et al., 1959; Ramsey et al., 1959). Beim narkotisierten Meerschweinchen erfolgt die Hälfte des gesamten Druckabfalles in der Arteria uterina und der Arteria ovarica (Girard, 1970; Künzel und Moll, 1970).

### c) Räumliche und zeitliche Verteilung der Durchblutung

Für den placentaren Gasaustausch ist sowohl das Verhältnis der mittleren mütterlichen und fetalen Gesamtdurchblutung der Placenta als auch die Variation der Durchblutungsverhältnisse in den einzelnen Placentabereichen von Wichtigkeit.

Nach den vorliegenden Messungen ist die Uterusdurchblutung pro Uterusgewicht gleich der fetalen placentaren Durchblutung pro Fetalgewicht. Bei dem unterschiedlichen Wachstum von Uterus und Fet im Verlauf der Schwangerschaft bedeutet dies, daß in der ersten Hälfte der Schwangerschaft die Uterusdurchblutung 2—4mal höher ist als die Nabelschnurdurchblutung (Assali et al., 1960). Gegen Ende der Schwangerschaft gleichen sich die Durchblutung des Uterus und die Nabelschnurdurchblutung mehr und mehr an. Die vorliegenden Meßergebnisse stehen nicht im Widerspruch zu der Hypothese, daß das Verhältnis der maternalen Gesamtdurchblutung zur fetalen Gesamtdurchblutung in der Placenta 1 ist.

Das lokale Durchblutungsverhältnis in der Placenta streut wahrscheinlich stark. Folgende Befunde weisen darauf hin:

1. Werden die mütterlichen Placentagefäße mit $^{125}$I markierten 50 µ-Partikeln, die fetalen mit $^{131}$I markierten Partikeln injiziert, so findet man in kleinen Proben von Placentagewebe die Strahler in sehr variablem Verhältnis wieder (Power et al., 1966).

2. Die $O_2$-Partialdrucke kleiner Placentavenen zeigen einen variablen $O_2$-Partialdruck. Die Standardabweichung beträgt 25% des Mittelwertes (Longo et al., 1968).

3. Die Diffusionskapazität für Kohlenmonoxyd, welche von der Variation des Durchblutungsverhältnisses unabhängig ist, ist 5—10mal höher als die Diffusionskapazität für Sauerstoff, die von dem Durchblutungsverhältnis stark abhängig ist (Longo et al., 1967).

Bei Affen wurde nachgewiesen, daß die Durchblutung des Uterus auch zeitlich ungleich verteilt ist. Die Uterusdurchblutung des intervillösen Raumes erfolgt intermittierend, z.T. in Abhängigkeit von den Uteruskontraktionen, welche auch vor Beginn der Geburt auftreten (Ramsey et al., 1963; Martin et al., 1964).

### d) Steuerung der Uterusdurchblutung

*Nervöse Steuerung.* Die Uterusarterien sind bis zum Myometrium innerviert; die Gefäße innerhalb des Myometriums sind frei von Nerven (Ramsey et al., 1963). Während eine Vasodilatation durch Acetylcholin nicht sicher nachgewiesen werden kann, ist eine Vasoconstriction erzielbar (Ahlquist, 1950). Wie mit elektromagnetischen Stromuhren gemessen wurde, erfolgt bei einer starken Reizung des Plexus hypogastricus eine Abnahme der Uterusdurchblutung, welche durch $\alpha$-Receptorenblocker wieder aufgehoben werden kann (GREISS und GOBBLE, 1967). Injektionen von Adrenalin und Noradrenalin (1 μg/kg), können den Strömungswiderstand verdreifachen (AHLQUIST, 1950; ADAMS et al., 1961; GREISS, 1963).

*Humorale Steuerung.* Die Uterusdurchblutung wird wahrscheinlich langzeitig von der Placenta durch *Oestrogen*abgabe gesteuert. Oestrogeninfusionen (0,5 bis 1 mg/kg/Std) bewirken beim trächtigen Schaf eine nach 1 Std einsetzende, über 6 Std anhaltende, 30%ige Steigerung der Uterusdurchblutung (HUCKABEE, 1962; GREISS und MARSTON, 1965).

Fraglich ist, ob *Hypoxie* die placentaren Gefäße beeinflußt. ASSALI et al. (1962) fanden beim Schaf einen Anstieg der Uterusdurchblutung ohne wesentliche Widerstandsveränderungen. DUNCAN und LEWIS (1969) fanden sogar eine Minderdurchblutung der placentaren Gefäße am Kaninchen. Nach Ischämie durch kurze Unterbrechung des arteriellen Zuflusses, fand GLAVIANO (1963) bei Hündinnen unter Verwendung einer Schwebekörperstromuhr eine reaktive Hyperämie. Der arterielle Zustrom stieg jedoch nur um 30% nach der Occlusion, eine geringe Steigerung gegenüber den massiven postischämischen Durchblutungserhöhungen, wie sie im Herzmuskel und im Skeletmuskel beobachtet werden.

## 3. Durchblutungsgröße während der Geburt

Mit angiographischen Methoden wurde eine Abnahme der Uterusdurchblutung beim Menschen während einer Wehe qualitativ nachgewiesen (BORELL et al., 1964). Es ist anzunehmen, daß während der Preßwehen im Verlauf der Austreibungsperiode es zu einer starken Minderung oder gar zu einer Unterbrechung der placentaren Durchblutung kommt. Ausdruck der verminderten Uterusdurchblutung ist der rapide Abfall der Sauerstoffsättigung des Blutes der Kopfhaut (SALING, 1964).

Die wehenbedingte Abnahme der Uterusdurchblutung wurde bei Schafen quantitativ mit Stromuhren registriert (AHLQUIST, 1950; ASSALI et al., 1958). Spontane und durch Oxytocin ausgelöste Wehen reduzieren die Uterusdurchblutung auf die Hälfte.

Die wehenbedingte Durchblutungsminderung wird durch folgende Mechanismen erklärt:

1. Die Wehen erhöhen den intrauterinen Druck, erniedrigen damit die treibende Druckdifferenz für das mütterliche Blut. Der intrauterine Druck beträgt im entspannten Uterus gegen Außenluft 10 bis 20 mm Hg. Bei einer Wehe steigt er aufgrund der Kontraktionen des Uterusmuskels und der Bauchmuskulatur bis auf 70 mm Hg an. Beim Vorneigen können sogar intrauterine Drucke von 120 mm Hg auftreten (WOODBURY et al., 1938). Dann besteht keine treibende Druckdifferenz für die maternale Uterusdurchblutung mehr.

2. Die Wehen führen zu einer Kompression der Arterien und Venen in der Uterusmuskulatur (HENDRICKS, 1958).

Nach Messungen an Schafen, Hunden und Affen erfolgt zwischen der Geburt des Feten und der Geburt der Placenta keine wesentliche Änderung der placentaren Durchblutung. Erst nach Geburt der Placenta fällt die Durchblutung drastisch ab (ASSALI et al., 1958; PARER et al., 1968).

# IX. Kreislaufumstellung nach der Geburt

Nach der Geburt treten folgende dramatischen Änderungen im Gefäßsystem und im Herzen des Feten auf:

1. Die Unterbrechung der Placentadurchblutung.

2. Der Abfall des Strömungswiderstandes des Lungenstrombettes.

3. Der Verschluß der fetalen Kurzschlüsse (Ductus venosus Arantii, Ductus arteriosus Botalli, Foramen ovale).

Die erste der Veränderungen tritt abrupt, die zweite und dritte treten im Verlauf von Tagen, Wochen oder Monaten auf. Die Veränderungen führen den fetalen Kreislauf in den Erwachsenenkreislauf über, dessen Kennzeichen es ist, daß die Lunge im Hauptschluß zwischen zwei Ventrikeln mit getrennten Ein- und Ausflußbahnen liegt.

## 1. Unterbrechung der Placentadurchblutung

Innerhalb von 3 min nach der Geburt fällt der Blutstrom in den Nabelschnurgefäßen auf $1/4$ seines Ausgangswertes ab (Stembera et al., 1964). Ca. 70 ml Blut werden aus der Placenta in der ersten Minute in den Feten transfundiert. An der Drosselung der Nabelschnurdurchblutung scheinen mehrere Mechanismen beteiligt zu sein:

Nach der Geburt des Kindes kontrahiert sich der Uterus weiter. Während vor der Geburt der intrauterine Druck auf das fetale Herz und die fetalen Gefäße gleichermaßen einwirkt und damit den Transmuraldruck nicht unmittelbar beeinflußt, kommt es jetzt zur Kompression der placentaren Gefäße und damit zur Widerstandserhöhung.

In der Regel treten 30 sec nach der Geburt zusätzlich aktive lokalisierte Constrictionen und Invaginationen der Nabelschnurgefäße auf (Hobokensche Falten). Die Arterien vermögen sich gegen einen Druck bis zu 150 mm Hg, die Venen gegen einen Druck von 50 mm Hg zu kontrahieren (Hughes, 1966). Die Constriction der Nabelschnurgefäße wird durch Alteration, besonders durch Längszerrung ausgelöst. Die Kontraktion der Nabelschnurgefäße beim Hantieren ist jedem Experimentator bekannt. Auch Kälte sowie der Sauerstoffdruck der umgebenden Luft und des in der Lunge erhöht oxygenierten Blutes vermögen die Constriction auszulösen (Panigel, 1962).

## 2. Abfall des Strömungswiderstandes der Lungengefäße

Nach dem ersten Atemzug des Kindes steigt die Lungendurchblutung um eine Größenordnung. Der Widerstand des pulmonalen Gefäßsystems fällt auf etwa $1/20$—$1/50$ seines Ausgangswertes ab.

Der erste Atemzug, die Aufblähung der kollabierten Alveolen mit Luft bedeutet 1. die Entstehung von Oberflächenspannungen an den Alveolen sowie 2. einen Anstieg des Sauerstoffdruckes von ca. 25 Torr auf ca. 90 Torr. Die Bedeutung dieser beiden Faktoren konnte getrennt untersucht werden.

1. Die Ventilation der Lunge mit Gasgemischen, welche in Annäherung die Partialdrucke der fetalen Lunge hatten, eine Manipulation also, welche nicht die Gaspartialdrucke sondern nur die Oberflächenspannungen an den Alveolen veränderte, vermochte bei Lämmern die Durchblutung bei 40 mm Hg arteriellem

Druck von innervierten und denervierten Lungen auf das 6fache zu erhöhen (CASSIN et al., 1964). Die Entfaltung der Alveolen mit Flüssigkeit gleichen Partialdruckes hatte demgegenüber einen geringen Einfluß auf den Gefäßwiderstand (LAUER et al., 1965). Die einfachste Erklärung des Effektes der Ventilation ist die Erniedrigung des perivasculären Gewebedruckes und die daraus resultierende passive Dilatation der Widerstandsgefäße durch die bei der Ventilation sich ausbildende alveolare Oberflächenspannung.

2. Eine Erhöhung des alveolaren Sauerstoffdruckes ohne Gaszuführung durch Spülung mit $O_2$-reichen Dextran-Lösungen führt zu einer Vasodilatation der Lunge (LAUER et al., 1965). Eine Erhöhung des Sauerstoffdruckes ohne Änderung von Oberflächenspannungen ist also ebenfalls wirksam. Für die Wirksamkeit des Anstiegs des Sauerstoffdruckes auf den Widerstand des Lungengefäßsystems spricht auch, daß Kinder, die in 4000—5000 m Höhe leben, einen 2—3mal höheren Gefäßwiderstand der Lunge haben als Kinder, die im Flachland leben (PENALOZA et al., 1964).

Die Erniedrigung des pulmonalen Gefäßwiderstandes wird nach den referierten Befunden also in gleichem Maße vom Anstieg der alveolaren Oberflächenspannung und vom Anstieg des alveolaren Sauerstoffpartialdruckes bewirkt.

Bei normalem $O_2$-Partialdruck der umgebenden Luft bleibt der systolische Pulmonalisdruck 3—4 Tage lang auf seinem hohen pränatalen Wert (30—40 Torr nach ADAMS und LIND, 1957). Danach geht der physiologische Pulmonalishochdruck zurück; das Wachstum des rechten Herzens steht vorübergehend still. In 4000—5000 m Höhe (Morococha, Peru) bleibt demgegenüber der Pulmonalishochdruck bestehen und das rechte Herz hat bei Hochland-Kindern ein höheres Gewicht als bei Tiefland-Kindern (PENALOZA et al., 1964).

## 3. Verschluß der fetalen Kurzschlüsse

*Ductus venosus Arantii.* Anatomische Studien an postnatal verstorbenen Kindern (s. Abb. 16) zeigten, daß die physiologische porto-cavale Anastomose regelmäßig im Verlauf des ersten Monats obliteriert. Für die porto-cavale Blutdruckdifferenz kurz nach der Unterbrechung der Nabelschnurdurchblutung wurden 6 mm Hg angegeben. Dieser Befund weist darauf hin, daß der funktionelle Verschluß schon wenige Minuten nach der Geburt erfolgt (JEGIER et al., 1963). Die Steuerung des Verschlusses ist unbekannt.

Das *Foramen ovale* stellt bis zu dem in den ersten Lebensjahren erfolgenden Verschluß ein nicht vollständig schließendes Ventil dar, das einen Rechts-links-Shunt und in geringem Maße auch einen Links-rechts-Shunt zuläßt. Entscheidend für Ausmaß und Richtung des Blutstromes in den ersten Lebensjahren durch das Foramen ovale ist die Blutdruckdifferenz zwischen den Vorhöfen.

Pränatal besteht ein Druckgefälle von der Vena cava inferior, die den placentaren Rückstrom aufnimmt, zum linken Vorhof, der nur den spärlichen Zustrom der fetalen Lungenvenen erhält. Beim Schaf beträgt die Druckdifferenz 2—4 Torr (ASSALI et al., 1965). Nach der Geburt kehrt sich das Druckgefälle um (ASSALI et al., 1965): Der Druck in der Vena cava inferior fällt ab, weil der venöse Rückstrom aus der Placenta wegfällt und der rechte Ventrikel geringere Füllungsdrucke erfordert. Der Druck im linken Vorhof steigt demgegenüber an, weil mit der Lungendurchblutung auch der venöse Rückstrom aus den Lungenvenen zunimmt. Der Druckanstieg wird durch den Links-rechts-Shunt im Ductus Botalli vorübergehend verstärkt (Burnard und James, 1963). Die Druckdifferenz zwischen den Vorhöfen ist jedoch beim Menschen klein (0—9 mm Hg nach Burnard und James, 1963; Adams und Lind, 1957). Teilweise ist offenbar der Druck im rechten Ventrikel noch höher als im linken, da in den ersten Lebensjahren Rechts-links-Shunts (Lind und Wigelius, 1954; Condorelli und Ungari, 1960) neben Links-rechts-Shunts (Saling, 1960) beobachtet werden.

*Ductus arteriosus Botalli.* Innerhalb der ersten 3 Lebenstage wird der Ductus Botalli in Richtung auf die Aorta, also wie beim Feten, durchblutet. Das konnte

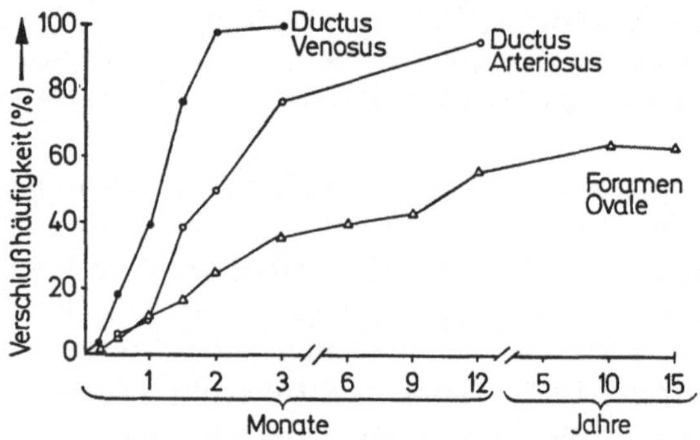


Abb. 16. Verschlußhäufigkeit der fetalen Kurzschlüsse im Verlauf der ersten Lebensjahre. [Nach Scammon und Norris (1918), modifiziert von Dawes (1968)]

aus den Sättigungsdifferenzen des Blutes aus dem Ohrläppchen und aus der Ferse (Eldridge und Hultgren, 1955) sowie des Blutes aus der Aorta und der Pulmonalarterie geschlossen werden (Saling, 1960). Der Shunt beträgt in den ersten Stunden 50%. Später tritt im Zusammenhang mit dem Abfall des Pulmonalisdruckes ein Rückgang der Strömung und dann sogar eine Stromumkehr ein: Das Blut geht dann von der Aorta in die Pulmonalarterie (Adams und Lind, 1957). Es wird angenommen, daß der Ductus Botalli in der Regel im Verlauf der ersten Lebenswoche verschlossen wird.

Der Verschluß des vorwiegend aus Muskulatur bestehenden Ductus arteriosus Botalli erfolgt zunächst durch eine aktive Vasoconstriction, später durch eine Obliteration. Die Constriction wird durch den Anstieg des Sauerstoffdruckes ausgelöst. Diese Wirkung des erhöhten Sauerstoffdruckes ist in vitro zu beobachten (Kovalcik, 1963; Assali et al., 1963). Bei Kindern, die in der Höhe (3500 bis 5000 m) geboren werden, ist die Häufigkeit eines offenen Ductus Botalli 18mal höher als bei jenen, die im Flachland geboren werden (Alzamora et al., 1953; Penaloza et al., 1964).

Anatomische Veränderungen beginnen schon in den ersten Tagen nach der Geburt. Danach kann der Ductus Botalli auch durch eine nachträgliche Erniedrigung des Sauerstoffdruckes nicht mehr geöffnet werden. Die Obliteration des Ductus Botalli ist am Ende des ersten Lebensjahres abgeschlossen (s. Abb. 16).

# Literatur

Acheson, G. H., Dawes, G. S., Mott, J. C.: Oxygen consumption and the arterial oxygen saturation in fetal and new-born lambs. J. Physiol. (Lond.) 135, 623—643 (1957).

Adams, F. H., Assali, N., Cushman, M., Westersten, A.: Interrelationships of maternal and fetal circulations. Pediatrics 27, 627—635 (1961).

— Lind, J.: Physiologic studies on the cardiovascular status of normal newborn infants (with special reference to the Ductus arteriosus). Pediatrics 19, 431—437 (1957).

Ahlquist, R. P.: The action of various drugs on the arterial blood flow of the pregnant, canine uterus. J. Amer. Pharm. Ass., 39, 370—373 (1950).

Altman, P. L., Dittmer, D. S.: Biology data book. Washington, D. C.: Federation of American Societies for Experimental Biology 1964.

Alzamora, V., Rotta, A., Battilana, G., Abugattas, R., Rubio, C., Bouroncle, J., Zapata, C., Santa-Maria, E., Binder, T., Subiria, R., Paredes, D., Pando, B., Graham, G. G.: On the possible influence of great altitudes on the determination of certain cardiovascular anomalies. Pediatrics 12, 259—262 (1953).

Assali, N. S., Dasgupta, K., Kolin, A., Holms, L.: Measurement of uterine blood flow and uterine metabolism. Amer. J. Physiol. 195, 614—620 (1958).

— Douglass, R. A., Baird, W.-W., Nicholson, D. B., Suyemoto, R.: Measurement of uterine blood flow and uterine metabolism. Amer. J. Obstet. Gynec. 66, 248—253 (1953).

— Holm, L. W., Sehgal, N.: Hemodynamic changes in fetal lamb in utero in response to asphyxia, hypoxia and hypercapnia. Circulat. Res. 11, 423—430 (1962).

— Morris, J. A.: Circulatory and metabolic adjustments of the fetus at birth. Biol. Monat. (Basel) 7, 141—159 (1964).

— — Beck, R.: Cardiovascular hemodynamics in the fetal lamb before and after lung expansion. Amer. J. Physiol. 208, 122—129 (1965).

— — Smith, R. W., Manson, W. A.: Studies on ductus arteriosus circulation. Circulat. Res. 13, 478—489 (1963).

— Rauramo, L., Peltonen, T.: Measurement of uterine blood flow and uterine metabolism. Amer. J. Obstet. Gynec. 79, 86—98 (1960).

Barclay, A. E., Franklin, K. J., Prichard, M. M. L.: The foetal circulation and cardiovascular system, and the changes that they undergo at birth. Oxford: Blackwell Scientific Publications 1944.

Barcroft, J., Herkel, W., Hill, S.: The rate of blood flow and gaseous metabolism of the uterus during pregnancy. J. Physiol. (Lond.) 77, 194—206 (1933).

Bartels, H.: Prenatal respiration. Amsterdam-London. North-Holland Res. monographs frontiers of Biology 17 (1970).

— Moll, W.: Passage of inert substances and oxygen in the human placenta. Pflügers Arch. ges. Physiol. 280, 165—177 (1964).

— — Metcalfe, J.: Physiology of gas exchange in the human placenta. Amer. J. Obstet. Gynec. 84, 1714—1730 (1962).

Beer, R., Bartels, H., Raczkowski, H.: Die Sauerstoffdissoziationskurve des fetalen Blutes und der Gasaustausch in der menschlichen Placenta. Pflügers Arch. ges. Physiol. 260, 306—319 (1955).

Boellaard, J. W.: Über Umbauvorgänge in der rechten Herzkammerwand während der Neugeborenen- und Säuglingsperiode. Z. Kreisl.-Forsch. 41, 101—111 (1952).

Borell, U., Fernström, I., Ohlson, L., Wiqvist, N.: Effect of uterine contractions on the human uteroplacental blood circulation. Amer. J. Obstet. Gynec. 89, 881—890 (1964).

— — Westman, A.: Eine arteriographische Studie des Placentarkreislaufs. Geburtsh. u. Frauenheilk. 18, 1—9 (1958).

Bumm, E.: Arch. Gynäk. 43, 181 (1893). Zit. nach Freese et al. (1966).

Burnard, E. D., James, L. S.: Atrial pressures and cardiac size in the newborn infant. J. Pediat. 62, 815—826 (1963).

Cassin, S., Dawes, G. S., Mott, J. C., Ross, B. B., Strang, L. B.: The vascular resistance of the foetal and newly ventilated lung of the lamb. J. Physiol. (Lond.) 171, 61—79 (1964).

Colebatch, H. J. H., Dawes, G. S., Goodwin, J. W., Nadeau, R. A.: The nervous control of the circulation in the foetal and newly expanded lungs of the lamb. J. Physiol. (Lond.) 178, 544—562 (1965).

Condorelli, S., Ungari, C.: The period of functional closure of the foramen ovale and the ductus Botalli in the human newborn. Cardiologia (Basel) 36, 274—287 (1960).

Cooper, K. E., Greenfield, A. D. M.: A method for measuring the blood flow in the umbilical vessels. J. Physiol. (Lond.) 108, 167—176 (1949).

Crawford, J. M.: Vascular anatomy of the human placenta. Amer. J. Obstet. Gynec. 84, 1543—1567 (1962).

Cross, K. W., Dawes, G. S., Mott, J. C.: Anoxia, oxygen consumption and cardiac output in new-born lambs and adult sheep. J. Physiol. (Lond.) 146, 316—343 (1959).

Dawes, G. S.: The umbilical circulation. Amer. J. Obstet. Gynec. 84, 1634—1648 (1962).

— Foetal and neonatal physiology. Chicago: Year Book Medical Publishers 1968.

— Mott, J. C., Widdicombe, J. G.: The foetal circulation in the lamb. J. Physiol. (Lond.) 126, 563—587 (1954).

Diemer, K.: Der Einfluß chronischen Sauerstoffmangels auf die Capillarentwicklung im Gehirn des Säuglings. Mschr. Kinderheilk. 113, 281—283 (1965).

Duncan, S. L. B., Lewis, B. V.: Maternal placental and myometrial blood flow in the pregnant rabbit. J. Physiol. (Lond.) 202, 471—481 (1969).

Eldridge, F. L., Hultgren, H. N.: The physiologic closure of the ductus arteriosus in the newborn infant. J. clin. Invest. 34, 987—996 (1955).

Flohr, H.: Methode zur Messung regionaler Durchblutungsgrößen mit radioaktiv markierten Partikeln. Pflügers Arch. 302, 268—274 (1968).

Freese, U. E.: The fetal-maternal circulation of the placenta. Amer. J. Obstet. Gynec. 94, 354—360 (1966).

— The uteroplacental vascular relationship in the human. Amer. J. Obstet. Gynec. 101, 8—16 (1968).

— Persönliche Mitteilung (1970).

— Ranniger, K., Kaplan, H.: The fetal-maternal circulation of the placenta. Amer. J. Obstet. Gynec. 94, 361—366 (1966).

Girard, M. H.: Action de l'adrénaline et de noradrénaline sur la circulation embyonnaire du poulet, du rat et du conaye et sur les rélations foeto-maternelle du rat et du cobaye. Thesis. Paris, 1970.

Glaviano, V. V.: Evidence for an arteriovenous fistula in the gravid uterus. Surg. Gynec. Obstet. 117, 301—967 (1963).

Gregg, D. E.: Some problems of the coronary circulation. Verh. dtsch. Ges. Kreisl.-Forsch. 21, 22—39 (1955).

Greiss, F. C.: The uterine vascular bed: effect of adrenergic stimulation. Obstet. and Gynec. 21, 295—301 (1963).

— Gobble, F. L.: The uterine vascular bed: Effect of sympathetic nerve stimulation on the uterine vascular bed. Amer. J. Obstet. Gynec. 97, 962—967 (1967).

— Marston, E. L.: The uterine vascular bed. Effect of estrogens during ovine pregnancy. Amer. J. Obstet. Gynec. 93, 720—722 (1965).

Hendricks, C. H.: The hemodynamics of a uterine contraction. Amer. J. Obstet. Gynec. 76, 969—982 (1958).

— Quilligan, E. J., Tyler, C. W., Tucker, G. J.: Pressure relationship between intervillous space and amniotic fluid in human term pregnancy. Amer. J. Obstet. Gynec. 77, 1028—1037 (1959).

Hilpert, P., Schlosser, D., Barbey, K., Bartels, H.: Regulation von Atmung und Kreislauf durch den $O_2$-Druck im venösen Mischblut. Pflügers Arch. ges. Physiol. 279, 1—16 (1964).

Hort, W., Severidt, H.-J.: Capillarisierung und mikroskopische Veränderungen im Myokard bei angeborenen Herzfehlern. Virchows Arch. path. Anat. 341, 192—203 (1966).

Hosemann, H.: Schwangerschaftsdauer und Gewicht der Placenta. Arch. Gynäk. 176, 453—457 (1949).

HUCKABEE, W. E.: Uterine blood flow. Amer. J. Obstet. Gynec. 84, 1623—1633 (1962).
— WALCOTT, G.: Determination of organ blood flow using 4-aminoantipyrine. J. appl. Physiol. 15, 1139—1143 (1960).
HUGGET, A. S. G.: Foetal blood-gas tensions and gas transfusion through the placenta of the goat. J. Physiol. (Lond.) 62, 373—384 (1927).
HUGHES, T.: The role of the folds of Hoboken in the post-natal closure of the human umbilical vessels. Physiologist 9, 207 (1966).
JEGIER, W., BLANKENSHIP, W., LIND, J.: Venous pressure in the first hour of life and its relationship to placental transfusion. Acta paediat. (Uppsala) 52, 485—496 (1963).
KEEN, E. N.: The postnatal development of the human cardiac ventricles. J. Anat. (Lond.) 89, 484—502 (1955).
KETY, S., SCHMIDT, C. F.: The nitrous oxide method for the quantitative determination of cerebral blood flow in man: Theory, procedure and normal values. J. clin. Invest. 27, 476—483 (1948).
KOVALCIK, V.: The response of the isolated ductus arteriosus to oxygen and anoxia. J. Physiol. (Lond.) 165, 185—197 (1963).
KÜNZEL, W., MOLL, W.: Unveröffentlichte Untersuchungen (1970).
LAUER, R. M., EVANS, J. A., AOKI, H., KITTLE, C. F.: Factors controlling pulmonary vascular resistance in fetal lambs. J. Pediat. 67, 568—577 (1965).
LAWN, L., McCANCE, R. A., THORN, A. E.: Artifical Placentae: Comparative results with two gas exchangers. Quart. J. exp. Physiol. 52, 157—167 (1967).
LEWIS, B. V.: Uterine blood flow. Obstet. gynec. Surv. 24, 1211—1233 (1969).
LIND, J., WEGELIUS, C.: Human fetal circulation: Changes in the cardiovascular system at birth and disturbances in the postnatal closure of the foramen ovale and ductus arteriosus. Cold Spr. Harb. Symp. quant. Biol. 19, 109—125 (1954).
LONGO, L. D., POWER, G. G., FORSTER, R. E.: Respiratory function of the placenta as determined with carbon monoxide in sheep and dogs. J. clin. Invest. 46, 812—828 (1967).
— SCHWARZ, R. H., FORSTER, R. E.: $O_2$ tensions of blood from uterine wall venules, maternal placental venules, and uterine vein. J. appl. Physiol. 24, 787—791 (1968).
MAHON, W. A., GOODWIN, J. W., PAUL, W. M.: Measurement of individual ventricular output in the fetal lamb by a dye dilution technique. Circulat. Res. 19, 191—198 (1966).
MAKOWSKI, E. L., MESCHIA, G., DROEGEMUELLER, W., BATTAGLIA, F. C.: Distribution of uterine blood flow in the pregnant sheep. Amer. J. Obstet. Gynec. 101, 409—412 (1968).
MARTIN, C. B., McGAUGHEY, H. S., KAISER, I. H., DONNER, M. W., RAMSEY, E. M.: Intermittent functioning of the uteroplacental arteries. Amer. J. Obstet. Gynec. 90, 819—823 (1964).
McCLURE BROWNE, J. C., VEALL, N.: The maternal placental blood flow in normotensive and hypertensive women. J. Obstet. Gynaec. Brit. Emp. 60, 142—147 (1953).
MENDEZ-BAUER, C., POSEIRO, J. J., ARELLANO-HERNANDEZ, G., ZAMBRANA, M. A., CALDEYRO-BARCIA, R.: Effects of atropine on the heart rate of the human fetus during labor. Amer. J. Obstet. Gynec. 85, 1033—1053 (1963).
MESCHIA, G., COTTER, J. R., BREATHNACH, C. S., BARRON, D. H.: The hemoglobin, oxygen, carbon dioxide and hydrogen ion concentrations in the umbilical bloods of sheep and goats as sampled via indwelling plastic catheters. Quart. J. exp. Physiol. 50, 185—195 (1965).
— — MAKOWSKI, E. L., BARRON, D. H.: Simultaneous measurement of uterine and umbilical blood flows and oxygen uptakes. Quart. J. exp. Physiol. 52, 1—18 (1966).
METCALFE, J., MOLL, W., BARTELS, H., HILPERT, P., PARER, J. T.: Transfer of carbon monoxide and nitrous oxide in the artificially perfused sheep placenta. Circulat. Res. 14, 95—101 (1965).
— ROMNEY, S. L., RAMSEY, L. H., REID, D. E., BURWELL, S.: Estimation of uterine blood flow in normal human pregnancy at term. J. clin. Invest. 34, 1632—1638 (1955).
— — SWARTWOUT, J. R., PITCAIRN, D. M., LETHIN, A. N., BARRON, D.: Uterine blood flow and oxygen consumption in pregnant sheep and goats. Amer. J. Physiol. 197, 929—934 (1959).
PANIGEL, M.: Placental perfusion experiments. Amer. J. Obstet. Gynec. 84, 1664—1683 (1962).

Parer, J. T., Lannoy, C. W. de, Behrman, R. E.: Uterine blood flow and oxygen consumption in rhesus monkeys with retained placentas. Amer. J. Obstet. Gynec. **100**, 806—812 (1968).

— — Hoversland, A. S., Metcalfe, J.: Effect of decreased uterine blood flow on uterine oxygen consumption in pregnant macaques. Amer. J. Obstet. Gynec. **100**, 813—820 (1968).

Penaloza, D., Arias-Stella, J., Sime, F., Recavarren, S., Marticorena, E.: The heart and pulmonary circulation in children at high altitudes. Physiological, anatomical, and clinical observations. Pediatrics **34**, 568—582 (1964).

Peterson, E. N., Behrman, R. E.: Changes in the cardiac output and uterine blood flow of the pregnant Macaca mulatta. Amer. J. Obstet. Gynec. **104**, 988—996 (1969).

Phibbs, R. H., Wyler, F., Neutze, J.: Rheology of microspheres injected into circulation of rabbits. Nature (Lond.) **216**, 1339—1340 (1967).

Power, G. G., Longo, L. D., Wagner, H. N., Kuhl, D. E., Forster, R. E.: Distribution of blood flow to the maternal and fetal portions of the sheep placenta using macro-aggregates. J. clin. Invest. **45**, 1058 (1966).

Ramsey, E. M., Corner, G. W., Donner, M. W.: Serial and cineradioangiographic visualization of maternal circulation in the primate (hemochorial) placenta. Amer. J. Obstet. Gynec. **86**, 213—225 (1963).

— — Long, G. W., Stran, H. M.: Studies of amniotic fluid and intervillous space pressures in the rhesus monkey. Amer. J. Obstet. Gynec. **77**, 1016—1027 (1959).

Roberts, J. T., Wearn, J. T.: Quantitative changes in the capillary-muscle relationship in human hearts during normal growth and hypertrophy. Amer. Heart J. **21**, 617—633 (1941).

Rudolph, A. M., Heymann, M. A.: The circulation of the fetus in utero. Circulat. Res. **21**, 163—190 (1967).

Saling, E.: Neue Untersuchungsergebnisse über den Kreislauf des Kindes unmittelbar nach der Geburt. Arch. Gynäk. **194**, 287—306 (1960).

— Die Blutgasverhältnisse und der Säure-Basen-Haushalt des Feten bei ungestörtem Geburtsablauf. Z. Geburtsh. Gynäk. **161**, 262—292 (1964).

Scammon, R. E., Norris, E. H.: On the time of the post-natal obliteration of the fetal blood-passages (foramen ovale, ductus arteriosus, ductus venosus). Anat. Rec. **15**, 165—180 (1918).

Smith, H. W.: The kidney: Structure and function in health and disease. New York: Oxford Univ. Press 1951.

Spanner, R.: Mütterlicher und kindlicher Kreislauf der menschlichen Placenta und seine Strombahnen. Z. Anat. Entwickl.-Gesch. **105**, 163—242 (1935).

Stembera, Z. K., Hodr, J., Ganz, V., Fronek, A.: Measurement of umbilical cord blood flow by local thermodilution. Amer. J. Obstet. Gynec. **90**, 531—536 (1964).

Stieve, H.: Bemerkungen über den Blutkreislauf in der Placenta des Menschen. Zbl. Gynäk. **65**, 370—378 (1941).

Tafani, A.: La circulation dans le placenta de quelque mammifères. Arch. ital. Bol. 8, 49—57 (1887).

Woodbury, R. A., Hamilton, W. F., Torpin, R.: The relationships between abdominal, uterine and arterial pressures during labor. Amer. J. Physiol. **121**, 640—649 (1938).

# Autorenverzeichnis

*Kursive* Seitenzahlen beziehen sich auf die Literatur


Abboud, F. M., s. Zimmermann, B. G. 322, *346*

Ablad, B., Mellander, S. 415, *415*

Åblad, B., s. Johnsson, G. 415, *421*

Abrahams, V. S., Hilton, S. M., Zbroźyna, A. 252, *278*, 390, *416*

Abramson, D. I., Ferris, E. B. 355, *377*

Abramson, D. T. 99, *134*

Abugattas, R., s. Alzamora, V. 450, *451*

Acheson, G. H., Dawes, G. S., Mott, J. C. 443, *451*

Adam, M., s. Creech, O. 151, *176*

Adams, F. H., Assali, N., Cushman, M., Westersten, A. 447, *451*

— Lind, J. 449, 450, *451*

Adolph, E. F. 160, *175*

Agnoli, A. 162, *175*

— s. Fieschi, C. 146, 149, *177*

Agostoni, E., Chinnock, J. E., De Burgh, M., Murray, J. G. *278*

Ahlquist, R., Taylor, J., Rawson, C., Sydow, V. 263, *287*

Ahlquist, R. P. 434, 446, 447, *451*

Aizawa, T., Tazaki, Y., Gotoh, F. 160, *175*

Akiyama, M., s. Meyer, J. S. 145, *182*

Aldrich, F. D., s. Olmstead, F. 31, *63*

Alella, A. 195, 205, *221*

— Williams, F. L., Williams, C. B., Katz, L. N. 203, *221*

Alexander, R. S. 51, *60*, 248, *278*

Alexander, S. C., Wollman, H., Cohen, P. J., Chase, P. E., Melman, E., Behar, M. 160, 161, *175*

Alexander, S. C., s. Wollman, H. 153, 158, 161, *184*

Algire, G. H. 101, *134*

Alksne, J. F. 75, *93*

Allen, T., Reeve, E. 262, *287*

Allwood, M. J., Barcroft, H., Hayes, J. P. L. A., Hirsjärvi, E. A. 357, 361, *377*

— Burry, H. S. 355, *377*

— Ginsburg, J. 358, 376, *377*

— Hensel, H., Papenberg, J. 376, *377*

Alman, R. W., s. Ehrenreich, D. L. 162, *177*

— s. Fazekas, J. F. 158, 160, 161, *177*

Alpert, J. S., Coffman, J. D. 395, *416*

Altman, P. L., Dittmer, D. S. 437, *451*

Alvin, s. Novotny 101

Alving, A. S., s. Slyke, D. D. van 309, *344*

Alzamora, V., Rotta, A., Battilana, G., Abugattas, R., Rubio, C., Bouroncle, J., Zapata, C., Santa-Maria, E., Binder, T., Subiria, R., Paredes, D., Pando, B., Graham, G. G. 450, *451*

Amano, Sh., Tanaka, H. 82, *93*

Amiel, C., s. Morel, F. F. 335, *343*

Amon, H., Kühnel, W., Petry, G. 88, *93*

Anderson, R., Mohme-Lundholm, E. 250, *278*

Anliker, M., Histand, M. B., Ogden, E. 48, *60*

Anrep, G. 259, *286*

Anrep, G. V., Barsoum, G. S., Salama, S., Souidan, Z. 220, *221*

— — Talaat, M. 190, 220, *221*

Anrep, G. V., Cruickshank, E. W. H., Downing, A. C., Subba Rau, A. 196, *221*

— Saalfeld, E. von 220, *221*

Ansorge, H., s. Sarre, H. 318, *344*

Anzil, A. P., s. Blinzinger, K. 86, *93*

Aoki, H., s. Lauer, R. M. 449, *453*

Arabehety, J., Dolcini, H., Gray, S. 256, *284*

Ardill, B. L., Bannister, R. G., Fentem, P. H., Greenfield, A. D. M. 410, 411, *416*

Arellano-Hernandez, G., s. Mendez-Bauer, C. 436, *453*

Arendt, J., Shulman, M. H., Fulton, G. P., Lutz, B. R., 132, *134*

Arndt, J. O. 48, *60*, 270, *290*

— Kober, G. 48, *60*

— s. Leitz, K. H. 242, *282*

Arnold, G., Kosche, F., Miessner, E., Neitzert, A., Lochner, W. 190, 202, 203, 205, *221*

— Morgenstern, C., Lochner, W. 203, *221*

— Müller-Ruchholtz, E. R., Lochner, W. 202, 203, 205, *221*

— s. Lochner, W. 202, *225*

— s. Morgenstern, C. 196, *226*

Arias-Stella, J., s. Penaloza, D. 449, 450, *454*

Asano, M., Yoshida, K., Takai, K. 102, *134*

Aschoff, J. 347, 349, 395, 360, 361, 363, 367, *377*

— Wever, R. 354, 363, *377*, *378*

Assali, N., s. Adams, F. H. 447, *451*

Assali, N. S., Dasgupta, K., Kolin, A., Holms, L. 447, *451*
— Douglass, R. A., Baird, W. W., Nicholson, D. B., Suyemoto, T. 433, 444, *451*
— Holm, L. W., Sehgal, N. 438, 443, 447, *451*
— Morris, J. A. 431, *451*
— — Beck, R. 449, *451*
— — Smith, R. W., Manson, W. A. 450, *451*
— Rauramo, L., Peltonen, T. 433, 442, 444, 445, 446, *451*
Aspegren, K., s. Brånemark, P. I. 111, *135*
Åström, A., Crafoord, J., Samelius,-Broberg, U. 322, *338*
Attinger, E. O. 23, 44, 51, *60*
Aub, J. C., s. Gibson, J. G. 249, 263, *280, 288*
Auerbach 255
Aukland, K. 335, 337, *338*
— Berliner, R. W. 330, *338*
— Krog, J. 312, *338*
— Wolgast, M. 338, *338*
— s. Kiil, F. 300, 310, *341*
Aume, S., Semb, L. S. 257, *286*
Austin, G. M., s. Harmel, M. H. 174, *179*
Aynedjian, H. S., s. Koch, K. M. 296, 297, *341*
Aziz, O., s. Haberich, F. J. 278, *292*

Babkin, B. P., Schachter, M., Nisse, R. 255, *284*
Bacaner, M. B., Lioy, F., Visscher, M. B. 203, *221*
Bach, G., s. Blasius, W. 59, *61*
Bacharach, A. L., s. Edholm, O. G. 347, *379*
Bachmann, G. W., s. Meesmann, W. 190, *226*
Bader, H. 36, 37, *60*
Badforss, B., s. Lassen, N. A. 146, 153, *181*
Baez, A., s. Baez, S. 121, *134*
Baez, S., Lamport, H., Baez, A. 121, *134*
Bagley, E. H., s. Grafflin, A. L. 100, *137*
Baird, W.-W., s. Assali, N. S. 433, 444, *451*

Baker, D. W., s. Franklin, D. L. 31, *62*
Baker, L. E., s. Geddes, L. A. 27, *62*
Baker, R., Mendel, D. 247, *278*
Baldes, E. J., s. Grindlay, J. H. 261, 264, 265, *288*
— s. Herrick, J. F. 237, *281*
Bale, W., s. Hahn, P. 262, *288*
Balint, P., Fekete, A. 295, *338*
— — Forgacs, I. 295, *338*
— Forgacs, I. 310, *338*
Ballin, H. M., s. Hinshaw, L. B. 241, *281*
Baltzer, A., Wüthrich, H., Schmutziger, P., Wilbrandt, P. W. 102, *134*
Baluda, V. P., s. Oyvin, J. P. 131, *141*
Banfield, W. G., s. Goodale, W. T. 194, *223*
— s. Longley, J. B. 329, *342*
Bank, N., s. Koch, K. M. 296, 297, *341*
Bannister, R. G., s. Ardill, B. L. 410, 411, *416*
Barajas, L., Latta, H. 304, *338*
Barbey, K., s. Hilpert, P. 436, *452*
— s. Pauschinger, P. 28, *64*
Barclay, A. E., Franklin, K. J., Prichard, M. M. L. 434, *451*
— s. Trueta, J. 325, *346*
Barclay, J. A., Cooke, W. T., Kenney, R. A. 322, *338*
Barcroft, H. 347, *378*, 388, 389, 391, 394, 403, 405, *416*
— Bock, K. D., Hensel, H., Kitchin, A. H. 414, *416*
— Brod, J., Hejl, Z., Hirsjärvi, E. A., Kitchin, A. H. 401, *416*
— Foley, T. H., McSwiney, R. R. 406, *416*
— Greenwood, B., McArdle, B., McSwiney, R. R., Semple, S. J. G., Whelan, R. F., Youlton, L. F. J. 405, *416*
— Millen, J. L. E. 405, *416*
— Swan, H. J. C. 347, 358, *378*, 391 403, *416*

Barcroft, H., s. Allwood, M. J. 357, 361, *377*
— s. Walker, A. J. 357, *383*
Barcroft, J., Herkel, W., Hill, S. 434, 445, *451*
— Nisimaru, Y. 263, 265, *287*
Bardhanahaedya, S., s. Green, H. D. 250, *280*
Barer, G. R. 323, *338*
Barer, G. W. 250, *278*
Barger, A. C., s. Herd, J. A. 195, *224*
— s. Thorburn, G. D. 330, 333, 338, *345*
Barger, C. A., s. Carrière, S. 333, 338, *339*
Bargeron, L. M., Ehmke, D., Gonlubol, F., Castellanos, A., Siegel, A., Bing, R. J. 194, *221*
Bargmann, W. 37, *60*, 114, 129, *134*
Barlow, T. E., Bentley, F. H., Walder, D. N. 234, 253, *284*
— Greenwell, J. R., Harper, A. A., Scratcherd, T. 258, *286*
Barrnett et al. 76
Barnett, G. O., Mallos, A. J., Shapiro, A. 48, *60*
Baroldi, G., Mantero, O. Scomazzoni, G. *222*
Barron, D. H., s. Meschia, G. 431, 432, 441, 443, 445, *453*
Barron, S., s. Metcalf, J. 445, *453*
Barsoum, G. S., s. Anrep, G. V. 190, 220, *221*
Bartelheimer, H. 102, *134*
— Küchmeister, H. 99, *134*
— s. Harders, H. 101, *137*
Bartels, H. 426, *451*
— Moll, W. 431, *451*
— — Metcalfe, J. 442, *451*
— s. Beer, R. 441, *451*
— s. Hilpert, P. 436, *452*
— s. Metcalfe, J. 443, *453*
— s. Schlosser, D. 108, *142*
Bartolini, A., s. Fieschi, C. 146, *177*
Bartolomei, G., s. Donato, L. 195, *223*
Başar, E., Ruedas, G., Schwarzkopf, H. J., Weiss, Ch. 399, *416*

Başar, E., Tischner, H.,
Weiss, Ch. 298, 300, 301,
*338*
— Weiss, C. 399, *416*
Bassenge, E., s. Blümchen,
G. 195, *222*
Battaglia, F. C., s. Makowski,
E. L. 434, 445, *453*
Battey, L. L., s. Patterson,
J. L. 160, *183*
Battilana, G., s. Alzamora, V.
450, *451*
Bauer, M. H., s. Lilienfeld,
L. S. 314, 333, *342*
Bauer, R. D., Pasch, Th.,
Wetterer, E. 50, 51, *60*
Bauereisen, E., Henrich, H.,
Lutz, J., Peiper, U. 277, *292*
— Lutz, J., Ohnhaus, E. E.
Peiper, U. 269, *290*
— — Peiper, U. 263, 277,
278, *278, 287, 292*
— s. Lutz, J. 243, 261, 262,
265, 266, 270, 271, 272, 273,
275, 276, *282, 288, 291*
Baumgärtl, H., s. Leichtweiss,
H.-P. 103, *139*
Baust, W. 155, *175*
Baxter, S. G. 256, *284*
Bayliss, L. E. 23, *61*
Bayliss, V. M. 215, *222*
Bayliss, W. M. 166, *175*, 242,
252, *278*, 371, *378*, 407, *416*
— Starling, E. H. 252, *278*
Bazett, H. C. 363, *378*
Beals, T. F., s. Pierce, G. B.
85, *96*
Bean, J. W. S., Sidky, M. 252,
*283*
Beck, L. 390, 393, *416*
— s. Sakuma, A. 393, *423*
Beck, R., s. Assali, N. S.
449, *451*
Bedford, T. H. B. 171, *175*
Beer, R., Bartels, H., Racz-
kowski, H. 441, *451*
Behar, M., s. Alexander, S. C.
160, 161, *175*
Behnke, A. R., Willmon, T. L.
354, *378*
Behrman, R. E., s. Parer,
J. T. 434, 447, *453*
— s. Peterson, E. N. 445, *454*
Beier, W. 23, *61*
Beiser, G. D., Zelis, R.,
Epstein, S. E., Mason,
D. T., Braunwald, E.
372, *378*, 413, *416*

Belding, H. S., s. Kamon, E.
373, *382*
Bell, R. A., s. Harper, A. M.
164, *179*
Bell, R. L. 149, *176*
Bella, S. T., s. Roof, B. S.
318, 319, *344*
Bender, F., s. Hensel, H.
353, *381*
Bennett, A., Still, E. 257,
*286*
Bennett, C. M., s. Berliner,
R. W. 334, *338*
Bennett, H. S. 74, 75, 92, *93*
— Luft, J. H., Hampton,
J. C. 71, 76, 83, 90, *93*
Bennett, St. 114, 128, *134*
Bennhold, H. 128, *134*
Benninghoff, A. 32, 82, *93*
Benninghoff-Goerttler 37, *61*
Bennish, A., s. Bing, R. J.
195, *222*
Bentley, F. H., s. Barlow,
T. E. 234, 253, *284*
Beran, A. V., s. Strauss, J.
312, *345*
Borgel, D. H. 34, 37, *61*
Borggreen, B., s. Ljundgreen,
K. 150, *181*
Berggren, B., s. Hedlund, S.
150, *179*
Berglund, E., s. Case, R. B.
195, *222*
— s. Schreiner, G. L. 214,
*227*
Bergmann, s. Katz 269
Berliner, R. W., Bennett,
C. M. 334, *338*
— Levinsky, N. G., Davidson,
D. G., Eden, M. 324, *339*
— s. Aukland, K. 330, *338*
— s. Morgan, T. 307, *343*
Berman, J. K., Koenig, H.,
Muller, L. P. 271, *290*
Berman, L. B., s. Misra, R. P.
84, 85, *96*
Bernard, C. 357
Bernard, U., s. Bretschneider,
H. J. 201, 220, *222*
Berne, R. M. 220, *222*, 315,
*339*
— Blackmon, J. R., Gardner,
T. H. 205, *222*
— s. Jones, R. D. 244, *281*
— s. Katorie, M. 220, *225*
Bernsmeier, A. 152, 166, *176*
— Gottstein, U. 152, 172,
*176*

Bernsmeier, A., Rudolph, W.
202, *222*
— Sack, H., Siemons, K.
165, *176*
— Siemons, K. 145, 151,
165, *176*, 193, *222*
Bernstein, E. F., s. Nicoloff,
D. M. *285*
Bertha, H., Heppner, F.,
Jenker, F. L., Lechner, H.,
Rodler, R. 150, *176*
Bès, A., s. Géraud, J. 146,
151, *178*
Bessman, A. N., s. Fazekas,
J. F. 158, 160, 161, *177*
Bethge, H. B., Ochwadt, B.,
Weber, R. 334, *339*
Betz, E. 150, 159, 162, *176*,
206, *222*
— Hensel, H. 150, 154, 160,
*176*
— — du Mesnil de Roche-
mont, W. 352, *378*
— Herrmann, E. 150, *176*
— Heuser, D. 163, *176*
— Ingvar, D. H., Lassen,
N. A., Schmahl, F. W.
150, *176*
— Kozak, R. 163, *176*
— Schmahl, F. W. 150, 155,
*176*
— Wüllenweber, R. 150, *176*
— s. Müller-Schauenburg, W.
350, *382*
— s. Priebe, L. 350, *383*
Bevegård, B. S., Shepherd,
J. T. 373, *378*, 388, 403,
*413*, 414, *416*
Biber, B., s. Johansson, B.
246, *281*
Biester, J., s. Lutz, J. 257,
*285*
Billroth, T. 260, *287*
Binder, T., s. Alzamora, V.
450, *451*
Bing, R. J. 202, *222*
— Bennish, A., Blümchen, G.,
Cohen, A., Gallacher, J. P.,
Zuleski, E. J. 195, *222*
— Hammond, M. M., Handel-
mans, J. C., Powers, S. R.,
Spencer, F. C., Eckenhoff,
J. E., Goodale, W. T.,
Hafkenschiel, J. H., Kety,
S. S. 194, *222*
— s. Bargeron, L. M. 194,
*221*
— s. Blümchen, G. 195, *222*

Bing, R. J., s. Cohen, A.　195, 222
— s. Eckenhoff, J. E.　194, 223
Birkeland, S., Vogt, A., Krog, J., Semb, C.　318, 319 339
Birzis, L., Tachibana, S.　150, 176
Bishop, J. M., Donald, K. W., Taylor, S. H., Wormald, P. N.　373, 378
Black, D. A. K., s. Emery, E. W.　314, 340
Black, J. E.　387, 404, 416
Blackard, R. F., s. Bond, R. F.　242, 279
Blackmon, J. R., s. Berne, R. M.　205, 222
Blackmore, W. P.　322, 339
Blair, D. A., Glover, W. E., Greenfield, A. D. M., Roddie, I. C.　401, 416
— — Roddie, I. C.　356, 357, 373, 378
— s. Golenhofen, K.　398, 400, 401, 419
Blake, W. D., Wegria, R., Keating, R. P., Ward, H. P.　300, 339
Blakely, A. G. H., Brown, G. L., Ferry, C. B.　265, 287
Blalock, A., Mason, M.　236, 276, 278
Bland, E. F., s. Grant, R. T.　367, 380
Blankenship, W., s. Jegier, W.　449, 453
Blasius, W.　23, 61
— Bach, G., Schafé, M. K.　59, 61
Blazek, J. V., s. O'Rourke, M. F.　44, 51, 64
Bleichert, A., Lezgus, R., Martini, F.　44, 61
Blinzinger, K., Matsushima, A., Anzil, A. P.　86, 93
Blix　37
Bloch, E. H.　100, 101, 102, 111, 134
— Coyas, S. I.　102, 104, 130, 135
— s. Knisely, M. H.　270, 273, 291
— s. Rappaport, M. B.　101, 141
Block, M. A., Wakim, K. G., Mann, F. C.　316, 339

Blömer, H., s. Nylin, G.　149, 183
Bloodworth, J. M., Engerman, R. L., Powers, K. L.　88, 93
Bloor, B. M., s. Hellinger, F. R.　149, 179
Blümchen, G., Cohen, A., Gallacher, J., Zuleski, E., Bassenge, E., Bing, R. J.　195, 222
— s. Bing, R. J.　195, 222
Bluemchen, S., s. Cohen, A.　195, 222
Boatman, D. L., Brody, K. J.　250, 252, 279
— Brody, M. J.　262, 264, 287
Bochmann, F., s. Holtz, P.　263, 284, 289
Bock, K. D., Dengler, H., Kuhn, H. M., Matthes, K.　373, 378, 415, 416
— Hensel, H., Ruef, J.　392, 416
— Krecke, H. J.　322, 339
— — Kuhn, H. M.　374, 378, 415, 417
— s. Barcroft, H.　414, 416
— s. Ruef, J.　375, 383
Böger, A., s. Wezler, K.　45, 46, 47, 48, 59, 65
Boellaard, J. W.　427, 451
Boenheim, F.　256, 284
Bogdanski, D., s. Haverback, D. J.　255, 285
Bohle, A.　303, 304, 339
Bohr, D. F., s. Sparks, H. V.　242, 283
— s. Uchida, E.　242, 283
Bolene-Williams, C., s. Laurent, D.　203, 225
Bolme, P., Edwall, L.　395, 396, 417
— Fuxe, K.　390, 417
— Ngai, S. H., Rosell, S.　396, 417
— Novotný, J.　395, 417
— — Uvnäs, B., Wright, P. G.　388, 390, 417
Bond, R. F., Blackard, R. F., Taxis, J. A.　242, 279
— Green, H. D.　238, 279
Bonner, J., s. Hahn, P.　262, 288
Borell, U., Fernström, I., Ohlson, L., Wiqvist, N.　447, 451
— — Westman, A.　444, 451

Børneman, R., s. Wallis, W.　283
Borrero, L. M., s. Pappenheimer, J. R.　117, 124, 125, 126, 130, 141
Borst, H. G., s. Schreiner, G. L.　214, 227
Bortin, L., s. Novack, P.　160, 182
— s. Shenkin, H. A.　165, 184
Bossert, W. H., s. Shea, St. M.　114, 129, 142
Bouckaert, J. J., s. Heymans, C.　277, 292
Bouroncle, J., s. Alzamora, V.　450, 451
Boyd, I. A., Forrester, T.　405, 417
Boylan, J. W., s. Gertz, K. H.　296, 340
Bozivich, H., s. Hatch, R. C.　242, 281
Bozzao, L., s. Fieschie, C.　146, 149, 177
Braasch, D., Hennig, W.　111, 135
— Jenett, W.　103, 111, 112, 113, 135
Bradley, S. E.　249, 267, 268, 279, 290
Brandis, M., s. Gertz, K. H.　296, 340
Brandstater, B., s. Severinghaus, J. W.　160, 184
Brandt, H., s. Hafkenschiel, J. H.　165, 179
Brånemark, P. I.　100, 101, 108, 111, 135
— Aspegren, K., Breine, U.　111, 135
— Ekholm, R.　69, 93
— Jonsson, J.　102, 135
Brauer, R. W.　267, 269, 275, 290
Braun, G., s. Gertz, K. H.　297, 340
Braunger, B., s. Kügelgen, A. v.　315, 342
Braun-Schubert, G., s. Gertz, K. H.　296, 340
Braunwald, E., s. Beiser, G. D.　372, 378, 413, 416
— s. Mills, C. J.　44, 63
— s. Sarnoff, S. J.　190, 203, 227
— s. Sonnenblick, E. H.　203, 228

Breathnach, C. S., s. Meschia,
G.   432, 441, *453*
Brecher, G. A.   31, *61*
Brecht, K., Konold, P.,
Gebert, G.   406, *417*
— s. Pauschinger, P.   28,
*64*
Brechtel, A., s. Doll, E.   195,
200, 216, *223*
Brechtelsbauer, H., s. Deetjen,
P.   333, *339*
— s. Meier, M.   334, *342*
— s. Thurau, K.   302, *345*
Bredemeyer, A., s. Sapirstein,
L. A.   269, *291*
Breine, U., s. Brånemark,
P. I.   111, *135*
Brendel, W., s. Messmer, K.
269, *291*
Brengelmann, G. L.,
s. Rowell, L. B.   355,
*383*
Bresler, E., s. Creech, O.
151, *176*
Bretschneider, H. J.   31, *61*,
191, 201, 202, 216, 220, 221,
*222*
— Cott, L., Hilgert, G.,
Probst, R., Rau, G.
194, *222*
— Frank, A., Bernard, U.,
Kochsiek, K., Scheler, F.
220, *222*
— — Kanzow, E., Bernard,
U.   201, *222*
— s. Mercker, H.   195, 200,
*226*
— s. Rau, G.   194, *227*
— s. Strauer, B. E.   203,
*228*
Brettschneider, H., s. Peiper,
U.   390, *422*
Brick, I., Hutchison, K. J.,
Roddie, I. C.   391, *417*
Bricker, N. S., Guild, W. R.,
Reardan, J. B.,
Merrill, J. P.   315,
*339*
Brimhall, S. D., s. Mann, F. C.
257, *287*
Brindley, D. C., s. Longley,
J. B.   329, *342*
Britman, N A., Levine, H. J.
203, *222*
Briton, A., s. Merrill, E. W.
112, *140*
Britten, A., s. Merrill, E. W.
232, *282*

Brobeil, A., Härter, O., Herr-
mann, E., Nilsson, N. J.
150, *176*
Brock, M., Ingvar, D. H.,
Jacobsen, C. W. S.   155,
*176*
Brod, J., Fencl, V., Hejl, Z.,
Jirka, J.   400, *417*
— Hejl, Z., Hornych, A.,
Jirka, J., Šlechta, V.
415, *417*
— s. Barcroft, H.   401, *416*
— s. Fencl, V.   362, *380*, 386,
400, *418*
Brodie, B., s. Shore, P.   254,
*286*
Brody, K. J., s. Boatman,
D. L.   250, 252, *279*
Brody, M. J., Shaffer, R. A.
390, *417*
— s. Boatman, D. L.   262,
264, *287*
Broemser, Ph.   26, 27, *61*
— Ranke, O. F.   45, 59, 60,
*61*
— Reissinger   29
Dronk, D. W., s. Gammon,
G. D.   277, 278, *292*
Brooks, F. P., s. Rothman,
S. S.   258, *287*
Brown, A. W., s. Ross, G.
250, *282*
Brown, B. E., s. McElroy,
W. T.   206, *226*
Brown, C. T., s. Strauss, J.
312, *345*
Brown, E., Goel, J. S., Green-
field, A. D. M., Plassaras,
G. C.   411, *417*
Brown, G. L., Gillespie, J. S.
264, *287*
— s. Blakely, A. G. H.   265,
*287*
Brown, J. C., Harper, A. A.,
Scratcherd, I.   259, *286*
— s. Kyle, G. C.   259, *287*
Brown, M. L., s. Korol, B.
242, *282*
Brown, M. R.   256, *284*
Bruchhausen, v., s. Merker   88
Bruchhausen, F. v.   76, 84,
85, *93*
— s. Gekle, D.   86, *95*
Brück, K.   377, *378*
— Brück, M., Lemtis, H.
377, *378*
Brück, M., s. Brück, K.   377,
*378*

Brückner, J. B., s. Rau, G.
194, *227*
Brull, L., Louis-Bar, D.,
Lybeck, H.   241, *279*
Brun, C., Crone, C., Davidsen,
H. G., Fabricius, J.,
Hansen, A. T., Lassen,
N. A., Munck, O.   297,
301, *339*
Brundell, P. O., s. Hedlund, S.
150, *179*
Brunner, H., s. Gross, F.
320, *341*
Bruns, R. R., Palade, G. E.
71, 73, 75, *93*
— s. Palade, G. E.   74, 78, *96*
Bubis, J. J., Luse, S. A.   67, *93*
Buchborn, E.   *339*
Bucher, O., Reale, E.   304,
*339*
— s. Riedel, B.   304, *343*
Bucht, H., s. Werkö, L.   321,
*346*
Buddecke, E.   37, *61*, 89, *93*
Bülbring, E., Burn, J.   240,
*279*
Bugliarello, G., Hayden, J. W.
102, *135*
Bulgak, A.   264, *287*
Bumm, E.   444, *451*
Burch, G. E.   359, *378*
— Cohn, A. E., Neumann, C.
359, *378*
— De Pasquale, N.   359, *378*
Burgos, M. M.   89, *94*
Burkel, W. E.   83, *94*
Buriánek, P., s. Peňáz, J.
399, *422*
Burn, J., Hutcheon, D.   249,
*279*
— s. Bülbring, E.   249, *279*
Burn, J. H., Rand, M. J.   ·*287*
Burnard, E. D., James, L. S.
450, *451*
Burns, G. B., Schenk, W. G.
237, 238, 250, *279*
Burns, R. A., s. Ehrenreich,
D. L.   162, *177*
Burrage, W. S., s. Irwin, J. W.
100, *138*
Burri, P. H., s. Lemeunier, A.
73, *95*
Burry, H. S., s. Allwood,
M. J.   355, *377*
Burton et al.   243
Burton, A. C.   28, 32, 37, 55, 56,
*61*, 113, 134, *135*, 232, *279*,
350, 359, 369, *378*

Burton, A. C., Edholm, O. G.
347, 353, 363, 367, *379*
— Stinson, R. H.   231, 243,
*279*
— Taylor, R. M.   359, *379*
— s. Canham, P. B.   113, *135*
— s. Froese, G.   356, *380*
— s. Gaskell, P.   *280*
— s. Haynes, R. H.   *111,
138*
Burton-Opitz, R.   236, 237
253, 256, 357, 259, 261, *279,
284, 297, 286, 287*
Burwell, S., s. Metcalfe, J.
433, 443, 444, 445, *453*
Bussmann, W. D., Lochner,
W.   221, *222*
— s. Scholtholt, J.   220, *227*
Busto, R., s. Kogure, K.
158, *181*

Cabieses, F., s. Shenkin, H. A.
174, *184*
Caldeyro-Barcia, R., s. Mendez-
Bauer, C.   436, *453*
Canham, P. B., Burton, A. C.
113, *135*
Cannon, J. L., s. Patterson, J. L.
169, *183*
Capellen, Ch.   31, *61*
— Hall, K. V.   *61*
Caputo, R., s. Puccinelli, V.
89, *96*
Carl, G., s. Somlay, L.
316, *344*
Carlson, C. H., s. Hinshaw,
L. B.   241, *281*
Carlson, L. D., Hsieh, A. C.
368, *379*
— — Fullington, F., Elsner,
R. W.   376, *379*
— s. Elsner, R. W.   414, *418*
Carlyle, A., Grayson, J.   150,
164, *176*
Carr, J., Kugler, J. H.   76,
*94*
Carr, P. W., s. Daggett, W. M.
214, *223*
Carrier, O., s. Guyton, A. C.
241, *280*
Carrière, S., Thornburn, G. D.,
O'Morchoe, C. C. C., Barger,
C. A.   333, 338, *339*
Case, R. B., Berglund, E.,
Sarnoff, St. J.   195, *222*
— s. Parker, J. O.   203, *226*
— s. Sarnoff, S. J.   190,
203, *227*

Casley-Smith, J. R.   71, 75,
83, *94*, 128, *135*
Casper, A. G. T., s. Fry, D. L.
31, *62*
Cassin, S., Dawes, G. S.,
Mott, J. C., Ross, B. B.,
Strang, L. B.   442, 449, *451*
Casson, H.   112, *135*
Castellanos, A., s. Bargeron,
L. M.   194, *221*
Castenfors, J.   316, *339*
Castenholz, A.   101, *135*
— s. Rohen, J. W.   67, 71,
75, *96*
Catchpole, H. R., s. Gersh, I.
121, *137*
Ceccarelli, B., s. Puccinelli, V.
89, *96*
Cecio, A.   73, *94*
Celander, O.   263, *287*, 316,
*339*, 358, 377, *379*, 393, *417*
— Folkow, B.   *279*
— Mårild, K.   377, *379*
Chambers, E. L., s. Mende,
T. J.   75, *96*
Chambers, R., Zweifach, B. W.
69, *94*, 99, 101, 103, 104, 105,
106, 107, 108, 109, 118, 130,
131, 133, *135*
Chang, J. J., s. Parpat, A. K.
100, *141*
Chapman, N. D., s. Condon,
R. E.   269, *290*
Chari, R. S., s. Vineberg, A. M.
190, *228*
Chase, H. B., s. Montagna, W.
89, *96*
Chase, P. E., s. Alexander,
S. C.   160, 161, *175*
Chase, R. E., De Garis, C. F.
185, *222*
Chiandussi, L., Greco, F.,
Sardi, G., Vaccarino, A.,
Ferraris, C. M., Curti, B.
269, *290*
Chinard, F. P., Enns, T.,
Nolan, M. F.   314, 315, *339*
— Vosburgh, G. J., Ems, T.
114, 123, 130, *135*
Chinnock, J. E., s. Agostoni, E.
*278*
Chiodi, H., s. Severinghaus,
J. W.   160, *184*
— s. Turner, J.   158, *184*
Chiong, M. A., s. Parker, J. O.
203, *226*
Chou, C. C., Dabney, J. M.
251, *279*

Chou, C. C., s. Haddy, F. J.
243, 250, *281*
— s. Texter, E. C.   250, *283*
Christensen, E. H., Nielsen, M.,
Hannisdahl, B.   373, *379*
Christensen, N. J.   386,
389, *417*
Churg, J., s. DiScala, G. H.
88, *94*
Citters, R. L. van, s. Vatner,
S. F.   238, *283*
Clair, R. W. St., s. Ditzel, J.
101, *136*
Clara, M.   104, *135*, 363, *379*
Clark   101
Clark, E. L., s. Clark, E. R.
104, *135*
Clark, E. R., Clark, E. L.
104, *135*
Clark, J. H.   248, *279*
Clark, W. G., Jacobs, E.
133, *135*
Clarke, R. S. J., Hellon, R. F.
404, *417*
— — Lind, A. R.   367, *379*
Classen, M., Koch, H., Deyle,
P., Weidenhiller, S., Dem-
ling, L.   255, *284*
Claussen, F., s. Schade, H.
115, *142*
Clementi, F., Palade, G. E.
71, 75, 78, 86, *94*, 128,
129, *135*
Cobb, S., Finesinger, J. E.
150, 174, *176*
Cobb, St. S., s. Forbes, H. S.
150, 174, *177*
Cobbold, A., Folkow, B.,
Kjellmer, I., Mellander, S.
395, 396, *417*
— — Kjellmerand, J.,
Mellander, S.   102, 106,
117, 123, *135*
Coceani, F., Pace-Asciak, C.,
Volta, F., Wolfe, L. S.
256, *284*
Code, C. F.   255, *284*
— s. Forrest, A. P. M.   255,
256, *284*
Coffman, J. D.   356, *379*
— s. Alpert, J. S.   395, *416*
Cohen, A., Gallacher, J. P.,
Luebs, E. D., Varga, Z.,
Yamanaka, J., Zuleski,
E. J., Bluemchen, S.,
Bing, R. J.   195, *222*
— s. Bing, R. J.   195, *222*
— s. Blümchen, G.   195, *222*

Cohen, M. M., Sitar, D. S., McNeill, J. R., Greenway, C. L. 274, *290*
Cohen, P. J., s. Alexander, S. C. 160, 161, *175*
— s. Wollman, H. 153, 158, 161, *184*
Cohn, Pinkerson 269
Cohn, A. E., s. Burch, G. E. 359, *378*
Cohn, E. J. 111, *135*
Cohn, Z. A., Parks, E. 75, *94*
Cokelet, C., s. Merrill, E. W. 112, *140*
Cokelet, G. C., s. Merrill, E. W. 232, *282*
Colebatch, H. J. H., Dawes, G. S., Goodwin, J. W., Nadeau, R. A. 441, *452*
Coles, D. R. 369, *379*
— Cooper, K. E. 404, *417*
— Greenfield, A. D. M. 369, *379*
Collins, R., s. Emanuel, D. A. 322, *340*
Comèl, M., Laszt, L. 37, *61*
Comfort, M. W., Osterborg, A. E. 259, *286*
Comline, R. S., Hickson, J. C. D., Message, M. A. 257, *286*
Condon, R. E., Chapman, N. D., Nyhus, L. M., Harkins, N. H. 269, *290*
Condorelli, S., Ungari, C. 450, *452*
Conner, E., s. Mangold, R. 152, *181*
Connolly, D. C., s. Warner, H. R. 60, *65*
Conrad, M. C., s. Green, H. D. 164, *178*
Conraths, H., s. Illig, L. 101, *138*
Cook, W. F. 304, *339*
Cooke, W. T., s. Barclay, J. A. 322, *338*
Cooper, D. Y., s. Lambertsen, C. J. 157, 159, *181*
Cooper, K. E., Edholm, O. G., Mottram, R. F. 355, *379*, 386, 388, *417*
— Greenfield, A. D. M. 431, *452*
— s. Coles, D. R. 404, *417*
Copley, A. L. 100, 131, 133, *135, 136*
— Gélot, B. 133, *136*

Corcoran, A. C., Page, I. H. 297, 322, *339*
Corner, G. W., s. Ramsey, E. M. 446, *454*
Cortney, M. A., Nagel, W., Thurau, K. 307, *339*
Cossel 80
Costin, J. C., s. Skinner jr., N. S., 405, 406, *423*
Cotran, Majno 75
Cotran, R. S., Nicca, C. 69, *94*
Cott, L., s. Bretschneider, H. J. 194, *222*
Cotter, J. R., s. Meschia, G. 431, 432, 441, 443, 445, *453*
Courtice 119, 126
— Morris 129
Courtice, F. C., Garlick, D. G. 102, *136*
— s. Yoffey, J. M. 99, *144*, 269, *292*
Covell, J. W., s. Sonnenblick, E. H. 203, *228*
Coyas, S. I., s. Bloch, E. H. 102, 104, 130, *135*
Crafoord, J., s. Åström, A. 322, *338*
Crawford, D. G., Fairchild, H. M., Guyton, A. C. 241, *279*
Crawford, J. M. 429, *452*
Creech, O., Bresler, E., Halley, M., Adam, M. 151, *176*
— s. Halley, M. M. 167, *179*
Crider, J. O., Thomas, J. E. 259, *286*
Crockford, G. W., Hellon, R. F., Heyman, A. 359, *379*
— — Parkhouse, J. 359, 375, *379*
Crone, C. 124, 125, *136*
— s. Brun, C. 297, 301, *339*
Cronquist, S., s. Ingvar, D. H. 146, 153, *180*
— s. Lassen, N. A. 146, 153, *181*
Cross, C. E. 215, *222*
Cross, K. W., Dawes, G. S., Mott, J. C. 436, *452*
Crossley, R. J., Greenfield, A. D. M., Plassaras, G. C., Stephens, D. 372, *379*
Cruickshank, E. W. H., s. Anrep, G. V. 196, *221*
Crumpton, C. W., s. Hafkenschiel, J. H. 165, 169, 174, *178, 179*

Crumpton, C. W., s. Harmel, M. H. 174, *179*
Cucinell, S. A., s. Perl, W. 350, *382*
Cull, T., s. Selkurt, E. 237, 240, *283*
Cumming, J. D., Haigl, A. L., Harries, E. H. L., Nutt, M. E. 254, *284*
Curri, S. B., s. Tischendorf, F. 104, *143*
Curti, B., s. Chiandussi, L. 269, *290*
Cushing, H. *177*
Cushman, M., s. Adams, F. H. 447, *451*
Custer, J., s. Delaney, J. P. 237, *279*
Czerwonka, L. J., s. Gregg, D. E. 194, *224*

Dabney, J. M., s. Chou, C. C. 251, *279*
— s. Haddy, F. J. 243, 250, *281*
— s. Scott, J. B. 250, 252, *283*
Daggett, W. M., Nugent, G. C., Carr, P. W., Powers, D. C., Harada, Y. 214, *223*
Dahlheim, H., Granger, P., Thurau, K. 304, 305, *339*
— s. Thurau, K. *345*
Dahn, I., Lassen, N. A. 389, *417*
— — Westling, H. 410, *417*
— s. Lassen, N. A. 386, 389, *421*
Dailey, W. N., s. Selkurt, E. E. 300, 335, *344*
D'Alembert 13
Daly, M. de B., Scott, M. J. 261, 264, *287*
Dameshek, W., s. Loman, J. 169, *181*
Daniel, P. M., Prichard, M. M. L. 269, 275, *290*
— s. Trueta, J. 325, *346*
Danielli, J. F. 130, 131, 133, *136*
— Stock, A. 122, *136*
Dasgupta, K., s. Assali, N. S. 447, *451*
David, H. 76, 80, *94*
Davidsen, H. G., s. Brun, C. 297, 301, *339*
Davidson, D. G., s. Berliner, R. W. 324, *339*

Davidson, L. A. G., s. Dewar, H. A. 160, *177*

Davis, J. E., s. Ottis, K. 261, 262, 264, *289*

Davis, J. M., s. Schnermann, J. 307, 308, *344*

Davis, J. S., s. Mithoefer, J. C. 162, *182*

Davies, B. N., Gamble, J., Withrington, P. G. 263, 264, *288*

— Horton, E. W., Withrington, P. G. 265, *288*

Davignon, J., Lorenz, R. R., Shepherd, J. T. 242, *279*

Dawes, G. S. 427, 437, 438, 443, 450, *452*

— Mott, J. C. 431

— — Widdicombe, J. G. 432, 433, 434, 435, 436, 441, 443, *452*

— s. Acheson, G. H. 443, *451*

— s. Cassin, S. 442, 449, *451*

— s. Colebatch, H. J. H. 441, *452*

— s. Cross, K. W. 436, *452*

Day, S. B., s. Hinshaw, L. B. 241, *281*

Deal, C., Green, H. 237, 252, *279*

Deal, C. P., s. Green, H. D. 237, 250, 275, *280, 290*

De Burgh, M., s. Agostoni, E. *278*

Deetjen, P. 313, *339*

— Brechtelsbauer, H., Kramer, K. 333, *339*

— Kramer, K. 310, 311, *339*

— s. Kramer, K. 309, 312, 330, 333, *342*

— s. Thurau, K. 297, 325, 331, 334, 335, 336, 337, *345*

DeFreitas, M. F., s. Patel, D. J. 48, *64*

DeGaris, C. F., s. Chase, R. E. 185, *222*

Delaney, J. P. 239, *279*

— Custer, J. 237, *279*

— Grim, E. 253, 254, 255, 256, 258, *284, 286*

Delius, L., Witzleb, E. 347, *379*

Delorme, E. J., MacPherson, A. I. S., Muherjee, S. R., Rowlands, S. 249, *279*

Delpla, M., s. Géraud, J. 146, 151, *178*

Demling, L., Ottenjann, R., Wachsmann, F. 255, *284*

— s. Classen, M. 255, *284*

Dengler, H., s. Bock, K. D. 373, *378*, 415, *416*

Denis, D. L., s. Novotny, H. R. *141*

Denison, A. B., Spencer, M. P. 31, *61*

— s. Green, H. D. 250, *280*

— s. Spencer, M. P. 44, *64*, 322, *344*

Denton, R., s. Wells jr., R. E. 112, *143*

De Pasquale, N., s. Burch, G. E. 359, *378*

Deppe, B. 58, *61*

— Wetterer, E. 38, 44, *61*

— s. Wetterer, E. 44, *65*

Deuticke, B., s. Gerlach, E. 220, *223*

Deutsch, B., s. Sawyer, P. N. 100, 131, *142*

Devens, K., s. Messmer, K. 269, *291*

Dewar, H. A., Davidson, L. A. G. 160, *177*

— Owen, S. G., Jenkins, A. R. 165, *177*

De Wardener, H. E., s. Miles, B. E. 241, *282*, 297, *343*

Deyle, P., s. Classen, M. 255, *284*

Diana, J. N., Kaiser, R. S. 415, *417*

Dick, M., s. Smith, F. 118, *142*

Dieckhoff, D., Kanzow, E. 150, *177*

Diemer, K. 129, *136*, 157, 159, *177*, 428, 438, *452*

— Henn, R. 159, *177*

Dieterich, H. J., s. Kriz, W. *342*

Dietrich, H. J. 329, *339*

Diji, A. 374, *379*

— Greenfield, A. D. M. 374, *379*

DiScala, G. H., Salomon, M., Grishman, E., Churg, J. 88, *94*

Disse, J. 253, *284*

Dittmer, D. S., s. Altman, P. L. 437, *451*

Ditzel, J., Clair, R. W. St. 101, *136*

Djojosugito, A. M., Folkow, B., Lisander, B., Sparks, H. 395, 396, *418*

— — Yonce, L. R. 396, *418*

Dörken, P., s. Wernitz, W. 375, *383*

Dörner, J. 393, *418*

Doerr, F. F., Heite, H.-J. 373, *379*

Dolcini, H., s. Arabehety, J. 256, *284*

Doll, E., Keul, J. 200, *223*

— — Brechtel, A. 195, 200, 216, *223*

— — Maiwald, C. 403, *418*

— — Steim, H., Maiwald, Chr., Reindell, H. 200, 216, *223*

— s. Keul, J. 200, 202, *225*

Dollery, C. T., Hodge, J. V., Engel, M. 101, *136*

Domenech, R. J., Hoffman, J. I. E., Noble, M. I. M., Saunders, K. B., Henson, J. R., Subijanto, A. 195, *223*

Donald, D. E., Ferguson, D. A. 390, *418*

— Rowlands, D. J., Ferguson, D. A. 396, *418*

Donald, K. W., s. Bishop, J. M. 373, *378*

Donato, L., Bartolomei, G., Federighi, G., Torreggiani, A. 195, *223*

Donner, M. W., s. Martin, C. B. 446, *453*

— s. Ramsey, E. M. 446, *454*

Dorigotti, L., Glässer, A. H. 258, *286*

Dougherty, C. M. 83, *94*

Douglass, R. A., s. Assali, N. S. 433, 444, *451*

Doutheil, N. 212, *223*

— Rohde, R. 195, *223*

Dow, Ph., Hamilton, W. F. 48, *61*

— s. Hamilton, W. F. 42, 44, *62*

Downing, A. C., s. Anrep, G. V. 196, *221*

Dragstedt, L. R., s. Oberhelman, H. A. 256, *285*

Drapanas, T., Kluge, D., Schenk, W. 237, *279*

Dreisbach, R. H., s. Gerlach, E. 220, *223*

Dresel, P., Wallentin, I. 229, 246, *279*

Drinker, C. K., Field, M. E. 99, *136*

Driscol, Th. E., Moir, Th. W., Eckstein, R. W. 215, *223*

— s. Moir, T. W. 185, 189, *226*

Droegemueller, W., s. Makowski, E. L. 434, 445, *453*

Dudziak, R., s. Lochner, W. 202, *225*

Duff, F., Greenfield, A. D. M., Shepherd, J. T., Thompson, I. D. 373, *379*

— — Whelan, R. F. 375, *379*

— Patterson, G. C., Shepherd, J. T. 374, *379*, 415, *418*

Duff, R. S., Swan, H. J. C. 391, *418*

Duke, T., s. Patterson, J. L. 157, *183*

Duke, T. W., s. Heyman, A. 157, 172, *179*

Dumke, P. R., Schmidt, C. F. 151, *177*

Duncan, S. L. B., Lewis, B. V. 434, 445, 447, *452*

Dunihue, F. W. 304, *340*

Durand, A., s. Durand, M. 88, *94*

Durand, M., Durand, A., Hatt, P. Y. 88, *94*

Durham, N. C., s. Wilson, W. P. 160, *184*

Dutz, H., Kretzschmar, G. 318, 319, *340*

Ebbecke, U. 361, *379*

Eberlein, H. J. 206, *223*

— s. Rau, G. 194, *227*

Eble, J. N. 250, *279*

Eck, B. 23, *61*

Eckenhoff, J. E., Hafkenschiel, J. H., Harmel, M. H., Goodale, W. T., Lubin, M., Bing, R. J., Kety, S. S. 194, *223*

— — Landmesser, C. M., Harmel, M. H. 194, 206, *223*

— s. Bing, R. J. 194, *222*

— s. Goodale, W. T. 194, *223*

Eckhardt, W. F., s. Goodyer, A. V. 206, *223*

Eckstein, J. W., s. Zimmermann, B. G. 322, *346*

Eckstein, R. W., s. Driscol, Th. E. 215, *223*

— s. Moir, T. W. 185, 189, *226*

Edelman, I. S., s. Schloerbs, P. E. 125, *142*

Edelman, R., Hartroft, P. M. 304, *340*

Eden, M., s. Berliner, R. W. 324, *339*

Eder, H. A., s. Roof, B. S. 318, 319, *344*

Edholm, O. G., Bacharach, A. L. 347, *379*

— Fox, R. H., Macpherson, R. K. 386, 388, 414, *418*

— s. Burton, A. C. 347, 353, 363, 367, *379*

— s. Cooper, K. E. 355, *379*, 386, 388, *417*

— s. Pugh, L. G. C. E. 376, *383*

Edwall, L., s. Bolme, P. 395, 396, *417*

Eger, E. I., s. Severinghaus, J. W. 160, *184*

Eggleton, M. G., Pappenheimer, J. R., Winton, F. R. 310, *340*

Ehmke, D., s. Bargeron, L. M. 194, *221*

Ehrenreich, D. L., Burns, R. A., Alman, R. W., Fazekas, J. F. 162, *177*

Ehring, F. 101, 132, *136*

Eichholtz, F., s. Hilton, R. 205, 206, 219, *224*

Eichhorn, O. 150, *177*

Einstein, A. 123, *136*

Eisenberg, M. M., s. Jacobson, E. D. 254, *285*

Eisner, G. M., Slotkoff, L. M., Lilienfield, L. S. 310, *340*

Ek, J., s. Werkö, L. 321, *346*

Ekberg, R., s. Ingvar, D. H. 146, 153, *180*

Ekholm, R., s. Brånemark, P. I. 69, *93*

Eldridge, F. L., Hultgren, H. N. 450, *452*

Elfvin, L. G. 77, *94*

Elias, H. 80, 86, *94*

Elias, H. E. 272, 273, *290*

— Sherrick, J. C. 267, 273, *290*

Ellinger, P., Hirt, A. 100, *136*

Elliot, E. C., s. Pitt, B. 199, 200, *226*

Ellis, C. J., s. Lifson, N. 257, *291*

Ellis, R. M., s. Franklin, D. L. 31, *62*

Elmslie, R. G., s. Magee, D. F. *287*

Elpers, M. J., s. Selkurt, E. E. 300, *344*

Elsner, R. W., Carlson, L. D. 414, *418*

— s. Carlson, L. D. 376, *379*

Elwyn, D. H., s. Shoemaker, W. C. 267, *291*

Elze, C. 251, *279*

Emanuel, D. A., Scott, J., Collins, R., Haddy, F. J. 322, *340*

Emery, E. W., Gowenlock, A. M., Riddel, A. G., Black, D. A. K. 314, *340*

Emmel, G. L., s. Lambertsen, C. J. 157, 159, *181*

Ems, T., s. Chinard, F. P. 114, 123, 130, *135*

Engel, M., s. Dollery, C. T. 101, *136*

Engelbertz, P., s. Hildebrandt, G. 360, *381*

Engelhardt, A., s. Holtz, P. 263, 264, *289*

Engelhorn, R. 317, *340*

Enger, R., Gerstner, H., Sarre, H. 300, *340*

Engerman, R. L., s. Bloodworth, J. M. 88, *93*

Engermann, R. L. 85, *94*

England, R. M., McC. Johnston, J. G. 369, *379*

Enns, T., s. Chinard, F. P. 314, 315, *339*

Epling, G. P. 81, *94*

Epstein, S. E., s. Beiser, G. D. 372, *378*, 413, *416*

Erlanger 28

— Hooker 59

Espinar-Lafuente, M., s. Ullrich, K. J. 334, *346*

Essex, H., s. Hausner, E. 262, *288*

Essex, H. E., s. Herrick, J. F. 237, *281*

Etherington, J., s. Wolstenholme, G. E. W. 347, 358, *384*, 392, *424*

Etstein, E., s. Homburger, E. 155, *179*

Evans, J. A., s. Lauer, R. M. 449, *453*

Evans, R. D., s. Gibson, J. G.
249, 263, *280, 288*
Ewans, W. F., s. Stewart,
H. J. *383*

Faarup, P. 304, *340*
Fabricius, J., s. Brun, C.
297, 301, *339*
Fåhraeus, R. 99, 103, 112,
*136*
— Lindqvist, T. *136*
Fairchild, H. M., s. Crawford,
D. G. 241, *279*
Fajers, C. M. 318, *340*
Falck, B., Mchedlishvili, G. I.,
Owman, Ch. 175, *177*
Farber Sidney, s. Heymans,
C. 277, *291*
Farquhar, M. G., Palade, G. E.
71, 82, *94*
Faure, W., s. Loewe, S. 265,
*289*
Fawcett 69
Fazekas, J. F., Alman, R. W.,
Bessman, A. N. 158, 160,
*177*
— Bessman, A. N., Gotsonas,
N. J., Alman, R. W. 160,
161, *177*
— McHenry, L. C., Alman,
R. W., Sullivan, J. F.
161, *177*
— s. Ehrenreich, D. L. 162,
*177*
— s. Finnerty, F. A. 165,
168, *177*
— s. Nelson, D. 172, *182*
Federighi, G., s. Donato, L.
195, *223*
Fedoruk, S., Feindel, W.
149, *177*
Feigl, E. O. 214, *223*
Feinberg, H., s. Katz, L. N.
200, *225*
Feinberg, H. X., Gerola, A.,
Katz, L. N. 206, *223*
— Katz, L. N. 213, *223*
Feinberg, I., s. Lassen, N. A.
151, *181*
Feindel, W., s. Fedoruk, S.
149, *177*
Fekete, A., s. Balint, P. 295,
*338*
Feldman, J. D., s. Kurtz,
S. M. 85, *95*
Felix, R., s. Gottstein, U.
415, *419*

Fencl, V., Hejl, Z., Jirka, J.,
Madlafousek, J., Brod, J.
362, *380*, 386, 400, *418*
— s. Brod, J. 400, *417*
Fentem, P. H., Matthews, J. A.
410, *418*
— s. Ardill, B. L. 410, 411,
*416*
Ferguson, D. A., s. Donald,
D. E. 390, 396, *418*
Ferguson, J., Joy, A. C.,
Greengard, H. 264,
*288*
Ferguson, R. W., s. Patterson,
J. L. 160, *183*
Fernström, I., s. Borell, U.
444, 447, *451*
Ferraris, C. M., s. Chiandussi,
L. 269, *290*
Ferris, E. B., s. Abramson,
D. I. 355, *377*
Ferry, C. B., s. Blakely,
A. G. H. 265, *287*
Field, M. E., s. Drinker, C. K.
99, *136*
Fieschi, C., Bozzao, L.,
Agnoli, A. 149, *177*
— — — Nardini, M., Barto-
lini, A. 146, *177*
Fillenz, M. 261, *288*
Fine, J., s. Gibson, J. G.
249, 263, *280, 288*
Finer, B., Graf, K. 362, *380*,
401, *418*
Finesinger, J. E., s. Cobb, S.
150, 174, *176*
Finnerty, F. A., Guillaudeu,
R. L., Fazekas, J. F. 168,
*177*
— Witkin, L., Fazekas, J. F.
165, 168, *177*
Fischer, J., s. Wolf, F. 261,
*290*
Fischlschweiger, W.,
O'Rahilly, R. 69, *94*
Fischer-Wasels, B., s. Tannen-
berg, J. 99, *143*
Fisher, L. C., s. Gregg, D. E.
185, 189, 190, 200, 213, 214,
*224*
Fitzhugh, F. W., s. Freeman,
O. W. 316, *340*
Flad, H. D., s. Gottstein, U.
415, *419*
Fleer, V., s. Keul, J. 200,
202, *225*
Flohr, H. 432, *452*
Florey, H. 173, 174, *177*

Florey, L., s. Jennings, M. A.
75, *95*
Florey, W. 75, *94*
Földi, M., s. Rusznyák, I. *96*,
99, 110, *142*
Fog, M. 150, 164, *177*
Foley, T. H., s. Barcroft, H.
406, *416*
Folk, G. E., s. Horvath, S. M.
249, *281*
Folkow, B. 166, *177*, 229, 234,
240, 242, 245, *279*, 347, 358,
371, *380*, 388, 389, 390, 395,
407, 408, *418*
— Fox, R. H., Krog, J.,
Odelram, H., Thorén, O.
367, *380*
— Frost, J., Haeger, K.,
Uvnäs, B. 357, *380*
— — Uvnäs, B. 249, 252,
*279*
— Fuxe, K., Sonnenschein,
R. R. 106, *136*, 387, 388,
396, *418*
— Häggendal, J., Lisander,
B. 390, *418*
— Halicka, H. D. 385, 387,
403, *418*
— Heymans, C., Neil, E.
401, *418*
— Hymans, C., Neil, E.
99, 106, *136*
— Johansson, B., Mellander,
S. 396, 415, *418*
— — Öberg, B. 252, *280*
— Langstone, J. 298, *340*
— Lewis, D. H., Lundgren,
O., Mellander, E.,
Wallentin, I. 246, *280*
— Lisander, B., Tuttle, R. S.,
Wang, S. C. 390, *419*
— Löfving, B. 241, *280*
— Lundgren, O., Wallentin, I.
102, 117, 121, *136*, 234,
239, 249, 250, *280*
Mellander, S., Öberg, B.
— 395, 396, 397, *419*
Öberg, B. 395, *419*
— — Rubinstein, E. H. 395,
— 396, *419*
Rubinstein, E. H. 397,
— *419*
s. Celander, O. *279*
— s. Cobbold, A. 102, 106,
— 117, 123, *135*, 395, 396,
*417*
— s. Djojosugito, A. M. 395,
396, *418*

Forbes, H. S.  101, *136*, 150, 173, 174, *177*
— Cobb, St. S.  150, 174, *177*
— Nason, G. I., Wortman, R. C.  150, 174, *178*
— Schmidt, C. F., Nason, G. I.  150, 175, *178*
— Wolff, H. G.  150, 164, 174, *178*
— s. Pool, J. L.  173, *183*
Forgacs, I., s. Balint, P.  295, 310, *338*
Forrest, A. P. M., Code, C. F.  255, 256, *284*
Forrester, T., s. Boyd, I. A.  405, *417*
Forster, R. E., s. Longo, L. D.  446, *453*
— s. Power, G. G.  432, 434, 445, 446, *454*
Forster, R. P., Maes, J. P.  297, *340*
Forsyth, R. P., Nies, A. S., Wyler, F., Neutze, J., Melmon, K. L.  261, *288*
Foster, J. P., s. Mann, F. C.  257, *287*
Fourman, J., Kennedy, G. C.  336, *340*
— s. Moffat, D. B.  325, *343*
Fox, R. H., Goldsmith, R., Kidd, D. J.  356, 357, *380*
— Hilton, S. M.  357, *380*
— s. Edholm, O. G.  386, 388, 414, *418*
— s. Folkow, B.  367, *380*
— s. Pugh, L. G. C. E.  376, *383*
Frank, A., s. Bretschneider, H. J.  201, 220, *222*
Frank, O.  4, 7, 10, 11, 17, 18, 21, 23, 24, 25, 27, 28, 29, 41, 42, 44, 45, 51, 52, 59, *61*
Frank, R., s. Necheles, H.  255, *285*
Franke, E. K.  27, *62*
Franklin, D., s. Vatner, S. F.  238, *283*
Franklin, D. L., Baker, D. W., Ellis, R. M., Rushmer, R. F.  31, *62*
— Schlegel, W., Rushmer, R. F.  31, *62*
Franklin, J., s. Trueta, J.  325, *346*
Franklin, K. J., McGee, L. E., Ullmann, E. A.  319, *340*
— s. Barclay, A. E.  434, *451*

Fredericq, H.  264, *288*
Freedberg, A. S., s. Guz, A.  205, *224*
Freeman, J. S., s. Wolstenholme, G. E. W.  347, 358, *384*, 392, *424*
Freeman, O. W., Mitchell, G. W., Wilson, J. S., Fitzhugh, F. W., Merrill, A. J.  316, *340*
Freese, U. E.  429, 430, 443, *452*
— Ranniger, K., Kaplan, H.  444, *452*
Frey, E. K., Kraut, H., Werle, E.  374, *380*, 415, *419*
Frey, M. v.  23, *62*
Freygang, W. H., s. Landau, W. M.  149, 154, *181*
Freyhan, F. A., s. Shenkin, H. A.  175, *184*
Friederici, H. H.  69, 77, 78, 84, *94*
Friedland, C. K., s. Hafkenschiel, J. H.  165, *178*, 179
Friedman, C. L., s. Friedman, L. M.  319, *340*
Friedman, J.  262, *288*
Friedman, L. M., Johnson, R. L., Friedman, C. L.  319, *340*
Friedmann, B., s. Harrison, T. R.  190, *224*
Friesinger, G. C., Schaefer, J., Gaertner, R. A., Ross, R. S.  188, *223*
Friis-Hansen, B. J., s. Schloerbs, P. E.  125, *142*
Froese, G., Burton, A. C.  356, *380*
Frohlich, E. D., Gillenwater, J. Y.  261, 262, *288*
— s. Jacobson, E. D.  253, 255, 256, *285*
— s. Texter, E. C.  250, *283*
Fronek, A.  238, *280*
— s. Fronek, K.  237, 238, *280*
— s. Stembera, Z. K.  431, 442, 448, *454*
Fronek, K., Fronek, A.  237, 238, *280*
— Stahlgren, L. H.  237, *280*
Frost, J., s. Folkow, B.  249, 252, *279*, 357, *380*
Frucht, A.-H.  37, *62*

Fry, D. L.  31, *62*
— Mallos, A. J., Casper, A. G. T.  31, *62*
— s. Patel, D. J.  48, *64*
Fuchs, G., s. Gekle, D.  86, *95*
Fuchs, U.  69, 73, 83, *94*
Fujishima, M., s. Kogure, K.  158, *181*
Fullington, F., s. Carlson, L. D.  376, *379*
Fulton, G. P., Lutz, B. R.  105, *136*
— s. Arendt, J.  132, *134*
— s. Lutz, B. R.  100, *139*
Funaki, E., s. Takeuchi, J.  298, *345*
Fung, Y. C., Zweifach, B. W., Intaglietta, M.  121, *136*
Funk, F. C., s. Levasseur, J. E.  27, *63*
Fuxe, K., s. Bolme, P.  390, *417*
— s. Folkow, B.  106, *136*, 387, 388, 396, *418*

Gaal, P. G., Kattus, A. A., Kolin, A., Ross, G.  212, *223*
Gabbiani, G., Majno, G.  69, *95*
Gabe, I. T., s. Mills, C. J.  44, *63*
Gabelnick, H., s. Wells jr., E. E.  112, *143*
Gadermann, E., Jungmann, H.  44, 48, *62*
Gänshirt, H., Tönnis, W.  151, *178*
Gärtner, K.  298, *340*
Gaertner, R. A., s. Friesinger, G. C.  188, *223*
Gaethgens, P., s. Schmid-Schönbein, H.  112, *142*
Gaethgens, P. A. L.  110, *136*
Gallacher, J., s. Blümchen, G.  195, *222*
Gallacher, J. P., s. Bing, R. J.  195, *222*
— s. Cohen, A.  195, *222*
Gamble, J., s. Davies, B. N.  263, 264, *288*
Gammon, G. D., Bronk, D. W.  277, 278, *292*
Ganz, V., s. Stembera, Z. K.  431, 442, 448, *454*
Gardner, T. H., s. Berne, R. M.  205, *222*

Gargano, S. R., s. Weille, F. L. 100, *143*

Garlick, D. G., s. Courtice, F. C. 102, *136*

— s. Viveros, O. H. 390, *423*

Gaskell, P., Burton, A. C. *280*

Gaskell, T. W. H. 401, *419*

Gauer, O. H. 44, *62*, 103, 104, 111, *136*

— Gienapp, E. 27, *62*

— s. Henry, J. P. 168, 170, *179*

— s. Kenner, Th. 28, *62*

— s. Scheppokat, K. D. 248, *283*

Gault, J. H., s. Mills, C. J. 44, *63*

Gayet, R., Guillaume, M. 259, *286*

Geber, W. F. 237, *280*

Gebert, G., s. Brecht, K. 406, *417*

Geddes, L. A., Baker, L. E. 27, *62*

Geiger, A., Sigg, E. B. 175, *178*

Gekle, D., Bruchhausen, F. v., Fuchs, G. 86, *95*

— Merker, H. J. 83, 85, 88, *95*

Gelin, L. E. 113, *136*

Gélot, B., s. Copley, A. L. 133, *136*

Gemählich, M. 100, *136*

Gerard, R. W., s. Serota, H. 150, *183*

Géraud, J., Bès, A., Rascol, A., Delpla, M., Marc-Vergnes, J. P. 146, 151, *178*

Gercken, G., Roth, E. 167, *178*

Gerdes, A. J., s. McElroy, W. T. 206, *226*

Gerlach, E., Deuticke, B., Dreisbach, R. H. 220, *223*

Gero, J., s. Gerova, M. 247, *280*

Gerola, A., s. Feinberg, H. X. 206, *223*

Gerova, M., Gero, J. 247, *280*

Gersh, I., Catchpole, H. R. 121, *137*

Gerstner, H., s. Enger, R. 300, *340*

Gertz, K. H., Brandis, M., Braun-Schubert, Boylan, J. W. 296, *340*

Gertz, K. H., Mangos, J. A., Braun, G., Pagel, H. D. 297, *340*

Gibbs, E. L., s. Gibbs, F. A. 149, *178*

Gibbs, F. A. 150, *178*, 350, *380*

— Maxwell, H., Gibbs, E. L. 149, *178*

Gibson, J. G., Seligman, A. M., Peacock, W. C., Aub, J. C., Fine, J., Evans, R. D. 249, 263, *280*, *288*

Giebisch, G., s. Hierholzer, K. 306, *341*

— s. Malnic, G. 306, *342*

Gienapp, E., s. Gauer, O. H. 27, *62*

Gierer, A., Wirtz, K. 124, *137*

Gilbert, R. P., s. Haddy, F. J. *281*

Gilding, H. P., s. Rous, P. 100, 101, 104, 125, 128, *141*

Gillenwater, J. Y., s. Frohlich, E. D. 261, 262, *288*

Gillespie, J. S., s. Brown, G. L. 264, *287*

Gilliland, E. R., s. Merrill, E. W. 112, *140*

Gilmore et al. 300

Gilmore, J. P. 298, 300, 316, *340*

Gilmore, V., s. Majno, G. 100, 101, *140*

Ginsburg, J., s. Allwood, M. J. 358, 376, *377*

Girard, M. H. 446, *452*

Girling, F. 243, *280*

Girndt, J., Ochwadt, B. 333, 335, *340*

Glässer, A. H., s. Dorigotti, L. 258, *286*

Glaser, W. 261, *288*

Glaviano, V. V. 447, *452*

Gleichmann, U., Ingvar, D. H., Lassen, N. A., Lübbers, D. W., Siesjö, B. K., Thews, G. 153, *178*

— s. Hirsch, H. 159, 161, *179*

Glenn, W. W. L., s. Goodyer, A. V. N. 301, *340*

Glover, W. E., s. Blair, D. A. 356, 357, 373, *378*, 401, *416*

Gobble, F. L., s. Greiss, F. C. 447, *452*

Goel, J. S., s. Brown, E. 411, *417*

Goldman, D., s. Loman, J. 169, *181*

Goldman, L., s. Grodins, F. S. 237, *280*

Goldsmith, H. L., Mason, S. G. 111, *137*

Goldsmith, R., s. Fox, R. H. 356, 357, *380*

Goldstone, J., s. Schmid-Schönbein, H. 103, 112, *142*, 334, *344*

Golenhofen, K. 105, 106, 107, *137*, 350, 352, 354, 359, 363, 369, 371, *380*, 388, 390, 392, 393, 395, 397, 399, 407, 408, 411, 412, 414, *419*

— Blair, D. A., Seidel, W. 398, 400, 401, *419*

— Hensel, H., Hildebrandt, G. 350, 351, 352, 353, *380*, 389, *419*

— Hermesmeier, D. 351, 352, 354, *380*

— Hildebrandt, G. 103, 106, *137*, 359, 361, 370, *380*, 388, 392, 397, 399, 400, 407, 408, 410, *419*

— v. Loh, D. 399, *419*

— Merguet, P. 408, 409

— s. Merguet, P. 408, *422*

Goluboff, B., s. Novack, P. 160, *182*

— s. Shenkin, H. A. 165, *184*

Gompertz, M. L., s. Kehne, J. H. 255, *285*

Gonlubol, F., s. Bargeron, L. M. 194, *221*

Goodale, W. T., Hackel, D. B. 194, *223*

— Lubin, M., Eckenhoff, J. E., Hafkenschiel, J. H., Banfield, W. G. 194, *223*

— s. Bing, R. J. 194, *222*

— s. Eckenhoff, J. E. 194, *223*

Goodhead, B. 237, *280*

Goodkind, M. J., s. Goodyer, A. V. 206, *223*

Goodman, R. D., s. Lewis, A. E. 263, *289*

Goodwin, J. W., s. Colebatch, H. J. H. 441, *452*

— s. Mahon, W. A. 433, 436, *453*

Goodyer, A. V., Eckhardt, W. F., Ostberg, R. H., Goodkind, M. J. 206, *223*

Goodyer, A. V. N., Glenn, W. W. L. 301, *340*

Goormaghtigh, N. 304, *340, 341*

Gorlin, R., s. Krasnow, N. 203, *225*

— s. Neill, W. A. 203, *226*

Gossweiler, N., s. Reubi, F. C. 333, *343*

Gotho, F., s. Meyer, J. S. 145, 162, *182*

Gotoh, F., Meyer, J. S., Takagi, Y. 159, 161, *178*

— — Tomita, M. 146, 162, *178*

— s. Aizawa, T. 160, *175*

Gotsonas, N. J., s. Fazekas, J. F. 160, 161, *177*

Gottschalk, C. W. 100, *137*, 298, *341*

— Lassiter, W. E., Mylle, M. 334, *341*

— Leyssac, P. P. 307, *341*

— Mylle, M. 296, 297, *341*

Gottstein, U. 174, *178*

— Felix, R., Flad, H. D., Sedlmeyer, I. 415, *419*

— s. Bernsmeier, A. 152, 172, *176*

Gowenlock, A. M., s. Emery, E. W. 314, *340*

Grab, W., Janssen, W. S., Rein, H. 236, *280*

Grängsjö, G., Sandblom, J., Ulfendahl, H. R., Wolgast, M. 350, *380*

Graf, K., Graf, W., Rosell, S. 399, *419*

— Ström, G. 414, *420*

— s. Finer, B. 362, *380*, 401, *418*

Graf, W., s. Graf, K. 399, *419*

Grafflin, A. L., Bagley, E. H. 100, *137*

Graham, G. G., s. Alzamora, V. 450, *451*

Granger, P., s. Dahlheim, H. 304, 305, *339*

— s. Thurau, K. *345*

Grant, s. Lewis 406

Grant, F. C., Spitz, E. B., Shenkin, H. A., Schmidt, C. F., Kety, S. S. 161, *178*

Grant, R. T. 367, *380*

— Bland, E. F. 367, *380*

— Regnier, M. 185, *224*

Grauwiler, J. 44, *62*

Gray, S., s. Arabehety, J. 256, *284*

— s. Mellander, S. 406, *422*

Grayson, J. 350, *380*

— Mendel, D. 214, *224*, 234, 267, 275, 276, *280, 290*

— s. Carlyle, A. 150, 164, *176*

Greco, F., s. Chiandussi, L. 269, *290*

Greeff, K., Holtz, P. 256, *284*

— Koch, J., Plewa, W., Thauer, R. 263, *288*

— s. Holtz, P. 263, 264, *289*

Green, s. Gregg 29

Green, H., s. Deal, C. 237, 252, *279*

Green, H. D. 231, 233, *280*

— Deal, G. P., Bardhana-haedya, S., Denison, A. B. 250, *280*

— Hall, L. S., Sexton, J., Deal, C. P. 237, 275, *280, 290*

— Howard, W. B., Kenan, L. F. 357, *381*

— Ottis, K., Kitchen, T. 263, 264, *288*

— Rapela, C. E., Conrad, M. C. 164, *178*

— Wegria, R. 206, *224*

— s. Bond, R. F. 238, *279*

— s. Rapela, C. E. 164, 167, *183*

— s. Spencer, M. P. 322, *344*

Green, H. O., s. Ottis, K. 261, 262, 264, *289*

Green, J. D., Harris, G. W. 100, *137*

Green, J. M., s. Winbury, M. M. 214, *228*

Green, P. A., s. Gregg, D. E. 194, *224*

Greenfield, A. D. M. 347, 355, 358, 365, *381*

— Patterson, G. C. 248, *280*

— Shepherd, J. T. 367, *381*

— — Whelan, R. F. 367, *381*

— s. Blair, D. A. 401, *416*

— s. Brown, E. 411, *417*

— s. Ardill, B. L. 410, 411, *416*

— s. Coles, D. R. 369, *379*

— s. Cooper, K. E. 431, *452*

— s. Crossley, R. J. 372, *379*

— s. Diji, A. 374, *379*

— s. Duff, F. 373, 375, *379*

Greenfield, J. C., s. Patel, D. J. 48, *64*

Greenfield, S., s. Long, Ch. 101, *139*

Greengard, H., s. Ferguson, J. 264, *288*

Greenway, C. L., s. Cohen, M. M. 274, *290*

Greenway, C. V., Lawson, A. E., Mellander, S. 246, 247, 269, 274, 275, *280, 290*

— — Stark, R. D. 246, 261, 262, 264, 265, 274, 275, *280, 288, 290*

— Stark, R. D. 263, 264, 267, 268, *288, 290*

Greenwell, J. R., s. Barlow, T. E. 258, *286*

Greenwood, B., s. Barcroft, H. 405, *416*

Gregg, Green 29

Gregg, D. E. 185, 189, 195, 197, 198, 199, 200, 203, 218, 219, *224*, 294, 295, *341*, 441, *452*

— Fisher, L. C. 185, 189, 190, 200, 213, 214, *224*

— Khouri, E. M., Rayford, C. R. 190, 197, *224*

— Longino, F. H., Green, P. A., Czerwonka, L. J. 194, *224*

— Shipley, R. E. 188, *224*

— s. Khouri, E. M. 31, *62*, 190, *225*

— s. Pitt, B. 199, 200, *226*

— s. Rayford, C. R. 188, *227*

— s. Sabiston, D. C. 208, *227*

— s. Shaw, R. 195, *228*

Gregl, I. M., s. Kanzow, E. 154, *180*

Greiss, F. C. 447, *452*

— Gobble, F. L. 447, *452*

— Marston, E. L. 447, *452*

Greitz, T. 149, *178*

Griffen jr., W. O., s. Lifson, N. 257, *291*

Griffin, W., s. Salmon, P. 253, *285*

Grill, G., s. Schnermann, J. 307, 308, *344*

Grim, E. 237, 249, 258, 261, *280, 286, 288*

— Lindseth, E. O. 237, 238, 239, *280*

— s. Delaney, J. P. 253, 254, 255, 256, 258, *284, 286*

— s. Rayner, R. 238, *282*

Grimby, G., Häggendal, E.,
Saltin, B. 414, 415, *420*
Grindlay, J. H., Herrick, J. F.,
Baldes, E. J. 261, 264,
265, *288*
— — Mann, F. C. 236, 237,
*280, 288*
Grishman, E., s. DiScala,
G. H. 88, *94*
Grodins, F. S., Osborne, S. L.,
Ivy, A. C., Goldman, L.
237, *280*
Groff, R. A., s. Shenkin, H. A.
169, *184*
Gross, D., s. Hammersen, F.
363, *381*, 397, *420*
Gross, F., Schaechtelin, G.,
Brunner, H., Peters, G.
320, *341*
Gross, R., Illig, L., Macher, E.
132, *137*
Grossman, M. I., s. Jacobson,
E. D. 255, *285*
Grote, G., s. Hirsch, H.
155, *179*
Grote, J., Kreuscher, M. 149,
155, *178*
Grotte, G. 102, 119, 126, *137*
Grün, D., s. Hirche, H.
403, *420*
Grunewald, W. 129, 130, *137*
Grupp, G., Heimpel, H.
310, *341*
— — Hierholzer, K. 297, *341*
Günzler 325, 334
Gürtler, R., s. Reubi, F. C.
333, *343*
Guild, W. R., s. Bricker, N. S.
315, *339*
Guillaudeu, R. L., s. Finnerty,
F. A. 168, *177*
Guillaume, M., s. Gayet, R.
259, *286*
Guinnebault, M., s. Morel,
F. F. 335, *343*
Guntheroth, W. G., Mullins,
G. L. 263, *288*
Gurdjian, E. S., Webster, J. E.,
Martin, F. A., Thomas,
L. M. 150, 173, *178*
Guyton, A. C. 103, 109, 121,
122, *137*
— Langstone, J. B., Navar, G.
302, 307, *341*
— Ross, J. M., Carrier, O.,
Walker, J. R. 241, *280*
— s. Crawford, D. G.
241, *279*

Guyton, A. C., s. Sagawa, K.
167, *183*
Guz, A., Kurland, G. S.,
Freedberg, A. S. 205, *224*

Haberich, F. J., Aziz, O.,
Nowacki, P. 278, *292*
Hackel, D. B., s. Goodale,
W. T. 194, *223*
Hackensellner, H. A., s.
Meyer, R. 71, *96*
Haddy, F. J. 250, *281*, 415,
*420*
— Chou, C. C., Scott, J. B.,
Dabney, J. M. 243, 250,
*281*
— Gilbert, R. P. *281*
— Scott, J. B. 298, *341*, 388,
405, *420*
— s. Emanuel, D. A. 322,
*340*
— s. Scott, J. B. 406, *423*
— s. Texter, E. C. 240, *283*
Haefely, W., s. Thoenen, H.
261, 263, 264, *290*
Haeger, K., s. Folkow, B.
357, *380*
Häggendal, E. 174, *178*
— Johansson, B. 153, 167,
*178*
— Kerstell, J., Steen, B.,
Svanborg, A. 403, *420*
— Löfgren, L., Nilsson, N. J.,
Zwetnow, N. 170, 171,
172, *178*
— Nilsson, N. J., Norbäck, B.
153, 172, 173, *178*
— Norbäck, B. 160, 161,
173, *178*
— s. Grimby, G. 414, 415,
*420*
Häggendal, J., s. Folkow, B.
390, *418*
Härter, O., s. Brobeil, A.
150, *176*
Hafkenschiel, J. H., Crump-
ton, C. W., Friedland, C. K.
165, *178*
— — Moyer, J. H. 165, 174,
*179*
— — — Jeffers, W. A. 165,
*179*
— — Shenkin, H. A., Moyer,
J. H., Zintel, H. A., Wen-
del, H., Jeffers, W. A.
169, *179*
— Friedland, C. K., Zintel,
H. A., Lincoln, N. K.,

Brandt, H., Merill, J.
165, *179*
Hafkenschiel, J. H., s. Bing,
R. J. 194, *222*
— s. Eckenhoff, J. E. 194,
206, *223*
— s. Goodale, W. T. 194, *223*
— s. Harmel, M. H. 174, *179*
— s. Kety, S. S. 165, *180*
— s. Shenkin, H. A. 174, *184*
Hahn, P., Bale, W., Bonner, J.
262, *288*
Haigl, A. L., s. Cumming, J. D.
254, *284*
Haim, G. 78, *95*
Haining, J. L., Turner, M. D.
330, 333, *341*
Halicka, H. D., s. Folkow, B.
385, 387, 403, *418*
Hall, B. V. 85, *95*
Hall, K. V., s. Capellen, Ch.
61
Hall, L. S., s. Green, H. D.
237, 275, *280, 290*
Hall, P. W., s. Selkurt, E. É.
344
Halley, M., s. Creech, O. 151,
176
Halley, M. M., Reemtsma, K.,
Creech, O. 167, *179*
Halperin, M. H., s. Wilkins,
R. W. 369, *384*
Hamilton, P. B., s. Phillips,
R. A. 318, 319, 320, *343*
Hamilton, W. F. 51, *62*, 193,
*224*
— Dow, Ph. 42, 44, *62*
— Moore, J. W., Kinsman,
J. M., Spurling, R. G.
193, *224*
— Remington, J. W. 60, *62*
— s. Dow, Ph. 48, *61*
— s. Mehrizi, A. 322, *342*
— s. Remington, J. W. 57,
*64*, 248, *282*
— s. Woodbury, R. A. 447,
*454*
— s. Yonce, L. R. 407, *424*
Hammersen, F. 67, *95*, 105,
107, 108, 109, *137*, 397, *420*
— Gross, D. 363, *381*, 397,
*420*
Hammond, M. M., s. Bing,
R. J. 194, *222*
Hammond, W. H., s. Pugh,
L. G. C. E. 376, *383*
Hampton, J. C., s. Bennett,
H. S. 71, 76, 83, 90, *93*

Handa, J., Ishikawa, S., Huber, P., Meyer, J. S. 150, *179*
— s. Huber, P. 171, *180*
— s. Ishikawa, S. 150, *180*
Handelmans, J. C., s. Bing, R. J. 194, *222*
Hanke, D., Schlepper, M., Westermann, K., Witzleb, E. 373, *381*
Hannisdahl, B., s. Christensen, E. H. 373, *379*
Hansen, A. T. 27, *62*
— s. Brun, C. 297, 301, *339*
Hanson, K. M. 246, 269, *281, 290*
— Johnson, P. C. 269, 270, 275, *290*
Hansard, S. L. 263, *288*
Hanssen, O. E. 323, *341*
Hara, K. 252, *281*
Harada, Y., s. Daggett, W. M. 214, *223*
Harder, H. *137*
Harders, H. 101, *137*
— Bartelheimer, H., Küchmeister, H. 101, *137*
Hardung, V. 23, 37, 48, 49, 51, *62*
Hardy, J. D., Soderstrom, G. F. 354, *381*
Hargitay, s. Kuhn 324
Harkins, N. H., s. Condon, R. E. 269, *290*
Harman, M. A., Reeves, T. J. 214, *224*
Harmel, M. H., Hafkenschiel, J. H., Austin, G. M., Crumpton, C. W., Kety, S. S. 174, *179*
— s. Eckenhoff, J. E. 194, 206, *223*
— s. Shenkin, H. A. 149, *184*
Harms, D., s. Lennert, K. 259, *289*
Harper, A. A. 258, *286*
— Reed, J. D., Smy, J. R. 254, *284*
— Vass, C. C. 259, *286*
— s. Barlow, T. E. 258, *286*
— s. Brown, J. C. 259, *286*
Harper, A. M. 160, 161, 164, 168, *179*
— Bell, R. A. 164, *179*
— Jacobsen, J., McDowall, D. G. 157, *179*
Harries, E. H. L. 255, *284*
— s. Cumming, J. D. 254, *284*

Harris, G. W., s. Green, J. D. 100, *137*
Harrison, J. S., McSwiney, B. A. 256, *285*
Harrison, T. R., Friedmann, B., Resuick, H. 190, *224*
Harsing, L., Pessey, K. 333, *341*
Hartel, W., s. Schneider, H. 274, *290*
Hartmann, F. 89, *95*
Hartroft, P. M. 304, *341*
— s. Edelman, R. 304, *340*
Hatch, R. C., Hughes, R. W., Bozivich, H. 242, *281*
Hatt, P. Y. 304, *341*
— s. Durand, M. 88, *94*
Hauck, G. 100, 101, 104, 107, 112, 113, 118, 119, 121, 126, 127, 128, 133, *137*
— Schröer, H. 101, 104, 112, 118, 119, 126, 127, 131, *137*, 269, 273, *290*
— s. Schröer, H. 131, 132, 133, *142*
Hausner, E., Essex, H., Mann, F. 262, *388*
Haverback, D. J., Bogdanski, D., Hogben, C. A. M. 255, *285*
Hayden, J. W., s. Bugliarello, G. 102, *135*
Hayes, J. P. L. A., s. Allwood, M. J. 357, 361, *377*
Haynal, I., s. Lewis, T. 366, *382*
Haynes, B. W., s. Morris, G. C. 165, *182*
Haynes, R. H., Burton, A. C. 111, *138*
Hedlund, S., Ljundgreen, K., Berggren, B., Brundell, P. O. 150, *179*
— Nylin, G. 149, 150, *179*
— s. Ljundgreen, K. 150, *181*
— s. Nylin, G. 149, 150, *183*
Hedqvist, P. 264, 265, *288*
Heidenreich, O., Keller, P., Kook, Y. 323, *341*
Heimpel, H., s. Grupp, G. 297, 310, *341*
Heinke, W., s. Rollhäuser, H. 325, 326, *344*
Heissig, N. 101, *138*
Heite, H.-J., s. Doerr, F. F. 373, *379*

Hejl, Z., s. Barcroft, H. 401, *416*
— s. Brod, J. 400, 415, *417*
— s. Fencl, V. 362, *380*, 386, 400, *418*
Held, U. P., s. Kanzow, E. 154, *180*
Hellinger, F. R., Bloor, B. M., McCutchen, J. J. 149, *179*
Hellon, R. F., s. Clarke, R. S. J 367, *379*, 404, *417*
— s. Crockford, G. W. 359, 375, *379*
Hemingway, A. 230, *281*
Hendricks, C. H. 447, *452*
— Quilligan, E. J., Tyler, C. W., Tucker, G. J. 446, *452*
Henn, R., s. Diemer, K. 159, *177*
Henne, G., s. Thurau, K. 297, 298, 300, 301, 316, *345*
Hennig, W., s. Braasch, D. 111, *135*
Henning, M., s. Johnsson, G. 415, *421*
Henrich, H., Lutz, J. 246, 247, 250, *281*
— s. Bauereisen, E. 277, *292*
— s. Lutz, J. 231, 242, 243, 245, 246, 261, 262, 265, 266, 273, *282, 289, 291*
Henry, J. P., Gauer, O. H., Kety, S. S., Kramer, K. 168, 170, *179*
Hensel, H. 103, *138*, 347, 351, 353, 359, 360, 363, 368, 377, *381*, 388
— Bender, F. 353, *381*
— Hildebrandt, G. 414, *420*
— Ruef, J. 350, 351, *381*, 389, *420*
— s. Allwood, M. J. 376, *377*
— s. Barcroft, H. 414, *416*
— s. Betz, E. 150, 154, 160, *176*, 352, *378*
— s. Bock, K. D. 392, *416*
— s. Golenhofen, K. 350, 351, 352, 353, *380*, 389, *419*
— s. Ruef, J. 375, *383*
Henson, J. R., s. Domenech, R. J. 195, *223*
Hentschel, H. D. 374, *381*
Heppner, F., s. Bertha, H. 150, *176*
Herd, J. A., Hollenberg, M., Thorburn, G. D., Kopald,

H. H., Barger, A. C.   195, *224*

Herd, J. A., s. Thorburn, G. D.   330, 333, 338, *345*

Herkel, W., s. Barcroft, J.   434, 445, *451*

Hermesmeier, D., s. Golenhofen, K.   351, 352, 354, *380*

Herold, W., s. Pfaff, W.   101, *141*

Herrath, E. v.   259, 262, *289*

Herrick, J. F., Essex, H. E., Mann, F. C., Baldes, E. J.   237, *281*

— s. Grindlay, J. H.   236, 237, 261, 264, 265, *280*, *288*

Herrmann, E., s. Betz, E.   150, *176*

— s. Brobeil, A.   150, *176*

Herrnring, G., Küchmeister, H., Pirtkien, R.   101, *138*

— s. Küchmeister, H.   101, *139*

Hertting, G., Widhalm, S.   265, *289*

Hertzman, A. B.   347, *381*

— Randall, W. C., Jochim, K. E.   357, *381*

— Roth, L. W.   *381*

Hervey, G. R., s. Pugh, L. G. C. E.   376, *383*

Heslop, T. S.   256, *285*

Hess, W. R.   112, *138*

Heuser, D., s. Betz, E.   163, *176*

Heyman, A., Patterson jr., J. L., Duke, T. W.   157, 172, *179*

— s. Crockford, G. W.   359, *379*

— s. Patterson, J. L.   157, 160, *183*

Heymann, M. A., s. Rudolph, A. M.   432, 433, 434, 435, 436, 438, 439, 440, 441, 443 *454*

Heymans, C., Bouckaert, J. J., Farber Sidney, Hsu, F. Y.   277, *292*

— Schaepdryver, A. F., Vleeschhouwer, G. R.   277, *292*

— s. Folkow, B.   401, *418*

Heyse, E., s. Schlosser, D.   108, *142*

Hickl, E.-J.   44, *62*

Hickson, J. C. D.   258, 259, *286*

— s. Comline, R. S.   257, *286*

Hierholzer, K., Wiederholt, M., Holzgreve, H., Giebisch, G., Klose, R. M., Windhager, E. E.   306, *341*

— s. Grupp, G.   297, *341*

Hildebrandt, G.   360, 361, *381*, 410, *420*

— Engelbertz, P.   360, *381*

— s. Golenhofen, K.   103, 106, *137*, 350, 351, 352, 353, 359, 361, 370, *380*, 388, 389, 392, 397, 399, 400, 407, 408, 410, *419*

— s. Hensel, H.   414, *420*

— s. Melchior, H.   372, 373, *382*

Hilgert, G., s. Bretschneider, H. J.   194, *222*

Hill, S., s. Barcroft, J.   434, 445, *451*

Hille, H.   31, *62*, 347, 357, 359, 362, 366, *381*

— Nobel, J.   399, *420*

Hilpert, P., Schlosser, D., Barbey, K., Bartels, H.   436, *452*

— s. Metcalfe, J.   443, *453*

Hilsman, J. T., s. Kyle, G. C.   259, *287*

Hilton, R., Eichholtz, F.   205, 206, 219, *224*

Hilton, S. M.   *138*, 374, *381*, 385, 390, 401, 403, 405, 406, *420*

— Jones, M.   258, *286*

— Vrbová, G.   385, 406, *420*

— s. Abrahams, V. S.   252, *278*, 390, *416*

— s. Fox, R. H.   357, *380*

Himwich, E. A., Homburger, E., Mareska, K., Himwich, H. E.   145, *179*

— s. Homburger, E.   155, *179*

Himwich, H. E., s. Himwich, W. A.   145, *179*

— s. Homburger, E.   155, *179*

Hinshaw, L. B.   240, *281*

— Ballin, H. M., Day, S. B., Carlson, C. H.   241, *281*

— Day, S. B., Carlson, C. H.   241, *281*

Hirche, Hj.   201, 202, 209, 210, 211, 216, 217, *224*

Hirche, Hj., Lochner, W.   188, 193, 195, 196, *224*

— — Scholtholt, J.   208, 209, *224*

— Raff, W. K., Grün, D.   403, *420*

— s. Lochner, W.   206, 212, 221, *225*

Hirsch   348

Hirsch, H., Gleichmann, U., Kristen, H., Magazinović, V.   159, 161, *179*

— Grote, G., Schlosser, V.   155, *179*

— Körner, K.   151, 164, 165, 167, *179*

— s. Schmid-Schönbein, H.   112, *142*

Hirsch, R. L., s. Perl, W.   350, *382*

Hirschowitz, B. I., Sachs, G.   256, *285*

Hirsjärvi, E. A., s. Allwood, M. J.   357, 361, *377*

— s. Barcroft, H.   401, *416*

Hirt, A., s. Ellinger, P.   100, *136*

Histand, M. B., s. Anliker, M.   48, *60*

Hochberger, A. I., Zweifach, B. W.   113, *138*, 232, *281*

Hodge, J. V., s. Dollery, C. T.   101, *136*

Hodr, J., s. Stembera, Z. K.   431, 442, 448, *454*

Høedt-Rasmussen, K.   *179*

— Sveinsdottir, E., Lassen, N. A.   146, 149, *179*

— s. Ingvar, D. H.   146, 153, *180*

— s. Lassen, N. A.   146, 153, *181*

Höljes, U., s. Morgenstern, C.   196, *226*

Hoerr, N. L., s. Peck, H. M.   100, *141*

Hoffman, J. I. E., s. Domenech, R. J.   195, *223*

Hoffmeister, H. E., Kreuzer, H., Schoeppe, W.   203, *224*

Hogben, C. A. M., s. Haverback, D. J.   255, *285*

— s. Shore, P.   254, *286*

Holaday, D. A., s. Rosomoff, N. L.   151, *183*

Hollander, F., s. Jemerin, E. E   256, *285*

Hollander, F., s. Tankel, H.
258, *287*
Hollenberg, M., s. Herd, J.A.
195, *224*
— s. Reis, D.J.   385, 387,
403, *422*
— s. Thorburn, G.D.   330,
333, 338, *345*
Hollman, M.E., Kasby, C.B.,
Suthers, M.B., Wilson,
J.F.   270, *290*
Holm, L.W., s. Assali, N.S.
438, 443, 447, *451*
Holmgren, A., Jonsson, B.,
Levander, M., Linderholm,
H., Mossfeldt, F.,
Sjöstrand, T., Ström, G.
414, *420*
Holmqvist, B., Ingvar, D.H.,
Siesjö, B.   173, 174, 175,
*179*
Holms, L., s. Assali, N.S.
447, *451*
Holton, F.A., Holton, P.
358, *381*
Holton, P.   358, *381*
— Perry, W.L.M.   358, *381*
— s. Holton, F.A.   358, *381*
Holtz, P., Bochmann, F.,
Engelhardt, A., Greeff, K.
263, 264, *289*
— s. Greeff, K.   256, *284*
Holze, E.A., s. Lee, R.E.
108, *139*
Holzgreve, H., s. Hierholzer,
K.   306, *341*
Homburger, E., Himwich,
E.A., Etstein, E., York,
G., Maresca, R., Himwich,
H.E.   155, *179*
— s. Himwich, W.A.   145,
*179*
Honig, C.R., s. Wallis, W.   *283*
Hoobler, S.W., s. Uchida, E.
242, *283*
Hooker, s. Erlanger   59
Hornbein, T.F., s. Severing-
haus, J.W.   160, *184*
Hornych, A., s. Brod, J.   415,
*417*
Horster, M., Schnermann, J.,
Thurau, K.   324, 337, *341*
— Thurau, K.   293, 323, 324,
*341*
— s. Schnermann, J.   296,
*344*
Hort, W., Severidt, H.-J.
428, 438, *452*

Horton, E.W., s. Davies, B.N.
265, *288*
Horvath, S.M., Kelly, T.,
Folk, G.E., Hutt, S.K.
249, *281*
Hosemann, H.   445, *452*
Houck, C.R.   316, *341*
Hoversland, A.S., s. Parer,
J.T.   434, 445, 447, *454*
Howard, H.C., s. Kelman,
R.B.   334, *341*
Howard, W.B., s. Green, H.D.
357, *381*
Howell, S.R., s. Minard, D.
101, *140*
Hsieh, A.C., s. Carlson, L.D.
368, 376, *379*
Hsu, F.Y., s. Heymans, C.
277, *292*
Hubel, K.A.   258, *286*
Huber, P., Meyer, J.S.,
Handa, J., Ishikawa, S.
171, *180*
— s. Ishikawa, S.   150, *180*
— s. Handa, J.   150, *179*
Huckabee, W.E.   447, *453*
Walcott, C.   433, 434, *453*
Hudack, St., s. McMaster,
P.D.   118, *140*
Hudlická, O.   385, 387, 388,
390, 397, 403, 405, 408,
*420*
Hürlimann, A., s. Thoenen, H.
261, 263, 264, *290*
Hugget, A.S.G.   434, *453*
Hughes, F.A., s. Kehne, J.H.
255, *285*
Hughes, R.W., s. Hatch, R.C.
242, *281*
Hughes, T.   448, *453*
Hultgren, H.N., s. Eldridge,
F.L.   450, *452*
Hutcheon, D., s. Burn, J.
249, *279*
Hutchison, K.J., s. Brick, I.
391, *417*
Hutt, S.K., s. Horvath, S.M.
·249, *281*
Hyman, C., Rosell, S., Rosen,
A., Sonnenschein, R.,
Uvnäs, B.   107, *138*
Hymans, C., s. Folkow, B.
99, 106, *136*

Illig, L.   67, *95*, 99, 100, 103,
104, 105, 107, 113, 131, 133,
*138*, 347, *382*, 397, *420*
— Conraths, H.   101, *138*

Illig, L., s. Gross, R.   132, *137*
Imamura, T., s. Long, Ch.
101, *139*
Ingvar, D.H.   151, 160, 161,
173, *180*
— Cronquist, S., Ekberg, R.,
Risberg, J., Høedt-
Rasmussen, K.   146, 153,
*180*
— Lassen, N.A.   147, 149,
*180*
— Risberg, J.   153, *180*
— Söderberg, U.   151, *180*
— s. Betz, E.   150, *176*
— s. Brock, M.   155, *176*
— s. Gleichmann, U.   153,
*178*
— s. Holmqvist, B.   173,
174, 175, *179*
— s. Lassen, N.A.   146, 153,
*181*
Intaglietta, M.   118, 119, 121,
125, 126, *138*
— s. Fung, Y.C.   121, *136*
— s. Smaje, L.   128, *142*
— s. Zweifach, B.W.   101,
118, 119, 120, 121, 125, 120,
*144*
Irwin, J.W., Burrage, W.S.
100, *138*
— MacDonald, J.   100, *138*
— s. Rappaport, M.B.
101, *141*
— s. Weille, F.L.   100, *143*
Ishikawa, S., Handa, J.,
Meyer, J.S., Huber, P.
150, *180*
— s. Handa, J.   150, *179*
— s. Huber, P.   171, *180*
— s. Meyer, J.S.   150, *182*
— s. Symon, L.   150, *184*
Ivy, A.C., s. Grodins, F.S.
237, *280*

Jacobs, E., s. Clark, W.G.
133, *135*
Jacobs, M.W., s. Kuntz, A.
261, *289*
Jacobsen, C.W.S., s. Brock,
M.   155, *176*
Jacobsen, J., s. Harper, A.M.
157, *179*
Jacobson, D., s. Shehadeh, Z.
250, *283*
Jacobson, E.D.   255, 258,
*285, 286*
— Eisenberg, M.M., Swan,
K.G.   254, *285*

Jacobson, E. D., Linford, R. H. Grossman, M. I. 255, *285*
— Scott, J. B., Frohlich, E. D. 253, 255, 256, *285*
— s. Price, W. E. 252, *282*
— s. Swan, K. G. 254, *286*
Jaeger, M. 242, *281*
Jageneau, A. H. M., s. Schaper, W. K. A. 190, *227*
Jager, G. N., s. Noordergraaf, A. 23, *63*
James, L. S., s. Burnard, E. D. 450, *451*
James, Th. N. 189, *224*
Janssen, W. S., s. Grab, W. 236, *280*
Jansson, G., Kampp, M., Lundgren, O., Martinson, J. 235, *281*
Jeffers, W. A., s. Hafkenschiel, J. H. 165, 169, *179*
— s. Kety, S. S. 165, *180*
Jegier, W., Blankenship, W., Lind, J. 449, *453*
Jemerin, E. E., Hollander, F., Weinstein, V. A. 256, *285*
Jenett, W., s. Braasch, D. 103, 111, 112, 113, *135*
Jenker, F. L., s. Bertha, H. 150, *176*
Jenkner, F. L. 150, *180*
Jenkins, A. R., s. Dewar, H. A. 165, *177*
Jennings, M. A., Florey, L. 75, *95*
Jensen, R. D., s. Peterson, L. H. 48, *64*
Jirka, J., s. Brod, J. 400, 415, *417*
— s. Fencl, V. 362, *380*, 386, 400, *418*
Jochim, K. E., s. Hertzman, A. B. 357, *381*
Jodal, M., Lundgren, O. 249, *281*
Johansson, B., Linder, E., Seeman, T. 195, *224*
— Ljung, B. 270, *291*
— Sparks, H. V., Biber, B. 246, *281*
— s. Folkow, B. 252, *280*, 396, 415, *418*
— s. Häggendal, E. 153, 167, *178*
— s. Mellander, S. 347, 371, *382*, 388, 389, 395, 396, 405, 406, *422*

Johnson, H. D. 232, 244, *281*
Johnson, P. C. 102, 109, 117, 121, *138*, 215, *224*, 232, 240, 243, 255, 272, 273, *281*, *291*
— Wayland, H. 106, 108, *138*
— s. Hanson, K. M. 269, 270, 275, *290*
— s. Richardson, D. R. 246, 248, *283*
— s. Wayland, H. 102, *143*
Johnson, R. L., s. Friedman, L. M. 319, *340*
Johnsson, G., Henning, M., Åblad, B. 415, *421*
— Öberg, B. 415, *421*
Johnston, J. G. McC., s. England, R. M. 369, *379*
Johnstone, F. 249, *281*
Jones, H., s. Nylin, G. 149, *183*
Jones, M., s. Hilton, S. M. 258, *286*
Jones, R. D., Berne, R. M. 244, *281*
Jonsson, B., s. Holmgren, A. 414, *420*
Jonsson, J., s. Brånemark, P. I. 102, *135*
Jonsson, O., s. Mellander, S. 406, *422*
Joó, F. 86, *95*
Jørgensen, F. 84, *95*
Josephson, B., s. Werkö, L. 321, *346*
Joy, A. C., s. Ferguson, J. 264, *288*
Juhasz-Nagy, A., Szentivanyi, M. 214, *225*
Jungmann, H., s. Gadermann, E. 44, 48, *62*
Junqueira, L. C. U., Rothschild, H. A., Vugham, I. 259, *286*

Kaihara, S., Rutherford, R. B., Schwentker, E. P., Wagner, H. N. 261, *289*
Kaiser, G. A., s. Sonnenblick, E. H. 203, *228*
Kaiser, I. H., s. Martin, C. B. 446, *453*
Kaiser, R. S., s. Diana, J. N. 415, *417*
Kamon, E., Belding, H. S. 373, *382*

Kampp, M., Lundgren, O. 239, *281*
— Nilsson, N. J. 67, *95*
— — Sjöstrand, J. 235, *281*
— s. Jansson, G. 235, *281*
— s. Lundgren, O. 235, *282*
Kaneko, M., Zechman, F. W., Smith, R. E. 399, *421*
Kanzow, E. 150, *180*, 191
— Gregl, I. M., Held, U. P., Richtering, I. 154, *180*
— Krause, D. 151, 153, *180*
— — Kühnel, H. 155, *180*
— Reichel, K. 154, *180*
— s. Bretschneider, H. J. 201, *222*
— s. Dieckhoff, D. 150, *177*
Kapal, E., Martini, F., Reichel, H., Wetterer, E. 44, 48, *62*
— — Wetterer, E. 44, 48, *62*
— s. Wagner, R. 37, *65*
Kaplan, H., s. Freese, U. E. 444, *452*
Karnovsky, M. J. 75, *95*, 114, 128, 129, 130, *138*
— s. Reese, T. S. 71, 86, *96*
— s. Shea, St. M. 75, *97*, 114, 129, *142*
Kasby, C. B., s. Hollman, M. E. 270, *290*
Kassell, N. F., s. Langfitt, T. W. 150, 167, 170, *181*
Katchalsky, A., s. Kedem, O. 124, *138*
Katorie, M., Berne, R. M. 220, *225*
Kattus, A. A., s. Gaal, P. G. 212, *223*
Katurich, N., s. Strauss, J. 312, *345*
Katz, Bergmann 269
Katz, L., s. Wang, H. H. 206, *228*
Katz, L. N., Feinberg, H. 200, *225*
— s. Alella, A. 203, *221*
— s. Feinberg, H. X. 206, 213, *223*
— s. Laurent, D. 203, *225*
Kavaler, F., s. Thompson, D. D. 297, *345*
Kaye, E., s. Necheles, H. 255, *285*
Kaye, G. L. 74, *95*
Keating, R. P., s. Blake, W. D. 300, *339*

Keatinge, W. R.   366, 367, *382*
Kedem, O., Katchalsky, A.
   124, *138*
Keen, E. N.   427, *453*
Kehne, J. H., Hughes, F. A.,
   Gompertz, M. L.   255, *285*
Keller, C. J., Loeser, A.,
   Rein, H.   402, *421*
Keller, P., s. Heidenreich, O.
   323, *341*
Kelly, T., s. Horvath, S. M.
   249, *281*
Kelman, R. B., Marsh, D. J.,
   Howard, H. C.   334, *341*
Kelvin   37
Kenan, L. F., s. Green, H. D.
   357, *381*
Kennedy, C., Sokoloff, L.
   151, 152, *180*
— s. Sokoloff, L.   152, *184*
Kennedy, G. C., s. Fourman, J.
   336, *340*
Kenner, Th.   23, 37, 51, *62*
— Gauer, O. H.   28, *62*
— Ronniger, R.   21, 48,
   51, *62*
— s. Wetterer, E.   5, 16, 17,
   18, 20, 21, 23, 37, 44, 48, 51,
   53, 56, 60, *65*, 233, *284*
Kenney, R. A., s. Barclay,
   J. A.   322, *338*
Kerr, W., s. Lewis, T.
   366, *382*
Kerstell, J., s. Häggendal, E.
   403, *420*
Kessler, M.   103, *138*
— s. Lübbers, D. W.   149,
   *181*
— s. Schneider, H.   274, *290*
Kety, S., Schmidt, C. F.
   434, *453*
Kety, S. S.   152, 153, 172,
   *180*, 193, 195, *225*
— Hafkenschiel, J. H.,
   Jeffers, W. A., Leopold,
   J. H., Shenkin, H. A.
   165, *180*
— Schmidt, C. F.   145, 151,
   157, 158, 160, 161, *180*, 193,
   *225*
— Shenkin, H. A., Schmidt,
   C. F.   170, 171, *180*
— Smith, C. F.   125, *138*
— s. Bing, R. J.   194, *222*
— s. Eckenhoff, J. E.
   194, *223*
— s. Grant, F. C.   161, *178*
— s. Harmel, M. H.   174, *179*

Kety, S. S., s. Henry, J. P.
   168, 170, *179*
— s. Landau, W. M.   149,
   154, *181*
— s. Lewis, B. M.   160, 161, *181*
— s. Schmidt, C. F.   151, *183*
— s. Mangold, R.   152, *181*
— s. Shenkin, H. A.   149,
   174, 175, *184*
— s. Sokoloff, L.   152, *184*
Keul, J., Doll, E., Steim, H.,
   Fleer, V., Reindell, H.
   200, 202, *225*
— s. Doll, E.   195, 200, 216,
   *223*, 403, *418*
Keyserlingk, D. v.   82, *95*
Khouri, E. M., Gregg, D. E.
   31, *62*, 190, *225*
— — Rayford, C. R.   190,
   197, *225*
— s. Gregg, D. E.   190,
   197, *224*
— s. Pitt, B.   199, 200, *226*
— s. Rayford, C. R.   188, *227*
Kidd, D. J., s. Fox, R. H.
   356, 357, *380*
Kiil, F., Aukland, K.   300, *341*
— — Refsum, H. E.   310, *341*
Kilo, Ch., s. Williamson, J. R.
   87, *97*
Kimura, R. S., s. Perlman,
   H. B.   100, *141*
King, B. D., Sokoloff, L.,
   Wechsler, R. L.   152,
   174, *180*
King, G. E.   28, *62*
Kinsman, J. M., s. Hamilton,
   W. F.   193, *224*
Kinter, W. B., Pappenheimer,
   J. R.   241, *281*
— s. Pappenheimer, J. R.
   313, 314, *343*
Kinzlmeier, H., s. Schmid, E.
   255, *286*
Kirk, S., s. Wiederhielm, C. A.
   101, 103, 109, *144*
Kirkendall, W. M.   28, *63*
Kisch, B.   69, 76, *95*
Kitagawa, T., s. Takeuchi, J.
   271, *291*, 298, *345*
Kitamura, A., s. Shirai, T.
   88, *97*
Kitchen, T., s. Green, H. D.
   263, 264, *288*
Kitchin, A. H.   358, *382*
— Lloyd, S. M., Pickford, M.
   358, *382*
— s. Barcroft, H.   401, 414, *416*

Kittle, C. F., s. Lauer, R. M.
   449, *453*
Kjellmer, I.   106, *138*, 394,
   396, 406, *421*
— Lindbjerg, I., Přerovský, I.,
   Tönnesen, H.   389, *421*
— Odelram, H.   415, *421*
— Oderlam, H.   118, *138*
— s. Cobbold, A.   395,
   396, *417*
Kjellmerand, J., s. Cobbold, A.
   102, 106, 117, 123, *135*
Kleinermann, J., s. Mangold,
   R.   152, *181*
Klose, R. M., s. Hierholzer, K.
   306, *341*
— s. Malnic, G.   306, *342*
Kluge, D., s. Drapanas, T.
   237, *279*
Knaust, K., s. Lübbers, D. W.
   149, *181*
Knisely, M. H.   100, *138*,
   260, *289*
— Bloch, E. H., Warner, L.
   270, 273, *291*
Knowlton, F. P., Starling,
   E. H.   190, *225*
Kobayashi, S.   74, 77, *95*
Kober, G., s. Arndt, J. O.
   48, *60*
Koch, H., s. Classen, M.
   255, *284*
Koch, J., s. Greeff, K.
   263, *288*
Koch, K. M., Aynedjian, H. S.,
   Bank, N.   296, 297, *341*
Kochsiek, K., s. Bretschneider,
   H. J.   220
Koenig, H., s. Berman, J. K.
   271, *290*
Koepchen, H. P.   359, 374, *382*
— Seller, H., Polster, J.
   230, *282*
— s. Polster, J.   358, *383*
— s. Schmidt-Vanderheyden,
   W.   394, *423*
— s. Seller, H.   358, 359,
   *383*, 399, *423*
Körner, K., s. Hirsch, H.
   151, 164, 165, 167, *179*
Körtge, P., Schürholz, J.,
   Schöll, A.   85, *95*
Kogure, K., Scheinberg, P.,
   Reinmuth, O. M.,
   Fujishima, M., Busto, R.
   158, *181*
Kohn, R., s. Necheles, H.
   255, *285*

Koike, S., s. Lochner, W. 206, *225*
Kolin, A. 31, *63*
— s. Assali, N. S. 447, *451*
— s. Gaal, P. G. 212, *223*
Kondo, A., s. Meyer, J. S. 175, *182*
Konold, P., s. Brecht, K. 406, *417*
Kontos, H. A., Richardson, D. W., Patterson, J. L. 387, 403, *421*
Kook, Y., s. Heidenreich, O. 323, *341*
Kopald, H. H., s. Herd, J. A. 195, *224*
— s. Thorburn, G. D. 330, 333, 338, *345*
Korner, P. I. 315, *341, 342*
Korol, B., Brown, M. L. 242, *282*
Korotkow 27
Koroxenidis, G. T., Shepherd, J. T., Marshall, R. J. 355, *382*
Korteweg, D. J. 23, 45, *63*
Kosche, F., s. Arnold, G. 190, 202, 203, 205, *221*
— s. Raff, W. K. 207, 208, 209, *226*
Kottke, F. J., s. Kubicek, W. G. 316, *342*
Kouchoukos, N. T., Sheppard, L. C., McDonald, D. A. 60, *63*
Kough, R. H., s. Lambertsen, C. J. 157, 159, *181*
Kovalcik, V. 450, *453*
Koyama, K., s. Sato, T. 261, *289*
Kozak, R., s. Betz, E. 163, *176*
Kramár, J. 102, 132, *139*
Kramer, K. 212, 315, 316, 321, 322, 338, *342*
— Deetjen, P. 309, 312, *342*
— Lochner, W., Wetterer, E. 31, *63*
— Luft, U. C. 263, *289*
— Obal, F., Quensel, W. 387, 401, 403, *421*
— Quensel, W. 401, *421*
— — Schäfer, K. E. 401, *421*
— Schulze, W. 360, 367, *382*
— Thurau, K., Deetjen, P. 330, 333, *342*
— Winton, F. R. 309, *342*

Kramer, K., s. Deetjen, P. 310, 311, 333, *339*
— s. Henry, J. P. 168, 170, *179*
— s. Meier, M. 334, *342*
— s. Quensel, W. 401, *422*
— s. Thurau, K. 241, *283*, 297, 298, 302, 317, 322, 331, 335, 336, 337, *345*
Krasnow, N., Neill, W. A., Messer, J. V., Gorlin, R. 203, *225*
— s. Neill, W. A. 203, *226*
Krause, D., s. Kanzow, E. 151, 153, 155, *180*
Kraut, H., s. Frey, E. K. 374, *380*, 415, *419*
Krecke, H.-J., s. Bock, K. D. 322, *339*, 374, *378*, 415, *417*
Kretzschmar, G., s. Dutz, H. 318, 319, *340*
Kreuscher, H. 155, *181*
Kreuscher, M., s. Grote, J. 149, 155, *178*
Kreuzer, H., Schoeppe, W. 201, *225*
— s. Hoffmeister, H. E. 203, *224*
Kries, J. v. 5, 23, 49, 51, *63*
Kristen, H., s. Hirsch, H. 159, 161, *179*
Kriz, W. 325, 326, 327, 329, *342*
— Dieterich, H. J. *342*
— s. Rollhäuser, H. 325, 326, *344*
Kroeker, J., Wood, E. H. 40, 44, *63*
Krog, J., s. Aukland, K. 312, *338*
— s. Birkeland, S. 318, 319, *339*
— s. Folkow, B. 367, *380*
Krogh, A. 99, 117, 118, 129, *139*
Krogh, J. 150, 173, 174, *181*
Krogh, L. 68, *95*
Krovetz, L. J., s. O'Rourke, M. F. 44, 51, *64*
Krug, H., Schlicher, L. 110, *139*
Kruhøffer, P. 122, *139*
Krupp, P. 151, 155, 173, 175, *181*
Kubicek, W. G., Kottke, F. J., Laker, D. J., Visscher, M. B. 316, *342*

Kubo, T., s. Takeuchi, J. 271, *291*, 298, *345*
Küchmeister, H. 113, 131, *139*
— Herrnring, G. 101, *139*
— s. Bartelheimer, H. 99, *134*
— s. Harders, H. 101, *137*
— s. Herrnring, G. 101, *138*
Kügelgen, A. v., Braunger, B. 315, *342*
Kühnel, H., s. Kanzow, E. 155, *180*
Kühnel, W., s. Amon, H. 88, *93*
— s. Petry, G. 89, *96*
Künzel, W., Moll, W. 446, *453*
Kugler, J. H., s. Carr, J. 76, *94*
Kuhl, D. E., s. Power, G. G. 432, 434, 445, 446, *454*
Kuhn, H. M., s. Bock, K. D. 373, 374, *378*, 415, *416, 417*
Kuhn, W., Ramel, A. 334, *342*
Kuhn, Wirz, Hargitay 324
Kunert, W. 150, *181*
Kuntz, A., Jacobs, M. W. 261, *289*
Kuo, P. T., s. Sayen, J. J. 201, *227*
Kurland, G. S., s. Guz, A. 205, *224*
Kurtz, S. M., Feldman, J. D. 85, *95*
Kuznetsova, E. K. 259, *287*
Kyle, G. C., Machella, T. E., Lorber, S. H., Hilsman, J. T., Reinhold, J. G., Brown, J. C. 259, *287*

Laker, D. J., s. Kubicek, W. G. 316, *342*
Lambertsen, C. J., Kough, R. H., Cooper, D. Y., Emmel, G. L., Loeschke, H. H., Schmidt, C. F. 157, 159, *181*
— s. Turner, J. 158, *184*
Lambossy, P. 11, 23, *63*
Lamport, H., s. Baez, S. 121, *134*
Lanari, A., s. Nahmod, V. E. 298, 322, *343*
Landau, W. M., Freygang, W. H., Roland, L. P., Sokoloff, L., Kety, S. S. 149, 154, *181*

Lande, I. S. de la, Whelan, R. F. 393, *421*

Landin, S., Wahren, J. 403, *421*

Landis, E. M. 99, 101, 104, 108, 109, 112, 115, 117, 118, 119, 126, *139*

— Pappenheimer, J. R. 68, *95*, 99, 109, 115, 116, 126, 128, *139*

— s. Lewis, T. 366, *382*

Landmesser, C. M., s. Eckenhoff, J. E. 194, 206, *223*

Lane, M. H., s. Lassen, N. A. 151, *181*

Lang, H., s. Schneider, H. 274, *290*

Lang, J. 67, *95*

Lange, T., s. Messmer, K. 250, *282*

Lange Andersen, K. 414, *421*

Langendorf, H., Schönbach, G., Zahn, R. K. 408, *421*

Langendorff, O. 190, *225*

Langfitt, T. W., Kassell, N. F., Weinstein J. D. 150, 167, 170, *181*

Langhorst, P., s. Polster, J. 358, *383*

— s. Seller, H. 358, 359, *383*, 399, *423*

Langman, J. 425

Langstone, J., s. Folkow, B. 298, *340*

Langstone, J. B., s. Guyton, A. C. 302, 307, *341*

Lannoy, C. W. de, s. Parer, J. T. 434, 445, 447, *454*

Lasch, H. G., Roka, L. 131, *139*

Lassen, N., s. Severinghaus, J. W. 161, *184*

Lassen, N. A. 166, *181*

— Feinberg, I., Lane, M. H. 151, *181*

— Høedt-Rasmussen, K., Sorensen, S. C., Skinhoj, E., Cronquist, S., Badforss, B., Ingvar, D. H. 146, 153, *181*

— Lindbjerg, I., Dahn, I. 386, 389, *421*

— — Munck, O. 386, 389, *421*

— Longley, J. B., Lilienfield, L. S. 334, *342*

— Munck, O. 145, 146, 151, *181*

Lassen, N. A., Munck, O., Thaysen, J. H. 309, 310, *342*

— s. Betz, E. 150, *176*

— s. Brun, C. 297, 301, *339*

— s. Dahn, I. 389, 410, *417*

— s. Gleichmann, U. 153, *178*

— s. Høedt-Rasmussen, K. 146, 149, *179*

— s. Ingvar, D. H. 149, *180*

— s. Munck, O. 235, *282*

Lassiter, W. E., s. Gottschalk, C. W. 334, *341*

Laszt, L. 108, *139*

— s. Comèl, M. 37, *61*

Latta, H., s. Barajas, L. 304, *338*

Lauer, R. M., Evans, J. A., Aoki, H., Kittle, C. F. 449, *453*

Laurent, D., Bolene-Williams, C., Williams, F. L., Katz, L. N. 203, *225*

Laureta, H. C., s. Texter, E. C. 250, *283*

Lauson, H. D., s. Roof, B. S. 318, 319, *344*

Lavy, S., s. Symon, L. 150, *184*

Lawn, L., McCance, R. A., Thorn, A. E. 438, *453*

Lawson, A. E., s. Greenway, C. V. 246, 247, 261, 262, 264, 265, 269, 274, 275, *280*, *288*, *290*

Lazarow, Speidel 85

Leak, L. V. 78, 84, *95*

Learoyd, B. M., Taylor, M. G. 37, *63*

LeBlanc, J. 376, *382*

Lechner, H., s. Bertha, H. 150, *176*

Lee, R. E. 101, *139*

— Holze, E. A. 108, *139*

Lee, T. K., s. Meyer, J. S. 150, *182*

Lee, T. S., s. Merrill, E. W. 112, *140*

Lefevre, H., s. Munck, O. 235, *282*

Leichtweiss, H.-P., Lübbers, D. W., Weiss, Ch., Baumgärtl, H., Reschke, W. 103, *139*

Leider, M. 354, *382*

Leitz, K. H., Arndt, J. O. 242, *282*

Lemarchand, H., Tanche, M. 278, *292*

Lemeunier, A., Burri, P. H., Weibel, E. R. 73, *95*

Lemmingson, W. 101, *139*

Lemtis, H., s. Brück, K. 377, *378*

Lennert, K., Harms, D. 259, *289*

Lenz, E., s. Nordmann, M. 101, *140*

Leonard, A. S., Long, D. M., Thomas, F., Walder, A. I., Peter, E. T., Wangensteen, O. H. 256, *285*

— s. Peter, E. T. 256, *285*

Leopold, J. H., s. Kety, S. S. 165, *180*

Lethin, A. N., s. Metcalfe, J. 445, *453*

Levander, M., s. Holmgren, A. 414, *420*

Levasseur, J. E., Funk, F. C., Patterson, J. L. 27, *63*

Leventhal, M., s. Majno, G. 71, 73, 96, 100, 101, 106, 118, *140*

Lever, A. F. 334, *342*

— Peart, W. S. 304, *342*

Lever, J. D. 89, *95*

Levin, Wyman 37

Levine, D. Z., s. Liebau, G. 296, *342*

— s. Schnermann, J. 296, *344*

Levine, H. J., s. Britman, N. A. 203, *222*

— s. Neill, W. A. 203, *226*

Levinsky, N. G., s. Berliner, R. W. 324, *339*

Levitsky, D., s. Necheles, H. 255, *285*

Levitt, D. G., s. Lifson, N. 275, *291*

Lewis, Grant 406

Lewis, A. E., Goodman, R. D., Schuck, E. A. 263, *289*

Lewis, B. M., Sokoloff, L., Wechsler, R. L., Wentz, W. B., Kety, S. S. 160, 161, *181*

Lewis, B. V. 445, *453*

— s. Duncan, S. L. B. 434, 445, 447, *452*

Lewis, D. H., Mellander, S. 396, *421*

— s. Folkow, B. 246, *280*

Lewis, F. B., s. Rayford, C. R. 188, *227*

Lewis, G. P. 258, *287*

Lewis, T. 347, 375, *382*
— Haynal, I., Kerr, W.,
  Stern, E., Landis, E. M.
  366, *382*
Leyssac, P. P., s. Gottschalk,
  C. W. 307, *341*
Lezgus, R., s. Bleichert, A.
  44, *61*
Lichtlen, P. R., s. Ross, R. S.
  193, 195, *227*
Liebau, G., Levine, D. Z.,
  Thurau, K. 296, 297, *342*
Lieman, F., s. Thorn, W.
  319, *345*
Lierse, W. 67, *95*, 156, *181*
Lifson, N., Levitt, D. G.,
  Griffen jr., W. O., Ellis,
  C. J. 275, *291*
Lilienfield, L. S., Maganzini,
  H. C., Bauer, M. H. 314,
  333, *341*
— Rose, J. C. 314, *342*
— s. Eisner, G. M. 310, *340*
— s. Lassen, N. A. 334, *342*
— s. Thurau, K. 334, *346*
Liljestrand, Zander 59
Lincoln, N. K., s. Hafken-
  schiel, J. H. 165, *179*
Lind, A. R., s. Clarke, R. S. J.
  367, *379*
Lind, J., Wegelius, C. 434,
  450, *453*
— s. Adams, F. H. 449, 450,
  *451*
— s. Jegier, W. 449, *453*
Lindbjerg, I., s. Kjellmer, I.
  389, *421*
— s. Lassen, N. A. 386, 389,
  *421*
Linde, S. 255, *285*
Lindén, L. 151, *181*
Linder, E., s. Johansson, B.
  195, *224*
Linderholm, H., s. Holmgren,
  A. 414, *420*
Lindgren,P.,Uvnäs,B. 252,*282*
Lindqvist, T., s. Fåhraeus, R.
  *136*
Lindseth, E. O., s. Grim, E.
  237, 238, 239, *280*
Linford, R. H., s. Jacobson,
  E. D. 255, *285*
Linss, W. 84, *95*
Lioy, F., s. Bacaner, M. B.
  203, *221*
Lisander, B., s. Djojosugito,
  A. M. 395, 396, *418*
— s. Folkow, B. 390,*418,419*

Litter, J., s. Wilkins, R. W.
  369, *384*
Ljundgreen, K., Nylin, G.,
  Berggreen, B., Hedlund,
  S., Regnströn, O. 150,*181*
— s. Hedlund, S. 150, *179*
Ljung, B., s. Johansson, B.
  270, *291*
— s. Mellander, S. 406, *422*
Ljungqvist, A. 325, *342*
Lloyd, S. M., s. Kitchin, A. H.
  358, *382*
Lochner, W. 200, 202,
  *225*
— Arnold, G., Müller-Ruchholtz, E. R. 202, *225*
— Dudziak, R. 202, *225*
— Hirche, Hj. 212, 221, *225*
— — Koike, S. 206, *225*
— Mercker, H., Nasseri, M.
  203, *225*
— Nasseri, M. 190, 200, 201,
  216, *225*
— Ochwadt, B. 298, *342*
— Oswald, S. 191, *226*
— Parratt, J. R. 220, *226*
— s. Arnold, G. 190, 202,
  203, 205, *221*
— s. Bussmann, W. D. 221,
  *222*
— s. Hirche, Hj. 188, 193,
  195, 196, 208, 209, *224*
— s. Kramer, K. 31, *63*
— s. Mercker, H. 195, 200,
  *226*
— s. Morgenstern, C. 196,
  *226*
— s. Müller-Ruchholtz, E. R.
  202, *226*
— s. Raff, W. K. 207, 208,
  209, *226*
— s. Scholtholt, J. 196, 197,
  198, 220, *227*, 237, 269, 275,
  *283, 291*
Löfgren, L., s. Häggendal, E.
  170, 171, 172, *178*
Löfstedt, S., s. Nylin, G. 149,
  *183*
Löfving, B., s. Folkow, B.
  241, *280*
Loeschke, H. H., s. Lambertsen, C. J. 157, 159, *181*
Loeser, A., s. Keller, C. J.
  402, *421*
Loewe, S., Faure, W. 265,
  *289*
Loh, D. v., s. Golenhofen, K.
  399, *419*

Loman, J., Dameshek, W.,
  Myerson, A., Goldman, D.
  169, *181*
Long, Ch., Greenfield, S.,
  Imamura, T. 101, *139*
Long, D. M., s. Leonard, A. S.
  256, *285*
Long, G. W., s. Ramsey, E. M.
  446, *454*
Longino, F. H., s. Gregg, D. E.
  194, *224*
Longley, J. B., Banfield, W. G.
  Brindley, D. C. 329, *342*
— s. Lassen, N. A. 334, *342*
Longo, L. D., Power, G. G.,
  Forster, R. E. 446, *453*
— Schwarz, R. H., Forster,
  R. E. 446, *453*
— s. Power, G. G. 432, 434,
  445, 446, *454*
Lorber, S. H., s. Kyle, G. C.
  259, *287*
Lorenz, R. R., s. Davignon, J.
  242, *279*
Louis-Bar, D., s. Brull, L.
  241, *279*
Love, A. H. G., Shanks, R. G.
  357, *382*
Love, W. D., s. Munford, R. S.
  193, 196, *226*
Lovett Doust, J. W., Salna,
  M. E. 102, *139*
Low, F. N. 84, *95*
Lozano, R., s. Thompson,
  D. D. 297, *345*
Lubin, M., s. Eckenhoff, J. E.
  194, *223*
— s. Goodale, W. T. 194, *223*
Lucas, A. 297
Ludwig, C. 99, 114, *139*
Ludwigs, N. 150, *181*
— Schneider, M. 173, 174,
  *181*
— Wiemers, K. 170, *181*
Lübbers, D. W. 103, *139*
— Kessler, M., Knaust, K.,
  McDowall, D. G., Wodick,
  R. 149, *181*
— Luft, U. C., Thews, G.,
  Witzleb, E. 130, *139*
— s. Gleichmann, U. 153,
  *178*
— s. Leichtweiss, H.-P. 103,
  *139*
Luebs, E. D., s. Cohen, A.
  195, *222*
Lüscher, E. F. 131, 133, *139*
Luft, J. 130, *139*

Luft, J. H. 69, 75, 77, *96*
— s. Bennett, H. S. 71, 76, 83, 90, *93*
Luft, U. C., s. Kramer, K. 263, *289*
— s. Lübbers, D. W. 130, *139*
Lundgren, O. 234, *282*
— Kampp, M. 235, *282*
— Lundwall, J., Mellander, S. 395, *421*
— s. Folkow, B. 102, 117, 121, *136*, 234, 239, 246, 249, 250, *280*
— s. Jansson, G. 235, *281*
— s. Jodal, M. 249, *281*
— s. Kampp, M. 67, *95*, 235, 239, *281*
Lundh, G., s. White, T. T. 259, *287*
Lundholm, L. *421*
Lundvall, J., Mellander, S., Sparks, H. 395, 396, *421*
— — White, T. 406, *422*
— s. Mellander, S. 405, 406, *422*
Lundwall, J., s. Lundgren, O. 395, *421*
Luse, S. A., s. Bubis, J. J. 67, *93*
Lutz, B. R., Fulton, G. P. 100, *139*
— s. Arendt, J. 132, *134*
— s. Fulton, G. P. 105, *136*
Lutz, J. *139*, 236, 237, 240, 243, 244, 245, 248, 249, 250, 272, *282*, *291*
— Biester, J. 257, *285*
— Henrich, H. 231, 242, 245, 246, *282*
— — Peiper, U., Bauereisen, E. 243, 261, 262, 265, 266, 273, *282*, *289*, *291*
— Peiper, U., Bauereisen, E. 270, 271, 272, 275, 276, *291*
— — Segarra-Domenech, J., Bauereisen, E. 270, *291*
— s. Bauereisen, E. 263, 269, 277, 278, *278*, *287*, *290*, *292*
— s. Henrich, H. 246, 247, 250, *281*
— s. Peiper, U. 270, 271, *291*
— s. Spier, R. 233, *283*
Lybeck, H., s. Brull, L. 241, *278*
Lynn, R. B., s. Walker, A. J. 357, *383*
Lysgaard, H., s. Munck, O. 235, *282*

Macdonald, J., s. Irwin, J. W. 100, *138*
Machella, T. E., s. Kyle, G. C. 259, *287*
Macher, E., s. Gross, R. 132, *137*
MacKenzie, D. W., Whipple, A. O., Wintersteiner, M. P. 261, *289*
MacLean, L., s. Rayner, R. 238, *282*
MacPherson, A. I. S., s. Delorme, E. J. 249, *279*
Macpherson, R. K., s. Edholm, O. G. 386, 388, 414, *418*
Macruz, R., s. Sarnoff, S. J. 190, 203, *227*
Madison, L., s. Sensenbach, W. 174, *183*
Madlafousek, J., s. Fencl. V. 362, *380*, 386, 400, *418*
Märck, W. 273, *291*
Maes, J. P., s. Forster, R. P. 297, *340*
Maganzini, H. C., s. Lilienfield, L. S. 314, 333, *342*
Magazinović, V., s. Hirsch, H. 159, 161, *179*
Magee, D. F., Elmslie, R. G. *287*
— White, T. T. 259, *287*
— s. White, T. T. 259, *287*
Maggio, E. *140*
Mahler, R., s. Schmid, R. 405, *423*
Mahon, W. A., Goodwin, J. W., Paul, W. M. 433, 436, *453*
Maier, C. P., s. Peiper, U. 390, *422*
Maiwald, Chr., s. Doll, E. 200, 216, *223*, 403, *418*
Majno, s. Cotran 75
Majno, G. 67, 90, 92, *96*, 99, *140*
— Gilmore, V., Leventhal, M. 100, 101, *140*
— Palade 75
— Pallade, G. E., Schoeffl, G. I. 128, *140*
— Shea, S. M., Leventhal, M. 71, 73, *96*, 106, 118, *140*
— s. Gabbiani, G. 69, *95*
Makowski, E. L., Meschia, G., Droegemueller, W., Battaglia, F. C. 434, 445, *453*
— s. Meschia, G. 431, 443, 445, *453*

Malina, St., s. Thompson, R. K. 171, *184*
Mall, F. 239, *282*
Mallett, B. L., s. Veall, N. 153, *184*
Mallos, A. J., s. Barnett, G. O. 48, *60*
— s. Fry, D. L. 31, *62*
Malnic, G., Klose, R. M., Giebisch, G. 306, *342*
Malone, I. D., s. Montagna, W. 89, *96*
Mancini, R. E. 89, *96*
Manegold, E. 113, 123, *140*
Mangold, R., Sokoloff, L., Conner, E., Kleinermann, J., Therman, P. G., Kety, S. S. 152, *181*
— s. Sokoloff, L. 152, *184*
Mangos, J. A., s. Gertz, K. H. 297, *340*
Mann, F., s. Hausner, E. 262, *288*
Mann, F. C., Foster, J. P., Brimhall, S. D. 257, *287*
— McLachlin, L. 258, *287*
— s. Block, M. A. 316, *339*
— s. Grindlay, J. H. 236, 237, *280*, *288*
— s. Herrick, J. F. 237, *281*
Manson, W. A., s. Assali, N. S. 450, *451*
Mantero, O., s. Baroldi, G. *222*
Marchesi, V. T. 71, 75, 93, *96*
Marc-Vergnes, J. P., s. Géraud, J. 146, 151, *178*
Maresca, R., s. Homburger, E. 155, *179*
Mareska, K., s. Himwich, W. A. 145, *179*
Mårild, K., s. Celander, O. 377, *379*
Markwalder, J., Starling, E. H. 206, *226*
Marsh, D. J., s. Kelman, R. B. 334, *341*
Marshall, R. J., s. Koroxenidis, G. T. 355, *382*
Marston, E. L., s. Greiss, F. C. 447, *452*
Marticorena, E., s. Penaloza, D. 449, 450, *454*
Martin, C. B., McGaughey, H. S., Kaiser, I. H., Donner, M. W., Ramsey, E. M. 446, *453*
Martin, F. A., s. Gurdjian, E. S. 150, 173, *178*

Martinez, D., s. Weille, F. L.
100, *143*
Martini, F., s. Bleichert, A.
44, *61*
— s. Kapal, E. 44, 48, *62*
Martino, C. de, s. Zamboni, L.
82, *98*
Martinson, J., Muren, A.
256, *285*
— s. Jansson, G. 235, *281*
Marx, R. 99, *140*
Maskin, M., s. Necheles, H.
255, *285*
Mason, D. T., s. Beiser, G. D.
372, *378*, 413, *416*
— s. Mills, C. J. 44, *63*
Mason, M., s. Blalock, A.
236, 276, *278*
Mason, S. G., s. Goldsmith,
H. L. 111, *137*
Matis, P. 131, *140*
Matsushima, A., s. Blinzinger,
K. 86, *93*
Matthes, K. 359, *382*
— s. Bock, K. D. 373, *378*,
415, *416*
Matthews, J. A., s. Fentem,
P. H. 410, *418*
Mautner, H. 252, *282*
Maxwell, H., s. Gibbs, F. A.
149, *178*
May, A. M. 189, *226*
Mayer, P.-W., s. Mithoefer,
J. C. 162, *182*
Mayerson, H. S. 99, *140*
— Wolfram, C. G., Shirley jr.,
H. H., Wasserman, K.
119, 126, *140*
— s. Shirley jr., H. H.,
118, *142*
— s. Wasserman, K. 102,
126, *143*
McArdle, B. 405, *422*
— s. Barcroft, H. 405,
*416*
McCall, M. L. 165, *181*
— Taylor, H. W. 165, 174,
*181*
McCance, R. A., s. Lawn, L.
438, *453*
McClure Browne, J. C.,
Veall, N. 434, *453*
McCubbin, J. W., s. Page,
I. H. 241, *282*
McCutchen, J. J., s. Hellinger,
F. R. 149, *179*
McCutcheon, E. P., Rushmer,
R. F. 28, *63*

McDonald, D. A. 6, 23, 27, 31,
37, 44, 48, 51, 60, *63*, 121, *140*
— Taylor, M. G. 23, *63*
— s. Kouchoukos, N. T.
60, *63*
McDowall, D. G. 157, 158,
*182*
— s. Harper, A. M. 157, *179*
— s. Lübbers, D. W. 149,
*181*
McDowall, R. J. S. *140*
McElroy, W. T., Gerdes, A. J.,
Brown, B. E. 206, *226*
McGaughey, H. S., s. Martin,
C. B. 446, *453*
McGee, L. E., s. Franklin,
K. J. 319, *340*
McGregor, D. D. 252, *282*
Mchedlishvili, G. I., Nikolaish-
vili, L. S. 150, 175, *182*
— s. Falck, B. 175, *177*
McHenry, L. 146, 151, *182*
McHenry, L. C., s. Fazekas,
J. F. 161, *177*
McLachlin, L., s. Mann, F. C.
258, *287*
McMaster, P. D. 103, *140*
— Hudack, St. 118, *140*
— — Rous, P. 118, *140*
McMullan, G. K., s. Munford,
R. S. 193, 196, *226*
McNeill, J. R., s. Cohen, M. M.
274, *290*
McSwiney, B. A., s. Harrison,
J. S. 256, *285*
McSwiney, R. R., s. Barcroft,
H. 405, 406, *416*
Meesmann, W., Backmann,
G. W. 190, *226*
Mehrizi, A., Hamilton, W. F.
322, *342*
Meier, M., Brechtelsbauer, H.,
Kramer, K. 334, *342*
Meisner, H., Messmer, K.
31, *63*
— s. Messmer, K. 31, *63*
Meissner 255
Melaragno, H. P., s. Montagna,
W. 89, *96*
Melchior, H., Hildebrandt, G.
372, 373, *382*
Mellander, E., s. Folkow, B.
246, *280*
Mellander, S. 102, 110, *140*,
358, *382*, 395, 396, 405, *422*
— Johansson, B. 347, 371,
*382*, 388, 389, 395, 396, 405,
*422*

Mellander, S., Johansson, B.,
Gray, S., Jonsson, O., Lundvall, J., Ljung, B. 406, *422*
— Lundvall, J. 405, *422*
— Nordenfelt, I. 415, *422*
— Öberg, B., Odelram, H.
110, *140*, 371, *382*, 410, *422*
— s. Ablad, B. 415, *415*
— s. Cobbold, A. 102, 106,
117, 123, *135*, 395, 396, *417*
— s. Folkow, B. 395, 396,
397, 415, *418*
— s. Greenway, C. V. 246,
247, 269, 274, 275, *280*, 290
— s. Lewis, D. H. 396, *421*
— s. Lundgren, O. 395, *421*
— s. Lundvall, J. 395, 396,
406, *421*, *422*
Melman, E., s. Alexander,
S. C. 160, 161, *175*
Melmon, K. L., s. Forsyth,
R. P. 261, *288*
Mende, T. J., Chambers, E. L.
75, *96*
Mendel, D., s. Baker, R.
247, *278*
— s. Grayson, J. 214, *224*,
234, 267, 275, 276, *280*, 290
Mendez-Bauer, C., Poseiro,
J. J., Arellano-Hernandez,
G., Zambrana, M. A.,
Caldeyro-Barcia, R.
436, *453*
Mendlowitz, M. 347, *382*
Mercier, C., s. Vineberg, A. M.
190, *228*
Mercker, H., Lochner, W.,
Bretschneider, H. J. 195,
200, *226*
— Opitz, E. 159, *182*
— Schoedel, W. *140*
— Schneider, M. 159, *182*
— s. Lochner, W. 203, *225*
Merguet, P., Golenhofen, K.
408, *422*
— s. Golenhofen, K. 408,
409
Merill, J., s. Hafkenschiel,
J. H. 165, *179*
Merker, Bruchhausen, v. 88
Merker, H. J., s. Gekle, D.
83, 85, 88, *95*
— s. Wolff, J. 77, 78, *98*,
129, *144*
Merrill, A. J., s. Freeman,
O. W. 316, *340*
Merrill, E. W. 23, *63*, 99,
112, *140*

Merrill, E. W., Cokelet, G. C., Britten, A., Wells, R. E. 232, *282*
— Gilliland, E. R., Cokelet, C., Skin, H., Briton, A., Wells jr., R. E., 112, *140*
— — Lee, T. S., Salzman, E. W. 112, *140*
— s. Wells jr., E. E., 112, *143*
— s. Wells jr., R. E., 112, *143*
Merrill, J. P., s. Bricker, N. S. 315, *339*
Merrill, S. L., s. Texter, E. C. 240, 250, *283*
Mertens, O. 265, *289*
Mertz, D. P. 323, *343*
Meschia, G., Cotter, J. R., Breathnach, C. S., Barron, D. H. 432, 441, *453*
— — Makowski, E. L., Barron, D. H. 431, 443, 445, *453*
— s. Makowski, E. L. 434, 445, *453*
Mesnil de Rochemont, W. du, s. Betz, E. 352, *378*
Message, M. A., s. Comline, R. S. 257, *286*
Messer, J. V., s. Krasnow, N. 203, *225*
Messmer, K., Brendel, W., Devens, K., Reulen, H. J. 269, *291*
— Lange, T. 250, *282*
— Meisner, H., Weishaar, E. F. 31, *63*
— s. Meisner, H. 31, *63*
Metcalfe, J., Moll, W., Bartels, H., Hilpert, P., Parer, J. T. 443, *453*
— Romney, S. L., Ramsey, L. H., Reid, D. E., Burwell, S. 433, 443, 444, 445, *453*
— — Swartwout, J. R., Pitcairn, D. M., Lethin, A. N., Barron, D. 445, *453*
— s. Bartels, H. 442, *451*
— s. Parer, J. T. 434, 445, 447, *454*
Metz, D. B., s. Zweifach, B. W. 106, 107, *144*
Meyer, J. S., Gotho, F., Tazaki, Y. 162, *182*
— — Tomita, M., Akiyama, M. 145, *182*

Meyer, J. S., Ishikawa, S., Lee, T. K. 150, *182*
— — — Thal, A. 150, *182*
— Nomura, F., Sakamoto, K., Kondo, A. 175, *182*
— s. Gotoh, F. 146, 159, 161, 162, *178*
— s. Handa, J. 150, *179*
— s. Huber, P. 171, *180*
— s. Ishikawa, S. 150, *180*
— s. Perez-Borja, C. 150, *183*
— s. Symon, L. 150, *184*
Meyer, R., Hackensellner, H. A. 71, *96*
Meyer, W. W. 37, *63*
— s. Simon, E. 35, 37, 58, *64*
Michailowitsch, V. 303, *343*
Midgley, A. R., s. Pierce, G. B. 85, *96*
Mierzwiak, D. S., s. Wildenthal, K. 214, *228*
Miessner, E., s. Arnold, G. 190, 202, 203, 205, *221*
Miles, B. E., Venton, M. G., De Wardener, H. E. 241, *282*, *297*, *343*
— De Wardener, H. E. 297, *343*
Millen, J. L. E., s. Barcroft, H. 405, *416*
Miller, A., s. Slyke, D. D. van 309, *344*
Miller, S. I., s. Moyer, J. H. 166, *182*
Mills, C. J., Gabe, I. T., Gault, J. H., Mason, D. T., Ross, J., Braunwald, E., Shillingford, J. P. 44, *63*
Minard, D., Osserman, E. F., Howell, S. R. 101, *140*
Minot 80
Mintzlaff, M. 262, *289*
Misra, R. P., Berman, L. B. 84, 85, *96*
Mitchell, G. A. G. 275, *291*
Mitchell, G. W., s. Freeman, O. W. 316, *340*
Mitchell, J. H., s. Wildenthal, K. 214, *228*
Mithoefer, J. C., Davis, J. S. 162, *182*
— Mayer, P. W., Stocks, J. F. 162, *182*
Möllendorff, W. v. 325, *343*
Moens, A. J. 23, 45, *63*
Moffat, D. B. 325, 328, 329, *343*

Moffat, D. B., Fourman, J. 325, *343*
Mohme-Lundholm, E., s. Anderson, R. 250, *278*
Moir, T. W. 195, *226*
— Eckstein, R. W., Driscol, T. E. 185, 189, *226*
— s. Driscol, Th. E. 215, *223*
Moll, W., s. Bartels, H. 431, 442, *451*
— s. Künzel, W. 446, *453*
— s. Metcalfe, J. 443, *453*
Molnar, L. 173, *182*
Monro, P. A. G. 102, 108, 111, *140*
Monroe, R. G., s. Schreiner, G. L. 214, *227*
Montagna, W., Chase, H. B., Malone, I. D., Melaragno, H. P. 89, *96*
Moody, F. G. 254, *285*
Moore, B., s. Schafer, A. E. 264, *289*
Moore, D. H., Ruska, H. 75, *96*, 114, 128, *140*
Moore, F. D., s. Schloerbs, P. E. 125, *142*
Moore, J. W., s. Hamilton, W. F. 193, *224*
Morawitz, P., Zahn, A. 190, *226*
Morel, F. F., Guinnebault, M., Amiel, C. 335, *343*
Morgan, T., Berliner, R. W. 307, *343*
Morgenstern, C., Arnold, G., Höljes, U., Windrath, H. J., Lochner, W. 196, *226*
— s. Arnold, G. 203, *221*
Morreels, C. L., s. O'Rourke, M. F. 44, 51, *64*
Morris, s. Courtice 129
Morris, G., s. Moyer, J. H. 168, 174, *182*
Morris, G. C., Moyer, S. H., Snyder, H. B., Haynes, B. W. 165, *182*
Morris, J. A., s. Assali, N. S. 431, 449, 450, *451*
Mossfeldt, F., s. Holmgren, A. 414, *420*
Mott, J. C., s. Acheson, G. H. 443, *451*
— s. Cassin, S. 442, 449, *451*
— s. Cross, K. W. 436, *452*

Mott, J. C., s. Dawes, G. S.
431, 432, 433, 434, 435, 436,
441, 443, *452*
Mottram, R. F., s. Cooper,
K. E.  355, *379*, 386, 388,
*417*
Movat  303
Moyer, J. H., Miller, S. I.,
Snyder, H.  166, *182*
— Morris, G.  168, *182*
— — Snyder, H., Smith,
C. P.  174, *182*
— Snyder, H., Miller, S. I.,
Smith, C. P.  174, *182*
— s. Hafkenschiel, J. H.
165, 169, 174, *179*
Moyer, S. H., s. Morris, G. C.
165, *182*
Müller, A.  5, 23, 48, *63*
— s. Schönenberger, F.
37, *64*
Müller, E. R.  200, *226*
Müller, Hk.  131, *140*
Müller-Ruchholtz, E. R.,
Lochner, W.  202, *226*
— Neill, W. A.  205, 216, *226*
— s. Arnold, G.  202, 203,
205, *221*
— s. Lochner, W.  202, *225*
Müller-Schauenburg, W.,
Betz, E.  350, *382*
Muherjee, S. R., s. Delorme,
E. J.  249, *279*
Muir, A. R., Peters, A.  71, *96*
Muller, L. P., s. Berman, J. K.
271, *290*
Mullins, G. L., s. Guntheroth,
W. G.  263, *288*
Munck, O., Lysgaard, H.,
Pontonnier, G., Lefevre,
H., Lassen, N. A.  235, *282*
— s. Brun, C.  297, 301, *339*
— s. Lassen, N. A.  145, 146,
151, *181*, 309, 310, *342*, 386,
389, *421*
Munford, R. S., McMullan,
G. K., Love, W. D.  193,
196, *226*
Muren, A., s. Martinson, J.
256, *285*
Murray, J. A., s. Rowell, L. B.
355, *383*
Murray, J. G., s. Agostoni, E.
*278*
Myerson, A., s. Loman, J.
169, *181*
Mylle, M., s. Gottschalk,
C. W.  296, 297, 334, *341*

Nadeau, R. A., s. Colebatch,
H. J. H.  441, *452*
Nagel, A.  89, *96*
Nagel, W., s. Cortney, M. A.
307, *339*
— s. Schnermann, J.  306,
320, *344*
Nagler, A. L., s. Zweifach,
B. W.  106, *144*
Nahmod, V. E., Lanari, A.
298, 322, *343*
Nair, P., s. Whalen, W. J.
399, *424*
Nakada, Y., s. Takeuchi, J.
298, *345*
Nardini, M., s. Fieschi, C.
146, *177*
Nash, F. D., Selkurt, E. E.
300, *343*
Nason, G. I., s. Forbes, H. S.
150, 174, 175, *178*
— s. Pool, J. L.  173, *183*
Nasseri, M., s. Lochner, W.
190, 200, 201, 203, 216,
225
Navar, G., s. Guyton, A. C.
302, 307, *341*
Necheles, H., Frank, R.,
Kaye, E., Rosenman, E.
255, *285*
— Levitsky, D., Kohn, R.,
Maskin, M., Frank, R.
255, *285*
Neely, W. A., Turner, M. D.
318, *343*
Neil, E., s. Folkow, B.  99,
106, *136*, 401, *418*
Neill, W. A.  203, *226*
— Krasnow, N., Levine, H. J.,
Gorlin, R.  203, *226*
— s. Krasnow, N.  203, *225*
— s. Müller-Ruchholtz, E. R.
205, 216, *226*
Neitzert, A., s. Arnold, G.
190, 202, 203, 205, *221*
Nelson, D., Fazekas, J. F.
172, *182*
Neumann, C., s. Burch, G. E.
359, *378*
Neutze, J., s. Forsyth, R. P.
261, *288*
— s. Phibbs, R. H.  432, *454*
Neutze, J. M., Wyler, F.,
Rudolph, A. M.  261, *289*
Newburgh, L. H.  347, *382*
Newton  2, 4
Nezamis, J. E., s. Robert, A.
255, *285*

Ng, K. K. F., Vane, F. R.
305, *343*
Ngai, S. H., s. Bolme, P.  396,
*417*
Nicca, C., s. Cotran, R. S.  69,
*94*
Nicholson, D. B., s. Assali,
N. S.  433, 444, *451*
Nicoll, P. A., Webb, R. L.
105, 113, *140*
— s. Webb, R. L.  100, *143*
Nicoloff, D. M.  255
— Sosin, H., Peter, E. T.,
Bernstein, E. F., Wangen-
steen, O. H.  *285*
— s. Peter, E. T.  256, *285*
Nielsen, M., s. Christensen,
E. H.  373, *379*
Nies, A. S., s. Forsyth, R. P.
261, *288*
Niessing, K., Rollhäuser, H.
85, *96*, 114, *140*
Nikolaishvili, L. S., s. Mched-
lishvili, G. I.  150, 175, *182*
Nilsson, N. J.  150, *182*
— s. Brobeil, A.  150, *176*
— s. Häggendal, E.  153, 170,
171, 172, 173, *178*
— s. Kampp, M.  67, *95*
Nisimaru, Y., s. Barcroft, J.
263, 265, *287*
Nisse, R., s. Babkin, B. P.
255, *284*
Nissen, D. J.  277, *292*
Nobel, J., s. Hille, H.  399,
*420*
Noble, M. I. M., s. Domenech,
R. J.  195, *223*
Noell, W.  158, 169, *182*
— Schneider, M.  151, 160,
161, 170, 171, *182*
Nolan, M. F., s. Chinard, F. P.
314, 315, *339*
Nomura, F., s. Meyer, J. S.
175, *182*
Noordergraaf, A., Jager, G. N.,
Westerhof, N.  23, *63*
Noordt, C. van den, s. Shen-
kin, H. A.  174, *184*
Norbäck, B., s. Häggendal, E.
153, 160, 161, 172, 173,
*178*
Nordenfelt, I., s. Mellander, S.
415, *422*
Nordmann, M.  99, *140*
— Lenz, E.  101, *140*
Norris, E. H., s. Scammon,
R. E.  450, *454*

Novack, P., Shenkin, H. A.,
Bortin, L., Goluboff, B.,
Soffe, A. M.  160, *183*
Novak, P., s. Shenkin, H. A.
165, *184*
Novotny, Alvin  101
Novotny, H. R., Denis, D. L.
*141*
Novotný, J., s. Bolme, P.
388, 390, 395, *417*
Nowacki, P., s. Haberich, F. J.
278, *292*
Nugent, G. C., s. Daggett,
W. M.  214, *223*
Nutt, M. E., s. Cumming, J. D.
254, *284*
Nyhus, L. M., s. Condon, R. E.
269, *290*
Nylander, G., Olerud, S.  256,
*285*
Nylin, G., Blömer, H., Jones,
H., Hedlund, S., Rylander,
C. G.  149, *183*
— Hedlund, S., Regnström,
O.  150, *183*
— Silfverskiöld, B. P., Löf-
stedt, S., Regnström, O.,
Hedlund, S.  149, *183*
— s. Hedlund, S.  149, 150,
*179*
— s. Ljundgreen, K.  150,
*181*

Obal, F., s. Kramer, K.  387,
401, 403, *421*
Oberhelman, H. A., Wood-
ward, E. R., Smith, C. A.,
Dragstedt, L. R.  256, *285*
O'Brien, L. J., s. Remington,
J. W.  51, *64*
Ochs, L., s. Sensenbach, W.
174, *183*
Ochwadt, B.  241, *282*, 297,
298, 302, 314, 316, 317, 319,
333, *343*
— s. Bethge, H. B.  334, *339*
— s. Girndt, J.  333, 335,
*340*
— s. Lochner, W.  298, *342*
Odelram, H., s. Folkow, B.
367, *380*
— s. Kjellmer, I.  415, *421*
— s. Mellander, S.  110, *140*,
371, *382*, 410, *422*
Oderlam, H., s. Kjellmer, I.
118, *138*
Odom, G. L., s. Wilson, W. P.
160, *184*

Öberg, B., s. Folkow, B.  252,
*280*, 395, 396, 397, *419*
— s. Johnsson, G.  415, *421*
— s. Mellander, S.  110, *140*,
371, *382*, 410, *422*
Ogawa, K., s. Saito, T.  76, *96*
Ogden, E., s. Anliker, M.
48, *60*
Ohlson, L., s. Borell, U.
447, *451*
Ohnhaus, E. E., s. Bauereisen,
E.  269, *290*
— s. Peiper, U.  *282*, 390, *422*
Okino, H., Spencer, M. P.
294, *343*
Olerud, S., s. Nylander, G.
256, *285*
Olmstead, F., Aldrich, F. D.
31, *63*
O'Morchoe, C. C. C.,
s. Carrière, S.  333, 338, *339*
— s. Pinter, G. G.  322, *343*
— s. Thorburn, G. D.  330,
333, 338, *345*
Opitz, E., Schneider, M.  157,
158, *183*
— Thews, G.  201, *336*
— s. Mercker, H.  159, *182*
O'Rahilly, R., s. Fischl-
schweiger, W.  69, *94*
Orcutt, F. S., Waters, R. M.
193, *226*
O'Rourke, M. F.  44, *63*
— Blazek, J. V., Morreels,
C. L., Krovetz, L. J.  44,
51, *64*
— Taylor, M. G.  52, *64*
Osborne, S. L., s. Grodins,
F. S.  237, *280*
Osserman, E. F., s. Minard, D.
101, *140*
Ostberg, R. H., s. Goodyer,
A. V.  206, *223*
Osterberg, A. E., s. Comfort,
M. W.  259, *286*
Oswald, S., s. Lochner, W.
191, *226*
Ottenjann, R., s. Demling, L.
255, *284*
Ottis, K., Davis, J. E., Green,
H. O.  261, 262, 264, *289*
— s. Green, H. D.  263, 264
*288*
Owen, S. G., s. Dewar, H. A.
165, *177*
— s. Turner, J.  158, *184*
Owman, Ch., s. Falck, B.
175, *177*

Oyvin, J. P., Oyvin, V. I.,
Baluda, V. P.  131, *141*
Oyvin, V. I., s. Oyvin, J. P.
131, *141*

Pace-Asciak, C., s. Coceani, F.
256, *284*
Page, I. H., McCubbin, J. W.
241, *282*
— s. Corcoran, A. C.  297,
322, *339*
Pagel, H. D., s. Gertz, K. H.
297, *340*
Palade, G. E.  71, 74, 75, *96*,
114, 128, *141*
— Bruns, R. R.  74, 78, *96*
— s. Bruns, R. R.  71, 73,
75, *93*
— s. Clementi, F.  71, 75, 78,
86, *94*, 128, 129, *135*
— s. Farquhar, M. G.  71,
82, *94*
— s. Majno, G.  75
Pallade, G. E., s. Majno, G.
128, *140*
— s. Weibel, E. R.  73, *97*
Pando, B., s. Alzamora, V.
450, *451*
Panigel, M.  448, *453*
Papenberg, J., s. Allwood,
M. J.  376, *377*
Pappenheimer, J. R.  78, 99,
115, 116, 125, 130, *141*, 297,
307, *343*
— Kinter, W. B.  313, 314,
*343*
— Renkin, E. M., Borrero,
L. M.  117, 124, 125, 126,
130, *141*
— Soto-Rivera, A.  102, 110,
115, 116, 117, 126, *141*
— s. Eggleton, M. G.  310,
*340*
— s. Kinter, W. B.  241, *281*
— s. Landis, E. M.  68, *95*,
99, 109, 115, 116, 126,
128, *139*
— s. Renkin, E. M.  99, 110,
114, 115, 116, 117, 123, *141*
Paredes, D., s. Alzamora, V.
450, *451*
Parer, J. T., Lannoy, C. W. de,
Behrman, R. E.  434, 447,
*454*
— — Hoversland, A. S.,
Metcalfe, J.  434, 445,
447, *454*
— s. Metcalfe, J.  443, *453*

Parker, J. O., Chiong, M. A., West, R. O., Case, R. B. 203, *226*

Parkhouse, J., s. Crockford, G. W. 359, 375, *379*

Parks, E., s. Cohn, Z. A. 75, *94*

Parnell, J., s. Peterson, L. H. 48, *64*

Parpat, A. K., Whipple, A. O., Chang, J. J. 100, *141*

Parratt, J. R. 212, 220, *226*

— s. Lochner, W. 220, *226*

Partington, M. W. 375, *382*

Pasch, Th., s. Bauer, R. D. 50, 51, *60*

Passow, H., Schniewind, H., Weiss, Ch. 322, *343*

Pate, J. W., s. Sawyer, P. N. 100, 131, *142*

Patel, D. J., De Freitas, M. F., Greenfield, J. C., Fry, D. L. 48, *64*

Patterson, Shepherd 243

Patterson, G. C. *282*

— s. Duff, F. 374, *379,* 415, *418*

— s. Greenfield, A. D. M. 248, *280*

Patterson, J. L., Cannon, J. L. 169, *183*

— Heyman, A., Battey, L. L. Ferguson, R. W. 160, *183*

— — Duke, T. 157, *183*

— Warren, J. V. 169, *183*

— s. Kontos, H. A. 387, 403, *421*

— s. Levasseur, J. E. 27, *63*

Patterson jr., J. L., s. Heyman, A. 157, 172, *179*

Paul, W. M., s. Mahon, W. A. 433, 436, *453*

Pauschinger, P., Barbey, K., Brecht, K. 28, *64*

Peacock, W. C., s. Gibson, J. G. 249, 263, *280, 288*

Peart, W. S., s. Lever, A. F. 304, *342*

Pease, D. C. 82, 83, 86, *96*

Peck, H. M., Hoerr, N. L. 100, 141

Pehling, G., s. Ullrich, K. J. 334, *346*

Peiper, U., Lutz, J., Wullstein, H. K. 270, 271, *291*

— Ohnhaus, E. E. *282*

— — Brettschneider, H. 390, *422*

Peiper, U., Wende, W., Wullstein, H. K. 247, *282*

— Wullstein, H. K., Maier, C. P. 390, *422*

— s. Bauereisen, E. 263, 269, 277, 278, *278, 287, 290, 292*

— s. Lutz, J. 243, 261, 262, 265, 266, 270, 271, 272, 273, 275, 276, *282, 289, 291*

Peirce, G., s. Sayen, J. J. 201, *227*

Peltonen, T., s. Assali, N. S. 433, 442, 444, 445, 446, *451*

Penaloza, D., Arias-Stella, J., Sime, F., Recavarren, S., Marticorena, E. 449, 450, *454*

Peňáz, J. 399, *422*

— Buriánek, P., Semrád, B. 399, *422*

Pennes, H. H., s. Schmidt, C. F. 151, *183*

Perez-Borja, C., Meyer, J. S. 150, *183*

Perl, W. 350, *382*

— Cucinell, S. A. 350, *382*

— Hirsch, R. L. 350, *382*

Perlman, H. B., Kimura, R. S. 100, *141*

Perlmutt, J. H. 316, *343*

Perry, W. L. M., s. Holton, P. 358, *381*

Pessey, K., s. Harsing, L. 333, *341*

Peter, E. T., Nicoloff, D. M., Leonard, A. S., Walder, A. I., Wangensteen, O. H. 256, *285*

— s. Leonard, A. S. 256, *285*

— s. Nicoloff, D. M. *285*

Peter, K. 303, *343*

Peters, A., s. Muir, A. R. 71, *96*

Peters, G., s. Gross, F. 320, *341*

Peters, Th. 100, *141*

Peterson, E. N., Behrman, R. E. 445, *454*

Peterson, L. H., Jensen, R. D., Parnell, J. 48, *64*

Petran, K., s. Somlay, L. 316, *344*

Petry, G., Kühnel, W. 89, *96*

— s. Amon, H. 88, *93*

Pfaff, W., Herold, W. 101, *141*

Pfeiffer, E. W., s. Placke, R. K. 325, *343*

Pfister, R., s. Weille, F. L. 100, *143*

Pfleiderer, T., s. Schoop, W. 412, 415, *423*

Phibbs, R. H., Wyler, F., Neutze, J. 432, *454*

Phillips, J. P., s. Robert, A. 255, *285*

Phillips, R. A., Hamilton, P. B. 318, 319, 320, *343*

Pickford, M., s. Kitchin, A. H. 358, *382*

Pieper, H., Wetterer, E. 31, *64*

— s. Wetterer, E. 57, *65*

Pierce, G. B., Beals, T. F., Sriram, J., Midgley, A. R. 85, *96*

Pifarre, R., s. Vineberg, A. M. 190, *228*

Piiper, J. 363, *382*

— Rosell, S. 397, *422*

— Schoedel, W. 103, *141*

Pinkerson, s. Cohn 269

Pinter, G. G., O'Morchoe, C. C. C., Sikand, R. S. 322, *343*

Pirlet, K. 376, *383*

Pirtkien, R., s. Herrnring, G. 101, *138*

Pitcairn, D. M., s. Metcalfe, J. 445, *453*

Pitt, B., Elliot, E. C., Khouri, E. M., Gregg, D. E. 199, 200, *226*

Pitts, R. F., s. Thompson, D. D. 297, *345*

Placke, R. K., Pfeiffer, E. W. 325, *343*

Plassaras, G. C., s. Brown, E. 411, *417*

— s. Crossley, R. J. 372, *379*

Plewa, W., s. Greeff, K. 263, *288*

Poiseuille 99

Pollack, W. D., Wood, E. H. 110, *141*

Polliwoda, H., Schmidt-Matthiesen, H., Staube-sand, J. 133, *141*

Polster, J., Seller, H., Lang-horst, P., Koepchen, H. P. 358, *383*

— s. Koepchen, H. P. 230, *282*

— s. Seller, H. 358, 359, *383, 399, 423*

Polzer, K., Schuhfried, F. 150, *183*

Pontén, N., Siesjö, B.K. 162, *183*

Pontonnier, G., s. Munck, O. 235, *282*

Pool, J.L., Forbes, H.S., Nason, G.I. 173, *183*

Popper, H. 273, *291*
— Schaffner, F. 267, *291*

Porjé, I.G., Rudewald, B. 31, *64*

Poseiro, J.J., s. Mendez-Bauer, C. 436, *453*

Potho, M., Scheinin, A. 101, *141*

Pourcelot, L. 31, *64*

Power, G.G., Longo, L.D., Wagner, H.N., Kuhl, D.E., Forstor, R.E. 132, 434, 445, 446, *454*
— s. Longo, L.D. 446, *453*

Powers, D.C., s. Daggett, W.M. 214, *223*

Powers, K.L., s. Bloodworth, J.M. 88, *93*

Powers, S.R., s. Bing, R.J. 194, *222*

Pradhan, S.N., Wingate, H.W. 254, 255, *285*

Pragay, E.B., s. Rodbard, S. 403, *423*

Prchal, K., s. Wilde, W.S. 334, *346*

Přerovský, I., s. Kjellmer, I. 389, *421*

Price, E., s. Shehadeh, Z. 250, *283*

Price, W.E., Shehadeh, Z., Thompson, G.H., Underwood, L.D., Jacobson, E.D. 252, *282*

Prichard, M.M.C., s. Trueta, J. 325, *346*

Prichard, M.M.L., s. Barclay, A.E. 434, *451*
— s. Daniel, P.M. 269, 275, *290*

Priebe, L., Betz, E. 350, *383*

Prill, H.J. 399, *422*

Probst, R., s. Bretschneider, H.J. 194, *222*

Puccinelli, V., Caputo, R., Ceccarelli, B. 89, *96*

Pugh, L.G.C.E., Edholm, O.G., Fox, R.H., Wolff, H.S., Hervey, G.R., Hammond, W.H., Tanner,

J.M., Whitehouse, R.H. 376, *383*

Quensel, W., Kramer, K. 401, *422*
— s. Kramer, K. 387, 401, 403, *421*

Quilligan, E.J., s. Hendricks, C.H. 446, *452*

Raczkowski, H., s. Beer, R. 441, *451*

Radawski, D., s. Scott, J.B. 406, *423*

Raff, W.K., Kosche, F., Lochner, W. 207, 208, 209, *226*
— s. Hirche, H. 403, *420*

Ramel, A., s. Kuhn, W. 334, *342*

Ramsey, E.M., Corner, G.W., Donner, M.W. 446, *454*
— — Long, G.W., Stran, H.M. 446, *454*
— s. Martin, C.B. 446, *453*

Ramsey, L.H., s. Metcalfe, J. 433, 443, 444, 445, *453*

Rand, M.J., s. Burn, J.H. *287*

Randall, W.C., s. Hertzman, A.B. 357, *381*

Ranke, O.F. 37, *64*
— s. Broemser, Ph. 45, 59, 60, *61*

Ranniger, K., s. Freese, U.E. 444, *452*

Rapaport, E., s. Saphir, R. 277, *292*

Rapela, C.E., Green, H.D. 164, 167, *183*
— s. Green, H.D. 164, *178*

Rappaport, A.M. 274, *291*

Rappaport, M.B., Bloch, E.H., Irwin, J.W. 101, *141*

Rascol, A., s. Géraud, J. 146, 151, *178*

Ratschow, M. 37, *64*

Rau, G. 194, *227*
— Tauchert, M., Brückner, J.B., Eberlein, H.J., Bretschneider, H.J. 194, *227*
— s. Bretschneider, H.J. 194, *222*

Rauramo, L., s. Assali, N.S. 433, 442, 444, 445, 446, *451*

Rawson, C., s. Ahlquist, R. 263, *287*

Rayford, C.R., Khouri, E.M., Lewis, F.B., Gregg, D.E. 188, *227*
— s. Gregg, D.E. 190, 197, *224*
— s. Khouri, E.M. 190, 197, *225*
— s. Shaw, R. 195, *228*

Rayner, R., MacLean, L., Grim, E. 238, *282*

Reale, E., Ruska, H. 69, 82, *96*
— s. Buchner, O. 304, *339*

Reardan, J.B., s. Bricker, N.S. 315, *339*

Recavarren, S., s. Penaloza, D. 449, 450, *454*

Reed, J.D., s. Harper, A.A. 254, *284*

Reemtsma, K., s. Halley, M.M. 167, *179*

Rees, J.R., s. Ross, R.S. 193, 195, *227*

Reese, T.S., Karnovsky, M.J. 71, 86, *96*

Reeve, E., s. Allen, T. 262, *287*

Reeves, T.J., s. Harman, M.A. 214, *224*

Refsum, H.E., s. Kiil, F. 310, *341*

Regnier, M., s. Grant, R.T. 185, *224*

Regnström, O., s. Nylin, G. 149, 150, *183*

Regnströn, O., s. Ljundgreen, K. 150, *181*

Reichel, H. 37, *64*
— s. Kapal, E. 44, 48, *62*

Reichel, K., s. Kanzow, E. 154, *180*

Reid, D.E., s. Metcalfe, J. 433, 443, 444, 445, *453*

Rein, H. 190, 205, *227*, 277, *289*, *292*, *297*, *343*, 396, 401, 402, *422*,
— Schneider, M. 402, *422*
— s. Grab, W. 236, *280*
— s. Keller, C.J. 402, *421*

Reindell, H., s. Doll, E. 200, 216, *223*
— s. Keul, J. 200, 202, *225*

Reinhold, J.G., s. Kyle, G.C. 259, *287*

Reiniger, E.J., Sapirstein, L.A. 237, *282*

Reinmuth, O. M., s. Kogure,
K. 158, *181*
Reis, D. J., Wooten, G. F.,
Hollenberg, M. 385, 387,
403, *422*
Reissinger, s. Broemser, Ph.
29
Reichiv, M. 160, 161, *183*
Remington, J. W. 37, 49, 50,
51, *64*
— Hamilton, W, F. 57, *64*,
248, *282*
— O'Brien, L. J. 51, *64*
— s. Hamilton, W. F. 60, *62*
Renkin, E. M. 114, 116, 123,
124, 125, 128, 129, 130, *141*
— Pappenheimer, J. R. 99,
110, 114, 115, 116, 117, 123,
*141*
— Rosell, S. 107, 124, *141*,
395, *422*
— s. Pappenheimer, J. R.
117, 124, 125, 126, 130, *141*
— s. Stainsby, W. N. 408,
*423*
— s. Viveros, O. H. 390, *423*
Renn, H., s. Scholtholt, J.
237, 269, 275, *283*, *291*
Reploh, H. D., s. Strauer, B. E.
203, *228*
Reschke, W., s. Leichtweiss,
H.-P. 103, *139*
Resuick, H., s. Harrison, T. R.
190, *224*
Reubi, F. C., Gossweiler, N.,
Gürtler, R. 333, *343*
Reulen, H. J., s. Messmer, K.
269, *291*
Reynolds 430
Rhoads, C. P., s. Slyke, D. D.
van 309, *344*
Rhodin, J. A. 77, 78, 82, *96*
Richards, R. L. 347, *383*
Richardson, D. R., Johnson,
P. C. 246, 248, *283*
Richardson, D. W., s. Kontos,
H. A. 387, 403, *421*
Richtering, I., s. Kanzow, E.
154, *180*
Ricker, G. 103, *141*
Riddel, A. G., s. Emery, E. W.
314, *340*
Riecker, G. 270, *291*
Riedel, B., Bucher, O. 304,
*343*
Rigler, R. 220, *227*, 405, *423*
Risberg, J., s. Ingvar, D. H.
146, 153, *180*

Ritter, E. R. 301, *343*
Riva-Rocci 27
Robert, A., Nezamis, J. E.,
Phillips, J. P. 255, *285*
Roberts, B., s. Williams, R. G.
101, *144*
Roberts, J. T., Wearn, J. T.
427, 428, *454*
Robinson, W. L. 261, *289*
Rodbard, S. 106, *141*, 241
— Pragay, E. B. 403, *423*
— Takacs, L. 241, *283*
Roddie, I. C., Shepherd, J. T.
369, *383*
— — Whelan, R. F. 364,
365, 373, 374, *383*, 414, *423*
— s. Blair, D. A. 356, 357,
373, *378*, 401, *416*
— s. Brick, I. 391, *417*
Roddie, R. A. 369, *383*
Rodler, R., s. Bertha, H.
150, *176*
Röckemann, W. 53, *64*
Rohde, R., s. Doutheil, N.
195, *223*
Rohen, J. W., Castenholz, A.
67, 71, 75, *96*
Rojo-Ortega, J. 306
Roka, L., s. Lasch, H. G.
131, *139*
Roland, L. P., s. Landau,
W. M. 149, 154, *181*
Rollhäuser, H., Kriz, W.,
Heinke, W. 325, 326, *344*
— s. Niessing, K. 85, *96*,
114, *140*
Romney, S. L., s. Metcalfe, J.
433, 443, 444, 445, *453*
Ronniger, R. 23, 60, *64*
— s. Kenner, Th. 21, 48, 51,
*62*
Roof, B. S., Lauson, H. D.,
Bella, S. T., Eder, H. A.
318, 319, *344*
Rose, J. C., s. Lilienfield, L. S.
314, *342*
Rosell, S., Uvnäs, B. 395,
*423*
— s. Bolme, P. 396, *417*
— s. Graf, K. 399, *419*
— s. Hyman, C. 107, *138*
— s. Piiper, J. 397, *422*
— s. Renkin, E. M. 107, 124,
*141*, 395, *422*
Rosen, A., s. Hyman, C. 107,
*138*
Rosenman, E., s. Necheles, H.
255, *285*

Rosensweig, J. 369, *383*
Rosomoff, N. L., Holaday,
D. A. 151, *183*
Ross, B. B., s. Cassin, S. 442,
449, *451*
Ross, G. 237, 247, 249, 250,
252, 262, 264, 265, *283*, *287*,
*289*
— Brown, A. W. 250, *283*
— s. Gaal, P. G 212, *223*
Ross, J., s. Mills, C. J. 44,
*63*
— s. Sonnenblick, E. H. 203,
*228*
Ross, J. M., s. Guyton, A. C.
241, *280*
Ross, R. S., Ueda, K., Lichtlen, P. R., Rees, J. R.
193, 195, *227*
— s. Friesinger, G. C. 188,
*223*
Roth, E., s. Gercken, G. 167,
*178*
Roth, L. W., s. Hertzman,
A. B. *381*
Rothman, S. S., Brooks, F. P.
258, *287*
Rothschild, H. A., s. Junqueira, L. C. U. 259, *286*
Rotta, A., s. Alzamora, V.
450, *451*
Rous, P., Gilding, H. P.,
Smith, F. 100, 101, 104,
125, 128, *141*
— s. McMaster, P. D. 118,
*140*
— s. Smith, F. 118, *142*
Rowell, L. B., Brengelmann,
G. L., Murray, J. A., 355
*383*
Rowlands, D. J., s. Donald,
D. E. 396, *418*
Rowlands, S., s. Delorme, E. J.
249, *279*
Roy, C. S. 265, *289*
Rubinstein, E. H., s. Folkow,
B. 395, 397, *419*
Rubio, C., s. Alzamora, V.
450, *451*
Rudewald, B., s. Porjé, I. G.
31, *64*
Rudko, M., s. Scott, J. B.
406, *423*
Rudolph, A. M., Heymann,
M. A. 432, 433, 434, 435,
436, 438, 439, 440, 441, 443,
*454*
— s. Neutze, J. M. 261, *289*

Rudolph, W., s. Bernsmeier,
A. 202, *222*
Ruedas, G., s. Başar, E. 399,
*416*
Ruef, J., Bock, K.D., Hensel,
H. 375, *383*
— s. Bock, K.D. 392, *416*
— s. Hensel, H. 350, 351,
*381*, 389, *420*
Rüttner, J.R., Vogel, A.
273, *291*
Rushmer, R.F. 44, 48, *64*,
214, *227*
— s. Franklin, D.L. 31, *62*
— s. McCutcheon, E.P. 28,
*63*
— s. Wiederhielm, C.A. 101,
103, 109, *144*
Ruska, H., s. Moore, D.H.
75, *96*, 114, 128, *140*
— s. Reale, E. 69, 82, *96*
Rusznyák, I., Földi, M.,
Szabó, G. *96*, 99, 110, *142*
Rutherford, R.B., s. Kaihara,
S. 261, *289*
Rylander, C.G., s. Nylin, G.
149, *183*

Saalfeld, E. von, s. Anrep,
G.V. 220, *221*
Sabiston, D.C., Gregg, D.E.
208, *227*
Sachs, G., s. Hirschowitz, B.I.
256, *285*
Sack, H., s. Bernsmeier, A.
165, *176*
Sagawa, K., Guyton, A.C.
167, *183*
Saito, T., Ogawa, K. 76, *96*
Sakamoto, K., s. Meyer, J.S.
175, *182*
Sakuma, A., Beck, L. 393,
*423*
Salama, S., s. Anrep, G.V.
220, *221*
Saling, E. 428, 441, 447,
450, *454*
Salmon, P., Griffin, W.,
Wangensteen, O.H.
253, *285*
Salna, M.E., s. Lovett Doust,
J.W. 102, *139*
Salomon, M., s. Di Scala, G.H.
88, *94*
Saltin, B., s. Grimby, G.
414, 415, *420*
Salzman, E.W., s. Merrill,
E.W. 112, *140*

Samelius-Broberg, U.,
s. Åström, A. 322, *338*
Sams jr., W.M., Winkel-
mann, R.K. 366, *383*
Sanada, M., s. Takeuchi, J.
298, *345*
Sandblom, J., s. Grängsjö, G.
350, *380*
Sandison, J.C. 101, *142*
Santa-Maria, E., s. Alzamora,
V. 450, *451*
Santos-Buch, C.A. 76, *97*
Saphir, R., Rapaport, E.
277, *292*
Sapirstein, E.H., s. Sapir-
stein, L.A. 269, *291*
Sapirstein, L. 237, 253, 257,
261, *283*, *287*, *289*
Sapirstein, L.A. 254, *285*
— Sapirstein, E.H., Brede-
meyer, A. 269, *291*
— s. Reiniger, E.J. 237, *282*
Sardi, G., s. Chiandussi, L.
269, *290*
Sarnoff, S.J., Braunwald, E.,
Welch, G.H., Case, R.B.,
Stainsby, W.N., Macruz, R.
190, 203, *227*
— Case, R.B., Welch, G.H.,
Braunwald, E., Stainsby,
W.N. 203, *227*
— Yamada, S.J. 277, *292*
— s. Case, R.B. 195, *222*
Sarre, H., Ansorge, H. 318,
*344*
— s. Enger, R. 300, *340*
Sato, T., Suda, Y., Koyama,
K., Yamauchi, H., Yama-
moto, K. 261, *289*
Saunders, K.B., s. Domenech,
R.J. 195, *223*
Sawada, T., s. Takeuchi, J.
298, *345*
Sawyer, P.N., Deutsch, B.,
Pate, J.W. 100, 131, *142*
— Srinivasan, S. 131, *142*
Sayen, J.J., Sheldon, W.F.,
Peirce, G., Kuo, P.T.
201, *227*
Scammon, R.E., Norris, E.H.
450, *454*
Schachter, M. 374, *383*, 415,
*423*
— s. Babkin, B.P. 255, *284*
Schade, H., Claussen, F.
115, *142*
Schaechtelin, G., s. Gross, F.
320, *341*

Schaefer, J., s. Friesinger,
G.C. 188, *223*
Schäfer, K.E., s. Kramer, K.
401, *421*
Schaepdryver, A.F., s. Hey-
mans, C. 277, *292*
Schafé, M.K., s. Blasius, W.
59, *61*
Schafer, A.E., Moore, B.
264, *289*
Schaffner, F., s. Popper, H.
267, *291*
Schaper, W. 189, 190, 200,
*227*
Schaper, W.K.A., Xhonneux,
R., Jageneau, A.H.M.
190, *227*
Scheinberg, P. 174, *183*
— Stead, E.A. 145, 151,
152, 169, *183*, 193, *227*
— s. Kogure, K. 158, *181*
Scheinin, A., s. Potho, M.
101, *141*
Scheler, F., s. Bretschneider,
H.J. 220
Schenk, W., s. Drapanas, T.
237, *279*
Schenk, W.G., s. Burns, B.G.
237, 238, 250, *279*
Scheppokat, K.D., Thron,
H.L., Gauer, O.H.
248, *283*
Scher, A.M. 241, *283*
Scheurman, M.G., s. Shenkin,
H.A. 169, *184*
Schiefer, W., s. Tönnis, W.
149, *184*
Schieve, J.F., Wilson, W.P.
160, *183*
— s. Stow, R.W. 350, *383*
— s. Wilson, W.P. 160, *184*
Schildkraut, R., s. Schmid-
Schönbein, H. 103, *142*
Schimmler, W. 46, 47, 48, *64*
Schirmeister, J., Schmidt, L.,
Söling, H.D. 300, 322,
*344*
Schlegel, W., s. Franklin, D.L.
31, *62*
Schlepper, M., Witzleb, E.
190, *227*
— s. Hanke, D. 373, *381*
Schlesinger, M.J., s. Zoll,
D.M. 190, *228*
Schlicher, L., s. Krug, H.
110, *139*
Schloerbs, P.E., Friis-Hansen,
B.J., Edelmann, I.S.,

Solomon, A. K., Moore,
F. D. 125, *142*
Schloss, G. 304, *344*
Schlosser, D., Heyse, E.,
Bartels, H. 108, *142*
— s. Hilpert, P. 436, *452*
Schlosser, V., s. Hirsch, H.
155, *179*
Schlüter, F., s. Wezler, K.
36, 37, *65*
Schmahl, F. W., s. Betz, E.
150, 155, *176*
Schmid, E., Kinzlmeier, H.
255, *286*
Schmid, R., Mahler, R.
405, *423*
Schmid-Schönbein, H.,
Gaethgens, P., Hirsch, H.
112, *142*
— Wells, R. E. 112, *142*
— — Goldstone, J. 103,
112, *142*, 334, *344*
— — Schildkraut, R.
103, *142*
Schmidt, C. F. 150, 173,
174, *183*
— Kety, S. S., Pennes, H. H.
151, *183*
— s. Dumke, P. R. 151, *177*
— s. Forbes, H. S. 150, 175,
*178*
— s. Grant, F. C. 161, *178*
— s. Kety, S. 434, *453*
— s. Kety, S. S. 145, 151,
157, 158, 160, 161, 170, 171,
*180*, 193, *225*
— s. Lambertsen, C. J. 157,
159, *181*
Schmidt, H. D., s. Schmier, J.
190, *227*
Schmidt, L., s. Schirmeister, J.
300, 322, *344*
Schmidtke, I., s. Schoop, W.
393, *423*
Schmidt-Matthiesen, s. Staubesand, J. 86, *97*
Schmidt-Matthiesen, H.,
s. Polliwoda, H. 133, *141*
Schmidt-Vanderheyden, W.,
Koepchen, H. P. 394,
*423*
Schmier, J., Schmidt, H. D.
190, *227*
Schmitz-Valckenberg, P.,
s. Wüllenweber, R. 150,
155, 174, 175, *184*
Schmutziger, P., s. Baltzer, A.
102, *134*

Schneider, H., Hartel, W.,
Kessler, M., Lang, H.,
Starlinger, H., Thermann,
M. 274, *290*
Schneider, M., s. Ludwigs, N.
173, 174, *181*
— s. Mercker, H. 159,
*182*
— s. Noell, W. 151, 160, 161,
170, 171, *182*
— s. Opitz, E. 157, 158,
*183*
— s. Rein, H. 402, *422*
Schnermann, J., Horster, M.,
Levine, D. Z. 296, *344*
— Nagel, W., Thurau, K.
306, 320, *344*
— Wright, F. S., Davis, J. M.,
Stackelberg, W. v., Grill, G.
307, 308, *344*
— s. Horster, M. 324, 337,
*341*
— s. Thurau, K. 306, 307,
*345*
— s. Wilde, W. S. 334, *346*
— s. Wunderlich, P. 333,
337, *346*
Schniewind, H., s. Passow, H.
322, *343*
Schoedel, W., s. Mercker, H.
*140*
— s. Piiper, J. 103, *141*
Schoeffl, G. I., s. Majno, G.
128, *140*
Schöll, A., s. Körtge, P.
85, *95*
Schönbach, G., s. Langen-
dorf, H. 408, *421*
Schönenberger, F., Müller, A.
37, *64*
Schoenmackers, J. 185, 186,
188, *227*
Schoeppe, W., s. Hoffmeister,
H. E. 203, *224*
— s. Kreuzer, H. 201, *225*
Scholtholt, J. 276, *291*
— Bussmann, W. D., Lochner,
W. 220, *227*
— Lochner, W. 196, 197,
198, *227*
— — Renn, H., Shiraishi, T.
237, 269, 275, *283*, *291*
— Shiraishi, T. 275, *291*
— s. Hirche, Hj. 208, 209,
*224*
Schoop, W., Pfleiderer, T.
412, 415, *423*
— Schmidtke, I. 393, *423*

Schreiner, G. L., Berglund, E.,
Borst, H. G., Monroe, R. G.
214, *227*
Schröder, J. 359, 376, *383*
Schröder, R. 322, *344*
Schroeder, W. 99, 103, 106,
107, 109, 110, 130, *142*, 396,
*423*
— s. Treumann, F. 414, *423*
Schröer, H. 99, 100, *142*
— Hauck, G. 131, 132, 133,
*142*
— s. Hauck, G. 101, 104,
112, 118, 119, 126, 127, 131,
*137*, 269, 273, *290*
Schuck, E. A., s. Lewis, A. E.
263, *289*
Schürholz, J., s. Körtge, P.
85, *95*
Schütz, E. 27, *64*
Schuhfried, F., s. Polzer, K.
150, *183*
Schulz, A. 69, *97*
Schulze, W., s. Kramer, K.
360, 367, *382*
Schwartz, M., s. Texter, E. C.
240, *283*
Schwarz, R. H., s. Longo, L. D.
446, *453*
Schwarzkopf, H. J., s. Başar,
E. 399, *416*
Schwentker, E. P., s. Kaihara,
S. 261, *289*
Scibetta, M., s. Selkurt, E.
237, 240, *283*
Scomazzoni, G., s. Baroldi, G.
*222*
Scott, E. B. 88, *97*
Scott, J., s. Emanuel, D. A.
322, *340*
Scott, J. B., Dabney, J. M.
250, 252, *283*
— Rudko, M., Radawski, D.,
Haddy, F. J. 406, *423*
— s. Haddy, F. J. 243, 250,
*281*, 298, *341*, 388, 405,
*420*
— s. Jacobson, E. D. 253,
255, 256, *285*
Scott, M. J., s. Daly, M. de B.
261, 264, *287*
Scratcherd, T., s. Barlow, T. E.
258, *286*
— s. Brown, J. C. 259, *286*
Sedlmeyer, I., s. Gottstein, U.
415, *419*
Seeman, T., s. Johansson, B.
195, *224*

Segarra-Domenech, J.,
s. Lutz, J. 270, *291*
Sehgal, N., s. Assali, N. S.
438, 443, 447, *451*
Seidel, W., s. Golenhofen, K.
398, 400, 401, *419*
Sejrsen, P. 348, 354, *383*
— Tönnesen, K. H. 389, *423*
— s. Tönnesen, K. H. 389,
*423*
Seligman, A. M., s. Gibson,
J. G. 249, 263, *280, 288*
Selkurt et al. 297
Selkurt, E., Scibetta, M.,
Cull, T. 237, 240, *283*
Selkurt, E. E. 295, 297, 318,
319, *344*
— Elpers, M. J., Womack, I.,
Dailey, W. N. 300, *344*
— Hall, P. W., Spencer, M. P.
*344*
— Womack, I., Dailey, W. N.
335, *344*
— s. Nash, F. D. 300, *343*
Seller, H., Langhorst, P.,
Polster, J., Koepchen,
H. P. 358, 350, *383*, 300,
*423*
— s. Koepchen, H. P. 230,
*282*
— s. Polster, J. 358, *383*
Semb, C., s. Birkeland, S.
318, 319, *339*
Semb, L. S., s. Aume, S.
257, *286*
Semple, S. J. G., Wardener,
H. E. de 300, *344*
— s. Barcroft, H. 405, *416*
Semrád, B., s. Peňáz, J.
399, *422*
Seneviratne, R. D. 127, *142*
Sengel, A., Stoebner, P.
73, *97*
Sensenbach, W., Madison, L.,
Ochs, L. 174, *183*
Serota, H., Gerard, R. W.
150, *183*
Severidt, H.-J., s. Hort, W.
428, 438, *452*
Severinghaus, J. W. 163, *183*
— Chiodi, H., Eger, E. I.,
Brandstater, B., Hornbein,
T. F. 160, *184*
— Lassen, N. 161, *184*
Sexton, J., s. Green, H. D.
237, 275, *280, 290*
Shaffer, R. A., s. Brody, M. J.
390, *417*

Shaldon, S., Sherlock, S.
*286*
Shanks, R. G., s. Love,
A. H. G. 357, *382*
— s. Waugh, W. H. *283*, 297,
298, 316, 317, 319, *346*
Shapiro, A., s. Barnett, G. O.
48, *60*
Shave, L. 300, *344*
Shaw, R., Rayford, C. R.,
Gregg, D. E. 195, *228*
Shea, S. H., Karnovsky, M. J.,
75, *97*
— — Bossert, W. H. 114,
129, *142*
— s. Majno, G. 71, 73, *96*,
106, 118, *140*
Shehadeh, Z., Price, E.,
Jacobson, D. 250, *283*
— s. Price, W. E. 252, *282*
Sheldon, W. F., s. Sayen, J. J.
201, *227*
Shenkin, H. A., Cabieses, F.,
Noordt, C. van den 174,
*184*
— Hafkenschiel, J. H., Kety,
S. S. 174, *184*
— Harmel, M. H., Kety, S. S.
149, *184*
— Novak, P., Goluboff, B.,
Soffe, A., Bortin, L.
165, *184*
— Scheurman, M. G., Spitz,
E. B., Groff, R. A. 169,
*184*
— Woodford, R. B., Freyhan,
F. A., Kety, S. S. 175, *184*
— s. Grant, F. C. 161, *178*
— s. Hafkenschiel, J. H.
169, *179*
— s. Kety, S. S. 165, 170,
171, *180*
— s. Novack, P. 160, *182*
Shepherd, s. Patterson 243
Shepherd, J. T. 347, 358, 365,
368, 374, 375, 376, *383*, 388,
392, 403, 410, 415, *423*
— s. Bevegård, B. S. 373,
*378*, 388, 403, 413, 414, *416*
— s. Davignon, J. 242, *279*
— s. Duff, F. 373, 374, *379*,
415, *418*
— s. Greenfield, A. D. M.
367, *381*
— s. Koroxenidis, G. T.
355, *382*
— s. Roddie, I. C. 364, 365,
369, 373, 374, *383*, 414, *423*

Shepherd, J. T. s. Strandell,
T. 389, *423*
— s. Webb-Peploe, M. M.
242, *284*
Sheppard, L. C., s. Kouchoukos,
N. T. 60, *63*
Sherlock 255
Sherlock, S., s. Shaldon, S. *286*
Sherrick, J. C., s. Elias, H. E.
267, 273, *290*
Sherrod, T. R., s. Spinazzola,
A. J. 322, *344*
Shillingford, J. P., s. Mills,
C. J. 44, *63*
Shipley, R. E., Study, R. S.
297, *344*
— s. Gregg, D. E. 188, *224*
— s. Study, R. S. 316, *345*
Shirai, T., Takasugi, M.,
Kitamura, A. 88, *97*
Shiraishi, T., s. Scholtholt, J.
237, 269, 275, *283, 291*
Shirley jr., H. H., Wolfram,
C. G., Wasserman, K.,
Mayerson, H. S. 118, *142*
— s. Mayerson, H. S. 119,
126, *140*
Shoemaker, W. C., Elwyn,
D. H. 267, *291*
Shore, P., Brodie, B., Hogben,
C. A. M. 254, *286*
Shulman, M. H., s. Arendt, J.
132, *134*
Sidky, M., Bean, J. W. 252,
*283*
Siemons, K., s. Bernsmeier, A.
145, 151, 165, *176*, 193, *222*
Siegel, A., s. Bargeron, L. M.
194, *221*
Siesjö, B., s. Holmqvist, B.
173, 174, 175, *179*
Siesjö, B. K., s. Gleichmann,
U. 153, *178*
— s. Pontén, N. 162, *183*
Sigg, E. B., s. Geiger, A.
175, *178*
Sikand, R. S., s. Pinter, G. G.
322, *343*
Silfverskiöld, B. P., s. Nylin,
G. 149, *183*
Sime, F., s. Penaloza, D.
449, 450, *454*
Simon, E., Meyer, W. W.
35, 37, 58, *64*
Simon, G. 76, 80, 81, 90,
92, *97*
Sinn, W. 58, *64*
— s. Wezler, K. 56, *65*, 233

Sitar, D. S., s. Cohen, M. M. 274, *290*

Sitte, H. 85, *97*

Sjöstrand, J., s. Kampp, M. 235, *281*

Sjöstrand, T., s. Holmgren, A. 414, *420*

Skin, H., s. Merrill, E. W. 112, *140*

Skinhoj, E., s. Lassen, N. A. 146, 153, *181*

Skinner jr., N. S., Costin, J. C. 405, 406, *423*

Šlechta, V., s. Brod, J. 415, *417*

Slotkoff, L. M., s. Eisner, G. M. 310, *340*

Slyke, D. D. van, Rhoads, C. P., Miller, A., Alving, A. S. 309, *344*

Smaje, L., Zweifach, B. W., Intaglietta, M. 128, *142*

Smith, C. A., s. Oberhelman, H. A. 256, *285*

Smith, C. F., s. Kety, S. S. 125, *138*

Smith, C. P., s. Moyer, J. H. 174, *187*

Smith, F., Dick, M. 118, *142*

— Rous, P. 118, *142*

— s. Rous, P. 100, 101, 104, 125, 128, *141*

Smith, H. W. 315, *344*, 441, *454*

Smith, L. L., Veraguth, U. P. 270, *291*

Smith, R. E., s. Kaneko, M. 399, *421*

Smith, R. W., s. Assali, N. S. 450, *451*

Smy, J. R., s. Harper, A. A. 254, *284*

Snyder, H., s. Moyer, J. H. 166, 174, *182*

Snyder, H. B., s. Morris, G. C. 165, *182*

Soderstrom, G. F., s. Hardy, J. D. 354, *381*

Söderberg, U., s. Ingvar, D. H. 151, *180*

Söling, H. D., s. Schirmeister, J. 300, 322, *344*

Soffe, A., s. Shenkin, H. A. 165, *184*

Soffe, A. M., s. Novack, P. 160, *182*

Sokoloff, L. 152, 154, 155, *184*

Sokoloff, L., Mangold, R., Wechsler, R. L., Kennedy, C., Kety, S. S. 152, *184*

— s. Kennedy, C. 151, 152, *180*

— s. King, B. D. 152, 174, *180*

— s. Landau, W. M. 149, 154, *181*

— s. Lewis, B. M. 160, 161, *181*

— s. Mangold, R. 152, *181*

Solomon, A. K., s. Schloerbs, P. E. 125, *142*

Somlay, L., Thron, H. L., Petran, K., Carl, G. 316, *344*

Sonnenblick, E. H., Ross, J., Covell, J. W., Kaiser, G. A., Braunwald, E. 203, *228*

Sonnenschein, R., s. Hyman, C. 107, *138*

Sonnenschein, R. R., s. Folkow, B. 106, *136*, 387, 388, 396, *418*

Sorensen, S. C., s. Lassen, N. A. 146, 153, *181*

Sosin, H., s. Nicoloff, D. M. *285*

Soto-Rivera, A., s. Pappenheimer, J. R. 102, 110, 115, 116, 117, 126, *141*

Souidan, Z., s. Anrep, G. V. 220, *221*

Spaet, Th. H. 132, *142*

Spalteholz, W. 189, *228*

Spanner, R. 235, 239, 246, *283*, 444, *454*

Sparks, H., s. Djojosugito, A. M. 395, 396, *418*

— s. Lundvall, J. 395, 396, *421*

Sparks, H. V. 242, *283*

— Bohr, D. F. 242, *283*

— s. Johansson, B. 246, *281*

Speden, R. N. 242, *283*

Speidel, s. Lazarow 85

Spencer, F. C., s. Bing, R. J. 194, *222*

Spencer, M. P. 322, *344*

— Denison, A. B. 44, *64*

— — Green, H. D. 322, *344*

— s. Denison, A. B. 31, *61*

— s. Okino, H. 294, *343*

— s. Selkurt, E. E. *344*

Sperber, I. 324, *344*

Spier, R., Lutz, J. 233, *283*

Spinazzola, A. J., Sherrod, T. R. 322, *344*

Spitz, E. B., s. Grant, F. C. 161, *178*

— s. Shenkin, H. A. 169, *184*

Spunda, Ch. 150, *184*

Spurling, R. G., s. Hamilton, W. F. 193, *224*

Srinivasan, S., s. Sawyer, P. N. 131, *142*

Sriram, J., s. Pierce, G. B. 85, *96*

Stackelberg, W. v., s. Schnermann, J. 307, 308, *344*

Stahlgren, L. H., s. Fronek, K. 237, *280*

Stainsby, W. N., Renkin, E. M. 408, *423*

— s. Sarnoff, S. J. 190, 203, *227*

Stark, R. D., s. Greenway, C. V. 246, 261, 262, 263, 264, 265, 267, 268, 274, 275, *280*, *288*, *290*

Starling, E. H. 99, 114, *142*

— s. Bayliss, W. M. 252, *278*

— s. Knowlton, F. P. 190, *225*

— s. Markwalder, J. 206, *226*

Starlinger, H., s. Schneider, H. 274, *291*

Staubesand, J. 67, 73, 74, 75, *97*, 104, *143*

— Schmidt-Matthiesen 86, *97*

— s. Polliwoda, H. 133, *141*

Staverman, E. J. 124, *143*

Stead, E. A., s. Scheinberg, P. 145, 151, 152, 169, *183*, 193, *227*

Steen, B., s. Häggendal, E. 403, *420*

Steger, G. 262, *289*

Stehbens, W. E. 69, 71, *97*

Steim, H., s. Doll, E. 200, 216, *223*

— s. Keul, J. 200, 202, *225*

Stein, E. 359, *383*

Steinhausen, M. 100, *143*

Stembera, Z. K., Hodr, J., Ganz, V., Fronek, A. 431, 442, 448, *454*

Stephen, G. W., s. Wollman, H. 153, 158, 161, *184*

Stephens, D., s. Crossley, R. J. 372, *379*

Stephenson, J. L. 334, *345*

Sterling, K. 102, *143*

Stern, E., s. Lewis, T. 366, *382*

Stewart-Hamilton 268

Stewart, H. J., Evans, W. F. 383
Stieve, H. 444, *454*
Still, E., s. Bennett, A. 257, *286*
Stinson, R. H. 247, *283*
— s. Burton, A. C. 231, 243, *279*
Stock, A., s. Danielli, J. F. 122, *136*
Stocks, J. F., s. Mithoefer, J. C. 162, *182*
Stoebner, P., s. Sengel, A. 73, *97*
Stöcker, H., s. Vogel, G. H. 102, *143*
Stow, R. W., Schieve, J. F. 350, *383*
Stran, H. M., s. Ramsey, E. M. 446, *454*
Strandell, T., Shepherd, J. T. 389, *423*
Strang, L. B., s. Cassin, S. 442, 449, *451*
Straub, H. 27, 31, *65*
Strauer, B. E., Reploh, H. D., Bretschneider, H. J. 203, *228*
Strauss, J., Beran, A. V., Brown, C. T., Katurich, N. 312, *345*
Ström, G., s. Graf, K. 414, *420*
— s. Holmgren, A. 414, *420*
Strohmaier, K. 101, *143*
Study, R. S., Shipley, R. E. 316, *345*
— s. Shipley, R. E. 297, *344*
Stutte, H. J. 261, *289*
Subba Rau, A., s. Anrep, G. V. 196, *221*
Subijanto, A., s. Domenech, R. J. 195, *223*
Subiria, R., s. Alzamora, V. 450, *451*
Suda, Y., s. Sato, T. 261, *289*
Sugiura, T., s. Thurau, K. 334, *346*
Sullivan, J. F., s. Fazekas, J. F. 161, *177*
Sutherland, W. A. *143*
Suthers, M. B., s. Hollman, M. E. 270, *290*
Sutterer, W. F., Wood, E. H. 27, *65*
Suyemoto, R., s. Assali, N. S. 433, 444, *451*

Svanborg, A., s. Häggendal, E. 403, *420*
Sveinsdottir, E., s. Høedt-Rasmussen, K. 146, 149, *179*
Swan, H. J. C., s. Barcroft, H. 347, 358, *378*, 391, 403, *416*
— s. Duff, R. S. 391, *418*
— s. Warner, H. R. 60, *65*
Swan, K. G., Jacobson, E. D. 254, *286*
— s. Jacobson, E. D. 254, *285*
Swann, H. G. 297, 298, 301, *345*
Swartwout, J. R., s. Metcalfe, J. 445, *453*
Sydow, V., s. Ahlquist, R. 263, *287*
Symon, L., Ishikawa, S., Lavy, S., Meyer, J. S. 150, *184*
Szabó, G., s. Rusznyák, I. 96, 99, 110, *142*
Szentivanyi, M., s. Juhasz-Nagy, A. 214, *225*

Tachibana, S., s. Birzis, L. 150, *176*
Tafani, A. 431, *454*
Takacs, L., s. Rodbard, S. 241, *283*
Takada, A., s. Takeuchi, J. 271, *291*
Takagi, Y., s. Gotoh, F. 159, 161, *178*
Takai, K., s. Asano, M. 102, *134*
Takasugi, M., s. Shirai, T. 88, *97*
Takeuchi, J., Kubo, T., Sawada, T., Funaki, E., Sanada, M., Kitagawa, T., Nakada, Y. 298, *345*
— — Tone, T., Takada, A., Kitagawa, T., Yoshida, H. 271, *291*
Talaat, M., s. Anrep, G. V. 190, 220, *221*
Tanaka, H., s. Amano, Sh. 82, *93*
Tanche, M., s. Lemarchand, H. 278, *292*
Tankel, H., Hollander, F. 258, *287*
Tannenberg, J. 106, *143*
— Fischer-Wasels, B. 99, *143*

Tanner, J. M., s. Pugh, L. G. C. E. 376, *383*
Tauchert, M., s. Rau, G. 194, *227*
Taxis, J. A., s. Bond, R. F. 242, *279*
Taylor, H. W., s. McCall, M. L. 165, 174, *181*
Taylor, J., s. Ahlquist, R. 263, *287*
Taylor, M. G. 23, 51, 52, 57, 58, *65*
— s. Learoyd, B. M. 37, *63*
— s. McDonald, D. A. 23, *63*
— s. O'Rourke, M. F. 52, *64*
Taylor, R. M., s. Burton, A. C. 359, *379*
Taylor, S. H., s. Bishop, J. M. 373, *378*
Tazaki, Y., s. Aizawa, T. 160, *175*
— s. Meyer, J. S. 162, *182*
Teichmann, K. 101, *143*
Texter, E. C., Chou, C. C., Merrill, S. L., Laureta, H. C., Frohlich, E. D. 250, *283*
— Merrill, S. L., Schwartz, M., Vanderstrappen, G., Haddy, F. J. 240, *283*
Thal, A., s. Meyer, J. S. 150, *182*
Thauer, R. 347, 365, 368, *383*
— s. Greeff, K. 263, *288*
Thaysen, J. H., s. Lassen, N. A. 309, 310, *342*
Therman, P. G., s. Mangold, R. 152, *181*
Thermann, M., s. Schneider, H. 274, *291*
Thews, G. 108, 129, *143*
— s. Gleichmann, U. 153, *178*
— s. Lübbers, D. W. 130, *139*
— s. Opitz, E. 201, *226*
Thoenen, H., Hürlimann, A., Haefely, W. 263, 264, *290*
— Tranzer, J. P., Hürlimann, A., Haefely, W. 261, 264, *290*
Thoenes, G. H. 78, *97*
Thoenes, W. 85, *97*
Thomas, F., s. Leonard, A. S. 256, *285*
Thomas, J. E., s. Crider, J. O. 259, *286*
Thomas, L., s. Zweifach, B. W. 106, *144*

Thomas, L. M., s. Gurdjian,
E. S.  150, 173, *178*
Thompson, D. D., Kavaler, F.,
Lozano, R., Pitts, R. F.
297, *345*
Thompson, G. H., s. Price,
W. E.  252, *282*
Thompson, I. D., s. Duff, F.
373, *379*
Thompson, R. K., Malina, St.
171, *184*
Thomson, J. E., Vane, J. R.
254, 256, *286*
Thorburn, G. D., Kopald,
H. H., Herd, J. A., Hollen-
berg, M., O'Morchoe,
C. C. C., Barger, A. C.  330,
333, 338, *345*
— s. Herd, J. A.  195, *224*
Thorén, O., s. Folkow, B.  367,
*380*
Thorn, A. E., s. Lawn, L.  438,
*453*
Thorn, W., Lieman, F.,
Wichert, P. v.  319, *345*
Thornburn, G. D., s. Carrière,
S.  333, 338, *339*
Thron, H. L.  110, *143*
— s. Scheppokat, K. D.  248,
*283*
— s. Somlay, L.  316, *344*
Thürlemann, B.  31, *65*
Thuransky, K.  *143*
Thurau, K.  294, 297, 300,
301, 302, 310, 313, 317, 318,
320, 321, 333, 334, *345*
— Dahlheim, H., Granger, P.
*345*
— Deetjen, P.  325, 334, *345*
— — Kramer, K.  297, 331,
335, 336, 337, *345*
— Henne, G.  297, 298, 300,
301, 316, *345*
— Kramer, K.  241, *283*, 297,
298, 317, *345*
— — Brechtelsbauer, H.
302, *345*
— Schnermann, J.  306, 307,
*345*
— Sugiura, T., Lilienfield,
L. S.  334, *346*
— Wober, E.  296, 297, *346*
— s. Cortney, M. A.  307,
*339*
— s. Dahlheim, H.  304, 305,
*339*
— s. Horster, M.  293, 323,
324, 337, *341*

Thurau, K. s. Kramer, K.
330, 333, *342*
— s. Liebau, G.  297, *342*
— s. Schnermann, J.  306,
320, *344*
— s. Wilde, W. S.  334, *346*
Tischendorf, F.  100, *143*, 259,
260, 270, *289, 291*
— Curri, S. B.  104, *143*
Tischner, H., s. Başar, E.
298, 300, 301, *338*
Tobian, L.  307, *346*
Tönnesen, H., s. Kjellmer, I.
389, *421*
Tönnesen, K. H.  389, 403,
*423*
— Sejrsen, P.  389, *423*
— s. Sejrsen, P.  389, *423*
Tönnis, W., Schiefer, W.  149,
*184*
— s. Gänshirt, H.  151, *178*
Tomita, M., s. Gotoh, F.  146,
162, *178*
— s. Meyer, J. S.  145, *182*
Tompkins, R. G., s. Warner,
H. R.  60, *65*
Tone, T., s. Takeuchi, J.  271,
*291*
Torpin, R., s. Woodbury, R. A.
447, *454*
Torrance, H. B.  269, *291*
Torreggiani, A., s. Donato, L.
195, *223*
Tranzer, J. P., s. Thoenen, H.
261, 264, *290*
Trapold, J.  237, 240, *283*
Treumann, F., Schroeder, W.
414, *423*
Trueta, J., Barclay, A. E.,
Daniel, P. M., Franklin, J.,
Prichard, M. M. C.  325,
*346*
Tu, W. H.  320, *346*
Tucker, G. J., s. Hendricks,
C. H.  446, *452*
Turner, J., Lambertsen, C. J.,
Owen, S. G., Wendel, H.,
Chiodi, H.  158, *184*
Turner, M. D., s. Haining, J. L.
330, 333, *341*
— s. Neely, W. A.  318, *343*
Tuttle, R. S., s. Folkow, B.
390, *419*
Tyler, C. W., s. Hendricks,
C. H.  446, *452*

Uchida, E., Bohr, D. F.,
Hoobler, S. W.  242, *283*

Ueda, K., s. Ross, R. S.  193,
195, *227*
Ulfendahl, H. R.  312, 314,
334, 336, *346*
— s. Grängsjö, G.  350, *380*
Ullmann, E. A., s. Franklin,
K. J.  319, *340*
Ullrich, K. J., Pehling, G.
Espinar-Lafuente, M.
334, *346*
Underwood, L. D., s. Price,
W. E.  252, *282*
Ungari, C., s. Condorelli, S.
450, *452*
Ussing, H. H.  124, *143*
Utterback, R. A.  261, *290*
Uvnäs, B.  390, *423*
— s. Bolme, P.  388, 390,
*417*
— s. Folkow, B.  249, 252,
*279, 357, 380*
— s. Hyman, C.  107, *138*
— s. Lindgren, P.  252, *282*
— s. Rosell, S.  395, *423*

Vaccarino, A., s. Chiandussi, L.
269, *290*
Vander, A. J.  307, 322, *346*
Vanderstrappen, G., s. Texter,
E. C.  240, *283*
Vane, F. R., s. Ng, K. K. F.
305, *343*
Vane, J. R., s. Thomson, J. E.
254, 256, *286*
Varga, Z., s. Cohen, A.  195,
*222*
Vass, C. C., s. Harper, A. A.
259, *286*
Vatner, S. F., Franklin, D.,
Citters, R. L. van  238,
*283*
Veall, N., Mallett, B. L.  153,
*184*
— s. McClure Browne, J. C.
434, *453*
Vegge, T.  71, *97*
Ventom, M. G., s. Miles, B. E.
241, *282*, 297, *343*
Veraguth, U. P., s. Smith,
L. L.  270, *291*
Vernier, R. L.  83, *97*
Vineberg, A. M., Chari, R. S.,
Pifarre, R., Mercier, C.
190, *228*
Visscher, M. B., s. Bacaner,
M. B.  203, *221*
— s. Kubicek, W. G.  316,
*342*

Viveros, O. H., Garlick, D. G., Renkin, E. M. 390, *423*
Vleeschhouwer, G. R., s. Heymans, C. 277, *292*
Vogel, A., s. Rüttner, J. R. 273, *291*
Vogel, G. H., Stöcker, H. 102, *143*
Vogel, H. 108, *143*
Vogler, N. J., s. Williamson, J. R. 87, *97*
Vogt, A., s. Birkeland, S. 318, 319, *339*
Voigt 37
Vollrath, L. 83, *97*
Volta, F., s. Coceani, F. 256, *284*
Vorburger, C., s. Wilde, W. S. 334, *346*
Vosburgh, G. J., s. Chinard, F. P. 114, 123, 130, *135*
Vrbová, G., s. Hilton, S. M. 385, 406, *420*
Vugham, I., s. Junqeira, L. C. U. 259, *286*

Wachsmann, F., s. Demling, L. 255, *284*
Wagner, H. N., s. Kaihara, S. 261, *289*
— s. Power, G. G. 432, 434, 445, 446, *454*
Wagner, R., Kapal, E. 37, *65*
Wahren, J. 403, *424*
— s. Landin, S. 403, *421*
Wakim, K. G. 269, *292*
— s. Block, M. A. 316, *339*
Walcott, G., s. Huckabee, W. E. 433, 434, *453*
Walder, A. I., s. Leonard, A. S. 256, *285*
— s. Peter, E. T. 256, *285*
Walder, D. N. 253, *286*
— s. Barlow, T. E. 234, 253, *284*
Walker, A. J., Lynn, R. B., Barcroft, H. 357, *383*
Walker, J. R., s. Guyton, A. C. 241, *280*
Wallentin, I. 237, *283*
— s. Dresel, P. 229, 246, *279*
— s. Folkow, B. 234, 239, 246, 249, 250, *280*
Wallentin, J., s. Folkow, B. 102, 117, 121, *136*
Waller, F. 85, *97*
Wallis, W., Børneman, R., Honig, C. R. *283*

Wallraff, J. 267, 270, 274, *292*
Wang, H. H., Katz, L. 206, *228*
Wang, S. C., s. Folkow, B. 390, *419*
Wangensteen, O. H., s. Leonhard, A. S. 256, *285*
— s. Nicoloff, D. M. *285*
— s. Peter, E. T. 256, *285*
— s. Salmon, P. 253, *285*
Ward, H. P., s. Blake, W. D. 300, *339*
Wardener, H. E. de, s. Semple, S. J. G. 300, *344*
Warner, H. R. 65
— Swan, H. J. C., Connolly, D. C., Tompkins, R. G., Wood, E. H. 60, *65*
Warner, L., s. Knisely, M. H. 270, 273, *291*
Warren, J. V., s. Patterson, J. L. 169, *183*
Wasserman, K., Mayerson, H. S. 102, 126, *143*
— s. Mayerson, H. S. 119, 126, *140*
— s. Shirley jr., H. H. 118, *142*
Waters, R. M., s. Orcutt, F. S. 193, *226*
Waugh, W. H. 298, 300, 301, *346*
— Shanks, R. G. 241, 242, *283*, 297, 298, 316, 317, 319, *346*
Wayland, H., Johnson, P. C. 102, *143*
— s. Johnson, P. C. 106, 108, *138*
Wearn, J. T., s. Roberts, J. T. 427, 428, *454*
Webb, R. L., Nicoll, P. A. 100, *143*
— s. Nicoll, P. A. 105, 113, *140*
Webb-Peploe, M. M., Shepherd, J. T. 242, *284*
Weber, E. H. 21, 23, 48, *65*
Weber, R., s. Bethge, H. B. 334, *339*
Weber, W. 11, 23, 48, *65*
Webster, J. E., s. Gurdjian, E. S. 150, 173, *178*
Wechsler, R. L., s. King, B. D. 152, 174, *180*
— s. Lewis, B. M. 160. 161, *181*
— s. Sokoloff, L. 152, *184*

Wegelius, C., s. Lind, J. 434, 450, *453*
Wegria, R., s. Blake, W. D. 300, *339*
— s. Green, H. D. 206, *224*
Weibel, E. R., Palade, G. E. 73, *97*
— s. Lemeunier, A. 73, *95*
Weidenhiller, S., s. Classen, M. 255, *284*
Weille, F. L., Gargano, S. R., Pfister, R., Martinez, D., Irwin, J. W. 100, *143*
Weinstein, J. D., s. Langfitt, T. W. 150, 167, 170, *181*
Weinstein, V. A., s. Jemerin, E. E. 256, *285*
Weishaar, E. F., s. Messmer, K. 31, *63*
Weiss, Ch., s. Başar, E. 298, 300, 301, *338*, 399, *416*
— s. Leichtweiss, H.-P. 103, *139*
— s. Passow, H. 322, *343*
Weiss, L. 261, *290*
Weiss-Fogh, F. 112, *143*
Welch, G. H., s. Sarnoff, S. J. 190, 203, *227*
Wells jr., E. E., Merrill, E. W., Gabelnick, H. 112, *143*
Wells, R. E., s. Merrill, E. W. 232, *282*
— s. Schmid-Schönbein, H. 103, 112, *142*, 334, *344*
Wells jr., R. E., Denton, R., Merrill, E. W. 112, *143*
— s. Merrill, E. W. 112, *140*
Wende, W., s. Peiper, U. 247, *282*
Wendel, H., s. Hafkenschiel, J. H. 169, *179*
— s. Turner, J. 158, *184*
Wentz, W. B., s. Lewis, B. M. 160, 161, *181*
Werkö, L., Bucht, H., Josephson, B., Ek, J. 321, *346*
Wernitz, W., Dörken, P. 375, *383*
Wessing, A. 101, *143*
Wessler, S., s. Zoll, D. M. 190, *228*
West, R. O., s. Parker, J. O. 203, *226*
West, S. 189, *228*
Westerhof, N., s. Noordergraaf, A. 23, *63*

Westermann, K., s. Hanke,
D. 373, *381*
Westersten, A., s. Adams,
F. H. 447, *451*
Westling, H., s. Dahn, I.
410, *417*
Westman, A., s. Borell, U.
444, *451*
Werle, E., s. Frey, E. K. 374,
*380*, 415, *419*
Wetterer, E. 27, 29, 30, 31,
44, *65*
— Deppe, B. 44, *65*
— Kenner, Th. 5, 16, 17, 18,
20, 21, 23, 37, 44, 48, 51,
53, 56, 60, *65*, 233, *284*
— Pieper, H. 57, *65*
— s. Bauer, R. D. 50, 51, *60*
— s. Deppe, B. 38, 44, *61*
— s. Kapal, E. 44, 48, *62*
— s. Kramer, K. 31, *63*
— s. Pieper, H. 31, *64*
Wever, R., s. Aschoff, J.
354, 363, *377*, *378*
Wezler, K., Böger, A. 45, 46,
47, 48, 59, *65*
— Schlüter, F. 36, 37, *65*
— Sinn, W. 56, *65*, 233
Whalen, W. J., Nair, P. 399,
*424*
Whelan, R. F. 391, *424*
— s. Barcroft, H. 405, *416*
— s. Duff, F. 375, *379*
— s. Greenfield, A. D. M.
367, *381*
— s. Lande, I. S. de la 393,
*421*
— s. Roddie, I. C. 364, 365,
373, 374, *383*, 414, *423*
Whipple, A. O., s. MacKenzie,
D. W. 261, *289*
— s. Parpat, A. K. 100, *141*
White, T., s. Lundvall, J.
406, *422*
White, T. T., Lundh, G.,
Magee, D. F. 259, *287*
— s. Magee, D. F. 259, *287*
Whitehouse, R. H., s. Pugh,
L. G. C. E. 376, *383*
Whittow, G. C. 368, *384*
Wichert, P. v., s. Thorn, W.
319, *345*
Widdicombe, J. G., s. Dawes,
G. S. 432, 433, 434, 435,
436, 441, 443, *452*
Widhalm, S., s. Hertting, G.
265, *289*
Widmer, L. K. 102, *143*

Wiedeman, M. P. 100, 106,
*143*
Wiederhielm, C. A. 101, 102,
104, 110, 118, 119, 121, 122,
126, *144*
— Woodbury, J. W., Kirk, S.,
Rushmer, R. F. 101,
103, 109, *144*
Wiederholt, M., s. Hierholzer,
K. 306, *341*
Wiemers, K., s. Ludwigs, N.
170, *181*
Wiggers, C. J. 23, *65*, 196,
*228*
Wilbrandt, P. W., s. Baltzer,
A. 102, *134*
Wilcke, G., Zeh, H. 149, *184*
Wilde, W. S., Thurau, K.,
Schnermann, J., Prchal,
K. 334, *346*
— Vorgurger, C. 334, *346*
Wildenthal, K., Mierzwiak,
D. S., Wyatt, H. L.,
Mitchell, J. H. 214, *228*
Wilder, J. 242, *284*
Wilkins, R. W., Halperin,
M. H., Litter, J. 369,
*384*
Williams, C. B., s. Alella, A.
203, *221*
Williams, F. L., s. Alella, A.
203, *221*
— s. Laurent, D. 203, *225*
Williams, R. G., Roberts, B.
101, *144*
Williamson, J. R., Vogler, N. J.,
Kilo, Ch. 87, *97*
Willmon, T. L., s. Behnke,
A. R. 354, *378*
Willnow, R. 100, *144*
Wilmes, K. W., s. Witte, S.
133, *144*
Wilson, J. F., s. Hollman,
M. E. 270, *290*
Wilson, J. S., s. Freeman,
O. W. 316, *340*
Wilson, W. P., Odom, G. L.,
Durham, N. C., Schieve,
J. F. 160, *184*
— s. Schieve, J. F. 160, *183*
Winbury, M. M., Green, J. M.
214, *228*
Windhager, E. E., s. Hier-
holzer, K. 306, *341*
Windrath, H. J., s. Morgen-
stern, C. 196, *226*
Wingate, H. W., s. Pradhan,
S. N. 254, 255, *285*

Winkelmann, R. K., s. Sams
jr., W. M. 366, *383*
Winne, D. 114, *144*
Wintersteiner, M. P.,
s. MacKenzie, D. W.
261, *289*
Winton 37
Winton, F. R. 241, *284*, 297,
*346*
— s. Eggleton, M. G. 310,
*340*
— s. Kramer, K. 309, *342*
Wiqvist, N., s. Borell, U.
447, *451*
Wirtz, K., s. Gierer, A. 124,
*137*
Wirz, s. Kuhn 324
Wirz, H. 296, 297, *346*
Wissig, S. L., s. Young, D.
334, *346*
Withrington, P. G., s. Davies,
B. N. 263, 264, 265, *288*
Witkin, L., s. Finnerty, F. A.
165, 168, *177*
Witte, S. 100, 101, 102, 104,
131, 133, *144*
— Wilmes, K. W. 133, *144*
Witzleb, E., s. Delius, L.
347, *379*
— s. Hanke, D. 373, *381*
— s. Lübbers, D. W. 130,
*139*
— s. Schlepper, M. 190, *227*
Wober, E., s. Thurau, K.
296, 297, *346*
Wodick, R., s. Lübbers, D. W.
149, *181*
Wohlfarth-Bottermann, K. E.
82, *97*
Wolf, F., Fischer, J. 261,
*290*
Wolfe, L. S., s. Coceani, F.
256, *284*
Wolff, H. G., s. Forbes, H. S.
150, 164, 174, *178*
Wolff, H. S., s. Pugh,
L. G. C. E. 376, *383*
Wolff, J. 73, 74, 75, 79, 82,
88, *97*, *98*, 114, 127, 129,
*144*
— Merker, H. J. 77, 78, *98*,
129, *144*
Wolfram, C. G., s. Mayerson,
H. S. 119, 126, *140*
— s. Shirley jr., H. H. 118,
*142*
Wolgast, M. 330, 331, 332,
333, 335, *346*

Wolgast, M., s. Aukland, K. 338, *338*
— s. Grängsjö, G. 350, *380*
Wollman, H., Alexander, S. C., Cohen, P. J., Stephen, G. W., Zeiger, L. S. 153, 158, 161, *184*
— s. Alexander, S. C. 160, 161, *175*
Wolstenholme, G. E. W., Freeman, J. S., Ethrington, J. 347, 358, *384*, 392, *424*
Womack, I., s. Selkurt, E. E. 300, 335, *344*
Womersley, J. R. 5, 6, 13, 23, *65*, *66*
Wood, E. H., s. Kroeker, J. 40, 44, *63*
— s. Pollack, W. D. 110, *141*
— s. Sutterer, W. F. 27, *65*
— s. Warner, H. R. 60, *65*
Woodbury, J. W., s. Wiederhielm, C. A. 101, 103, 109, *144*
Woodbury, R. A., Hamilton, W. F., Torpin, R. 447, *454*
Woodford, R. B., s. Shenkin, H. A. 175, *184*
Woodward, E. R., s. Oberhelman, H. A. 256, *285*
Wooten, G. F., s. Reis, D. J. 385, 387, 403, *422*
Wormald, P. N., s. Bishop, J. M. 373, *378*
Worthington jr., W. C. 101, *144*
Wortman, R. C., s. Forbes, H. S. 150, 174, *178*
Wright, D. 171, *184*
Wright, F. S., s. Schnermann, J. 307, 308, *344*
Wright, P. G., s. Bolme, P. 388, 390, *417*
Wüllenweber, R. 152, *184*
— Schmitz-Valckenberg, P. 150, 155, 174, 175, *184*
— s. Betz, E. 150, *176*
Wüthrich, H., s. Baltzer, A. 102, *134*

Wullstein, H. K., s. Peiper, U. 247, 270, 271, *282*, *291*, 390, *422*
Wunderlich, P., Schnermann, J. 333, 337, *346*
Wyatt, H. L., s. Wildenthal, K. 214, *228*
Wyatt, O. G. 31, *66*
Wyler, F., s. Forsyth, R. P. 261, *288*
— s. Neutze, J. M. 261, *289*
— s. Phibbs, R. H. 432, *454*
Wyman, s. Levin 37

Xhonneux, R., s. Schaper, W. K. A. 190, *227*

Yamada, S. 369, *384*
Yamada, S. J., s. Sarnoff, S. J. 277, *292*
Yamamoto, K., s. Sato, T. 261, *289*
Yamanaka, J., s. Cohen, A. 195, *222*
Yamauchi, H., s. Sato, T. 261, *289*
Yoffey, J. M., Courtice, Fr. C. 99, *144*, 269, *292*
Yonce, L. R., Hamilton, W. F. 407, *424*
— s. Djojosugito, A. M. 396, *418*
York, G., s. Homburger, E. 155, *179*
Yoshida, H., s. Takeuchi, J. 271, *291*
Yoshida, K., s. Asano, M. 102, *134*
Yoshimura, H. 368, *384*
Youlton, L. F. J., s. Barcroft, H. 405, *416*
Young, D., Wissig, S. L. 334, *346*
Young, Th. 11, 23, *66*

Zacks, S. I. 88, *98*
Zahn, A., s. Morawitz, P. 190, *226*
Zahn, R. K., s. Langendorf, H. 408, *421*

Zamboni, L., Martino, C. E. 82, *98*
Zambrana, M. A., s. Mendez-Bauer, C. 436, *453*
Zander, s. Liljestrand 59
Zapata, C., s. Alzamora, V. 450, *451*
Zbroźyna, A., s. Abrahams, V. S. 252, *278*, 390, *416*
Zechman, F. W., s. Kaneko, M. 399, *421*
Zeh, H., s. Wilcke, G. 149, *184*
Zeiger, L. S., s. Wollman, H. 153, 158, 161, *184*
Zelickson, A. S. 73, *98*
Zelis, R., s. Beiser, G. D. 372, *378*, 413, *416*
Zerahn, K. 310, *346*
Zierler, K. L. 147, *184*
Zimmermann, B. G., Abboud, F. M., Eckstein, J. W. 322, *346*
Zimmermann, K. W. 81, *98*, 303, *346*
Zimmerman, R. G. 390, *424*
Zintel, H. A., s. Hafkenschiel, J. H. 169, *179*
Zoll, D. M., Wessler, S., Schlesinger, M. J. 190, *228*
Zuleski, E., s. Blümchen, G. 195, *222*
Zuleski, E. J., s. Bing, R. J. 195, *222*
— s. Cohen, A. 195, *222*
Zweifach, B. W., 99, 100, 105, 106, 107, 113, 118, *144*
— Intaglietta, M. 101, 118, 119, 120, 121, 125, 126, *144*
— Metz, D. B. 106, 107, *144*
— Nagler, A. L., Thomas, L. 106, *144*
— s. Chambers, R. 69, *94*, 99, 101, 103, 104, 105, 106, 107, 108, 109, 118, 130, 131, 133, *135*
— s. Fung, Y. C. 121, *136*
— s. Hochberger, A. I. 113, *138*, 232, *281*
— s. Smaje, L. 128, *142*
Zwetnow, N., s. Häggendal, E. 170, 171, 172, *178*

# Sachverzeichnis


Acetylcholin 118, 175, 250, 255, 258, 259, 264, 275, 298, 317, 318, 322, 373, 402, 405, 415, 446
Achsengeschwindigkeit 3
Acren 67, 105, 348, 356, 357, 359, 360, 361, 363, 365, 367, 368, 373, 397
Adenosin 220, 242, 405, 406
Adenosindiphosphat (ADP) 405, 415
Adenosinmonophosphat (AMP), cyclisches 250, 251, 255, 405, 415
Adenosintriphosphat (ATP) 358, 374, 405, 412, 415
ADH 324, 335, 336, 337
Adrenalin 174, 209f., 217, 239, 249, 254, 258, 263, 264, 275, 321, 322, 323, 356, 358, 361, 367, 373, 388, 391, 393—395, 400, 401, 411—413, 447
Adrenalinumkehr 391
Alarmreaktion 390, 397, 401
α-Blockade 250, 252, 263, 264, 265, 275, 358, 391, 447
α-Receptoren 212, 214, 238, 246, 249, 250, 252, 275, 391
Anakrotie 39, 41, 50
Anastomosen, arterielle 232, 234
—, — coronare 189
—, arteriovenöse 235, 238, 239, 253, 348, 351, 362ff., 365, 367, 397
Anfangsmodul 33, 34
Angiotensin 250, 252, 264, 301, 304, 305, 306, 307, 374
— II (Octapeptid) 304, 305, 320, 322, 323, 415
Anlaufstrecke 3, 6, 38
Antidiurese 296, 298, 323, 335, 336
Aorta, Compliance 58
—, Druck-Volumen-Kurve 35
—, Lebensalter 35
—, PWG 46
—, Rückstrom 38, 39
—, Spitzenströmungsgeschwindigkeit 38
—, Spitzenstromstärke 38
—, Stromstärke 38
—, Volumelastizität 35, 58
—, Wellenwiderstand 49
Aqueous channels 114
Arbeit, körperliche
—, Hautdurchblutung 369
—, Herzdurchblutung 216ff.

Arbeit, Nierendurchblutung 294
—, Skeletmuskel 401ff.
Arbeitshyperämie 296, 401ff., 414
Argonmethode 194
Arteriensystem 1ff.
—, Dynamik 31ff.
—, Eingangswiderstand 51ff., 57
—, Gesamt- und Teil-Compliance 57
—, Glättungsfunktion 1, 21, 53
—, inhomogene Wellenleitung 49
—, Leitungsfunktion 1
—, Verteilerfunktion 1
Arterienwand, elastischer Typ 31
—, Elastizitätsmodul 33, 34, 46, 47
—, Lebensalter 33, 34, 35, 46
—, muskulärer Typ 32
—, Rekrutierung, elastische 33
—, Spannmuskeln 32
—, Struktur 31
—, Wanddicke-Innenradius-Quotient 32, 45, 47
Arteriole 92, 244
—, terminale (Endarteriole) 103, 104, 105, 106
Arteriosklerose 33
Arteriovenöse Anastomosen (s. Anastomosen) 67
— Extraktion (fraktionelle) 102, 125
— Milchsäuredifferenz 202, 203
— $N_2O$-Differenz 145
— $O_2$-Differenz 309, 310, 312, 369
Arterio-venöser Diffusionskurzschluß 235, 253
Ascites 273
Atemgas-Diffusion 129ff.
Atropin 237, 252, 256, 259, 265, 322, 323, 368, 376, 390, 401, 436
Austauschraten 122, 124
Austreibungszeit 38
Auswaschkurve, Indikator- 146, 147
Auswaschverfahren (s. Krypton-, Xenonmethode) 195
Autoradiographie 149, 153, 338
Autoregulation (s. a. barynogene Reaktion, Bayliss-Effekt, myogene Reaktion) 55ff., 239ff., 243, 297ff.
—, Filtrationstheorie 241
—, latente 233, 240, 257
—, juxtaglomeruläre Rückkoppelungstheorie 302

Autoregulation, Lokalisation 243
—, Metabolitentheorie 241, 242
—, multifaktorielle Theorie 243
—, myogene Theorie 166, 241, 242
—, organspezifische
—, —, Gehirn 164ff.
—, —, Herz 193, 195, 196
—, —, Intestinum 239ff.
—, —, Leber 169, 270
—, —, Magen 256
—, —, Milz 262
—, —, Muskel 407ff.
—, —, Niere 297ff.
—, —, —, aufgehobene 298, 299
—, —, —, juxtaglomeruläre Rückkoppe-
lungstheorie 302ff.
Axialorientierung, celluläre 104, 111ff.
Axonreflex 358, 367, 374, 375, 406

Barbituratnarkose 261, 262
Baroreceptoren, gefäßwirksame (s.a.
Chemoreceptoren), arterielle 277
—, venöse 277, 278
Barynogene Reaktion (s.a. Bayliss-Effekt)
231, 241
Basaler Gefäßtonus (s.a. Gefäßwandtonus)
389
Basalmembran 68, 69, 76, 81, 82, 83ff.,
90, 114, 116, 128, 129, 133ff.
—, antigene Eigenschaften 85, 90
—, Capillarpermeabilität 86
—, Capillarresistenz 85
—, chemische Zusammensetzung 84, 85
—, Dicke 87, 90
—, Filamente 83, 84
—, Lamina densa 83
—, — rara 84
—, Mehrschichtigkeit 88, 89
—, Molekularsieb 85, 86
—, Porengröße 85
—, Topographie 83
—, Ultrastruktur 83
—, Verdickung, pathologische 88
Bayliss-Effekt 166, 215, 242, 245, 250, 371,
391
β-Receptoren 212ff., 247, 249, 252, 322,
358, 391
β-Receptoren-Blockade 208, 209, 212, 213,
214, 221, 237, 238, 250, 265, 391
Bewegungsgleichungen 5, 12, 13
Blasen-Stromuhr 28, 151
Blasenwand-Durchblutung 235
Blutdruck, Amplitude 39, 40
—, capillärer 108ff., 114, 119, 120, 121
—, diastolischer 39
—, kritischer 167ff., 170
—, Lebensalter 41
—, Messung, direkte 23ff.

Blutdruck, Messung, indirekte 27ff.
—, mittlerer 39, 40
—, systolischer 39
Blutdruckmessung, direkte 23ff.
—, indirekte 27ff.
—, —, Kriterien 27
Blut-Gewebs-Schranke 89
Blut-Parenchymschranken, spezifische 89,
90
Blutströmungsgeschwindigkeit, capilläre
101, 108ff.
Blutvolumen, Abdominalorgane (s. diese)
—, intracoronares 193, 195, 196
—, mesenteriales 278
Bode-Diagramm 19, 52
Bradykinin 220, 250, 255, 258, 323, 357,
361, 364, 365, 372, 374, 376, 405, 415
Brückenformation 105, 106ff., 113, 239,
253
Bulk flow 113, 121, 128
Burn-Randsche Hypothese 264

Capillaren 67ff.
—, interarterielle 68
—, intervenöse 68
—, Klassifikation 90ff.
— Netz- 67, 106, 113
—, Parallelschaltung 67
— Schlingen- 67
—, Serienschaltung 67
—, subepitheliale 89
Capillarbettformation 105
—, nutritives 106
Capillardruck, hydrostatischer 114ff.
—, integrierter 103
—, isogravimetrischer 102, 115
—, kolloidosmotischer 101, 102, 109ff.,
115ff., 120ff., 126
—, mittlerer 108, 109ff., 115ff., 117
—, orthostatischer 110
Capillardruckmessung, druck-
kompensatorische 101
—, elektromagnetische 101
—, hydrostatische 101, 108
Capillarmikroskopie der Haut 101
Capillarpuls 53
Capillar-Wand 68ff.
— -Dicke 117, 130
— -Fragilität s. Resistenz 68
— -Länge 108, 109
— -Mikroskelet 68, 86
— -Mitte 115
— -Motorik 106, 108
— -Permeabilität 68, 75, 76, 85, 86, 90,
99, 113ff., 130ff., 132, 133
— -Porosität 68
— -Resistenz 68, 85, 86, 99, 131ff., 133ff.
— -Weite 68

Cassonsche Gleichung 112
Cerebralsklerose 153, 165, 169
Chemoreceptoren, coronardilatatorische
 219, 220, 221
—, mesenteriale 277
—, sinu-aortale 315
Cholinerge, vasodilatatorische Nerven 388,
 390, 397, 401
Chorionkreislauf 425
Clearance (Capillar-, Gewebe-) 102
Clearance-Methode 146, 153, 195, 268
Colon 235, 237
Compliance 10, 14, 21, 22, 57, 248, 251
—, delayed 248
Converting Enzym 304, 305
Coronarconstriction 209, 212
—, primär vasomotorisch 212, 214
Coronardilatation 190, 196, 206, 209, 213,
 216, 220
—, primär vasomotorisch 212, 213, 220
—, sekundär (nutritiv) vasomotorisch 212,
 213
Coronaldilatatoren 190, 196, 208, 209
—, spezifische pharmakologische 220
Coronargefäße 185ff.
—, Anastomosen, interarterielle 189
—, Anatomie, funktionelle 185ff.
—, back pressure 190
—, Collateralen 189, 190
—, Durchblutungsverteilung 185, 186
—, Speziesunterschiede 185
—, Versorgungstypen 185
—, —, links 185, 187
—, —, normal 185, 186
—, —, rechts 185, 187
Coronarreserve 204, 218
Coronarsinus s. Sinus coronarius
Coronarvenen 186ff.
Coronarwiderstand 196, 200, 205, 206, 207,
 208, 212, 218
—, extravasale Komponente 196, 200,
 207ff., 209, 216
Coronarer Perfusionsdruck 203, 205, 206
Cotyledonen 428, 443, 444
cP (centipoise) s. Poise
Critical closing pressure 232, 369
Cushing-Reaktion 171, 172

Dämpfung 13
—, Frequenzabhängigkeit 14, 16, 41, 48
—, Manometer 24, 25
Darcy-Koeffizient 116
Dehnungsrückstand 36
Density-Flowmeter 28
Desaminasehemmer 220
Desmosomen 71, 73
Dextran 172, 173
Diastole 38

Diffusion, beschränkte 116, 123ff.
—, freie 128ff.
—, geförderte 123
Diffusionsfaktor 129
Diffusionskoeffizient (Permeabilitäts-),
 allgemeiner 102, 113, 123ff., 124
—, örtlicher 115, 125
Diffusionskurzschluß, arterio-venöser 234,
 253, 313
Diffusionsmethoden (Durchblutungs-
 messung) 145, 149
Diffusionspermeabilität 113
Diffusionsrate 114, 123ff., 130
Dikrotie 41
Dilutions-(Verdünnungs-)Methoden 149,
 155, 193, 268
Diurese, osmotische 297, 300
—, Wasser 335ff.
Dopamin 247, 250
Dottersackkreislauf 425
Dreifachreaktion 375
Druck-Amplitude 40, 49, 50
—, Gradient 2, 4, 24, 53
— —, Phase 5, 19
—, Messung, direkte 23ff.
— —, indirekte 27ff.
—, Puls 10, 39, 40, 49
—, transmuraler 8, 232, 242, 244, 300ff.,
 369, 395, 396, 403, 408, 409, 411
Druck, intrarenaler 297
—, postglomerulärer 297, 300
Druckknoten 41, 42
Druckkonstante Perfusion 230, 231
Druckpassive Dehnung 54, 55, 229, 232,
 233, 240, 241, 269, 334, 369, 408, 409,
 410
Durchblutung, nutritive 105
Durchblutungsperiodik 105
Durchflußzeit s. Zirkulationszeit
Ductus arteriosus Botalli 428, 433, 434, 450
— venosus Arrantii 428, 439, 449
Duodenum 235, 237

EEG 154, 159
Eigenschwingung (T'), arterielle 19
Eingangswiderstand 12, 15, 18, 20, 51ff.,
 57
Eiweißpermeabilität, körperregionale 86,
 119, 126ff.
Elastizität s. a. Volumelastizität
—, Gefäßwand 7, 10
—, Modul (E) 7, 8, 33, 47
—, —, scheinbarer 14, 47
Elektromagnetische Strömungsmesser 28,
 29, 30, 150, 190, 191
Endothel 69ff.
—, gefenstertes 76, 128, 130
—, geschlossenes 77, 78

Endothel, kontinuierliches 76, 78, 90
—, lückenhaftes 80, 90
—, poröses 76, 77, 78, 90
— Übergangsform 78
Endothelzellen 68 ff.
—, Cytoplasma 71
—, cytoplasmatische Matrix 73
—, dense bodies 73
—, endoplasmatisches Reticulum 73, 76, 80, 81
—, Kern 71
—, Kontraktion 73, 106
—, Membranreserve 74
—, Oberflächenmembran 74
—, Organellen 71 ff.
—, Perikaryon 71
—, Poren 76 ff.
—, Vesiculation 74
—, Vesikel 73 ff.
—, —, Membran 73, 74, 75
—, Zellmembran 69, 75, 76, 77
—, Zellperipherie 76
Endreflexion 16, 41
Energie, kinetische 9, 12
—, potentielle 9, 12
EP s. Escape Phänomen, vasculäres
Erfordernishochdruck 169
Erlanger negative Zacke 28
Erythrocytenaggregation 112
Erythrocytendiapedese, petechiale 132 ff.
—, singuläre 133
Erythrocytenflexibilität 111, 112, 113
Erythrocytengeschwindigkeit 101, 108 ff.
Escape-Phänomen, vasculäres 239, 246 ff., 250, 275, 396, 397
Extracerebrale Blutbeimischung 145, 151, 167

Fåhraeus-Lindqvist-Effekt 111
Fetalkreislauf 425 ff.
—, Aufbauschema 426, 428
—, Blutdruck 437, 443
—, Capillaren 428
—, Durchblutung, Messung 432
—, —, Organkreisläufe 436, 438 ff.
—, —, Placenta 436
—, Entwicklung 425
—, Funktionsbeginn 426
—, Gefäßsystem 427, 428
—, —, Wachstum 438
—, Herz s. Herz, fetales
—, Herzzeitvolumen, kombiniertes 436, 438, 439, 441
—, Kurzschlüsse · 433
—, —, Verschluß, postnataler 449, 450
—, Lungenkreislauf 426, 435, 437, 441
—, —, Umstellung nach Geburt 448, 449
—, peripherer Widerstand 437, 438

Fetalkreislauf, Regulation 437, 438
—, Umstellung nach Geburt 448 ff.
Fibrinfilm, endocapillärer 131, 133
—, exo-endothelialer 131, 133
Ficksches Diffusionsgesetz 123 ff., 129
— Prinzip 268
Filtrationsdruck, effektiver 114 ff., 121
Filtrationskoeffizient, allgemeiner 102, 110, 113, 116 ff., 121
—, örtlicher 101, 102, 115, 119 ff., 125, 234, 246, 396
Filtrationsrate 110, 116 ff., 120, 124, 125 ff.
Filtrations-Rückresorptionsphasen 107, 115 ff.
Flächenmethode 147
Fließverhalten des Blutes 111
flow cessation pressure 232
Flüssigkeitsgleichgewicht 110, 114 ff., 121 ff., 128
Foramen ovale 427, 433, 434, 449, 450
Frank-Starling-Mechanismus 438
Fremdgasmethode s. Argon-, $N_2O$-Methode
Froschmesenterium 100, 108, 115, 119, 121

Gastrin 250, 254
Gastro-pankreatischer Reflex 259
Geburt, Kreislaufumstellung nach 448 ff.
— s. Uterusdurchblutung
Gefäßreflexe, mesenterio-mesenteriale 277 ff.
Gefäßreceptoren s. Baro-, Chemoreceptoren
Gefäßwandspannung (s. a. Arterienwand) 230
—, tangentiale 300, 301, 302, 400
Gefäßwandtonus 231, 232, 233, 239, 240, 241, 245, 250, 299, 315, 316, 356, 367, 371, 389, 395, 408, 409
Gefäßwiderstand, lokaler (s. a. Widerstandsgefäße) 229, 231, 239 ff.
Gegenstromprinzip, capillärer Stoffaustausch 67
—, Darmzotten 234
—, Niere 313, 324 ff., 330, 334, 335
—, placentares 431
—, Wärmeaustausch 363
Gehirn 145 ff.
—, Capillarisierung 155 ff., 159, 428, 438
—, Durchblutung 151 ff., 440
—, —, Acidose 158, 162, 163
—, —, Adrenalin 152, 174
—, —, Alkalose 162, 163
—, —, Anämie 159, 172
—, —, Asphyxie 159
—, —, Blutdruck 157, 159, 161, 164 ff.
—, —, Blutviscosität 157, 172 ff.
—, —, Carboanhydrasehemmer 161, 162
—, —, Emotion 152
—, —, Ermüdung 152

Gehirn, Durchblutung, Hämatokrit 160, 172
—, —, Herzminutenvolumen-Anteil 151
—, —, Höhenanpassung 160
—, —, Hyperkapnie 167, 168
—, —, Hypertoniker 165
—, —, Hyperventilation 157, 161, 162, 163, 173
—, —, Hypokapnie 161, 162, 167
—, —, Hypotonie 168, 169
—, —, Hypoventilation 160
—, —, Hypoxämie 159, 160, 167
—, —, Ischämie 159
—, —, Lagewechsel 169ff.
—, —, Lebensalter 152
—, —, Liquordruck 170ff.
—, —, Lobotomie 175
—, —, Meßmethoden 145ff., 169, 170
—, —, Narkose 155, 164, 167
—, —, Noradrenalin 174
—, —, $O_2$-Sättigung 150, 166
—, —, Parasympathicus 174
—, —, regionale 146, 149, 151, 153ff.
—, —, —, Affekte 153
—, —, —, Allocortex 153, 154
—, —, —, Aufmerksamkeit 153
—, —, —, Kleinhirn 153, 154
—, —, —, Mark 153, 154, 173
—, —, —, Reize 154
—, —, —, Rinde (Cortex) 153, 154, 163, 168, 172, 175
—, —, —, Schlaf 155
—, —, —, Schmerz 155
—, —, —, Thalamuskerne 153, 154
—, —, Weckreaktion 155
—, —, Regulation 157ff.
—, —, —, Autoregulation 164ff., 172, 173, 174
—, —, —, Blutdruck 157, 159, 164ff., 172
—, —, —, Formatio reticularis 175
—, —, —, Hypothalamus 175
—, —, —, Metabolite 157, 160
—, —, —, $O_2$-Mangel 159, 160
—, —, —, $PCO_2$ 152, 157, 158, 160ff., 163, 167, 173
—, —, —, pH 157, 160, 161, 162ff.
—, —, —, $PO_2$ 157ff., 161, 162, 166
—, —, —, Überträgerstoffe 174, 175
—, —, —, Vasoconstriction 173, 174
—, —, —, Vasodilatation 162, 170, 174, 175
—, —, —, Vasomotorik 157, 173ff.
—, —, —, Viscosität 172, 173
—, —, Schlaf 152
—, —, Sympathicus 173
—, —, Vasomotorik 173ff.
—, —, venöser Druck 166, 169, 170, 171
—, Gefäßwiderstand 162, 163, 165

Gehirn, $O_2$-Atmung 157, 159
—, $O_2$-Mangel 159, 160, 161, 162, 165, 167, 170, 172
—, $O_2$-Verbrauch 146, 151, 152, 153, 155, 157, 159, 160, 161, 172, 175
Geiger-Müller-Zählrohr 145, 146
Gerinnungspotential 131ff.
Gesamtquerschnitt 53, 108
Geschwindigkeitsprofil 3, 5, 7, 38,
— bei oszillierender Strömung 5, 6
Gewebedruck, hydrostatischer 103, 110, 114ff., 117, 121, 232, 241, 244
—, intrarenaler 297, 301
—, kolloidosmotischer 114ff., 121
—, negativer 121ff.
Gewebezylinder 129
Glomeruläre Kurzschlußverbindungen, interarterioläre 325
Glomeruläre-tubuläre Na-Balance 302
Glomerulumfiltrat 297, 301, 302, 306, 309, 311, 315, 316, 318, 319, 320, 321, 322
—, intrarenale Verteilung 323ff.
Glucagon 250
Gradient of vascular permeability 118ff., 120, 125, 126ff., 128
Graue Substanz 149, 154, 173
Grundhäutchen 81
Grundschwingung, arterielle 18, 42, 51, 52, 59

Hämorheologie 99, 110ff.
Hämostaseologie 99
Halbdesmosomen 69, 84
Harvard-Pumpe 230
Haut 347ff.
—, Abkühlung 365ff., 376, 377
—, Adaptation (Akklimatisation) 368
—, Arbeit, körperliche 373
—, Bestrahlung 375
—, Blutdruckregelung 371
—, Durchblutung 347ff.
—, —, gesamt 354ff.
—, —, Messung 348ff.
—, —, —, Isotopenclearance 348, 352, 353
—, —, —, Oszillographie 349
—, —, —, Venenverschluß-Plethysmographie 348, 349, 353
—, —, —, Wärmeleitmessung 348, 349ff.
—, —, regionale 354, 356ff., 360, 365, 372, 373
—, —, Regulation 357ff.
—, —, —, humoral 358
—, —, —, nerval 357, 358
—, —, —, lokal 358—359
—, —, transmuraler Druck 369ff.
—, Emotion 361ff.
—, Erwärmung 363ff., 371
—, Gasembolie 375

Haut, Herzminutenvolumenanteil 355
—, Hypoglykämie 376
—, Kohlendioxyd 374
—, Konstitution 376
—, Lagewechsel 369 ff.
—, mechanische Reize 375
—, Neugeborene 376, 377
—, Nikotin 375
—, Orthostase 369
—, Rauchen 375
—, Sympathicus 357
—, rhythmische Schwankungen 359 ff.
—, — —, Minutenrhythmus 359, 377
—, — —, Tagesrhythmen 360
—, — —, Traube-Hering-Mayer-Wellen 359
—, thermische Reaktionen 362 ff.
—, Thermoregulation 347, 360, 367, 371, 373, 377
—, vasoaktive Stoffe 373, 374
—, Vasoconstriction 357, 358, 361, 364—367, 372, 375, 377
—, Vasodilatation 356, 358, 363—367, 373, 375
—, —, aktive 357, 364
—, Wärmeaustausch 362, 363
Hautfarbe 373, 375
Hepatica-Reflex 277
Herz (s. a. Coronar-)
—, Durchblutung 195 ff., 200
—, —, Acidose 206
—, —, Adrenalin 209 ff., 214, 217
—, —, Alkalose 206
—, —, αReceptoren 212, 214
—, —, Arbeitsdurchblutung 195, 199, 200, 216 ff., 219
—, —, arterielle $O_2$-Sättigung 205
—, —, arterielle $O_2$-Spannung 200, 205
—, —, $\beta$-Receptoren 212 ff.
—, —, Chemoreceptoren 219, 221
—, —, Herzfrequenz 199, 214, 215, 216
—, —, Herzstoffwechsel 200 ff.
—, —, Hypoxie 202, 204, 205 ff., 216, 220
—, —, Kohlensäure 206
—, —, Kontraktilität 214
—, —, Kontraktionskraft 215
—, —, Messung 190 ff.
—, —, Noradrenalin 209 ff., 214, 217
—, —, $O_2$-Ausnutzung 200, 204, 205, 216
—, —, $O_2$-Spannung, kritische 201
—, —, $O_2$-Verbrauch 200, 201, 203 ff., 206, 209, 211, 215, 216
—, —, Parasympathicus 214
—, —, Perfusionsdruck, coronarer 196, 203, 214, 215
—, —, pH 206, 218
—, —, rhythmische Änderungen 196 ff.
—, —, — —, arterieller Einstrom 197

Herz, Durchblutung, rhytmische Änderungen, Coronarsinus Ausstrom 196, 197
—, —, Sympathicus 209, 213, 214
—, —, venöse $O_2$-Sättigung 200, 209, 210
—, —, venöse $O_2$-Spannung 200, 201, 205, 209, 211, 212, 213, 216, 218, 220
—, —, Regulation 204 ff.
—, —, —, Adrenalin 209 ff.
—, —, —, Chemoreceptoren 219, 202, 221
—, —, —, Coronarwiderstand 205, 206
—, —, —, —, extravasale Komponente 207 ff.
—, —, —, Hypoxie 205 ff., 206
—, —, —, Kohlensäure 206
—, —, —, Mechanismus 219, 220
—, —, —, nervöse Einflüsse 213 ff.
—, —, —, Noradrenalin 209 ff.
—, —, —, pH 206, 218
—, fetales
—, —, Capillarisierung 428, 438
—, —, Durchblutung 441
—, —, Frequenz 436, 438
—, —, kombiniertes Herzzeitvolumen 433, 435, 436
—, —, Kurzschlußdurchblutung 433
—, —, Umstellung nach Geburt 449
—, —, venöser Rückstrom 435
—, —, Zeitvolumina der Kammern 434 ff.
—, —, zentrale Blutvolumenverteilung 434 ff.
—, Hyperaemie, reaktive 218 ff.
—, $O_2$-Verbrauch 203 ff.
—, Oxydationskapazität 200
—, Stoffwechsel 200 ff., 203
—, —, Anaerober Umsatz 202, 203
—, —, Arbeit, äußere 203
—, —, coronarer Perfusionsdruck 203
—, —, Fettsäuren 201, 202
—, —, Glucose 201
—, —, Glykolyse anaerobe 202
—, —, Herzfrequenz 203
—, —, Kontraktionsgeschwindigkeit 203
—, —, kritische $O_2$-Spannung 201
—, —, Milchsäure 201, 202
—, —, $O_2$-Extraktionsquotient 201, 202
—, —, Substrataufnahme 201, 202
Herzleistung 57
Herzminutenvolumen 58, 389, 414
—, Verteilung (s. a. Durchblutung der einzelnen Organe) 1, 39
Heterophasischer Effekt 112
Heteroporosität 118 ff., 121, 123, 126, 127, 129
Histamin 118, 128, 220, 239, 250, 254, 255, 258, 264, 318, 373, 375, 390, 405, 408, 415
Hitzekollaps 371, 372

HMV s. Herzminutenvolumen
Hobokensche Falten 448
Höhenaufenthalt 160
Hunting reaction 366
Hyaluronidase 133
Hyperaemie, reaktive s. einzelne Organ-
  kreisläufe
Hypertensin 322
Hypothalamus, caudaler 256, 390
—, rostraler 252, 390
Hypoxanthin 220
Hypoxie s. einzelne Organe
Hysterese 36, 233

Ileum 235, 237, 238, 239
Impedanz-Plethysmographie 150
Incisur 13, 14, 39, 41
Indifferenzpunkt 169
Inosin 220, 405
Intercellularkontakte 69, 71
Intercellularspalt 69, 75, 80, 114ff., 130
Intercelluläre Passage 71
Interstitium, Zweiphasenstruktur 121
Intervillöse Räume 430, 431, 443, 444, 446
Intestinalcapillaren 109, 117, 119ff., 126ff.,
  128, 129
Intestinum 229ff.
—, Anatomie 233ff.
—, Autoregulation 239ff.
—, Blutvolumen 249
—, Darmzotten 234
—, Durchblutung 236ff.
—, —, fetal 441
—, —, Verdauungstätigkeit 237
—, E' 248
—, Escape-Phänomen, vasculäres 246ff.
—, Gewichtsverhältnisse 236
—, Herzminutenvolumen-Anteil 237, 238,
  266
—, Humorale Beeinflussung 249ff.
—, Hyperämie, reaktive 240, 241, 244, 247
—, Mesenterium 238
—, Motilität 252
—, Mucosa 234, 235, 238, 239, 246, 249
—, Muscularis 235, 238, 239, 249
—, Parasympathicus 251, 252
—, Speichervermögen 248
—, Submucosa 235, 238, 239
—, Sympathicus 251, 252
—, veno-vasomotorische Reaktion 243ff.
—, Verdauungstätigkeit 237, 238
Inulin-Clearance 322, 324
I-P-Kurven 54, 55, 56, 58, 166, 167, 231ff.
  239, 240, 262
—, Gehirn 166, 167
—, Herz 215
—, Intestinum 231
—, Phasenverschiebung 233

Ischämie 105, 113
Isogravimetrie 102, 115, 116, 117, 124, 126
Isoporosität 115, 116ff., 125ff.
Isoproterenol 209, 210, 211, 216, 239, 250,
  255, 264, 322, 356, 415
Isovolumetrie 102, 117

Jejunum 235, 237, 238
Juxtaglomeruläre Rückkoppelungstheorie
  302ff.
Juxtaglomerulärer Apparat 303, 304, 305,
  306, 307, 323

Kallikrein 258
Kältereaktion 366, 414
Kaninchen-Mesenterium 100, 119, 120, 121
Kapazität s. Compliance
Kety und Schmidt-Methode 145
Körperliche Arbeit 414
Körperliches Training 414, 415
Kolloid-osmotischer Druck (s. Capillardruck)
Kontinuitäts-Bedingung 7, 53
— Gleichung 12
Korotkow-Kriterien 27
Kreislaufzeit s. Zirkulationszeit der einzelnen
  Organe
Krypton ($^{85}$Kr)-Methode 145ff., 195, 235,
  239, 330, 338, 351
Kugelblutung 132ff.
Kurzschlüsse, fetale 433, 445, 450
Kurzschlußdurchblutung 396, 397

Lamina densa 83
— rara 84, 87
LaPlace-Gleichung 300, 303
Latente Gerinnung 131
Leaks 119, 126
Leber 267ff.
—, Autoregulation 269
—, Blutvolumen 270
—, Compliance 270
—, Druckgradienten 267, 268
—, druckpassives Verhalten 269
—, Durchblutung 253, 267, 268, 269
—, —, fetal 439
—, —, Messung 268
—, E' 270
—, Eiweißpermeabilität 267, 273
—, Gefäßinteraktion, reziproke 267, 270ff.
—, Herzminutenvolumenanteil 268, 274
—, Hyperaemie, reaktive 275
—, Lymphbildung 269
—, metabolische Vorgänge 275, 276
—, O$_2$-Versorgung 274, 276
—, Parasympathicus 273
—, Sinusoide 273
—, Speicherfunktion 270
—, Sympathicus 275
—, Zirkulationszeit 269

Leber, zirkulatorische Zonen 274
Leber-Endstrombahn 100, 119, 126 ff., 134
Leitbahnen 89
Leitwerk 14
Lewissche Reaktion 366, 367, 368
Liquordruck, Blutdruckwirkung 171
—, —, Gehirndurchblutung 170 ff.
Lissajous-Figur 36, 48
Löslichkeitskoeffizient 129
Ludwigsche Stromuhr 28
Lungen-Endstrombahn 100, 108
Lungenkreislauf, fetaler s. Fetalkreislauf
Lymphdrainage 110, 115 ff., 122, 128
—, Leber 269
Lymph-Plasma-Konzentrationsquotient
    102, 119, 126

Maculae occludentes 130
Magen 253 ff.
—, Anatomie 253
—, Autoregulation 256, 257
—, Durchblutung 253 ff.
—, Gefäßreaktionen 256
—, Herzminutenvolumenanteil 266
—, humorale Beeinflussung 254 ff.
—, Mucosa 253, 254, 256, 258
—, Muscularis 254
—, Parasympathicus 254, 255
—, Sekretionszustand 254
—, Submucosa 253, 254
—, Sympathicus 255 ff.
—, veno-vasomotorische Reaktion 257
Magensaftsekretion 254, 256
Manometer, Amplitudenanzeige 26
—, Dämpfung 24, 25
—, Differenz- 28
—, dynamisches Verhalten 24
—, Eigenfrequenz 24, 25
—, elastische- (Membran-) 24
—, elektrische 25
—, Empfindlichkeit 24
—, Flüssigkeits- 23
—, Katheter- 25
—, Katheterspitzen- 25
—, Phasenanzeige 26
—, statisches Verhalten 24
Masse, Flüssigkeits-, träge 4, 5, 10, 21
—, —, wirksame (M') 4, 10, 14
—, —, — (Manometer) 24, 25
McArdle-Syndrom 475
Mesenterialkreislauf 277 ff.
Mesenterium 100, 108, 115, 119, 238
Metarteriole 104, 105, 107
Mikrokugeln, markierte 238, 239, 253, 261
    432, 433, 434, 435, 436, 438
Mikropinocytose (s. Vesikulation)
Mikrovilli, endotheliale 69, 74
Milz 259 ff.

Milz, Anatomie 260, 261
—, Autoregulation 262
—, Blutvolumen 262, 263
—, Durchblutung 261
—, —, fetale 441
—, Gefäßreaktionen 262
—, Hämatokrit 263
—, Herzminutenvolumenanteil 261, 266
—, humorale Beeinflussung 263, 264
—, Hypoxie 263
—, I-P-Kurven 262
—, Parasympathicus 264
—, Speicherfunktion 263, 265
—, splenomotorische Wellen
—, Sympathicus 263, 264, 265
—, veno-vasomotorische Reaktion 262
Minutenrhythmik 397, 400, 412
Moleküle, lipoidlösliche 114, 129 ff.
—, lipoidunlösliche 114
Molekülradius 116, 123, 125
Multivillöse Strombahn 431
Muskel s. Skeletmuskel
Myogene Reaktion s. Autoregulation und
    Bayliss-Effekt 395, 396, 403, 407 ff.
Myoglobingehalt des Herzens 201

Nabelschnurgefäße 427, 428, 439, 448
Nabelschnurdurchblutung 431, 442, 446,
    448
Nachhyperämie 402, 404, 414
Nadeltechnik (intrarenale Drucke) 297
Na-Load, tubuläres 302, 306, 309, 319, 320
Narkose 399, 436
Navier-Stokesches Gleichungssystem 5
Newtonsche Flüssigkeit 4, 110
Niere 293 ff.
—, Arterio-venöse $O_2$-Differenz 309, 310,
    312
—, Autoregulation 297 ff., 316
—, Blutvolumen 314 ff., 332, 333
—, —, Durchflußmethode 314, 315
—, —, intrarenale Verteilung 324, 332, 333
—, Capillarisierung 315
—, Denervierung 315, 316
—, Durchblutung 293 ff., 300, 301, 332,
    333
—, —, fetale 441
—, Hämatokrit 313, 314 ff.
—, hämorrhagische Hypotension 295, 338
—, Herzminutenvolumen-Anteil 294, 295
—, Hyperämie, reaktive 310, 322
—, Hypoxie 315, 316
—, —, partielle 311, 312
—, Lymphbildung 298, 304
—, Mannitol 308, 319
—, Muskelarbeit 294, 316, 317
—, Nervenreizung 316, 323
—, nervöse Kontrolle 315 ff.

Niere, $O_2$-Druck 312ff.
—, $O_2$-Verbrauch 309ff., 313
—, —, basaler 310, 311
—, —, Durchblutung 309, 310, 311
—, —, Na-Resorption 310, 311
—, Orthostase 316, 317
—, Parasympathicus 318
—, pharmakologische Beeinflussung 312ff.
—, Strömungswiderstand 294, 295, 299, 300, 316, 322
—, Sympathicus 315
—, Vasoconstriction 294, 315—317, 319—323, 337
—, Vasodilatation 297, 317, 322, 323
Nierenmark 324ff.
—, Anatomie der Gefäßversorgung 325ff.
—, Autoregulation 334, 335
—, Blutvolumen 330, 332, 333
—, Druck, intravasaler 333, 334
—, Durchblutung 293, 330ff.
—, Hämatokrit 334
—, Hämodynamik 330ff.
—, hämorrhagische Hypotension 338
—, Konzentrierungsmechanismus 334ff.
—, $O_2$-Druck 312, 313
—, $O_2$-Verbrauch 313
—, Strömungswiderstand 332, 333, 334
—, Zirkulationszeit 330—333
Nierenrinde (s. a. Niere) 295ff.
—, Durchblutung 293, 295ff.
—, $O_2$-Druck 312
—, Strömungswiderstand 297, 298
—, Zirkulationszeit 330—333
$N_2O$-Methode (Gehirn) 145, 146, 155
— (Herz) 193ff.
Noradrenalin 174, 209, 217, 249, 252, 254, 258, 263, 264, 265, 275, 321, 358, 373, 388, 390, 391, 393, 447
Nyquist-Diagramm (Ortskurve) 19

Oberflächenspannung 232
Öl-Wasser-Verteilungskoeffizient 130
Oestrogen 447
Ohmsches Gesetz 2, 54
$O_2$-Kapazität, fetale 441
$O_2$-Sättigung, fetale 432, 434, 435, 441, 447
$O_2$-Verbrauch s. einzelne Organe
Osmoreceptoren 278
osmotische Diurese 335ff.
osmotischer Reflexionskoeffizient 113, 124
Oxytocin 394, 447

Pacinische Körperchen 278
PAH-Clearance 295, 316, 318, 321, 322, 324
Pankreas 257ff.
—, Anatomie 257

Pankreas, Durchblutung 257
—, Herzminutenvolumenanteil 257, 266
—, humorale Beeinflussung 258
—, Parasympathicus 259
—, Sekretion 258, 259
—, Sympathicus 259
Pankreassekretion 258
Pankreozymin 258
Papaverin 241, 244, 270, 298, 317, 322
Paracapilläres Gefäßgebiet 103, 111
Parasympathicus s. Durchblutung einzelner Organe
Partikelverteilung s. Mikrokugeln
Perfusion von Teilkreisläufen, Techniken 229ff., 268
Pericapilläre Zirkulation 122
Pericapilläres Bindegewebe 68, 69
Pericyten 68, 81ff., 106
—, Abwanderung
—, Eigenbeweglichkeit 82
—, Filamente 82
—, Kontraktilität 82, 106
—, Phagocytose 82
—, Ultrastruktur des Cytoplasmas 81, 82
—, Verteilung 82
—, Vesikel 82
Perivasculärer Raum 89
Permeabilität 68, 74, 75, 76, 89
—, aktive 114, 128
—, intercelluläre 114ff.
—, transcelluläre 114, 128ff.
Permeabilitäts-Asymmetrie 121
Permeationswege, praeformierte 114ff., 116
Petechien s. Erythrocytendiapedese
Phagocytose 73 ,81, 82
Pinocytose s. a. Mikropinocytose 75
Pitot-Röhre 28
Placentarkreislauf 425ff.
—, Durchblutung, fetale 429, 436, 442, 443, 446
—, —, maternale 433, 434, 443ff., 445—447
—, —, Messung 431ff.
—, Gefäßsystem 427, 428, 429ff.
—, Hypoxie 447
—, intervillöse Räume 430, 431, 443, 444, 446
—, Speziesunterschiede 431
—, Strömungswiderstand 441, 443
—, Unterbrechung nach Geburt 441, 443
Plasmakinine 374
Plasmamantel 111, 113
Plasmaskimming 113, 313
Plastizität 36, 37
Poise 2, 4, 110, 111, 172
Poiseuille-Gesetz 3, 5, 110, 116, 124, 300, 302, 443
Poissonsche Querkontraktionszahl 7

Polycythämie 172
Poren (Endothel) 77 ff., 80, 86
— -bildung u. Rückbildung 78
Porendiaphragma 77, 78
Porenfelder 77
Porengröße 86
Porenäquivalente 114, 117
Porentheorie 116 ff., 118
Preferential channel 107
Pressoreceptoren 238
—, sinu-aortale 315, 316, 413
Propranolol 247
Prostaglandine 250, 255, 256, 264, 265
Proteinfilm, endocapillärer 130
Protocapillare (Kisch) 76
PRU (Peripheral Resistance Unit) 54
Pulmonalishochdruck, physiologischer 437, 449
Puls, Druck- 10, 11, 38 ff., 48, 49
—, Primär- 49
—, Querschnitts- 10, 48
—, Strom- 10, 11, 13, 16, 22, 38 ff., 49
—, Volum- 10, 48
Pulsformen 49 ff.
—, Lebensalter 51
Pulswelle 10, 11, 13, 38
—, Geschwindigkeit 11, 44 ff.
—, —, Blutdruck 46, 47
—, —, Lebensalter 45, 46
PWG s. Pulswellengeschwindigkeit
Purpura, allergische 86

Querschnittsporenfläche 116 ff., 123, 125

Rectum 235
Reflexionsfaktor 15, 19, 51
—, intrarenaler 294
Reibung, Flüssigkeits- 2, 4, 5, 7, 13, 19, 40
—, Wand- 13, 48
—, viscöse 232
Renin 304, 305, 307, 320, 323
RES-Zellen 81
Reserpin 323
Reynoldsche Zahl 6, 38, 110
Rheologie (s. Hämorheologie)
Rheographie 150
Riva-Rocci-Sphygmomanometrie 27
Rotameter 29, 151
Rot-Reaktion 375
Rouget-Zellen (s. Pericyten)

Scheinviscosität 111
Schergeschwindigkeit (shear rate) 110 ff.
Scherkraft (shear stress) 110 ff.
Scherung 2, 4, 7
Schlagvolumen 39
—, Formeln 59
—, Bestimmung, pulsdynamische 59, 60

Schlauchwelle 9, 10, 11, 13
Schlußleisten 71, 73
Schrankenfunktion, capilläre 99
Schweißsekretion 357, 361, 363, 364, 368,
—, 372, 373, 376
Sekretin 250, 255, 258
Serotonin 250, 255, 322, 373, 374, 415
Siebungstheorie 125 ff.
Single file-Bewegung 112
Sinus coronarius 186, 188, 190, 193, 194,
200, 201, 205, 216
— —, Ausflußmessung 190 ff.
— —, Katheterisierung des — 194
— —, $O_2$-Gehalt 205, 216, 218
— —, rhythmischer Ausfluß 196
Sinusendothelien 80, 81
Skeletmuskel 385 ff.
—, Arbeit 385, 389, 401 ff.
—, —, Widerstandsabnahme 385
—, Durchblutung 385 ff.
—, —, Behinderung durch Kontraktion
401, 402, 403, 405
—, —, Dynamik 411 ff.
—, —, Regulation 389 ff.
—, —, —, humorale 391 ff.
—, —, —, lokal-chemische 386, 402, 403,
405 ff., 412
—, —, —, lokal-mechanische 407 ff., 410
—, —, —, nervale 390, 436, 438, 441
—, Emotion 388, 399 ff.
—, Gesamtkreislauf 389, 390, 413 ff.
—, Herzminutenvolumenanteil 385
—, Hyperämie, reaktive 406, 407
—, Kältereaktion 414
—, Körperarbeit 414
—, Körpertraining 418
—, Lagewechsel 410, 413
—, $O_2$-Verbrauch 104, 403
—, reaktiv-periodische Schwankungen
—, Ruhe 385, 403, 404
—, Strömungswiderstand 385, 389, 390,
394
—, Thermoregulation 414
—, Vasoconstriction 388, 390, 391, 395,
396, 403, 410, 411, 413, 414
—, Vasodilatation 388—391, 393—396,
401—404, 415
Spannung, Gefäßwand 7, 8, 46
—, —, longitudinal 8
—, —, tangential 8
Sphincter, präcapillärer 67, 105 ff., 244,
394
—, präsinusoidal 272, 273
—, Vv. hepaticae 270
Sphinctercapillare 105 ff., 113
Sphygmographie (Pulsschreibung) 27
Sphygmomanometrie 27
Spiralarterien, uterine 430, 443

Splanchnicusgebiet 264, 249, 252, 277ff.
Splenomotorische Wellen 265
Spontanmotorik, präcapilläre 105ff.
Stagnationsdruck 55, 232, 239
Starlingsche Hypothese 114ff., 128
Stationärer Kreislaufzustand 39
Stickoxydulmethode s. N₂O-Methode 193
Stoßstelle (Wellenzwischenreflexion) 19, 20, 49, 50, 52
Stretched pore phenomenon 118
Strömung, in starren Röhren 2
—, nichtstationäre 4, 9
—, oszillierende 5
—, Phase 5, 19
—, pulsierende 3, 6, 7ff.
—, turbulente 6, 7, 13, 38
—, Geschwindigkeit 2, 7, 28, 53
—, —, gemittelte 3, 7
—, —, Spitzen- 38
—, Messung 28ff.
—, stationär-laminare 2, 110
—, Widerstand 2, 3, 4, 14, 53ff.
Strömungswiderstand (s. a. Widerstand) 2, 3, 4, 14, 53ff., 389, 390, 394
Stromborste 29
Stromcapillare 107
Strompendel 29
Stromkonstante Perfusion 230, 231, 243,
—, 246, 248
Stromstärke 2, 7, 14, 28, 51
— -Messung 28ff.
—, mittlere 39, 43
—, Spitzen- 38, 43
Subendothelialer Raum 89
Sympathicus s. Durchblutung einzelner Organe
Sympathektomie 411, 441
Sympathische, cholinerge Nerven 390
Systole 38
—, coronarwirksame 197

Tangentenmethode 147, 148
Tagesrhythmen 399
Telegraphengleichung 15
Terminale Strombahn, Untersuchungs-methoden, direkte 101ff.
—, —, indirekte 102ff.
Thebesische Gefäße 189
Thermoelement 350
Thermoregulation 347, 360, 367, 371, 373, 377, 414
Thermosonden 150, 152, 351ff.
Throughfare channel 107
Tight junction 69, 80
TPR (Total Peripheral Resistance) 54
Transporteffekt, statistischer 114, 129
Transportmechanismen 113ff.
Traube-Hering-Mayer-Wellen 359

Ultraschall-Strömungsmesser 28, 30, 31
Unit membrane 69
Uterusdurchblutung 444ff.
—, Hyperämie, reaktive 447
—, Umstellung nach Geburt 448
—, vor Geburt 444ff.
—, —, Verteilung 446
—, —, Steuerung 446, 447
—, —, Strömungswiderstand 445, 446
—, während Geburt 447ff.
—, Wehentätigkeit 447

Van't Hoffsches Gesetz 124
Vasodilatatorische Nerven, cholinerge 388, 390, 395
Vasomotorik s. einzelne Organe 105, 109
Vasopressin 250, 254, 255, 258, 264, 358, 373, 394
Vasoregulative Asthenie 414
Vena mesenterica inf. 237, 248
Vena portae, Druck 252, 262, 267, 271
— —, Durchblutung 236, 237, 266, 271, 274
— —, Wandmuskulatur 270
— —, Zufluß 253, 257, 269, 272, 275, 276
Venendruck, orthostatischer 110
Venenpuls, penetrierender 53
Venenverschluß-Plethysmographie 28, 348, 353, 355, 371, 377, 388, 391, 392, 403, 409, 431
Veno-vasomotorische Reaktion 233, 241, 242, 243ff., 262, 265, 266, 272, 273, 274, 276
Venturi-Röhre 28
Venule 92, 103, 104, 107, 112, 118, 127, 128, 133, 134
Verdünnungsmethoden (Dilutionsmethoden) 149, 155, 193, 268
Verschlußdruck, kritischer 55, 232, 369
Verteilungskoeffizient 146, 147, 149, 193
Vesiculation 74, 75, 78, 80, 90, 114, 121, 128ff.
Vesikel-Fluxrate, transendotheliale 129
Vesikel-Transit-Zeit 129
Vesikeltransport 114, 128ff.
Viscoelastizität 14, 36, 37, 47
Viscosität 2, 4, 110ff.
Viscosimetrie 103
Vitalmikroskopie 100ff.
Volumelastizität (E') 10, 21, 248
—, Aorta 35, 58
—, Manometer 24, 25
Volumelastizitätsmodul (ϰ) 10
VVR s. Veno-vasomotorische Reaktion

Wärmeclearance, lokale 348, 349ff.
Wärmeleitelement 351ff.
Wärmeleitsonde 351ff., 389, 391

Wärmeleitzahl $\lambda$   349, 350, 352
Wärmetransportzahl   349, 352ff., 363
Wasserdiurese   335ff.
Wasserdurchlässigkeit, Einheit d.   113
Wasserrückresorption   114ff., 121ff.
Wehentätigkeit   447
Weiße Substanz, Durchblutungsmessung   149
Weiß-Reaktion   275
Weitbarkeit s. Compliance
Wellen, Differential-Gleichung   12
—, Druck   11, 15, 16, 19, 21, 43
—, Fortpflanzungsgeschwindigkeit   9, 11
—, freilaufende in homogenen Schläuchen   9
—, in inhomogenen Schläuchen   19ff.
—, Leistung   21
—, negative   13
—, positive   13
—, Reflexion   15ff., 42, 49, 51, 52
—, —, negative   15, 16, 20
—, —, positive   15, 16, 19, 20
—, —, totale   18, 49
—, stehende   17, 18, 41, 42
—, Stromstärke   11, 16, 43
—, -widerstand (Impedanz)   11, 12, 18, 19, 43, 49, 51
Wellendämpfung (s. a. Dämpfung)   48
— -dispersion   47

Wellenfalle   49
— -überlagerung   49ff.
Widerstand, peripherer   53ff., 110
—, —, absoluter   56
—, —, differentieller   56, 57, 233
—, postglomerulärer   229, 322
—, präglomerulärer   297, 298, 301
Widerstandsgebiet (prä- bzw. postcapilläres)   102, 110
Widerstandsgefäße   53, 54, 232, 243, 394, 395, 402
Windkessel   21ff., 53, 57, 248
— -Modelle   21
— -Zeitkonstante   22, 58
Womersley-Bewegungsgleichung   5, 13

Xenon ($^{133}$Xe)-Methode   146ff., 195, 348, 351, 354, 389, 395, 397, 403, 414

Yield pressure   232
— shear stress   111

Zeit-Konzentrationskurve   193, 268
Zirkulationszeit (Gehirn)   149, 150
— (Herz)   196
— (transhepatisch   169
Zisternendruck   171
Zonulae occludentes   130
Zwischenreflexion s. Stoßstelle

Lehrbuch der Physiologie

# Physiologie des Kreislaufs 1

Redigiert von E. Bauereisen

Sonderdruck    Printed in Germany

## Arteriensystem

E. Wetterer, R. D. Bauer, Th. Pasch

Springer-Verlag

Berlin Heidelberg New York 1971

Lehrbuch der Physiologie

# Physiologie des Kreislaufs 1

Redigiert von E. Bauereisen

Sonderdruck    Printed in Germany

## Ultrastruktur der Capillaren

J. Wolff

Springer-Verlag

Berlin Heidelberg New York 1971

Lehrbuch der Physiologie

# Physiologie des Kreislaufs 1

Redigiert von E. Bauereisen



## Gehirn

H. Hirsch

Springer-Verlag

Berlin Heidelberg New York 1971

Lehrbuch der Physiologie

# Physiologie des Kreislaufs 1

Redigiert von E. Bauereisen

Sonderdruck     Printed in Germany

## Organisation und Funktion der terminalen Strombahn

G. Hauck

Springer-Verlag

Berlin Heidelberg New York 1971

Lehrbuch der Physiologie

# Physiologie des Kreislaufs 1

Redigiert von E. Bauereisen

Sonderdruck    Printed in Germany

Herz

W. Lochner

Springer -Verlag

Berlin Heidelberg New York 1971

Lehrbuch der Physiologie

# Physiologie des Kreislaufs 1

Redigiert von E. Bauereisen

Sonderdruck     Printed in Germany

## Abdominalorgane

### J. Lutz, E. Bauereisen

Springer-Verlag

Berlin Heidelberg New York 1971

Lehrbuch der Physiologie

# Physiologie des Kreislaufs 1

Redigiert von E. Bauereisen

Sonderdruck    Printed in Germany

Niere

K. Thurau

Springer-Verlag

Berlin Heidelberg New York 1971

Lehrbuch der Physiologie

# Physiologie des Kreislaufs 1

Redigiert von E. Bauereisen

Sonderdruck    Printed in Germany

Haut

K. Golenhofen

Springer-Verlag
Berlin Heidelberg New York 1971

Lehrbuch der Physiologie

# Physiologie des Kreislaufs 1

Redigiert von E. Bauereisen

Sonderdruck    Printed in Germany

## Skeletmuskel

K. Golenhofen

Springer-Verlag

Berlin Heidelberg New York 1971

Lehrbuch der Physiologie

# Physiologie des Kreislaufs 1

Redigiert von E. Bauereisen

Sonderdruck    Printed in Germany

## Fetal- und Placentarkreislauf

W. Moll, H. Bartels

Springer-Verlag

Berlin Heidelberg New York 1971

# SPRINGER-VERLAG
## BERLIN · HEIDELBERG · NEW YORK

**Handbuch der experimentellen Pharmakologie**
**Handbook of Experimental Pharmacology**

**Heffter-Heubner**

Herausgegeben von/Editorial Board: O. Eichler, Heidelberg;
A. Farah, Rensselaer, N Y; H. Herken, Berlin; A. D. Welch, New Brunswick, N J

Beirat/Advisory Board: G. Acheson, E. J. Ariëns, Z. M. Bacq, P. Calabresi,
S. Ebashi, E. G. Erdös, V. Erspamer, U. S. von Euler, W. Feldberg,
R. Furchgott, A. Goldstein, G. B. Koelle, O. Krayer, H. Rasková,
**New Series**  M. Rocha e Silva, F. Sakai, P. Waser, W. Wilbrandt

**Band XXVI**

# Vergleichende Pharmakologie von Überträgersubstanzen in tiersystematischer Darstellung

**Bearbeitet von H. Fischer**

Mit 261 Abbildungen. XXVII, 1074 Seiten. 1971
Gebunden DM 148,—

In diesem Buch werden zum ersten Mal in umfassender Weise Probleme der vergleichenden Pharmakologie untersucht. Die Pharmakologie der Überträgerstoffe in der aufsteigenden Tierreihe von den Protozoen an wird systematisch dargestellt. Ein Hauptproblem bildet der Versuch, tiersystematisch und stammesgeschichtlich relevante Wandlungen in der Funktion von Überträgerstoffen festzustellen. Im Mittelpunkt steht das Acetylcholin, da hier unsere Kenntnisse am weitesten fortgeschritten sind. Es folgen die Catecholamine und 5-Hydroxytryptamine. Außerdem werden aktive Aminosäuren (Glutaminsäure, Asparaginsäure, -Aminobuttersäure u. a.) sowie -Alanin und Glycin als mögliche Überträgerstoffe in die Darstellung mit einbezogen.
Das Ziel des Buches liegt in der Ausweitung unseres pharmakologischen Blickfeldes auf das ganze Tierreich, woraus sich neue und oft unerwartete Ergebnisse auch im Hinblick auf die Evolution der Tiere ergeben.

**Inhaltsübersicht**
Einleitung. — Acetylcholinkreis. — Noradrenalin- und Adrenalinkreis (Dopamin). — 5-Hydroxytryptaminkreis. — Histaminkreis. — Schlußbetrachtungen und Ausblicke. — Literatur. — Namen- und Sachverzeichnis. — Verzeichnis der lateinischen Tiernamen.

**■ Bitte Prospekt anfordern!**

Universitätsdruckerei H. Stürtz AG, Würzburg